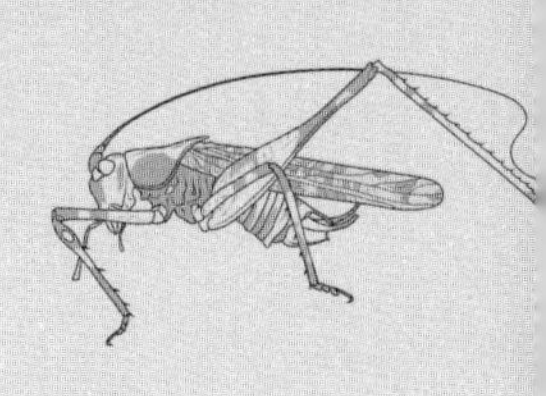

中国蛩螽

分类集要

王瀚强　著

上海科学普及出版社

出版说明

科学技术是第一生产力。21世纪，科学技术和生产力必将发生新的革命性突破。

为贯彻落实“科教兴国”和“科教兴市”战略，上海市科学技术委员会和上海市新闻出版局于2000年设立“上海科技专著出版资金”，资助优秀科技著作在上海出版。

本书出版受“上海科技专著出版资金”资助。

上海科技专著出版资金管理委员会

上海科技发展基金会（www.sstdf.org）的宗旨是促进科学技术的繁荣和发展，促进科学技术的普及和推广，促进科技人才的成长和提高，为推动科技进步，提高广大人民群众的科学文化水平作贡献。本书受“上海科技发展基金会”资助出版。

“上海市科协资助青年科技人才出版科技著作晨光计划”出版说明

“上海市科协资助青年科技人才出版科技著作晨光计划”（以下简称“晨光计划”）由上海市科协、上海科技发展基金会联合主办，上海科学普及出版社有限责任公司协办。“晨光计划”旨在支持和鼓励上海青年科技人才著书立说，加快科学技术研究和传播，促进青年科技人才成长，切实推动建设具有全球影响力的科技创新中心。“晨光计划”专门资助上海青年科技人才出版自然科学领域的优秀首部原创性学术或科普著作，原则上每年资助10人，每人资助一种著作1 500册的出版费用（每人资助额不超过10万元）。申请人经市科协所属学会、协会、研究会，区县科协，园区科协等基层科协，高等院校、科研院所、企业等有关单位推荐，或经本人所在单位同意后直接向上海市科协提出资助申请，申请资料可在上海市科协网站（www.sast.gov.cn）“通知通告”栏下载。

前言

直翅目昆虫是较为人熟知的一类昆虫，包含了俗称的蚂蚱（蚱蜢）、蛐蛐、蝈蝈、灶马（灶鸡）。夏秋之时，踏足郊野或在城市绿地随处可觅的，普遍是不同种类与龄期的蝗虫。不过能够引人瞩目的往往不是多数的所谓物种演化的佼佼者，而是那些体型大，或者颜色鲜艳，又或者能够发声的另类，比如蹬倒山（棉蝗）、大扁担（剑角蝗），又如油葫芦（黄脸油葫芦）、蛮头凶（南方油葫芦）、竹蛉（树蟋）、金钟（日本钟蟋）、天蛉（片蟋）、黄蛉（金蛉蟋、小黄蛉蟋），再如蝈蝈（优雅蝈螽）、扎嘴（鼓翅鸣螽）、吱拉子（暗褐蝈螽）、绿山朗（中华螽斯）、草鬼（优草螽、钩额螽）、山妖（拟矛螽）、山草驴（棘颈螽），虽地域分布不尽相同，都成为了人们赏玩的对象。

随着互联网的发展与人们各方面知识水平的提高，兴趣爱好越发精细化与多元化。全球范围内一些外形奇葩的昆虫被人们津津乐道，例如热带地区马来西亚、南美的草螽（角螽族与猛螽族）类群，非洲的异螽类群等；还有一些捕食性种类，比如体型较大的沙螽，虽不会“鸣叫”，但威武的外形、暴躁的“性格”颇受青睐。

本书所讨论的蛩螽，不属于前述任何一种情况。作为一类体型很小的螽斯，既不广泛栖于田野草地，亦不闻其鸣，寻常难觅踪迹，与人类生产实践、兴趣爱好也基本绝缘，在国内的分类学研究中也是较迟被归纳的类群。不过就是这样一类昆虫，在多样性方面已经成为中国螽斯的第二大类群，世界范围螽斯的第四大类群，并且新种类还在持续被报道，一些种群在特定的环境中也较为丰富，而其演化的动力在于它们“低调”“精细”

且“务实”的生存策略。

本书内容是对中国境内分布蛩螽的调查与分类研究，回溯了蛩螽分类研究的沿革，对于蛩螽的形态、行为、地理分布和分类进行了阐释。书中依托形态分类研究，提供了蛩螽亚科Meconematinae分族、属和各属分种的检索表，整理了属与种的研究引证、分类特征和鉴别特征，全部配以特征线稿图，部分种类有生态或活体照片，并且讨论了一些种的分类地位和存在的问题，做了简要的修订。

目前国内记录蛩螽共2族45属236种，本书中修订包括12新组合、7同物异名。所涉及研究材料除部分模式标本均保存在中国科学院上海昆虫博物馆。书中所使用的部分数据来自国家动物数字博物馆数据库；研究得到中国科学院信息化专项——动物学科领域基础科学数据整合与集成应用项目（项目编号：XXH12504-1-03）与国家科技基础条件平台工作重点项目（批准号：2005DKA21402）资助。

王瀚强

2020年7月

目 录

概 论

各 论

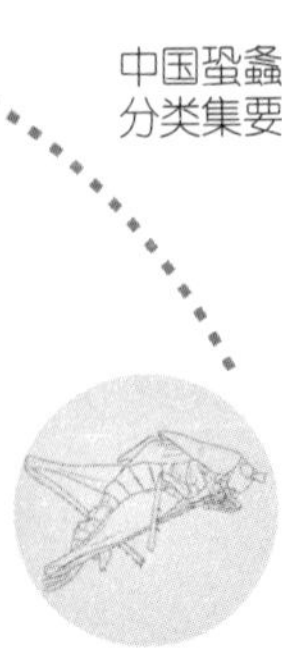

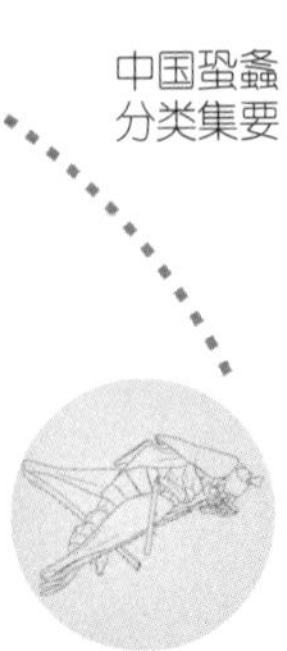

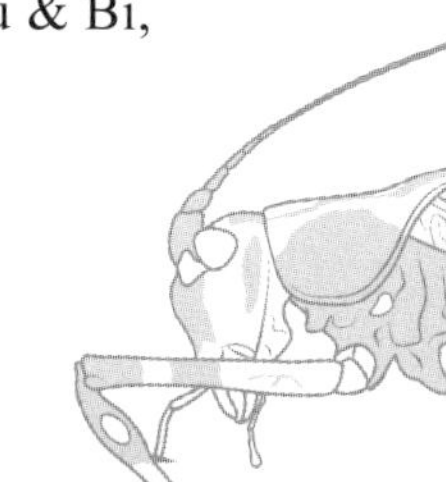

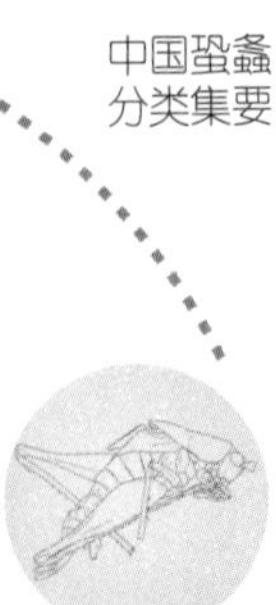

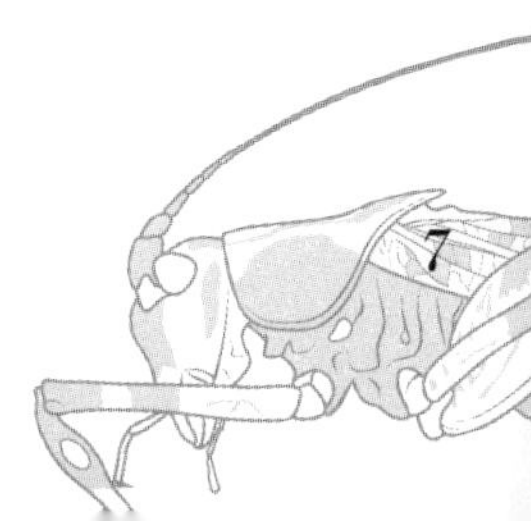

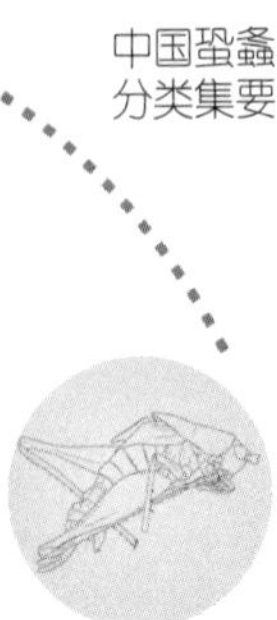

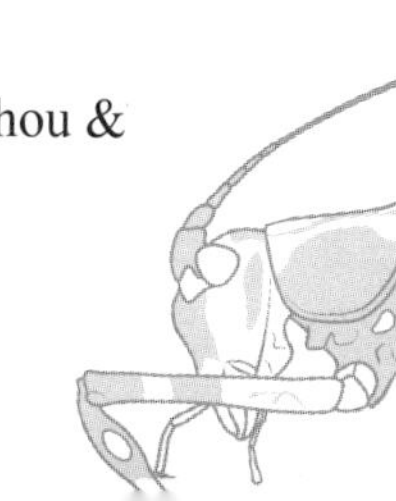

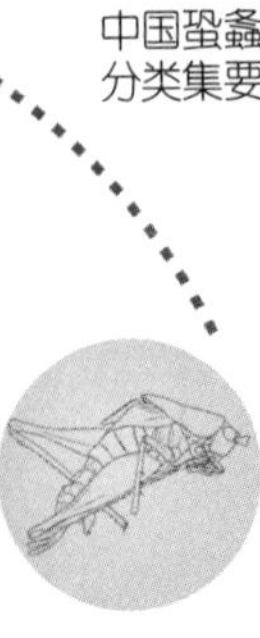

概 论

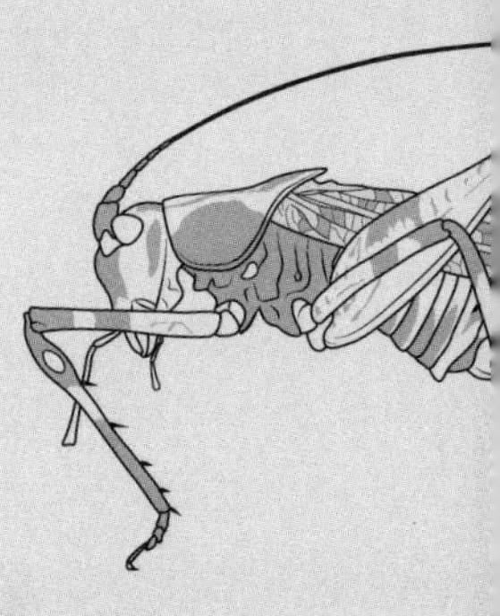

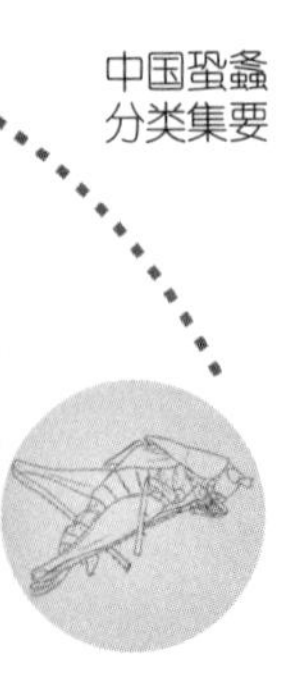

蛩螽亚科Meconematinae隶属昆虫纲Insecta，直翅目Orthoptera，螽斯科Tettigoniidae，是一类小型螽斯，雄性前翅一般具摩擦发音器且鸣声频率一般较高，国外称其为Quite calling katydids。蛩螽杂食性，有一定的捕食能力，能够猎食体型更小或防御较弱的昆虫。目前该亚科全世界共记录3族（蛩螽族Meconematini、棘螽族Phisidini和缨螽族Phlugidini）136属900余种，主要分布于东洋界、热带界、新热带界、古北界部分区域和澳新界。目前中国记录该类群昆虫2族45属236种，主要分布于东洋界的华中、华南、西南区，古北界的华北区亦有少数种类记录。

一、研究综述

蛩螽类群研究历史可追溯至林奈时期。1773年，瑞典昆虫学者Charles De Geer描述了现今蛩螽亚科的模式属模*Locusta thalassina*，但直至1831年法国直翅学者Jean Guillaume Audinet Serville方建立模式属蛩螽属*Meconema*。1838年，阿根廷昆虫学者Hermann Burmeister又根据蛩螽属*Meconema*建立了科级分类阶元蛩螽科Meconemidae。

1891年，奥地利学者Josef Redtenbacher以东洋界的种类建立剑螽属*Xiphidiopsis*，与现今缨螽属*Phlugis*和棘螽属*Phisis*的部分类群同属草螽亚科Conocephalinae猎螽族Listroscelini，直至1924年奥地利昆虫学者Heinrich Hugo Karny才将已经种类繁多的剑螽属纳入蛩螽亚科Meconeminae（异名），在此期间瑞士昆虫学者Carl Brunner von Wattenwyl（1893）、英国昆虫学者William Forsell Kirby（1906）对欧洲、非洲及印度类群进行了归纳和修订。后在1938年，德国动物学者Wolfdietrich Eichler提出了缨螽族Phlugini（异名），蛩螽亚科有了进一步的归纳和细分。1940

年，德国古生物学者Frederick Everard Zeuner以亨氏吟螽*Phlugiolopsis henryi*的报道研究探讨了蛩螽与猎螽的区别；1933～1956年，美国昆虫学者Ernest Robert Tinkham（丁谦）在我国任教期间及归国后报道了我国的蛩螽21种，规范了蛩螽亚科的拉丁名；期间还包括法国昆虫学者Lucien Chopard（1945～1957）对于南非蛩螽的报道和英国昆虫学者David Robert Ragge（1955）对于昆虫翅脉的详细研究。1955～1962年，俄国直翅目学者Grigory Yakovlevich Bey-Bienko报道了我国西南地区中苏动植物联合考察采集的蛩螽，共计2属16种；1971年又对种类丰富的剑螽属做了修订，编制59种的检索表；期间奥地利昆虫学者Alfred Peter Kaltenbach（1968）提出棘螽族Phisiini（异名），不过并未归在蛩螽亚科。

1982年，英国昆虫学者Douglas Keith McEwan Kevan对直翅目高级阶元做出修订，相应提出蛩螽科Meconematidae。日本昆虫学者Tsukane Yamasaki（山崎柄根）、Yasutsugu Kano（加纳安次）在1982～1999年研究了日本和中国台湾地区的蛩螽共计36种。1987～1995年，我国直翅目学者金杏宝在访学期间详细研究了棘螽族Phisidini类群，规范了棘螽族、缨螽族的拉丁名称，归纳了鉴别特征，进一步划分了亚族并分析讨论了其种系发生，共发表了印度—马来西亚及西太平洋群岛棘螽族59种、蛩螽族17种、缨螽族9种。1988年，俄罗斯直翅目学者Andrey Vasil'evich Gorochov调整了蛩螽的分类地位和划分，对于蛩螽族做了界定和归纳，并探讨了螽斯总科Tettigonioidea的系统发生，1989年又讨论了螽亚目Ensifera的分类地位和界定；1993年对于蛩螽族做了全面的修订，细分了属与亚属；1998年再次对蛩螽族和缨螽族做了修订，2000年以来又发表了许多东南亚以及美洲的类群，对蛩螽族分类的发展产生了深远的影响。德国昆虫学者Sigfrid Ingrisch在1987年～2006年研究了尼泊尔、印度以及马来西亚的直翅目类群。奥地利昆虫学者Karl Sänger和Brigitte Helfert在1996～2006年报道了泰国的蛩螽。波兰昆虫学者Piotr Naskrecki在1996年对于南非的蛩螽类群进行修订，在其学位论文（2000）中以形态支序分析探讨了螽斯的系统发生和发声行为的演化；2008年报道了南非蛩螽新类群。2001年，韩国直翅目学者Kim Tae-Woo（金泰宇）研究了韩国的螽斯类群。2001年，澳大利亚昆虫学者David Rentz研究了澳大利亚的棘螽族与缨螽族类群；2010年又进行了修订。2010年与2013年，西班牙昆虫学者

David Llucià Pomares研究了西班牙的蛩螽*Canariola*属。2012年法国昆虫学者Sylvain Hugel发表了非洲马达加斯加、科摩罗和塞舌尔的棘螽。2011年以来，新加坡直翅目学者Tan Ming-Kai（陈洺楷）持续报道了一些新加坡、马来西亚、泰国的缨螽族与蛩螽族新种类。2014年哥伦比亚昆虫学者Oscar Javier Cadena-Castañeda发表了缨螽族1属2种，并根据分子系统学的进展评论了缨螽族Phlugidini分类地位。

关于蛩螽的发声及生物学方面也有一定的研究，早期主要集中在模式属模独特的“敲击（Drumming）”发音和其行为学的报道。1998年Karl Sänger和Brigitte Helfert发表泰国缨螽族1新种，记录鸣声特征及音齿的形态，其频率在30 ～ 50 kHz。2006年英国生物学者Fernando Montealegre-Z报道南美哥伦比亚棘螽族蛛棘螽属*Arachnoscelis*一种能发出高达130 kHz的鸣声，在2013年从形态解剖特征方面对*Arachnoscelis*属做了修订；另一研究中对模式种蛛形蛛棘螽*Arachnoscelis arachnoides*鸣声做了全面研究，表明其依靠弹性势能与前翅形变能产生频率高达80 kHz的鸣声；2014年建立蛛棘螽亚族Arachnoscelidina新属超声螽属*Supersonus*，并做了鸣声的记录与发声机制分析。目前蛩螽亚科昆虫有记录的鸣声频率均超出或接近人耳听力上限（15.1 kHz）。

系统学研究方面，涉及蛩螽的系统学研究基本为高级阶元的系统发育研究。螽斯类群系统发育关系的探讨，可以追溯到Zeuner（1936）基于主观的“原始”与“进化”形态特征的划分，类似的还有Rentz（1979）的研究。Gorochov（1988）根据翅脉的特征建立了螽斯类群的系统发生树，得到了广泛沿用（图Ⅳ，见第11页）。在此之后的研究多为直翅目、螽亚目高级阶元的系统发育关系研究。2013年，为了阐明螽斯拟叶翅的起源，美国直翅目学者Joseph D. Mugleston等以两种不同建树方法得到的系统发育树（图Ⅴ，见第12页），支持目前蛩螽亚科Meconematinae为并系类群。2015年，美国直翅目学者Song Hojun（宋昊俊）等基于代表直翅目36个科的种类线粒体基因组全序列与4个核基因组标记，得到科以上高级阶元联合证据最大似然树（图Ⅲ，见第11页），由于选取序列分辨率的原因涉及的5种蛩螽基本分散在各支。2018年，Mugleston等以5个分子标记对235个螽斯科物种取样，以贝叶斯法重建了螽斯科的系统发育，再次证明了目前的蛩螽亚科是一个并系类群，蛩螽族与缨螽族的单系性得到了较好的支

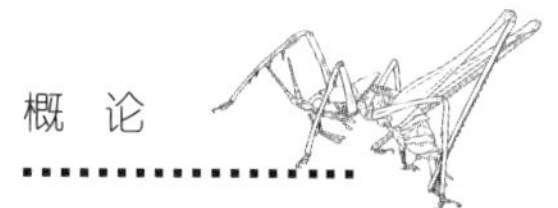

持（图Ⅵ，见第13页）。

报道自我国的第一个蛩螽是棒尾剑螽*Xiphidiopsis clavata*，由俄英直翅目学者Boris Petrovitch Uvarov（1933）报道自甘肃南部。1935年，胡经甫（Chenfu Francis Wu）和张光朔（Kwang So Francis Chang）又分别记录了该种。1939年，奥地利直翅目学者Richard Ebner（怡保）发表了采自浙江的双瘤剑螽*Xiphidiopsis bituberculata*。1938～1971年，Tinkham与Bey-Bienko共发表采自中国的蛩螽37种。Yamasaki于1987年、1992年报道了中国台湾蛩螽1属3种。1988年昆虫分类学者夏凯龄先生整理发表了剑螽属国内5新种和越南1新种；1992年又报道西南武陵山区考察采集的蛩螽。1994年，直翅目学者刘宪伟与金杏宝发表了中国螽斯名录，总计341种，隶属于13科102属，其中蛩螽8属62种。1994～1999年，直翅目学者郑哲民、毕道英、刘宪伟、金杏宝、石福明、常岩林、蒋国芳共发表蛩螽20种。这些研究均采用Kaven的分类系统。2000年以来，国内学者相继发表了大量的新类群，共计120余种，由于新类群的不断报道，分类系统也不断地修订与调整。

系统发育研究方面，钟玉林（2005）在讨论螽斯总科系统发育研究中涉及3种不同属的蛩螽；毛少利（2008）运用支序分析讨论了长翅类群10属间的系统发育关系。杨明如等（2012）对斑腿栖螽*Xizicus fascipes*线粒体全基因组进行序列测定，讨论了螽斯类群几个亚科的系统发育关系。

近年来蛩螽的分类研究有了长足的发展，在本底调查不断深入的同时，生物超微技术、分子生物学研究方法、行为学研究方法和生物地理学研究方法的运用极大地推动了蛩螽的分类及系统发育研究。

二、形态学特征

蛩螽亚科昆虫在螽斯科昆虫中属小型，与草螽属一些种类相当，稍大于微螽亚科Microtettigoniinae、迟螽亚科Lipotactinae与鼓螽亚科Tympanophorinae昆虫，体长（不加翅长与产卵瓣长度）7～18 mm，通常纤细修长，一些短翅类群相对粗壮，体常呈绿色带淡色、暗色条纹，或为褐色杂黑色。

头部：通常为下口式，少数呈后口式；头顶角（fastigium of vertex）通常圆锥状，少数种类扁平，突出于额（frons），背面常具纵沟，腹面与额顶相接，后接头顶（vertex）；触角（antenna）长于体长，着生位置位于复眼之间，触角窝（antennal socket）内缘隆起，复眼（compound eyes）通常卵圆形或半球形；口器咀嚼式，上颚（mandible）发达，内具锯齿，下颚须（maxillary palpi）5节，末节长短有变异。

胸部：前胸腹板（prosternum）缺刺，胸听器（auditory foramina of thorax）通常外露，大小有变异；前胸背板（pronotum）后横沟较明显，沟前区（prozona）无特化，少数短翅类群沟后区（metazona）膨大，侧片后缘在长翅种类具明显的肩凹（humeral sinus）。

足：前足与中足为步行足，前足基节（coxa）常具刺；前足胫节（tibia）亚基部内外侧具鼓膜听器（tympana of fore tibiae），基本均为开放型外露鼓膜，前、中足胫节背面缺刺（spine），腹面具刺，内外列相等或不等，各足股节无刺，一些种类在股节膝叶（genicular lobe）具刺；后足胫节背面内外缘具齿，背面末端具一对端距（spur），腹面末端具1～2对端距；第1、2跗节（tarsus）具侧沟。

翅：蛩螽翅的发育程度有较大变异。翅发达种类的翅长超过腹端，后翅（wings）短于或长于前翅（tegmina）；一些种类翅长与腹端平齐或稍短，后翅常退化；另有种类前翅缩短，约到达前胸背板后缘或藏于其下，后翅退化；除模式属外雄性前翅均具摩擦发音域，鸣声频率高，完全不能或部分引起人耳听觉，响度很小，在自然环境下无从辨别。

腹部：腹部为11节，其中，第1节常与胸节末节愈合，第11节退化背板与侧板形成肛上板（epiproct）与肛侧板（paraproct），其附肢为尾须（cerci），故一般仅见9节；雄性第10腹节背板（abdominal tergite）和尾须变异较大，外生殖器（genitalia）若骨化形态多样；肛上板有变异，一些种类发达特化另一些退化消失；还有种类具有次臀板（subanal plate），有时与第9腹节背板下缘铰接，有时与第8腹节背板下缘铰接，一些学者认为该结构是革质的外生殖器，但其骨化完全结构坚硬，与外生殖器的骨化有明显区别。雌性通常肛上板与肛侧板正常，极少特化，尾须形态变化不大；产卵瓣（ovipositor）剑状或弯刀状，通常边缘光滑，少数具细齿，少数具有特化的突起，腹瓣末端常具钩状缺口；下生殖板（subgenital plate）

种间变异较大。

三、生物学特性

蛩螽的许多生物学特性与其他螽斯相仿。

雌性蛩螽一般将卵产于低矮灌木的树枝中，产卵瓣背瓣和腹板滑动交替以末端刺破茎秆表皮，产卵于其下；多数以卵越冬，也观察到以成虫或亚成虫越冬，如佩带畸螽 *Teratura cincta*（Bey-Bienko，1962）。一般1年1代，纬度较低的地区也有世代重叠。滞育卵一般在春季孵化，经历若虫5龄（1龄约20天）后大蜕成虫；短翅种类成虫早于中长翅种类，可能其若虫龄期为4龄或末龄较短，蜕皮通常在夜间进行，若虫前几期的蜕皮对环境要求较松弛，也可在白天完成，末龄蜕皮对湿度有较高的要求，需要时间展翅，并且展翅完成后需要尽快干燥革化，故大蜕多在凌晨进行。雄性成熟早于雌性，并且雄虫活动相对少。

蛩螽杂食性，既可猎食蚂蚁或相仿大小的昆虫（图版1，见“图版”彩图，下同），也可取食植物果实（图版2）、苔藓、地衣等。昼间常常隐藏于叶背面、林下层等比较阴郁的环境，栖息的位置在灌木或者低矮的乔木树冠，山路旁可能栖于高大乔木树冠下缘以避免人类干扰，人类活动较少的林区分布较为分散，无集群现象；入夜较活跃，有趋光性，翅发达的种类可远距离迁飞于光源附近猎食其他趋光昆虫（图版3），短翅种类活动范围较小。

蛩螽的交配多入夜进行，雄虫通过往复张闭前翅发声吸引游荡的雌虫，这与大部分有发音器的螽斯并无太大区别。蛩螽个体较小，鸣声响度很低，人在野外环境很难识别出蛩螽鸣声，鸣声频率却很高，高频并非让响度很低的鸣声传播更远，更似一个专门的频道交流沟通。待雌虫到达后，雄虫以前中足抱握雌性，后足支撑，弯折腹部将腹端伸向前方，尾须抱握雌性腹端，排出精荚（spermatophore），以革质化或膜质膨胀的外生殖器将精荚转移到雌性的生殖孔（图版4）。完成后雌雄分离雄性离去，精荚内含占大部分的精护（spermatophylax）和精子囊，雌雄分离后雌性开始取食精荚，在此期间精子移动到雌性受精囊（spermatheca）内，待雌性产卵时，卵通过受精囊孔完成受精。

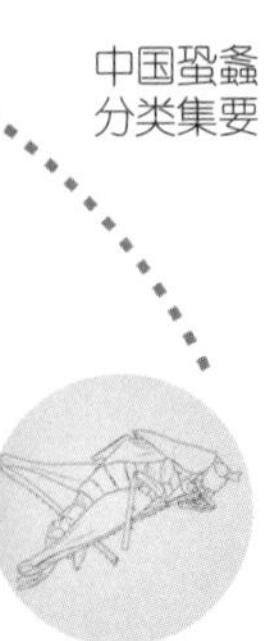

目前未发现蛩螽的低龄若虫模仿其他昆虫，故各龄身体结构（除翅和腹端）与成虫差异较小，但颜色改变较大，随着龄期增加，斑驳的体色逐渐变得单一。

书中描述时所用分类特征及术语如图Ⅰ～Ⅱ所示。

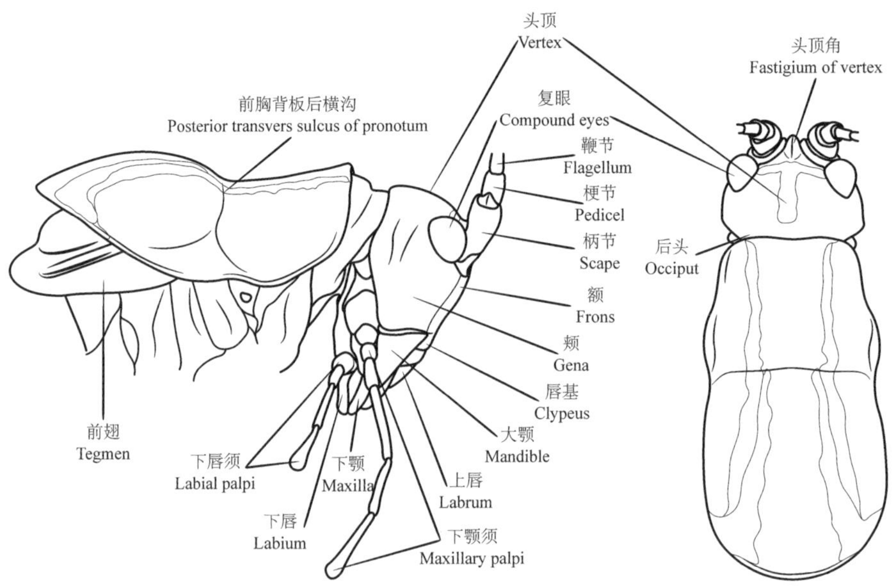

图Ⅰ　头部与前胸背板（T纹刺膝螽 *Cyrtopsis t-sigillata* Liu, Zhou & Bi, 2010）

Fig. Ⅰ　*Cyrtopsis t-sigillata* Liu, Zhou & Bi, 2010, head and pronotum

四、分类地位和系统

目前报道的蛩螽种类约900种，与大多数昆虫一样主要分布在热带及亚热带地区，但其分布也有自身的特点。已有报道的蛩螽化石来自始新世的波罗的海琥珀，表明至少在始新世晚期蛩螽已经存在并且与如今的形态基本一致，蛩螽也很可能起源于白垩纪的植物昆虫大爆发。

如今所包含在蛩螽亚科下的三大类群中，蛩螽族和缨螽族模式属模发表之初都在螽斯属*Locusta*（异名），而棘螽的模式属模发表在猎螽属*Listroscelis*，科级分类阶元蛩螽科Meconemidae建立之后仅包括欧洲

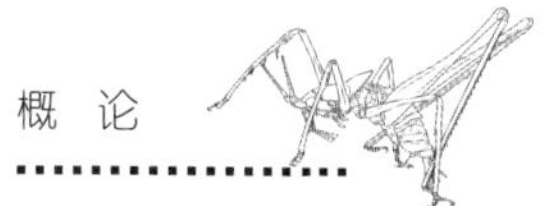

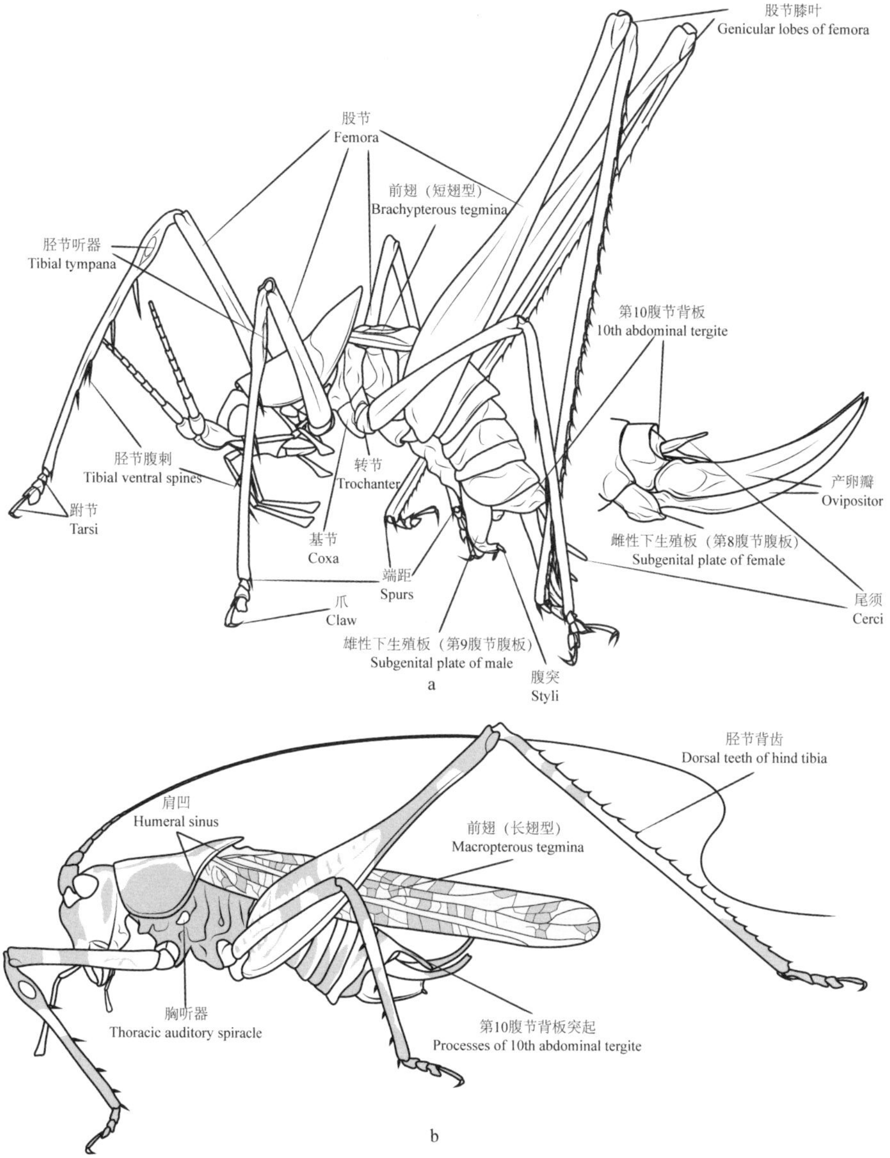

股节膝叶
Genicular lobes of femora
股节
Femora
前翅（短翅型）
Brachypterous tegmina
胫节听器
Tibial tympana
第10腹节背板
10th abdominal tergite
胫节腹刺
Tibial ventral spines
转节
Trochanter
产卵瓣
Ovipositor
跗节
Tarsi
基节
Coxa
雌性下生殖板（第8腹节腹板）
Subgenital plate of female
端距
Spurs
尾须
Cerci
爪
Claw
雄性下生殖板（第9腹节腹板）
Subgenital plate of male
腹突
Styli

a

胫节背齿
Dorsal teeth of hind tibia
肩凹
Humeral sinus
前翅（长翅型）
Macropterous tegmina
胸听器
Thoracic auditory spiracle
第10腹节背板突起
Processes of 10th abdominal tergite

b

图Ⅱ 整体侧面观：a. 叉尾拟杉螽 *Pseudothaumaspis furcocercus* Wang & Liu, 2014；b. 比尔拟库螽 *Pseudokuzicus* (*Pseudokuzicus*) *pieli* (Tinkham, 1943)

Fig. Ⅱ *Pseudothaumaspis furcocercus* Wang & Liu, 2014 (a) and *Pseudokuzicus* (*Pseudokuzicus*) *pieli* (Tinkham, 1943)(b), lateral view of body

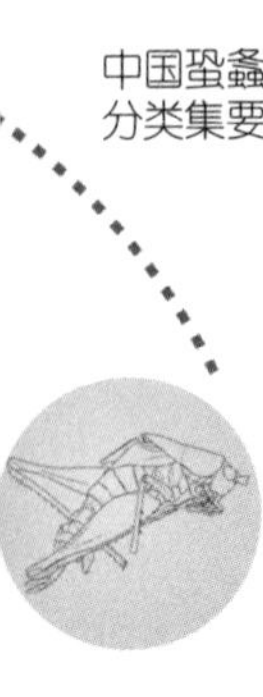

和非洲的蛩螽类群，东亚的蛩螽类群和缨螽、棘螽都被归在草螽亚科Conocephalinae猎螽族Listroscelini；之后蛩螽吸收了印度的类群，成为螽斯科下一亚科，猎螽族提升为猎螽亚科Listroscelinae，包括东亚蛩螽类群和另外2族的类群；随着新种的发表、已知类群的修订、族的归纳使分类系统不断变化，根据不同学者的意见蛩螽的分类地位也在科和亚科之间变动，对于所包含的类群学者也有不同的见解，主要问题是棘螽类群的归属。

比较全面的螽斯科系统发生关系来自于俄国学者Gorochov（1988），在基于形态特征（翅脉）的非正式系统树中，小型螽斯蛩螽亚科与迟螽亚科、微螽亚科共同组成一支（图Ⅳ）。其后的分类学研究螽斯科下亚科之间的系统发育关系多沿用Gorochov的结论。近年来随着分子生物学实验技术的成熟普及，不同序列的分子标记在越来越多的物种中被测定共享，可以突破地域材料的限制更全面地取样来推断系统发育关系，许多研究中螽斯科的单系性得到普遍的支持（Legendre *et al.*, 2010，Mugleston, Song & Whiting, 2013，Song *et al.*, 2015，Mugleston *et al.*, 2018），这些研究中虽然对于蛩螽的取样并不充分，但对蛩螽族的单系性有较好的支持，而另外两族均不能与蛩螽族组成单系群，基本可以确定目前的蛩螽亚科是并系类群，尤其是棘螽族分类地位有待商榷（图Ⅴ，图Ⅵ），而构建符合自然发生的蛩螽分类系统依然任重道远。

在族的分类地位没有定论之前，本书中依然沿用蛩螽亚科和包括三族的分类系统。

五、蛩螽的分布

动物地理区划（Biogeographic realm）最先源自斯克莱特根据全球鸟类差异的划分，后来华莱士和达尔文肯定了区划并做了修改，形成了世界6大动物地理区划：古北界（Palaearctic realm）、新北界（Nearctic realm）、新热带界（Neotropical realm）、热带界（Ethiopian realm）、东洋界（Oriental realm）和澳新界（Australian realm）。

直翅目起源于原直翅类，在上石炭纪螽斯类Ensifera已经分化，而冈

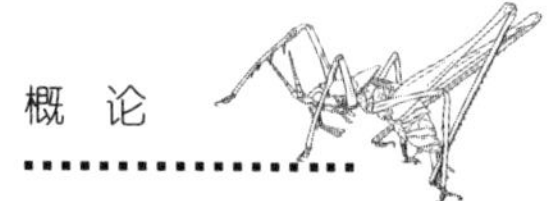

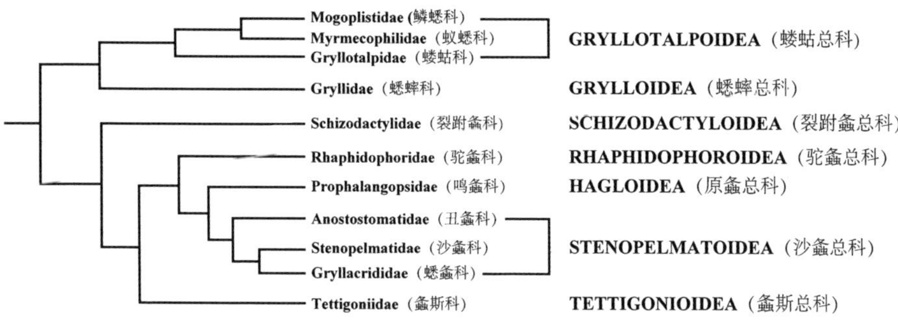

图Ⅲ　基于线粒体全基因组和4个核基因分子标记的螽亚目高级阶元系统发生（Song *et al.*, 2015）

Fig. Ⅲ　ML tree of Higher taxon in Ensifera based on complete mitochondrial genomes and 4 nuclear loci (Song *et al.*, 2015)

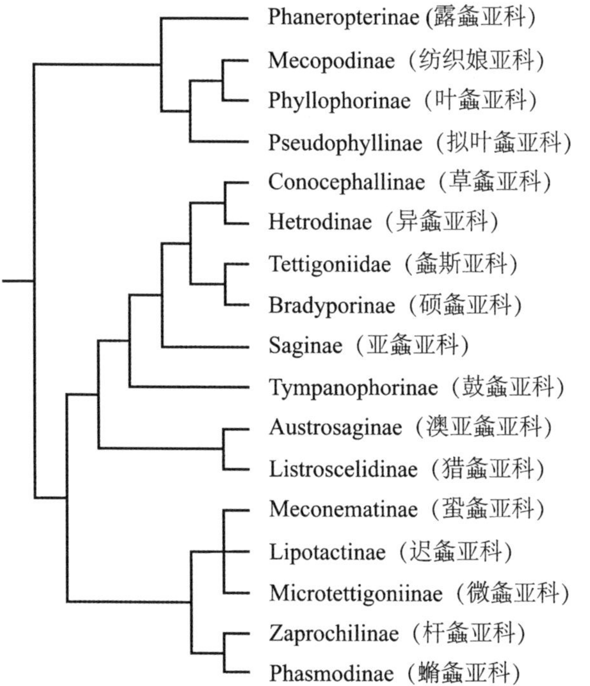

图Ⅳ　基于翅脉特征的螽斯科系统发生树（Gorochov, 1988）

Fig. Ⅳ　Phylogeny tree of Tettigoniidae based on morphological characteristics of vein (Gorochov, 1988)

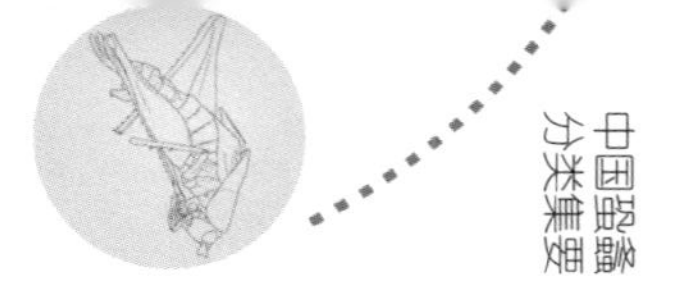

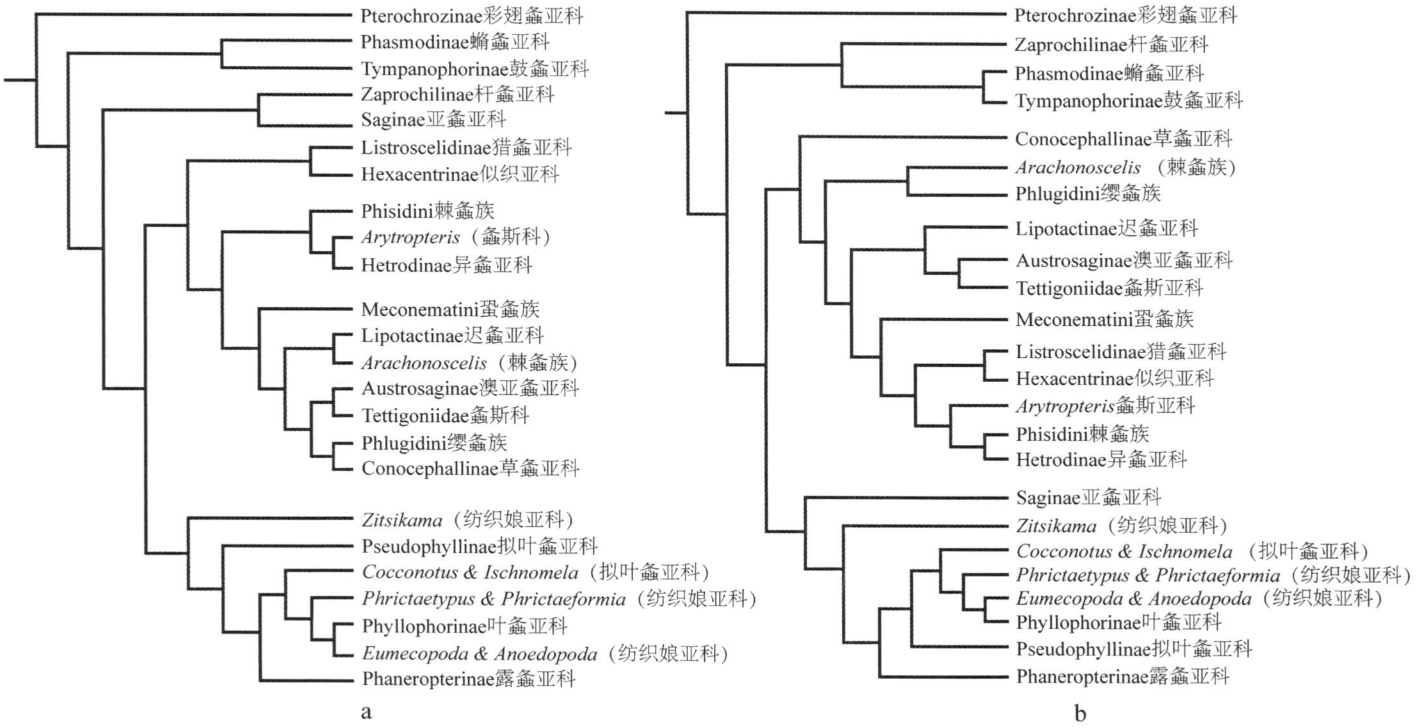

Pterochrozinae彩翅螽亚科
Phasmodinae蛸螽亚科
Tympanophorinae鼓螽亚科
Zaprochilinae杆螽亚科
Saginae亚螽亚科
Listroscelidinae猎螽亚科
Hexacentrinae似织亚科
Phisidini棘螽族
Arytropteris（螽斯科）
Hetrodinae异螽亚科
Meconematini蛩螽族
Lipotactinae迟螽亚科
Arachonoscelis（棘螽族）
Austrosaginae澳亚螽亚科
Tettigoniidae螽斯科
Phlugidini缨螽族
Conocephallinae草螽亚科
Zitsikama（纺织娘亚科）
Pseudophyllinae拟叶螽亚科
Cocconotus & *Ischnomela*（拟叶螽亚科）
Phrictaetypus & *Phrictaeformia*（纺织娘亚科）
Phyllophorinae叶螽亚科
Eumecopoda & *Anoedopoda*（纺织娘亚科）
Phaneropterinae露螽亚科

a

Pterochrozinae彩翅螽亚科
Zaprochilinae杆螽亚科
Phasmodinae蛸螽亚科
Tympanophorinae鼓螽亚科
Conocephallinae草螽亚科
Arachonoscelis（棘螽族）
Phlugidini缨螽族
Lipotactinae迟螽亚科
Austrosaginae澳亚螽亚科
Tettigoniidae螽斯亚科
Meconematini蛩螽族
Listroscelidinae猎螽亚科
Hexacentrinae似织亚科
*Arytropteris*螽斯亚科
Phisidini棘螽族
Hetrodinae异螽亚科
Saginae亚螽亚科
Zitsikama（纺织娘亚科）
Cocconotus & *Ischnomela*（拟叶螽亚科）
Phrictaetypus & *Phrictaeformia*（纺织娘亚科）
Eumecopoda & *Anoedopoda*（纺织娘亚科）
Phyllophorinae叶螽亚科
Pseudophyllinae拟叶螽亚科
Phaneropterinae露螽亚科

b

图Ⅴ 基于135种6个分子标记的螽斯科系统发生树：a. 最大简约树；b. 最大似然树（Mugleston, Song & Whiting, 2013）

Fig. Ⅴ Phylogeny trees of Tettigoniidae based on 6 genes from 135 species: a. MP tree; b. ML tree (Mugleston, Song & Whiting, 2013)

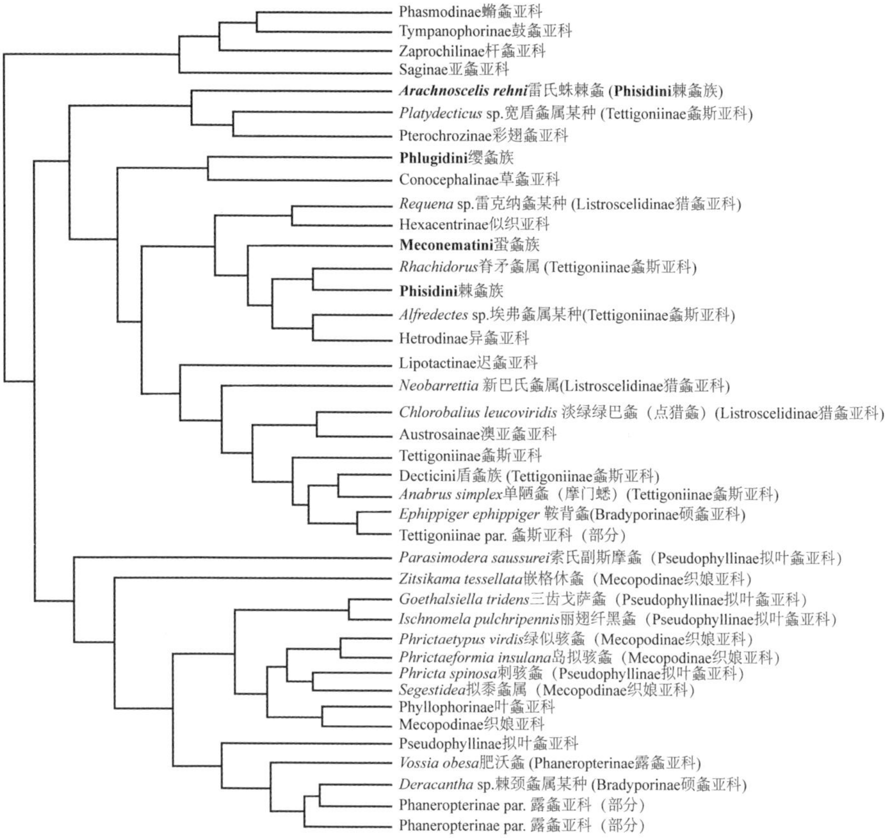

Phasmodinae蝽螽亚科
Tympanophorinae鼓螽亚科
Zaprochilinae杆螽亚科
Saginae亚螽亚科
***Arachnoscelis rehni*雷氏蛛棘螽 (Phisidini棘螽族)**
Platydecticus sp.宽盾螽属某种 (Tettigoniinae螽斯亚科)
Pterochrozinae彩翅螽亚科
Phlugidini缨螽族
Conocephalinae草螽亚科
Requena sp.雷克纳螽某种 (Listroscelidinae猎螽亚科)
Hexacentrinae似织亚科
Meconematini蛩螽族
*Rhachidorus*脊矛螽属 (Tettigoniinae螽斯亚科)
Phisidini棘螽族
Alfredectes sp.埃弗螽属某种(Tettigoniinae螽斯亚科)
Hetrodinae异螽亚科
Lipotactinae迟螽亚科
Neobarrettia 新巴氏螽属(Listroscelidinae猎螽亚科)
Chlorobalius leucoviridis 淡绿绿巴螽（点猎螽）(Listroscelidinae猎螽亚科)
Austrosainae澳亚螽亚科
Tettigoniinae螽斯亚科
Decticini盾螽族 (Tettigoniinae螽斯亚科)
*Anabrus simplex*单陋螽（摩门蟋）(Tettigoniinae螽斯亚科)
Ephippiger ephippiger 鞍背螽(Bradyporinae硕螽亚科)
Tettigoniinae par. 螽斯亚科（部分）
*Parasimodera saussurei*索氏副斯摩螽（Pseudophyllinae拟叶螽亚科）
*Zitsikama tessellata*嵌格休螽（Mecopodinae织娘亚科）
*Goethalsiella tridens*三齿戈萨螽（Pseudophyllinae拟叶螽亚科）
*Ischnomela pulchripennis*丽翅纤黑螽（Pseudophyllinae拟叶螽亚科）
*Phrictaetypus virdis*绿似骇螽（Mecopodinae织娘亚科）
*Phrictaeformia insulana*岛拟骇螽（Mecopodinae织娘亚科）
*Phricta spinosa*刺骇螽（Pseudophyllinae拟叶螽亚科）
*Segestidea*拟黍螽属（Mecopodinae织娘亚科）
Phyllophorinae叶螽亚科
Mecopodinae织娘亚科
Pseudophyllinae拟叶螽亚科
*Vossia obesa*肥沃螽 (Phaneropterinae露螽亚科)
Deracantha sp.棘颈螽属某种 (Bradyporinae硕螽亚科)
Phaneropterinae par. 露螽亚科（部分）
Phaneropterinae par. 露螽亚科（部分）

图Ⅵ　基于235种5个分子标记的螽斯科贝叶斯树（Mugleston *et al.*, 2018）

Fig. Ⅵ　BEAST tree of Tettigoniidae based on 5 molecular markers from 235 species (Mugleston *et al.*, 2018)

瓦纳古陆在中生代开始解体，目前发现的保存在琥珀中的最早蛩螽化石为新生代始新世（Gorochov，2010），形态特征已与现今蛩螽类群十分近似。虽蛩螽亚科起源的具体时间未知，但中生代末期已经广泛存在。

从蛩螽族目前的分布来看，形成了热带界和东洋界的分布格局，并且在东洋界向北向东分化扩展，热带界向北扩展，特化的模式属类群形成古北界西部和新北界东部分布的格局，但由于新北界分布记录时间较近，很大程度上是人类活动的结果。

缨螽族在新热带界和东洋界辐射，热带界的类群也极大可能是人类活动的结果。棘螽族在东洋界适应繁盛，新热带界类群与东洋界有较大差

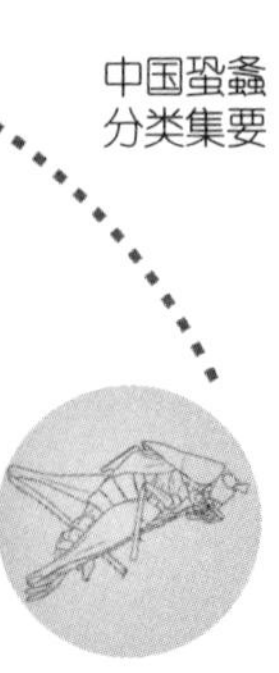

异，可能并不同源。

蛩螽在国内各省、动物地理区系的种类分布以云南、广西、四川的种类最多，其次是浙江、贵州、湖南、广东、福建、江西、湖北、安徽、河南、海南，河北、陕西、山东、江苏、甘肃则少于10种，其他地区未分布或没有记录；以中国动物地理区划来看，华南区最多记录89种，其次是西南区记录87种，面积最大的华中区记录75种，华北区记录19种、蒙新区、东北区、青藏区未有记录；从世界动物区系划分来看，古北界19种，东洋界236种。

从中国地理区划来看，东洋区类群的繁盛在国内有明显的体现，尤其集中在华南区与西南区，由于地形多变、植被茂密，小生境复杂，成为了国内蛩螽分化的中心；华中区面积广阔气候适宜，在植被保护较好的保护区也有相当种类的蛩螽存在；华北区由于纬度的升高，植被多样性减少，人类活动带来的城市化、农业化、污染，环境单一，分布比较局限；而高纬度高海拔且干燥的地区不适宜蛩螽的生存。

总体而言，蛩螽类昆虫对于生境的要求较高，在气候湿润植被郁闭的环境中有很强的适应能力，在水平和垂直生态位都能够适应分化，体型小和食性杂是其繁盛的重要因素。

六、材料与方法

书中涉及的研究材料为蛩螽标本，是中国科学院上海昆虫博物馆（SEM，CAS）馆藏，基本涵盖了华东、华南、西南大部分地区的种类。另有部分为研究期间采集所得和交换赠予所得。

蛩螽的采集

蛩螽夜间活跃，有趋光性，在光源附近猎食聚集而来的其他小型昆虫。白天隐蔽于叶背面，偶尔迁徙活动，多栖息于灌木层，少数种类能够到达高大乔木的树冠，随着人工竹林的增加，郁闭竹林的林下层为许多蛩螽喜好的栖息场所。依据其习性，主要采用：

扫网：使用昆虫网反复扫过一定区域灌木层植物外围，一般停驻反复

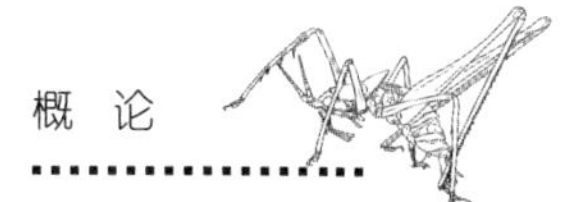

扫10次再向前行进，扫30～40网后开网收集昆虫，适用于日间开阔地势采集，除扫灌木层植物外，网杆较长也可扫乔木树冠下缘。

振落：扫网开口向上敲击植物下层，利用昆虫趋避时自由下落至难以触及的基底后迅速逃走或伪装死亡的行为，此方法适用于善爬行和跳跃的短翅蛩螽。

观察：观察到其所在以手或网捕捉，对于视力和洞察力要求较高，蛩螽体型小，长翅种类善飞，短翅种类可快速连续跳跃，观察与捕捉相对困难。但考虑生态照的拍摄，观察能够最大限度的记录自然状态，采集中也需要以观察为基础的捕捉。

灯诱：利用蛩螽趋光特性，入夜后于开阔地带利用强光源（高压汞灯）引诱，于灯后撑起方形白布或利用白色墙面以便昆虫停息，再以手捕或借助扫网收集，飞行能力强的蛩螽往往可以飞至白布或附近区域。

夜采：螽斯夜间活跃，灯诱持续的同时借助手灯或头灯进行夜间采集，日间隐蔽的雄性螽斯会爬上叶面或枝头，以便雌性寻找，雌性在迁移过程中也不如白天警觉与隐蔽，尤其雨后为尽快使身体干燥，会尽量找寻开阔处。夜间注意力集中于光斑，有利于发现昆虫，在地势不开阔区域对于灯诱是很好的补充。有时夜间采集对于螽斯类群效果可能优于灯诱与日间扫网。

标本处理

蛩螽体型小，内脏部分比例远不及大型螽斯，考虑到采集效率可以直接浸入70%酒精杀毙和防腐保存，需要保持颜色可以用乙酸乙酯毒瓶杀毙防腐，也可以置于蟋蟀罐、螽斯笼饲养活体观察行为。活体标本待死后立即整姿制作标本，低温冻干（缓慢，效果较好）或者放入二氧化硅干燥皿（快速，效果一般）；酒精浸制或毒杀标本插针整姿自然干制。然后进行消毒与杀灭处理。

蛩螽的雄性外生殖器有些为完全膜质，没有形态价值，如果革质化则革质部分外露，一些种类极为特化，基本可以不需解剖观察形态，可作为种间鉴别特征。蛩螽雄性第10腹节背板、尾须，雌雄下生殖板形态多样，易于观察，是更为常用的种间鉴别特征。

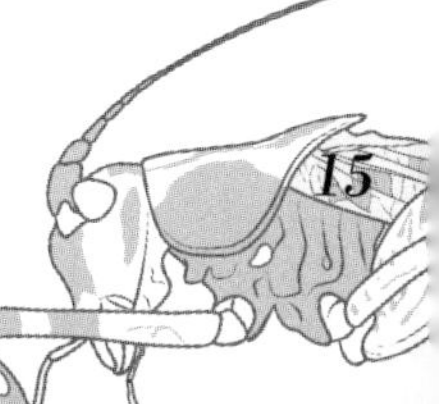

中国蛩螽分类集要

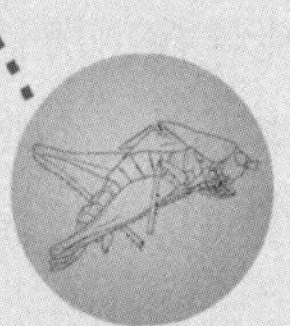

各论

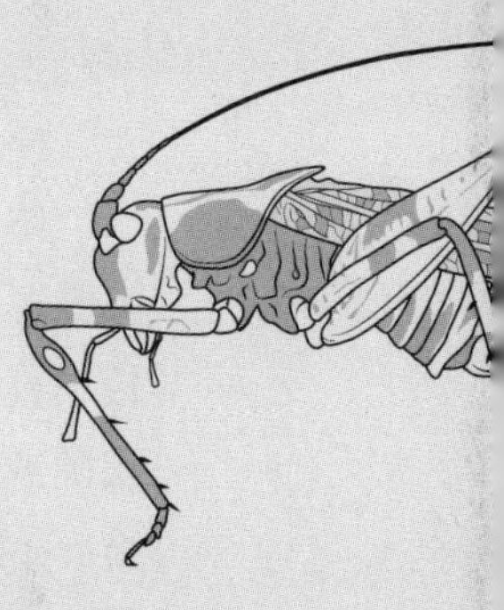

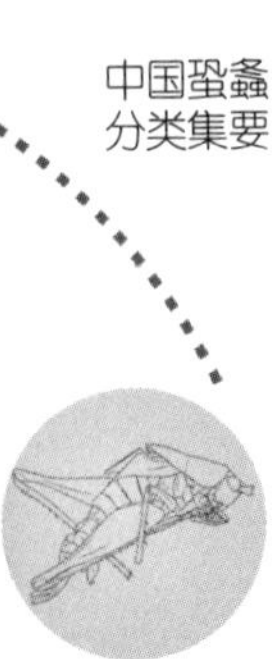

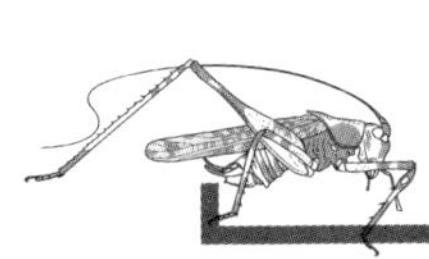

蛩螽亚科 Meconematinae Burmeister, 1838

模式属：*Meconema* Serville, 1831

体小型，触角纤细长于体长，着生复眼之间，头顶稍突出颜顶，通常圆锥形，触角窝周缘稍隆起，口常下口式，颜面略向后倾斜；胸听器通常较小且外露；前足胫节具听器，完全开放或具罩壳开口向前，开口圆形或狭圆或缝状，前足胫节背面缺刺，后足胫节背面具内外端距，跗节4节，第1与2跗节具跗垫和侧沟，分界明显，第3跗节具侧叶；除模式属外雄性前翅肘脉区具发音器，具第2肘脉和镜膜，翅发达程度多样；雄性腹端变异较大，尾须形态多样，雌性产卵瓣通常剑状或稍上弯，较细长。

蛩螽亚科昆虫主要分布在热带和亚热带，截至目前共记录3族136属914种，其中中国记录2族45属236种。

中国蛩螽亚科Meconematinae分属检索表

1 前足胫节听器两侧开放或至少外侧开放，前胸背板后缘圆或圆截形…… 2
– 前足胫节听器具外壳或缝状，前胸背板后缘平截 ……………………………………………… **棘螽族 Phisidini** ……… **新棘螽属 *Neophisis* Jin, 1990**
2 前中足股节腹面无刺，具隆线………… **蛩螽族 Meconematini** ………… 3
– 前中足股节下无隆线，前足股节具刺，复眼甚大，向前凸出 …………………………………………………………………… **缨螽族 Plugidini**
3 后足胫节具3对端距 ………………………………………………………… 4

- 后足胫节具2对端距 …………………………………………………… 31
4 前翅长于前胸背板，后翅发达或略缩短 ………………………………… 5
- 前翅短于前胸背板，后翅退化或缺失 ………………………………… 24
5 雄性第10腹节背板下部具次臀板 ……………………………………… 6
- 雄性第10腹节背板下部不具次臀板 …………………………………… 8
6 下颚须端节正常，胸听器完全外露 …………………………………… 7
- 下颚须端节明显短于亚端节，胸听器不完全外露 …………………… …………………………………… **异畸螽属 *Alloteratura* Hebard, 1922**
7 雄性第10腹节背板末端具分叉的单突起；雌性下生殖板不具突起 ………………………… **叉畸螽属 *Nefateratura* Ingrisch & Shishodia, 2000**
- 雄性第10腹节背板末端具成对的突起；雌性下生殖板常具下垂的突起 ………………………………………… **库螽属 *Kuzicus* Gorochov, 1993**
8 前胸背板侧片较高，具肩凹，胸听器大，后翅长于前翅 ……………… 9
- 前胸背板侧片较矮，后缘无肩凹，胸听器较小，后翅等于或短于前翅 ……………………………………………………………………………… 23
9 头部背面具暗或黑斑纹，至少触角窝内缘暗色 ……………………… 10
- 头部背面无暗色斑纹 ……………………………………………………… 15
10 头部背面具黑色纵纹或完全暗黑色 …………………………………… 11
- 头部背面具暗色纵带或头顶黑色 ……………………………………… 14
11 头部背面完全暗黑色 …………………………………………………… 12
- 头部背面具暗黑色纵纹 ………………………………………………… 13
12 后足股节膝部具黑色；雄性第10腹节背板开裂成两尖叶；雌性产卵瓣腹瓣端部具锯齿 ………………… **大蛩螽属 *Megaconema* Gorochov, 1993**
- 后足股节膝部非黑色；雄性第10腹节背板具成对的长突起；雌性产卵瓣腹瓣端部无锯齿 …………… **大畸螽属 *Macroteratura* Gorochov, 1993**
13 头部背面具4条暗黑色纵纹；雄性第10腹节背板具深裂的突起或缺失 … ……………………………………………… **栖螽属 *Xizicus* Gorochov, 1993**
- 头部背面复眼后具1对暗黑色纵纹；雄性第10腹节背板具突起 ………………………………… **优剑螽属 *Euxiphidiopsis* Gorochov, 1993**
14 前胸背板具成对黑点；雄性肛上板不特化；雌性下生殖板延长 ………………………… **黑斑螽属 *Nigrimacula* Shi, Bian & Zhou, 2016**
- 前胸背板无黑点；雄性肛上板特化具突起；雌性下生殖板非延长 …… …………………………………… **三岛螽属 *Tamdaora* Gorochov, 1998**
15 头部背面具成对的浅色条纹 …………………………………………… 16
- 头部背面无条纹，单色 ………………………………………………… 19
16 雄性生殖器完全膜质，下生殖板腹突较长 …………………………… 17
- 雄性外生殖器完全革质，具成对的端突 ……………………………… 18

17 雄性第10腹节背板具成对的突起，尾须较简单；雌性产卵瓣腹瓣具亚端齿和端钩 ……………………………… **小蛩螽属 *Microconema* Liu, 2005**

- 雄性第10腹节背板无突起或叶，尾须端部片状扩大；雌性产卵瓣较短…… ……………………………………… **钱螽属 *Chandozhinskia* Gorochov, 1993**

18 头顶较短圆锥形；雄性第10腹节背板无突起 ……………………………… ………………………………………………… **涤螽属 *Decma* Gorochov, 1993**

- 头顶圆柱状凸出；稍侧扁；雄性第10腹节背板后缘中央凸出，后足端距未知 ……………………… **华涤螽属 *Sinodecma* Shi, Bian & Chang, 2011**

19 前胸背板具1对暗黑色侧条纹；雄性第10腹节背板具成对突起或缺失；雌性下生殖板具侧棱 ……………… **原栖螽属 *Eoxizicus* Gorochov, 1993**

- 前胸背板单色，无任何斑纹 ……………………………………………… 20

20 雄性第10腹节背板无或具成对的突起 …………………………………… 21

- 雄性第10腹节背板具单突起；雌性下生殖板端部凸出 ……………… 22

21 雄性第10腹节背板具成对的端叶，外生殖器具成对的革片；雌性下生殖板端部不凸出 ………………………… **戈螽属 *Grigoriora* Gorochov, 1993**

- 雄性第10腹节背板不具突起，外生殖器不具革片；雌性未知 ………… ……………………………… **异戈螽属 *Allogrigoriora* Wang & Liu, 2018**

22 雄性第9腹节背板不特化；雌性产卵瓣腹瓣端部无锯齿 ……………… ………………………………… **剑螽属 *Xiphidiopsis* Redtenbacher, 1891**

- 雄性第9腹节背板后缘中央凸出；雌性产卵瓣腹瓣端部具锯齿 ……… ……………………… **异剑螽属 *Alloxiphidiopsis* Liu & Zhang, 2007**

23 前翅长至少2倍于前胸背板；雄性第10腹节背板具成对短突起 ……… ………………………… **华栖螽属 *Sinoxizicus* Gorochov & Kang, 2005**

- 前翅略微长于前胸背板；雄性第9腹节背板两侧向后延伸弯曲超过第10腹节背板，第10腹节背板具侧扁的单突起 ………………………………… ………………… **远霓螽属 *Abaxinicephora* Gorochov & Kang, 2005**

24 雄性前胸背板侧片后部明显凸出 ………………………………………… 25

- 雄性前胸背板侧片后部明显趋狭 ………………………………………… 26

25 雄性前胸背板沟后区长于沟前区2倍以上，沟后区背观与侧观明显球形膨大 ……………………………………… **华穹螽属 *Sinocyrtaspis* Liu, 2000**

- 雄性前胸背板沟后区短于沟前区2倍，沟后区稍膨大 ………………… ……………………… **皆穹螽属 *Allicyrtaspis* Shi, Bian & Chang, 2013**

26 雄性外生殖器裸露；雌性前翅侧置 ……………………………………… 27

- 雄性外生殖器不裸露，腹突位于下生殖板亚端部；雌性前翅重叠，下生殖板横宽 ……………………………… **吟螽属 *Phlugiolopsis* Zeuner, 1940**

27 前翅中等长度到达腹端，具明显的暗点 ………………………………… ……………………………**亚吟螽属 *Aphlugiolopsis* Wang, Liu & Li, 2015**

- 前翅缩短远不到达腹端 …………………………………………………… 28
28 雄性下生殖板特化，不具腹突；雌性第10腹节背板具一对刺状突起 ……………………………… **燕尾螽属 *Doicholobosa* Bian, Zhu & Shi, 2017**
- 雄性下生殖板具腹突；雌性第10腹节背板不特化 ………………………… 29
29 前胸背板背面具一对深色纵条纹，在沟后区稍扩宽，外侧具浅色边，有时其间深色形成纵带 ………………… **异饰尾螽属 *Acosmetura* Liu, 2000**
- 前胸背板不具一对纵条纹或形成宽纵带 ……………………………………… 30
30 雄性第10腹节背板与肛上板融合；雄性尾须简单 ……………………………………………………………………… **新刺膝螽属 *Neocyrtposis* Liu, 2007**
- 雄性第10腹节背板与肛上板不融合；雄性尾须具突起或叶 ……………………………………… **异刺膝螽属 *Allocyrtopsis* Wang & Liu, 2012**
31 前翅短于前胸背板，后翅退化或缺失 ………………………………………… 32
- 前翅等长于或长于前胸背板，后翅通常不退化 ……………………………… 40
32 前胸背板侧片后部明显趋狭；雄性尾须外露，外生殖器不裸露 …… 33
- 前胸背板侧片后部明显扩宽；后足胫节端距数量有变异；雄性尾须完全隐藏于第10腹节背板之下，外生殖器裸露 ……………………………………………………………… **副饰尾螽属 *Paracosmetura* Liu, 2000**
33 雄性第10腹节背板后缘具明显突起 ………………………………………… 34
- 雄性第10腹节背板后缘无突起 ……………………………………………… 38
34 雄性第10腹节背板具单零的突起；雌性前翅相互重叠 ………………… 35
- 雄性第10腹节背板具成对的突起；雌性前翅侧置 ……………………………………………………………… **啮螽属 *Cecidophagula* Uvarov, 1940**
35 后足股节膝叶具端刺；雄性前胸背板沟后区强抬高；雄性第10腹节背板突起略侧扁 ………………………… **刺膝螽属 *Cyrtopsis* Bey-Bienko, 1962**
- 后足股节膝叶无端刺；雄性前胸背板沟后区不抬高；雄性第10腹节背板突起略扁平 ………………………………………………………………… 36
36 头后口式；雄性第10腹节背板后缘突起较复杂；雌性下生殖板近三角形 ……………………………………………… **杉螽属 *Thaumaspis* Bolívar, 1900**
- 头下口式；雄性第10腹节背板后缘突起较简单；雌性下生殖板后缘较圆 ……………………………………………………………………………… 37
37 雄性第10腹节背板后缘中央突起圆锥状；雌性下生殖板基部较宽 …… ……………………………… **华杉螽属 *Sinothaumaspis* Wang, Liu & Li, 2015**
- 雄性第10腹节背板后缘突起岔开向外弯曲；雌性下生殖板端半部宽 … ……………………………………… **亚杉螽属 *Athaumaspis* Wang & Liu, 2014**
38 雄性第10腹节背板下部具延长的短枝；雌性下生殖板横宽 …………… ……………………………… **拟杉螽属 *Pseudothaumaspis* Gorochov, 1998**
- 雄性第10腹节背板下部无延长的短枝；雌性下生殖板非横宽 ……… 39

Meconematinae in China

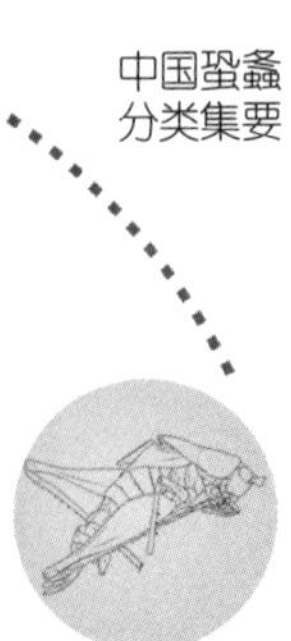

39 雄性外生殖器革质，肛上板发达与前节背板融合；雌性产卵瓣不具端钩 ……………………… **拟饰尾螽属 *Pseudocosmetura* Liu, Zhou & Bi, 2010**
– 雄性外生殖器完全膜质，肛上板退化；雌性产卵瓣具端钩 …………………………………… **副吟螽属 *Paraphlugiolopsis* Bian & Shi, 2014**
40 前翅不超过腹端或刚到达腹端 ………… **霓螽属 *Nicephora* Bolívar, 1900**
– 前翅明显超过腹端 …………………………………………………………… 41
41 前胸背板具明显的中隆线；雄性第10腹节背板后缘具2圆叶；雌性下生殖板狭长，端部狭圆 …… **瀛蛩螽属 *Nipponomeconema* Yamasaki, 1983**
– 前胸背板无中隆线；雄性第10腹节背板后缘平直或具凹缺；雌性下生殖板非横宽和无突出的中叶 ………………………………………………… 42
42 雄性下生殖板无腹突，尾须短；雌性未知 …………………………………………………… **泰雅螽属 *Taiyalia* Yamasaki, 1992**
– 雄性下生殖板具腹突 ………………………………………………………… 43
43 雄性第10腹节背板后缘中央无凹缺，具成对的突起或退化；雄性尾须相对较简单 ……………………… **拟库螽属 *Pseudokuzicus* Gorochov, 1993**
– 雄性第10腹节背板后缘中央具半圆形凹缺；雄性尾须相对较复杂 … 44
44 头顶圆锥形，具沟；雄性尾须粗壮，具膝状弯曲的末端；雌性尾须圆锥形 ………………………………………… **畸螽属 *Teratura* Redtenbacher, 1891**
– 头顶扁片形，背面不具沟；雄性尾须较纤薄，对称或不对称；雌性尾须非圆锥形 …………………………………………………………………… 45
45 头顶端部较尖，背面平；雄性尾须多不对称，外生殖器膜质或部分硬化；雌性尾须细长略弯曲，中部之后略增粗 ……………………………………………………… **纤畸螽属 *Leptoteratura* Yamasaki, 1982**
– 头顶端部钝圆，背面下凹；雄性尾须对称，外生殖器革质；雌性未知 ……………………… **铲畸螽属 *Shoveliteratura* Shi, Bian & Chang, 2011**

一、棘螽族 Phisidini Jin, 1987

模式属：*Phisis* Stål, 1861

体细长，小到中型，头顶较短，下颚须与下唇须长，前胸背板后缘平截或略凹，前足胫节听器具罩壳，背侧开口，前足基节刺、中足转节刺有或无，前足股节与胫节腹面内外侧具成排猎刺，中足股节腹面外侧具成排猎刺，内侧具刺或齿，中足胫节腹面内外具成排猎刺，背面具亚基距或端距或消失，后足股节腹面具齿；前翅长于或等于后翅，雄性前翅具音齿及镜膜；雄性肛上板与肛侧板发达，形态多样，尾须形态多样，雄性具革质外生殖器，下生殖板常具腹突，雌性尾须与下生殖板简单，产卵瓣中等长度适度上弯，背腹缘常具锯齿。

蛛螽族 Phisidini 分亚族检索表

1 头较大，颜面明显宽于前胸背板，头高超过前胸背板长，部分雄性大颚特化，后足股节基1/3明显膨大，宽度与前胸背板相当，短翅…………………………………………… **蛛棘螽亚族 Arachnoscelidina Gorochov, 2013**

\- 头较小，颜面与前胸背板等宽或稍宽，头高等于或略长于前胸背板长，雄性大颚不特化，前胸背板明显长于后足股节宽，翅发达 …………… 2

2 前足基节具刺，中足胫节常具背亚基距；印度至太平洋区域广泛分布 …………………………………………………… **棘螽亚族 Phisidina Jin, 1987**

\- 前足基节缺刺，中足胫节缺背亚基距；分布限于东亚及太平洋地区 …………………………………………**比德螽亚族 Beiericolyina Jin, 1992**

比德螽亚族 Beiericolyina Jin, 1992

模式属：*Beiericolya* Kaltenbach, 1968

（一）新棘螽属 *Neophisis* Jin, 1990

Neophisis: Jin, Kevan & Yamasaki, 1990, *Proceedings of the Japanese Society of Systematic Zoology*, 42: 23; Jin & Kevan, 1992, *Theses Zoologicae*, 18: 136; Otte, 1997, *Orthoptera Species File 7*, 82; Rentz, 2010, *A Guide to the Katydids of Australia*, 44.

模式种：*Teuthras arachnoides* Bolívar, 1905

前胸腹板刺中等或延长，中胸腹板刺稍短，后胸腹板刺很小或退化；胸听器大小变异；前翅与后翅发达；前足基节缺刺，胫节听器扩展，壳孔中到大，中足转节具刺，胫节背亚基距缺失，具端距；雄性第10腹节背板中部凹，肛上板椭圆或近圆形，或与第10背板融合，肛侧板叶多样，位于腹面，背观不可见；尾须圆柱形或叶状，基部分叉，下生殖板后缘凸出或尖形，延长，阳茎复合体具中等大小的背和侧阳茎叶，阳基背片衣架状或变异。雌性肛上板小，不明显；尾须圆柱状渐尖；下生殖板短，三角或圆形；产卵瓣上弯，边缘光滑或具小齿。

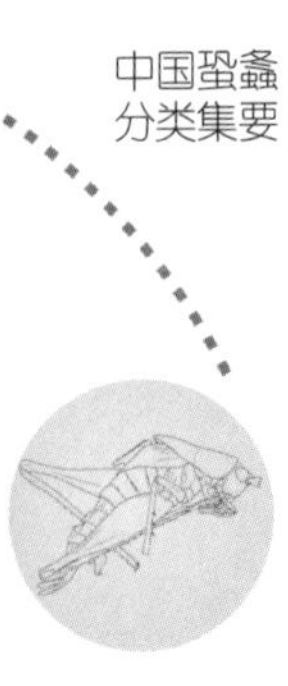

印棘螽亚属*Neophisis*（*Indophisis*）Jin, 1990

Indophisis: Jin, Kevan & Yamasaki, 1990, *Proceedings of the Japanese Society of Systematic Zoology*, 42: 23; Jin & Kevan, 1992, *Theses Zoologicae*, 18: 137–138; Otte, 1997, *Orthoptera Species File 7*, 82.

模式种：*Teuthras gracilipes* Stål, 1877

雄性第10腹节背板后缘不平，两侧具长突起，尾须弯曲常具叶和分支，阳基背片衣架状，雌性无明显特征。

1. 兰屿印棘螽 *Neophisis (Indophisis) kotoshoensis* (Shiraki, 1930)（仿图1）

Decolya kotoshoensis: Shiraki, 1930, *Transactions of the Natural History Society of Formosa*, 20(111): 344; Matsumura, 1931, *Toko-Shoin, Tokyo*, 1353; Shiraki, 1932, *Iconographia Insectorum Japonicorum*, 2095; Henry, 1934, *Spolia Zeylanica*, 19: 19; Jin, 1987, *Evolutionary Biology of Orthopteroid Insects*, 284.

Neophisis (*Indophisis*) *kotoshoensis*: Jin, Kevan & Yamasaki, 1990, *Proceedings of the Japanese Society of Systematic Zoology*, 42: 25; Jin & Kevan, 1992, *Theses Zoologicae*, 18: 169.

描述：体小型。前胸背板侧片较低，胸听器相对较小；雄性前翅与后翅短，几乎与前胸背板等长，端部截形，镜膜大且方形；雌性前翅长约前胸背板2/3，端部圆。前足股节腹刺5, 4（内，外）排列，胫节刺7, 7，听器壳孔小（仿图1b）；中足股节刺5, 2，胫节刺7, 7。雄性肛上板小，与第10腹节背板融合，肛侧板长圆叶形，较大，几乎到达尾须端部；尾须扁宽叶状，微内弯明显的纵凹（仿图1c）；下生殖板后缘明显突出，具明显的中隆线，腹突长圆柱形；阳茎复合体典型（仿图1d）。

雌性肛上板短，几乎被第10腹节背板遮盖；尾须短，圆柱形，端部尖；下生殖板后缘凸出；产卵瓣上弯，端缘具弱齿。

测量（mm）：体长♂14.0，♀12.0；前胸背板长♂3.4，♀3.0；前翅长♂3.4，♀2.0；后足股节长♂13.5，♀12.5；产卵瓣长7.5。

检视材料：未见标本。

模式产地及保存：中国台湾兰屿；台北大学（NTUC），中国台北。

分布：中国台湾。

鉴别：该种与小翅印棘螽 *Neophisis* (*Indophisis*) *meiopennis* Jin, 1992近似，区别在于体小翅更短，听器壳孔更小，雄性下生殖板后缘强凸出，雄性尾须无向下的基叶，雄性肛侧板长半圆叶状。

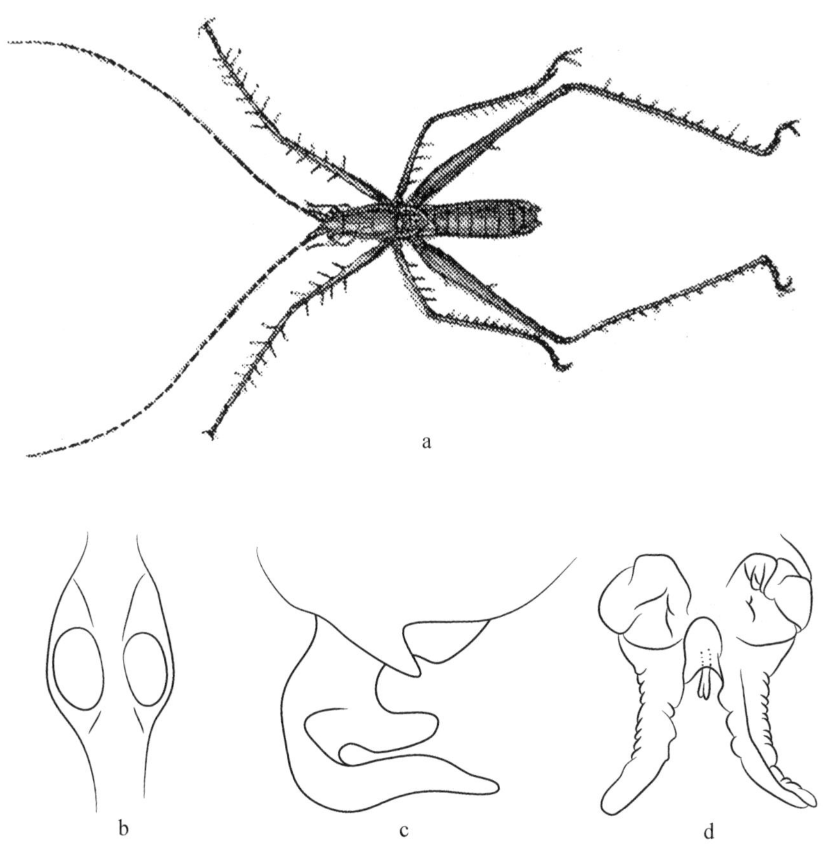

仿图1　兰屿印棘螽 *Neophisis* (*Indophisis*) *kotoshoensis* (Shiraki, 1930)
a. 雄性整体，背面观（仿Matsumura，1931）；b. 胫节听器孔，前面观；c. 雄性尾须，背面观；d. 雄性生殖器，背面观（b ～ d仿Jin & Kevan，1992）

AF. 1　*Neophisis* (*Indophisis*) *kotoshoensis* (Shiraki, 1930)
a. body of male, dorsal view (after Matsumura, 1931); b. tympanal organ orifices of tibia, front view; c. cercus of male, dorsal view; d. phallus, dorsal view (b ～ d after Jin & Kevan, 1992)

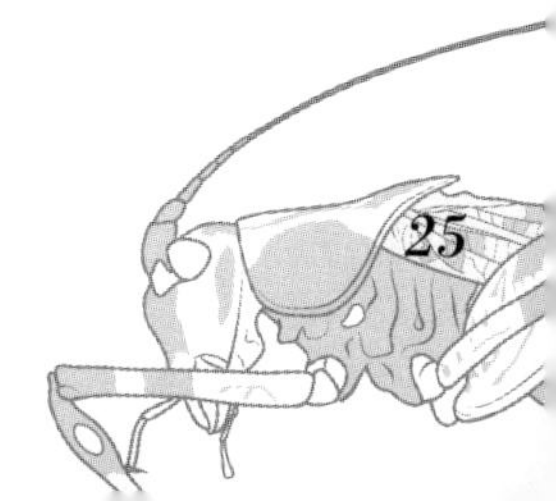

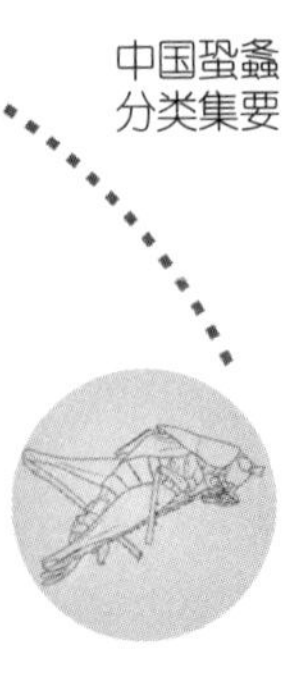

二、蛩螽族 Meconematini Burmeister, 1838

体细长，小到中型。头顶较短，前胸背板后缘圆凸。各足股节无刺，前中足胫节背面无刺，前足胫节听器完全开放（除真异螽属*Euanisous*），前足基节刺有或无，胫节腹面内外侧具成排猎刺，中足胫节腹面内外具成排猎刺；前翅常短于或等于后翅，发育程度多样，雄性前翅一般具音齿及镜膜。雄性第10腹节背板多样，肛上板通常不发达，尾须形态多样，雄性具革质外生殖器或完全膜质，下生殖板常具腹突；雌性尾须与下生殖板简单，产卵瓣中等长度适度上弯，背腹缘常光滑，端部常具端钩。

模式属：*Meconema* Serville, 1831

（二）叉畸螽属 *Nefateratura* Ingrisch & Shishodia, 2000

Alloteratura (*Nefateratura*): Ingrisch & Shishodia, 2000, *Mitteilungen der Münchner Entomologischen Gesellschaft*, 90: 24.

Nefateratura: Gorochov, 2008, *Proceedings of the Zoological Institute of the Russian Academy of Sciences*, 312(1–2): 34; Wang & Liu, 2018, *Zootaxa*, 4441(2): 240.

模式种：*Alloteratura terminata* Ingrisch & Shishodia, 2000

头顶圆锥形，端部钝，背面具纵沟；下颚须端节正常。前胸背板侧片后缘肩凹明显，胸听器较狭，完全外露；前与中足胫节刺相对较短，后足胫节腹面具4个端距；前翅和后翅发达，后翅略长于前翅。雄性第10腹节背板后缘中部具较大的分叉单突起，下部延伸出特化的次臀板；肛上板较小，通常从背面不可见；尾须简单细长，具或无突起；下生殖板具腹突，外生殖器具革片。雌性尾须略长，中部之后略粗；下生殖板多样，产卵瓣通常较短，边缘光滑。

2. 歧突叉畸螽 *Nefateratura bifurcata* (Liu & Bi, 1994)（图1）

Xiphidiopsis bifurcata: Liu & Bi, 1994, *Acta Zootaxonomica Sinica*, 19(3): 329.

Nefateratura bifurcata: Wang & Liu, 2018, *Zootaxa*, 4441(2): 241.

描述：雄性头顶向前呈圆锥形突出，端部钝圆，背面具弱的纵沟；复眼圆形，突出；下颚须端节约等长于亚端节（图1b）。前胸背板向后延长，侧

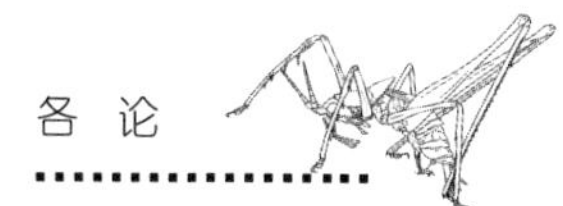

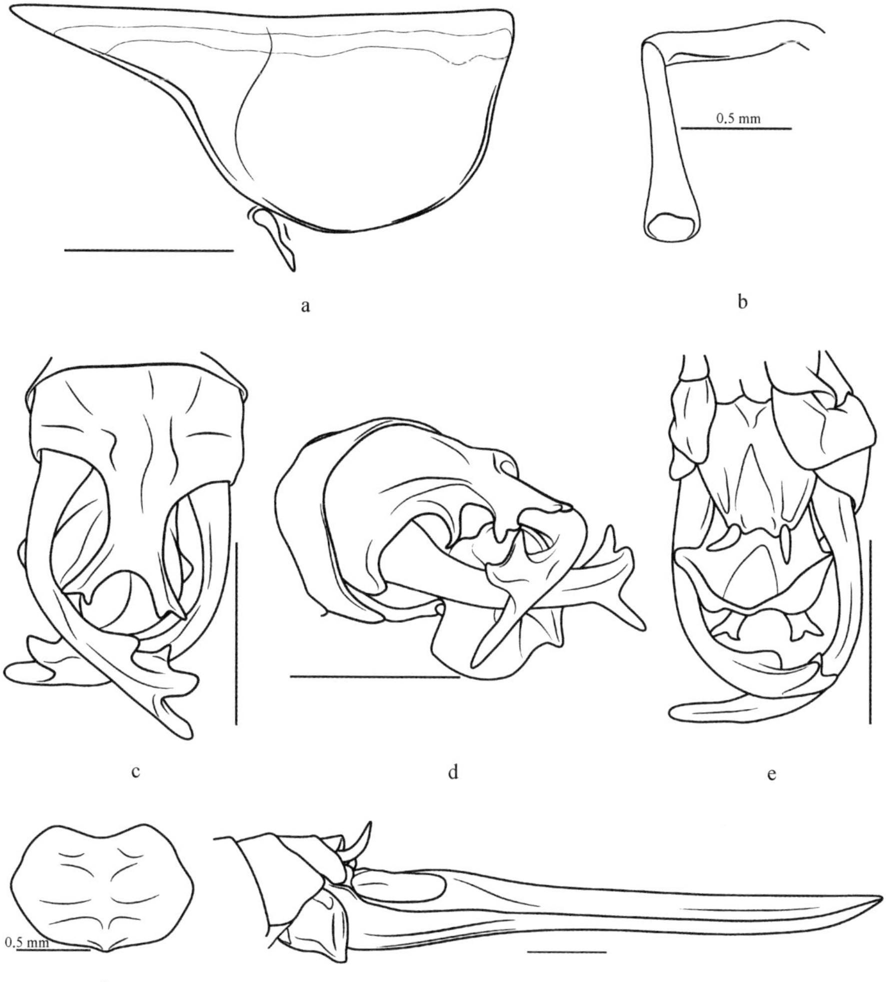

图1　歧突叉畸螽 *Nefateratura bifurcata* (Liu & Bi, 1994)
（图中比例尺如未标明均为1 mm，后同）

a. 雄性前胸背板，侧面观；b. 雄性下颚须端2节，侧面观；c. 雄性腹端，背面观；d. 雄性腹端，侧面观；e. 雄性腹端，腹面观；f. 雌性下生殖板，腹面观；g. 雌性腹端，侧面观

Fig. 1　*Nefateratura bifurcata* (Liu & Bi, 1994) (all the scale bars are 1 mm if not additionally labeled, the same as in the following figures)

a. male pronotum in lateral view; b. terminal two segments of male maxillary palpi; end of male abdomen: c. dorsal view; d. laterally rear view; e. ventral view. female: f. subgenital plate in ventral view; g. ovipositor in lateral view

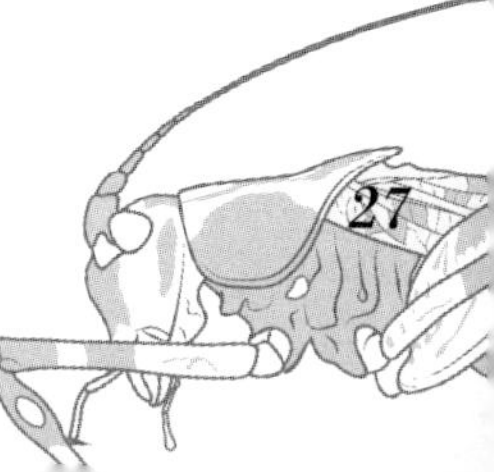

片后缘具明显的较弱肩凹；胸听器孔较狭（图1a）；前翅颇远地超过后足股节顶端，后翅长于前翅；前足基节缺刺，各足股节腹面缺刺，膝叶缺端刺；前足胫节腹面刺较长，排列成4, 5 (1, 1)型；后足胫节背面内、外缘各具22～25个齿，端部具端距3对。第10腹节背板显著变形，明显向后延长，端部分裂成2相距较远的裂叶，裂叶端部分叉（图1c）；在延长部分的底缘近基部具一对向下突出的尖指状突起，从侧面可见（图1d）；尾须细长并较强地向内弯曲，背面近端部具三齿形的突起（图1c～e）；下生殖板较短，后缘在腹突之间稍内凹（图1e）；次臀板特化，颇远地超过下生殖板，端半部向下呈直角形弯曲，外表面中央具纵凹，两侧强地拱凸（图1d，e）。

雌性尾须短而细，圆锥形。下生殖板稍横宽，后缘宽圆，顶端稍微尖形突出（图1f），从侧面观腹缘端部1/3稍向下突出（图1g）；产卵瓣不长，较平直（图1g）。

体淡黄绿色。复眼赤褐色或褐色，复眼后方具黄色纵条纹，延伸至前胸背板后缘。前翅具不明显的暗点，后足胫节刺淡褐色。

测量（mm）：体长♂11.0，♀12.0；前胸背板长♂3.0，♀3.0～3.2；前翅长♂16.0，♀17.0～17.5；后足股节长♂9.0，♀9.5～10.0；产卵瓣长7.5～8.5。

检视材料：3♂♂2♀♀（正模、配模和副模），西藏墨脱，1979.IX.8，金根桃、吴建毅采。

分布：中国西藏。

（三）异畸螽属 *Alloteratura* Hebard, 1922

Alloteratura: Hebard, 1922, *Proceedings of the Academy of Natural Sciences of Philadelphia*, 74: 249; Beier, 1966, *Orthopterorum Catalogus*, 9: 276; Gorochov, 1993, *Zoosystematica Rossica*, 2(1): 90; Kevan & Jin, 1993, *Tropical Zoology*, 6: 253, 256, 257; Otte, 1996, *Transactions of the American Entomological Society*, 122(2–3): 114; Otte, 1997, *Orthoptera Species File 7*, 88; Gorochov, 1998, *Zoosystematica Rossica*, 7(1): 123; Ingrisch & Shishodia, 2000, *Mitteilungen der Münchner Entomologischen Gesellschaft*, 90: 21; Gorochov, 2008, *Trudy Zoologicheskogo Instituta Rossiyskoy Akademii Nauk*, 312(1–2): 34; Tan, 2012, *Orthoptera in the Bukit Timah and Central Catchment Nature Reserves (Part 2): Suborder*

Ensifera, 53; Shi, Di & Chang, 2014, *Zootaxa*, 3846(4): 597; Gorochov, 2016, *Far Eastern Entomologist*, 304: 13.

模式种：*Alloteratura bakeri* Hebard, 1922

头顶圆锥形，端部钝，背面具纵沟；下颚须端节极短，长几乎不大于端部的宽。前胸背板侧片后缘肩凹明显，胸听器部分被覆盖；前与中足胫节刺相对较短，后足胫节腹面具4个端距，个别种类具2个；前翅和后翅发达，后翅等长于或略长于前翅。雄性第10腹节背板后缘具或无突起，下部延伸出特化的次臀板；肛上板较小，通常从背面不可见；尾须简单，具或无突起或叶；下生殖板具腹突，外生殖器具革片。雌性尾须略长，中部之后略粗；下生殖板多样，产卵瓣通常较短，边缘光滑。

异畸螽亚属*Alloteratura* (*Alloteratura*) Hebard, 1922

Alloteratura (*Alloteratura*): Gorochov, 2016, *Far Eastern Entomologist*, 304: 13.

后足股节膝叶端部缺刺，钝圆。次臀板中型到大型，背腹观可见，部分或完全革质化，与第10腹节背板的后侧角铰接或融合。

中国异畸螽亚属分种检索表

1 前翅远超后足股节端部，后翅长于前翅 ……………………………………
…………………… **西藏异畸螽 *Alloteratura* (*Alloteratura*) *tibetensis* Jin, 1995**

\- 前翅缩短到达或不及后足股节端部，后翅不长于前翅 ……………………… 2

2 前翅到达后足股节端部，后翅等长于前翅。雄性尾须基部无分支，次臀板后部具长突起；雌性产卵瓣边缘光滑 …………………………………………
………… **赫氏异畸螽 *Alloteratura* (*Alloteratura*) *hebardi* Gorochov, 1998**

\- 前翅仅到达腹端，后翅短于前翅。雄性尾须基部具分支，次臀板后部具4刺状突起；雌性产卵瓣边缘光滑 ……………………………………………
…… **四刺异畸螽 *Alloteratura* (*Alloteratura*) *quaternispina* Shi, Di & Chang, 2014**

3. 西藏异畸螽 *Alloteratura* (*Alloteratura*) *tibetensis* Jin, 1995（图2）

Alloteratura tibatensis: Jin, 1995, *Entomologia Sinica*, 2(3): 203.

Alloteratura (*Alloteratura*) *tibetensis*: Gorochov, 2016, *Far Eastern Entomologist*, 304: 13.

描述：头顶圆锥形，端部钝，背面具纵沟。下颚须端节极短，长几乎不大于端部的宽。前胸背板侧片后缘肩凹明显（图2a），胸听器部分被覆盖。前足胫节刺为2, 3 (1, 1)型，后足胫节背面内外缘各具24 ～ 26个齿和1个端距，腹面具4个端距。前翅远超过后足股节端部，后翅长于前翅。雄性第10腹节背板后缘凹形（图2b），次臀板较复杂，上叶延长，端部呈三叶形；下叶位于基部两侧。雄性肛上板小，从背面不可见。尾须端部具2突起（图2b，c），下生殖板较小，后缘凸形，腹突较短。外生殖器无明显的革片（图2b，c）。

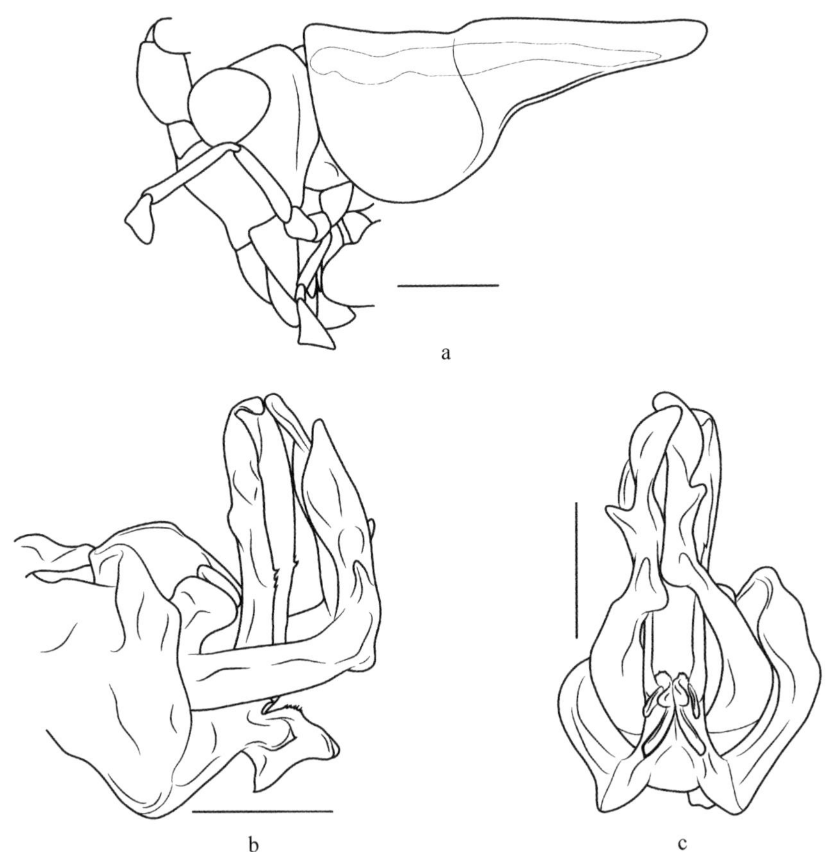

图2　西藏异畸螽 *Alloteratura* (*Alloteratura*) *tibetensis* Jin, 1995
a. 雄性头与前胸背板，侧面观；b. 雄性腹端，侧面观；c. 雄性腹端，后面观

Fig. 2　*Alloteratura* (*Alloteratura*) *tibetensis* Jin, 1995
a. head and pronotum of male, lateral view; b. end of male abomen, lateral view; c. end of male abdomen, rear view

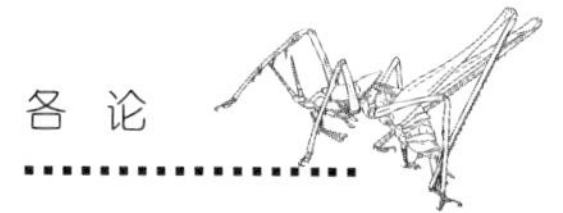

雌性未知。

体稻黄色。复眼褐色，其后方各具1条淡黄色纵纹，延伸至前胸背板后缘。

测量（mm）：体长♂9.0；前胸背板长♂4.0；前翅长♂18.0；后足股节长♂9.0。

检视材料：1♂（正模），西藏墨脱背崩，850 m，1983.VII.24，韩寅恒采。

分布：中国西藏。

4. 赫氏异畸螽 *Alloteratura* (*Alloteratura*) *hebardi* Gorochov, 1998（图3，图版6，7）

Alloteratura hebardi: Gorochov, 1998, *Zoosystematica Rossica*, 7(1): 124; Kim & Pham, 2014, *Zootaxa*, 3811(1): 70.

Alloteratura (*Alloteratura*): Gorochov, 2016, *Far Eastern Entomologist*, 304: 13.

描述：雄性体小。前胸背板中等长度，后缘狭圆，仅部分覆盖发音器，肩凹倾斜。前足胫节具4个内刺和3个外刺，标本中足缺失，后足胫节背缘两侧各具30～33个齿。前翅略缩短，到达后足股节末端，至末端趋狭，端部圆，Rs脉基部在基半部，后翅约与前翅等长；第10腹节背板简单，后缘中部具深圆的凹口；肛上板小，简单，部分背观可见（图3b）；尾须短且高，内面凹，具上下一大一小2个端突起（图3b～d）；下生殖板腹突很小（图3d）；生殖器具2大革片（次臀板）：背片末端3叶状与第10腹节背板铰接，腹片具很长的端突起并可能与第9腹节背板连接（图3b～d）。

雌性（新描述）头顶圆锥形，端部钝，背面具纵沟。下颚须端节极短，长几乎不大于端部的宽。前胸背板侧片后缘肩凹明显（图3a），胸听器部分被覆盖。前足胫节刺为3, 4 (1, 1)型，后足胫节背缘两侧各具29～35个齿，端距2对。前翅刚超过后足股节端部，后翅约等长于前翅。尾须略长，中部略增粗。下生殖板横宽，后缘宽圆形（图3e）。产卵瓣较短，边缘光滑（图3f）。

体淡黄色。头部背面具暗黑色纵带，触角柄节内侧具暗褐色。前胸背板背面具淡褐色宽带，前部较深；前翅臀域、第3跗节和尾须端部变暗。

测量（mm）：体长♂10.5，♀9.5～10.1；前胸背板长♂3.7，♀3.7～4.7；前翅长♂9.0，♀10.0～10.7；后足股节长♂9.5，♀10.5～10.8；产卵瓣长6.0～6.9。

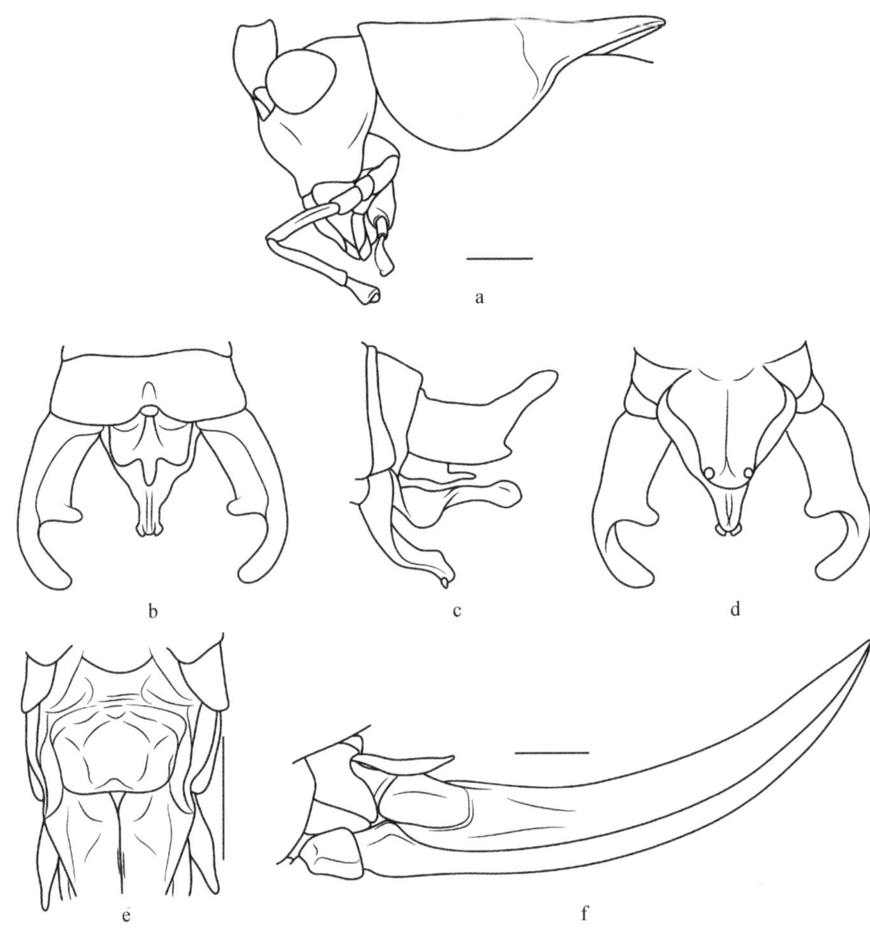

图3　赫氏异畸螽 *Alloteratura* (*Alloteratura*) *hebardi* Gorochov, 1998
（b ～ d仿 Gorochov, 1998）

a. 雌性头与前胸背板，侧面观；b. 雄性腹端，背面观；c. 雄性腹端，侧面观；d. 雄性腹端，腹面观；e. 雌性下生殖板，腹面观；f. 雌性腹端，侧面观

Fig. 3　*Alloteratura* (*Alloteratura*) *hebardi* Gorochov, 1998 (b ～ d after Gorochov, 1998)

a. head and pronotum of female, lateral view; b. end of male abdomen, dorsal view; c. end of male abdomen, lateral view; d. end of male abdomen, ventral view; e. subgenital plate of female, ventral view; f. end of female abdomen, laeral view

检视材料：1♀，广西大明山，890 ～ 930 m，1990.X.8，陆温采；3♀（1若虫），广西大明山，1 250 m，2013.VII.19 ～ 25，朱卫兵等采。

模式产地及保存：越南永福省三岛；俄罗斯科学院动物研究所（ZIN., RAS.），俄罗斯圣彼得堡。

分布：中国（广西）；越南。

讨论：Gorochov发表该种时只有雄性，根据雄性特征及颜色的描述将广西大明山采集的标本定为该种雌性，但也未采集到该种雄性，根据正模标本采集时间该种发生较早，栖息在较高的树冠下缘，雄性有可能在6月份就已成熟。

5. 四刺异畸螽 *Alloteratura* (*Alloteratura*) *quaternispina* Shi, Di & Chang, 2014（仿图2）

Alloteratura quaternispina: Shi, Di & Chang, 2014, *Zootaxa*, 3846(4): 597.

Alloteratura (*Alloteratura*) *quaternispina*: Gorochov, 2016, *Far Eastern Entomologist*, 304: 13.

描述：雄性体小型，杆状，细长。头顶圆锥形，向前凸出，端钝圆，背面具沟；复眼球形；下颚须端节约亚端节一半，端部扩展。前胸背板适度向后延长，前缘略凹，后缘钝圆，后横沟不明显，沟后区平；前胸背板侧片无肩凹，后缘倾斜；胸听器外露，较小。前翅短，到达或超过腹端，前翅发音器大部分被前胸背板覆盖，末端尖角形，后翅短于前翅。前基节不具刺，前足胫节听器内外均开放型；各足股节腹面无刺，后足股节膝叶钝圆，前足胫节腹面具4个内刺和2个外刺，后足胫节背面内外缘各具20～23齿，背腹各具1对端距。第10腹节背板呈方形，宽略大于长，后缘略凹（仿图2a）；尾须基部宽，具较长的扁平尾背向分支，分支端部尖，基腹部具刺状突，中部内背缘具1指状分支，尾须端部细，内弯，末端钝圆，端1/3具三角薄片状的腹叶（仿图2a～c）。阳基背片（次臀板）对称，向下，基部宽端部狭，末端圆或截形，中部具小缺刻，亚端部背缘具1对朝外的短粗刺，近中部两侧具1对朝外的长刺状突起（仿图2e）；下生殖板短宽，端部圆；腹突位于下生殖板近端部，圆锥形端部稍尖（仿图2d）。

雌性前胸背板比雄性短，前翅约到达第10腹节背板端部，第10腹节背板后缘中部开裂；肛上板小，舌状；尾须基部较细，中部稍粗壮，端部尖；产卵瓣基部壮实，端半部稍向上弯曲，背瓣与腹瓣约等长，腹缘光滑，背缘具许多小齿。下生殖板短宽，后缘圆形（仿图2f）。

体绿色。复眼黄褐色；前胸背板背片两侧具1对黄色纵带；后足胫节刺黄褐色；翅室具不明显的褐斑点；次臀板刺状突起黄褐色。

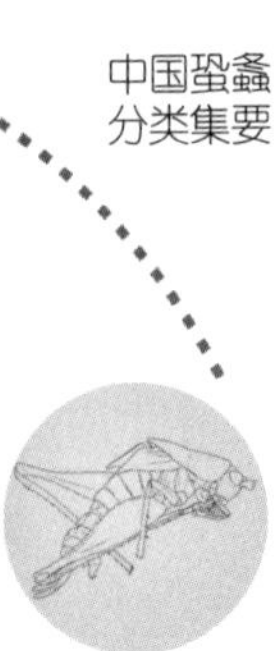

测量（mm）：体长♂7.3～8.0，♀8.5～8.8；前胸背板长♂3.1～3.2，♀2.5～2.6；前翅长♂6.2～7.5，♀5.7～5.8；后足股节长♂6.8～7.0，♀7.0～7.2；产卵瓣长5.6～5.8。

检视材料：1♂（正模），云南保山芒宽，1 528 m，2013.VIII.23，焦娇采；1♀（副模），云南保山高黎贡山，2013.VIII.20，张颖采。

模式产地及保存：中国云南保山芒宽；河北大学博物馆（MHU），中国河北保定。

分布：中国云南。

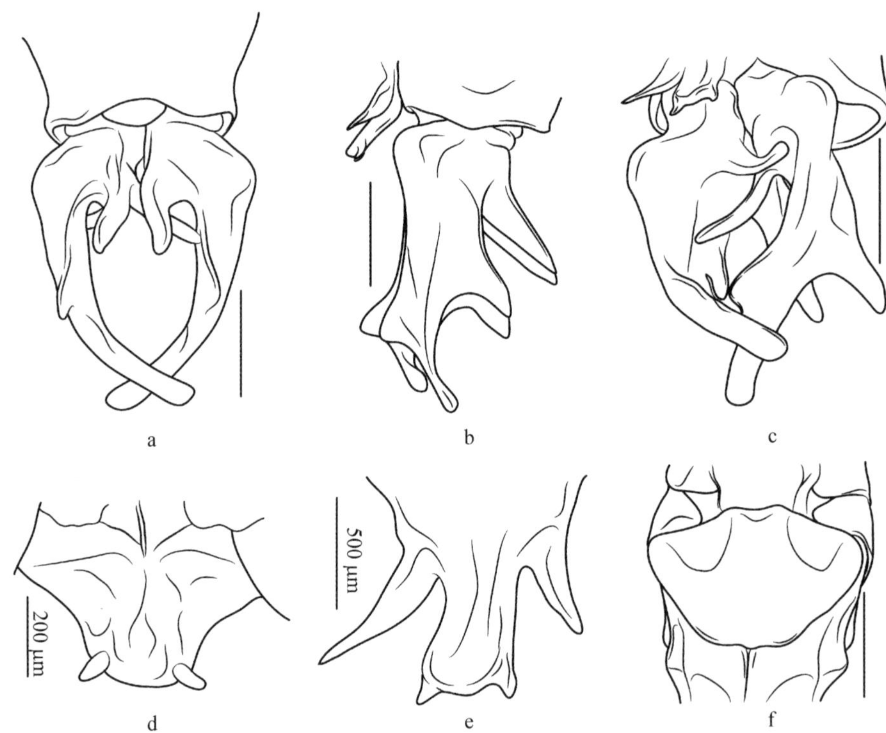

仿图2　四刺异畸螽 *Alloteratura* (*Alloteratura*) *quaternispina* Shi, Di & Chang, 2014
（仿 Shi, Di & Chang, 2014）

a. 雄性腹端，背面观；b. 雄性腹端，侧面观；c. 雄性腹端，腹面观；d. 雄性下生殖板，腹面观；e. 雄性次臀板，腹面观；f. 雌性下生殖板，腹面观

AF. 2　*Alloteratura* (*Alloteratura*) *quaternispina* Shi, Di & Chang, 2014
(after Shi, Di & Chang, 2014)

a. end of male abdomen, dorsal view; b. end of male abdomen, ventral view; c. end of male abdomen, lateral view; d. male subgenital plate, ventral view; e. male subanual plate, ventral view; f. female sugenital plate, ventral view

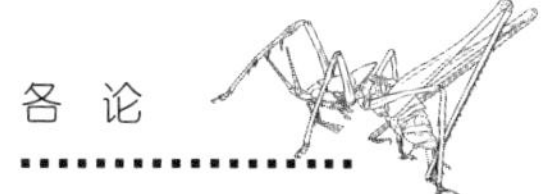

（四）大蛩螽属 *Megaconema* Gorochov, 1993

Xiphidiola (*Megaconema*): Gorochov, 1993, *Zoosystematica Rossica*, 2(1): 89; Otte, 1997, *Orthoptera Species File 7*, 90.

Teratura (*Megaconema*): Gorochov, Liu & Kang, 2005, *Oriental Insects*, 39: 66.

Megaconema: Wang & Liu, 2018, *Insect Fauna of the Qinling Mountains volume I Entognatha and Orthopterida*, 467.

模式种：*Xiphidiopsis geniculata* Bey-Bienko, 1962

体较大。头顶圆锥形，端部钝，背面具纵沟。下颚须端节长于亚端节，端部略扩宽。前胸背板沟后区略延长；侧片后缘肩凹较明显，胸听器外露。前足胫节听器为开放型，后足胫节具3对端距。前翅和后翅发达，雄性前翅具发音器。雄性第10腹节背板中央具深的凹口和尖形的裂叶，肛上板发达，下生殖板具腹突，外生殖器具被细齿的革片。雌性产卵瓣腹瓣端部具锯齿。

讨论：该属仅有1个种，发表时定为剑螽*Xiphidiopsis*，Bey-Bienko（1962）指出其与叶尾剑螽*Xiphidiopsis* (*Xiphidiopsis*) *phyllocerca* Karny, 1907为异物同名并重新命名了该种，Gorochov（1993）将该种移入箭螽属*Xiphidiola*，建立大蛩螽亚属*Megaconema*，后与刘春香、康乐（2005）根据雄性第10腹节背板特征将该亚属组合至畸螽属*Teratura*。作者（2018）考量该种后足胫节末端具3对端距，沟后区明显抬高，雄性第10腹节背板刺突、肛上板欠发达、尾须腹叶非窄长以及雌性产卵瓣仅腹瓣具齿的综合特征，与上述属均有较大差异，提升为属较合适。

6. 黑膝大蛩螽 *Megaconema geniculata* (Bey-Bienko, 1962)（图4，图版5）

Xiphidiopsis phyllocerca: Tinkham, 1944, *Proceedings of the United States National Museum*, 94: 507, 508, 512–514; Beier, 1966, *Orthopterorum Catalogus*, 9: 272 (nec Karny, 1924).

Xiphidiopsis geniculata: Bey-Bienko, 1962, *Trudy Zoologicheskogo Instituta Akademii Nauk SSSR, Leningrad*, 30: 131; Liu, 2007, *The Fauna Orthopteroidea of Henan*, 476; Jin & Xia, 1994, *Journal of Orthoptera Research*, 3: 27.

Xiphidiola (*Megaconema*) *geniculata*: Gorochov, 1993, *Zoosystematica Rossica*, 2(1): 90; Liu & Zhang, 2005, *Insect Fauna of Middle-West Qinling Range and South Mountains of Gansu Province*, 91.

Teratura (*Megaconema*) *geniculata*: Gorochov, Liu & Kang, 2005, *Oriental Insects*, 39: 67; Qiu & Shi, 2010, *Zootaxa*, 2543: 44.

Megaconema geniculata: Wang & Liu, 2018, *Insect Fauna of the Qinling Mountains volume I Entognatha and Orthopterida*, 467.

描述：体型较大。前胸背板向后适度延长，沟后区明显抬高。前翅超过后足股节端部；后翅长于前翅。前足胫节腹面刺内4外5。雄性第10腹节背板后缘具圆弧形凹口，凹口侧角尖三角形（图4a）；肛上板稍扩宽，后缘3齿形（图4c）；尾须适度内弯，基部圆柱形，内侧具1锐齿，端部背腹叶状扩展，背叶矮，腹叶宽圆（图4a ~ c）；下生殖板宽大，后缘平直，腹突较短小（图4b，c）；外生殖器如图4b所示。

雌性下生殖板宽大，后缘圆形，中央微凹（图4d）；产卵瓣稍短于后足股节，腹瓣具端钩和5 ~ 6个齿（图4e）。

体绿色，背部黑褐色。头部背面褐色，中间稍淡，具白色镶边，前胸背板背面相同；前翅前缘脉域绿色，其余均为褐色；后足膝部黑色，前足胫节刺稍暗色。

测量（mm）：体长♂11.0 ~ 14.0，♀14.0 ~ 17.0；前胸背板长♂4.5 ~ 5.5，♀4.5 ~ 5.6；前翅长♂19.0 ~ 22.0，♀24.5 ~ 27.5；后足股节长♂11.0 ~ 12.5，♀14.5 ~ 16.5；产卵瓣长10.5 ~ 12.0。

检视材料：1♂，陕西楼观台，1962.VII.16，郑哲民采；2♀♀，陕西太白山嵩坪寺，2009.VI ~ IX，采集人不详；1♂，河北逐鹿杨家坪，800 m，2005.VIII.21，刘宪伟、殷海生采；2♀♀，河北兴隆雾灵山，600 m，2007.IX.8 ~ 9，刘宪伟等采；1♀，河南济源鳌背山，1 000 ~ 1 200 m，张秀江采；2♂♂1♀，河南西峡黄石庵，1 300 m，1985.VIII.22，张秀江采；1♂1♀，河南内乡万沟，800 ~ 1 000 m，1985.VIII.5，张秀江采；1♂，河南商城黄柏山，850 m，1985.VII.10，张秀江采；2♀♀，河南卢氏淇河林场，1 100 ~ 1 200 m，1987.VIII.17，张秀江采；3♀♀，山东牙山，1964.X.27，王子清采；1♂1♀，浙江庆元百山祖，1996.VIII.12 ~ 20，金杏宝、章伟年采；1♂2♀♀，浙江龙泉凤阳山，1 100 m，2008.VII.31 ~ VIII.4，刘宪伟、毕文烜采；1♂3♀♀，湖北神农架木鱼，1 200 m，1983.VIII.26，金根桃等采；1♀，重庆缙云山，1982.VI.19，采集人不详；1♀，四川黔江

小南海，1989.VII.17，刘祖尧等采；1♀，四川峨眉山，1985.VIII.12，金根桃采；1♂1♀，四川石棉栗子坪，1 500 m，2007.VII.21，刘宪伟等采；4（若虫），四川泸定摩西，2 100 m，2006.VII.31，周顺采；3♀♀，贵州习水三岔河，1 100 m，2006.X.21～25，周顺采。

模式产地及保存：中国四川灌县；费城自然科学院（ANSP），美国费城。

分布：中国河北、山东、河南、陕西、浙江、湖北、湖南、重庆、四川、贵州。

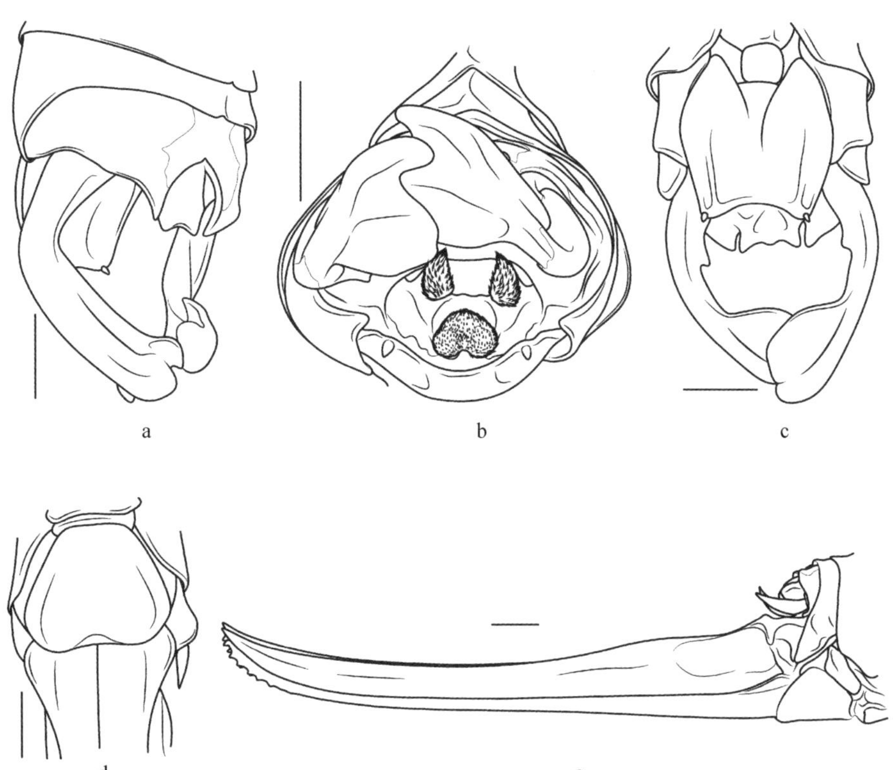

图 4　黑膝大蛩螽 *Megaconema geniculata* (Bey-Bienko, 1962)
a. 雄性腹端，侧背面观；b. 雄性腹端，后面观；c. 雄性腹端，腹面观；d. 雌性下生殖板，腹面观；e. 雌性腹端，侧面观

Fig. 4　*Megaconema geniculata* (Bey-Bienko, 1962)
a. end of male abdomen, lateral-dorsal view; b. end of male abdomen, rear view; c. end of male abdomen, ventral view; d. subgenital plate of female, ventral view; e. end of female abdomen, lateral view

（五）大畸螽属 *Macroteratura* Gorochov, 1993

Teratura (*Macroteratura*): Gorochov, 1993, *Zoosystematica Rossica*, 2(1): 70; Otte, 1997, *Orthoptera Species File 7*, 90; Gorochov, Liu & Kang, 2005, *Oriental Insects*, 39: 69.

Macroteratura: Jin, Liu & Wang, 2020, *Zootaxa*, 4772(1): 42.

模式种：*Xiphidiopsis megafurcula* Tinkham, 1944

头顶圆锥形，端部钝，背面具纵沟，单眼斑十分明显。下颚须端节约等长于亚端节，端部略扩宽。前胸背板侧片后缘肩凹较明显，胸听器外露。前足胫节听器为开放型，后足胫节具3对端距。前翅和后翅发达，后翅明显长于前翅，雄性前翅具发音器。雄性第10腹节背板具成对的长突起，肛上板特化，下生殖板具腹突。雌性产卵瓣腹瓣具端钩。

讨论：该属与畸螽属 *Teratura* 区别明显，雄性第10腹节背板成对突起和深裂与库螽属近似，肛上板不如畸螽属发达，尾须缺少延伸的腹叶，并且后足胫节具3对端距。

中国大畸螽属分种检索表

1 雄性第10腹节背板突起长且宽，尾须略弯曲；雌性下生殖板端半部狭长 ………**大畸螽亚属 *Macroteratura* (*Macroteratura*) Gorochov, 1993** …… 2

\- 雄性第10腹节背板突起短小，尾须强内弯；雌性下生殖板端部短宽具3端叶……**瘦畸螽亚属 *Macroteratura* (*Stenoteratura*) Gorochov, 1993** …… 4

2 雄性未知；雌性下生殖板后缘稍凹，形成1对宽叶 ……………………… **中华大畸螽 *Macroteratura* (*Macroteratura*) *sinica* (Bey-Bienko, 1957)**

\- 雄性已知；雌性下生殖板后缘不形成叶 ……………………………………… 3

3 雄性第10腹节背板较纤薄，不具小刺，尾须端部不具刺；雌性下生殖板延长，后缘平截 ……………………………………………………………… **巨叉大畸螽 *Macroteratura* (*Macroteratura*) *megafurcula* (Tinkham, 1944)**

\- 雄性第10腹节背板较壮实，具小刺，尾须端部3刺状；雌性下生殖板基部宽，亚端部窄 …… **三刺大畸螽 *Macroteratura* (*Macroteratura*) *thrinaca* Qiu & Shi, 2010**

4 雄性肛上板近端部明显扩宽，两侧向下弯，端部开裂呈两叶；雌性产卵瓣腹瓣基部具突出的叶 ……………………………………………………… **科氏瘦畸螽 *Macroteratura* (*Stenoteratura*) *kryzhanovskii* (Bey-Bienko, 1957)**

\- 雄性肛上板端部具2～4个齿；雌性产卵瓣腹瓣基部无突出叶 ……… **云南瘦畸螽 *Macroteratura* (*Stenoteratura*) *yunnanea* (Bey-Bienko, 1957)**

大畸螽亚属*Macroteratura*（*Macroteratura*）Gorochov，1993

前翅短于后翅。雄性第10腹节背板突起长且宽，尾须略弯曲，内缘不具齿，肛上板具侧叶和背端尖刺凸起，生殖器背叶背部革质；雌性下生殖板端半部狭长。

7. 巨叉大畸螽 *Macroteratura* (*Macroteratura*) *megafurcula* (Tinkham, 1944)（图5，图版8～11）

Xiphidiopsis megafurcula: Tinkham, 1944, *Proceedings of the United States National Museum*, 94: 614; Beier, 1966, *Orthopterorum Catalogus*, 9: 275; Xia & Liu, 1993, *Insects of Wuling Mountains Area, Southwestern China*, 99; Liu, 1993, *Animals of Longqi Mountain*, 49; Liu & Jin, 1994, *Contributions From Shanghai Institute of Entomology*, 11: 111; Jin & Xia, 1994, *Journal of Orthoptera Research*, 3: 27; Liu, 2007, *The Fauna Orthopteroidea of Henan*, 477.

Teratura (*Macroteratura*) *megafurcula*: Gorochov, 1993, *Zoosystematica Rossica*, 2(1): 90; Gorochov, Liu & Kang, 2005, *Oriental Insects*, 39: 69; Qiu & Shi, 2010, *Zootaxa*, 2543: 45; Bai & Shi, 2013, *Acta Zootaxonomica Sinica*, 38(3): 483-486; Shi *et al.*, 2013, *Zootaxa*, 3717(4): 595; Kim & Pham, 2014, *Zootaxa*, 3811(1): 71.

描述：前胸背板侧片较高，肩凹不明显（图5b）；雄性后翅长于前翅约5.0～6.0 mm；前足胫节腹面内、外刺排列为5, 7 (1, 1)型，后足胫节背面内外缘各具34～39个齿。第10腹节背板后缘具成对的长突起，其间深裂几乎将背板一分为二，其内端角尖形突出并稍向下弯（图5c）；肛上板发达，较长，基部较粗向中部渐细，端部稍膨大，两侧向内背方向卷曲成桶状，其间具1个舌形的尖突（图5c，e）；尾须侧扁，端半部内弯，背侧近中部具旗状突起（图5d），末端背缘较圆，内侧具尖形小突，腹缘具刺状的端突（图5c，e）；外生殖器具革片，位于肛上板基部下方，具较平截的背片和较尖圆的腹片(图5e)；下生殖板近三角形，后缘稍凹，具较长的腹突（图5e）。

雌性尾须短圆锥形，略弯曲（图5g）；下生殖板延长，后缘有较大的变异，有时中央具大缺口，有时具小的缺刻，两侧有时不对称（图5f）；

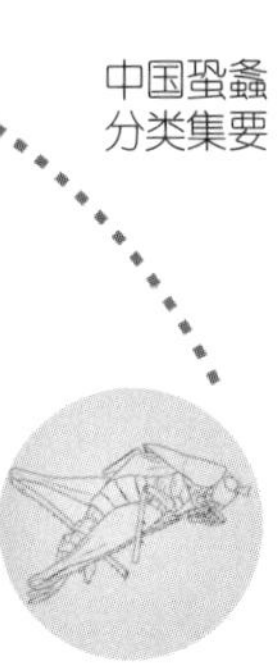

产卵瓣腹瓣具弱端钩（图5g）。

体淡黄绿色。头部和前胸背板背面赤褐色至暗褐色，单眼斑圆形（图5a），触角具稀疏的暗色环纹，基节内侧暗褐色，前翅暗褐色具淡色翅脉。

测量（mm）：体长♂12.5～14.0，♀10.0～12.0；前胸背板长♂3.6～3.8，♀3.3～3.7；前翅长♂17.0～17.5，♀18.5～19.0；后足股节长♂12.0～12.5，♀12.5；产卵瓣长9.5。

检视材料：1♀，河南桐柏山，1984.VII.12，李东升采；6♀♀，河南桐柏山，1986.IX.11～12，张秀江采；2♀♀，河南鸡公山，700 m，1986.IX.14～15，张秀江、肖建光采；1♂12♀♀，河南桐柏山，2000.IX.11，刘宪伟、章伟年采；1♂，安徽黄山，1985.X.21，刘宪伟采；1♀，安徽黄山，500 m，1964.IX.2，金根桃采；3♂♂2♀♀，浙江天目山，1947.VIII.28～IX.14，采集人不详；1♂，浙江天目山，1954.IX.11，黄克仁采；2♂♂6♀♀，浙江天目山老殿，1999.X.11～13，刘宪伟、殷海生采；1♂1♀，浙江临安天目山，2008.VIII.15～19，毕文烜采；1♂，浙江泰顺乌岩岭，1987.IX.1～4，金根桃、刘祖尧采；1♂（若虫），浙江龙泉凤阳山，1 100 m，2008.VII.31～VIII.4，刘宪伟、毕文烜采；1♂1♀，福建武夷山三港，1994.VIII.27～IX.3，金杏宝、殷海生采；2♂♂1♀，江西九连山，450 m，1986.IX.8～13，郑建忠、甘国培采；9♂♂7♀♀，湖南慈利索溪峪，1988.IX.2～10，刘宪伟采；1♂，四川峨眉山报国寺，530～750 m，1957.IX.20，王宗元采；2♂♂，四川峨眉山五显岗，700 m，2007.VIII.2～4，刘宪伟等采；7♂♂19♀♀，贵州赤水三岔河，1 100 m，2006.X.21～25，刘宪伟、周顺采；3♀♀，广西元宝山，800～1 200 m，1992.IX.24～25，黎天山、陆温采；1♀，广西金秀圣堂山，1 044 m，1981.X.15，采集人不详；2♂♂2♀♀，2♀♀（若虫），广西兴安猫儿山，600～900 m，1992.VIII.24～25，刘宪伟、殷海生采；1♂，广西隆安龙虎山，1995.VIII.29～IX.1，刘宪伟等采；1♂，广西龙州三联，350 m，2000.VI.13，采集人不详；1♀，海南尖峰岭，1985.VIII.16，刘元福采；2♀♀，海南昌江霸王岭，2011.IX.22～24，刘宪伟等采。

模式产地及保存：中国广东万驰山；费城自然科学院（ANSP），美国费城。

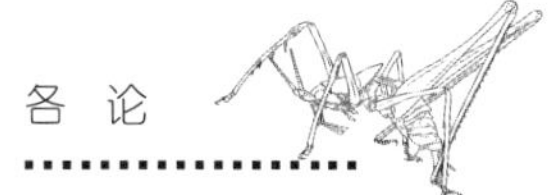

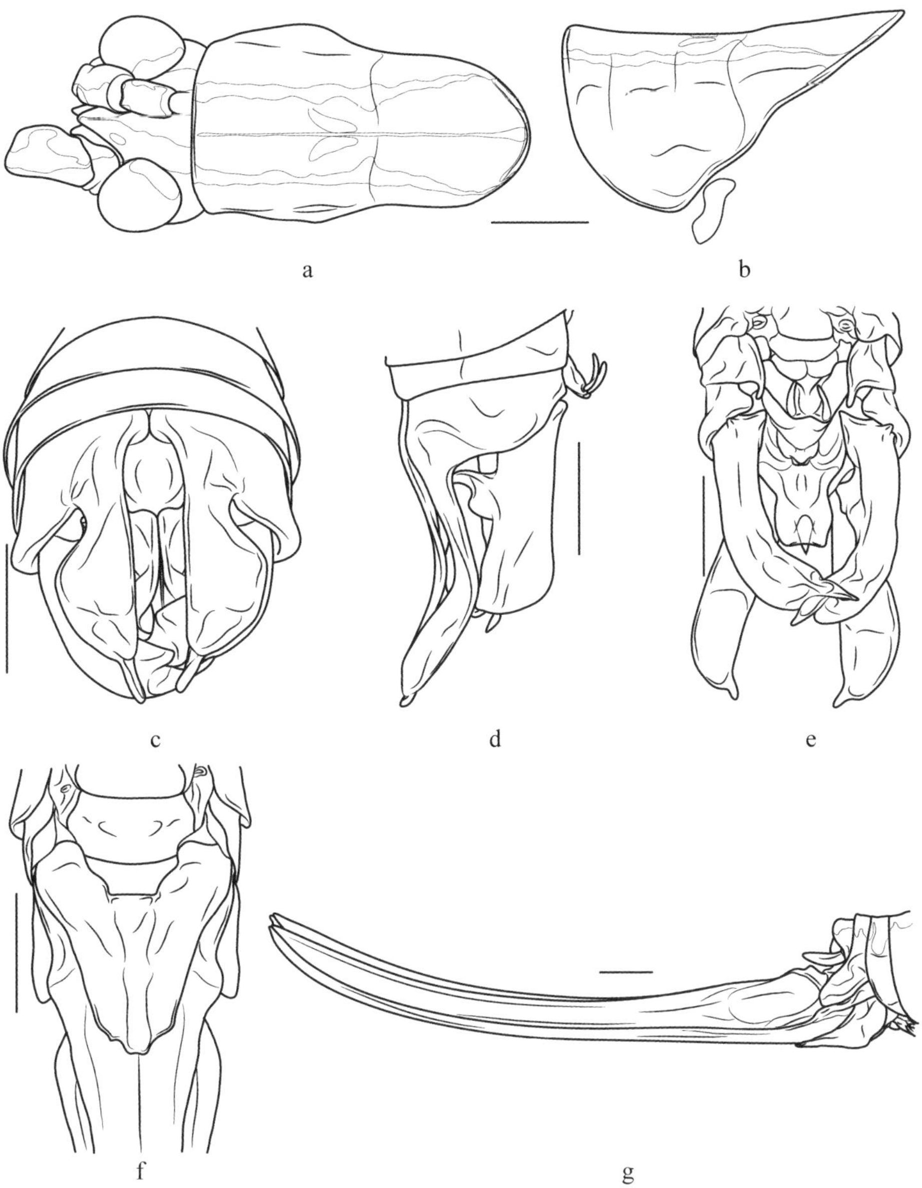

a　　b

c　　d　　e

f　　g

图5　巨叉大畸螽 *Macroteratura* (*Macroteratura*) *megafurcula* (Tinkham, 1944)

a. 雄性头与前胸背板，背面观；b. 雄性前胸背板，侧面观；c. 雄性腹端，背面观；d. 雄性腹端，侧面观；e. 雄性腹端，腹面观；f. 雌性下生殖板，腹面观；g. 雌性腹端，侧面观

Fig. 5　*Macroteratura* (*Macroteratura*) *megafurcula* (Tinkham, 1944)

a. head and pronotum of male, dorsal view; b. male pronotum, lateral view; c. end of male abdomen, dorsal view; d. end of male abdomen, lateral view; e. end of male abdomen, ventral view; f. subgenital plate of female, ventral view; g. end of female abdomen, lateral view

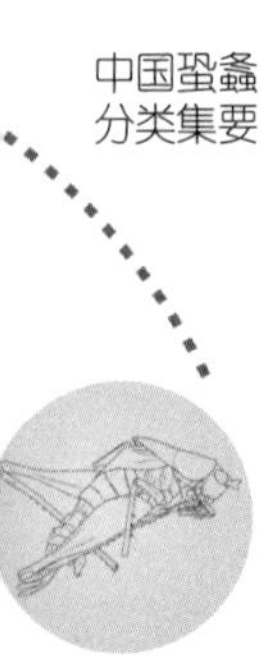

分布：中国河南、安徽、浙江、湖北、湖南、江西、福建、广东、海南、广西、四川、贵州。

8. 中华大畸螽 *Macroteratura* (*Macroteratura*) *sinica* (Bey-Bienko, 1957)（图 6）

Amytta sinica: Bey-Bienko, 1957, *Entomologicheskoe Obozrenie*, 36: 410, 417.

Alloteratura sinica: Beier, 1966, *Orthopterorum Catalogus*, 9: 278.

Amytta? *sinica*: Gorochov, 1998, *Zoosystematica Rossica,* 7(1): 105.

Macroteratura (*Macroteratura*) *sinica*: Jin, Liu & Wang, 2020, *Zootaxa*, 4772(1): 42.

描述：头顶圆锥形，端部钝，背面具弱纵沟；下颚须端节约等长于亚端节。前胸背板沟后区不长于沟前区，侧片后缘倾斜，肩凹较明显（图

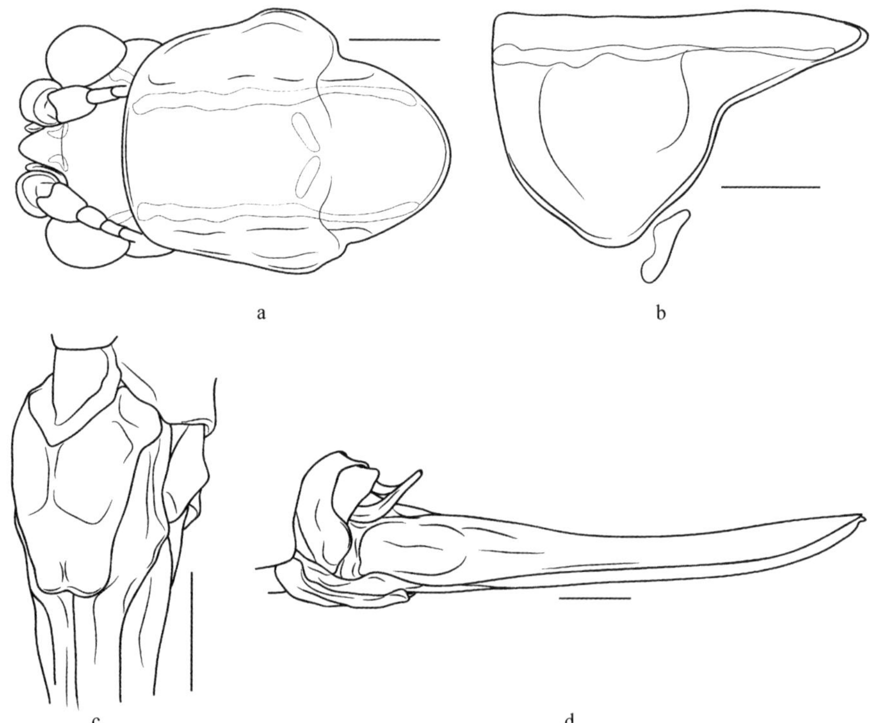

图 6　中华大畸螽 *Macroteratura* (*Macroteratura*) *sinica* (Bey-Bienko, 1957)
a. 雌性头与前胸背板，背面观；b. 雌性前胸背板，侧面观；c. 雌性下生殖板，腹面观；d. 雌性腹端，侧面观

Fig. 6　*Macroteratura* (*Macroteratura*) *sinica* (Bey-Bienko, 1957)
a. head and pronotum of female, dorsal view; b. pronotum of female, lateral view; c. female subgenital plate, ventral view; d. end of female abdomen, lateral view

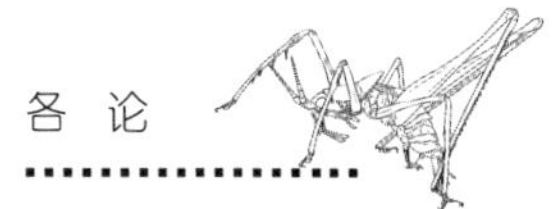

6a，b）。前翅远超过后足股节端部，后翅长于前翅4.5 mm。前足胫节腹面刺为4, 5 (1, 1)型，中足胫节腹面内4～5刺，外5刺，后足胫节背面具2个端距，腹面具4个端距。雌性尾须短小，圆锥形；下生殖板狭长，具1对短的小圆叶（图6c），产卵瓣腹瓣具端钩（图6d）。

雄性未知。

体淡黄色（活时或许为绿色）。单眼斑近三角形，复眼后方各具1条淡黄色条纹，前胸背板具成对的淡黄色纵带，中部具1对小褐点。

测量（mm）：体长♀11.5～12.0；前胸背板长♀3.9～4.1；前翅长♀18.0～19.0；后足股节长♀10.0～10.5；产卵瓣长7.0～7.5。

检视材料：1♀（正模），云南景库，1955.III.20，B.波波夫采。

模式产地及保存：中国云南景库；中国科学院动物研究所（IZCAS），中国北京。

分布：中国云南。

讨论：Bey-Bienko认为该种是典型的非洲默螽属*Amytta*类群；Beier在1966年误将其归到异畸螽属*Alloteratura*，其下颚须并不符合该属属征，该种也再无后续报道。鉴于雄性缺失和该种分布与默螽属*Amytta*类群分布较远，根据其体型与下生殖板的形状，目前归入本属较为妥当。

9. 三刺大畸螽 *Macroteratura* (*Macroteratura*) *thrinaca* Qiu & Shi, 2010（仿图3）

Teratura (*Macroteratura*) *thrinaca*: Qiu & Shi, 2010, *Zootaxa*, 2543: 48.

描述：雄性体较大，偏瘦。头顶圆锥形，背面具纵沟；复眼大，球形凸出；下颚须细长，端节等长于亚端节。前胸背板狭长，沟后区略宽于沟前区，前缘平直，后缘钝凸（仿图3a），侧片长大于高，肩凹不明显（仿图3b）；胸听器大，卵圆形；前翅狭长，后翅长于前翅4.0～5.0 mm；前足基节具1刺，前足胫节听器内外开放，腹面具6个内刺和7个外刺；各足股节腹面无刺，膝叶端钝圆，后足胫节背面两侧各具27～28个齿，腹面内侧具4～5个刺，外侧具9～10个刺。第10腹节背板具1对长且粗壮的对称突起，端半部向下弯曲，端部稍尖，具8个钝刺（仿图3c）；尾须粗壮，内腹缘具不规则的薄片状叶，端部具3刺，中间的刺短钝，两侧刺长且尖（仿图3d，e）；雄性外生殖器革质化，端部裸露，瘦长；下生殖板

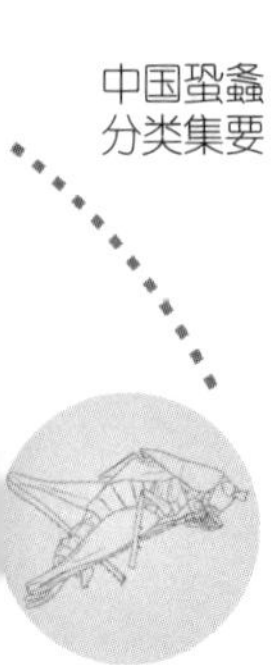

小，截形，腹突长。

雌性尾须圆锥形，端部卷曲；产卵瓣很长，略向上弯曲；下生殖板基部宽，亚端部窄（仿图3f）。

体淡黄褐色。触角窝和柄节内面黑褐色；头顶褐色；前胸背板褐色，中间具心形的暗褐色斑；前翅淡褐色。

测量（mm）：体长♂15.0，♀11.5；前胸背板长♂5.0，♀4.5；前翅长♂19.0，♀21.5；后足股节长♂14.5，♀16.0；产卵瓣长14.0。

检视材料：1♂（正模），云南景东大街，2009.VIII.22，石福明采；1♀（副模），云南景东大街，2009.VIII.21，裘明采。

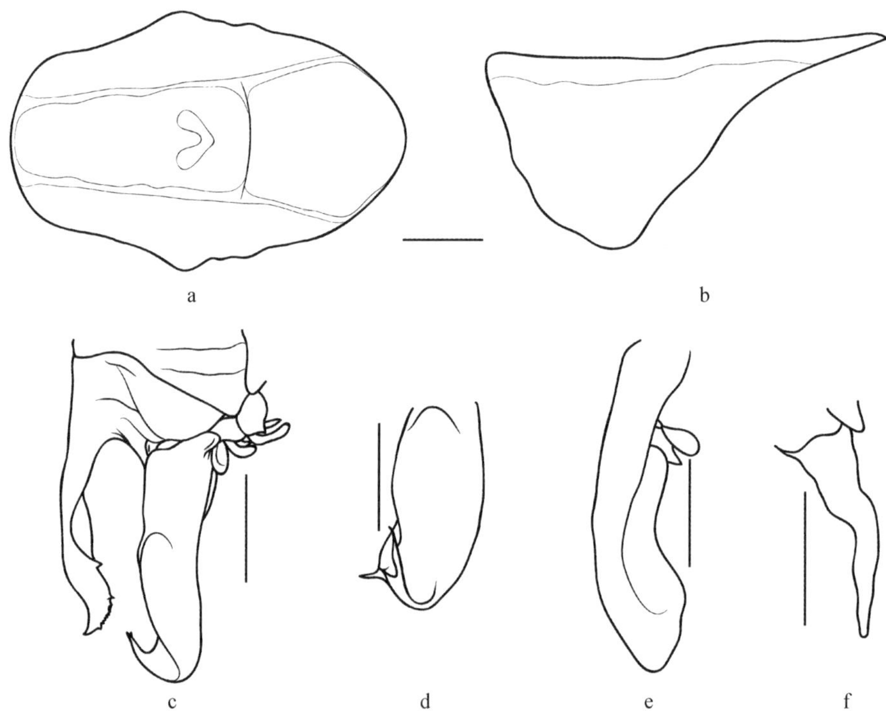

仿图3　三刺大畸螽 *Macroteratura* (*Macroteratura*) *thrinaca* Qiu & Shi, 2010
（仿Qiu & Shi, 2010）
a. 雄性前胸背板，背面观；b. 雄性前胸背板，侧面观；c. 雄性腹端，侧面观；d. 雄性右尾须端部，背面观；e. 雄性右尾须，腹面观；f. 雌性下生殖板，侧面观

AF. 3　*Macroteratura* (*Macroteratura*) *thrinaca* Qiu & Shi, 2010 (after Qiu & Shi, 2010)
a. male pronotum in dorsal view; b. male pronotum in lateral view; c. apex of male abdomen in lateral view; d. apex of male right cercus in dorsal view; e. male right cercus in ventral view; f. female subgenital plate in lateral view

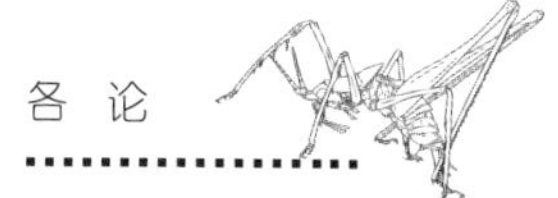

模式产地及保存：中国云南景东；河北大学博物馆（MHU），中国河北保定。

鉴别：该种与巨叉大畸螽 *Macroteratura* (*Macroteratura*) *megafurcula* (Tinkham, 1944)相似，区别在于雄性第10腹节背板粗壮，具8钝刺；雄性尾须端部具3刺。

分布：中国云南。

瘦畸螽亚属 *Macroteratura* (*Stenoteratura*) Gorochov, 1993

Teratura (*Macroteratura*): Gorochov, 1993, *Zoosystematica Rossica*, 2(1): 70; Otte, 1997, *Orthoptera Species File 7*, 90; Gorochov, Liu & Kang, 2005, *Oriental Insects*, 39: 66.

模式种：*Xiphidiopsis yunnanea* Bey-Bienko, 1957

前翅短于后翅。雄性第10腹节背板突起窄且短，尾须强弯曲，内缘齿状，肛上板仅具钩状侧突，生殖器背叶后缘具3片革片；雌性下生殖板具短宽的端部并具3端叶。

10. 科氏瘦畸螽 *Macroteratura* (*Stenoteratura*) *kryzhanovskii* (Bey-Bienko, 1957)（图7）

Xiphidiopsis kryzhanovskii Bey-Bienko, 1957, *Entomologicheskoe Obozrenie*, 36: 409, 416; Beier, 1966, *Orthopterorum Catalogus*, 9: 271; Liu & Jin, 1994, *Contributions from Shanghai Institute of Entomology*, 11: 111; Jin & Xia, 1994, *Journal of Orthoptera Research*, 3: 27.

Teratura (*Stenoteratura*) *kryzhanovskii*: Gorochov, 1993, *Zoosystematica Rossica*, 2(1): 71; Gorochov, 1998, *Zoosystematica Rossica*, 7(1): 106; Gorochov, Liu & Kang, 2005, *Oriental Insects*, 39: 70; Qiu & Shi, 2010, *Zootaxa*, 2543: 49.

描述：雄性后翅长于前翅约3.0 mm；前足胫节腹面内、外刺排列为4, 4 (1, 1)型，后足胫节背面内外缘各具26～27个齿，端距3对。第10腹节背板具成对突起，肛上板近端部明显扩宽，两侧向下弯，端部开裂呈两叶（图7a）；尾须侧扁，端部具2尖刺状突起；下生殖板后缘圆形，具较长的腹突（图7b）。

雌性尾须短圆锥形，略弯曲；下生殖板后缘3叶形，中叶较短而宽（图7c）；产卵瓣腹瓣基部具突出的叶（图7c，d）。

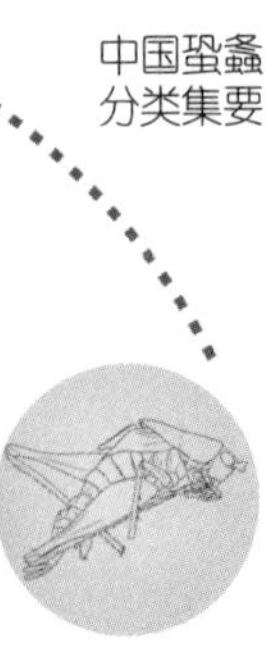

体淡黄绿色。前胸背板无淡色中线，前翅无暗点。

测量（mm）：体长♂11.0～12.0，♀10.0～12.0；前胸背板长♂3.5，♀3.7；前翅长♂14.0，♀16.0～18.0；后足股节长♂9.0，♀9.0～10.0；产卵瓣长7.0。

检视材料：2♂♂3♀♀，云南西双版纳勐混，1 200～1 400 m，1958.V.17～24，郑乐怡等采；1♀，西藏察隅，1 600 m，1973.VII.12，采集人不详。

模式产地及保存：中国云南景东；中国科学院动物研究所（IZCAS），中国北京。

分布：中国（云南、西藏）；尼泊尔。

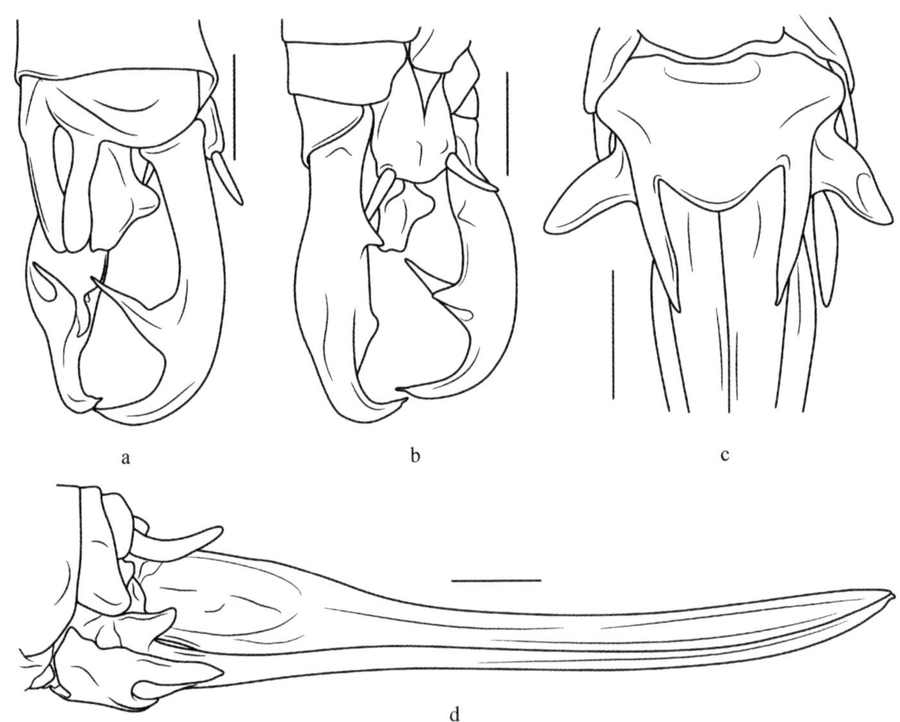

图7　科氏瘦畸螽 *Macroteratura* (*Stenoteratura*) *kryzhanovskii* (Bey-Bienko, 1957)
a. 雄性腹端，侧背面观；b. 雄性腹端，侧腹面观；
c. 雌性下生殖板，腹面观；d. 雌性腹端，侧面观

Fig. 7　*Macroteratura* (*Stenoteratura*) *kryzhanovskii* (Bey-Bienko, 1957)
a. end of male abdomen, lateral-dorsal view; b. end of male abdomen, lateral-ventral view;
c. subgenital plate of female, ventral view; d. end of female abdomen, lateral view

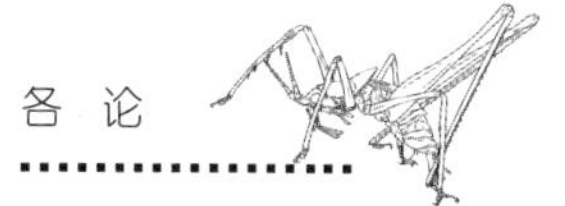

11. 云南瘦畸螽 *Macroteratura* (*Stenoteratura*) *yunnanea* (Bey-Bienko, 1957)（图8）

Xiphidiopsis yunnanea: Bey-Bienko, 1957, *Entomologicheskoe Obozrenie*, 36: 408, 416; Beier, 1966, *Orthopterorum Catalogus*, 9: 271; Liu & Jin, 1994, *Contributions from Shanghai Institute of Entomology*, 11: 112; Jin & Xia, 1994, *Journal of Orthoptera Research*, 3: 27; Liu, 2007, *The Fauna Orthopteroidea of Henan*, 479.

Teratura (*Stenoteratura*) *yunnanea*: Gorochov, 1993, *Zoosystematica Rossica*, 2(1): 70; Gorochov, 1994, *Zoosystematica Rossica*, 3(1): 44; Gorochov, Liu & Kang, 2005, *Oriental Insects*, 39: 70; Qiu & Shi, 2010, *Zootaxa*, 2543: 46; Kim & Pham, 2014, *Zootaxa*, 3811(1): 71.

Teratura (*Stenoteratura*) *subtilis* (**syn. nov.**): Gorochov, Liu & Kang, 2005, *Oriental Insects*, 39: 69; Qiu & Shi, 2010, *Zootaxa*, 2543: 46; Xiao *et al*., 2016, *Far Eastern Entomologist*, 305: 19.

描述：前胸背板沟后区约等长于沟前区，侧片较矮，肩凹不明显（图8a，b）；雄性后翅长于前翅约3 mm；前足胫节腹面内、外刺排列为4, 4 (1, 1)型，后足胫节背面内外缘各具22个齿，端距3对。第10腹节背板后缘具成对的长突起（图8c）。肛上板端部具2～4个齿（图8c）；尾须强侧扁，背和腹缘具细齿，端部稍扩宽，内腹侧具1个被棘的刺状突起（图8c，d）；下生殖板较短，具腹突（图8d）。

雌性尾须短圆锥形，略弯曲（图8f）；下生殖板端部三叶形（图8e）；产卵瓣短于后足股节，基部背面两侧各具1椭圆形凸起（图8f，g），腹瓣具弱端钩（图8g）。

体淡黄绿色。前胸背板具淡色中线，前翅具20～28个暗点。

测量（mm）：体长♂9.0～12.0，♀9.0～11.0；前胸背板长♂3.0～3.7，♀3.2～3.5；前翅长♂11.0～15.0，♀13.0～14.5；后足股节长♂7.5～8.5，♀8.5～9.0；产卵瓣长6.5～7.0。

检视材料：1♂，河南鸡公山，300～400 m，1986.IX.14，肖建光采；1♂，安徽霍山大化坪，1964.IX.26，金根桃采；1♂，江苏震泽，1957.IX.12，夏凯龄采；1♀，浙江建德灵栖，1982.IX.24，夏凯龄、范树德采；2♀♀，浙江泰顺乌岩岭，1987.IX.1～4，金根桃、刘祖尧采；1♂，福建崇

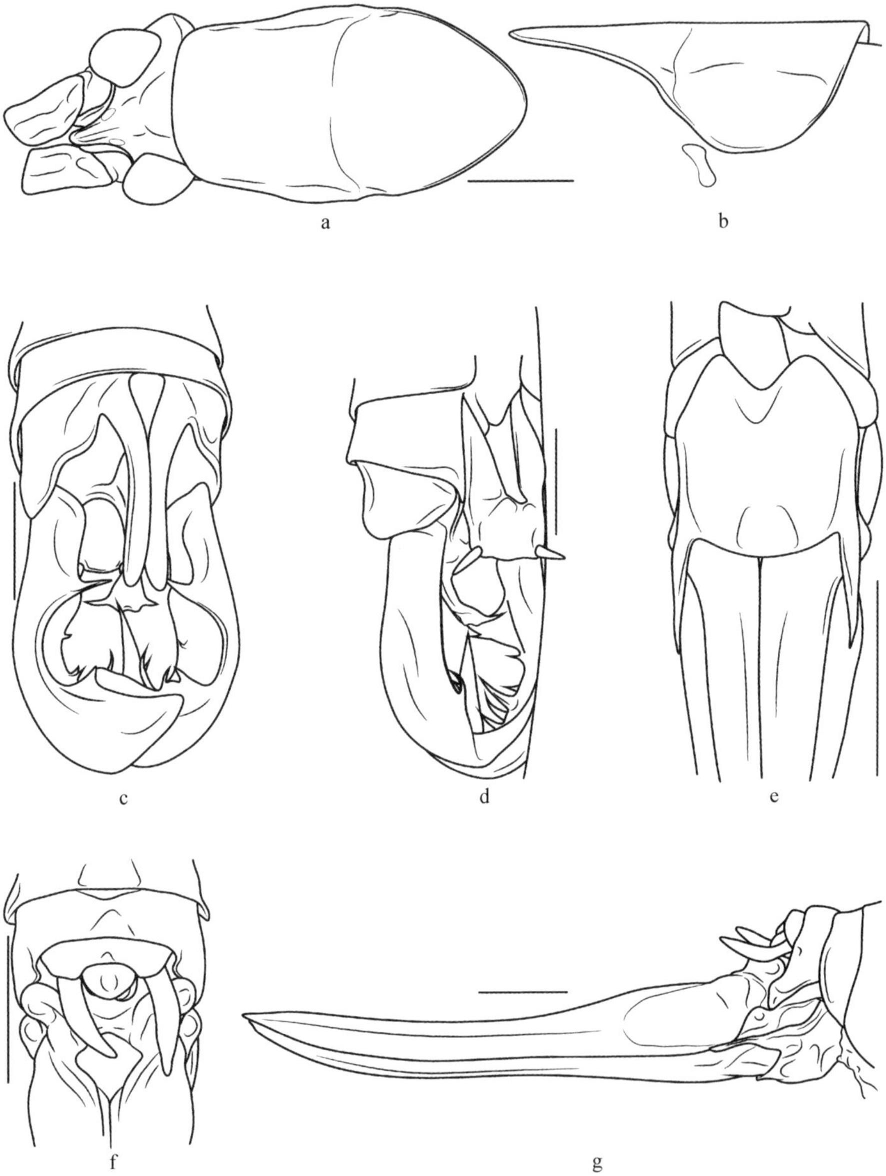

a b c d e f g

图8 云南瘦畸螽 *Macroteratura* (*Stenoteratura*) *yunnanea* (Bey-Bienko, 1957)
a. 雄性头与前胸背板，背面观；b. 雄性前胸背板，侧面观；c. 雄性腹端，背面观；d. 雄性腹端，侧腹面观；e. 雌性下生殖板，腹面观；f. 雌性产卵瓣基部，背面观；g. 雌性腹端，侧面观

Fig. 8 *Macroteratura* (*Stenoteratura*) *yunnanea* (Bey-Bienko, 1957)
a. head and pronotum of male, dorsal view; b. male pronotum, lateral view; c. end of male abdomen, dorsal view; d. end of male abdomen, lateral-ventral view; e. subgenital plate of female, ventral view; f. base of ovipositor, dorsal view; g. end of female abdomen, lateral view

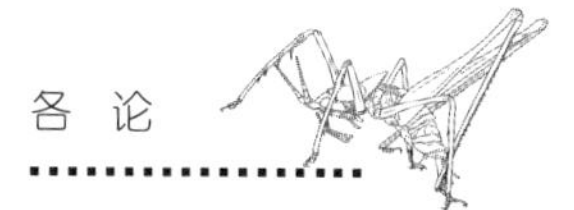

安城关240 m，1960.IX.18，左永采；2♂♂1♀，湖北兴山，1983.IX.4，金根桃等采；1♀，湖北神农架木鱼，1 200 m，1983.VIII.28，金根桃等采；4♂♂1♀1（若虫），四川灌县，1958.VIII，郃恤民等采；1♂，贵州黄果树，1958.VIII.20，毕道英等采；1♀，广西金秀太平，1 250 m，1981.IX.10，金根桃、李福良采；3♂♂1♀，广西金秀，1981.IX.10～27，采集人不详；1♂，云南西双版纳景洪，650 m，1958.VIII.18，孟绪武采；1♂, Vietnam, Dalat, 1 500 m, 1960.IX.26～27, coll. C.M. Yoshimoto（毕晓普博物馆）。

模式产地及保存：中国云南景东；中国科学院动物研究所（IZCAS），中国北京。

分布：中国（河南、江苏、安徽、浙江、湖北、福建、广西、四川、贵州、云南）；越南。

讨论：Gorochov和康乐（2005）发表细瘦畸螽*Teratura* (*Stenoteratura*) *subtilis*并列举了该种与云南瘦畸螽*Macroteratura* (*Stenoteratura*) *yunnanea*的不同，但所列不同仅为形状上稍许差别，经过检视大量采自各地的标本材料，两种的差别可以认为是个体变异，这里认为前者是后者的同物异名。

（六）栖螽属*Xizicus* Gorochov, 1993

Xizicus: Gorochov, 1993, *Zoosystematica Rossica*, 2(1): 76; Gorochov, 1998, *Zoosystematica Rossica*, 7(1): 108; Liu & Yin, 2004, *Insects from Mt. Shiwandashan Area of Guangxi*, 100; Wang *et al*., 2014, *Zootaxa*, 3861(4): 302.

体型在该族中属中型，常杂有黑褐色斑纹。头顶具4条暗色纵纹。翅发达，到达后足股节端部，前翅多少短于后翅。各足股节无刺，前足胫节听器两侧均开放。雄性第10腹节背板后缘具1裂开的小到中型突起或缺失；尾须相对简单，多内弯，端部常具叶或分叉；雄性下生殖板有时特化；雄性生殖器完全膜质或轻微革质化。雌性下生殖板形状多样；产卵瓣较长较直；尾须短。

讨论：栖螽属*Xizicus*由Gorochov在1993建立，曾被分为2个亚属：栖螽亚属*Xizicus* s. str.和原栖螽亚属*Xizicus* (*Eoxizicus*)。刘宪伟和章伟年（2000）将原栖螽亚属*Xizicus* (*Eoxizicus*)提升为原栖螽属*Eoxizicus*，同时认为*Axizicus* Gorochov, 1998是原栖螽属*Eoxizicus*的同物异名，视为该属的1个亚属，并认为头部背面4条纵纹是栖螽属*Xizicus*较显著的特征；另一显

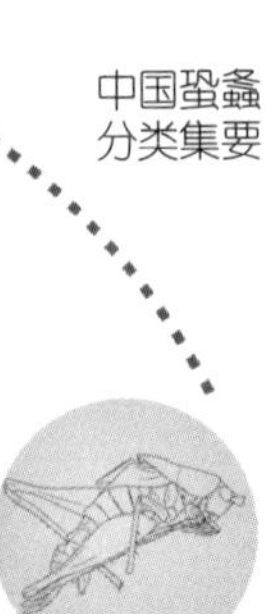

著特征是雄性第10腹节背板基部相连的二裂突起，但在藏栖螽亚属*Xizicus* (*Zangxizicus*)和简栖螽亚属*Xizicus* (*Haploxizicus*)中缺失。该属现分为4亚属，共包括16种，其中中国记录12种。

中国栖螽属分亚属检索表

1 后足股节具3～4条暗黑色横带 …………………………………………… 2
– 后足股节无暗黑色横带 ……………………………………………………… 3
2 雄性前胸背板沟后区长于沟前区；雄性第10腹节背板无突起 ………… ………………………………………… **藏栖螽亚属 *Xizicus* (*Zangxizicus*)**
– 雄性前胸背板沟后区不长于沟前区；雄性第10腹节背板具突起 ……… ……………………………………………………… **栖螽亚属 *Xizicus* (*Xizicus*)**
3 雄性尾须复杂，具突起或叶；雄性下生殖板特化具刺 ………………… ……………………………………………… **副栖螽亚属 *Xizicus* (*Paraxizicus*)**
– 雄性尾须简单，无突起或叶；雄性下生殖板不特化 …………………… ……………………………………………… **简栖螽亚属 *Xizicus* (*Haploxizicus*)**

栖螽亚属*Xizicus*（*Xizicus*）Gorochov，1993

Xizicus (*Xizicus*): Gorochov, 1993, *Zoosystematica Rossica*, 2(1): 76; Otte, 1997, *Orthoptera Species File 7*, 94; Gorochov, 1998, *Zoosystematica Rossica*, 7(1): 108; Gorochov, Liu & Kang, 2005, *Oriental Insects*, 39: 73; Wang *et al*., 2014, *Zootaxa*, 3861(4): 302; Feng, Shi & Mao, 2017, *Zootaxa*, 4247(1): 68.

模式种：*Xiphidiopsis fascipes* Bey-Bienko, 1955

头部背面具4条暗色纵纹，前翅具明显的暗点，后足股节具3条暗色横带。雄性前胸背板沟后区不长于沟前区，前翅和后翅均发达；雄性第10腹节背板后缘具突起，雄性下生殖板不特化，具腹突。雌性下生殖板后缘圆形，产卵瓣长，较直。

该亚属目前包括5种，1种存疑，中国分布2种。

12. 斑腿栖螽 *Xizicus* (*Xizicus*) *fascipes* (Bey-Bienko, 1955)（图9，图版12，13）

Xiphidiopsis fascipes: Bey-Bienko, 1955, *Zoologicheskii Zhurnal*, 34: 1260;

Liu & Jin, 1994, *Contributions from Shanghai Institute of Entomology*, 11: 110; Jin & Xia, 1994, *Journal of Orthoptera Research*, 3: 27.

Xizicus (*Xizicus*) *fascipes*: Gorochov, 1993, *Zoosystematica Rossica*, 2(1): 76; Gorochov, 1998, *Zoosystematica Rossica*, 7(1): 108; Gorochov, Liu & Kang, 2005, *Oriental Insects*, 39: 73; Shi *et al*., 2013, *Zootaxa*, 3717(4): 593; Wang *et al*., 2014, *Zootaxa*, 3861(4): 303; Feng, Shi & Mao, 2017, *Zootaxa*, 4247(1): 70.

Xizicus fascipes: Yang *et al*., 2012, *Journal of Genetics*, 81(2): 141−153.

描述：体中型。头顶狭，背面具弱的纵沟；复眼球形突出。前胸背板较短，肩凹不明显，胸听器较大（图9a，b）；前翅远超过后足股节末端，末端钝圆，后翅略长于前翅；前足基节具1刺，前足胫节腹面具4个内刺和5个外刺。雄性第10腹节背板后缘中央具1中型钩状突起，端部裂开为2钩（图9c），稍前区域开裂两部分紧密相抵，相抵区域有许多皱褶，开裂两部分基部相连，相连部分向前倾斜（图9d），背观为纵沟直至突起基部，看似两个紧邻的钩状突起；尾须内弯，整体较短，近端部分支为2叶，端部钝，腹叶长于背叶（图9c ～ e）；下生殖板后缘凸，腹突位于两侧；外生殖器完全膜质。

雌性下生殖板端部钝圆，后缘中央具缺口（图9f）；产卵瓣较平直，背瓣稍长于腹瓣，腹瓣端部具缺口（图9g）。

体褐色，具暗褐色斑或纹。颜顶具4条黑褐色纵带，汇于头顶基部；前胸背板背面深褐色纵带覆盖，具黑褐色镶边，侧片浅褐色；前翅及后翅超过前翅部分褐色，前翅基部散布深浅不一的斑点，后足股节具3条暗褐色横带。

测量（mm）：体长♂9.8 ～ 10.0，♀10.0 ～ 10.5；前胸背板长♂3.3 ～ 3.5，♀3.2 ～ 3.5；前翅长♂14.6 ～ 15.0，♀15.5 ～ 17.0；后足股节长♂10.5 ～ 11.0，♀11.5 ～ 12.0；产卵瓣长8.0 ～ 9.0。

检视材料：2♂♂，湖南大庸张家界，1986.X.2，刘宪伟采；6♂♂16♀♀，湖南慈利索溪峪，1988.IX.2 ～ 10，刘宪伟采；4♀♀，湖南永顺杉木河林场，600 m，1988.VIII.5 ～ IX.3，杨星科采；1♀，湖南慈利，1988.IX.3，采集人不详；1♂3♀♀，广西环江川山，1993.VIII.24 ～ 25，蒋国芳采；1♂1♀，广西环江中论，600 ～ 700 m，1994.VIII.9，蒋宗雨采；

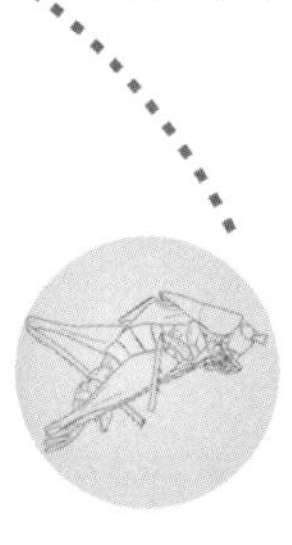

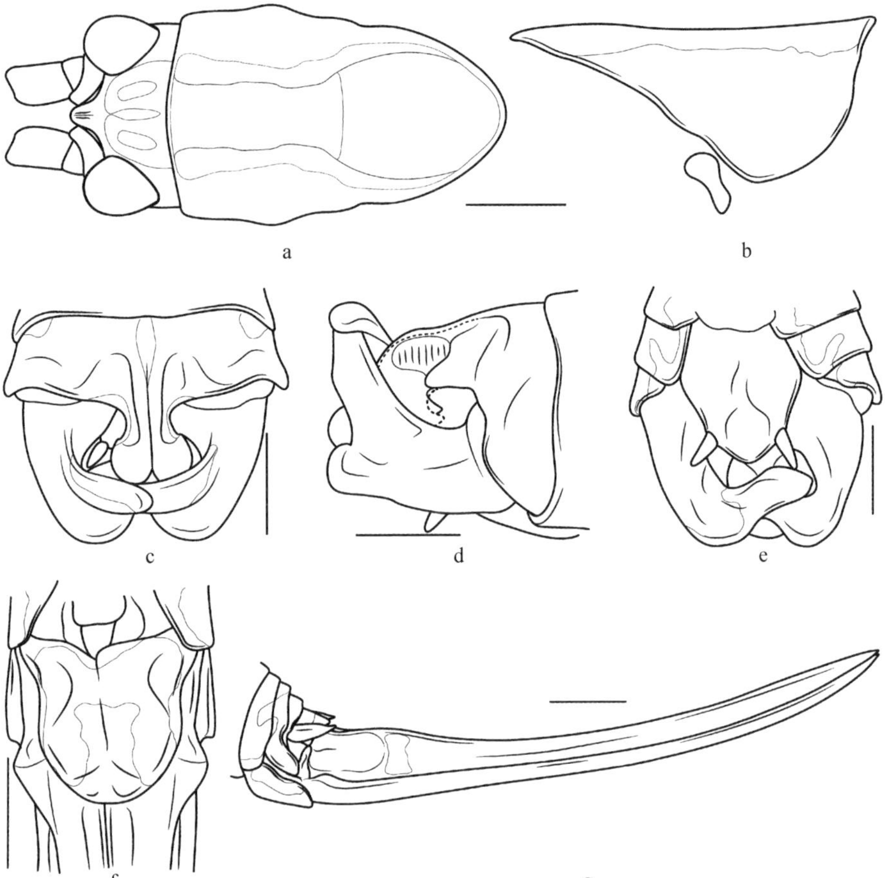

图9　斑腿栖螽 *Xizicus* (*Xizicus*) *fascipes* (Bey-Bienko, 1955)

a. 雄性头与前胸背板，背面观；b. 雄性前胸背板，侧面观；c. 雄性腹端，背面观；d. 雄性腹端，侧面观；e. 雄性腹端，腹面观；f. 雌性下生殖板，腹面观；g. 雌性腹端，侧面观

Fig. 9　*Xizicus* (*Xizicus*) *fascipes* (Bey-Bienko, 1955)

a. head and pronotum of male, dorsal view; b. pronotum of male, lateral view; c. end of male abdomen, dorsal view; d. end of male abdomen, lateral view; e. end of male abdomen, ventral view; f. subgenital plate of female, ventral view; g. end of female abdomen, lateral view

1♀，广西环江木论，1993.VIII.28，蒋国芳采；3♀♀，广西金秀，1981.IX.7 ～ 22，黎天山采；2♂♂2♀♀，广西龙胜，960 ～ 1 020 m，1985.VIII.24 ～ 26，采集人不详；2♂♂1♀，广西龙胜花坪红滩，1979.VII.28，采集人不详；1♀，广西天平水碾，1979.VII.30，采集人不详；1♀，广西龙胜里骆，1 000 m，1984.VIII.5，黎军采；1♂1♀，广西兴安猫儿山，

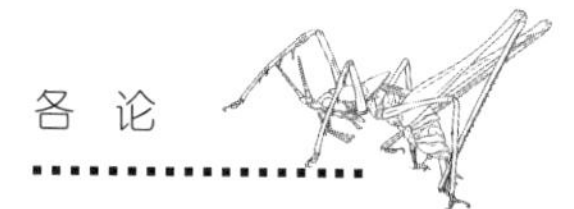

1992.VIII.24，刘宪伟、殷海生采；1♀，广西桂林，日期和采集人不详；2♂♂1♀，四川峨眉山清音阁，850 m，2006.VIII.10，周顺采；1♂1♀，四川青城山，1979.IX.12，郑哲民采；1♀，四川青城山，1992.VII.27，王天齐采；1♀，四川峨眉山五显岗，700 m，2007.VIII.2 ～ 4，刘宪伟等采。

模式产地及保存：中国四川峨眉山；中国科学院动物研究所（IZCAS），中国北京。

分布：中国湖南、广西、四川、贵州。

13. 三须栖螽 *Xizicus* (*Xizicus*) *tricercus* Feng, Shi & Mao, 2017（仿图4）

Xizicus (*Xizicus*) *tricercus* Feng, Shi & Mao, 2017, *Zootaxa*, 4247(1): 68.

描述：体中型。头顶圆锥形，顶端钝圆。前胸背板前缘稍凸，后缘圆，后横沟明显，沟前区和沟后区几等长（仿图4a），侧片长大于高，肩凹不明显；胸听器卵形（仿图4b）；所有股节无刺，前足基节不具刺，前足胫节听器两侧均为开放型，腹面具5个内刺和6个外刺，中足胫节腹面具5个内刺和6个外刺，后足胫节背面内侧具26 ～ 30个齿，外侧具32 ～ 36个齿，末端具3对端距；前翅狭长，末端圆，超过后足膝叶末端，后翅略长于前翅。雄性第10腹节背板宽，侧缘向后腹方延长后缘中央具1中央开裂的侧扁突起，背缘具中沟，腹缘中央花瓣状扩展，端部稍窄开裂，具1对叶（仿图4d，e）；尾须较复杂，基半部粗壮，背缘中央具1内背弯曲的指状叶，向端渐细末端钝圆，尾须亚端部具1拍状突起，突起稍扩宽延长，末端钝圆，尾须端部三角形，内弯，末端稍尖（仿图4c ～ e）；下生殖板宽，舌形，向末端渐窄，后缘圆，腹突圆锥形稍长，位于亚端部两侧（仿图4f）。

雌性外形与雄性相似。尾须圆锥形，端部细尖；下生殖板长大于宽，舌形（仿图4g）；产卵瓣较长较平直，端半部稍上弯，腹瓣端部具小端钩。

体黄褐色。复眼红褐色。后部背面具4条暗黑色纵纹，中间2条汇聚于头顶背面，两侧2条到达复眼内背缘（仿图4a）；触角基部三节黑褐色。前胸背板背片具一条宽纵带，侧缘黑褐色，纵带后缘有时色浅（仿图4a，b），后胸侧板黑褐色；所有跗节和股节端部黑褐色，胫节听器区黑褐色，前中足胫节腹面刺暗褐色，后足股节黄绿色，后足胫节背面刺黑褐色；前翅前缘具不明显的暗点。雄性第10腹节背板后部黑褐色，下生殖板黄绿色，腹突绿色。产卵瓣黄绿色。

测量（mm）：体长♂10.1，♀10.0 ～ 11.1；前胸背板长♂3.9 ～ 4.1，♀3.6 ～ 3.8；前翅长♂14.5，♀14.5 ～ 15.6；后足股节长♂11.2 ～ 11.3，

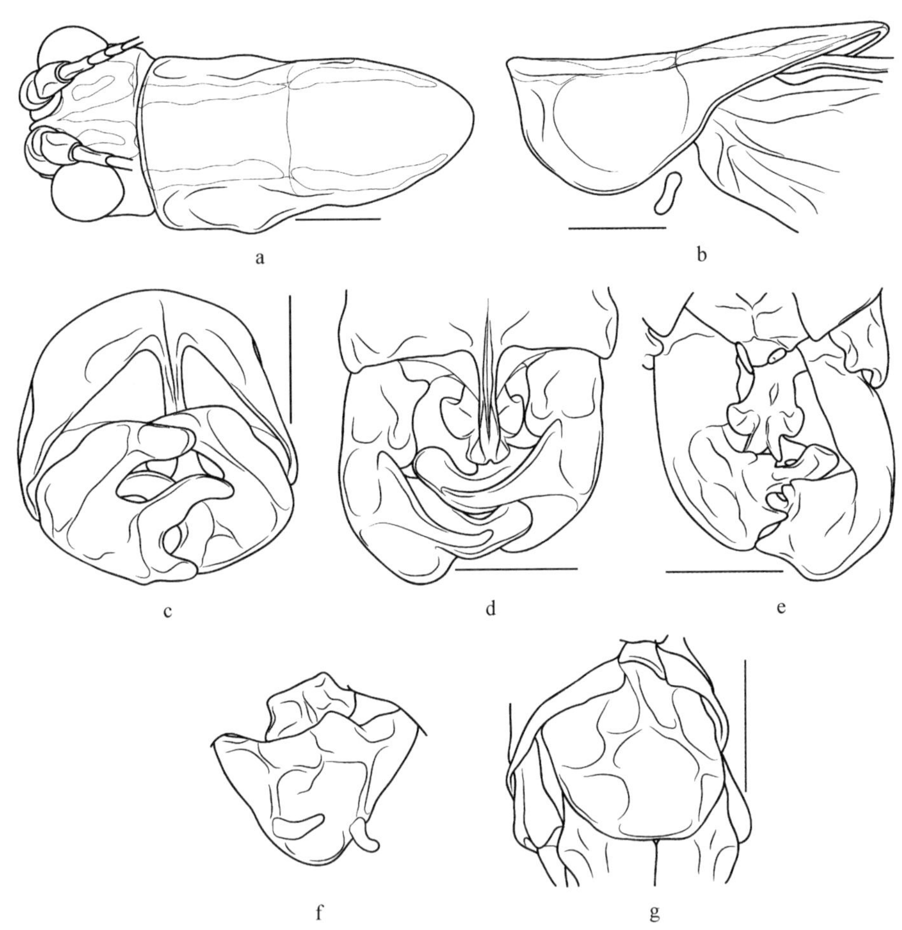

仿图4　三须栖螽 *Xizicus* (*Xizicus*) *tricercus* Feng, Shi & Mao, 2017
（仿 Feng, Shi & Mao, 2017）

a. 雄性前胸背板，背面观；b. 雄性前胸背板，侧面观；c. 雄性腹端，后面观；d. 雄性腹端，背面观；e. 雄性腹端，腹面观；f. 雄性下生殖板，腹面观；g. 雌性下生殖板，腹面观

AF. 4　*Xizicus* (*Xizicus*) *tricercus* Feng, Shi & Mao, 2017 (after Feng, Shi & Mao, 2017)

a. male pronotum in dorsal view; b. male pronotum in lateral view; c. apex of male abdomen in rear view; d. apex of male abdomen in dorsal view; e. apex of male abdomen in ventral view; f. male subgenital plate in ventral view; g. female subgenital plate in ventral view

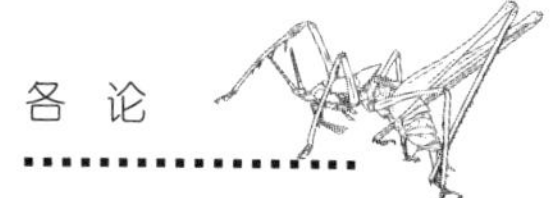

♀11.0 ～ 11.4；产卵瓣长 7.5 ～ 7.7。

检视材料：1♂（正模）1♀（副模），广西防城港平龙山，2015.VII.3，张东晓采。

模式产地及保存：中国广西防城平龙山；河北大学博物馆（MHU），中国河北保定。

分布：广西。

藏栖螽亚属 *Xizicus* (*Zangxizicus*) Wang & Liu, 2014

Xizicus (*Zangxizicus*): Wang *et al*., 2014, *Zootaxa*, 3861(4): 309; Chang, Sun & Shi, 2016, *Zootaxa*, 4171(1): 183.

模式种：*Xizicus* (*Zangxizicus*) *quadrifascipes* Wang & Liu, 2014

头部背面具4条暗色纵纹，前翅具明显的暗点，后足股节具4条暗色横带。雄性前胸背板沟后区长于沟前区，前翅和后翅均发达，雄性第10腹节背板后缘无突起，雄性下生殖板不特化，腹突有时与腹板融合。

藏栖螽亚属分种检索表

1 雄性尾须端半部细长内弯 ·· 2

\- 雄性尾须端部较短 ··

··············· **西藏藏栖螽 *Xizicus* (*Zangxizicus*) *tibeticus* Wang & Liu, 2014**

2 雄性尾须背叶较窄 ··

······ **四带藏栖螽 *Xizicus* (*Zangxizicus*) *quadrifascipes* Wang & Liu, 2014**

\- 雄性尾须背叶宽大 ··

··············· **弯尾藏栖螽 *Xizicus* (*Zangxizicus*) *curvus* Chang & Shi, 2016**

14. 四带藏栖螽 *Xizicus* (*Zangxizicus*) *quadrifascipes* Wang & Liu, 2014（图10）

Xizicus (*Zangxizicus*) *quadrifascipes*: Wang *et al*., 2014, *Zootaxa*, 3861(4): 309.

描述：雄性头顶圆锥形，端部钝，背面具纵沟；下颚须端节约等长于亚端节。前胸背板沟后区长于沟前区，侧片后缘倾斜，肩凹不明显（图10a，b）；前翅远超过后足股节端部，后翅长于前翅1.0 mm；前足胫节腹

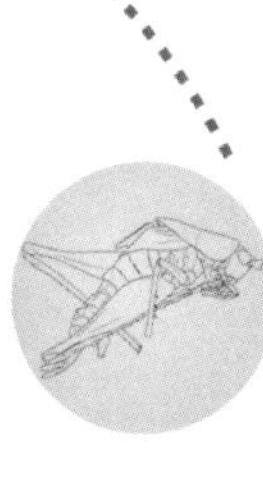

面刺为4, 5 (1, 1)型，后足胫节背面内外缘各具26 ～ 30个齿和1个端距，腹面具4个端距。第10腹节背板后缘中央近平直（图10c）；尾须向端部渐变细，基部的背面和腹面各具1个突起（图10c）；下生殖板狭长，端部圆形突出，腹突退化，位于亚端部两侧（图10d，e）。

雌性未知。

体杂色具黄褐色和黑褐色。头部背面具4条暗黑色纵条纹，在头顶处聚合，颜面中部，触角窝内缘和触角基部3节黑褐色，触角具暗色环。前胸背板背面淡褐色，两侧具间断的暗黑色纵纹。前翅暗褐色，翅脉黄白色。前和中足具暗色环纹，后足股节外侧具4条暗黑色横带，各足胫节刺和腹部背面黑褐色。尾须淡色，端半部暗黑色。

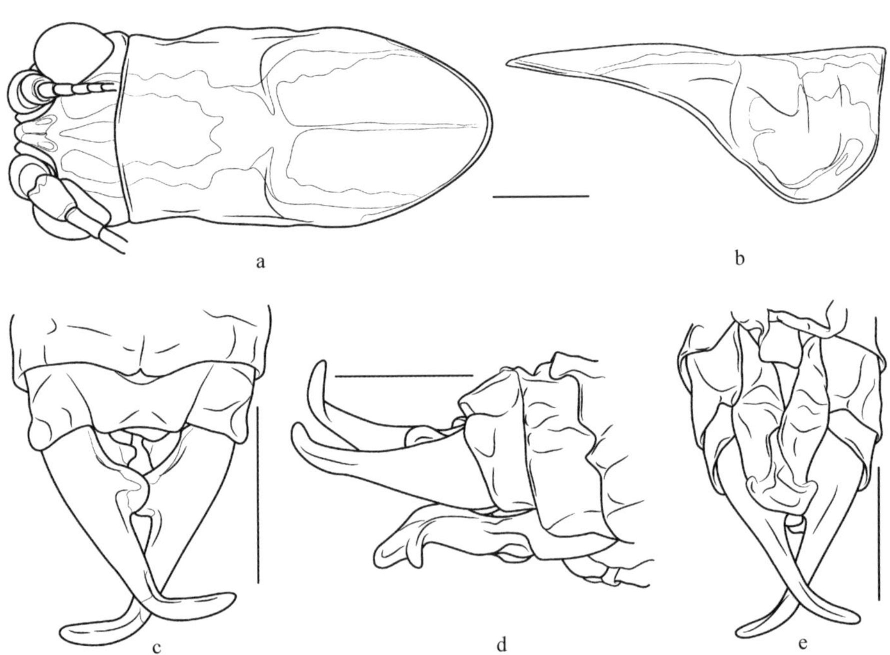

图10　四带藏栖螽 *Xizicus* (*Zangxizicus*) *quadrifascipes* Wang & Liu, 2014

a. 雄性头与前胸背板，背面观；b. 雄性前胸背板，侧面观；c. 雄性腹端，背面观；d. 雄性腹端，侧面观；e. 雄性腹端，腹面观

Fig. 10　*Xizicus* (*Zangxizicus*) *quadrifascipes* Wang & Liu, 2014

a. head and pronotum of male, dorsal view; b. pronotum of male, lateral view; c. end of male abdomen, dorsal view; d. end of male abdomen, lateral view; e. end of male abdomen, ventral view

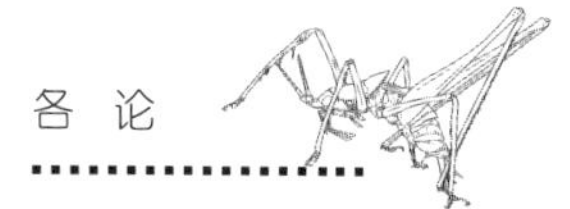

测量（mm）：体长♂9.5；前胸背板长♂4.0；前翅长♂17.5；后足股节长♂9.0。

检视材料：正模♂，西藏墨脱，1 000 m，2010.VIII. 6 ～ 8，毕文烜采。

分布：中国西藏。

15. 西藏藏栖螽 *Xizicus* (*Zangxizicus*) *tibeticus* Wang & Liu, 2014（图11）

Xizicus (*Zangxizicus*) *tibieticus*: Wang *et al*., 2014, *Zootaxa*, 3861(4): 309; Chang, Sun & Shi, 2016, *Zootaxa*, 4171(1): 186.

描述：头顶圆锥形，端部略尖，背面具纵沟。前胸背板沟后区略长于沟前区（图11a），侧片后缘斜截，肩凹浅（图11b）；前翅端部远超过后足股节，短于后翅1.5 mm；各足股节无刺，前足基节具1刺，前足胫节腹面刺式为4, 5 (1, 1)，听器卵圆形，后足胫节背面内外缘各具30 ～ 32个齿和3对端距。雄性第10腹节背板不具突起，中部略凹，两侧呈小叶状（图11c）；尾须粗壮，内面纵凹，下缘基部叶状，端部成为端突，上缘圆形但是端角尖，端角与端突之间凹陷（图11c ～ e）；下生殖板特化，基半部圆形膨大，中部紧缩，端部两侧角各具1不可活动的刺，可能为特化的腹突，后缘具1尖三角形叶弯向背方（图11c ～ e）。

雌性头顶较雄性细长，沟后区短于沟前区。尾须圆锥形，基部宽端部尖，下生殖板近梯形，基部两侧具侧角，后缘中部略凹（图11f）；产卵瓣长，略向上弯曲，腹瓣端部具极弱的端钩（图11g）。

体黄褐色。颅顶背面具4条纵纹，触角窝上缘和触角前3节黑褐色，触角具暗色环纹。前胸背板背面褐色，两侧具深色间断条纹；前翅具明显的暗点，雌性翅基部暗色；雄性胫节刺和膝部暗色，雌性膝叶端部暗色；雄性股节4条横纹淡，雌性消失。雄性腹背面暗色，雌性腹部和产卵瓣黄褐色。

测量（mm）：体长♂11.0，♀13.5；前胸背板长♂4.6，♀4.7；前翅长♂19.2，♀21.8；后足股节长♂12.1，♀12.4；产卵瓣长12.1。

检视材料：正模♂，西藏察隅，1 900 m，2011.VII.7，毕文烜采；副模1♀，西藏墨脱，1 100 m，2011.VII.16，毕文烜采。

分布：中国西藏。

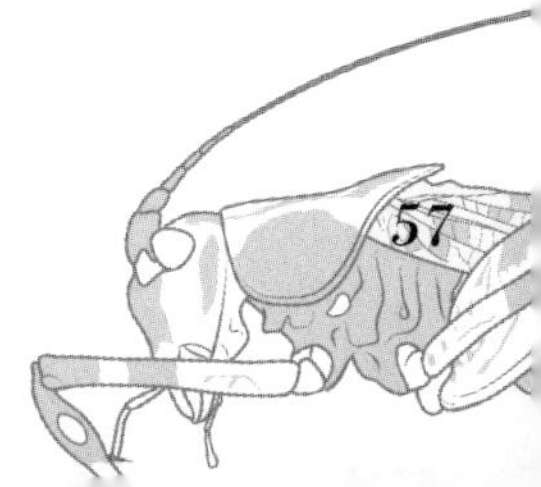

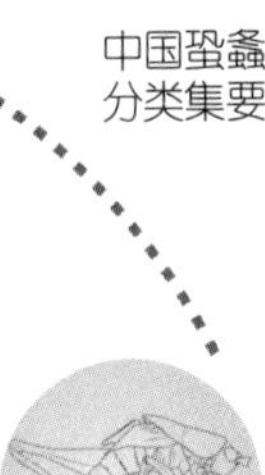

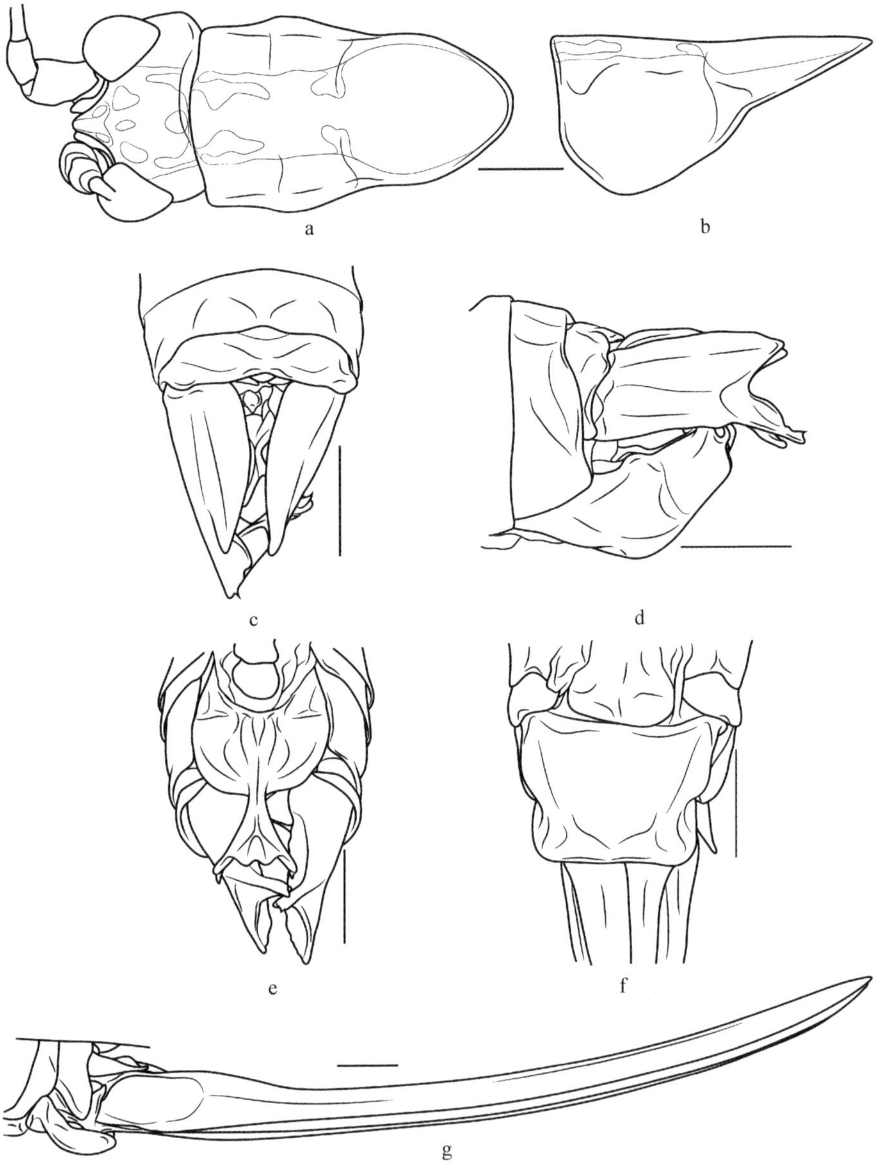

图11　西藏藏栖螽 *Xizicus* (*Zangxizicus*) *tibeticus* Wang & Liu, 2014

a. 雄性头与前胸背板，背面观；b. 雄性前胸背板，侧面观；c. 雄性腹端，背面观；d. 雄性腹端，侧面观；e. 雄性腹端，腹面观；f. 雌性下生殖板，腹面观；g. 雌性腹端，侧面观

Fig. 11　*Xizicus* (*Zangxizicus*) *tibeticus* Wang & Liu, 2014

a. head and pronotum of male, dorsal view; b. male pronotum, lateral view; c. end of male abdomen, dorsal view; d. end of male abdomen, lateral view; e. end of male abdomen, ventral view; f. female subgenital plate, ventral view; g. end of female abdomen, lateral view

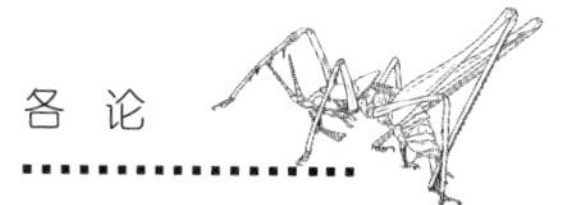

16. 弯尾藏栖螽 *Xizicus* (*Zangxizicus*) *curvus* Chang & Shi, 2016（仿图5）

Xizicus (*Zangxizicus*) *curvus*: Chang, Sun & Shi, 2016, *Zootaxa*, 4171(1): 183.

描述：头顶圆锥形，端部钝圆，背面具纵沟；复眼卵圆形向前凸出；下颚须端节与亚端节约等长。前胸背板前缘微凸后缘钝圆，沟后区约等长于沟前区（仿图5a），侧片长大于高，肩凹不明显（仿图5b）；前翅端部超过后足股节，略短于后翅；各足股节无刺，前足基节具1刺，前足胫节腹面具刺，端部缺失，听器长卵圆形，后足胫节背面内外缘各具25～27个齿和3对端距。雄性第10腹节背板短，后缘略凹（仿图5c）；尾须基部宽，薄片状纵向微内卷，腹缘基部具三角形叶，中部分二支，背支短宽端

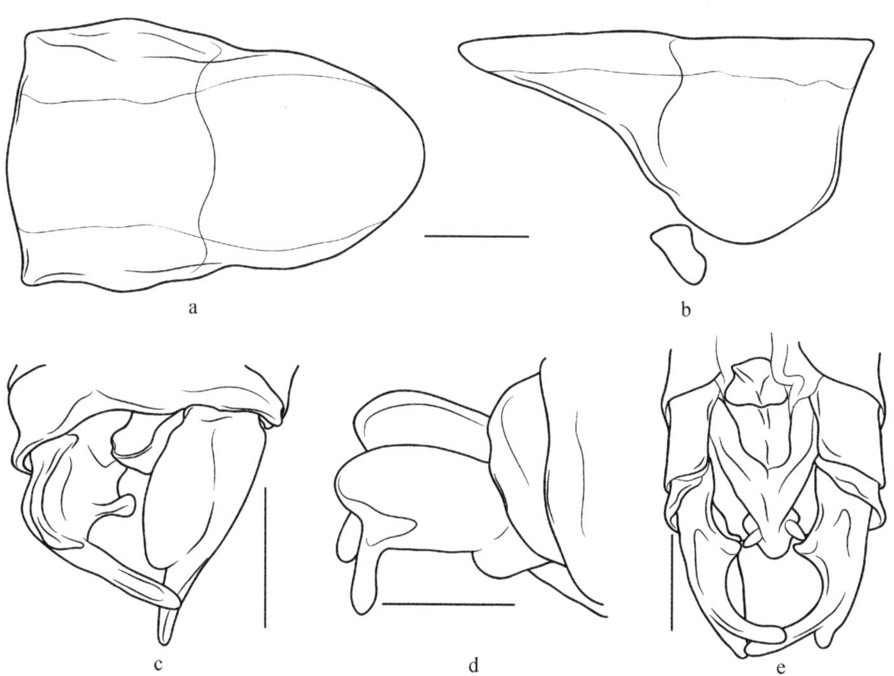

仿图5　弯尾藏栖螽 *Xizicus* (*Zangxizicus*) *curvus* Chang & Shi, 2016
（仿Chang, Sun & Shi, 2016）

a. 雄性前胸背板，背面观；b. 雄性前胸背板，侧面观；c. 雄性腹端，背面观；d. 雄性腹端，侧面观；e. 雄性腹端，腹面观

AF. 5　*Xizicus* (*Zangxizicus*) *curvus* Chang & Shi, 2016 (after Chang, Sun & Shi, 2016)

a. male pronotum in dorsal view; b. male pronotum in lateral view; c. apex of male abdomen in dorsal view; d. apex of male abdomen in lateral view; e. apex of male abdomen in ventral view

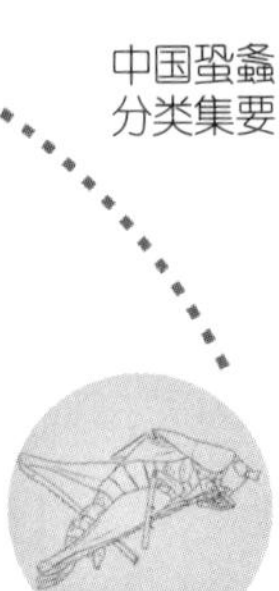

部圆，腹支细长指向内腹方向，端部钝圆（仿图5c ～ e）；下生殖板基部宽，表面内凹，向端渐窄，后缘钝圆；腹突圆锥形，位于亚端部侧缘（仿图5e）；外生殖器完全膜质。

雌性未知。

体褐色。颜顶背面黑色，触角前2节黑褐色。前胸背板背面褐色，两侧颜色深似间断条纹；前翅褐色具黑褐色点；后足膝叶端部暗色。

测量（mm）：体长♂12.5；前胸背板长♂4.0；前翅长♂21.0；后足股节长♂12.7。

检视材料：1♂（正模），西藏墨脱县郊，2014.VII.29，周志军采。

模式产地及保存：中国西藏墨脱；河北大学博物馆（MHU），中国河北保定。

分布：中国西藏。

副栖螽亚属*Xizicus* (*Paraxizicus*) Liu, 2004

Xizicus (*Paraxizicus*): Liu & Yin, 2004, *Insects from Mt. Shiwandashan Area of Guangxi*, 100; Wang *et al*., 2014, *Zootaxa*, 3861(4): 305; Feng, Chang & Shi, 2016, *Zootaxa*, 4138(3): 571.

模式种：*Xizicus* (*Paraxizicus*) *anisocercus* Liu, 2004

头部背面具4条暗色纵纹，前翅具明显的暗点，后足股节无暗黑色横

副栖螽亚属分种检索表

1 雄性第10腹节背板中突起腹面具突起 ································ 2

– 雄性第10腹节背板中突起腹面无突起 ································ 3

2 雄性第10腹节背板中突起腹面中部具突起；雌性下生殖板后缘具宽大的圆形凹口 ········· **异尾副栖螽*Xizicus* (*Paraxizicus*) *anisocercus* Liu, 2004**

– 雄性第10腹节背板中突起端部具腹支；雌性下生殖板后缘具小缺刻 ··· ······ **叉突副栖螽*Xizicus* (*Paraxizicus*) *furcistylus* Feng, Chang & Shi, 2016**

3 雄性第10腹节背板中突起中型，叉状，下生殖板近端部具侧刺 ········· ········· **双突副栖螽*Xizicus* (*Paraxizicus*) *biprocerus* (Shi & Zheng, 1996)**

– 雄性第10腹节背板中突起岔开，下生殖板近端部无侧刺 ················· ················· **近似副栖螽*Xizicus* (*Paraxizicus*) *fallax* Wang & Liu, 2014**

带。雄性前胸背板沟后区不长于沟前区，前翅和后翅均发达，雄性第10腹节背板后缘具突起，侧片下部各具1膜质突起，与肛侧板相连，尾须具突起或叶，下生殖板末端刺状特化，腹突位于中部两侧。雌性下生殖板后缘具凹口。

17. 异尾副栖螽 ***Xizicus*** **(*Paraxizicus*)** ***anisocercus*** **Liu, 2004**（仿图6）

Xizicus (*Parazicus*) *anisocercus*: Liu & Yin, 2004, *Insects from Mt. Shiwandashan Area of Guangxi*, 100; Wang *et al*., 2014, *Zootaxa*, 3861(4): 306; Feng, Chang & Shi, 2016, *Zootaxa*, 4138(3): 573.

描述：头顶圆锥形，背面具弱的纵沟；复眼圆形，凸出；下颚须端节几乎等长于亚端节，端部略宽。前胸背板沟后区略微抬高，侧片后缘波曲形，肩凹不明显（仿图6b）；前翅超过后足股节端部，后翅长于前翅2.0 mm；前足胫节腹面刺式4, 5 (1, 1)型，后足胫节背面内外侧各具27 ～ 29个齿，末端具3对端距。雄性第10腹节背板后缘中央凹并具1中裂的下弯突起，突起腹面具1中叶（仿图6c ～ e），侧片下部具膜质突起（仿图6d，e）；尾须基部近圆柱形，内面基部具隆脊中部具宽叶，端部分裂为2支，腹支明显长于背支，明显内弯（仿图6c ～ e）；下生殖板延长，端部具2个钝刺；腹突位于下生殖板中部两侧（仿图6e）。

雌性尾须较短，圆锥形；下生殖板宽大，后缘具宽而深的凹口，两侧角形成圆形端叶（仿图6f）；产卵瓣约为前胸背板长的2倍（仿图6g）。

体黄褐色。头部背面褐色，具4条暗黑色纵纹；触角基部黑色，其余黄褐色具暗色环纹。前胸背板背面黑色，两侧稍暗，两侧缘具黄色条纹；前翅灰褐色，具明显的暗点，后缘具黑边；所有股节膝叶，胫节刺与跗节均黑褐色。

测量（mm）：体长♂12.0，♀11.5；前胸背板长♂♀4.0；前翅长♂18.0，♀20.0；后足股节长♂11.5，♀12.5；产卵瓣长8.0。

检视材料：1♂1♀，广西防城港平龙山，2015.VII.3，张东晓采。

模式产地及保存：中国广西金秀罗香；中国科学院动物研究所（IZCAS），中国北京。

分布：中国广西。

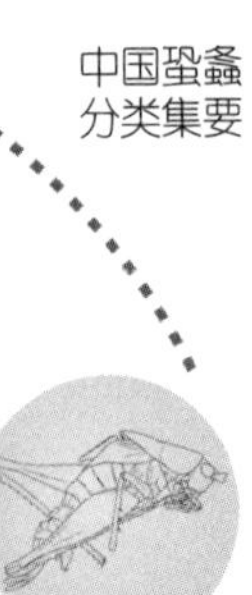

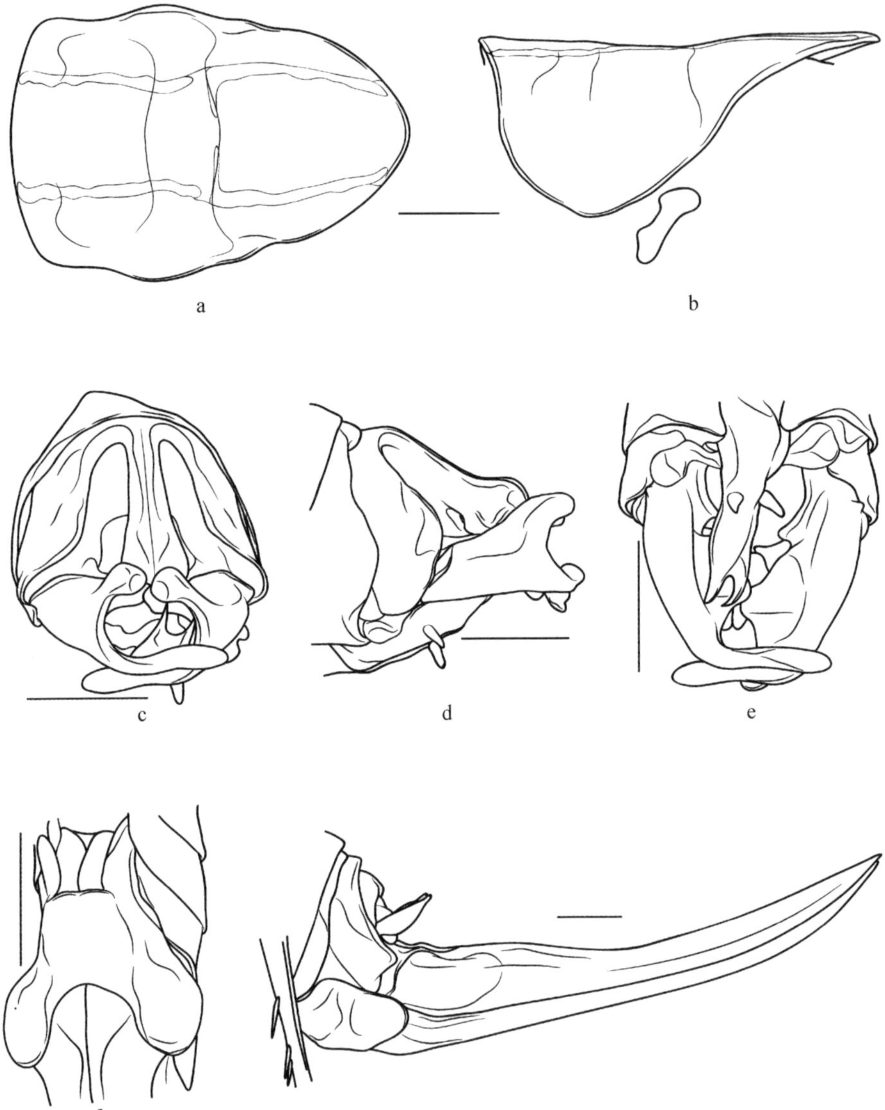

a b

c d e

f g

仿图6　异尾副栖螽 *Xizicus* (*Paraxizicus*) *anisocercus* Liu, 2004
（仿 Feng, Chang & Shi, 2016）

a. 雄性前胸背板，背面观；b. 雄性前胸背板，侧面观；c. 雄性腹端，背面观；d. 雄性腹端，侧面观；e. 雄性腹端，腹面观；f. 雌性下生殖板，腹面观；g. 产卵瓣，侧面观

AF. 6　*Xizicus* (*Paraxizicus*) *anisocercus* Liu, 2004 (after Feng, Chang & Shi, 2016)

a. male pronotum in dorsal view; b. male pronotum in lateral view; c. apex of male abdomen in dorsal view; d. apex of male abdomen in lateral view; e. apex of male abdomen in ventral view; f. female subgenital plate in ventral view; g. ovipositor in lateral view

18. 叉突副栖螽 *Xizicus* (*Paraxizicus*) *furcistylus* Feng, Chang & Shi, 2016（仿图 7）

Xizicus (*Parazicus*) *furcistylus*: Feng, Chang & Shi, 2016, *Zootaxa*, 4138(3): 571.

描述：头顶圆锥形，端部钝，背面具纵沟。前胸背板略延长，前缘平直后缘圆，后横沟明显，沟后区略微抬高（仿图7a），侧片长大于高，后缘近直，肩凹不明显（仿图7b）；前翅狭长，超过后足股节端部，末端钝圆；前足基节具刺，胫节腹面刺式4, 5 (1, 1)型，后足胫节背面内外侧各具29 ～ 31个齿，末端具3对端距。雄性第10腹节背板后缘中央凹并具1分叉的长且粗壮突起，背腹扩展，突起末端背腹分叉为2圆端短支（仿图7c，e）；尾须基部圆柱形，外腹侧具1端部钝的小突，端半部分裂为2支，背支宽扁略内弯，端部钝，腹支较窄长，端部较尖；下部具一对内弯的膜质叶，端部圆（仿图7c ～ f）；下生殖板延长较粗壮，腹面中线中部纵向下凸，端部具一对钝刺，下生殖板亚端部侧缘稍扩展，具一对朝向后方的细刺，下生殖板后缘中部凹，具一束毛簇；腹突位于下生殖板中部两侧，较为细长，稍扁（仿图7d）。

雌性第10腹节背板较小，后缘中部具1极小的三角缺刻；尾须圆锥形，端部尖；下生殖板基部宽大，后缘钝圆，中央具小缺口（仿图7g）；产卵瓣长且几乎平直，端半部上弯，腹瓣具端钩（仿图7h）。

体黄褐色。头部背面褐色，具4条暗黑色纵纹，中部两条汇聚于头顶，外侧两条到达复眼内缘（仿图7a）；触角基部1 ～ 3节黑褐色，其余具暗褐色环纹。前胸背板背面黑色，两侧边缘稍暗（仿图7a，b）；前翅灰褐色，具明显的暗点，后缘具黑边；所有股节膝叶，前中足胫节刺黑褐色，后足股节膝叶端部暗色。第10腹节背板突起和背板后缘黑褐色；雄性下生殖板刺端部褐色。

测量（mm）：体长♂10.3 ～ 11.6，♀9.9 ～ 11.5；前胸背板长♂3.8 ～ 4.1，♀3.5 ～ 3.6；前翅长♂17.4 ～ 18.0，♀17.7；后足股节长♂11.2 ～ 11.8，♀11.1 ～ 11.4；产卵瓣长7.7 ～ 7.9。

检视材料：1♂（正模），湖南通道，2004.VII.26，王剑锋采；1♀（副模），湖南通道木脚，2004.VII.25，王剑锋、王继良采。

模式产地及保存：中国湖南通道；河北大学博物馆（MHU），中国河北保定。

分布：中国湖南。

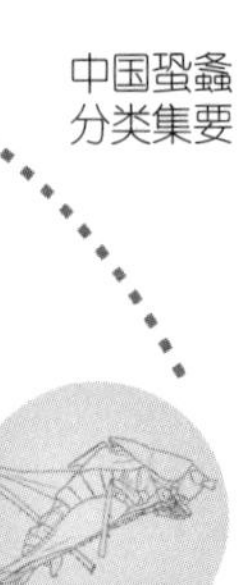

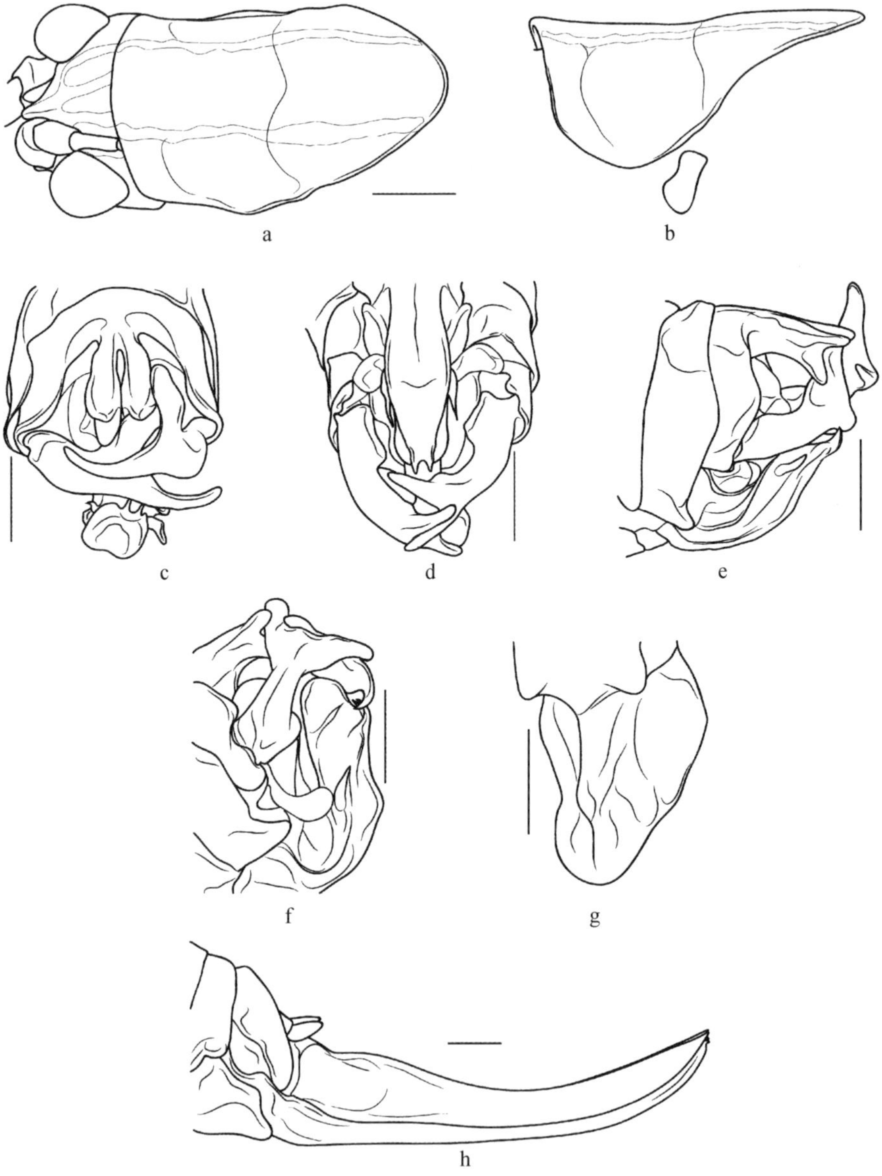

a b

c d e

f g

h

仿图7　叉突副栖螽 *Xizicus* (*Paraxizicus*) *furcistylus* Feng, Chang & Shi, 2016
（仿 Feng, Chang & Shi, 2016）

a. 雄性前胸背板，背面观；b. 雄性前胸背板，侧面观；c. 雄性腹端，背面观；d. 雄性腹端，腹面观；e，f. 雄性腹端，侧面观；g. 雌性下生殖板，腹面观；h. 产卵瓣，侧面观

AF. 7　*Xizicus* (*Paraxizicus*) *furcistylus* Feng, Chang & Shi, 2016
(after Feng, Chang & Shi, 2016)

a. head and pronotum of male in dorsal view; b. male pronotum in lateral view; c. apex of male abdomen in dorsal view; d. apex of male abdomen in ventral view; e, f. apex of male abdomen in lateral view; g. male subgenital plate in ventral view; h. ovipositor in lateral view

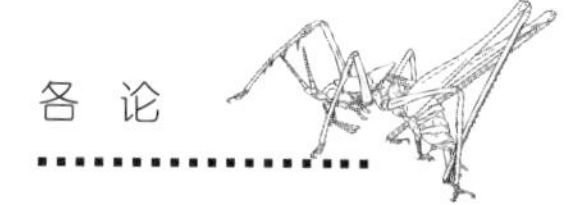

19. 双突副栖螽 *Xizicus* (*Paraxizicus*) *biprocerus* (Shi & Zheng, 1996)（图12，图版14，15）

Xiphidiopsis biprocera: Shi & Zheng, 1996, *Acta Zootaxonomica Sinica*, 32(3): 332; Liu & Jin, 1999, *Fauna of Insects Fujian Province of China. Vol. 1.*, 155.

Xizicus (*Parazicus*) *biprocerus*: Liu & Yin, 2004, *Insects from Mt. Shiwandashan Area of Guangxi*, 100; Liu *et al.*, 2010, *Insects of Fengyangshan National Nature Reserve*, 82; Wang *et al.*, 2014, *Zootaxa*, 3861(4): 306; Feng, Chang & Shi, 2016, *Zootaxa*, 4138(3): 574.

描述：头顶圆锥形凸出，顶端钝，背面中央具细纵沟；复眼卵圆形，向前凸出；下颚须长，端节端部膨大，几乎与亚端节等长。前胸背板稍向后延伸，后横沟位于中部，中央稍弯曲，中横沟细且平直，前胸背板侧片较低，肩凹不明显（图12a，b）；前翅狭长，远超过后足股节顶端，后翅稍长于前翅；前足胫节腹面刺式为5, 5 (1, 1)型，中足胫节腹面具5个内刺和6个外刺，后足胫节背面内外缘各具30 ～ 31个齿，端距3对。雄性第10腹节背板中央伸出1岔开突起，向后上方伸展（图12c，d），侧片下部具膜质凸出（图12d ～ f），与肛侧板下部相连；肛侧板较大，上部具1疣突，肛上板圆三角形；尾须基半部较宽，内侧腹面具1近三角形的叶，尾须端半部内弯，分2支，背支短指状，腹支细刺状（图12c ～ f）；下生殖板特化，腹突位于中部两侧（图12f），有时脱落，基部较宽，端部为2对刺状突起，中间1对较长弯向背侧，两侧1对较短弯向外侧（图12e，f），中央1对中间具突出于内面的突起，端部具几枚刺（图12c，e）。

雌性下生殖板近方形，后缘方形内凹，两侧角圆形凸出（图12g）；产卵瓣稍短于后足股节，较平直，腹瓣具端钩（图12h）。

体黄褐色。头部背面具4条暗黑色纵纹，向头顶聚合。前胸背板背面褐色，两侧暗黑色，具黄色边；前翅具暗色斑点；后足股节膝叶端部具黑斑。

测量（mm）：体长♂8.0 ～ 11.0，♀12.0；前胸背板长♂3.8，♀3.5；前翅长♂16.0，♀18.0；后足股节长♂11.0，♀12.0；产卵瓣长10.0。

检视材料：2♂♂1♀，福建武夷山三港，1994.VIII.27 ～ IX.3，金杏宝、殷海生采；1♂，浙江龙泉凤阳山炉岙村，1 100 m，2008.VII.31 ～ VIII.4，

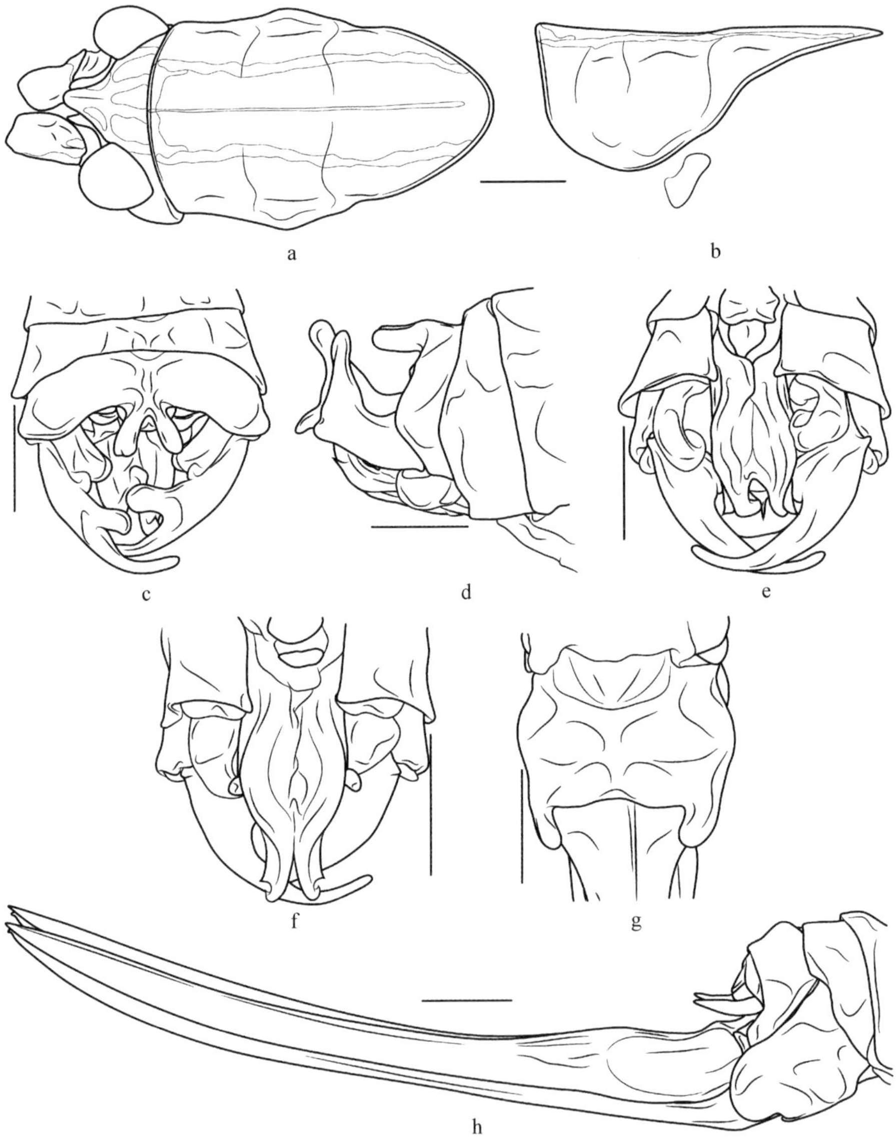

a b c d e f g h

图12　双突副栖螽 *Xizicus* (*Paraxizicus*) *biprocerus* (Shi & Zheng, 1996)

a. 雄性头与前胸背板，背面观；b. 雄性前胸背板，侧面观；c. 雄性腹端，背面观；d. 雄性腹端，侧面观；e. 雄性腹端，腹面观；f. 雄性腹端，腹面观（示腹突）；g. 雌性下生殖板，腹面观；h. 雌性腹端，侧面观

Fig. 12　*Xizicus* (*Paraxizicus*) *biprocerus* (Shi & Zheng, 1996)

a. head and pronotum of male, dorsal view; b. pronotum of male, lateral view; c. end of male abdomen, dorsal view; d. end of male abdomen, lateral view; e, f. end of male abdomen, ventral view (f shows styli); g. subgenital plate of female, ventral view; h. end of female abdomen, lateral view

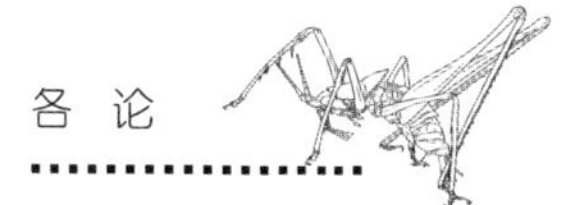

刘宪伟、毕文烜采；1♀，浙江遂昌九龙山，1991.VIII.1，采集人不详。

模式产地及保存：中国福建崇安；陕西师范大学动物研究所，中国陕西西安。

分布：中国浙江、福建。

20. 近似副栖螽 *Xizicus* (*Paraxizicus*) *fallax* Wang & Liu, 2014（图13，图版16）

Xizicus (*Paraxizicus*) *fallax*: Wang *et al*., 2014, *Zootaxa*, 3861(4): 306; Feng, Chang & Shi, 2016, *Zootaxa*, 4138(3): 576.

描述：头顶圆锥形，端部钝，背面具纵沟；下颚须端节约等长于亚端节。前胸背板沟后区不长于沟前区，侧片后缘倾斜，肩凹不明显（图13a，b）；前翅远超过后足股节端部，后翅长于前翅2.0 mm；前足胫节腹面刺为4, 5 (1, 1)型，后足胫节背面内外缘各具29～31个齿和1个端距，腹面具4个端距。雄性第10腹节背板后缘中央圆形内凹，具1对短的渐岔开的突起（图13c）。尾须适度内弯，端部分为2枝，基部腹面具1个近方形的叶（图13c～e）。下生殖板强向上弯曲，端部浅裂呈2尖刺，腹突位于中部两侧，近方形（图13c，e）。

雌性尾须短，端部细尖；下生殖板近三角形，后缘中部凹（图13f）；产卵瓣较长直，略上弯，端部略增高，腹瓣具端钩（图13g）。

体淡黄褐色。头部背面具4条暗黑色纵条纹，在头顶处聚合。前胸背板背面淡褐色，两侧具暗黑色纵条纹，雌性后胸侧板黑褐色。前翅具较明显的暗点，前足和中足胫节刺带暗色，后足股节膝叶端部具较大的暗斑；雌性产卵瓣近基部具黑色斑。

测量（mm）：体长♂10.0～10.5，♀11.2；前胸背板长♂3.8～4.0，♀4.1；前翅长♂19.1～19.5，♀17.5；后足股节长♂12.0～12.1，♀12.0；产卵瓣长11.2.。

检视材料：正模♂，广西兴安猫儿山，450～600 m，1992.VIII.25，刘宪伟、殷海生采。副模1♂，江西大余烂泥迳，400 m，1985.VIII.14，廖素柏采；1♀，广西兴安猫儿山，800 m，2013.VIII.1～2，刘宪伟等采。

分布：中国江西、广西。

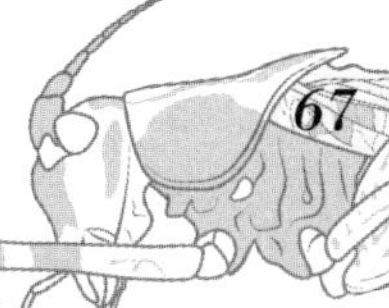

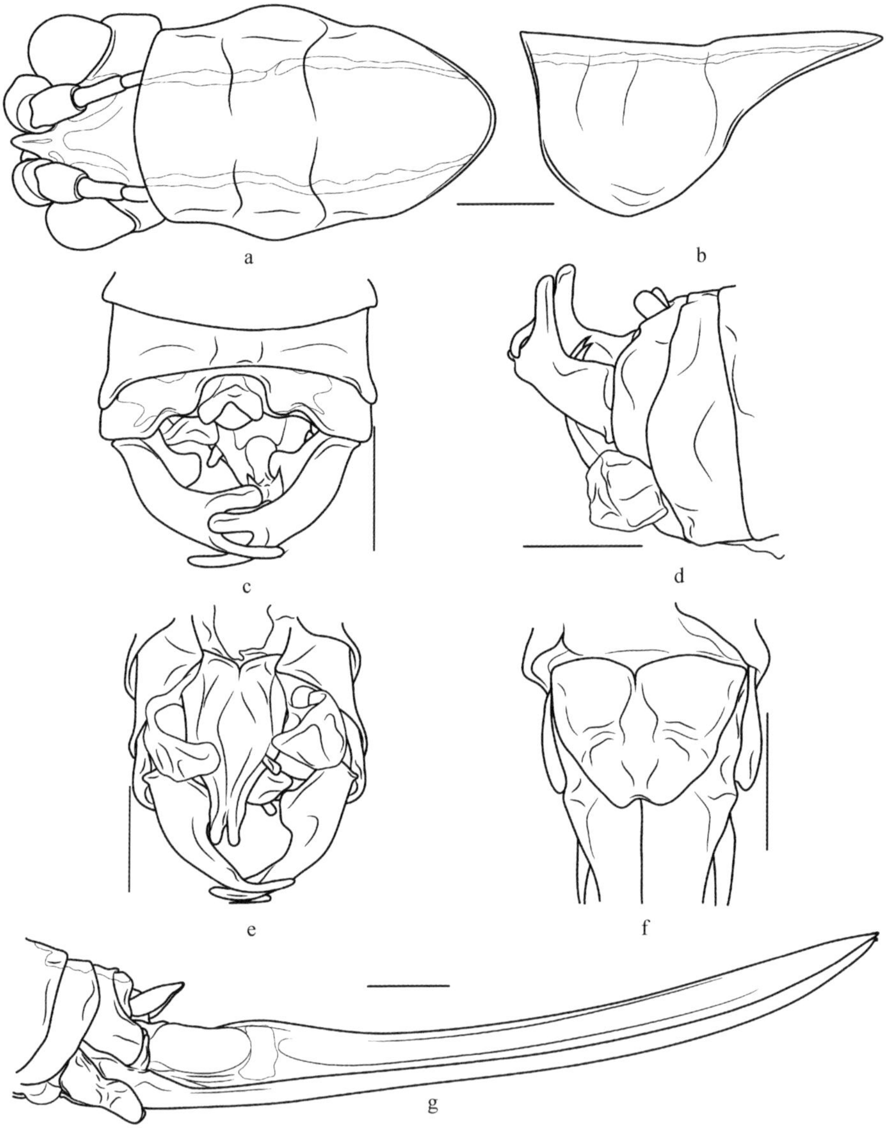

a

b

c

d

e

f

g

图13 近似副栖螽 *Xizicus* (*Paraxizicus*) *fallax* Wang & Liu, 2014

a. 雄性头与前胸背板，背面观；b. 雄性前胸背板，侧面观；c. 雄性腹端，背面观；d. 雄性腹端，侧面观；e. 雄性腹端，腹面观；f. 雌性下生殖板，腹面观；g. 雌性腹端，侧面观

Fig. 13 *Xizicus* (*Paraxizicus*) *fallax* Wang & Liu, 2014

a. head and pronotum of male, dorsal view; b. pronotum of male, lateral view; c. end of male abdomen, dorsal view; d. end of male abdomen, lateral view; e. end of male abdomen, ventral view; f. subgenital plate, ventral view; g. end of female abdomen, lateral view

简栖螽亚属 *Xizicus* (*Haploxizicus*) Wang & Liu, 2014

Xizicus (*Haploxizicus*): Wang *et al*., 2014, *Zootaxa*, 3861(4): 311.

模式种：*Xiphidiopsis szechwanensis* Tinkham, 1944

头部背面具4条暗色纵纹，前翅具明显的暗点，后足股节无暗黑色横带。雄性前胸背板沟后区不长于沟前区，前翅和后翅均发达，雄性第10腹节背板后缘无突起，雄性尾须无突起或叶，雄性下生殖板不特化，具腹突。

这个亚属与副栖螽亚属的区别在于雄性第10腹节背板无突起和尾须较简单，雄性下生殖板不特化。

简栖螽亚属分种检索表

1 头顶背面黑色，雌性第8腹节背板侧片后缘不具小瘤突 ……………… 2
– 头顶背面非黑色，雌性第8腹节背板侧片后缘具小瘤突 ……………… 4
2 雄性尾须粗短；雌性下生殖板近三角形，第9腹节背板侧片基部无小瘤突 ………… **显凹简栖螽 *Xizicus* (*Haploxizicus*) *incisus* (Xia & Liu, 1990)**
– 雄性尾须细长；雌性第9腹节背板侧片基部具小瘤突 ………………… 3
3 听器区黑色，第3胸节侧板黑色，前翅具大斑点 ……………………… ………… **斑翅简栖螽 *Xizicus* (*Haploxizicus*) *maculatus* (Xia & Liu, 1993)**
– 听器区无色，雌性下生殖板近方形 ……………………………………… …… **四川简栖螽 *Xizicus* (*Haploxizicus*) *szechwanensis* (Tinkham, 1944)**
4 听器区无色，雌性下生殖板后缘平截 …………………………………… ……… **湖南简栖螽 *Xizicus* (*Haploxizicus*) *hunanensis* (Xia & Liu, 1993)**
– 听器区黑色，雌性下生殖板后缘叶状凸出 ……………………………… …………**匙尾简栖螽 *Xizicus* (*Haploxizicus*) *spathulatus* (Tinkham, 1944)**

21. 显凹简栖螽 *Xizicus* (*Haploxizicus*) *incisus* (Xia & Liu,1988)（图14，图版17，18）

Xiphidiopsis incisa: Xia & Liu, 1990, *Contributions from Shanghai Institute of Entomology*, 8: 221; Liu & Jin, 1994, *Contributions from Shanghai Institute of Entomology*, 11: 110; Jin & Xia, 1994, *Journal of Orthoptera Research*, 3: 27; Liu & Jin, 1999, *Fauna of Insects Fujian Province of China. Vol. 1.*, 155.

Axizicus incisus: Gorochov, 1998, *Zoosystematica Rossica*, 7(1): 113.

Xizicus (*Haploxizicus*) *incisus*: Wang *et al*., 2014, *Zootaxa*, 3861(4): 314.

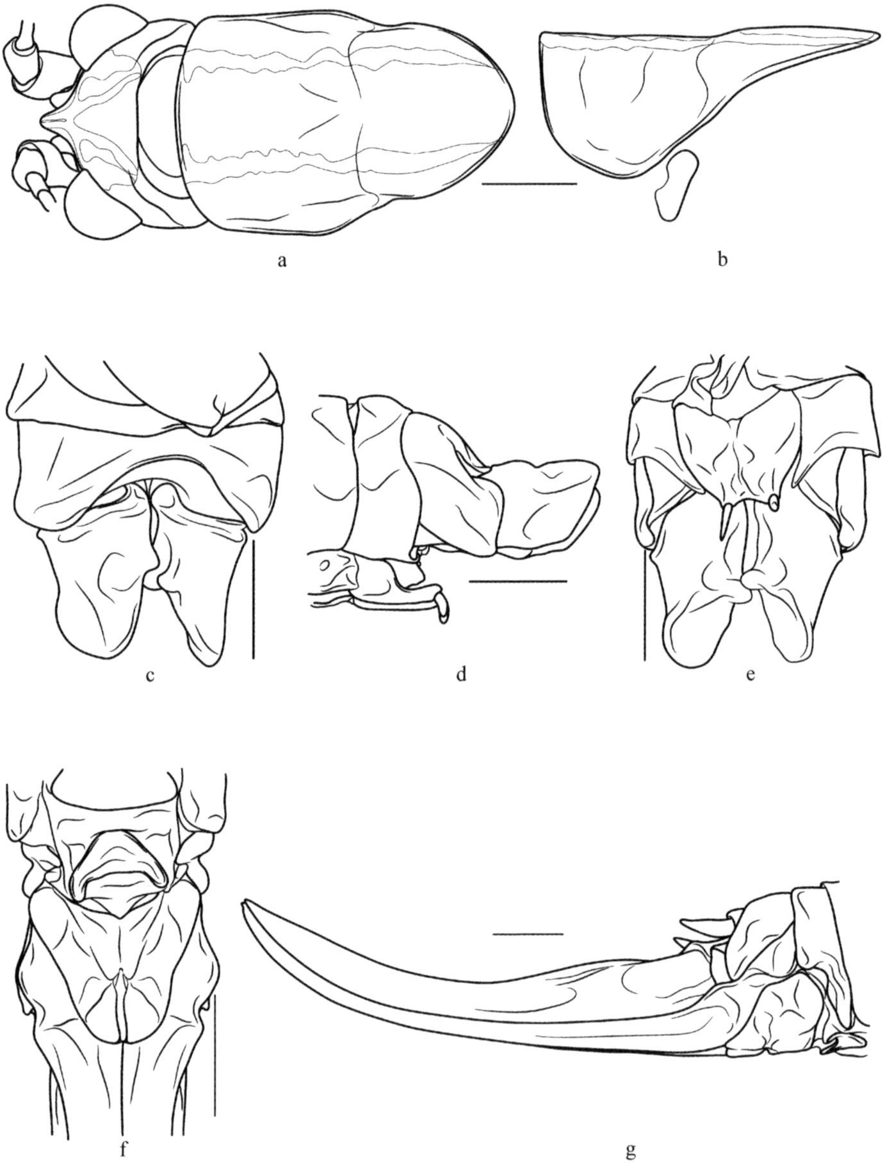

图14　显凹简栖螽 *Xizicus* (*Haploxizicus*) *incisus* (Xia & Liu,1988)

a. 雄性头与前胸背板，背面观；b. 雄性前胸背板，侧面观；c. 雄性腹端，背面观；d. 雄性腹端，侧面观；e. 雄性腹端，腹面观；f. 雌性下生殖板，腹面观；g. 雌性腹端，侧面观

Fig. 14　*Xizicus* (*Haploxizicus*) *incisus* (Xia & Liu,1988)

a. head and pronotum of male, dorsal view; b. pronotum of male, lateral view; c. end of male abdomen, dorsal view; d. end of male abdomen, lateral view; e. end of male abdomen, ventral view; f. subgenital plate of female, ventral view; g. end of female abdomen, lateral view

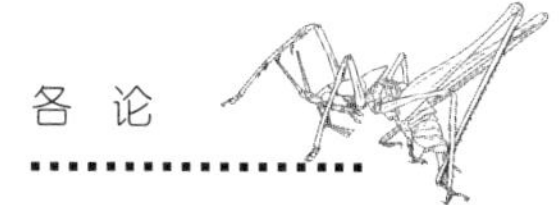

描述：前翅远超过后足股节端部，后翅稍长于前翅；前足胫节腹面刺式为4, 5 (1, 1)型，后足胫节背面内外缘各具32～36个齿。雄性第10腹节背板后缘具半圆形中凹，两侧角延长（图14c）；雄性尾须粗短，端半部斜侧扁（图14c～e）；雄性下生殖板后缘截形，具1对细长的腹突（图14e）。

雌性第8腹节背板侧角后缘凹（图14g），下生殖近圆三角形，端半部具纵沟（图14f）；产卵瓣明显短于后足股节，端半部上弯，腹瓣具端钩（图14g）。

体淡褐色。头部背面具4条暗褐色纵条纹，向头顶聚合（图14a）。前胸背板背面暗褐色，两侧暗黑色具黄边（图14b）；前足胫节听器区暗色；前翅具暗色斑点，后足股节膝叶端部具黑斑。

测量（mm）：体长♂10.5～14.0，♀12.0；前胸背板长♂3.6～3.8，♀3.6；前翅长♂17.0～18.5，♀19.0；后足股节长♂10.5～11.5；♀12.0；产卵瓣长7.0。

检视材料：正模♂，配模1♀，浙江鄞县天童，1986.VII.6～29，刘祖尧采；副模1♂，江西九连山，1986.IX.13，郑建忠、甘国培采；1♂，浙江庆元百山祖，1986.VIII.12～20，金杏宝、章伟年采；1♀，浙江庆元百山祖，1993.VII.20，采集人不详；1♀，福建武夷山三港，1994.VIII.27～IX.3，金杏宝、殷海生采；1♀，广东韶关南岭，2011.VIII.11～14，黄宝平采；1♀，广西兴安猫儿山，1979.VI.25，采集人不详。

分布：中国浙江、江西、福建、广东、广西。

22. 湖南简栖螽 *Xizicus* (*Haploxizicus*) *hunanensis* (Xia & Liu, 1993)（图15，图版19）

Xiphidiopsis hunanensis: Xia & Liu, 1993, *Insects of Wuling Mountains Area, Southwestern China*, 96; Liu & Jin, 1994, *Contributions from Shanghai Institute of Entomology*, 11: 110; Jin & Xia, 1994, *Journal of Orthoptera Research*, 3: 27.

Xizicus (*Haploxizicus*) *hunanensis*: Wang *et al.*, 2014, *Zootaxa*, 3861(4): 314.

描述：头部稍宽于前胸背板。头顶向前呈圆锥形凸出，顶端较钝，背面具沟；复眼圆形，凸出（图15a）；下颚须端节端部扩大，与亚端节约等长。前胸背板侧片后缘强倾斜，肩凹不明显（图15b）；前足基节具刺，各足股节腹面无刺。前足胫节腹面刺式为4, 5 (1, 1)型，后足胫节背面内外缘各具30～33个齿，端距3对；前翅甚长，远超过后足股节端部，后翅长

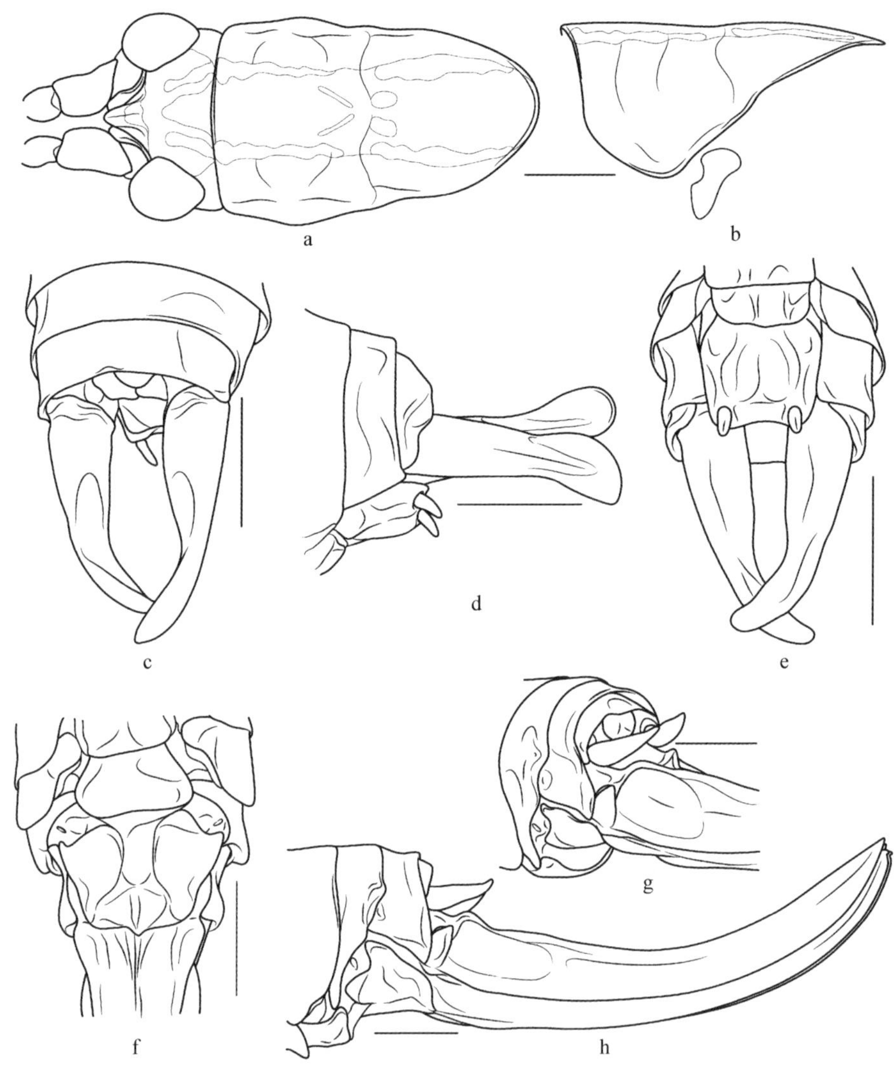

图15　湖南简栖螽 *Xizicus* (*Haploxizicus*) *hunanensis* (Xia & Liu, 1993)

a. 雄性头与前胸背板，背面观；b. 雄性前胸背板，侧面观；c. 雄性腹端，背面观；d. 雄性腹端，侧面观；e. 雄性腹端，腹面观；f. 雌性下生殖板，腹面观；g. 雌性第8、9节背板，后侧面观；h. 雌性腹端，侧面观

Fig. 15　*Xizicus* (*Haploxizicus*) *hunanensis* (Xia & Liu, 1993)

a. head and pronotum of male, daorsal view; b. pronotum of male, lateral view; c. end of male abdomen, dorsal view; d. end of male abdomen, lateral view; e. end of male abdomen, ventral view; f. subgenital plate of female, ventral view; g. 8th and 9th abdominal tergites of female, rear latral view; h. end of female abdomen, lateral view

于前翅。雄性第10腹节背板无突起，后缘稍内凹（图15c）；尾须较细长，基半部圆柱形，端半部侧扁，内侧凹陷，尾须中部稍狭（图15c ～ e）；下生殖板甚短，后缘平截，腹突位于亚端部两侧（图15e）。

雌性第8腹节背板近后缘两侧各具1个明显瘤突，后侧角细长；第9腹节背板两侧基部具稍弱瘤突（图15g，h）；尾须较细长，端部较尖；下生殖板近梯形，中央凹陷，具明显的隆线（图15f），可能为干缩导致；产卵瓣较短宽，端半部稍向上弯曲，腹瓣具端钩（图15h）。

体黄绿色。头部背面暗褐色，具4条不明显的黑褐色纵纹，头顶背面非暗色。前胸背板背面暗褐色，具黑褐色侧条纹；前翅灰褐色，具稀疏的暗点，发音器区域及臀脉成黑色；后足股节膝叶端部具黑斑。

测量（mm）：体长♂11.5 ～ 12.0，♀10.0 ～ 11.0；前胸背板长♂3.5，♀3.5 ～ 3.8；前翅长♂17.0 ～ 18.0，♀18.0 ～ 19.0；后足股节长♂10.0 ～ 10.5，♀10.5 ～ 11.0；产卵瓣长6.0。

检视材料：正模♂副模6♂♂17♀♀，湖南大庸张家界，1988.IX.10 ～ 12，刘宪伟采。

分布：中国湖南。

23. 匙尾简栖螽*Xizicus* (*Haploxizicus*) *spathulatus* (Tinkham, 1944)（图16，图版20）

Xiphidiopsis spathulata: Tinkham, 1944, *Proceedings of the United States National Museum*, 94: 520; Beier, 1966, *Orthopterorum Catalogus*, 9: 275; Yamasaki, 1982, *Bulletin of the National Museum of Nature and Science. Series A (Zoology) Tokyo*, 8(3): 124; Xia & Liu, 1993, *Insects of Wuling Mountains Area, Southwestern China*, 96; Liu & Jin, 1994, *Contributions from Shanghai Institute of Entomology*, 11: 111; Jin & Xia, 1994, *Journal of Orthoptera Research*, 3: 27; Liu & Jin, 1999, *Fauna of Insects Fujian Province of China. Vol. 1.*, 155; Ichikawa, 1999, *Tettigonia*, 1(2): 101–104.

Axizicus spathulatus: Gorochov, 1998, *Zoosystematica Rossica*, 7(1): 113; Shi & Wang, 2005, *Insect From Dashahe Natura Reserve of Guizhou*, 70.

Xizicus (*Axizicus*) *spathulatus*: Gorochov, Liu & Kang, 2005, *Oriental Insects*, 39: 77.

Eoxizicus spathulatus: Shi & Chang, 2005, *Insect From Xishui Landscape*, 124;

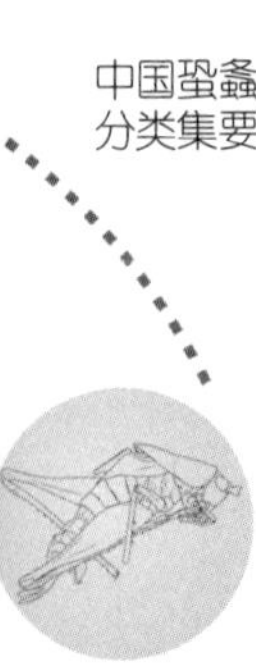

Shi & Du, 2006, *Insects from Fanjingshan Landscape*, 125.

Xizicus (*Haploxizicus*) *spathulatus*: Wang *et al*., 2014, *Zootaxa*, 3861(4): 314; Han, Liu & Shi, 2015, *International Journal of Fauna and Biological Studies*, 2(1): 19; Xiao *et al*., 2016, *Far Eastern Entomologist*, 305: 22.

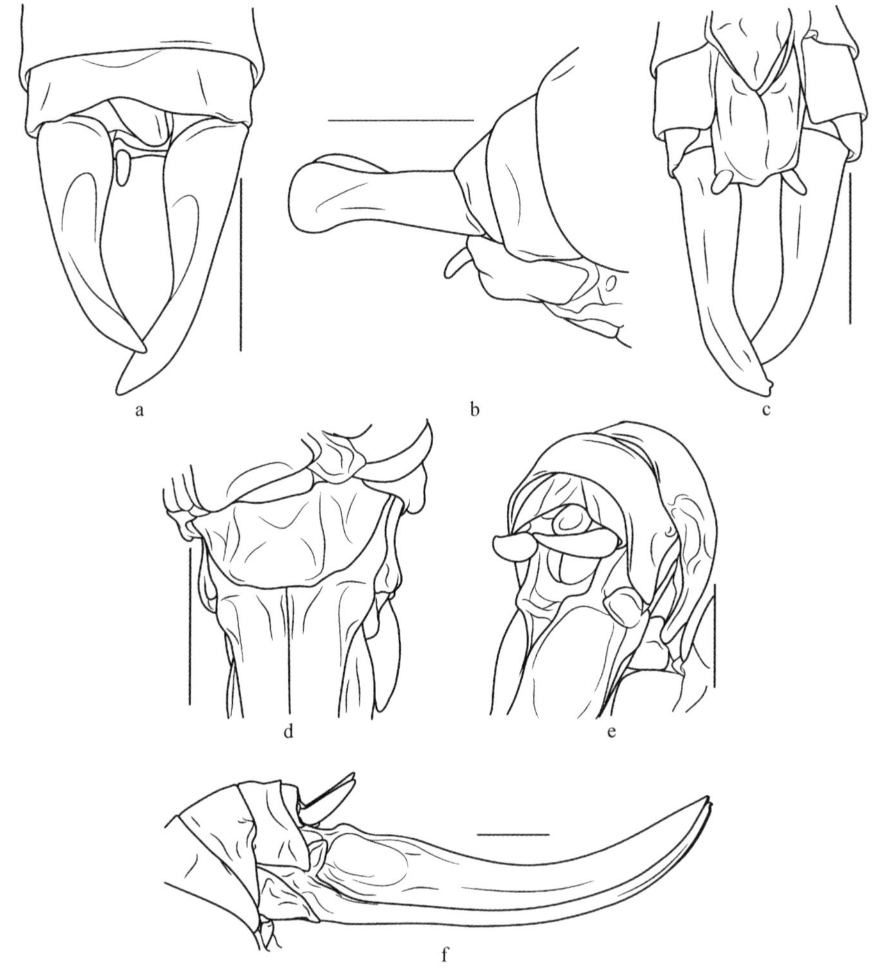

图16　匙尾简栖螽 *Xizicus* (*Haploxizicus*) *spathulatus* (Tinkham, 1944)

a. 雄性腹端，背面观；b. 雄性腹端，侧面观；c. 雄性腹端，腹面观；d. 雌性下生殖板，腹面观；e. 雌性第8、9腹节背板，后侧面观；f. 雌性腹端，侧面观

Fig. 16　*Xizicus* (*Haploxizicus*) *spathulatus* (Tinkham, 1944)

a. end of male abdomen, dorsal view; b. end of male abdomen, lateral view; c. end of male abdomen, ventral view; d. subgenital plate of female, ventral view; e. 8th and 9th abdominal tergites of female, laterally rear view; f. end of female abdomen, lateral view

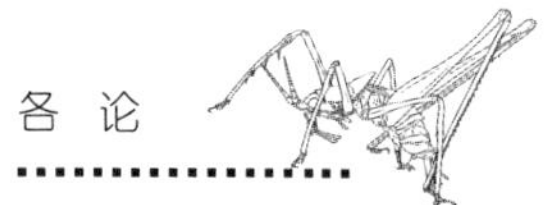

描述：前翅远超过后足股节端部，后翅稍长于前翅；前足胫节腹面刺式4, 5 (1, 1)型，后足胫节背面内外缘各具31 ～ 33个齿；雄性第10腹节背板后缘缺突起（图16a）；尾须较长，基部较粗，圆柱形，端半部内弯，内侧凹陷（图16a ～ c）；下生殖板近圆形，后缘稍凹（图16c）。

雌性第8腹节背板近后缘两侧各具1明显瘤突，第9腹节背板基侧角具小结节（图16e）；下生殖板圆三角形（图16d）；产卵瓣短于后足股节，端半部向上弯曲，腹瓣具端钩（图16f）。

头顶淡色，头部背面具4条暗黑色纵纹。前胸背板背面暗褐色，两侧具黄色条纹；前翅具不明显的暗色斑点；前足胫节听器区暗色。

测量（mm）：体长♂7.5 ～ 9.0，♀8.5 ～ 9.0；前胸背板长♂3.0，♀3.4 ～ 3.5；前翅长♂14.0，♀17.0 ～ 17.5；后足股节长♂8.4，♀8.5；产卵瓣长5.0。

检视材料：1♀，湖北鹤峰，1989.VII.28，刘祖尧采；1♂1♀，贵州赤水桫椤保护区，300 m，2006.X.20，刘宪伟、周顺采；1♂4♀♀，贵州习水三岔河，1 100 m，2006.X.21 ～ 26，刘宪伟、周顺采；1♂，四川峨眉山清音阁，850 m，2006.VIII.10，周顺采；1♂，四川峨眉山五显岗，700 m，2007.VIII.2 ～ 4，刘宪伟等采；2♂♂，四川雅安蒙顶山，1 450 m，2007.VII.31 ～ VIII.1，刘宪伟等采。

模式产地及保存：中国四川峨眉山新开寺；美国国家博物馆（USNM），美国华盛顿。

分布：中国湖北、广东、四川、贵州。

24. 四川简栖螽 *Xizicus* (*Haploxizicus*) *szechwanensis* (Tinkham, 1944)（图17，图版21 ～ 24）

Xiphidiopsis szechwanensis: Tinkham, 1944, *Proceedings of the United States National Museum*, 94: 507, 508, 518; Beier, 1966, *Orthopterorum Catalogus*, 9: 275; Xia & Liu, 1993, *Insects of Wuling Mountains Area, Southwestern China*, 96; Liu & Jin, 1994, *Contributions from Shanghai Institute of Entomology*, 11: 111; Jin & Xia, 1994, *Journal of Orthoptera Research*, 3: 27.

Euxiphidiopsis szechwanensis: Liu & Zhang, 2001, *Insects of Tianmushan National Nature Reserve*, 95; Shi & Wang, 2005, *Insect From Dashahe*

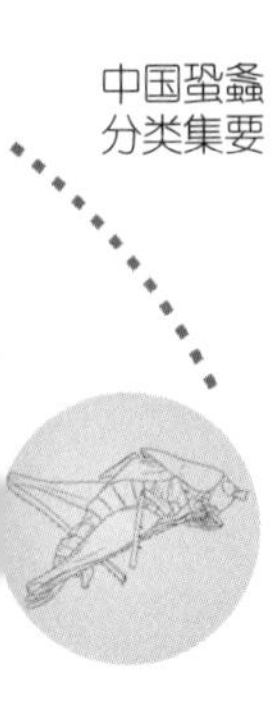

Natura Reserve of Guizhou, 70; Shi & Chang, 2005, *Insect From Xishui Landscape*, 125.

Xizicus (*Axizicus?*) *szechwanensis*: Gorochov, Liu & Kang, 2005, *Oriental Insects*, 39: 77.

Xizicus (*Haploxizicus*) *szechwanensis*: Wang *et al*., 2014, *Zootaxa*, 3861(4): 313.

Xizicus (*Axizicus*) *szechwanensis*: Jiao, Chang & Shi, 2014, *Zootaxa*, 3869(5): 548.

描述：体小型。头顶圆锥形凸出，端部钝圆；复眼卵圆形，显著向前凸出；下颚须端节端部扩展，与亚端节等长。前胸背板前缘直，后缘凸出（图17a），侧片较长，肩凹不明显；前翅狭长，远超过后足股节末端，端部钝圆，后翅稍长于前翅；前足基节具刺，前足胫节内外侧听器均为开放型，腹面刺排列为4, 5 (1, 1)型。雄性第10腹节背板较宽，后缘平（图17b）；尾须基半部粗壮，端半部内侧凹，稍向内弯曲（图17b～d），尾须基部、内侧及端部生有毛簇；下生殖板长方形，中隆线明显，后缘较直，后缘两侧生1对细长腹突（图17d）。

雌性第9腹节背板侧片基部各具1个瘤突，第8腹节背板侧片腹端较尖，并向外侧扩展形成1个锥形瘤突（图17e，f）；尾须圆锥形；第7腹节腹板裂为2片，下生殖板盾形，后缘弧形凸出（图17e）；产卵瓣较长，适度弯曲，边缘光滑，腹瓣具端钩（图17f）。

体淡褐色。头部背面具4条黑褐色纵纹，汇聚头顶基部并延伸至端部。前胸背板淡褐色，两侧具1对近平行的黑褐色纵纹，淡色镶边；前翅散布淡褐色斑点；后足股节膝叶端部黑色。

测量（mm）：体长♂11.7～13.1，♀12.0～13.3；前胸背板长♂3.9～4.9，♀4.2～4.5；前翅长♂18.2～19.9，♀20.2～21.2；后足股节长♂11.1～11.9，♀12.0～12.2；产卵瓣长10.0～10.2。

检视材料：1♂，四川峨眉山报国寺，550～750 m，1957.VII.27，朱复兴采；1♀，四川峨眉山清音阁，800～1 000 m，1957.VII.15，黄克仁采；11♂♂15♀♀，湖南慈利索溪峪，1988.IX.1～4，刘宪伟采；1♂5♀♀，四川雅安蒙顶山，1 450 m，2007.VII.31～VIII.1，刘宪伟等采；2♀♀，湖南桑植天平山，1 100 m，1988.VIII.18，杨星科采；1♂，四川峨眉山五

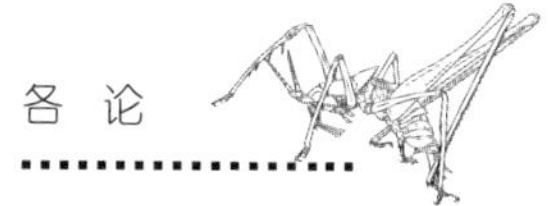

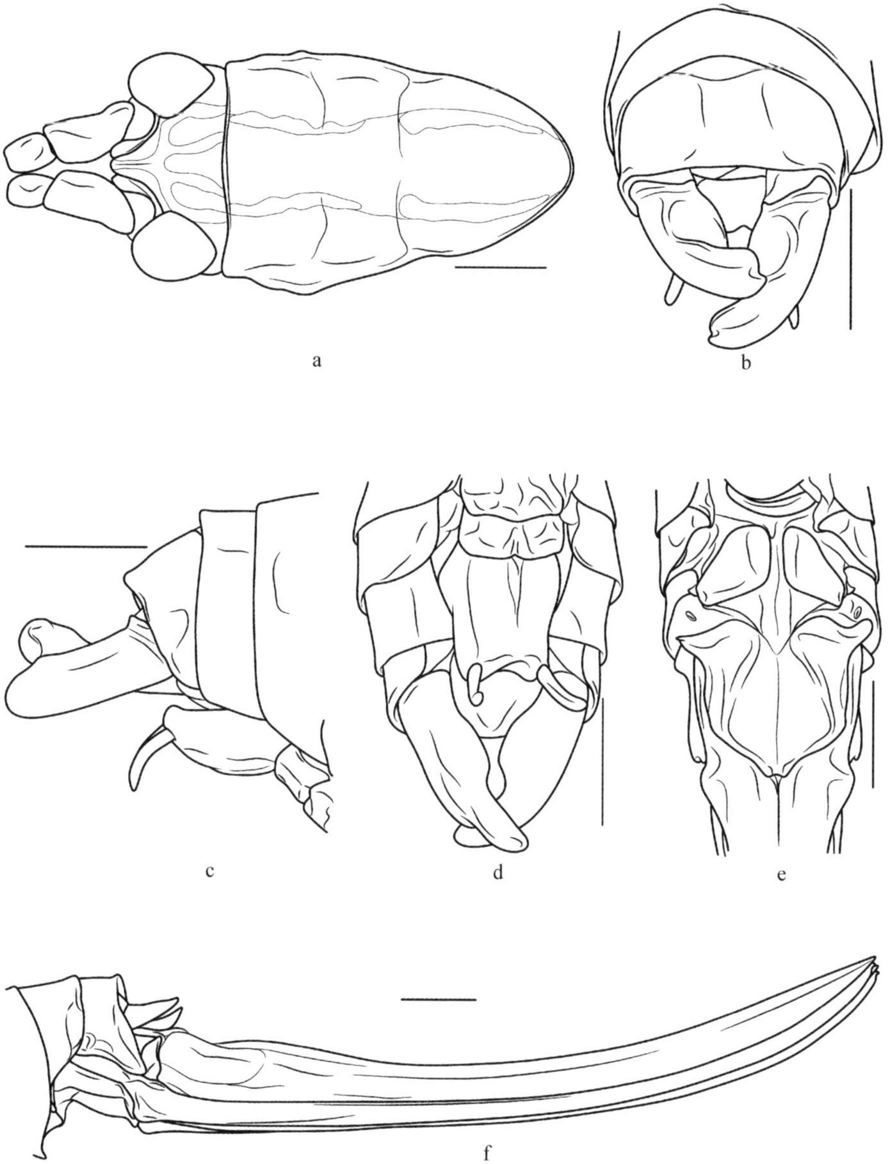

图17　四川简栖螽*Xizicus* (*Haploxizicus*) *szechwanensis* (Tinkham, 1944)

a. 雄性头与前胸背板，背面观；b. 雄性腹端，背面观；c. 雄性腹端，侧面观；d. 雄性腹端，腹面观；e. 雌性下生殖板，腹面观；f. 雌性腹端，侧面观

Fig.17　*Xizicus* (*Haploxizicus*) *szechwanensis* (Tinkham, 1944)

a. head and pronotum, dorsal view; b. end of male abdomen, dorsal view; c. end of male abdomen, lateral view; d. end of male abdomen, ventral view; e. subgenital plate of female, ventral view; f. end of female abdomen, lateral view

显岗，700 m，2007.VIII.2～4，刘宪伟等采；1♀，四川峨眉山，1987.VIII.6，刘宪伟采；1♂，四川雅安，1985.IX.1，金根桃采；1♂2♀♀，江西九连山，450 m，1986.IX.8，郑建忠、甘国培采；1♀，安徽黄山，1987.IX.1，毕道英、何秀松采；1♀，浙江莫干山，1981.VII.21，严衡元采；7♀♀，浙江天目山，1981.VII.21，严衡元采；2♀♀，浙江天目山，1989.VIII.29，刘宪伟采；1♂1♀，浙江天目山老殿，1999.X.11～13，刘宪伟、殷海生采；2♀♀，浙江西天目山，350 m，2008.VIII.15～19，毕文烜采；1♀，浙江天目山，245～1 000 m，2009.VI.23～30，吴捷采；1♀，广西花坪红毛冲，1962.VIII.21，采集人不详；2♀♀，广西兴安猫儿山，700～800 m，1992.VIII.24，蒋正晖采；1♂，广西环江外洞，600～960 m，1994.VIII.22，蒋宗雨采；1♀，海南尖峰岭，1981.VI.30，林尤洞采。

模式产地及保存：中国四川宜宾；美国国家博物馆（USNM），美国华盛顿。

分布：中国安徽、浙江、江西、湖南、海南、广西、四川。

25. 斑翅简栖螽 *Xizicus* (*Haploxizicus*) *maculatus* (Xia & Liu, 1993)（图18，图版25）

Xiphidiopsis maculata: Xia & Liu, 1993, *Insects of Wuling Mountains Area, Southwestern China*, 97; Liu & Jin, 1994, *Contributions from Shanghai Institute of Entomology*, 11: 111; Jin & Xia, 1994, *Journal of Orthoptera Research*, 3: 27.

Axizicus maculatus: Gorochov, 1998, *Zoosystematica Rossica*, 7(1): 113.

Xizicus (*Haploxizicus*) *maculatus*: Wang *et al*., 2014, *Zootaxa*, 3861(4): 314; Xiao *et al*., 2016, *Far Eastern Entomologist*, 305: 21.

描述：体小型。头顶圆锥形，顶端钝圆，背面具纵沟；复眼圆形凸出（图18a）；下颚须端节端部扩大，与亚端节等长。前胸背板沟后区略扩张，侧片后缘肩凹不明显（图18b）；前足基节具刺，各足股节腹面无刺，前足胫节腹面刺式为4, 5 (1, 1)型，后足股节背面内外缘各具34～37个齿，端距3对；前翅发达，远超过后足股节端部，后翅长于前翅。雄性第10腹节背板无突起，后缘微凹（图18c）；尾须较短粗，端1/3强侧扁，内侧凹陷（图18c，e），侧观端部稍扩展（图18d）；下生殖板较短，后缘平截，腹突

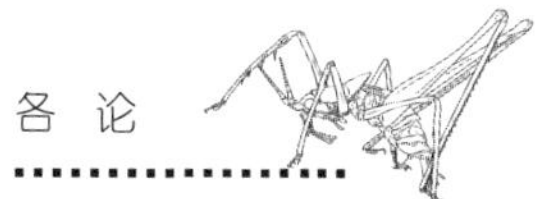

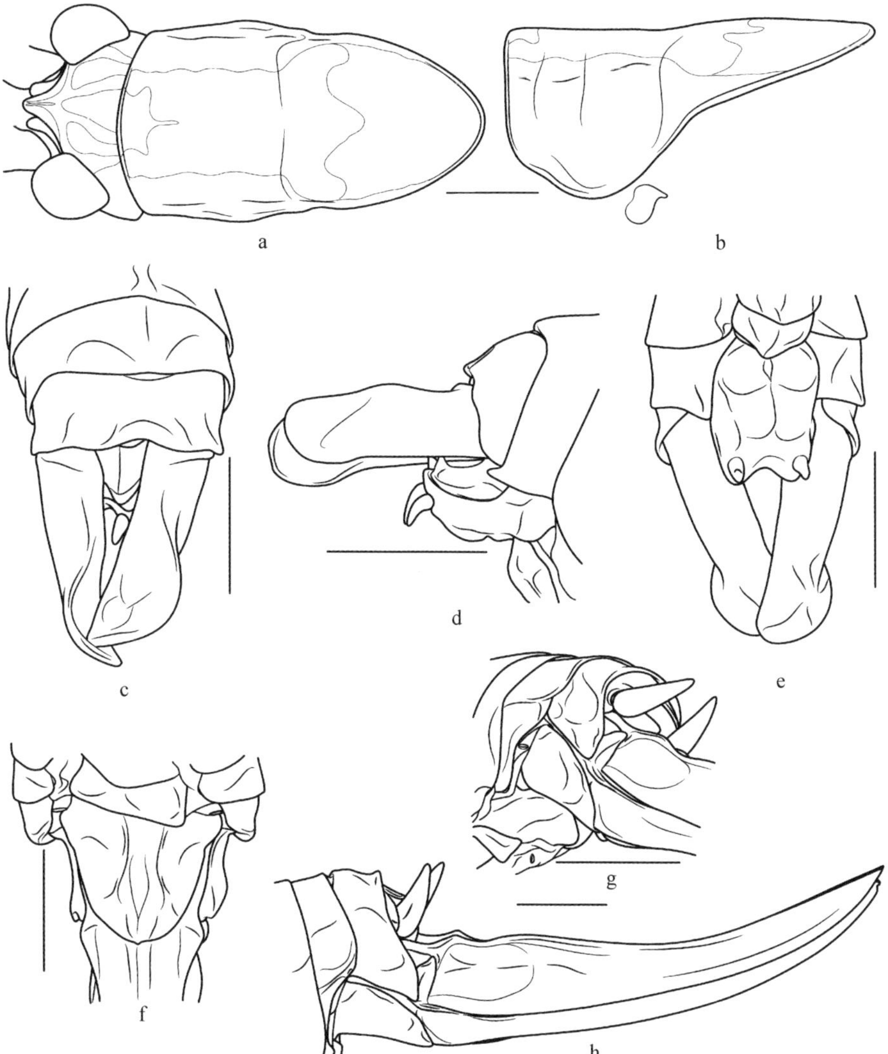

图18　斑翅简栖螽 *Xizicus* (*Haploxizicus*) *maculatus* (Xia & Liu, 1993)

a. 雄性头与前胸背板，背面观；b. 雄性前胸背板，侧面观；c. 雄性腹端，背面观；d. 雄性腹端，侧面观；e. 雄性腹端，腹面观；f. 雌性下生殖板，腹面观；g. 雌性末节背板，后侧面观；h. 雌性腹端，侧面观

Fig. 18　*Xizicus* (*Haploxizicus*) *maculatus* (Xia & Liu, 1993)

a. head and pronotum of male, dorsal view; b. pronotum of male, lateral view; c. end of male abdomen, dorsal view; d. end of male abdomen, lateral view; e. end of male abdomen, ventral view; f. subgenital plate of female, ventral view; g. 8th and 9th abdominal tergites of female, rear lateral view; h. end of female abdomen, lateral view

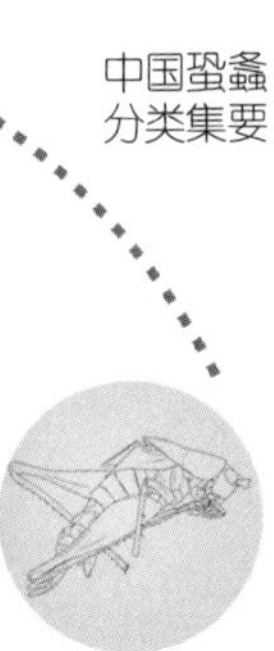

较短粗，位于下生殖板亚端两侧（图18e）。

雌性第9腹节背板两侧基部各具1个瘤突，第10腹节背板两侧后侧角较窄，后缘两侧缺瘤突（图18g，h）；下生殖板为圆三角形（图18f）；产卵瓣较短，腹瓣具端钩（图18h）。

体黄褐色。头部背面深褐色，具4条较模糊的暗色纵纹，聚合于头顶背面。前胸背板背面暗褐色，具黑褐色的侧条纹，后胸侧板暗黑色；前翅具较多灰褐色的斑点；前足胫节听器区黑色，后足股节膝叶端部具黑色边，后足胫节背缘刺淡褐色。

测量（mm）：体长♂12.0，♀10.5～11.0；前胸背板长♂3.5～3.8，♀3.0～3.5；前翅长♂17.0，♀18.0～19.0；后足股节长♂10.5，♀10.5～11.5；产卵瓣长5.5。

检视材料：正模♂副模1♂14♀♀，湖南慈利索溪峪，1988.IX.4～12，刘宪伟采；1♀，广西武鸣大明山，1 250 m，2013.VII.19～25，刘宪伟等采。

分布：中国湖南、广西。

（七）优剑螽属 *Euxiphidiopsis* Gorochov, 1993

Xiphidiopsis (*Euxiphidiopsis*): Gorochov, 1993, *Zoosystematica Rossica*, 2(1): 66.

Xiphidiopsis (*Paraxiphidiopsis*): Gorochov, 1993, *Zoosystematica Rossica*, 2(1): 68; Otte, 1997, *Orthoptera Species File 7*, 91; Liu & Zhang, 2000, *Entomotaxonomia*, 22 (3): 157, 166 (syn. *Euxiphidiopsis*)

Euxiphidiopsis: Liu & Zhang, 2000, *Entomotaxonomia*, 22 (3): 157; Liu, Zhou & Bi, 2010, *Insects of Fengyangshan National Nature Reserve*, 82; Shi *et al.*, 2014, *Zootaxa*, 3827(3): 387; Wang & Liu, 2018, *Insect Fauna of the Qinling Mountains volume I Entognatha and Orthopterida*, 468.

Paraxizicus: Gorochov, Liu & Kang, 2005, *Oriental Insects*, 39: 71 (nec Liu, 2004); Mao & Shi, 2007, *Zootaxa*, 1474: 63; Shi, Bian & Chang, 2011, *Zootaxa*, 2896: 37.

模式种：*Xiphidiopsis motshulskyi* Gorochov, 1993

头部背面复眼后具1对暗黑色纵条纹，延伸至前胸背板后缘，后足股节膝叶端部具明显的黑点。前翅和后翅发达，雄性具发音器。雄性第10腹节背板具突起或缺失，尾须背腹常具扩展的叶，下生殖板具或无腹突，外生殖器完全膜质。雌性第7腹板有时特化，产卵瓣剑状，腹瓣具端钩。

中国优剑螽属分种检索表

1 雄性第10腹节背板后缘具对称的单突起或缺失 ……………………………………
……………………………优剑螽亚属 *Euxiphidiopsis* ………………………… 2
– 雄性第10腹节背板后缘具不对称的单突起 ……………………………………
副剑螽亚属 *Paraxiphidiopsis* ……………………………………………………
祖氏副剑螽 *Euxiphidiopsis* (*Paraxiphidiopsis*) *zubovskyi* Gorochov,1993
2 雄性第10腹节背板不具明显的突起 …………………………………………… 3
– 雄性第10腹节背板后缘具明显的突起 ………………………………………… 11
3 雄性第10腹节背板后缘具凹口；雌性第7腹节腹板后缘正常 ………… 4
– 雄性第10腹节背板后缘不具凹口；雌性第7腹节腹板后缘具叉状突起 9
4 雄性第10腹节背板凹口具1对小瘤突 ………………………………………… 5
– 雄性第10腹节背板凹口不具瘤突 ……………………………………………… 6
5 雄性第10腹节背板凹口较大，尾须细长内弯，基部不具腹叶，端部具缺口；雌性下生殖板宽圆 ……………………………………………………
中华优剑螽 *Euxiphidiopsis* (*Euxiphidiopsis*) *sinensis* (Tinkham, 1944)
– 雄性第10腹节背板凹口小，尾须基半部具宽大腹叶；雌性未知 ………
海南优剑螽 *Euxiphidiopsis* (*Euxiphidiopsis*) *hainani* (Gorochov & Kang, 2005)
6 雄性尾须短或雄性未知；雌性下生殖板横宽，端部宽圆 ……………… 7
– 雄性尾须较细长；雌性下生殖板非横宽或未知 ………………………… 8
7 雄性尾须复杂，具3叶；雌性下生殖板近五边形，侧缘凹入 …………
三叶优剑螽 *Euxiphidiopsis* (*Euxiphidiopsis*) *triloba* (Shi, Bian & Chang, 2011)
– 雄性未知；雌性下生殖板近椭圆形 ……………………………………………
黑纹优剑螽 *Euxiphidiopsis* (*Euxiphidiopsis?*) *nigrovittata* (Bey-Bienko, 1962)
8 雄性尾须较长，明显内弯；雌性第7腹板端部隆起，侧角具小瘤突……
犀尾优剑螽 *Euxiphidiopsis* (*Euxiphidiopsis*) *capricerca* (Tinkham, 1943)
– 雄性尾须较短，稍内弯；雌性未知 …………………………………………
短尾优剑螽 *Euxiphidiopsis* (*Euxiphidiopsis*) *brevicerca* (Gorochov & Kang, 2005)
9 雄性第10腹节背板后缘中央鼓起或具尖形瘤突；雌性第7腹板后缘叉状突起较长 ……………………………………………………………………
压痕优剑螽 *Euxiphidiopsis* (*Euxiphidiopsis*) *impressa* (Bey-Bienko, 1962)
– 雄性第10腹节背板后缘平坦；雌性第7腹板后缘叉状突起较短 …… 10
10 雄性尾须背旗叶侧观较宽，基部无腹叶；雌性下生殖板后缘宽圆 ……
格尼优剑螽 *Euxiphidiopsis* (*Euxiphidiopsis*) *gurneyi* (Tinkham, 1944)
– 雄性尾须背旗叶侧观较窄，基部具腹叶；雌性下生殖板后缘截形
秋优剑螽 *Euxiphidiopsis* (*Euxiphidiopsis*) *autumnalis* (Gorochov, 1998)
11 雄性第10腹节背板具分叉突起 …………………………………………………
四齿优剑螽 *Euxiphidiopsis* (*Euxiphidiopsis*) *quadridentata* Liu & Zhang, 2000

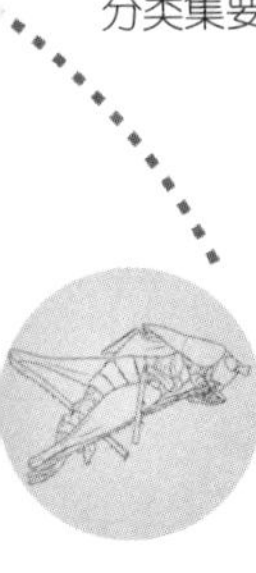

- 雄性第10腹节背板具不分叉单突起 …………………………………… 12
12 雄性第10腹节背板突起较长，下弯 ………………………………… 13
- 雄性第10腹节背板突起较短 ………………………………………… 15
13 雄性第10腹节背板突起粗壮，端部膨大，强向下弯，下生殖板具腹突；雌性未知 ……………………………………………………………
扁尾优剑螽*Euxiphidiopsis* (*Euxiphidiopsis*) *platycerca* (Bey-Bienko,1962)
- 雄性第10腹节背板突起较细长，端部非膨大，下生殖板腹突退化 … 14
14 雄性下生殖板较简单；雌性下生殖板后缘凹，具侧角 …………………
扩板优剑螽*Euxiphidiopsis* (*Euxiphidiopsis*) *tonicosa* (Shi & Chen, 2002)
- 雄性下生殖板较复杂；雌性下生殖板后缘中部具三角形叶 ……………
背突优剑螽*Euxiphidiopsis* (*Euxiphidiopsis*) *protensa* (Han, Chang & Shi, 2015)
15 雄性第10腹节背板突起锥形，末端中央凹 ……………………………
粗尾优剑螽*Euxiphidiopsis* (*Euxiphidiopsis*) *erromena* Shi & Mao, 2014
- 雄性第10腹节背板突起扁，端部开裂 ………………………………… 16
16 雄性尾须端部钳状 ……………………………………………………… 17
- 雄性尾须端部非钳状 …………………………………………………… 18
17 雄性第10腹节背板后突起裂叶对称，尾须基部不扩展；雌性下生殖板亚端部缢缩，末端尖 …………………………………………………………
钳尾优剑螽*Euxiphidiopsis* (*Euxiphidiopsis*) *forcipa* (Shi & Chen, 2002)
- 雄性第10腹节背板后突起裂叶不对称，尾须基部2/3向内扩展成宽大腹叶，端部凸出；雌性下生殖板后缘中部叶状凸出 ……………………
个突优剑螽*Euxiphidiopsis* (*Euxiphidiopsis*) *singula* (Shi, Bian & Chang, 2011)
18 雄性尾须较短粗，基部宽，亚端部凹；雌性下生殖板短，基部宽于端部后缘浅凹 ……………………………………………………………………
凹尾优剑螽*Euxiphidiopsis* (*Euxiphidiopsis*) *lacusicerca* (Shi, Zheng & Jiang, 1995)
- 雄性尾须较细长，基部近圆柱形，亚端部背腹扩展；雌性下生殖板端部宽于基部 …………………………………………………………………… 19
19 雄性第10腹节背板后突起较长，向后稍弯向腹面，尾须端部无缺口；雌性未知 ……………………………………………………………………
大明山优剑螽*Euxiphidiopsis* (*Euxiphidiopsis*) *damingshanensis* Shi & Han, 2014
- 雄性第10腹节背板后突起短，向背方，尾须端部具缺口；雌性下生殖板后缘中央具尖形小突 ………………………………………………………
匙尾优剑螽*Euxiphidiopsis* (*Euxiphidiopsis*) *spathulata* (Mao & Shi, 2007)

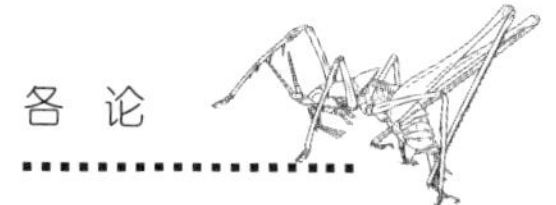

26. 犀尾优剑螽*Euxiphidiopsis* (*Euxiphidiopsis*) *capricerca* (Tinkham, 1943)（图19）

Xiphidiopsis capricercus: Tinkham, 1943, *Notes d'Entomologie Chinoise, Musée Heude*, 10(2): 41, 45–47; Tinkham, 1944, *Proceedings of the United States National Museum*, 94: 507, 509; Tinkham, 1956, *Transactions of the American Entomological Society*, 82: 4, 5; Beier, 1966, *Orthopterorum Catalogus*, 9: 274;

Xiphidiopsis capricerca: Xia & Liu, 1993, *Insects of Wuling Mountains Area, Southwestern China*, 99; Liu & Jin, 1994, *Contributions from Shanghai Institute of Entomology*, 11: 109; Jin & Xia, 1994, *Journal of Orthoptera Research*, 3: 27.

Xiphidiopsis (*Euxiphidiopsis*) *capricerca*: Liu & Yin, 2004, *Insects from Mt. Shiwandashan Area of Guangxi*, 99.

Paraxizicus capeicercus: Gorochov, Liu & Kang, 2005, *Oriental Insects*, 39: 72; Mao & Shi, 2007, *Zootaxa*, 1474: 64; Shi, Bian & Chang, 2011, *Zootaxa*, 2896: 39.

Euxiphidiopsis capricerca: Liu, Zhou & Bi, 2010, *Insects of Fengyangshan National Nature Reserve*, 85.

Euxiphidiopsis capricercus: Shi *et al*., 2014, *Zootaxa*, 3827(3): 387.

描述：体较大。头顶圆锥形，端部钝，背面具纵沟；下颚须细长，端节端部稍膨大，几乎与亚端节等长；复眼近球形，向前凸出。前胸背板前缘平直，后缘圆形凸出，侧片长大于高，肩凹较弱（图19a，b）；前翅长，明显超过后足股节末端，后翅稍长于前翅；前足基节具刺，各足股节腹面无刺，前足胫节腹面刺式为4, 5 (1, 1)型，前足胫节内、外侧听器均开放，后足胫节背面内外缘各具26～29个齿，腹面内侧5刺，外侧10刺，端距3对。雄性第10腹节背板后缘后部中央膜质，骨化部分凹陷（图19c，d）；尾须瘦长，基部腹面具小突起，亚端部具侧扁的叶（图19c～e）；下生殖板近方形，腹突位于侧角（图19e）。

雌性第8腹节背板侧面具凸起，在腹缘链接（或与下生殖板基部革质部分融合），侧角形成1对小瘤突，有时不甚明显（图19f，g）；尾须圆锥形，端部稍尖；下生殖板盾形，横宽，后缘稍尖（图19f）；产卵瓣较细

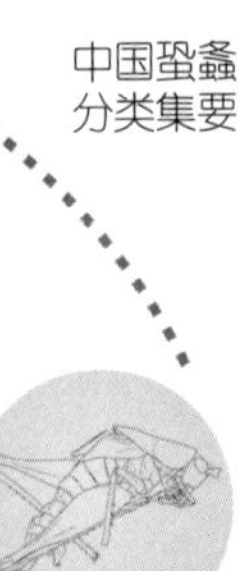

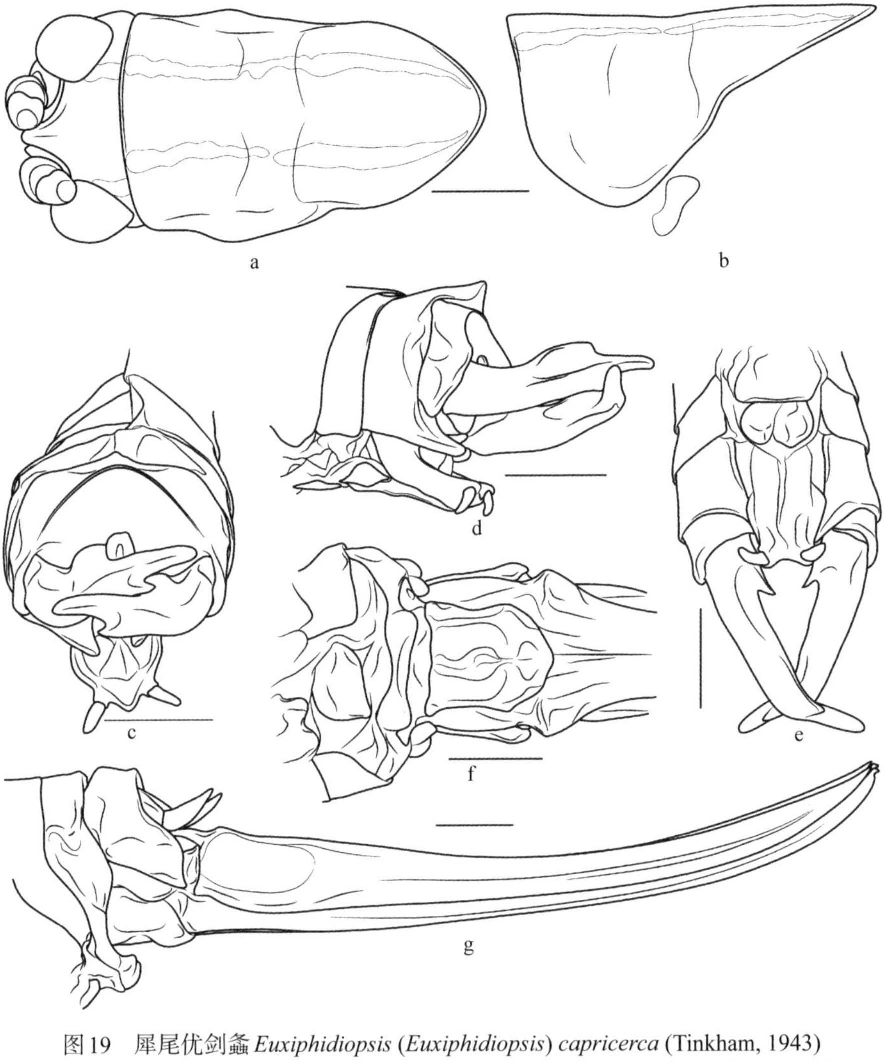

图 19　犀尾优剑螽 *Euxiphidiopsis* (*Euxiphidiopsis*) *capricerca* (Tinkham, 1943)
a. 雄性头与前胸背板，背面观；b. 雄性前胸背板，侧面观；c. 雄性腹端，后面观；d. 雄性腹端，侧面观；e. 雄性腹端，腹面观；f. 雌性下生殖板，腹面观；g. 雌性腹端，侧面观

Fig. 19　*Euxiphidiopsis* (*Euxiphidiopsis*) *capricerca* (Tinkham, 1943)
a. head and pronotum of male, dorsal view; b. pronotum of male, lateral view; c. end of male abdomen, rear view; d. end of male abdomen, lateral view; e. end of male abdomen, ventral view; f. subgenital plate of female, ventral view; g. end of female abdomen, lateral view

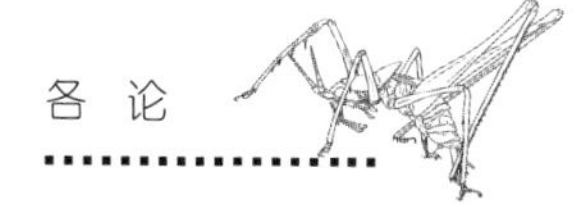

长，稍背弯，腹瓣端部具小钩（图19g）。

体淡绿色。复眼褐色，复眼背侧后方具褐色带一直延伸至前胸背板后缘，褐色带间浅褐色。

测量（mm）：体长♂9.0～10.0，♀10.5～11.0；前胸背板长♂3.5～4.1，♀3.4～3.8；前翅长♂15.6～16.7，♀17.0～19.0；后足股节长♂9.5～9.9，♀10.5～11.5；产卵瓣长9.0～9.5。

检视材料：正模♂，浙江天目山，1936.VII.28，Piel采；3♂♂（副模），浙江天目山，1936.VII.20，Piel采；8♂♂1♀，浙江天目山，1981.VII.21～24，严衡元采；1♂2♀♀，浙江莫干山，1981.VII.21～24，严衡元采；2♂♂1♀，浙江临安天目山，1999.VII.14～16，章伟年采；2♀♀，浙江百山祖，1993.VII.20，采集人不详；2♂♂1♀，浙江庆元百山祖，1996.VIII.12～20，金杏宝、章伟年采；6♂♂3♀♀，浙江临安天目山，350 m，2007.VI.29～VII.1，毕文烜采；6♂♂5♀♀，浙江龙泉凤阳山，1 100 m，2008.VII.31～VIII.4，刘宪伟、毕文烜采；3♂♂2♀♀，浙江宁波天童山，2010.VII.18～20，刘宪伟等采；2♂♂5♀♀，湖南慈利索溪峪，1988.IX.1～2，刘宪伟采；5♂♂3♀♀，福建崇安桐木，790～1 155 m，1960.VI.29，金根桃、林杨明采；1♂，广西陇呼，1980.V.14，采集人不详；1♂，广西楞垒，1980.V.23，采集人不详；1♂，广西龙州三联，350 m,，2000.VI.13，采集人不详。

分布：中国浙江、湖南、福建、广西、重庆。

27. 短尾优剑螽 *Euxiphidiopsis* (*Euxiphidiopsis*) *brevicerca* (Gorochov & Kang, 2005)（仿图8）

Paraxizicus brevicercus: Gorochov, Liu & Kang, 2005, *Oriental Insects*, 39: 72; Mao & Shi, 2007, *Zootaxa*, 1474: 64; Shi, Bian & Chang, 2011, *Zootaxa*, 2896: 38.

Euxiphidiopsis brevicercus: Shi *et al*., 2014, *Zootaxa*, 3827(3): 387.

描述：雄性体小，淡绿色。颅顶后部淡褐色，复眼中部后各具1条暗褐色纵带。前胸背板淡棕色，两侧边具深棕色带，前翅后缘具棕色边，后足股节两侧膝叶均具黑点，后足胫节若干小刺暗色，前翅径分脉正常，具5～6分支。雄性腹端如图（仿图8a～c）。

雌性未知。

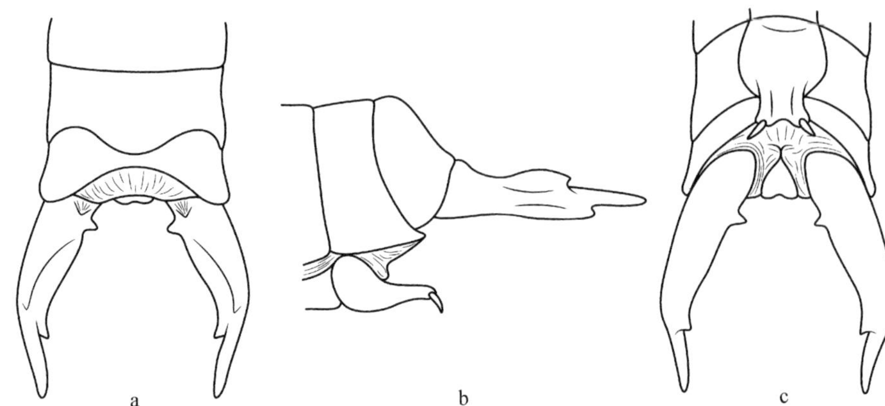

仿图8　短尾优剑螽 *Euxiphidiopsis* (*Euxiphidiopsis*) *brevicerca* (Gorochov & Kang, 2005)
（仿Gorochov, Liu & Kang, 2005）
a. 雄性腹端，背面观；b. 雄性腹端，侧面观；c. 雄性腹端，腹面观

AF. 8　*Euxiphidiopsis* (*Euxiphidiopsis*) *brevicerca* (Gorochov & Kang, 2005)
(after Gorochov, Liu & Kang, 2005)
a. end of male abdomen, dorsal view; b. end of male abdomen, lateral view; c. end of male abdomen, ventral view

测量（mm）：体长♂12.0；前胸背板长♂3.7；前翅长♂18.0；后足股节长♂9.9。

检视材料：未见标本。

模式产地及保存：中国湖北神农架；中国科学院动物研究所（IZCAS），中国北京。

分布：中国湖北。

鉴别：该种与犀尾优剑螽 *Euxiphidiopsis* (*Euxiphidiopsis*) *capricerca* 十分近似，主要区别在于尾须的长度及弯曲程度。

28. 扩板优剑螽，新组合 *Euxiphidiopsis* (*Euxiphidiopsis*) *tonicosa* (Shi & Chen, 2002) comb. nov.（仿图9）

Xiphidiopsis tonicosa: Shi & Chen, 2002, *Entomologia Sinica*, 9(3): 69; Feng, Chang & Shi, 2016, *Zootaxa*, 4138(3): 570.

Xizicus (*Paraxizicus*) *tonicosus*: Wang *et al.*, 2014, *Zootaxa*, 3861(4): 306.

描述：头顶凸出，钝圆，背侧纵沟较弱；复眼卵圆形，向前凸出（仿图9a）；下颚须端节末端膨大，长于亚端节。前胸背板延长，前缘横宽，后缘凸出，沟后区略长于沟前区，侧片低，肩凹不明显（仿图9b）；前足

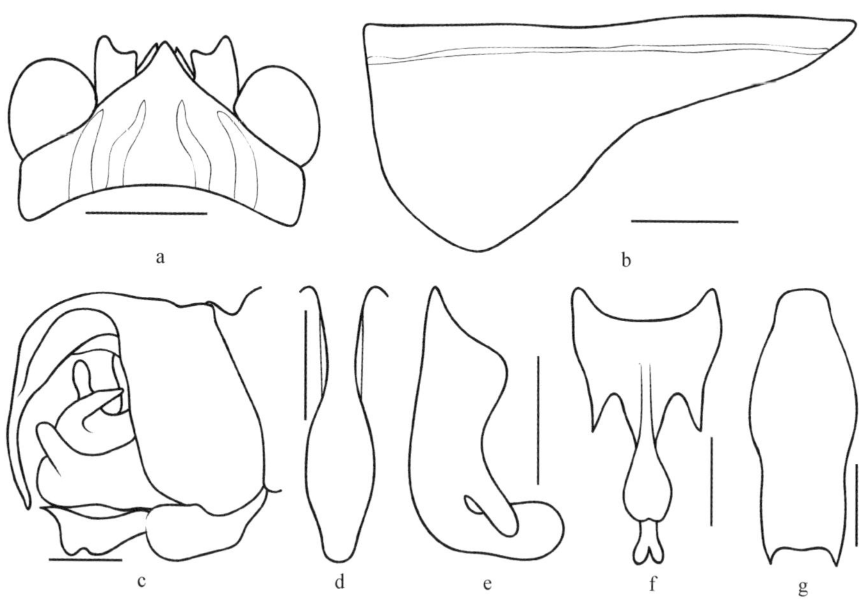

仿图9　扩板优剑螽 *Euxiphidiopsis* (*Euxiphidiopsis*) *tonicosa* (Shi & Chen, 2002)
（仿 Shi & Chen, 2002）

a. 雄性头部，背面观；b. 雄性前胸背板，侧面观；c. 雄性腹端，侧面观；d. 雄性第10腹节背板突起，背面观；e. 雄性左尾须，背面观；f. 雄性下生殖板，腹面观；g. 雌性下生殖板，腹面观

AF. 9　*Euxiphidiopsis* (*Euxiphidiopsis*) *tonicosa* (Shi & Chen, 2002) (after Shi & Chen, 2002)

a. head of male, dorsal view; b. male pronotum, lateral view; c. end of male abdomen, lateral view; d. process of male 10th abdominal tergite, dorsal view; e. left cercus of male, dorsal view; f. male subgenital plate, ventral view; g. subgenital plate of female, ventral view

基节具1较长刺，前足胫节听器内外开放，腹面具4个内刺和5个外刺和1对端距；后足胫节背面内外缘各具33～36个齿；前翅超过后足股节端部，狭长，后翅长于前翅。雄性第10腹节背板后缘延长，明显下弯，基部窄，端部钝，略扩大（仿图9c，d）；尾须结实，端部分叉，背支短指状，腹支内弯，端部扩大（仿图9c，e）；下生殖板基部宽，端部三叶状，中叶长于侧叶，端部扩展，具1对裂叶，不具腹突（仿图9f）。

雌性尾须圆锥形；下生殖板宽，基部钝，中部最宽，端部两侧角具1对刺状突起（仿图9g）；产卵瓣腹瓣端部具钩。

体绿色，头部背面具4条棕色纵纹。前胸背板背面具1对略弯曲的棕色纵带，沟后区淡褐色。后足股节膝部黑褐色。

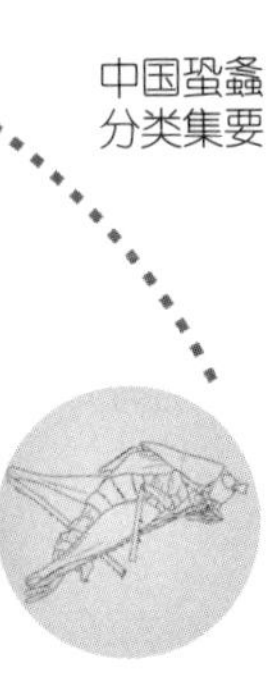

测量（mm）：体长♂10.0～10.5，♀10.0～11.0；前胸背板长♂3.5～4.0，♀4.0；前翅长♂17.5～18.5，♀18.5～20.0；后足股节♂10.5，♀11.0～11.5；产卵瓣8.0。

检视材料：未见标本。

模式产地及保存：中国贵州荔波；西南大学植保学院（SAU），中国重庆。

分布：中国贵州。

讨论：剑螽属种类一般单色，偶尔有浅色纹在颅顶背面或前胸背板，但无深色纹，根据原始描述该种头顶具有棕色纵纹，前胸背板具1对略弯的棕色纵纹，其间淡褐色；第10腹节背板具下弯的单突起，与剑螽属单突起不对称与尾须不对称的特征不符；与优剑螽属对称单突起，对称尾须和体色斑纹较为一致，故组合至优剑螽属较为妥当。

29. 背突优剑螽 *Euxiphidiopsis* (*Euxiphidiopsis*) *protensa* (Han, Chang & Shi, 2015) comb. nov.（仿图10）

Xiphidiopsis (*Xiphidiopsis*) *protensus*: Han, Chang & Shi, 2015, *Zootaxa*, 4018(4): 555.

描述：头顶圆柱形，向前凸出，末端钝圆，背侧纵沟较弱（仿图10a）；复眼卵圆形；下颚须末端膨大，较长，端节约等长于亚端节。前胸背板较短，前缘较直，后缘凸圆（仿图10a），侧片长大于高，肩凹不明显；胸听器孔耳状，完全暴露（仿图10b）；前足基节具1刺，前足胫节听器内外开放，腹面具5个内刺和4个外刺，基部刺稍长；后足胫节背面内外缘各具26～30个齿，端距3对；前翅超过后足股节端部，狭长，末端圆，后翅长于前翅。雄性第10腹节背板延长，后缘中央具长突起，明显下弯，基部窄，端半部扁，末端钝圆（仿图10c）；尾须结实，基部腹面外侧具1短圆锥形突起（仿图10c，e），端半部侧扁，内弯，端部钝圆，中部背面具1近三角形的突起（仿图10d）；下生殖板形态较复杂，基半部宽，侧缘中部向背方褶，顶端向后方延伸，形成三角形突起，下生殖板端半部较窄（仿图10e），端半部各侧缘中部具1指向背方的细刺状突起，突起端部钝，下生殖板端部向腹面弯曲，腹面观卵圆形，边缘折向腹方，腹面侧缘具隆线，末端具1三角形小缺刻，缺腹突（仿图10c，e，f）。

雌性尾须圆锥形，基部粗壮端部尖；下生殖板中部最宽，端部具三角

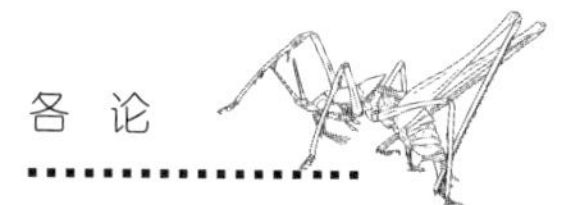

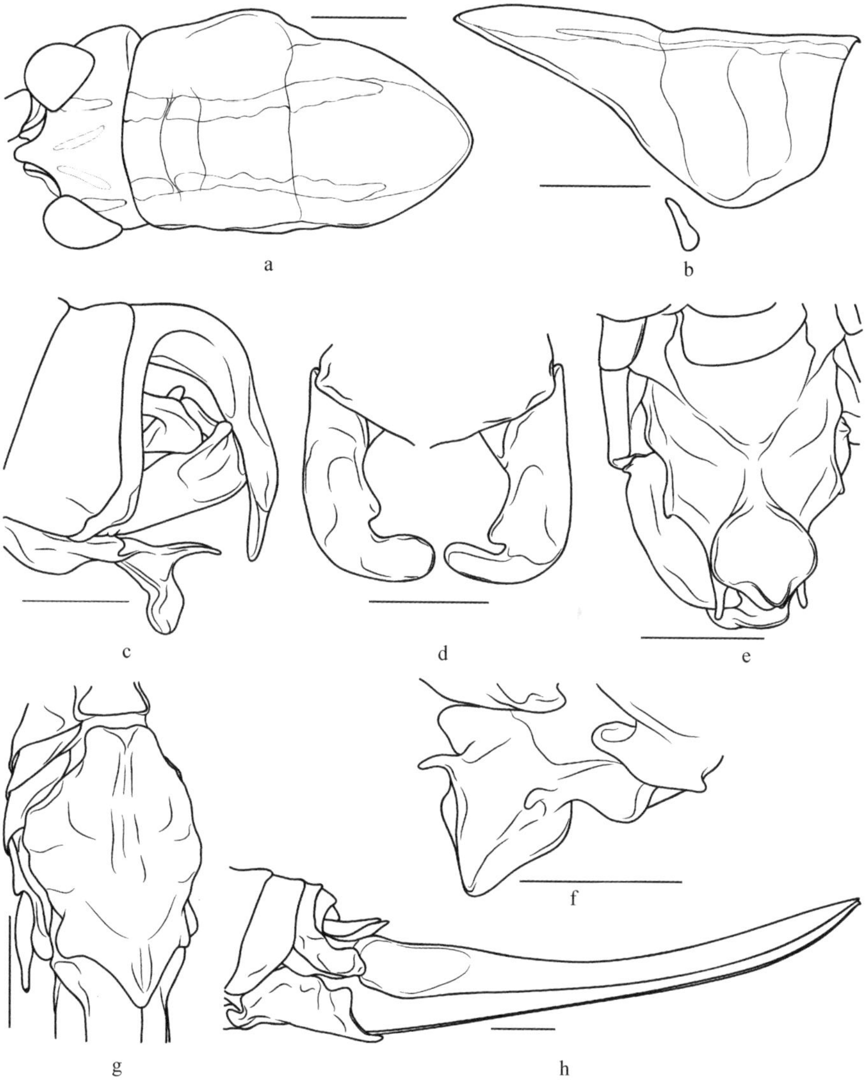

仿图10 背突优剑螽 *Euxiphidiopsis* (*Euxiphidiopsis*) *protensa* (Han, Chang & Shi, 2015)（仿 Han, Chang & Shi, 2015）

a. 雄性头与前胸背板，背面观；b. 雄性前胸背板，侧面观；c. 雄性腹端，侧面观；d. 雄性尾须，背面观；e. 雄性下生殖板，腹面观；f. 雄性下生殖板，后面观；g. 雌性下生殖板，腹面观；h. 雌性产卵瓣，侧面观

AF. 10 *Euxiphidiopsis* (*Euxiphidiopsis*) *protensa* (Han, Chang & Shi, 2015) (after Han, Chang & Shi, 2015)

a. head and pronotum of male, dorsal view; b. male pronotum, lateral view; c. end of male abdomen, lateral view; d. cerci of male, dorsal view; e. male subgenital plate, ventral view; f. male subgenital plate, rear view; g. subgenital plate of female, ventral view; h. ovipositor, lateral view

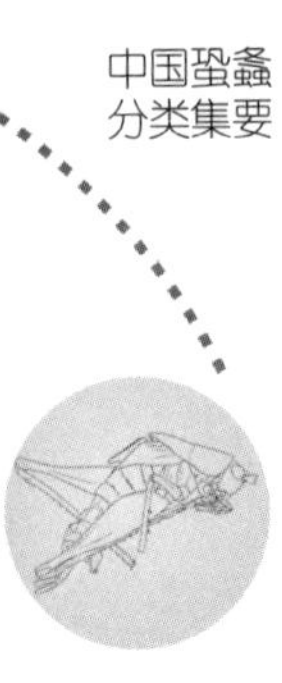

形中叶（仿图10g）；产卵瓣窄长，适度上弯，腹瓣端部具钩（仿图10h）。

体绿色，复眼深褐色，头部背面复眼后方具1对棕色纵纹。前胸背板背面具1对略弯曲的棕色纵带，其间淡褐色（仿图10a）。胫节腹面的刺深褐色，后足股节背侧深褐色，后足股节膝部具黑点。雄性前翅发音区褐色。

测量（mm）：体长♂9.2～11.5，♀9.1～11.0；前胸背板长♂4.4～4.6，♀4.5～4.6；前翅长♂13.5～14.6，♀16.5～17.8；后足股节♂9.2～10.5，♀11.2～11.5；产卵瓣8.8～9.2。

检视材料：1♂（正模），湖南石门壶瓶山，2004.VIII.18，王剑锋、王继良采；1♀，湖南张家界，2004.VIII.14，王剑锋、王继良采。

模式产地及保存：中国湖南石门壶瓶山；河北大学博物馆（MHU），中国河北保定。

分布：中国湖南。

讨论：该种与扩板优剑螽*Euxiphidiopsis* (*Euxiphidiopsis*) *tonicosa*十分近似，区别在于雄性下生殖板和雌性下生殖板的形状，根据发表时的标本照，头顶的复眼后具1对明显的黑褐色纵纹，其间还有“八”字形淡褐色纹，但与栖螽属*Xizicus*纹路区别明显。

30. 钳尾优剑螽*Euxiphidiopsis* (*Euxiphidiopsis*) *forcipa* (Shi & Chen, 2002)（仿图11）

Xiphidiopsis forcipa: Shi & Chen, 2002, *Entomologia Sinica*, 9(3): 71.

Paraxizicus forcipa: Shi, Bian & Chang, 2011, *Zootaxa*, 2896: 38.

Euxiphidiopsis forcipus: Shi *et al*., 2014, *Zootaxa*, 3827(3): 387.

描述：头顶凸出，端部钝，背面具纵沟；复眼卵圆形；下颚须端节端部稍膨大，长于亚端节。前胸背板短，前缘横宽，后缘圆形凸出，沟后区与沟前区约等长，侧片长大于高，肩凹较弱（仿图11a）；前翅超过后足股节末端，后翅稍长于前翅；前足基节具刺，各足股节腹面无刺，前足胫节腹面刺式为4, 5 (1, 1)型，前足胫节内、外侧听器均开放，后足胫节背面内外缘各具33～36个齿，端距3对。雄性第10腹节背板后缘具短突起，突起端部裂为两叶弯向腹面（仿图11b）；尾须瘦长，基部壮实，端部钳状（仿图11c）；下生殖板端部尖，腹突较长，位于亚端部（仿图11d）。

雌性未知。

体绿色。前翅后缘淡褐色；后足膝部暗褐色。

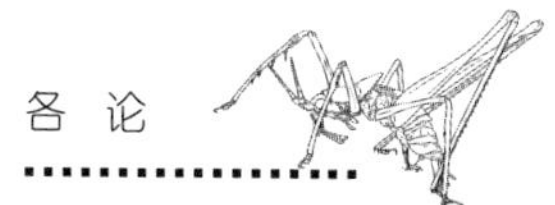

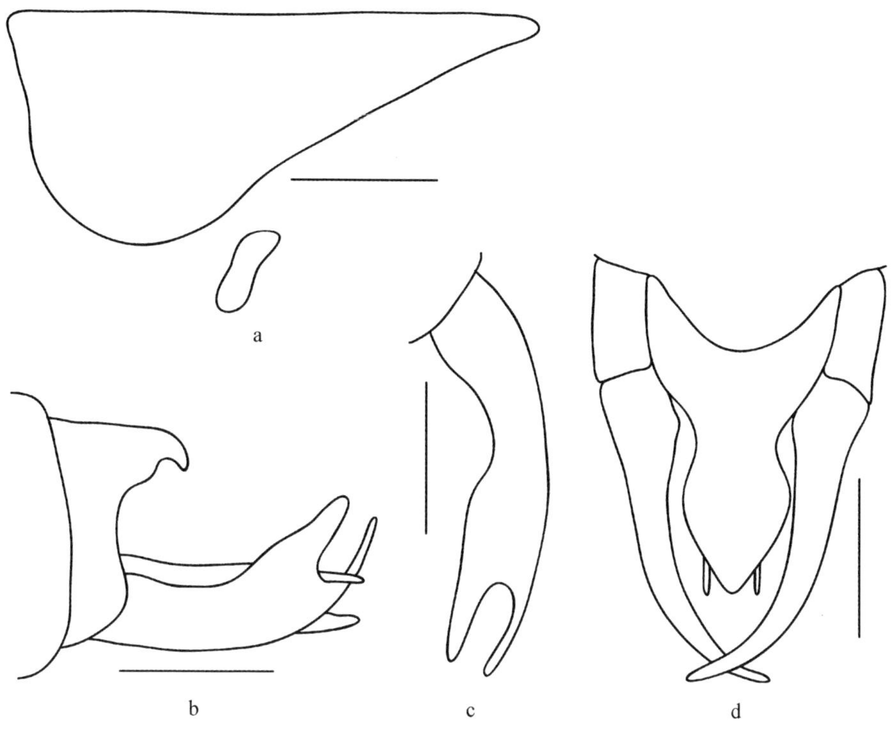

仿图11 钳尾优剑螽 *Euxiphidiopsis* (*Euxiphidiopsis*) *forcipa* (Shi & Chen, 2002)（仿 Shi & Chen, 2002）

a. 雄性前胸背板，侧面观；b. 雄性腹端，侧面观；c. 雄性右尾须，背面观；d. 雄性下生殖板，腹面观

AF. 11 *Euxiphidiopsis* (*Euxiphidiopsis*) *forcipa* (Shi & Chen, 2002) (after Shi & Chen, 2002)

a. pronotum of male, lateral view; b. end of male abdomen, lateral view; c. right cercus of male, dorsal view; d. male subgenital plate, ventral view

测量（mm）：体长♂9.0；前胸背板长♂3.0；前翅长♂16.0；后足股节长♂8.5。

检视材料：未见标本。

模式产地及保存：中国贵州荔波；西南大学植保学院（SAU），中国重庆。

分布：中国贵州。

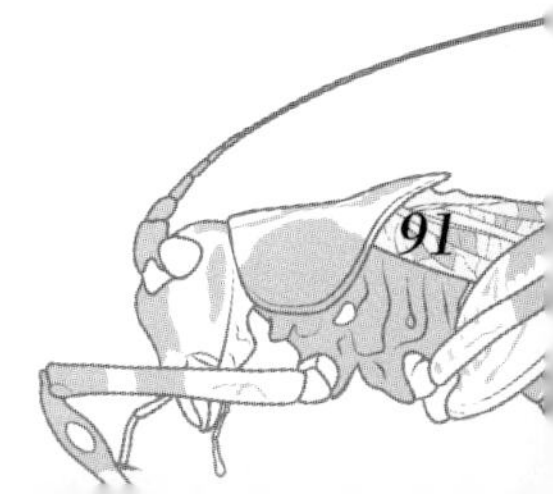

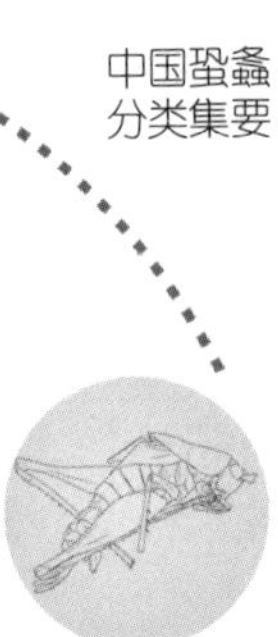

31. 格尼优剑螽*Euxiphidiopsis* (*Euxiphidiopsis*) *gurneyi* (Tinkham, 1944)（图20）

Xiphidiopsis gurneyi: Tinkham, 1944, *Proceedings of the United States National Museum*, 94: 507, 508, 521–523; Tinkham, 1956, *Transactions of the American Entomological Society*, 82: 5; Beier, 1966, *Orthopterorum Catalogus*, 9: 274; Liu & Jin, 1994, *Contributions from Shanghai Institute of Entomology*, 11: 110.

Euxiphidiopsis (*Euxiphidiopsis*) *gurneyi*: Liu & Zhang, 2000, *Entomotaxonomia*, 22 (3): 158; Liu, Zhou & Bi, 2010, *Insects of Fengyangshan National Nature Reserve*, 85; Wang & Liu, 2018, *Insect Fauna of the Qinling Mountains volume I Entognatha and Orthopterida*, 469.

Xiphidiopsis? *gurneyi*: Gorochov, Liu & Kang, 2005, *Oriental Insects*, 39: 82.

描述：体较小。头顶圆锥形，短宽，背面具纵沟；复眼球形略向前凸出；下颚须端节端部扩展，约等长于亚端节。前胸背板沟后区非扩展，稍抬高，侧片略高，肩凹不明显（图20a，b）；后翅长于前翅；前足胫节腹面内、外刺排列为4, 4 (1, 1)型，后足胫节背面内外缘各具25～32个齿和1个端距，腹面具4个端距。第10腹节背板后缘无突起（图20c）。尾须基部2/3较厚实，端部1/3较细和内弯，背面中部具1个鳍状叶（图20c～e）；下生殖板长大于宽，后缘凸形，具较短的腹突（图20e）。

雌性第8腹节背板特化，后侧角凹，下与第7腹板（或下生殖板裂片）融合，向后凸出，后缘具角形的凹口，形成较粗短叉形突起（图20f）；下生殖板后缘宽圆形（图20f）；产卵瓣较短，端部略向上弯曲，腹瓣具端钩（图20g）。

体淡黄绿色。复眼暗褐色，头顶背面具2条暗褐色的短纵纹，复眼后方各具1条暗黑色纵纹，延伸至前胸背板后缘，后足股节膝叶端部具黑点，胫节刺黑色。

测量（mm）：体长♂8.5～10.0，♀10.0；前胸背板长♂3.2～3.4，♀3.3；前翅长♂15.5～17.0，♀17.0～18.5；后足股节长♂8.0～9.0，♀9.0～10.0；产卵瓣长6.5～6.8。

检视材料：1♂4♀♀，四川青城山，1987.VIII.10，刘宪伟采；1♂，四川卧龙木江坪，1986.VIII.31，廉振民采；1♂，四川宜兴，1986.IX.10，奚

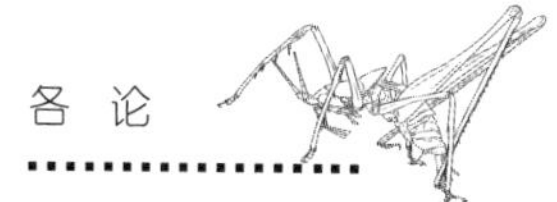

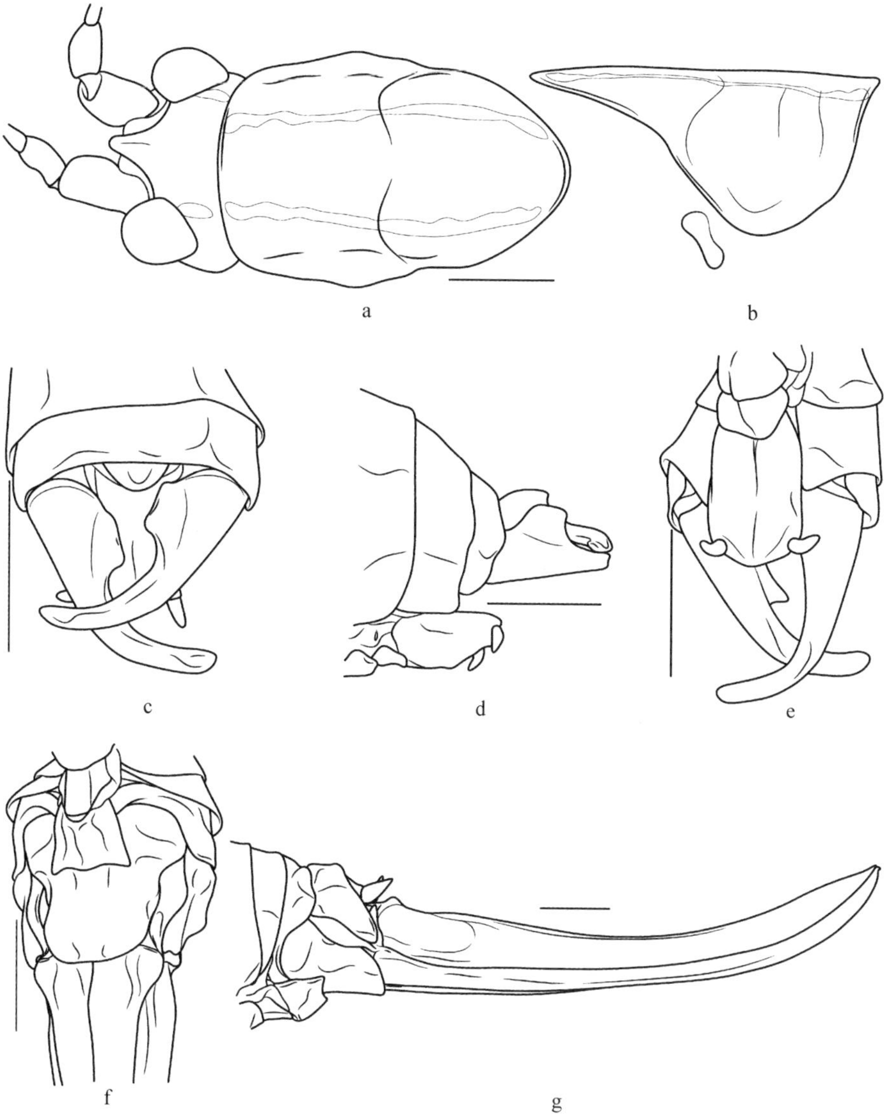

a b c d e f g

图20　格尼优剑螽 *Euxiphidiopsis* (*Euxiphidiopsis*) *gurneyi* (Tinkham, 1944)
a. 雄性头与前胸背板，背面观；b. 雄性前胸背板，侧面观；c. 雄性腹端，背面观；d. 雄性腹端，侧面观；e. 雄性腹端，腹面观；f. 雌性下生殖板，腹面观；g. 雌性腹端，侧面观

Fig. 20　*Euxiphidiopsis* (*Euxiphidiopsis*) *gurneyi* (Tinkham, 1944)
a. head and pronotum of male, dorsal view; b. pronotum of male, lateral view; c. end of male abdomen, dorsal view; d. end of male abdomen, lateral view; e. end of male abdomen, ventral view; f. subgenital plate of female, ventral view; g. end of female abdomen, lateral view

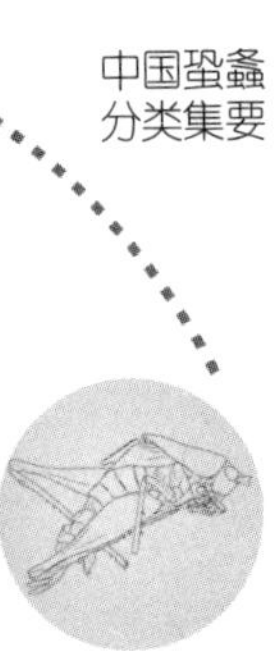

耕思采；1♂，四川雅安蒙顶山，1 456 m，2007.VII.31 ～ VIII.1，刘宪伟等采；2♂♂4♀♀，陕西太白山嵩坪寺，2009.VI ～ IX，采集人不详；1♀，贵州习水三岔河，1 100 m，2006.X.21 ～ 25，刘宪伟、周顺采。

模式产地及保存：中国四川峨眉；费城自然科学院（ANSP），美国费城。

分布：中国陕西、四川、贵州。

32. 压痕优剑螽 ***Euxiphidiopsis*** **(*Euxiphidiopsis*)** ***impressa*** **(Bey-Bienko, 1962) comb. nov.**（图21，图版3）

Xiphidiopsis impressa: Bey-Bienko, 1962, *Trudy Zoologicheskogo Instituta Akademii Nauk SSSR, Leningrad*, 30: 131; Beier, 1966, *Orthopterorum Catalogus*, 9: 273; Liu & Jin, 1994, *Contributions from Shanghai Institute of Entomology*, 11: 110; Jin & Xia, 1994, *Journal of Orthoptera Research*, 3: 27.

Xiphidiopsis? impressa: Gorochov, 1998, *Zoosystematica Rossica*, 7(1): 103.

描述：体较小。头顶圆锥形，背面具纵沟；复眼球形略向前凸出；下颚须端节几乎等长于亚端节。前胸背板沟后区非扩展，侧片略高，肩凹不明显（图21a，b）；前翅远超后足股节末端，后翅长于前翅；前足胫节腹面内、外刺排列为4, 5 (1, 1)型，后足胫节背面内外缘各具23 ～ 29个齿和1个端距，腹面具4个端距。雄性第10腹节背板后缘无突起（图21c）。尾须内弯，中部背面具1个宽大鳍状叶，端部亚端处具1个开口，似小的分支（图21c ～ e）；下生殖板长大于宽，近方形，腹突位于侧角，后缘钝角形凹（图21e）。

雌性第8腹节背板特化，后侧角凹，与第7腹板（或下生殖板裂片）融合，后缘凸出形成1对较长叉形突起（图21f）；下生殖板后缘宽圆形（图21f）；产卵瓣较短，端部略向上弯曲，腹瓣具端钩（图21g）。

体淡黄绿色。复眼暗褐色，复眼后方各具1条暗黑色纵纹，延伸至前胸背板后缘，纵纹间沟后区稍暗；后足股节膝叶端部具黑点，胫节齿黑色。

测量（mm）：体长♂8.9 ～ 9.5，♀10.1 ～ 11.1；前胸背板长♂4.0 ～ 4.2，♀4.0；前翅长♂16.0 ～ 17.0，♀17.0 ～ 18.5；后足股节长♂9.5 ～ 9.8，♀10.0；产卵瓣长7.8 ～ 8.0。

检视材料：1♂1♀，安徽黄山温泉，1980.X.9 ～ 27，采集人不

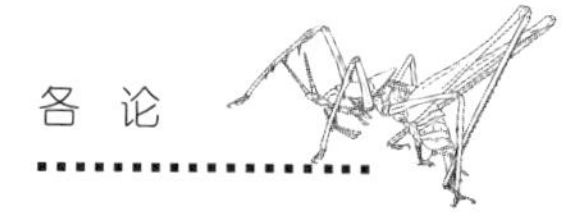

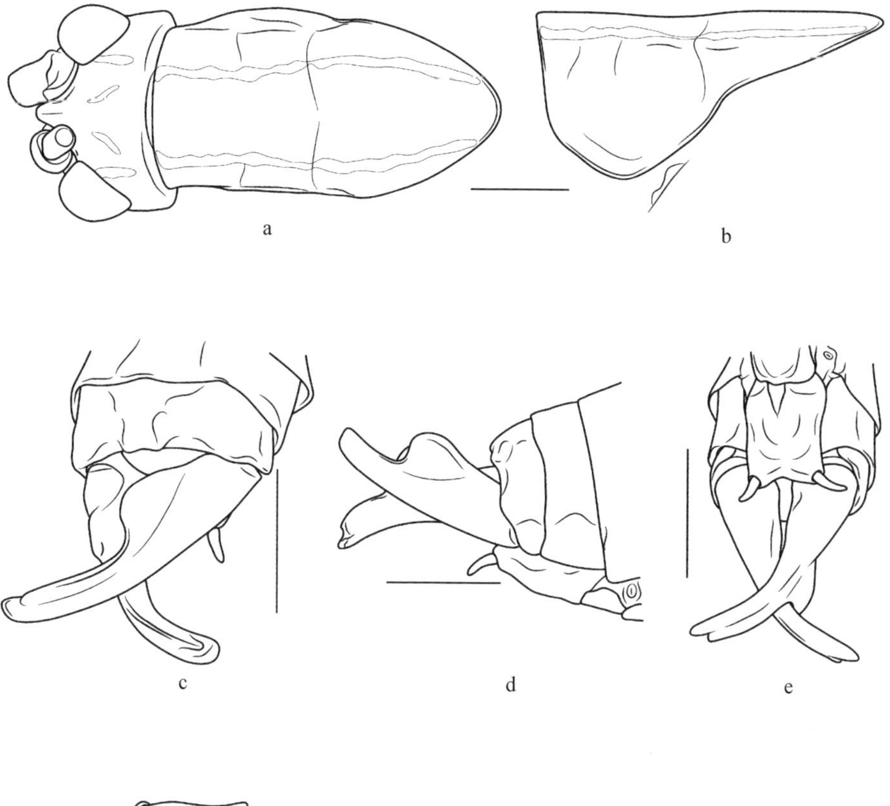

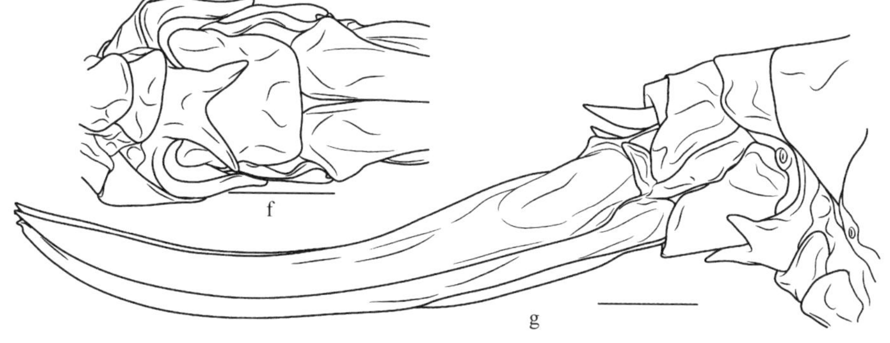

图21　压痕优剑螽 *Euxiphidiopsis* (*Euxiphidiopsis*) *impressa* (Bey-Bienko, 1962)

a. 雄性头与前胸背板，背面观；b. 雄性前胸背板，侧面观；c. 雄性腹端，背面观；d. 雄性腹端，侧面观；e. 雄性腹端，腹面观；f. 雌性下生殖板，腹面观；g. 雌性腹端，侧面观

Fig. 21　*Euxiphidiopsis* (*Euxiphidiopsis*) *impressa* (Bey-Bienko, 1962)

a. head and pronotum of male, dorsal view; b. pronotum of male, lateral view; c. end of male abdomen, dorsal view; d. end of male abdomen, lateral view; e. end of male abdomen, ventral view; f. subgenital plate of female, ventral view; g. end of female abdomen, lateral view

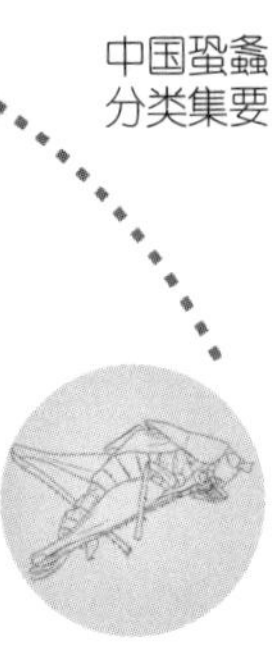

详；3♂♂2♀♀，浙江龙泉凤阳山，1 520 m，2007.IX.21，刘宪伟等采；7♂♂6♀♀，浙江临安清凉峰，400 m，2008.VIII.9 ~ 10，刘宪伟等采；2♀♀，浙江庆元百山祖，1996.VIII.12 ~ 20，金杏宝、章伟年采；1♂，福建崇安桐木790 ~ 1 155 m，1960.VI.29，金根桃、林杨明采；1♂1♀，福建崇安星村三港，740 m，1960.VIII.2 ~ 16，张毅然采；1♂2♀♀，福建武夷山挂墩，800 m，2010.VII.13 ~ 14，刘宪伟等采；1♂，湖南桑植天平山，1 400 m，1988.VIII.12，王书永采；1♂，湖北利川，1989.VIII2，刘祖尧采；1♀，云南屏边马卫，900 ~ 950 m，2009.V.23，刘宪伟等采；1♀，Tonkin, Mont. Bavi, 900 ~ 1 000 m, 1940.VIII, coll. Cooman。

模式产地及保存：中国云南屏边；中国科学院动物研究所（IZCAS），中国北京。

分布：中国（安徽、浙江、湖北、湖南、福建、云南）；越南。

33. 黑纹优剑螽 *Euxiphidiopsis* (*Euxiphidiopsis*) *nigrovittata* (Bey-Bienko, 1962)（图22）

Xiphidiopsis nigrovittata: Bey-Bienko, 1962, *Trudy Zoologicheskogo Instituta Akademii Nauk SSSR, Leningrad*, 30: 128–129, 135; Beier, 1966, *Orthopterorum Catalogus*, 9: 272; Liu & Jin, 1994, *Contributions from Shanghai Institute of Entomology*, 11: 111; Jin & Xia, 1994, *Journal of Orthoptera Research*, 3: 27.

Xiphidiopsis (*Euxiphidiopsis?*) *nigrovittata*: Gorochov, 1998, *Zoosystematica Rossica*, 7(1): 102.

Euxiphidiopsis nigrovittata: Shi *et al*., 2014, *Zootaxa*, 3827(3): 387.

描述：体小型。头顶窄，圆锥状，背面具较明显的沟，非平（图22a）；触角窝间距不宽于触角柄节。前胸背板后缘钝圆角形，侧片后缘波曲（图22a，b）；前足胫节腹面刺式为5, 4 (1, 1)型，外缘端距很小；前翅远超过后足胫节端部。雌性下生殖板短，稍横宽，微向下凹，两侧略延长，部分被第7腹板侧部遮盖，后缘钝角状，端部钝（图22c）；产卵瓣较短，近平直，腹瓣具弱端钩（图22d）。

雄性未知。

体淡黄色（活时可能为绿色）。触角具稀疏的暗色环；头部背面复眼后具黑色斑纹。前胸背板具2条平行的黑褐色纵带；后足膝叶端部具黑斑，

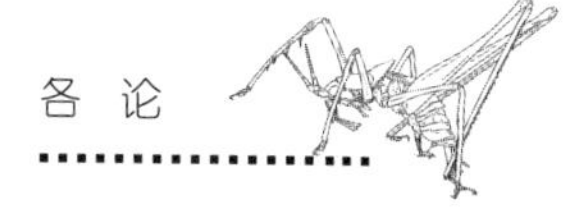

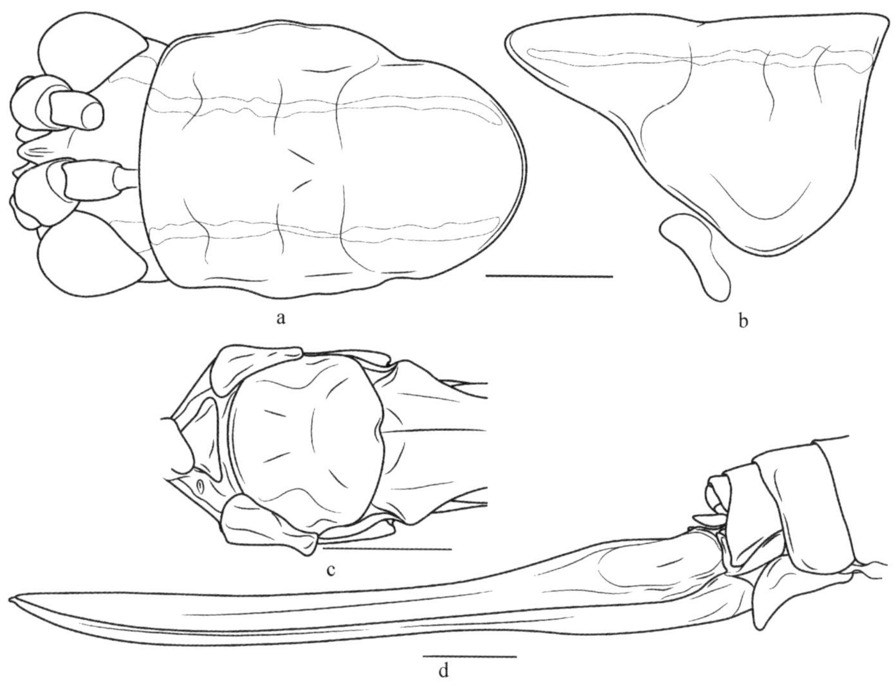

图22 黑纹优剑螽 *Euxipidiopsis*（*Euxiphidiopsis*）*nigrovittata* (Bey-Bienko, 1962)
a. 雌性头与前胸背板，背面观；b. 雌性前胸背板，侧面观；c. 雌性下生殖板，腹面观；d. 雌性腹端，侧面观

Fig.22 *Euxipidiopsis*（*Euxiphidiopsis*）*nigrovittata* (Bey-Bienko, 1962)
a. head and pronotum of female, dorsal view; b. pronotum of female, lateral view; c. subgenital plate of female, ventral view; d. end of female abdomen, lateral view

后足胫节刺基部黑褐色。

测量（mm）：体长♀11.0；前胸背板长♀3.2；前翅长♀17.5；后足股节长♀9.3；产卵瓣长8.4。

检视材料：1♀（正模），云南南溪河，80 m，1956.VI.5，黄克仁采。

模式产地及保存：中国云南河口；中国科学院动物研究所（IZCAS），中国北京。

分布：中国云南。

34. 秋优剑螽 *Euxiphidiopsis* (*Euxiphidiopsis*) *autumnalis* (Gorochov, 1998)（图23）

Xiphidiopsis ? *autumnalis*: Gorochov, 1998, *Zoosystematica Rossica*, 7(1): 104.

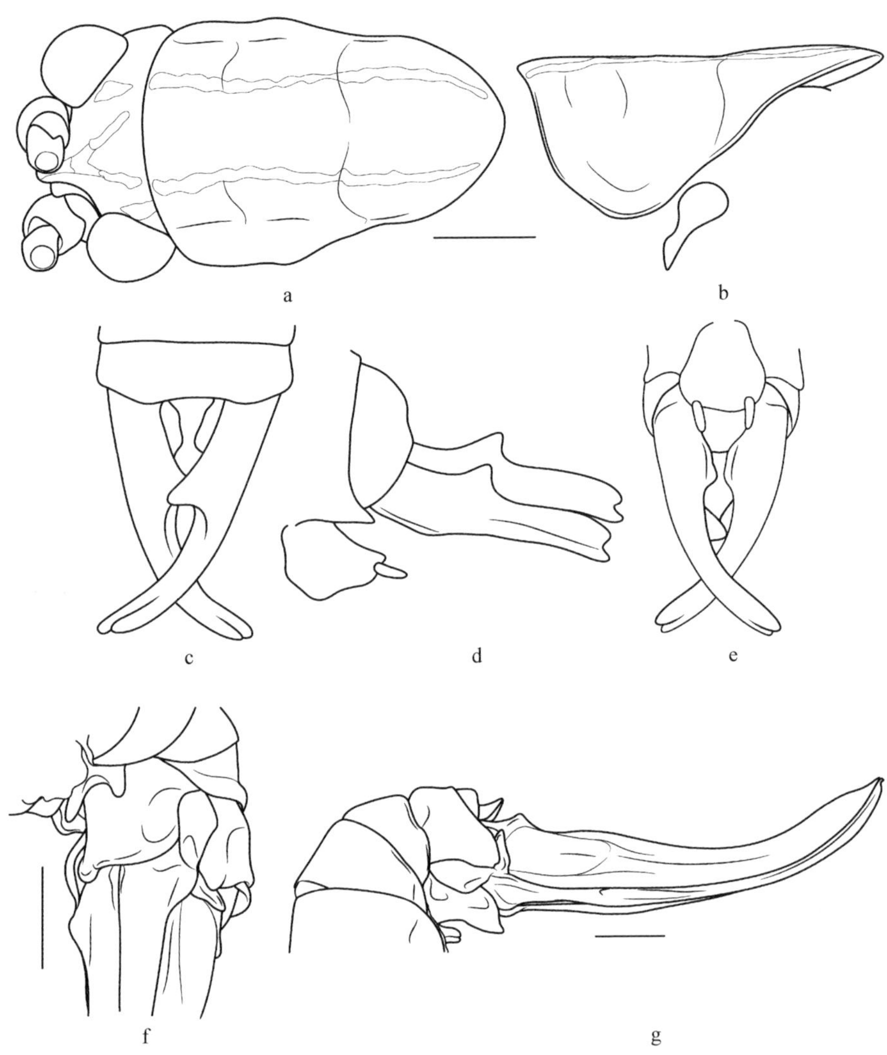

图23　秋优剑螽 *Euxiphidiopsis* (*Euxiphidiopsis*) *autumnalis* (Gorochov, 1998)（c ～ e仿 Liu & Yin, 2004）

a. 雌性头与前胸背板，背面观；b. 雌性前胸背板，侧面观；c. 雄性腹端，背面观；d. 雄性腹端，侧面观；e. 雄性腹端，腹面观；f. 雌性下生殖板，侧腹面观；g. 雌性腹端，侧面观

Fig. 23　*Euxiphidiopsis* (*Euxiphidiopsis*) *autumnalis* (Gorochov, 1998) (c ～ e after Liu & Yin, 2004)

a. head and pronotum of female, dorsal view; b. pronotum of female, lateral view; c. end of male abdomen, dorsal view; d. end of male abdomen, lateral view; e. end of male abdomen, ventral view; f. subgenital plate of female, laterally ventral view; g. end of female abdomen, lateral view

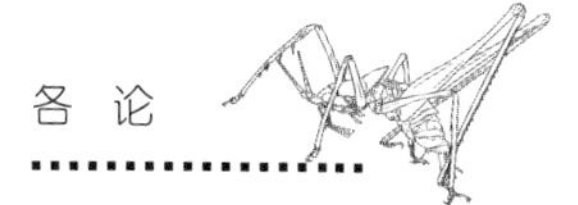

Xiphidiopsis (*Euxiphidiopsis*) *autumnalis*: Liu & Yin, 2004, *Insects from Mt. Shiwandashan Area of Guangxi*, 99.

Xiphidiopsis (*Xiphidiopsis*) *autumnalis*: Jiao, Chang & Shi, 2014, *Zootaxa*, 3869(5): 554; Kim & Pham, 2014, *Zootaxa*, 3811(1): 71.

描述：体中等。头顶圆锥形，较短，背面具纵沟；复眼球形略向外凸出；下颚须端节端部膨大，端节几乎等长于亚端节。前胸背板沟后区非扩展，侧片略高，肩凹不明显；后翅长于前翅；前足胫节腹面内、外刺排列为4, 5 (1, 1)型，后足胫节背面内外缘各具25～30个齿和1个端距，腹面具4个端距。雄性第10腹节背板后缘无突起；尾须较长，基部具1个小的腹叶，中部具1个鳍状的背叶，尾须端半部略侧扁，端部具明显的缺刻（图23c～e）；下生殖板后缘截形，具腹突（图23e）。

雌性第7腹板略向后突出，具1对短的突起（图23f），与第8腹节背板融合；下生殖板较长，具几乎截形的后缘，中央稍凸（图23f）；产卵瓣腹瓣具端钩（图23g）。

体淡黄绿色。复眼暗褐色，头顶背面具1条暗黑色的短纵纹，复眼后方各具1条暗黑色纵纹，延伸至前胸背板后缘（图23a，b）。前翅具较明显的暗点，后足股节膝叶端部具黑点，后足胫节刺暗褐色。

测量（mm）：体长♂11.0～11.5，♀12.0；前胸背板长♂3.5，♀3.8；前翅长♂16.0～17.0，♀20.0；后足股节长♂9.5～10.0，♀11.2；产卵瓣长6.8。

检视材料：1♀，广西防城扶隆，500 m，1999.V.23～26，采集人不详。

模式产地及保存：越南永福省三岛；俄罗斯科学院动物研究所（ZIN.，RAS.），俄罗斯圣彼得堡。

分布：中国（广西）；越南。

35. 扁尾优剑螽 ***Euxiphidiopsis*** (***Euxiphidiopsis***) ***platycerca*** **(Bey-Bienko,1962)（图24）**

Xiphidiopsis platycerca: Bey-Bienko, 1962, *Trudy Zoologicheskogo Instituta Akademii Nauk SSSR, Leningrad*, 30: 135; Beier, 1966, *Orthopterorum Catalogus*, 9: 272; Gorochov, 1993, *Zoosystematica Rossica*, 2(1): 66; Liu & Jin, 1994, *Contributions from Shanghai Institute of Entomology*, 11: 111; Jin & Xia, 1994, *Journal of Orthoptera Research*, 3: 27.

Xiphidiopsis (*Euxiphidiopsis*) *platycerca*: Gorochov,1998, *Zoosystematica Rossica*, 7(1): 102.

Euxiphidiopsis (*Euxiphidiopsis*) *platycerca*: Liu & Zhang, 2000, *Entomotaxonomia*, 22 (3): 158.

描述：体形和颜色都非常似模式种莫氏优剑螽*Eu. motshulskyi*，但个体稍大，头顶圆锥形顶端钝圆，背面中沟浅，复眼球形向前方凸出（图24a）。前胸背板侧片长大于高，肩凹较小，比较明显（图24b）；前翅单色。雄性第10腹节背板后缘中突起较大，强向下弯（图24c，d）；尾须基部内侧具向后方的叉状突起，端部的腹叶较背叶稍大和更弯曲（图24c，d）；下生殖板稍长，具腹突（图24d）。

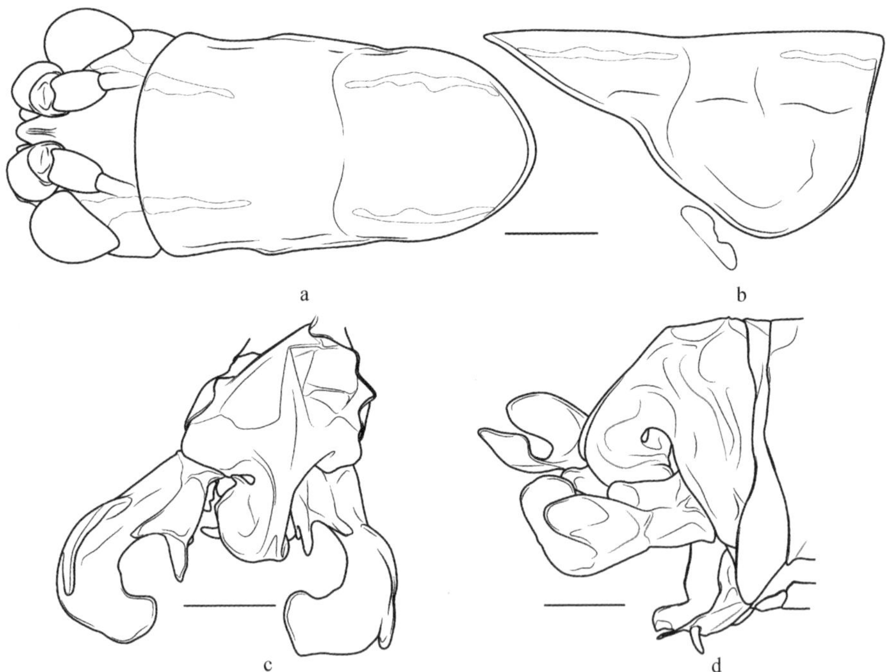

图24 扁尾优剑螽*Euxiphidiopsis* (*Euxiphidiopsis*) *platycerca* (Bey-Bienko,1962)
a. 雄性头与前胸背板，背面观；b. 雄性前胸背板，侧面观；c. 雄性腹端，背面观；d. 雄性腹端，侧面观

Fig. 24 *Euxiphidiopsis* (*Euxiphidiopsis*) *platycerca* (Bey-Bienko,1962)
a. head and pronotum of male, dorsal view; b. pronotum of male, lateral view; c. end of male abdomen, dorsal view; d. end of male abdomen, lateral view

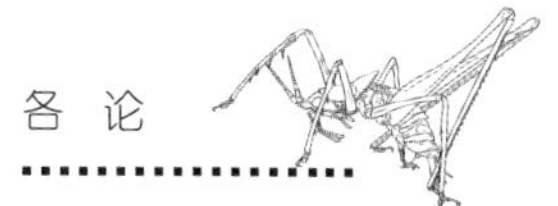

雌性未知。

触角具稀疏的暗色环，复眼后方具黑色渐细纹，前胸背板背面具一对贯通的黑褐色条纹。

测量（mm）：体长♂15.0；前胸背板长♂4.7；前翅长♂22.5；后足股节长♂12.3。

检视材料：1♂（正模），云南车里至打洛途中，1 050 m，1957.IV.26，臧令超采；1♂（若虫），云南景洪曼典，1995.VII.30，刘宪伟等采。

模式产地及保存：中国云南西双版纳；中国科学院动物研究所（IZCAS），中国北京。

分布：中国云南。

36. 凹尾优剑螽 *Euxiphidiopsis* (*Euxiphidiopsis*) *lacusicerca* (Shi, Zheng & Jiang, 1995)（图25）

Xiphidiopsis lacusicerca: Shi, Zheng & Jiang, 1995, *Guangxi Sciences*, 2(1): 39.

Xiphidiopsis (*Euxiphidiopsis*) *lacusicerca*: Liu & Yin, 2004, *Insects from Mt. Shiwandashan Area of Guangxi*, 99.

Paraxizicus lacusicerus: Mao & Shi, 2007, *Zootaxa*, 1474: 64; Shi, Bian & Chang, 2011, *Zootaxa*, 2896: 39.

Euxiphidiopsis lacusicercus: Shi *et al*., 2014, *Zootaxa*, 3827(3): 387.

描述：头顶圆锥形，端部稍钝，背面具纵沟；复眼卵圆形，稍侧扁向前突出。下颚须端节端部稍膨大，与亚端节等长。前胸背板短，前缘平直，后缘圆角形突出，中央具很细的隆线，侧片前缘直，下缘弧形弯曲，后缘稍弯曲，肩凹不明显；前足基节具刺，前足胫节腹面刺式为4, 5 (1, 1)型，后足胫节的背缘内外侧具24～26个小齿，端距3对；前翅狭长，颇远地超过后足股节的顶端，后翅长于前翅。雄性第10腹节背板较狭，后缘中央具1个突起，端部分为两个短瓣；尾须基部粗壮，端半部变细，亚端部背面明显下凹；下生殖板近于长方形，端部宽圆形凸出，中央具细隆线，腹突生于亚端部两侧（图25a）。

雌性尾须圆锥形，端部尖（图25d）；第8腹节背板特化，与第7腹板（或下生殖板裂片）连为一体，后缘成1对三角形叶（图25b）；下生殖板宽短，两侧背弯，前后缘腹弯，腹观呈梯形，后缘中央略凹入（图25b，c）；产卵瓣端半部向背侧弯曲，腹瓣端部钩状。

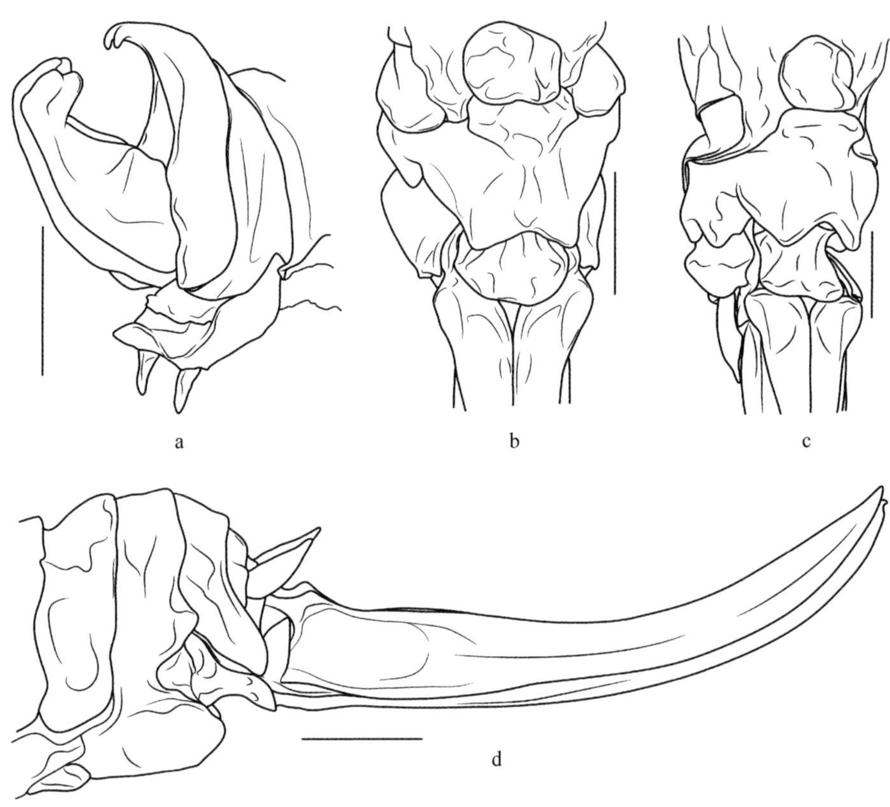

图25　凹尾优剑螽 *Euxiphidiopsis* (*Euxiphidiopsis*) *lacusicerca* (Shi, Zheng & Jiang, 1995)
a. 雄性腹端，侧面观；b. 雌性腹端，腹面观；c. 雌性腹端，侧腹面观；d. 雌性腹端，侧面观

Fig. 25　*Euxiphidiopsis* (*Euxiphidiopsis*) *lacusicerca* (Shi, Zheng & Jiang, 1995)
a. end of male abdomen, lateral view; b. end of female abdomen, ventral view; c. end of female abdomen, laterally ventral view; d. end of female abdomen, lateral view

体绿色。头部背面褐色。两复眼之后具黑褐色纵纹延伸至前胸背板后端。前胸背板纵纹之间为淡褐色，纵纹外黄色镶边；前翅后缘淡褐色，翅面散有淡褐色斑；后足股节膝叶具黑点，胫节背面的刺为黑褐色。

测量（mm）：体长♂9.8，♀11.0；前胸背板长♂3.5，♀3.5；前翅长♂19.5，♀19.6；后足股节长♂10.0，♀损毁；产卵瓣长5.5。

检视材料：1♀，广西龙州弄岗，2013.VII.10～13，200 m，朱卫兵等采；3♂♂7♀♀，广西环江木论保护区，2015.VII.18～22，刘宪伟、孙美玲、秦艳艳采。

模式产地及保存：中国广西环江；陕西师范大学动物研究所，中国陕西西安。

分布：中国广西、贵州。

37. 中华优剑螽*Euxiphidiopsis* (*Euxiphidiopsis*) *sinensis* (Tinkham, 1944)（图26）

Xiphidiopsis sinensis: Tinkham, 1944, *Proceedings of the United States National Museum*, 94: 524; Beier, 1966, *Orthopterorum Catalogus*, 9: 275; Xia & Liu, 1993, *Insects of Wuling Mountains Area, Southwestern China*, 99; Liu & Jin, 1994, *Contributions from Shanghai Institute of Entomology*, 11: 111; Jin & Xia, 1994, *Journal of Orthoptera Research*, 3: 27.

Xiphidiopsis sulcata: Xia & Liu, 1990, *Contributions from Shanghai Institute of Entomology*, 8: 222; Liu & Zhang, 2000, *Entomotaxonomia,* 22(3): 157.

Euxiphidiopsis (*Euxiphidiopsis*) *sinensis*: Liu & Zhang, 2000, *Entomotaxonomia*, 22(3): 157.

Paraxizicus sinensis: Mao & Shi, 2007, *Zootaxa*, 1474: 65; Shi, Bian & Chang, 2011, *Zootaxa*, 2896: 39.

Euxiphidiopsis sinensis: Shi *et al*., 2014, *Zootaxa*, 3827(3): 387.

描述：后翅长于前翅；前足胫节腹面内外刺排列为5, 5 (1, 1)型，后足胫节背面内外缘各具30～32个齿，端距3对。第10腹节背板后缘具成对的小突起（图26a）；尾须简单较细长，内侧基部具1个小刺突（图26b），端半部内侧具深纵沟，端部呈双叶状（图26a）；下生殖板后缘稍凹，具稍长的腹突（图26b）。

雌性第8腹节背板侧角延长，第9腹节背板后侧角位置具向背方凸的扁平状瘤突（图26c，d），第7腹板特化，两侧凹陷，中部隆起呈三角形（图26c）；尾须短圆锥形；下生殖板略侧扁，近方形，中央具宽的凹沟（图26c）；产卵瓣明显短于后足股节，略向上弯曲，腹瓣具端钩（图26d）。

体淡黄绿色。复眼暗褐色，头部背面在复眼后方各具1条暗黑色纵纹，延伸至前胸背板后缘，其外侧镶黄边；后足股节膝叶端部具黑点。

测量（mm）：体长♂11.5，♀10.0～11.0；前胸背板长♂4.0，♀3.6～4.0；前翅长♂17.0，♀19.5～20.5；后足股节长♂10.0，♀11.0～11.5；产

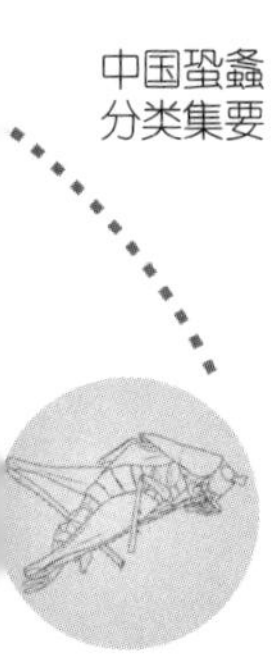

卵瓣长6.5～7.0。

检视材料：1♂2♀♀，浙江泰顺，1987.IX.1～4，金根桃、刘祖尧采；1♀，湖北利川，1989.VIII.2，刘祖尧采；2♂♂1♀，四川都江堰青城山，1 050 m，2006.VII.16，周顺采；1♂，四川雅安周公山，1 350 m，2006.VIII.4，周顺采。

模式产地及保存：中国四川峨眉新开寺；美国国家博物馆（USNM），美国华盛顿。

分布：中国浙江、湖北、重庆、四川。

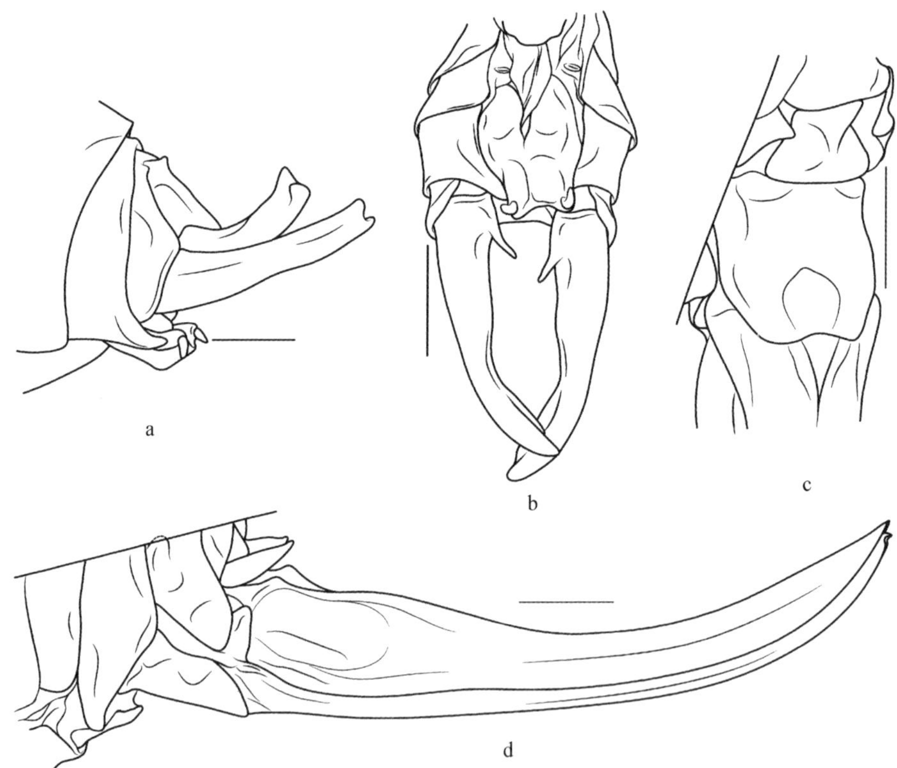

图26　中华优剑螽 *Euxiphidiopsis* (*Euxiphidiopsis*) *sinensis* (Tinkham, 1944)
a. 雄性腹端，侧面观；b. 雄性下生殖板，腹面观；
c. 雌性下生殖板，腹面观；d. 雌性腹端，侧面观

Fig. 26　*Euxiphidiopsis* (*Euxiphidiopsis*) *sinensis* (Tinkham, 1944)
a. end of male abdomen, lateral view; b. male subgenital plate, ventral view; c. female subgenital plate, ventral view; d. end of female abdomen, lateral view

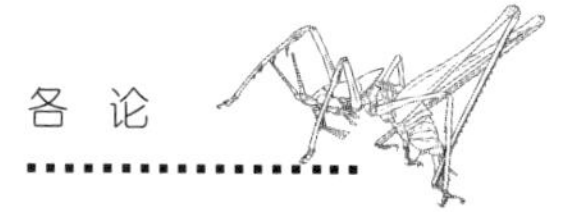

38. 匙尾优剑螽 *Euxiphidiopsis* (*Euxiphidiopsis*) *spathulata* (Mao & Shi, 2007)（图27，图版26）

Paraxizicus spathulatus: Mao & Shi, 2007, *Zootaxa*, 1474: 67; Shi, Bian & Chang, 2011, *Zootaxa*, 2896: 39.

Euxiphidiopsis spathulata: Liu *et al*.,2010, *Insects of Fengyangshan National Nature Reserve*, 86; Shi *et al*., 2014, *Zootaxa*, 3827(3): 387.

描述：体中型。头顶圆锥形，端部钝，背面具纵沟；复眼近球形突出；下颚须端节端部膨大，几乎与亚端节等长。前胸背板后横沟明显，约位于中间，侧片长于高，肩凹不明显；前翅明显超过后足股节末端，后翅稍长于前翅；各足股节腹面不具刺，前足基节具刺，前足胫节腹面刺式为5, 5 (1, 1)型，内外侧听器均为开放型，后足胫节背面内外缘各具26～27个小刺，后足股节腹面外侧具9刺，内侧具3刺，端距3对。雄性第10腹节背板后缘具1近直立的突起，其端部二裂，其后为膜质区域（图27a）；尾须基半部较壮实，中部较细，内弯，亚端部背腹增厚，内侧形成近球形凹陷，形似深勺，端部具1个小的缺刻（图27a～c）；下生殖板基部宽，中央具隆线，后缘略凸，腹突细长，着生于侧角（图27c）。

雌性第9腹节背板基部腹侧具向前凸出的侧扁瘤突，第8腹节背板近后缘侧角处具向后凸出的扁平瘤突且腹缘稍延长，但不与第7腹板融合，第7腹板（可能由于干缩）呈三角形（图27d，e）；尾须圆锥形；下生殖板较小，端部中央稍凹入（图27d）；产卵瓣较细长，稍向上弯曲，腹瓣具端钩（图27e）。

体淡绿色。复眼褐色。复眼后方至前胸背板前部具浅褐色带；前翅具灰褐色斑。

测量（mm）：体长♂11.5～12.0，♀12.0～13.0；前胸背板长♂4.5～4.6，♀4.5；前翅长♂17.0～18.0，♀20.0；后足股节长♂11.5～12.0，♀11.0～12.0；产卵瓣长11.0～11.5。

检视材料：1♂（正模），贵州雷山莲花坪，2005.IX.14，刘浩宇采；4♂♂2♀♀，浙江龙泉凤阳山炉岙村，1 100 m，灯诱，2008.VII.30～VIII.3，刘宪伟、毕文烜采。

模式产地及保存：中国贵州雷山莲花坪；河北大学博物馆（MHU），中国河北保定。

分布：中国浙江、广西、贵州。

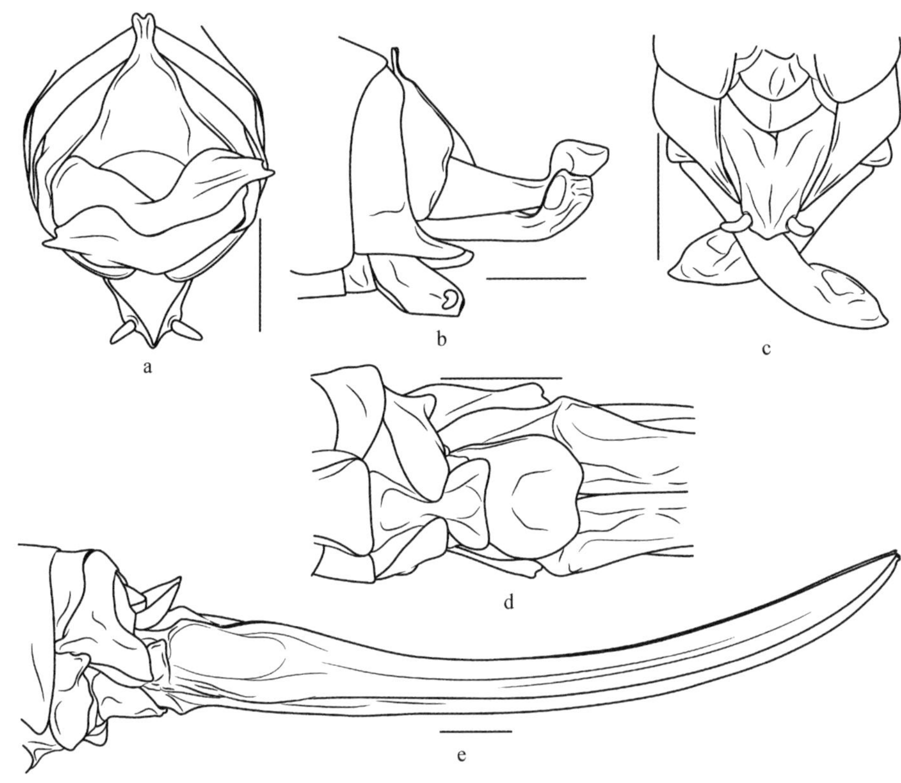

图27 匙尾优剑螽 *Euxiphidiopsis* (*Euxiphidiopsis*) *spathulata* (Mao & Shi, 2007)
a. 雄性腹端，后面观；b. 雄性腹端，侧面观；c. 雄性腹端，腹面观；d. 雌性下生殖板，腹面观；e. 雌性腹端，侧面观

Fig. 27 *Euxiphidiopsis* (*Euxiphidiopsis*) *spathulata* (Mao & Shi, 2007)
a. end of male abdomen, rear view; b. end of male abdomen, lateral view; c. end of male abdomen, ventral view; d. female subgenital plate, ventral view; e. end of female abdomen, lateral view

39. 三叶优剑螽 *Euxiphidiopsis* (*Euxiphidiopsis*) *triloba* (Shi, Bian & Chang, 2011)（图28）

Paraxizicus trilobus: Shi, Bian & Chang, 2011, *Zootaxa*, 2896: 39.

Euxiphidiopsis trilobus: Shi *et al.*, 2014, *Zootaxa*, 3827(3): 387; Jiao, Chang & Shi, 2014, *Zootaxa*, 3869(5): 554.

描述：体中到大型。头顶圆锥形，较短，端部钝圆，背面具中纵沟；复眼球形向前凸出；下颚须端节端部扩展，与亚端节等长；前胸背板稍向后延长，后横沟明显，沟后区略扁平，前缘直，后缘凸圆（图28a），侧片长于高，

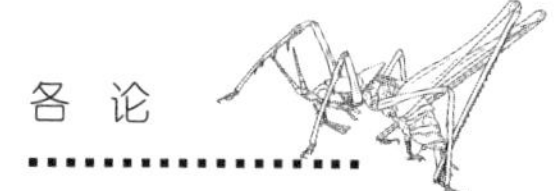

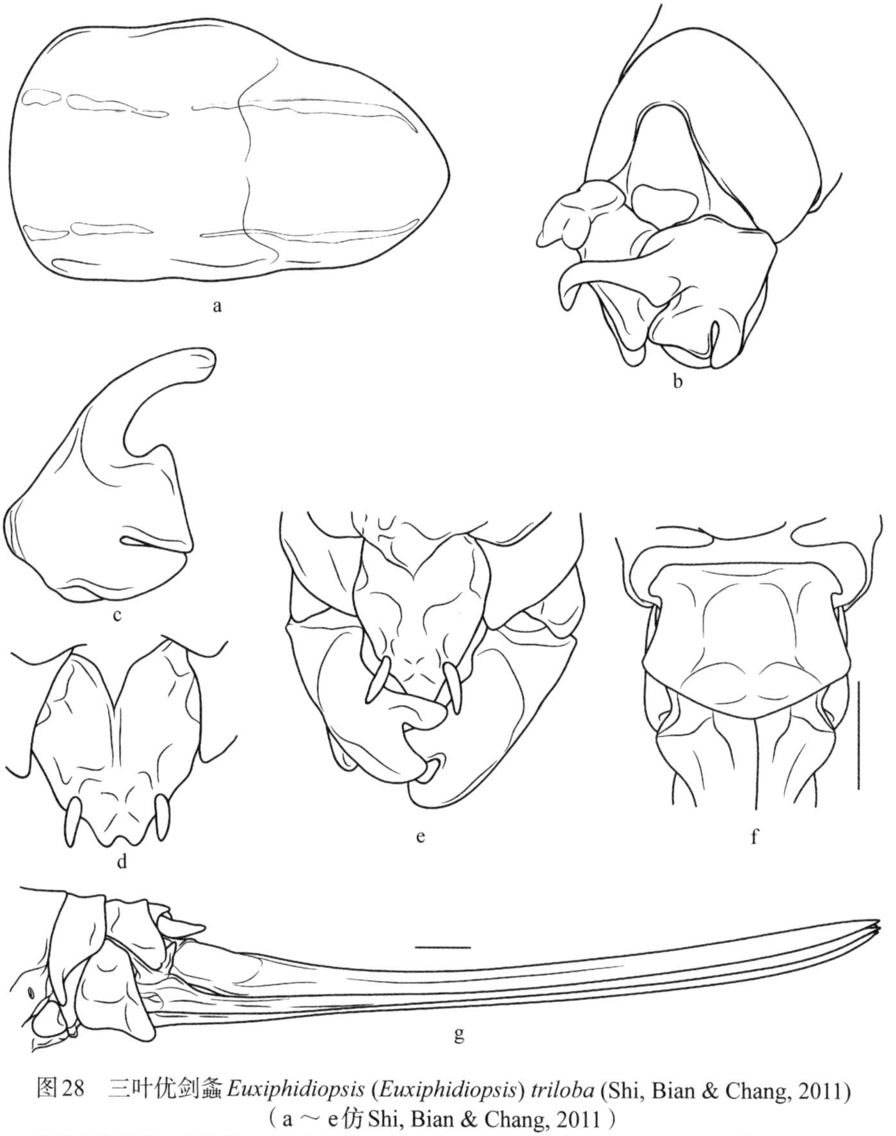

图28　三叶优剑螽 *Euxiphidiopsis* (*Euxiphidiopsis*) *triloba* (Shi, Bian & Chang, 2011)
（a ～ e仿 Shi, Bian & Chang, 2011）

a. 雄性前胸背板，背面观；b. 雄性腹端，背面观；c. 雄性左尾须，侧后面观；d. 雄性下生殖板，腹面观；e. 雄性腹端，腹面观；f. 雌性下生殖板，腹面观；g. 雌性腹端，侧面观

Fig. 28　*Euxiphidiopsis* (*Euxiphidiopsis*) *triloba* (Shi, Bian & Chang, 2011)
(a ～ e after Shi, Bian & Chang, 2011)

a. male pronotum, dorsal view; b. end of male abdomen, dorsal view; c. left cerci of male, laterally rear view; d. male subgenital plate, ventral view; e. end of male abdomen, ventral view; f. female subgenital plate, ventral view; g. end of female abdomen, lateral view

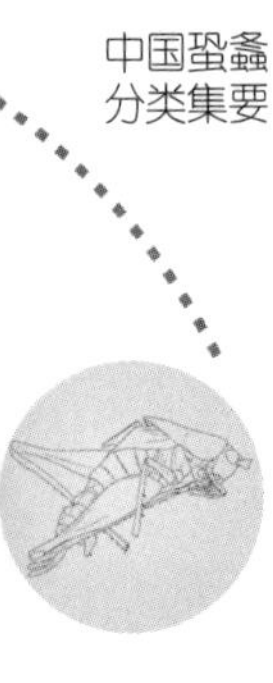

肩凹不明显；各足股节腹面无刺，前足基节具刺，前足胫节腹面内外缘刺式为5, 4 (1, 1)型，听器两侧均开放，中足胫节具4个内刺和5个外刺，后足胫节背面内外缘各具27 ～ 30个齿，端距3对，后足股节膝叶钝圆；前后翅发达，前翅到达后足股节中部，端部钝圆，后翅略长于前翅，端部尖角形。雄性第10腹节背板宽，后缘凹陷，侧角向后延伸，膜质区域大（图28b）；尾须复杂，大致分三叶，背叶基半部壮实，基部内缘具1个角状突起，中部向内背侧弯曲，端半部瘦，端部稍扩展，中叶薄片状，端缘内弯，近端部腹面具1个刺状突起，腹叶稍厚，腹缘弧形，近中部腹缘具1个指状突起（图28c，e）；下生殖板基部宽，端半部窄，后缘凹，腹突较长位于亚端部两侧（图28d）。

雌性第8腹节背板腹侧延长，第7腹节腹板不与其融合（图28g）；尾须圆锥形，具长毛，端部尖；下生殖板马鞍形，近基部缢缩，端部圆（图28f）；产卵瓣较长，基部壮实，背缘与腹缘近平行，端部尖（图28g）。

体绿色。复眼黄褐色，头部背面复眼后两侧具1对暗褐色条纹，延伸至前胸背板后缘，有时不连续；前翅具浅褐色点，雄性发音区域淡褐色，后足股节膝叶端部黑色。

测量（mm）：体长♂11.0 ～ 11.5，♀12.0 ～ 12.5；前胸背板长♂4.0 ～ 4.2，♀4.1 ～ 4.2；前翅长♂20.0 ～ 21.0，♀20.5 ～ 21.0；后足股节长♂11.5 ～ 12.0，♀11.5 ～ 12.0；产卵瓣长12.0 ～ 12.5。

检视材料：1♂（正模），海南乐东尖峰岭，2010.VI.1，裘明、李沩莲采；1♀，海南尖峰岭，1 000 m，2011.IV.11 ～ 22，毕文烜采。

模式产地及保存：中国海南尖峰岭；河北大学博物馆（MHU），中国河北保定。

分布：中国海南、广西。

40. 个突优剑螽 *Euxiphidiopsis* (*Euxiphidiopsis*) *singula* (Shi, Bian & Chang, 2011)（仿图12）

Paraxizicus singulus: Shi, Bian & Chang, 2011, *Zootaxa*, 2896: 42.

Euxiphidiopsis singulus: Shi *et al*., 2014, *Zootaxa*, 3827(3): 387.

描述：体较小，纤细。头顶粗短，端部钝圆，背面具中纵沟；复眼球形向前凸出；下颚须端节端部扩展，与亚端节等长。前胸背板较短，前缘较直，后缘凸圆，后横沟明显，沟后区略扁平，侧片长于高，肩凹不明显；各足股节腹面无刺，前足基节具刺，前足胫节腹面内外缘刺排列为5,

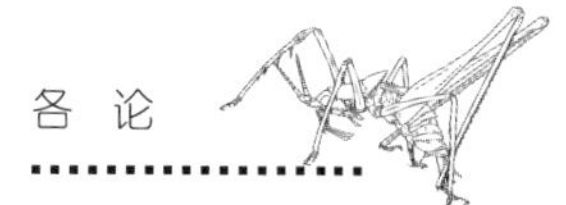

4 (1, 1) 型，听器两侧均开放，中足胫节具4个内刺和5个外刺，后足胫节背面内外缘各具23 ～ 26个齿，端距3对，后足股节膝叶端部钝；前翅超过后足股节末端，端部钝圆，后翅长于前翅，端部尖角形。雄性第10腹节后缘中部具1个短突起，端部不对称，右侧角略长于左侧角，背板侧角向外凸出，膜质区域较窄（仿图12a）；尾须端1/3钳状，略向内弯，背支相对宽，端部钝，腹支细长，端部尖（仿图12a，b）；下生殖板略延长，后缘凸出，腹突圆锥形位于亚端部两侧（仿图12b）。

雌性尾须圆锥形，端部尖；下生殖板基半部方形，端半部近三角形，端部稍尖，中间略凹（仿图12c）；产卵瓣基部壮实，端部细长，略向上弯，背腹缘光滑，端部尖。

体绿色。复眼黄褐色，前翅后缘淡褐色，具褐色点，爪端半部、后足股节齿和距褐色，后足股节膝叶端部黑色。

测量（mm）：体长♂10.0，♀9.5；前胸背板长♂3.5，♀3.7；前翅长♂16.0，♀19.0；后足股节长♂12.0，♀12.0；产卵瓣长10.0。

检视材料：1♂（正模）1♀（副模），云南勐腊尚勇，2007.VIII.2，石福明、毛少利采。

模式产地及保存：中国云南勐腊尚勇；河北大学博物馆（MHU），中

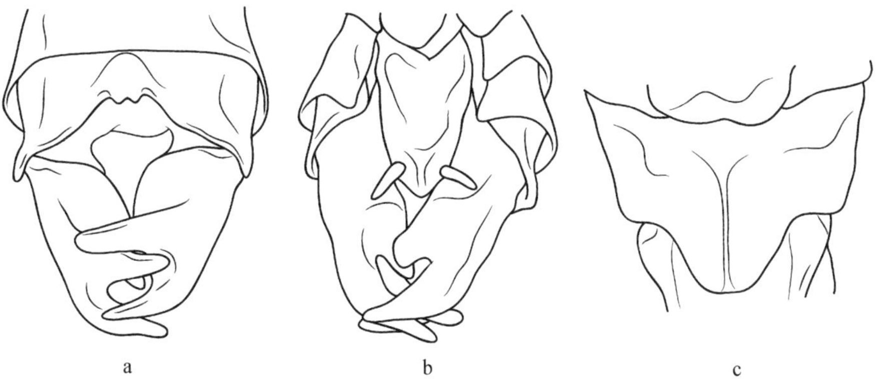

仿图12　个突优剑螽 *Euxiphidiopsis* (*Euxiphidiopsis*) *singula* (Shi, Bian & Chang, 2011)
（仿 Shi, Bian & Chang, 2011）
a. 雄性腹端，背面观；b. 雄性腹端，腹面观；c. 雌性下生殖板，腹面观

AF. 12　*Euxiphidiopsis* (*Euxiphidiopsis*) *singula* (Shi, Bian & Chang, 2011)
(after Shi, Bian & Chang, 2011)
a. end of male abdomen, dorsal view; b. end of male abdomen, ventral view; c. female subgenital plate, ventral view

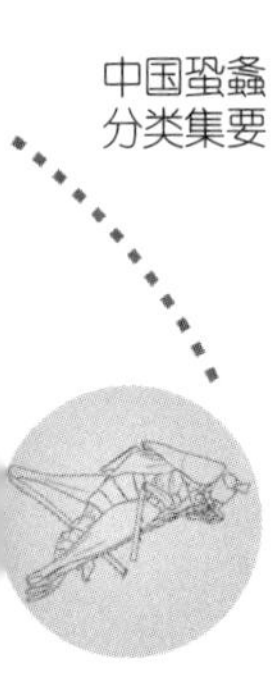

国河北保定。

分布：中国云南。

41. 粗尾优剑螽 *Euxiphidiopsis* (*Euxiphidiopsis*) *erromena* Shi & Mao, 2014（图29）

Xzicus (*Eoxizicus*) *jiuwanshanensis*: Mao, 2007, *Systematic study of Meconematinae (Macropterous group) from China* (*Orthoptera: Tettigoniidae*), 103-104.(Unpublished).

Euxiphidiopsis erromena: Shi *et al*., 2014, *Zootaxa*, 3827(3): 388.

描述：体略大。头顶圆锥形，端部钝圆，背面具中纵沟；复眼球形向前凸出；下颚须端节端部扩展，约与亚端节等长。前胸背板较长，前缘较直，后缘凸圆，后横沟明显，沟后区略扁平，侧片长于高，肩凹不明显；前翅超过后足股节末端，后翅稍长于前翅；各足股节腹面无刺，前足基节具刺，前足胫节腹面内外缘刺排列为5, 6 (1, 1)型，听器两侧均开放，后足胫节背面内外缘各具30～32个齿，端距3对。雄性第10腹节后缘中部具1个圆锥形的突起（图29a，b），膜质区较宽；肛上板小，半膜质；尾须基2/3粗壮，内面下凹，端1/3较细，内弯，裂开为背腹2叶（图29a，b）；下生殖板基部略宽，向端部渐狭，后缘截形，腹突较长位于两侧角（图29c）。

雌性（新描述）第9腹节背板基部近腹缘具向前的侧扁瘤突，第8腹节背板腹侧延长，不与第7腹板融合，第7腹板呈三角形（可能干缩导致）（图29d，e）；尾须圆锥形，中部稍粗，端部尖；下生殖板延长，端部稍宽，后缘中央稍凹（图29d）；产卵瓣适度上弯，腹瓣末端具端钩（图29e）。

体绿色。头顶褐色，头部背面具4纵纹，内侧1对不明显，外侧1对位于复眼后方，明显，延伸至前胸背板后部，纵纹间背板淡褐色，纵纹外有黄色镶边；前翅发音区淡褐色。第10腹节背板突起黄褐色。

测量（mm）：体长♂12.0，♀11.5；前胸背板长♂5.0，♀4.2；前翅长♂21.0，♀22.2；后足股节长♂13.0，♀18.0；产卵瓣长9.9。

检视材料：1♂（正模），广西融水九万山，2006.VIII.6，石福明、毛少利采；1♂1♀，广西环江九万山杨梅坳，2015.VII.18～21，1 200 m，刘宪伟、朱卫兵采。

模式产地及保存：中国广西融水九万山；河北大学博物馆（MHU），中国河北保定。

分布：中国广西。

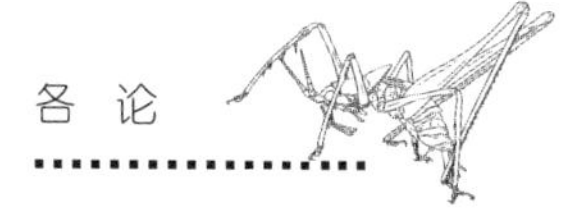

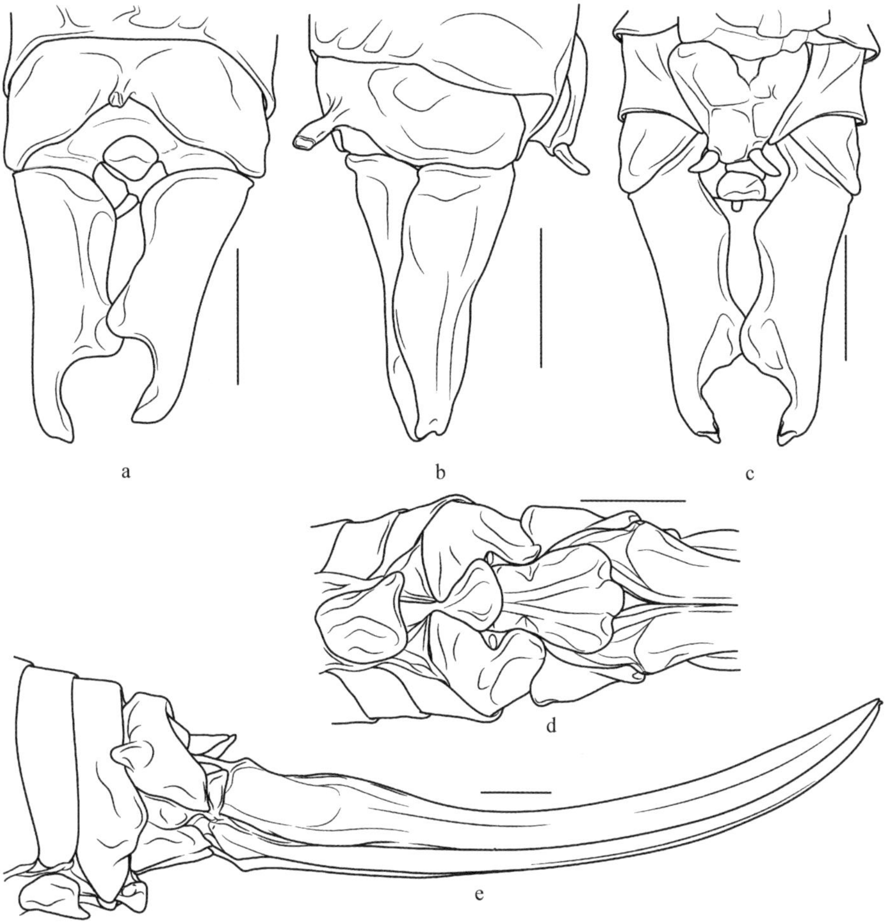

图29 粗尾优剑螽 *Euxiphidiopsis* (*Euxiphidiopsis*) *erromena* Shi & Mao, 2014
a. 雄性腹端，背面观；b. 雄性腹端，侧面观；c. 雄性腹端，腹面观；d. 雌性下生殖板，腹面观；e. 雌性腹端，侧面观

Fig. 29 *Euxiphidiopsis* (*Euxiphidiopsis*) *erromena* Shi & Mao, 2014
a. end of male abdomen, dorsal view; b. end of male abdomen, lateral view; c. end of male abdomen, ventral view; d. female subgenital plate, ventral view; e. end of female abdomen, lateral view

42. 大明山优剑螽 *Euxiphidiopsis* (*Euxiphidiopsis*) *damingshanensis* Shi & Han, 2014（仿图13）

Euxiphidiopsis damingshanensis: Shi *et al*., 2014, *Zootaxa*, 3827(3): 389.

描述：体型在该族中中等。头顶圆锥形，端部钝圆，背面具中纵沟；复眼卵圆形；下颚须端节端部扩展，几乎与亚端节等长。前胸背板较短，

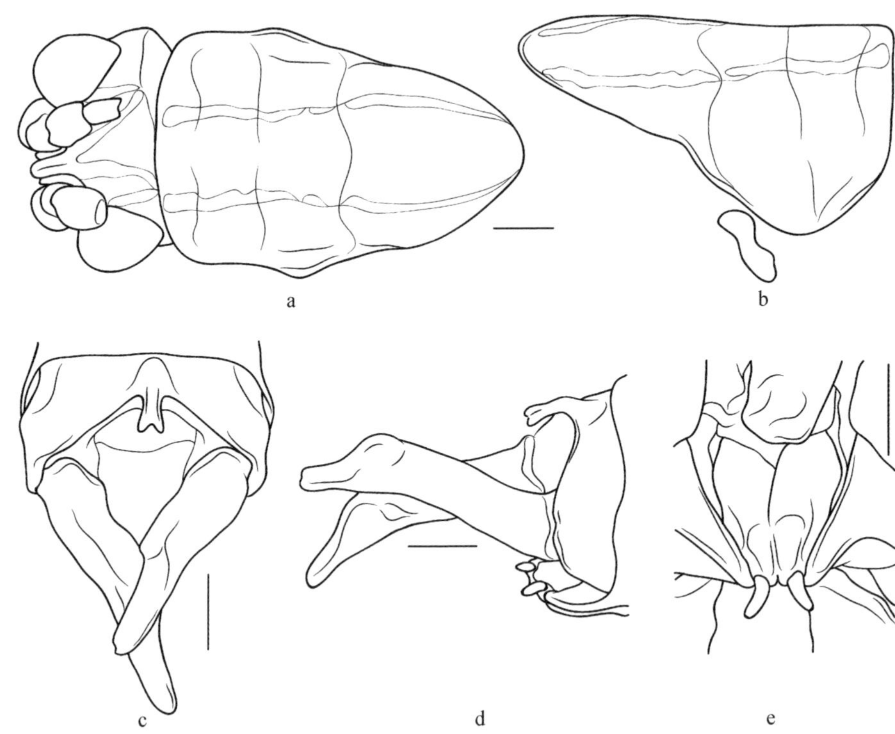

仿图13 大明山优剑螽*Euxiphidiopsis* (*Euxiphidiopsis*) *damingshanensis* Shi & Han, 2014
（仿Shi *et al*., 2014）

a. 雄性头与前胸背板，背面观；b. 雄性前胸背板，侧面观；c. 雄性腹端，背面观；d. 雄性腹端，侧面观；e. 雄性下生殖板，腹面观

AF. 13 *Euxiphidiopsis* (*Euxiphidiopsis*) *damingshanensis* Shi & Han, 2014
(after Shi *et al*., 2014)

a. male head and pronotum, dorsal view; b. male pronotum, lateral view; c. end of male abdomen, dorsal view; d. end of male abdomen, lateral view; e. male subgenital plate, ventral view

背面平，后横沟明显，前缘较直，后缘凸圆（仿图13a），沟后区略扁平，侧片长于高，肩凹不明显（仿图13b）；前翅超过后足股节末端，后翅稍长于前翅；各足股节腹面无刺，前足基节具刺，前足胫节腹面内外缘刺排列为5, 5 (1, 1)型，听器两侧均开放，后足胫节背面内外缘各具34 ～ 37个齿，端距3对。雄性第10腹节后缘中部具1个稍长的中突起弯向下方，突起后缘略凹，或裂成2叶（仿图13c），肛上板硬化，与前背板间具膜质区域；尾须长，基2/3圆柱形，端1/3略扩大，内面下凹，端部扁平，向下弯曲，端部裂为背腹2叶（仿图13c，d）；下生殖板基部略宽，后缘狭，侧缘

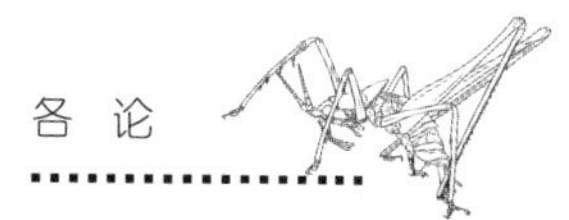

向上弯曲，中隆线明显，腹突较长位于两侧角（仿图13e）。

雌性未知。

体绿色。头顶褐色，头部背面淡褐色，具4条棕色纵纹，外侧1对位于复眼后方，较明显，头顶黄褐色；复眼黄褐色；前胸背板背面具1对黑褐色纵纹，纹外缘具黄白镶边，纹之间黄褐色；前翅后缘淡褐色，散布淡褐色点；后足胫节齿与距端部褐色。尾须端部微褐色。

测量（mm）：体长♂12.0～12.5；前胸背板长♂4.2～4.3；前翅长♂20.5～21.0；后足股节长♂12.0～12.4。

检视材料：1♂（正模）1♂（副模），广西上林大明山，2012.VII.22，白锦荣采。

模式产地及保存：中国广西上林（大明山）；河北大学博物馆（MHU），中国河北保定。

分布：中国广西。

43. 四齿优剑螽 *Euxiphidiopsis* (*Euxiphidiopsis*) *quadridentata* Liu & Zhang, 2000（图30）

Euxiphidiopsis (*Euxiphidiopsis*) *quadridentata*: Liu & Zhang, 2000, *Entomotaxonomia*, 22 (3): 158.

Euxiphidiopsis quadridentata: Shi *et al*., 2014, *Zootaxa*, 3827(3): 387.

Xizicus (*Eoxizicus*) *furcutus* (**syn. nov.**): Jiao, Chang & Shi, 2014, *Zootaxa*, 3869(5): 550.

描述：体小型。头顶圆锥形，端部钝圆，背面具纵沟（图30a）；复眼卵圆形凸出；下颚须端节端部稍膨大，等长于亚端节。前胸背板短，后缘钝凸（图30a），侧片长大于高，肩凹较弱（图30b）；前足基节具刺，前足胫节腹面内外缘刺排列为4, 5 (1, 1)型，中足胫节腹面具5个内刺和6个外刺，后足胫节背面内外缘各具25～31个齿和1个端距，腹面具4个端距。前翅远超过后足股节端部，端部钝圆，后翅稍长于前翅1.0 mm。雄性第10腹节背板后缘具1个端部岔开的突起，弯向外侧，端部钝圆（图30c）；尾须简单，略内弯，基部粗壮，中部稍细，内侧具1个尖形扩展，端部宽扁，末端具浅凹分为2叶，背叶宽，腹叶小（图30c，e）；下生殖板近矩形，基部平直，中部压低，后缘后凸，腹突长，粗壮，位于侧角。

雌性未知。

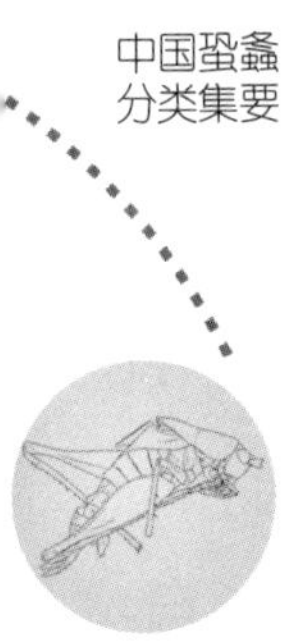

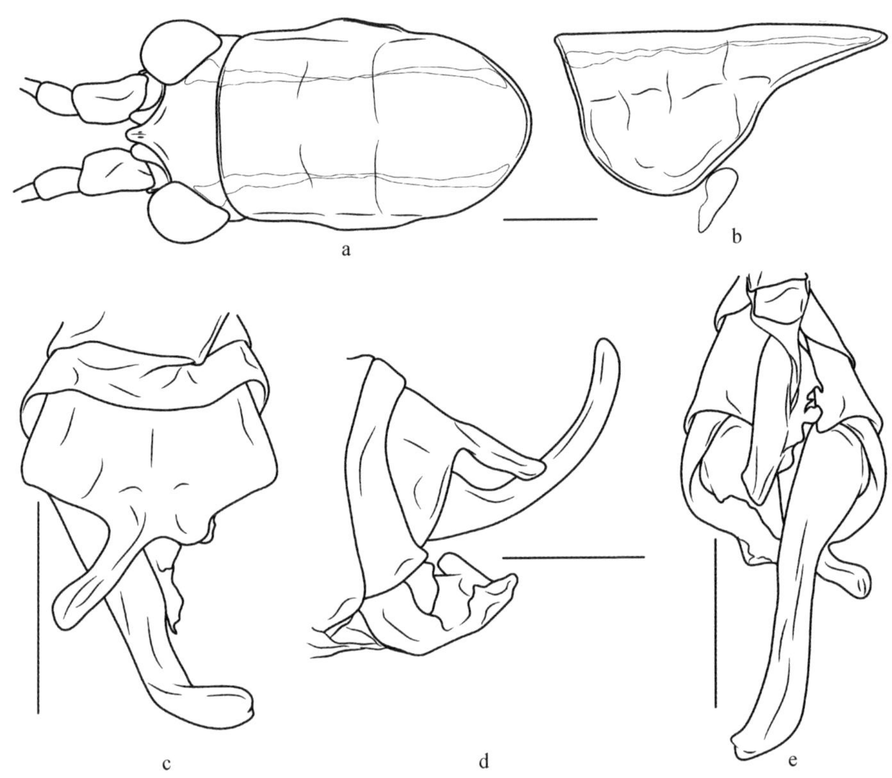

图30 四齿优剑螽 *Euxiphidiopsis* (*Euxiphidiopsis*) *quadridentata* Liu & Zhang, 2000
a. 雄性头与前胸背板，背面观；b. 雄性前胸背板，侧面观；c. 雄性腹端，背面观；d. 雄性腹端，侧面观；e. 雄性腹端，腹面观

Fig. 30 *Euxiphidiopsis* (*Euxiphidiopsis*) *quadridentata* Liu & Zhang, 2000
a. head and pronotum of male, dorsal view; b. pronotum of male, lateral view; c. end of male abdomen, dorsal view; d. end of male abdomen, lateral view; e. end of male abdomen, ventral view

体绿色。复眼红褐色；头顶背面具1条暗黑色的短纵纹，复眼后方各具1条暗黑色纵纹，延伸至前胸背板后缘，前翅具较明显的暗点，后足股节膝叶端部具黑点，后足胫节刺暗棕色。

测量（mm）：体长♂9.0 ～ 10.8；前胸背板长♂3.5 ～ 4.7；前翅长♂15.0 ～ 17.0；后足股节长♂8.5 ～ 11.0。

检视材料：♂正模，海南琼中，1959.III.2，金根桃采；2♂（叉口原栖螽 *Xizicus* (*Eoxizicus*) *furcutus* 正副模），海南白沙牙狮村，2014.V.19、21，焦娇采。

讨论：该种模式标本下生殖板端部损毁，形状如原始描述四齿状，焦娇等在2014年发表的叉口原栖螽 *Xizicus* (*Eoxizicus*) *furcutus* 与该种完全一

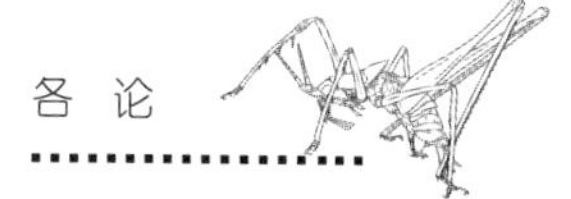

致，采集地点相邻，测量数据稍高（与标本干缩程度以及个体大小差异有关），但下生殖板完整，是该种的同物异名。

分布：中国海南。

44. 海南优剑螽，新组合*Euxiphidiopsis* (*Euxiphidiopsis*) *hainani* (Gorochov & Kang, 2005) comb. nov.（图 31）

Xizicus (*Eoxizicus*) *hainani*: Gorochov, Liu & Kang, 2005, *Oriental Insects*, 39: 74; Jiao, Chang & Shi, 2014, *Zootaxa*, 3869(5): 552.

描述：体较大。头顶圆锥形，端部钝，背面具沟；下颚须端节稍长于

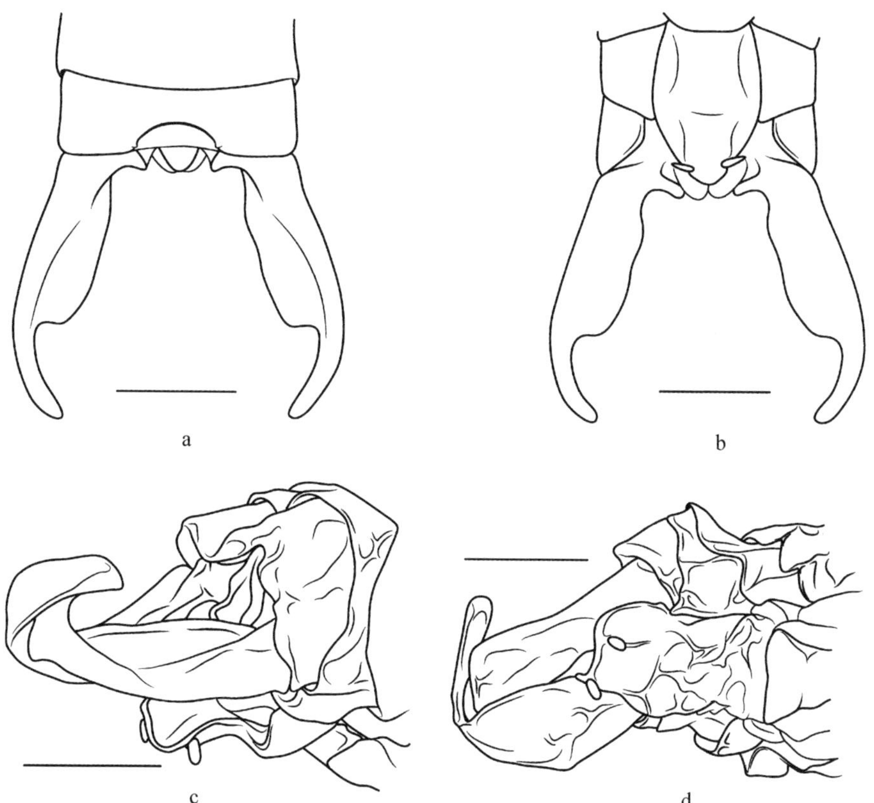

图31　海南优剑螽 *Euxiphidiopsis* (*Euxiphidiopsis*) *hainani* (Gorochov & Kang, 2005)（a ~ b仿 Gorochov & Kang, 2005）

a. 雄性腹端，背面观；b. 雄性下生殖板，腹面观；c. 雄性腹端，侧面观；d. 雄性腹端，腹面观

Fig. 31　*Euxiphidiopsis* (*Euxiphidiopsis*) *hainani* (Gorochov & Kang, 2005) (a ~ b after Gorochov & Kang, 2005)

a. end of male abdomen, dorsal view; b. male subgenital plate, ventral view; c. end of male abdomen, lateral view; d. end of male abdomen, ventral view

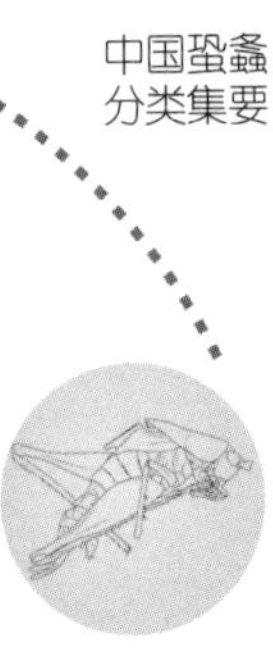

亚端节。前胸背板后缘狭圆，肩凹较明显；前足胫节腹面内外缘刺式4, 5 (1, 1)型，后足胫节背面内外缘各具31～33个齿，端距3对；前翅远超过后足股节端部，后翅长于前翅约2.0 mm。雄性第10腹节背板后缘具1对间距较宽的指形突起；肛上板简单；尾须较长，腹缘具长的隆脊状内叶（图31）；下生殖板后缘圆形，具中等长度的腹突（图31b，d）。

雌性未知。

体淡绿色。头部具2条褐色纵纹，前胸背板具2条间断的暗褐色侧条纹，雄性后足股节膝叶端部无黑点，后足胫节刺黑褐色。

测量（mm）：体长♂14.0～17.0；前胸背板长♂5.0～5.5；前翅长♂27.0～28.0；后足股节长♂13.0～14.0。

检视材料：1♂，海南尖峰岭，1 000 m，2011.IV.11～22，毕文烜采。

模式产地及保存：中国海南尖峰岭；中国科学院动物研究所（IZCAS），中国北京。

分布：中国海南。

讨论：该种头部背面具1对黑色纵纹，与原栖螽属并不一致，与优剑螽属一致，故组合至优剑螽属。

（八）库螽属 *Kuzicus* Gorochov, 1993

Kuzicus: Gorochov, 1993, *Zoosystematica Rossica*, 2(1): 71; Gorochov, 1998, *Zoosystematica Rossica*, 7(1): 106; Ingrisch & Shishodia, 2000, *Mittilungen der Münchner Entomologischen Gesellschaft*, 90: 26; Mao, Huang & Shi, 2009, *Zootaxa*, 2137: 35; Han & Shi, 2014, *Zootaxa*, 3861(4): 398; Tan, Dawwrueng & Artchawakom, 2015, *Zootaxa*, 3999(2): 281; Storozhenko, Kim & Jeon, 2015, *Monograph of Korean Orthoptera*, 36; Wang & Liu, 2018, *Insect Fauna of the Qinling Mountains volume I Entognatha and Orthopterida*, 469.

模式种：*Teratura suzukii* Matsumura & Shiraki, 1908

头顶圆锥形，端部钝，背面具纵沟；下颚须端节约等长于亚端节，端部略扩宽。前胸背板侧片后缘肩凹较明显，胸听器外露；前足胫节听器为开放型，后足胫节具6个端距；前翅和后翅发达，后翅明显长于前翅，雄性前翅具发音器。雄性第9腹节背板下部延伸出特化的次臀板，第10腹节背板具成对的长突起，肛上板退化，下生殖板具腹突。雌性下生殖板和产卵瓣基部常具下垂的突起。

中国库螽属分种检索表

1 雄性次臀板短；雌性下生殖板与产卵瓣基部腹面无突起 ……………………………………………新库螽亚属 *Kuzicus* (*Neokuzicus*) ……………… 2
- 雄性次臀板长；雌性下生殖板腹面与产卵瓣基部腹面具成对突起或未知 ……3
2 雄性第10腹节背板后缘具2对突起，中间1对长，端部膨大；雌性下生殖板后缘中部尖凸 ……………………………………… 尤氏新库螽 *Kuzicus* (*Neokuzicus*) *uvarovi* Gorochov, 1993
- 雄性第10腹节背板后突起1对，短宽叶状但整体向背凹拱起，其基部腹面具1对短突起；雌性下生殖板端部形成宽圆中叶和两侧尖叶 ……………… 膨基新库螽 *Kuzicus* (*Neokuzicus*) *inflatus* (Shi & Zheng, 1995)
3 雄性第10腹节背板突起短，雄性尾须从基部分为约相等的中支与侧支；雌性未知 ……………………………… 副库螽亚属 *Kuzicus* (*Parakuzicus*)
- 雄性第10腹节背板突起较长，尾须中部具内突；雌性下生殖板具成对突起，产卵瓣基部腹面具成对突起或退化 ……………………………………………… 库螽亚属 *Kuzicus* (*Kuzicus*) ……………………… 4
4 雄性第10腹节背板突起端部背腹分支或扩展 ……………………………… 5
- 雄性第10腹节背板突起端部片状非扩展 ……………………………………… 6
5 雄性第10腹节背板突起端部分背腹两支；雌性下生殖板具基端2对突起，产卵瓣基部1对突起 ……………………………………… 铃木库螽 *Kuzicus* (*Kuzicus*) *suzukii* (Matsumura & Shiraki, 1908)
- 雄性第10腹节背板突起端部盘状扩展，盘面平近菱形；雌性未知 …………………… 扁尾库螽 *Kuzicus* (*Kuzicus*) *compressus* Han & Shi, 2014
6 雄性第10腹节背板突起平行毗邻；雌性产卵瓣基部具成对腹突起 …… 7
- 雄性第10腹节背板突起自基部岔开，向内腹方向弯曲；雌性产卵瓣基部腹面无成对突起或未知 ……………………………………………………… 9
7 雄性尾须端部分支；雌性下生殖板基部隆起非明显突起，仅端部1对突起 …………… 弯尾库螽 *Kuzicus* (*Kuzicus*) *cervicercus* (Tinkham, 1943)
- 雄性尾须端部不分支；雌性下生殖板具2对突起 ……………………… 8
8 雄性第10腹节背板突起端部宽，截圆形；雌性下生殖板基部1对突起伸向后方 ………… 细齿库螽 *Kuzicus* (*Kuzicus*) *denticulatus* (Karny, 1926)
- 雄性第10腹节背板突起端部尖，雌性下生殖板基部1对突起伸向前方，略下弯 ……… 多裂库螽 *Kuzicus* (*Kuzicus*) *multifidous* Mao & Shi, 2009
9 雄性第10腹节背板突起2末端各具2个大小相仿的刺状突起；雌性未知 …………………… 纤尾库螽 *Kuzicus* (*Kuzicus*) *leptocercus* Zhu & Shi, 2017
- 雄性第10腹节背板突起2末端各具1长1短刺突；雌性下生殖板仅具侧突，产卵瓣基部腹面仅隆起 ……………………………………………… 克氏库螽 *Kuzicus* (*Kuzicus*) *koeppeli* Sänger & Helfert, 2004

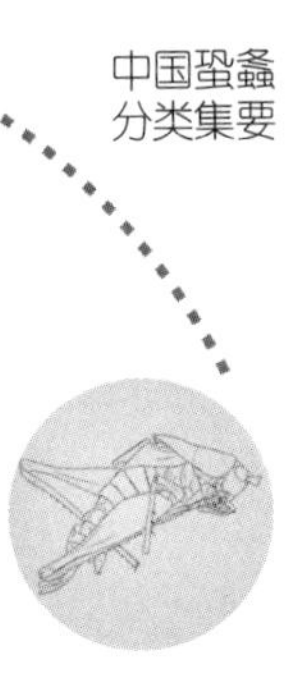

库螽亚属 *Kuzicus* (*Kuzicus*) Gorochov, 1993

Kuzicus (*Kuzicus*): Gorochov, 1993, *Zoosystematica Rossica*, 2(1): 71; Otte, 1997, *Orthoptera Species File 7*, 89; Gorochov, 1998, *Zoosystematica Rossica*, 7(1): 106; Gorochov, Liu & Kang, 2005, *Oriental Insects*, 39: 78; Ingrisch, 2006, *Doriana*, 7(348): 2; Kim & Jeon, 2015, *Monograph of Korean Orthoptera*, 36.

雄性第10腹节背板后缘仅具1对突起，次臀板（阳茎背片）长，具1对齿状端叶和1对腹面尖突起；雌性下生殖板具窄的端半部，腹面具1对突起，产卵瓣基部腹面也具1对突起。

45. 铃木库螽 *Kuzicus* (*Kuzicus*) *suzukii* (Matsumura & Shiraki, 1908)（图32，图版27）

Teratura suzukii: Matsumura & Shiraki, 1908, *The journal of the College of Agriculture, Tohoku Imperial University, Sapporo, Japan*, 3(1): 48; Karny, 1912, *Genera Insectorum*, 135: 4, 6; Tinkham, 1935, *Lingnan Science Journal*, 15(2): 213; Gorochov, 1998, *Zoosystematica Rossica*, 7(1): 106; Ito & Ichikawa, 2003, *Insecta Matsumurana, N. S.*, 60: 56.

Xiphidiopsis suzukii: Hebard, 1922, *Proceedings of the Academy of Natural Science of Philadelphia*, 74: 250; Tinkham, 1943, *Notes d'Entomologie Chinoise, Musée Heude*, 10(2): 41–42; Tinkham, 1944, *Proceedings of the United States National Museum*, 94: 508, 517; Tinkham, 1956, *Transactions of the American Entomological Society*, 82: 4, 5, 15; Bey-Bienko, 1962, *Trudy Zoologicheskogo Instituta Akademii Nauk SSSR, Leningrad*, 30: 126; Beier, 1966, *Orthopterorum Catalogus*, 9: 275; Yamasaki, 1982, *Bulletin of the National Museum of Nature and Science. Series A (Zoology) Tokyo*, 8(3): 122; Liu & Jin, 1994, *Contributions from Shanghai Institute of Entomology*, 11: 111; Jin & Xia, 1994, *Journal of Orthoptera Research*, 3: 27; Liu, 2007, *The Fauna Orthopteroidea of Henan*, 478, figs.228(1–3).

Kuzicus (*Kuzicus*) *suzukii*: Gorochov, 1993, *Zoosystematica Rossica*, 2(1): 71; Kim & Kim, 2001, *Korean Journal of Entomology*, 31(3): 160; Gorochov,

Liu & Kang, 2005, *Oriental Insects*, 39: 79; Storozhenko & Paik, 2007, *Orthoptera of Korea*, 44; Mao, Huang & Shi, 2009, *Zootaxa*, 2137: 38; Jiao, Chang & Shi, 2014, *Zootaxa*, 3869(5): 554; Kim & Jeon, 2015, *Monograph of Korean Orthoptera*, 36; Xiao *et al.*, 2016, *Far Eastern Entomologist*, 305: 18; Wang & Liu, 2018, *Insect Fauna of the Qinling Mountains volume I Entognatha and Orthopterida*, 470.

Kuzicus suzukii: Kim & Puskás, 2012, *Zootaxa*, 3202: 5.

描述：体中等。头顶较短圆锥形，背面具纵沟（图32a）；复眼球形凸出；下颚须端节约等长于亚端节。前胸背板沟后区背观略扩展（图32a），非抬高，侧片较高，肩凹不明显（图32b）；前翅超过后足股节端部，后翅长于前翅4.0 mm；前足胫节腹面内外刺排列式4, 5 (1, 1)型，后足胫节背面内外缘各具27～30个齿和1个端距，腹面具4个端距。雄性第9腹节背板下部与特化的次臀板融合，第10腹节背板后缘具1对毗邻的较长的渐向下弯的突起，其背面近端部具1个指状分支（图32c～e），分支有变异。尾须侧扁，强内弯，基半部背缘叶状扩展，内面具分叉叶状突起（图32d），端半部较细长（图32c～f）；次臀板较长，如图32e所示；下生殖板较短，后缘微凹，紧贴在次臀板下侧，具腹突（图32f）。

雌性下生殖板基部具1对较长下垂的瘤突，亚端部具1对较尖的下突起，端部具延长的突起，中部具缺口（图32g，h）；产卵瓣腹瓣基部具1对垂下的指突，腹瓣具端钩（图32h）。

体淡黄绿色。触角窝内缘黑色，前胸背板具淡色中线，前翅具明显的暗点。

测量（mm）：体长♂11.0～15.0，♀10.0～13.5；前胸背板长♂3.5～4.0，♀3.0～3.6；前翅长♂15.0～17.0，♀15.5～16.5；后足股节长♂10.5～11.5，♀10.5～12.0；产卵瓣长8.0～10.0。

检视材料：1♂，北京长陵，1957.VIII.30，采集人不详；1♀，北京三堡，1964.IX.17，廖素柏采；1♂4♀♀，河北昌县清西陵，2007.IX.7～8，刘宪伟等采；2♀♀，河南商城金刚台，500 m，1984.X.25，张秀江采；1♂1♀，河南西峡黄石庵，900 m，1985.VIII.20，张秀江采；2♂♂5♀♀，河南桐柏山，2000.IX.11～13，刘宪伟、章伟年采；3♂♂2♀♀，河南济源王屋山，2000.IX.16，刘宪伟、章伟年采；1♂（若虫），山东青岛崂山，

1936.VII.25，采集人不详；1♀，山东石岛，1962.IX.12，金根桃采；1♂，山东昆嵛山，1964.X.22，侯陶谦采；1♀，山东济南，1992.IX.16，采集人不详；1♂2♀♀，上海，1930.VIII.17，Piel采；2♂♂1♀，江苏宜兴，1933.VIII.8，Piel采；2♀♀，江苏苏州东山，1958.VIII.28，金琴英采；1♂，江苏茅山，1982.IX.23，金杏宝采；2♀♀，江苏南京东善桥，1982.IX.11，金杏宝采；1♀，江苏宜兴，1994.VIII.9～27，刘祖尧、章伟年采；1♂，浙江莫干山，1957.VIII.21，夏凯龄、刘维德采；1♂，浙江莫干山，1981.VIII.24，严衡元采；2♂♂，浙江杭州，1981.VIII.3～19，严衡元采；1♀，浙江泰顺乌岩岭，700 m，1987.VIII.29，刘祖尧、金根桃采；2♂♂，浙江临安清凉峰，400 m，2008.VIII.9～10，刘宪伟、毕文烜采；1♂，福建崇安星村曹墩，260～300 m，1960.IX.7，马成林采；1♀，福建崇安城关，240～290 m，1960.VIII.9，张毅然采；1♂，福建武夷山挂墩，1975.XII.6，齐石成采；1♀，福建武夷山三港，1994.VIII.27～IX.2，金杏宝、殷海生采；1♀，江西九连山，1986.IX.8，郑建忠、甘国培采；1♀，海南屯昌，1957.VI.2，采集人不详；1♂，海南兴隆，1959.I.30，金根桃采；1♀，海南琼中，1959.III.5，金根桃采；2♂♂1♀，海南尖峰岭，1982.VI.1～VII.25，顾茂彬、陈芝卿采；1♀，海南乐东岭头，1992.XI.2，刘举鹏采；1♀，海南定安黄竹，1992.XI.11，刘举鹏采；1♂2♀♀，海南通什，340 m，1960.VII.5～VIII.3，李贵富采；1♀，海南通什，1992.XI.9，刘举鹏采；1♀，海南霸王岭，1984.VII.24，林尤洞采；1♀，海南尖峰岭，1992.X.24～26，刘祖尧等采；1♂，海南那大蓝洋，2011.IX20～21，刘宪伟采；1♀，广西花坪，1962.IX.16，采集人不详；1♀，广西钦州红卫林场，1981.VII.21，采集人不详；1♂3♀♀，广西元宝山，800～1 200 m，1992.VIII.22～25，蒋正辉等采；2♂♂1♀，广西兴安猫儿山，600～900 m，1992.VIII.24～25，刘宪伟、殷海生采；1♀，陕西楼观台，1993.IX.21，石福明采；1♀，湖南大庸张家界，1986.X.2，刘宪伟采；2♀♀，湖南慈利索溪峪，1988.IX.2～4，刘宪伟采；1♂，四川峨眉山，1987.VIII.5，刘宪伟采；1♂2♀♀，四川雅安，1990.VIII.31，冯炎采；1♀，香港（Sai Kung），1962.VII.18，J.L. Gressitt采；1♀，香港（Taipokau Kowloon），1965.VIII.13，Lee Kit Ming、Hui Wai Ming 采；1♀，香港（Taipokau），1964.VI.30，W.J.Voss、Hui Wai Ming采；1♂，香

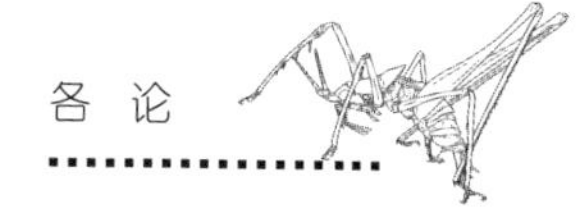

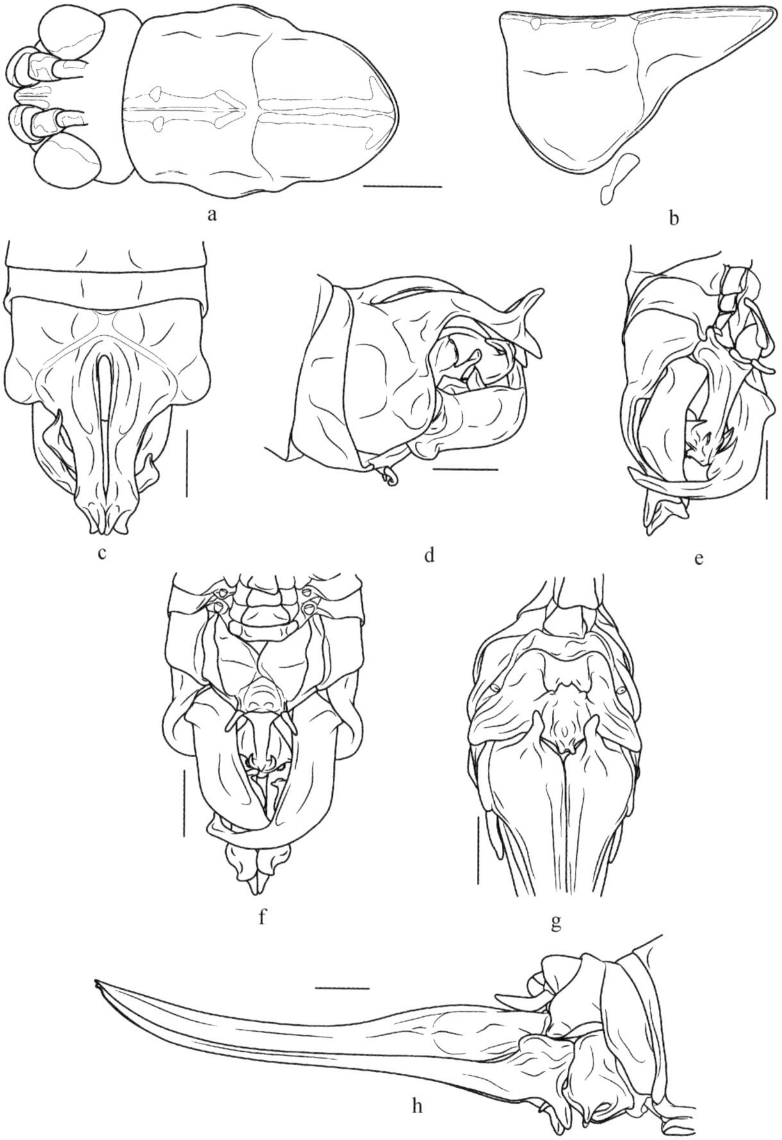

a

b

c

d

e

f

g

h

图32 铃木库螽 *Kuzicus* (*Kuzicus*) *suzukii* (Matsumura & Shiraki, 1908)
a. 雄性头与前胸背板，背面观；b. 雄性前胸背板，侧面观；c. 雄性腹端，背面观；d. 雄性腹端，侧面观；e. 雄性腹端，侧腹面观；f. 雄性腹端，腹面观；g. 雌性下生殖板，腹面观；h. 雌性腹端，侧面观

Fig. 32 *Kuzicus* (*Kuzicus*) *suzukii* (Matsumura & Shiraki, 1908)
a. head and pronotum of male, dorsal view; b. pronotum of male, lateral view; c. end of male abdomen, dorsal view; d. end of male abdomen, lateral view; e. end of male abdomen, laterally ventral view; f. end of male abdomen, ventral view; g. subgenital plate of female, ventral view; h. end of female abdomen, lateral view

港（Taipokau），1964.VII.2 ～ 6, Lee Kit Ming、Hui Wai Ming采；1♀，台湾（Keelung），100 m，1957.XI.20，K.S. Lin 采；1♀，台湾（Keelung），100 m，1957.X.4 ～ 8，T.C. Maa采；1♂，日本琦玉，1994.VIII，刘宪伟采。

模式产地及保存：日本京都；北海道大学博物馆（EIHU），日本札幌。

分布：中国（北京、河北、山东、河南、陕西、甘肃、江苏、上海、安徽、浙江、湖北、江西、湖南、福建、台湾、广东、海南、香港、广西、四川）；日本。

46. 弯尾库螽 *Kuzicus* (*Kuzicus*) *cervicercus* (Tinkham, 1943)（图33，图版28）

Xiphidiopsis cervicercus: Tinkham, 1943, *Notes d'Entomologie Chinoise, Musée Heude*, 10(2): 41, 43; Tinkham, 1944, *Proceedings of the United States National Museum*, 94: 507, 509; Tinkham, 1956, *Transactions of the American Entomological Society*, 82: 4; Beier, 1966, *Orthopterorum Catalogus*, 9: 274; Liu & Jin, 1994, *Contributions from Shanghai Institute of Entomology*, 11: 110; Jin & Xia, 1994, *Journal of Orthoptera Research*, 3: 27.

Kuzicus cervicercus: Tan, Dawwrueng & Artchawakom, 2015, *Zootaxa*, 3999(2): 283.

Kuzicus (*Kuzicus*) *cervicercus*: Gorochov, 1993, *Zoosystematica Rossica*, 2(1): 72; Gorochov, Liu & Kang, 2005, *Oriental Insects*, 39: 78; Mao, Huang & Shi, 2009, *Zootaxa*, 2137: 37.

描述：体中等。头顶较短圆锥形，基部稍宽，背面具纵沟；复眼球形凸出；下颚须端节端部扩展，约等长于亚端节。前胸背板沟后区背观稍扩展，微抬高，侧片较高，肩凹不明显；前翅超过后足股节端部，后翅长于前翅4.0 mm；前足胫节腹面内外刺排列式4, 5 (1, 1)型，后足胫节背面内外缘各具28 ～ 30个齿，端距3对。雄性第10腹节背板后缘具1对毗邻的片状直角下弯的突起，端部稍尖（图33a）；尾须侧扁，强内弯，基半部背缘扩展，内面具分叉的叶状突起，尾须端半部较细长，亚端部背面具1个长刺状突起，腹缘具1个三角形叶（图33a，b）；次臀板末端两侧片状扩展，腹面具1对刺，端部具1对流星锤形突起（图33b）；下生殖板紧贴次臀板，较短，后缘微凹，腹突较长（图33b）。

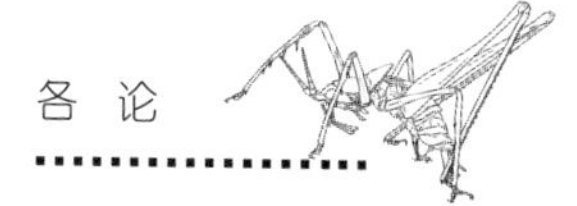

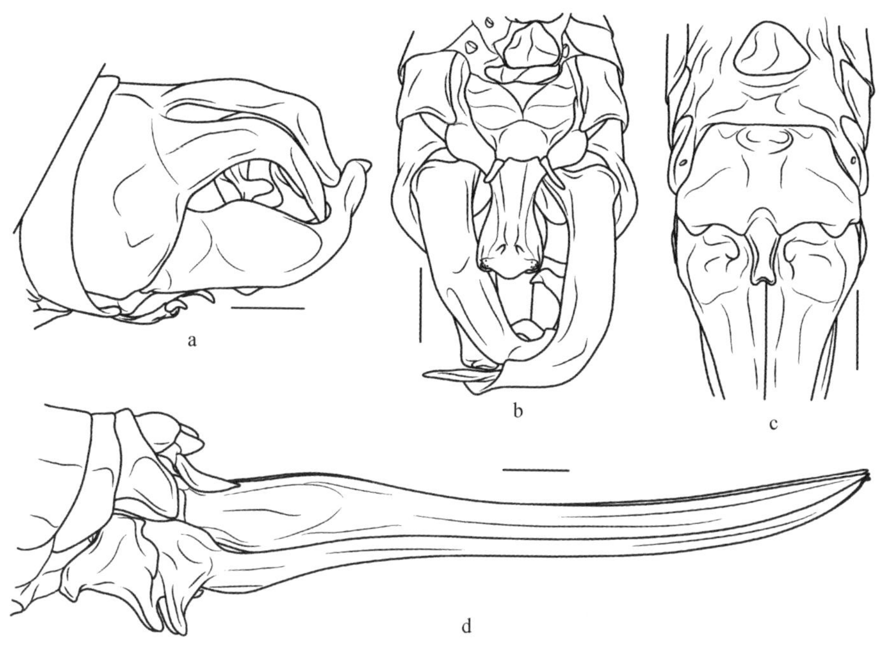

图33　弯尾库螽 *Kuzicus* (*Kuzicus*) *cervicercus* (Tinkham, 1943)
a. 雄性腹端，侧面观；b. 雄性腹端，腹面观；c. 雌性下生殖板，腹面观；d. 雌性腹端，侧面观

Fig.33　*Kuzicus* (*Kuzicus*) *cervicercus* (Tinkham, 1943)
a. end of male abdomen, lateral view; b. end of male abdomen, ventral view;
c. subgenital plate of female, ventral view; d. end of female abdomen, lateral view

雌性下生殖板基部仅隆起，不形成成对突起，亚端部具1对短钝的突起，端部纤细延长后缘具缺口（图33c）；产卵瓣腹瓣基部具1个短钝突起，腹瓣具端钩（图33d）。

体淡黄绿色。触角窝内缘暗褐色，头顶背面及头部背面红褐色，复眼淡褐色。前胸背板背部红褐色，色带具黄褐色镶边，前翅具明显的暗点；胫节淡褐色。

测量（mm）：体长♂14.0～14.5，♀14.5～15.0；前胸背板长♂4.2～4.9，♀4.2～5.0；前翅长♂16.3～18.2，♀17.5～18.5；后足股节长♂17.6～17.2，♀17.5～18.0；产卵瓣长10.0～10.5。

检视材料：♂正模，浙江舟山，1934.VII.27，Piel采；1♂副模，浙江舟山，1931.VIII.1，Piel采；1♂副模，江苏宜兴，1933.VIII.8，Piel采；1♂副模，浙江莫干山，1933.VIII.25，Piel采；1♂，江西婺源，1985.

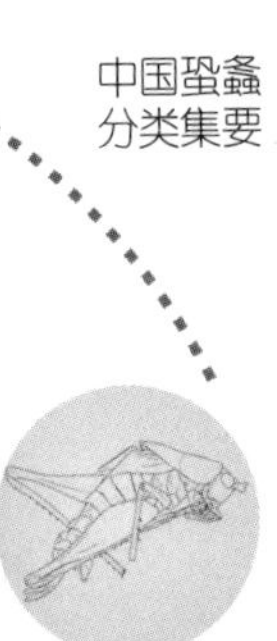

VIII.7，刘祖尧、郑建忠采；1♂1♀，广西桂林雁山，1953.VI.30 ～ VII.17，采集人不详；1♂，广西桂林雁山，200 m，1963.VII.13，王书永采；1♂，广西桂林雁山，1984.VII.8，黎天山采；1♂（浸制），重庆北碚缙云山，2014.VII.29，王瀚强采。

分布：中国江苏、浙江、江西、广西、重庆。

47. 细齿库螽 *Kuzicus* (*Kuzicus*) *denticulatus* (Karny, 1926)（仿图 14）

Xiphidiopsis denticulata: Karny, 1926, *Journal of the Federated Malay State Museums*, 13(2–3): 136; Bey-Bienko, 1957, *Entomologicheskoe Obozrenie*, 36: 408; Bey-Bienko, 1962, *Trudy Zoologicheskogo Instituta Akademii Nauk SSSR, Leningrad*, 30: 134; Beier, 1966, *Orthopterorum Catalogus*, 9: 267–268; Liu & Jin, 1994, *Contributions from Shanghai Institute of Entomology*, 11: 110; Jin & Xia, 1994, *Journal of Orthoptera Research*, 3: 27.

Kuzicus (*Kuzicus*) *denticulatus*: Gorochov, 1993, *Zoosystematica Rossica*, 2(1): 72; Mao, Huang & Shi, 2009, *Zootaxa*, 2137: 37; Kim & Pham, 2014, *Zootaxa*, 3811(1): 70; Tan, 2017, *Orthoptera in the Bukit Timah and Central Catchment Nature Reserves (Part 2): Suborder Ensifera. 2nd Edition*, 81.

Kuzicus denticulatus: Sänger & Helfert, 2004, *Senckenbergiana Biologica*, 84(1–2): 45–58; Tan, Dawwrueng & Artchawakom, 2015, *Zootaxa*, 3999(2): 283.

描述：体中型。头顶圆锥形，背面具弱纵沟；复眼半球形，向前凸出；下颚须端节端部膨大，与亚端节近等长。前胸背板前缘前凸，后缘中部稍尖，侧片较低，后缘微凹无肩凹，胸听器外露，倾斜；前翅超过后足股节，横脉非粗壮，后翅明显长于前翅；各足股节腹面无刺，前足胫节腹面刺式为4, 4 (1, 1)型，后足胫节背面内外缘各具26 ～ 27个齿，端距3对。雄性第10腹节背板基部具纵沟，稍后向下弯曲，形成1对端部扩大相邻的叶状突起（仿图14a）；肛上板宽；尾须基半部膨胀，后交叉渐纤细扁平，中部具突起，端部尖（仿图14a，c）；下生殖板向下，略弯曲，腹突细长，腹突间角形扩展（仿图14c）。次臀板亚端部狭，具1对渐开的长刺（仿图14c）。

雌性尾须纤细，向上弯曲，基部稍窄，端部尖（仿图14d）；下生殖板基部具1对短突起，亚端部具1对稍大突起，端部纤细，末端双叶状（仿图14d，e）；产卵瓣中等长度，略上弯，腹瓣基部具1对指状突起。

体黄绿色。触角单色，头顶两侧、触角窝隆内缘和柄节侧缘褐色；前胸背板中央具1条浅色纵纹，后缘褐色；前翅具不明显纵列的暗纹。

测量（mm）：体长♂11.5～12.0，♀13.0；前胸背板长♂3.2～4.5，♀3.5；前翅长♂16.0～17.5，♀18.3；后足股节长♂11.0～12.0，♀11.0；产卵瓣长8.0。

检视材料：1♂（末龄若虫），云南瑞丽，1991.IX.20，刘祖尧、王天

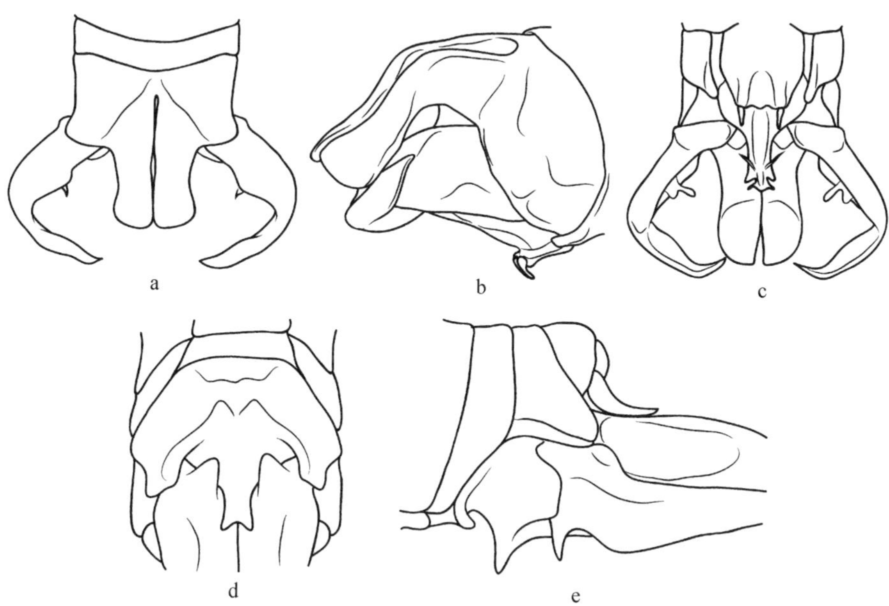

仿图14　细齿库螽 *Kuzicus* (*Kuzicus*) *denticulatus* (Karny, 1926)（a、d、e仿Gorochov, 1993；b仿OSF照片，版权：大英自然历史博物馆；c仿Sänger & Helfert, 2004）
a. 雄性腹端，背面观；b. 雄性腹端，侧面观；c. 雄性腹端，腹面观；d. 雌性下生殖板，腹面观；e. 雌性下生殖板，侧面观

AF. 14　*Kuzicus* (*Kuzicus*) *denticulatus* (Karny, 1926) (a, d, e after Gorochov, 1993; b after OSF photograph, Copyright © 1998 The Natural History Museum, London; c after Sänger & Helfert, 2004)
a. end of male abdomen, dorsal view; b. end of male abdomen, lateral view; c. end of male abdomen, ventral view; d. female subgenital plate, ventral view; e. female subgenital plate, lateral view

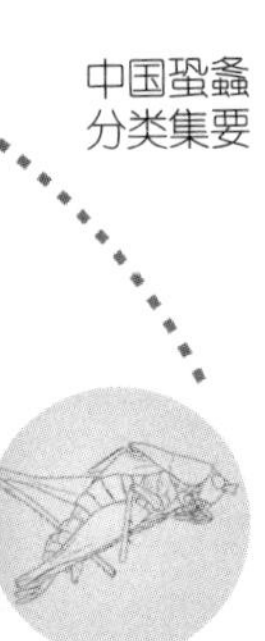

齐、殷海生采。

模式产地及保存：马来西亚吉隆坡；大英自然历史博物馆（BMNH），英国伦敦。

分布：中国（云南）；马来西亚。

48. 多裂库螽 *Kuzicus (Kuzicus) multifidous* Mao & Shi, 2009（图34）

Kuzicus (*Kuzicus*) *inflata*: Mao, 2007, *Systematic study of Meconematinae* (*Macropterous group*) *from China* (*Orthoptera: Tettigoniidae*), 46-47 (Unpublished).

Kuzicus (*Kuzicus*) *multifidous*: Mao, Huang & Shi, 2009, *Zootaxa*, 2137: 39.

描述：体中型。头顶圆锥形，较窄，背面具浅纵沟；复眼近球形，向外凸出；下颚须端节端部膨大，与亚端节几乎等长；前胸背板短，前缘中部略凸，后缘尖圆（图34a），侧片较低，后缘微凹无肩凹，胸听器外露，狭长（图34b）；前翅超过后足股节，后翅明显长于前翅5.0 mm；各足股节腹面无刺，前足基节具刺，前足胫节腹面刺式为4, 5 (1, 1)型，后足胫节背面内外缘各具20～23个齿，端距3对。雄性第10腹节背板具1对较长的端突起，端半部近直角下弯，端部尖形，近端部有向下弯曲的叶（图34c）；肛上板小；尾须基半部扩展，具内刺，端半部渐细，前侧弯曲，交叉，端部尖；次臀板腹观基部粗壮，基部与下生殖板相连，端部具1对刺与1对耳形突起，突起边缘具细齿（图34e）；下生殖板基部宽，端部渐细，腹突细长（图34d）。

雌性尾须纤细，向上弯曲，基部稍窄，亚端部稍粗，端部尖；下生殖板特化，基部具1对伸向前方的渐开突起，两侧角具1对尖叶，亚端部具1对稍小突起，端部纤细，末端双叶状（图34f，g）；产卵瓣中等长度，略上弯，腹瓣基部具1对较长的突起。

体绿色。复眼褐色，触角窝与触角前两节黑褐色，其余节具褐色环，头顶黑褐色，中纵沟淡色；前胸背板中央棕色纵带，在沟后区扩展；前翅发音部与基部翅室具棕色点。

测量（mm）：体长♂13.0，♀12.1～12.5；前胸背板长♂4.0，♀3.5～4.0；前翅长♂16.5，♀18.0～18.6；后足股节长♂11.5，♀11.5～11.9；产卵瓣长8.5～9.1。

检视材料：1♂（正模），西藏察隅慈巴沟，2007.X.5，石福明采；1♀（副模），西藏林芝排龙，2007.X.8，石福明采；1♀，西藏察隅下察隅，

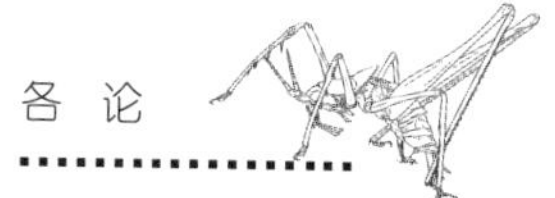

1 600 m，2010.VIII24 ～ 28，毕文烜采。

模式产地及保存：中国西藏察隅慈巴沟；河北大学博物馆（MHU），中国河北保定。

分布：中国西藏。

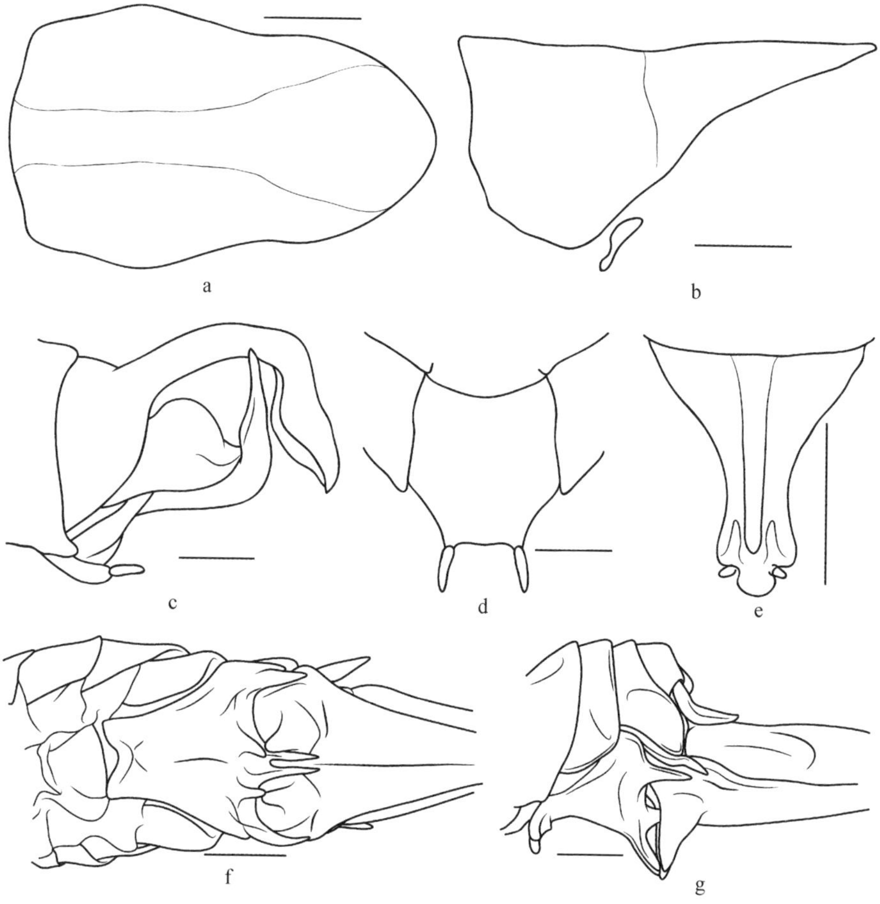

图34　多裂库螽 *Kuzicus* (*Kuzicus*) *multifidous* Mao & Shi, 2009
（a ～ e仿 Mao, Huang & Shi, 2009）
a. 雄性前胸背板，背面观；b. 雄性前胸背板，侧面观；c. 雄性腹端，侧面观；d. 雄性下生殖板，腹面观；e. 雄性次臀板，背面观；f. 雌性下生殖板，腹面观；g. 雌性下生殖板，侧面观

Fig. 34　*Kuzicus* (*Kuzicus*) *multifidous* Mao & Shi, 2009
(a ～ e after Mao, Huang & Shi, 2009)
a. male pronotum, dorsal view; b. male pronotum, lateral view; c. end of male abdomen, lateral view; d. male subgenital plate, ventral view; e. subanal plate, dorsal view; f. subgenital plate of female, ventral view; g. subgenital plate of female, lateral view

49. 扁尾库螽 *Kuzicus* (*Kuzicus*) *compressus* Han & Shi, 2014（仿图 15）

Kuzicus (*Kuzicus*) *compressus*: Han & Shi, 2014, *Zootaxa*, 3861(4): 398; Tan, Dawwrueng & Artchawakom, 2015, *Zootaxa*, 3999(2): 283.

描述：体中型。头顶圆锥形，端部钝圆，背面具纵沟；复眼球形，向外凸出；下颚须长，端节端部膨大，与亚端节几乎等长。前胸背板短，前缘中部略凸，后缘钝圆（仿图 15a），侧片较低，沟后区抬高，后缘微凹无肩凹，胸听器外露，花生形（仿图 15b）；前翅狭长，超过后足股节，端部钝圆，后翅长于前翅；前中足损毁，后足股节腹面光滑，后足胫节背面具内齿 24 个，外齿 26 个，端距 3 对。雄性第 10 腹节背板具 1 对较长的端突起，向下弯曲，端部亚端部向上折，犹如短柄，接盘状端部，盘面近菱形，面稍凸

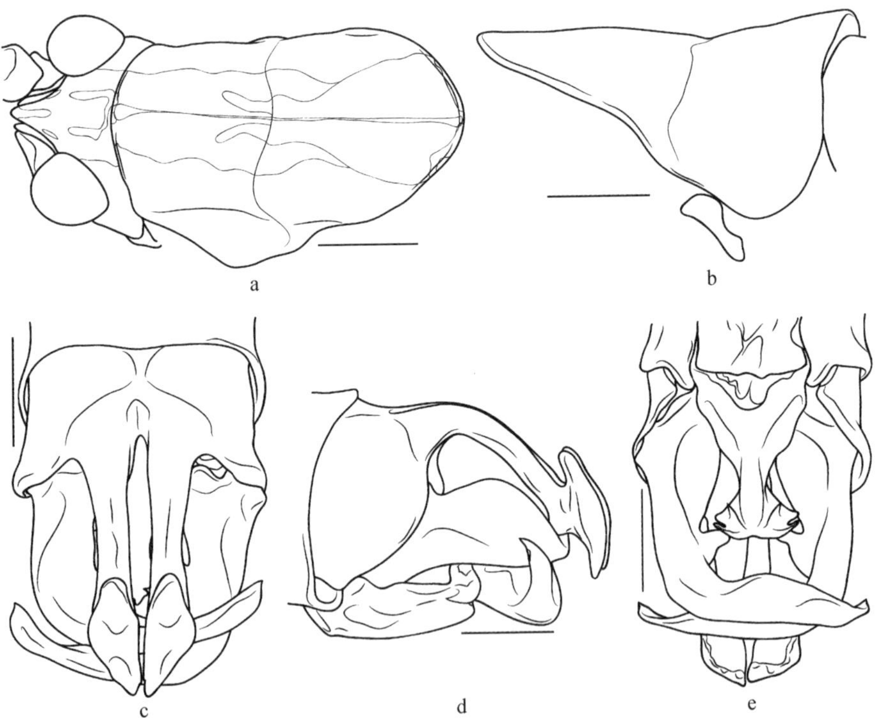

仿图 15　扁尾库螽 *Kuzicus* (*Kuzicus*) *compressus* Han & Shi, 2014（仿 Han & Shi, 2014）
a. 雄性头与前胸背板，背面观；b. 雄性前胸背板，侧面观；c. 雄性腹端，背面观；d. 雄性腹端，侧面观；e. 雄性腹端，腹面观

AF. 15　*Kuzicus* (*Kuzicus*) *compressus* Han & Shi, 2014 (after Han & Shi, 2014)
a. head and pronotum of male, dorsal view; b. male pronotum, lateral view; c. end of male abdomen, dorsal view; d. end of male abdomen, lateral view; e. end of male abdomen, ventral view

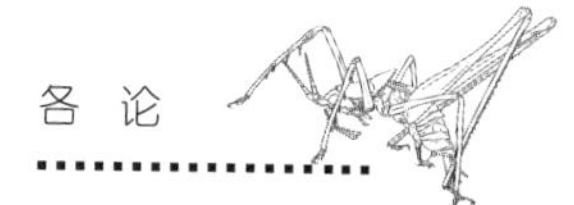

（仿图15c，d）；尾须内背向弯曲，基部宽，近中部具1内突起，突起基部片状而端部刺状，端半部渐细侧扁，亚端部突变窄，端部刺状，具内刺，端半部渐细，前侧弯曲，交叉，端部尖（仿图15c～e）；次臀板大，基部宽，中部向下凸出，端部窄，端部背缘扩展，薄片状，两侧角三角形，具两对齿状的突起（仿图15e）；下生殖板横宽，近矩形，缺腹突（仿图15e）。

雌性未知。

体淡黄色（活时应为绿色）。复眼黄褐色，触角窝内缘具暗褐色斑，头顶中纵沟外侧各具1淡褐色条纹，前胸背板背面中间具宽的淡褐色纵带，在沟后区扩展，带的前后缘深色；前翅发音部与若干翅室具棕色点；雄性第10腹节背板突起端部边缘、尾须端刺、中突起端部和次臀板端部刺状突起暗色。

测量（mm）：体长♂12.3；前胸背板长♂3.3；前翅长♂16.4；后足股节长♂11.1。

检视材料：1♂（正模），云南龙陵三江口，600 m，2002.X.9，司徒英贤采。

模式产地及保存：中国云南龙陵三江口；河北大学博物馆（MHU），中国河北保定。

分布：中国云南。

50. 纤尾库螽 *Kuzicus* (*Kuzicus*) *leptocercus* Zhu & Shi, 2017（仿图16）

Kuzicus (*Kuzicus*) *leptocercus*: Zhu & Shi, 2017, *Zootaxa*, 4268(3): 435.

描述：体中大型。头顶圆锥形，端部钝圆，背面具纵沟；复眼卵圆形，向前凸出；下颚须端节末端稍膨大，与亚端节几乎等长。前胸背板前缘近直，后缘圆（仿图16a），侧片长于其高，后缘肩凹较弱（仿图16b）；前翅狭长，明显超过后足股节端部，端部钝圆，后翅长于前翅；各足股节均无刺；前足基节具1刺，前足胫节基部扩展，两侧听器均开放，胫节腹面内侧具5刺外侧具6刺，基部刺最长端部刺最短；中足胫节腹面内侧具5个刺，外侧具6个刺；后足胫节背面具内齿32～36个，外齿41～42个，端距背侧1对腹侧2对。雄性第10腹节背板基部宽，后缘中部具1对突起，突起基半部较宽，近乎平行地抵在一起，突起端半部渐窄，向腹外侧弯曲，端部具1对相似刺突，指向内腹方，末端尖（仿图16c，d，f）；尾须基半部背腹内卷呈筒状，内背侧具1个长刺状突起，指向内背方，末端尖，

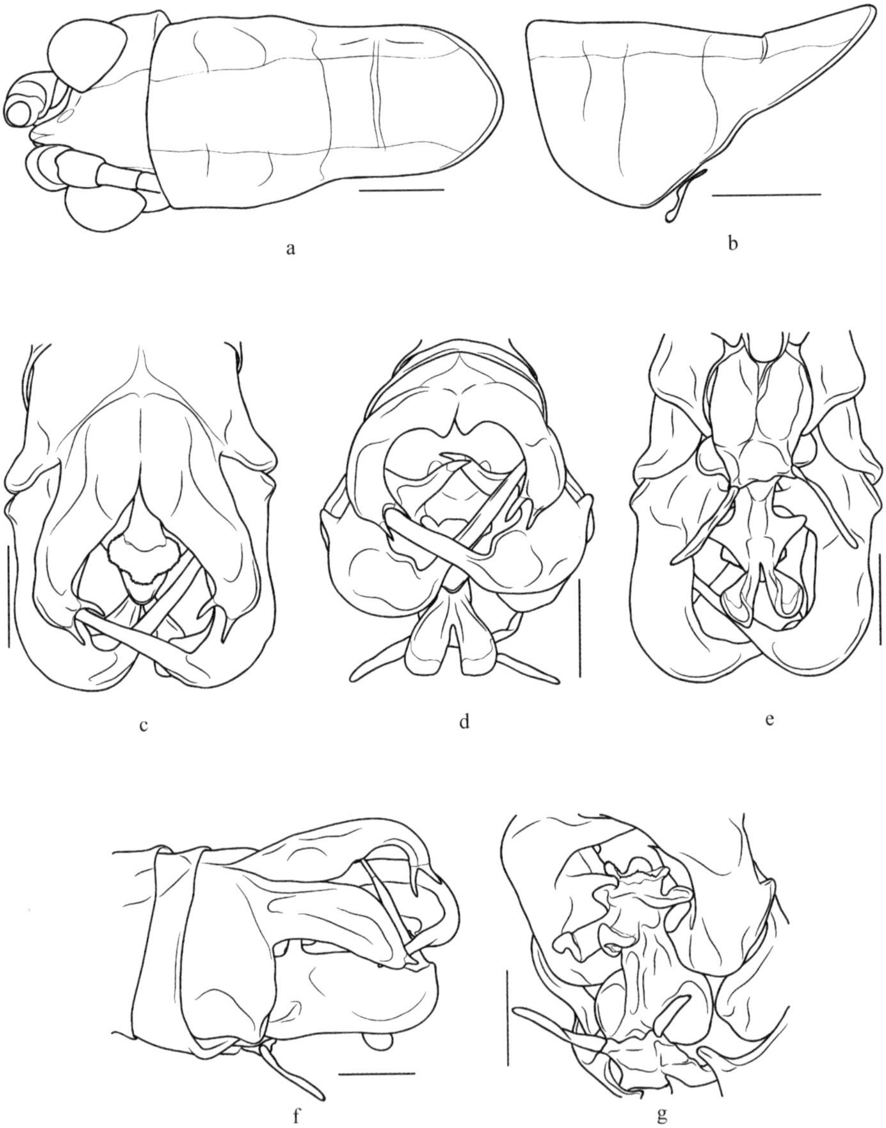

a b c d e f g

仿图 16　纤尾库螽 *Kuzicus* (*Kuzicus*) *leptocercus* Zhu & Shi, 2017（仿 Zhu & Shi, 2017）
a. 雄性头与前胸背板，背面观；b. 雄性前胸背板，侧面观；c. 雄性腹端，背面观；d. 雄性腹端，后面观；e. 雄性腹端，腹面观；f. 雄性腹端，侧面观；g. 雄性次臀板，后面观

AF. 16　*Kuzicus* (*Kuzicus*) *leptocercus* Zhu & Shi, 2017 (after Zhu & Shi, 2017)
a. head and pronotum of male, dorsal view; b. male pronotum, lateral view; c. end of male abdomen, dorsal view; d. end of male abdomen, rear view; e. end of male abdomen, ventral view; f. end of male abdomen, lateral view; g. subanal plate, rear view

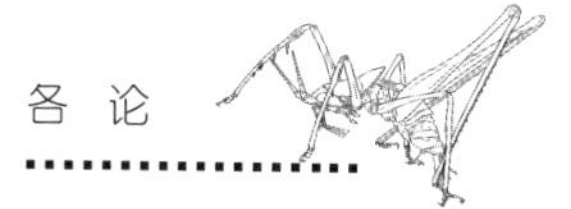

外侧基部具1个粗短的锥形突起，尾须端半部明显弯向内背方，细长尖刺状（仿图16c ～ f）；次臀板基部宽，近乎方形，中部细，腹面具1对三角形叶状突起，次臀板亚端部具1对侧突起，次臀板端部背腹边缘扩展锯齿状，背观三叶状，背表面扩展，半月形（仿图16e、g）；下生殖板长大于宽，近方形，后缘稍凸出；腹突细长，末端钝圆（仿图16e）。

雌性未知。

体淡黄褐色。复眼淡黄色，触角窝内侧片突具黑褐色，柄节与梗节具黑褐色点，鞭节具黑褐色环纹；下颚须第五节端部淡褐色。覆翅前缘具1列棕色圆点，发声域淡褐色，后翅超出部分褐色。后足胫节背面刺淡褐色，各足跗节褐色。末节突起端部刺、尾须端部、尾须内侧刺及次臀板腹面1对突起褐色。

测量（mm）：体长♂11.4 ～ 12.4；前胸背板长♂4.3 ～ 5.0；前翅长♂19.0 ～ 12.1；后足股节长♂13.6 ～ 14.6。

检视材料：1♂（正模），云南盈江那帮，2015.IX.12，王宇堂采。

模式产地及保存：中国云南盈江那帮；河北大学博物馆（MHU），中国河北保定。

分布：中国云南。

51. 克氏库螽 *Kuzicus* (*Kuzicus*) *koeppeli* Sänger & Helfert, 2004（仿图17）

Kuzicus koeppeli: Sänger & Helfert, 2004, *Senckenbergiana Biologica*, 84 (1 n-dash 2): 50; Tan, Dawwrueng & Artchawakom, 2015, *Zootaxa*, 3999(2): 283.

Kuzicus (*Kuzicus*) *koeppeli*: Zhu & Shi, 2017, *Zootaxa*, 4268(3): 435.

补充描述：雄性第10腹节背板基部宽，后缘中央具1对后突起，向两侧岔开，突起基部腹面各具1指突，端半部向内腹方向弯曲，端部尖锐指向腹方，外缘亚端部具1刺状小突，小突在个体间存在变异，有时近三角形（仿图17c，d）；尾须基部宽扁，内腹缘近基部具1隆脊，腹外缘近基部具1小突起，内背缘近中部具1长刺状叶，叶基部宽端部稍波曲，指向内背方，尾须端1/3内弯，亚端部略膨大，端部长刺状，末端尖（仿图17c ～ e）；次臀板基部扩展，中部收缩，亚端部盘状扩展，腹面具1对扁叶，扁叶基窄端宽，端部近柱状，末端边缘扩展具齿（仿图17f）；下生殖板基部较宽，端部窄，后缘稍凸出，腹突细长，末端钝（仿图17e，f）。

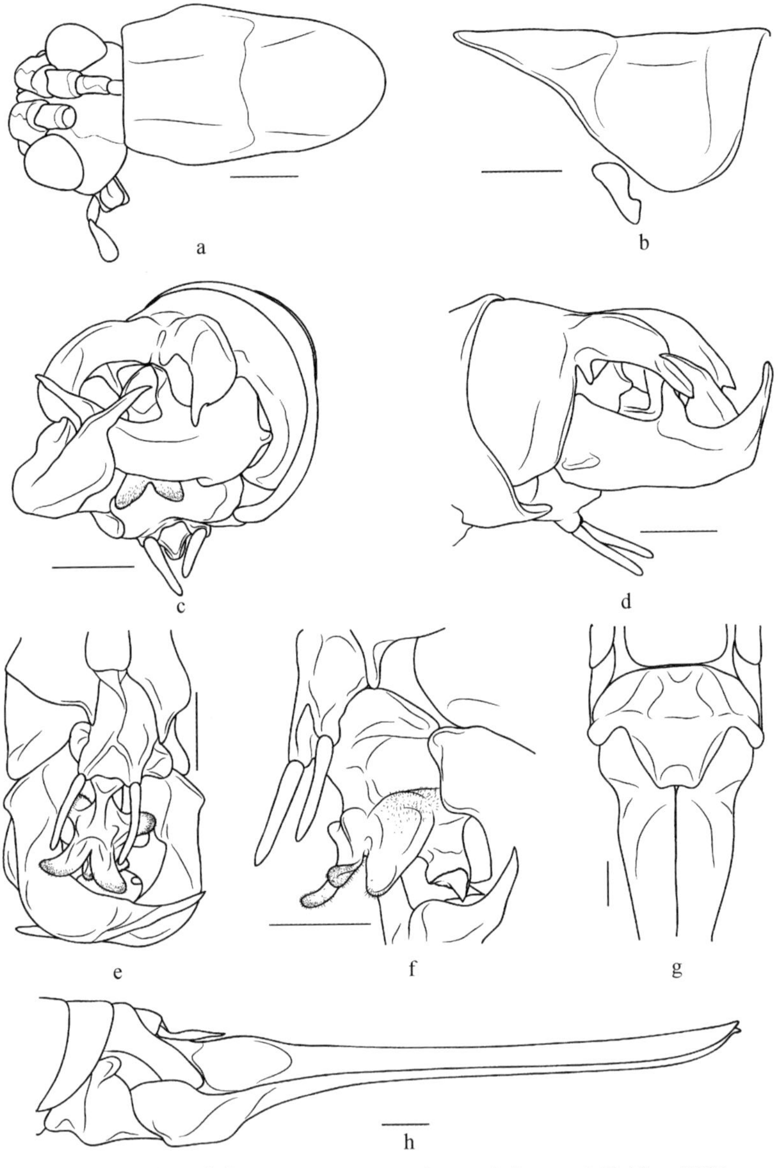

仿图17　克氏库螽*Kuzicus* (*Kuzicus*) *koeppeli* Sänger & Helfert, 2004
（a ～ f仿Zhu & Shi, 2017；g、h仿Sänger & Helfert, 2004）

a. 雄性头与前胸背板，背面观；b. 雄性前胸背板，侧面观；c. 雄性腹端，后面观；d. 雄性腹端，侧面观；e. 雄性腹端，腹面观；f. 雄性次臀板，侧面观；g. 雌性下生殖板，腹面观；h. 雌性腹端，侧面观

AF. 17　*Kuzicus* (*Kuzicus*) *koeppeli* Sänger & Helfert, 2004
(a ～ f after Zhu & Shi, 2017; g, h after Sänger & Helfert, 2004)

a. head and pronotum of male, dorsal view; b. male pronotum, lateral view; c. end of male abdomen, rear view; d. end of male abdomen, lateral view; e. end of male abdomen, ventral view; f. subanal plate, lateral view; g. subgenital plate of female, ventral view; h. end of female abomen, lateral view

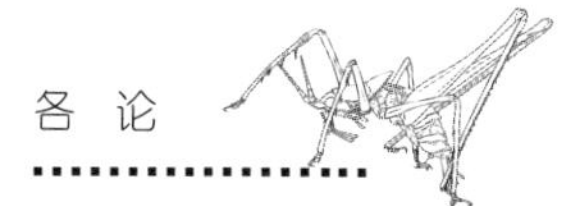

雌性下生殖板基半部较宽，近中部两侧具圆扁侧叶，端半部较窄近梯形，后缘微凹（仿图17g）；产卵瓣基部壮实，基部腹面膨大，端3/4细长均匀，末端稍背弯，腹面具端钩（仿图17h）。

测量（mm）：体长♂14.8 ～ 15.1；前胸背板长♂4.6 ～ 5.1；前翅长♂20.5；后足股节长♂13.0 ～ 15.0。

检视材料：1♂，云南耿马芒卡，2016.VIII.17，杜宝杰、朱启迪采。（河北大学博物馆）

模式产地及保存：泰国清迈翁桂自然保护区；维也纳自然历史博物馆（NMW），奥地利维也纳。

分布：中国（云南）；泰国。

新库螽亚属 *Kuzicus* (*Neoxizicus*) Gorochov, 1993

Kuzicus (*Neokuzicus*): Gorochov, 1993, *Zoosystematica Rossica*, 2(1): 71; Otte, 1997, *Orthoptera Species File 7*, 89.

模式种：*Kuzicus uvarovi* Gorochov, 1993

雄性第10腹节背板后缘具2对突起；雌性下生殖板端半部宽，腹面缺突起，产卵瓣基部腹面也缺突起。

讨论：该亚属的原始定义为雄性第10腹节背板后缘具两对突起；外生殖器（次臀板）末端较短，缺齿状和可活动的突起；雌性下生殖板和产卵瓣腹瓣基部缺向下延伸的突起。根据这个定义，除模式种外符合的种还有 *Kuzicus aspercaudatus* Sänger & Helfert, 2006。近年来发表的一些新种雌性下生殖板和产卵瓣腹瓣基部没有特化的突起，雄性第10腹节背板看似仅具1对突起，但在突起的基部腹面还具有1对指状突起，背观看不到但侧观较为明显，次臀板末端膨大腹面常具有1对末端膨大的叶，作者认为这些种类可以归纳到本亚属，涉及的种类有 *Xiphidiopsis inflata*、*Kuzicus koeppeli* 及 *Kuzicus* (*Kuzicus*) *leptocercus*。

52. 尤氏新库螽 *Kuzicus* (*Neokuzicus*) *uvarovi* Gorochov, 1993（图35）

Kuzicus (*Neokuzicus*) *uvarovi*: Gorochov, 1993, *Zoosystematica Rossica*, 2(1): 72; Gorochov, Liu & Kang, 2005, *Oriental Insects*, 39: 79; Mao, Huang & Shi, 2009, *Zootaxa*, 2137: 36; Kim & Pham, 2014, *Zootaxa*, 3811(1): 70.

描述：体中型。前胸背板短，侧片较低，肩凹不明显，胸听器外露，

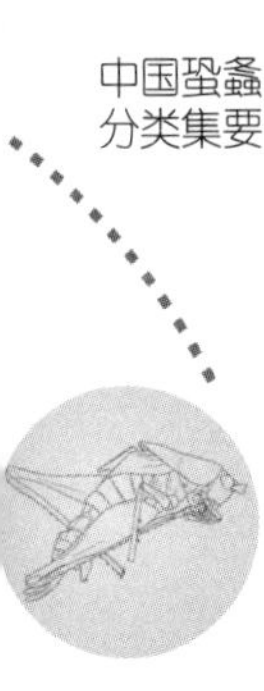

狭长；后翅长于前翅4.0 mm。前足胫节腹面内、外刺排列为4, 5 (1, 1)型，后足胫节背面内外缘各具28～29个齿。雄性第10腹节背板具2对端突起，略微下弯，中间1对长，端部宽，两侧1对刺状（图35a）；尾须基部宽，中部具尖的内突起，端部细侧扁，末端尖（图35a～c）；次臀板短，基部宽，中部缢缩，末端三叶形，两侧叶较尖，近端部有向下弯曲的叶（图35d）；下生殖板基部稍宽，较长，端部圆，腹突较细（图35c）。

雌性尾须纤细，向上弯曲，亚端部稍粗，端部尖；下生殖板不特化，后缘三叶形，侧角稍凸出（图33e）；产卵瓣腹瓣具端钩。

体黄绿色。触角窝内缘具褐色斑，头顶两侧具黄褐色带，中单眼、头部和前胸背板背面纵带淡色；侧片以及触角基部暗色，前胸背板中部具1对黄褐色小纹，前翅发音部具较大棕色斑，翅室具棕色点。

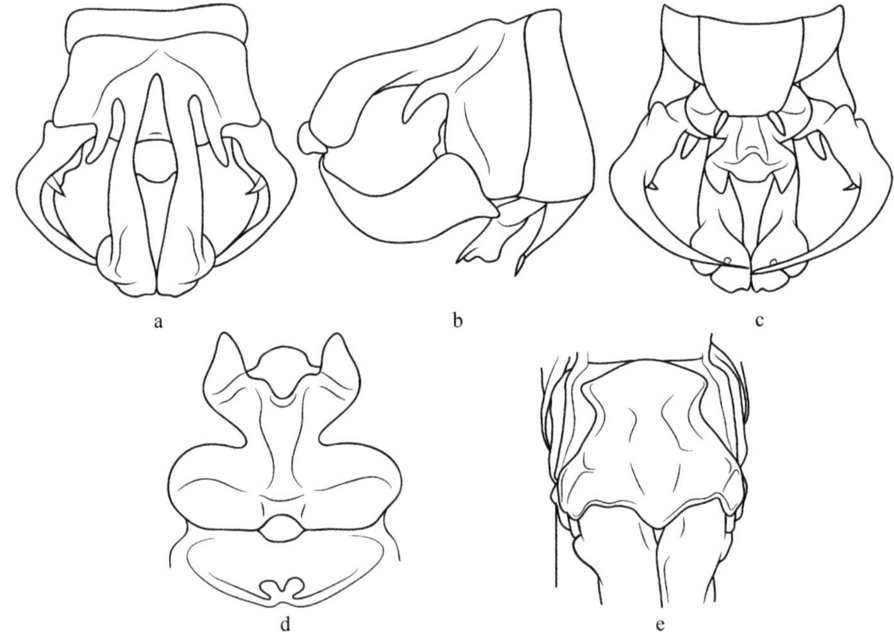

图35　尤氏新库螽 *Kuzicus* (*Neokuzicus*) *uvarovi* Gorochov, 1993
（a～d仿Gorochov, 1993）
a. 雄性腹端，背面观；b. 雄性腹端，侧面观；c. 雄性腹端，腹面观；
d. 雄性次臀板，腹面观；e. 雌性腹端，腹面观

Fig. 35　*Kuzicus* (*Neokuzicus*) *uvarovi* Gorochov, 1993 (a～d after Gorochov, 1993)
a. end of male abdomen, dorsal view; b. end of male abdomen, lateral view; c. end of male abdomen, ventral view; d. subanal plate, ventral view; e. end of female abdomen, ventral view

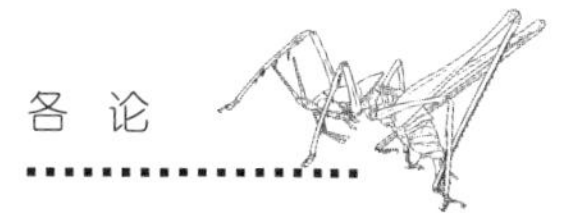

测量（mm）：体长♂12.0～15.0，♀13.0～15.0；前胸背板长♂3.4～3.8，♀3.5～3.9；前翅长♂15.0～17.0，♀16.0～18.5；后足股节长♂9.0～11.0，♀10.5～12.5；产卵瓣长7.5～9.0。

检视材料：1♀，广西龙州三联，350 m，2000.VI.14，采集人不详；1♀（若虫），广西靖西，840 m，1998.IV.1，采集人不详；2♀♀, Vietnam: Nha Ho 14km N. Phan Rang, 1960.XI.8～16, coll. C.M. Yoshimoto（毕晓普博物馆）。

模式产地及保存：越南河内；俄罗斯科学院动物研究所（ZIN），俄罗斯圣彼得堡。

分布：中国（广西）；越南。

53. 膨基新库螽 *Kuzicus* (*Neokuzicus*) *inflatus* (Shi & Zheng, 1995) comb. nov.（图36）

Xiphidiopsis inflata: Shi & Zheng, 1995, *Entomotaxonomia*, 17(3): 160.

描述（雄性新描述）：体较大。头顶较短，端部钝圆；复眼椭球形，向前突出。前胸背板沟前区约等长于沟后区，侧片较高，肩凹不明显，胸听器外露，狭长；后翅长于前翅4.0 mm；前足胫节腹面内、外刺排列为4, 5 (1, 1)型，后足胫节背面内外缘各具30～31个齿，端距3对。雄性第10腹节背板具1对毗邻的短突起，密布刚毛，片状但向背侧拱起，形成锥体状，锥体后面凹入，后缘各具2个小尖齿，短突起腹面基部各具1个小突起；尾须基部中空筒状，在近中部内面开裂，裂口处有1个弯刺状突起，中部背叶具1个尖角形突起，端部强内弯，波曲刺状（图36a～c）；次臀板短，背具翘边盘状突起，后侧具1对片状边缘波曲的突起，中部缢缩，较宽基部与下生殖板相连（图36b）；下生殖板较短，基部稍宽，端部平截，腹突很长，纤细（图36b，c）。

雌性尾须圆锥形，端部细尖。下生殖板基部较狭，中部宽，两侧各具1个明显的缺口，形成3叶状，中叶宽中部稍凹，两侧叶近尖刺状（图36d，e）；产卵瓣较短，基部显著膨大，端部稍向背面弯曲，腹瓣顶端有1个小钩。

体黄绿色。触角窝内缘具褐色斑，头顶两侧具黄褐色带，中单眼、头部和前胸背板背面纵带淡色；侧片以及触角基部暗色前胸背板中部具1对黄褐色小纹，前翅发音部具较大棕色斑，翅室具棕色点。

测量（mm）：体长♂12.9，♀12.0；前胸背板长♂4.9，♀3.5；前翅长♂19.0，♀18.5；后足股节长♂14.2，♀13.5；产卵瓣长8.5。

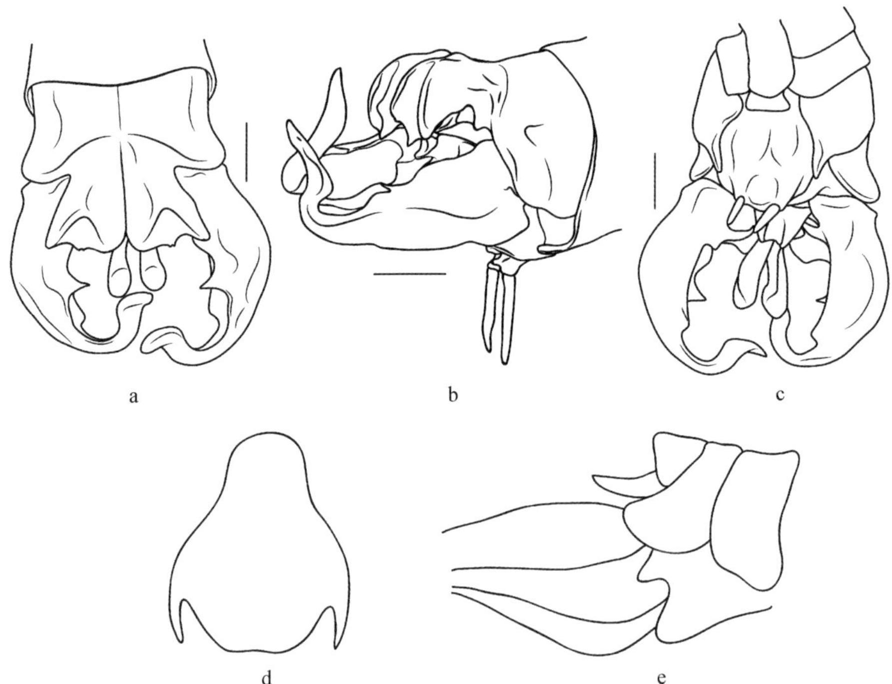

图36 膨基新库螽 *Kuzicus* (*Neokuzicus*) *inflatus* (Shi & Zheng, 1995)
（d，e仿 Shi & Zheng, 1995）
a. 雄性腹端，背面观；b. 雄性腹端，侧面观；c. 雄性腹端，腹面观；d. 雌性下生殖板，腹面观；
e. 雌性下生殖板，侧面观

Fig. 36 *Kuzicus* (*Neokuzicus*) *inflatus* (Shi & Zheng, 1995) (d, e after Shi & Zheng, 1995)
a. end of male abdomen, dorsal view; b. end of male abdomen, lateral view; c. end of male abdomen, ventral view; d. female subgenital plate, ventral view; e. lateral view of female subgenital plate

检视材料：1♂，云南基诺，1995.VIII.5 ～ 9，刘宪伟、金杏宝和章伟年采。

模式产地及保存：中国云南勐腊；陕西师范大学动物研究所，中国陕西西安。

分布：中国云南。

讨论：该种发表时只有雌性，发表在剑螽属 *Xiphidiopsis*，后配到该种雄性，但一直未描述，根据该种雄性第10腹节背板与外生殖特征，应组合在库螽属新库螽亚属。

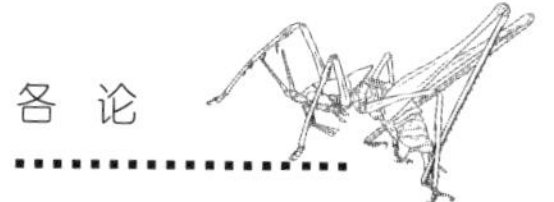

（九）黑斑螽属 *Nigrimacula* Shi, Bian & Zhou, 2016

Nigrimacula: Shi, Bian & Zhou, 2016, *Zootaxa*, 4105(4): 355; Wang & Shi, 2016, *Zootaxa*, 4132(4): 591; Wang & Liu, 2018, *Zootaxa*, 4441(2): 228.

模式种：*Xizicus* (*Axizicus*) *xizangensis* Jiao & Shi, 2013

体形较小。头顶背面常黑色；复眼圆形，突出；下颚须端节约等长于亚端节。前胸背板沟后区突出，侧片长大于高，后缘肩凹较明显；前后翅发育完好，后翅短于或略长于前翅。前足胫节听器为开放型，后足胫节具3对端距。雄性第10腹节背板无突起，尾须较简单，但具突起或叶；下生殖板具腹突；外生殖器完全膜质。雌性下生殖板延长，端部凹形；产卵瓣短于后足股节，腹瓣具端钩。

黑斑螽属分种检索表

1 前胸背板背面具淡褐色纵带和4个黑点 ………………………………… 2
– 前胸背板背面具淡褐色纵带，近前缘具2个黑点 ………………………… 5
2 雄性尾须较细长，中部具内突 ………………………………………………… 3
– 雄性尾须较粗短，具较多突起，末端密具细齿 …………………………… 4
3 雄性尾须基部内腹侧近中具1个钝刺状突起，有些种类基部似叶，端部稍侧扁，总体较尖细，末端稍下弯，背侧亚端部具不明显的弱叶 ……
…… **副四点黑斑螽 *Nigrimacula paraquadrinotata* (Wang, Liu & Li, 2015)**
– 雄性尾须内腹侧近中部具1钝刺状突起，端部侧扁，末端圆 …………
……………… **四川黑斑螽 *Nigrimacula sichuanensis* Wang & Shi, 2016**
4 雄性第10腹节背板后缘中央近方形凹；雄性尾须大体圆柱状，末端具多分支，末端具细齿；雌性下生殖板较短，大致呈五边形 ………………
……………… **四点黑斑螽 *Nigrimacula quadrinotata* (Bey-Bienko, 1971)**
– 雄性第10腹节背板后缘中央微凹；雄性尾须基部内侧具1个指状突起，端部内缘具细齿；雌性下生殖板后缘角形内凹 …………………………
………………… **西藏黑斑螽 *Nigrimacula xizangensis* (Jiao & Shi, 2013)**
5 前翅较短，不超过后足股节端部，后翅不超过前翅 ……………………
……………… **贝氏黑斑螽 *Nigrimacula beybienkoi* Wang & Liu, 2018**
– 前翅较长，超过后足股节端部，后翅超过前翅 ……………………………
……………… **双点黑斑螽 *Nigrimacula binotata* Shi, Bian & Zhou, 2016**

54. 四点黑斑螽 *Nigrimacula quadrinotata* (Bey-Bienko, 1971)（仿图18）

Xiphidiopsis quadrinotata: Bey-Bienko, 1971, *Entomological Review*, 50: 475;

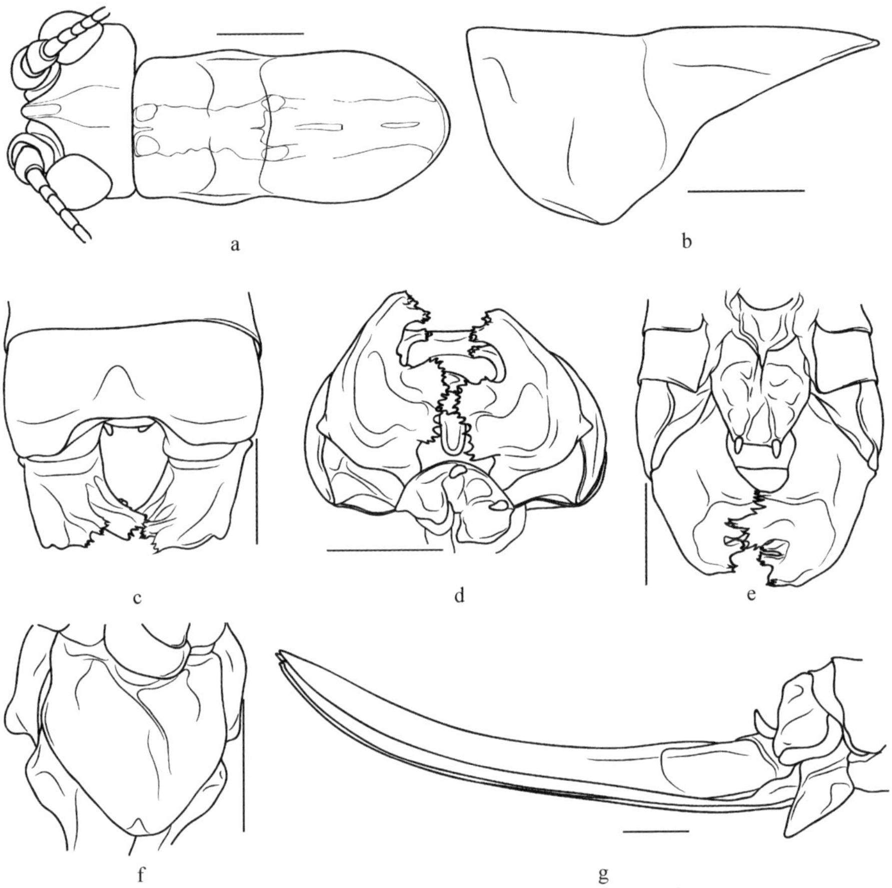

仿图18　四点黑斑螽 *Nigrimacula quadrinotata* (Bey-Bienko, 1971)
（仿 Shi, Bian & Zhou, 2016）
a. 雄性头和前胸背板，背面观；b. 雄性前胸背板，侧面观；c. 雄性腹端，背面观；d. 雄性腹端，后面观；e. 雄性腹端，腹面观；f. 雌性下生殖板，腹面观；g. 雌性腹端，侧面观

AF. 18　*Nigrimacula quadrinotata* (Bey-Bienko, 1971) (after Shi, Bian & Zhou, 2016)
a. male head and pronotum, dorsal view; b. male pronotum, lateral view; c. end of male abdomen, dorsal view; d. end of male abdomen, rear view; e. end of male abdomen, ventral view; f. subgenital plate of female, ventral view; g. end of female abomen, lateral view

Liu & Jin, 1994, *Contributions from Shanghai Institute of Entomology*, 11: 111; Jin & Xia, 1994, *Journal of Orthoptera Research*, 3: 27.

Nigrimacula quadrinotata Shi, Bian & Zhou, 2016, *Zootaxa*, 4105(4): 359.

描述：体中型。头顶圆锥形，端部钝，背面具纵沟；复眼近球形，向

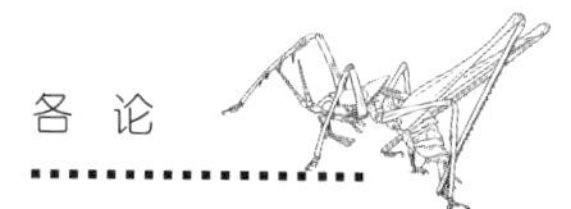

前方凸出；下颚须端节稍长于亚端节。前胸背板前缘平直，沟后区稍长于沟前区（仿图18a），侧片宽大于高后缘倾斜，肩凹较明显（仿图18b）。前翅到达后足股节端部，后翅稍长于前翅；前足基节具1短刺，胫节腹面刺为4, 4 (1, 1)型，后足胫节背面内外缘各具19～21个刺和1个端距，腹面具4个端距。雄性第10腹节背板后缘中央近方形凹，无突起（仿图18c）；肛上板小；尾须短壮，大体呈圆柱形，末端内凹：背缘具1个片状突起，其末端具9个齿分2簇；与其相连的柱状突起末端具7个齿；内缘具1个铲形突起，末端具15个齿；铲形突起腹缘链接1个斜片状叶，具7个齿；左右尾须齿数目并不相同（仿图18c～e）。下生殖板长大于宽，近六边形，基缘近直，基侧缘平行，端半部稍狭，后缘也近直。腹突圆锥形较粗短，位于侧角（仿图18e）。

雌性尾须较短，近圆锥形；下生殖板较短，近五边形（仿图18f）；产卵瓣中等长度，均匀背弯，腹瓣具弱端钩（仿图18g）。

体淡黄色（活时为淡绿色）。头顶背面具1条短的黑色纵条纹，前胸背板背面具淡褐色纵带和4个黑点（仿图18a），前翅端半部具不明显的暗点。

测量（mm）：体长♂9.5～10.6，♀10.9；前胸背板长♂3.3～3.5，♀3.0；前翅长♂16.1～17.1，♀17.1；后足股节长♂7.7～8.0，♀7.9；产卵瓣长8.7。

检视材料：2♂♂，云南瑞丽棒达，2015.IX.8，王宇堂采；1♀，云南梁河芒东，2015.IX.20，王宇堂采。（河北大学博物馆）

模式产地及保存：缅甸纳达美河谷；大英自然历史博物馆（BMNH），英国伦敦。

分布：中国（云南）；缅甸。

55. 西藏黑斑螽 *Nigrimacula xizangensis* (Jiao & Shi, 2013)（图37）

Xizicus (*Axizicus*) *xizangensis*: Jiao, Shi & Gao, 2013, *Zootaxa*, 3694(3): 298.

Meconemopsis quadrinotata: Wang, Liu & Li, 2015, *Zootaxa*, 3941 (4): 523 (synonym, misidentified); Xiao *et al*., 2016, *Far Eastern Entomologist*, 305: 18.

Nigrimacula xizangensis: Shi, Bian & Zhou, 2016, *Zootaxa*, 4105(4): 363.

描述：体中型。头顶圆锥形，端部钝，背面具纵沟；下颚须端节约等长于亚端节。前胸背板沟后区不长于沟前区，侧片后缘倾斜，肩凹较明显（图37a，b）。前翅远超过后足股节端部，后翅长于前翅2.0 mm；前足胫节

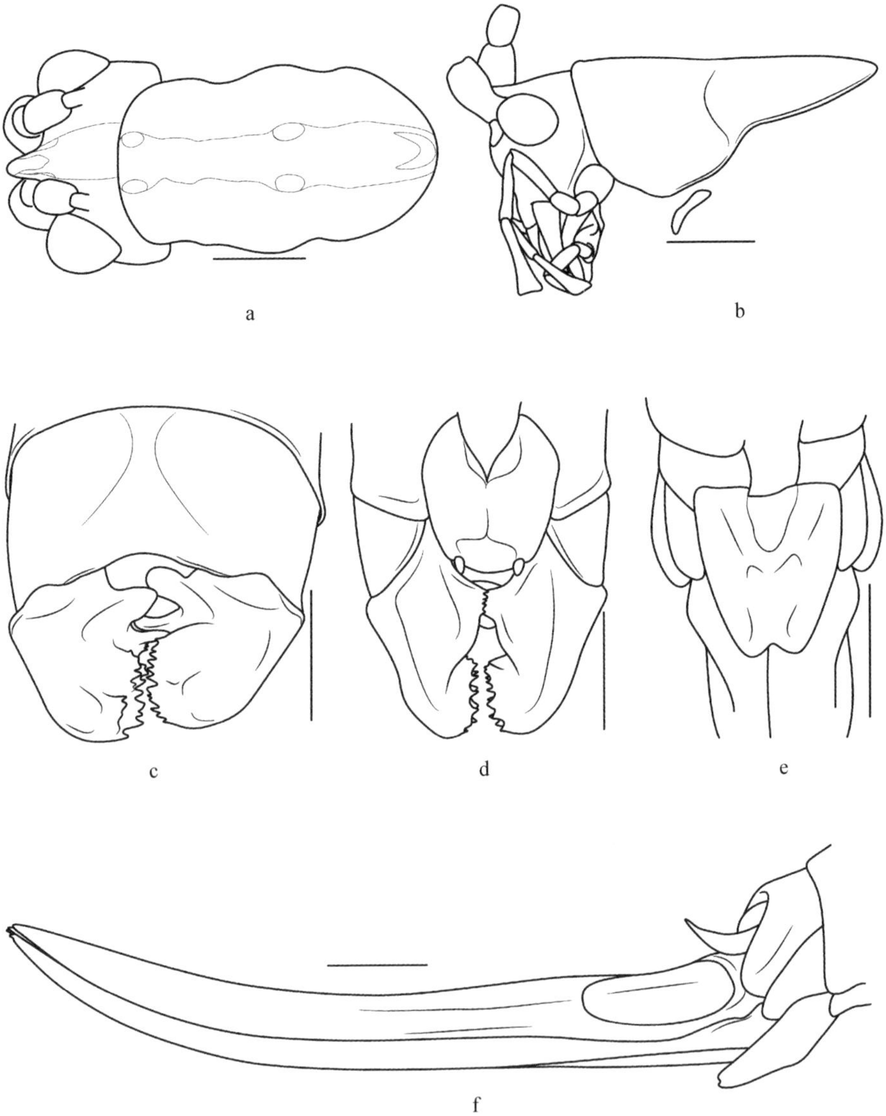

a b

c d e

f

图37　西藏黑斑螽 *Nigrimacula xizangensis* (Jiao & Shi, 2013)

a. 雄性头部和前胸背板，背面观；b. 雄性头部与前胸背板，侧面观；c. 雄性腹端，背面观；d. 雄性腹端，腹面观；e. 雌性下生殖板，腹面观；f. 雌性产卵瓣，侧面观

Fig. 37　*Nigrimacula xizangensis* (Jiao & Shi, 2013)

a. head and pronotum of male, dorsal view; b. head and pronotum of male, lateral view; c. end of male abdomen, dorsal view; d. end of male abdomen, ventral view; e. subgenital plate of female, ventral view; f. ovipositor, lateral view

腹面刺为4, 4 (1, 1)型，后足胫节背面内外缘各具18～20个刺和1个端距，腹面具4个端距。雄性第10腹节背板后缘中央微凹，无突起；肛上板小，圆三角形；尾须较短粗，基部内侧具1个指状突起，端部内缘具细齿（图37c）；下生殖板较小，后缘截形，具2个较短小的腹突（图37d）。

雌性尾须较短，圆锥形，端部钝圆；下生殖板狭长，基部宽向端部渐细，后缘中间凹入形成2片圆后叶（图37e）；产卵瓣中等长度，基半部直，端半部上弯，腹瓣具端钩（图37f）。

体淡黄色（活时为淡绿色）。头顶背面具1条短的黑色纵条纹，前胸背板背面具淡褐色纵带和4个黑点（图37a），前翅端半部具不明显的暗点。

测量（mm）：体长♂8.5，♀9.0～13.0；前胸背板长♂3.5，♀3.0～3.8；前翅长♂8.0，♀16.5～19.0；后足股节长♂7.0，♀8.0；产卵瓣长6.5～7.0。

检视材料：1♂（正模），西藏林芝墨脱，2010.IX.10，毛少利采；5♀♀，西藏墨脱，970～1 570 m，1979.IX.10～1980.VIII.14，金根桃、吴建毅采；2♀♀，西藏墨脱，1 000 m，2010.VIII.6～8，毕文烜采；1♂2♀♀，西藏墨脱背崩，850～1 200 m，1983.IV.9～V.18，韩寅恒采。

模式产地及保存：中国西藏墨脱；河北大学博物馆（MHU），中国河北保定。

分布：中国西藏。

56. 副四点黑斑螽 *Nigrimacula paraquadrinotata* (Wang, Liu & Li, 2015)（图38，图版29，30）

Meconemopsis paraquadrinotata: Wang, Liu & Li, 2015, *Zootaxa*, 3941 (4): 518.

Nigrimacula paraquadrinotata: Shi, Bian & Zhou, 2016, *Zootaxa*, 4105(4): 359.

描述：体中等。头顶圆锥形，端部钝，背面具纵沟；下颚须端节约等长于亚端节。前胸背板沟后区不长于沟前区，侧片后缘倾斜，肩凹较明显（图38a，c）；前翅远超过后足股节端部，后翅长于前翅1.0 mm；前足胫节腹面刺为4, 4 (1, 1)型，后足胫节背面内外缘各具16～17个齿和1个端距，腹面具4个端距。雄性第10腹节背板后缘平截；肛上板小，圆三角形；尾须较简单，内腹侧近中部具1个刺状突起（图38d）；下生殖板较小，后缘截形，具2个较短小的腹突（图38e）。

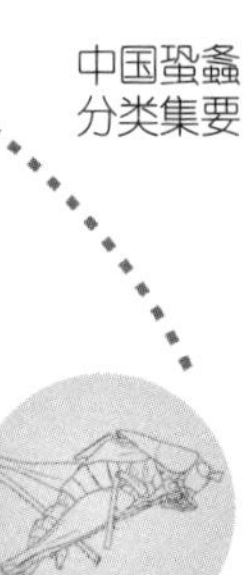

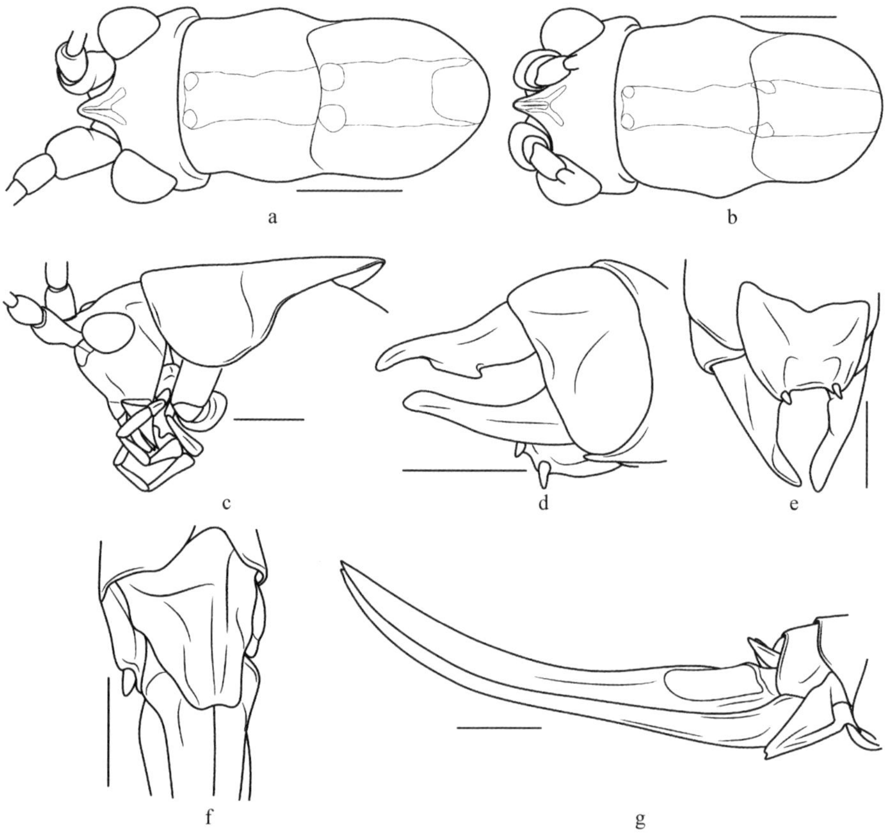

图38　副四点黑斑螽 *Nigrimacula paraquadrinotata* (Wang, Liu & Li, 2015)

a. 雄性头部和前胸背板，背面观；b. 雌性头部与前胸背板，背面观；c. 雄性头部与前胸背板，侧面观；d. 雄性腹端，背面观；e. 雄性腹端，腹面观；f. 雌性下生殖板，腹面观；g. 雌性腹端，侧面观

Fig. 38　*Nigrimacula paraquadrinotata* (Wang, Liu & Li, 2015)

a. head and pronotum of male, dorsal view; b. head and pronotum of female, dorsal view; c. head and pronotum of male, lateral view; d. end of male abdomen, dorsal view; e. end of male abdomen, ventral view; f. subgenital plate of female, ventral view; g. end of female abdomen, lateral view

雌性类似雄性。尾须短小，圆锥形。下生殖板延长，端半部渐趋狭，后缘弧形内凹，侧角较钝（图38f）；产卵瓣端半部上弯（图38g）。

体淡黄色（活时为淡绿色）。头顶背面具1条短的黑色纵条纹，前胸背板背面具淡褐色纵带和4个黑点（图38a，b），前翅具较不明显的暗点。

测量（mm）：体长♂9.0，♀10.0 ～ 11.0；前胸背板长♂3.0，♀2.8 ～ 3.0；前翅长♂13.0，♀13.0 ～ 15.0；后足股节长♂6.5，♀7.0 ～ 8.0；产卵瓣长7.0 ～ 7.5。

检视材料：正模♂，广西兴安猫儿山，900 ～ 1 500 m，1992.VIII.22 ～ 23，刘宪伟、殷海生采；副模1♀，广西金钟山，1 400 ～ 1 819 m，1993.X.11，曾芝兰采；1♀，安徽黄山，1 300 m，1985.X.21，刘宪伟采。

分布：中国安徽、湖南、广西、贵州。

57. 二点黑斑螽 *Nigrimacula binotata* Shi, Bian & Zhou, 2016（仿图19）

Nigrimacula binotata: Shi, Bian & Zhou, 2016, *Zootaxa*, 4105(4): 357.

描述：体较小。头顶圆锥形，背面纵沟较深；复眼近球形，向前凸出（仿图19a）；下颚须端节约等长于亚端节。前胸背板沟后区不长于沟前区（仿图19a），侧片长大于高，后缘倾斜，肩凹较明显（仿图19c）；前翅超过后足股节端部，端部斜圆，前缘稍凸，后缘平直，后翅稍长于前翅；前足基节具1个短刺，前足胫节腹面刺为4, 4 (1, 1)型，后足胫节背面内外缘各具24 ～ 28个齿和1个端距，腹面具4个端距。雄性第10腹节背板后缘凹，无突起（仿图19e）；尾须粗壮，内缘扩展，端部具2个三角形刺（仿图19e，f）；下生殖板长大于宽，后缘凸出，亚端部腹面具2个钝的腹突（仿图19f）。

雌性似雄性。尾须圆锥形，末端尖。下生殖板近六边形，长宽几相等，基部侧缘近平行，端半部渐狭，后缘宽圆，中央稍凹（仿图19g）；产卵瓣较长，稍上弯，腹瓣具端钩（仿图19h）。

体淡黄绿色（活时或许为淡绿色）。头顶背面具1条短的黑色纵条纹，头部背面至前胸背板背面具淡褐色纵带且近前缘具2个黑点，有时较淡。

测量（mm）：体长♂7.3，♀8.4 ～ 11.0；前胸背板长♂3.2，♀2.3 ～ 3.3；前翅长♂15.0，♀17.3 ～ 18.0；后足股节长♂7.1，♀8.3；产卵瓣长9.3 ～ 9.9。

检视材料：1♀（正模），西藏聂拉木樟木，2014.VIII.22，谢广林采；1♂（副模），西藏聂拉木樟木，2014.VIII.24，谢广林采。

模式产地及保存：中国西藏聂拉木；河北大学博物馆（MHU），中国河北保定。

分布：中国西藏。

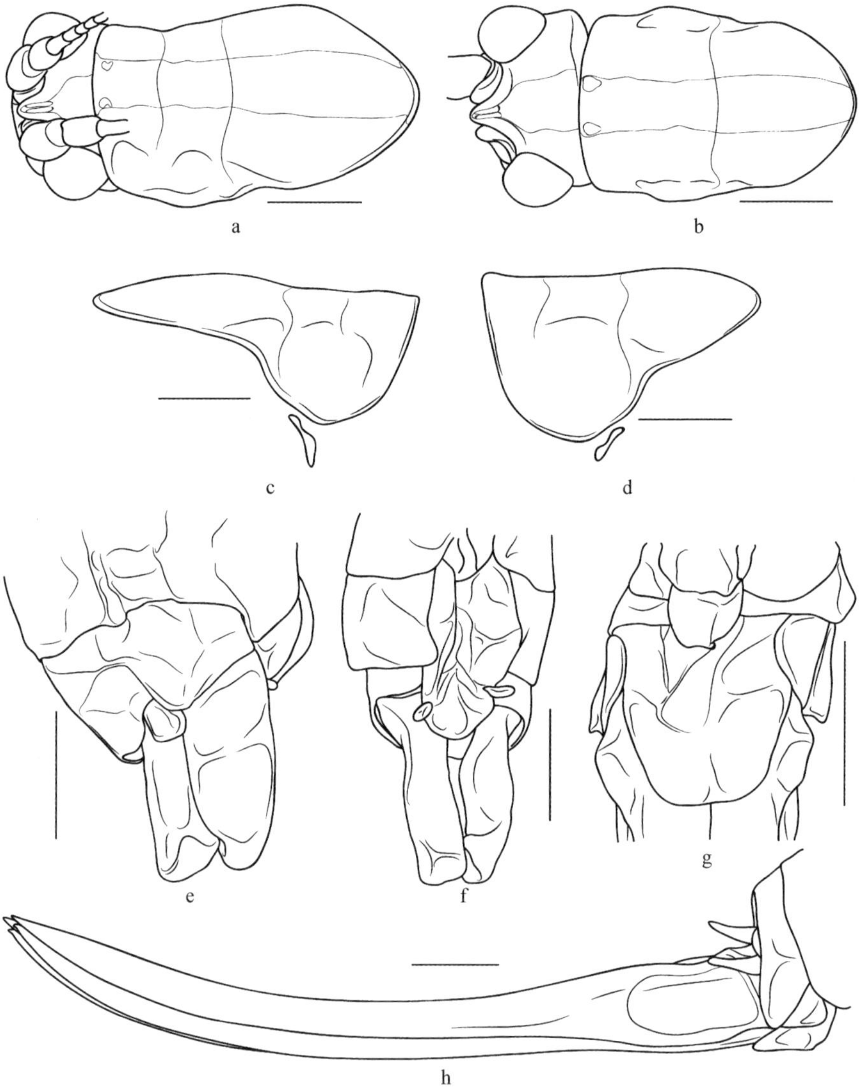

仿图 19　二点黑斑螽 *Nigrimacula binotata* Shi, Bian & Zhou, 2016
（仿 Shi, Bian & Zhou, 2016）

a. 雄性头和前胸背板，背面观；b. 雌性头和前胸背板，背面观；c. 雄性前胸背板，侧面观；d. 雌性前胸背板，侧面观；e. 雄性腹端，侧背面观；f. 雄性腹端，腹面观；g. 雌性下生殖板，腹面观；h. 雌性腹端，侧面观

AF. 19　*Nigrimacula binotata* Shi, Bian & Zhou, 2016 (after Shi, Bian & Zhou, 2016)

a. male head and pronotum, dorsal view; b. female head and pronotum, dorsal view; c. male pronotum, lateral view; d. female pronotum, lateral view; e. end of male abdomen, laterally dorsal view; f. end of male abdomen, ventral view; g. subgenital plate of female, ventral view; h. end of female abomen, lateral view

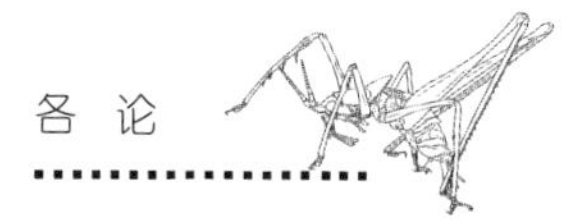

58. 四川黑斑螽 *Nigrimacula sichuanensis* Wang & Shi, 2016（仿图20）

Nigrimacula sichuanensis: Wang & Shi, 2016, *Zootaxa*, 4132(4): 591.

描述：体较瘦。头短粗，颜面稍倾斜；头顶圆锥形，向前凸出，末端钝圆，背面具纵沟；复眼卵圆形，向前外凸出（仿图20a）；下颚须较短，端节约等长于亚端节。前胸背板较宽短，前缘稍凸，后缘钝圆，后横沟明显，沟后区稍抬高，（仿图20a），侧片长大于高，肩凹明显（仿图20b），胸听器外露；前翅长，到达后足股节中部，前后缘平行，末端圆，后翅稍长于前翅；前足基节具1个短粗刺，末端尖，各足股节腹面无刺，前足胫节腹面刺为4, 4 (1, 1)型，胫节听器长卵形，两侧均为开放型，后足胫节背面内外缘各具18～21个齿和1个端距，腹面具4个端距。雄性第10腹节背板较长，后缘较直或微凹（仿图20c）；尾须基半部粗壮，近端部侧扁，具短粗的刚毛，稍内弯，末端圆，在中部具短钝的内突起（仿图20c～e）；下生殖板大，基半部宽，近端部窄，后缘稍凸，腹突短，位于侧缘后角（仿图20e）。

雌性尾须圆锥形，短粗（仿图20g）；下生殖板宽大，近梯形，后缘中部凹（仿图20f）；产卵瓣基部较粗壮，端半部稍背弯，背瓣末端尖，腹瓣末端具钩（仿图20g）。

体黄绿色。头顶黑褐色，头部背面具黄褐色纵纹；复眼褐色。前胸背板背片具较宽的黄褐色纵纹，外缘具淡黄色的边，前胸背板背片前缘具1对黑点，中间具1对黑点；前翅具些许淡褐色斑，后缘淡褐色。尾须末端淡褐色。

测量（mm）：体长♂8.0～8.5，♀9.3～9.5；前胸背板长♂3.3～3.5，♀2.7～2.8；前翅长♂14.7～15.5，♀14.7～15.5；后足股节长♂12.3～12.7，♀12.6～12.8；产卵瓣长13.3～13.6。

检视材料：1♂（正模），四川雅安周公山，2015.VIII.21，王海建采；1♀（副模），四川崇州鸡冠山，2015.X.14，陈献伟采。

模式产地及保存：中国四川雅安周公山；河北大学博物馆（MHU），中国河北保定。

分布：中国四川。

59. 贝氏黑斑螽 *Nigrimacula beybienkoi* Wang & Liu, 2018（图39）

Nigrimacula beybienkoi: Wang & Liu, 2018, *Zootaxa*, 4441(2): 231.

描述：头顶圆锥形，端部钝，背面具纵沟；下颚须端节约等长于亚端节；复眼卵圆形，向前凸出。前胸背板沟后区稍抬高并长于沟前区，侧片

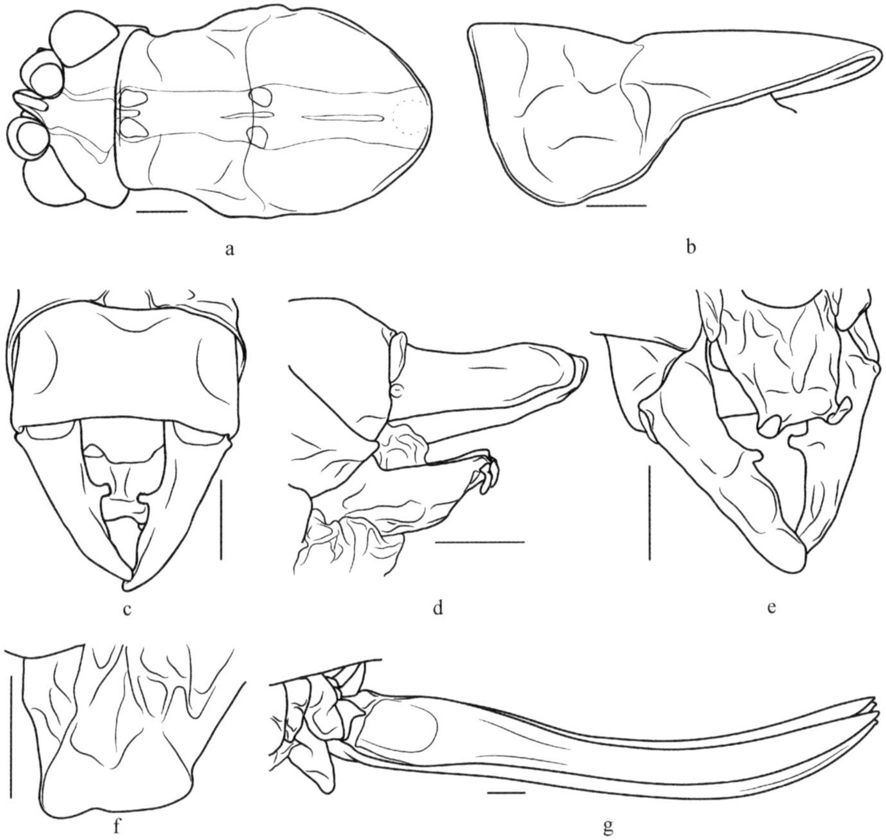

仿图20　四川黑斑螽 *Nigrimacula sichuanensis* Wang & Shi, 2016（仿 Wang & Shi, 2016）
a. 雄性头和前胸背板，背面观；b. 雄性前胸背板，侧面观；c. 雄性腹端，背面观；d. 雄性腹端，侧面观；e. 雄性腹端，腹面观；f. 雌性下生殖板，腹面观；g. 雌性腹端，侧面观

AF. 20　*Nigrimacula sichuanensis* Wang & Shi, 2016 (after Wang & Shi, 2016)
a. male head and pronotum, dorsal view; b. male pronotum, lateral view; c. end of male abdomen, dorsal view; d. end of male abdomen, lateral view; e. end of male abdomen, ventral view; f. subgenital plate of female, ventral view; g. end of female abomen, lateral view

后缘倾斜，肩凹不明显（图39a，b）；前翅不超过后足股节端部，后翅短于前翅；各足股节无刺，前足胫节腹面刺为4, 4 (1, 1)型，后足胫节背面内外缘各具16 ～ 18个齿和1个端距，腹面具4个端距。雄性第10腹节背板后缘平截，中央稍凹（图39c）；尾须较直，背缘在端半部扩展呈叶状，叶顶角尖圆，腹缘较厚，末端具1内齿（图39c，d，e）；下生殖板长于宽，后缘截形，具2个细长的腹突（图39e）。

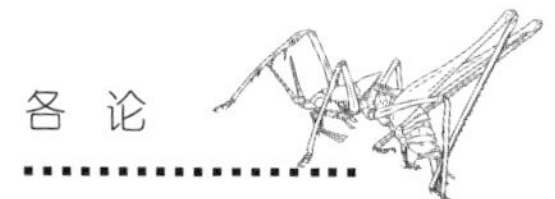

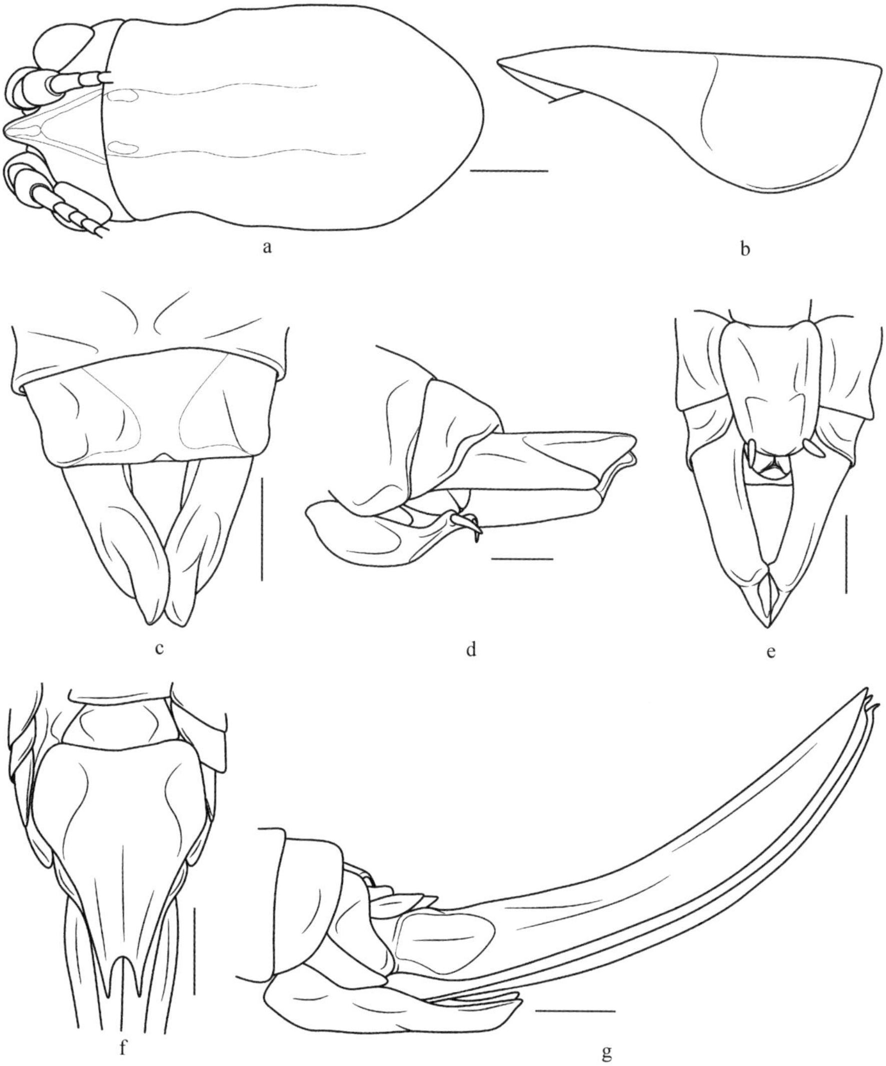

a b

c d e

f g

图39 贝氏黑斑螽 *Nigrimacula beybienkoi* Wang & Liu, 2018

a. 雄性头和前胸背板，背面观；b. 雄性前胸背板，侧面观；c. 雄性腹端，背面观；d. 雄性腹端，侧面观；e. 雄性腹端，腹面观；f. 雌性下生殖板，腹面观；g. 雌性腹端，侧面观

Fig. 39 *Nigrimacula beybienkoi* Wang & Liu, 2018

a. male head and pronotum, dorsal view; b. male pronotum, lateral view; c. end of male abdomen, dorsal view; d. end of male abdomen, lateral view; e. end of male abdomen, ventral view; f. subgenital plate of female, ventral view; g. end of female abomen, lateral view

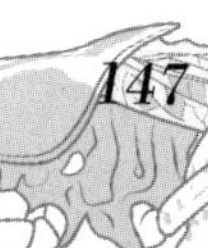

雌性类似雄性。尾须圆锥形；下生殖板延长，端半部渐趋狭，后缘凹圆，侧角尖凸（图39f）；产卵瓣适度上弯，腹瓣末端具弱端钩（图39g）。

体淡黄色（活时为淡绿色）。头顶背面在纵沟处具1黑色带。前胸背板背面具褐色纵带和2个位于前缘的黑点；前翅具不明显的暗点；后足胫节背齿暗褐色。

测量（mm）：体长♂8.5，♀9.0；前胸背板长♂3.5，♀3.3；前翅长♂8.0，♀9.0；后足股节长♂7.0，♀8.0；产卵瓣长6.0。

检视材料：正模♂，副模4♂♂2♀♀，西藏波密，2 200 m，2011. VIII.31，毕文烜采。

分布：中国西藏。

（十）三岛螽属 *Tamdaora* Gorochov, 1998

Tamdaora: Gorochov, 1998, *Zoosystematica Rossica*, 7(1): 113; Bian, Shi & Mao, 2012, *Acta Zootaxonomica Sinica*, 37(1): 252; Wang & Liu, 2018, *Zootaxa*, 4441(2): 234.

模式种：*Tamdaora magnifica* Gorochov, 1998

体形稍大。头顶圆锥形，端部钝，背面具纵沟；下颚须端节约等长于亚端节。前胸背板沟后区不长于沟前区，侧片后缘肩凹较明显。前翅远超过后足股节端部，后翅长于前翅；前足胫节听器为开放型，后足胫节腹面具4个端距。雄性第10腹节背板后缘平截，无突起；肛上板特化，雄性尾须较简单，雄性下生殖板具腹突，生殖器完全膜质。

中国三岛螽属分种检索表

1 前胸背板不具纵带；雄性肛上板具3对叶，尾须端部内弯；雌性未知 ························ **弯尾三岛螽 *Tamdaora curvicerca* Wang & Liu, 2018**

– 前胸背板具纵带 ·· 2

2 雄性肛上板具2对叶；雄性尾须端部较直，内侧具2弱的突起；雌性下生殖板较狭长，产卵瓣末端尖 ··· **大三岛螽 *Tamdaora magnifica* Gorochov, 1998**

– 雄性未知；雌性下生殖板较短，产卵瓣末端具端钩 ······················· **长翅三岛螽 *Tamdaora longipennis* (Liu & Zhang, 2000)**

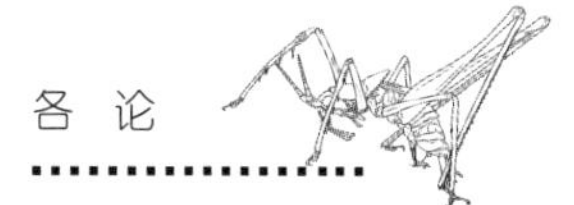

60. 大三岛螽 *Tamdaora magnifica* Gorochov, 1998（仿图21）

Tamdaora magnifica: Gorochov, 1998, *Zoosystematica Rossica*, 7(1): 113; Bian, Shi & Mao, 2012, *Acta Zootaxonomica Sinica*, 37(1): 252.

描述：体大且长。头顶圆锥形，端部钝，背面具纵沟；下颚须端节约等长于亚端节。前胸背板沟后区不长于沟前区（仿图21a），侧片后缘倾斜，肩凹较明显（仿图21b）。前翅远超过后足股节端部，后翅长于前翅。前足胫节腹面刺为4, 5 (1, 1)型，后足胫节背面内外缘各具19～22个齿和1个端距，腹面具4个端距。雄性第10腹节背板后缘无突起或叶（仿图21c）；肛上板具2对突起，下突起明显长于上突起（仿图21c，d）；尾须较简单，中部内侧具2弱的突起（仿图21c～e）；下生殖板后缘微凹，具2个较细长的腹突（仿图21e）；生殖器完全膜质。

雌性体稍大。第10腹节背板后缘中央略凹；尾须长，圆锥形，基部稍细，端部尖，弯向内背方；下生殖板长卵圆形，基缘内凹，两侧缘向背侧卷曲，后缘略凹（仿图21f，g）；产卵瓣几乎不弯曲，向端部渐细，边缘光滑，末端尖。

体淡黄绿色。头部背面具狭三角形的淡褐色斑，触角淡黄褐色，具稀疏的暗色环，前胸背板背面具淡褐色纵带和淡色侧线，前翅淡绿色，基半部横脉淡黄色，具明显的暗黑色斑点。

测量（mm）：体长♂14.5～16.5，♀14.5～15.0；前胸背板长♂4.5，♀4.3～4.5；前翅长♂24.0，♀24.5～26.0；后足股节长♂15.5～17.0，♀16.0～17.0；产卵瓣长13.0～13.5。

检视材料：未见标本。

模式产地及保存：越南永福省三岛；俄罗斯科学院动物研究所（ZIN.，RAS.），俄罗斯圣彼得堡。

分布：中国（广西）；越南。

61. 长翅三岛螽 *Tamdaora longipennis* (Liu & Zhang, 2000) comb. nov.（仿图22）

Neoxizicus longipennis: Liu & Zhang, 2000, *Entomotaxonomia*, 22(3): 165.

描述：头顶圆锥形，端部钝，背面具纵沟；下颚须端节约等长于亚端节。前胸背板沟后区不长于沟前区，侧片后缘倾斜，肩凹较明显；前翅远超过后足股节端部，后翅长于前翅1.5 mm；前足胫节腹面刺为4, 5 (1,

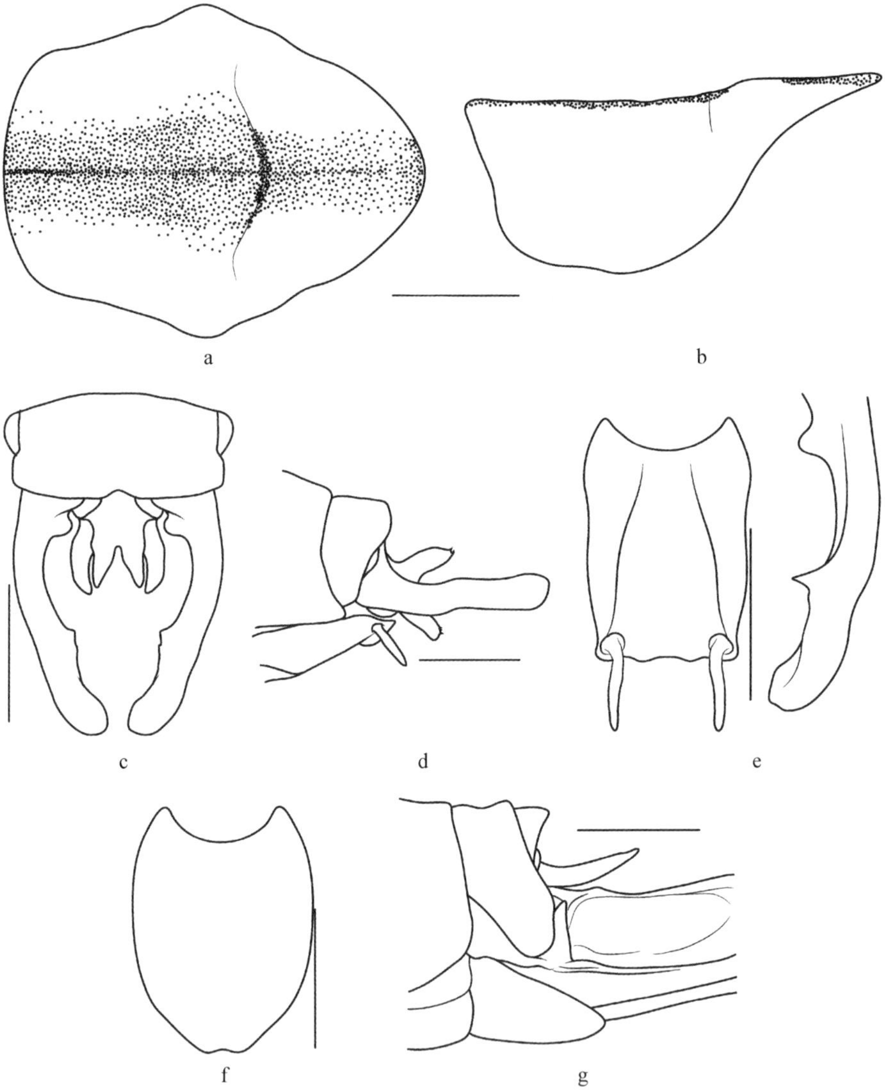

a b c d e f g

仿图21　大三岛螽 *Tamdaora magnifica* Gorochov, 1998（仿 Bian, Shi & Mao, 2012）
a. 雄性前胸背板，背面观；b. 雄性前胸背板，侧面观；c. 雄性腹端，背面观；d. 雄性腹端，侧面观；e. 雄性左尾须和下生殖板，腹面观；f. 雌性下生殖板，腹面观；g. 雌性下生殖板，侧面观

AF. 21　*Tamdaora magnifica* Gorochov, 1998 (after Bian, Shi & Mao, 2012)
a. male pronotum, dorsal view; b. male pronotum, lateral view; c. end of male abdomen, dorsal view; d. end of male abdomen, lateral view; e. left cercus and subgenital plate of male, ventral view; f. subgenital plate of female, ventral view; g. subgenital plate of female, lateral view

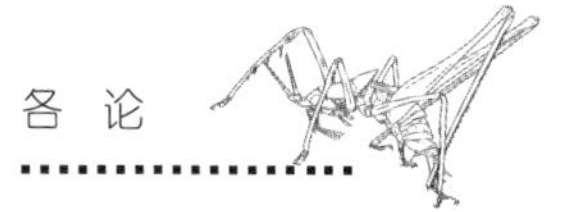

1)型，后足胫节背面内外缘各具14～15个齿和1个端距，腹面具4个端距。雌性下生殖板具狭圆的端部（仿图22）；产卵瓣短于后足股节，腹瓣具端钩。

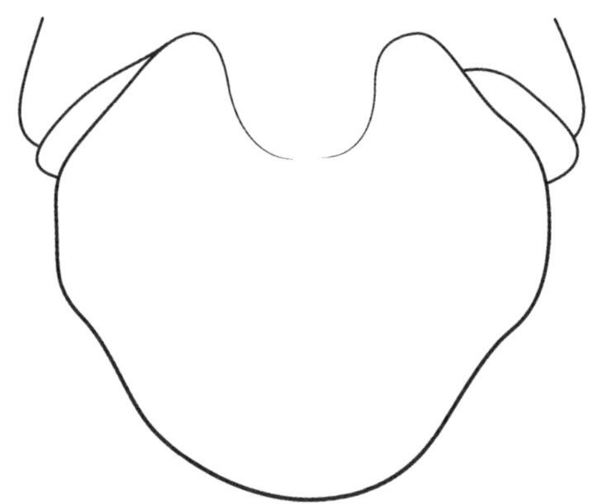

仿图22 长翅三岛螽 *Tamdaora longipennis* (Liu & Zhang, 2000)（仿Liu & Zhang，2000）
雌性下生殖板，腹面观

AF. 22 *Tamdaora longipennis* (Liu & Zhang, 2000) (after Liu & Zhang, 2000)
subgenital plate of female, ventral view

雄性未知。

体淡黄色（活时应为淡绿色）。头部背面具暗色纵线，前胸背板背面具淡红色纵带和黑褐色后缘，前翅稍带淡黄色。

测量（mm）：体长♀19.0；前胸背板长♀5.0；前翅长♀24.0；后足股节长♀14.0；产卵瓣长9.0。

检视材料：未见标本。

模式产地及保存：中国云南勐龙勐宋；中国科学院动物研究所（IZCAS），中国北京。

分布：中国云南。

讨论：该种仅有雌性，根据其综合特征和体型翅长，与三岛螽属*Tamdaora*最为接近，但具体分类地位确定有待于雄性标本的匹配。

62. 弯尾三岛螽 *Tamdaora curvicerca* Wang & Liu, 2018（图40）

Tamdaora curvicerca: Wang & Liu, 2018, *Zootaxa*, 4441(2): 237.

描述：体在该族中大型。头顶圆锥形端部钝，背面具纵沟；复眼卵圆形，向前凸出（图40a）；下颚须端节长于亚端节。前胸背板背观近菱形，侧角凸出，前缘近平稍凸，后缘凸圆，沟后区稍抬高并短于沟前区，肩凹明显（图40b）；翅发达，远超腹部末端，后翅长于前翅；前足胫节腹面刺为5, 6 (1, 1)型，后足胫节背面内外缘各具19～22个齿和1个端距，腹面具4个端距。雄性第10腹节背板后缘近平稍凸（图40c）；肛上板特化，具3对叶：最背侧一对较长向背侧，中间一对短向后方，腹侧一对最宽最长向腹方（图40c～e）；尾须修长，端部内弯，外侧膝状凸出，末端叶状（图40c～e）；下生殖板宽，后缘凸圆，具2个细长的腹突（图40e）；外

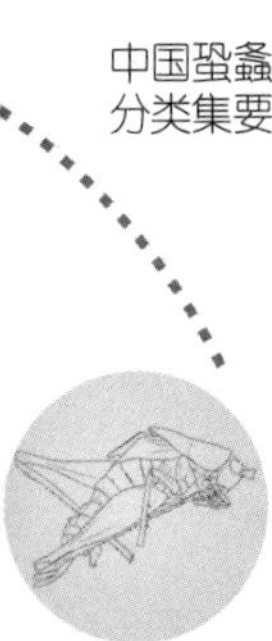

生殖器完全膜质。

雌性未知。

体淡黄色（活时可能绿色）。头顶和头背面暗黑褐色，自头顶渐淡；复眼黑褐色，触角具稀疏的暗环。

测量（mm）：体长♂18.0；前胸背板长♂4.5；前翅长♂19.0；后足股节长♂14.5。

检视材料：正模♂，西藏察隅，1 900 m，2011.VII.7，毕文烜采。

分布：中国西藏。

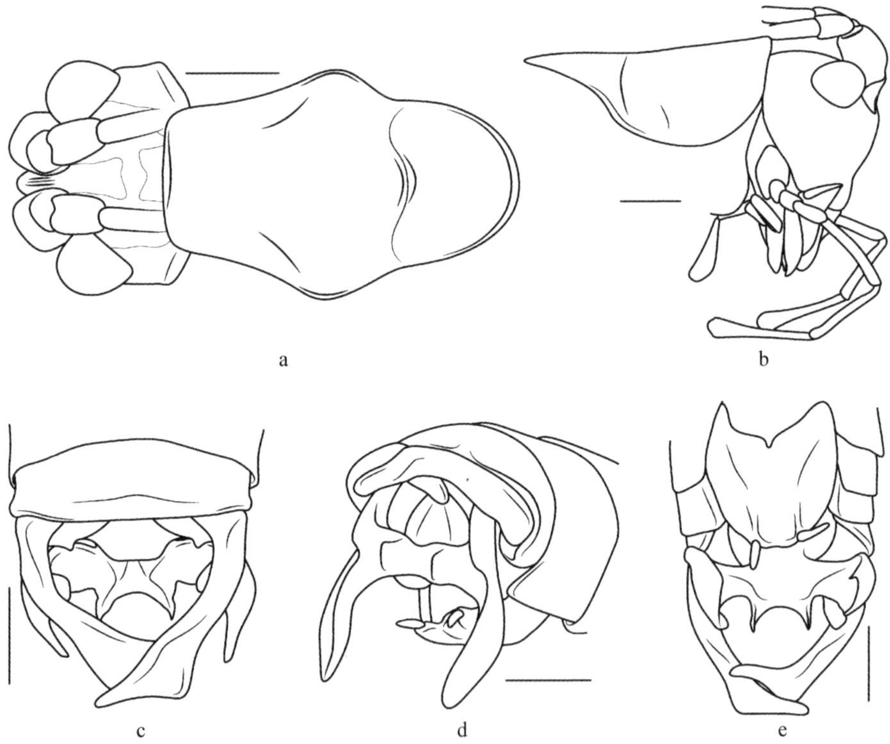

图40 弯尾三岛螽 *Tamdaora curvicerca* Wang & Liu, 2018

a. 雄性头和前胸背板，背面观；b. 雄性头与前胸背板，侧面观；c. 雄性腹端，背面观；d. 雄性腹端，侧面观；e. 雄性腹端，腹面观

Fig. 40 *Tamdaora curvicerca* Wang & Liu, 2018

a. male head and pronotum, dorsal view; b. male head and pronotum, lateral view; c. end of male abdomen, dorsal view; d. end of male abdomen, lateral view; e. end of male abdomen, ventral view

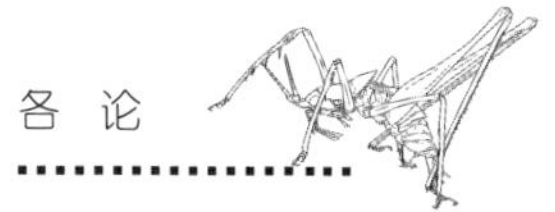

（十一）小蛩螽属 *Microconema* Liu, 2005

Xiphidiola (*Microconema*): Liu & Zhang, 2005, *Insect Fauna of Middle-West Qinling Range and South Mountains of Gansu Province*, 90.

Microconema: Wang & Liu, 2018, *Insect Fauna of the Qinling Mountains volume I Entognatha and Orthopterida*, 470.

模式种：*Xiphidiopsis clavata* Uvarov, 1933

体形较小。头顶钝圆锥形，背面具沟；复眼圆形，突出；下颚须端节不短于亚端节。前胸背板侧片长大于高，后缘肩凹较明显；前后翅发育完好，雄性具发音器；后翅长于前翅；前足胫节听器为开放型，后足胫节具3对端距。雄性第10腹节背板具成对的小突起，尾须较简单，下生殖板具腹突，外生殖器完全膜质。雌性产卵瓣腹瓣具亚端齿和端钩。

63. 棒尾小蛩螽 *Microconema clavata* (Uvarov, 1933)（图41，图版31）

Xiphidiopsis clavata: Uvarov, 1933, *Arkiv för Zoologi*, 26A(1): 7; Chang, 1935, *Notes d'Entomologie Chinoise, Musée Heude*, 2(3): 42; Tinkham, 1943, *Notes d'Entomologie Chinoise, Musée Heude*, 10(2): 41; Tinkham, 1944, *Proceedings of the United States National Museum*, 94: 507; Tinkham, 1956, *Transactions of the American Entomological Society*, 82: 4; Beier, 1966, *Orthopterorum Catalogus*, 9: 272.

Xiphidiola (*Microconema*) *clavata*: Liu & Zhang, 2005, *Insect Fauna of Middle-West Qinling Range and South Mountains of Gansu Province*, 91.

Microconema clavata: Wang & Liu, 2018, *Insect Fauna of the Qinling Mountains volume I Entognatha and Orthopterida*, 471.

描述：体形较小。头顶钝圆锥形，背面具浅沟；复眼圆形，突出（图41a）；下颚须端节不短于亚端节。前胸背板侧片长于高，后缘肩凹较明显（图41b）；前翅超过腹端，后翅短于前翅；前足胫节刺为4～5, 5 (1, 1)型，后足胫节具3对端距，背面内外缘各具20～22个齿。雄性第10腹节背板后缘中央波曲，具不明显的成对突起（图41c）；尾须较简单，基半部较粗，内背缘具窄的片状扩展，端部棒状（图41c～e）；下生殖板后缘稍凸，具1对较长的腹突（图41e）；外生殖器完全膜质。

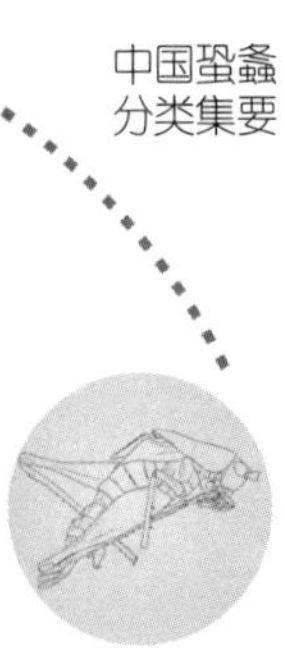

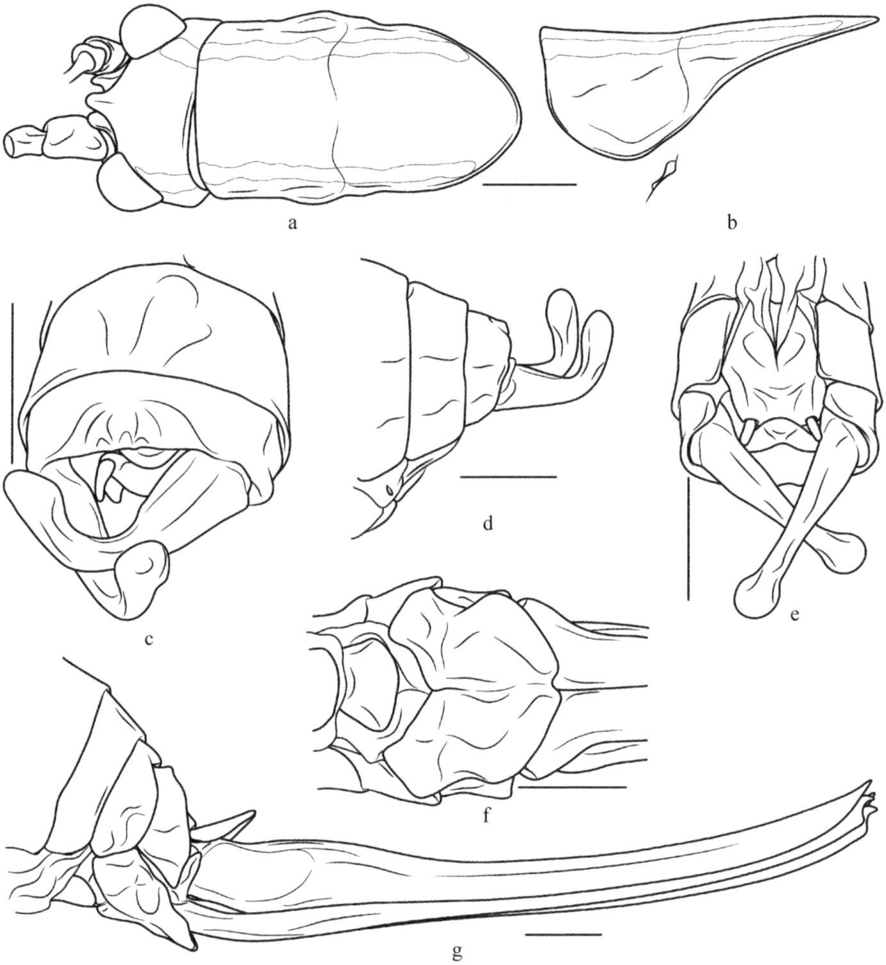

图41　棒尾小蛩螽 *Microconema clavata* (Uvarov, 1933)

a. 雄性头部和前胸背板，背面观；b. 雄性前胸背板，侧面观；c. 雄性腹端，背面观；d. 雄性腹端，侧面观；e. 雄性腹端，腹面观；f. 雌性下生殖板，腹面观；g. 雌性腹端，侧面观

Fig. 41　*Microconema clavata* (Uvarov, 1933)

a. head and pronotum of male, dorsal view; b. prontoum of male, lateral view; c. end of male abdomen, dorsal view; d. end of male abdomen, lateral view; e. end of male abdomen, ventral view; f. subgenital plate of female, ventral view; g. end of female abdomen, lateral view

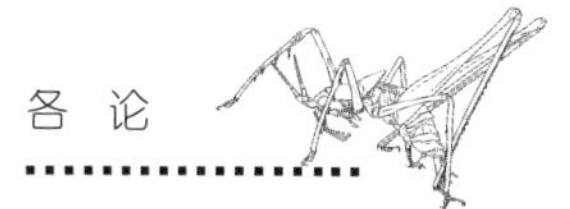

雌性下生殖板较宽大，端半部呈圆三角形，中央具纵沟，后缘中央具缺口（图41f）；产卵瓣几乎等长于后足股节，较直，腹瓣具1个亚端齿和较宽的端钩（图41g）。

体淡绿色。头部复眼之后具黄色侧条纹，延伸至前胸背板后缘，雄性前翅发音部具暗斑。

测量（mm）：体长♂10.0～11.0，♀11.5～12.5；前胸背板长♂3.2～3.8，♀3.0～3.8；前翅长♂13.5～15.0，♀15.5～16.0；后足股节长♂8.0～9.5，♀8.5～9.5；产卵瓣长8.5～9.0。

检视材料：1♂1♀（若虫），陕西（Weitzeping），1916.VIII.20，Licent采；1♂1♀，陕西（Sinntsai），1916.IX.16，Licent采（毕晓普博物馆）。1♂，陕西华阴华阳，1 400 m，1978.VIII.14，金根桃采；2♂♂5♀♀，陕西秦岭天台山，1999.IX.2～3，刘宪伟等采；3♂♂6♀♀，湖北神农架木鱼，1 200 m，1983.VIII.26，金根桃等采；2♀♀，河南西峡黄石庵，1 000 m，1985.VIII.22，张秀江采；2♂♂6♀♀，河南卢氏淇河林场，1 300～1 600 m，1985.VIII.24，张秀江等采；1♂，河南灵宝河西林场，1 500～1 800 m，1987.VIII.14，张秀江采；5♂♂，河南济源王屋山，2000.IX.16，刘宪伟、章伟年采；1♀，河南桐柏山，2000.IX.11，刘宪伟、章伟年采；3♂♂3♀♀，河北兴隆雾灵山，2007.IX.8～9，刘宪伟等采。

模式产地及保存：中国甘肃南部；斯德哥尔摩自然历史博物馆（NHRS），瑞典斯德哥尔摩。

分布：中国河北、河南、陕西、甘肃、湖北。

（十二）钱螽属 *Chandozhinskia* Gorochov, 1993

Chandozhinskia: Gorochov, 1993, *Zoosystematica Rossica*, 2(1): 79, 82; Otte, 1997, *Orthoptera Species File 7*, 88; Wang & Liu, 2018, *Zootaxa*, 4441(2): 237; Jin, Liu & Wang, 2020, *Zootaxa*, 4772(1): 44.

模式种：*Xiphidiopsis bivittata* Bey-Bienko, 1957

体形较小而纤弱。头顶圆锥形，端部钝，背面具纵沟；下颚须端节约等长于亚端节。前胸背板侧片后缘倾斜，肩凹不明显；前翅和后翅发达或缩短；前足胫节听器为开放型，后足胫节具3对端距。雄性第10腹节背板无突起或叶，雄性尾须端部呈叶片状扩大，雄性下生殖板具腹突，雄性外生殖器完全膜质。产卵瓣较短，腹瓣具端钩。

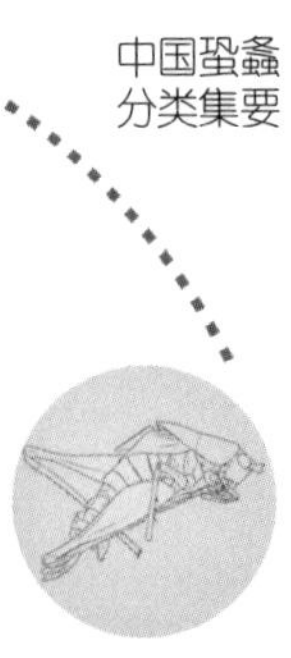

中国钱螽属种分种检索表

1 前翅远超后足股节端部 ………………………………………………………………
………… 双纹钱螽 ***Chandozhinskia bivittata bivittata* (Bey-Bienko, 1957)**
- 前翅强缩短，几乎不长于前胸背板 …………………………………………
………………… 戟尾钱螽 ***Chandozhinskia hastaticerca* (Tinkham, 1936)**

64. 双纹钱螽 *Chandozhinskia bivittata bivittata* (Bey-Bienko, 1957)（图42）

Xiphidiopsis bivittata: Bey-Bienko, 1957, *Entomologicheskoe Obozrenie*, 36: 410, 416; Bey-Bienko, 1962, *Trudy Zoologicheskogo Instituta Akademii Nauk SSSR, Leningrad*, 30: 128, 134; Beier, 1966, *Orthopterorum Catalogus*, 9: 272; Liu & Jin, 1994, *Contributions from Shanghai Institute of Entomology*, 11: 109; Jin & Xia, 1994, *Journal of Orthoptera Research*, 3: 26.

Chandozhinskia bivittata: Gorochov, 1993, *Zoosystematica Rossica*, 2(1): 82; Sänger & Helfert, 2004, *Senckenbergiana Biologica*, 84(1–2): 45–58; Gorochov, Liu & Kang, 2005, *Oriental Insects*, 39: 70; Wang & Liu, 2018, *Zootaxa*, 4441(2): 237.

Chandozhinskia bivittata bivittata: Gorochov, 2011, *Far Eastern Entomologist*, 236: 13; Kim & Pham, 2014, *Zootaxa*, 3811(1): 70; Jin, Liu & Wang, 2020, *Zootaxa*, 4772(1): 44.

描述：头顶圆锥形，端部钝，背面具纵沟；下颚须端节约等长于亚端节。前胸背板侧片后缘倾斜，肩凹不明显；前翅远超过后足股节端部，后翅长于前翅0.5mm；前足胫节腹面刺为4, 4 (1, 1)型，后足胫节背面内外缘各具24～26个刺和1个端距，腹面具4个端距。雄性第10腹节背板后缘截形（图42b）；尾须基部内侧具1个钩状突起，尾须端部呈戟状（图42b, c）；下生殖板具腹突（图42c）；外生殖器完全膜质。

雌性肛上板圆三角形，背面具沟；尾须较短，圆锥形；下生殖板狭长，端部狭圆（图42d）；产卵瓣较短，腹瓣具端钩（图42e）。

体淡黄褐色（活时应为淡褐色）。前胸背板具平行的黄色侧条纹（图42a），前翅具22～28个较明显的暗色斑，后足股节膝叶端部具暗点。

测量（mm）：体长♂9.0，♀12.0～15.0；前胸背板长♂3.0，♀2.8～3.0；前翅长♂13.0，♀14.5～16.0；后足股节长♂损毁，♀7.5～8.0；产卵瓣长

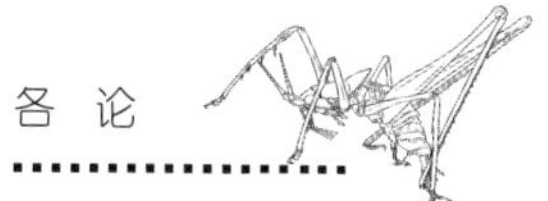

5.5 ～ 6.0。

检视材料：1♀，西藏墨脱德兴，980 m，1950.V.29，金根桃、吴建毅采。1♀, Vietnam Dilinh (Djiring), 1 200 m, 1960.IV.22 ～ 28, coll. S. Ouate & L. Quate; 1♂, Thailand (NW), Chiangmai, Doipui, 1 360 m, May.2.1958, coll. T.C. Maa（毕晓普博物馆）。

模式产地及保存：中国云南思茅；中国科学院动物研究所（IZCAS），中国北京。

分布：中国（云南、西藏）；越南；泰国。

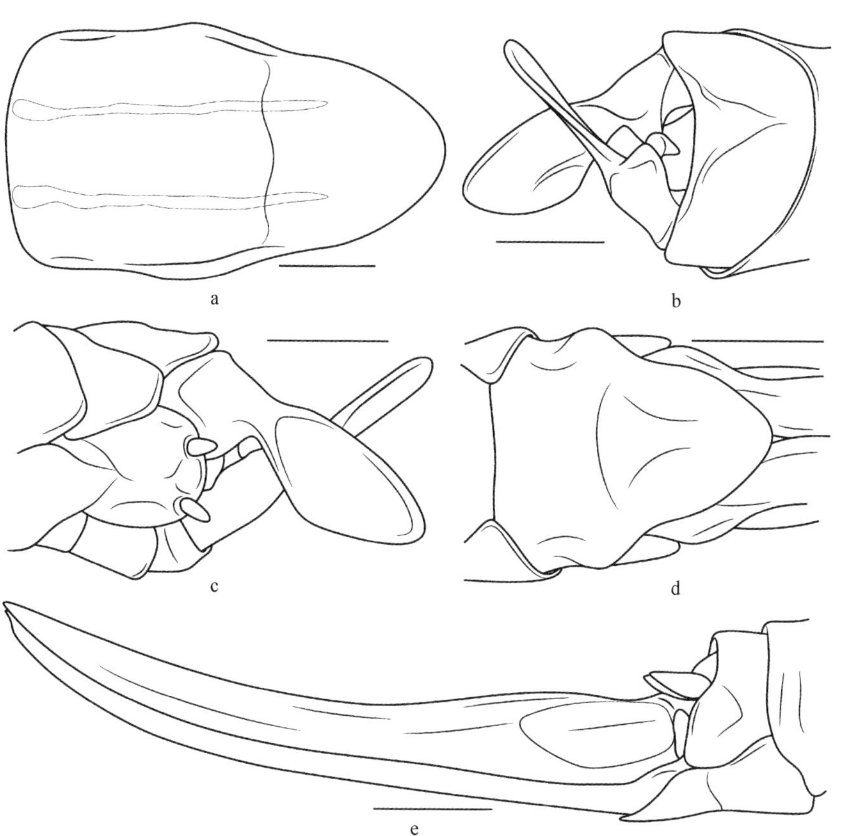

图42　双纹钱螽 *Chandozhinskia bivittata bivittata* (Bey-Bienko, 1957)
a. 雄性前胸背板，背面观；b. 雄性腹端，背面观；c. 雄性腹端，腹面观；d. 雌性下生殖板，腹面观；e. 雌性腹端，侧面观

Fig. 42　*Chandozhinskia bivittata bivittata* (Bey-Bienko, 1957)
a. pronotum of male, dorsal view; b. end of male abdomen, dorsal view; c. end of male abdomen, ventral view; d. subgenital plate of female, ventral view; e. end of female abdomen, lateral view

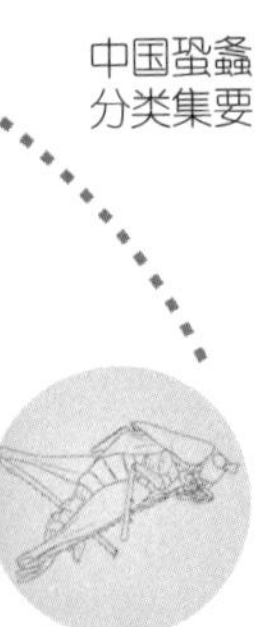

65. 戟尾钱螽 *Chandozhinskia hastaticerca* (Tinkham, 1936)（图43）

Xiphidiopsis hastaticerca: Tinkham, 1936, *Lingnan Science Journal*, 15(3): 410; Tinkham, 1943, *Notes d'Entomologie Chinoise, Musée Heude*, 10(2): 40; Tinkham, 1944, *Proceedings of the United States National Museum*, 94: 507, 508; Tinkham, 1956, *Transactions of the American Entomological Society*, 82: 3, 5.

Thaumaspis hastaticerca: Bey-Bienko, 1957, *Entomologicheskoe Obozrenie*, 36: 412; Beier, 1966, *Orthopterorum Catalogus*, 9: 274; Liu & Jin, 1994, *Contributions from Shanghai Institute of Entomology*, 11: 109; Jin & Xia, 1994, *Journal of Orthoptera Research*, 3: 26.

Chandozhinskia bivittata: Gorochov, 1993, *Zoosystematica Rossica*, 2(1): 82 (part.); Gorochov, Liu & Kang, 2005, *Oriental Insects*, 39: 70.

Chandozhinskia hastaticercus: Wang, Liu & Li, 2014, *ZooKeys*, 443: 12; Jin, Liu & Wang, 2020, *Zootaxa*, 4772(1): 44.

描述：体小。头顶圆锥形，端部钝，背面具纵沟；下颚须端节约等长于亚端节。前胸背板侧片后缘倾斜，肩凹不明显；前翅强缩短，几乎不长于前胸背板，后翅退化（图43a）；前足胫节腹面刺为4, 4 (1, 1)型，后足胫节背面内外缘各具25～26个刺和1个端距，腹面具4个端距。雄性第10腹节背板后缘截形；尾须基部内侧具1个钩状突起，尾须端部呈戟状；下生殖板后缘圆形，具腹突，外生殖器完全膜质。

雌性肛上板圆三角形，背面具沟；尾须较短，圆锥形；下生殖板狭长，端部狭圆（图43b）；产卵瓣较短，腹瓣具端钩。

测量（mm）：体长♂8.0，♀9.0～10.0；前胸背板长♂3.0～3.1，♀2.8；前翅长♂2.7～3.0，♀2.5～2.8；后足股节长♂7.0～7.2，♀7.5；产卵瓣长5.0～5.5。

体淡黄褐色（活时应为绿色）。前胸背板具平行的黄色侧条纹，后足股节端部稍暗。

检视材料：1♂5若虫，广西兴安猫儿山，600～900 m，1992.VIII.24，刘宪伟、殷海生采；1♀，云南景洪基偌，1995. VIII.5～9，刘宪伟等采。3♂♂1♀, Vietnam Fyan 900 ～ 1 200 m, 1961. VII.11 ～ VIII.9, coll. N.R. Spencer; 2♀♀, Vietnam, Dilinh (Djiring), 1300 m, 1960.IX.6 ～ 21, coll.

C.M. Yoshimoto（毕晓普博物馆）。

模式产地及保存：中国广东罗浮山；中山大学昆虫研究所（ICRI），中国广东广州。

分布：中国（广东、广西、云南）；越南。

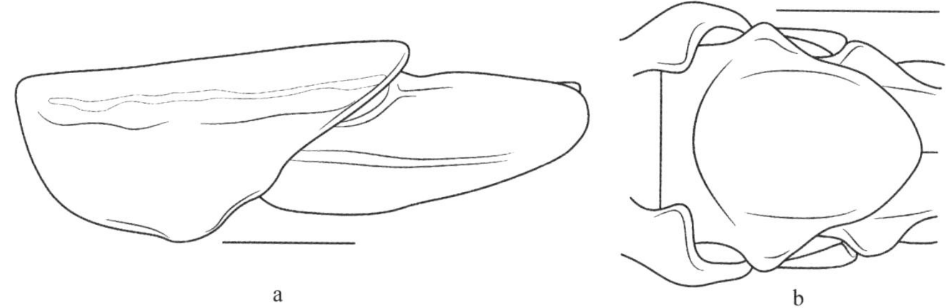

图43 戟尾钱螽 *Chandozhinskia hastaticerca* (Tinkham, 1936)
a. 雄性前胸背板和前翅，侧面观；b. 雌性下生殖板，腹面观

Fig. 43 *Chandozhinskia hastaticerca* (Tinkham, 1936)
a. pronotum and tegmen of male, lateral view; b. subgenital plate of female, ventral view

（十三）涤螽属 *Decma* Gorochov, 1993

Decma: Gorochov, 1993, *Zoosystematica Rossica*, 2(1): 79; Liu, & Zhou, 2007, *Acta Entomologica Sinica*, 50(6): 610.

模式种：*Decma stshelkanovtzevi* Gorochov, 1993

体小。头顶圆锥形，复眼球形，凸出；下颚须端节与亚端节约等长。前胸背板沟后区延长，侧片肩凹不明显；前翅超过后足股节端部，后翅长于前翅。雄性第10腹节背板无突起或具小的突起，肛上板较小；尾须内侧常具突或叶；下生殖板具腹突；外生殖器具革质化阳茎端突。雌性下生殖板外形多样，产卵瓣腹瓣具端钩。

中国涤螽属分亚属与种检索表

1 雄性第10腹节背板具成对的突起，阳茎端突不外露；雌性下生殖板非延长……………………………**异涤螽亚属 *Decma (Idiodecma)*** ………………… 2
– 雄性第10腹节背板无突起，阳茎端突外露；雌性下生殖板延长 ……… 3
2 雄性尾须内侧具圆形的中叶；雌性下生殖板近倒三角形 ………………

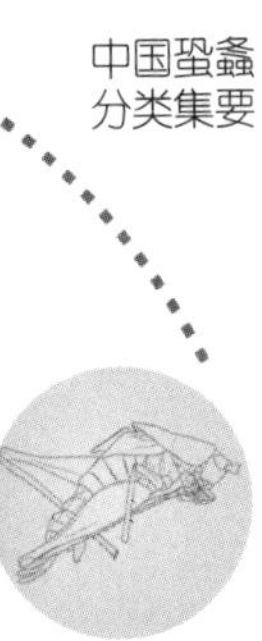

.... 缅甸异涤螽 ***Decma* (*Idiodecma*) *birmanica* (Bey-Bienko, 1971)**

– 雄性尾须内侧无中叶；雌性未知 ....

.... 黑顶异涤螽 ***Decma* (*Idiodecma*) *nigrovertex* Liu & Yin, 2004**

3 前胸背板沟后区较长，几乎为沟前区2倍；雄性尾须基部无内突

.... 副涤螽亚属 ***Decma* (*Paradecma*) Liu & Zhou, 2007**

.... 双刺副涤螽 ***Decma* (*Paradecma*) *bispinosa* Liu & Zhou, 2007**

– 前胸背板沟后区与沟前区等长；雄性尾须基部具内突或未知...........

.... 涤螽亚属 ***Decma* (*Decma*) Gorochov, 1993** 4

4 雌性下生殖板后缘裂口较浅，较宽圆；雄性未知 ....

.... 斯氏涤螽 ***Decma* (*Decma*) *sjostedti* (Karny, 1927)**

雌性下生殖板后缘裂口较深，尖形；雄性尾须内侧分出1尖刺状突起 5

5 雄性尾须端部略膨大；雌性下生殖板裂叶较尖长 ....

.... 裂涤螽 ***Decma* (*Decma*) *fissa* (Xia & Liu, 1993)**

– 雄性尾须端部不膨大；雌性下生殖板裂叶较钝宽 ....

.... 三色涤螽 ***Decma* (*Decma*) *tristis* Gorochov & Kang, 2005**

涤螽亚属*Decma*（*Decma*）Gorochov，1993

Decma (*Decma*): Gorochov, 1993, *Zoosystematica Rossica*, 2(1): 79; Otte, 1997, *Orthoptera Species File 7*, 88; Gorochov, 1998, *Zoosystematica Rossica*, 7(1): 112; Gorochov, Liu & Kang, 2005, *Oriental Insects*, 39: 80; Liu & Zhou, 2007, *Acta Entomologica Sinica*, 50(6): 611.

体较小。前胸背板沟前区与沟后区约等长。雄性第10腹节背板无突起，尾须基部具刺状内突，阳茎端突外露。雌性下生殖板延长，端部开裂。

66. 裂涤螽 *Decma* (*Decma*) *fissa* (Xia & Liu, 1993)（图44，图版32）

Xiphidiopsis fissa: Xia & Liu, 1993, *Insects of Wuling Mountains Area, Southwestern China*, 97–98; Liu & Jin, 1994, *Contributions from Shanghai Institute of Entomology*, 11: 110; Jin & Xia, 1994, *Journal of Orthoptera Research*, 3: 27; Liu & Jin, 1997, *Insects of the Three Gorge Reservoir Area of Yangtze River*, 159; Liu & Jin, 1999, *Fauna of Insects Fujian Province of China*, 160; Shi & Chang, 2005, *Insects from Xishui Landscape*, 123.

Decma (*Decma*) *fissa*: Gorochov, Liu & Kang, 2005, *Oriental Insects*, 39: 80–81; Liu & Zhou, 2007, *Acta Entomologica Sinica*, 50(6): 611; Shi *et al.*,

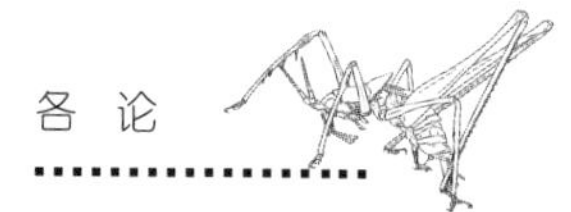

2013, *Zootaxa*, 3717(4): 595.

描述：体较小。头顶圆锥形，端部钝，背面具弱的纵沟；下颚须端节端部膨大，约等长于亚端节。前胸背板沟后区不长于沟前区，侧片后缘倾斜，肩凹较明显；前翅远超过后足股节端部，后翅超过前翅2.0 mm；前足胫节腹面刺式为4, 5 (1, 1)型，后足胫节背面内外缘各具24～27个齿和1个端距，腹面具4个端距。雄性第10腹节背板后缘中央略凹；尾须较细长，基部内侧裂出1个长刺状突起，尾须端部1/3略片状扩宽（图44a）；下生殖板后缘平截或略凹，腹突较细长；外生殖器外露，近方形，端部着生1对长刺（图44b）。

雌性尾须短小，圆锥形；下生殖板延长，端部开裂成2个狭且尖的裂叶（图44c）；产卵瓣明显短于后足股节，腹瓣具端钩。

体淡绿色，复眼褐色，前胸背板具黄色侧条纹，有时前足胫节基部具暗黑色，后足胫节刺具褐色。

测量（mm）：体长♂9.0～9.5，♀9.5～10.0；前胸背板长♂3.0～3.2，♀3.0；前翅长♂10.5～14.0，♀12.0～15.5；后足股节长♂9.0～10.0，♀9.5～10.5；产卵瓣长5.5～6.0。

检视材料：正模♂配模♀副模3♂♂8♀♀，湖南慈利索溪峪，1988.IX.1～4，刘宪伟采；4♂♂2♀♀，湖南慈利索溪峪，1988.IX.2，刘宪伟采；1♂1♀，湖南慈利索溪峪，1988.IX.5，刘宪伟采；8♂♂9♀♀，湖南大庸张家界，1988.X.3～5，刘宪伟采；1♂，四川雅安，1984m，1988.IV～X，冯炎采；1♂1♀，四川峨眉山，1991.X.1，刘祖尧、王天齐和殷海生采；2♂♂2♀♀，福建武夷山三港，1994.VIII.27～IX.3，金杏宝、殷海生采；1♀，浙江庆元百山祖，1993.VII.20，采集人不详；1♂，浙江庆元百山祖，1996.VIII.12～28，金杏宝、章伟年采；1♀，江西九连山，1986.IX.8，干国培采；1♀，江苏镇江焦山，1994.VII.27～VIII.9，刘祖尧、章伟年采；19♂♂15♀♀，浙江百山祖，2006.IX.2～5，刘宪伟等采；1♂，广西元宝山，1 340 m，1992.IX.24，蒋正晖采；1♀，广西元宝山白平寨，1 340 m，1992.IX.24，蒋正晖采；1♀，广西元宝山白平，1 300 m，1992.VIII.24，陆温采；1♀，广西元宝山，1 300～1 800 m，1992.IX.25，黎天山采；1♀，广西元宝山白坪，1 300 m，1992.IX.24，黎天山采；1♂，广西元隆安龙虎山，1995.VIII.29～IX.1，刘宪伟、金杏宝和章伟年采；1♂6♀♀，广西金秀，1981.IX.7～24，金根桃、李福良采。

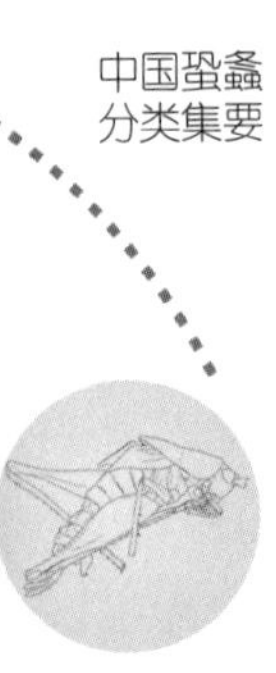

鉴别：本种的外部形态，尤其是雄性的尾须和外生殖器特征与越南的*Decma* (*Decma*) *stshelkanovtzevi* Gorochov, 1993极为相似，可能为同一个种。

分布：中国江苏、浙江、湖北、江西、湖南、福建、广东、四川、贵州、广西。

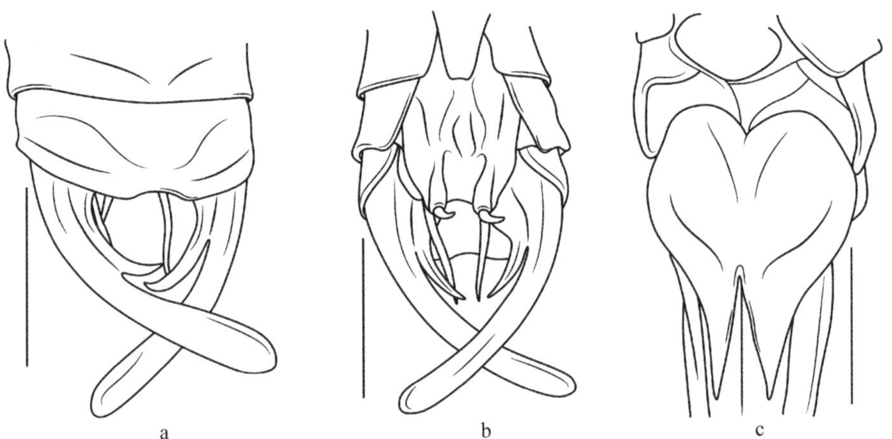

图44　裂涤螽*Decma* (*Decma*) *fissa* (Xia & Liu, 1993)
a. 雄性腹端，背面观；b. 雄性腹端，腹面观；c. 雌性下生殖板，腹面观

Fig. 44　*Decma* (*Decma*) *fissa* (Xia & Liu, 1993)
a. end of male abdomen, dorsal view; b. end of male abdomen, ventral view; c. subgenital plate of female, ventral view

67. 三色涤螽*Decma* (*Decma*) *tristis* Gorochov & Kang, 2005（图45，图版4）

Decma (*Decma*) *tristis*: Gorochov, Liu & Kang, 2005, *Oriental Insects*, 39: 80; Liu & Zhou, 2007, *Acta Entomologica Sinica*, 50(6): 612.

描述：体较小。头顶圆锥形，端部钝，背面具弱的纵沟；下颚须端节端部膨大，约等长于亚端节。前胸背板沟后区不长于沟前区，侧片后缘倾斜，肩凹较明显；前翅远超过后足股节端部，后翅长于前翅1.5～2.0 mm；前足胫节腹面刺为4, 5 (1, 1)型，后足胫节背面内外缘各具28～29个刺和1个端距，腹面具4个端距。雄性第10腹节背板后缘中央微凹；尾须较细长，基部内侧具1个被细齿的长刺状突起，尾须端部圆柱状非片状扩大（图45a）；下生殖板后缘平截，腹突较细长；外生殖器外露，端部具1对长刺（图45b）。

雌性尾须短小，圆锥形；下生殖板延长，端部开裂成两叶，裂叶较宽而钝（图45c）；产卵瓣明显短于后足股节，腹瓣具端钩。

体淡绿色，复眼褐色，前胸背板具黄色侧条纹。

测量（mm）：体长♂11.0，♀12.0；前胸背板长♂4.2，♀3.5；前翅长♂14.0～15.0，♀17.0；后足股节长♂10.5，♀10.0～10.5；产卵瓣长7.0。

检视材料：1♀，海南通什，1959.II.19，金根桃采；1♂2♀♀，海南白沙，1959.III.18～20，金根桃采；1♀，海南尖峰岭，1981.XII.7，陈芝卿采；1♂，海南尖峰岭，1982.II.24，刘元福采；2♀♀，海南尖峰岭，1982.VIII.12，陈芝卿采；4♂♂2♀♀，海南尖峰岭，1984.XII.3～4，金根桃等采；1♂，海南尖峰岭，1992.X.19～3，刘祖尧等采。

模式产地及保存：中国海南尖峰岭；中国科学院动物研究所（IZCAS），中国北京。

分布：中国海南。

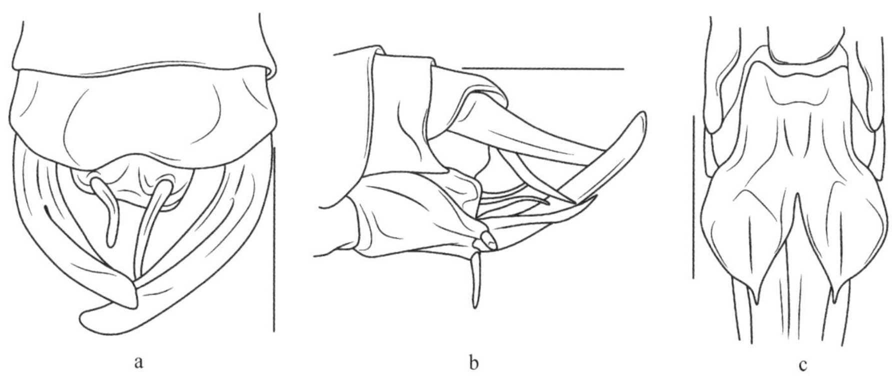

图45 三色涤螽 *Decma* (*Decma*) *tristis* Gorochov & Kang, 2005
a. 雄性腹端，背面观；b. 雄性腹端，侧面观；c. 雌性下生殖板，腹面观

Fig. 45 *Decma* (*Decma*) *tristis* Gorochov & Kang, 2005
a. end of male abdomen, dorsal view; b. end of male abdomen, lateral view; c. subgenital plate of female, ventral view

68. 斯氏涤螽 *Decma* (*Decma*) *sjostedti* (Karny, 1927)（图46）

Xiphidiopsis sjostedti: Karny, 1927, *Arkiv för zoologi*, 19A (12): 9; Sjöstedt, 1933, *Arkiv för zoologi*, 25A (13): 14; Beier, 1966, *Orthopterorum Catalogus*, 9: 269.

Xiphidiopsis parallela: Bey-Bienko, 1962, *Trudy Zoologicheskogo Instituta Akademii Nauk SSSR, Leningrad*, 30: 126; Beier, 1966, *Orthopterorum Catalogus*, 9: 272; Liu & Jin, 1994, *Contributions from Shanghai Institute of Entomology*, 11: 111; Jin & Xia, 1994, *Journal of Orthoptera Research*, 3: 27; Jin, Liu & Wang, 2020, *Zootaxa*, 4772(1): 29 (syn.).

Xiphidiopsis? *parallela*: Gorochov, 1998, *Zoosystematica Rossica*, 7(1): 105.

Decma (*Decma*) *sjostedti*: Jin, Liu & Wang, 2020, *Zootaxa*, 4772(1): 29.

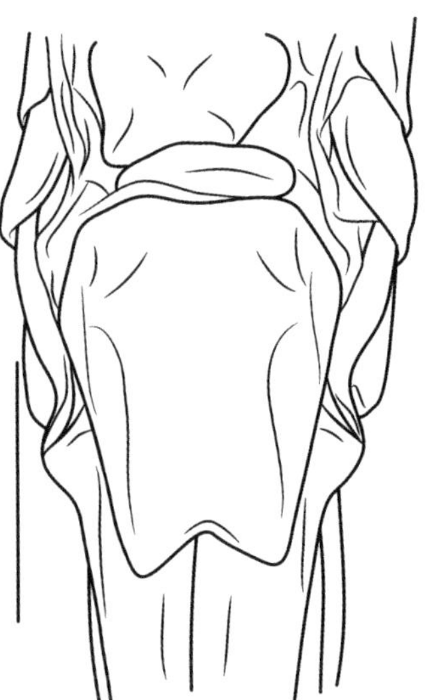

图46 斯氏涤螽 *Decma* (*Decma*) *sjostedti* (Karny, 1927)
雌性下生殖板，腹面观

Fig. 46 *Decma* (*Decma*) *sjostedti* (Karny, 1927)
subgenital plate of female, ventral view

描述：体小型。头顶圆锥形，端部钝，背面具纵沟；下颚须端节略微短于亚端节。前胸背板沟后区不长于沟前区，侧片后缘倾斜，肩凹较明显；前翅远超过后足股节端部，后翅长于前翅2.0 mm；前足胫节腹面刺为4, 5 (1, 1)型，后足胫节具3对端距，背面内外缘各具25～26个齿。雌性尾须短小，圆锥形；下生殖板狭长，基部宽，向端部渐细，后缘凹形（图46）；产卵瓣腹瓣具端钩。

雄性未知。

体淡黄色（活时或许为淡绿色），前胸背板具平行的黄色侧条纹。

测量（mm）：体长♀9.0～10.5；前胸背板长♀3.0～3.4；前翅长♀14.5～15.5；后足股节长♀10.0～10.5；产卵瓣长5.0～5.7。

检视材料：1♀，西双版纳大勐龙，650 m，1958.IV.17，陈之梓采。1♀, Vietnam Karyu Danar, 200 m, 1961.II.13 ～ 28, N.R. Spencer Collector; 1♀, Serdang, Selangor, 1930.XII, Pemberton Collector（毕晓普博物馆）。

模式产地及保存：印度尼西亚苏门答腊棉兰；斯德哥尔摩自然历史博物馆（NHRS），瑞典斯德哥尔摩。

分布：中国（云南）；越南；印度尼西亚。

讨论：该种与平纹剑螽 *Xiphidiopsis parallela* Bey-Bienko, 1962原始描述

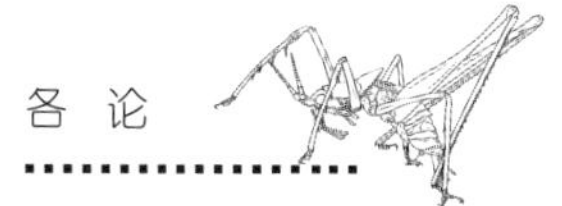

极为相近，下生殖板形态也相同，两种均缺雄性，采自雪兰莪标本与西双版纳（平纹剑螽 *Xiphidiopsis parallela* 模式产地）标本形态一致，后者应为前者同物异名；剑螽属 *Xiphidiopsis* 类群通常体无明显斑纹，而该种前胸背板具平行黄色侧条纹，与涤螽属 *Decma* 类似，加之体小，前胸背板沟后区与沟前区等长，下生殖板后缘凹口等特征，故包括在涤螽属 *Decma* 较为妥当。

副涤螽亚属 *Decma* (*Paradecma*) Liu & Zhou, 2007

Decma (*Paradecma*): Liu & Zhou, 2007, *Acta Entomologica Sinica*, 50(6): 612.

模式种：*Decma* (*Paradecma*) *bispinosa* Liu & Zhou, 2007

体形较小。雄性前胸背板沟后区延长，近乎为沟前区的长度2倍。前翅和后翅发达，后翅长于前翅。雄性第10腹节背板无突起，雄性尾须基部无内突；外生殖器裸露。

副涤螽亚属 *Decma* (*Paradecma*) 与指名亚属 *Decma* (*Decma*) 的区别在于前胸背板沟后区明显较长和雄性尾须基部无内突。

69. 双刺副涤螽 *Decma* (*Paradecma*) *bispinosa* Liu & Zhou, 2007（图47）

Decma (*Paradecma*) *bispinosa*: Liu & Zhou, 2007, *Acta Entomologica Sinica*, 50(6): 612; Tan & Kamaruddin, 2016, *Zootaxa*, 4111(1): 36.

描述：体形甚小。头顶圆锥形，端部钝，背面无纵沟（图47a）。前胸背板沟前区与沟后区的长度比约为3: 5（图47a，b）；前翅超过后足股节端部，后翅长于前翅；前足胫节腹面刺排列为4, 5 (1, 1)型。雄性第10腹节背板后缘无突起（图47c，d）；尾须较粗短，简单，端部略膨大，分短叉，背支末端尖，腹支较圆（图47c）；下生殖板较狭长，近长方形，具腹突（图47c ～ e）；外生殖器裸露，端部具1对长刺（图47c，d）。

雌性未知。

体淡褐黄色（活时应为绿色）。复眼褐色，前胸背板沟前区具黄色侧条纹。

测量（mm）：体长♂8.1；前胸背板长♂4.0；前翅长♂11.6；后足股节长♂8.9。

检视材料：正模♂，云南西双版纳小勐养，850 m，1958.IX.7，孟绪武采。

分布：中国云南。

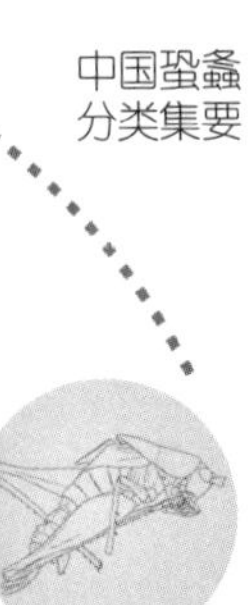

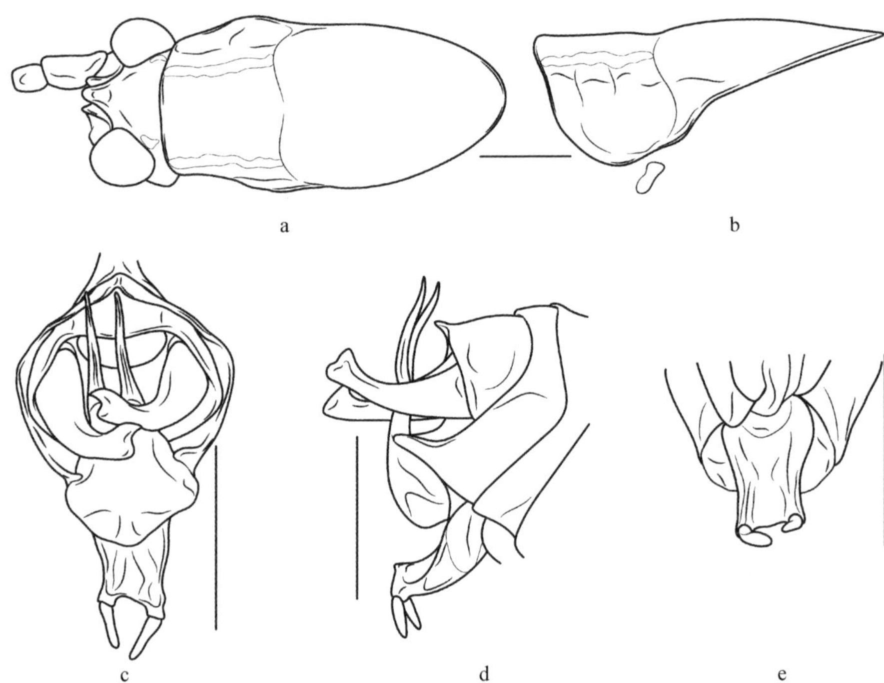

图47　双刺副涤螽 *Decma* (*Paradecma*) *bispinosa* Liu & Zhou, 2007
a. 雄性头与前胸背板，背面观；b. 雄性前胸背板，侧面观；c. 雄性腹端，后面观；d. 雄性腹端，侧面观；e. 雄性下生殖板，腹面观

Fig. 47　*Decma* (*Paradecma*) *bispinosa* Liu & Zhou, 2007
a. head and pronotum of male, dorsal view; b. pronotum of male, lateral view; c. end of male abdomen, rear view; d. end of male abdomen, lateral view; e. subgenital plate of male, ventral view

异涤螽亚属 *Decma*（*Idiodecma*）Gorochov，1993

Decma (*Idiodecma*): Gorochov, 1993, *Zoosystematica Rossica*, 2(1): 80; Otte, 1997, *Orthoptera Species File 7*, 88; Liu & Zhou, 2007, *Acta Entomologica Sinica*, 50(6): 613; Wang & Liu, 2018, *Zootaxa*, 4441(2): 241.

模式种：*Xiphidiopsis birmanica* Bey-Bienko, 1971

体形稍大。头顶背面常具暗色斑记，前翅具暗点。前胸背板沟后区几乎等长于沟前区。雄性第10腹节背板具弱的突起；雄性尾须具突起或叶；生殖器不外露。雌性下生殖板不延长。

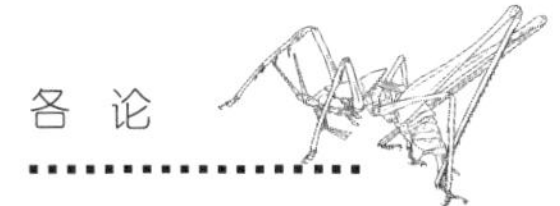

70. 缅甸异涤螽 ***Decma*** **(*Idiodecma*)** ***birmanica*** **(Bey-Bienko, 1971) (图48)**

Xiphidiopsis birmanica: Bey-Bienko, 1971, *Entomologicheskoe Obozrenie*, 50: 833; Bey-Bienko, 1971, *Entomological Review*, 50: 475; Liu & Jin, 1994, *Contributions from Shanghai Institute of Entomology*, 11: 109; Jin & Xia, 1994, *Journal of Orthoptera Research*, 3: 26.

Decma (*Idiodecma*) *birmanica*: Gorochov, 1993, *Zoosystematica Rossica*, 2(1): 80; Liu & Zhou, 2007, *Acta Entomologica Sinica*, 50(6): 613; Wang & Liu, 2018, *Zootaxa*, 4441(2): 241.

体较长。头顶较短，端部钝圆，背面具弱纵沟；复眼椭球形，向前凸出；下颚须端节端部膨大，稍长于亚端节。前胸背板侧片较高，沟前区与沟后区约等长，肩凹较明显，胸听器大且外露；前翅超过后足股节端部，后翅长于前翅约2.5 mm；前足胫节内、外刺排列为4, 5 (1, 1)型，后足胫节背面内外缘各具28～29个刺，端部具3对端距。雄性第10腹节背板后缘增厚，形成1对弱且端部稍尖的叶，有时不明显，后缘中部稍凸（图48a）；雄性尾须长，基部稍粗，中部具1斜向下的宽圆叶，端部细，侧扁，适度内弯（图48a）；阳茎端突不外露；下生殖板短，下凹，箕状，后缘与箕底面平，腹突细，圆锥形。

雌性下生殖板较短，侧边翘起，后缘凸出（图48b）；产卵瓣腹瓣具不明显的端钩。

体淡褐黄色（活时应为绿色）。头顶背面常具暗色斑记，前翅具暗点。

测量（mm）：体长♂11.7～12.0，♀10.5～12.0；前胸背板长♂3.8～4.0，♀3.3～3.5；前翅长♂18.9～19.9，♀22.0～23.0；后足股节长♂11.5～11.7，♀12.0～13.0；产卵瓣长8.6～8.8。

检视标本：2♀♀，西藏墨脱，1 050～1 100 m，1979.VII.30，金根桃、吴建毅采；1♂，西藏墨脱，1979.VIII.24，金根桃、吴建毅采；1♂，西藏墨脱，1 250 m，1979.IX.19，金根桃、吴建毅采；1♀，西藏墨脱，970 m，1980.7.11，金根桃、吴建毅采；3♂♂，西藏墨脱，1983，韩寅恒采；1♂，西藏格当，2 000 m，1982.IX.23，韩寅恒采；1♂，西藏墨脱，900 m，1982.X.29，韩寅恒采。

模式产地及保存：缅甸纳达美河谷；大英自然历史博物馆（BMNH），英国伦敦。

分布：中国（西藏）；缅甸。

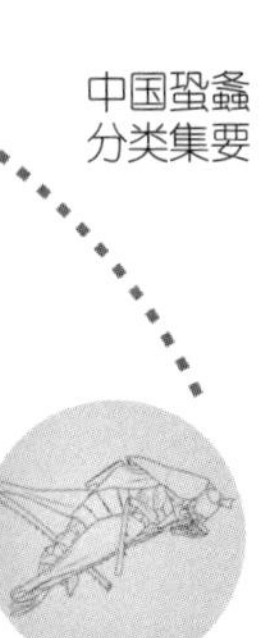

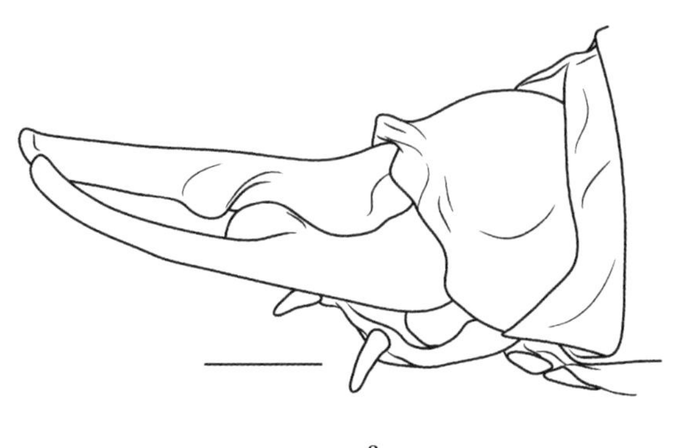

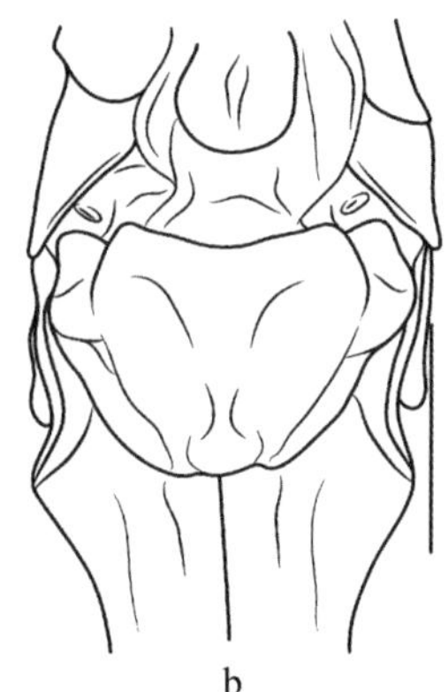

a　　b

图48　缅甸异涤螽 *Decma* (*Idiodecma*) *birmanica* (Bey-Bienko, 1971)
a. 雄性腹端，侧面观；b. 雌性下生殖板，腹面观

Fig. 48　*Decma* (*Idiodecma*) *birmanica* (Bey-Bienko, 1971)
a. end of male abdomen, lateral view; b. subgenital plate of female, ventral view

71. 黑顶异涤螽 *Decma* (*Idiodecma*) *nigrovertex* Liu & Yin, 2004（仿图23）

Decma (*Idiodecma*) *nigrovertex*: Liu & Yin, 2004, *Insects from Mt. Shiwandashan Area of Guangxi*, 101; Liu & Zhou, 2007, *Acta Entomologica Sinica*, 50(6): 614.

描述：体形稍小。头顶圆锥形，端部钝，背面具弱的纵沟；复眼圆形，凸出；下颚须端节末端膨大，几乎等长于亚端节，端部稍扩宽。前胸背板沟后区微抬高，侧片肩凹不明显；前翅超过后足股节端部，后翅长于前翅约2.0 mm；前足胫节腹面内外刺排列为4, 4 (1, 1)型，后足胫节具3对端距，背面内外缘各具31～34个刺。雄性第10腹节背板后缘具1对平行的短突起（仿图23a）；尾须基半部较直，圆柱形，基部内侧具1个钩状的小突起；端半部侧扁和内弯，内侧凹陷，端部具明显的缺口（仿图23a～c）；下生殖板狭长，后缘近截形，具腹突。外生殖器不裸露（仿图23c）。

雌性未知。

体淡褐黄色。头顶黑色，复眼褐色，前胸背板背面淡褐色，具不明显的黄色侧条纹，前翅具明显的暗点，后足胫节刺具褐色的端部。

测量（mm）：体长♂12.5；前胸背板长♂4.0；前翅长♂17.5；后足股节长♂9.5。

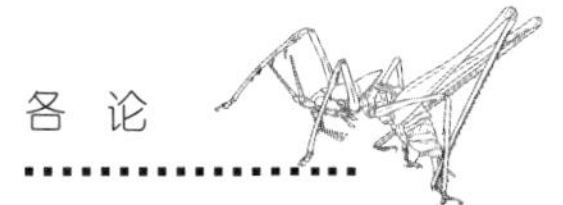

检视材料：未见标本。

模式产地及保存：中国广西防城扶隆；中国科学院动物研究所（IZCAS），中国北京。

分布：中国广西。

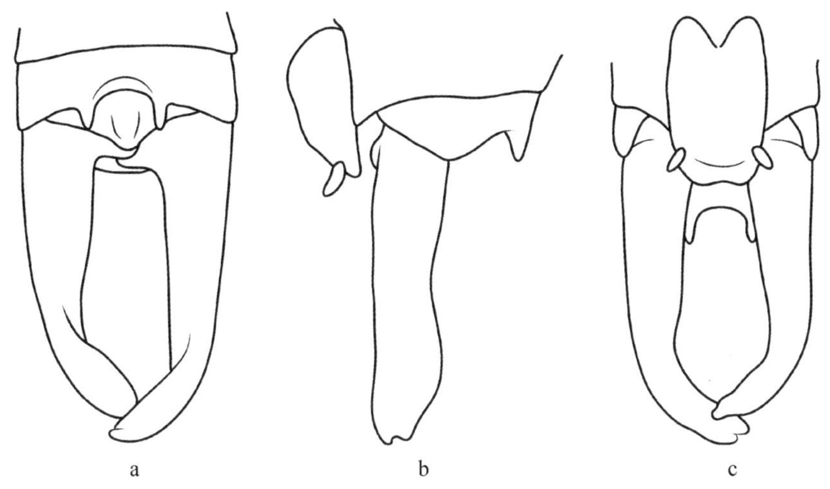

仿图23 黑顶异涤螽 *Decma* (*Idiodecma*) *nigrovertex* Liu & Yin, 2004
（仿Liu & Yin, 2004）
a. 雄性腹端，背面观；b. 雄性腹端，侧面观；c. 雄性腹端，腹面观

AF. 23 *Decma* (*Idiodecma*) *nigrovertex* Liu & Yin, 2004 (after Liu & Yin, 2004)
a. end of male abdomen, dorsal view; b. end of male abdomen, lateral view; c. end of male abdomen, ventral view

（十四）华涤螽属 *Sinodecma* Shi, Bian & Chang, 2011

Sinodecma: Shi, Bian & Chang, 2011, *Zootaxa*, 2981: 36.

模式种：尖顶华涤螽 *Sinodecma acuta* Shi, Bian & Chang, 2011

体较大。头顶前凸，较长，稍侧扁，端部尖；复眼球形，向前凸出；下颚须端节与亚端节约等长，端部略扩展。前胸背板短宽，后横沟明显，沟后区略抬高，肩凹较明显；前足胫节内外侧听器均开放；前后翅发达约等长。雄性第10腹节背板较窄，后缘凸，形成单突起；生殖器革质，具成对阳茎端突；尾须长，基部具宽叶。雌性下生殖板后缘凸圆。

该属与涤螽属近似，但头顶凸出较长；前胸背板短宽，沟后区抬高。雄性尾须基部内侧具宽叶。

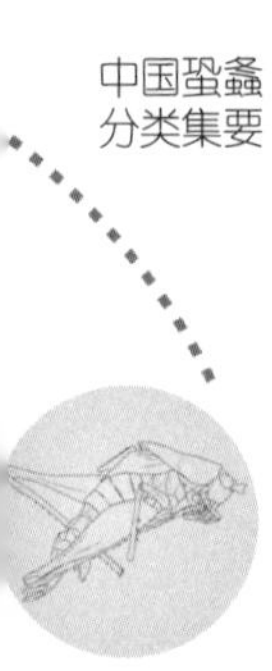

72. 尖顶华涤螽 *Sinodecma acuta* Shi, Bian & Chang, 2011（仿图24）

Sinodecma acuta: Shi, Bian & Chang, 2011, *Zootaxa*, 2981: 37.

描述：体较大。头顶较长，向前凸出，超出触角窝边缘，略扁，端部尖，背纵沟不明显；复眼球形，向前凸出（仿图24a）；触角第1节粗壮；下颚须端节端部略扩展，几乎与亚端节等长。前胸背板短，后横沟明显（仿图24b），沟后区略抬高，前缘平直，后缘宽圆，侧片长高约相等，肩凹较明显（仿图24b）；胸听器较大；前足基节具刺，各足股节腹面无刺，前足胫节听器内外开放，听器长卵圆形，前足胫节腹面内外各具5刺，中足胫节腹面内外缘亦各具5刺，后足胫节背面内外缘各具20～21个齿，膝叶端部钝；前翅发达，超过后足股节端部，发音域明显，端部圆角形，后翅与前翅约等长。雄性第10腹节背板较窄，后缘中部凸出，向后延伸（仿图24e）；生殖器革质，具1对薄片状结构，侧观指状，端部与亚端部具些许细齿，成对阳茎端突约达到尾须长的一半，棒状，向上弯曲，端部钝圆，基部具三角形叶（仿图24f）；尾须细长，端部扩展，内弯，近中部具1背叶，基部具1短内叶（仿图24f）；下生殖板基部宽，端部渐窄，后缘中部略凹，腹突短小（仿图24g）。

雌性头顶侧扁，背纵沟明显。前胸背板沟后区比例较大。第10腹节背板侧缘向后凸；尾须长圆锥形，端部圆；下生殖板短宽，基部软，向上凹，后缘钝圆（仿图24h）；产卵瓣长，基部壮实，稍上弯，背腹缘光滑，端部尖。

体淡黄色（活时应为黄绿色）。前翅端半部黄绿色，后缘棕黄色。头部背面具黄棕色纵条纹，到达头顶末端。前胸背板背面中央也具黄棕色纵纹，后部扩展，雌性中部纵纹比雄性粗。

测量（mm）：体长♂13.5，♀13.5；前胸背板长♂4.2，♀3.9；前翅长♂22.0，♀23.0；后足股节长♂11.0，♀11.5；产卵瓣长11.5。

检视材料：1♂（正模），云南高黎贡山百花岭，2009.V.28，杨再华、李斌采；1♀（副模），云南腾冲高黎贡山，2005.VIII.8，刘浩宇采。

模式产地与保存：中国云南保山高黎贡山；河北大学博物馆（MHU），中国河北保定。

分布：中国云南。

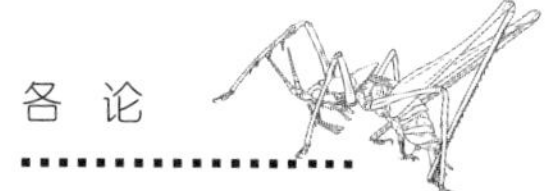

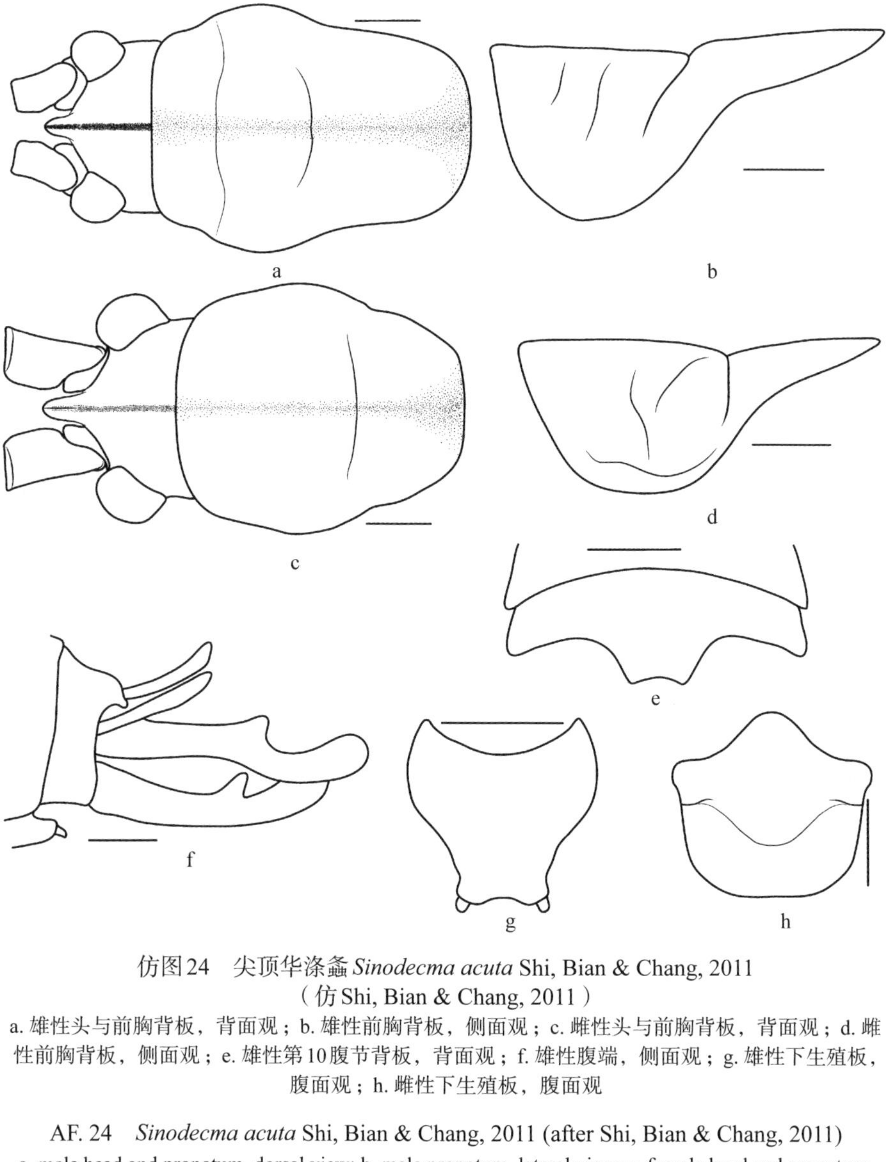

仿图24　尖顶华涤螽 *Sinodecma acuta* Shi, Bian & Chang, 2011
（仿 Shi, Bian & Chang, 2011）

a. 雄性头与前胸背板，背面观；b. 雄性前胸背板，侧面观；c. 雌性头与前胸背板，背面观；d. 雌性前胸背板，侧面观；e. 雄性第10腹节背板，背面观；f. 雄性腹端，侧面观；g. 雄性下生殖板，腹面观；h. 雌性下生殖板，腹面观

AF. 24　*Sinodecma acuta* Shi, Bian & Chang, 2011 (after Shi, Bian & Chang, 2011)

a. male head and pronotum, dorsal view; b. male pronotum, lateral view; c. female head and pronotum, dorsal view; d. female pronotum, lateral view; e. 10th abdominal tergite of male, dorsal view; f. end of male abdomen, lateral view; g. subgenital plate of male, ventral view; h. subgenital plate of female, ventral view

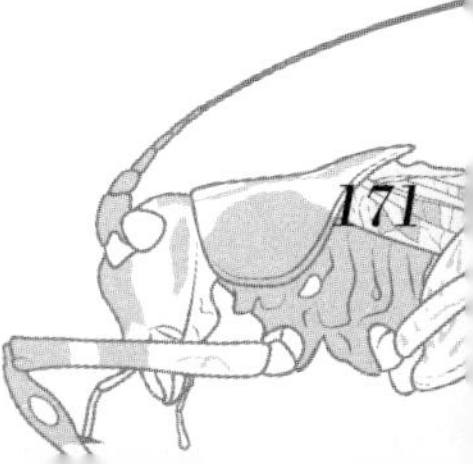

（十五）原栖螽属 *Eoxizicus* Gorochov, 1993

Xizicus (*Eoxizicus*): Gorochov, 1993, *Zoosystematica Rossica*, 2(1): 74, 76; Otte, 1997, *Orthoptera Species File 7*, 93; Gorochov, Liu & Kang, 2005, *Oriental Insects*, 39: 74; Di *et al*., 2015, *Zootaxa*, 4007(1): 122.

Axizicus: Gorochov 1998, *Zoosystematica Rossica*, 7(1): 113.

Eoxizicus: Liu & Zhang, 2000, *Entomotaxonomia*, 22(3): 158; Wang & Liu, 2018, *Insect Fauna of the Qinling Mountains volume I Entognatha and Orthopterida*, 471.

模式种：*Xiphidiopsis kulingensis* Tinkham, 1943

头顶圆锥形，端部钝，背面具沟，头部背面无斑纹；下颚须端节等长于或略微长于亚端节。前胸背板侧片肩凹较明显，背片两侧具成对暗色纵纹；前足胫节听器为开放型，后足胫节具3对端距；前翅和后翅均发达，雄性具发音器。雄性第10腹节背板具成对非钩状指状突起或缺失，下生殖板具腹突，生殖器完全膜质。

中国原栖螽属分亚属与种检索表

1 雄性第10腹节背板后缘突起消失 ……………………………………………
……………………**亚栖螽亚属 *Eoxizicus* (*Axizicus*)** …………………… 2

– 雄性第10腹节背板后缘具1对突起 …………………………………………
……………………**原栖螽亚属 *Eoxizicus* (*Eoxizicus*)** …………………… 7

2 前胸背板背片不具成对的纵纹；雄性第10腹节背板后缘不具凹口，尾须近中部具1锥状刺突；雌性未知 ……………………………………………
………… **刺尾亚栖螽 *Eoxizicus* (*Axizicus*) *spinocercus* (Jiao & Shi, 2013)**

– 前胸背板背面具成对的暗褐色的侧条纹；雄性第10腹节背板后缘具凹口
……………………………………………………………………………… 3

3 雄性尾须端部分支 ……………………………………………………… 4

– 雄性尾须近圆柱形，无明显分支或突起 ………………………………… 5

4 雄性尾须具长内支和短外支，似镰刀；雌性下生殖板边缘隆起 ………
………**镰尾亚栖螽 *Eoxizicus* (*Axizicus*) *falcatus* (Chang, Du & Shi, 2013)**

– 雄性尾须内外支几乎相同；雌性下生殖板狭长，腹突刺状 ……………
…………… **叉尾亚栖螽 *Eoxizicus* (*Axizicus*) *dividus* (Shi & Zheng, 1995)**

5 雄性第10腹节背板凹口近方形，尾须内侧具隆线，在中部向背侧拱起；雌性下生殖板基部具1对粗壮的刺突 …………………………………………

…………… **双刺亚栖螽 *Eoxizicus* (*Axizicus*) *bispinus* (Jiao & Shi, 2014)**

\- 雄性第10腹节背板凹口近圆形 ………………………………………………… 6

6 体较大。雄性尾须端3/4内腹缘微叶状扩展，边缘略波曲；雌性下生殖板后缘近平截，侧缘向腹面翘起 ……………………………………………………

………………… **大亚栖螽 *Eoxizicus* (*Axizicus*) *magnus* (Xia & Liu, 1993)**

\- 体中型。雄性尾须呈三棱柱状，微内弯；雌性未知 ………………………

………………… **夏氏亚栖螽 *Eoxizicus* (*Axizicus*) *xiai* Liu & Zhang, 2000**

7 胸背板不具褐色纵带；雄性第10腹节背板后缘突起叶状；雌性下生殖板横宽 ………………………………………………………………………………

五指山原栖螽 *Eoxizicus* (*Eoxizicus*) *wuzhishanensis* Liu & Zhang, 2000

\- 前胸背板具褐色纵带 ……………………………………………………… 8

8 雄性第10腹节背板后缘1对突起紧靠非钩状；雌性下生殖板后缘角形凹入 ………**邻突原栖螽 *Eoxizicus* (*Eoxizicus*) *juxtafurcus* (Xia & Liu, 1990)**

\- 雄性第10腹节背板后缘1对突起非紧邻 ………………………………… 9

9 前胸背板仅沟后区具褐色纵带 ………………………………………… 10

\- 前胸背板褐色纵带纵贯背片 …………………………………………… 13

10 雄性第10腹节背板突起较短 …………………………………………… 11

\- 雄性第10腹节背板突起中长 …………………………………………… 12

11 雄性尾须内背缘具2长叶，腹缘靠中具1尖叶，下生殖板横宽近半圆；雌性下生殖板横宽 ……………………………………………………………

…………… **周氏原栖螽 *Eoxizicus* (*Eoxizicus*) *choui* Liu & Zhang, 2000**

\- 雄性尾须内腹缘近基部具1近方形叶，下生殖板近梯形；雌性未知 …

台湾原栖螽 *Eoxizicus* (*Eoxizicus*) *taiwanensis* (Chang, Du & Shi, 2013)

12 雄性第10腹节背板突起中等长度，渐近，尾须背腹缘叶状扩展，边缘波曲；雌性下生殖板中部具纵隆线 ………………………………………………

………… **波缘原栖螽 *Eoxizicus* (*Eoxizicus*) *sinuatus* Liu & Zhang, 2000**

\- 雄性第10腹节背板中突起较长，末端较尖，尾须较细长，近中部具1长叶，基部腹面具1铲头状突起 …………………………………………………

……… **扭尾原栖螽 *Eoxizicus* (*Eoxizicus*) *streptocercus* (Jiao & Shi, 2014)**

13 雄性尾须具宽大基腹叶 ………………………………………………… 14

\- 雄性尾须无宽大的基腹叶 ……………………………………………… 20

14 雄性第10腹节背板突起中等长度 ……………………………………… 15

\- 雄性第10腹节背板突起较短小 ………………………………………… 17

15 雄性第10腹节背板1对突起较粗，尾须腹叶较窄长，不具背叶；雌性下生殖板后部舌状凸出 ………………………………………………………

……… **巨叶原栖螽 *Eoxizicus* (*Eoxizicus*) *megalobatus* (Xia & Liu, 1990)**

\- 雄性第10腹节背板1对突起稍细，尾须具背叶 ………………………… 16

16 雄性尾须腹叶延伸至端部，背叶较长；雌性下生殖板蝴蝶形 ……………………… **凹板原栖螽*Eoxizicus* (*Eoxizicus*) *concavilaminus* (Jin, 1999)**

– 雄性尾须腹叶不延伸至端部，背叶短；雌性未知 ………………………………… **雷氏原栖螽*Eoxizicus* (*Eoxizicus*) *rehni* (Tinkham, 1956)**

17 雄性尾须具背叶；雌性下生殖板中部缢缩后缘宽圆 ………………………………… **狭板原栖螽*Eoxizicus* (*Eoxizicus*) *arctalaminus* (Jin, 1999)**

– 雄性尾须不具背叶 ……………………………………………………………………… 18

18 雄性第10腹节背板突起圆柱形，腹叶膨大，倾斜，下端部具1刺；雌性下生殖板基部具2侧角，侧缘凹 ……………………………………………………… **丁氏原栖螽*Eoxizicus* (*Eoxizicus*) *tinkhami* (Bey-Bienko, 1962)**

– 雄性第10腹节背板突起锥形，端部较尖 ……………………………………… 19

19 雄性第10腹节背板突起粗壮，尾须端半部稍短，侧扁，末端较尖；雌性下生殖板近四叶草形 ………………………………………………………… **牯岭原栖螽*Eoxizicus* (*Eoxizicus*) *kulingensis* (Tinkham, 1943)**

– 雄性第10腹节背板突起甚细小，近三角形，尾须端半部扁平，末端扩展钝圆 ……………………………………………………………………… **凤阳山原栖螽*Eoxizicus* (*Eoxizicus*) *fengyangshanensis* Liu, Zhou & Bi, 2010**

20 雄性第10腹节背板突起较长 ………………………………………………… 21

– 雄性第10腹节背板突起较短 ………………………………………………… 23

21 雄性第10腹节背板突起扁平宽叶状，尾须基部圆柱形，端部碟片形；雌性下生殖板延长 … **片尾原栖螽*Eoxizicus* (*Eoxizicus*) *laminatus* (Shi, 2013)**

– 雄性第10腹节背板突起非扁平，较窄 ………………………………………… 22

22 雄性第10腹节背板基部平行，端部渐岔开，尾须近中部具1方形叶，延伸至端部；雌性下生殖板延长 …………………………………………… **岔突原栖螽*Eoxizicus* (*Eoxizicus*) *divergentis* Liu & Zhang, 2000**

– 雄性第10腹节背板突起平行，尾须中部叶较长，不扩展至端部；雌性下生殖板横宽 ……………………………………………………………… **平突原栖螽*Eoxizicus* (*Eoxizicus*) *parallelus* Liu & Zhang, 2000**

23 雄性尾须端部分为2支，内支弯向前方；雌性未知 ………………………… 24

– 雄性尾须端部不分支 ……………………………………………………………… 25

24 雄性尾须端分叉外支较细长，下生殖板具腹突 ………………………… **钩尾原栖螽*Eoxizicus* (*Eoxizicus*) *uncicercus* (Mao & Shi, 2015)**

– 雄性尾须端分支外支较短粗，下生殖板特化不具腹突 ………………… **二裂原栖螽*Eoxizicus* (*Eoxizicus*) *dischidus* (Di, Han & Shi, 2015)**

25 雄性尾须强内弯，基部腹面具刺状突起；雌性下生殖板中部缢缩 ………………… **贺氏原栖螽*Eoxizicus* (*Eoxizicus*) *howardi* (Tinkham, 1956)**

– 雄性尾须较长 ………………………………………………………………… 26

26 雄性第10腹节背板突起相隔较远，位于尾须基部 ······················· 27
- 雄性第10腹节背板突起瘤突状，距离较近 ······························· 28
27 雄性尾须中部背缘稍扩展，亚端内缘具1尖叶 ·························
················· **疑原栖螽 *Eoxizicus* (*Eoxizicus*) *dubius* Liu & Zhang, 2000**
- 雄性尾须较简单，圆柱形，背面具凹坑 ································
··· **棕线原栖螽 *Eoxizicus* (*Eoxizicus*) *lineosus* (Gorochov & Kang, 2005)**
28 雄性尾须基部背侧具1尖叶，后部稍扩展，腹侧具1刺状突起；雌性下生殖板横宽，后缘宽大中部略凹 ·······································
··········· **横板原栖螽 *Eoxizicus* (*Eoxizicus*) *transversus* (Tinkham, 1944)**
- 雄性尾须近中部具1稍长内叶，后侧角尖；雌性未知 ····················
···········**瘤原栖螽 *Eoxizicus* (*Eoxizicus*) *tuberculatus* Liu & Zhang, 2000**

亚栖螽亚属*Eoxizicus*（*Axizicus*）Gorochov，1998

Axizicus: Gorochov, 1998, *Zoosystematica Rossica*, 7(1): 113.

Xizicus (*Axizicus*): Gorochov, Liu & Kang, 2005, *Oriental Insects*, 39: 76; Jiao, Shi & Gao, 2013, *Zootaxa*, 3694(3): 296.

Eoxizicus (*Axizicus*): Liu & Yin, 2004, *Insects from Mt. Shiwandashan Area of Guangxi*, 101; Jin, Liu & Wang, 2020, *Zootaxa*, 4772(1): 26, 27.

模式种：*Axizicus sergeji* Gorochov, 1998

雄性第10腹节背板后缘不具突起，尾须简单，通常不具大的突起或叶。

73. 大亚栖螽 *Eoxizicus* (*Axizicus*) *magnus* (Xia & Liu, 1993)（图49，图版33，34）

Xiphidiopsis magna: Xia & Liu,1992, *Insects of Wuling Mountains Area, Southwestern China*, 98; Liu & Jin, 1999, *Fauna of Insects Fujian Province of China. Vol. 1.*, 159.

Eoxizicus magnus: Liu & Zhang, 2000, *Entomotaxonomia*, 22(3): 158.

Xizicus (*Eoxizicus*) *magnus*: Gorochov, Liu & Kang, 2005, *Oriental Insects*, 39: 75; Xiao *et al.*, 2016, *Far Eastern Entomologist*, 305: 21.

描述：体稍大。头顶圆锥形，端部钝，背面具沟；下颚须端节略微长于亚端节。前胸背板后缘狭圆；侧片肩凹不明显；前足胫节腹面内外缘刺排列为4, 5 (1, 1)型，后足胫节背面内外缘各具个22～25齿和1个端距，腹面具4个端距；前翅远超过后足股节端部，后翅长于前翅约2.0 mm。雄

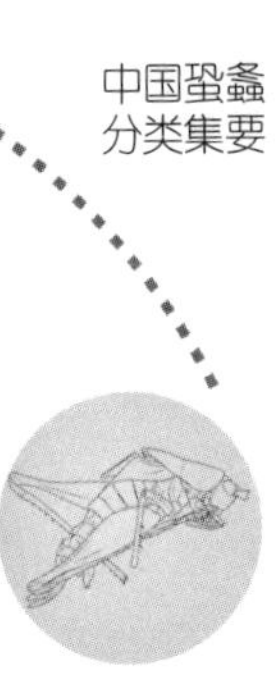

性第10腹节背板后缘无突起；尾须较简单，内腹缘呈片状扩展，边缘波曲形（图49a）；下生殖板后缘平截，具较短的腹突（图49b）。

雌性尾须短圆锥形，下生殖板近梯形，侧缘具明显的粗隆线（图49c）；产卵瓣较长，腹瓣具端钩。

体淡绿色。前胸背板具成对的暗褐色侧条纹，后足胫节刺黑褐色。

测量（mm）：体长♂12.0～14.5，♀12.0～14.0；前胸背板长♂4.5～5.0，♀4.2～4.7；前翅长♂19.0～22.0，♀20.0～25.0；后足股节长♂10.5～12.0，♀11.0～12.5；产卵瓣长10.0～12.5。

检视材料：正模♂副模3♀♀，贵州梵净山，1988.VII.12～14，刘祖尧采；1♂1♀，安徽黄山，1936.VI.19，Piel采；1♂，浙江临安天目山，1 100 m，2007.VII.1，毕文烜采；1♂，浙江庆元百山祖，1 000 m，2007.VII.20～23，余之舟采；1♂，广西罗城，1928.VI.11，采集人不详；2♂♂，江西井冈山，1981.V.15～23，刘祖尧等采；6♂♂8♀♀，江西九连山，1986.IV.22～V.28，金根桃等采；7♂♂2♀♀，福建崇安桐木，790～1 155 m，1960.V.27～VI.29，金根桃、林杨明采；1♂，福建梅花山，2007.V.23～30，黄灏采。

分布：中国安徽、浙江、江西、福建、广东、广西、贵州。

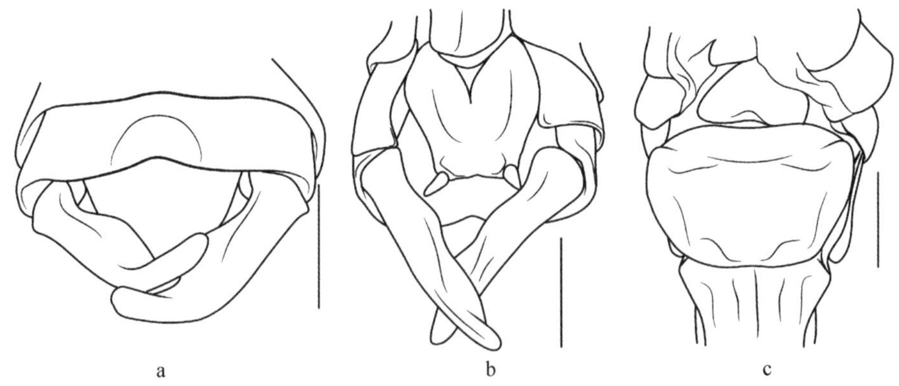

图49 大亚栖螽 *Eoxizicus* (*Axizicus*) *magnus* (Xia & Liu, 1993)
a. 雄性腹端，背面观；b. 雄性腹端，腹面观；c. 雌性下生殖板，腹面观

Fig. 49 *Eoxizicus* (*Axizicus*) *magnus* (Xia & Liu, 1993)
a. end of male abdomen, dorsal view; b. end of male abdomen, ventral view; c. subgenital plate of female, ventral view

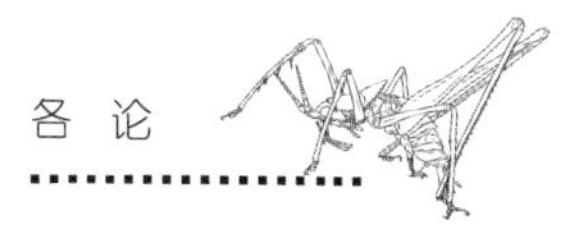

74. 夏氏亚栖螽 *Eoxizicus (Axizicus) xiai* Liu & Zhang, 2000（图50，图版35）

Eoxizicus xiai: Liu & Zhang, 2000, *Entomotaxonomia*, 22(3): 159.

Xizicus (*Axizicus*) *xiai*: Gorochov, Liu & Kang, 2005, *Oriental Insects*, 39: 76.

Xiphidiopsis appendiculata Tinkham, 1956, *Transactions of the American Entomological Society*, 82: 13 (nec Tinkham, 1944); Bey-Bienko, 1971, *Entomological Review*, 50: 837.

Eoxizicus appendiculatus Liu & Zhang, 2000, *Entomotaxonomia*, 22(3): 159 (nec Tinkham, 1944).

Xizicus (*Axizicus*) *appendiculatus* Gorochov, Liu & Kang, 2005, *Oriental Insects*, 39: 76 (nec Tinkham, 1944); Xiao *et al.*, 2016, *Far Eastern Entomologist*, 305: 20.

Eoxizicus (*Eoxizicus*) *curvicercus* (**syn. nov.**): Wang, Liu & Li, 2015, *Zootaxa*, 3941(4): 516.

描述：体中型。头顶圆锥形，端部钝，背面具沟；下颚须端节端部膨大，略微长于亚端节，复眼球形凸出。前胸背板后缘狭圆；侧片肩凹不明显；前足胫节腹面内外缘刺排列为4, 5 (1, 1)型，后足胫节背面内外缘各具24～27个齿和1个端距，腹面具4个端距；前翅远超过后足股节端部，后翅长于前翅约1.0 mm。雄性第10腹节背板近方形，后缘无明显突起，后缘中部略凹，有时在凹口侧角具结节状瘤突（图50a，d），有时不明显（图50b）；尾须简单，适度内背弯，近三棱棒状，基部内侧具1三角形圆叶，端半部腹面凹陷，形成纵沟，无任何突起（图50a～e）；下生殖板后缘近平截，中央略凸，具较短的腹突（图50e）。

雌性尾须短小，圆锥形；下生殖板横宽，端半部具弯曲的侧棱，侧面较高，具浅的凹窝（图50f）；产卵瓣约等长于后足股节，腹瓣具端钩（图50g）。

体淡绿色。前胸背板具成对的暗褐色侧条纹，后足股节端部无黑点。

测量（mm）：体长♂9.5～11.0，♀9.5～10.5；前胸背板长♂3.8～4.2，♀3.8～4.0；前翅长♂16.6～18.0，♀19.0～20.0；后足股节长♂9.0～9.6，♀10.5～11.0；产卵瓣长10.2～10.8。

检视材料：2♂♂，四川雅安蒙顶山，1 456 m，2007-VII-31～VIII-1，刘宪伟等采；2♂♂5♀♀，贵州雷山雷公山，1 530～2 160 m，2015.VII.28～30，秦艳艳采；8♂♂13♀♀，贵州雷山雷公山，1 560～1 600 m，

2015.VII.30，孙美玲采。3♂♂2♀♀，广西兴安猫儿山，1 100 ～ 1 700 m,，2013.VII.30 ～ VIII.6，刘宪伟等采；1♀，广西兴安猫儿山，900 ～ 1 500 m，1992.VIII.22 ～ 23，刘宪伟、殷海生采。

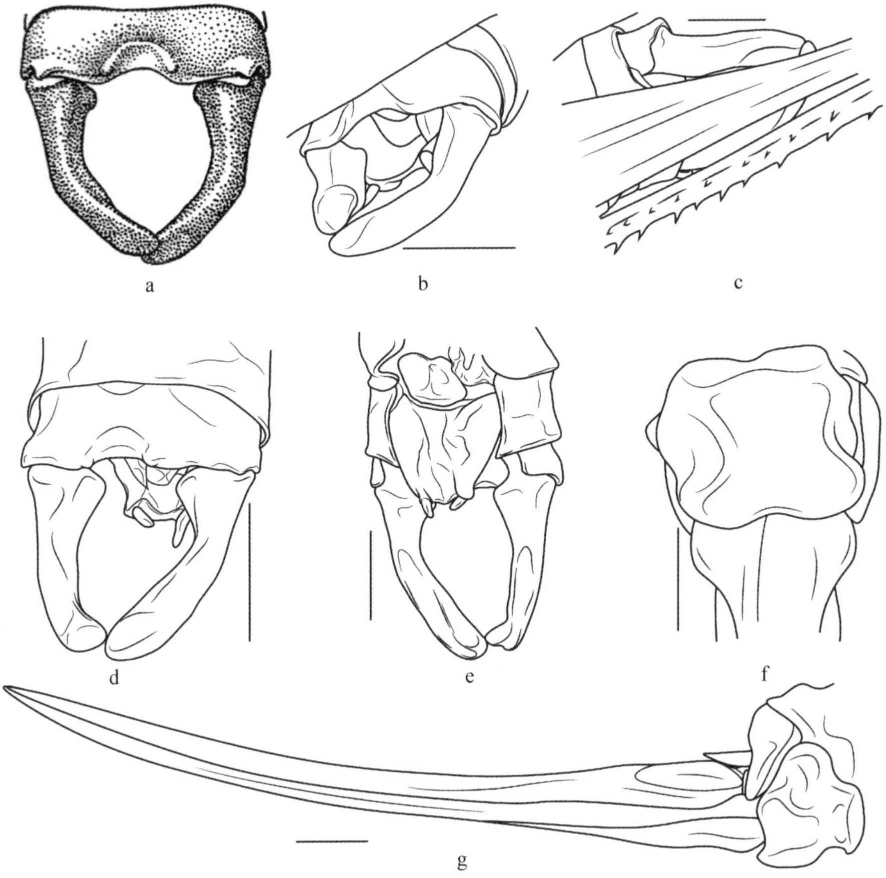

a b c

d e f

g

图 50　夏氏亚栖螽 *Eoxizicus* (*Axizicus*) *xiai* Liu & Zhang, 2000

a. 雄性腹端，背面观（仿 Bey-Bienko，1971）；b. 雄性腹端，背侧面观（四川）；c. 雄性腹端，腹侧面观（四川）；d. 雄性腹端，背面观（贵州）；e. 雄性腹端，腹面观（贵州）；f. 雌性下生殖板，腹面观（广西）；g. 产卵瓣，腹侧面观（广西）

Fig.50　*Eoxizicus* (*Axizicus*) *xiai* Liu & Zhang, 2000

a. end of male abdomen, dorsal view (after Bey-Bienko, 1971); b. end of male abdomen, laterally dorsal view (from Sichuan); c. end of male abdomen, laterally ventral view (from Sichuan); d. end of male abdomen, dorsal view (from Guizhou); e. end of male abdomen, ventral view (from Guizhou); f. subgenital plate of female, ventral view (from Guangxi); g. ovipositor, laterally ventral view (from guangxi).

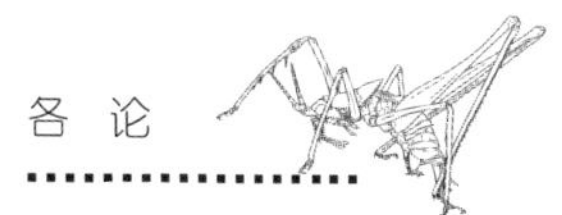

模式产地及保存：中国湖南桑植天平山；中国科学院动物研究所（IZCAS），中国北京。

讨论：Thinkham将该种雄性误定为尾幼剑螽*Xiphidiopsis appendiculata*。刘宪伟和章伟年（2000）以夏氏原栖螽*Eoxizicus xiai*将雄性报道，并把尾幼剑螽组合至该属，之后四川以外地方的标本仍多鉴定为尾幼剑螽。作者（2015）将采自广西猫儿山的雌雄标本以弯尾原栖螽*Eoxizicus* (*Eoxizicus*) *curvicercus*发表。在整理书稿过程中作者将Bey-Bienko（1971）补绘的尾幼剑螽雄性图（图49a）和其余两种的模式标本进行了反复比对，认为夏氏原栖螽和弯尾原栖螽的差异均是由于雄性外表皮未完全骨化标本干缩产生形变导致，而尾幼剑螽的雄性并非Thinkham补充描述的标本，后述。故夏氏原栖螽种名有效，弯尾原栖螽为该种的同物异名。

分布：中国湖南、广西、四川、贵州。

75. 刺尾亚栖螽 *Eoxizicus* (*Axizicus*) *spinocercus* (Jiao & Shi, 2013)（仿图25）

Xizicus (*Axizicus*) *spinocercus*: Jiao, Shi & Gao, 2013, *Zootaxa*, 3694(3): 297.

描述：体小。头顶圆锥形，端部钝，背面中部具弱纵沟；复眼卵圆形，向前凸出；下颚须端节端部适度膨大，与亚端节约等长。前胸背板前缘平直，后缘凸圆，后横沟明显（仿图25a），侧片略宽于其高，肩凹较明显（仿图25b）；前翅长，远超过后足股节端部，末端钝圆，后翅等长于前翅；各足股节无刺，前足基节具刺，前足胫节腹面内外缘刺式为3, 4 (1, 1)型，中足胫节腹面具4个内刺和5个外刺，后足胫节背面内外缘各具23～25个齿，背面1对腹面2对端距。雄性第10腹节背板后缘略向后凸，中间微凹（仿图25c）；尾须近圆锥形，基部粗壮，端部1/3内弯，末端尖，近中部具1个小的内齿（仿图25c，d）；下生殖板近矩形，长为宽的2倍；腹突较长，位于侧角，端部钝圆（仿图25d）。

雌性未知。

体绿色。复眼淡褐色，头部背面具2条纵淡黄色条纹。前胸背板背面中部具1条淡黄色带；前翅具褐色点；后足胫节背齿淡褐色，尾须以及其内齿端部淡褐色。

测量（mm）：体长♂7.7；前胸背板长♂3.0；前翅长♂12.5；后足股节长♂6.8。

检视材料：1♂（正模），西藏林芝排龙，2007.IX.27，石福明采。

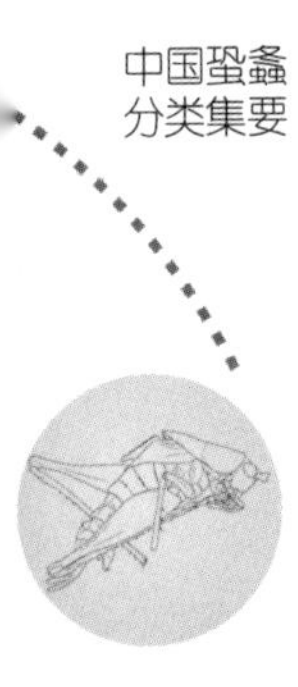

模式产地及保存：中国西藏林芝排龙；河北大学博物馆（MHU），中国河北保定。

分布：中国西藏。

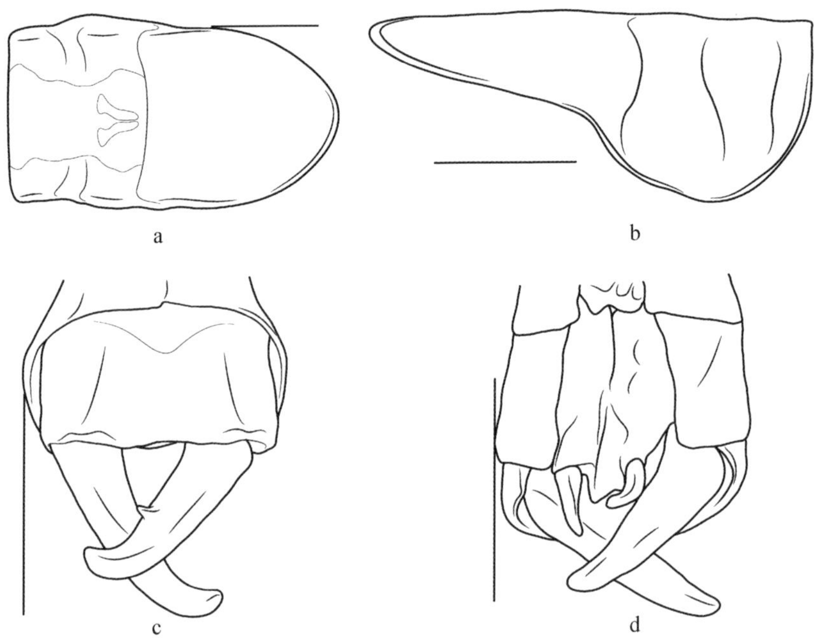

仿图25　刺尾亚栖螽 *Eoxizicus* (*Axizicus*) *spinocercus* (Jiao & Shi, 2013)
（仿 Jiao, Shi & Gao, 2013）

a. 雄性前胸背板，背面观；b. 雄性前胸背板，侧面观；c. 雄性腹端，背面观；d. 雄性腹端，腹面观

AF. 25　*Eoxizicus* (*Axizicus*) *spinocercus* (Jiao & Shi, 2013)
(after Jiao, Shi & Gao, 2013)

a. male pronotum, dorsal view; b. male pronotum, lateral view; c. end of male abdomen, dorsal view; d. end of male abdomen, ventral view

76. 双刺亚栖螽 *Eoxizicus* (*Axizicus*) *bispinus* (Jiao & Shi, 2014)（仿图26）

Xizicus (*Axizicus*) *bispinus*: Jiao, Chang & Shi, 2014, *Zootaxa*, 3869(5): 549.

描述：体较大。头顶圆锥形，端部钝，背面具细沟；复眼卵圆形凸出；下颚须端节端部略膨大，与亚端节等长。前胸背板短，后横沟明显，前缘平直，后缘圆（仿图26a），侧片长于其高，肩凹较浅（仿图26b）；胸听器较大，卵圆形；前翅超过后足股节末端，前后缘平行，端部圆，后翅

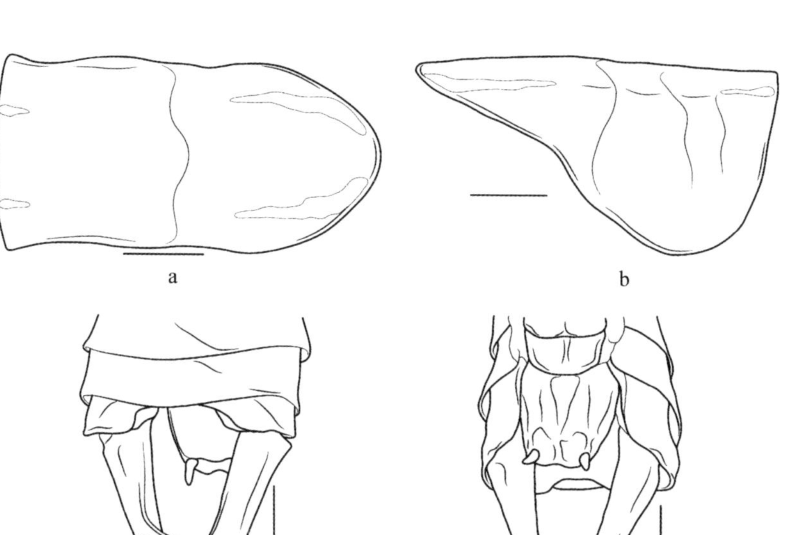

a　　　　b

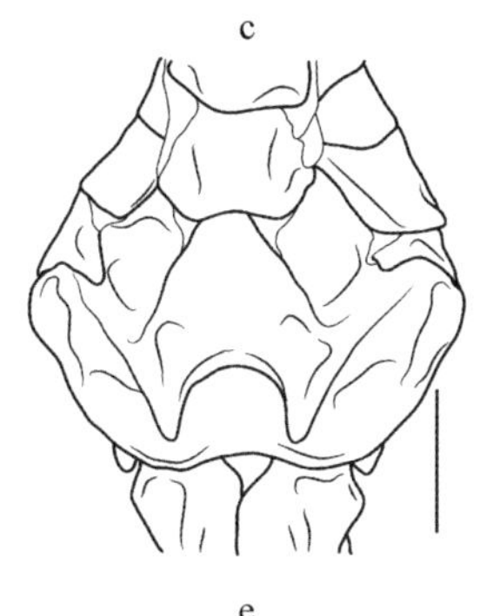

c　　　　d

e　　　　f

仿图26　双刺亚栖螽 *Eoxizicus* (*Axizicus*) *bispinus* (Jiao & Shi, 2014)
（仿 Jiao, Chang & Shi, 2014）

a. 雄性前胸背板，背面观；b. 雄性前胸背板，侧面观；c. 雄性腹端，背面观；d. 雄性腹端，腹面观；e. 雌性下生殖板，腹面观；f. 雌性下生殖板，侧面观

AF. 26　*Eoxizicus* (*Axizicus*) *bispinus* (Jiao & Shi, 2014)
(after Jiao, Chang & Shi, 2014)

a. male pronotum, dorsal view; b. male pronotum, lateral view; c. end of male abdomen, dorsal view; d. end of male abdomen, ventral view; e. subgenital plate of female, ventral view; f. subgenital plate of female, lateral view

长于前翅；各足股节无刺，前足基节具刺，前足胫节听器两侧均开放，前足胫节腹面内外刺式为4, 4 (1, 1)型，后足胫节背面内外缘各具24 ～ 28个齿，具3对端距，后足膝叶端部钝圆。雄性第10腹节背板中部梯形凹入，

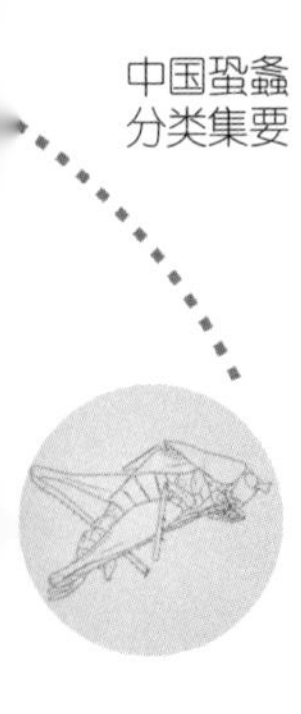

侧片稍向后延伸（仿图26c）；尾须基部宽，近圆柱形，内面背缘在中部扩展拱起，端部扁平，末端圆（仿图26c，d）；下生殖板近方形，基部具凹沟，后缘较平直，中部略凹，腹突短粗（仿图26d）。

雌性尾须圆锥形，端部尖；下生殖板短横宽，基部隆起，具1对较大向腹后方凸出的尖刺，刺基缘三角形凹入，应为膜质区域，侧缘与后缘连接成半圆，端部中央凹入（仿图26e，f）；产卵瓣细长，平直，背腹缘光滑，腹瓣具端钩，基部腹面具1对不明显的小突。

体绿色。复眼棕色。前胸背板背片后部具1对暗褐色纵纹；后足胫节背面齿黑褐色，距端部淡褐色。

测量（mm）：体长♂13.7 ～ 14.2，♀14.7；前胸背板长♂5.1 ～ 5.4，♀4.9；前翅长♂23.8 ～ 24.2，♀25.1；后足股节长♂12.8 ～ 13.1，♀13.1；产卵瓣长15.3。

检视材料：1♂（正模），海南昌江霸王岭，2014.V.30，焦娇采；1♀（副模），海南昌江霸王岭，2014.V.28，焦娇采。

模式产地及保存：中国海南昌江霸王岭；河北大学博物馆（MHU），中国河北保定。

分布：中国海南。

77. 叉尾亚栖螽 *Eoxizicus* (*Axizicus*) *dividus* (Shi & Zheng, 1995)（仿图27）

Xiphidiopsis divida: Shi & Zheng, 1995, *Entomotaxonomia*, 17(3): 161.

Eoxizicus dividus: Liu & Zhang, 2000, *Entomotaxonomia*, 22(3): 159.

描述：体中型。头顶圆锥形，端部钝，背面具纵沟；复眼球形，向前凸出；下颚须端节稍微长于亚端节。前胸背板短（仿图27a），侧片较高，肩凹明显；前翅远超过后足股节端部，后翅长于前翅约1.0 mm；前足基节具刺，前足胫节腹面内外缘刺排列为4, 5 (1, 1)型，后足胫节背面内外缘各具30 ～ 32个齿和1个端距，腹面具4个端距。雄性第10腹节背板后缘凹入，无突起（仿图27b）；尾须基部粗壮，圆柱形，端部分为2支，内支端部细长，几乎垂直于尾须（仿图27b），基部具1瘤突，外支稍短，略内弯；下生殖板狭长，腹突爪形（仿图27c）。

雌性未知。

体黄褐色。前胸背板具1对的暗褐色纵纹，后足股节膝叶端部具淡褐色边，后足胫节刺暗色。

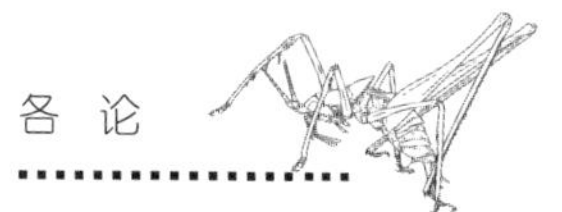

测量（mm）：体长♂10.0；前胸背板长♂3.4；前翅长♂18.0；后足股节长♂9.5。

检视材料：未见标本。

模式产地及保存：中国福建上杭；陕西师范大学动物研究所，中国陕西西安。

分布：中国福建。

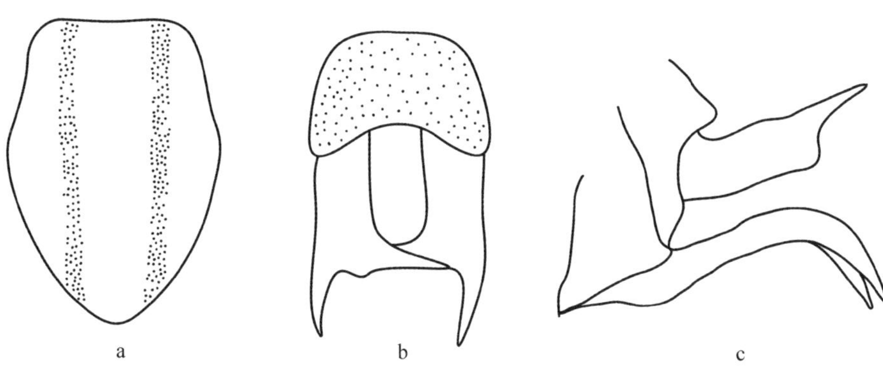

仿图27　叉尾亚栖螽 *Eoxizicus* (*Axizicus*) *dividus* (Shi & Zheng, 1995)
（仿 Shi & Zheng, 1995）
a. 雄性前胸背板，背面观；b. 雄性腹端，背面观；c. 雄性腹端，侧面观

AF. 27　*Eoxizicus* (*Axizicus*) *dividus* (Shi & Zheng, 1995) (after Shi & Zheng, 1995)
a. male pronotum, dorsal view; b. end of male abdomen, dorsal view;
c. end of male abdomen, lateral view

78. 镰尾亚栖螽 *Eoxizicus* (*Axizicus*) *falcatus* (Chang, Du & Shi, 2013)（图51）

Xizicus (*Axizicus*) *falcata*: Chang, Du & Shi, 2013, *Zootaxa*, 3750(4): 383.

描述：体小，较纤细。头顶圆锥形，凸出，端部钝圆背纵沟细，复眼球形。前胸背板短，前缘平直，后缘宽圆，横沟不明显，侧片长于其高，肩凹较浅；前翅细长，超过后足股节端部，前缘与后缘平行，端部圆，听器区完全隐藏于前胸背板下，后翅长于前翅；各足股节无刺，前足基节具刺，前足胫节腹面内外刺式为5, 4 (1, 1)型，两侧听器均开放，中足胫节腹面具5个内刺和6个外刺，后足胫节背面内外缘各具27～31个齿，共具3对端距，膝叶端部圆。雄性第10腹节背板较长，后缘中部浅凹，侧片适度向后凸；肛上板舌状；尾须基2/3壮实，后分为较细的两支，外支短，略向上弯，端

部圆，内支长，镰刀状内弯，端部尖（图51a）；下生殖板延长，较宽，基部具中沟，后缘圆，腹突位于亚端部，中等长度，端部稍尖（图51b）。

雌性尾须圆锥形，端部细尖；下生殖板基部平直，两侧内凹，形成背腹隆脊与后缘相连；产卵瓣细长，几乎不弯曲，腹瓣具端钩。

体绿色。复眼红褐色。前胸背板背片具1对淡棕色的纵纹。后足股节膝叶褐色，后足胫节背齿黑褐色，爪与距端部黑褐色。

测量（mm）：体长♂10.4 ～ 12.8，♀11.0 ～ 13.0；前胸背板长♂3.5 ～ 3.7，♀3.4 ～ 3.6；前翅长♂14.8 ～ 15.2，♀16.3 ～ 16.5；后足股节长♂10.5 ～ 12.0，♀12.0 ～ 12.2；产卵瓣长11.3 ～ 13.3。

检视材料：1♂（正模），台湾台中，2006.VIII.16，杜喜翠采；1♀（副模），台湾台中，2006.VIII.15，杜喜翠采；1♂，台湾台北草山（阳明山），200 ～ 300 m，1963.VIII.4 ～ 5，J. L. Gressitt采。

模式产地及保存：中国台湾台中；河北大学博物馆（MHU），中国河北保定。

分布：中国台湾。

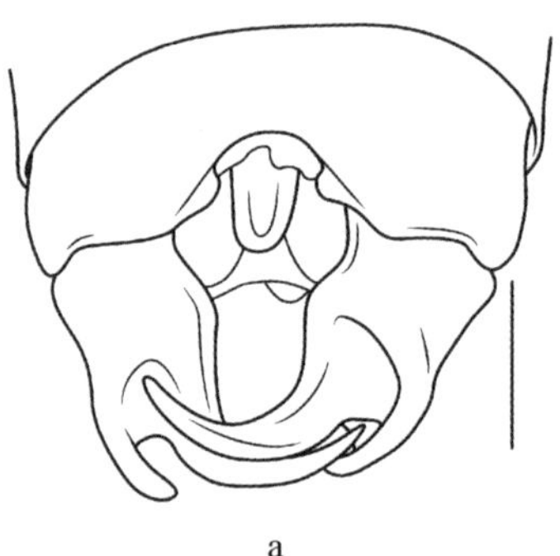

a

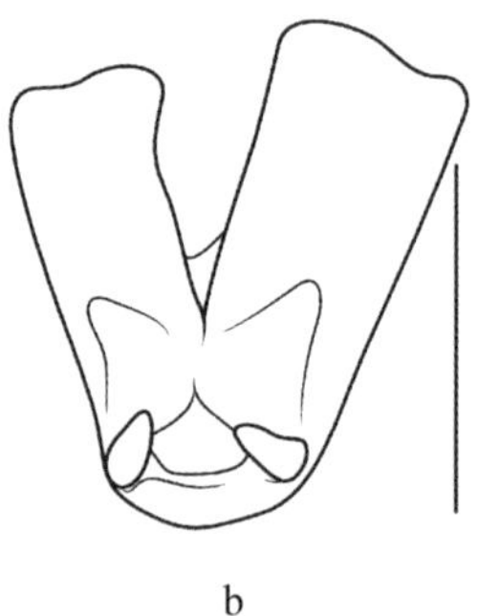

b

图51　镰尾亚栖螽*Eoxizicus* (*Axizicus*) *falcatus* (Chang, Du & Shi, 2013)
a. 雄性腹端，背面观；b. 雄性下生殖板，腹面观

Fig. 51　*Eoxizicus* (*Axizicus*) *falcatus* (Chang, Du & Shi, 2013)
a. end of male abdomen, dorsal view; b. subgenital plate of male, ventral view

原栖螽亚属*Eoxizicus* (*Eoxizicus*) Gorochov, 1993

Xizicus (*Eoxizicus*): Gorochov, 1993, *Zoosystematica Rossica*, 2(1): 74, 76;

Otte, 1997, *Orthoptera Species File 7*, 93; Gorochov, Liu & Kang, 2005, *Oriental Insects*, 39: 74.

Eoxizicus: Liu & Zhang, 2000, *Entomotaxonomia*, 22(3): 158.

Eoxizicus (*Eoxizicus*): Liu & Yin, 2004, *Insects from Mt. Shiwandashan Area of Guangxi*, 101; Wang, Liu & Li, 2015, *Zootaxa*, 3941(4): 517; Jin, Liu & Wang, 2020, *Zootaxa*, 4772(1): 27.

模式种：*Xiphidiopsis kulingensis* Tinkham, 1943

雄性第10腹节背板具成对的指状突起，尾须通常具突起或叶。

79. 牯岭原栖螽 *Eoxizicus* (*Eoxizicus*) *kulingensis* (Tinkham, 1943)（图52）

Xiphidiopsis kulingensis: Tinkham, 1943, *Notes d'Entomologie Chinoise, Musée Heude*, 10(2): 47; Tinkham, 1944, *Proceedings of the United States National Museum*, 94: 507, 509; Tinkham, 1956, *Transactions of the American Entomological Society*, 82: 4, 6; Beier, 1966, *Orthopterorum Catalogus*, 9: 273; Liu & Jin, 1994, *Contributions from Shanghai Institute of Entomology*, 11: 111; Jin & Xia, 1994, *Journal of Orthoptera Research*, 3: 27.

Xizicus (*Eoxizicus*) *kulingensis*: Gorochov, 1993, *Zoosystematica Rossica*, 2(1): 76; Xiao *et al.*, 2016, *Far Eastern Entomologist*, 305: 21.

Eoxizicus kulingensis: (Tinkham, 1943) Liu & Zhang, 2000, *Entomotaxonomia*, 22(3): 159.

描述：体偏小。头顶圆锥形，较短粗，端部钝圆背具纵沟；复眼球形；下颚须端节与亚端节约等长。前胸背板短，沟后区稍扩宽，短于沟前区，侧片较高，肩凹较明显（图52a，b）；前翅超过后足股节端部，后翅长于前翅；各足股节无刺，前足胫节腹面内外刺式为4, 4 (1, 1)型，两侧听器均开放，后足胫节背面内外缘各具31～34个齿，共具3对端距。雄性第10腹节背板横宽，后缘凹入，中间具1对相隔侧扁的端突起（图52c，d）；肛上板瘦长；尾须基2/3叶状扩展，叶内缘具凹口，端部片状内弯，末端尖（图52c，d）；下生殖板延长，近等腰三角形，基部较宽，后缘中部凹，腹突较短，位于腹面亚端部（图52e）。

雌性尾须圆锥形，端部细尖，较短；下生殖板延长，基部膨大，两侧中部缢缩，后缘中部略凹，侧角形成圆叶状，向腹面膨大（图52f）；产卵瓣细长，几乎不弯曲，中部略窄，腹瓣具端钩（图52g）。

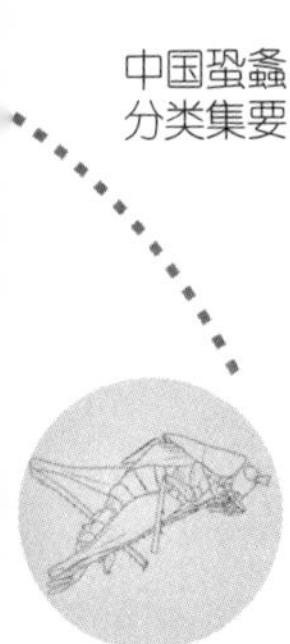

体黄褐色（活时应为绿色）。复眼红褐色。头部背面无斑纹。前胸背板背片具1对深棕色的纵纹（图52a）。后足股节膝部暗色。

测量（mm）：体长♂10.0 ～ 11.0，♀10.0 ～ 11.2；前胸背板长♂3.5 ～ 3.9，♀3.8 ～ 3.9；前翅长♂13.0 ～ 14.0，♀15.0 ～ 18.0；后足股节长♂9.0 ～ 9.2，♀9.0 ～ 11.8；产卵瓣长10.1 ～ 11.1。

检视材料：正模♂，江西庐山牯岭，1934.IX.12，Piel采；副模11♂♂21♀♀，江西庐山牯岭，1934 ～ 1935，Piel采。

分布：中国江西。

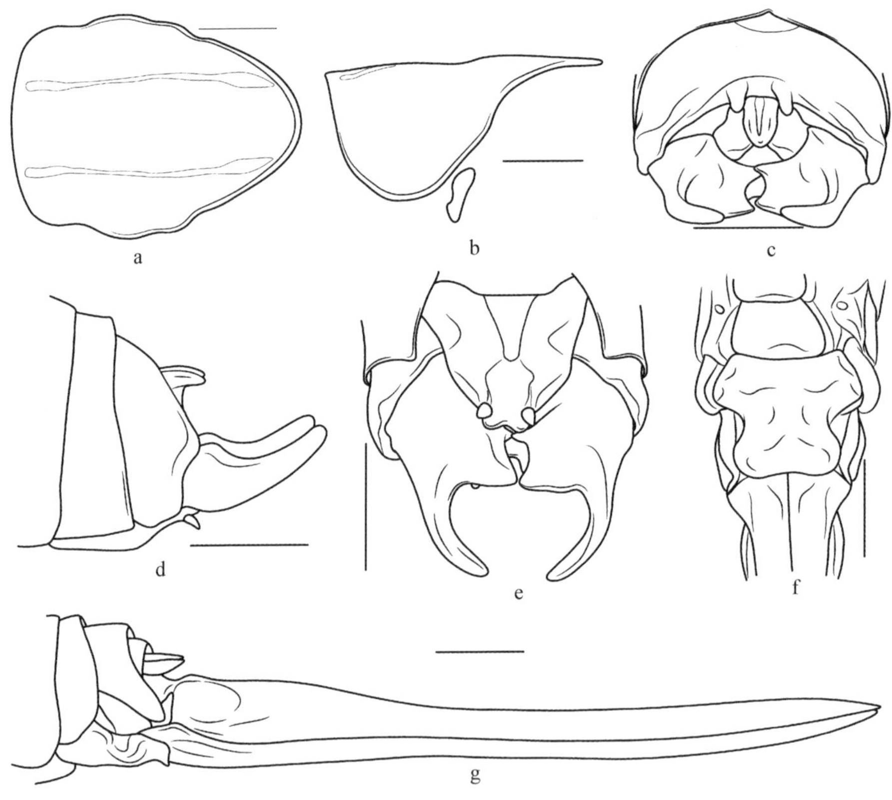

图52　牯岭原栖螽 *Eoxizicus* (*Eoxizicus*) *kulingensis* (Tinkham, 1943)
a. 雄性前胸背板，背面观；b. 雄性前胸背板，侧面观；c. 雄性腹端，背面观；d. 雄性腹端，侧面观；e. 雄性腹端，腹面观；f. 雌性下生殖板，腹面观；g. 产卵瓣，侧面观

Fig. 52　*Eoxizicus* (*Eoxizicus*) *kulingensis* (Tinkham, 1943)
a. male pronotum, dorsal view; b. male pronotum, lateral view; c. end of male abdomen, dorsal view; d. end of male abdomen, lateral view; e. end of male abdomen, ventral view; f. subgenital plate of female, ventral view; g. ovipositor, lateral view

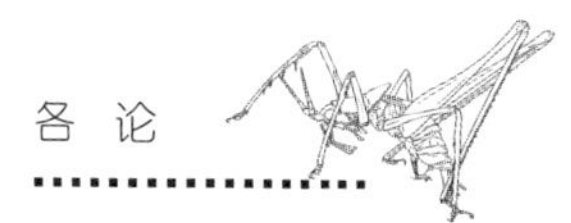

80. 邻突原栖螽*Eoxizicus* (*Eoxizicus*) *juxtafurcus* (Xia & Liu, 1990)comb. nov.（图53）

Xiphidiopsis juxta-furca: Xia & Liu, 1990, *Contributions from Shanghai Institute of Entomology*, 8: 224; Liu & Jin, 1994, *Contributions from Shanghai Institute of Entomology*, 11: 111; Jin & Xia, 1994, *Journal of Orthoptera Research*, 3: 27.

Xizicus (*Xizicus*) *juxtafurcus*: (Xia & Liu, 1990) Gorochov, 1993, *Zoosystematica Rossica*, 2(1): 76; Feng, Shi & Mao, 2017, *Zootaxa*, 4247(1): 71.

描述：体偏小。头顶圆锥形，向前凸出，端部钝圆背具纵沟；复眼球形，向前凸出；下颚须端节稍长于亚端节，端部略扩大。前胸背板短，沟后区短于沟前区，侧片较高，肩凹较明显（图53a，b）；前翅超过后足股节端部，后翅长于前翅；各足股节无刺，前足胫节腹面内外刺式为4, 5 (1, 1)型，两侧听器均开放，后足胫节背面内外缘各具25～28个齿，共具3对端距。雄性第10腹节背板横宽，后缘凹入，中间具1对紧靠的端突起，非钩状；尾须基半部厚实，内背缘具1指状小突起，腹缘具稍宽叶，前缘波曲后缘平，端半部较薄扁，近端部具小三角形内突起（图53c～f）；下生殖板瘦长，近提琴形状，端部开裂，具中纵沟，腹突细小（图53f）。

雌性尾须圆锥形，端部细尖，较短；下生殖板近方形，后缘角形凹入，缺侧棱（图53g）；产卵瓣几乎不弯曲，端部尖，腹瓣明显短于背瓣，具端钩（图53h）。

体黄色（活时应为绿色）。复眼红褐色。头部背面无斑纹。前胸背板背片具1对暗黑色的纵纹（图53a）。后足股节膝部具黑点，后足胫节背齿褐色。

测量（mm）：体长♂10.0～10.5，♀10.0～11.0；前胸背板长♂3.0～3.1，♀3.0～3.2；前翅长♂16.0～16.5，♀16.0～17.0；后足股节长♂9.0～9.5，♀10.0～10.5；产卵瓣长9.5～10.5。

检视材料：正模♂配模♀副模4♂♂2♀♀，广东广州，日期、采集人不详。

分布：中国广东。

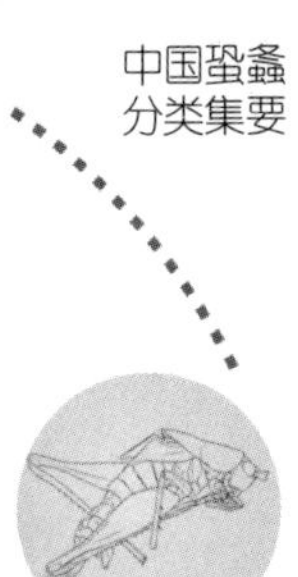

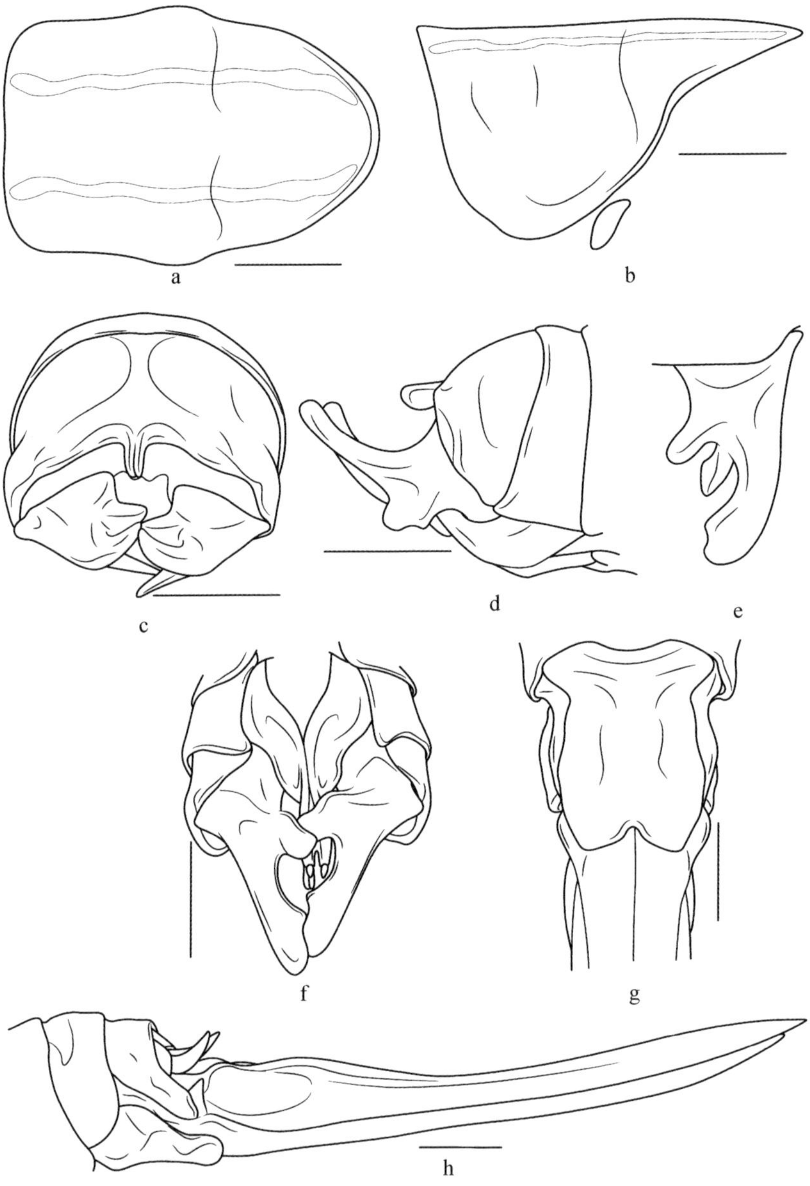

图53　邻突原栖螽 *Eoxizicus* (*Eoxizicus*) *juxtafurcus* (Xia & Liu, 1990)
a. 雄性前胸背板，背面观；b. 雄性前胸背板，侧面观；c. 雄性腹端，背面观；d. 雄性腹端，侧面观；e. 雄性右尾须，背面观；f. 雄性腹端，腹面观；g. 雌性下生殖板，腹面观；h. 雌性腹端，侧面观

Fig. 53　*Eoxizicus* (*Eoxizicus*) *juxtafurcus* (Xia & Liu, 1990)
a. male pronotum, dorsal view; b. male pronotum, lateral view; c. end of male abdomen, dorsal view; d. end of male abdomen, lateral view; e. right cercus of male, dorsal view; f. end of male abdomen, ventral view; g. subgenital plate of female, ventral view; h. end of female abdomen, lateral view

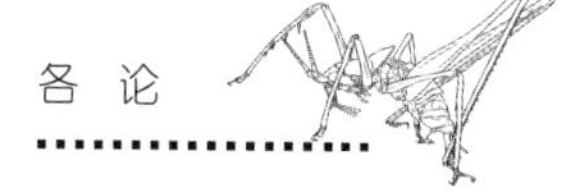

81. 狭板原栖螽 *Eoxizicus* (*Eoxizicus*) *arctalaminus* (Jin, 1999)（图54，图版36）

Xiphidiopsis arctalamina: Liu & Jin, 1999, *Fauna of Insects Fujian Province of China. Vol. 1*, 158.

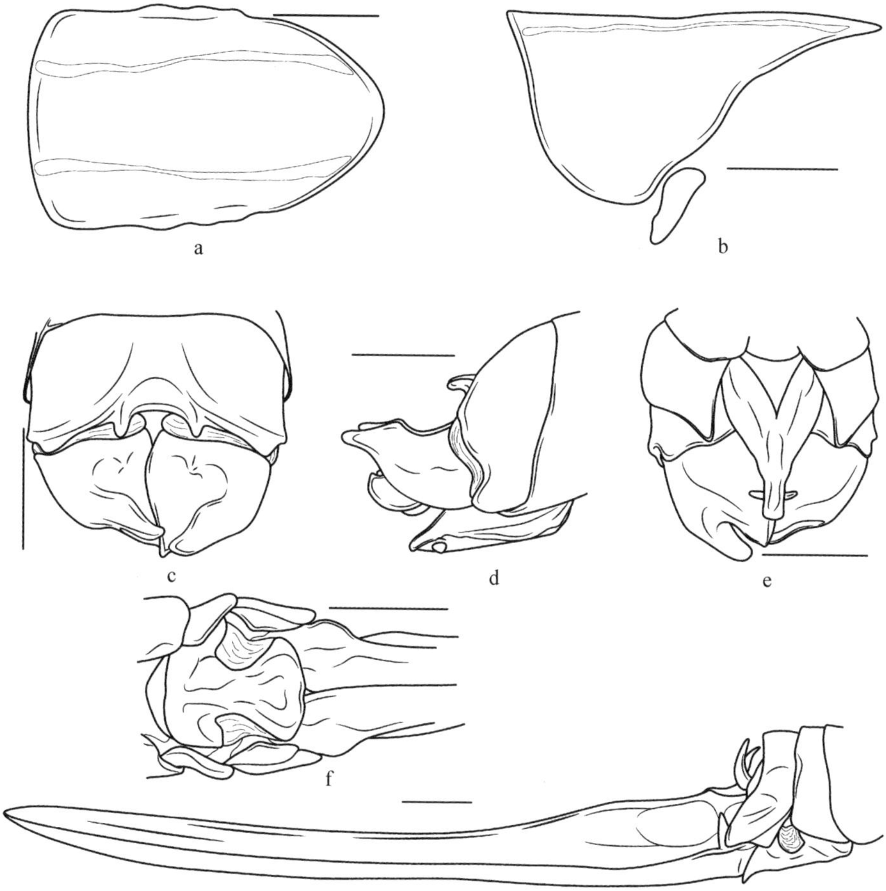

图54 狭板原栖螽 *Eoxizicus* (*Eoxizicus*) *arctalaminus* (Jin, 1999)
a. 雄性前胸背板，背面观；b. 雄性前胸背板，侧面观；c. 雄性腹端，背面观；
d. 雄性腹端，侧面观；e. 雄性腹端，腹面观；f. 雌性下生殖板，腹面观；g. 产卵瓣，侧面观

Fig.54 *Eoxizicus* (*Eoxizicus*) *arctalaminus* (Jin, 1999)
a. male pronotum, dorsal view; b. male pronotum, lateral view; c. end of male abdomen, dorsal view;
d. end of male abdomen, lateral view; e. end of male abdomen,ventral view; f. subgenital plate of female, ventral view; g. ovipositor, lateral view

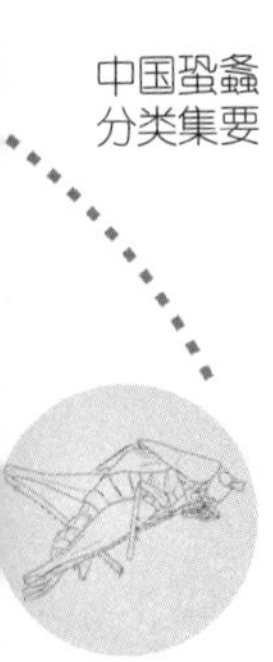

Eoxizicus arctalaminus: Liu & Zhang, 2000, *Entomotaxonomia*, 22(3): 159.

Xizicus (*Eoxizicus*) *arctalaminus*: Gorochov, 1993, *Zoosystematica Rossica*, 2(1): 74.

描述：体偏小。头顶圆锥形，略鼓，端部钝圆背具纵沟，复眼球形，下颚须端节与亚端节等长。前胸背板侧片较高，肩凹较明显（图54a，b）；胸听器大，完全裸露；前翅远超过后足股节端部，后翅长于前翅；各足股节无刺，前足基节具刺，前足胫节腹面内外刺式为4, 3 (1, 1)型，两侧听器均开放，后足胫节背面内外缘各具31 ～ 34个齿，共具3对端距。雄性第10腹节背板近方形，后缘凹入，中间具1对分离的突起；尾须分为腹叶和背支，叶后端角向后突出，背支强内弯（图54c，d）；下生殖板延长，向端部趋狭，基部较宽，端部明显缢缩，后缘中部凹，腹突较短位于亚端部缢缩处（图54e）。

雌性尾须圆锥形，较短；下生殖板宽，后缘弧形（图54f）；产卵瓣细长，略上弯，腹瓣无端钩（图54g）。

体黄绿色（活时绿色）。复眼深棕色；头部背面无斑纹。前胸背板背片具1对棕色的纵纹（图54a）；前翅绿色，后缘褐色；后足股节膝叶端部黑色。

测量（mm）：体长♂8.5 ～ 10.0，♀9.0；前胸背板长♂3.4，♀3.0；前翅长♂16.0 ～ 18.0，♀18.5；后足股节长♂9.0 ～ 10.0，♀10.0 ～ 10.5；产卵瓣长10.0 ～ 11.0。

检视材料：正模♂，配模♀，副模5♂♂，福建（武夷山三港，建阳大竹岚），1994.VIII ～ IX，金杏宝、殷海生采；1♀，广西金秀圣堂山，1 044 m，1981.X.15，采集人不详。

分布：中国福建、广西。

82. 周氏原栖螽 ***Eoxizicus* (*Eoxizicus*) *choui* Liu & Zhang, 2000**（仿图28）

Eoxizicus choui: Liu & Zhang, 2000, *Entomotaxonomia*, 22(3): 159.

Xizicus (*Eoxizicus*) *choui*: Jiao, Chang & Shi, 2014, *Zootaxa*, 3869(5): 548.

描述：体中等。头顶圆锥形，端部钝，背面具沟；下颚须端节稍微长于亚端节。前胸背板后缘狭圆，侧片肩凹不明显。前足胫节腹面内外缘刺排列为4, 5 (1, 1)型，后足胫节背面内外缘各具23 ～ 25个齿和1个端距，腹面具4个端距。前翅远超过后足股节端部，后翅长于前翅约2.0 mm。雄性第10腹节背板后缘具1对间距较宽的突起（仿图28a）；尾须较直，具2个弱的背叶和1个齿状的腹叶（仿图28a～c）。下生殖板狭长，后缘平截，具较短的腹突（仿图28c）。

雌性尾须短圆锥形，下生殖板横宽，近梯形，后缘微凹，中部两侧各具1个明显的凹窝（仿图28d）；产卵瓣较长，腹瓣具端钩。

体淡绿色。前胸背板沟后区具成对的暗褐色侧条纹。

测量（mm）：体长♂12.0，♀14.0；前胸背板长♂4.2，♀4.7；前翅长♂19.0～20.0，♀22.0；后足股节长♂10.0，♀损毁；产卵瓣长12.0。

检视材料：未见标本。

模式产地及保存：中国海南尖峰岭；中国科学院动物研究所（IZCAS），中国北京。

分布：中国海南。

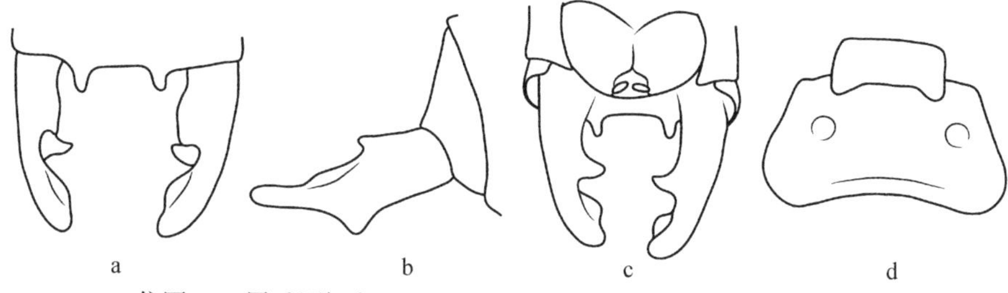

仿图28　周氏原栖螽 *Eoxizicus* (*Eoxizicus*) *choui* Liu & Zhang, 2000（仿Liu & Zhang, 2000）

a. 雄性腹端，背面观；b. 雄性腹端，侧面观；c. 雄性腹端，腹面观；d. 雌性下生殖板，腹面观

AF. 28　*Eoxizicus* (*Eoxizicus*) *choui* Liu & Zhang, 2000 (after Liu & Zhang, 2000)

a. end of male abdomen, dorsal view; b. end of male abdomen, lateral view; c. end of male abdomen, ventral view; d. subgenital plate of female, ventral view

83. 凹板原栖螽 *Eoxizicus* (*Eoxizicus*) *concavilaminus* (Jin, 1999)（图55）

Xiphidiopsis concavilamina: Liu & Jin, 1999, *Fauna of Insects Fujian Province of China. Vol. 1*, 158.

Xiphidiopsis latilamella: Mu, He & Wang, 2000, *Acta Zoologica Sinica*, 25(3): 316.

Eoxizicus (*Eoxizicus*) *concavilaminus*: Liu, Zhou & Bi, 2010, *Insects of Fengyangshan National Nature Reserve*, 84.

描述：体中等。头顶圆锥形，稍长，端部钝圆背具纵沟，复眼球形，下颚须端节与亚端节等长。前胸背板侧片较高，肩凹较明显；胸听器大，完全裸露（图55b）；前翅远超过后足股节端部，后翅长于前翅；各足股节无刺，前足基节具刺，前足胫节腹面内外刺式为4, 5 (1, 1)型，两侧听器均开放，后足胫节背面内外缘各具33～35个齿，共具3对端距。雄性第10腹节背横宽，后缘凹入，中间具1对分离的较长突起，非平行渐近（图55c）；尾须内面凹，形成宽大背腹叶，腹叶波曲形，背叶靠近基部，端部较直（图55c，d）；下生殖板较小，端部明显变狭，后缘中部凹，腹突较短位于端部两侧（图55e）。

雌性尾须短圆锥形，下生殖板具明显的中脊（图55f）；产卵瓣较长，腹瓣具端钩。

体淡绿色。前胸背板具成对的暗褐色侧条纹（图55a）。

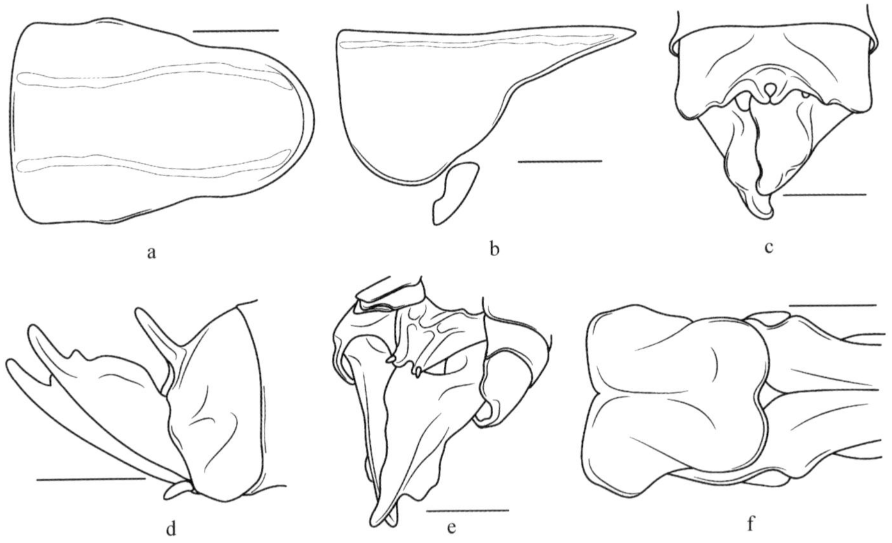

图55　凹板原栖螽*Eoxizicus* (*Eoxizicus*) *concavilaminus* (Jin, 1999)

a. 雄性前胸背板，背面观；b. 雄性前胸背板，侧面观；c. 雄性腹端，背面观；d. 雄性腹端，侧面观；e. 雄性腹端，腹面观；f. 雌性下生殖板，腹面观

Fig. 55　*Eoxizicus* (*Eoxizicus*) *concavilaminus* (Jin, 1999)

a. male pronotum, dorsal view; b. male pronotum, lateral view; c. end of male abdomen, dorsal view; d. end of male abdomen, lateral view; e. end of male abdomen, ventral view; f. subgenital plate of female, ventral view

测量（mm）：体长♂9.4 ～ 10.0，♀10.6 ～ 10.8；前胸背板长♂3.2 ～ 4.0，♀3.6 ～ 3.8；前翅长♂17.2 ～ 18.8，♀17.5 ～ 19.0；后足股节长♂9.9 ～ 10.0，♀10.2 ～ 10.9；产卵瓣长 10.0 ～ 10.2。

检视材料：正模♂，福建武夷山三港，1994.VIII.27 ～ IX.3，金杏宝、殷海生采；11♂♂6♀♀，浙江庆元百山祖，1996.VIII.12 ～ 20，金杏宝、章伟年采；1♂，浙江凤阳山苗圃地，1 480 m，2008.IX.23，马氏网诱，刘胜龙采。

分布：中国浙江、福建。

84. 岔突原栖螽 *Eoxizicus* (*Eoxizicus*) *divergentis* Liu & Zhang, 2000（图 56）

Eoxizicus divergentis: Liu & Zhang, 2000, *Entomotaxonomia*, 22(3): 161; Wang *et al.*, 2011, *Journal of Guangxi Normal University*, 29(4): 124.

Xizicus (*Eoxizicus*) *divergentis* Shi *et al.*, 2013, *Zootaxa*, 3717(4): 593.

描述：体中型。头顶圆锥形，端部钝，背面具纵沟；复眼球形凸出，下颚须端节稍微长于亚端节。前胸背板后缘狭圆，侧片肩凹不明显；前翅远超过后足股节端部，后翅长于前翅约 1.0 mm；前足胫节腹面内外缘刺排列为 4, 5 (1, 1) 型，后足胫节背面内外缘各具 26 ～ 30 个齿和 1 个端距，腹面具 4 个端距。雄性第 10 腹节背板后缘具 1 对间距较窄的突起，突起的长度明显大于其间距，端部外弯（图 56a）；尾须较简单，中部具大的内叶，基角形成重叠的齿状突（图 56a）；下生殖板狭长，后缘平截，具较短的腹突（图 56b）。

雌性未知。

体淡绿色。前胸背板具成对的暗褐色侧条纹，后足股节膝叶端部具黑点。

测量（mm）：体长♂12.0 ～ 12.5，♀13.5；前胸背板长♂3.5，♀3.5；前翅长♂16.0，♀20.0；后足股节长♂9.5 ～ 9.8，♀10.5；产卵瓣长 11.0。

检视材料：正模♂副模 1♂，广西兴安猫儿山，900 m ～ 1 500 m，1992.VII.22 ～ 23，刘宪伟、殷海生采；副模 2♂♂，广西元宝山，1992.IX.23，陆温采。

分布：中国广西。

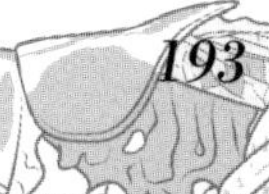

图56 岔突原栖螽 *Eoxizicus* (*Eoxizicus*) *divergentis* Liu & Zhang, 2000
a. 雄性腹端，背面观；b. 雄性腹端，腹面观

Fig. 56 *Eoxizicus* (*Eoxizicus*) *divergentis* Liu & Zhang, 2000
a. end of male abdomen, dorsal view; b. end of male abdomen, ventral view

85. 巨叶原栖螽 *Eoxizicus* (*Eoxizicus*) *megalobatus* (Xia & Liu, 1990)（图57，图版37）

Xiphidiopsis megalobata: Xia & Liu, 1990, *Contributions from Shanghai Institute of Entomology*, 8: 223; Liu & Jin, 1994, *Contributions from Shanghai Institute of Entomology*, 11: 111; Jin & Xia, 1994, *Journal of Orthoptera Research*, 3: 27.

Xizicus (*Eoxizicus*) *megalobatus*: Gorochov, 1993, *Zoosystematica Rossica*, 2(1): 76.

Eoxizicus megalobatus: Liu & Zhang, 2000, *Entomotaxonomia*, 22(3): 159.

描述：体中型。头顶圆锥形，端部钝，向前凸出，背面具细纵沟；复眼半球形，向前凸出，下颚须端节等长于亚端节。前胸背板后缘狭圆，侧片后缘波曲，肩凹不明显（图57a，b）；前翅远超过后足股节端部，后翅长于前翅；前足胫节腹面内外缘刺排列为4, 5 (1, 1)型，后足胫节背面内外缘各具23 ～ 29个齿和1个端距，腹面具4个端距。雄性第10腹节背板后缘具1对较为粗圆的平行突起；尾须腹缘近中部具1长腹叶，长大于宽，前侧端角突出向前略弯，尾须端部近直角内弯，较扁平，末端尖（图57c，d）；下生殖板近三角形，腹突间后缘略凹（图57e）。

雌性尾须短，细圆锥形；下生殖板延长，后部下膨，具圆的侧角，后缘中部凹（图57f）；产卵瓣稍上弯曲，较长，中部略细，腹瓣具端钩（图57g）。

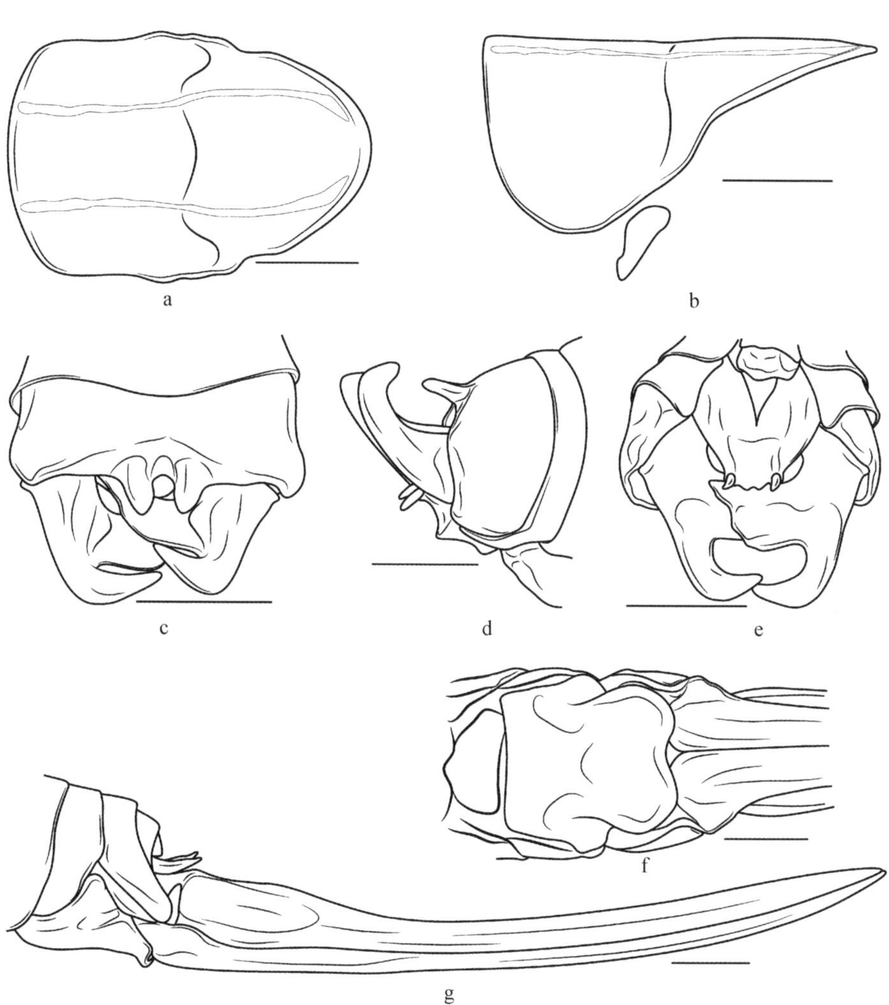

图57 巨叶原栖螽 *Eoxizicus* (*Eoxizicus*) *megalobatus* (Xia & Liu, 1990)
a. 雄性前胸背板，背面观；b. 雄性前胸背板，侧面观；c. 雄性腹端，背面观；d. 雄性腹端，侧面观；e. 雄性腹端，腹面观；f. 雌性下生殖板，腹面观；g. 产卵瓣，侧面观

Fig. 57 *Eoxizicus* (*Eoxizicus*) *megalobatus* (Xia & Liu, 1990)
a. male pronotum, dorsal view; b. male pronotum, lateral view; c. end of male abdomen, dorsal view; d. end of male abdomen, lateral view; e. end of male abdomen,ventral view; f. subgenital plate of female, ventral view; g. ovipositor, lateral view

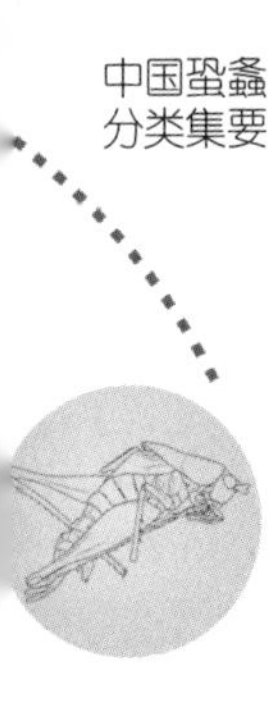

体淡绿色。前胸背板背面黄色具成对的暗黑色侧条纹（图57a），后足股节膝叶端部具暗色边，后足胫节背缘齿暗色。

测量（mm）：体长♂10.0～11.5，♀10.0～12.0；前胸背板长♂3.5～3.8，♀3.5～3.7；前翅长♂16.0，♀18.0～20.0；后足股节长♂9.5，♀9.5～10.0；产卵瓣长9.0～9.5。

检视材料：正模♂配模♀副模1♂，浙江泰顺乌岩岭，1987.IX.1～4，金根桃、刘祖尧采；3♂♂，浙江庆元百山祖，1996.VIII.12～20，金杏宝、章伟年采；2♂♂6♀♀，浙江庆元百山祖，1 100 m，2006.IX.2～5，刘宪伟等采。

分布：中国浙江。

86. 疑原栖螽 *Eoxizicus* (*Eoxizicus*) *dubius* Liu & Zhang, 2000（图58）

Eoxizicus dubius: Liu & Zhang, 2000, *Entomotaxonomia*, 22(3): 160.

Xizicus (*Eoxizicus*) *dubius*: Jiao, Chang & Shi, 2014, *Zootaxa*, 3869(5): 548.

描述：体中型。头顶圆锥形，端部钝，背面具沟；下颚须端节稍微长于亚端节。前胸背板后缘狭圆，侧片肩凹略明显；前足胫节腹面内外缘刺排列为4, 5 (1, 1)型，后足胫节背面内外缘各具29～32个刺，端距3对；前翅远超过后足股节端部，后翅长于前翅约1.5～2.0 mm。雄性第10腹节背板后缘凹口侧角具1对间距较远的突起；尾须较直，端部略内弯和扁平，亚端具1个小的叶；下生殖板狭长，后缘平截，具较短的腹突（图58a，b）。

雌性未知。

体淡绿色。前胸背板具成对的暗褐色侧条纹，后足股节膝叶端部具黑点，后足胫节刺黑褐色。

测量（mm）：体长♂10.5～11.0；前胸背板长♂3.8～4.2；前翅长♂19.0～21.0；后足股节长♂11.0。

检视材料：1♂，海南尖峰岭，1 000 m，2011.IV.11～22，毕文烜采。

模式产地及保存：中国海南尖峰岭；中山大学昆虫研究所（ICRI），中国广东广州。

分布：中国海南。

讨论：该种发表时雄性配图与五指山原栖螽 *Eoxizicus* (*Eoxizicus*) *wuzhishanensis* 颠倒。

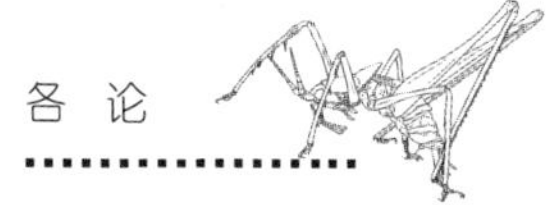

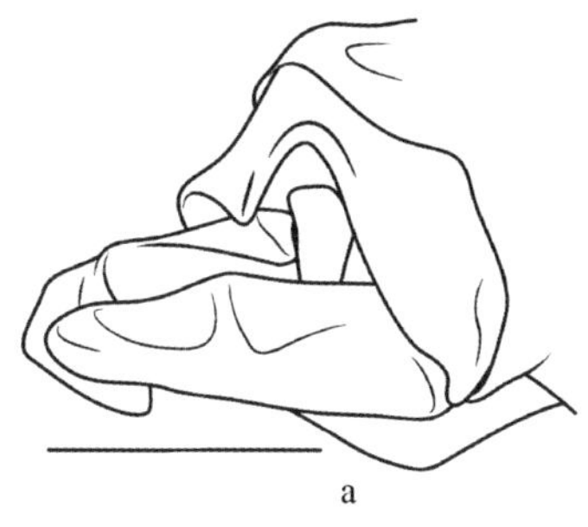

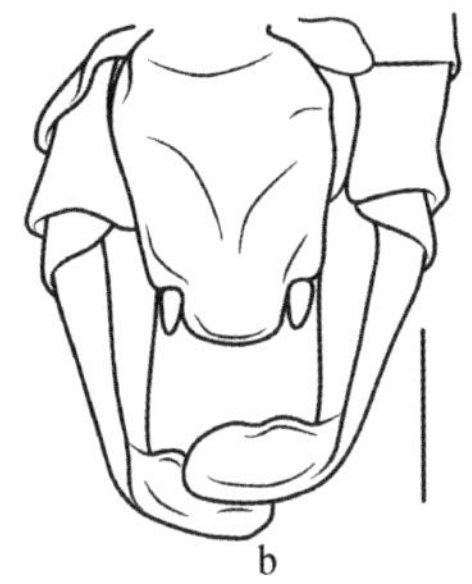

图58 疑原栖螽 *Eoxizicus* (*Eoxizicus*) *dubius* Liu & Zhang, 2000
a. 雄性腹端，侧面观；b. 雄性腹端，腹面观

Fig. 58 *Eoxizicus* (*Eoxizicus*) *dubius* Liu & Zhang, 2000
a. end of male abdomen, lateral view; b. end of male abdomen, ventral view

87. 凤阳山原栖螽 *Eoxizicus* (*Eoxizicus*) *fengyangshanensis* Liu, Zhou & Bi, 2010（图59）

Eoxizicus (*Eoxizicus*) *fengyangshanensis*: Liu, Zhou & Bi, 2010, *Insects of Fengyangshan National Nature Reserve*, 82.

描述：体偏小。头顶圆锥形，端部钝圆背具纵沟，复眼球形凸出，下颚须端节略长于亚端节。前胸背板沟后区非扩展，侧片后部趋狭，无肩凹；胸听器大；前翅明显超过后足股节端部，后翅长于前翅1.5 mm；各足股节无刺，后足股节膝叶钝圆，前足胫节腹面内外刺式为4, 5 (1, 1)型，两侧听器均开放，后足胫节背面内外缘各具37～38个齿，共具3对端距。雄性第10腹节背板后缘中央凹入，近中部具1对小近三角的突起；尾须基部具较大的内腹叶，具凹的端缘，尾须端部扁平，末端稍膨大（图59a）；下生殖板较短，近半圆形，后缘近平直，腹突较短位于端部（图59b）。

雌性未知。

体黄绿色。前胸背板背片具1对暗色的纵纹。后足股节膝叶端部具1黑点，后足胫节刺黑色。

测量（mm）：体长♂9.0；前胸背板长♂3.0；前翅长♂15.0；后足股节长♂8.0。

检视材料：正模♂，浙江凤阳山大田坪小路，1 290 m，2008.X.20，马氏网诱，刘胜龙采。

分布：中国浙江。

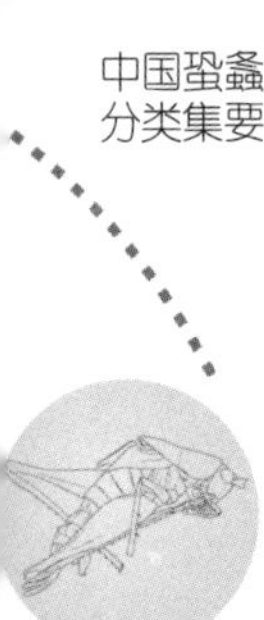

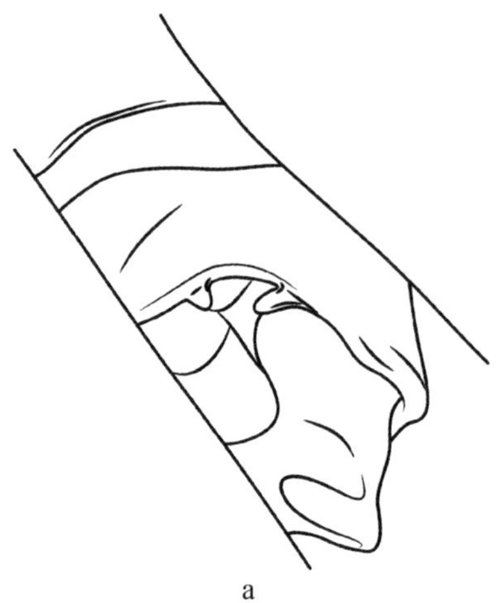

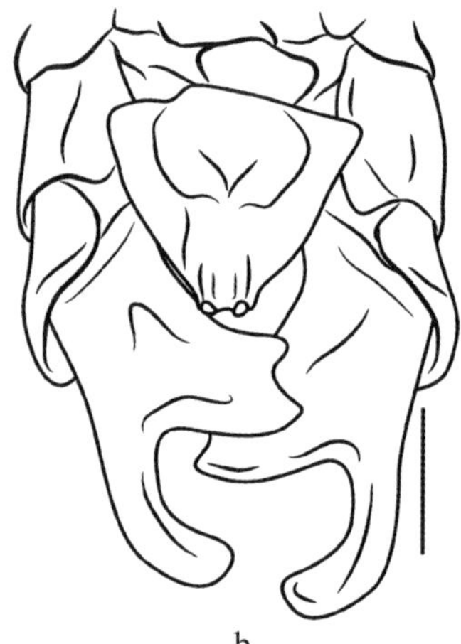

a b

图59 凤阳山原栖螽 *Eoxizicus* (*Eoxizicus*) *fengyangshanensis* Liu, Zhou & Bi, 2010
a. 雄性腹端，背面观；b. 雄性腹端，腹面观

Fig. 59 *Eoxizicus* (*Eoxizicus*) *fengyangshanensis* Liu, Zhou & Bi, 2010
a. end of male abdomen, dorsal view; b. end of male abdomen, ventral view

88. 贺氏原栖螽 *Eoxizicus* (*Eoxizicus*) *howardi* (Tinkham, 1956)（图60，图版38）

Xiphidiopsis howardi: Tinkham, 1956, *Transactions of the American Entomological Society*, 82: 4, 9–10; Xia & Liu, 1993, *Insects of Wuling Mountains Area, Southwestern China*, 99; Liu & Jin, 1994, *Contributions from Shanghai Institute of Entomology*, 11: 110; Jin & Xia, 1994, *Journal of Orthoptera Research*, 3: 27; Liu & Jin, 1999, *Fauna of Insects Fujian Province of China. Vol. 1*, 159.

Eoxizicus howardi: Liu & Zhang, 2000, *Entomotaxonomia*, 22(3): 160; Liu & Zhang, 2005, *Insect Fauna of Middle-West Qinling Range and South Mountains of Gansu Province*, 91.

Xizicus (*Eoxizicus*) *howardi*: Gorochov, Liu & Kang, 2005, *Oriental Insects*, 39: 75; Bai & Shi, 2013, *Acta Zootaxonomica Sinica*, 38(3): 483–486.

Eoxizicus (*Eoxizicus*) *howardi*: Liu, Zhou & Bi, 2010, *Insects of Fengyangshan National Nature Reserve*, 82; Wang & Liu, 2018, *Insect Fauna of the Qinling Mountains volume I Entognatha and Orthopterida*, 472.

描述：体中型。头顶圆锥形，稍长，端部钝，背面具纵沟；复眼球形向前凸出，下颚须端节稍微长于亚端节。前胸背板后缘狭圆，沟后区长于沟前区，侧片较高，肩凹较明显；前翅远超过后足股节端部，后翅长于前翅约2.6 mm；前足胫节腹面内外缘刺排列为4, 5 (1, 1)型，后足胫节背面内外缘各具36～39个齿和1个端距，腹面具4个端距。雄性第10腹节背板后缘具1对间距较窄的短突起，突起近锥形，突起的长度明显小于其间距（图60a）；尾须强内弯，基部壮实，具短的内突与长刺状腹突，端2/3细，扁平，末端圆（图60a，b）；下生殖稍宽，基部2/3近半圆，端部1/3较窄，后缘平截，两侧具较短的腹突（图60b）。

雌性尾须短圆锥形；下生殖板延长，后缘凹入，两侧面凹入（图60c）；产卵瓣约等长于后足股节，中部侧观稍细，略上弯，腹瓣具弱端钩。

体淡绿色。前胸背板具成对的暗褐色侧条纹。

测量（mm）：体长♂10.3～12.2，♀12.5～13.8；前胸背板长♂3.5～3.6，♀3.8～4.0；前翅长♂17.5～18.7，♀17.5～20.3；后足股节长♂9.1～10.1，♀10.9～11.9；产卵瓣长11.9～13.5。

检视材料：3♂♂13♀♀，湖南大庸张家界，1988.IX.10～12，刘宪伟采；3♂♂2♀♀，湖南衡山，1986.IX.21，刘宪伟采；1♂，四川峨眉

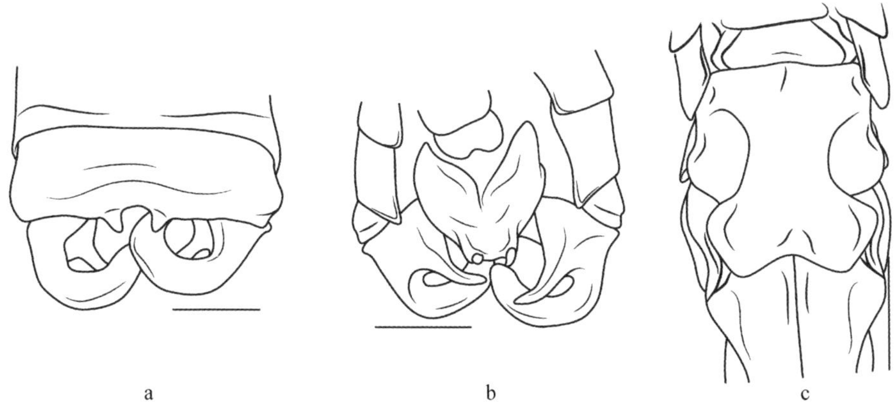

图60 贺氏原栖螽 *Eoxizicus* (*Eoxizicus*) *howardi* (Tinkham, 1956)
a. 雄性腹端，背面观；b. 雄性腹端，腹面观；c. 雌性下生殖板，腹面观

Fig. 60 *Eoxizicus* (*Eoxizicus*) *howardi* (Tinkham, 1956)
a. end of male abdomen, dorsal view; b. end of male abdomen, ventral view; c. subgenital plate of female, ventral view

山，1987.VIII.5，刘宪伟采；3♂♂1♀，广西兴安猫儿山，600 ～ 1 500 m，1992.VIII.22 ～ 24，刘宪伟、殷海生采。

模式产地及保存：中国广东万驰山；费城自然科学院（ANSP），美国费城。

分布：中国河南、陕西、安徽、浙江、湖南、福建、广东、广西、四川、贵州。

89. 平突原栖螽 *Eoxizicus* (*Eoxizicus*) *parallelus* Liu & Zhang, 2000（仿图29）

Eoxizicus parallelus: Liu & Zhang, 2000, *Entomotaxonomia*, 22(3): 161.

Xizicus (*Eoxizicus*) *parallelus*: Gorochov, Liu & Kang, 2005, *Oriental Insects*, 39: 74.

描述：体中型。头顶圆锥形，端部钝，背面具沟；下颚须端节稍微长于亚端节。前胸背板后缘狭圆，侧片肩凹不明显；前翅远超过后足股节端部，后翅长于前翅约1.0 mm；前足胫节腹面内外缘刺排列为4, 5 (1, 1)型，后足胫节背面内外缘各具27 ～ 30个齿和1个端距，腹面具4个端距。雄性第10腹节背板后缘具1对平行的突起（仿图29a）；尾须较简单，中部具1个矩形的内叶，端部内弯（仿图29a ～ c）；下生殖板狭长，后缘平截，具较短的腹突（仿图29c）。

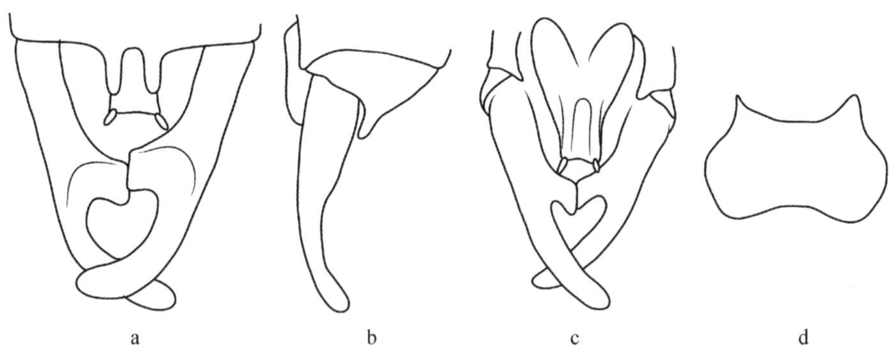

仿图29　平突原栖螽 *Eoxizicus* (*Eoxizicus*) *parallelus* Liu & Zhang, 2000
（仿Liu & Zhang, 2000）
a. 雄性腹端，背面观；b. 雄性腹端，侧面观；c. 雄性腹端，腹面观；d. 雌性下生殖板，腹面观

AF. 29　*Eoxizicus* (*Eoxizicus*) *parallelus* Liu & Zhang, 2000 (after Liu & Zhang, 2000)
a. end of male abdomen, dorsal view; b. end of male abdomen, lateral view; c. end of male abdomen, ventral view; d. subgenital plate of female, ventral view

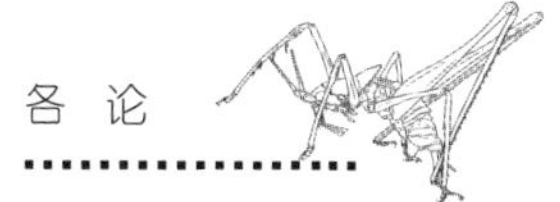

雌性尾须短圆锥形；下生殖板横宽，近梯形，侧缘弧形，后缘微凹（仿图29d）；产卵瓣约等长于后足股节，腹瓣具端钩。

体淡绿色。前胸背板具成对的暗褐色侧条纹，后足股节膝叶端部具黑点。

测量（mm）：体长♂11.5，♀9.5；前胸背板长♂3.2，♀3.2；前翅长♂14.5，♀17.0；后足股节长♂9.0，♀9.0；产卵瓣长9.0。

检视材料：未见标本。

模式产地及保存：中国广东封开黑石顶；中山大学昆虫研究所（ICRI），中国广东广州。

分布：中国广东。

90. 雷氏原栖螽 *Eoxizicus* (*Eoxizicus*) *rehni* (Tinkham, 1956)（仿图30，图版39）

Xiphidiopsis rehni: Tinkham, 1956, *Transactions of the American Entomological Society*, 82: 4, 9–10; Beier, 1966, *Orthopterorum Catalogus*, 9: 273. Liu & Jin, 1994, *Contributions from Shanghai Institute of Entomology*, 11: 111; Jin & Xia, 1994, *Journal of Orthoptera Research*, 3: 27.

Eoxizicus rehni: Liu & Zhang, 2000, *Entomotaxonomia*, 22(3): 159.

Xizicus (*Eoxizicus*) *rehni*: Gorochov, 1993, *Zoosystematica Rossica*, 2(1): 76; Gorochov, Liu & Kang, 2005, *Oriental Insects*, 39: 74.

描述：体中型。头顶圆锥形，端部钝，背面具沟，下颚须端节稍微长于亚端节。前胸背板后缘狭圆，肩凹不明显；前足胫节腹面内外缘刺排列为4, 5 (1, 1)型，后足胫节背面内外缘各具30～36个齿和1个端距，腹面具4个端距；前翅远超过后足股节端部，后翅长于前翅约1.5mm。雄性第10腹节背板后缘具1对渐岔开的突起（仿图30a）；尾须从背面观较厚实，端部分叉，内侧具1片大叶，其后角尖锐（仿图30a，b）；下生殖板基部较宽，随后突然变狭，端部具较短的腹突（仿图30b）。

雌性未知。

体淡绿色。前胸背板具成对的暗褐色侧条纹，后足股节膝叶端部具黑点。

测量（mm）：体长♂13.0；前胸背板长♂3.6；前翅长♂14.5；后足股节长♂10.5。

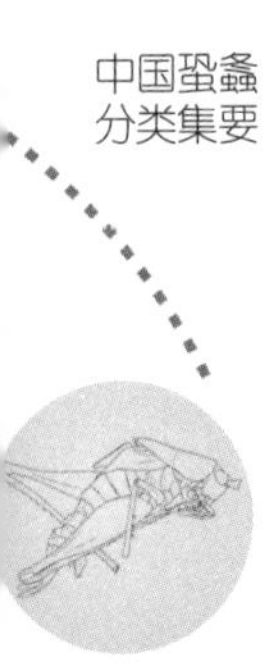

检视材料：未见标本。

模式产地及保存：中国广东万池山；费城自然科学院（ANSP），美国费城。

分布：中国福建、广东。

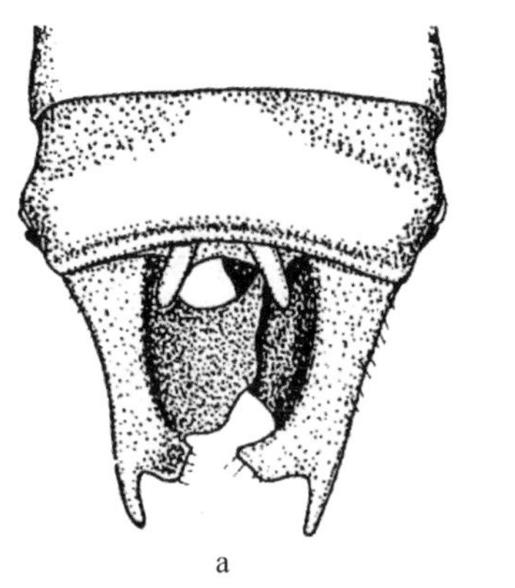

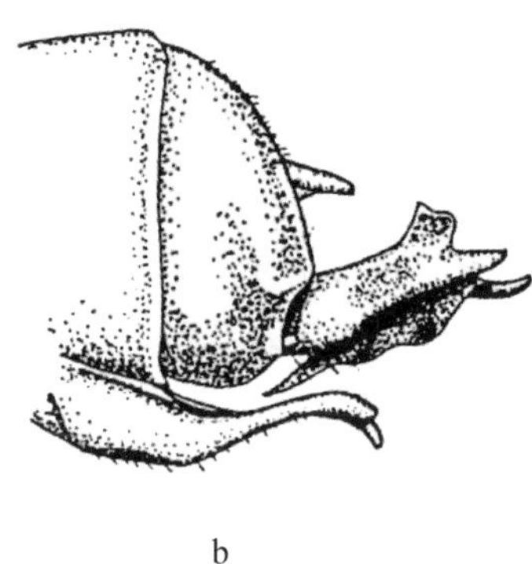

a　　　　b

仿图30　雷氏原栖螽 *Eoxizicus* (*Eoxizicus*) *rehni* (Tinkham, 1956)（仿 Tinkham, 1956）
a. 雄性腹端，背面观；b. 雄性腹端，侧面观

AF. 30　*Eoxizicus* (*Eoxizicus*) *rehni* (Tinkham, 1956) (after Tinkham, 1956)
a. end of male abdomen, dorsal view; b. end of male abdomen, lateral view

91. 波缘原栖螽 *Eoxizicus* (*Eoxizicus*) *sinuatus* Liu & Zhang, 2000（图61，图版40）

Eoxizicus sinuatus: Liu & Zhang, 2000, *Entomotaxonomia*, 22(3): 163.

Xizicus (*Eoxizicus*) *sinuatus*: Gorochov, Liu & Kang, 2005, *Oriental Insects*, 39: 74; Jiao, Chang & Shi, 2014, *Zootaxa*, 3869(5): 552.

描述：体中型。头顶圆锥形，端部钝圆，背面具纵沟；下颚须端节稍微长于亚端节。前胸背板后缘狭圆，肩凹不明显。前足胫节腹面内外缘刺排列为4, 5 (1, 1)型，后足胫节背面内外缘各具29～30个刺和1个端距，腹面具4个端距；前翅远超过后足股节端部，后翅长于前翅约1.5～2.0 mm。雄性第10腹节背板后缘具1对较短的突起（图61a）；尾须较直，背缘和腹缘呈片状扩展，背缘波曲形，腹缘端部呈尖齿形（图61a，b）；下生殖板较短，后缘中央微凹，具较短的腹突（图61b）。

雌性尾须短圆锥形；下生殖板近长方形，表面具1条中纵隆线（图61c）；产卵瓣约等长于后足股节，腹瓣具端钩。

体淡绿色。几乎单色，前胸背板沟后区具成对的暗褐色纵条纹。

测量（mm）：体长♂11.5 ～ 13.0，♀12.0；前胸背板长♂4.0 ～ 4.2，♀4.0；前翅长♂18.0 ～ 20.0，♀20.5 ～ 22.0；后足股节长♂10.0，♀11.0 ～ 11.5；产卵瓣长11.0。

检视材料：1♀，海南尖峰岭天池，1992.X.19 ～ 23，刘祖尧、王天齐和殷海生采；3♂♂4♀♀，海南鹦哥岭，600 m，2011.IV.26 ～ 30，毕文烜采；1♂4♀♀，海南尖峰岭，1 000 m，2011.IV.11 ～ 22，毕文烜采；3♂♂2♀♀，海南昌江霸王岭，2011.IX.22 ～ 24，刘宪伟等采。

模式产地及保存：中国海南尖峰岭；中国科学院动物研究所（IZCAS），中国北京；天津自然博物馆（TNHM），中国天津。

分布：中国海南。

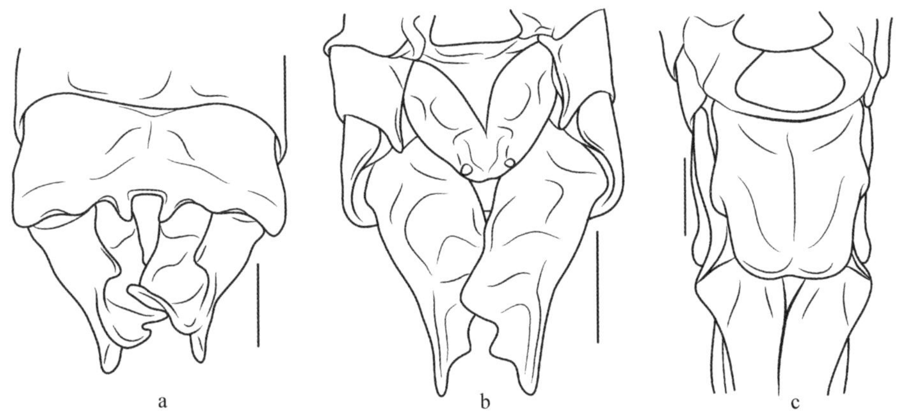

图61 波缘原栖螽 *Eoxizicus* (*Eoxizicus*) *sinuatus* Liu & Zhang, 2000
a. 雄性腹端，背面观；b. 雄性腹端，腹面观；c. 雌性下生殖板，腹面观

Fig. 61 *Eoxizicus* (*Eoxizicus*) *sinuatus* Liu & Zhang, 2000
a. end of male abdomen, dorsal view; b. end of male abdomen, ventral view; c. subgenital plate of female, ventral view

92. 丁氏原栖螽 *Eoxizicus* (*Eoxizicus*) *tinkhami* (Bey-Bienko, 1962)（图62）

Xiphidiopsis hebardi: Tinkham, 1956, *Transactions of the American Entomological Society*, 82: 6 (nec Karny, 1924).

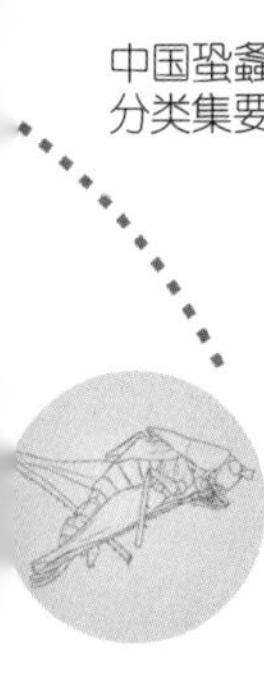

Xiphidiopsis tinkhami: Bey-Bienko, 1962, *Trudy Zoologicheskogo Instituta Akademii Nauk SSSR, Leningrad*, 30: 131; Beier, 1966, *Orthopterorum Catalogus*, 9: 273; Liu & Jin, 1994, *Contributions from Shanghai Institute of Entomology*, 11: 112; Jin & Xia, 1994, *Journal of Orthoptera Research*, 3: 27.

Xizicus (*Eoxizicus*) *tinkhami*: Gorochov, 1993, *Zoosystematica Rossica*, 2(1): 76; Gorochov, Liu & Kang, 2005, *Oriental Insects*, 39: 75.

Eoxizicus tinkhami: Liu & Zhang, 2000, *Entomotaxonomia*, 22(3): 159.

Eoxizicus (*Eoxizicus*) *tinkhami*: Liu & Yin, 2004, *Insects from Mt. Shiwandashan Area of Guangxi*, 100.

描述：体中型。头顶圆锥形，端部钝圆，背面具纵沟；下颚须端节稍微长于亚端节。前胸背板后缘狭圆，肩凹不明显。前足胫节腹面内外缘刺排列为4, 5 (1, 1)型，后足胫节背面内外缘各具21～24个刺和1个端距，腹面具4个端距；前翅远超过后足股节端部，后翅长于前翅约2.0 mm。雄性第10腹节背板后缘具1对平行的短突起。尾须基半部呈重叠齿状，端半部较细而直（图62a）；下生殖板较短，后缘凸形，具较短的腹突（图62b）。

雌性尾须短圆锥形。下生殖板侧缘圆形，形成倾斜的侧壁，后缘弧形，中央弱凹，腹面较平坦（图62c）；产卵瓣约等长于后足股节，腹瓣具端钩。

体淡绿色。几乎单色，前胸背板具成对的暗褐色纵条纹。

测量（mm）：体长♂12.0～14.0，♀12.0～13.0；前胸背板长♂3.4～3.7，♀3.4～3.7；前翅长♂18.5～20.0，♀18.5～21.0；后足股节长♂9.5～10.5，♀9.5～11.5；产卵瓣长9.5～10.5。

检视材料：2♂♂8♀♀，四川峨眉山，1987.VIII.5～6，刘宪伟采；1♂，四川雅安周公山，600～1 050 m，2014.VIII.8，王瀚强采；6♂♂9♀♀，广西兴安猫儿山，2013.VIII.1～2，500～2 100 m，朱卫兵等采。

模式产地及保存：中国四川峨眉山；费城自然科学院（ANSP），美国费城。

分布：中国广西、四川。

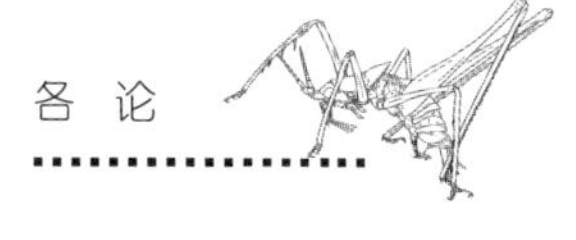

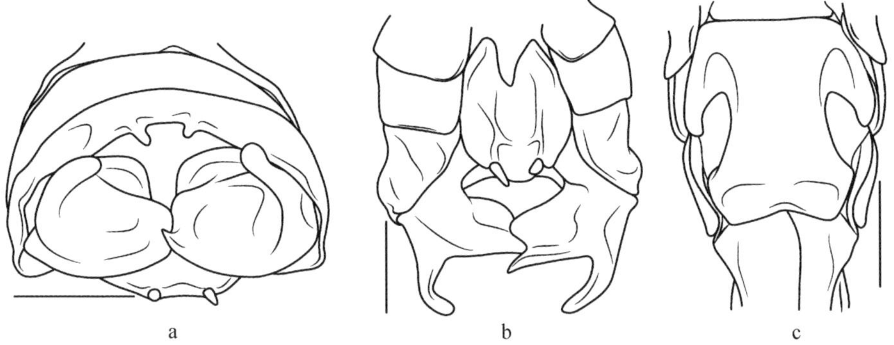

图62　丁氏原栖螽 *Eoxizicus* (*Eoxizicus*) *tinkhami* (Bey-Bienko, 1962)
a. 雄性腹端，后背面观；b. 雄性腹端，腹面观；c. 雌性下生殖板，腹面观

Fig. 62　*Eoxizicus* (*Eoxizicus*) *tinkhami* (Bey-Bienko, 1962)
a. end of male abdomen, rear-dorsal view; b. end of male abdomen, ventral view; c. subgenital plate of female, ventral view

93. 横板原栖螽 *Eoxizicus* (*Eoxizicus*) *transversus* (Tinkham, 1944)（图63，图版41）

Xiphidiopsis transversa: Tinkham, 1944, *Proceedings of the United States National Museum*, 94: 525; Beier, 1966, *Orthopterorum Catalogus*, 9: 273; Liu & Jin, 1994, *Contributions from Shanghai Institute of Entomology*, 11: 112; Jin & Xia, 1994, *Journal of Orthoptera Research*, 3: 27.

Xizicus (*Eoxizicus*) *transversus*: Gorochov, 1993, *Zoosystematica Rossica*, 2(1): 76; Gorochov, Liu & Kang, 2005, *Oriental Insects*, 39: 74.

Eoxizicus transverus: Liu & Zhang, 2000, *Entomotaxonomia*, 22(3): 159.

描述：体稍大。头顶圆锥形，端部钝，背面具沟；复眼圆形凸出；下颚须端节几乎等长于亚端节。前胸背板后缘狭圆，后横沟明显，侧片较高，肩凹不明显；前翅远超过后足股节端部，后翅长于前翅约2.0 mm；前足基节具刺，前足胫节腹面内、外缘刺排列为4, 5 (1, 1)型，后足胫节背面内外缘各具27～33个刺和1个端距，腹面具4个端距。雄性第10腹节背板后缘具1对瘤突状的小突起，岔开（图63a）；尾须较短，大体呈长锥形，稍内弯，基部背侧具1个尖叶，后跟1个宽叶，基部腹面具1个刺状突起（图63a，b）；下生殖板横宽，近半圆形，端部短，方形凸出，后缘近平截，腹突较短小（图63b）。

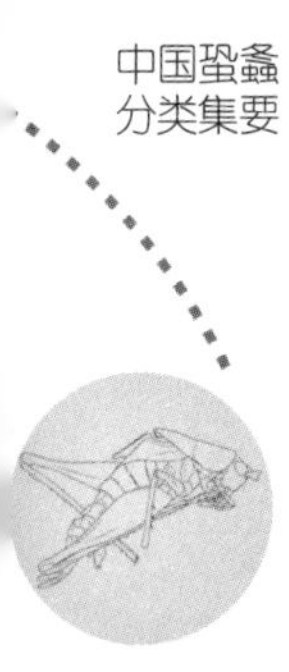

雌性尾须短圆锥形；下生殖板横宽，侧缘角形凸出，后缘具凹缘且微微翘起；腹表面隆起部分呈倒“T”形（图63c）；产卵瓣约等长于后足股节，腹瓣具端钩。

体淡绿色，前胸背板具成对的褐色纵条纹，纵纹间稍深。

测量（mm）：体长♂12.9，♀10.5；前胸背板长♂4.5，♀4.0；前翅长♂19.5，♀21.5；后足股节长♂11.5，♀11.5；产卵瓣长9.7。

检视材料：1♂，四川雅安周公山，630～1 250 m，2014.VIII.9，王瀚强采；1♀，广西兴安猫儿山，1992.VIII.22～23，刘宪伟、殷海生采；6♂♂3♀♀，广西兴安猫儿山，1 100～1 700 m，2013.VII.30～VIII.6，王瀚强采；15♂♂13♀♀，广西环江九万山杨梅坳，1 200 m，2015.VII.18，刘宪伟采。

模式产地及保存：中国四川峨眉山新开寺；美国国家博物馆（USNM），美国华盛顿。

分布：中国广西、重庆、四川、贵州。

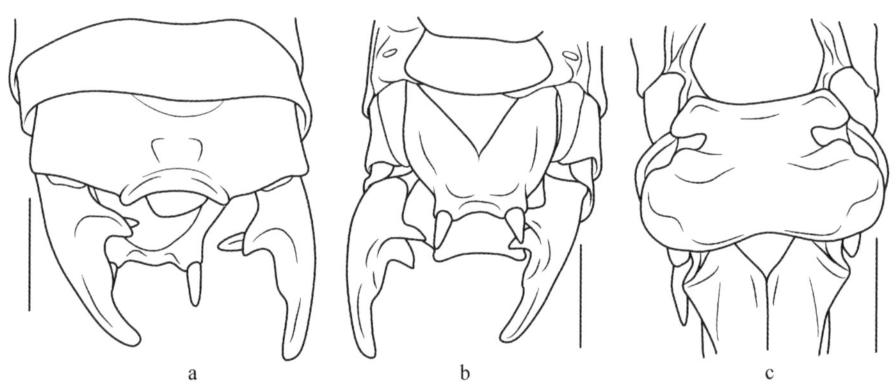

图63　横板原栖螽 *Eoxizicus* (*Eoxizicus*) *transversus* (Tinkham, 1944)
a. 雄性腹端，背面观；b. 雄性腹端，腹面观；c. 雌性下生殖板，腹面观

Fig. 63　*Eoxizicus* (*Eoxizicus*) *transversus* (Tinkham, 1944)
a. end of male abdomen, dorsal view; b. end of male abdomen, ventral view;
c. subgenital plate of female, ventral view

94. 瘤原栖螽 *Eoxizicus* (*Eoxizicus*) *tuberculatus* Liu & Zhang, 2000（仿图31，图版42）

Eoxizicus tuberculatus: Liu & Zhang, 2000, *Entomotaxonomia*, 22(3): 162.

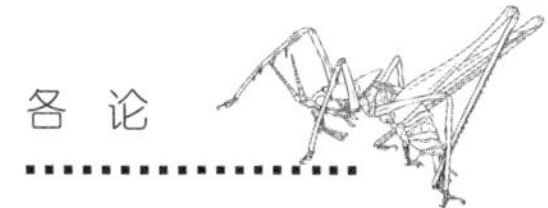

Xizicus (*Eoxizicus*) *tuberculatus*: Gorochov, Liu & Kang, 2005, *Oriental Insects*, 39: 74.

描述：体中型。头顶圆锥形，端部钝圆，背面具沟；下颚须端节稍微长于亚端节。前胸背板后缘狭圆，侧片肩凹不明显；前足胫节腹面内、外缘刺排列为4, 5 (1, 1)型，后足胫节背面内外缘各具27 ～ 30个刺和1个端距，腹面具4个端距；前翅远超过后足股节端部，后翅长于前翅约2.0 mm。雄性第10腹节背板后缘具1对小的瘤状突起（仿图31a）；尾须较简单，中部具1弱的内叶，其端角尖锐（仿图31）；下生殖板狭长，后缘微凹，具较短的腹突（仿图31c）。

雌性未知。

体淡绿色。前胸背板具成对的暗褐色侧条纹，后足股节膝叶端部具黑点。

测量（mm）：体长♂11.0；前胸背板长♂3.8；前翅长♂17.0；后足股节长♂9.3。

检视材料：未见标本。

模式产地及保存：中国福建江挡；中国科学院动物研究所（IZCAS），中国北京。

分布：中国浙江、福建。

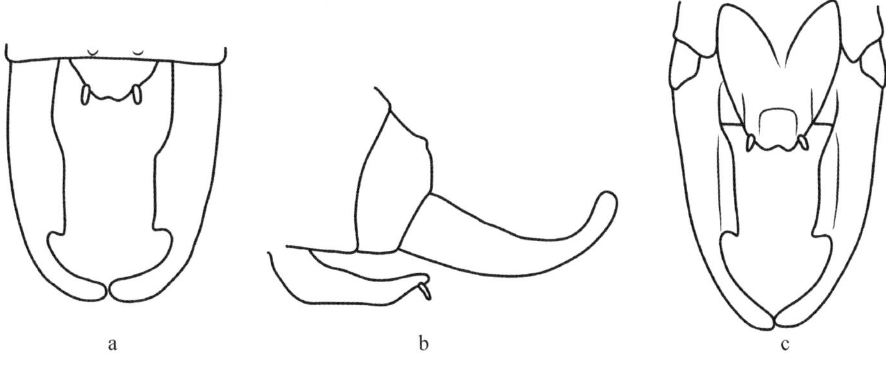

仿图31 瘤原栖螽 *Eoxizicus* (*Eoxizicus*) *tuberculatus* Liu & Zhang, 2000（仿Liu & Zhang, 2000）

a. 雄性腹端，背面观；b. 雄性腹端，侧面观；c. 雄性腹端，腹面观

AF. 31 *Eoxizicus* (*Eoxizicus*) *tuberculatus* Liu & Zhang, 2000 (after Liu & Zhang, 2000)

a. end of male abdomen, dorsal view; b. end of male abdomen, lateral view; c. end of male abdomen, ventral view

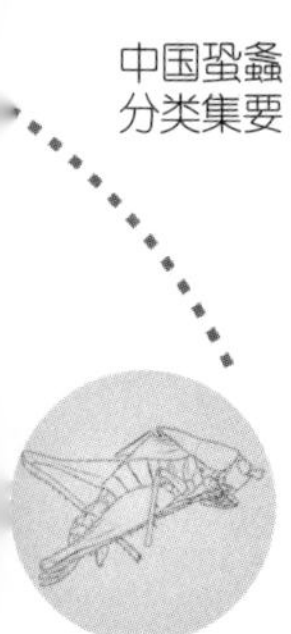

95. 五指山原栖螽 *Eoxizicus* (*Eoxizicus*) *wuzhishanensis* Liu & Zhang, 2000（图64）

Eoxizicus wuzhishanensis: Liu & Zhang, 2000, *Entomotaxonomia*, 22(3): 163.

Xizicus (*Eoxizicus*) *wuzhishanensis*: Gorochov, Liu & Kang, 2005, *Oriental Insects*, 39: 74; Jiao, Chang & Shi, 2014, *Zootaxa*, 3869(5): 548.

描述：体中型。头顶圆锥形，端部钝圆，背面具纵沟；复眼球形凸出；下颚须端节稍微长于亚端节。前胸背板后缘圆角形，肩凹较弱；前足胫节腹面内外缘刺排列为4, 5 (1, 1)型，后足胫节背面内外缘各具18 ～ 20个齿和1个端距，腹面具4个端距。前翅远超过后足股节端部，后翅长于前翅约2.0 mm。雄性第10腹节背板后缘具1对片状突起（图64a）；尾须较直，内背缘扩展形成1个宽叶，内腹缘近中部具1个齿状叶（图64a，b）；下生殖板狭长，后缘平直，具较短的腹突（图64b）。

雌性尾须短圆锥形；下生殖板横宽，后缘微内凹（图64c）；产卵瓣约等长于后足股节，腹瓣具端钩。

体淡绿色。几乎单色。

测量（mm）：体长♂11.5 ～ 13.0，♀12.0；前胸背板长♂4.0 ～ 4.2，♀4.0；前翅长♂18.0 ～ 20.0，♀20.5 ～ 22.0；后足股节长♂10.0，♀11.0 ～ 11.5；产卵瓣长11.0。

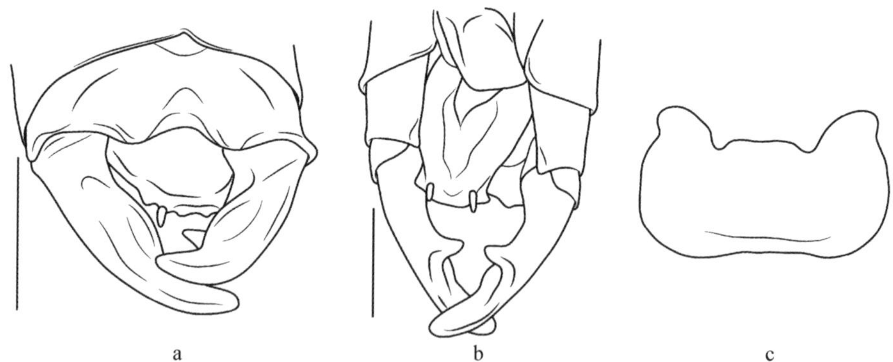

图64　五指山原栖螽 *Eoxizicus* (*Eoxizicus*) *wuzhishanensis* Liu & Zhang, 2000
a. 雄性腹端，背面观；b. 雄性腹端，腹面观；c. 雌性下生殖板，腹面观（仿Liu & Zhang, 2000）

Fig. 64　*Eoxizicus* (*Eoxizicus*) *wuzhishanensis* Liu & Zhang, 2000
a. end of male abdomen, dorsal view; b. end of male abdomen,ventral view;
c. subgenital plate of female, ventral view (after Liu & Zhang, 2000)

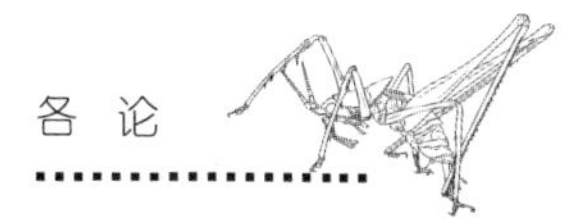

检视材料：副模1♂，海南五指山，1984.V.26，林尤洞采。

模式产地及保存：中国海南五指山；天津自然博物馆（TNHM），中国天津。

分布：中国海南。

讨论：该种发表时雄性插图与疑原栖螽 *Eoxizicus* (*Eoxizicus*) *dubius* 颠倒，雌性配图无误。

96. 片尾原栖螽 *Eoxizicus* (*Eoxizicus*) *laminatus* (Shi, 2013)（图65）

Xizicus (*Eoxizicus*) *laminatus*: Shi *et al*., 2013, *Zootaxa*, 3717(4): 593.

描述：体中型。头顶圆锥形，端部钝圆，背面具纵沟；复眼卵圆形，前外方凸出；下颚须端节长于亚端节。前胸背板后横沟明显，后缘钝圆，侧片长高相等，肩凹较弱；胸听器较大，卵圆形；前足胫节腹面内外缘刺排列为4, 5 (1, 1)型，中足胫节腹面具5个内刺和6个外刺，后足胫节背面内外缘各具26～29个齿和1个端距，腹面具4个端距；前翅远超过后足股节端部，末端钝圆，后翅长于前翅。雄性第10腹节背板横宽，后缘中部1对突起较长较扁，指向背后方，端部圆（图65a，b）；尾须基部粗壮，圆柱形，端半部扁，背面膨大，弯向背后方，端部圆（图65b，c）；下生殖板基部略宽，向端渐窄，后缘浅凹，侧部凸出，腹突圆锥形，短粗，端部圆，位于侧角（图65c）。

雌性体略大。尾须圆锥形，基部稍细，中部粗壮，端部细稍尖；下生殖板呈不规则矩形，两侧具隆脊，隆脊向中部凹，后缘中部略凹（图65d）；产卵瓣略向背侧弯曲，基部粗壮，渐细，背腹缘光滑，腹瓣具端钩。

体绿色。复眼黄褐色。前胸背板背片具1对黑色侧纹；前足胫节与中足胫节刺棕色，后足股节膝叶具黑点，后足胫节刺黑色，爪端部棕色。

测量（mm）：体长♂11.5～13.0，♀12.5～14.5；前胸背板长♂3.3～3.5，♀3.3～3.4；前翅长♂16.0～17.5，♀18.2～19.5；后足股节长♂9.0～9.2，♀10.2～10.5；产卵瓣长9.8～10.5。

检视材料：1♂（正模），广西武鸣大明山，2011.VIII.9，边迅、闫徐平采；1♀（副模），广西上林大明山，2012.VII.17，白锦荣采；8♂♂7♀♀，广西武鸣大明山，1 250 m，2013.VII.19～VII.25，朱卫兵等采。

模式产地及保存：中国广西武鸣大明山；河北大学博物馆（MHU），中国河北保定。

分布：中国广西。

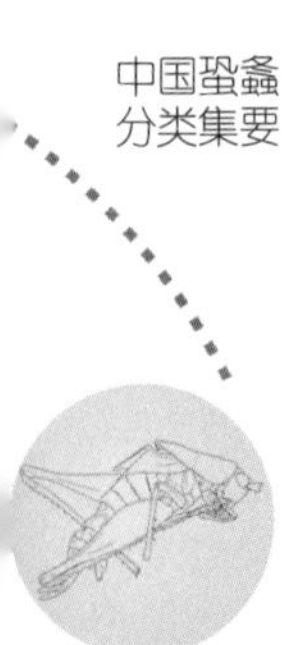

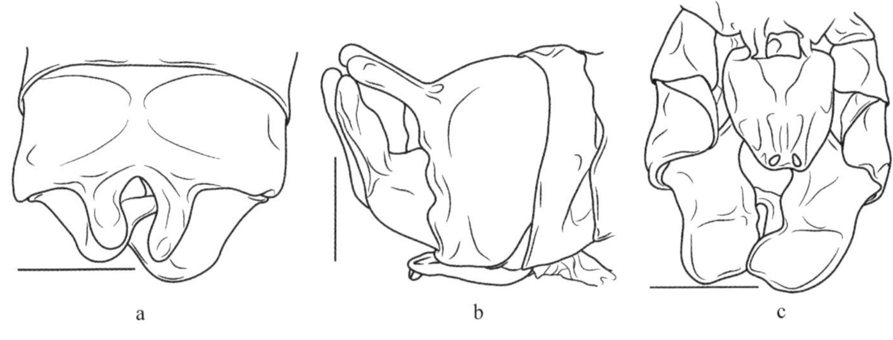

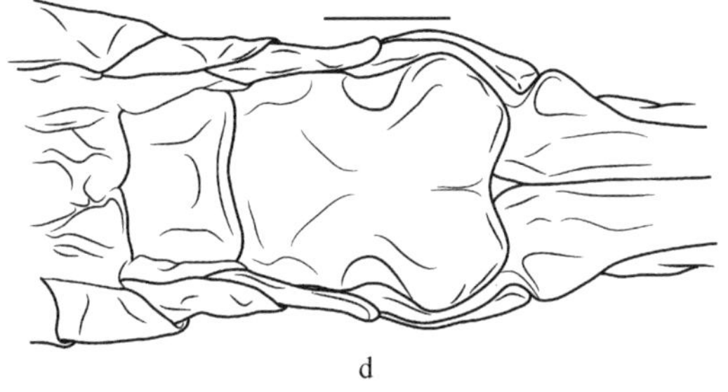

图65　片尾原栖螽 *Eoxizicus* (*Eoxizicus*) *laminatus* (Shi, 2013)

a. 雄性腹端，背面观；b. 雄性腹端，侧面观；c. 雄性腹端，腹面观；d. 雌性下生殖板，腹面观

Fig. 65　*Eoxizicus* (*Eoxizicus*) *laminatus* (Shi, 2013)

a. end of male abdomen, dorsal view; b. end of male abdomen, lateral view; c. end of male abdomen, ventral view; d. subgenital plate of female, ventral view

97. 扭尾原栖螽 *Eoxizicus* (*Eoxizicus*) *streptocercus* (Jiao & Shi, 2014)（仿图32）

Xizicus (*Eoxizicus*) *streptocercus*: Jiao, Chang & Shi, 2014, *Zootaxa*, 3869(5): 552.

描述：体较小。头顶圆锥形，端部圆，背面具纵沟；复眼半球形，凸出。前胸背板短，后缘钝圆，侧片长大于高，肩凹较弱；胸听器较大，卵圆形；各足股节腹面无刺，前足胫节腹面内外缘刺排列为4, 5 (1, 1)型，中足胫节腹面具4个内刺和5个外刺，后足胫节背面内外缘各具28～31个齿和1个端距，腹面具4个端距；前翅远超过后足股节端部，末端钝圆，后翅长于前翅。雄性第10腹节背板后缘具1对细长突起，近平行（仿图32a）；尾须基部稍粗壮，内缘中部具1个片状突起，边缘波曲，腹缘基部具1个长扁的突起，端部扩宽（仿图32）；下生殖板延长，基部略宽，向端渐窄，后缘中部略凹，两侧三角形，腹突粗壮较长，端部圆，位于侧角（仿图32b）。

雌性未知。

体绿色。复眼暗褐色。前胸背板背片后部具1对棕色侧纹；后足胫节刺黑色，后足胫节端距棕色。

测量（mm）：体长♂13.5；前胸背板长♂5.4；前翅长♂19.3；后足股节长♂11.5。

检视材料：1♂（正模），海南陵水吊罗山，2014.V.8，焦娇采。

模式产地及保存：中国海南陵水吊罗山；河北大学博物馆（MHU），中国河北保定。

分布：中国海南。

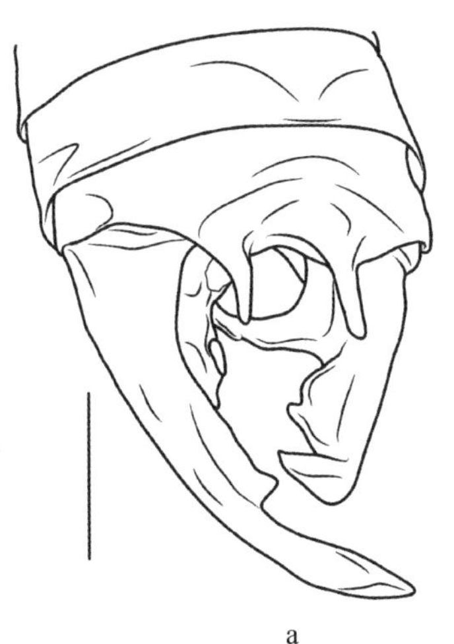

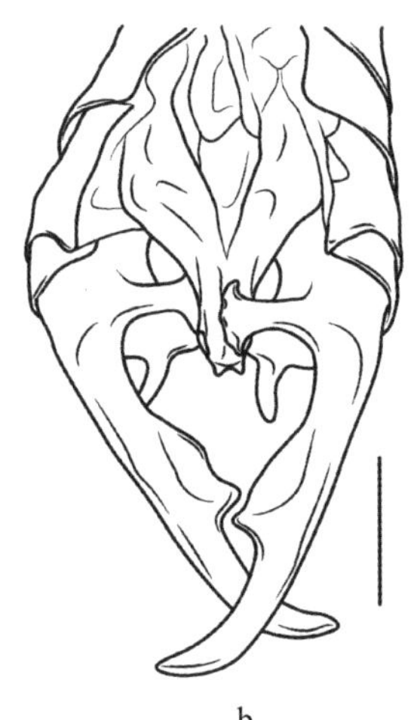

a　　b

仿图32　扭尾原栖螽 *Eoxizicus* (*Eoxizicus*) *streptocercus* (Jiao & Shi, 2014)
（仿 Jiao, Chang & Shi, 2014）
a. 雄性腹端，背面观；b. 雄性腹端，腹面观

AF. 32　*Eoxizicus* (*Eoxizicus*) *streptocercus* (Jiao & Shi, 2014) (after Jiao, Chang & Shi, 2014)
a. end of male abdomen, dorsal view; b. end of male abdomen, ventral view

98. 台湾原栖螽 *Eoxizicus* (*Eoxizicus*) *taiwanensis* (Chang, Du & Shi, 2013)（仿图33）

Xizicus (*Eoxizicus*) *taiwansis*: Mao, 2007, *Systematic study of Meconematinae*

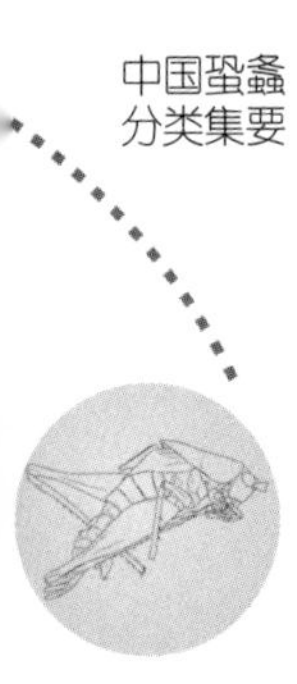

(*Macropterous group*) *from China* (*Orthoptera: Tettigoniidae*), 112–114 (Unpublished).

Xizicus (*Eoxizicus*) *taiwanensis*: Chang, Du & Shi, 2013, *Zootaxa*, 3750(4): 385.

描述：体偏大。头顶圆锥形，端部圆，背面具纵沟；复眼卵圆形，凸出。前胸背板较短，侧隆线明显，后缘钝圆，侧片长大于高，肩凹较弱；胸听器较大，卵圆形；各足股节腹面无刺，前足胫节腹面内外缘刺排列为4, 3 (1, 1)型，后足胫节背面内外缘各具22 ～ 25个齿和1个端距，腹面具4个端距。前翅远超过后足股节端部，渐细，末端钝圆，后翅长于前翅。雄性第10腹节背板后缘具1对小的突起（仿图33a）；尾须略弯向背方，基部粗壮，内缘圆形膨大，向端部渐细，内缘薄片状，端部圆（仿图33）；下生殖板矩形，后缘中部略凹，两侧三角形，腹突短粗，位于侧角（仿图33b）。

雌性未知。

体绿色。复眼黄褐色。前胸背板背片后部具1对棕色短侧纹；前翅听器区和后部棕色；后足胫节刺棕色，后足胫节端距端部棕色。

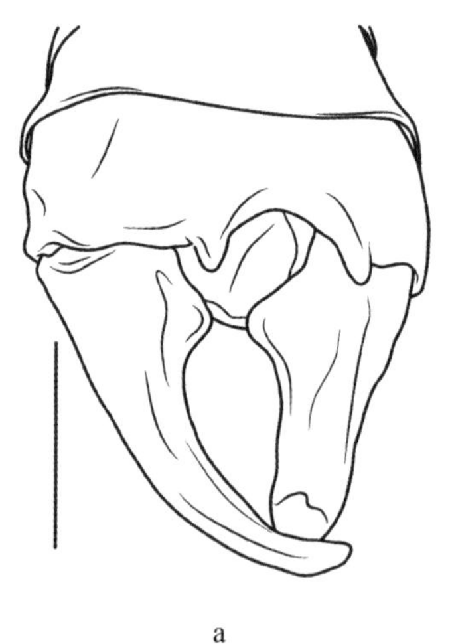

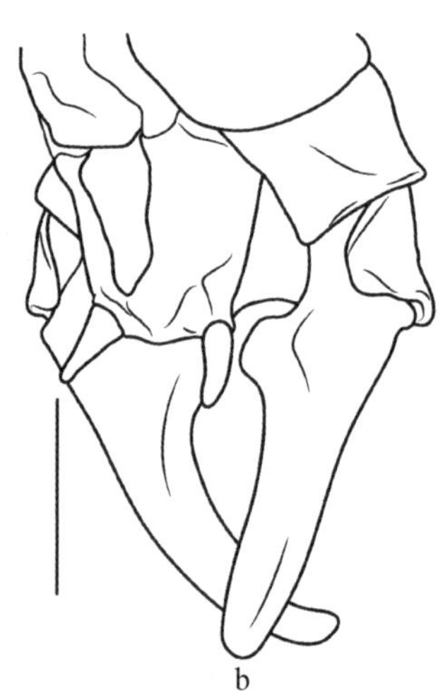

a　　　　b

仿图33　台湾原栖螽 *Eoxizicus* (*Eoxizicus*) *taiwanensis* (Chang, Du & Shi, 2013)
（仿 Chang, Du & Shi, 2013）
a. 雄性腹端，背面观；b. 雄性腹端，腹面观

AF. 33　*Eoxizicus* (*Eoxizicus*) *taiwanensis* (Chang, Du & Shi, 2013)
(after Chang, Du & Shi, 2013)
a. end of male abdomen, dorsal view; b. end of male abdomen, ventral view

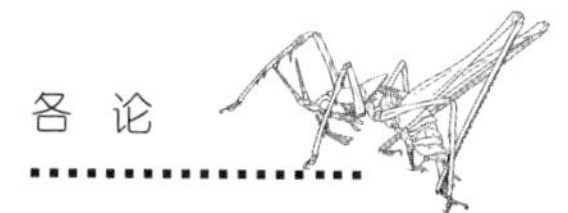

测量（mm）：体长♂13.0；前胸背板长♂4.0；前翅长♂17.3；后足股节长♂10.0。

检视材料：1♂（正模），台湾高雄，2006.VII.29，杜喜翠采。

模式产地及保存：中国台湾台中；河北大学博物馆（MHU），中国河北保定。

分布：中国台湾。

99. 钩尾原栖螽 *Eoxizicus* (*Eoxizicus*) *uncicercus* (Mao & Shi, 2015)（仿图34）

Xizicus (*Eoxizicus*) *uncicercus* Di *et al*., 2015, *Zootaxa*, 4007(1): 122.

描述：体中型。头顶端部钝圆，背面具纵沟；复眼半球形，凸出；下颚须端节端部稍膨大，稍长于亚端节。前胸背板宽短，前缘平直，后缘圆角形，沟后区较平坦，侧隆线不明显，侧片长稍大于高，肩凹不明显；胸听器大，卵形；前翅长，明显超过后足股节末端；后翅长于前翅约3.5 mm；各足股节腹面无刺，前足基节具1个刺，前足胫节听器开放型，前足胫节腹缘内外缘刺排列为4, 5 (1, 1)型，后足胫节背面内外缘各具30～32个齿和1对端距，腹面具2对端距。雄性第10腹节背板后缘具1对明显的突起，两突起近平行，端部稍尖，稍向外侧伸展（仿图34a）；尾须直，基半部粗壮，端半部纤细，中部内侧具1个向侧前弯曲的分支，端部甚尖细（仿图34）；下生殖板近矩形，基部稍宽，后缘略凹，腹突粗壮（仿图34b）。

雌性未知。

体绿色。头顶具浅褐色纵纹，头部背面具不规则的浅褐色条纹。前胸背板背面两侧各具1条深褐色纵纹，两纵纹在沟前区相离较近，沟后区向内弯曲，后端明显靠近；后足股节膝叶端具黑边，各足胫节刺褐色；端跗节浅褐色。

测量(mm)：体长♂15.0；前胸背板长♂4.5；前翅长♂19.5；后足股节长♂12.5。

检视材料：1♂（正模），云南马关古林箐，2006.VII.20，刘浩宇采。

模式产地及保存：中国云南马关古林箐；河北大学博物馆（MHU），中国河北保定。

分布：中国云南。

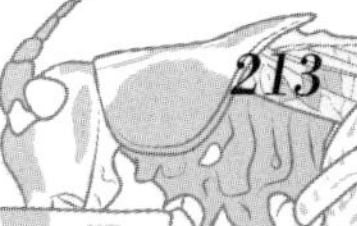

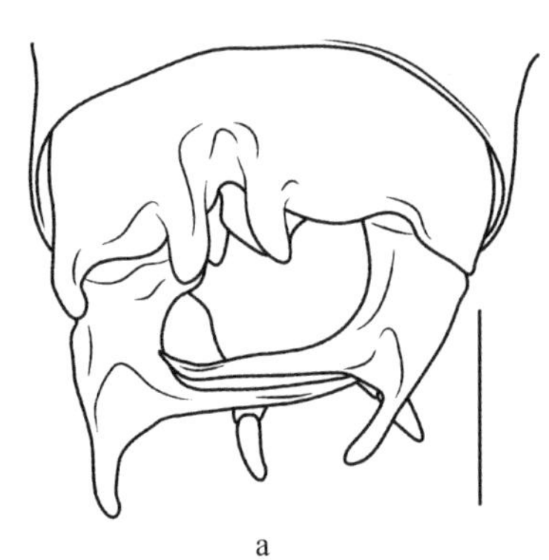

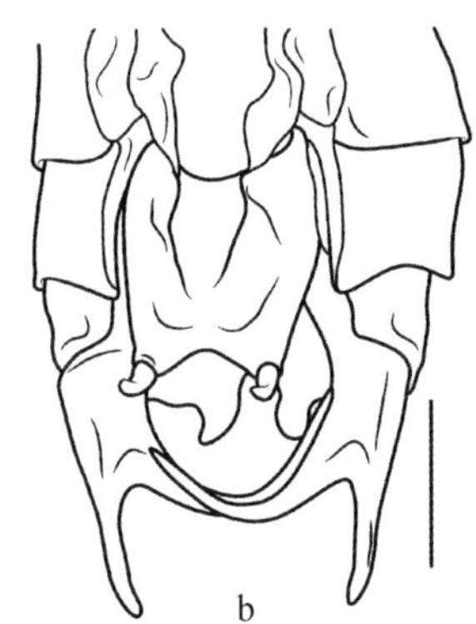

仿图34　钩尾原栖螽 *Eoxizicus* (*Eoxizicus*) *uncicercus* (Mao & Shi, 2015)（仿 Di *et al*., 2015）
a. 雄性腹端，背面观；b. 雄性腹端，腹面观

AF. 34　*Eoxizicus* (*Eoxizicus*) *uncicercus* (Mao & Shi, 2015) (after Di *et al*., 2015)
a. end of male abdomen, dorsal view; b. end of male abdomen, ventral view

100. 二裂原栖螽 *Eoxizicus* (*Eoxizicus*) *dischidus* (Di, Han & Shi, 2015)（仿图35）

Xizicus (*Eoxizicus*) *dischidus* Di *et al*., 2015, *Zootaxa*, 4007(1): 123.

描述：体中型。头顶圆锥形端部钝圆，背面具浅纵沟；复眼卵圆形，显著凸出；下颚须端节端部稍膨大，等长于亚端节。前胸背板宽短，前缘较平，后缘钝圆凸出，沟后区平坦，侧片长于高，肩凹浅；胸听器完全暴露；前翅长翅型，窄长，末端钝角形，发音区大部被前胸背板覆盖，后翅长于前翅；各足股节腹面无刺，前足基节无刺，前足胫节听器开放型，前足胫节腹缘内外缘刺排列为4, 5 (1, 1)型，中足胫节腹面内侧具5刺外侧具6刺，后足胫节背面内外缘各具30～33个齿和1对端距，腹面具2对端距。雄性第10腹节背板后缘具1对短小的突起，其端部钝圆（仿图35a）；尾须长，基部粗壮圆柱形，内缘具1个小瘤突，自中部分为内外两叶，内叶基部粗壮，显著长于外叶并明显内弯，末端尖，外叶扁平，三角形，稍向内弯，端部钝（仿图35）；下生殖板窄长，基缘稍凹，近中部裂为两部分，末端稍上弯，不具腹突（仿图35b）。

雌性未知。

体浅黄褐色（活时可能为绿色）。前胸背板背面两侧各具1条深褐色纵纹；前中足胫节腹面刺褐色，后足股节膝叶末端具黑点，后足胫节所有刺和距深褐色；所有足第3跗节爪褐色；前翅后缘暗褐色。

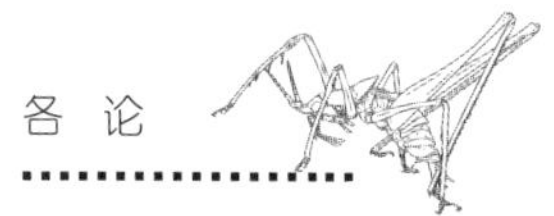

测量(mm)：体长♂10.8；前胸背板长♂4.8；前翅长♂21.6；后足股节长♂11.2。

检视材料：1♂（正模），广西靖西邦亮，2010.VIII.6，边迅采。

模式产地及保存：中国广西靖西邦亮；河北大学博物馆（MHU），中国河北保定。

分布：中国广西。

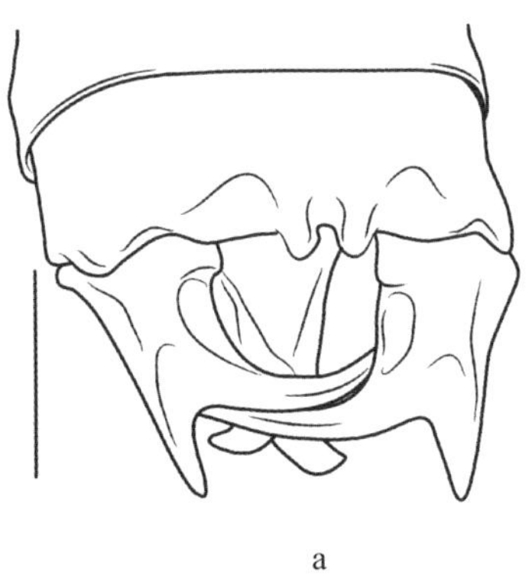

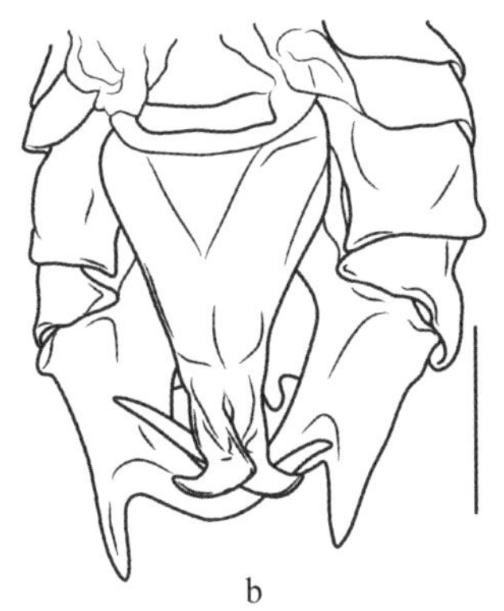

a　　　　b

仿图35　二裂原栖螽 *Eoxizicus* (*Eoxizicus*) *dischidus* (Di, Han & Shi, 2015)（仿 Di *et al*., 2015）
a. 雄性腹端，背面观；b. 雄性腹端，腹面观

AF. 35　*Eoxizicus* (*Eoxizicus*) *dischidus* (Di, Han & Shi, 2015) (after Di *et al*., 2015)
a. end of male abdomen, dorsal view; b. end of male abdomen, ventral view

101. 棕线原栖螽 *Eoxizicus* (*Eoxizicus*) *lineosus* (Gorochov & Kang, 2005) comb. nov.（仿图36）

Xizicus (*Axizicus*) *lineosus*: Gorochov, Liu & Kang, 2005, *Oriental Insects*, 39: 76.

描述：体中型。头顶钝圆锥形，向前凸出，背面具弱纵沟；复眼卵圆形，外凸；下颚须细，端节端部稍膨大，稍长于亚端节。前胸背板前缘近平直，后缘尖圆，向后凸出，背面平，侧片较高，后缘波曲，肩凹不明显，胸听器大，椭圆形；前翅长，远超过后足股节末端，后翅长于前翅；各足股节腹面无刺，前足基节具刺，前足胫节腹面内外缘各具5个刺，后足胫节背面内外缘各具29～30枚小刺及1个较大的端距，腹面外缘具2对端距。雄性第10腹节背板后缘具成对相距较远的小突起（仿图36a）；尾须

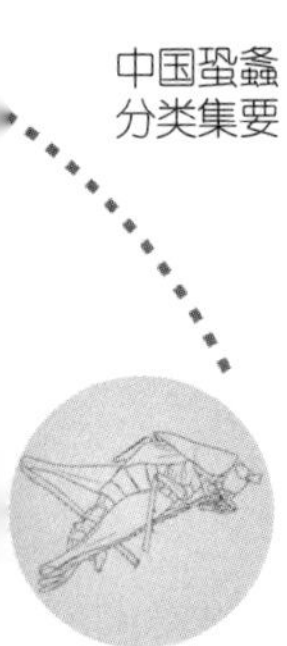

不具突起和分叶，圆柱形，近端部扁平，背面中部具凹，腹面具1小的隆起（仿图36）；下生殖板后缘几乎截形，腹突甚小（仿图36c）。

雌性未知。

体淡绿色。前胸背板背片侧缘具明显的褐色纵线，前翅臀域边缘具淡褐色纹，后足股节端部内外侧具淡褐色点，后足胫节齿端部稍暗色，各足第3跗节具暗点。

测量（mm）：体长♂11.5；前胸背板长♂4.0；前翅长♂18.0；后足股节长♂9.0。

检视材料：未见标本。

模式产地及保存：中国福建德化水口；中国农业大学（CAU），中国北京。

分布：中国福建、广西。

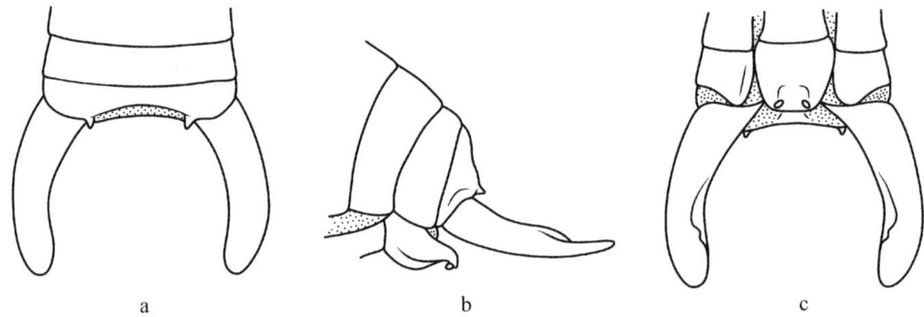

仿图36　棕线原栖螽 *Eoxizicus* (*Eoxizicus*) *lineosus* (Gorochov & Kang, 2005)
（仿 Gorochov, Liu & Kang, 2005）
a. 雄性腹端，背面观；b. 雄性腹端，侧面观；c. 雄性腹端，腹面观

AF. 36　*Eoxizicus* (*Eoxizicus*) *lineosus* (Gorochov & Kang, 2005)
(after Gorochov, Liu & Kang, 2005)
a. end of male abdomen, dorsal view; b. end of male abdomen, lateral view;
c. end of male abdomen, ventral view

（十六）戈螽属 *Grigoriora* Gorochov, 1993

Grigoriora: Gorochov, 1993, *Zoosystematica Rossica*, 2(1): 86; Otte, 1997, *Orthoptera Species File 7*, 96; Gorochov, 1998, *Zoosystematica Rossica*, 7(1): 116; Sänger & Helfert, 2004, *Senckenbergiana Biologica*, 84(1–2): 45–58; Gorochov, 2008, *Trudy Zoologicheskogo Instituta Rossiyskoy Akademii Nauk*, 312(1–2): 42; Wang & Liu, 2018, *Zootaxa*, 4441(2): 227.

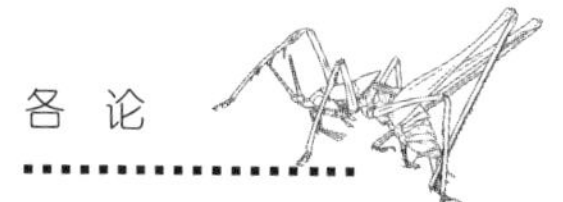

Satunia: Sänger & Helfert, 1996, *European Journal of Entomology*, 93(4): 612; Sänger & Helfert, 2004, *Senckenbergiana Biologica*, 84(1–2): 45–58; Gorochov, 2008, *Proceedings of the Zoological Institute of the Russian Academy of Sciences*, 312(1–2): 42.

模式种：*Grigoriora dicata* Gorochov, 1993

体型较小。头部背面稍平，颜面向后倾斜，下颚须端节约等长于亚端节。前胸背板稍延长，侧片较低，无明显的肩凹；前翅和后翅发育完好，后翅略长于前翅；前中足胫节刺较长；后足股节膝叶端部钝圆。雄性第10腹节背板后缘具1对叶状突起；肛上板较发达；雄性尾须短或较长，相对较简单，下生殖板具或无腹突，有时脱落；外生殖器端部具侧革片。雌性下生殖板多样；产卵瓣稍长，剑状，腹瓣具端钩。

中国戈螽属分种检索表

1 雄性尾须基半部内侧凹，端部斜截形；雌性下生殖板近宽菱形 ……… ……………………………… **陈氏戈螽 *Grigoriora cheni* (Bey-Bienko, 1955)**

– 雄性尾须细长锥状，端部尖；雌性下生殖板近圆盘状，中央具弱隆线 …………………… **贵州戈螽 *Grigoriora kweichowensis* (Tinkham, 1944)**

102. 陈氏戈螽 *Grigoriora cheni* (Bey-Bienko, 1955)（图66，图版1，43，44）

Xiphidiopsis cheni: Bey-Bienko, 1955, *Zoologicheskii Zhurnal*, 34: 1261; Beier, 1966, *Orthopterorum Catalogus*, 9: 274; Liu & Jin, 1994, *Contributions from Shanghai Institute of Entomology*, 11: 110; Jin & Xia, 1994, *Journal of Orthoptera Research*, 3: 27; Liu & Jin, 1999, *Fauna of Insects Fujian Province of China. Vol. 1.*, 159; Liu, 2007, *The Fauna Orthopteroidea of Henan*, 480.

Xiphidiopsis zhejiangensis: Zheng & Shi, 1995, *Insects and macrofungi of Gutianshan, Zhejiang*, 31.

Eoxizicus cheni: Liu & Zhang, 2000, *Entomotaxonomia*, 22(3): 159.

Eoxizicus (*Eoxizicus*) *cheni*: Liu, Zhou & Bi, 2010, *Insects of Fengyangshan National Nature Reserve*, 82.

Grigoriora cheni: Wang & Liu, 2018, *Zootaxa*, 4441(2): 227.

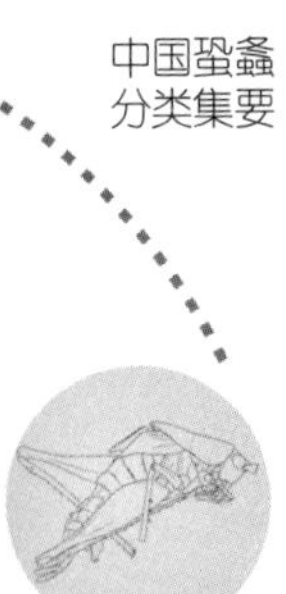

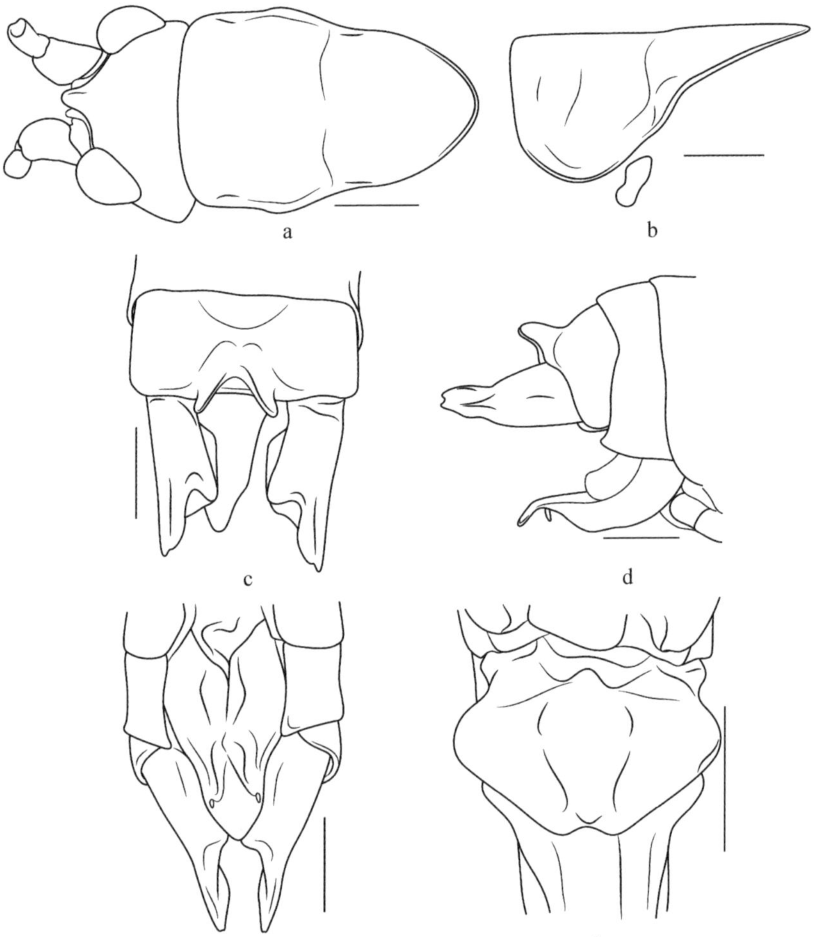

图66　陈氏戈螽 *Grigoriora cheni* (Bey-Bienko, 1955)

a. 雄性头与前胸背板，背面观；b. 雄性前胸背板，侧面观；c. 雄性腹端，背面观；d. 雄性腹端，侧面观；e. 雄性腹端，腹面观；f. 雌性下生殖板，腹面观

Fig. 66　*Grigoriora cheni* (Bey-Bienko, 1955)

a. head and ptonotum of male, dorsal view; b. male pronotum, lateral view; c. end of male abdomen, dorsal view; d. end of male abdomen, lateral view; e. end of male abdomen, ventral view; f. subgenital plate of female, ventral view

描述：体中到大型。头顶圆锥形，端部钝，背面具沟（图66a）；复眼半球形（图66a），下颚须端节稍微长于亚端节。前胸背板后缘狭圆，沟后区短于沟前区，侧片肩凹不明显（图66b）；前足胫节腹面内

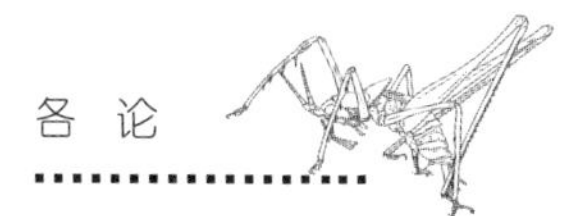

外缘刺排列为4, 5 (1, 1)型，后足胫节背面内外缘各具27 ～ 30个齿和1个端距，腹面具4个端距；前翅远超过后足股节端部，后翅长于前翅约2.0 mm。雄性第10腹节背板后缘具成对的向背后方突出的突起，间隔较宽（图66c）；尾须较直，基半部内侧强凹陷，端部明显细，斜截形（图66c ～ e）；下生殖板狭长，后缘呈狭圆形突出，亚端部具较短的腹突（图66e）。

雌性尾须短圆锥形；下生殖板横宽，基部有时隆起具1对短的突起，侧缘圆凸，后缘圆三角形，中央有时具凹口（图66f）；产卵瓣约等长于后足股节，腹瓣具端钩。

体淡绿色，几乎单色。后足胫节具黑褐色的刺。

测量（mm）：体长♂12.0 ～ 14.0，♀10.5 ～ 13.0；前胸背板长♂3.6 ～ 4.0，♀3.5 ～ 4.0；前翅长♂17.0 ～ 19.0，♀16.0 ～ 18.0；后足股节长♂12.5，♀9.5 ～ 12.5；产卵瓣长9.0 ～ 12.5。

检视材料：1♂2♀♀（*Xiphidiopsis cervicercus* Tinkham, 1943副模，错误鉴定），江西庐山牯岭，1935.VII.15，Piel采；1♂1♀，河南商城黄柏山，600 ～ 1 150 m，1985.VII.17 ～ 18，张秀江、孙红泉采；1♂，河南商城新竹园鲍铺，1985.VII.20，孙红泉采；2♀♀，河南商城新竹园鲍铺，1985.VII.12 ～ 20，张秀江采；1♀，云南屏边马卫，900 ～ 950 m，2009.V.23，刘宪伟等采；2♂♂3♀♀，安徽黄山温泉，1983.IX.1，毕、何、贺采；2♀♀，安徽黄山，1964.VIII.22 ～ 29，金根桃采；2♀♀，福建武夷山三港，1994.VIII.27 ～ IX.3，金杏宝、殷海生采；12♂♂51♀♀，浙江宁波天童，2010.VII.18 ～ 20，刘、邱、高采；2♂♂9♀♀，浙江临安清凉峰千顷堂，1 100 m，2008.VIII.5 ～ 7，刘宪伟、毕文烜采。

模式产地及保存：中国江西牯岭；中国科学院动物研究所（IZCAS），中国北京。

分布：中国河南、安徽、浙江、湖北、江西、福建、广东。

103. 贵州戈螽 *Grigoriora kweichowensis* (Tinkham, 1944)（图67，图版45，46）

Xiphidiopsis kweichowensis: Tinkham, 1944, *Proceedings of the United States National Museum*, 94: 507, 512; Xia & Liu, 1993, *Insects of Wuling Mountains Area, Southwestern China*, 99; Liu & Jin, 1994, *Contributions*

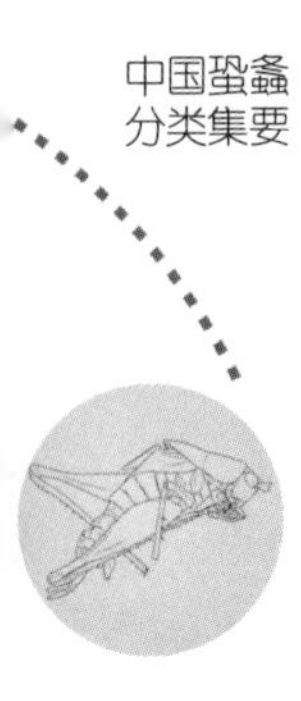

from Shanghai Institute of Entomology, 11: 111; Jin & Xia, 1994, *Journal of Orthoptera Research*, 3: 27.

Eoxizicus kweichowensis: Liu & Zhang, 2000, *Entomotaxonomia*, 22(3): 159.

Eoxizicus (*Axizicus*) *kweichowensis*: Liu & Yin, 2004, *Insects from Mt. Shiwandashan Area of Guangxi*, 101.

Grigoriora kweichowensis: Wang & Liu, 2018, *Zootaxa*, 4441(2): 228.

描述：体中到大型。头顶圆锥形前凸，端部钝，背面具沟；复眼半球形，向前凸出；下颚须端节等长于亚端节。前胸背板后缘狭圆，较短，侧片较高，肩凹明显。前足胫节腹面内外缘刺排列为5, 5 (1, 1)型，后足胫节背面内外缘各具23 ～ 25个齿和1个端距，腹面具4个端距；前翅远超过后足股节端部，后翅稍长于前翅。雄性第10腹节背板后缘具成对的向背后方突出的突起，间隔较窄，位于后缘稍靠上（图67a）；尾须较简单，基部粗壮，向端部渐细，稍内弯（图67a，b）；下生殖板较宽，后缘狭，腹突位于端部两侧（图67b）。

雌性尾须短圆锥形；下生殖板稍延长，基部稍宽，端2/3长圆盘状，侧缘隆起，中央具隆线（图67c）；产卵瓣约长于后足股节，腹瓣具端钩。

体淡绿色，几乎单色。后足胫节具黑褐色的刺。

测量（mm）：体长♂13.4 ～ 14.2，♀14.0 ～ 15.1；前胸背板长♂4.2 ～ 4.7，♀4.8 ～ 5.0；前翅长♂19.0 ～ 19.5，♀21.2 ～ 21.9；后足股节长♂11.2 ～ 12.8，♀12.9 ～ 13.9；产卵瓣长15.3 ～ 15.7。

检视材料：2♂♂2♀♀，贵州梵净山，1988.VII.14，刘祖尧采；3♀♀，四川都江堰青城山，1986.VII.29，黄文华采；3♂♂4♀♀，四川雅安蒙顶山，1 456 m，2007.VII.31 ～ VIII.1，刘宪伟等采；3♀♀，四川峨眉山清音阁，850 m，2006.VIII.10，周顺采；6♀♀，四川峨眉山五显岗，700 m，2007.VIII.2 ～ 4，刘宪伟等采；1♀，四川峨眉山，1955.VI.28，黄克仁、金根桃采；1♀，广西兴安猫儿山，450 ～ 600 m，1982.VIII.24 ～ 25，刘宪伟、殷海生采。

模式产地及保存：中国贵州石门坎；美国国家博物馆（USNM），美国华盛顿。

分布：中国广西、四川、贵州。

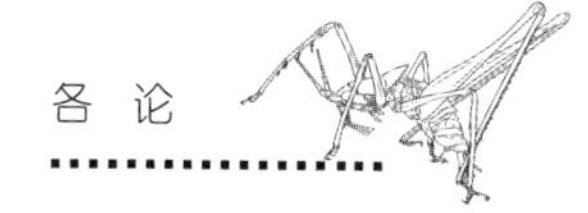

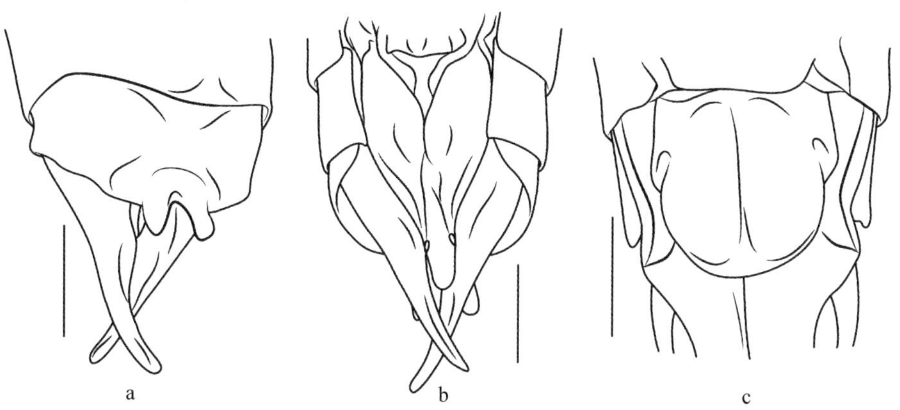

图67 贵州戈螽 *Grigoriora kweichowensis* (Tinkham, 1944)
a. 雄性腹端，背面观；b. 雄性腹端，腹面观；c. 雌性下生殖板，腹面观

Fig. 67 *Grigoriora kweichowensis* (Tinkham, 1944)
a. end of male abdomen, dorsal view; b. end of male abdomen, ventral view; c. female subgenital plate, ventral view

（十七）异戈螽属 *Allogrigoriora* Wang & Liu, 2018

Allogrigoriora: Wang & Liu, 2018, *Zootaxa*, 4441(2): 226.

模式种：*Allogrigoriora carinata* Wang & Liu, 2018

体在该族属中型。头顶圆锥形，端部钝，背面具纵沟；下颚须末2节几乎等长。前胸背板侧片后缘稍凹；翅完全，后翅稍长于前翅；前足胫节听器两侧均开放型，后足胫节末端具3对端距。雄性第10腹节背板后缘浅凹；雄性尾须适度延长，具叶或凸起；腹突消失；外生殖器不外露且不骨化。

本属接近戈螽属 *Grigoriora*，区别在于尾须突起的形状和腹突的有无。

104. 隆线异戈螽 *Allogrigoriora carinata* Wang & Liu, 2018（图68）

Allogrigoriora carinata: Wang & Liu, 2018, *Zootaxa*, 4441(2): 227.

描述：体中型。头顶圆锥形，端部钝且背面具沟；下颚须末2节约等长。前胸背板沟前区长于沟后区，前缘直，后缘尖圆，侧片下缘较圆，肩凹浅（图68a）；前翅发达，后翅长于前翅1.0 mm。各足股节无刺，前足胫节腹面刺排列为4, 5 (1, 1)，后足胫节背面两侧各具21 ～ 22个齿，末端具3对端距。雄性第10腹节背板后缘浅凹（图68b）；肛上板三角形；尾

须稍延长，基部具稍尖内叶，端部窄且稍内弯（图68b ~ d）；下生殖板中部明显缢缩，腹面中央具纵长隆线，不具腹突（图68d）；外生殖器完全膜质。

雌性未知。

整体基本单一黄褐色，也许活时为绿色。复眼深褐色；触角具稀疏的环纹。

测量（mm）：体长♂11.0；前胸背板长♂4.5；前翅长♂11.0；后足股节长♂9.0。

检视标本：正模♂，西藏错那勒乡，2 600 m，2010.VIII.17 ~ 19，毕文烜采。

分布：中国西藏。

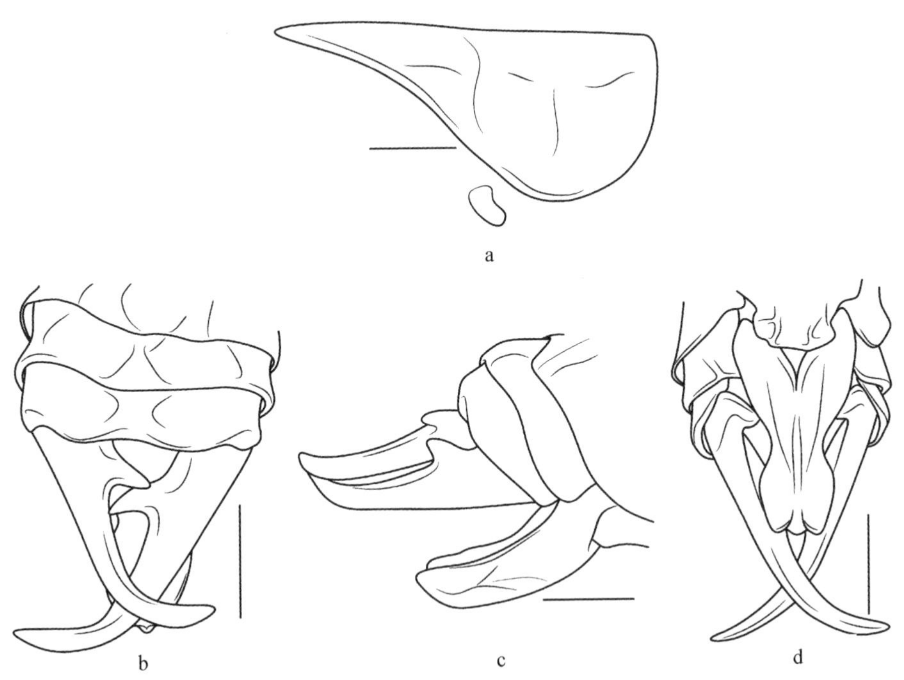

图68　隆线异戈螽 *Allogrigoriora carinata* Wang & Liu, 2018
a. 雄性前胸背板，侧面观；b. 雄性腹端，背面观；c. 雄性腹端，侧面观；d. 雄性腹端，腹面观

Fig. 68　*Allogrigoriora carinata* Wang & Liu, 2018
a. male pronotum, lateral view; b. end of male abdomen, dorsal view; c. end of male abdomen, lateral view; d. end of male abdomen, ventral view

（十八）剑螽属 *Xiphidiopsis* Redtenbacher, 1891

Xiphidiopsis: Redtenbacher, 1891, *Verhandlungen der Zoologisch-Botanischen Gesellschaft in Wien*, 41: 333, 531 (part.); Bolívar, 1900, *Annales de la Société Entomologique de France*, 68: 781; Bolívar, 1906, *Memorias de la Real Sociedad Española de Historia Natural*, 1: 373 (part.); Kirby, 1906, *A Synonymic Catalogue of Orthoptera* (*Orthoptera Saltatoria, Locustidae vel Acridiidae*), 2: 284 (part.); Karny, 1907, *Abhandlungen der Kaiserlich-Königlichen Zoologisch-Botanischen Gesellschaft in Wien*, 4(3): 98 (part.); Karny, 1912, *Genera Insectorum*, 131: 5 (part.); Hebard, 1922, *Proceedings of the Academy of Natural Sciences of Philadelphia*, 74: 253 (part.); Karny, 1923, *Journal of the Malaysian Branch of the Royal Asiatic Society*, 1: 173 (part.); Karny, 1924, *Treubia*, 5: 108 (part.); Karny, 1925, *The Sarawak Museum Journal*, 3: 45 (part.); Karny, 1926, *Journal of the Federated Malay States Museums*, 13: 130 (part.); Karny, 1927. *Arkiv för zoologi*, 19A(12): 9; Karny, 1927, *Treubia*, 12 Suppl.: 85; Kastner, 1932, *Stettiner Entomologische Zeitung*, 93: 165; Chang, 1935, *Notes d'Entomologie Chinoise, Musée Heude*, 2(3): 42 (part.); Tinkham, 1943, *Notes d'Entomologie Chinoise, Musée Heude*, 10(2): 40 (part.); Tinkham, 1944, *Proceedings of the United States National Museum*, 94: 507 (part.); Tinkham, 1956, *Transactions of the American Entomological Society*, 82: 1 (part.); Bey-Bienko, 1962, *Trudy Zoologicheskogo Instituta Akademii Nauk SSSR, Leningrad*, 30: 133 (part.); Beier, 1966, *Orthopterorum Catalogus*, 9: 266 (part.); Bey-Bienko, 1971, *Entomological Review*, 50: 479; Kevan & Jin, 1993, *Tropical Zoology*, 6: 253; Gorochov, 1993, *Zoosystematica Rossica*, 2(1): 64 (part.); Gorochov, 1998, *Zoosystematica Rossica*, 7(1): 101 (part.); Gorochov, Liu & Kang, 2005, *Oriental Insects*, 39: 81 (part.); Gorochov, 2008, *Trudy Zoologicheskogo Instituta Rossiyskoy Akademii Nauk*, 312(1–2): 27; Han, Chang & Shi, 2015, *Zootaxa*, 4018(4): 553; Jin, Liu & Wang, 2020, *Zootaxa*, 4772(1): 16.

模式种：*Xiphidiopsis fallax* Redtenbacher, 1891

头顶圆锥形，端部钝，背面具沟；复眼圆形，突出；下颚须端节等于或略长于亚端节，端部稍扩大。前胸背板侧片后缘肩凹较明显；后足胫节

具3对端距；前翅和后翅发达，后翅略长于前翅。雄性第10腹节背板具不成对的突起；尾须较复杂，对称或不对称；下生殖板具腹突，外生殖器完全膜质。雌性第9腹节背板侧下部明显肿大，下生殖板后缘凸形，产卵瓣剑状，腹瓣具端钩。体淡绿色，头部和前胸背板无任何暗色斑记，后足股节膝叶端部通常具明显的黑点。

中国剑螽属分亚属与种检索表

1 雄性第10腹节背板中突起多不对称，如对称则具较大的突起…………
……………………剑螽亚属 ***Xiphidiopsis* (*Xiphidiopsis*)** ………………… 2

– 雄性第10腹节背板中突起对称…………………………………………………
………………旋剑螽亚属 ***Xiphidiopsis* (*Dinoxiphidiopsis*)** ………………… 10

2 前胸背板背片具平行的黄色条纹，雄性未知 ………………………………
……… 凸顶剑螽 ***Xiphidiopsis* (*Xiphidiopsis*) *convexis* Shi & Zheng, 1995**

– 前胸背板背片无明显条纹 ……………………………………………………… 3

3 雄性尾须不对称 ………………………………………………………………… 4

– 雄性尾须对称 …………………………………………………………………… 9

4 雄性第10腹节背板两侧具2个瘤状突起，左尾须约等长于右尾须或未知
………………………………………………………………………………………… 5

– 雄性第10腹节背板中突起端部开裂成两叶或未知，左尾须明显长于右尾须 ……………………………………………………………………………………… 8

5 雄性未知；雌性第8腹节背板下部凸圆，下生殖板横宽，基部两侧具凹窝 ……………宽剑螽 ***Xiphidiopsis* (*Xiphidiopsis*) *lata* Bey-Bienko, 1962**

– 雄性已知 ………………………………………………………………………… 6

6 雄性第10腹节背板端部不开裂；雌性下生殖板基部中央具锥形瘤突，后缘宽圆 ……………………………………………………………………………… 7

– 雄性第10腹节背板端部开裂；雌性下生殖板基部不具瘤突，后缘中央深凹，形成两尖侧叶 ……………………………………………………………
异裂剑螽 *Xiphidiopsis* (*Xiphidiopsis*) *anisolobula* Han, Chang & Shi, 2015

7 雄性第10腹节背板突起亚端部膨大，具膝状凸；雌性第7腹节腹板后缘中裂几乎将其分为2片，裂片卷曲 ………………………………………
………… 双瘤剑螽 ***Xiphidiopsis* (*Xiphidiopsis*) *bituberculata* Ebner, 1939**

– 雄性第10腹节背板突起端部扁平似片状，左侧裂形成缺口；雌性第7腹节腹板中央裂口较浅，裂叶末端角突明显 ……………………………
缺刻剑螽 *Xiphidiopsis* (*Xiphidiopsis*) *minorincisa* Han, Chang & Shi, 2015

8 雌性下生殖板基部两侧无凹窝 …………………………………………………
……… 双叶剑螽 ***Xiphidiopsis* (*Xiphidiopsis*) *bifoliata* Shi & Zheng, 1995**

- 雌性下生殖板基部两侧具凹窝，板端部无缺刻 ………………………… ………… **基凹剑螽 *Xiphidiopsis* (*Xiphidiopsis*) *excavata* Xia & Liu, 1993**

9 雄性第10腹节背板中突起腹面具突起；雌性下生殖板腹面具纵沟 …… …… **尾幼剑螽 *Xiphidiopsis* (*Xiphidiopsis*) *appendiculata* (Tinkham, 1944)**

- 雄性第10腹节背板中突起端部具2侧叶；雌性下生殖板基部两侧具横凹 ……… **金秀剑螽 *Xiphidiopsis* (*Xiphidiopsis*) *jinxiuensis* Xia & Liu, 1990**

10 雄性下生殖板特化，无腹突 ……………………………………………… 11

- 雄性下生殖板正常，具腹突 ……………………………………………… 13

11 雄性第10腹节背板突起端部裂为2叶，尾须适度内弯；雌性下生殖板长大于宽 …………………………………………………………………………… 12

- 雄性第10腹节背板突起端部不开裂，尾须强内弯；雌性未知 ………… …… **贾氏旋剑螽 *Xiphidiopsis* (*Dinoxiphidiopsis*) *jacobsoni* Gorochov, 1993**

12 雄性第10腹节背板非扁，后缘突起较窄指向后方，尾须背叶较宽大，下生殖板端部具缺口而分背腹2叶；雌性下生殖板端部较窄 …………… **梵净山旋剑螽 *Xiphidiopsis* (*Dinoxiphidiopsis*) *fanjingshanensis* (Shi & Du, 2006)**

- 雄性第10腹节背板宽扁，后缘突起稍宽指向腹方，尾须背叶较小，下生殖板端部平截；雌性下生殖板端部较宽 ……………………………… **显凸旋剑螽 *Xiphidiopsis* (*Dinoxiphidiopsis*) *expressa* Wang & Liu, 2014**

13 雄性尾须基部具宽大背叶，端部细长不具分支；雌性下生殖板近方形后缘中央凹 ……………………………………………………………………… **伊氏旋剑螽 *Xiphidiopsis* (*Dinoxiphidiopsis*) *ikonnikovi* (Gorochov, 1993)**

- 雄性尾须基部具狭长内叶，端部分叉钳状；雌性未知 ………………… **奇异旋剑螽 *Xiphidiopsis* (*Dinoxiphidiopsis*) *abnormalis* (Gorochov & Kang, 2005)**

剑螽亚属*Xiphidiopsis* (*Xiphidiopsis*) Redtenbacher, 1891

Xiphidiopsis (*Xiphidiopsis*): Gorochov, 1993, *Zoosystematica Rossica*, 2(1): 64; Otte, 1997, *Orthoptera Species File 7*, 91.

雄性第10腹节背板具不成对的不对称中突起，尾须较复杂，有时不对称，下生殖板不特化具腹突。雌性第8腹节背板下部常具特化的折板。

105. 凸顶剑螽 *Xiphidiopsis* (*Xiphidiopsis*) *convexis* Shi & Zheng, 1995（仿图37）

Xiphidiopsis (*Xiphidiopsis*) *convexis*: Shi & Zheng, 1995, *Entomotaxonomia*,

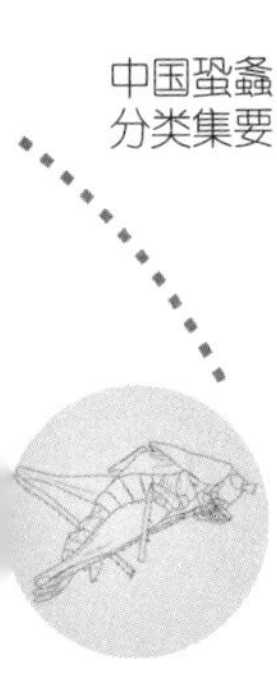

17(3): 161.

描述：体中等。头顶圆锥形，端部钝，顶端明显超过触角窝内侧隆起，背面具纵沟（仿图37a）；3单眼明显，复眼卵圆形，向前凸出；下颚须端节等长于亚端节，端部稍扩大。前胸背板短，前缘稍后凹，后缘圆形凸出，侧片短而高，后缘肩凹明显；前足基节具刺，前足胫节腹面刺为4, 5 (1, 1)型，后足胫节背面内外缘各具20～24个齿，端距3对；前翅远超过后足股节端部，后翅长于前翅。雌性尾须圆锥形，顶端尖（仿图37b）；下生殖板基部宽，基部两侧明显向外扩展，端部较狭，后缘平截（仿图37c）；产卵瓣稍弯曲，腹瓣具端钩。

雄性未知。

体绿色。3单眼黄色，头部复眼后方具1对黄色斑，前胸背板具1对平行的黄色纵条纹。前翅端部具一些不明显的淡褐色斑。

测量（mm）：体长♀9.7；前胸背板长♀3.2；前翅长♀18.0；后足股节长♀10.5；产卵瓣长7.6。

检视材料：未见标本。

模式产地与保存：中国云南勐腊；陕西师范大学动物研究所，中国陕西西安。

分布：中国云南。

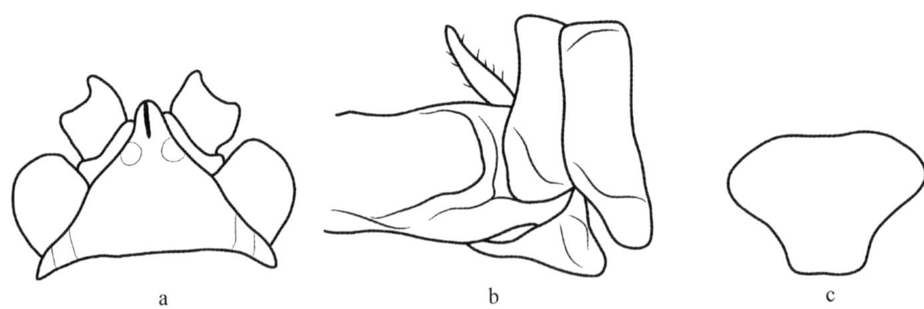

仿图37　凸顶剑螽 *Xiphidiopsis* (*Xiphidiopsis*) *convexis* Shi & Zheng, 1995（仿Shi & Zheng, 1995）

a. 雌性头部，背面观；b. 雌性腹端，侧面观；c. 雌性下生殖板，腹面观

AF. 37　*Xiphidiopsis* (*Xiphidiopsis*) *convexis* Shi & Zheng, 1995 (after Shi & Zheng, 1995)

a. head of female, dorsal view; b. end of female abdomen, lateral view; c. subgenital plate of female, ventral view

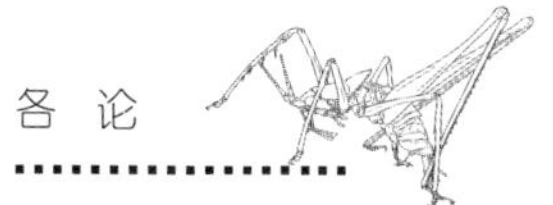

106. **黄氏剑螽*Xiphidiopsis*? *hwangi* (Bey-Bienko, 1962)**（图69）

Xiphidiopsis hwangi: Bey-Bienko, 1962, *Trudy Zoologicheskogo Instituta Akademii Nauk SSSR, Leningrad*, 30: 125, 135; Beier, 1966, *Orthopterorum Catalogus*, 9: 273; Liu & Jin, 1994, *Contributions from Shanghai Institute of Entomology*, 11: 110; Jin & Xia, 1994, *Journal of Orthoptera Research*, 3: 27.

Xiphidiopsis? hwangi: Gorochov, 1998, *Zoosystematica Rossica*, 7(1): 105; Gorochov, Liu & Kang, 2005, *Oriental Insects*, 39: 82.

描述：雌性头顶圆锥形，端部钝，背面具纵沟；下颚须端节约等长于亚端节。前胸背板沟后区不长于沟前区，侧片后缘倾斜，肩凹较明显（图69a）；前翅远超过后足股节端部，后翅长于前翅；前足胫节腹面刺为4, 4 (1, 1)型，后足胫节背面内外缘各具1个端距，腹面具4个端距。尾须

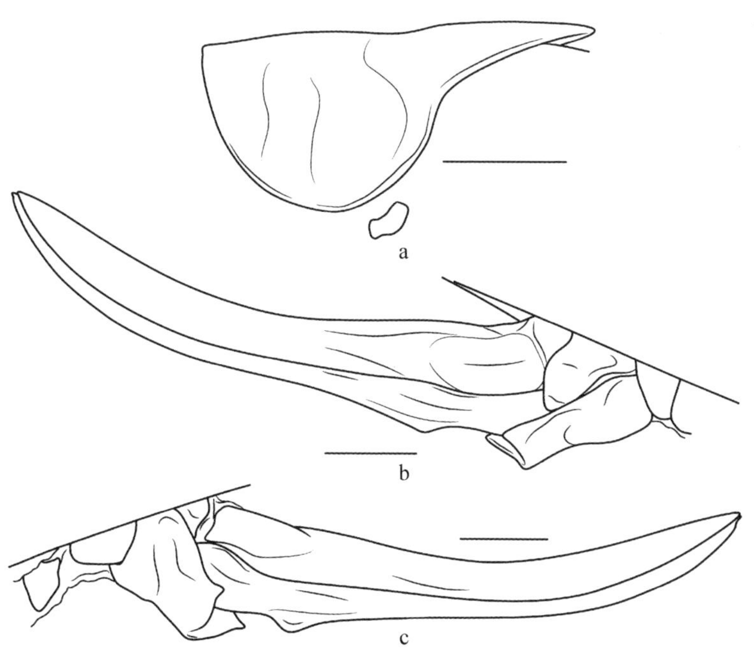

图69　黄氏剑螽*Xiphidiopsis? hwangi* (Bey-Bienko, 1962)
a. 雌性前胸背板，左侧面观；b. 雌性腹端，右侧面观；c. 雌性腹端，左侧面观

Fig. 69　*Xiphidiopsis? hwangi* (Bey-Bienko, 1962)
a. female pronotum, left lateral view; b. end of female abdomen, right lateral view; c. end of female abdomen, left lateral view

短小，圆锥形；下生殖板狭长，后缘显凹；产卵瓣腹瓣近基部明显凸形（图69b，c）。

雄性未知。

体淡黄色（活时或许为淡绿色），单色。

测量（mm）：体长♀11.0；前胸背板长♀3.3～3.6；前翅长♀17.0～17.5；后足股节长♀8.0～8.5；产卵瓣长6.3～7.0。

检视材料：正模♀，云南屏边，2 000 m，1956.IV.23，黄克仁等采。

模式产地及保存：中国云南屏边；中国科学院动物研究所（IZCAS），中国北京。

分布：中国云南。

107. 双瘤剑螽 *Xiphidiopsis* (*Xiphidiopsis*) *bituberculata* Ebner, 1939（图70）

Xiphidiopsis bituberculata: Ebner, 1939, *Lingnan Science Journal*, 18: 297; Beier, 1966, *Orthopterorum Catalogus*, 9: 274; Liu & Jin, 1994, *Contributions from Shanghai Institute of Entomology*, 11: 109; Jin & Xia, 1994, *Journal of Orthoptera Research*, 3: 26; Gorochov, 1994, *Zoosystematica Rossica*, 3(1): 44.

Xiphidiopsis (*Xiphidiopsis*) *bituberculata*: Liu & Yin, 2004, *Insects from Mt. Shiwandashan Area of Guangxi*, 99; Gorochov, Liu & Kang, 2005, *Oriental Insects*, 39: 81; Liu, 2007, *The Fauna Orthopteroidea of Henan*, 481; Kim & Pham, 2014, *Zootaxa*, 3811(1): 71; Han, Liu & Shi, 2015, *International Journal of Fauna and Biological Studies*, 2(1): 19; Han, Chang & Shi, 2015, *Zootaxa*, 4018(4): 558; Xiao *et al*., 2016, *Far Eastern Entomologist*, 305: 20.

描述：体中等。头顶圆锥形，端部钝，背面具纵沟；复眼卵圆形，凸出；下颚须端节等长于亚端节，端部稍扩大。前胸背板侧片后缘肩凹明显。前足胫节腹面刺为4, 5 (1, 1)型，后足胫节背面内外缘各具27～29个刺，端距3对；前翅远超过后足股节端部，后翅长于前翅约1.0 mm。雄性第9腹节背板后侧角向后尖形突出，第10腹节背板侧角具1尖叶，中突起较宽，厚实，不对称，左侧开裂形成的左叶厚实，明显左凸，右叶明显宽于左叶，在相当于左叶凸出处具膝状凸，背部隆起，末端较为扁平（图70a～d）。尾须不对称，复杂，左尾须长于右尾须，基部腹面和内侧具尖

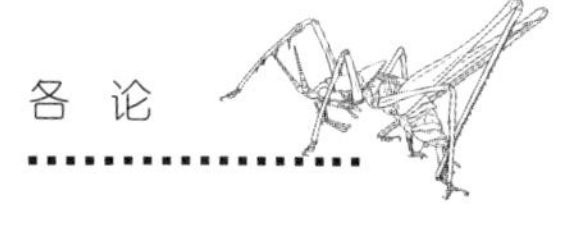

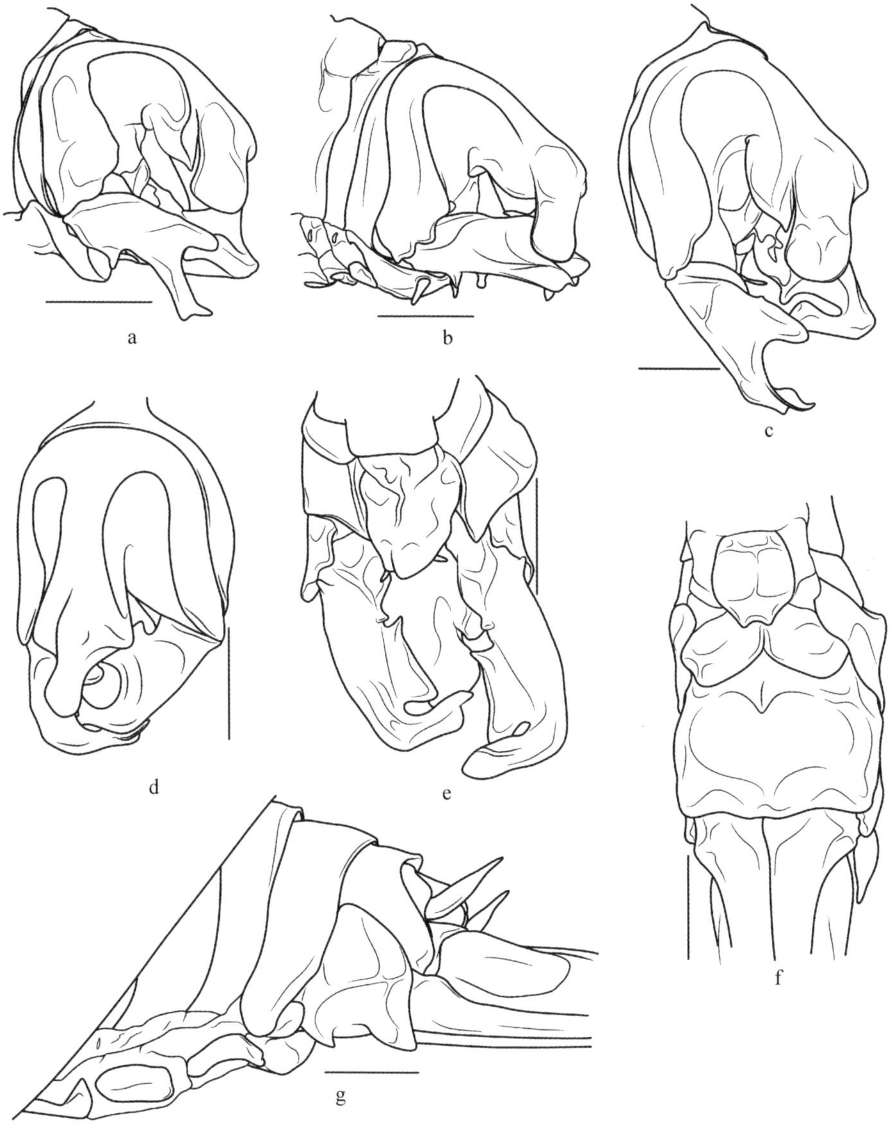

图 70　双瘤剑螽 *Xiphidiopsis* (*Xiphidiopsis*) *bituberculata* Ebner, 1939

a ～ c. 雄性腹端，左侧背面观；d. 雄性腹端，右侧背面观；e. 雄性腹端，腹面观；f. 雌性下生殖板，腹面观；g. 雌性下生殖板，侧面观

Fig. 70　*Xiphidiopsis* (*Xiphidiopsis*) *bituberculata* Ebner, 1939

a ～ c. end of male abdomen, left dorsal view; d. end of male abdomen, right dorsal view; e. end of male abdomen, ventral view; f. female subgenital plate, ventral view; g. female sugenital plate, lateral view

突，中部内侧具长扁状内突，前后具侧角，前侧角与尾须末端形成"C"形弯曲，尾须末端片状，稍扭曲，不对称（图70a～e）；下生殖板长宽几乎相等，后缘稍凸圆，具1对较长的腹突（图70e）。

雌性第8腹节背板侧下部明显膨大，第7腹节背板中央开裂至基部，裂片凸圆厚实，第6腹节腹板后缘凸出，具1对小突；尾须短圆锥形；下生殖板略横宽，侧缘上弯，包围第9腹节背板下部，后缘中央微圆形突出，近基部中央具1个锥齿状突起（图70f，g）；产卵瓣略短于后足股节，稍向上弯曲。

体淡绿色，复眼黑褐色，触角具暗色环纹，前翅具些许不明显的暗点，雄性左前翅发音域末端暗色，后足股节膝叶端部具明显的黑点，后足胫节刺褐色。

测量（mm）：体长♂10.0～11.0，♀10.0～10.5；前胸背板长♂3.8～4.0，♀3.5～3.8；前翅长♂15.0～17.0，♀17.5～18.5；后足股节长♂9.0～10.0，♀10.0～11.0；产卵瓣长9.0。

检视材料：1♀，安徽黄山温泉，1980.XI.5，采集人不详；8♂♂5♀♀，湖南慈利索溪峪，1988.IX.2，刘宪伟采；1♂，湖南大庸张家界，1988.IX.11，刘宪伟采；2♂♂，贵州赤水桫椤保护区，300 m，2006.X.30，刘宪伟等采；1♀，重庆缙云山，750 m，2006.X.20，刘宪伟等采；1♂，四川雅安，1991.IX.10～20，冯炎采；2♂♂1♀，广西龙州弄岗，1995.VIII.29～IX.1，刘宪伟等采；1♂，广西金秀河口，1981.IX.23，采集人不详；1♀，广西金秀圣堂山，500～700 m，1981.X.20，金根桃、李福良采；2♂♂1♀，广西隆安龙虎山，1995.VIII.29～IX.1，刘宪伟等采。

模式产地及保存：中国浙江；维也纳自然历史博物馆（NMW），奥地利维也纳。

讨论：怡保以1头雌性发表该种，产地为浙江，并无更详细的采集地，后雄性虽然配到，但直至2007年（刘宪伟）才正式报道。

分布：中国安徽、浙江、湖南、广西、重庆、四川、贵州。

108. 缺刻剑螽 *Xiphidiopsis* (*Xiphidiopsis*) *minorincisa* Han, Chang & Shi, 2015（图71，图版47）

Xiphidiopsis (*Xiphidiopsis*) *minorincisus*: Han, Chang & Shi, 2015, *Zootaxa*, 4018(4): 554.

描述：体较前种小。头顶圆锥形，端部钝，背面具纵沟；复眼卵圆形，凸出；下颚须端节等长于亚端节，端部稍扩大。前胸背板侧片较前种矮，后缘肩凹明显。前足胫节腹面刺为4, 5 (1, 1)型，后足胫节背面内外缘各具26～27个刺，端距3对；前翅远超过后足股节端部，后翅长于前翅约1.0 mm。雄性第9腹节背板后侧角向后尖形突出，第10腹节背板侧角具尖叶，后缘具大凹口，中突起较前种薄，不对称，基部腹成对突起不明显，左侧开裂较宽，形成缺刻，自基部至端部渐扁，端半部背面凹，末端扁平（图71a，b）。尾须不对称，左尾须长于右尾须，基部腹面和内侧具尖突，中部内侧具长扁状突起，形成前后侧角，后侧角较小薄尖，前侧角较大厚实钝，前侧角与内弯的端部形成“C”形，端部末端呈薄片状，略扭曲，背腹形成角状，不对称；下生殖板长宽几乎相等，后缘凸圆，亚端具1对较长的腹突（图71b，c）。

雌性第8腹节背板侧下部明显膨大，第6腹节腹板后缘凸出，具1对小突，第7腹节腹板稍长，较薄，后缘中部凹，不开裂至基部，具明显侧角；尾须短圆锥形（图71d）；下生殖板略横宽，侧缘上弯包住第9腹节背板下部，后缘中央微圆形突出，近基部中央具1个锥齿状突起（图71d，e）；产卵瓣略短于后足股节，稍向上弯曲。

体绿色，复眼黑褐色，触角具暗色环纹，头部背面具4条深绿色纵纹，前胸背板沟前区背面具3条平行深绿色纵纹，中间纵纹较粗；前翅具些许不明显的暗点，雄性左前翅发音域末端暗色，后足股节膝叶端部具明显的黑点，后足胫节刺褐色。

测量（mm）：体长♂12.2～14.5，♀9.1～11.0；前胸背板长♂4.2～4.5，♀4.0～4.2；前翅长♂17.5～18.1，♀19.5～19.8；后足股节长♂10.2～10.5，♀10.8～11.1；产卵瓣长9.5～9.8。

检视材料：1♂（正模），广西兴安猫儿山，2011.VIII.23，边迅采；1♀，广西兴安猫儿山，450～600 m，1992.VIII.24～25，刘宪伟、殷海生采；1♂，广西金秀河口，1981.IX.23，采集人不详；1♀，广西金秀圣堂山，500～700 m，1981.X.20，金根桃、李福良采；1♂2♀，浙江开化古田山，330～800 m，2012.IX.14～20，刘宪伟等采。

模式产地及保存：中国广西兴安猫儿山；河北大学博物馆（MHU），中国河北保定。

讨论：该种与双瘤剑螽十分近似，但在雄性第10腹节背板的突起有一定的区别，刘宪伟认为该种是前种的变异型，韩丽等（2015）以猫儿山的雄性标本发表了该种，可能一起采集到的雌性被鉴定为双瘤剑螽 *Xiphidiopsis* (*Xiphidiopsis*) *bituberculata*。根据上海昆虫博物馆积累的标本，虽在广西、浙江二种均有分布，该种的分布区域与前种并不重叠，并且雌雄都有可以彼此区别的特征（雄性第10腹节背板突起、雌雄第7腹节腹板），因此认为该种目前成立。具有与其相同雌性下生殖板特征的种类还有 Gorochov（1993）发表的贝氏剑螽 *X.* (*X.*) *beybienkoi* 和2个亚种（2016），

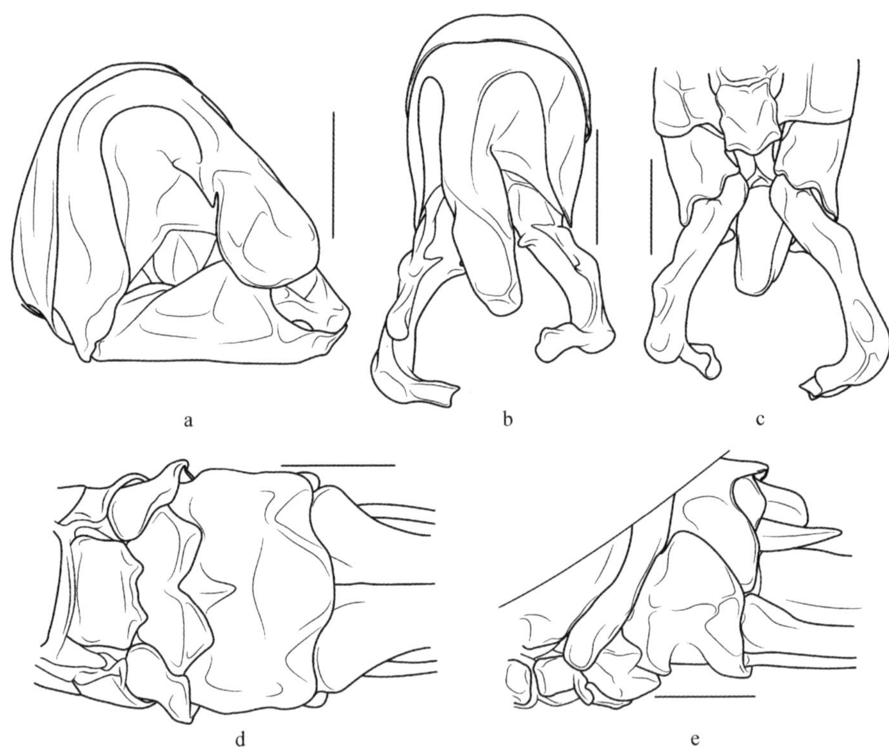

图71　缺刻剑螽 *Xiphidiopsis* (*Xiphidiopsis*) *minorincisa* Han, Chang & Shi, 2015
a. 雄性腹端，左侧背面观（古田山）；b. 雄性腹端，背面观（猫儿山）；c. 雄性腹端，腹面观（猫儿山）；d. 雌性下生殖板，腹面观（猫儿山）；e. 雌性下生殖板，侧面观（猫儿山）

Fig. 71　*Xiphidiopsis* (*Xiphidiopsis*) *minorincisa* Han, Chang & Shi, 2015
a. end of male abdomen, left dorsal view (from Gutian Mountain); b. end of male abdomen, dorsal view (from Mao'er Mountain); c. end of male abdomen, ventral view (from Mao'er Mountain); d. female subgenital plate, ventral view (from Mao'er Mountain); e. female sugenital plate, lateral view (from Mao'er Mountain)

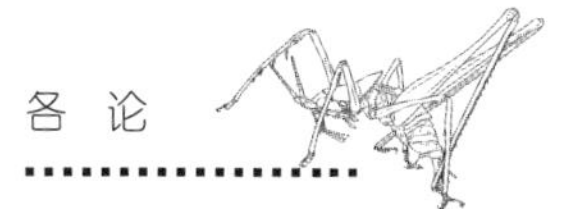

从原文所绘特征图来看贝氏剑螽雄性第10腹节背板突起区别于本种和前种，尾须末端似有分叉，雌性第7腹节腹板也有细微的差别。作者认为此5（亚）种有很近的亲缘关系，可能为同一个种。

分布：中国浙江、湖南、广西、贵州。

109. 宽剑螽 *Xiphidiopsis* (*Xiphidiopsis*) *lata* Bey-Bienko, 1962（图72）

Xiphidiopsis lata: Bey-Bienko, 1962, *Trudy Zoologicheskogo Instituta Akademii Nauk SSSR, Leningrad*, 30: 130, 135; Beier, 1966, *Orthopterorum Catalogus*, 9: 273; Liu & Jin, 1994, *Contributions from Shanghai Institute of Entomology*, 11: 111; Jin & Xia, 1994, *Journal of Orthoptera Research*, 3: 27; Gorochov, 1998, *Zoosystematica Rossica*, 7(1): 103.

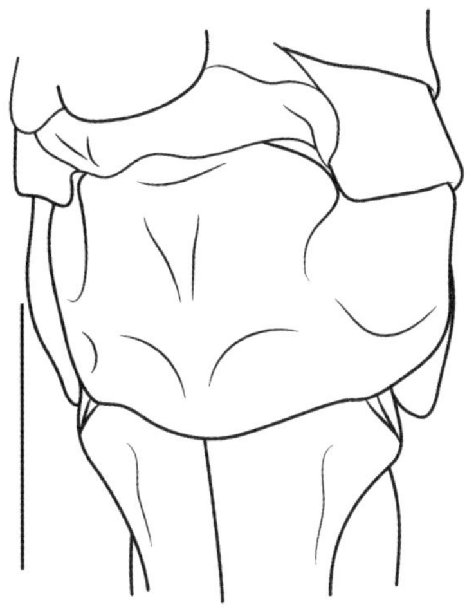

图72 宽剑螽 *Xiphidiopsis* (*Xiphidiopsis*) *lata* Bey-Bienko, 1962
雌性下生殖板，腹面观

Fig. 72 *Xiphidiopsis* (*Xiphidiopsis*) *lata* Bey-Bienko, 1962
female subgenital plate, ventral view

描述：体偏小。头顶圆锥形，较短，端部钝，背面具纵沟；复眼半球形，向外侧凸出。前胸背板后缘狭圆，沟后区短于沟前区，侧片较高，肩凹较明显；前翅超过后足股节端部，后翅长于前翅；前足胫节刺为4, 5 (1, 1)型，后足胫节背面内外缘各具22～25个刺，端距3对。雌性第8腹节背板侧下缘凸圆，非膨大；尾须短圆锥形；下生殖板横宽，后缘中部圆形，基部两侧具明显的凹窝（图72）；产卵瓣短于后足股节，轻微上弯，腹瓣具端钩。

雄性未知。

体淡黄色（活时或许为淡绿色），复眼黑褐色，前翅无暗点，后足股节膝叶端部具明显的黑点。

测量（mm）：体长♀9.9～11.0；前胸背板长♀3.0～3.2；前翅长♀17.0；后足股节长♀10.0～10.5；产卵瓣长7.0～8.5。

检视材料：1♀，云南西双版纳勐仑植物园，1993.IX.7，成新跃采。

模式产地及保存：中国云南金平；中国科学院动物研究所（IZCAS），中国北京。

分布：中国云南。

110. 异裂剑螽*Xiphidiopsis* (*Xiphidiopsis*) *anisolobula* Han, Chang & Shi, 2015（仿图38）

Xiphidiopsis (*Xiphidiopsis*) *anisolobulus*: Han, Chang & Shi, 2015, *Zootaxa*, 4018(4): 557.

Xiphidiopsis (*Xiphidiopsis*) *anisolobula*: Jin, Liu & Wang, 2020, *Zootaxa*, 4772(1): 20.

描述：体型中等。头顶圆锥形，向前凸，端部钝，背面具浅纵沟；复眼卵圆形，凸出；下颚须较长，端节等长于亚端节，末端扩大。前胸背板前缘直，后缘凸圆，侧片长大于高，肩凹较浅；胸听器外露。前足基节具1刺，前足胫节腹面刺为4, 5 (1, 1)型，自基部向端渐短，胫节听器卵圆形，内外均开放；中足胫节内侧具4刺外侧具5刺，刺较短；后足胫节背面内外缘各具27～29个刺，端距3对；前翅窄长，远超过后足股节端部，后翅长于前翅。雄性第10腹节背板后侧角上方具一对向后尖形突出，后缘中央具扁片状中突起，突起不对称，腹面右侧具片突，突起末端向后向外扩大，端部裂为下弯的2叶（仿图38a，b）；尾须复杂且不对称，基部宽，近腹内面具1不规则叶，尾须1/3处分为内外两支；左尾须内支弯向内背方，基部宽，端半部向后弯曲，呈指状，末端钝圆，左尾须外支在端半部稍宽，近端部铲状；右尾须内支基部弯向内背方，稍宽，端部裂为2叶，片状，末端钝圆，右尾须外支扭曲，分为背腹2支，背支末端宽，腹支末端稍尖（仿图38a～c）；下生殖板近梯形，基部稍宽，端半部侧隆线明显，端部窄，后缘近直；腹突较长圆锥形，末端钝圆（仿图38c）。

雌性尾须圆锥形，基部粗壮，端部尖；下生殖板基部宽，稍浅凹，侧缘向背部扩展，端半部稍窄，侧缘近平行，后缘中部具三角形凹口，将端半部分为2尖叶（仿图38d）。产卵瓣较细，适度背弯。

体淡绿色。复眼暗褐色，胫节腹面的刺和后足胫节齿暗褐色，前翅发音域棕色，后足股节膝叶端部具明显的黑点。

测量（mm）：体长♂11.2～11.5，♀11.5～11.8；前胸背板长♂6.1～6.5，♀5.0～5.6；前翅长♂19.1～20.6，♀21.2～22.5；后足股节长♂10.2～10.7，♀11.5～12.1；产卵瓣长11.8～12.2。

检视材料：1♂（正模），云南勐腊，2007.VIII.6，石福明、毛少利

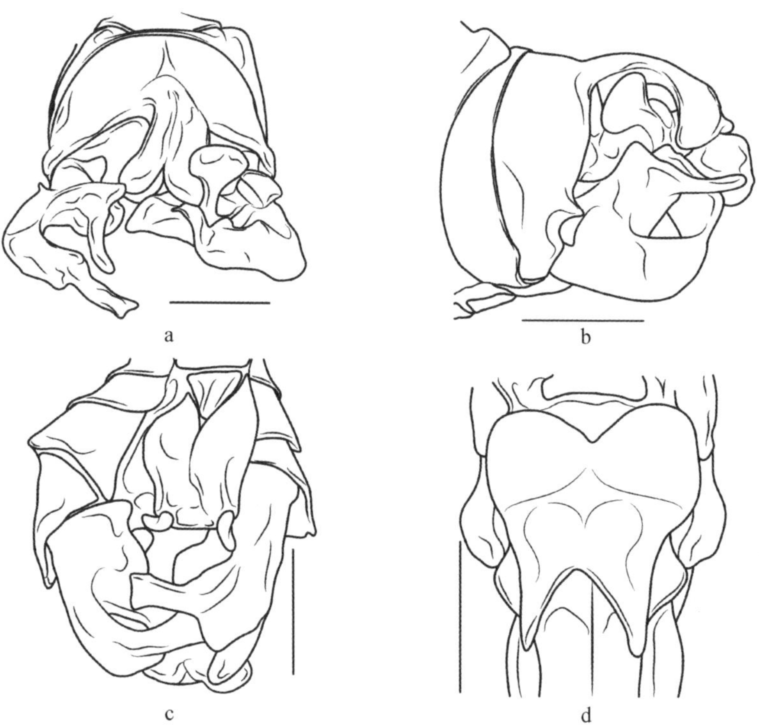

仿图38 异裂剑螽 *Xiphidiopsis* (*Xiphidiopsis*) *anisolobula* Han, Chang & Shi, 2015
（仿 Han, Chang & Shi, 2015）
a. 雄性腹端，后面观；b. 雄性腹端，侧面观；c. 雄性腹端，腹面观；d. 雌性下生殖板，腹面观

AF. 38 *Xiphidiopsis* (*Xiphidiopsis*) *anisolobula* Han, Chang & Shi, 2015
(after Han, Chang & Shi, 2015)
a. end of male abdomen, rear view; b. end of male abdomen, lateral view; c. end of male abdomen, ventral view; d. subgenital plate of female, ventral view

采；1♀（副模），云南勐腊勐仑，2008.VIII.8，郑国采。1♂，LAOS：Ban Van Eue，1965. IV. 13~15，coll. J.L. Gressitt；1♂，LAOS：Vientiane Prov. Ban Van Eue，1966.III.30，coll. Native；1♀，LAOS：Vientiane Prov. Phou Kou Khouei，Ban Van Eue，1965.IV.15，coll. J.L. Gressitt；1♀，LAOS：Vientiane Prov. Ban Van Eue，750 m，forest Streambed，1965.IV. 10~11，Malaise Trap，coll. J.L. Gressitt（毕晓普博物馆）。

模式产地及保存：中国云南勐腊；河北大学博物馆（MHU），中国河北保定。

分布：中国云南；老挝。

111. 双叶剑螽 *Xiphidiopsis* (*Xiphidiopsis*) *bifoliata* Shi & Zheng, 1995（图73）

Xiphidiopsis bifoliata: Shi & Zheng, 1995, *Entomotaxonomia*, 17(3): 160.

Xiphidiopsis (*Xiphidiopsis*) *bifoliata*: Jin, Liu & Wang, 2020, *Zootaxa*, 4772(1): 24.

描述：体较小。头顶圆锥形，端部钝，背面具沟；复眼圆形，凸出；下颚须端节等长于亚端节，端部稍扩大。前胸背板沟后区约等长沟前区，侧片较高，后缘肩凹较明显；前足胫节刺为4, 5 (1, 1)型，后足胫节背面内外缘各具24～26个刺，端距3对；前翅远超过后足股节端部，后翅长于前翅约1.0 mm。雄性第9腹节背板后侧角向后尖形突出，第10腹节背板中

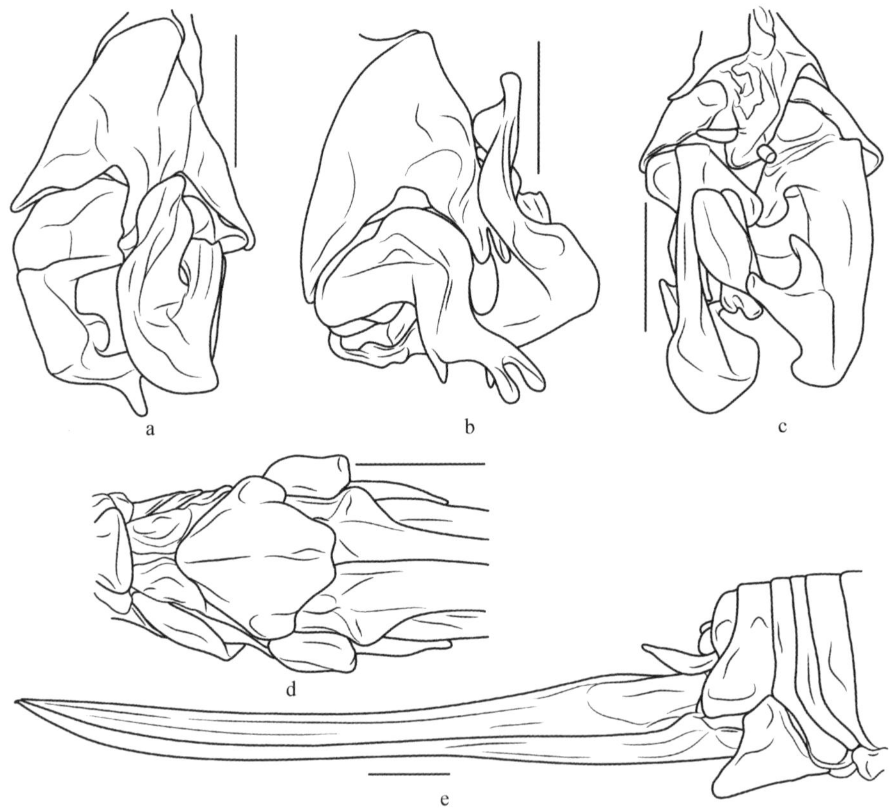

图73　双叶剑螽 *Xiphidiopsis* (*Xiphidiopsis*) *bifoliata* Shi & Zheng, 1995
a. 雄性腹端，背面观；b. 雄性腹端，侧后面观；c. 雄性腹端，腹面观；d. 雌性下生殖板，腹面观；e. 雌性腹端，侧面观

Fig. 73　*Xiphidiopsis* (*Xiphidiopsis*) *bifoliata* Shi & Zheng, 1995
a. end of male abdomen, dorsal view; b. end of male abdomen, laterally rear view; c. end of male abdomen, ventral view; d. female subgenital plate, ventral view; e. end of female abdomen, lateral view

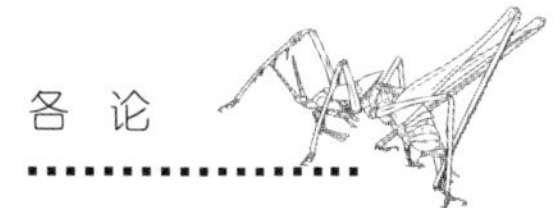

突起较狭，端部开裂（图73a）；尾须不对称，复杂，左尾须明显长于右尾须（图73a ～ c）；下生殖板相对较小，后缘凸形，具1对腹突（图73c）。

雌性第8腹节背板侧下部具大的折板（图73e）；尾须短，圆锥形；下生殖板中部最宽，向端部趋狭，后缘圆截形（图73d）；产卵瓣略短于后足股节，稍向上弯曲，末端较尖，腹瓣具弱的端钩（图73e）。

体淡绿色，复眼黑褐色，触角具暗色环纹，前翅无暗点，后足股节膝叶端部具明显的黑点，后足胫节刺褐色。

测量（mm）：体长♂10.0，♀10.0；前胸背板长♂4.0 ～ 4.2，♀3.5 ～ 4.0；前翅长♂17.5 ～ 19.5，♀18.0 ～ 18.5；后足股节长♂10.0 ～ 10.5，♀10.5 ～ 11.0；产卵瓣长8.0 ～ 9.0。

检视材料：1♂，云南小勐养，850 m，1958.VIII.20，陈之梓采；2♂♂，云南西双版纳勐混，1 200 ～ 1 400 m，1958.V.19 ～ 23，洪淳培、孟绪武采；1♀，云南小勐养，850 m，1957.VIII.24，臧令超采。1♂1♀，Laos: Vientiane Prov. Ban Van Eue, 1966. III.30, coll. Native; 1♀，Laos: Sayaboury Prov. Sayaboury, 1966. IX.30, coll. Native（毕晓普博物馆）。

模式产地及保存：中国云南勐腊勐仑，陕西师范大学动物研究所，中国陕西西安。

分布：中国（云南）；老挝。

112. 基凹剑螽 *Xiphidiopsis* (*Xiphidiopsis*) *excavata* Xia & Liu, 1993（图74）

Xiphidiopsis excavata: Xia & Liu, 1992, *Insects of Wuling Mountains Area, Southwestern China*, 99; Liu & Jin, 1994, *Contributions from Shanghai Institute of Entomology*, 11: 110; Jin & Xia, 1994, *Journal of Orthoptera Research*, 3: 27.

Xiphidiopsis (*Xiphidiopsis*) *excavata*: Xiao *et al*., 2016, *Far Eastern Entomologist*, 305:20.

描述：体较小。头顶圆锥形，端部钝，背面具沟；复眼圆形，凸出；下颚须端节等长于亚端节，端部稍扩大。前胸背板沟

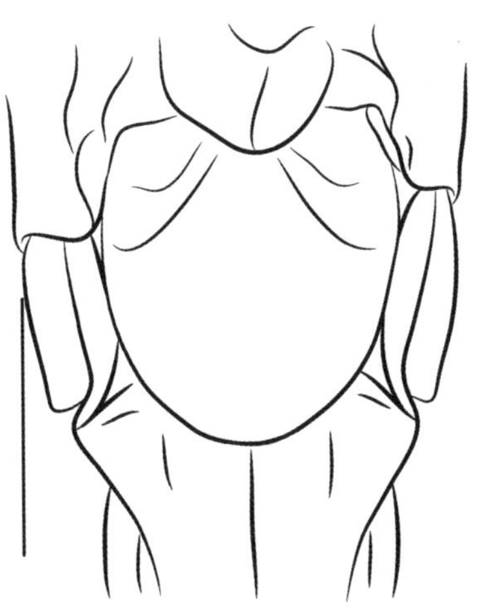

图74　基凹剑螽 *Xiphidiopsis* (*Xiphidiopsis*) *excavata* Xia & Liu, 1993
雌性下生殖板，腹面观

Fig. 74　*Xiphidiopsis* (*Xiphidiopsis*) *excavata* Xia & Liu, 1993
female subgenital plate, ventral view

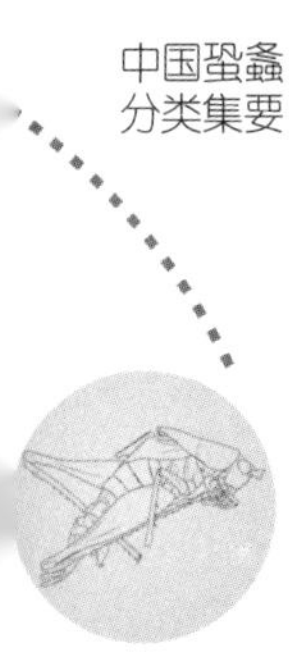

前区与沟后区约等长，侧片较高，后缘肩凹不明显；前足胫节刺为4, 5 (1, 1)型，后足胫节背面内外缘各具27～29个齿，端距3对；前翅远超过后足股节端部，后翅略长于前翅。雌性第7腹板向后突出，覆盖下生殖板基部；第8腹节背板下部后缘明显内凹；尾须短，圆锥形；下生殖板近圆三角形，基半部中央隆，两侧深凹陷（图74）；产卵瓣较短，稍向上弯曲，腹瓣具端钩。

雄性未知。

体淡绿色，复眼黑褐色，触角具暗色环纹，前翅具少量不明显的暗点，后足股节膝叶端部具明显的黑点，后足胫节刺褐色。

测量（mm）：体长♀7.0～9.0；前胸背板长♀2.8～3.0；前翅长♀14.5～15.0；后足股节长♀8.0～9.0；产卵瓣长5.5～5.8。

检视材料：正模♀副模9♀♀，湖南慈利索溪峪，1988.IX.1～12，刘宪伟采；1♀（若虫），湖南大庸张家界，1988.IX.10，刘宪伟采；1♀，四川汶川映秀，1 000 m，1983.IX.15，张学忠采。

分布：中国湖南、四川。

113. 尾幼剑螽 *Xiphidiopsis* (*Xiphidiopsis*) *appendiculata* Tinkham, 1944（图75）

Xiphidiopsis appendiculata: Tinkham, 1944, *Proceedings of the United States National Museum*, 94: 523; Beier, 1966, *Orthopterorum Catalogus*, 9: 275 (part.); Bey-Bienko, 1971, *Entomological Review*, 50: 837 (part.); Liu & Jin, 1994, *Contributions from Shanghai Institute of Entomology*, 11: 109; Jin & Xia, 1994, *Journal of Orthoptera Research*, 3: 26.

Xiphidiopsis elongata **(syn. nov.)**: Xia & Liu, 1993, *Insects of Wuling Mountains area South-Western China*, 100; Liu & Jin, 1994, *Contributions from Shanghai Institute of Entomology*, 11: 110; Jin & Xia, 1994, *Journal of Orthoptera Research*, 3: 26.

Eoxizicus appendiculatus: Liu & Zhang, 2000, *Entomotaxonomia*, 22(3): 159 (part.).

Xizicus (*Axizicus*) *appendiculatus*: Xiao *et al.*, 2016, *Far Eastern Entomologist*, 305: 20 (part.).

描述：体中等。头顶圆锥形，较短，背面具纵沟；复眼半球形，向前凸出；下颚须端节与亚端节约等长，末端稍膨大。前胸背板沟后区长于沟前区，侧片稍矮，后缘肩凹较弱；前翅超过后足股节末端，后翅长于前翅0.5 mm；前足胫节腹面内外刺排列为4, 5 (1, 1)型，后足胫节具3对端距，

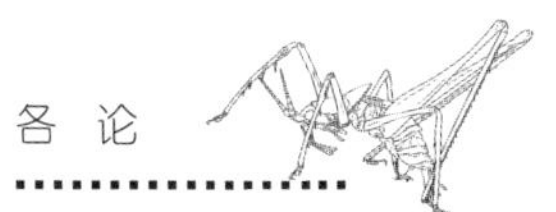

背面内外缘各具26～30个齿。雄性第10腹节背板后缘中突起较长，基部稍侧扁和隆起，其余部分扁平，侧缘下弯，端部圆截形，腹面具1个下垂的突起；尾须对称，基部1/3较厚实，内侧凹陷，端部1/3突然变细，内弯（图75a，b）；下生殖板后缘弧形，具较短的腹突（图75c）。

雌性尾须短圆锥形；下生殖板基半部近圆形，端半部延长，具中沟（图75d）；产卵瓣约等长于后足股节，腹瓣具端钩。

体淡黄绿色。复眼暗褐色，触角具较明显的暗环，前翅发音部具暗色，后足股节膝叶端部具黑点，后足胫节刺黑褐色。

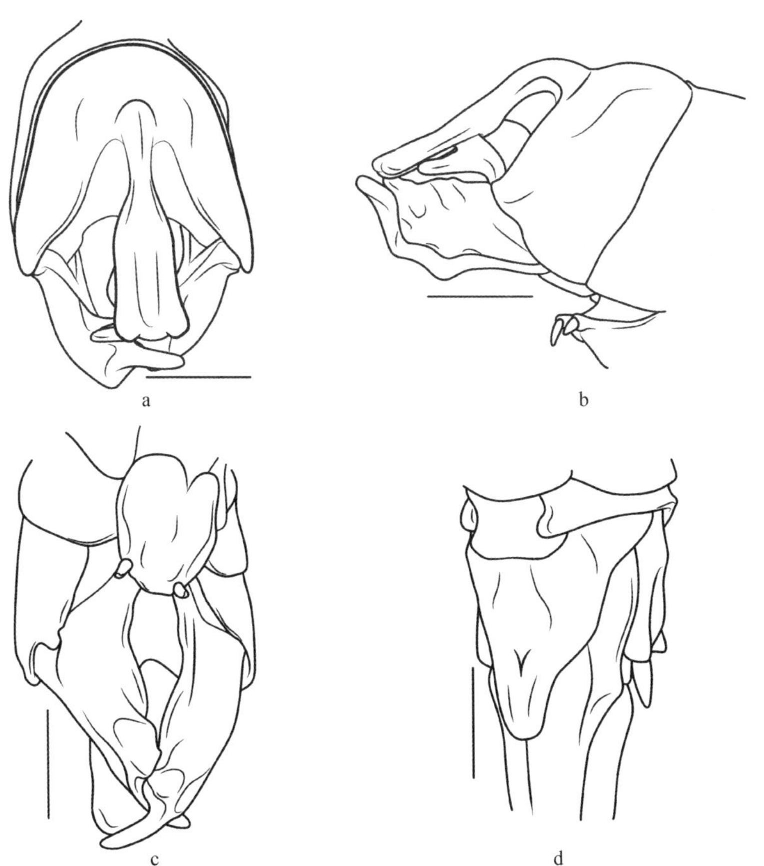

图75 尾幼剑螽 *Xiphidiopsis* (*Xiphidiopsis*) *appendiculata* Tinkham, 1944
a. 雄性腹端，后面观；b. 雄性腹端，侧面观；c. 雄性腹端，腹面观；d. 雌性下生殖板，腹面观

Fig. 75 *Xiphidiopsis* (*Xiphidiopsis*) *appendiculata* Tinkham, 1944
a. end of male abdomen, rear view; b. end of male abdomen, lateral view; c. end of male abdomen, ventral view; d. female subgenital plate, ventral view

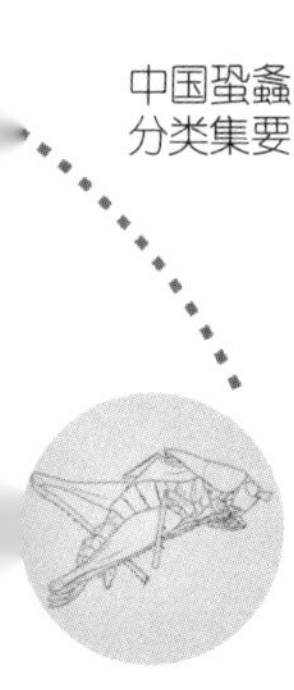

测量（mm）：体长♂10.0，♀8.5 ～ 10.0；前胸背板长♂3.5，♀3.0 ～ 3.5；前翅长♂16.5 ～ 17.0，♀17.0 ～ 17.5；后足股节长♂9.5，♀9.0 ～ 9.5；产卵瓣长8.0 ～ 9.5。

检视材料：7♂♂3♀♀（*Xiphidiopsis elongata* Xia & Liu, 1993正模和副模），湖南慈利索溪峪，1988.IX.1 ～ 6，刘宪伟采；1♀，湖南慈利索溪峪，1988.IX.4，刘宪伟采；1♂，贵州习水三岔河，1 100 m，2006.X.21 ～ 25，刘宪伟、周顺采；1♂，四川峨眉山清音阁，800 ～ 1 000 m，1957.IX.20，黄克仁采；1♂，四川峨眉山，1991.X.1，刘祖尧等采。

模式产地及保存：中国四川宜宾蔡家沟；美国国家博物馆（USNM），美国华盛顿。

讨论：Tinkham（1944）以雌性发表本种，后（1956）描述了该种的雄性，未配图；Bey-Bienko（1971）修订剑螽属*Xiphidiopsis*时补充了所配雄性腹端的图。夏凯龄与刘宪伟（1993）发表长突剑螽*Xiphidiopsis elongata*雄性与本种一致，为本种同物异名，而Tinkham配的雄性为错配，以致该种被误组合到亚栖螽亚属*Eoxizicus* (*Axizicus*)。

分布：中国湖南、四川、贵州。

114. 金秀剑螽*Xiphidiopsis* (*Xiphidiopsis*) *jinxiuensis* Xia & Liu, 1990（图76，图版48，49）

Xiphidiopsis jinxiuensis: Xia & Liu, 1990, *Contributions from Shanghai Institute of Entomology*, 8: 226; Liu & Jin, 1994, *Contributions from Shanghai Institute of Entomology*, 11: 110; Jin & Xia, 1994, *Journal of Orthoptera Research*, 3: 27.

Xiphidiopsis (*Xiphidiopsis*) *fischerwaldheimi*: Gorochov, 1993, *Zoosystematica Rossica*, 2(1):64; Kim & Pham, 2014, *Zootaxa*, 3811(1):71; Wang, Liu & Li, 2015, *Zootaxa*, 3941(4):528.

Xiphidiopsis (*Xiphidiopsis*) *jinxiuensis*: Kim & Hong, 2014, *Zootaxa*, 3811(1): 71; Wang, Liu & Li, 2015, *Zootaxa*, 3941(4): 528.

描述：体中等。头顶圆锥形，稍长，端部钝，背面纵沟不明显；复眼圆形，球状向前凸出；下颚须端节约等长于亚端节，端部盘状扩大。前胸背板沟后区等长于沟前区，侧片较高，后缘肩凹较明显；前翅超过后足股节端部，后翅长于前翅约0.8 mm；前足胫节刺为4, 5 (1, 1)型，后足股节膝叶无刺，胫节背面内外缘各具36 ～ 40个齿，端距3对。雄性第10腹节背板后缘突起不对称，中部杆状，亚端部两侧各生1扩展的厚叶，扭曲，端部尖，弯向腹面；尾须复杂，对称，整体侧扁，基部稍厚，端部可分3叶，腹缘背缘各具叶状突起（图76a ～ c）；下生殖板近方形，中部最宽，后缘中部凹，腹突较粗壮（图76d）。

雌性第8腹节背板侧下部非明显肿大；尾须锥形，较短粗；下生殖板较大，方圆形，后缘微凹，表面凹凸不平，基部隆起（图76e）；产卵瓣略短于后足股节，腹瓣具端钩。

体黄绿色。前翅单色，后足股节膝叶端部具黑点，后足胫节刺中部暗色，前翅发音域末端黑褐色。

测量（mm）：体长♂8.7 ～ 9.3，♀9.0 ～ 9.9；前胸背板长♂3.5 ～ 3.9，

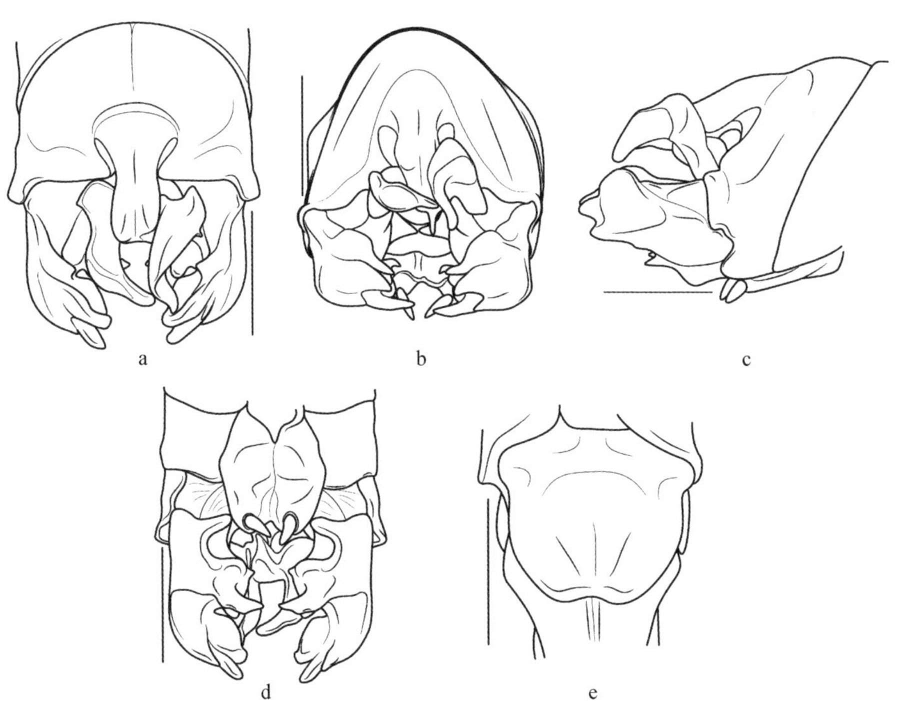

图76　金秀剑螽 *Xiphidiopsis* (*Xiphidiopsis*) *jinxiuensis* Xia & Liu, 1990

a. 雄性腹端，背面观；b. 雄性腹端，后面观；c. 雄性腹端，侧面观；d. 雄性腹端，腹面观；e. 雌性下生殖板，腹面观

Fig. 76　*Xiphidiopsis* (*Xiphidiopsis*) *jinxiuensis* Xia & Liu, 1990

a. end of male abdomen, dorsal view; b. end of male abdomen, rear view; c. end of male abdomen, lateral view; d. end of male abdomen, ventral view; e. female subgenital plate, ventral view

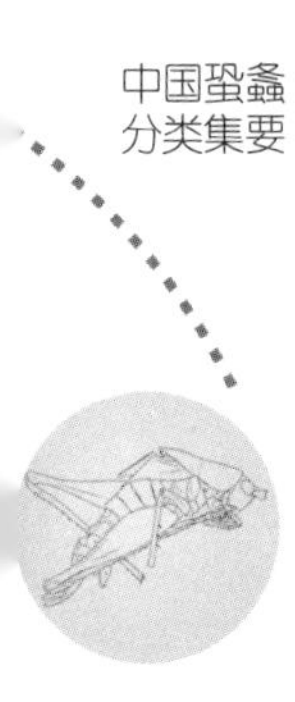

♀3.8～4.0；前翅长♂15.5～16.0，♀17.0～20.0；后足股节长♂9.6～10.0，♀11.5～11.8；产卵瓣长9.0～11.9。

检视材料：正模♀，广西金秀圣堂山，1 979 m，1981.X.14，金根桃、李福良采；1♀，云南勐腊，620～650 m，1958.IX.10，孟绪武采；37♂♂10♀♀，广西兴安猫儿山，500～2 100 m，2013.VIII.1～2，朱卫兵等采。

分布：中国（广西、云南）；越南。

旋剑螽亚属 *Xiphidiopsis* (*Dinoxiphidiopsis*) Gorochov, 1993

Xiphidiopsis (*Dinoxiphidiopsis*): Gorochov, 1993, *Zoosystematica Rossica*, 2(1): 68.

模式种：*Xiphidiopsis* (*Dinoxiphidiopsis*) *jacobsoni* Gorochov, 1993

雄性第10腹节背板中突起和尾须对称，雄性下生殖板特化，无腹突。

115. 贾氏旋剑螽 *Xiphidiopsis* (*Dinoxiphidiopsis*) *jacobsoni* Gorochov, 1993（图77，图版50）

Xiphidiopsis (*Dinoxiphidiopsis*) *jacobsoni*: Gorochov, 1993, *Zoosystematica Rossica*, 2(1): 68; Kim & Pham, 2014, *Zootaxa*, 3811(1): 71; Wang, Liu & Li, 2015, *Zootaxa*, 3941(4): 531.

描述：体中型。头顶圆锥形，较短，端部钝，背面纵沟不明显；复眼半球形，向前凸出；下颚须端节稍短于亚端节，端部盘状扩大。前胸背板沟后区约等长沟前区，侧片较高，后缘肩凹不明显；前翅超过后足股节端部，后翅略长于前翅；前足胫节刺为4, 5 (1, 1)型，后足股节膝叶无刺，胫节背面内外缘各具31～36个齿，端距3对。雄性第10腹节背板后缘突起左右对称，端半部扁平叶状，末端向下卷曲，中央非深开裂（图77a）；尾须较细，强内弯，基部内侧具方形的短突起，稍后具1指状突起，基部较宽，端部略球形膨大，端部渐细，末端喇叭口状扩展（图77a）；下生殖板特化，后缘具方形的凹口，基部两侧圆形扩展，中部下方具较大的刺状突起，端部指向背后方，亚端部扩展并侧缘向下卷曲，末端不对称增厚，无腹突（图77b）。

雌性未知。

体绿色。复眼红褐色，触角黄绿色具暗色环纹，胫节末端、跗节黄绿色；前翅后缘颜色稍暗，后足股节膝叶端部黄褐色，后足胫节刺端部黑褐色。

测量（mm）：体长♂10.6～12.1；前胸背板长♂4.2～4.5；前翅长

a b

图77 贾氏旋剑螽 *Xiphidiopsis* (*Dinoxiphidiopsis*) *jacobsoni* Gorochov, 1993
a. 雄性腹端，背面观；b. 雄性腹端，腹面观

Fig.77 *Xiphidiopsis* (*Dinoxiphidiopsis*) *jacobsoni* Gorochov, 1993
a. end of male abdomen, dorsal view; b. end of male abdomen, ventral view

♂17.3 ～ 17.9；后足股节长♂10.4 ～ 10.9。

检视材料：2♂♂，广西龙州三联，300 m，2013.VII.14 ～ 17，朱卫兵等采。

模式产地及保存：越南永福三岛；俄罗斯科学院动物研究所（ZIN., RAS.），俄罗斯圣彼得堡。

分布：中国（广西）；越南。

116. 显凸旋剑螽 *Xiphidiopsis* (*Dinoxiphidiopsis*) *expressa* Wang, Liu & Li, 2015（图78）

Xiphidiopsis (*Dinoxiphidiopsis*) *expressa*: Wang, Liu & Li, 2015, *Zootaxa*, 3941(4): 532.

描述：体型中等。头顶圆锥形，端部钝圆，背面纵沟浅；复眼半球形，向前凸出；下颚须端节与亚端节约等长。前胸背板狭长，前缘截形，后缘凸圆，侧片较高，侧角圆，肩凹不明显（图78a）；前后翅发达，远超过后足股节端部，后翅长于前翅约1.0 mm；各足股节无刺，前足胫节腹面内、外刺排列为4, 5 (1, 1)型，后足胫节背面内外缘各具31 ～ 34个齿和1个端距，腹面具2对端距。雄性第10腹节背板后缘中部凹，中央具垂直向下的突起，端部开裂；尾须适度弯曲，中部稍片状扩大并向端部趋狭，背缘近波曲形且近端部具突出的小角（图78b，c）；下生殖板狭长，端部分叉并具截形端缘，腹面全长具纵沟，无腹突；外生殖器完全膜质（图78d）。

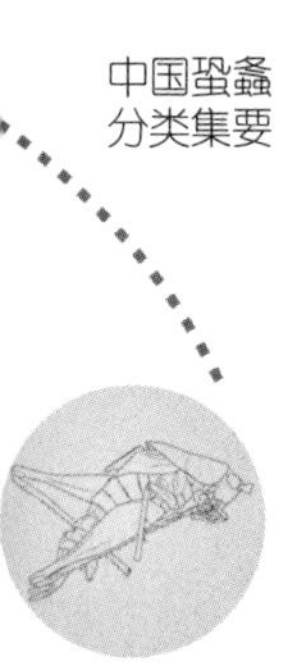

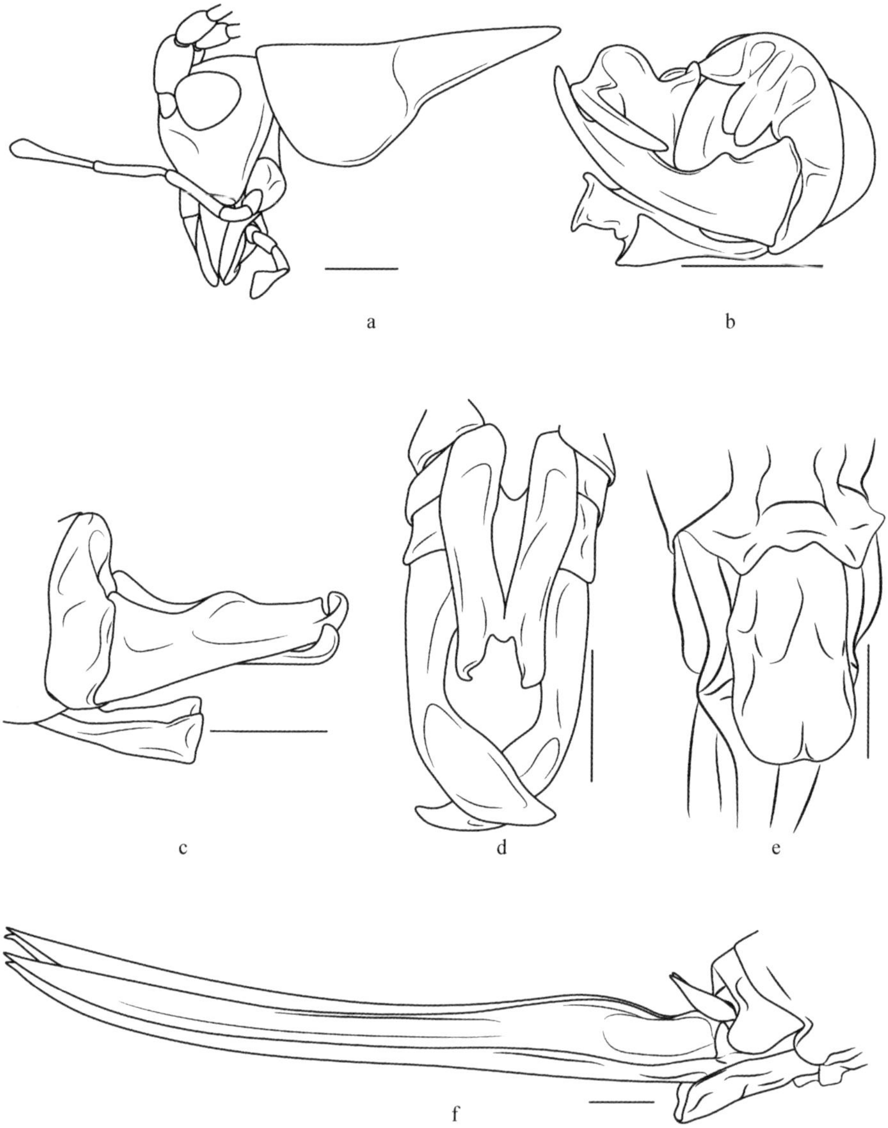

图 78　显凸旋剑螽 *Xiphidiopsis* (*Dinoxiphidiopsis*) *expressa* Wang, Liu & Li, 2015

a. 雄性头与前胸背板，侧面观；b. 雄性腹端，背面观；c. 雄性腹端，侧面观；d. 雄性腹端，腹面观；e. 雌性下生殖板，腹面观；f. 产卵瓣，侧面观

Fig. 78　*Xiphidiopsis* (*Dinoxiphidiopsis*) *expressa* Wang, Liu & Li, 2015

a. head and pronotum of male, lateral view; b. end of male abdomen, dorsal view; c. end of male abdomen, lateral view; d. end of male abdomen, ventral view; e. female subgenital plate, ventral view; f. ovipositor, lateral view

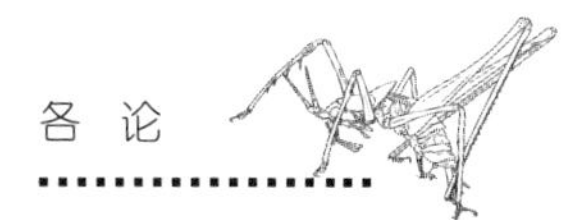

雌性尾须短小，圆锥形；第9腹节背板侧部强向后扩展，下部具延伸的褶叶；下生殖板稍延长，端部宽于基部，后缘具3小缺刻（图78e）；产卵瓣短于后足股节，较直，端1/3微上弯，腹瓣具端钩（图78f）。

体色淡绿色。触角具暗色环，前翅臀域基部具暗色带，后足股节膝叶具明显的暗点，后足胫节刺暗色。

测量（mm）：体长♂10.0，♀11.5；前胸背板长♂4.0，♀4.0；前翅长♂18.0，♀19.0；后足股节长♂11.0，♀12.0；产卵瓣长9.0。

检视材料：正模♂副模2♀♀，广西兴安猫儿山，1 100～1 700 m，2013.VII.30～VIII.6，刘宪伟等采；1♀，广西兴安猫儿山，900～1 500 m，1992.VIII.22～23，刘宪伟、殷海生采。

分布：中国广西。

鉴别：该种与梵净山旋剑螽*Xiphidiopsis* (*Dinoxiphidiopsis*) *fanjingshanensis* Shi & Du, 2006十分相似，区别在于该种雄性尾须背叶扩展较弱，下生殖板叉端缘截形。

117. 梵净山旋剑螽*Xiphidiopsis* (*Dinoxiphidiopsis*) *fanjingshanensis* Shi & Du, 2006（图79）

Xiphidiopsis fanjingshanensis: Shi & Du, 2006, *Insects from Fanjingshan Landscape*, 125.

Xiphidiopsis (*Dinoxiphidiopsis*) *fanjingshanensis*: Wang, Liu & Li, 2015, *Zootaxa*, 3941(4): 532.

描述：体型中等。头顶圆锥形，较短，端部圆，稍尖，背面具纵沟；复眼半球形，向前凸出；下颚须端节稍短于亚端节。前胸背板沟后区短于沟前区，前缘截形，后缘凸圆，背片沟后区稍扩展，非抬高，侧片较高，肩凹较明显；前后翅发达，远超过后足股节端部，后翅长于前翅约2.0 mm；各足股节无刺，前足胫节腹面内外刺排列为4, 5 (1, 1)型，后足胫节背面内外缘各具39～48个齿和1个端距，腹面具2对端距。雄性第10腹节背板后缘中部具中等长度突起，扁平，端部裂为2叶，非岔开；肛上板较大，近中部具1对较明显的瘤突；尾须较长，大体片状，中部向内侧弯折，背缘叶状扩展，背叶近端部具1凹口形成波曲边缘，弯折端半部腹叶扩展，边缘平直中，端部稍尖（图79a）；下生殖板较狭长，基部稍宽扁平端部侧扁，端部中央具裂口，裂口底部瘤状凸出，斜

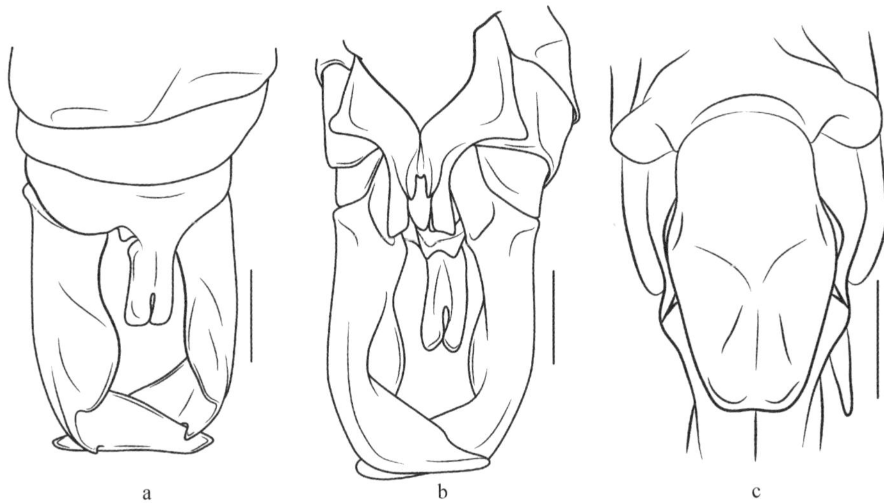

图 79 梵净山旋剑螽 *Xiphidiopsis* (*Dinoxiphidiopsis*) *fanjingshanensis* Shi & Du, 2006
a. 雄性腹端，背面观；b. 雄性腹端，腹面观；c. 雌性下生殖板，腹面观

Fig. 79 *Xiphidiopsis* (*Dinoxiphidiopsis*) *fanjingshanensis* Shi & Du, 2006
a. end of male abdomen, dorsal view; b. end of male abdomen, ventral view; c. female subgenital plate, ventral view

截形末端缘具缺口分为上下2叶，腹叶中空开裂，无腹突（图79b）。

雌性尾须圆锥形，稍长；第9腹节背板侧部向后扩展，具扩展的隆线；下生殖板近长三角形，基部宽，后缘中央凹入，形成2叶（图79c）；产卵瓣短于后足股节，较直，腹瓣具端钩。

体黄褐色（活时应为绿色）。触角具暗色环，头部背面具成对淡纹，前胸背板背片具1对淡的纵条纹，前翅后缘翅室暗色，后足股节膝叶具明显的暗点，后足胫节刺暗色。

测量（mm）：体长♂11.0～12.2，♀12.2～13.1；前胸背板长♂4.2～4.5，♀4.1～4.7；前翅长♂18.9～19.5，♀21.8～22.0；后足股节长♂11.0～11.8，♀12.5～13.0；产卵瓣长9.2。

检视材料：1♂（正模），贵州梵净山，2001.VII.28，石福明采；1♂（副模），广西罗成平英保护站，600~1 200 m，2003.VII.29，杨秀娟采；1♂1♀（浸制），2♂♂2♀♀，贵州江口梵净山，1 000～1 800 m，2014.VIII.6，孙美玲采。

分布：中国贵州。

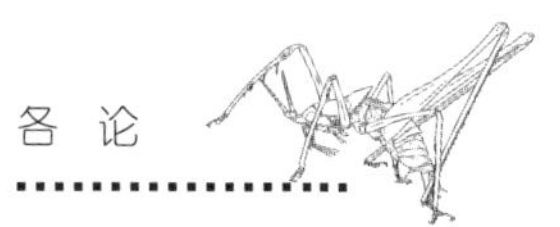

118. 伊氏旋剑螽 *Xiphidiopsis* (*Dinoxiphidiopsis*) *ikonnikovi* (Gorochov, 1993)（图80）

Xizicus (*Xizicus*) *ikonnikovi*: Gorochov, 1993, *Zoosystematica Rossica*, 2(1): 76.

Xiphidiopsis (*Dinoxiphidiopsis*) *ikonnikovi*: Liu & Yin, 2004, *Insects from Mt. Shiwandashan Area of Guangxi*, 99; Shi *et al*., 2013, *Zootaxa*, 3717(4): 597; Kim & Pham, 2014, *Zootaxa*, 3811(1): 71.

描述：体稍小。头顶圆锥形，较短，背面具沟；下颚须端节稍长于亚端节。前胸背板侧片较矮，肩凹不明显，后缘尖圆；前足胫节腹面内外缘刺式4, 5 (1, 1)型，后足胫节背面内外缘各具31 ～ 34个齿，端距3对；前翅超过后足股节端部，后翅略长于前翅。雄性第10腹节背板后缘具1钝的圆锥形突起，后缘基本无凹口；尾须基半部具宽大旗状背叶，基部腹面具弯指状的内突起，端半部细长内弯，端部无缺口（图80a）；下生殖板后缘稍凸，腹突稍长位于两侧（图80b）。

雌性尾须圆锥形，稍粗；下生殖板整体箕状，基部侧角向外凸出，后缘中部微凹，形成2圆形叶（图80c）；产卵瓣长且直，仅微微上弯，腹瓣具端钩。

体淡绿色。复眼暗褐色，触角具明显的暗色环纹。后足股节膝叶端部

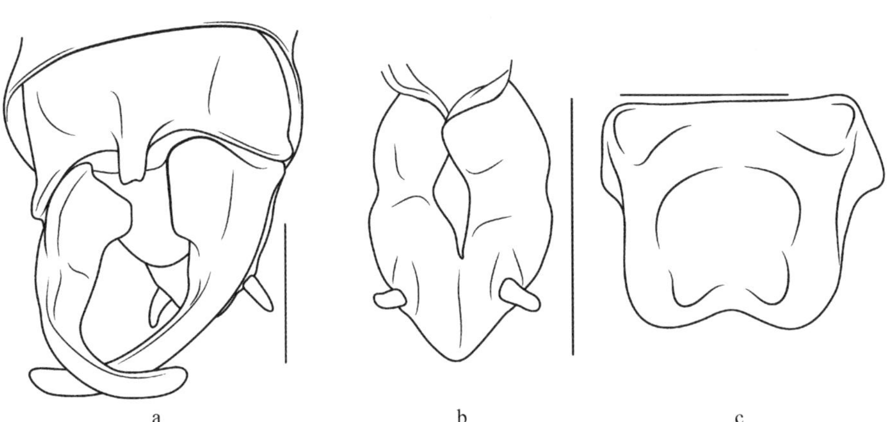

图80　伊氏旋剑螽 *Xiphidiopsis* (*Dinoxiphidiopsis*) *ikonnikovi* (Gorochov, 1993)
a. 雄性腹端，背面观；b. 雄性下生殖板，腹面观；c. 雌性下生殖板，腹面观

Fig.80　*Xiphidiopsis* (*Dinoxiphidiopsis*) *ikonnikovi* (Gorochov, 1993)
a. end of male abdomen, dorsal view; b. male subgenital plate, ventral view; c. female subgenital plate, ventral view

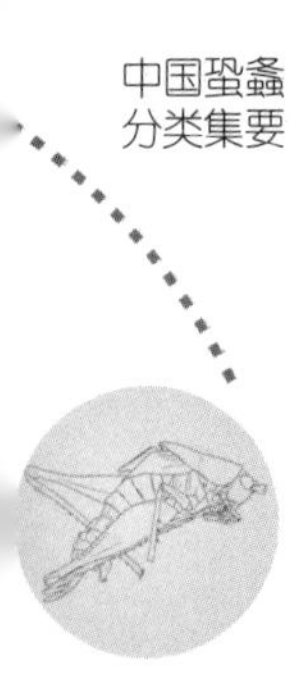

具明显的黑点，后足胫节刺暗褐色。标本无明显斑纹，活体未知。

测量（mm）：体长♂8.0，♀8.5～9.0；前胸背板长♂3.2，♀3.2～3.5；前翅长♂15.0，♀16.0～16.3；后足股节长♂10.0，♀10.0～10.5；产卵瓣长8.5～9.5。

检视材料：1♀，广西十万大山红旗林场，1991.VII.8，蒙超衡采；1♂1♀，广西兴安猫儿山，600～900 m，1992.VIII.24，刘宪伟、殷海生采；2♀♀，广西兴安猫儿山，500～2 100 m，2013.VIII.1～2，朱卫兵等采。

模式产地及保存：越南和平；俄罗斯科学院动物研究所（ZIN., RAS.），俄罗斯圣彼得堡。

分布：中国（广西）；越南。

119. 奇异旋剑螽，新组合 *Xiphidiopsis* (*Dinoxiphidiopsis*) *abnormalis* (Gorochov & Kang, 2005) comb. nov.（仿图39）

Xizicus (*Eoxizicus*) *abnormalis*: Gorochov, Liu & Kang, 2005, *Oriental Insects*, 39: 75.

描述：体较小。雄性第10腹节背板后缘具1短的简单的突起，端部腹面纵凹（仿图39a）；肛上板简单；尾须端部较短窄，近基部具纵隆线形中叶，端部具钩状突起，紧邻窄的附突起，2个端突起指向内后方，上突起基部明显宽于下突起（仿图39）；下生殖板端部圆，具不明显的中凹，腹突较长（仿图39b）。

雌性未知。

体绿色。前翅具稀疏的浅棕色斑点，端部臀域具棕色窄纹，后足股节端部具深棕色点；头部和前胸背板淡绿色。

测量（mm）：体长♂9.0；前胸背板长♂3.5；前翅长♂16.0；后足股节长♂10.0。

检视材料：未见标本。

模式产地及保存：中国云南景洪勐养；中国科学院动物研究所（IZCAS），中国北京。

分布：中国云南。

讨论：根据雄性第10腹节背板后缘1短突起，外生殖器膜质，头部前胸背板无斑纹组合于该亚属较为妥当。

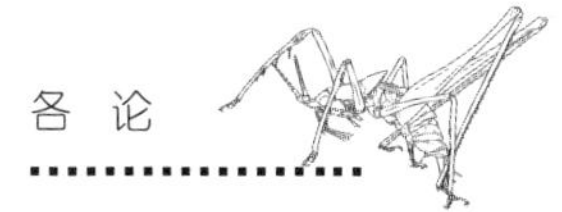

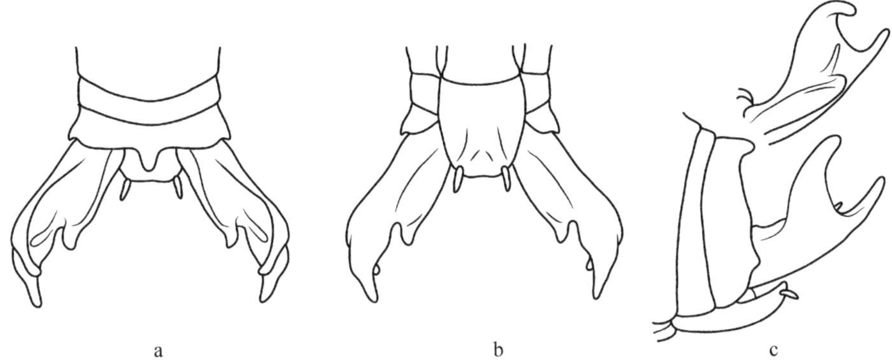

仿图39　奇异旋剑螽 *Xiphidiopsis* (*Dinoxiphidiopsis*) *abnormalis* (Gorochov & Kang, 2005)
（仿 Gorochov, Liu & Kang, 2005）
a. 雄性腹端，背面观；b. 雄性腹端，腹面观；c. 雄性腹端，侧面观

AF. 39　*Xiphidiopsis* (*Dinoxiphidiopsis*) *abnormalis* (Gorochov & Kang, 2005)
(after Gorochov, Liu & Kang, 2005)
a. end of male abdomen, dorsal view; b. end of male abdomen, ventral view; c. end of male abdomen, lateral view

（十九）异剑螽属 *Alloxiphidiopsis* Liu & Zhang, 2007

Alloxiphidiopsis: Liu & Zhang, 2007, *Zootaxa*, 1581: 37; Shi & Li, 2010, *Zootaxa*, 2605: 63; Jin, Liu & Wang, 2020, *Zootaxa*, 4772(1): 26.

模式种：*Xiphidiopsis emarginata* Tinkham, 1944

体小至中型。头顶圆锥形，端部钝圆，背面中央具弱纵沟；下颚须端节与亚端节几乎等长。前胸背板较短，肩凹不明显；前翅超过后足股节末端，后翅长于前翅。第9腹节背板特化，后缘中间具向后延伸的突起；雄性尾须对称或不对称，下生殖板具腹突。雌性产卵瓣腹瓣端部具齿。

中国异剑螽属分种检索表

1　前翅具黑褐色点，雄性尾须对称 ………………………………………… 2
–　前翅不具黑褐色点，雄性尾须不对称 ………………………………… 3
2　雄性第9腹节背板后缘中突起细短，不超过第10腹节背板后缘，端部圆；雌性下生殖板后缘具弱凹口 ………………………………………
……………… **凹缘异剑螽 *Alloxiphidiopsis emarginata* (Tinkham, 1944)**
–　雄性第9腹节背板后缘中突起长且粗壮，超过第10腹节背板后缘，端部双叶状；雌性下生殖板具深裂，侧叶扁平 ……………………………………
…………… **弧片异剑螽 *Alloxiphidiopsis cyclolamina* Liu & Zhang, 2007**

3 雄性第9腹节背板后缘中突起明显不对称 ……………………………………
………………… **歪突异剑螽 *Alloxiphidiopsis irregularis* (Bey-Bienko, 1962)**

– 雄性第9腹节背板后缘中突起对称或稍不对称 ……………………………… 4

4 雄性第9腹节背板后缘中突起长，超过尾须中部 …………………………… 5

– 雄性第9腹节背板后缘中突起较短，到达尾须中部 ………………………… 6

5 雄性第9腹节背板后缘中突起较长，端部扩展，左尾须明显长于右尾须
…………… **长突异剑螽 *Alloxiphidiopsis longicauda* Liu & Zhang, 2007**

– 雄性第9腹节背板后缘中部中突起稍短，端部近方形，左右尾须约等长
……………………… **方突异剑螽 *Alloxiphidiopsis quadratis* Shi & Li, 2010**

6 雄性第9腹节背板后缘中突起端部卵圆形 ……………………………………
……………………… **卵凸异剑螽 *Alloxiphidiopsis ovalis* Liu & Zhang, 2007**

– 雄性第9腹节背板后缘中突起端部钝圆，第10股节背板不对称，后缘凹入，右侧突出，具指状下弯的突起，尾须不对称 ……………………………
……………………… **指突异剑螽 *Alloxiphidiopsis fingera* Shi & Li, 2010**

120. 凹缘异剑螽 *Alloxiphidiopsis emarginata* (Tinkham, 1944)（图81，图版51，52）

Xiphidiopsis emarginata: Tinkham, 1944, *Proceedings of the United States National Museum*, 94: 508, 526; Tinkham, 1956, *Transactions of the American Entomological Society*, 82: 5; Beier, 1966, *Orthopterorum Catalogus*, 9: 273; Gorochov, Liu & Kang, 2005, *Oriental Insects*, 39: 81.

Alloxiphidiopsis emarginata: Liu & Zhang, 2007, *Zootaxa*, 1581: 38; Shi & Li, 2010, *Zootaxa*, 2605: 64; Shi *et al.*, 2013, *Zootaxa*, 3717(4): 595; Han, Liu & Shi, 2015, *International Journal of Fauna and Biological Studies,* 2(1): 19; Xiao *et al.*, 2016, *Far Eastern Entomologist*, 305: 17.

描述：体小型。头顶圆锥形，稍瘦长，背面具纵沟；复眼卵圆形，向前凸出；下颚须端节等长于亚端节。前胸背板沟后区背观稍扩展，约等长于沟前区，侧片较高，腹缘稍尖，肩凹不明显；前足胫节腹面内外缘刺式4, 5 (1, 1)型，后足胫节背面内外缘各具31 ～ 32个齿，端距3对；前翅超过后足股节端部，后翅略长于前翅。雄性第9腹节背板后缘具1指状中叶，第10腹节背板后缘具1对圆叶（图81a）；尾须具突起和叶，基部背缘具1个指状突起，腹缘具宽圆的叶，中部背缘具1个较长的岔突，腹缘具1个

稍窄长的圆叶，端半部内弯，亚端部稍扩展凸出，末端钝圆端；下生殖板后缘稍凸，腹突稍长位于两侧（图81b）。

雌性下生殖板后缘中部略凹，亚基部侧缘凹入（图81c）；产卵瓣长且直，仅微微上弯，腹瓣近端具3～5个齿（图81d）。

体淡绿色。复眼褐色，后足股节胫节刺暗褐色，前翅具暗色斑点。

测量（mm）：体长♂8.0～12.5，♀9.0～12.5；前胸背板长♂3.0～4.0，♀3.5～4.0；前翅长♂13.8～18.5，♀15.0～18.5；后足股节长

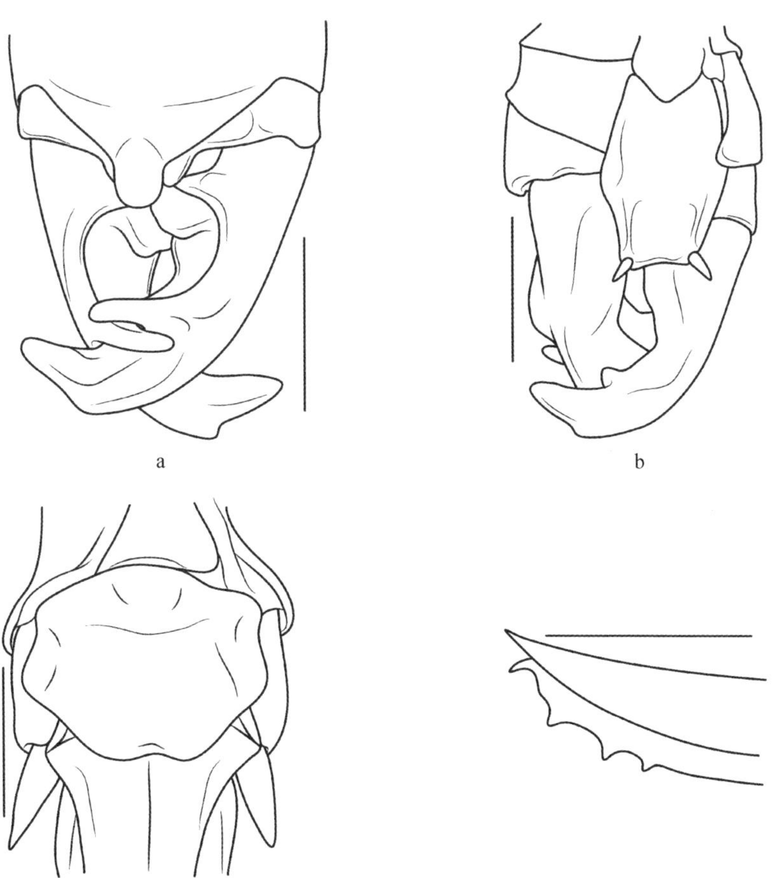

图81　凹缘异剑螽 *Alloxiphidiopsis emarginata* (Tinkham, 1944)
a. 雄性腹端，背面观；b. 雄性腹端，腹面观；c. 雌性下生殖板，腹面观；d. 产卵瓣端部，侧面观

Fig.81　*Alloxiphidiopsis emarginata* (Tinkham, 1944)
a. end of male abdomen, dorsal view; b. end of male abdomen, ventral view; c. female subgenital plate, ventral view; d. end of ovipositor, lateral view

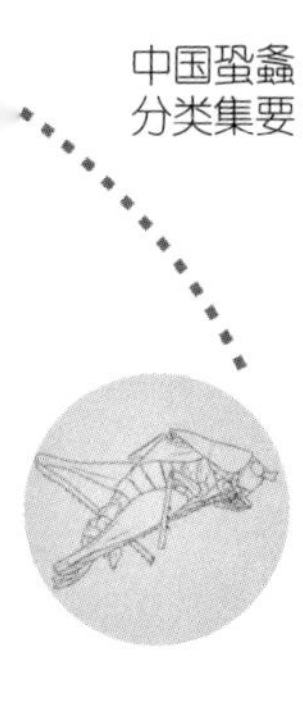

♂9.0～11.0，♀10.0～11.0；产卵瓣长9.0～10.5。

检视材料：5♂♂6♀♀，湖南慈利索溪峪，1988.IX.1～2，刘宪伟采；2♀♀，贵州赤水桫椤保护区，2006.X.19～20，刘宪伟等采；1♂1♀，广西桂林阳朔，150 m，1962.VII.18，王书永采；2♀♀，广西兴安猫儿山，600～900 m，1992.VIII.24，刘宪伟、殷海生采；1♂，广西隆安龙虎山，1995.VIII29～IX.1，刘宪伟等采。

模式产地及保存：中国四川宜宾蔡家沟；美国国家博物馆（USNM），美国华盛顿。

分布：中国四川、湖南、贵州、广西。

121. 歪突异剑螽 ***Alloxiphidiopsis irregularis*** **(Bey-Bienko, 1962)（仿图40）**

Xiphidiopsis irregularis: Bey-Bienko, 1962, *Trudy Zoologicheskogo Instituta Akademii Nauk SSSR, Leningrad*, 30: 126-127, 134; Beier, 1966, *Orthopterorum Catalogus*, 9: 274; Liu & Jin, 1994, *Contributions from Shanghai Institute of Entomology*, 11: 110; Jin & Xia, 1994, *Journal of Orthoptera Research*, 3: 27.

Xiphidiopsis (*Xiphidiopsis*) *irregularis*: Gorochov, 1998, *Zoosystematica Rossica*, 7(1): 101.

Alloxiphidiopsis irregularis: Liu & Zhang, 2007, *Zootaxa*, 1581: 40; Shi & Li, 2010, *Zootaxa*, 2605: 64.

描述：体小型。前足胫节腹面内外刺排列为4, 5 (1, 1)型。雄性第9腹节背板后缘中突起长且不对称（仿图40a，b）；第10腹节背板后缘具2个短叶；尾须短且不对称，左尾须长于右尾须（仿图40a～c）；下生殖板近方形，具1对腹突（仿图40c）。

雌性未知。

体淡黄色（活时应为绿色）。单色。

测量（mm）：体长♂10.0；前胸背板长♂4.0；前翅长♂20.0；后足股节长♂9.5。

检视材料：未见标本。

模式产地及保存：中国云南下关；中国科学院动物研究所（IZCAS），中国北京。

分布：中国云南。

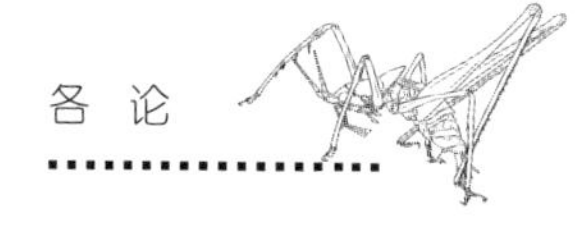

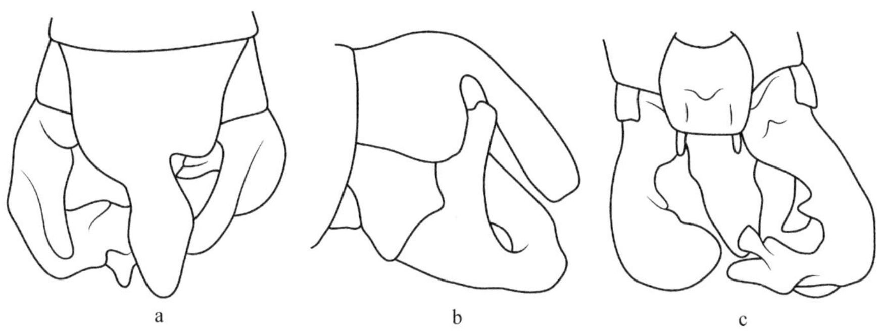

仿图40 歪突异剑螽 *Alloxiphidiopsis irregularis* (Bey-Bienko, 1962)
（仿 Liu & Zhang, 2007）
a. 雄性腹端，背面观；b. 雄性腹端，侧面观；c. 雄性腹端，腹面观

AF. 40 *Alloxiphidiopsis irregularis* (Bey-Bienko, 1962) (after Liu & Zhang, 2007)
a. end of male abdomen, dorsal view; b. end of male abdomen, lateral view; c. end of male abdomen, ventral view

122. 弧片异剑螽 *Alloxiphidiopsis cyclolamina* Liu & Zhang, 2007（图 82）

Alloxiphidiopsis cyclolamina: Liu & Zhang, 2007, *Zootaxa*, 1581: 39; Shi & Li, 2010, *Zootaxa*, 2605: 64.

描述：体中型。头顶圆锥形，稍短，背面具浅纵沟；复眼卵圆形，向前凸出；下颚须长，端节等长于亚端节。前胸背板沟后区背观稍扩展，稍长于沟前区，侧片较高，肩凹不明显；前足胫节腹面内外缘刺式4, 5 (1, 1)型，后足胫节背面内外缘各具29 ～ 32个齿，端距3对；前翅超过后足股节端部，后翅略长于前翅约1.0 mm。雄性第9腹节背板后缘中突起超过后1节背板后缘，末端成2叶；第10腹节背板后缘略凹；尾须对称，近基部背缘具1较长的指突，基部腹缘具1宽大的叶，末端近方形，尾须端部内弯，末端双叶状（图82a）；下生殖板近方形，腹突位于两侧（图82b）。

雌性下生殖板后缘深凹，腹观呈月牙状，两侧角末端微向外扩张（图82c）；产卵瓣较细长，基部较宽，仅微微上弯，腹瓣近端具5 ～ 6个齿（图82d）。

体黄绿色。复眼红褐色，后足股节胫节刺暗褐色，前翅具暗色斑点。

测量（mm）：体长♂11.0 ～ 12.5，♀10.3；前胸背板长♂4.5，♀4.5；前翅长♂18.5 ～ 19.5，♀21.5；后足股节长♂11.0 ～ 12.5，♀12.1；产卵瓣长12.0。

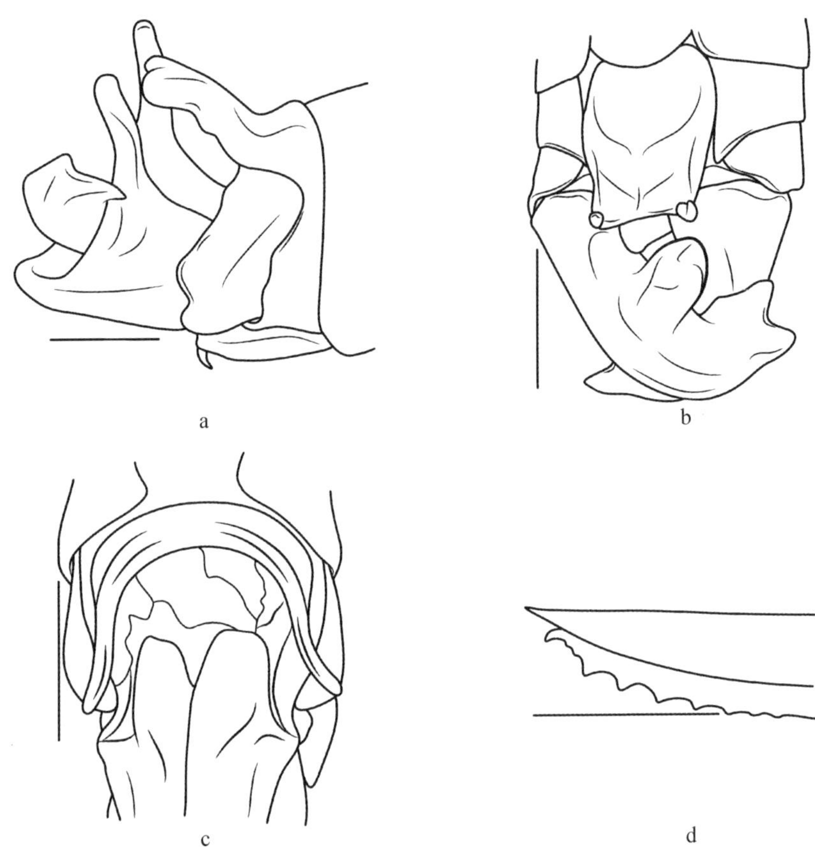

图82　弧片异剑螽 *Alloxiphidiopsis cyclolamina* Liu & Zhang, 2007
a. 雄性腹端，侧面观；b. 雄性腹端，腹面观；c. 雌性下生殖板，腹面观；d. 产卵瓣端部，侧面观

Fig. 82　*Alloxiphidiopsis cyclolamina* Liu & Zhang, 2007
a. end of male abdomen, lateral view; b. end of male abdomen, ventral view; c. female subgenital plate, ventral view; d. end of ovipositor, lateral view

检视材料：♂正模1♀副模，云南景东勐仑，1991.IX.4，刘祖尧、王天齐、殷海生采；1♂副模，云南基诺，1995.VIII.5 ~ 9，刘宪伟、章伟年、金杏宝采。

分布：中国云南。

123. 长尾异剑螽 *Alloxiphidiopsis longicauda* Liu & Zhang, 2007（图83）

Alloxiphidiopsis longicauda: Liu & Zhang, 2007, *Zootaxa*, 1581: 41; Shi & Li, 2010, *Zootaxa*, 2605: 65.

描述：体中型。头顶圆锥形，稍短，基部宽，端部稍尖，背面未见纵沟；复眼卵圆形，向前凸出；下颚须端节稍短于亚端节。前胸背板沟后区背观略扩展，稍长于沟前区，侧片稍矮，肩凹不明显；前足胫节腹面内外缘刺式4, 5 (1, 1)型，后足胫节背面内外缘各具25 ～ 28个齿，端距3对；前翅超过后足股节端部，后翅略长于前翅。雄性第9腹节背板后缘中突起远超过后1节背板后缘，长且对称，端部扩展，钩向下方，具凸出的侧角；第10腹节背板后缘具2短叶；尾须长且不对称，左尾须强内弯，明显长于右尾须（图83a）；下生殖板基部较宽，端部窄，后缘微凹，具1对腹突（图83b）。

雌性未知。

体淡黄色（活时应为绿色）。单色。

测量（mm）：体长♂9.5 ～ 11.5；前胸背板长♂3.5 ～ 3.8；前翅长♂15.0 ～ 18.0；后足股节长♂8.5 ～ 9.0。

检视材料：♂正模，云南镇康桃子寨，1 100 m，1980.IV.22，张娟采。

分布：中国云南。

a

b

图83　长尾异剑螽 *Alloxiphidiopsis longicauda* Liu & Zhang, 2007
a. 雄性腹端，侧面观；b. 雄性腹端，腹面观

Fig. 83　*Alloxiphidiopsis longicauda* Liu & Zhang, 2007
a. end of male abdomen, lateral view; b. end of male abdomen, ventral view

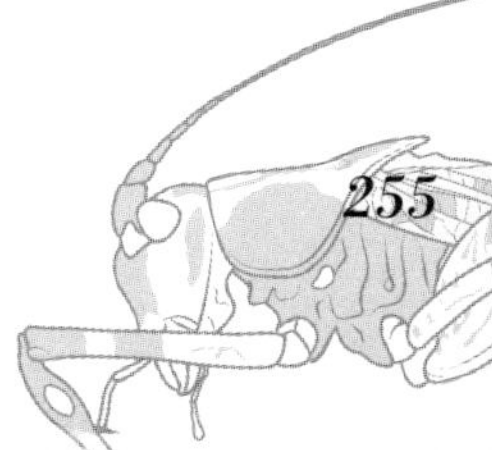

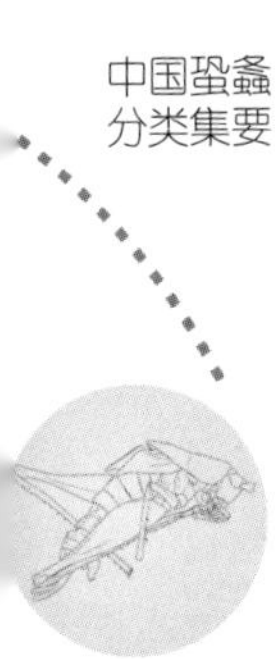

124. 卵凸异剑螽 *Alloxiphidiopsis ovalis* Liu & Zhang, 2007（图 84）

Alloxiphidiopsis ovalis: Liu & Zhang, 2007, *Zootaxa*, 1581: 42; Shi & Li, 2010, *Zootaxa*, 2605: 65.

描述：体近中型。头顶圆锥形，背面具纵沟；复眼卵圆形，向前凸出；下颚须损毁。前胸背板沟后区背观略扩展，稍长于沟前区，侧片稍矮，肩凹较明显；前足胫节腹面内外刺排列为4, 5 (1, 1)型，中后足不同程度损毁。雄性第9腹节背板后缘中央具突起，末端卵圆形扩展并稍扭向右

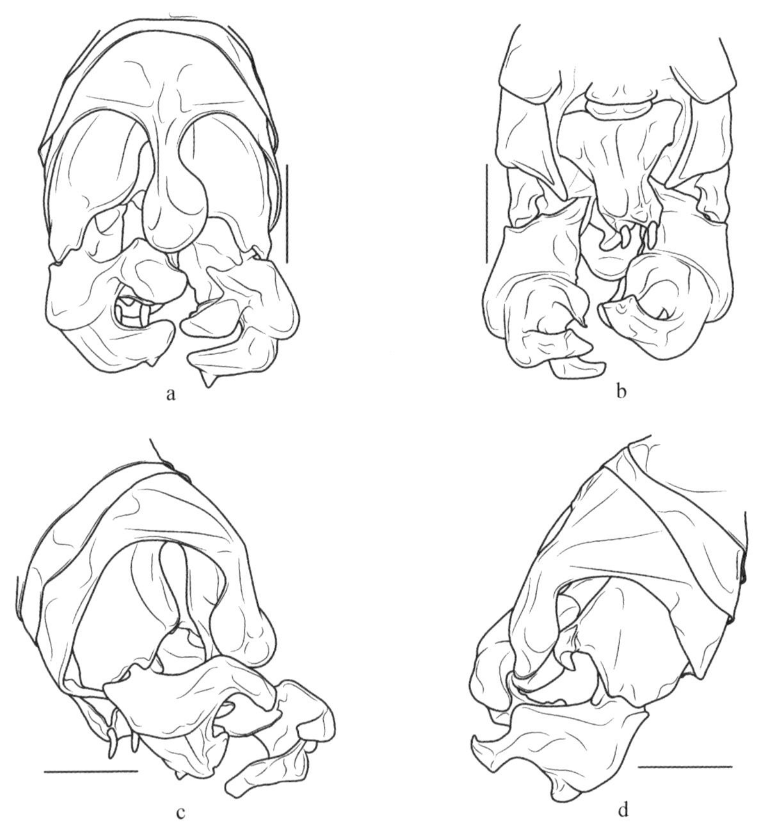

图 84　卵凸异剑螽 *Alloxiphidiopsis ovalis* Liu & Zhang, 2007
a. 雄性腹端，背面观；b. 雄性腹端，腹面观；c. 雄性腹端，左侧面观；d. 雄性腹端，右侧面观

Fig. 84　*Alloxiphidiopsis ovalis* Liu & Zhang, 2007
a. end of male abdomen, dorsal view; b. end of male abdomen, ventral view; c. end of male abdomen, left lateral view; d. end of male abdomen, right lateral view

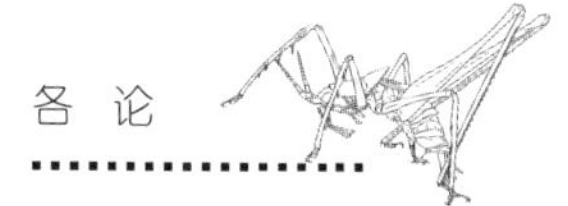

方（图84a，c，d）；第10腹节背板后缘中央具狭长凹口，凹口处膜质，凹口右侧角处具1延长的突起，末端尖，扭向右腹方（图84d）；尾须短且不对称（图84a ～ d），基半部较厚实，端半部明显分为背腹2部分，背部延伸呈薄片状突起，腹部与背部有明显的界限，可分为中部的长片状叶和端部的稍厚腹支，扭曲程度左右不同；下生殖板基半部宽，端半部狭，两侧缘平行，后缘凹入，两侧角具1对腹突（图84b）。

雌性未知。

体褐黄色（活时应为绿色）。单色。

测量（mm）：体长♂10.0；前胸背板长♂3.5；前翅长♂17.0；后足股节长♂10.0。

检视材料：1♂（正模），Laos, Vientiane Prov. BanVan Eue, 1966.XII.15, Native coll.。

模式产地及保存：老挝万象；毕晓普博物馆，美国夏威夷。

分布：中国（云南）；老挝。

125. 方突异剑螽 *Alloxiphidiopsis quadratis* Shi & Li, 2010（仿图41）

Alloxiphidiopsis quadratis: Shi & Li, 2010, *Zootaxa*, 2605: 65.

描述：体中型。头顶圆锥形，较粗短，端部钝圆，背面具纵沟；复眼卵圆形，向前凸出；下颚须端节稍短于亚端节。前胸背板向后延伸，前缘近平直，后缘半圆形，沟后区侧观略抬高，侧片稍矮，高宽近相等，肩凹不明显；前足胫节腹面内外缘刺式4, 5 (1, 1)型，后足胫节背面内外缘各具25 ～ 28个齿，端距3对；前翅超过后足股节端部，后翅略长于前翅。雄性第9腹节背板后缘中突起较长，基部腹缘具1对圆叶，端部扩展，方形，背面平，腹面向下凸出，后缘平截（仿图41b）；第10腹节背板后缘明显凹，侧角向后凸出；尾须不对称，基部较宽，左尾须分为2支，左尾须背支长，弯向内背方，端部略扩展，扁平，端部钝；左尾须腹支内弯，基部细，略扭曲，端部扩大，右尾须腹支长，内弯，中部细，端部扩展（仿图41a）；下生殖板稍呈椭圆形，基部稍宽，后缘平截腹突位于两侧（仿图41c）。

雌性尾须细长，中部粗壮，端部尖，具许多细毛；下生殖板基部宽，侧缘弯向背方，后部窄，端部平直，中间略内凹（仿图41d）；产卵瓣长，基部粗壮，略微上弯，腹瓣具端钩。

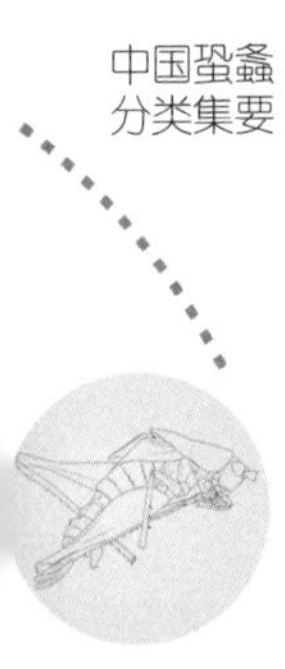

体绿色。复眼黄褐色，前翅后缘淡黄褐色，胫节刺端部黄褐色。

测量（mm）：体长♂12.0，♀12.5；前胸背板长♂3.8～4.0，♀3.6；前翅长♂18.0～19.5，♀20.5；后足股节长♂9.5～10.5，♀10.5；产卵瓣长11.0。

检视材料：1♂（正模），云南漾濞顺濞，2009.VIII.16，裘明、李衲莲采；1♀（副模），云南腾冲高黎贡山，2009.VIII.9，裘明、李衲莲采。

模式产地及保存：中国云南漾濞；河北大学博物馆（MHU），中国河北保定。

分布：中国云南。

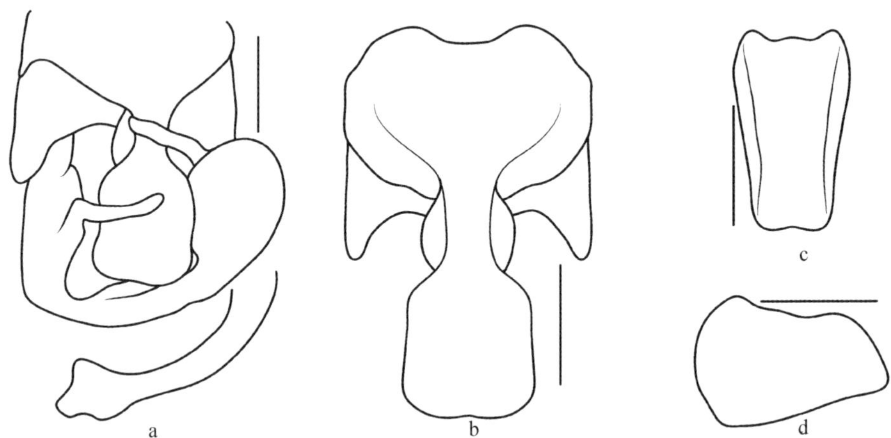

仿图41　方突异剑螽 *Alloxiphidiopsis quadratis* Shi & Li, 2010（仿Shi & Li, 2010）
a. 雄性腹端及右尾须端部，侧背面观；b. 雄性第9～10腹节背板，背面观；c. 雄性下生殖板，腹面观；d. 雌性下生殖板，侧面观

AF. 41　*Alloxiphidiopsis quadratis* Shi & Li, 2010 (after Shi & Li, 2010)
a. end of male abdomen and tip of right cercus, laterally dorsal view; b. 9th and 10th abdominal tergite of male, dorsal view; c. subgenital plate of male, ventral view; d. subgenital plate of female, lateral view

126. 指突异剑螽 *Alloxiphidiopsis fingera* Shi & Li, 2010（仿图42）

Alloxiphidiopsis fingera: Shi & Li, 2010, *Zootaxa*, 2605: 66.

描述：体中型，稍粗壮。头顶圆锥形，较粗短，端部钝圆，背面具纵沟；复眼卵圆形，向前凸出；下颚端节稍短于亚端节。前胸背板短，前缘近平直，后缘尖圆，沟后区短于沟前区，侧片较矮，高宽近相等，肩凹不明显；前足胫节腹面内外缘刺式4, 5 (1, 1)型，后足胫节背面内外缘各具25 ～ 27个齿，端距3对；前翅超过后足股节端部，后翅略长于前翅。雄性第9腹节背板后缘中突起较短，稍超过第10腹节背板后缘，突起基部略窄，端部钝圆，指状，具中纵隆线（仿图42a，b）；第10腹节背板不对称，后缘凹入，右侧突出，具向外弯曲的指状突起（仿图42b，d）；尾须不对称，基部内背缘具指状突起，左尾须基部宽，片状，分为2支，背支向内背方向弯曲，稍扩展，腹支向内腹方弯曲，后弯向前方，末端平截，亚端部具短的突起，右侧尾须基部宽，背支具窄的基部，后略扩展，端部细，钝圆，腹支弯向腹面，基部宽，中部先细后扩展，端部细末端圆（仿图42b ～ e）；下生殖板长，基部宽，端部较直，中间凹入，腹突细长（仿图42f）。

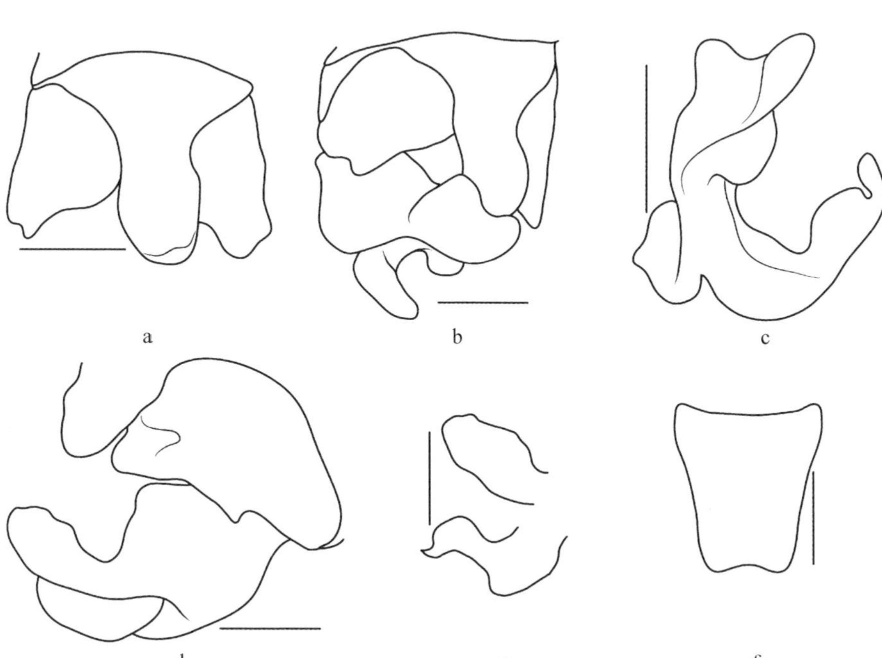

仿图42　指突异剑螽 *Alloxiphidiopsis fingera* Shi & Li, 2010（仿Shi & Li, 2010）
a. 雄性第9 ～ 10腹节背板，背面观；b. 雄性腹端，背侧面观；c. 雄性左尾须，后侧面观；d. 雄性腹端及右尾须，侧面观；e. 雄性右尾须背腹支端部，背面观；f. 雄性下生殖板，腹面观

AF. 42　*Alloxiphidiopsis fingera* Shi & Li, 2010 (after Shi & Li, 2010)
a. 9th and 10th abdominal tergite of male, dorsal view; b. end of male abdomen, laterally dorsal view; c. left cercus of male, rear view; d. end of male abdomen and right cercus, lateral view; e. tips of branches of right cercus, dorsal view; f. subgenital plate of male, ventral view

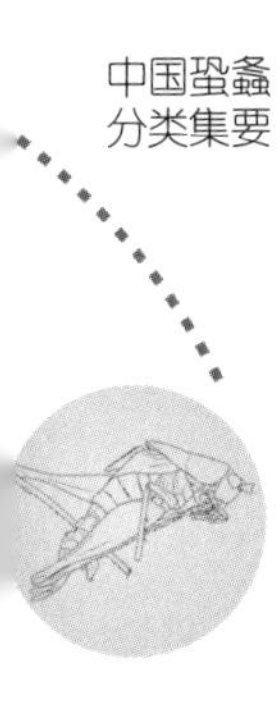

雌性未知。

体绿色。复眼淡褐色，后足胫节刺端部黄色，第3跗节端部褐色。

测量（mm）：体长♂9.0～10.5；前胸背板长♂3.8～4.0；前翅长♂15.0～15.8；后足股节长♂11.0～11.5。

检视材料：1♂（正模），云南思茅澜沧，2007.VIII.13，石福明、毛少利采。

模式产地及保存：中国云南澜沧；河北大学博物馆（MHU），中国河北保定。

分布：中国云南。

（二十）华栖螽属 *Sinoxizicus* Gorochov & Kang, 2005

Sinoxizicus: Gorochov, Liu & Kang, 2005, *Oriental Insects*, 39: 70; Wang & Liu, 2018, *Zootaxa*, 4441(2): 233.

模式种：*Sinoxizicus breviatus* Gorochov & Kang, 2005

一般特征似吟螽属 *Phlugiolopsis* Zeuner,1940。头部呈下口式，头顶圆锥形；下颚须端节等长于亚端节。雄性前胸背板沟后区略延长，侧片无肩凹；前足胫节听器为开放型，后足胫节具3对端距；前翅和后翅发育完好，雄性具发音器；后翅明显短于前翅。雄性腹端的构造似栖螽属 *Xizicus* Gorochov, 1993，第10腹节背板后缘具成对的小突起，但尾须明显较短；雄性下生殖板具腹突，外生殖器完全膜质，无任何革片。雌性下生殖板横宽，产卵瓣腹瓣端钩不明显。

华栖螽属分种检索表

1 雄性尾须向内卷曲；雌性下生殖板横宽，后缘波曲形 ……………………………………… **短尾华栖螽 *Sinoxizicus breviatus* Gorochov & Kang, 2005**

– 雄性未知；雌性下生殖板具中隆线，后缘凸圆截 ……………………………………… **隆线华栖螽 *Sinoxizicus carinatus* Wang & Liu, 2018**

127. 短尾华栖螽 *Sinoxizicus breviatus* Gorochov & Kang, 2005（图85）

Sinoxizicus breviatus: Gorochov, Liu & Kang, 2005, *Oriental Insects*, 39: 71; Wang & Liu, 2018, *Zootaxa*, 4441(2): 233.

描述：体小型。头顶向前呈锥形突出，端部钝圆，背面具沟；下颚须端节与亚端节约等长，端部略膨大；复眼圆球形，向前凸出。前胸背板向后延长，沟后区微抬高，侧片较低，后缘缺肩凹；前足基节具刺，各足股节腹面无刺，前足和中足胫节腹面的刺较短，前足胫节内外刺排列为4, 4 (1, 1)型，中足胫节腹面具5个内刺和4个外刺，后足胫节背面内外缘各具20 ～ 22个齿，端距3对；前翅刚到达腹端，端部圆形，后翅短于前翅。雄性第10腹节背板后缘具成对的圆叶状短突起；尾须较短，基部具凸出的背叶和腹叶，腹叶端缘明显膨胀，端半部内侧凹陷，如勺状，末端近侧扁，端缘微斜截（图85b，c）；下生殖板后缘宽圆，有时中央具缺刻，腹突较短（图85c）；外生殖器完全膜质，无任何革片。

雌性尾须甚短，圆锥形；下生殖板强横宽，后缘波曲形，可分为中间1对圆叶和侧旁1对小尖叶（图85d）；产卵瓣腹瓣短于背瓣，具不明显的端钩。

体淡褐色杂黑色。头部背面和颜面具暗褐色，具黄褐色头顶，触角具

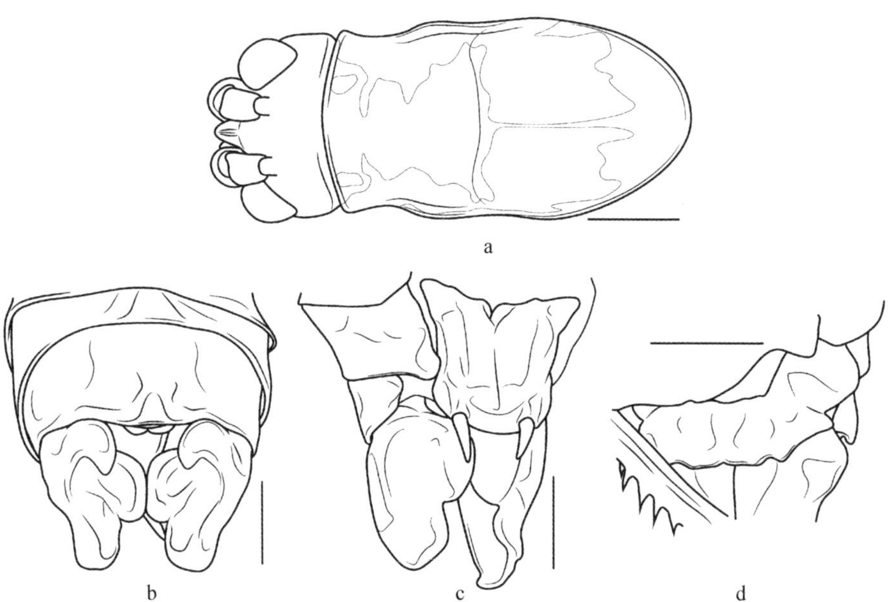

图85 短尾华栖螽 *Sionxizicus breviatus* Gorochov & Kang, 2005
a. 雄性头部与前胸背板，背面观；b. 雄性腹端，背面观；c. 雄性腹端，腹面观；d. 雌性下生殖板，腹面观

Fig. 85 *Sionxizicus breviatus* Gorochov & Kang, 2005
a. male head and pronotum, dorsal view; b. end of male abdomen, dorsal view; c. end of male abdomen, ventral view; d. female subgenital plate, ventral view

暗色环纹。前胸背板淡色，近前缘具2个暗点，沟后区具4条暗黑色纵纹，侧片大部分暗黑色（图85a）。足具暗色环纹，后足股节具不规则的暗褐色斜线。前翅淡灰褐色，具明显的暗褐色点。腹部背面黑褐色，腹面暗褐色，尾须淡黄色。

测量（mm）：体长♂9.0 ～ 10.0，♀10.0 ～ 12.0；前胸背板长♂4.0，♀3.5 ～ 3.8；前翅长♂7.0 ～ 7.5，♀8.0 ～ 8.5；后足股节长♂8.5 ～ 9.0，♀10.5；产卵瓣长8.0。

检视材料：1♂1♀，西藏墨脱汗密，2 200 m，2005.VIII.14，汤亮采；6♂♂1♀，西藏墨脱汗密，2 100 m，2011.VII.23 ～ VIII.7，毕文烜采。

模式产地及保存：中国西藏波密；中国科学院动物研究所（IZCAS），中国北京。

分布：西藏。

128. 隆线华栖螽 *Sinoxizicus carinatus* Wang & Liu, 2018（图86）

Sinoxizicus carinatus: Wang & Liu, 2018, *Zootaxa*, 4441(2): 234.

描述：体小型。头顶向前呈锥形突出，端部钝圆，背面具沟；下颚须端节与亚端节约等长，端部略膨大，复眼圆球形，向外侧凸出。前胸背板向后延长，沟后区微抬高，侧片较矮，后缘缺肩凹；前足基节具刺（其余部分丢失），中足胫节腹面具5个内刺和4个外刺，后足胫节背面内外缘各具19 ～ 22个齿，端距3对；前翅超过腹端，端部圆形，后翅约等长于前翅。雌性尾须甚短，圆锥形，下生殖板横宽，侧缘平行，后缘圆形，中间具纵隆线（图86b）；产卵瓣腹瓣等长于背瓣，无端钩（图86c）。

雄性未知。

体黄褐色杂黑褐色。头顶黄褐色，后头褐色，颜面暗黑色，两颊淡色。触角淡色（除基部两节外），各节端部略变暗。前胸背板背面淡色，近前缘具2个暗点，沟后区具4条暗色纵纹，侧片暗色（图86a）。中、后胸侧板大部分暗褐色。足具暗色环纹，前翅具暗褐色斑，腹部背面暗色。

测量（mm）：体长♀9.0；前胸背板长♀4.0；前翅长♀9.0；后足股节长♀11.0；产卵瓣长7.0。

检视材料：♀正模，西藏墨脱阿尼桥，1 250 m，1979.VII.20，金根桃、吴建毅采。

分布：中国西藏。

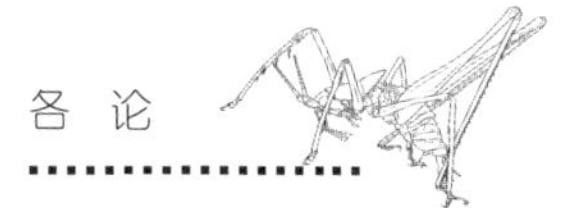

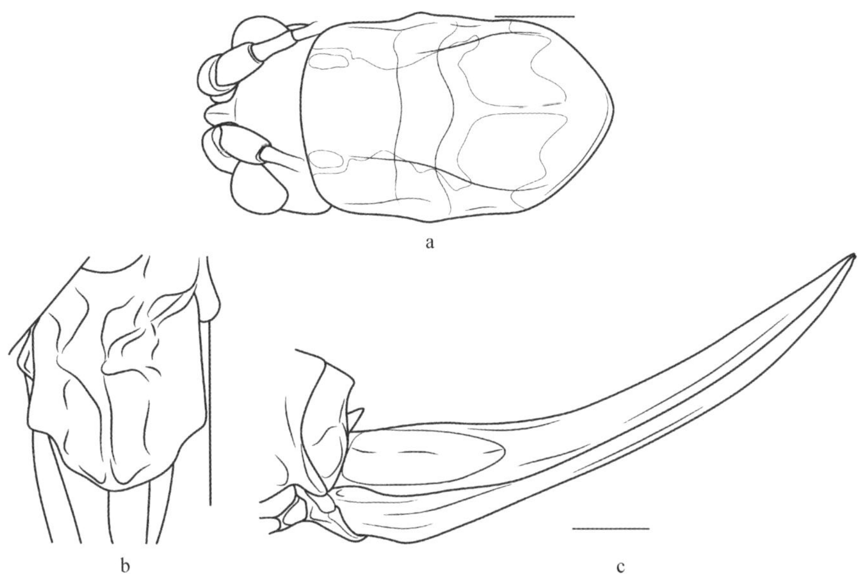

图86　隆线华栖螽 *Sinoxizicus carinatus* Wang & Liu, 2018
a. 雌性头部和前胸背板，背面观；b. 雌性下生殖板，腹面观；c. 产卵瓣，侧面观

Fig. 86　*Sinoxizicus carinatus* Wang & Liu, 2018
a. female head and pronotum, dorsal view; b. female subgenital plate, ventral view; c. ovipositor, lateral view

（二十一）远霓螽属 *Abaxinicephora* Gorochov & Kang, 2005

Abaxinicephora: Gorochov, Liu & Kang, 2005, *Oriental Insects*, 39: 77.

模式种：*Abaxinicephora excellens* Gorochov & Kang, 2005

体较小，相对较结实，中短翅类型。头顶锥形，向前突出，颜面略倾斜；下颚须端节明显长于亚端节。雄性前胸背板较长，沟后区或多或少隆起，后部微向下弯；侧片后部明显趋狭，无肩凹；前足胫节听器为开放型；后足股节膝叶无端刺，后足胫节具3对端距；前翅不超过腹端，翅脉明显，雄性具发音器。雄性第9腹节背板后下角强突出，围住后节背板，第10腹节背板具延长复杂的中突起；尾须较简单，下生殖板具腹突，外生殖器几乎半膜质。雌性前胸背板较短，下生殖板较简单。

129. 优异远霓螽 *Abaxinicephora excellens* Gorochov & Kang, 2005（图87，图版53）

Abaxinicephora excellens: Gorochov, Liu & Kang, 2005, *Oriental Insects*, 39:

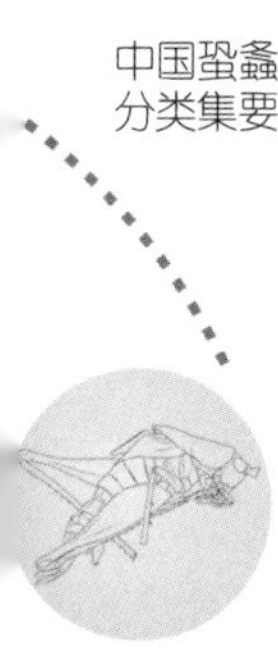

78; Wang, Liu & Li, 2015, *Zootaxa*, 3941(4): 537.

描述：体较小，稍粗壮，中短翅类型。头顶锥形，向前突出，颜面略倾斜；复眼半球形，向外侧凸出；下颚须端节明显长于亚端节。前胸背板较长，沟后区稍隆起，后部微向下弯；侧片后部明显趋狭，无肩凹（图87a）；前足胫节听器为开放型，胫节内外刺为4, 4 (1, 1)型；后足股节膝叶无端刺，后足胫节具3对端距，背面内外缘各具23 ～ 24个齿；前翅到

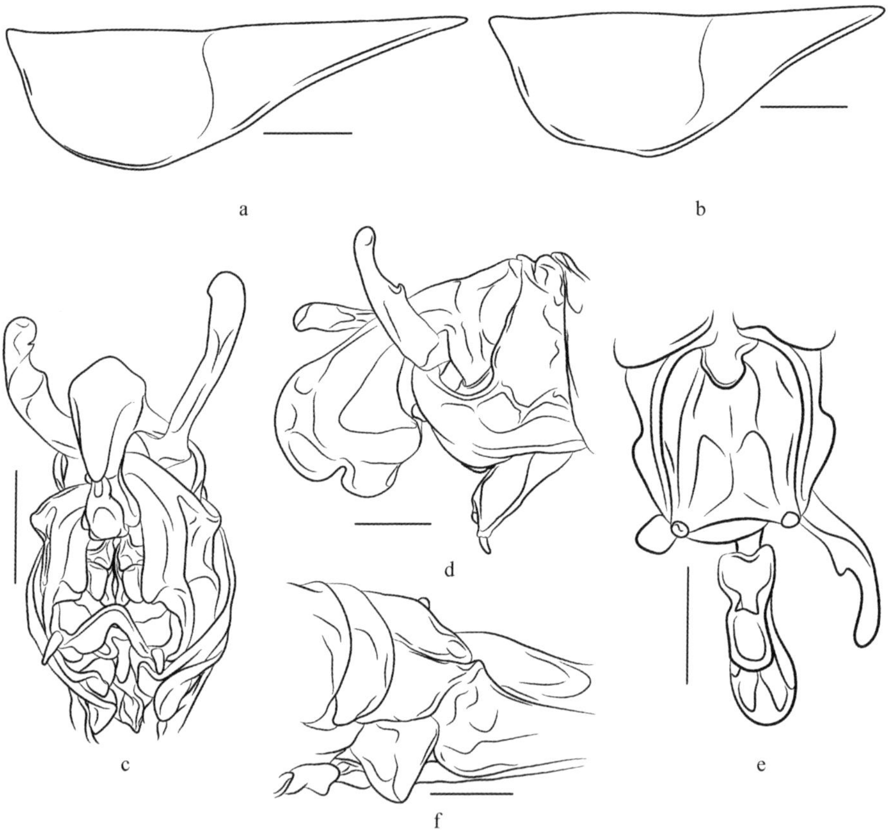

图87　优异远霓螽 *Abaxinicephora excellens* Gorochov & Kang, 2005

a. 雄性前胸背板，侧面观；b. 雌性前胸背板，侧面观；c. 雄性腹端，后面观；d. 雄性腹端，侧面观；e. 雄性腹端，腹面观；f. 雌性下生殖板，腹面观

Fig. 87　*Abaxinicephora excellens* Gorochov & Kang, 2005

a. male pronotum, lateral view; b. female pronotum, lateral view; c. end of male abdomen, rear view; d. end of male abdomen, lateral view; e. end of male abdomen, ventral view; f. female subgenital plate, ventral view

达第9腹节背板端部。雄性第9腹节背板后下角强向后凸，包住后节背板；第10腹节背板具延长的中突起，背腹扩展，形状复杂（图87c～e）；尾须较简单，近中部具1个尖形短突起，端部侧扁，末端稍内弯，边缘具1个小缺刻（图87c～e）；下生殖板基部稍宽，后缘近直微凹，具小的腹突（图87e）；外生殖器具革质的端部。

雌性前胸背板沟后区不如雄性延长（图87b）。尾须细长，圆锥形；下生殖板短，近三角形（图87f）；产卵瓣短于后足股节，端半部微微上弯，末端损坏。

体暗绿色。复眼淡褐色，前胸背板背片端部褐色，前翅听器区淡褐色，后足胫节刺略变暗色。

测量（mm）：体长♂11.5，♀11.0；前胸背板长♂5.6，♀4.9；前翅长♂7.2，♀6.7；后足股节长♂10.3，♀12.1；产卵瓣长8.5。

检视材料：1♂1♀，广西武鸣大明山，1 250 m，2013.VII.19～25，朱卫兵等采。

模式产地及保存：中国广西金秀大瑶山；中国农业大学（CAU），中国北京。

分布：中国广西。

（二十二）华穹螽属 *Sinocyrtaspis* Liu, 2000

Sinocyrtaspis: Liu, 2000, *Zoological Research*, 21(3): 219; Chang, Bian & Shi, 2012, *Zootaxa*, 3495: 83.

模式种：*Sinocyrtaspis lushanensis* Liu, 2000

体较小，相对较粗壮，短翅。雄性前胸背板沟后区强隆起，后部明显向下弯；侧片后部略微扩宽；前足胫节听器为开放型；后足股节膝叶无端刺，后足胫节具3对端距；前翅隐藏于前胸背板之下，雄性具发音器，雌性侧置。雄性第10腹节背板具延长的中突起，肛上板退化，尾须具突起或叶，外生殖器革质，裸露。雌性产卵瓣边缘光滑，腹瓣无端钩。

讨论：该属建立时以前胸背板沟后区强隆起后部下弯呈球形膨大为主要属征，但根据近年来的采集情况和新种类的报道，具有该特征的种类生殖节有时差异较大，该特征稳定性有待商榷。作者认为生殖节的特征应优先考虑。

华穹螽属分种检索表

1 雄性第9腹节背板侧角宽圆稍向后扩展，第10腹节背板后缘凹入；雌性第10腹节背板后缘平截 …… **截缘华穹螽 *Sinocyrtaspis truncata* Liu, 2000**

– 雄性第9腹节背板侧角明显向后扩展，第10腹节背板后缘不凹；雌性第10腹节背板后缘中部非平截 …………………………………………………… 2

2 雄性尾须近基部具1长刺状突起，端部扩展；雌性第10腹节背板后缘中部稍凸出 …………………… **刺华穹螽 *Sinocyrtaspis spina* Shi & Du, 2006**

– 雄性尾须端半部具宽圆的背叶或未知；雌性第10腹节背板后缘中间凹 3

3 雄性未知；雌性第10腹节背板后缘中间凹入，形成2圆叶 ……………………………………… **黄山华穹螽 *Sinocyrtaspis huangshanensis* Liu, 2000**

– 雄性尾须端半部具宽圆的背叶；雌性第10腹节背板中部具1对小尖叶，其间区域凹陷 ……………**庐山华穹螽 *Sinocyrtaspis lushanensis* Liu, 2000**

130. 庐山华穹螽 *Sinocyrtaspis lushanensis* Liu, 2000（图88）

Sinocyrtaspis lushanensis: Liu, 2000, *Zoological Research*, 21(3): 219–220.

描述：体较小。头顶圆锥形，端部钝，背面具弱的纵沟；下颚须端节略微长于亚端节，复眼圆形突出。前胸背板延伸至第8腹节背板，沟后区长约为沟前区的3倍，略隆起，后部明显下弯，呈球形膨大，侧片较低，后部扩宽，无肩凹；前翅完全隐藏于前胸背板之下；前足胫节刺排列为4, 4 (1, 1)型，听器开放型，后足胫节具3对端距，背面内外缘各具18 ～ 21个齿。雄性第9腹节背板两侧角向后圆形延伸；第10腹节背板后缘不凹，中突起较长，指向后下方，中部沟槽较深，似开裂，腹面向下扩展，两侧具圆叶状扩展端部并行，末端较尖；尾须较长，近端部背缘具1个宽圆大背叶（图88a）；下生殖板狭长，后缘中部三角形凹入，具较短小的腹突；外生殖器裸露，端部折向背方形成半圆的盘状（图88b）。

雌性第10腹节背板后缘成对小突起，其间区域凹陷；尾须长圆锥形（图88d）；下生殖板延长，中部稍扩展，端部后侧缘圆形，中间微凹，中部具较宽的纵沟槽（图88c）；产卵瓣略微向上弯曲，边缘光滑。

体淡黄色。头顶以及头部背面具1褐色纵条纹；前胸背板背片两侧具1对褐色纵条纹，外具黄色镶边，沟后区渐岔开，末端渐隐；后足胫节背齿端部褐色。

测量（mm）：体长♂9.1 ～ 11.5，♀9.8；前胸背板长♂6.6 ～ 6.8，♀4.8；

前翅长♂♀无法测量；后足股节长♂8.5 ~ 9.1，♀9.8；产卵瓣长6.6。

检视材料：♂正模，江西庐山五老峰，1982.VIII.15，刘祖尧采；1♂1♀，江西宜春奉新越山，800 ~ 1 000 m，2013.VII.22，胡佳耀、吕泽侃采。

分布：中国江西。

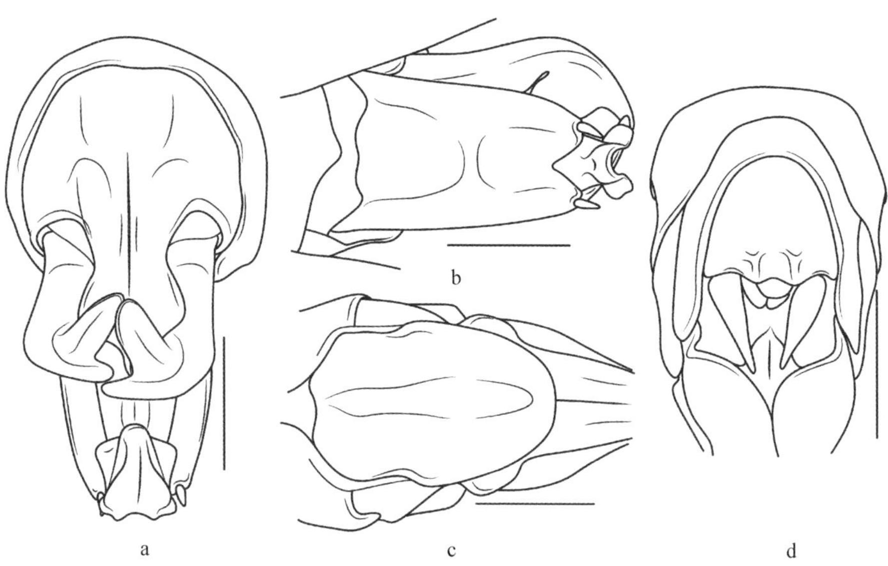

图88 庐山华穹螽 *Sinocyrtaspis lushanensis* Liu, 2000
a. 雄性腹端，背面观；b. 雄性腹端，腹面观；c. 雌性下生殖板，腹面观；d. 雌性腹端，背面观

Fig. 88 *Sinocyrtaspis lushanensis* Liu, 2000
a. end of male abdomen, dorsal view; b. end of male abdomen, ventral view; c. female subgenital plate, ventral view; d. end of female abdomen, dorsal view

131. 黄山华穹螽 *Sinocyrtaspis huangshanensis* Liu, 2000（图89）

Sinocyrtaspis huangshanensis: Liu, 2000, *Zoological Research*, 21(3): 220.

描述：体较小。头顶钝圆锥形，背面具弱的纵沟；下颚须端节略微长于亚端节；复眼球形向前凸出。前胸背板后缘宽圆，侧片较低，后部扩宽，无肩凹；前翅完全隐藏于前胸背板之下，侧置；前足胫节刺排列为4, 4 (1, 1)型，听器开放型，后足胫节背面内外缘各具20 ~ 21个刺，具3对端距。雌性第9腹节背板两侧强向后延伸，几近到达下生殖板端部；第10

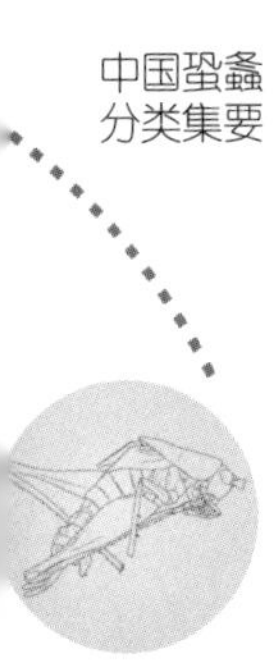

腹节背板后缘中央内凹，形成两侧圆叶（图89a）；尾须短圆锥形；下生殖板稍方圆形，端部具凹口（图89b）；产卵瓣微向上弯曲，边缘光滑不具端钩。

雄性未知。

体褐色，前胸背板背片两侧具1对棕黄色条纹。

测量（mm）：体长♀9.0；前胸背板长♀4.0；前翅长♀无法测量；后足股节长♀8.7；产卵瓣长5.0。

检视材料：♀正模，安徽黄山天都峰，1 300 m，1983.VIII.27，吴敦肃、杨毅明采。

分布：中国安徽。

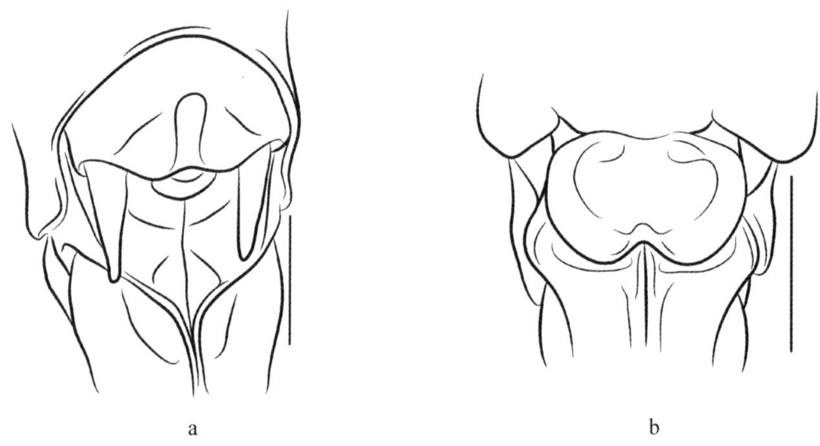

图89　黄山华穹螽 *Sinocyrtaspis huangshanensis* Liu, 2000
a. 雌性腹端，背面观；b. 雌性下生殖板，腹面观

Fig. 89　*Sinocyrtaspis huangshanensis* Liu, 2000
a. end of female abdomen, dorsal view; b. female subgenital plate, ventral view

132. 刺华穹螽 *Sinocyrtaspis spina* Shi & Du, 2006（仿图43）

Sinocyrtaspis spina: Shi & Du, 2006, *Insects from Fanjingshan landscape*, 122–123; Chang, Bian & Shi, 2012, *Zootaxa*, 3495: 87.

描述：体较小。头顶圆锥形，端部钝，背面具沟；下颚须端节略微长于亚端节；复眼圆形突出。前胸背板延伸至第8腹节，沟后区长约为沟前区的2.5倍，稍隆起，侧片较低，后部扩展，无肩凹；前翅完全隐藏于前胸背板之下，端部圆截形；前足胫节刺排列为4, 4 (1, 1)型，听器开放型，后足胫节背面内外缘各具20～24个齿，具3对端距。雄性第10腹节背板后缘中突起较长，指向后下方，中间具深纵沟，端部角形开裂（仿图43a）；尾须较长，近基部具1刺状背突起，端半部强内弯，末端呈片状扩大（仿图43a～c）；下生殖板狭长，后缘具三角形浅凹口，具较短小的腹突（仿图43b）。

雌性前胸背板延伸至第3腹节背板中部。第9腹节背板两侧向后扩展；第10腹节背板后缘中央稍突出；尾须圆锥形；下生殖板近长六边形，中部稍宽，后缘平直或微凹（仿图43d）；产卵瓣较宽短，适度向上弯曲，边缘

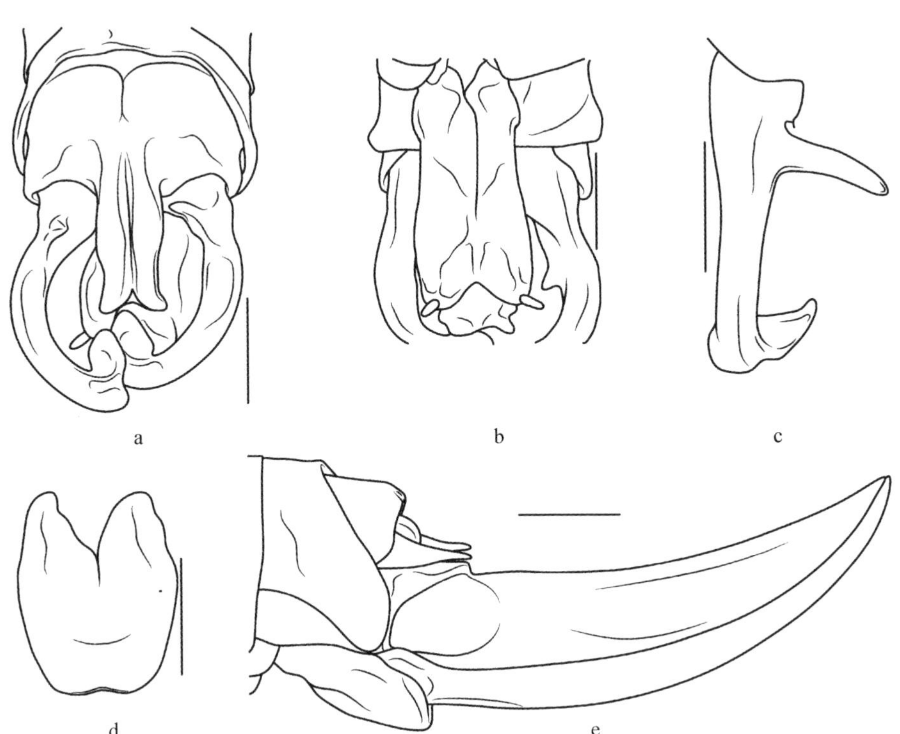

仿图43　刺华穹螽 *Sinocyrtaspis spina* Shi & Du, 2006（仿Chang, Bian & Shi, 2012）
a. 雄性腹端，背面观；b. 雄性下生殖板，腹面观；c. 雄性左尾须，侧面观；d. 雌性下生殖板，腹面观；e. 雌性腹端，侧面观

AF. 43　*Sinocyrtaspis spina* Shi & Du, 2006 (after Chang, Bian & Shi, 2012)
a. end of male abdomen, dorsal view; b. subgenital plate of male, ventral view; c. left cercus of male, lateral view; d. female subgenital plate, ventral view; e. end of female abdomen, lateral view

光滑无端钩（仿图43e）。

体淡绿色。前胸背板背面具1条淡褐色纵带，纵带外侧嵌黄白色边。

测量（mm）：体长♂10.0 ～ 11.0，♀9.0 ～ 11.0；前胸背板长♂6.0 ～ 6.5，♀4.0；前翅长♂♀无法测量；后足股节长♂7.5 ～ 8.0，♀9.0 ～ 10.0；产卵瓣长5.0 ～ 5.5。

检视材料：1♂（正模），贵州梵净山，2001.VIII.1，石福明采；1♀（副模），贵州梵净山，2001.VIII.1，石福明采。

模式产地及保存：中国贵州江口梵净山；河北大学博物馆（MHU），中国河北保定。

分布：中国贵州。

133. 截缘华穹螽 *Sinocyrtaspis truncata* Liu, 2000（图90，图版54，55）

Sinocyrtaspis truncata: Liu, 2000, *Zoological Research*, 21(3): 220; Wang *et al.*, 2011, *Journal of Guangxi Normal University*, 29(4): 124; Wang, Liu & Li, 2015, *Zootaxa*, 3941(4): 537.

Sinocyrtaspis? truncata Chang, Bian & Shi, 2012, *Zootaxa*, 3495: 83.

描述：体稍大，粗壮。头顶短圆锥形，背面具弱的纵沟；下颚须端节长于亚端节；复眼半球状向前凸出。前胸背板几乎覆盖身体一半，侧片腹缘1/3处凹，余下2/3凸圆，无肩凹，后横沟明显，沟后区相当扩展抬高，近椭球形（图90a）；前翅完全隐藏于前胸背板之下，后翅退化；前足胫节刺排列为4, 4 (1, 1)型，听器开放型，后足胫节具3对端距，背面内外缘各具20 ～ 25个齿。雄性第9腹节背板两侧略微向后延伸；第10腹节背板后缘中1/3凹入，中间具端部开裂的倒黑桃状突起，裂口呈三角形，前具纵沟；尾须具背支，端半部钩状弯向内腹方，钩内半圆区域较薄（图90b，c）；下生殖板近矩形，近基部与近端部稍宽，后缘略凹，具短的腹突（图90d）；生殖器革质，特化（图90c）。

雌性第10腹节背板后缘平截；尾须短圆锥形；下生殖板呈梨形，基部窄，扩宽至中部，端部稍狭，后缘中部凹（图90e）；产卵瓣微向上弯曲，边缘光滑。

体浅绿色。头顶及头部背面具1条暗褐色纵条纹；前胸背板具1对深褐色纵条纹，在沟后区扩宽，其外具淡黄色镶边，其间沟后区淡褐色。雄性各腹节背板中部具1对褐色斑，外具淡黄色镶边，第10腹节背板突起基部具黑褐色斑；雌性腹节背板黄色镶边不明显。后足股节膝叶端部、后足胫节齿端部淡褐色。

测量（mm）：体长♂12.9，♀12.2～13.0；前胸背板长♂7.9，♀5.0～5.1；前翅长♂4.0，♀1.7～1.8；后足股节长♂10.0，♀10.1～10.6；产卵瓣长7.0～7.6。

检视材料：正模♀副模1♀，广西兴安猫儿山，900～1 500 m，1992.VIII.22～23，刘宪伟、殷海生采；1♂，2♀♀，广西兴安猫儿山，1 700～2 100 m，2013.VIII.1～2，朱卫兵等采。

分布：中国广西。

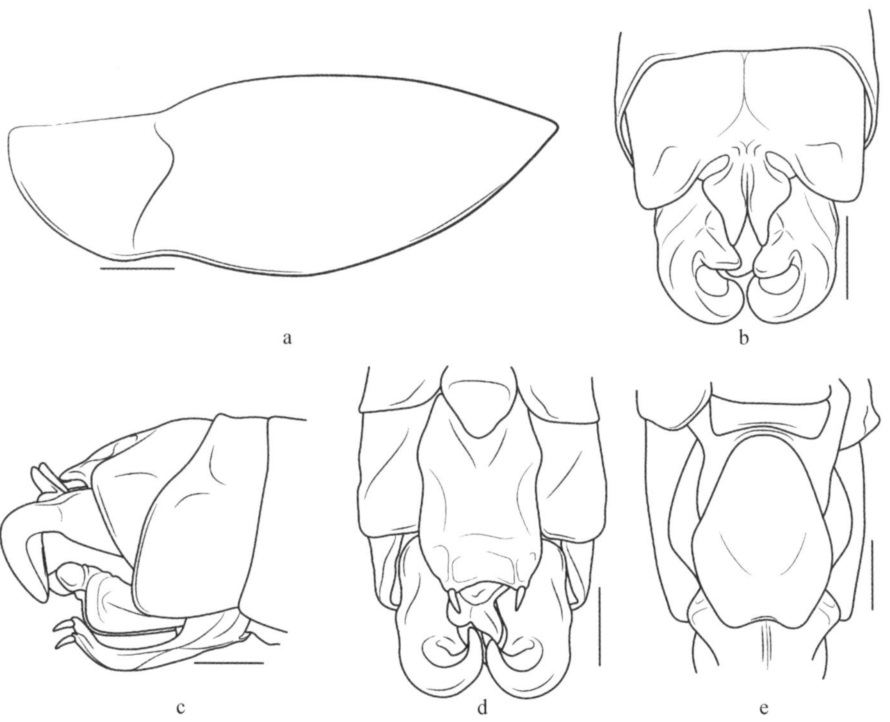

图90　截缘华穹螽 *Sinocyrtaspis truncata* Liu, 2000
a. 雄性前胸背板，侧面观；b. 雄性腹端，背面观；c. 雄性腹端，侧面观；d. 雄性腹端，腹面观；e. 雌性下生殖板，腹面观

Fig. 90　*Sinocyrtaspis truncata* Liu, 2000
a. male pronotum, lateral view; b. end of male abdomen, dorsal view; c. end of male abdomen, lateral view; d. end of male abdomen, ventral view; e. female subgenital plate, ventral view

（二十三）皆穹螽属 *Allicyrtaspis* Shi, Bian & Chang, 2013

Allicyrtaspis: Shi, Bian & Chang, 2013, *Zootaxa*, 3681(2): 163.

模式种：*Allicyrtaspis globosis* Shi, Bian & Chang, 2013

体稍大，粗壮。头矮胖，颜面略倾斜，头顶圆锥形，端部钝圆，具背中沟；下颚须端节略长于亚端节，端节末端略膨大。雄性前胸背板向后延伸；前胸背板背片平，沟后区不抬高，后横沟明显，侧片后缘略扩宽，无肩凹；前中足胫节具腹刺，胫节听器两侧均开放，后足胫节具3对端距；雄性前翅短翅型，短于或刚超过前胸背板后缘，后翅退化消失。雄性第10腹节背板明显向后突出扩展，后部分叉；尾须短粗；外生殖器革质，较长，超过下生殖板的后缘；下生殖板具腹突。

皆穹螽属分种检索表

1　雄性第10腹节背板中部较粗壮，尾须完全隐藏其下，下生殖板狭长……
　……………… **球尾皆穹螽 *Allicyrtaspis globosis* Shi, Bian & Chang, 2013**

–　雄性第10腹节背板中部较窄，尾须端部背观可见，下生殖板较宽……
　………… **锥尾皆穹螽 *Allicyrtaspis conicicersa* Shi, Bian & Chang, 2013**

134. 球尾皆穹螽 *Allicyrtaspis globosis* Shi, Bian & Chang, 2013（仿图44）

Allicyrtaspis globosis: Shi, Bian & Chang, 2013, *Zootaxa*, 3681(2): 164.

描述：体偏大。头顶圆锥形，端部钝圆，背面具沟；复眼半球形，向侧面凸出；下颚须端节端部稍膨大，略长于亚端节。前胸背板向后延伸，超过第2腹节背板后缘，前缘直，稍凹，后缘钝圆，后横沟明显，侧片后缘略扩展，不具肩凹；胸听器较大，卵圆形；各足股节腹面无刺，前足基节具刺，前足胫节腹面内外缘刺排列为4, 4 (1, 1)型，胫节听器两侧均开放，后足股节膝叶钝圆，后足胫节背面内外缘各具22～25个齿，端部背腹具3对端距；前翅短，不到达或略超过前胸背板后缘，端部略截形，后翅退化消失。雄性第9腹节背板中部短，侧角适度凸出（仿图44a）；第10腹节背板明显向后延伸，基部略宽，端半部窄，侧缘略扩宽，中部腹缘具大的凹口，末端弯向腹方，圆凸稍扩展，后缘具深的“V”形缺口（仿图44a，b）；尾须很短，基部球状，端部细，末端钝圆，背观不可见（仿图44b）；外生殖器长，超过第10腹节背板后突后缘，革质，端半部上弯，末端扩展，呈矩形，表面凹陷，后缘中部凹（仿图44a，b）；下生殖板狭长，腹面中间凹，后缘具钝角形缺口，腹突短粗，圆锥形，着生于两侧角（仿图44c）。

雌性未知。

体淡黄绿色（活时可能为绿色），部分区域黄褐色。头顶具棕色纵纹，复眼淡褐色；前胸背板背片具1对褐色纵纹，向后渐岔开，近端部消失；后足胫节刺端部、距和爪褐色；腹部背缘具1淡褐色纵纹。

测量（mm）：体长♂14.0；前胸背板长♂6.1；前翅长♂2.0；后足股节长♂10.8。

检视材料：1♂（正模），湖南武冈云山，1 100 m，2004.X.9，黄建华采。

模式产地及保存：中国湖南武冈云山；河北大学博物馆（MHU），中国河北保定。

分布：中国湖南。

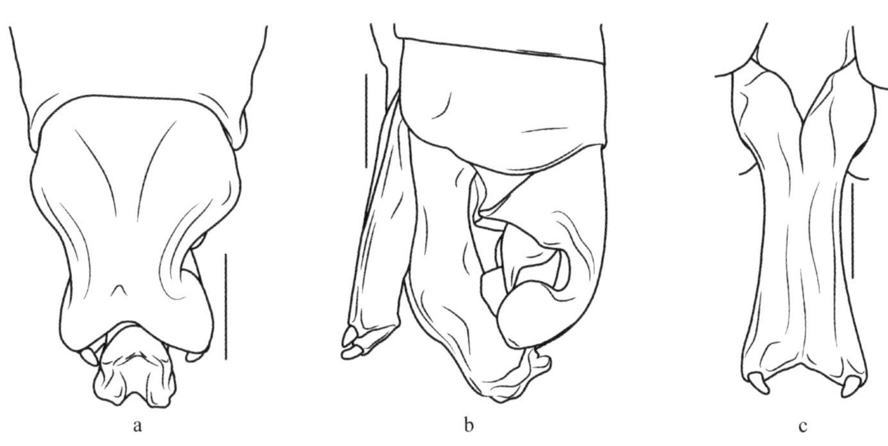

仿图44　球尾皆穹螽 *Allicyrtaspis globosis* Shi, Bian & Chang, 2013（仿Shi, Bian & Chang, 2013）
a. 雄性腹端，背面观；b. 雄性腹端，侧面观；c. 雄性下生殖板，腹面观

AF. 44　*Allicyrtaspis globosis* Shi, Bian & Chang, 2013 (after Shi, Bian & Chang, 2013)
a. end of male abdomen, dorsal view; b. end of male abdomen, lateral view; c. subgenital plate of male, ventral view

135. 锥尾皆穹螽 *Allicyrtaspis conicicersa* Shi, Bian & Chang, 2013（仿图45）

Allicyrtaspis conicicersus: Shi, Bian & Chang, 2013, *Zootaxa*, 3681(2): 166.

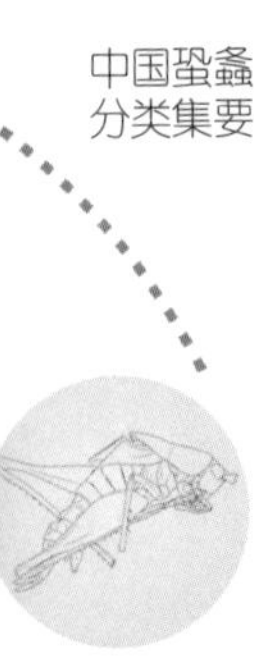

描述：体稍大，粗壮。头顶圆锥形，端部钝圆，背面具中沟；复眼卵圆形，向前凸出；下颚须端节端部略膨大，稍长于亚端节。前胸背板向后延伸，超过第2腹节背板后缘，中横沟和后横沟明显，前缘直，后缘钝圆，侧片后缘略扩展，肩凹消失（仿图45a）；胸听器较大，卵圆形；前翅短，不到达前胸背板后缘，端部稍截形（仿图45a），后翅退化消失；各足股节腹面无刺，前足基节具刺，前足胫节腹面内外缘刺排列为4, 4 (1, 1)型，胫节听器两侧均开放，长卵圆形，后足股节膝叶钝圆，后足胫节背面内外缘各具18～20个齿，端部背腹具3对端距。雄性第9腹节背板中部窄，侧角向后凸出；第10腹节背板显著向后延长，基部稍宽，中部缢缩，端部扩展

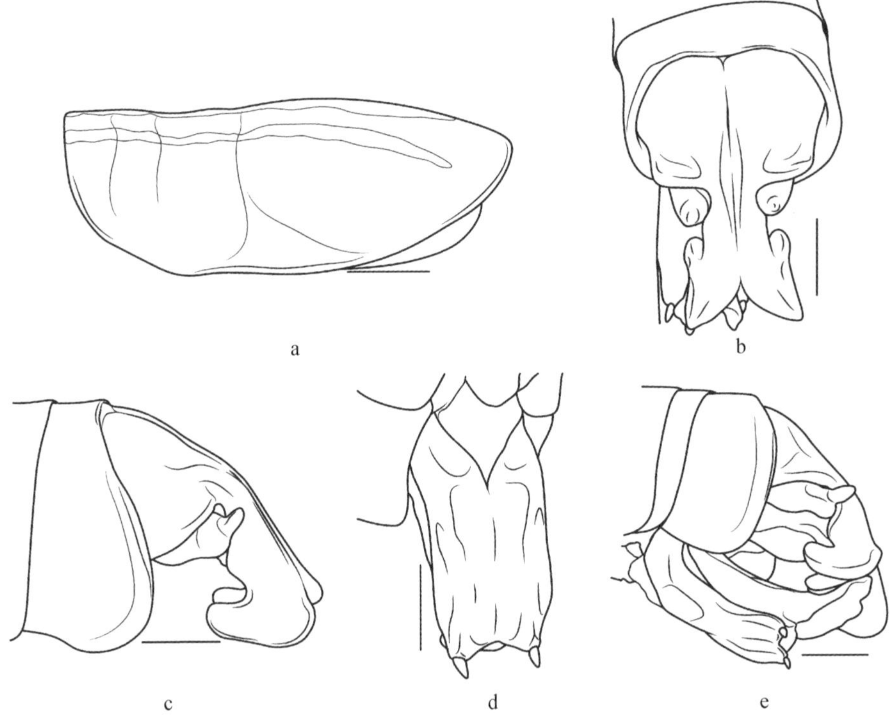

仿图45　锥尾皆穹螽 *Allicyrtaspis conicicersa* Shi, Bian & Chang, 2013
（仿Shi, Bian & Chang, 2013）
a. 雄性前胸背板，侧面观；b. 雄性腹端，背面观；c. 雄性末节背板与尾须，侧面观；d. 雄性下生殖板，腹面观；e. 雄性腹端，侧腹面观

AF. 45　*Allicyrtaspis conicicersa* Shi, Bian & Chang, 2013 (after Shi, Bian & Chang, 2013)
a. male pronotum, lateral view; b. end of male abdomen, dorsal view; c. last abdominal tergite and cercus of male, lateral view; d. subgenital plate of male, ventral view; e. end of male abdomen, laterally ventral view

侧观锚状，后缘开裂，腹缘具1对圆柱形突起，端部圆（仿图45b）；尾须略延长，基部粗壮，端部窄，弯向上方，末端钝圆（仿图45b，c，e）；外生殖器革质，超过下生殖板后缘，圆柱形，端半部上弯，末端扩展，呈矩形（仿图45e）；下生殖板稍延长，基部腹面凹，侧缘平行，后缘具浅缺口，腹突圆柱形，端部钝，着生于两侧角（仿图45d）。

雌性未知。

体淡黄褐色（活时可能为黄绿色）。前胸背板背片具1对褐色纵纹，近端部消失；后足胫节刺、爪端部褐色。

测量（mm）：体长♂12.0 ～ 13.0；前胸背板长♂5.7 ～ 6.0；前翅长♂1.1 ～ 1.3；后足股节长♂9.6 ～ 9.8。

检视材料：1♂（正模），广西临桂黄沙，2006.VIII.13，毛少利、王丽娟采。

模式产地及保存：中国广西临桂黄沙；河北大学博物馆（MHU），中国河北保定。

分布：中国广西。

（二十四）吟螽属 *Phlugiolopsis* Zeuner, 1940

Phlugiolopsis: Zeuner, 1940, *Journal of the Society for British Entomology*, 2: 77; Cohn, 1957, *Occasional papers, Museum of Zoology, University of Michigan*, 588: 3; Beier, 1966, *Orthopterorum Catalogus*, 9: 286; Harz, 1969, *Die Orthopteren Europas*, 1: 178; Gurney, 1975, *Proceedings of the Entomological Society of Washington*, 77(4): 428; Yamasaki, 1986, *Kontyu, Tokyo*, 54(2): 353–354; Kevan & Jin, 1993, *Tropical Zoology*, 6: 254; Kevan & Jin, 1993, *Invertebrate Taxonomy*, 7(6): 1591; Liu & Jin, 1994, *Contributions from Shanghai Institute of Entomology*, 11: 109; Jin & Xia, 1994, *Journal of Orthoptera Research*, 3: 26; Otte, 1997, *Orthoptera Species File 7*, 90; Kano *et al.*, 1999, *Tettigonia*, 1(2): 5; Shi & Ou, 2005, *Acta Zootaxonomica Sinica*, 30(2): 358; Bian, Shi & Chang, 2012, *Zootaxa*, 3281: 2; Wang, Li & Liu, 2012, *Zootaxa*, 3332: 27; Bian, Shi & Chang, 2012, *Zootaxa*, 3411: 55; Bian, Shi & Chang, 2013, *Zootaxa*, 3701(2): 159.

Acyrtaspis: Bey-Bienko, 1955, *Zoologicheskii Zhurnal*, 34: 1261; Beier, 1966, *Orthopterorum Catalogus*, 9: 282; Gorochov, 1993, *Zoosystematica*

Rossica, 2(1): 86–87; Liu & Jin, 1994, *Contributions from Shanghai Institute of Entomology*, 11: 108; Jin & Xia, 1994, *Journal of Orthoptera Research*, 3: 26; Otte, 1997, *Orthoptera Species File 7*, 94; Liu, 2000, *Zoological Research*, 21(3): 218 (syn.); Bian, Shi & Chang, 2012, *Zootaxa*, 3281: 2.

模式种：*Phlugiolopsis henryi* Zeuner, 1940

体较小，相对较纤弱，短翅类型。雄性前胸背板沟后区不隆起，后部非向下弯；侧片后部明显趋狭；前足胫节听器为开放型；后足股节膝叶无端刺，后足胫节具3对端距；前翅隐藏于前胸背板之下，雄性具发音器，雌性非侧置。雄性第10腹节背板无明显的突起或叶，尾须较复杂，具突起或叶，外生殖器完全膜质，不裸露。雌性产卵瓣较宽短，边缘光滑，腹瓣具端钩。

中国吟螽属分种检索表

1 前胸背板侧片黑褐色。雄性尾须基部具长的内突起；雌性下生殖板具圆三角形后缘 ……………**格氏吟螽 *Phlugiolopsis grahami* (Tinkham, 1944)**

– 前胸背板侧片淡褐色 …………………………………………………… 2

2 雄性已知 ………………………………………………………………… 3

– 雄性未知 ………………………………………………………………… 24

3 雄性尾须基半部内面非凹 ………………………………………………… 4

– 雄性尾须基半部内面凹陷 ………………………………………………… 8

4 雄性尾须较短 …………………………………………………………… 5

– 雄性尾须较长 …………………………………………………………… 7

5 雌性第8腹节背板后侧角具瘤突 ………………………………………… 6

– 雌性第8腹节背板后侧角不具瘤突；雄性尾须三岔状 …………………
…………… **三支吟螽 *Phlugiolopsis tribranchis* Bian, Shi & Chang, 2012**

6 雄性尾须端部稍内弯，基部膨大，形成圆形的背凸和尖的腹凸；雌性第8腹节背板后侧角瘤突较小，第9腹节背板下方产卵瓣基部具1向前瘤突 ………………… **山地吟螽 *Phlugiolopsis montana* Wang, Li & Liu, 2012**

– 雄性尾须基部腹面具1弯向背方的指状突，以中部向内直角弯曲，弯曲处侧扁，背侧具1尖叶；雌性第8腹节背板后侧角瘤突较大，产卵瓣基部无瘤突 …… **钩尾吟螽 *Phlugiolopsis uncicercis* Bian, Shi & Chang, 2013**

7 雄性尾须基部背支近三角形，端部斜截形，下生殖板具腹突；雌性下生殖板具圆中叶和平截的侧叶 …………………………………………………

……………… 篦尾吟螽 ***Phlugiolopsis pectinis*** **Bian, Shi & Chang, 2012**
- 雄性尾须基部背叶指状，尾须端部钝，下生殖板不具腹突；雌性下生殖板后缘宽圆，两侧具凹窝 ……………………………………………
……………… **长尾吟螽** ***Phlugiolopsis longicerca*** **Wang, Li & Liu, 2012**
8 雄性尾须近中部具明显内突起 …………………………………………… 9
- 雄性尾须近中部不具明显内突起 ………………………………………… 13
9 雄性尾须近中部内突起较短 ……………………………………………… 10
- 雄性尾须近中部内突起较长，指状；雌性下生殖板具1对侧隆线 ……
……………… **察隅吟螽** ***Phlugiolopsis chayuensis*** **Wang, Li & Liu, 2012**
10 雄性尾须近中部内突起扁，末端近截形 ………………………………… 11
- 雄性尾须近中部内突起圆锥状，末端尖 …………………………………
……… **大明山吟螽** ***Phlugiolopsis damingshanis*** **Bian, Shi & Chang, 2012**
11 雄性尾须基半部仅具背叶或复叶 ………………………………………… 12
- 雄性尾须基半部背腹缘均具明显的叶；雌性下生殖板后缘宽圆 ………
……………………… **瘤突吟螽** ***Phlugiolopsis tuberculata*** **Xia & Liu, 1993**
12 雄性尾须基部具背叶；雌性下生殖板后缘近梯形 ………………………
………………………… **小吟螽** ***Phlugiolopsis minuta*** **(Tinkham, 1943)**
- 雄性尾须基半部近中部具腹叶；雌性下生殖板后缘近三角形 …………
………………… **黄氏吟螽** ***Phlugiolopsis huangi*** **Bian, Shi & Chang, 2012**
13 雄性尾须基半部背腹叶在近中部相连 …………………………………… 14
- 雄性尾须基半部背腹叶不明显连接 ……………………………………… 17
14 雄性尾须基半部背腹叶较窄小，连接处不明显突出 …………………… 15
- 雄性尾须基半部背腹叶宽大，连接处较宽；雌性下生殖板后缘圆三角形
………………… **镘叶吟螽** ***Phlugiolopsis trullis*** **Bian, Shi & Chang, 2012**
15 雄性尾须基半部叶长 ……………………………………………………… 16
- 雄性尾须基半部背腹叶短，近圆球状；雌性下生殖板近半圆形 ………
……… **扁刺吟螽** ***Phlugiolopsis complanispinis*** **Bian, Shi & Chang, 2013**
16 雄性尾须端部扁三角形；雌性下生殖板后缘中央具凹口 ………………
………………… **黑腹吟螽** ***Phlugiolopis ventralis*** **Wang, Li & Liu, 2012**
- 雄性尾须端部刺状；雌性下生殖板后缘中央缺凹口 ……………………
…………… **新安吟螽** ***Phlugiolopsis xinanensis*** **Bian, Shi & Chang, 2013**
17 雄性尾须基部仅具明显的背叶或腹叶 …………………………………… 18
- 雄性尾须基部具明显的背腹叶 …………………………………………… 21
18 雄性尾须基部具2片相连的背叶 ………………………………………… 19
- 雄性尾须基部具直角状小腹叶；雌性下生殖板后缘中部延长 …………
…………… **凹缘吟螽** ***Phlugiolopsis emarginata*** **Bian, Shi & Chang, 2013**
19 雄性尾须内腹缘无任何突起 ……………………………………………… 20

－ 雄性尾须内腹缘近中部具1齿状突；雌性下生殖板具明显的后角和侧角 ………… **长角吟螽 *Phlugiolopsis longiangulis* Bian, Shi & Chang, 2013**

20 雄性尾须近基部的背叶背方无突起；雌性第8腹节背板后侧角不具瘤突 ……………………………… **短尾吟螽 *Phlugiolopsis brevis* Xia & Liu, 1993**

－ 雄性尾须近基部背叶背方具丘状突起；雌性第8腹节背板后侧角具瘤突 ……………… **指突吟螽 *Phlugiolopsis digitusis* Bian, Shi & Chang, 2012**

21 雄性尾须基部具指状背叶和宽圆腹叶；雌性未知 …………………… 22

－ 雄性尾须基部具宽圆的背叶和较窄的腹叶；雌性下生殖板基部两侧具突起 ………………………………………………………………………… 23

22 足具许多暗褐色刻点，腹突较短 ………………………………………… **刻点吟螽 *Phlugiolopsis punctata* Wang, Li & Liu, 2012**

－ 足不具刻点；腹突较长 ………………………………………………… **长突吟螽 *Phlugiolopsis elongata* Bian, Shi & Chang, 2013**

23 雄性尾须背叶后接1小齿；雌性下生殖板蝴蝶形 …………………… **云南吟螽 *Phlugiolopsis yunnanensis* Shi & Ou, 2005**

－ 雄性尾须背叶后方缺齿；雌性下生殖板近梯形，基部侧角扩展 ……… **缺齿吟螽 *Phlugiolopsis adentis* Bian, Shi & Chang, 2012**

24 雌性下生殖板具隆线 ………………………………………………… 25

－ 雌性下生殖板不具隆线，横宽近五角形 ………………………………… **五角吟螽 *Phlugiolopsis pentagonis* Bian, Shi & Chang, 2013**

25 雌性下生殖板不横宽，基部具1对侧隆线，端部具1中隆线………… **圆叶吟螽 *Phlugiolopsis circolobosis* Bian, Shi & Chang, 2013**

－ 雌性下生殖板横宽，侧角凸出，后缘中部凹，仅具1对侧隆线 ……… **隆线吟螽 *Phlugiolopsis carinata* Wang, Li & Liu, 2012**

136. 短尾吟螽 *Phlugiolopsis brevis* Xia & Liu, 1993（图91，图版56 ～ 59）

Phlugiolopsis brevis: Xia & Liu, 1993, *Insects of Wuling Mountains area, Southwestern China*, 94–95; Jin & Xia,1994, *Journal of Orthoptera Research*, 3: 26; Liu & Jin, 1994, *Contributions from Shanghai Institute of Entomology*, 11: 109; Otte, 1997, *Orthoptera Species File 7*, 90; Shi & Ou, 2005, *Acta Zootaxonomica Sinica*, 30(2): 359; Bian, Shi & Chang, 2012, *Zootaxa*, 3281: 3; Wang, Li & Liu, 2012, *Zootaxa*, 3332: 38; Bian, Shi & Chang, 2013, *Zootaxa*, 3701(2): 159–191; Shi *et al.*, 2013, *Zootaxa*, 3717(4): 596; Xiao *et al.*, 2016, *Far Eastern Entomologist*, 305: 18.

描述：体甚小，具光泽。头顶圆锥形，端部钝，背面具纵沟；复眼球形，向前凸出；下颚须细长，端节稍长于亚端节，端部稍扩大。前胸背板向后延伸，沟后区长于沟前区，沟后区背观稍扩宽，侧观稍抬高，侧片较矮，后缘倾斜，无肩凹（图91a）；前足基节具刺，各足股节腹面无刺，前足胫节腹面内外缘刺排列为4, 4 (1, 1)型，内外侧听器均为开放型，后足胫节背面内缘及外缘各具24 ～ 27个小齿，端部具3对端距；前翅小，隐藏

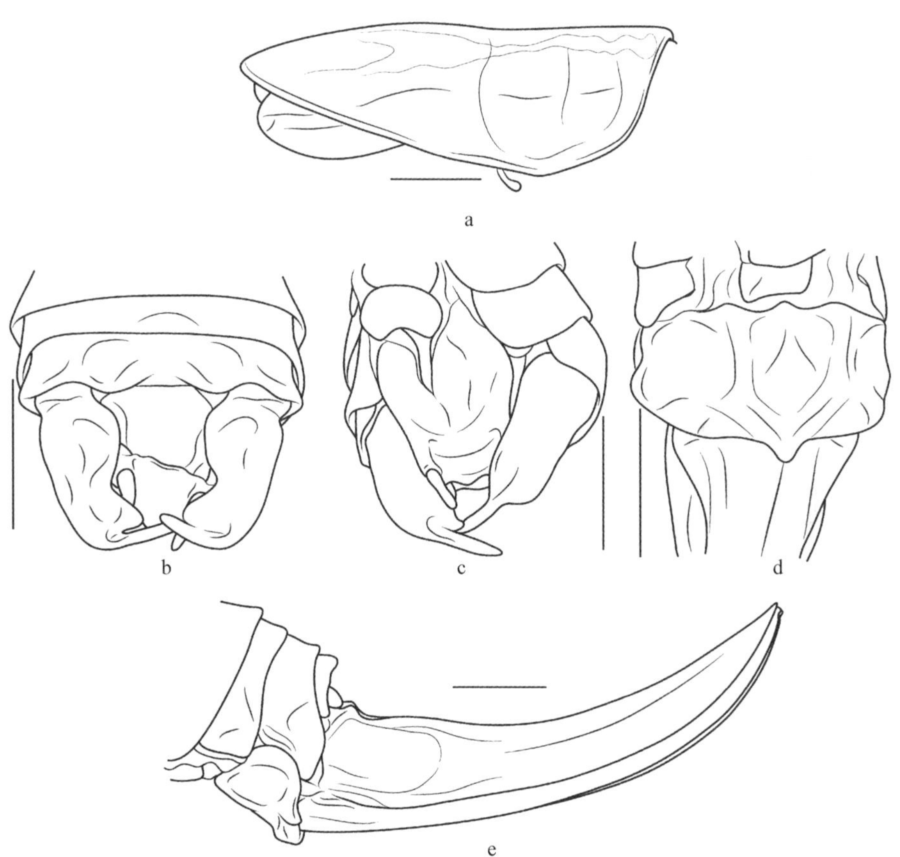

图91 短尾吟螽 *Phlugiolopsis brevis* Xia & Liu, 1993

a. 雄性前胸背板，侧面观；b. 雄性腹端，背面观；c. 雄性腹端，腹面观；d. 雌性下生殖板，腹面观；e. 雌性腹端，侧面观

Fig. 91 *Phlutgiolopsis brevis* Xia & Liu, 1993

a. male prontoum, lateral view; b. end of male abdomen, dorsal view; c. end of male abdomen, ventral view; d. female subgenital plate, ventral view; e. end of female abdomen, lateral view

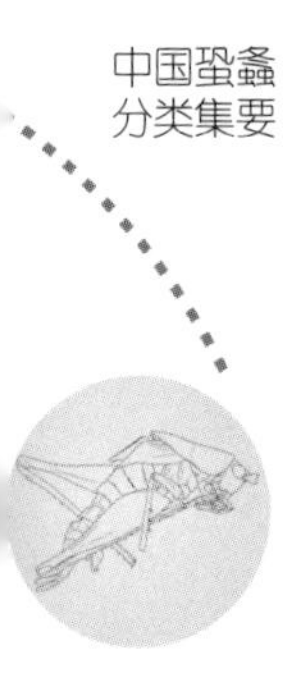

在前胸背板下，侧观可见，后翅退化消失。雄性第10腹节背板后缘稍波曲，无明显突起，中部稍凹两侧圆叶稍扩展（图91b）；尾须短，基2/3内侧强凹陷，边缘形成宽扁的叶，端1/3细，圆锥形，强弯向内侧（图91b，c）；下生殖板短宽，向端部趋狭，向腹面凸，后缘中部具1个二裂的小叶，腹突较细长位于亚端部两侧（图91c）。

雌性前翅稍露出前胸背板外，背观可见。下生殖板横宽，后缘宽圆，中央隆起并向后凸出（图91d）；产卵瓣短宽，端半部稍向上弯，腹瓣具端钩（图91e）。

体淡黄褐色（活时条纹黑褐色）。头部背面具4条淡褐色纵纹，前胸背板背面具淡褐色宽纵带。

测量（mm）：体长♂7.9～8.5，♀8.2～8.9；前胸背板长♂4.5～5.2，♀4.0～4.5；前翅长♂1.2～1.5，♀1.0～1.5；后足股节长♂7.0～8.4，♀8.5～10.0；产卵瓣长5.0～5.5。

检视材料：正模♂配模♀副模1♀，湖南慈利索溪峪，1988.IX.4，刘宪伟采；1♂1♀，浙江庆元百山祖，1 100 m，2006.IX.2～5，刘宪伟等采；1♂1♀，贵州习水三岔河，1 100 m，2006.X.21～26，刘宪伟、周顺采。10♂♂10♀♀，广西武鸣大明山，1 250 m，2013.VII.19～25，朱卫兵等采；5♂♂4♀♀，广西武鸣大明山，1 200 m，2012.VII.28～31，毕文烜采。

分布：中国浙江、湖南、广西、贵州。

137. 隆线吟螽 *Phlugiolopsis carinata* Wang, Li & Liu, 2012（图92）

Phlugiolopsis carinata: Wang, Li & Liu, 2012, *Zootaxa*, 3332: 43.

描述：体小。头顶圆锥形，短钝，背面具弱纵沟；复眼卵圆形，向前凸出；下颚须细长，端节稍短于亚端节。前胸背板稍延长，沟后区短于沟前区，背观趋狭，侧观不抬高，侧片稍高，后缘斜截形趋狭；前足胫节腹面内外刺排列为4, 4 (1, 1)型，后足胫节背面内外缘各具28个齿，端距3对；前翅明显超出前胸背板后缘，背观可见，后翅退化消失。雌性第8腹节背板侧面略向后扩展；第9腹节背板窄；尾须较短，圆锥形；下生殖板横宽，具明显突出的中叶，端部具缺口，两侧具侧叶，端部近直角，侧叶基部具向后岔开的侧隆线（图92a）；产卵瓣短于后足股节，腹瓣具端钩（图92b）。

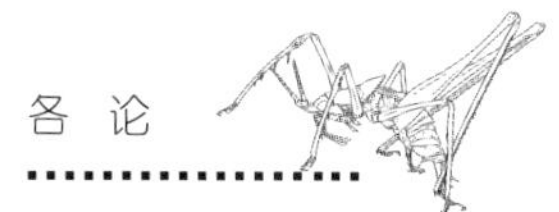

雄性未知。

体黄褐色，条纹已不清晰。头部背面具4条暗黑色纵条纹，触角具暗色环纹；前胸背板背面具暗色纵带，纵带两侧具不完整的黑边。后足股节端部和后足胫节背缘齿暗色。

测量（mm）：体长♀7.0；前胸背板长♀3.5；前翅长♀1.5；后足股节长♀8.7；产卵瓣长5.0。

检视材料：正模♀，浙江庆元百山祖，1 100 m，2006.IX.2 ～ 5，刘宪伟等采。

分布：中国浙江。

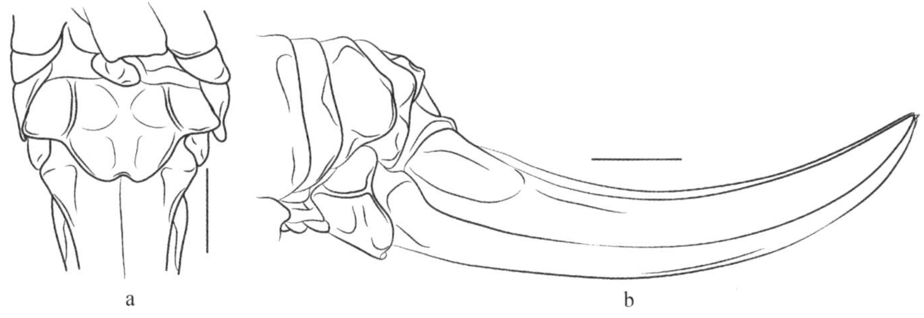

图92　隆线吟螽 *Phlugiolopsis carinata* Wang, Li & Liu, 2012
a. 雌性下生殖板，腹面观；b. 雌性腹端，侧面观

Fig. 92　*Phlugiolopsis carinata* Wang, Li & Liu, 2012
a. female subgenital plate, ventral view; b. end of female abdomen, lateral view

138. 察隅吟螽 *Phlugiolopsis chayuensis* Wang, Li & Liu, 2012（图93）

Phlugiolopsis chayuensis: Wang, Li & Liu, 2012, *Zootaxa*, 3332: 30.

描述：体小型。头顶圆锥形，端部钝，基部稍宽，背面具纵沟；复眼球形，向前凸出；下颚须细长，端节长于亚端节，端部稍扩大。前胸背板向后延伸，沟后区长于沟前区，沟后区背观趋狭，侧观不抬高，后缘尖圆，侧片稍高，后缘倾斜，无肩凹；前足基节具刺，各足股节腹面无刺，前足胫节腹面内外缘刺排列为4, 5 (1, 1)型，内外侧听器均为开放型，后足胫节背面内缘及外缘各具20 ～ 24个小齿，端部具3对端距；前翅小，隐藏在前胸背板下，侧观可见，后翅退化消失。雄性第10腹节背板横宽，后缘中部稍凹；尾须较短，基部具三角形内叶，中部分为背腹2支，弯向内，

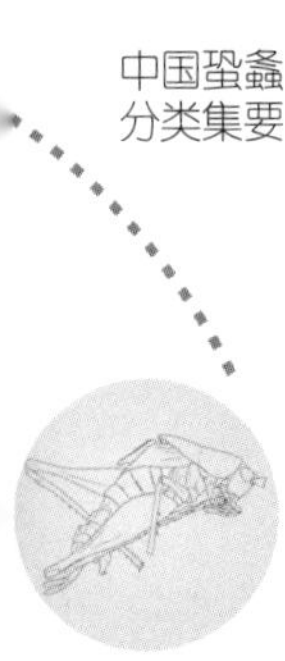

背支较长稍尖，腹支较短指状（图93a ～ c）；下生殖板稍长，端1/3趋狭，后缘略凹，腹突较细长位于2/3处（图93c）。

雌性尾须较短；下生殖板横宽，后缘中部具凸出的中叶，叶中部具缺口，基部两侧各具1条斜行的隆线，表面凹凸不平（图93d，e）；产卵瓣短宽，短于后足股节，腹瓣具端钩（图93e）。

体淡黄褐色（活时条纹黑褐色）。头部背面具4条淡褐色纵纹，触角具稀疏的暗环纹，前胸背板背面具淡褐色宽纵带和1对棕色侧纹，股节端部暗色。

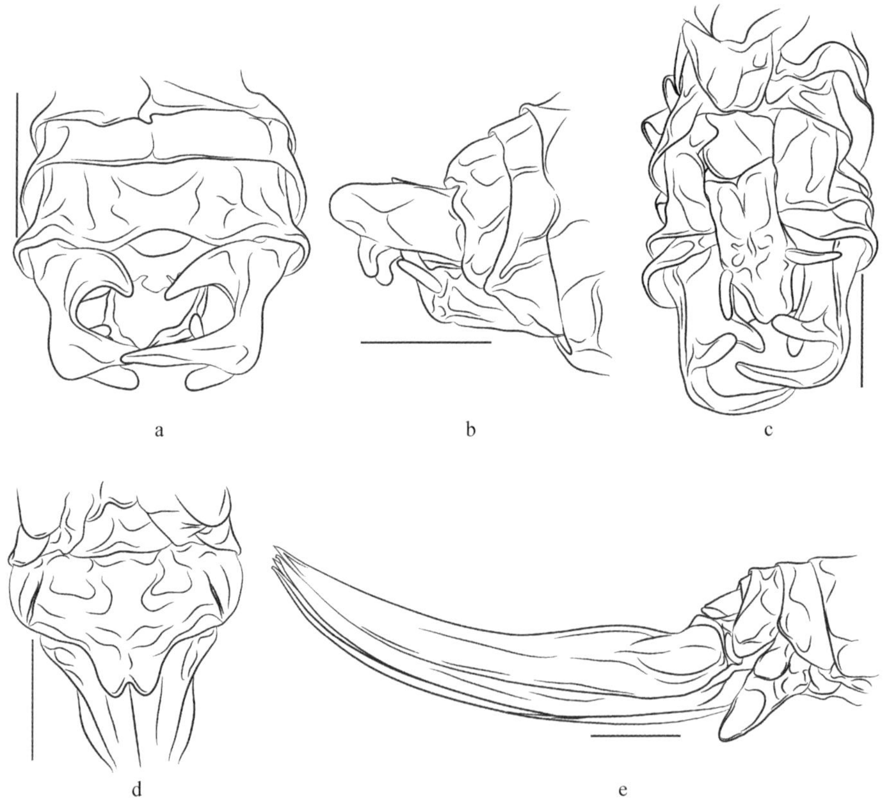

图93　察隅吟螽 *Phlugiolopsis chayuensis* Wang, Li & Liu, 2012
a. 雄性腹端，背面观；b. 雄性腹端，侧面观；c. 雄性腹端，腹面观；d. 雌性下生殖板，腹面观；e. 产卵瓣，侧面观

Fig. 93　*Phlugiolopsis chayuensis* Wang, Li & Liu, 2012
a. end of male abdomen, dorsal view; b. end of male abdomen, lateral view; c. end of male abdomen, ventral view; d. female subgenital plate, ventral view; e. ovipositor, lateral view

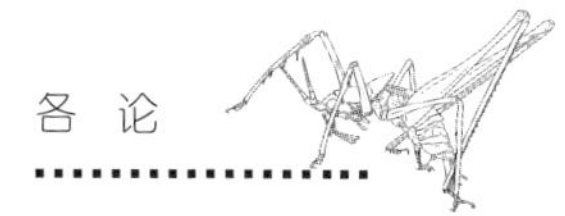

测量（mm）：体长♂7.0，♀8.0～8.3；前胸背板长♂4.0，♀4.6～4.1；前翅长♂1.0，♀1.0～1.2；后足股节长♂7.5，♀8.0～8.2；产卵瓣长5.0～5.2。

检视材料：正模♂，1♀副模，西藏察隅下察隅，1 600 m，2010.VIII.24～28，毕文烜采；1♀副模，西藏墨脱，1 100 m，2011.VIII.16，毕文烜采。

分布：中国西藏。

139. 格氏吟螽 *Phlugiolopsis grahami* (Tinkham, 1944)（仿图46）

Xiphidiopsis grahami: Tinkham, 1944, *Proceedings of the United States National Museum*, 94: 507, 510; Tinkham, 1956, *Transactions of American Entomological Society*, 82: 3, 5.

Acyrtaspis grahami: Bey-Bienko, 1955, *Zoologicheskii Zhurnal*, 34: 1261; Beier, 1966, *Orthopterorum Catalogus*, 9: 281; Liu & Jin, 1994, *Contributions from Shanghai Institute of Entomology*, 11: 108; Jin & Xia, 1994, *Journal of Orthoptera Research*, 3(1): 26; Otte, 1997, *Orthoptera Species File 7*, 94.

Phlugiolopsis grahami: Shi & Ou, 2005, *Acta Zootaxonomica Sinica*, 30(2): 358; Bian, Shi & Chang, 2012, *Zootaxa*, 3281: 5; Wang, Li & Liu, 2012, *Zootaxa*, 3332: 28; Bian, Shi & Chang, 2013, *Zootaxa*, 3701(2): 159–191.

描述：体小型。头顶短，端部钝，基部稍宽，背面具纵沟；复眼球形凸出。前胸背板宽，向后延伸，沟后区稍扩宽，稍长于沟前区，后缘钝圆，侧观稍抬高，侧片稍高，后缘倾斜，无肩凹；前翅小，背观被前胸背板遮盖不可见，端部侧观可见；各足股节腹面无刺，前足胫节腹面内外缘刺排列为4, 4 (1, 1)型，内外侧听器均为开放型，后足胫节背面内缘及外缘各具23～28个小齿，端部具3对端距。雄性第10腹节背板横宽，后缘中部表面稍凹（仿图46a）；尾须稍长，分叉，外支较长内弯，亚端部稍扩宽，内支较短近锥形（仿图46b）；下生殖板小，三角形，末端具小缺刻，端1/3趋狭，后缘略凹，腹突较近位于亚端部（仿图46c）。

雌性尾须较短；下生殖板近五边形，具宽大的后叶和凸出的侧角（仿图46d）；产卵瓣短，较直，近中部稍窄，端部稍宽，腹瓣具明显端钩（仿

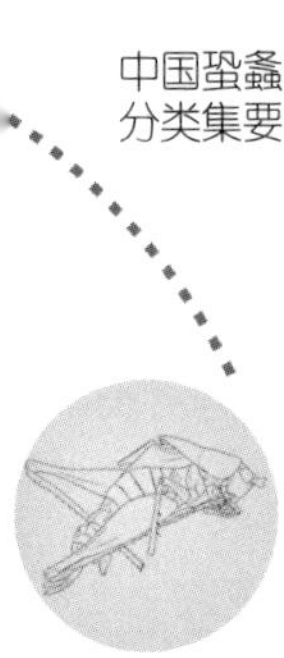

图46e）。

体淡黄褐色，斑纹黑褐色。头部背面具4条深褐色纵纹，前胸背板背片具淡褐色宽纵带和黑褐色镶边，在沟后区扩宽，侧片黑褐色，后部淡色；腹部颜色稍深，股节端部暗色。

测量（mm）：体长♂6.0，♀6.0；前胸背板长♂3.7，♀4.2；前翅长♂1.0，♀1.2；后足股节长♂7.0，♀8.6；产卵瓣长9.8。

检视材料：1♂，四川石棉栗子坪，1 500 m，2007.VII.21，刘宪伟等采。1♂1♀，四川峨眉山，2010.IX.17，郭立英采（河北大学博物馆）。

模式产地及保存：中国四川峨眉山新开寺；美国国家博物馆（USNM），美国华盛顿。

分布：中国四川。

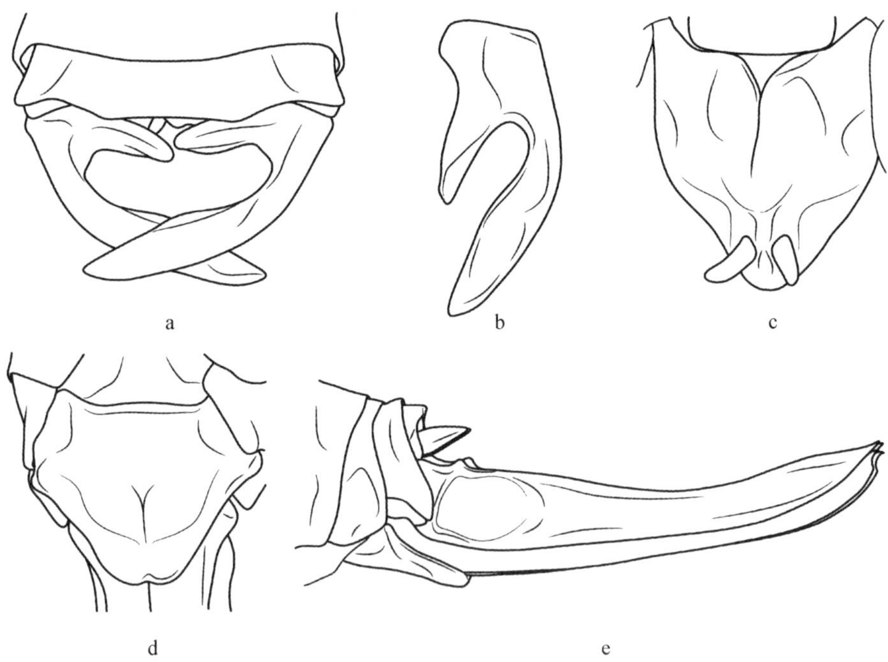

仿图46　格氏吟螽 *Phlugiolopsis grahami* (Tinkham,1944)（仿Bian, Shi & Chang, 2012）
a. 雄性腹端，背面观；b. 雄性左尾须，腹面观；c. 雄性下生殖板，腹面观；d. 雌性下生殖板，腹面观；e. 雌性腹端，侧面观

AF. 46　*Phlugiolopsis grahami* (Tinkham,1944) (after Bian, Shi & Chang, 2012)
a. end of male abdomen, dorsal view; b. left cercus, ventral view; c. male subgenital plate, ventral view; d. female subgenital plate, ventral view; e. end of femal abdomen, lateral view

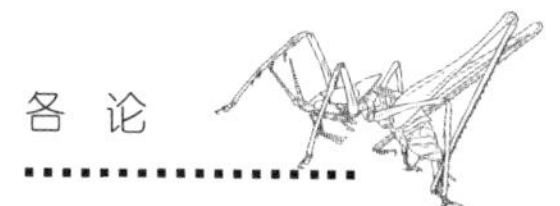

140. 长尾吟螽 *Phlugiolopsis longicerca* Wang, Li & Liu, 2012（图94）

Phlugiolopsis longicerca: Wang, Li & Liu, 2012, *Zootaxa*, 3332: 32.

描述：体较小。头顶圆锥形，向前突出，端部钝，背面具沟；复眼卵圆形，向前凸出；下颚须端节等长于亚端节，端部稍膨大。前胸背板延长，沟后区等长于沟前区，不扩展和抬高，后缘宽圆，侧片后部明显趋狭；前足胫节听器为开放型，内外刺为4, 4 (1, 1)型，后足胫节具3对端距，背面内外缘各具28～31个齿；前翅隐藏于前胸背板之下，雄性具发

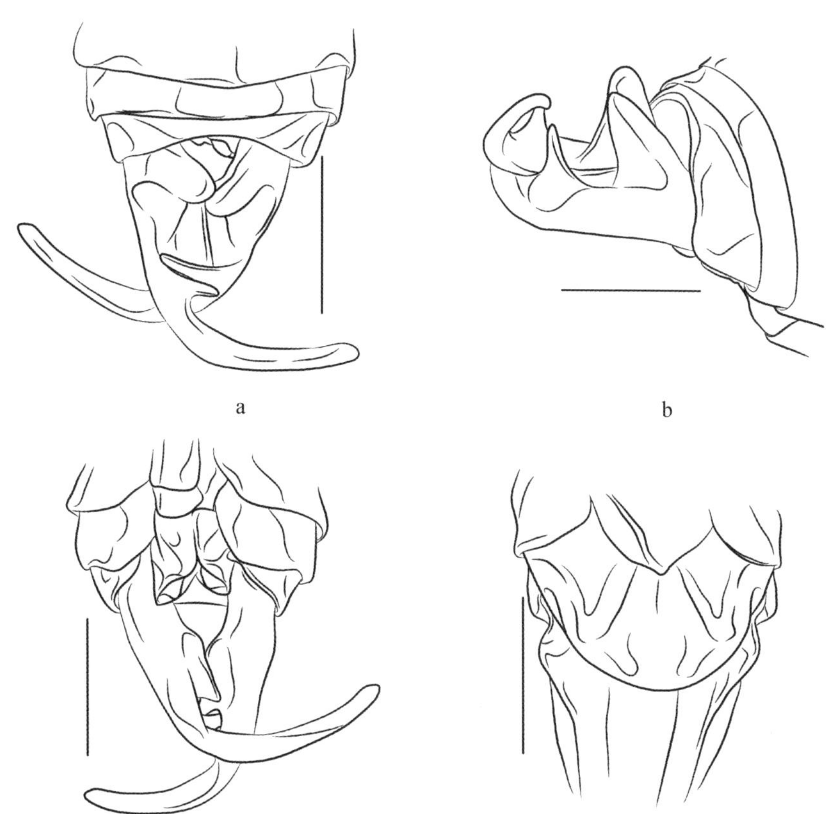

图94 长尾吟螽 *Phlugiolopsis longicerca* Wang, Li & Liu, 2012
a. 雄性腹端，背面观；b. 雄性腹端，侧面观；c. 雄性腹端，腹面观；d. 雌性下生殖板，腹面观

Fig. 94 *Phlugiolopsis longicerca* Wang, Li & Liu, 2012
a. end of male abdomen, dorsal view; b. end of male abdomen, lateral view; c. end of male abdomen, ventral view; d. female subgenital plate, ventral view

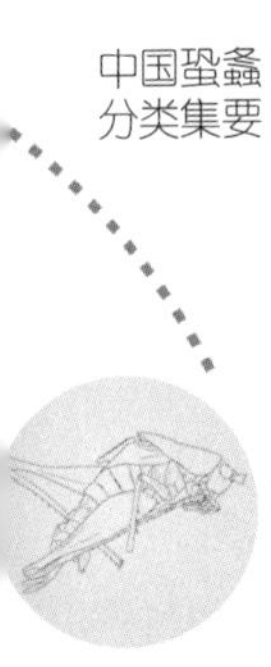

音器。雄性第10腹节背板后缘中央微凹；尾须较长，基部具1个较大的三角形背突起，腹缘具1个窄长的叶，中部具1个稍小的三角形背突起，端半部强内弯，稍纤细，末端钝圆（图94a，b）；下生殖板损毁和皱缩末端形态无法观察，不见腹突（图94c）。

雌性尾须近圆锥形；下生殖板短，稍横宽，两侧角向下卷曲，后缘宽圆，腹面中央鼓起（图94d）；产卵瓣较短，适度上弯，端部具弱端钩。

体深褐色。头部背面具4条黑褐色暗纹，纹理间深褐色，前胸背板背片具1深棕色纵带，边缘深黑色，镶边颜色稍淡，在沟后区稍扩宽；腹部全部深黑色。

测量（mm）：体长♂7.4，♀5.9～6.1；前胸背板长♂4.2，♀4.0～4.3；前翅长♂1.0，♀1.0；后足股节长♂8.8，♀7.9～8.3；产卵瓣长4.9～5.0。

检视材料：正模♂副模2♀♀，西藏墨脱背崩，1 560 m，2011.VII.12，毕文烜采。

分布：中国西藏。

141. 小吟螽 *Phlugiolopsis minuta* (Tinkham, 1943)（图95，图版60，61）

Xiphidiopsis minuta: Tinkham, 1943, *Notes d'Entomologie Chinoise, Musée Heude*, 10(2): 42; Tinkham, 1944, *Proceedings of the United States National Museum*, 94: 508; Tinkham, 1956, *Transactions of the American Entomological Society*, 82: 5; Beier, 1966, *Orthopterorum Catalogus*, 9: 274.

Thaumaspis minuta: Bey-Bienko,1957, *Entomologicheskoe Obozrenie*, 36: 412.

Phlugiolopsis minuta: Yamasaki, 1982, *Kontyu, Tokyo*, 54(2): 357; Liu & Jin, 1994, *Contributions from Shanghai Institute of Entomology*, 11: 109; Jin & Xia, 1994, *Journal of Orthoptera Research*, 3(1): 26; Otte, 1997, *Orthoptera Species File 7*, 90; Liu & Zhang, 2001, *Insects of Tianmushan National Nature Reserve*, 96; Shi & Ou, 2005, *Acta Zootaxonomica Sinica*, 30(2): 358; Bian, Shi & Chang, 2012, *Zootaxa*, 3281: 6; Wang, Li & Liu, 2012, *Zootaxa*, 3332: 35; Bian, Shi & Chang, 2013, *Zootaxa*, 3701(2): 159–191; Xiao *et al.*, 2016, *Far Eastern Entomologist*, 305: 18.

Phlugiolopsis fallax: Xia & Liu, 1993, *Insects of Wuling mountains area,*

Southwestern China, 93; Liu & Jin, 1994, *Contributions from Shanghai Institute of Entomology*, 11: 109; Jin & Xia, 1994, *Journal of Orthoptera Research*, 3(1): 26; Liu & Zhang, 2001, *Insects of Tianmushan National Nature Reserve*, 96.

描述：体小，具光泽。头顶圆锥形较短，端部钝，背面具纵沟；复眼球形，向前凸出；下颚须细长，端节稍短于亚端节，端部稍扩大。前胸背板向后延伸，沟后区等于沟前区，沟后区背观不扩宽，侧观平直，侧片较矮，腹缘凸圆，后缘稍倾斜，无肩凹；前足基节具刺，各足股节腹面无刺，前足胫节腹面内外缘刺排列为4, 5 (1, 1)型，内外侧听器均为开放型，后足胫节背面内缘及外缘各具29～32个小齿，端部具3对端距；前翅小，超过前胸背板后缘，背观可见，后翅退化消失。雄性第10腹节背板后缘中央浅凹；尾须较长，基部较厚实，内侧凹，背缘形成宽扁的叶，中部具1个近方形的较大内叶，端部纤细向内方弯曲（图95a）；下生殖板较宽，基部裂为两半，末端凸圆向背方翘起，近中部向腹面凸，腹突位于凸圆端部两侧，短小（图95b）。

雌性前翅稍露出前胸背板外，背观可见。下生殖板横宽，后缘波曲形，中部与两侧凸，两侧角呈直角弯向背方，弯折处具隆线，腹面凹凸不平整（图95c，d）；产卵瓣短宽，端半部稍向上弯，腹瓣具端钩（图95d）。

体淡褐色。头部背面具4条淡褐色纵纹，前胸背板背面具暗褐色宽纵带，沟后区中间颜色淡，后足股节膝部暗色。

测量（mm）：体长♂7.1～8.0，♀7.5～7.6；前胸背板长♂4.0～4.2，♀3.9～4.0；前翅长♂1.7，♀1.6～1.7；后足股节长♂7.9～8.1，♀7.5～7.8；产卵瓣长5.0～5.2。

检视材料：正模♀，江西牯岭，1934.IX.9，Piel采；1♂（*Phlugiolopsis fallax*正模），湖南衡山，1986.IX.31，刘宪伟采；1♂5♀♀，浙江天目山老殿，1999.X.11～13，刘宪伟、殷海生采。2♂♂4♀♀，浙江天目山老殿，1 100 m，2013.VIII.31，刘宪伟等采；3♂♂3♀♀，广西兴安猫儿山，1 700～2 100 m，2013.VIII.6，刘宪伟等采；1♂3♀♀，广西兴安猫儿山，900～1 000 m，1992.VIII.22～23，刘宪伟、殷海生采。

分布：中国浙江、江西、湖南、广西。

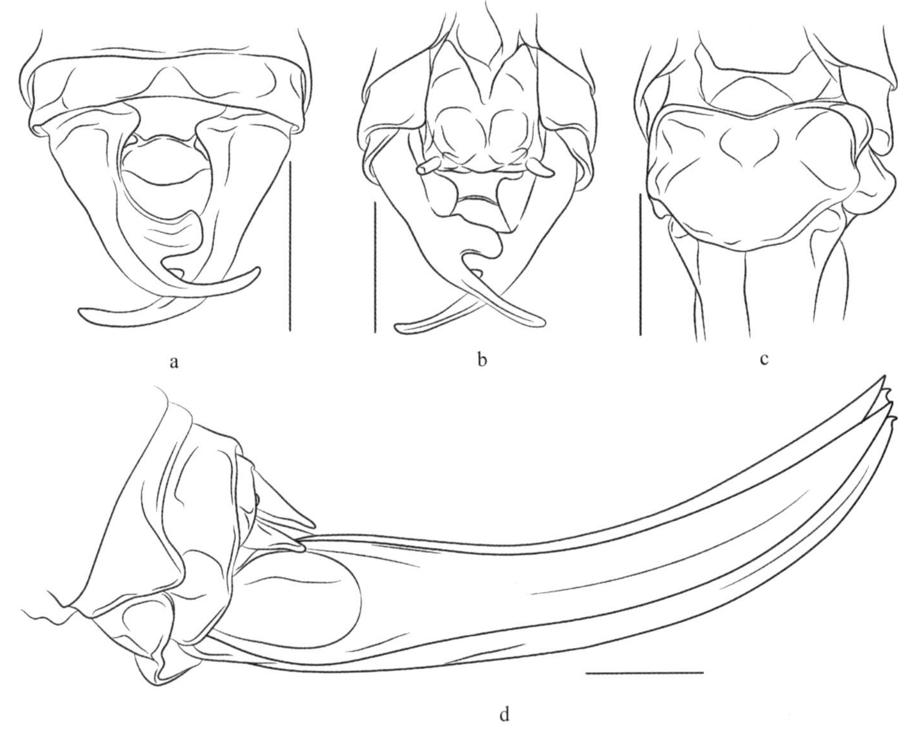

图95　小吟螽 *Phlugiolopsis minuta* (Tinkham, 1943)

a. 雄性腹端，背面观；b. 雄性下生殖板，腹面观；c. 雌性下生殖板，腹面观；d. 雌性腹端，侧面观

Fig. 95　*Phlugiolopsis minuta* (Tinkham, 1943)

a. end of male abdomen, dorsal view; b. male subgenital plate, ventral view; c. female subgenital plate, ventral view; d. end of female abdomen, lateral view

142. 山地吟螽 *Phlugiolopsis montana* Wang, Li & Liu, 2012（图96）

Phlugiolopsis montana: Wang, Li & Liu, 2012, *Zootaxa*, 3332: 40.

描述：体较小。头顶短，基部宽，端部钝圆，背面纵沟弱；复眼半球形，向前凸出；下颚须端节约等长于亚端节。前胸背板较短，沟后区短于沟前区，不扩展非抬高，侧片稍高，后缘趋狭；前足胫节腹面内外刺排列为4, 5 (1, 1)型，中足胫节腹面具4个内刺和5个外刺，后足胫节背面内外缘各具22 ～ 23个齿，端距3对；前翅明显超出前胸背板后缘。雄性第10腹节背板后缘无明显的突起；尾须基部较粗壮，内侧凹陷，具圆形的上叶和三角形的下叶，端2/3圆柱形，适度内弯，端部尖形（图96a ～ d）；

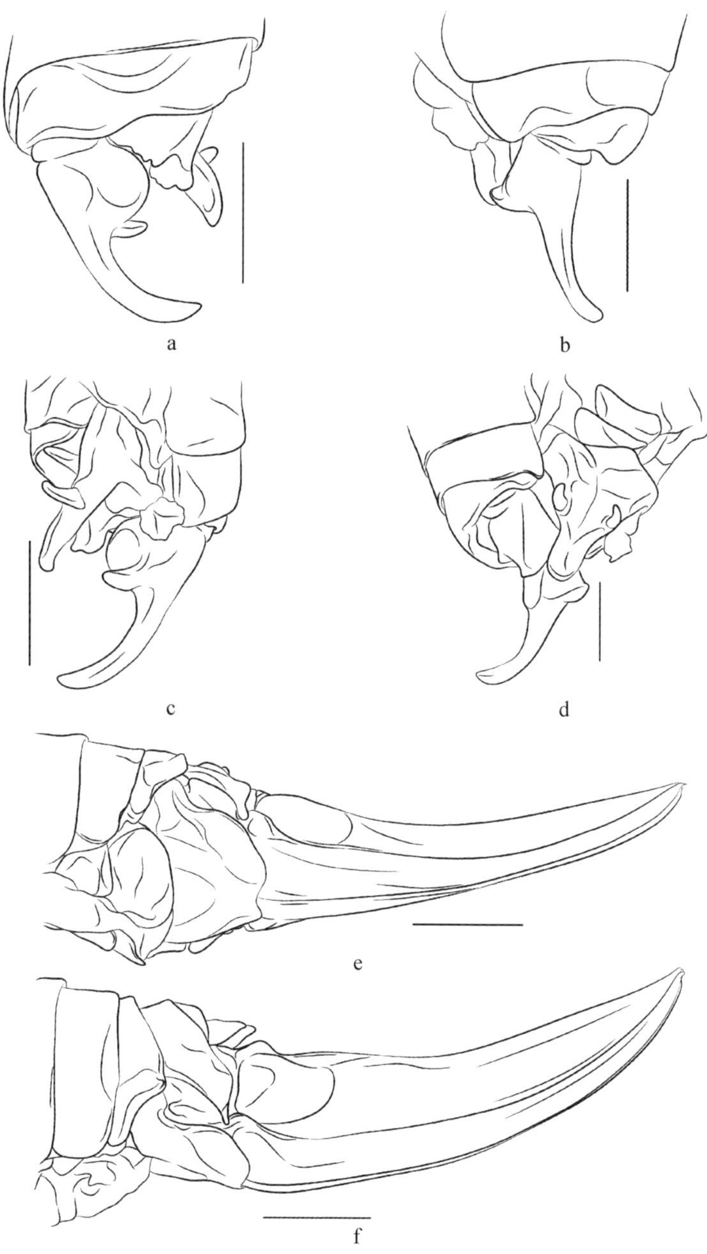

图96 山地吟螽 *Phlugiolopsis montana* Wang, Li & Liu, 2012

a. 雄性腹端，背面观；b. 雄性腹端，侧面观；c. 雄性腹端，腹面观；d. 雄性下生殖板，腹面观；e. 雌性腹端，腹面观；f. 雌性腹端，侧面观

Fig. 96 *Phlugiolopsis montana* Wang, Li & Liu, 2012

a. end of male abdomen, dorsal view; b. end of male abdomen, lateral view; c. end of male abdomen, ventral view; d. male subgenital plate, ventral view; e. end of female abdomen, ventral view; f. end of female abdomen, lateral view

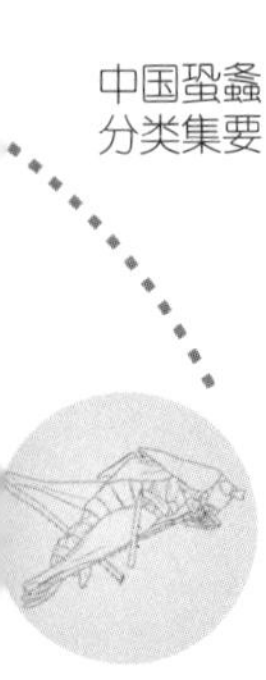

下生殖板似五边形，基部宽，基1/3处向端部趋狭，腹突约位于中部两侧（图96d）。

雌性头顶短，基部宽，端部钝圆，背面具纵沟；复眼半球形，向前凸出；下颚须端节约等长于亚端节。前胸背板较短，沟后区短于沟前区，不扩展非抬高，侧片稍高，后缘趋狭；前足胫节腹面内外刺排列为4, 4 (1, 1)型，中足胫节腹面具5个内刺和5个外刺，后足胫节背面内外缘各具19～21个齿，端距3对；前翅明显超出前胸背板后缘。雌性第8腹节背板两侧各具1个瘤突（图96e，f）。下生殖板近半圆形，基部两侧角形突出，端部具浅的凹缘（图96e）；产卵瓣短于后足股节，腹瓣基部两侧各具1个瘤突，端部具小钩（图96e，f）。

体黄褐色。头部背面具4条暗黑色纵条纹，触角具暗色环纹。前胸背板背面具暗色纵带，纵带两侧具不明显的黑边。后足股节端部和后足胫节背缘齿暗色。

测量（mm）：体长♂7.0，♀8.5；前胸背板长♂3.0，♀3.0；前翅长♂1.0，♀1.0；后足股节长♂7.0，♀7.5；产卵瓣长4.5。

检视材料：正模♂，云南保山北庙水库，1981.IX.20，何秀松采；副模4♀♀，云南腾冲大蒿坪，1991.IX.17，刘祖尧、王天齐和殷海生采。

分布：中国云南。

143. 刻点吟螽 *Phlugiolopsis punctata* Wang, Li & Liu, 2012（图97，图版62）

Phlugiolopsis punctata: Wang, Li & Liu, 2012, *Zootaxa*, 3332: 36.

描述：体小。头顶稍长，端部钝圆，背面具纵沟；复眼半球形，向前凸出；下颚须端节约等长于亚端节。前胸背板较短，沟后区短于沟前区，不扩展非抬高，侧片稍高，后缘趋狭；前足胫节腹面内、外缘刺排列为4, 4 (1, 1)型，中足胫节腹面具5个内刺和5个外刺，后足胫节背面内、外缘各具27～29个齿，端距3对；前翅几乎不超出前胸背板后缘。雄性第10腹节背板后缘无明显的突起，后缘中央凹入（图97a）；尾须基部较粗壮，内侧凹陷，具指状的上叶和圆形的下叶，端半部圆柱形，具尖形的端部（图97a，b）；下生殖板狭长，向端部趋狭，端部截形并向下弯卷，腹突位于亚端部两侧（图97b）。

雌性未知。

体淡黄褐色。头部背面具4条暗黑色纵条纹，触角具不明显暗色环纹。

前胸背板背面具2条暗黑色纵带，纵带之间淡褐色。足具许多暗褐色刻点（图版62）。腹部背面具暗色中带，腹部背板近侧缘黑褐色，第8～10腹节背板具暗色横带（图版62）。

测量（mm）：体长♂8.0；前胸背板长♂3.3；前翅长♂1.0；后足股节♂7.0。

检视材料：正模♂，云南纳板河蚌冈哈尼，1 800 m，2008.IX.13，汤亮、胡佳耀采。

分布：中国云南。

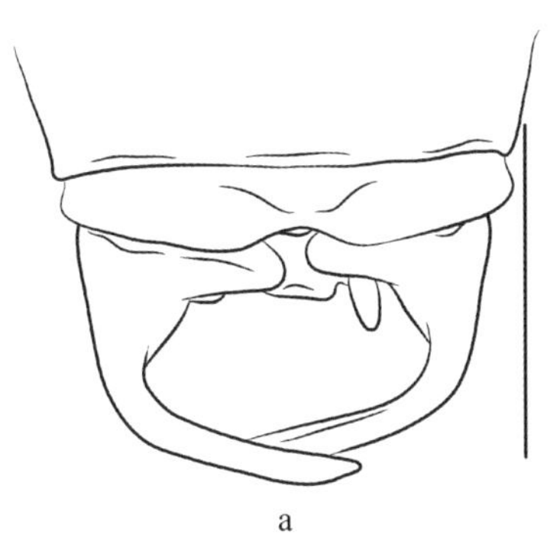

a

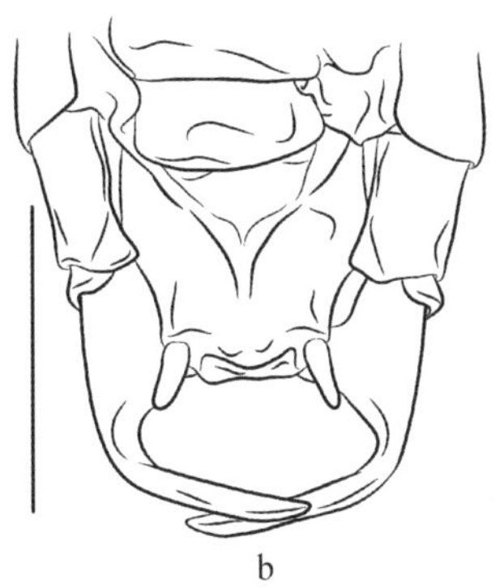

b

图97　刻点吟螽 *Phlugiolopsis punctata* Wang, Li & Liu, 2012
a. 雄性腹端，背面观；b. 雄性腹端，腹面观

Fig. 97　*Phlugiolopsis punctata* Wang, Li & Liu, 2012
a. end of male abdomen, dorsal view; b. end of male abdomen, ventral view

144. 篦尾吟螽 *Phlugiolopsis pectinis* Bian, Shi & Chang, 2012（图98）

Phlugiolopsis pectinis: Bian, Shi & Chang, 2012, *Zootaxa*, 3281: 9; Bian, Shi & Chang, 2013, *Zootaxa*, 3701(2): 178, 180, 190.

Phlugiolopsis ramosissima: Wang, Li & Liu, 2012, *Zootaxa*, 3332: 31; Bian, Shi & Chang, 2012, *Zootaxa*, 3411: 55.

描述：体较小。头顶圆锥形，稍长粗壮，端部钝，背面具沟；复眼卵圆形，向前凸出；下颚须端节稍长于亚端节，端部稍膨大。前胸背板延长，沟后区短于沟前区，不扩展和抬高，后缘宽圆，侧片稍高，后部明显趋狭。前足胫节腹面内外缘刺为4, 4 (1, 1)型，后足胫节具3对端距，背

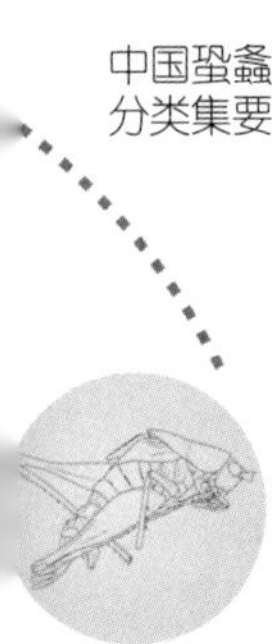

面内外缘各具26～29个齿；前翅稍超过前胸背板后缘。雄性第10腹节背板后缘截形，中央区域表面方形微凹（图98a）；尾须较长，稍内弯，基半部内表面稍凹，具3个分支，背面2支近三角形，端半部细内弯，端部钝截形（图98a～c）；下生殖板短，后缘具1小的齿状中突，腹突较短（图98c）。

雌性下生殖板基部宽，基部中央具1对弱隆脊，端半部具一对平截的侧角和宽大的中叶，叶后缘钝圆，（图98d）；产卵瓣短于后足股节，腹瓣具端钩（图98e）。

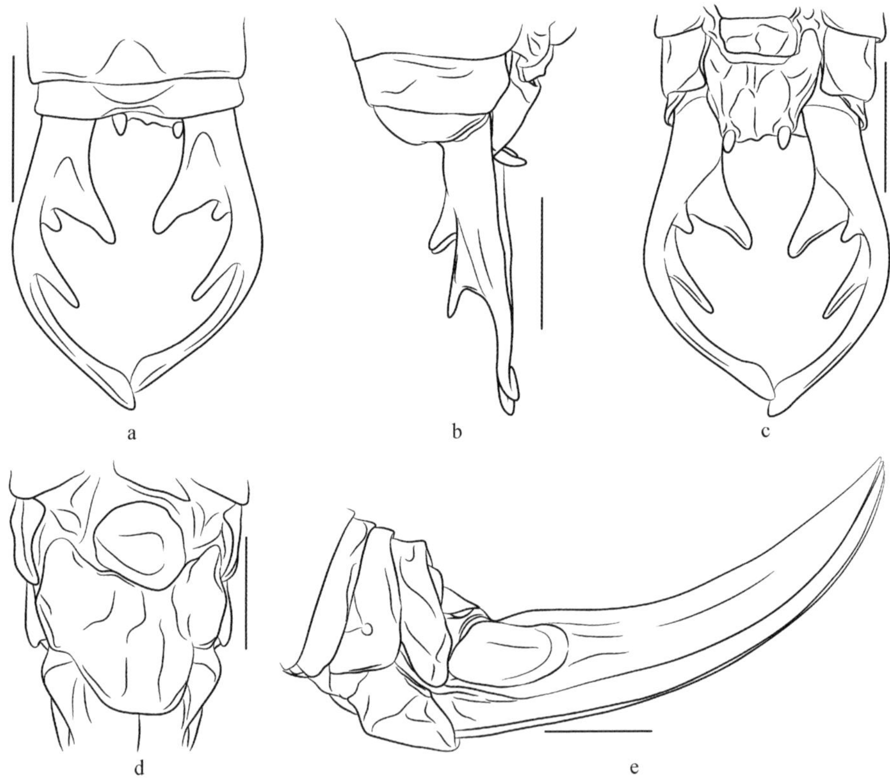

图98　篦尾吟螽 *Phlugiolopsis pectinis* Bian, Shi & Chang, 2012
a. 雄性腹端，背面观；b. 雄性腹端，侧面观；c. 雄性腹端，腹面观；d. 雌性下生殖板，腹面观；e. 雌性腹端，侧面观

Fig. 98　*Phlugiolopsis pectinis* Bian, Shi & Chang, 2012
a. end of male abdomen, dorsal view; b. end of male abdomen, lateral view; c. end of male abdomen, ventral view; d. subgenital plate of female, ventral view; e. end of female abdomen, lateral view

体黑褐色。头部背面具4条黑褐色暗纹，中部两条近融合，触角具些许散在的环纹，前胸背板背片具1暗棕色纵带，在沟后区具1对黑色侧纹；腹部全部深黑色，股节端部暗色。

测量（mm）：体长♂8.9～9.0，♀8.1～8.3；前胸背板长♂4.1～4.2，♀4.1～4.7；前翅长♂1.0，♀1.0；后足股节长♂8.7～8.9，♀7.9～8.3；产卵瓣长5.0～5.4。

检视材料：2♂♂2♀♀（*Phlugiolopsis ramosissima*正模和副模），西藏，2011.VI～IX，毕文烜采。

模式产地及保存：中国西藏林芝墨脱；河北大学博物馆（MHU），中国河北保定。

分布：中国西藏。

145. 瘤突吟螽 *Phlugiolopsis tuberculata* Xia & Liu, 1993（图99）

Phlugiolopsis tuberculata: Xia & Liu, 1993, *Insects of Wuling mountains area, Southwestern China*, 93; Jin & Xia, 1994, *Journal of Orthoptera Research*, 3(1): 26; Liu & Jin, 1994, *Contributions from Shanghai Institute of Entomology*, 11: 109; Otte, 1997, *Orthoptera Species File 7*, 90; Shi & Ou, 2005, *Acta Zootaxonomica Sinica*, 30(2): 359; Bian, Shi & Chang, 2012, *Zootaxa*, 3281: 8; Wang, Li & Liu, 2012, *Zootaxa*, 3332: 39; Han, Liu & Shi, 2015, *International Journal of Fauna and Biological Studies*, 2(1): 19.

描述：体稍小。头顶圆锥形较短，端部钝，基部宽，背面具弱纵沟；复眼卵圆形，向前凸出；下颚须较短，端节等长于亚端节，端部稍扩大。前胸背板向后延伸，沟后区长于沟前区，沟后区背观不扩宽，侧观平直，侧片较矮，后缘稍倾斜，无肩凹；前足基节具刺，各足股节腹面无刺，前足胫节腹面内外缘刺排列为4, 4 (1, 1)型，内外侧听器均为开放型，后足胫节背面内缘及外缘各具24～25个小齿，端部具3对端距；前翅小，超过前胸背板后缘，背观可见，后翅退化消失。雄性第10腹节背板后缘中央具1对小瘤突，瘤突之间微凹（图99a）；尾须基2/3粗壮，内侧凹陷，背缘形成较宽扁的边缘波曲叶，腹缘形成端部方形叶，端1/3较细，基部内弯（图99a）；下生殖板向端部趋狭，后缘圆形，腹突较细长，位于下生殖板两侧亚端部（图99b）。

雌性第8腹节背板两侧各具1个小瘤突（图99c，d）；第10腹节背板中

央具浅凹（图99c）；下生殖板较宽，后缘稍内凹，侧角圆形并稍下弯（图99d，e）；产卵瓣短宽，端半部稍向上弯，腹瓣具端钩（图99e）。

体淡黄色。腹部为暗褐色。头部背面具4条淡褐色纵纹，前胸背板背面具暗褐色宽纵带，边缘黑褐色，至沟后区扩宽，向末端渐隐，各足股节膝部暗色。

测量（mm）：体长♂7.5～7.9，♀8.0～8.1；前胸背板长♂3.2～4.1，♀3.5～4.9；前翅长♂1.7～2.0，♀1.5～1.7；后足股节长♂6.5～8.4，♀7.3～9.2；产卵瓣长4.0～4.9。

检视材料：正模♂副模♀，贵州贵阳黔灵山，1988.IX.29，刘宪伟采；5♂♂6♀♀，贵州赤水桫椤自然保护区，850 m，2006.X.21～25，刘宪伟、

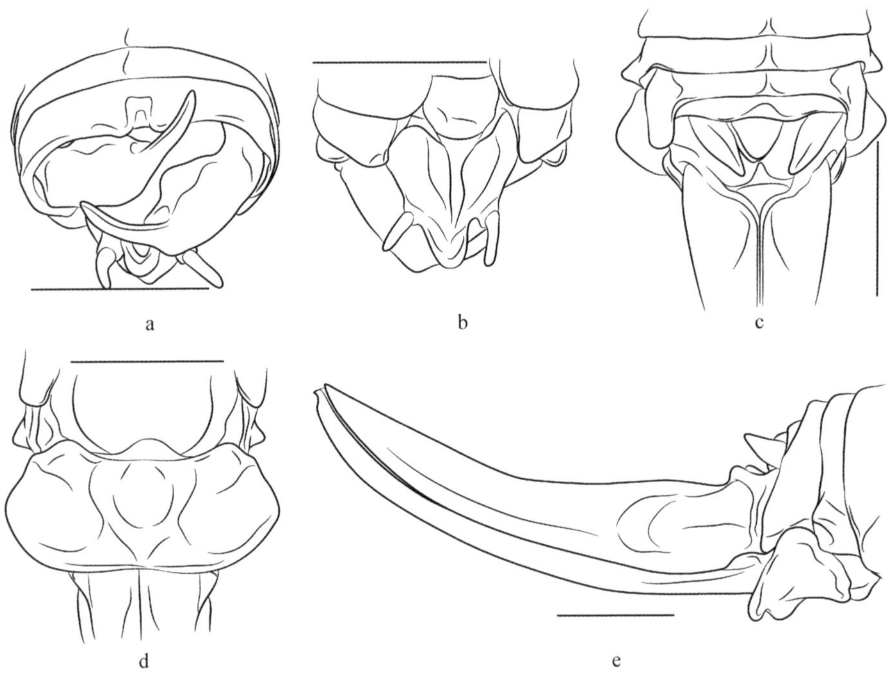

图99　瘤突吟螽 *Phlugiolopsis tuberculata* Xia & Liu, 1993

a. 雄性腹端，背面观；b. 雄性腹端，腹面观；c. 雌性末腹节背板，背面观；d. 雌性下生殖板，腹面观；e. 雌性腹端，侧面观

Fig. 99　*Phlugiolopsis tuberculata* Xia & Liu, 1993

a. end of male abdomen, dorsal view; b. end of male abdomen, ventral view; c. last 4 segments tergite of female abdomen, dorsal view; d. subgenital plate of female, ventral view; e. end of female abdomen, lateral view

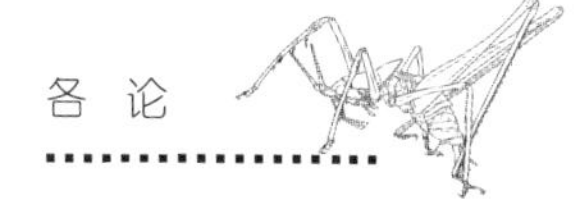

周顺采；3♂♂5♀♀，贵州习水三岔河，1 100 m，2006.X.21 ～ 25，刘宪伟、周顺采。

分布：中国贵州。

146. 云南吟螽 *Phlugiolopsis yunnanensis* Shi & Ou, 2005（仿图47）

Phlugiolopsis yunnanensis: Shi & Ou, 2005, *Acta Zootaxonomica Sinica*, 30(2): 359–361; Bian, Shi & Chang, 2012, *Zootaxa*, 3281: 6; Wang, Li & Liu, 2012, *Zootaxa*, 3332: 35; Bian, Shi & Chang, 2013, *Zootaxa*, 3701(2): 159, 161,180,186,190.

描述：体较小，相对较纤弱。头顶圆锥形，向前突出，端部钝，背面具沟；复眼圆形，凸出；下颚须端节长于亚端节，端部稍膨大。前胸背板沟后区不隆起，后部非向下弯，侧片后部明显趋狭；前足胫节听器为开放型，腹面内外刺排列为4, 5 (1, 1)型，后足股节膝叶无端刺，后足胫节具3对端距，背面内外缘各具23 ～ 26个齿；前翅隐藏于前胸背板之下，相互重叠，缺后翅。雄性第10腹节背板后缘中央微凹（仿图47a）；肛上板圆三角形；尾须基部较粗壮，内侧凹陷，背面呈片状扩大和具齿状的端角，腹面呈指状并向上弯曲，尾须端部较细而尖（仿图47a）；下生殖板端部向上弯折，腹突着生于下生殖板亚端两侧（仿图47b）；外生殖器完全膜质，不裸露。

雌性第8腹节背板两侧向后扩展；肛上板圆三角形；尾须近圆锥形；下生殖板近蝶形，两侧中部之前显凹，后缘中央呈角形凹入（仿图47c, d）；产卵瓣较宽短，边缘光滑，腹瓣具端钩（仿图47e）。

体绿色杂有褐色斑。头部背面具4条褐色纵纹，复眼暗褐色，触角具暗色环纹，基部两节和触角窝内隆缘褐色，前胸背板背面淡褐色，两侧各具1条暗褐色侧条纹，侧片绿色，具淡褐色边。各足股节端部暗褐色，胫节具不明显的淡褐色环纹，刺和跗节褐色，腹部侧面下部黑褐色。

测量（mm）：体长♂7.0 ～ 7.5，♀8.5 ～ 9.0；前胸背板长♂3.5，♀3.5；前翅长♂1.5 ～ 1.7，♀1.2 ～ 1.5；后足股节长♂6.5 ～ 7.0，♀9.0；产卵瓣长5.0。

检视材料：未见标本。

模式产地及保存：中国云南金平景东；西南林业大学保护生物学学院（SWFU），中国云南昆明。

分布：中国云南。

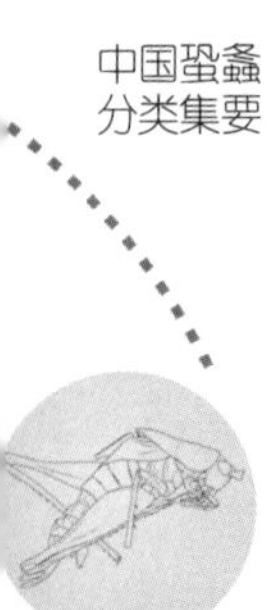

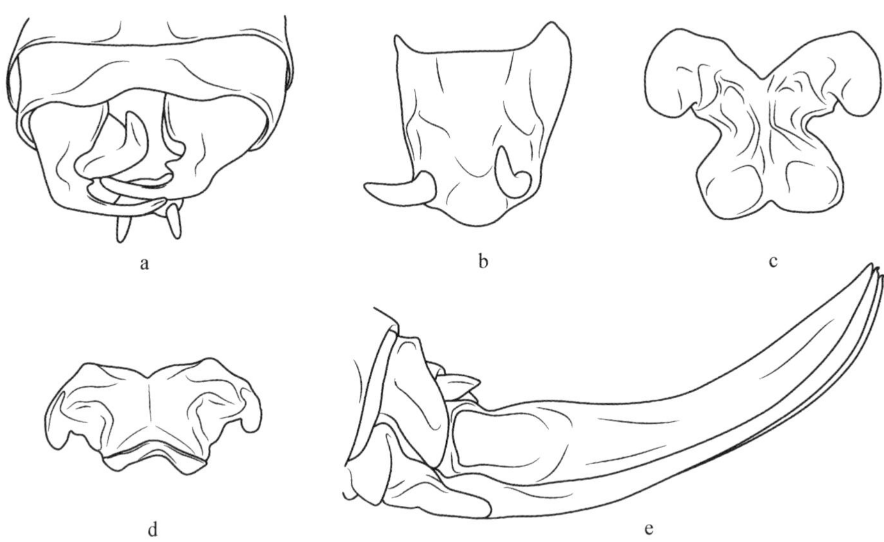

仿图47　云南吟螽 *Phlugiolopsis yunnanensis* Shi & Ou, 2005
（仿Bian, Shi & Chang, 2012）
a. 雄性腹端，背面观；b. 雄性下生殖板，腹面观；c. 雌性下生殖板，腹面观；d. 雌性下生殖板（浸制），腹面观；e. 雌性腹端，侧面观

AF. 47　*Phlugiolopsis yunnanensis* Shi & Ou, 2005 (after Bian, Shi & Chang, 2012)
a. end of male abdomen, dorsal view; b. subgenital plate of male, ventral view; c. subgenital plate of female, ventral view; d. subgenital plate of female (alchole perseverd), ventral view; e. end of female abdomen, lateral view

147. 黑腹吟螽 *Phlugiolopis ventralis* Wang, Li & Liu, 2012（图100）

Phlugiolopsis ventralis: Wang, Li & Liu, 2012, *Zootaxa*, 3332: 46; Bian, Shi & Chang, 2013, *Zootaxa*, 3701(2): 176.

描述：体较小。头顶圆锥形，向前凸出，端部钝，背面具沟；复眼卵圆形半球形，向前凸出；下颚须端节稍长于亚端节，端部稍膨大。前胸背板稍延长，沟后区短于沟前区，不扩展和抬高，后缘宽圆，侧片较低，后部明显趋狭；前足胫节腹面内外缘刺为4, 4 (1, 1)型，后足胫节背面内外缘各具20～22个齿，端部具3对端距；前翅明显超过前胸背板后缘。雄性第10腹节背板后缘凸；尾须短，粗壮，基部内侧凹，具弱的背叶，端部1/3近三角形，强内弯（图100a～c）；下生殖板稍长于其宽，后缘具端叶卷向腹方，腹突短粗（图100c）。

雌性下生殖板近三角形，端部具缺口，侧缘平行并具短的隆线（图

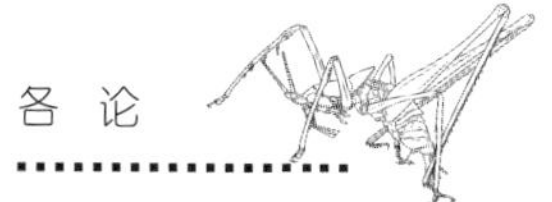

100d）；产卵瓣短于后足股节，腹瓣具端钩（图100e）。

体黄褐色。头部背面具4条黑色暗纹，触角具些许散在的环纹，前胸背板背片具1宽淡棕色纵带和1对黑色侧纹，侧纹不到达末端，在后横沟之前缢缩；腹部腹面与侧面黑色。

测量（mm）：体长♂7.3，♀8.7 ～ 9.5；前胸背板长♂4.0，♀3.9 ～ 4.1；前翅长♂1.2，♀1.4；后足股节长♂7.2，♀6.8；产卵瓣长5.2 ～ 5.5。

检视材料：正模♂副模5♀♀，云南昆明西山，2010.X.24，郭江莉采。

分布：中国云南。

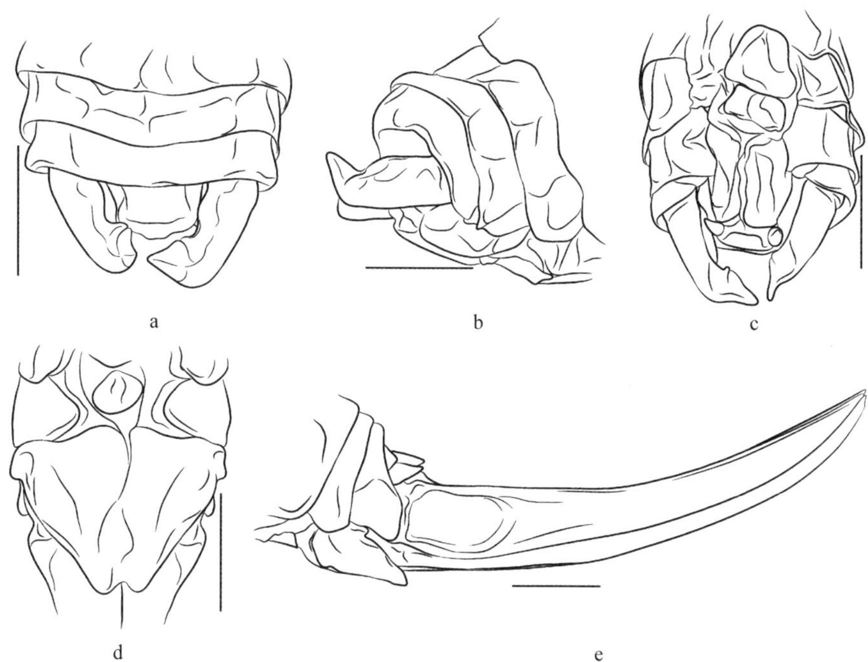

图100 黑腹吟螽 *Phlugiolopis ventralis* Wang, Li & Liu, 2012
a.雄性腹端，背面观；b.雄性腹端，侧面观；c.雄性腹端，腹面观；d.雌性下生殖板，腹面观；e.产卵瓣，侧面观

Fig. 100 *Phlugiolopis ventralis* Wang, Li & Liu, 2012
a. end of male abdomen, dorsal view; b. end of male abdomen, lateral view; c. end of male abdomen, ventral view; d. subgenital plate of female, ventral view; e. ovipositor, lateral view

148. 缺齿吟螽 *Phlugiolopsis adentis* Bian, Shi & Chang, 2012（仿图48）

Phlugiolopsis adentis: Bian, Shi & Chang, 2012, *Zootaxa*, 3281: 16; Bian, Shi & Chang, 2013, *Zootaxa*, 3701(2): 159−191.

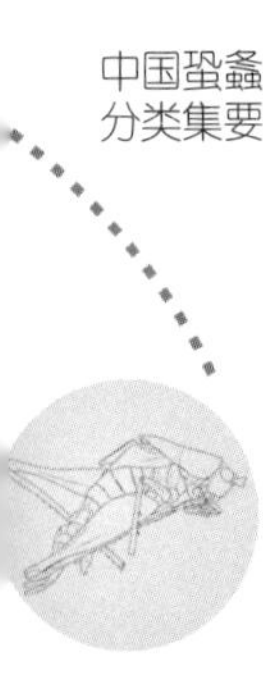

描述：体小。头顶圆锥形，端部钝，背面中央具纵沟；复眼半球形，向前凸出；下颚须端节约等长于亚端节。前胸背板短，沟后区略抬高，侧片长大于高，缺肩凹；各足股节腹面无刺，前足基节具刺，前足胫节腹面内外缘刺排列为4, 5 (1, 1)型，内外侧听器均为开放型，后足胫节背面内外缘各具24～25个齿，末端背面1对腹面2对端距；前翅短，超过前胸背板后缘，后翅退化消失。雄性第10腹节背板端部凸出，后缘中部略凹（仿图48a）；尾须基半部具半圆形背叶，腹缘具1个稍扁基部较宽的突起，突起端半部直角向背侧弯曲，尾须端半部钩状，直角内弯，端部稍尖（仿图48a）；下生殖板基部略宽，基缘拱形凹陷，侧缘弯向背方，端缘狭圆，有时钝圆，腹突位于侧角（仿图48b）。

雌性第8腹节背板后缘稍凹；第9腹节背板侧缘向后凸出；第10腹节背板后缘中部具1小缺刻；肛上板三角形，端部钝；尾须圆锥形，端部略

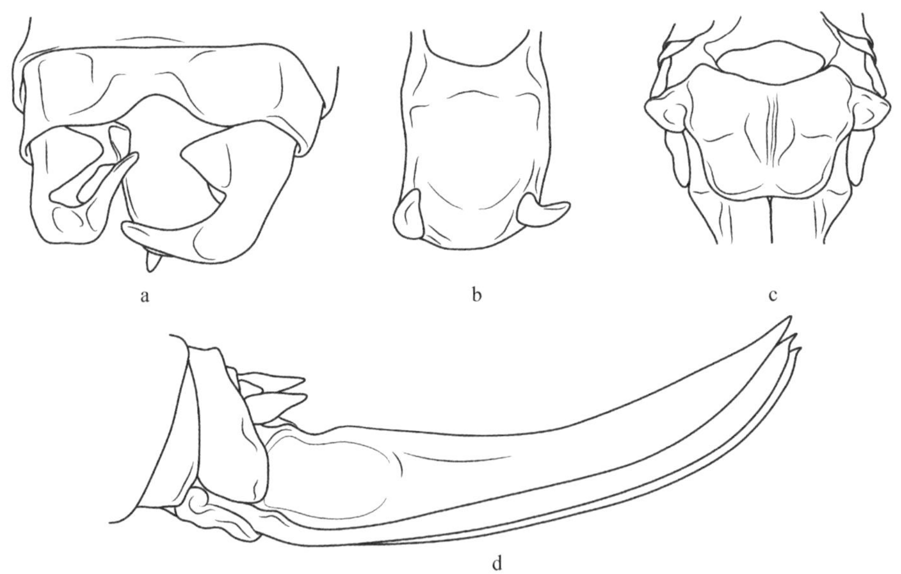

仿图48　缺齿吟螽 *Phlugiolopsis adentis* Bian, Shi & Chang, 2012
（仿Bian, Shi & Chang, 2012）
a. 雄性腹端，背面观；b. 雄性下生殖板，腹面观；c. 雌性下生殖板，腹面观；d. 雌性腹端，侧面观

AF. 48　*Phlugiolopsis adentis* Bian, Shi & Chang, 2012 (after Bian, Shi & Chang, 2012)
a. end of male abdomen, dorsal view; b. subgenital plate of male, ventral view; c. subgenital plate of female, ventral view; d. end of female abdomen, lateral view

尖；下生殖板近梯形，基部略宽，基缘略凹，基侧缘扩展，向背方弯曲，中部具沟，后缘中部略凹，凹口两侧拱圆（仿图48c）；产卵瓣稍向上弯，基部粗壮，向端渐细，背瓣稍长于腹瓣，腹瓣具端钩（仿图48d）。

体黄褐色。触角窝内缘、柄节和梗节淡褐色，复眼褐色，头部背面具4条黑褐色条纹，外侧条纹窄，端部到达触角窝，中部2条宽；前胸背板侧片黑褐色，其间褐色；膝叶端部、胫节和跗节黑褐色；后足胫节背齿黑褐色；腹节背板背面褐色。

测量（mm）：体长♂7.4～7.6，♀8.1～8.5；前胸背板长♂3.4～3.5，♀3.1～3.2；前翅长♂1.3～1.5，♀1.5～1.7；后足股节长♂7.1～7.7，♀8.6～8.7；产卵瓣长5.3～5.5。

检视材料：1♂（正模），云南思茅蔡阳河，2009.VIII.26，裘明采；1♀（副模），云南思茅蔡阳河，2009.VIII.26，李涛莲、裘明采。

模式产地及保存：中国云南普洱蔡阳河；河北大学博物馆（MHU），中国河北保定。

分布：中国云南。

149. 大明山吟螽 *Phlugiolopsis damingshanis* Bian, Shi & Chang, 2012（图101，图版63～65）

Phlugiolopsis damingshanis: Bian, Shi & Chang, 2012, *Zootaxa*, 3411: 55; Bian, Shi & Chang, 2013, *Zootaxa*, 3701(2): 178–180, 186, 189; Shi *et al.*, 2013, *Zootaxa*, 3717(4): 596.

描述：体小。头顶圆锥形，端部钝，背面中央具纵沟；复眼卵圆形，向外凸出；大颚不对称，左边短于右边；下颚须端节稍长于亚端节。前胸背板短，前缘较直，沟后区略抬高，后缘凸圆，侧片长大于高，缺肩凹；各足股节腹面无刺，前足基节具刺，前足胫节腹面内外缘刺排列为4, 5 (1, 1)型，内外侧听器均为开放型，卵圆形，后足股节膝叶端部钝圆，后足胫节背面内外缘各具25～27个齿，末端背面1对腹面2对端距；前翅长于该属其他类群，超过前胸背板后缘，后翅退化消失。雄性第10腹节背板后缘中部略凹（图101a）；尾须基半部粗壮，内背缘形成1个半圆形背叶，背叶亚端部具1个小的圆角突，内腹缘片状，背腹缘在内面连接处具1个锥形突起，尾须端半部稍扁，渐细内弯，端部钝（图101a～d）；下生殖板基部略宽，基缘三角形凹陷，侧缘弯向腹方，端缘凸出，末端钝圆，腹突位于亚端部（图101d）。

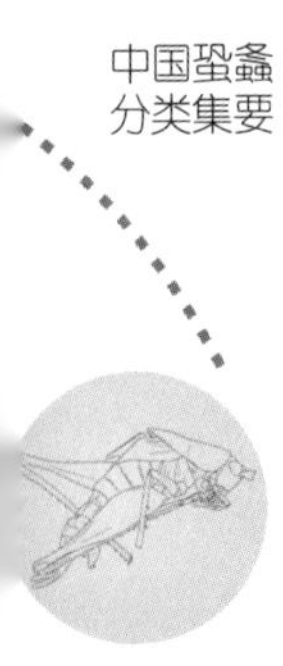

雌性前胸背板沟后区短平。第8腹节背板侧缘向后凸，端部具1个小的明显或不明显瘤突；第9腹节背板侧缘稍拱形凹；第10腹节背板后缘中部稍凹；肛上板三角形；尾须粗壮，圆锥形，端部尖；下生殖板较短，基半部略宽，基缘拱形凹，侧缘扩展，向背方弯曲，端半部明显窄，近三角形，后缘中部稍凹（图101e）；产卵瓣稍向上弯，基部粗壮，向端渐细，背瓣稍长于腹瓣，腹瓣具端钩。

体黄褐色。触角窝内缘、柄节和梗节黑褐色，鞭节黄褐色，具棕色环纹；复眼褐色，头部背面具4条黑褐色条纹，外侧条纹窄，端部到达触角窝，中部2条汇聚于头顶；前胸背板背片棕色，在沟后区略扩展，外缘略暗；前翅端部黑褐色，各足股节膝叶黑色，各胫节腹刺褐色；腹节背板背面黑褐色，腹板淡褐色；雌性第8腹节背板瘤突黑褐色。

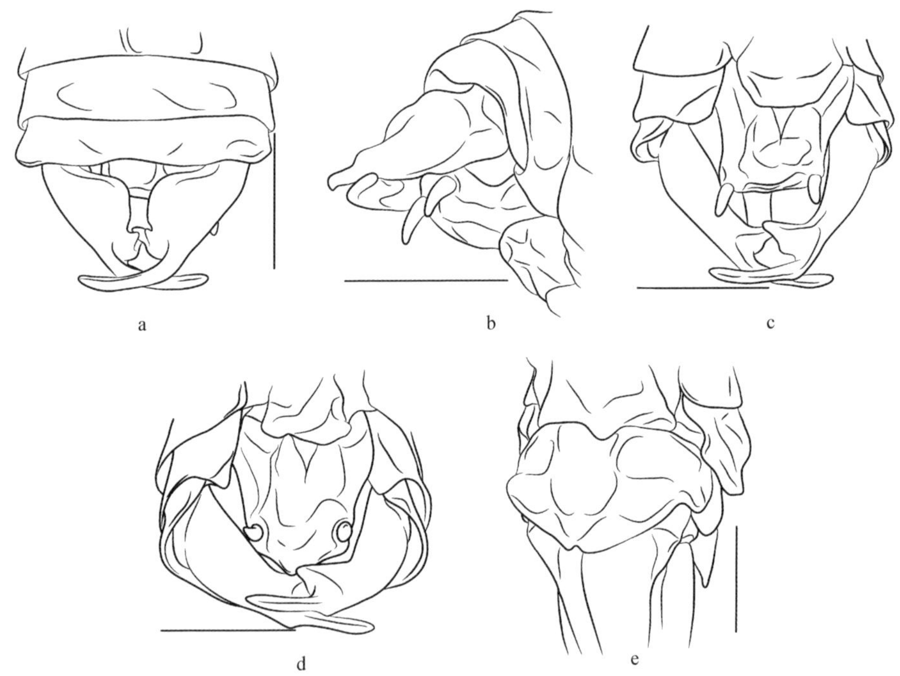

图101　大明山吟螽 *Phlugiolopsis damingshanis* Bian, Shi & Chang, 2012
a. 雄性腹端，背面观；b. 雄性腹端，侧面观；c. 雄性腹端，腹面观；d. 雄性下生殖板，腹面观；e. 雌性下生殖板，腹面观

Fig. 101　*Phlugiolopsis damingshanis* Bian, Shi & Chang, 2012
a. end of male abdomen, dorsal view; b. end of male abdomen, lateral view; c. end of male abdomen, ventral view; d. subgenital plate of male, ventral view; e. subgenital plate of female, ventral view

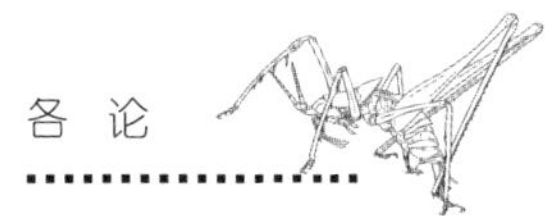

测量（mm）：体长♂7.4～8.1，♀8.4～9.1；前胸背板长♂4.2～4.6，♀4.1～4.2；前翅长♂2.6～2.9，♀2.7～3.0；后足股节长♂7.8～8.4，♀9.0～9.3；产卵瓣长5.6～5.9。

检视材料：1♂（正模），广西武鸣大明山，2011.IX.5，边迅采；1♀（副模），广西武鸣大明山，2011.VIII.5，边迅采；5♂6♀，广西武鸣大明山，1 250 m，2013.VII.19～25，朱卫兵等采。

模式产地及保存：中国广西武鸣大明山；河北大学博物馆（MHU），中国河北保定。

分布：中国广西。

150. 指突吟螽 *Phlugiolopsis digitusis* Bian, Shi & Chang, 2012（仿图49）

Phlugiolopsis digitusis: Bian, Shi & Chang, 2012, *Zootaxa*, 3281: 13.

描述：体小。头顶圆锥形，端部钝，背面中央具纵沟；复眼半球形，向前凸出；下颚须端节约等长于亚端节。前胸背板短，前缘较直，后缘钝圆，侧片长大于高，缺肩凹；各足股节腹面无刺，前足基节具刺，前足胫节腹面内外缘刺排列为4, 5 (1, 1)型，内外侧听器均为开放型，卵圆形，后足胫节背面内外缘各具25～27个齿，末端背面1对腹面2对端距；前翅短，略超过前胸背板后缘，后翅退化消失。雄性第10腹节背板后缘稍宽，中部稍凹（仿图49a）；尾须基半部粗壮，内背缘扩展为宽扁的叶，叶亚基部具1个小的瘤突，中部背缘具1个短的三角形叶，叶端部钝，尾须端半部纤细，略扁，直角内弯，末端稍尖（仿图49a，b）；下生殖板近梯形，基部具深的三角形缺口，侧缘向背侧弯曲，后缘稍凹，亚端部腹缘具近锥形的腹突，腹突末端钝圆（仿图49c）。

雌性第8腹节背板后缘明显凹，侧缘各具1指状突起指向后方；第9腹节背板较宽，侧面稍扩展；第10腹节背板短小；肛上板三角形；尾须粗壮，圆锥形，端部略尖；(仿图49e）下生殖板明显宽，基缘中部略凹，基侧缘扩展，耳状，略弯向腹方，下生殖板中部具沟，后缘中部具浅凹（仿图49d）；产卵瓣稍向上弯，基部粗壮，向端渐细，背瓣稍长于腹瓣，腹瓣具端钩。

体黄褐色。柄节和梗节淡褐色，头部背面具4条黑褐色条纹，复眼褐色；前胸背板背片中部具褐色带，在沟后区扩展；股节和胫节端部以及跗节淡褐色；腹节背板黑褐色。

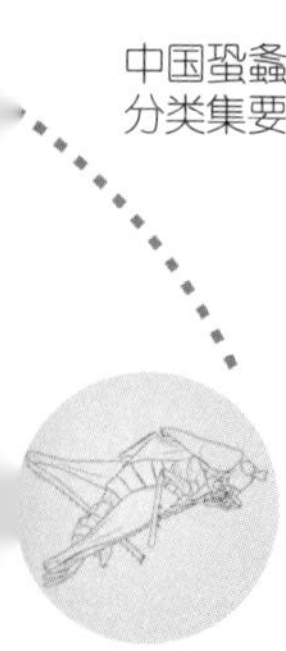

测量（mm）：体长♂6.4～7.5，♀8.2～8.4；前胸背板长♂3.1～3.3，♀3.5～3.7；前翅长♂1.6～1.8，♀1.8～2.1；后足股节长♂7.1～7.8，♀8.7～8.9；产卵瓣长5.3～5.9。

检视材料：1♂（正模）1♀（副模），云南金平阿得博，2006.VII.24，刘浩宇采。

模式产地及保存：中国云南金平阿得博；河北大学博物馆（MHU），中国河北保定。

分布：中国云南。

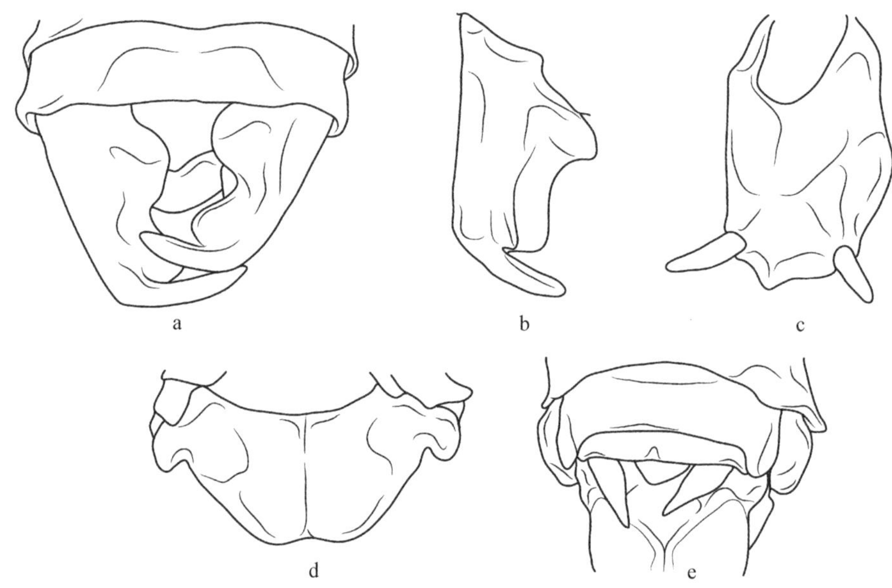

仿图49　指突吟螽 *Phlugiolopsis digitusis* Bian, Shi & Chang, 2012
（仿Bian, Shi & Chang, 2012）
a. 雄性腹端，背面观；b. 雄性右尾须，腹面观；c. 雄性下生殖板，腹面观；d. 雌性下生殖板，腹面观；e. 雌性腹端，背面观

AF. 49　*Phlugiolopsis digitusis* Bian, Shi & Chang, 2012 (after Bian, Shi & Chang, 2012)
a. end of male abdomen, dorsal view; b. right cercus of male, ventral view; c. subgenital plate of male, ventral view; d. subgenital plate of female, ventral view; e. end of female abdomen, dorsal view

151. 黄氏吟螽 *Phlugiolopsis huangi* Bian, Shi & Chang, 2012（仿图50）

Phlugiolopsis huangi: Bian, Shi & Chang, 2012, *Zootaxa*, 3411: 58; Bian, Shi & Chang, 2013, *Zootaxa*, 3701(2): 178, 190.

描述：体小。头顶圆锥形，端部钝，背面中央具纵沟；复眼卵圆形，向外凸出；下颚须端节约等长于亚端节。前胸背板短，前缘较直，后缘钝圆，侧片长大于高，缺肩凹；各足股节腹面缺刺，前足基节具刺，前足胫节腹面内外缘刺排列为4, 5 (1, 1)型，内外侧听器均为开放型，卵圆形，后足股节膝叶端部钝，后足胫节背面内外缘各具20～21个齿，末端背面1对腹面2对端距；前翅短，稍超过前胸背板后缘，后翅退化消失。雄性第10腹节背板后缘中部稍凹（仿图50a）；尾须基半部粗壮，背面内缘叶状扩展，扩展端部具1方形内叶，扩展中部具1小的半圆叶，尾须端半部刺状，末端稍尖（仿图50a，b）；下生殖板基部宽，向端渐细，基缘拱形凹，侧缘向背侧弯曲，后缘中部稍凸，亚端部腹缘具细长且扁的腹突，腹突末端钝圆（仿图50b）。

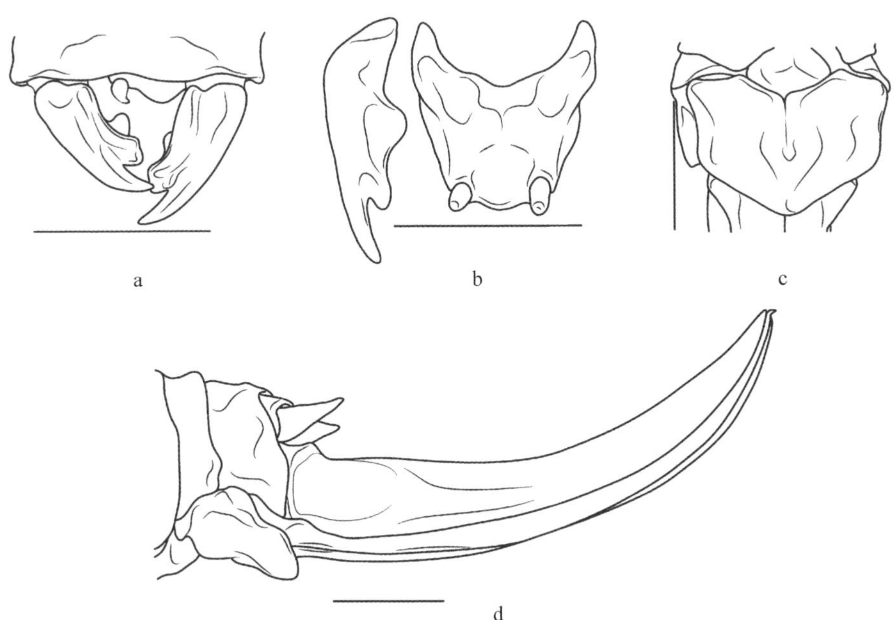

仿图50　黄氏吟螽 *Phlugiolopsis huangi* Bian, Shi & Chang, 2012
（仿Bian, Shi & Chang, 2012）
a. 雄性腹端，背面观；b. 雄性右尾须与下生殖板，腹面观；c. 雌性下生殖板，腹面观；
d. 雌性腹端，侧面观

AF. 50　*Phlugiolopsis huangi* Bian, Shi & Chang, 2012 (after Bian, Shi & Chang, 2012)
a. end of male abdomen, dorsal view; b. subgenital plate and right cercus of male, ventral view;
c. subgenital plate of female, ventral view; d. end of female abdomen, lateral view

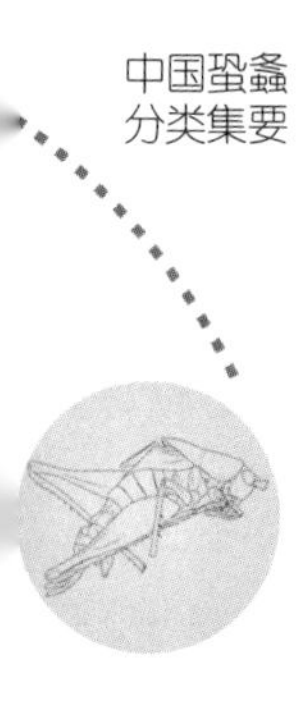

雌性第9腹节背板侧缘拱形凹入；第10腹节背板后缘中央具浅凹；肛上板舌形；尾须圆锥形，端部略尖；下生殖板较短宽，基半部近方形，端半部三角形，基缘中部较直，侧缘向腹面弯，后缘中部具浅凹（仿图50c）；产卵瓣稍向上弯，基部粗壮，向端渐细，背瓣稍长于或等长于腹瓣，腹瓣具端钩（仿图50d）。

体黄褐色。触角窝内缘黑褐色，柄节和梗节淡褐色，鞭节黄褐色，具稀疏的环纹；复眼黑褐色；头部背面具4条黑褐色条纹，外侧条纹到达触角窝内缘，中部条纹汇聚于头顶；前胸背板背片褐色，侧缘稍淡，到达沟后区中部；前翅端部黑褐色；股节膝叶和胫节黑褐色，后足胫节基部以及刺、距淡褐色。腹节背板淡褐色，侧缘黑褐色，腹片淡褐色。

测量（mm）：体长♂7.4 ～ 8.4，♀8.0 ～ 8.4；前胸背板长♂3.9 ～ 4.0，♀4.2 ～ 4.5；前翅长♂1.6 ～ 2.1，♀1.8 ～ 2.0；后足股节长♂7.9 ～ 8.7，♀9.1 ～ 9.5；产卵瓣长5.6 ～ 6.3。

检视材料：1♂（正模），广西靖西邦亮，2010.VIII.4，黄建华采；1♂♀（副模），广西靖西底定，2010.VIII.8，边迅采。

模式产地及保存：中国广西靖西邦亮；河北大学博物馆（MHU），中国河北保定。

分布：中国广西。

152. 三支吟螽 *Phlugiolopsis tribranchis* Bian, Shi & Chang, 2012（仿图51）

Phlugiolopsis tribranchis: Bian, Shi & Chang, 2012, *Zootaxa*, 3281: 11; Bian, Shi & Chang, 2013, *Zootaxa*, 3701(2): 180, 188, 190.

描述：体小。头顶圆锥形，粗壮，端部钝，背面中央具纵沟；复眼半球形，向前凸出；下颚须端节略长于亚端节。前胸背板短，前缘直，沟后区稍抬高，后缘钝圆，侧片长大于高，缺肩凹；各足股节腹面无刺，前足基节具刺，前足胫节腹面内外缘刺排列为4, 5 (1, 1)型，内外侧听器均为开放型，卵圆形，后足胫节背面内外缘各具20 ～ 21个齿，末端背面1对腹面2对端距；前翅短，略超过前胸背板后缘，后翅退化消失。雄性第9腹节背板侧缘稍向后凸出；第10腹节背板后缘中部具1小缺口；肛上板舌形（仿图51a）；尾须基半部粗壮，内背缘具1个指形片状突起，突起端部钝圆，向内背方弯曲，中部腹缘具1个勺状突起，指向内腹方，端半部圆锥形，末端钝圆，稍内弯（仿图51a，b）；下生殖板近梯形，基部稍宽，向端部渐细，基缘拱形凹，端半部弯向背方，后缘指向腹方，后缘中部具钝角形缺口，侧叶三角形，下生殖板亚端部腹缘具长圆锥形腹突，其端部钝（仿图51b）。

雌性第9腹节背板侧缘稍向后凸；第10腹节背板后缘中部具1小的凹口；肛上板三角形；尾须粗壮，圆锥形，端部尖；下生殖板宽稍大，基缘稍拱形凹，基侧缘各具1小的刺状突起和1短的褶皱，基部1/3处侧缘明显凹，端半部圆，中部较直或微凹（仿图51c）；产卵瓣稍向上弯，基部粗壮，向端渐细，背瓣稍长于腹瓣，腹瓣具端钩（仿图51d）。

体黄褐色。复眼黑褐色，触角窝内缘黑褐色，柄节和梗节淡褐色，鞭节黄褐色，具稀疏的褐色环纹，头部背面具4条黑褐色条纹，外侧2条稍宽。前胸背板背片褐色，基半部外侧具黑褐色条纹；前中足股节外侧具黑褐色密点，后足股节具淡褐色羽状纹，后足股节端和后足胫节、所有跗节淡褐色。腹节背板侧面黑褐色。

测量（mm）：体长♂7.1 ～ 8.2，♀8.2 ～ 8.6；前胸背板长♂3.5 ～ 3.6，♀3.5 ～ 3.6；前翅长♂1.6 ～ 1.9，♀1.8 ～ 1.9；后足股节长♂8.6 ～ 8.9，

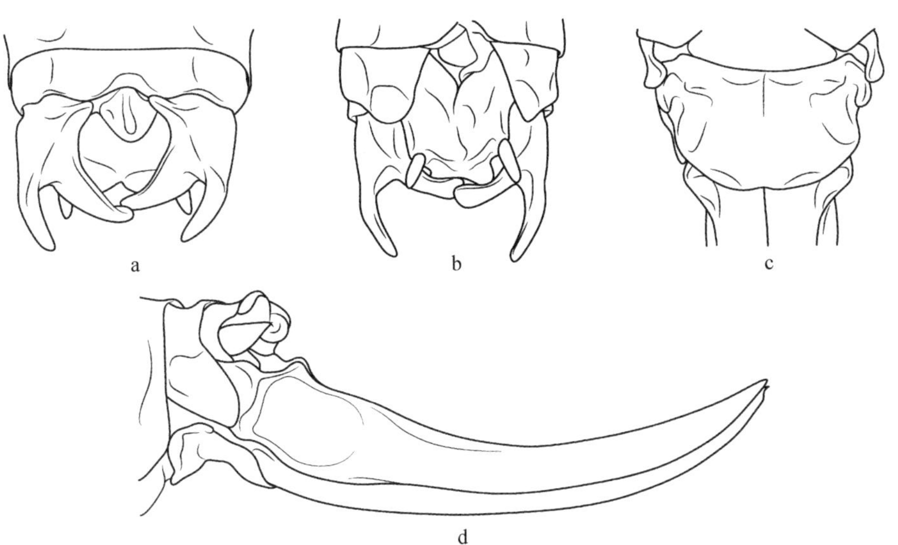

仿图51　三支吟螽 *Phlugiolopsis tribranchis* Bian, Shi & Chang, 2012
（仿Bian, Shi & Chang, 2012）
a. 雄性腹端，背面观；b. 雄性腹端，腹面观；c. 雌性下生殖板，腹面观；d. 雌性腹端，侧面观

AF. 51　*Phlugiolopsis tribranchis* Bian, Shi & Chang, 2012 (after Bian, Shi & Chang, 2012)
a. end of male abdomen, dorsal view; b. end of male abdomen, ventral view; c. subgenital plate of female, ventral view; d. end of female abdomen, lateral view

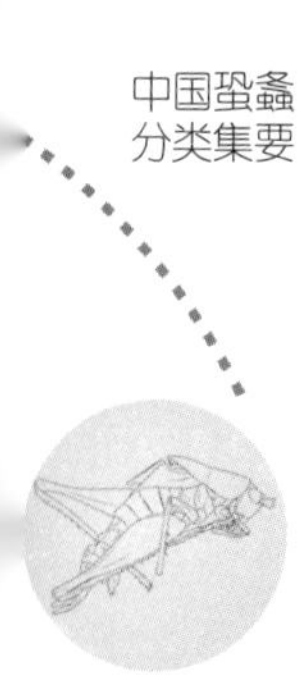

♀9.1 ～ 9.5；产卵瓣长5.4 ～ 6.9。

检视材料：1♂（正模），云南普洱梅子湖，2009.VIII.27，石福明采；1♀（副模），云南普洱蔡阳河，2009.VIII.26，裘明采。

模式产地及保存：中国云南普洱梅子湖；河北大学博物馆（MHU），中国河北保定。

分布：中国云南。

153. 镘叶吟螽 *Phlugiolopsis trullis* Bian, Shi & Chang, 2012（仿图52）

Phlugiolopsis trullis: Bian, Shi & Chang, 2012, *Zootaxa*, 3281: 15; Bian, Shi & Chang, 2013, *Zootaxa*, 3701(2): 180, 185, 190.

描述：体小。头顶圆锥形，稍短，端部钝，背面中央具纵沟；复眼半球形，向外凸出；下颚须端节略长于亚端节。前胸背板前缘直，后缘钝圆，侧片长大于高，缺肩凹；各足股节腹面无刺，前足基节具刺，前足胫节腹面内外缘刺排列为5, 5 (1, 1)型，内外侧听器均为开放型，卵圆形，后足股节膝叶端部钝圆，后足胫节背面内外缘各具24 ～ 25个齿，末端背面1对腹面2对端距；前翅短，略超过前胸背板后缘，后翅退化消失。雄性第10腹节背板后缘端部向背侧凸，后缘略凹（仿图52a）；尾须内侧观呈勺形，腹观手形，基半部内缘叶状扩展，内背叶略宽，内腹叶稍窄，在尾须中部扩展，尾须端半部稍扁，渐细，向内腹方弯曲，端部钝（仿图52a, b）；下生殖板基部稍宽，向端部渐细，基缘明显凹，侧缘向腹面弯曲，后缘中部稍凹，下生殖板亚端部腹缘具细长的腹突，其端部钝（仿图52c）。

雌性第8腹节背板后缘中部凹；第9腹节背板后缘中部稍凹，侧缘向后凸出；第10腹节背板末端向后凸出，后缘略凹；肛上板三角形，端部钝圆；尾须粗壮，圆锥形，端部尖；下生殖板近三角形，基部稍宽，基缘不明显凹，侧缘向腹方扩展，端部宽圆（仿图52d）；产卵瓣稍向上弯，基部粗壮，向端渐细，背瓣稍长于腹瓣，腹瓣具端钩。

雄性黄褐色，雌性淡绿色。复眼褐色，触角窝内缘、柄节和梗节淡褐色，鞭节近端具淡褐色稀疏的环纹，头部背面具4条黑褐色条纹，外侧2条窄，延伸至触角窝内缘，中间两条宽，汇聚于头顶。前胸背板背片两侧具1对暗褐色的条纹，末端不明显，其间褐色；股节膝叶和胫节端部黑褐色，刺和后足胫节端部淡褐色。雄性腹节背板侧面、腹板黑褐色；雌性腹节腹板黑褐色。

测量（mm）：体长♂7.2 ～ 7.8，♀9.0 ～ 9.4；前胸背板长♂3.4 ～ 3.7，

♀3.4 ～ 3.5；前翅长♂2.1 ～ 2.2，♀1.7 ～ 1.9；后足股节长♂7.5 ～ 7.7，♀7.4 ～ 8.3；产卵瓣长6.4 ～ 6.6。

检视材料：1♂（正模）1♀（副模），云南马关八寨，2006.VII.19，刘浩宇采。

模式产地及保存：中国云南马关八寨；河北大学博物馆（MHU），中国河北保定。

分布：中国云南。

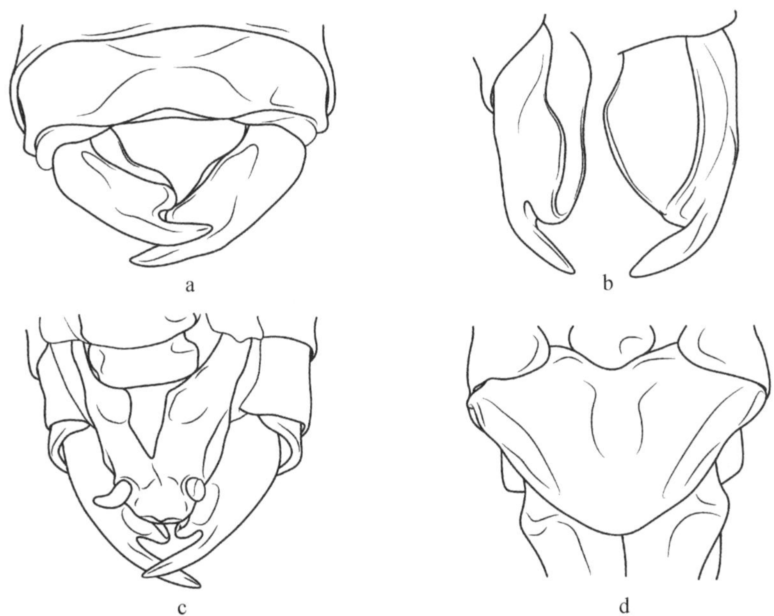

仿图52 镘叶吟螽 *Phlugiolopsis trullis* Bian, Shi & Chang, 2012
（仿Bian, Shi & Chang, 2012）

a. 雄性腹端，背面观；b. 雄性右尾须，腹面观与内背面观；c. 雄性腹端，腹面观；d. 雌性下生殖板，腹面观

AF. 52 *Phlugiolopsis trullis* Bian, Shi & Chang, 2012 (after Bian, Shi & Chang, 2012)

a. end of male abdomen, dorsal view; b. right cercus of male, ventral and internally dorsal view; c. end of male abdomen, ventral view; d. subgenital plate of female, ventral view

154. 圆叶吟螽 *Phlugiolopsis circolobosis* Bian, Shi & Chang, 2013（仿图53）

Phlugiolopsis circolobosis: Bian, Shi & Chang, 2013, *Zootaxa*, 3701(2): 163.

描述：体小。头顶圆锥形，端部钝圆，背面中央具纵沟；复眼肾形，向外凸出。前胸背板前缘稍凸，后缘狭圆，侧片长大于高，缺肩凹；各

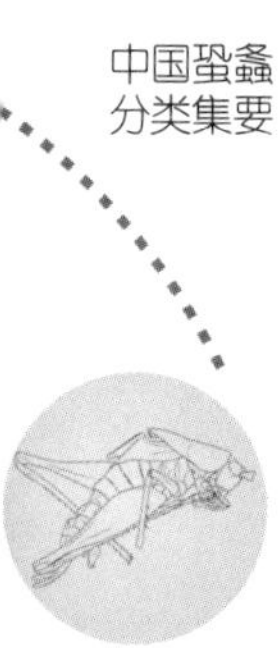

足股节腹面无刺，前足基节具刺，前足胫节腹面内外缘刺排列为4, 5 (1, 1)型，内外侧听器均为开放型，卵圆形，后足股节膝叶端部钝圆，后足胫节背面内外缘均具27个齿，末端背面1对腹面2对端距；前翅短，隐藏于前胸背板下，不超过前胸背板后缘，后翅退化消失。雌性第10腹节背板后缘较直；尾须圆锥形，端部稍尖；下生殖板腹观近矩形，侧观耳状，基半部侧隆线与端半部中隆线明显，基缘较直，侧缘扩展，有角度地下弯，后缘中部具1个小凹口，侧叶宽圆（仿图53a）；产卵瓣稍向上弯，基部粗壮，向端渐细，背瓣稍长于腹瓣，腹瓣具较明显的小端钩（仿图53b）。

雄性未知。

体黄褐色，稍带绿色。复眼褐色，触角窝内缘、柄节和梗节淡褐色，头部背面具4条褐色条纹。前胸背板背片两侧具1对暗褐色的条纹，其间淡褐色；后足股节端部，胫节腹面刺和所有跗节淡褐色，腹节腹板淡褐色。

测量（mm）：体长♀9.5；前胸背板长♀4.2；前翅长♀1.4；后足股节长♀8.9；产卵瓣长5.9。

检视材料：1♀（正模），云南屏边大围山，1800m，1990.VIII.24，欧晓红采。

模式产地及保存：中国云南屏边大围山；河北大学博物馆（MHU），中国河北保定。

分布：中国云南。

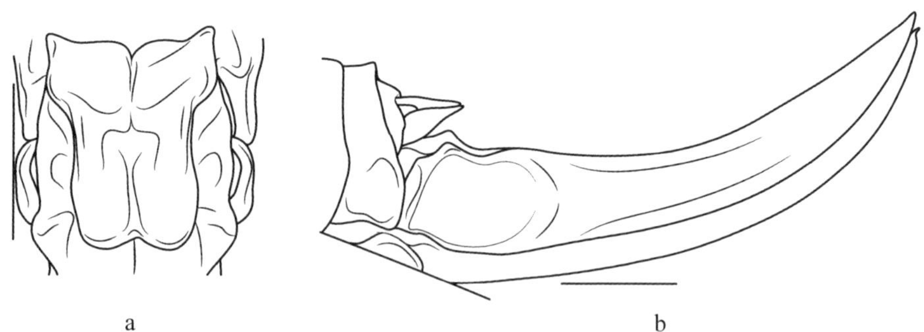

仿图53　圆叶吟螽 *Phlugiolopsis circolobosis* Bian, Shi & Chang, 2013
（仿Bian, Shi & Chang, 2013）
a. 雌性下生殖板，腹面观；b. 雌性腹端，侧面观

AF. 53　*Phlugiolopsis circolobosis* Bian, Shi & Chang, 2013 (after Bian, Shi & Chang, 2013)
a. subgenital plate of female, ventral view; b. end of female abdomen, lateral view

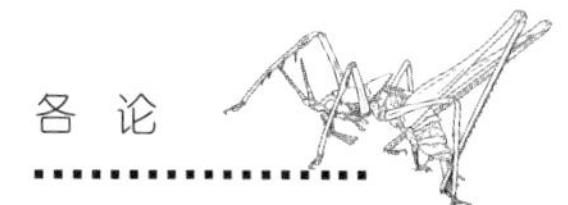

155. 扁刺吟螽 *Phlugiolopsis complanispinis* Bian, Shi & Chang, 2013（仿图54）

Phlugiolopsis complanispinis: Bian, Shi & Chang, 2013, *Zootaxa*, 3701(2): 165.

描述：体小。头顶圆锥形，稍短，端部钝，背面中央具纵沟；复眼半球形，向外凸出。前胸背板前缘稍凸，后缘钝圆，侧片长大于高，缺肩凹；各足股节腹面无刺，前足基节具刺，前足胫节腹面内外缘刺排列为4, 4 (1, 1)型，内外侧听器均为开放型，卵圆形，后足股节膝叶端部钝圆，后足胫节背面内外缘各具24～26个齿，末端背面1对腹面2对端距；前翅短，隐藏于前胸背板下，后翅退化消失。雄性第10腹节背板后缘端部向后延伸，后缘中部略凹（仿图54a）；肛上板舌形，中部具沟；尾须基半部内缘叶状扩展，内背叶略宽，半圆形，内腹叶稍窄，近三角形，腹叶端半部指向内背侧末端钝，尾须端半部扁，弯向内背方，端部稍尖（仿图54a～c）；下生殖板基部宽，向端部渐细，基缘拱形凹，侧缘向背面弯曲，末端凸出，梯形，后缘近截形，腹突细，圆锥形，端部钝圆，着生于下生殖板亚端部腹缘（仿图54c）。

雌性尾须圆锥形，端部尖；下生殖板近半圆形，基缘较直，后缘拱形（仿图54d）；产卵瓣短，稍向上弯，背腹缘光滑，基部粗壮，向端渐细，背瓣端部尖，腹瓣具端钩（仿图54e）。

雄性黑褐色，雌性黄褐色。复眼褐色，触角窝内缘、柄节和梗节黑褐色，头部背面黑褐色，具4条不明显的褐色条纹。前胸背板背片黑褐色，两侧各具暗褐色的条纹，延伸至沟后区中央，侧片淡褐色；后足股节端部，胫节腹面刺和所有跗节淡褐色，股节膝叶和胫节端部黑褐色，刺和后足胫节端部淡褐色，后足胫节齿黑色。雄性尾须黄褐色。

测量（mm）：体长♂7.3～7.6，♀7.4～8.1；前胸背板长♂4.1～4.3，♀4.2～4.3；前翅长♂2.0～2.1，♀2.0～2.5；后足股节长♂7.3～7.6，♀8.7～8.9；产卵瓣长5.4～5.9。

检视材料：1♂（正模）1♀（副模），云南永善细沙，2012.VIII.28，边迅、谢广林采。

模式产地及保存：中国云南永善细沙；河北大学博物馆（MHU），中国河北保定。

分布：中国云南。

Meconematinae in China

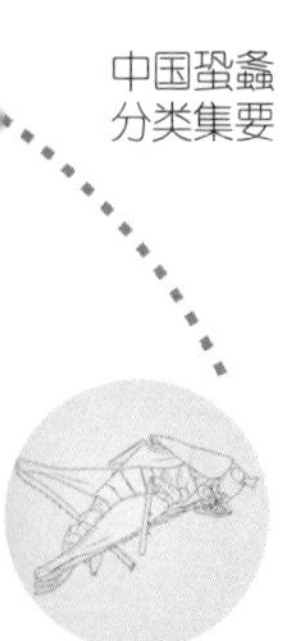

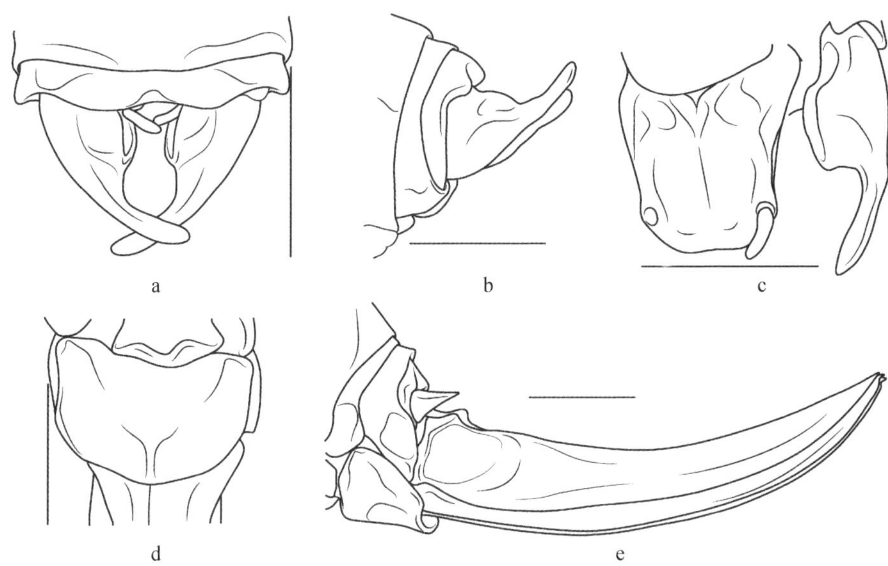

仿图54　扁刺吟螽 *Phlugiolopsis complanispinis* Bian, Shi & Chang, 2013
（仿Bian, Shi & Chang, 2013）
a. 雄性腹端，背面观；b. 雄性腹端，侧面观；c. 雄性下生殖板与左尾须，腹面观；d. 雌性下生殖板，腹面观；e. 雌性腹端，侧面观

AF. 54　*Phlugiolopsis complanispinis* Bian, Shi & Chang, 2013
(after Bian, Shi & Chang, 2013)
a. end of male abdomen, dorsal view; b. end of male abdomen, lateral view; c. subgenital plate and left cercus of male, ventral view; d. subgenital plate of female, ventral view; e. end of female abdomen, lateral view

156. 长突吟螽 *Phlugiolopsis elongata* Bian, Shi & Chang, 2013（仿图55）

Phlugiolopsis elongata: Bian, Shi & Chang, 2013, *Zootaxa*, 3701(2): 167.

描述：体小。头顶圆锥形，端部钝圆，背面中央具纵沟；复眼半球形，向外凸出。前胸背板前缘稍凸，后缘拱形，侧片长大于高，缺肩凹；各足股节腹面无刺，前足基节具刺，前足胫节腹面内外缘刺排列为4, 4 (1, 1)型，内外侧听器均为开放型，卵圆形，后足股节膝叶端部钝圆，后足胫节背面内外缘各具23～24个齿，末端背面1对腹面2对端距；前翅短，隐藏于前胸背板下，后翅退化消失。雄性第10腹节背板后缘端部向后凸，后缘中部略凹（仿图55a）；尾须基部内背缘具1指状的叶，叶端部指向背方，腹缘具半圆叶，尾须端半部刺状，内弯，末端稍尖（仿图55）；下生殖板基部较宽，基缘拱形，中部凹，侧缘向背面弯曲，端半部向后凸，亚端部侧缘明显狭，后缘略截形，侧叶三角形，腹突明显较长，圆锥形端部钝，

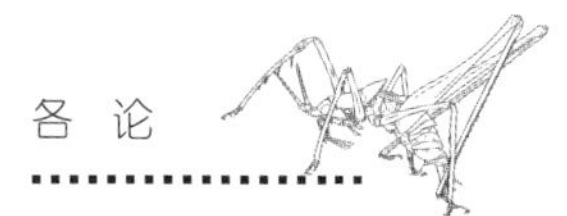

着生于下生殖板2/3处腹缘（仿图55c）。

雌性未知。

体黄褐色。复眼褐色，触角窝内缘、柄节和梗节浅黑色，头部背面具4条黑褐色条纹，外侧2条窄，延伸至触角窝内缘，中间两条宽，汇聚于头顶。前胸背板背片褐色，外侧具1对黑色条纹，亚端部不明显，侧片淡褐色；后足股节端部黑色，胫节腹面刺和所有跗节淡褐色。腹节背板和腹板褐色。

测量（mm）：体长♂8.2；前胸背板长♂3.7；前翅长♂1.8；后足股节长♂7.9。

检视材料：1♂（正模），云南勐海南糯山，2006.VIII.13，毛少利、王丽娟采。

模式产地及保存：中国云南勐海；河北大学博物馆（MHU），中国河北保定。

分布：中国云南。

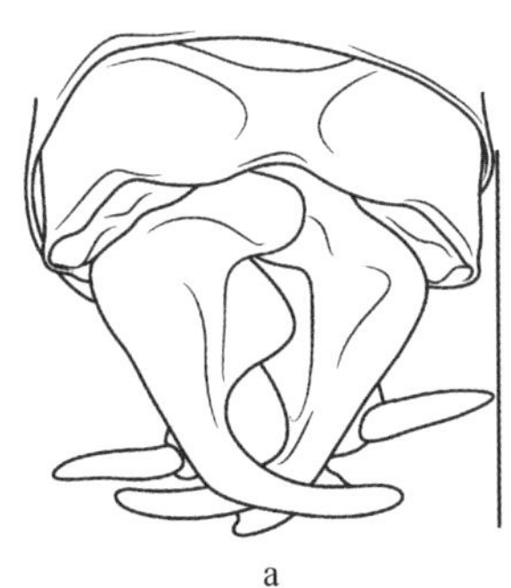

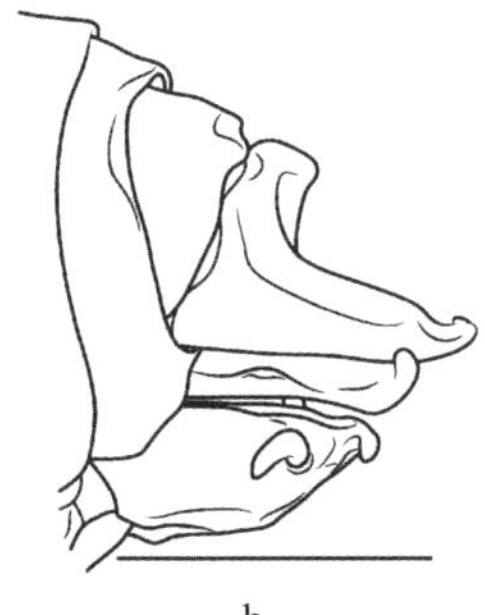

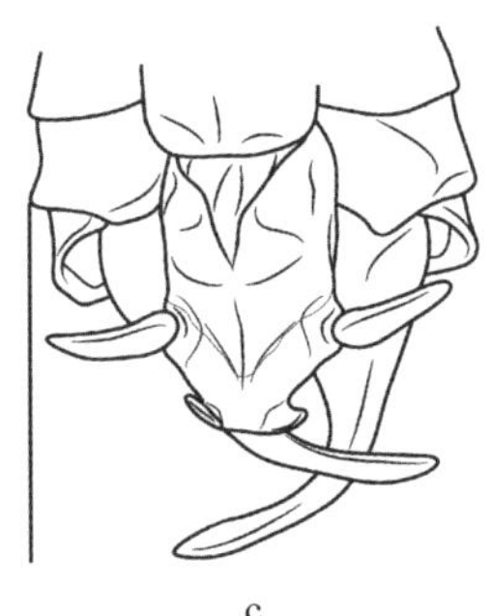

a b c

仿图55 长突吟螽 *Phlugiolopsis elongata* Bian, Shi & Chang, 2013
（仿Bian, Shi & Chang, 2013）
a. 雄性腹端，背面观；b. 雄性腹端，侧面观；c. 雄性腹端，腹面观

AF. 55 *Phlugiolopsis elongata* Bian, Shi & Chang, 2013 (after Bian, Shi & Chang, 2013)
a. end of male abdomen, dorsal view; b. end of male abdomen, lateral view; c. end of male abdomen, ventral view

157. 长角吟螽 *Phlugiolopsis longiangulis* Bian, Shi & Chang, 2013（仿图56）

Phlugiolopsis longiangulis: Bian, Shi & Chang, 2013, *Zootaxa*, 3701(2): 170.

描述：体小。头顶圆锥形，端部钝圆，背面中央具纵沟；复眼半球形，向外凸出。前胸背板前缘稍凸，后缘狭圆，侧片长大于高，缺肩凹；各足股节腹面无刺，前足基节具刺，前足胫节腹面内外缘刺排列为4, 5 (1,

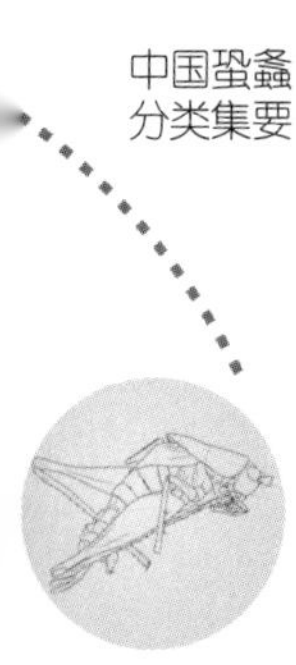

1)型，内外侧听器均为开放型，卵圆形，后足股节膝叶端部钝圆，后足胫节背面内外缘各具31个齿，末端背面1对腹面2对端距；前翅短，后缘不超过前胸背板后缘，后翅退化消失。雄性第10腹节背板后缘具拱形中凹（仿图56a）；尾须基半部粗壮，内背缘叶状扩展，中部具1个半圆形背叶和1个三角形腹叶，端半部刺状，强内弯，端部尖（仿图56a，b）；下生殖板基缘拱形凹，侧缘向背面弯曲，向端部趋狭，端半部长角形凸出，端部钝圆，腹突细长，圆锥形，端部钝，位于下生殖板亚端部腹缘（仿图56b，c）。

雌性尾须圆锥形，端部尖；下生殖板基部4/5近方形，基缘较直，端部钝角形，末端钝，中间略凹（仿图56d）；产卵瓣稍向上弯，背腹缘光滑，基部粗壮，向端渐细，背瓣端部尖，腹瓣具端钩（仿图56e）。

雄性黄褐色，雌性淡褐色。复眼褐色，触角窝内缘、柄节和梗节浅黑

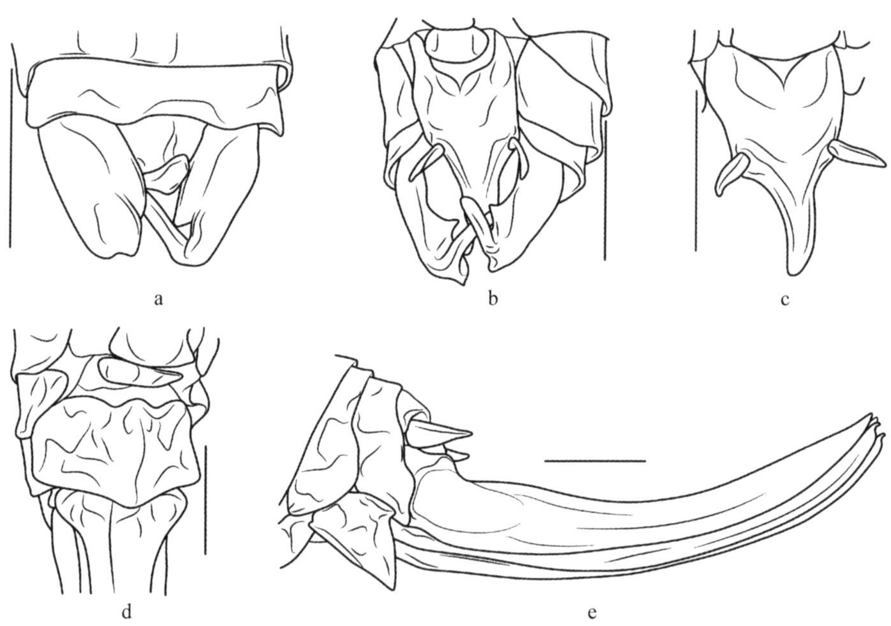

仿图56 长角吟螽 *Phlugiolopsis longiangulis* Bian, Shi & Chang, 2013
（仿Bian, Shi & Chang, 2013）

a. 雄性腹端，背面观；b. 雄性腹端，腹面观；c. 雄性下生殖板，腹面观；d. 雌性下生殖板，腹面观；e. 雌性腹端，侧面观

AF. 56 *Phlugiolopsis longiangulis* Bian, Shi & Chang, 2013
(after Bian, Shi & Chang, 2013)

a. end of male abdomen, dorsal view; b. end of male abdomen, ventral view; c. subgenital plate of male, ventral view; d. subgenital plate of female, ventral view; e. end of female abdomen, lateral view

色，头部背面具4条黑褐色条纹。前胸背板背片褐色，两侧具1对黑褐色条纹，亚端部不明显，侧片淡褐色；后足股节端部黑色，胫节刺和所有跗节淡褐色。腹节背板背面淡褐色，侧缘黑褐色，腹板浅黑色。

测量（mm）：体长♂7.9～8.4，♀8.0～8.2；前胸背板长♂3.1～3.5，♀3.1～3.3；前翅长♂1.6～1.8，♀1.2～1.3；后足股节长♂7.3～7.9，♀8.5～8.7；产卵瓣长6.0～6.1。

检视材料：1♂（正模），云南金平马鞍底，2012.IX.8，边迅、谢广林采；1♀（副模），云南金平马鞍底，2012.IX.9，边迅、谢广林采。

模式产地及保存：中国云南金平马鞍底；河北大学博物馆（MHU），中国河北保定。

分布：中国云南。

158. 凹缘吟螽 *Phlugiolopsis emarginata* Bian, Shi & Chang, 2013（仿图57）

Phlugiolopsis emarginata: Bian, Shi & Chang, 2013, *Zootaxa*, 3701(2): 168.

描述：体小。头顶圆锥形，端部钝，背面中央具纵沟；复眼肾形，向外凸出。前胸背板前缘稍凸，后缘狭圆，侧片长大于高，缺肩凹；各足股节腹面无刺，前足基节具刺，前足胫节腹面内外缘刺排列为4, 5 (1, 1)型，内外侧听器均为开放型，卵圆形，后足股节膝叶端部钝圆，后足胫节背面内外缘具31对齿，末端背面1对腹面2对端距；前翅短，隐藏于前胸背板下，到达第二腹节背板中部，后翅退化消失。雄性第10腹节背板后缘明显向后延伸，后缘中部具深缺口（仿图57a）；肛上板舌形，中部凹陷；尾须较细长，内背缘几乎不扩展，内腹缘具1个直角形小叶，弯向背方，端半部侧扁，稍背弯，末端稍尖（仿图57a，b）；下生殖板基部宽，渐窄，基缘弓状凹，侧缘弯向背方，端部宽梯形，中央具U形凹口；下生殖板亚端部腹面具细长的腹突，末端钝圆（仿图57c）。

雌性尾须圆锥形，端部尖；下生殖板具凸出的侧角和后角（仿图57d）；产卵瓣短，稍向上弯，背腹缘光滑，基部粗壮，向端渐细，背瓣端部尖，腹瓣具端钩（仿图57e）。

体黄褐色。复眼褐色。触角窝内缘、基转节淡黑色；雄性头部背面具4条黑褐色纵纹。前胸背板背面褐色，外侧具1对黑褐色条纹，近末端渐隐。后足股节端部黑色；胫节腹刺和跗节淡褐色。腹节背板背面淡褐色，侧缘黑褐色，腹板淡黑色；雄性下生殖板基部淡褐色。

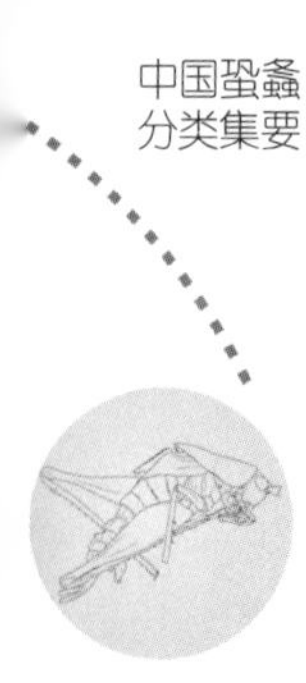

测量（mm）：体长♂8.1 ～ 8.4，♀9.3 ～ 9.7；前胸背板长♂3.6 ～ 3.7，♀4.3 ～ 4.6；前翅长♂1.7 ～ 1.9，♀1.3 ～ 1.4；后足股节长♂7.8 ～ 7.9，♀8.6 ～ 8.9；产卵瓣长6.0 ～ 6.1。

检视材料：1♂（正模）1♀（副模），云南金平马鞍底，2012.IX.8，边迅、谢广林采。

模式产地及保存：中国云南金平马鞍底；河北大学博物馆（MHU），中国河北保定。

分布：中国云南。

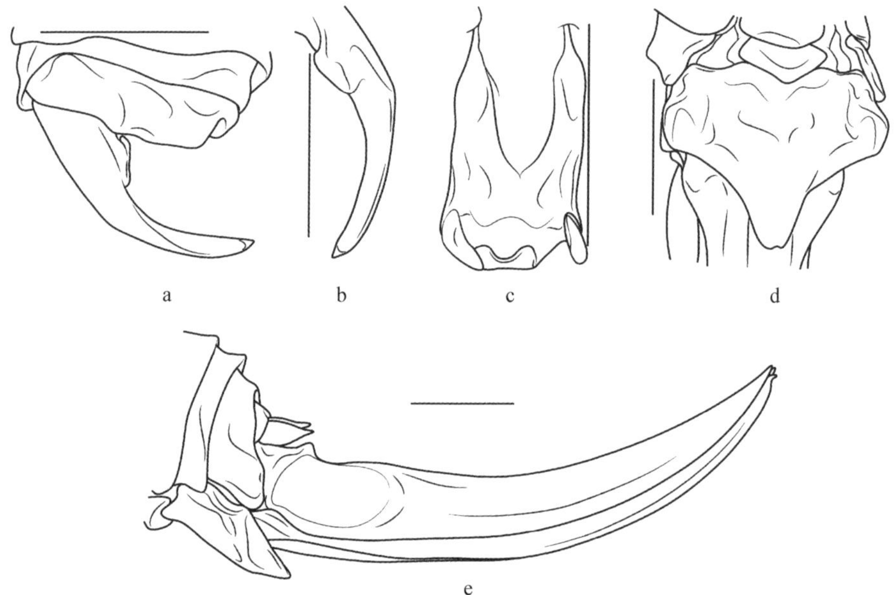

仿图57　凹缘吟螽 *Phlugiolopsis emarginata* Bian, Shi & Chang, 2013
（仿Bian, Shi & Chang, 2013）
a. 雄性左尾须，背侧面观；b. 雄性左尾须，腹面观；c. 雄性下生殖板，腹面观；d. 雌性下生殖板，腹面观；e. 雌性腹端，侧面观

AF. 57　*Phlugiolopsis emarginata* Bian, Shi & Chang, 2013 (after Bian, Shi & Chang, 2013)
a. left cercus of male, laterally dorsal view; b. left cercus of male, ventral view; c. subgenital plate of male, ventral view; d. subgenital plate of female, ventral view; e. end of female abdomen, lateral view

159. 五角吟螽 *Phlugiolopsis pentagonis* Bian, Shi & Chang, 2013（仿图58）

Phlugiolopsis pentagonis: Bian, Shi & Chang, 2013, *Zootaxa*, 3701(2): 172.

描述：体小。头顶圆锥形，端部钝圆，背面中央具纵沟；复眼半球形，向外凸出；下颚须端节约等长于亚端节，端部稍扩展。前胸背板前缘较直，后缘钝圆，侧片长大于高，缺肩凹；各足股节腹面无刺，前足基节具刺，前足胫节腹面内外缘刺排列为4, 5 (1, 1)型，内外侧听器均为开放型，卵圆形，后足股节膝叶端部钝圆，后足胫节背面内外缘均具32～37个齿，末端背面1对腹面2对端距；前翅短，不超过前胸背板后缘，后翅退化消失。雌性尾须圆锥形，端尖；下生殖板五角形，基缘较直，侧缘与后缘钝角形，中部略凹（仿图58a）；产卵瓣短，稍向上弯，背腹缘光滑，基部粗壮，亚端部稍扩展，向端渐细，背瓣端部尖，腹瓣具较明显的小端钩（仿图58b）。

雄性未知。

体黄褐色，稍带绿色。复眼淡褐色，触角窝内缘、柄节和梗节浅黑色，头部背面具4条褐色条纹。前胸背板背片淡褐色，两侧具1对褐色的条纹，到达沟后区中部；后足股节端部黑色，胫节腹面刺和所有跗节淡褐色。腹节背板侧面和腹板淡褐色。

测量（mm）：体长♀9.3～9.6；前胸背板长♀4.4～4.7；前翅长♀1.8～2.4；后足股节长♀8.4～8.9；产卵瓣长5.3～5.6。

检视材料：1♀（正模）1♀（副模），云南个旧蔓耗，2012.IX.3，边迅、谢广林采。

模式产地及保存：中国云南金平；河北大学博物馆（MHU），中国河北保定。

分布：中国云南。

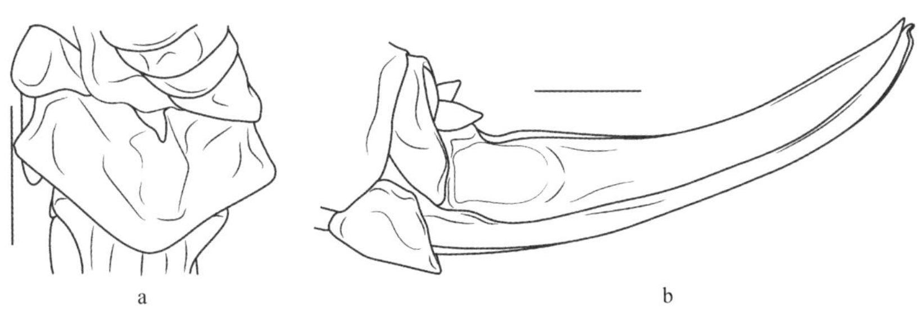

仿图58　五角吟螽 *Phlugiolopsis pentagonis* Bian, Shi & Chang, 2013
（仿Bian, Shi & Chang, 2013）
a. 雌性下生殖板，腹面观；b. 雌性腹端，侧面观

AF. 58　*Phlugiolopsis pentagonis* Bian, Shi & Chang, 2013 (after Bian, Shi & Chang, 2013)
a. subgenital plate of female, ventral view; b. end of female abdomen, lateral view

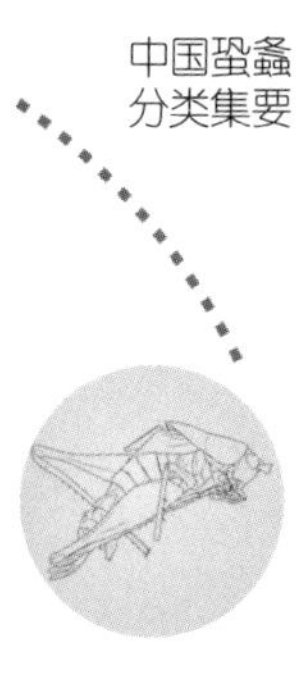

160. 钩尾吟螽 *Phlugiolopsis uncicercis* Bian, Shi & Chang, 2013（仿图59）

Phlugiolopsis uncicercis: Bian, Shi & Chang, 2013, *Zootaxa*, 3701(2): 172.

描述：体小。头顶圆锥形，端部钝圆，背面中央具纵沟；复眼半球形，向外凸出。前胸背板前缘稍凸，后缘钝圆，侧片长大于高，缺肩凹；各足股节腹面无刺，前足基节具刺，前足胫节腹面内外缘刺排列为4, 5 (1, 1)型，内外侧听器均为开放型，卵圆形，后足股节膝叶端部钝圆，后足胫节背面内外缘各具28～30个齿，末端背面1对腹面2对端距；前翅短，隐藏于前胸背板下，后翅退化消失。雄性第10腹节背板向后延伸，后缘中间具浅凹（仿图59a，b）；尾须基部腹面具1指状的突起，突起端部背面尖，尾须中部扁，背缘具1个小尖齿，尾须端部刺状，成角度内弯，末端钝（仿图59a～c）；下生殖板基部稍宽，基缘拱形凹，侧缘向背面弯曲，端部向后延伸，舌状，后缘近平直，腹突圆锥形，端部钝，位于下生殖板亚端部腹缘（仿图59c）。

雌性第8腹节背板明显凹，侧缘各具1个指状的突起，指向后方（仿图59d，e）；第9腹节背板稍宽，侧面稍扩展；第10腹节背板短小（仿图59e）；尾须圆锥形，端部尖（仿图59e）；下生殖板宽大于长，中隆线明显，基缘“v”形凹，侧叶钝，侧缘向腹方弯曲，后缘角形凸出，中部略凸（仿图59d）；产卵瓣稍向上弯，背腹缘光滑，基部粗壮，向端渐细，背瓣端部尖，腹瓣具端钩（仿图59e）。

雄性黄褐色，雌性淡褐色。复眼褐色，触角窝内缘、柄节和梗节浅黑色，头部背面具4条黑褐色条纹。前胸背板背片褐色，两侧具1对黑褐色条纹，到达沟后区中部，后足股节端部黑色，胫节刺和所有跗节淡褐色。腹节背板腹板黑褐色。

测量（mm）：体长♂7.5～7.8，♀8.5～8.9；前胸背板长♂3.8～4.0，♀4.1～4.6；前翅长♂1.7～1.9，♀1.4～1.6；后足股节长♂7.8～8.1，♀8.4～8.6；产卵瓣长5.3～5.5。

检视材料：1♂（正模）1♀（副模），云南金平马鞍底，2012.IX.4，边迅、谢广林采。

模式产地及保存：中国云南金平马鞍底；河北大学博物馆（MHU），中国河北保定。

分布：中国云南。

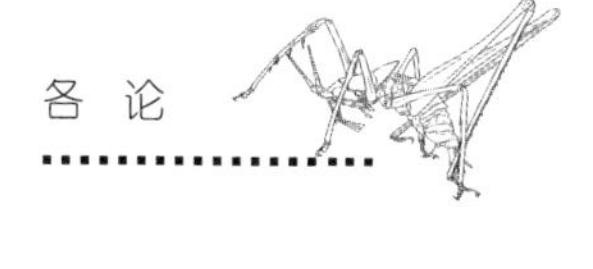

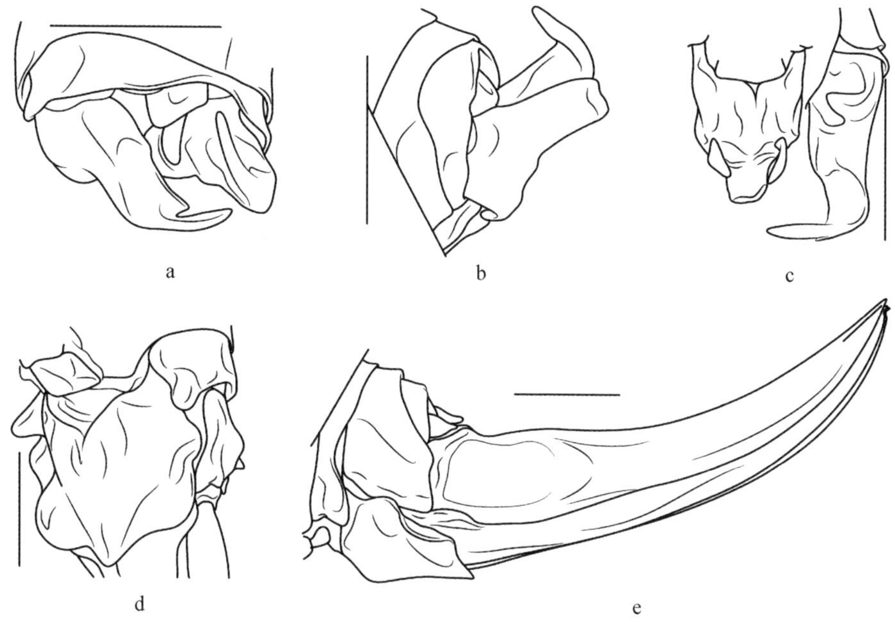

仿图59 钩尾吟螽*Phlugiolopsis uncicercis* Bian, Shi & Chang, 2013
（仿Bian, Shi & Chang, 2013）
a. 雄性腹端，背面观；b. 雄性腹端，侧面观；c. 雄性下生殖板与左尾须，腹面观；d. 雌性下生殖板，腹面观；e. 雌性腹端，侧面观

AF. 59 *Phlugiolopsis uncicercis* Bian, Shi & Chang, 2013 (after Bian, Shi & Chang, 2013)
a. end of male abdomen, dorsal view; b. end of male abdomen, lateral view; c. subgenital plate and left cercus of male, ventral view; d. subgenital plate of female, ventral view; e. end of female abdomen, lateral view

161. 新安吟螽*Phlugiolopsis xinanensis* Bian, Shi & Chang, 2013（仿图60）

Phlugiolopsis xinanensis: Bian, Shi & Chang, 2013, *Zootaxa*, 3701(2): 176.

描述：体小。头顶圆锥形，稍短，端部钝圆，背面中央具纵沟；复眼半球形，向外凸出。前胸背板前缘稍凸，后缘狭圆，侧片长大于高，缺肩凹；各足股节腹面无刺，前足基节具刺，前足胫节腹面内外缘刺排列为4, 4 (1, 1)型，内外侧听器均为开放型，卵圆形，后足股节膝叶端部钝圆，后足胫节背面内外缘各具21～22个齿，末端背面1对腹面2对端距；前翅短，稍超过前胸背板后缘，到达第3腹节背板中部，后翅退化消失。雄性第10腹节背板后缘中间稍凹（仿图60a）；尾须基半部粗壮，内背缘具1宽扁的等宽叶，尾须中部背观无凹口，腹缘稍扩展，尾须端半部刺状，指向内背方，末端稍尖（仿图60a～c）；下生殖板近梯形，长大于宽，基部较

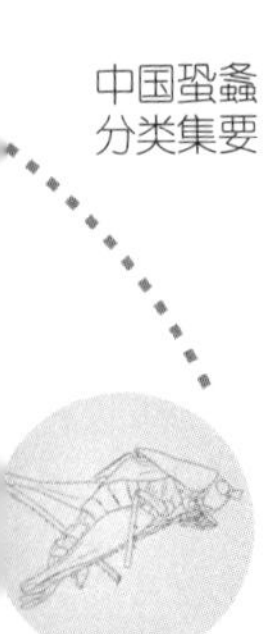

宽，基缘中部具钝角形开口，侧缘向背面弯，后缘平截，下生殖板亚端部腹缘具近圆锥形腹突，其端部钝圆（仿图60b）。

雌性第8腹节背板后缘中部明显凹；第9腹节背板稍宽，侧缘稍扩展，向后凸出；第10腹节背板短小；尾须粗壮，圆锥形，端部尖；下生殖板近三角形，基缘较直，侧缘向腹方弯，后缘钝圆（仿图60d）；产卵瓣稍向上弯，基部粗壮，向端渐细，背瓣端部尖，腹瓣具端钩（仿图60e）。

体黄褐色。复眼褐色，触角窝内缘、柄节和梗节浅黑色，头部背面具4条黑褐色条纹。前胸背板背片中部具褐色带，在沟后区扩展，外缘具1对黑褐色条纹，到达沟后区中部；股节端部、胫节腹刺和所有跗节淡褐色。腹节背板侧缘黑色，腹板淡褐色。

测量（mm）：体长♂7.6～8.3，♀8.7～8.9；前胸背板长♂3.5～3.7，♀4.3～4.6；前翅长♂1.7～1.9，♀1.3～1.5；后足股节长♂7.4～7.9，

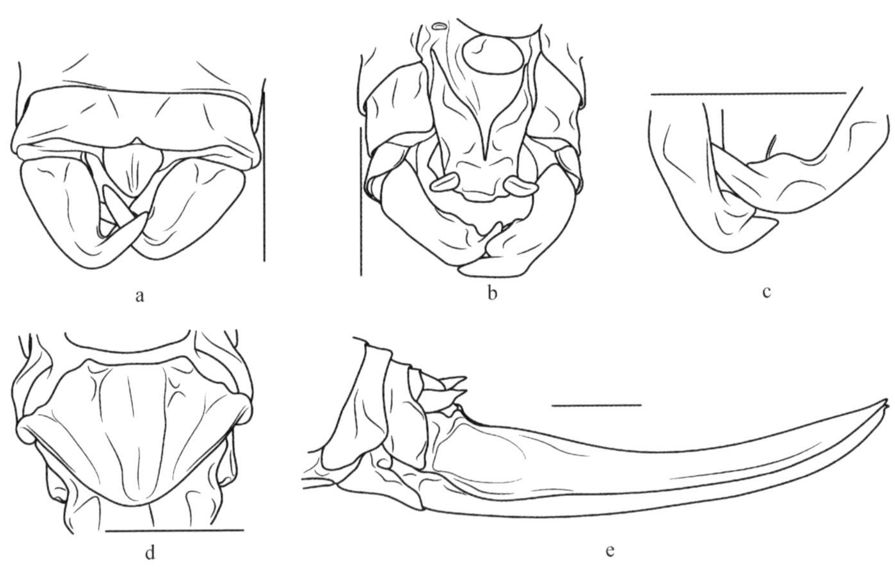

仿图60　新安吟螽 *Phlugiolopsis xinanensis* Bian, Shi & Chang, 2013
（仿Bian, Shi & Chang, 2013）
a. 雄性腹端，背面观；b. 雄性腹端，腹面观；c. 雄性尾须，腹面观；d. 雌性下生殖板，腹面观；e. 雌性腹端，侧面观

AF. 60　*Phlugiolopsis xinanensis* Bian, Shi & Chang, 2013 (after Bian, Shi & Chang, 2013)
a. end of male abdomen, dorsal view; b. end of male abdomen, ventral view; c. cerci of male, ventral view; d. subgenital plate of female, ventral view; e. end of female abdomen, lateral view

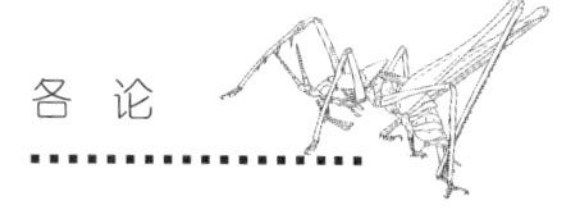

♀8.6～8.9；产卵瓣长5.7～5.9。

检视材料：1♂（正模）1♀（副模），贵州安龙新安，2012.VIII.27，王泽雨采。

模式产地及保存：中国贵州安龙新安；河北大学博物馆（MHU），中国河北保定。

分布：中国贵州。

（二十五）亚吟螽属 *Aphlugiolopsis* Wang, Liu & Li, 2015

Aphlugiolopsis: Wang, Liu & Li, 2015, *Zootaxa*, 3941(4): 511.

模式种：*Aphlugiolopsis punctipennis* Wang, Liu & Li, 2015

体型小。头顶圆锥形，端部钝，背面具纵沟。颜面稍微向后倾斜，复眼圆形，突出；下颚须端节与亚端节约等长。前胸背板较长，侧片低，后缘肩凹不明显；胸听器完全裸露；前翅缩短，但略微超过腹端，后翅短于前翅；股节无刺，前足胫节两侧听器为开放型，后足胫节具3对端距。雄性第10腹节背板具圆形后缘，有时具浅中凹；雄性尾须具2分枝；雄性下生殖板具腹突，位于亚端部。雄性外生殖器完全革质。

本属接近新草霓螽属 *Neocononicephora* Gorochov, 1998，区别在于雄性下生殖板具腹突和外生殖器完全革质；与吟螽属 *Phlugiolopsis* Zeuner, 1940区别在于具有发达的前后翅。

162. 点翅亚吟螽 *Aphlugiolopsis punctipennis* Wang, Liu & Li, 2015（图102，图版66～68）

Aphlugiolopsis punctipennis: Wang, Liu & Li, 2015, *Zootaxa*, 3941(4): 512.

描述：体小。头顶圆锥形，端部钝，背面具纵沟。颜面稍微向后倾斜，复眼圆形，突出；下颚须端节与亚端节约等长。前胸背板较长（图102a），侧片低，后缘肩凹不明显（图102b），胸听器完全裸露；前翅缩短，但略微超过腹端，后翅短于前翅；股节无刺，前足胫节两侧听器为开放型，腹面内、外刺排列为4, 5 (1, 1)型，后足胫节背面内外缘各具23～26个刺和1个端距，腹面具2对端距。第10腹节背板具圆形后缘，有时具浅中凹（图102c）；尾须具2支，上支明显短于下支，腹面具叶（图102c～e）；下生殖板狭长，端部狭圆，腹突位于亚端部（图102e）。外生殖器完全革质，端部具凹缺，背面具中隆线（图102c，d）。

雌性尾须短小，圆锥形；下生殖板侧缘近乎平行，后缘呈三角形，端

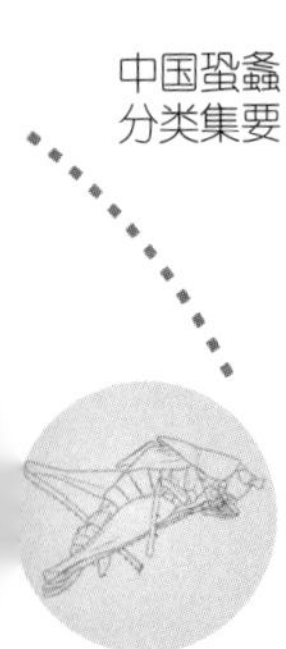

部钝（图102f）；产卵瓣较直，腹瓣具端钩（图102g）。

体淡褐色。触角具暗色环，前胸背板具不明显的暗褐色侧条纹，前翅具明显的暗点，前足和中足具不明显的褐色环，后足股节膝部变暗。

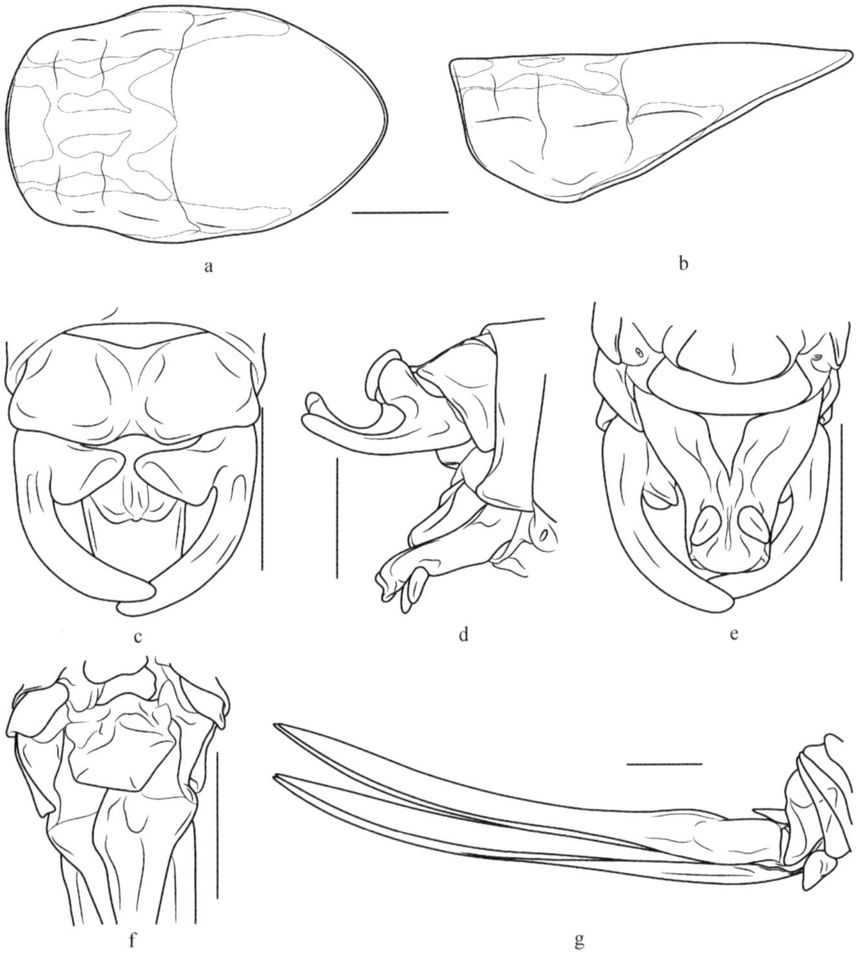

图102　点翅亚呤螽 *Aphlugiolopsis punctipennis* Wang, Liu & Li, 2015

a. 雄性前胸背板，背面观；b. 雄性前胸背板，侧面观；c. 雄性腹端，背面观；d. 雄性腹端，侧面观；e. 雄性腹端，腹面观；f. 雌性下生殖板，腹面观；g. 雌性腹端，侧面观

Fig. 102　*Aphlugiolopsis punctipennis* Wang, Liu & Li, 2015

a. male pronotum, dorsal view; b. male pronotum, lateral view; c. end of male abdomen, dorsal view; d. end of male abdomen, lateral view; e. end of male abdomen, ventral view; f. subgenital plate of female, ventral view; g. end of female abdomen, lateral view

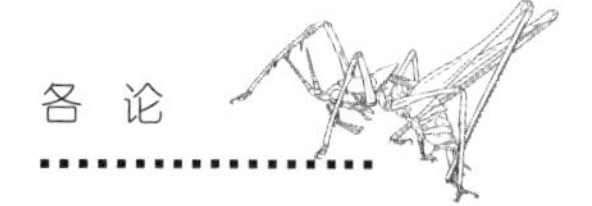

测量（mm）：体长♂6.0～6.5，♀6.0；前胸背板长♂4.0，♀4.0；前翅长♂5.0～5.5，♀6.0；后足股节长♂8.0，♀缺失；产卵瓣长7.0。

检视标本：正模♂，副模16♂♂1♀，广西武鸣大明山，1 250 m，2013. VII.19～25，刘宪伟等采。

分布：中国广西。

鉴别：本种与吟螽属*Phlugiolopsis*类群近似，但区别在于前翅到达腹端，雄性外生殖器革质。

（二十六）燕尾螽属*Doicholobosa* Bian, Zhu & Shi, 2017

Doicholobosa: Bian, Zhu & Shi, 2017, *Zootaxa*, 4317(1): 165.

模式种：*Doicholobosa complanatis* Bian, Zhu & Shi, 2017

体中型，粗壮。头顶粗壮，圆锥形，背面具细纵沟；复眼近球形，向前凸出；下颚须端节稍长于亚端节，末端稍膨大。前胸背板沟后区不抬高，后缘圆形，侧片后缘渐狭，不具肩凹；前翅短，隐藏在前胸背板下，背观不可见，后翅消失；前足基节具刺，各足股节腹面无刺，后足股节膝叶末端钝圆，前足胫节听器两侧均为开放型，后足胫节末端具1对背距和2对腹距。雄性第10腹节背板后缘中部具三角形凹，侧叶较窄长；尾须直，简单不具分支突起；外生殖器革质化；下生殖板长，后缘具大的U形凹口，两边侧叶长且背弯，不具腹突。雌性第10腹节背板后缘具1对短刺状突起，其间稍凹；产卵瓣短粗，背腹缘光滑，末端尖。

燕尾螽属分种检索表

1 雄性已知；雌性产卵瓣较长 ………………………………………… 2

– 雄性未知；雌性产卵瓣较短 ………………………………………… ………………… 黑带燕尾螽 ***Doicholobosa nigrovittata*** **(Liu & Bi, 1994)**

2 雄性第10腹节背板侧叶较窄，第9腹节背板后侧角向内弯折包围后节，尾须末端扁；雌性下生殖板后缘中部凹 ………………………………………… ……………扁端燕尾螽 ***Doicholobosa complanatis*** **Bian, Zhu & Shi, 2017**

– 雄性第10腹节背板侧叶较宽，第9腹节背板后侧角仅稍向后突出，尾须末端圆；雌性下生殖板后缘宽圆 ………………………………………… …………… 圆端燕尾螽 ***Doicholobosa rotundata*** **Bian, Zhu & Shi, 2017**

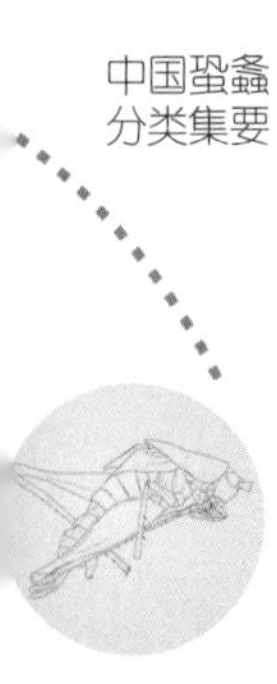

163. 扁端燕尾螽 *Doicholobosa complanatis* Bian, Zhu & Shi, 2017（仿图61）

Doicholobosa complanatis: Bian, Zhu & Shi, 2017, *Zootaxa*, 4317(1): 166.

描述：前胸背板背片中央稍凹，前缘直，后缘凸圆，侧片长大于高，侧片后缘渐狭，缺肩凹（仿图61a）；前翅相互重叠，到达第1腹节背板前缘，末端圆，后翅消失；前足胫节腹面刺排列为4, 4 (1, 1)型，中足胫节腹面具5个内刺和6个外刺，后足胫节背面内外缘各具21～23个齿，腹面具1～2对齿。雄性第10腹节背板后缘中央具三角形缺口，缺口两侧具短刺状突起（仿图61c）；尾须圆柱形，内缘平截，端部稍内弯，较扁，末端近截形（仿图61c～f）；外生殖器明显骨化，背面中部具1个长突起，直角弯向腹方，侧扁，末端稍扩展，外生殖器侧缘呈矩形扩展，后缘具8～10个齿状突，中部的齿强骨化（仿图61c～f）；下生殖板基部宽，端部渐狭，基缘中部具弓形凹口，后缘具U形凹口，侧叶长，明显背弯，末端尖，无腹突（仿图61d～f）。

雌性外观似雄性（仿图61b）。翅侧置。尾须纤细，端部钝（仿图61g）；产卵瓣粗壮，背弯，背缘光滑，端半部腹缘具不明显的齿，背瓣端部尖，腹瓣端部具不明显的端钩（仿图61i）；下生殖板近卵圆形，后缘中央三角形凹，侧叶圆（仿图61h）。

体黄褐色。复眼褐色。前胸背板背片具1对褐色纵纹，其间黄褐色，外缘具1对淡黄色纵纹；胫节与跗节端部黄绿色。腹节背板中央具1条褐色纵带；尾须端部绿色。

测量（mm）：体长♂9.4～10.0，♀10.4～10.5；前胸背板长♂3.1～3.3，♀3.3～3.5；前翅♂1.0～1.1，♀1.4～1.6；后足股节长♂8.3～8.5，♀9.7～9.9；产卵瓣长5.0～5.3。

检视材料：1♂（正模），云南威信大雪山，2012.VIII.19，边迅采；1♀（副模），云南威信大雪山，2012.VIII.19，边迅、谢广林采。

模式产地及保存：中国云南威信大雪山；河北大学博物馆（MHU），中国河北保定。

分布：中国云南。

164. 圆端燕尾螽 *Doicholobosa rotundata* Bian, Zhu & Shi, 2017（仿图62）

Doicholobosa rotundata: Bian, Zhu & Shi, 2017, *Zootaxa*, 4317(1): 170.

描述：体小。前胸背板短，前缘直，后缘钝圆。前足胫节腹面刺排列

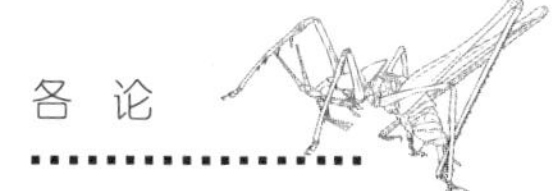

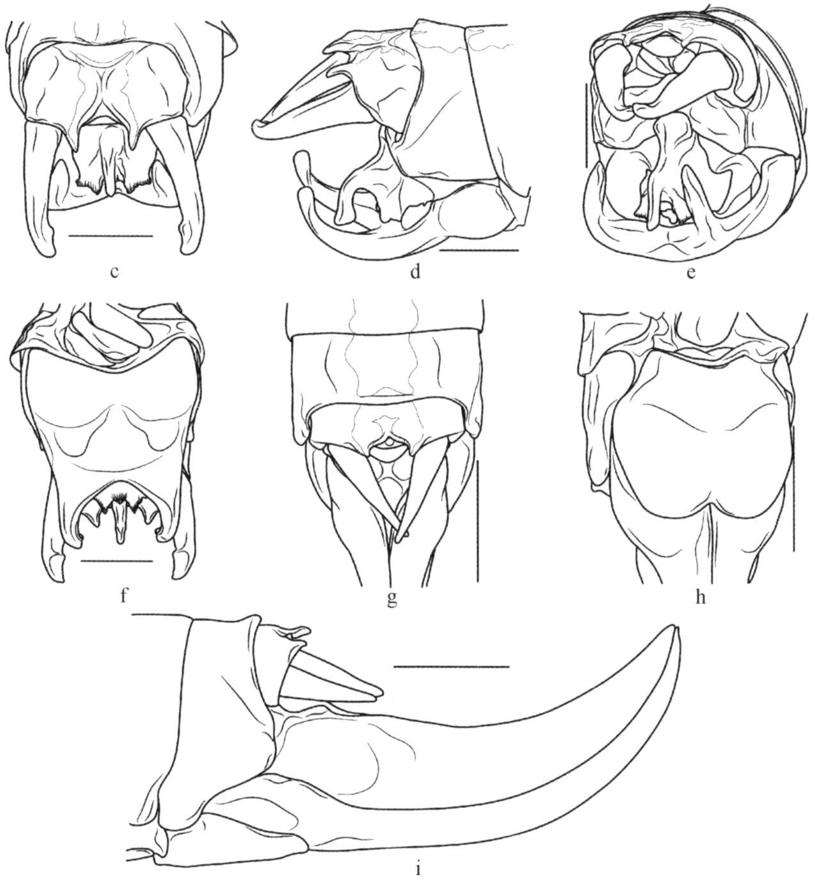

a b c d e f g h i

仿图61　扁端燕尾螽 *Doicholobosa complanatis* Bian, Zhu & Shi, 2017
（仿 Bian, Zhu & Shi, 2017）

a. 雄性前胸背板，侧面观；b. 雌性前胸背板，侧面观；c. 雄性腹端，背面观；d. 雄性腹端，侧面观；e. 雄性腹端，后面观；f. 雄性腹端，腹面观；g. 雌性第10腹节背板，背面观；h. 雌性下生殖板，腹面观；i. 雌性腹端，侧面观

AF. 61　*Doicholobosa complanatis* Bian, Zhu & Shi, 2017 (after Bian, Zhu & Shi, 2017)

a. male pronotum, lateral view; b. female pronotum, lateral view; c. end of male abdomen, dorsal view; d. end of male abdomen, lateral view; e. end of male abdomen, rear view; f. end of male abdomen, ventral view; g. 10th abdominal tergite of female, dorsal view; h. subgenital plate of female, ventral view; i. end of female abdomen, lateral view

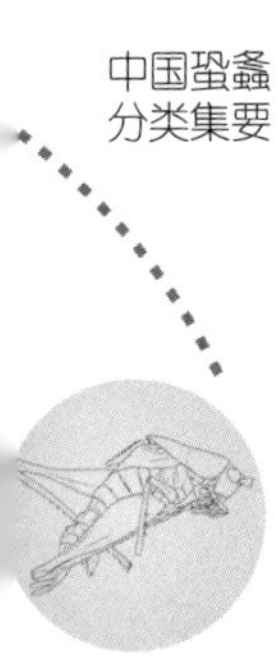

为4, 4 (1, 1)型，中足胫节腹面具5个内刺和6个外刺，后足胫节背面内外缘各具24～26个齿，腹面1个内齿和3个外齿。雄性第10腹节背板后缘向后凸出，中央具三角形缺口，缺口两侧侧叶三角形（仿图62a）；尾须圆柱形，渐窄，内缘亚端部稍凹陷，端部向内背方弯曲，末端钝圆（仿图62a～d）；外生殖器明显骨化，抬高，形成中隆线，背部具1个刺状突起，突起端部下弯，腹部厚实，背侧面稍凹，中央具成簇的细刺（仿图62a, b）；下生殖板腹观近梯形，基缘弓形凹，渐窄，后缘具U形凹口，侧叶窄，向背方弯曲，侧叶末端侧扁，不具腹突（仿图62d）。

雌性前翅短，侧置。第10腹节后缘中部弓形凹入，侧叶近三角形（仿图62e）；尾须纤细，圆锥形，端部钝（仿图62e）；下生殖板近梯形，基缘

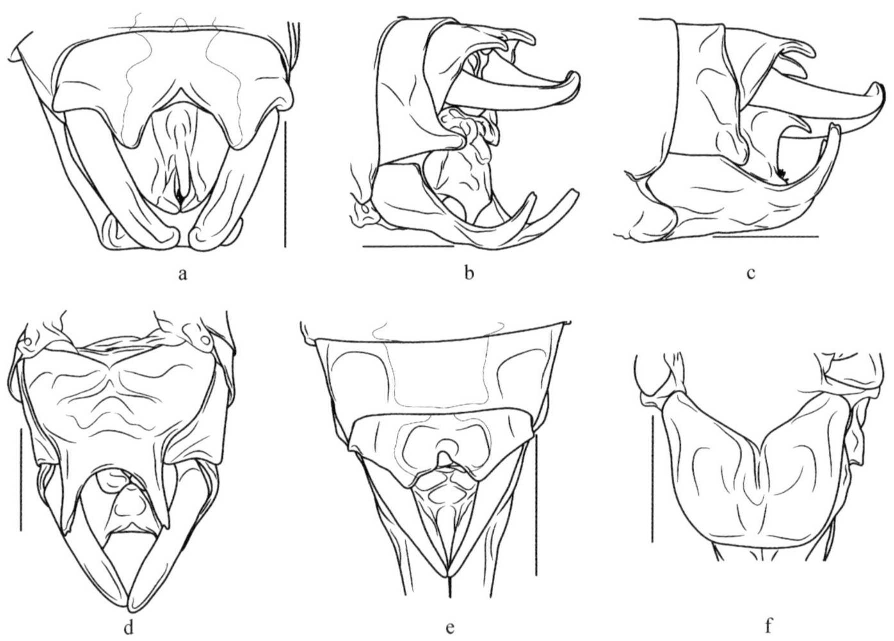

仿图62　圆端燕尾螽 *Doicholobosa rotundata* Bian, Zhu & Shi, 2017
（仿Bian, Zhu & Shi, 2017）
a. 雄性腹端，背面观；b. 雄性腹端，侧面观；c. 雄性腹端，腹侧面观；d. 雄性腹端，腹面观；e. 雌性第10腹节背板，背面观；f. 雌性下生殖板，腹面观

AF. 62　*Doicholobosa rotundata* Bian, Zhu & Shi, 2017 (after Bian, Zhu & Shi, 2017)
a. end of male abdomen, dorsal view; b. end of male abdomen, lateral view; c. end of male abdomen, ventrally lateral view; d. end of male abdomen, ventral view; e. 10th abdominal tergite of female, dorsal view; f. subgenital plate of female, ventral view

三角形凹，端部侧缘圆弓形，后缘近直，中央微凹（仿图62f）。

体黄褐色。触角鞭节具淡褐色环。前胸背板背片具1对褐色纵纹，其间淡褐色，沟前区侧缘具1对淡黄色纵纹。腹节背板中央具1条褐色纵带，纵带外缘具淡黄色带。

测量（mm）：体长♂9.7～9.9，♀12.8；前胸背板长♂3.7～3.9，♀3.6；前翅♂1.4～2.0，♀1.2；后足股节长♂8.7～8.9，♀9.3；产卵瓣长6.1。

检视材料：1♂（正模），贵州绥阳茶场，2010.VIII.16，赵乐宏采；1♀（副模），贵州道真大沙河，2004.VIII.25，石福明采。

模式产地及保存：中国贵州遵义；河北大学博物馆（MHU），中国河北保定。

分布：中国贵州。

165. 黑带燕尾螽 *Doicholobosa nigrovittata* (Liu & Bi, 1994)（图103）

Cosmetura nigrovittata: Liu & Bi, 1994, *Acta Zootaxonomica Sinica*, 19(3): 329.

Acosmetura nigrovittata: Liu, 2000, *Zoological Research*, 21(3): 220; Liu & Zhou, 2007, *Acta Zootaxonomica Sinica*, 32(1): 192; Liu, Zhou & Bi, 2008, *Acta Zootaxonomica Sinica*, 33(4): 761; Bian, Kou & Shi, 2014, *Zootaxa*, 3811(2): 247; Bian & Shi, 2015, *Zootaxa*, 4040(4): 478.

Doicholobosa nigrovittata: Bian, Zhu & Shi, 2017, *Zootaxa*,4317(1): 170.

描述：体中等偏大，粗壮。头顶较短，圆锥形，背面具纵沟；复眼卵圆形，向前凸出；下颚须端节长于亚端节。前胸背板沟后区短于沟前区，侧片稍高，后缘斜截无肩凹；前翅侧置，不超过前胸背板后缘；前足胫节内外刺排列为4, 3 (1, 1)型，后足胫节背面内外缘各具32～38个齿。雌性第10腹节背板后缘具凹口，凹口两侧形成两尖叶，肛上板较小，近三角形（图103a）；尾须细长，圆锥形（图103a，c）；下生殖板横宽，近半圆形，端缘中央具弱的凹口（图103b）；产卵瓣稍长较宽，端半部稍向上弯曲，边缘光滑（图103c）。

雄性未知。

体淡褐黄色(活时可能为绿色)。前胸背板背面具黑褐色纵带，但在前胸背板沟后区渐宽，沟后区后部淡色，如纵带分叉。复眼黑褐色，后足股节端部暗黑色，后足胫节刺淡褐色，腹部背面具深褐色纵带。

测量（mm）：体长♀11.8；前胸背板长♀4.1；前翅长♀0.8；后足股节

长♀11.2；产卵瓣长7.0。

检视材料：正模♀，四川灌县青城山，1987.VIII.10，刘宪伟采；1♀，四川峨眉山五显岗，700 m，2007.VIII.2 ～ 4，刘宪伟等采。

讨论：本种以雌性发表，雄性目前未见报道，边迅等（2017）以其第10腹节背板特征将该种组合至本属，但该种体型应稍大于前两种，并且产卵瓣于前两种差异较大，其斑纹十分接近三突异饰尾螽 *Acosmetura trigentis*，作者倾向于该种依然属于异饰尾螽属 *Acosmetura*，其归属仍需要雄性来确定。

分布：中国四川。

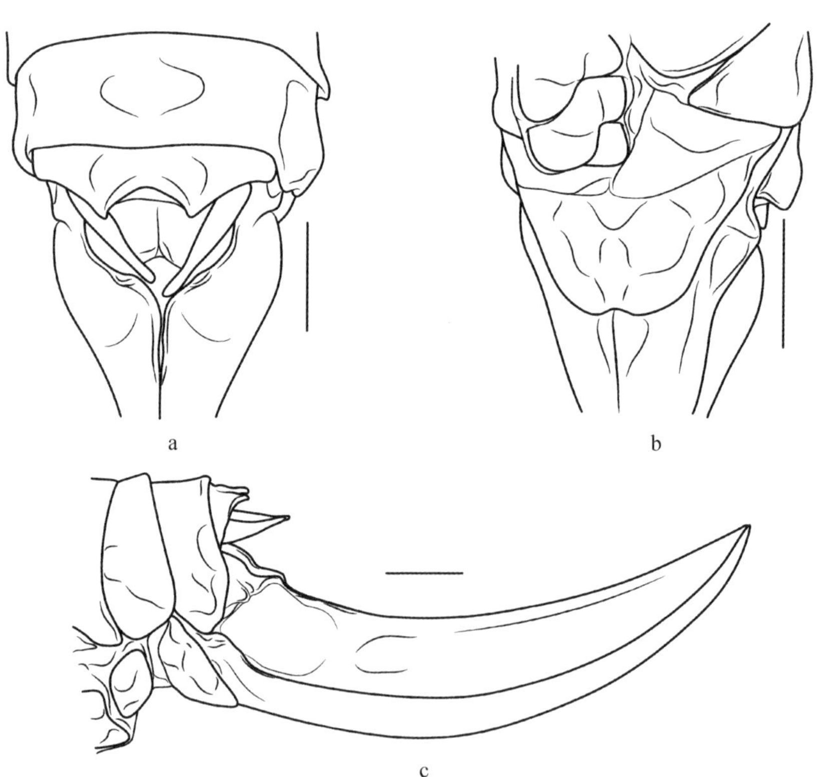

图103　黑带燕尾螽 *Doicholobosa nigrovittata* (Liu & Bi, 1994)
a. 雌性腹端，背面观；b. 雌性腹端，腹面观；c. 雌性腹端，侧面观

Fig. 103　*Doicholobosa nigrovittata* (Liu & Bi, 1994)
a. end of female abdomen, dorsal view; b. end of female abdomen, ventral view; c. end of female abdomen, lateral view

（二十七）异饰尾螽属 *Acosmetura* Liu, 2000

Acosmetura: Liu, 2000, *Zoological Research*, 21(3): 220; Liu & Zhou, 2007, *Acta Zootaxonomica Sinica*, 32(1): 190; Liu *et al*., 2008, *Acta Zootaxonomica Sinica*, 33 (4): 761; Bian, Kou & Shi, 2014, *Zootaxa*, 3811(2): 240.

Sinocyrtaspiodea (**syn. nov.**): Shi & Bian, 2013, *Zootaxa*, 3599(4): 390.

模式种：*Acosmetura brevicerca* Liu, 2000

体较小，相对较结实，短翅类型。雄性前胸背板沟后区通常非显著隆起，后部平直或向下弯；侧片后部明显趋狭；前足胫节听器为开放型；后足股节膝叶通常无端刺，后足胫节具3对端距。前翅隐藏于前胸背板之下，雄性具发音器，雌性侧置。雄性第10腹节背板通常明显的突起或叶，外生殖器革质，裸露。雌性产卵瓣较宽短，边缘光滑。

中国异饰尾螽属分种检索表

1 体背面具褐色纵带 ········ 2

\- 体背面无褐色纵带 ········ 11

2 后足股节端部非暗褐色 ········ 3

\- 后足股节端部暗褐色 ········ 8

3 雄性尾须甚短，从背面不可见；雌性下生殖板具弱中隆线 ········ **短尾异饰尾螽** ***Acosmetura brevicerca*** **Liu, 2000**

\- 雄性尾须较长，从背面可见；雌性下生殖板不具中隆线 ········ 4

4 雄性尾须基部具窄长的内叶；雌性下生殖板近半圆形 ········ **马边异饰尾螽** ***Acosmetura mabianensis*** **Bian & Shi, 2014**

\- 雄性尾须基部不具叶，近钳状；雌性下生殖板非半圆形 ········ 5

5 雄性第10腹节背板后缘近平直；雌性下生殖板具纵沟 ········ **铗尾异饰尾螽** ***Acosmetura forcipata*** **Liu, Zhou & Bi, 2008**

\- 雄性第10腹节背板后缘中央凹；雌性下生殖板长大于宽，后缘凹 ······ 6

6 雄性第10腹节背板后缘凹口两侧形成圆叶；雌性下生殖板后缘中央凹口宽大 ········ **凹缘异饰尾螽** ***Acosmetura emarginata*** **Liu, 2000**

\- 雄性第10腹节背板后缘凹口两侧形成尖叶；雌性下生殖板后缘中央凹口窄小或指突 ········ 7

7 雄性第10腹节背板后缘形成一对尖叶 ········ **犁尾异饰尾螽** ***Acosmetura listrica*** **Bian & Shi, 2015**

\- 雄性第10腹节背板后缘形成一对指突 ········

……… **指突异饰尾螽*Acosmetura longitubera* Wang, Shi & Wang, 2018**

8 后足股节内和外侧无暗褐色斜条纹 ……………………………………………… **隆线异饰尾螽*Acosmetura carinata* Liu, Zhou & Bi, 2008**

– 后足股节内和外侧具暗褐色斜条纹 …………………………………………… 9

9 雄性第10腹节背板后缘中央膜质，正中肛上板后缘具1个小刺；雌性下生殖板基部宽，端半部近半圆形 ………………………………………………… **黑膝异饰尾螽*Acosmetura nigrogeniculata* (Liu & Wang, 1998)**

– 雄性第10腹节背板后缘中央凹；雌性下生殖板基部不宽 …………… 10

10 雄性第10腹节背板后缘中部凸出，中央具浅缺口；雌性下生殖板两侧具突起 ……… **长尾异饰尾螽*Acosmetura longicercata* Liu, Zhou & Bi, 2008**

– 雄性第10腹节背板后缘中央具深缺口，两侧形成瘤突；雌性下生殖板简单 ………… **三突异饰尾螽*Acosmetura trigentis* Wang, Bian & Shi, 2016**

11 前胸背板侧片黑褐色；雄性尾须内弯；雌性下生殖板具中隆线 ……… ……………… **缙云异饰尾螽*Acosmetura jinyunensis* (Shi & Zheng, 1994)**

– 前胸背板侧片黄褐色；雄性尾须较直，大部分裸露于第10腹节背板之外；雌性下生殖板具明显的侧隆线 ……………………………………………… …………………… **峨眉异饰尾螽*Acosmetura emeica* Liu & Zhou, 2007**

166. 凹缘异饰尾螽*Acosmetura emarginata* Liu, 2000（图104）

Acosmetura emarginata: Liu, 2000, *Zoological Research*, 21(3): 221; Liu & Zhou, 2007, *Acta Zootaxonomica Sinica*, 32: 190; Liu, Zhou & Bi, 2008, *Acta Zootaxonomica Sinica*, 33(4): 761; Bian, Kou & Shi, 2014, *Zootaxa*, 3811(2): 241.

Sinocyrtaspiodea longicercus (**syn. nov.**): Shi & Bian, 2013, *Zootaxa*, 3599(4): 391.

描述：体中型，粗壮。头顶圆锥形，端部钝圆，背面中凹；复眼球形，向前凸出。前胸背板向后延伸，横沟明显，沟后区稍抬高，前缘直，后缘钝圆，侧片后缘略扩展，肩凹消失（图104a）；前翅短，隐藏在前胸背板下，具发音器，不到达前胸背板后缘，后翅退化消失；各足股节腹面无刺，前足基节具刺，前足胫节腹面内外缘刺排列为3～4, 4 (1, 1)型，后足胫节背面内外缘各具25～28个齿，端部背腹具3对端距；胸听器外露。雄性第10腹节背板后缘具较深的缺口；肛上板短宽（图104c）；尾须近圆柱形，亚端部背面凹，向内背方弯曲，末端具1个短粗的刺，端部窄，弯向上方，端部钝圆（图104c，d）；外生殖器革质，端半部窄，后缘略凹（图104c）；下生殖板基部较宽，中部明显凹，端部窄，后缘具浅缺口，腹突短粗，位于两侧角（图104e）。

雌性前胸背板短，沟后区平，后缘宽圆，侧片后部总体趋狭，稍凸，无肩凹（图104b）；前翅完全隐藏于前胸背板下，相互交叉。第10腹节背

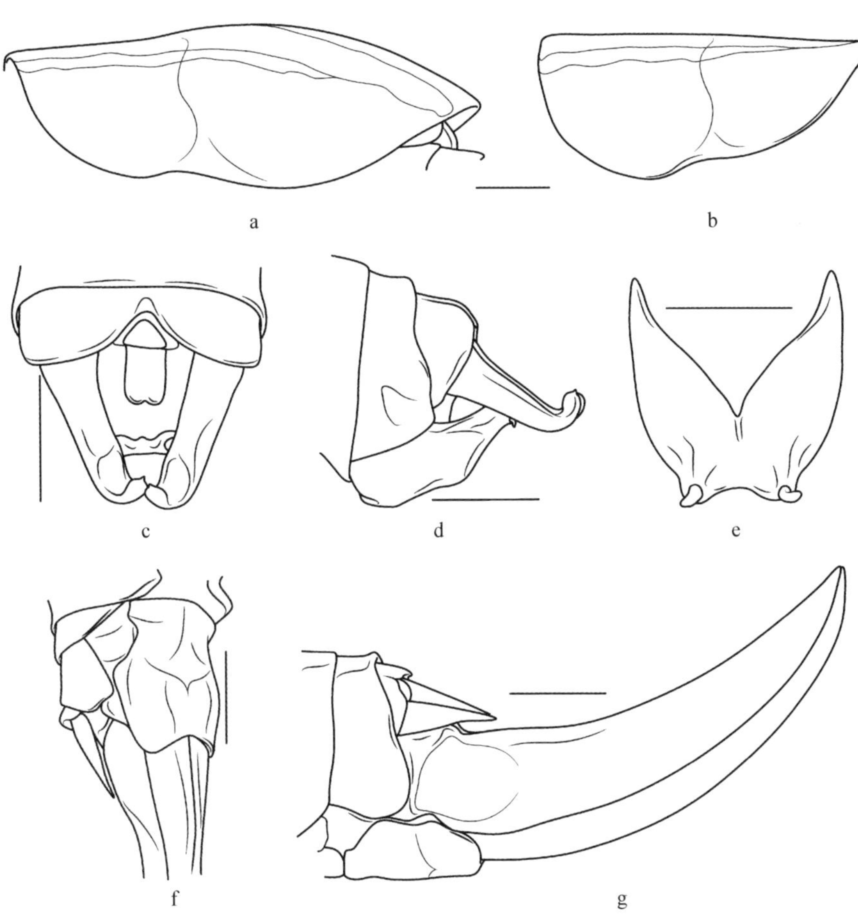

图104 凹缘异饰尾螽 *Acosmetura emarginata* Liu, 2000（a ~ e，g 仿 Shi & Bian, 2013）
a. 雄性前胸背板，侧面观；b. 雌性前胸背板，侧面观；c. 雄性腹端，背面观；d. 雄性腹端，侧面观；e. 雄性下生殖板，腹面观；f. 雌性下生殖板，腹面观；g. 雌性腹端，侧面观

Fig. 104 *Acosmetura emarginata* Liu, 2000 (a ~ e, g after Shi & Bian, 2013)
a. pronotum of male, lateral view; b. pronotum of female, lateral view; c. end of male abdomen, dorsal view; d. end of male abdomen, lateral view; e. subgential plate of male, ventral view; f. subgenital plate of female, ventral view; g. end of female abdomen, lateral view

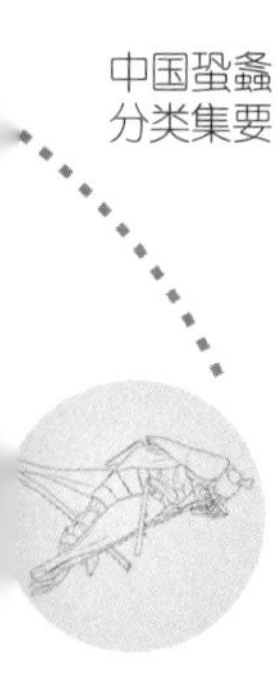

板后缘中央微凹，两侧形成1对宽圆叶；尾须圆锥形较长，端1/3骤细，末端尖；下生殖板长大于宽，后缘具宽的凹口，侧角圆（图104f）；产卵瓣短微上弯，边缘光滑无沟齿（图104g）。

体淡黄褐色（活时应为绿色）。头部背面淡褐色，复眼黄褐色。前胸背板背片具宽的棕色纵带，末端稍宽；雌性纵带稍窄，侧缘平行，具淡黄色镶边；各足胫节刺和距端部棕色，爪端部棕色。腹部背缘具棕色纵纹，到达第10腹节背板后缘。

测量（mm）：体长♂9.0～10.5，♀10～10.5；前胸背板长♂5.8～6.2，♀4.0～4.6；前翅长♂未知，♀0.8；后足股节长♂9.5～9.7，♀11.3；产卵瓣长5.0。

检视材料：正模♀，四川雅安，1988.IV.10，冯炎采；1♂（*Sinocyrtaspiodea longicercus*正模）1♀（*Sinocyrtaspiodea longicercus*副模），四川峨眉山九老洞，2011.VIII.4，石福明、赵乐宏采（河北大学博物馆）；2♀♀，四川雅安周公山，1 400 m，2006.VIII.2，周顺采；3♀♀，四川天全二郎山，1 900 m，2010.IX.5，毕文烜采。

讨论：本种发表时仅有雌性。石福明和边迅（2013）将采自峨眉山的雌雄标本描述为长尾拟华穹螽*Sinocyrtaspiodea longicercus*，并以之为模式建立了拟华穹螽属*Sinocyrtaspiodea*，通过雌性标本比对并无明显区别，其产地也相近，长尾拟华穹螽*Sinocyrtaspiodea longicercus*为该种同物异名。但该种雄性前胸背板沟后区延长后缘向下弯曲，与本属其他种类并不一致，建立新属也应为该特征的考量。近年来有许多新报道的种类前胸背板沟后区特化，如华穹螽属*Sinocyrtaspis*种类，但这一特征并非十分稳定，涉及许多差别较大的种类。作者认为生殖节的特征仍应优先考虑，依据雄性生殖节的特征认为该种属于异饰尾螽属*Acosmetura*。

分布：中国四川。

167. 隆线异饰尾螽*Acosmetura carinata* Liu, Zhou & Bi, 2008（图105）

Acosmetura carinata: Liu, Zhou & Bi, 2008, *Acta Zootaxonomica Sinica*, 33(4): 763.

Sinocyrtaspiodea carinata: Shi & Bian, 2013, *Zootaxa*, 3599(4): 392.

描述：体中型，粗壮。头顶圆锥形，端部钝圆，背面中凹；复眼卵圆形，向前凸出。前胸背板向后延长，前缘直，后缘钝圆，后横沟明显，沟后区稍抬高，侧片后缘略扩展，肩凹消失（图105a）；前翅短，超过前胸背板后缘，具发音器，后翅退化消失；前足基节具刺，各足股节腹面无刺，前足胫节腹面内外缘刺排列为4, 4 (1, 1)型，后足胫节背面内外缘各具23～26个齿，端部背腹具3对端距；胸听器外露。雄性第9腹节背板相对较宽；第10腹节背板基半部具深的纵沟，侧缘略肿大，端部具1对扭曲叶状突起指向腹方（图105d）；肛上板退化；尾须近圆柱形，向内背方弯曲，中部背缘具1扩展的叶，末端具1不明显钝刺（图105c～e）；下生殖板舌状，基部较宽，中部凹，亚端部弯向上方，中间深凹陷，腹突圆锥形，位于两侧角（图105e）；外生殖器革质，延长，圆柱形且粗壮，端部钝圆，背缘具若干齿。

雌性前胸背板沟后区不扩展，后缘宽圆，侧片较低，后部趋狭，无肩凹（图105b）；前翅完全隐藏于前胸背板下。第10腹节背板后缘略波曲；尾须较短圆锥形；下生殖板基半部宽，中部后骤狭，具平行侧缘，后缘截形稍凸，腹面凹陷，两侧具明显的隆线（图105g）；产卵瓣上弯，边缘光滑，腹瓣不具端钩（图105h）。

体淡黄绿色。复眼黄褐色。前胸背板背片具宽的黄棕色纵带，末端稍扩宽，沟前区带边缘暗，沟后区带边缘棕黑色，末端浅；膝部黑褐色，各足胫节刺和距端部棕黑色。腹部背缘具黑褐色纵纹，第10腹节背板基部沟黑色，雄性尾须背叶黄褐色，外生殖器黑色。

测量（mm）：体长♂11.5，♀11.0；前胸背板长♂6.5，♀4.5；前翅长♂未知，♀1.0；后足股节长♂10.0，♀9.0；产卵瓣长6.5。

检视材料：正模♀，四川峨眉山五显岗，700 m，2007.VIII.4，刘宪伟等采。1♂，四川峨眉山洪椿坪，2011.VII.27，石福明、赵乐宏采；1♀，四川峨眉山九老洞，2011.VIII.4，石福明、赵乐宏采（河北大学博物馆）。

分布：中国四川。

讨论：石福明和边迅（2013）描述了该种的雄性并将该种与凹缘异饰尾螽 *Acosmetura emarginata* 一起组成新属似华穹螽属 *Sinocyrtaspiodea*，但该种雄性第10腹节背板的叶、欠发达的肛上板以及革质裸露的外生殖器符合异饰尾螽属 *Acosmetura* 属征，区别在于前胸背板沟后区的扩展和下弯。作者认为考虑生殖节的特征该种仍应包括在异饰尾螽属 *Acosmetura*。

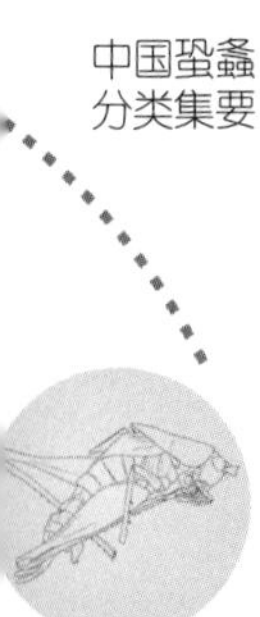

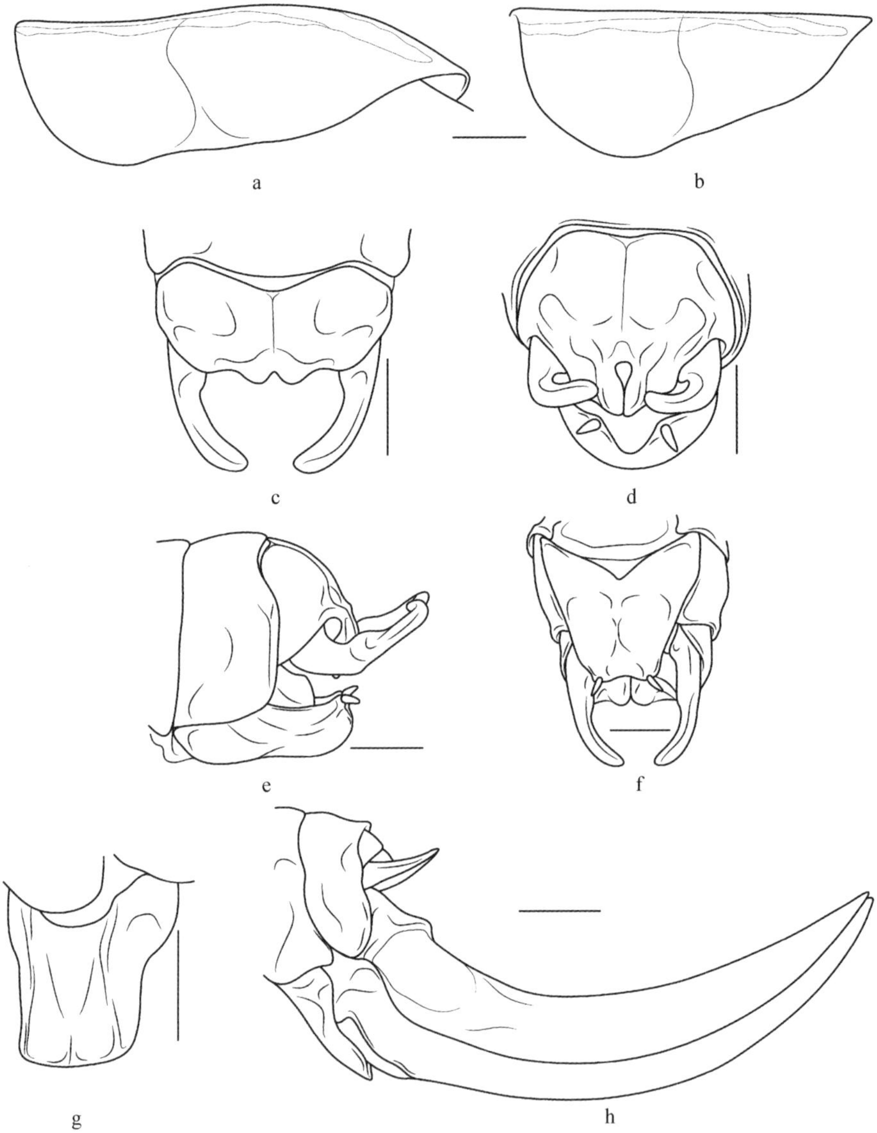

图 105　隆线异饰尾螽 *Acosmetura carinata* Liu, Zhou & Bi, 2008
（a ～ f，h 仿 Shi & Bian, 2013）

a. 雄性前胸背板，侧面观；b. 雌性前胸背板，侧面观；c. 雄性腹端，背面观；d. 雄性腹端，后面观；e. 雄性腹端，侧面观；f. 雄性腹端，腹面观；g. 雌性下生殖板，腹面观；h. 雌性腹端，侧面观

Fig. 105　*Acosmetura carinata* Liu, Zhou & Bi, 2008 (a ～ f, h after Shi & Bian, 2013)

a. pronotum of male, lateral view; b. pronotum of female, lateral view; c. end of male abdomen, dorsal view; d. end of male abdomen, rear view; e. end of male abdomen, lateral view; f. subgenital plate of female, ventral view; g. end of female abdomen, lateral view; h. end of female abdomen, lateral view

168. 缙云异饰尾螽 *Acosmetura jinyunensis* (Shi & Zheng, 1994)（图106，图版69 ～ 71）

Acyrtaspis jinyunensis: Shi & Zheng, 1994, *Journal of Shaanxi Normal University (Natural Science Edition)*, 22 (4): 64; Otte, 1997, *Orthoptera Species File 7*, 94.

Phlugiolopsis jinyunensis: Shi & Ou, 2005, *Acta Zootaxonomica Sinica*, 30(2): 359; Bian, Shi & Chang, 2012, *Zootaxa*, 3281: 1; Wang, Li & Liu, 2012, *Zootaxa*, 3332: 29; Bian, Shi & Chang, 2012, *Zootaxa*, 3411: 55.

Acosmetura jinyunensis: Bian, Kou & Shi, 2014, *Zootaxa*, 3811(2): 243; Bian & Shi, 2015, *Zootaxa*, 4040(4): 477.

描述：体较小，稍粗壮。头顶圆锥形，向前凸出，端部钝，背面具沟；复眼球形，向前凸出；下颚须端节长于亚端节，端部稍膨大。前胸背板沟后区稍隆起，侧观稍凸，后缘宽圆，侧片后部明显趋狭；前足胫节听器为开放型，内外刺为4, 4 (1, 1)型；后足股节膝叶无端刺，后足胫节具3对端距，背面内外缘各具24 ～ 26个齿；前翅隐藏于前胸背板之下，雄性具发音器。雄性第10腹节背板后缘中央微凹（图106a）；尾须基半部近圆柱形，内侧微凹陷，端部微内弯和具1个小端齿（图106a，b）；下生殖板向端部渐趋狭，具中沟（图106b）；外生殖器完全膜质，不裸露。

雌性尾须近圆锥形；第6，7腹板中央具明显的瘤突，下生殖板横宽，半圆形，具中隆线（图106c）；产卵瓣较宽短，背瓣近中部不光滑，腹瓣不具端钩（图106d）。

体淡黄褐色。头部背面具褐色纵带，复眼后具白色条纹，复眼红褐色，触角基部两节内侧褐色，前胸背板暗褐色，两侧各具1条黄白色侧条纹，在沟后区岔开，侧片黑褐色；后足股节外侧具褐色斜纹，腹部侧面黑褐色。

测量（mm）：体长♂9.5 ～ 10.0，♀8.5 ～ 9.5；前胸背板长♂4.5 ～ 5.0，♀4.0 ～ 4.5；前翅长♂1.7，♀1.5；后足股节长♂9.0 ～ 9.2，♀9.0 ～ 9.5；产卵瓣长5.0 ～ 6.0。

检视材料：6♂♂20♀♀，重庆北碚缙云山，300 ～ 900 m，2014. VII.29 ～ 30，王瀚强采。

模式产地及保存：中国重庆；陕西师范大学动物研究所，中国陕西西安。

分布：中国重庆。

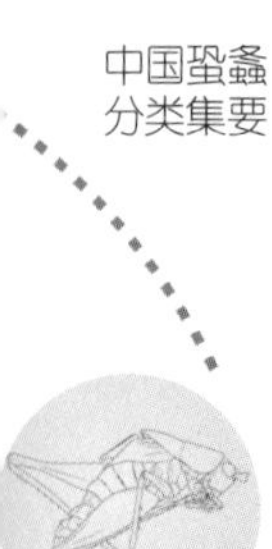

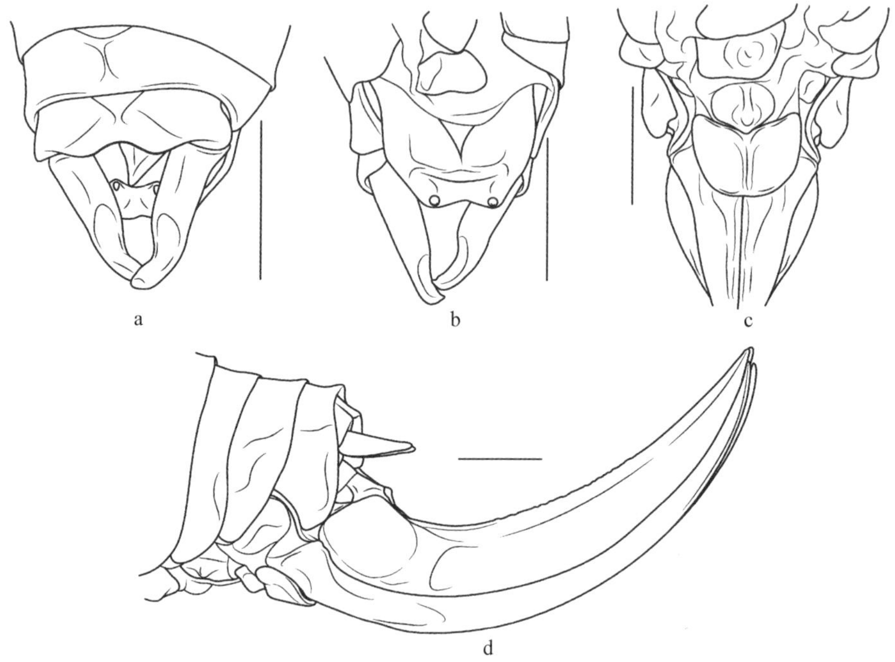

图106　缙云异饰尾螽 *Acosmetura jinyunensis* (Shi & Zheng, 1994)
a. 雄性腹端，背面观；b. 雄性腹端，腹面观；c. 雌性下生殖板，腹面观；d. 雌性腹端，侧面观

Fig. 106　*Acosmetura jinyunensis* (Shi & Zheng, 1994)
a. end of male abdomen, dorsal view; b. end of male abdomen, ventral view; c. subgenital plate of female, ventral view; d. end of female abdomen, lateral view

169. 短尾异饰尾螽 *Acosmetura brevicerca* Liu, 2000（图107）

Acosmetura brevicerca: Liu, 2000, *Zoological Research*, 21(3): 221; Liu & Zhou, 2007, *Acta Zootaxonomica Sinica*, 32(1): 190; Liu, Zhou & Bi, 2008, *Acta Zootaxonomica Sinica*, 33(4): 761; Wang, Wen & Huang, 2011, *Journal of Guangxi Normal University*, 29(4): 124; Bian, Kou & Shi, 2014, *Zootaxa*, 3811(2): 240; Bian & Shi, 2015, *Zootaxa*, 4040(4): 477.

描述：头顶钝圆锥形，背面中央具弱的纵沟；复眼卵圆形，向前凸出；下颚须端节长于亚端节。前胸背板后缘宽圆，侧片较低，后部趋狭，缺肩凹。各足股节腹面缺刺，膝叶端部钝圆；前足胫节刺排列为4, 4 (1, 1)型，前足胫节听器为开放型，后足胫节背面内缘和外缘各具23个齿，端部具3对端距；前翅完全隐藏于前胸背板之下，相互

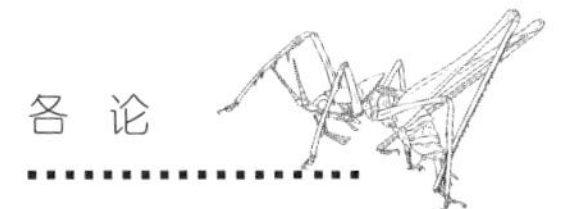

重叠。雄性第9腹节背板后侧角向后延长，细长状突出；第10腹节背板后缘中央具半圆形的凹口，凹口形成两侧叶末端尖；尾须较短，亚端部内面凹，端部内弯，末端较钝；下生殖板甚长，后缘中央具三角形凹口和1对较短的腹突；生殖器稍裸露，端部向上弯，分为4叶（图107a）。

雌性前翅完全隐藏于前胸背板之下，侧置。第10腹节背板后缘中央具浅的凹口，形成2个宽圆的侧叶；尾须圆锥形；下生殖板近圆形，后缘中央微凹，端半部具弱的中隆线（图107b）；产卵瓣明显短于后足股节，微向上弯，边缘光滑。

体淡绿色。前胸背板背面具1对平行的褐色侧条纹，其外侧具有不明显的黄色条纹，但近后缘消失；腹部背面具不明显的褐色纵带，雄性第10腹节背板凹口周缘黑色。

测量（mm）：体长♂10.5，♀12.5；前胸背板长♂4.0，♀4.2；前翅长♂1.0，♀0.8；后足股节长♂9.5，♀10.5；产卵瓣长6.5。

检视材料：正模♂副模1♀，广西兴安猫儿山，900 ～ 1 500 m，1992. VII.22 ～ 23，刘宪伟、殷海生采。

分布：中国广西。

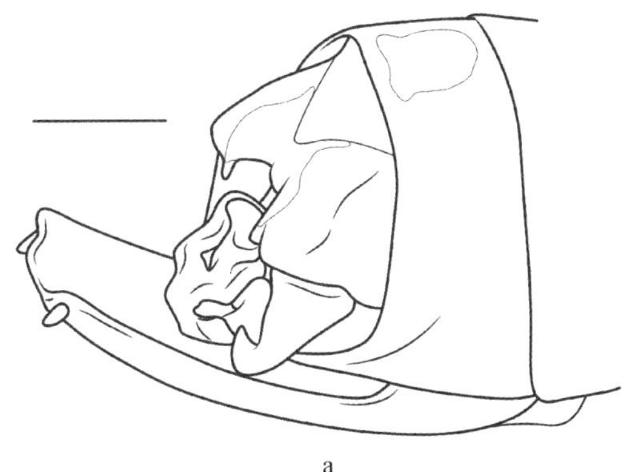
a

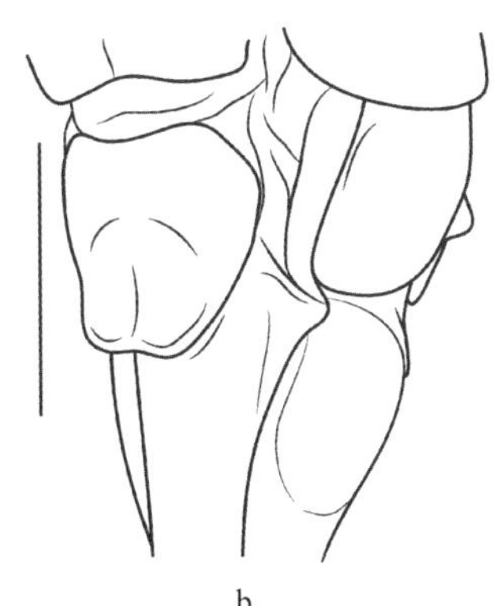
b

图107 短尾异饰尾螽 *Acosmetura brevicerca* Liu, 2000
a. 雄性腹端，侧面观；b. 雌性下生殖板，腹面观

Fig. 107 *Acosmetura brevicerca* Liu, 2000
a. end of male abdomen, lateral view; b. subgenital plate of female, ventral view

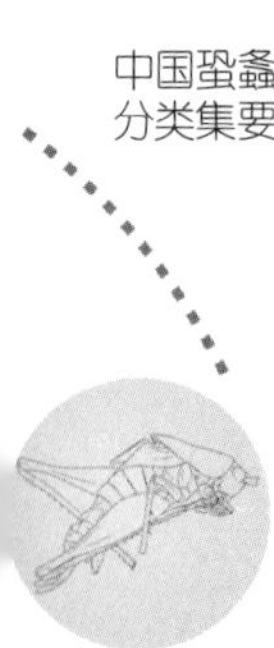

170. 峨眉异饰尾螽 *Acosmetura emeica* Liu & Zhou, 2007（图108）

Acosmetura emeica: Liu & Zhou, 2007, *Acta Zootaxonomica Sinica*, 32(1): 194; Liu, Zhou & Bi, 2008, *Acta Zootaxonomica Sinica*, 33(4): 761; Bian, Kou & Shi, 2014, *Zootaxa*, 3811(2): 241; Bian & Shi, 2015, *Zootaxa*, 4040(4): 477; Wang, Shi & Wang, 2018, *Zootaxa*, 4462(1): 136.

描述：体小，略粗壮。头较短宽，头顶呈钝圆锥形突出，稍长；复眼小，半球形，向前凸出；下颚须短，端节长于亚端节。前胸背板短，沟后区短于沟前区，侧片稍高，后缘无肩凹；前翅小，端缘圆截形，超过前胸背板后缘；前足胫节内外刺排列为4, 3 (1, 1)型，后足胫节背面内外缘各具17～22个齿。雄性第9腹节背板侧面宽圆向后凸；第10腹节背板横宽，后缘具凹口，形成1对侧叶；尾须短，棒状较直，端部扩宽，具钩状突起；下生殖板后缘平直，腹突较短小；外生殖器裸露，稍超过下生殖板后缘，端部背腹扩展（图108a）。

雌性第9腹节背板侧面向后凸；尾须尖刺状，稍长；下生殖板较大，中间与两侧骨化较完全，其间骨化较弱，干制后形成凹或凸的交错，似具两条隆线，端缘宽圆形（图108b）；产卵瓣较宽，微向上弯曲。

体淡绿色。复眼黑褐色，触角具稀疏暗色环。前胸背板背面具1对淡

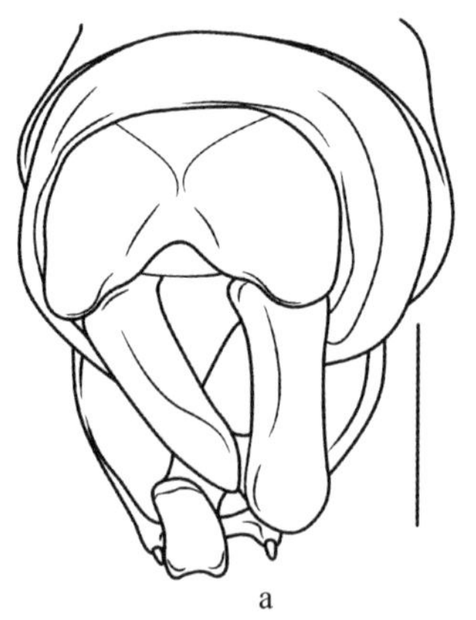

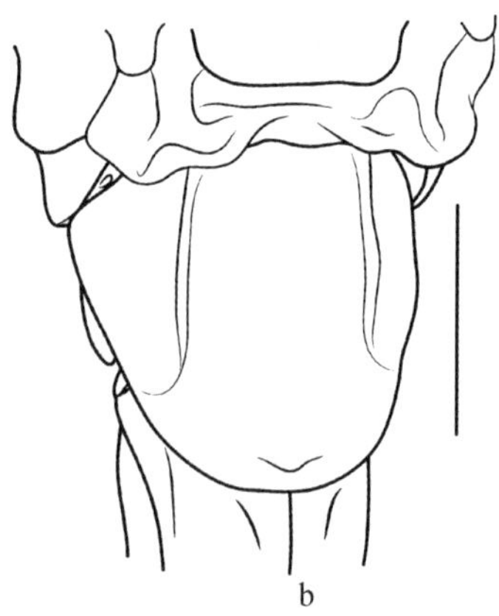

图108　峨眉异饰尾螽 *Acosmetura emeica* Liu & Zhou, 2007
a. 雄性腹端，后面观；b. 雌性下生殖板，腹面观

Fig. 108　*Acosmetura emeica* Liu & Zhou, 2007
a. end of male abdomen, rear view; b. subgenital plate of female, ventral view

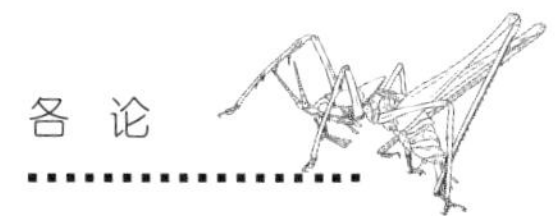

黄色的宽条纹。

测量（mm）：体长♂8.0～9.0，♀10.5～11.0；前胸背板长♂3.0，♀3.4；前翅长♂1.0，♀0.8；后足股节长♂7.0，♀7.8～8.0；产卵瓣长5.0～5.5。

检视材料：正模♂，副模2♂♂3♀♀，四川峨眉洗象池，2 140 m，2006.VIII.8，周顺采。

分布：中国四川。

171. 铗尾异饰尾螽 *Acosmetura forcipata* Liu, Zhou & Bi, 2008（图109）

Acosmetura forcipata: Liu, Zhou & Bi, 2008, *Acta Zootaxonomica Sinica*, 33(4): 762-763; Bian, Kou & Shi, 2014, *Zootaxa*, 3811(2): 241; Bian & Shi, 2015, *Zootaxa*, 4040(4): 477.

描述：体小，结实。头较短宽，头顶呈钝圆锥形突出，背面具沟；复眼小，半球形，向前凸出；下颚须端节长于亚端节。前胸背板沟后区不扩张，短于沟前区，后缘宽圆，侧片稍高，后部趋狭，无肩凹；前翅小，后缘不超过前胸背板后缘，相互重叠；前足胫节腹面内外刺排列为4, 3 (1, 1)型，后足胫节背面内外缘各具18～21个齿，端距3对。雄性第10腹节背板后缘中央略凹；尾须较长，钳状，端1/3内弯；下生殖板延长，后缘平直，腹突较短小位于侧角；外生殖器稍裸露，端部具弱的中凹（图109a）。

雌性前翅不超过前胸背板后缘，侧置。第10腹节背板后缘截形，中央凹陷；肛上板圆三角形，背面具纵沟；尾须短，圆锥形；第6、7腹板中央具瘤突，下生殖板近圆三角形，中央具纵沟（图109b）；产卵瓣较宽，略向上弯曲，边缘光滑。

体淡绿色。复眼黑褐色，触角具稀疏暗色环。前胸背板背面具1对淡褐色宽条纹，条纹边缘内黑褐色，外具淡黄色镶边。腹部背面具1深褐色宽条纹。

测量（mm）：体长♂9.0～10.0，♀9.5～10.0；前胸背板长♂3.0，♀3.0；前翅长♂0.8，♀0.5；后足股节长♂7.5～8.5，♀9.0；产卵瓣长4.5～5.0。

检视材料：正模♂副模3♂♂7♀♀，四川石棉栗子坪，2 300 m，2007.VII.22～25，刘宪伟等采。

分布：中国四川。

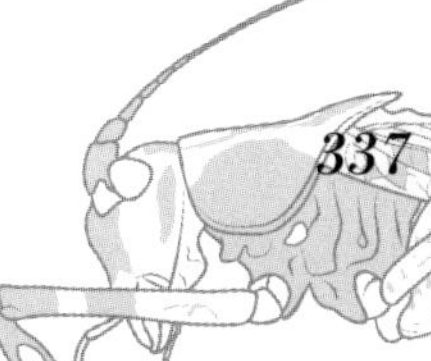

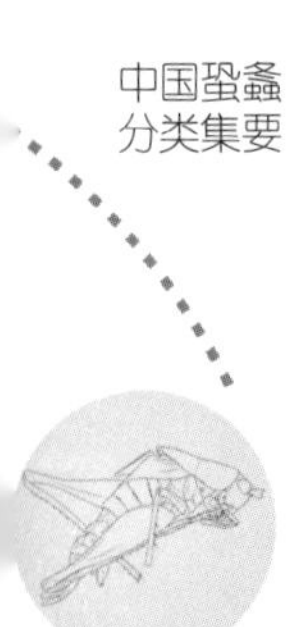

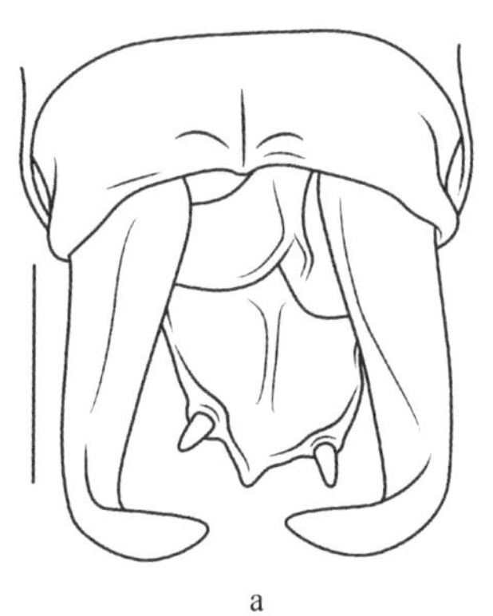

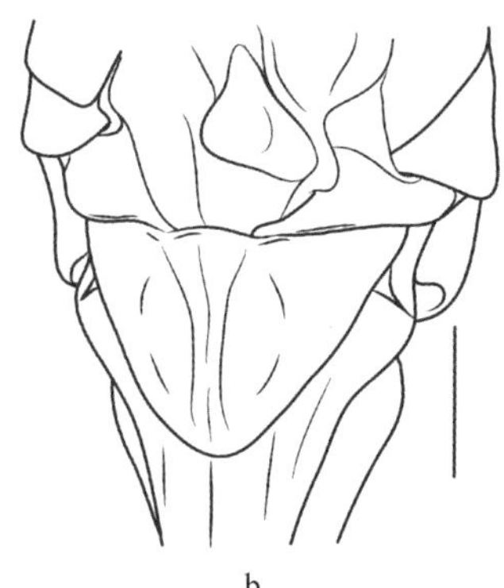

a　　　　b

图109　铗尾异饰尾螽 *Acosmetura forcipata* Liu, Zhou & Bi, 2008
a. 雄性腹端，背面观；b. 雌性下生殖板，腹面观

Fig. 109　*Acosmetura forcipata* Liu, Zhou & Bi, 2008
a. end of male abdomen, dorsal view; b. subgenital plate of female, ventral view

172. 长尾异饰尾螽 *Acosmetura longicercata* Liu, Zhou & Bi, 2008（图110，图版72）

Acosmetura longicercata: Liu, Zhou & Bi, 2008, *Acta Zootaxonomica Sinica*, 33(4): 764; Bian, Kou & Shi, 2014, *Zootaxa*, 3811(2): 245; Bian & Shi, 2015, *Zootaxa*, 4040(4): 478.

描述：体偏大，结实。头较短宽，头顶稍长呈钝圆锥形突出，背面具沟；复眼小，半球形，向前凸出；下颚须端节略长于亚端节。前胸背板短宽，沟后区不扩张，短于沟前区，后缘宽圆，侧片相对高，后部稍圆，无肩凹；前翅小，稍超过前胸背板后缘相互重叠；前足胫节腹面内外刺排列为4, 4 (1, 1)型，后足胫节背面内外缘各具26～28个齿，端距3对。雄性第10腹节背板稍延长，后缘中央凸，有时具小的凹口（图110a）；尾须细长，近螺旋弯曲，基部稍粗近球形，中部稍扩展形成隆脊，末端钝圆（图110a～c）；下生殖板延长，基部稍宽，分为两半，形成三角形凹口，向端部逐渐细，后缘中央凸出，腹突较短位于侧角（图110c）；外生殖器裸露，呈屋脊状（图110b）。

雌性前翅不超过前胸背板后缘，侧置。尾须稍长，稍内弯，基部2/3粗壮，端部1/3尖细；下生殖板横宽，基部两侧具明显的团状突起，后缘宽圆，后部具中隆线，中间微凹（图110d）；产卵瓣较宽短，向上弯曲，

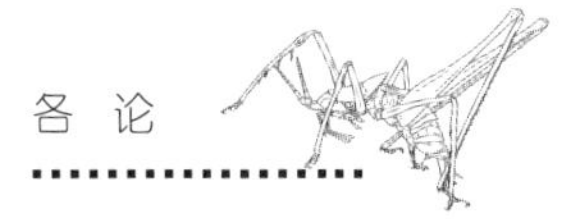

边缘光滑（图110e）。

体色淡绿。头部背面复眼后各具1条淡黄色纵纹。前胸背板具2条淡黄色纵纹，在沟后区稍扩宽，纵纹内缘沟前区黄褐色，沟后区形成黑褐色斑或粗纵纹，后缘黄褐色；胫节基部褐色，后足股节膝叶深褐色。腹部背面具1条深褐色纵带，腹节背板后缘黄褐色。

测量（mm）：体长♂10.0，♀12.0；前胸背板长♂5.0，♀5.0；前翅长♂1.5，♀0.5；后足股节长♂10.0，♀11.0；产卵瓣长6.5。

材料：正模♂副模3♀♀，浙江临安天目山，1 100 m，2007.VII.1，毕文烜采；2♂♂1♀，浙江临安西天目山，1 050 m，2014.VI.22，毕文烜采。

分布：中国浙江。

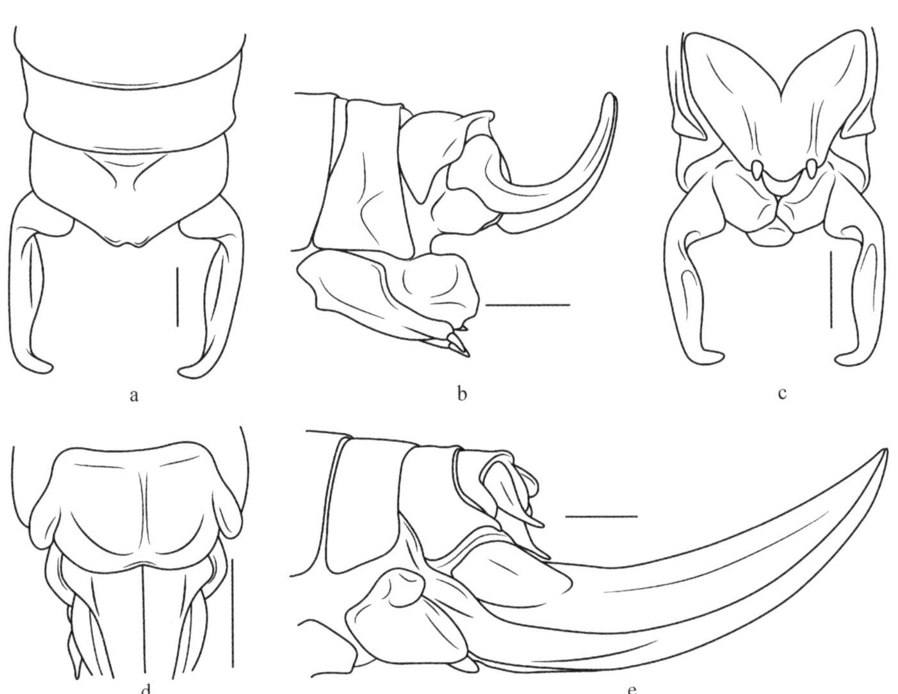

图110　长尾异饰尾螽 *Acosmetura longicercata* Liu, Zhou & Bi, 2008
a. 雄性腹端，背面观；b. 雄性腹端，侧面观；c. 雄性腹端，腹面观；d. 雌性下生殖板，腹面观；e. 产卵瓣，侧面观

Fig. 110　*Acosmetura longicercata* Liu, Zhou & Bi, 2008
a. end of male abdomen, dorsal view; b. end of male abdomen, lateral view; c. end of male abdomen, ventral view; d. subgenital plate of female, ventral view; e. ovipositor, lateral view

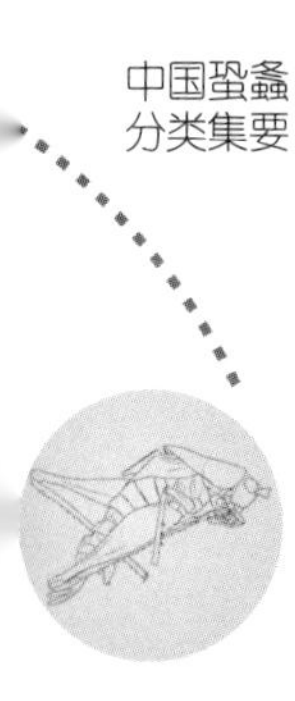

173. 黑膝异饰尾螽 *Acosmetura nigrogeniculata* (Liu & Wang, 1998)（图 111）

Cosmetura nigrogeniculata: Liu & Wang, 1998, *Henan Science*, 16(1): 72; Liu, 2007, *The Fauna Orthopteroidea of Henan*, 482.

Acosmetura nigrogeniculata: Liu, 2000, *Zoological Research*, 21(3): 220; Liu & Zhou, 2007, *Acta Zootaxonomica Sinica*, 32(1): 192; Liu, Zhou & Bi, 2008, *Acta Zootaxonomica Sinica*, 33(4): 761; Bian, Kou & Shi, 2014, *Zootaxa*, 3811(2): 248; Bian & Shi, 2015, *Zootaxa*, 4040(4): 478; Wang, Bian & Shi, 2016, *Zootaxa*, 4171(2): 392.

描述：体较大，略粗壮。头较短宽，头顶较短，稍细，呈钝圆锥形突出，背面具沟；复眼小，卵圆形，向前凸出；下颚须端明显长于亚端节。前胸背板沟后区不扩张，等长于沟前区，后缘宽圆，侧片稍高，后部趋狭，无肩凹；前翅小，后缘与前胸背板后缘齐平，仅从侧面可见；前足胫节内外刺排列为4, 4 (1, 1)型，后足胫节背面内外缘各具24 ～ 26个齿，背腹端距3对。雄性第10腹节背板后缘中央凹，两侧形成2个圆叶；肛上板小，基部膜质与前节背板凹口相连，后缘革质中央具1个小刺，肛侧板长；尾须较长，近圆柱形，弧形内弯，顶端钝，背面近基部具1个较小的圆叶（图111a）；下生殖板较宽大，后缘微凹，腹突较短小（图111c）；外生殖器裸露，端部扁圆略呈鸭嘴状（图111a，b）。

雌性前翅稍超过前胸背板后缘。第10腹节背板后缘平直或具中央小凹口；尾须圆锥形，端部尖；下生殖板端半部近半圆形，基半部宽，基缘梯形凹入，侧缘扩展，稍向背侧弯曲，端半部渐窄，后缘中部具浅凹（图111d）；产卵瓣稍上弯，边缘光滑，基部钝，渐细，背瓣稍长于腹瓣。

体淡绿色，前胸背板背面具褐色纵带，在沟后区渐扩宽，带外侧具淡黄色镶边，内侧具黑褐色镶边。后足股节内、外侧均具褐色斜条纹，膝部和尾须褐色至暗褐色，腹部背面具暗褐色带。

测量（mm）：体长♂13.0，♀18.4 ～ 19.1；前胸背板长♂4.8，♀5.1 ～ 5.2；前翅长♂3.5，♀2.5 ～ 3.0；后足股节长♂12.0，♀18.0 ～ 18.3；产卵瓣长9.0 ～ 9.5。

检视材料：正模♂，河南内乡宝天曼，1 720 m，1985.VIII.15，孙红泉采；1♀，湖北武当山，2002.VII.24，石福明采（河北大学博物馆）。

分布：中国河南、湖北。

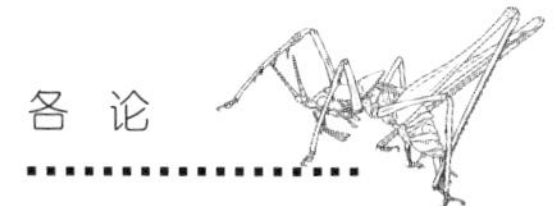

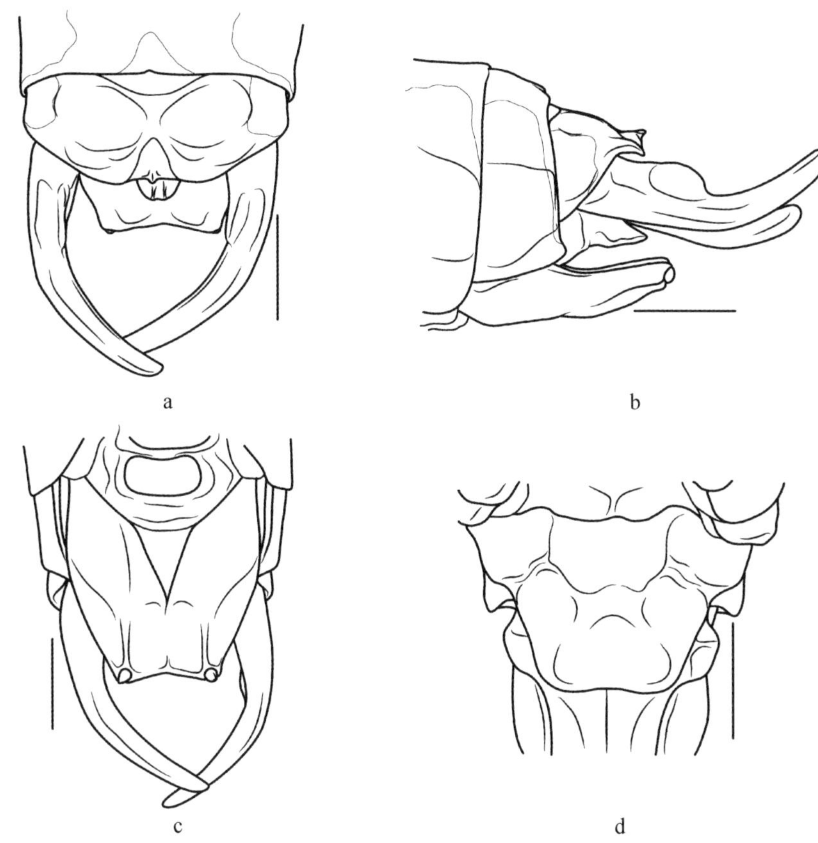

图 111　黑膝异饰尾螽 *Acosmetura nigrogeniculata* (Liu & Wang, 1998)
a. 雄性腹端，背面观；b. 雄性腹端，侧面观；c. 雄性腹端，腹面观；d. 雌性下生殖板，腹面观
（仿 Bian, Kou & Shi, 2014）

Fig. 111　*Acosmetura nigrogeniculata* (Liu & Wang, 1998)
a. end of male abdomen, dorsal view; b. end of male abdomen, lateral view; c. end of male abdomen, ventral view; d. subgenital plate of female, ventral view (after Bian, Kou & Shi, 2014)

174. 马边异饰尾螽 *Acosmetura mabianensis* Bian & Shi, 2014（仿图 63）

Acosmetura mabianensis: Bian, Kou & Shi, 2014, *Zootaxa*, 3811(2): 245; Bian & Shi, 2015, *Zootaxa*, 4040(4): 478.

描述：体中等。头顶短粗，端部钝，背面中央具纵沟；复眼半球形，向前凸出；下颚须端节约等长于亚端节。前胸背板短，前缘直，后缘钝圆，后横沟较明显，沟后区略抬高，侧片长大于高，缺肩凹；各足股节腹面无刺，前足基节具刺，前足胫节腹面内外缘刺排列为5, 5 (1, 1)型，内外侧听

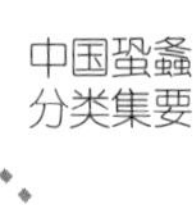

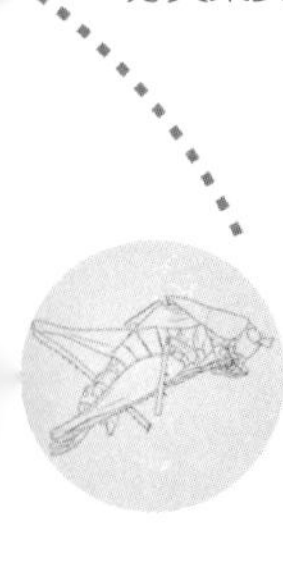

器均为开放型，后足股节膝叶钝圆，后足胫节背面内外缘各具25～28个齿，末端背面1对腹面2对端距；前翅短，完全被前胸背板覆盖，端部钝圆，后翅退化消失。雄性第10腹节背板后缘中部具1近三角形的凹口（仿图63a）；尾须基半部粗短，侧观渐细，基部1/3腹面凹，扁平，内缘端部近三角形，后2/3扁，内缘稍隆起，尾须端部具小的钝刺（仿图63a～c）；外生殖器革质，端半部窄，舌状，端部中央略凹；下生殖板基部略宽，中间明显凹，侧缘弯向背方，端部狭，后缘略凹，腹突近圆锥形位于侧角（仿图63c）。

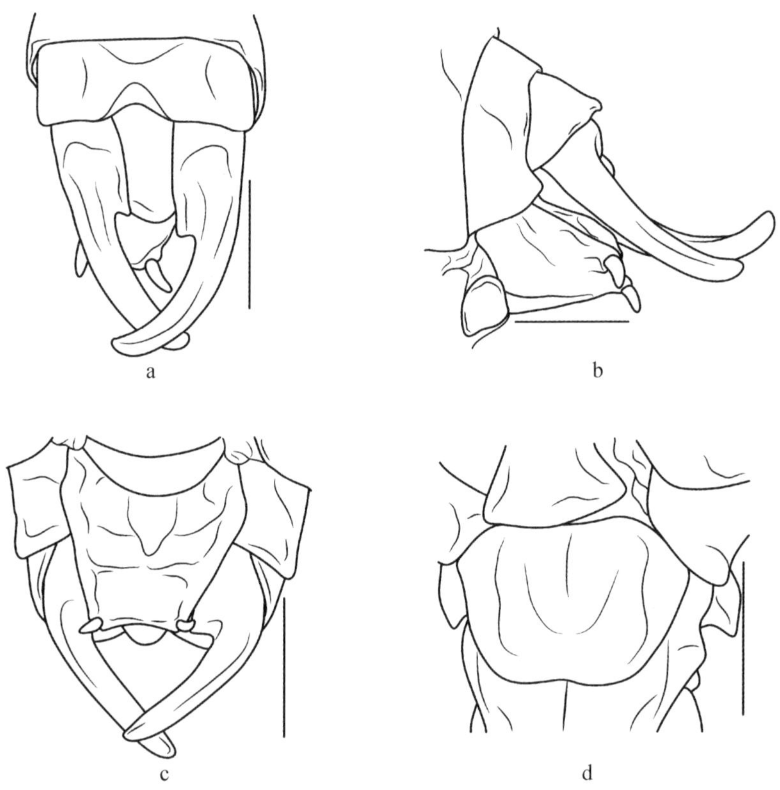

仿图63　马边异饰尾螽 *Acosmetura mabianensis* Bian & Shi, 2014
（仿Bian, Kou & Shi, 2014）

a. 雄性腹端，背面观；b. 雄性腹端，侧面观；c. 雄性腹端，腹面观；d. 雌性下生殖板，腹面观

AF. 63　*Acosmetura mabianensis* Bian & Shi, 2014 (after Bian, Kou & Shi, 2014)

a. end of male abdomen, dorsal view; b. end of male abdomen, lateral view; c. end of male abdomen, ventral view; d. subgenital plate of female, ventral view

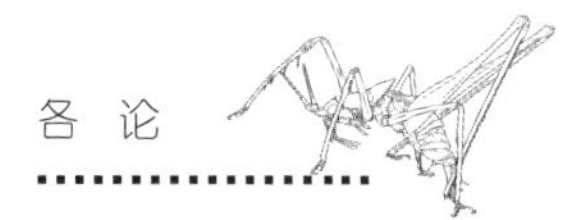

雌性前胸背板更短。第10腹节背板后缘中部具凹口；尾须圆锥形，端部尖细；下生殖板腹观近半圆形，基缘较直，侧观基侧缘三角形，后缘近平截，中部稍凹（仿图63d）；产卵瓣稍向上弯，基部粗壮，向端渐细，背腹缘光滑，端部尖。

体淡黄绿色。前胸背板具宽的纵带，在沟后区渐隐，边缘外侧具1对暗褐色的条纹，腹节背板背面具暗褐色纵带。雌性颜色稍淡。

测量（mm）：体长♂10.5 ～ 11.0，♀15.0 ～ 15.5；前胸背板长♂4.6 ～ 5.0，♀4.4 ～ 4.7；前翅长♂2.4 ～ 2.7，♀2.0 ～ 2.5；后足股节长♂10.0 ～ 10.5，♀10.5 ～ 11.0；产卵瓣长6.5 ～ 7.0。

检视材料：1♂（正模）1♀（副模），四川马边永红，2004.VII.22，石福明采。

模式产地及保存：中国四川马边永红；河北大学博物馆（MHU），中国河北保定。

分布：中国四川。

175. 犁尾异饰尾螽 *Acosmetura listrica* Bian & Shi, 2015（仿图64）

Acosmetura listrica: Bian & Shi, 2015, *Zootaxa*, 4040(4): 478.

描述：体小型，粗壮。头顶圆锥形，端部钝，中央具纵沟；复眼卵圆形，明显向前凸出；下颚须端节稍长于亚端节，末端稍膨大。前胸背板短，横沟不明显，沟后区稍抬高，前缘近直，后缘钝圆，侧片长大于高，缺肩凹；各足股节腹面光滑无刺，前足基节具短刺，前足胫节腹面内外缘刺排列为4, 4 (1, 1)型，内外侧听器卵圆均为开放型，中足胫节腹面内外侧各具5个刺，后足股节膝叶钝圆，后足胫节背面内外缘各具18 ～ 20个齿，末端具1对背端距和2对腹端距；前翅短，稍超过前胸背板后缘，端部钝圆，后翅退化消失，左翅发音区大，近梯形，边界不明显，音齿在加粗脉上着生，基部1/4处弯曲，近“L”形，1.508 mm长，具71 ～ 81个齿，主齿粗壮。雄性第10腹节背板后缘中部明显凸出，其中央具1浅的半圆形凹（仿图64a）；肛上板短，端部钝圆；尾须钩状，基部粗壮，端半部明显上弯，端部尖（仿图64a ～ c）；外生殖器革质，基部宽，向端渐窄，端部铲状（仿图64a，b）；下生殖板基部略宽，向端部渐窄，基缘弓形凹，后缘较直，中央稍凸，侧缘弯向背方，腹突圆锥形，端部钝，位于侧角（仿图64c）。

雌性外观似雄性，具以下区别：第10腹节背板后缘中央具1凹口；尾须

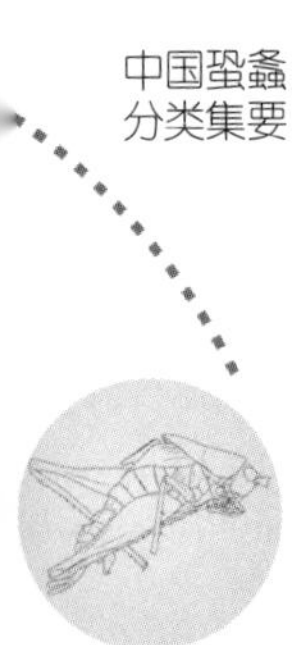

圆锥形，端部尖细；下生殖板长大于宽，基部宽，向端渐窄，后缘宽圆具中凹（仿图64d）；产卵瓣稍上弯，基部粗壮，向端渐细，背腹缘光滑，端部尖。

体黄绿色。前胸背板具1对褐色纵条纹，其间淡褐色，外缘具黄色边。后足胫节刺和距端部褐色。雄性尾须端部褐色。

测量（mm）：体长♂9.3～9.8，♀8.8～9.0；前胸背板长♂4.2～4.5，♀4.0～5.0；后足股节长♂8.0～8.5，♀10.3～11.0；产卵瓣长6.0～6.4。

检视材料：1♂（正模）1♀（副模），湖北罗田青苔关，2014.IX.18，谢广林采。

模式产地及保存：中国湖北罗田青苔关；河北大学博物馆（MHU），中国河北保定。

分布：中国湖北。

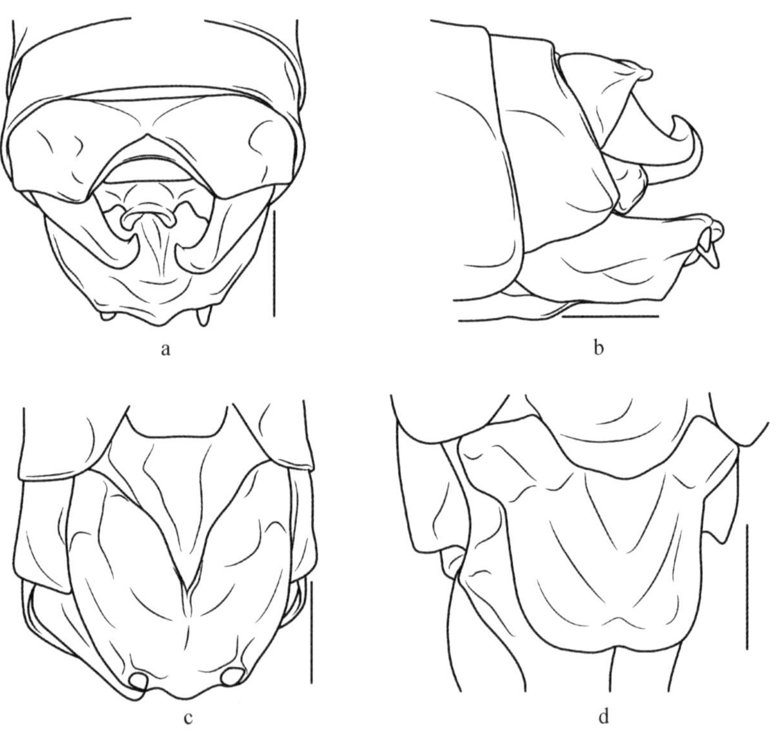

仿图64　犁尾异饰尾螽 *Acosmetura listrica* Bian & Shi, 2015（仿Bian & Shi, 2015）
a. 雄性腹端，背面观；b. 雄性腹端，侧面观；c. 雄性腹端，腹面观；d. 雌性下生殖板，腹面观

AF. 64　*Acosmetura listrica* Bian & Shi, 2015 (after Bian & Shi, 2015)
a. end of male abdomen, dorsal view; b. end of male abdomen, lateral view; c. end of male abdomen, ventral view; d. subgenital plate of female, ventral view

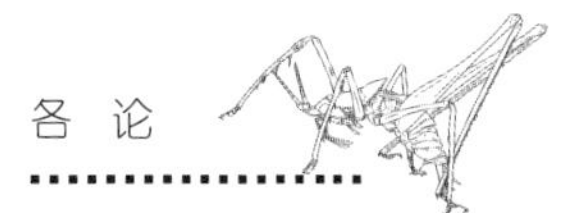

176. 三突异饰尾螽 *Acosmetura trigentis* Wang, Bian & Shi, 2016（仿图65）

Acosmetura trigentis: Wang, Bian & Shi, 2016, *Zootaxa*, 4171(2): 390.

描述：体小型，粗壮。头顶圆锥形，端部钝，中央具纵沟；复眼卵圆形，明显向前凸出；下颚须端节稍长于亚端节，末端稍膨大。前胸背板适度向后凸出，到达第2腹节背板后缘，前缘近直，后缘钝圆，前、中横沟不明显，后横沟明显，沟后区稍抬高，侧片长大于高，后缘倾斜，缺肩凹；前足基节具短刺，各足股节腹面光滑无刺，前足胫节腹面内外缘刺排列为4, 4 (1, 1)型，内外侧听器卵圆均为开放型，中足胫节腹面内侧具4或5枚，外侧具6或7枚刺，后足股节膝叶端部钝圆，后足胫节背面内外缘各具22～26个齿，末端具1对背端距和2对腹端距；前翅短，完全被前胸背板遮盖，端部到达前胸背板后缘，侧缘从侧观可见，端部稍截形，后翅退化消失。雄性第10腹节背板在中线处具沟，其后缘具“U”形或“V”形缺口，两侧叶端部钝圆（仿图65a）；肛上板位于前节背板下侧；尾须短，基部粗壮，背面中部具1条纵沟，端半部扁，向上弯曲，末端钝（仿图65a～c）；外生殖器革质化，基部宽，端部具1瘤状突起（仿图65a，b）；下生殖板基部宽，基缘弓形凹，后部具1半圆形凹口，凹口中央具1个窄的后突起，突起末端钝圆稍膨大，下生殖板腹面具1个中纵沟；腹突近圆锥形，末端稍尖，位于下生殖板侧角（仿图65c）。

雌性外观似雄性，具以下区别：翅卵圆形，侧置。前胸背板短于雄性，到达第1腹节背板后缘。第10腹节背板短；尾须圆锥形，末端尖长；产卵瓣基部粗壮，适度上弯，腹缘光滑，背缘具些许细齿，背腹瓣末端尖；下生殖板马鞍状，后缘稍凹（仿图65d）。

体绿色。复眼淡褐色；触角黄色。前胸背板背片具棕色纵条纹，在沟后区扩宽，扩宽中央淡色；后足股节末端和后足胫节基部褐色，后足胫节刺末端褐色；腹部背面具棕色纵带，产卵瓣淡褐色。

测量（mm）：体长♂8.2～8.5，♀12.0～12.3；前胸背板长♂4.6～4.8，♀4.3～4.5；前翅长♂2.1～2.3，♀1.8～2.0；后足股节长♂10.4～10.6，♀12.4～12.6；产卵瓣长4.8～5.2。

检视材料：1♂（正模），湖北宜昌大老岭，2015.VIII.23，王平采；1♀（副模），湖北宜昌大老岭，2015.VIII.26，王平采。

模式产地及保存：中国湖北宜昌大老岭；河北大学博物馆（MHU），中国河北保定。

分布：中国湖北。

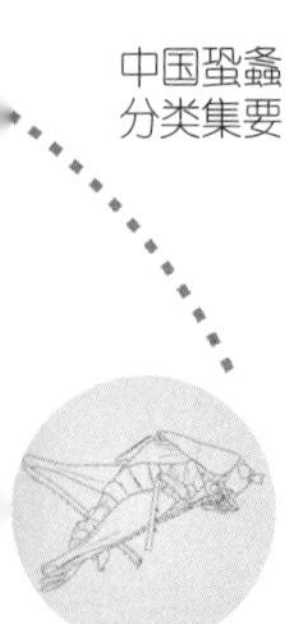

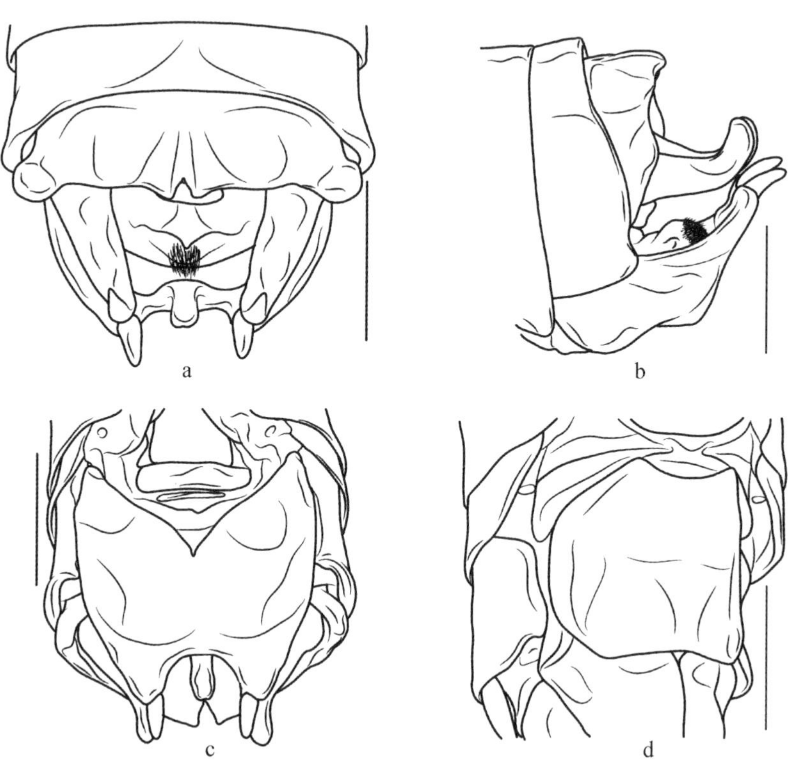

仿图65 三突异饰尾螽 *Acosmetura trigentis* Wang, Bian & Shi, 2016
（仿Wang, Bian & Shi, 2016）
a. 雄性腹端，背面观；b. 雄性腹端，侧面观；c. 雄性腹端，腹面观；d. 雌性下生殖板，腹面观

AF. 65 *Acosmetura trigentis* Wang, Bian & Shi, 2016 (after Wang, Bian & Shi, 2016)
a. end of male abdomen, dorsal view; b. end of male abdomen, lateral view; c. end of male abdomen, ventral view; d. subgenital plate of female, ventral view

177. 指突异饰尾螽 *Acosmetura longitubera* Wang, Shi & Wang, 2018（仿图66）

Acosmetura longitubera: Wang, Shi & Wang, 2018, *Zootaxa*, 4462(1): 135.

描述：体小型。头顶圆锥形，窄于触角柄节，端部钝，背面具纵沟，与颜顶相接；复眼近球形，明显向前凸出；下颚须端节与亚端节几乎相等，末端膨大平截。前胸背板短，前缘近直，后缘钝圆，不超过第1腹节背板后缘，后横沟不明显（仿图66a），沟后区稍抬高，侧片长大于高，腹缘弓形，后缘近直缺肩凹（仿图66b）；各足股节腹面光滑无刺，各足膝叶末端钝，前足基节具1短刺，前足胫节腹面内外缘

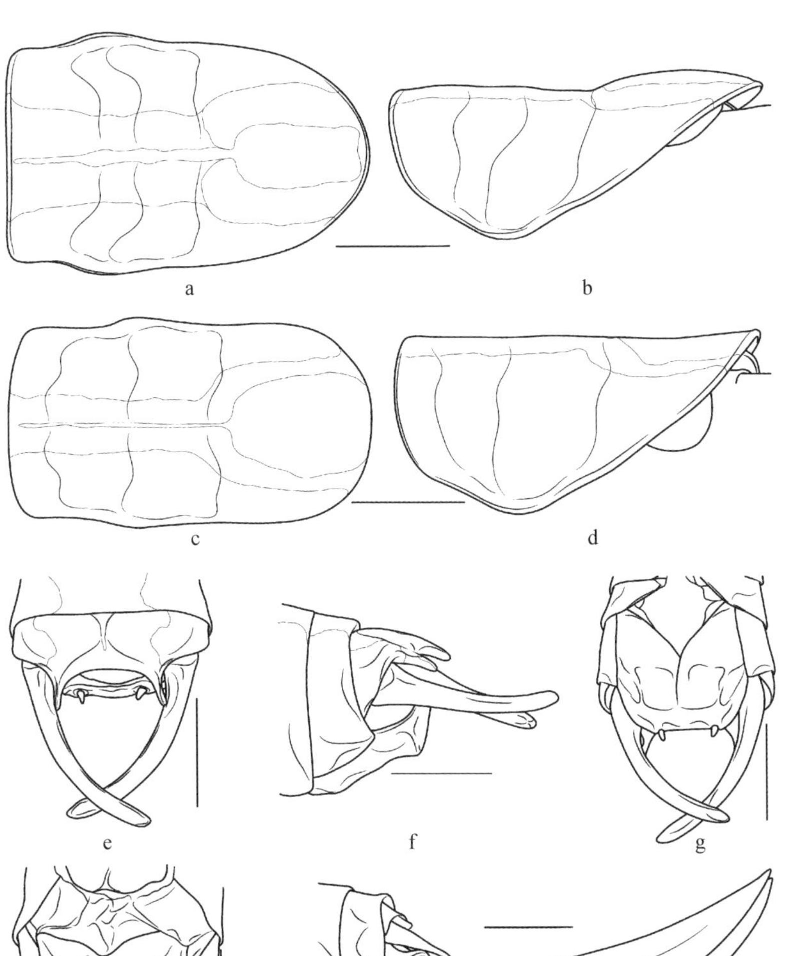

仿图66　指突异饰尾螽 *Acosmetura longitubera* Wang, Shi & Wang, 2018
（仿 Wang, Shi & Wang, 2018）

a. 雄性前胸背板，背面观；b. 雄性前胸背板，侧面观；c. 雌性前胸背板，背面观；d. 雌性前胸背板，侧面观；e. 雄性腹端，背面观；f. 雄性腹端，侧面观；g. 雄性腹端，腹面观；h. 雌性下生殖板，腹面观；i. 雌性腹端，侧面观

AF. 66　*Acosmetura longitubera* Wang, Shi & Wang, 2018 (after Wang, Shi & Wang, 2018)

a. pronotum of male, dorsal view; b. pronotum of male, lateral view; c. pronotum of female, dorsal view; d. pronotum of female, lateral view; e. end of male abdomen, dorsal view; f. end of male abdomen, lateral view; g. end of male abdomen, ventral view; h. subgenital plate of female, ventral view; i. end of female abdomen, lateral view

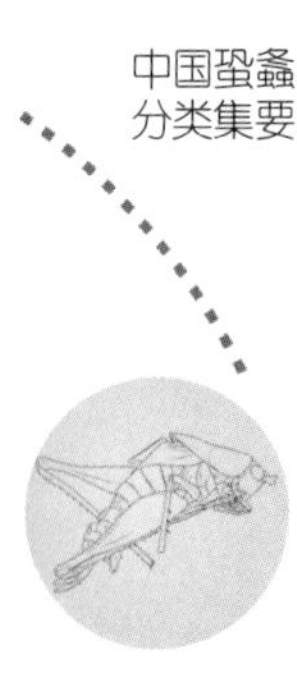

刺排列为4, 4 (1, 1)型，内外侧听器卵圆均为开放型，中足胫节腹面内侧具2～4枚，外侧具4～6枚刺，后足胫节腹面光滑，背面内外缘各具20～30个齿，末端具1对背端距和2对腹端距；前翅短，被前胸背板遮盖，侧缘从侧观可见，端部钝圆，到达后胸背板后缘，后翅退化消失。雄性第10腹节背板后缘中央具浅凹，两边侧叶向后延长侧扁，其末端钝圆并稍弯向腹方（仿图66e）；尾须圆柱形，长，稍扁，适度内弯，基部较粗壮，端1/3处内缘稍凹，末端钝圆（仿图66e～g）；外生殖器革质，舌形，末端钝圆；下生殖板近矩形，基部较宽，基缘具三角形凹口，端半部向背侧弯曲，后缘具浅凹，腹突短粗，位于下生殖板侧角（仿图66g）。

雌性外观似雄性。前胸背板沟后区不抬高；翅卵圆形，侧置（仿图66c，d）。第10腹节背板短，后缘具三角形凹，与肛上板融合；尾须圆锥形，较长，末端钝圆；产卵瓣基部粗壮，端半部适度上弯，背缘光滑，腹缘亚端部具些许细齿，末端尖，腹瓣末端稍钝（仿图66i）；下生殖板半月形，基部稍宽，基缘具宽浅凹，后缘中部稍凹（仿图66h）。

体黄褐色（活时可能为绿色）。复眼淡褐色；头部背面褐色。前胸背板背片中央具棕色纵条纹，纵纹中央具淡色纵带，纵纹在沟后区扩宽；后足股节膝叶褐色，跗节绿色；腹部背面具棕色纵带；雄性尾须端半部绿色；雌性尾须褐色（活时可能为绿色）。

测量（mm）：体长♂8.2～9.4，♀8.7～10.2；前胸背板长♂2.8～3.3，♀2.8～3.4；前翅长♂1.2～1.5，♀1.0～1.3；后足股节长♂7.3～8.4，♀8.1～9.4；产卵瓣长5.1～5.6。

检视材料：1♂（正模）1♀（副模），四川峨眉山雷洞坪，2011.VIII.2，石福明、赵乐宏采。

模式产地及保存：中国四川峨眉山雷洞坪；河北大学博物馆（MHU），中国河北保定。

分布：中国四川。

（二十八）新刺膝螽属*Neocyrtposis* Liu, 2007

Cyrtopsis (*Neocyrtopsis*): Liu & Zhang, 2007, *Entomotaxonomia*, 29(2): 88.

Neocyrtopsis: Wang *et al.*, 2012, *Zootaxa*, 3521: 52; Wang, Liu & Li, 2013,

Zootaxa, 3626(2): 279–287.

模式种：*Cyrtopsis variabilis* Xia & Liu, 1993

体较小至中等，相对较结实，短翅类型。雄性前胸背板沟后区强隆起，后部明显向下弯；侧片后部明显趋狭；前足胫节听器为开放型；后足股节膝叶具或无端刺，后足胫节具3对端距。前翅隐藏于前胸背板之下，雄性具发音器，雌性侧置。雄性第10腹节背板后缘无突起具凹口，与较发达的肛上板融合，尾须较简单，外生殖器革质，非延长。雌性产卵瓣较宽短，边缘光滑，腹瓣无端钩。

新刺膝螽属分亚属和种检索表

1 雄性前胸背板沟后区扩展和抬高，尾须细长钩状，外生殖器不延长，背观不可见；雌性产卵瓣明显弯曲 ……………………………………………… …………**新刺膝螽亚属 *Neocyrtopsis* (*Neocyrtopsis*) Liu, 2007** ………… 2

– 雄性前胸背板沟后区非扩展几乎不抬高，尾须短隐藏于第10腹节背板下，外生殖器延长，背观可见；雌性产卵瓣较直 …… **副新刺膝螽亚属 *Neocyrtopsis* (*Paraneocyrtopsis*) Wang, Liu & Li, 2013** ………………… 4

2 各足股节膝叶具刺；雄性第10腹节背板后缘凹口方形；雌性下生殖板基部半圆形 ……………………………………………………………………… …… **杂色新刺膝螽 *Neocyrtopsis* (*Neocyrtopsis*) *variabilis* (Xia & Liu, 1993)**

– 各足股节膝叶钝圆 ……………………………………………………………… 3

3 雄性第10腹节背板后缘凹口三角形，边界不明显；雌性下生殖板基部具侧角 …… **近似新刺膝螽 *Neocyrtopsis* (*Neocyrtopsis*) *fallax* Wang & Liu, 2012**

– 雄性第10腹节背板后缘凹口半圆形，边界明显；雌性下生殖板近方形 …………… **素色新刺膝螽 *Neocyrtopsis? unicolor* Wang, Liu & Li, 2015**

4 雄性外生殖器远超过第10腹节背板后缘，下生殖板端部细长突出，腹突位于中部；雌性下生殖板卵圆形 ……………………………………………… **宽板副新刺膝螽 *Neocyrtopsis* (*Paraneocyrtopsis*) *platycata* (Shi & Zheng, 1994)**

– 雄性外生殖器略超过第10腹节背板后缘，下生殖板端部不突出，腹突位于端部两侧；雌性下生殖板近矩形 ………………………………………… 5

5 雄性尾须末端钝稍膨大，外生殖器末端侧扁；雌性下生殖板近梯形…… **雅安副新刺膝螽 *Neocyrtopsis* (*Paraneocyrtopsis*) *yachowensis* (Tinkham, 1944)**

– 雄性尾须末端尖，外生殖器末端扁平片状；雌性下生殖板近方形 …… **双叶副新刺栖螽 *Neocyrtopsis* (*Paraneocyrtopsis*) *bilobata* (Liu, Zhou & Bi, 2008)**

新刺膝螽亚属 *Neocyrtopsis* (*Neocyrtopsis*) Liu, 2007

Cyrtopsis (*Neocyrtopsis*): Liu & Zhang, 2007, *Entomotaxonomia*, 29(2): 88.

Neocyrtopsis (*Neocyrtopsis*): Wang, Liu & Li, 2013, *Zootaxa*, 3626(2): 280.

前胸背板具独特纹样，明显或不明显，沟后区明显扩展抬高。各足股节膝叶具刺或缺失。雄性尾须简单较长，肛上板较发达，革质，与前节背板紧密连接，外生殖器革质不延长；雌性产卵瓣明显上弯，下生殖板基部扩展。

178. 杂色新刺膝螽 *Neocyrtopsis* (*Neocyrtopsis*) *variabilis* (Xia & Liu, 1993)（图112，图版73）

Cyrtopsis variabilis: Xia & Liu, 1993, *Insects of Wuling Mountains area, South Western China*, 95; Liu & Jin, 1994, *Contributions from Shanghai Institute of Entomology*, 11: 109; Jin & Xia,1994, *Journal of Orthoptera Research*, 3 (1): 26.

Cyrtopsis (*Neocyrtopsis*) *variabilis*: Liu & Zhang, 2007, *Entomotaxonomia*, 29(2): 89–90.

Neocyrtopsis variabilis: Wang *et al.*, 2012, *Zootaxa*, 3521: 52.

Neocyrtopsis (*Neocyrtopsis*) *variabilis*: Wang, Liu & Li, 2013, *Zootaxa*, 3626(2): 280.

描述：体偏大，粗壮。头部较短宽，等宽于前胸背板前部；头顶圆锥形，较短，端部钝圆，基部较宽，背面具纵沟；复眼半球形，向前凸出；下颚须长，端节长于亚端节。前胸背板稍延长，沟后区约等长于沟前区，后缘宽圆，侧观明显抬高，侧片较矮，后缘斜截，缺肩凹；前足基节具刺，各足股节腹面无刺，膝叶端部具刺，前足胫节腹面内外缘刺排列为4, 4 (1, 1)型，后粗胫节背板内外缘各具18～21个小齿，末端端距3对；前翅短，向背面膨胀，后缘超过前胸背板后缘，后翅缺失。雄性第10腹节背板后缘具1对圆形的叶，之间凹口近方形，后与肛上板紧密相连（图112a, b）；肛上板倾斜，宽大，后缘圆形；尾须稍细长，较简单，端部1/3短钩状内弯，末端尖（图112c）；下生殖板较宽大，后缘具较明显的缺口，腹突位于两侧端部，较短（图112d）。

雌性（新描述）体稍大。前胸背板沟后区短于沟前区，平直非抬高，前翅仅从侧面可见一侧角，不超过前胸背板端部。第10腹节背板后缘中间深凹，两侧形成1对圆叶；尾须较长，圆锥形，端部尖；下生殖板稍延长，基1/3近宽半圆形，之后2/3骤狭，近方形，后缘平直中间略凹，侧缘弯向背方将两部分相连（图112e）；产卵瓣短于后足股节，明显上弯，边缘光滑不具齿或缺口（图112f）。

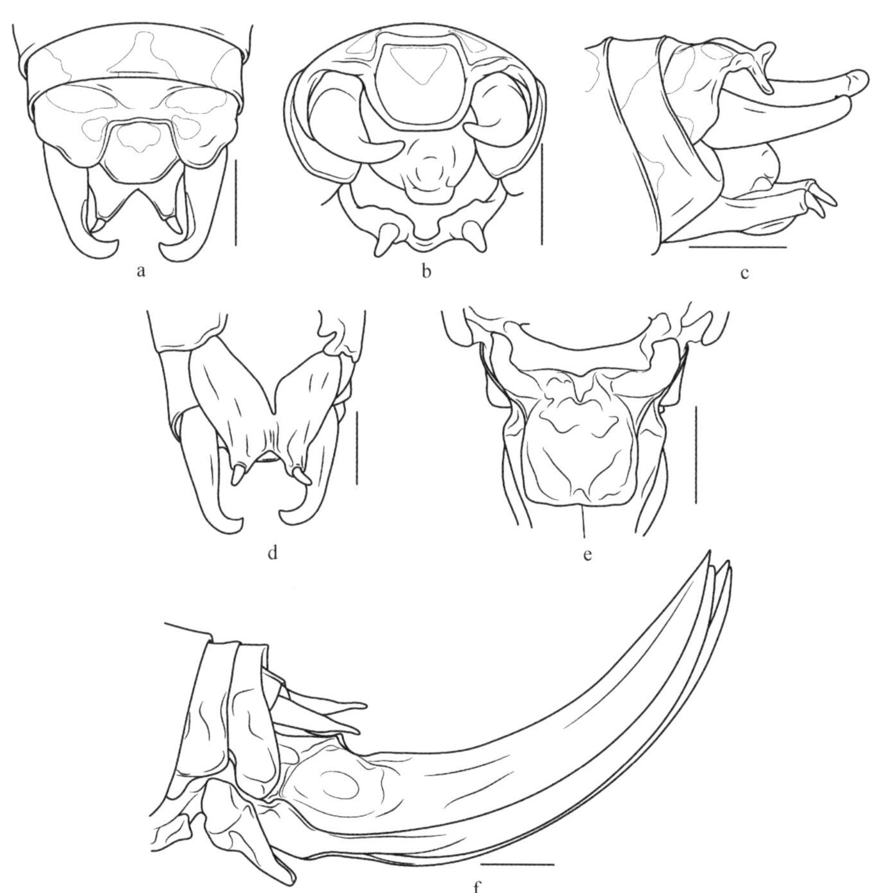

图112　杂色新刺膝螽 *Neocyrtopsis* (*Neocyrtopsis*) *variabilis* (Xia & Liu, 1993)
a. 雄性腹端，背面观；b. 雄性腹端，后面观；c. 雄性腹端，侧面观；d. 雄性腹端，腹面观；e. 雌性下生殖板，腹面观；f. 雌性腹端，侧面观

Fig. 112　*Neocyrtopsis* (*Neocyrtopsis*) *variabilis* (Xia & Liu, 1993)
a. end of male abdomen, dorsal view; b. end of male abdomen, rear view; c. end of male abdomen, lateral view; d. end of male abdomen, ventral view; e. female subgenital plate, ventral view; f. end of female abdomen, lateral view

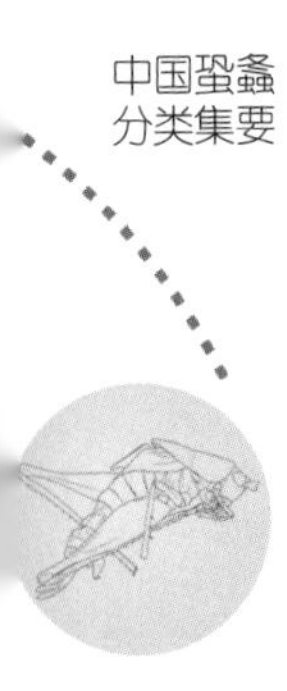

体杂色。触角具较稠密的暗色环纹。头部背面及颜面具黑褐色斑纹，头顶单色。前胸背板及足具不规则的黑褐色斑，前胸背板沟后区具1对渐岔开的淡黄色斑，沟后区后部淡色；前足胫节基部和端部，中足和后足胫节端部，跗节暗色；前翅近端部具1个暗色斑。腹节背板背面具三角形褐色斑，其余深褐色，近端部数节背板两侧形成大的淡黄色斑。

测量（mm）：体长♂11.5，♀12.9；前胸背板长♂5.2，♀5.0；前翅长♂3.2，♀1.7；后足股节长♂12.3，♀15.0；产卵瓣长8.0。

检视材料：正模♂，贵州雷山雷公山，1988.VI.30，刘祖尧采；1♀，贵州江口梵净山，1 800 m，2014.VIII.6，孙美玲采。

分布：中国贵州。

179. 近似新刺膝螽 *Neocyrtopsis* (*Neocyrtopsis*) *fallax* Wang & Liu, 2012（图113）

Neocyrtopsis fallax: Wang *et al.*, 2012, *Zootaxa*, 3521: 52; Wang, Liu & Li, 2013, *Zootaxa*, 3626(2): 281.

Neocyrtopsis (*Neocyrtopsis*) *emeishanensis*: Wang, Cao & Shi, 2013, *Zootaxa*, 3681(2): 184; Wang, Li & Shi, 2019, *Zootaxa*, 4695(5): 477.

描述：体中型，粗壮。头顶圆锥形，较短，端部钝圆，背面具纵沟；复眼半球形，向前凸出；下颚须较长，端节长于亚端节。前胸背板沟后区扩展抬高，长于沟前区，侧片稍高，后缘稍凸，缺肩凹；前翅到达第2腹节背板末端，明显超过前胸背板端部，后缘稍平截，相互重叠；前足胫节内外刺排列为4, 4 (1, 1)型，中足胫节具4个内刺和5个外刺，后足胫节背面内外缘各具18～20个刺，端距3对，各足股节膝叶钝。雄性第10腹节背板横宽，后缘中央具三角形凹口，凹口与肛上板紧密结合，分界不明显；肛上板较宽，后缘凸圆；尾须纤细，无突起，基部稍膨大，末端钩状，向背侧弯曲，沟内面稍平，末端尖指向前方（图113a～c）；下生殖板长大于宽，基部被大的缺口分为两半，后缘平直，中部近后缘具1个尖形隆起，腹突位于后缘两侧（图113d）。

雌性前胸背板沟后区不扩展抬高。前翅到达第1腹节背板前部，侧置。第10腹节背板中央具深缺口，几乎分背板为两半，缺口内缘凸圆；尾须圆锥形，末端尖；下生殖板基半部宽，具两侧角，端半部较窄，后缘中央微凹（图113e）；产卵瓣明显短于后足股节，端半部向上弯曲，边缘光滑。

体黄色杂黄褐色斑纹。触角具暗色环纹。前胸背板沟前区两侧具褐色斑纹，沟后区具1对“八”字形褐色斑纹，外侧具淡黄色镶边，在雌性较淡。腹部背面各节具1对褐色斑纹，两侧淡色。各足股节具淡褐色斑纹，前中足胫节端部、腹面刺基部暗色；后足胫节刺暗褐色。雌性产卵瓣黄褐色。

测量（mm）：体长♂12.7，♀10.0～10.6；前胸背板长♂6.5，♀4.0～4.7；前翅长♂3.0，♀1.0～2.3；后足股节长♂10.6，♀10.2～10.4；产卵瓣长6.4～7.0。

检视材料：正模♂副模♀，四川天全喇叭河，2 060 m，2007.VII.28～30，刘宪伟等采；副模♀，四川石棉栗子坪公益海，2 100 m，2007.VII.22～25，刘宪伟等采；1♂（*Neocyrtopsis emeishanensis* 正模），四川峨眉山雷洞坪，2011.VIII.2，石福明、赵乐宏采（河北大学博物馆）。

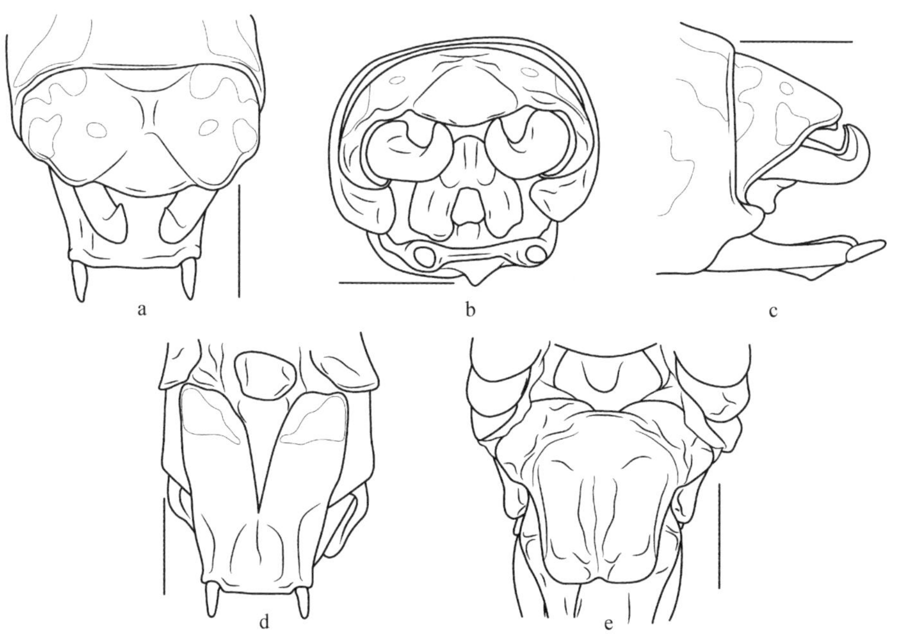

图113　近似新刺膝螽 *Neocyrtopsis* (*Neocyrtopsis*) *fallax* Wang & Liu, 2012
a. 雄性腹端，背面观；b. 雄性腹端，后面观；c. 雄性腹端，侧面观；d. 雄性腹端，腹面观；e. 雌性下生殖板，腹面观

Fig. 113　*Neocyrtopsis* (*Neocyrtopsis*) *fallax* Wang & Liu, 2012
a. end of male abdomen, dorsal view; b. end of male abdomen, rear view; c. end of male abdomen, lateral view; d. end of male abdomen, ventral view; e. female subgenital plate, ventral view

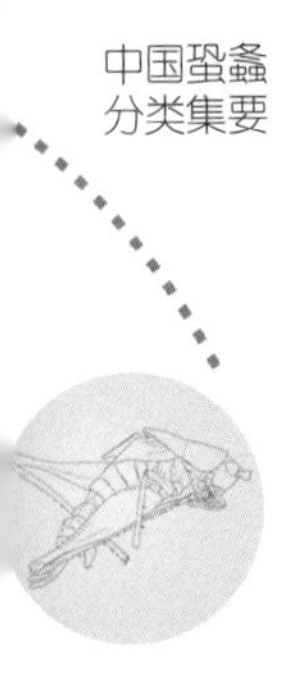

讨论：王海建等（2013）描述采自峨眉山1种为峨眉山新刺膝螽 *Neocyrtopsis* (*Neocyrtopsis*) *emeishanensis*，仅有雄性，根据特征及提供的标本照片，与本种无明显区别，仅前胸背板稍短，生殖节构造以及外生殖器均相同，两种模式产地较接近，为该种的同物异名。

分布：中国四川。

180. 素色新刺膝螽 ***Neocyrtopsis? unicolor*** Wang, Liu & Li, 2015（图114，图版74，75）

Neocyrtopsis? unicolor: Wang, Liu & Li, 2015, *Zootaxa*, 3941(4): 526.

描述：体形小。头顶圆锥形，端部钝，背面具纵沟；口器呈下口式，下颚须端节和亚端节约等长。前胸背板侧片较低，后缘无肩凹（图114a）；前足胫节腹面内、外刺排列为4, 4 (1, 1)型，后足胫节背面内外缘各具18～21个齿和1个端距，腹面具2对端距；前翅短，略露出前胸背板后缘，相互重叠，后翅退化。第10腹节背板后缘具中凹（图114b），肛上板宽圆，与第10腹节背板融合；尾须简单，端部内弯成钩状（图114b～d）；下生殖板较大，后缘圆截形，具短小的腹突(图114d)；外生殖器革质，背面具延长的矩形叶（图114e）。

雌性前翅侧置，缺后翅。尾须细长，圆锥形；下生殖板近方形，中央具隆脊（图114f）；产卵瓣短粗，较直（图114g）。

体色黄绿色，头部背面复眼后具1对平行黄色短纹，延伸至前胸背板末端，末平行纹间淡褐色，腹部背面淡黄色。

测量（mm）体长♂8.5，♀10.0；前胸背板长♂3.5，♀3.5；前翅长♂2.0，♀1.0；后足股节长♂7.0，♀7.5；产卵瓣长2.0。

检视标本：正模♂，副模1♀，广西兴安猫儿山，1 100～1 700 m，2013.VII.30～VIII.6，刘宪伟等采。

分布：中国广西。

讨论：本种体色和特征与新刺膝螽属*Neocyrtopsis*类群特征并非完全一致，无法完全符合现有属的所有属征，但区分又并非十分明显，分子证据也显示其与杂色新刺膝螽*Neocyrtopsis* (*Neocyrtopsis*) *variabilis*远缘，而与隐尾副饰尾螽*Paracosmeturacryptocerca*形成姐妹群，暂时以存疑种归纳在该属，有待于更多相似类群的报道。

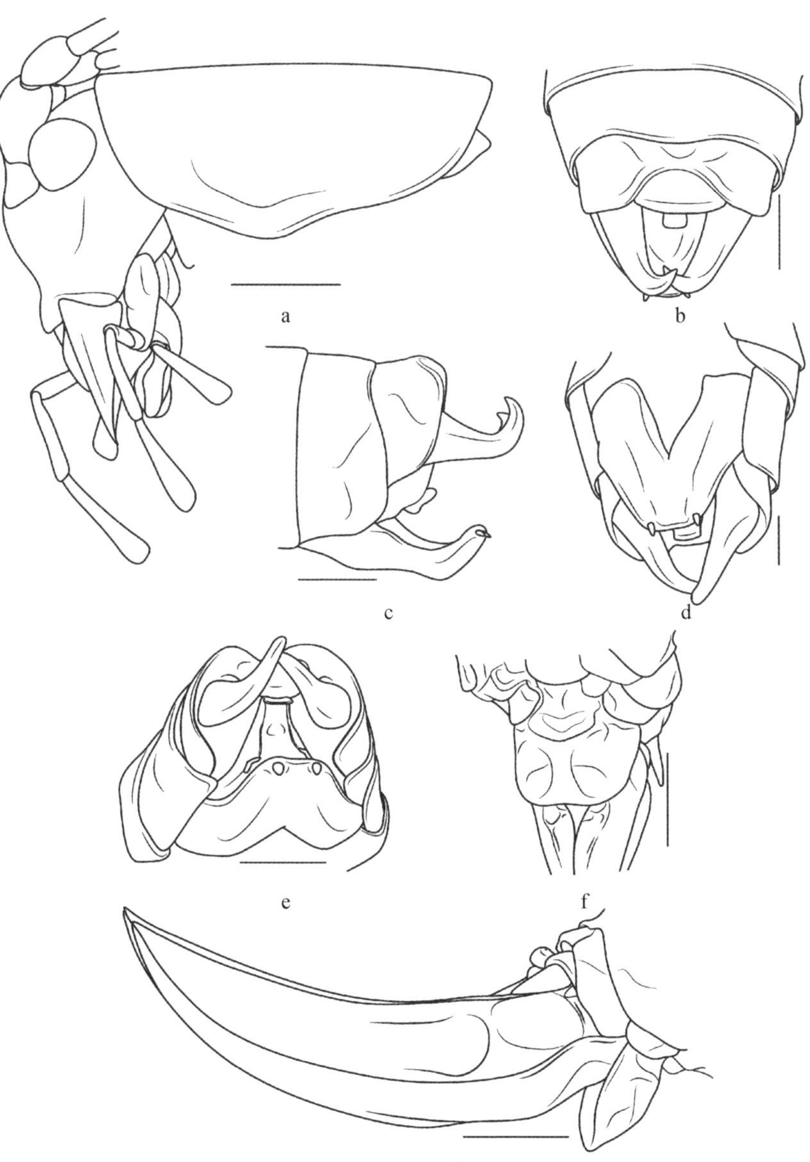

图114　素色新刺膝螽 *Neocyrtopsis? unicolor* Wang, Liu & Li, 2015
a. 雄性头与前胸背板，侧面观；b. 雄性腹端，背面观；c. 雄性腹端，侧面观；d. 雄性腹端，腹面观；e. 雄性腹端，后面观；f. 雌性下生殖板，腹面观；g. 产卵瓣，侧面观

Fig.114　*Neocyrtopsis? unicolor* Wang, Liu & Li, 2015
a. head and pronotum of male, lateral view; b. end of male abdomen, dorsal view; c. end of male abdomen, lateral view; d. end of male abdomen, ventral view; e. end of male abdomen, rear view; f. female subgenital plate, ventral view; g. ovipositor, lateral view

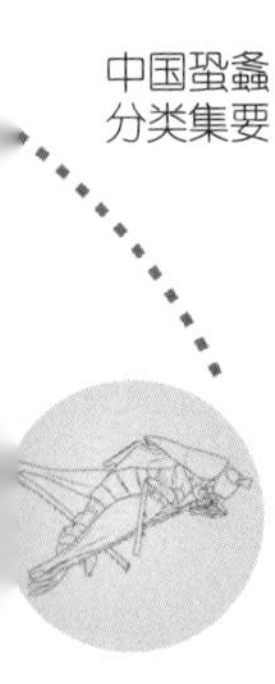

副新刺膝螽亚属*Neocyrtopsis* (*Paraneocyrtopsis*) Wang, Liu & Li, 2013

Neocyrtopsis (*Paraneocyrtopsis*): Wang, Liu & Li, 2013, *Zootaxa*, 3626(2): 283.

模式种：*Xiphidiopsis yachowensis* Tinkham, 1944

前胸背板通常具成对条纹，沟后区非扩展有时略微抬高。各足股节膝叶钝圆。雄性尾须短小，大部分或全部被第10腹节背板覆盖；肛上板与前节背板紧密连接；外生殖器延长，背观可见。雌性产卵瓣较短直；下生殖板基部不扩宽。

181. 宽板副新刺膝螽*Neocyrtopsis* (*Paraneocyrtopsis*) *platycata* (Shi & Zheng, 1994)（仿图67）

Phlugiolopsis platycata: Shi & Zheng, 1994, *Journal of Shaanxi Normal University (Natural Science Edition)*, 22(4): 44–46; Shi & Ou, 2005, *Acta Zootaxonomica Sinica*, 30(2): 359.

Acosmetura platycata: Liu, Zhou & Bi, 2008, *Acta Zootaxonomica Sinica*, 33(4): 764–765; Wang, Liu & Li, 2013, *Zootaxa*, 3626(2): 279.

Neocyrtopsis (*Paraneocyrtopsis*) *platycata*: Wang, Cao & Shi, 2013, *Zootaxa*, 3681(2): 182.

描述：体较小，相对较结实。头顶圆锥形，向前突出，端部钝，背面具沟；复眼圆形，突出；下颚须端节明显长于亚端节，端部膨大。前胸背板沟后区不隆起，后部非向下弯，侧片后部明显趋狭，无肩凹；前足胫节听器为开放型，胫节内外刺为4, 4 (1, 1)型，后足股节膝叶无端刺，后足胫节具3对端距，背面内外缘各具27～32个齿；前翅略微超出前胸背板后缘，到达第1腹节背板中部，后翅退化。雄性第10腹节背板强向后倾斜（仿图67b），后缘具长三角形内凹，内凹两侧形成2个尖叶（仿图67a）；肛上版与凹口融合（仿图67c）；尾须较短小，简单，具钩状端部（仿图67b，d）；外生殖器特化，基部较宽，端部延长，末端扩展成双叶状且弯向腹方（仿图67a～d）；下生殖板长大于宽，端部突出，具细微的齿，腹突位于亚端（仿图67b，d）。

雌性尾须圆锥形，端部较细；下生殖板长大于宽，端部近圆形（仿图67e）；产卵瓣较宽短，适度向上弯曲，端部尖，边缘光滑，背缘光滑，腹缘近端部具细齿（仿图67f）。

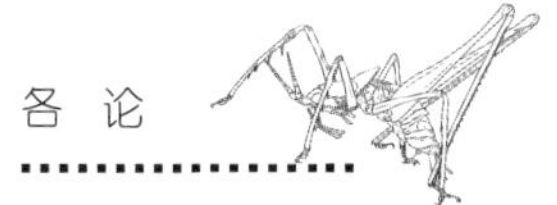

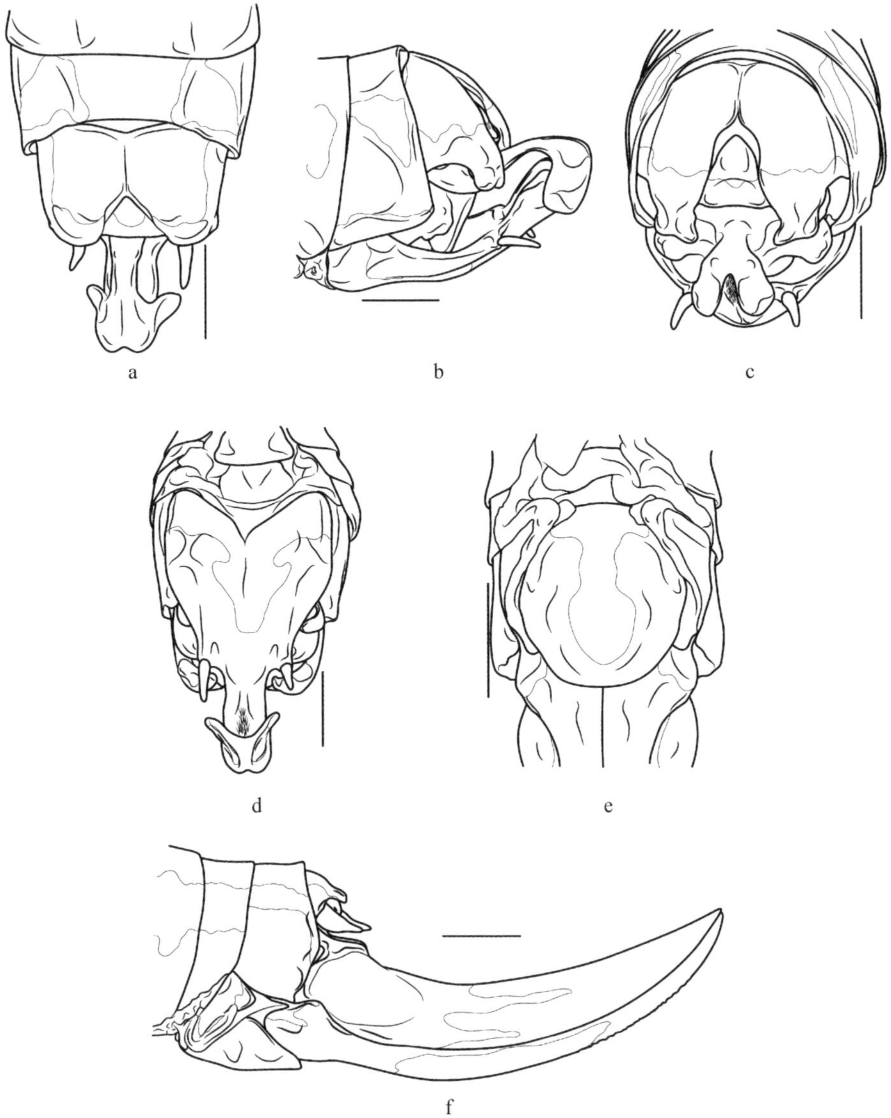

a

b

c

d

e

f

仿图 67 宽板副新刺膝螽 *Neocyrtopsis* (*Paraneocyrtopsis*) *platycata* (Shi & Zheng, 1994)
（仿 Wang, Cao & Shi, 2013）

a. 雄性腹端，背面观；b. 雄性腹端，侧面观；c. 雄性腹端，后面观；d. 雄性腹端，腹面观；e. 雌性下生殖板，腹面观；f. 雌性腹端，侧面观

AF. 67 *Neocyrtopsis* (*Paraneocyrtopsis*) *platycata* (Shi & Zheng, 1994)
(after Wang, Cao & Shi, 2013)

a. end of male abdomen, dorsal view; b. end of male abdomen, lateral view; c. end of male, abdomen, rear view; d. end of male abdomen, ventral view; e. female subgenital plate, ventral view; f. end of female abdomen, lateral view

体淡黄褐色，稍带绿色。头部背面暗褐色，复眼之后具2条淡色纵线，前胸背板背面褐色，侧片黄褐色，边缘具暗褐色。后足膝部和跗节具褐色。

测量（mm）：体长♂9.5，♀11.0；前胸背板长♂3.8，♀3.5；前翅长♂1.2，♀1.0；后足股节长♂10.5，♀10.5；产卵瓣长5.5。

检视材料：未见标本。

模式产地及保存：中国四川峨眉山；陕西师范大学动物研究所，中国陕西西安。

分布：中国四川。

182. 雅安副新刺膝螽 *Neocyrtopsis* (*Paraneocyrtopsis*) *yachowensis* (Tinkham, 1944)（图115）

Xiphidiopsis yachowensis: Tinkham,1944, *Proceedings of the United State National Museum*, 94: 509; Tinkham, 1956, *Transactions of the American Entomological Society*, 82: 5; Beier, 1966, *Orthopterorum Catalogus*, 9: 274.

Thaumaspis yachowensis: Bey-Bienko, 1957, *Entomologicheskoe Obozrenie*, 36: 412; Liu & Jin, 1994, *Contributions from Shanghai Institute of Entomology*, 11: 109; Jin & Xia, 1994, *Journal of Orthoptera Research*, 3: 26; Gorochov, 1998, *Zoosystematica Rossica*, 7(1): 114.

Acosmetura yachowensis: Liu & Zhou, 2007, *Acta Zootaxonomica Sinica*, 32(1): 193; Liu, Zhou & Bi, 2008, *Acta Zootaxonomica Sinica*, 33(4): 761.

Neocyrtopsis (*Paraneocyrtopsis*) *yachowensis*: Wang, Liu & Li, 2013, *Zootaxa*, 3626(2): 238.

描述：体偏小，略粗壮。头较短宽，头顶呈钝圆锥形突出，背面具纵沟；复眼小，半球形，向前凸出；下颚须端节长于亚端节。前胸背板短，沟后区不扩张，短于沟前区，侧片稍高，后缘不具肩凹；前翅小，端缘圆截形，超过前胸背板后缘，后翅退化消失；前足胫节内外刺排列为3, 3 (1, 1)型，后足胫节背面内外缘各具14～20个齿，末端具3对端距。雄性第10腹节背板略延长，后缘具大的凹口，凹口基部表面凸，凹口形成2较尖的侧叶（图115a）；肛上板发达，连接于凹口处，末端向下卷曲（图115b）；尾须粗壮较简单，几乎完全隐藏于第10腹节背板之下，端半部略扁平（图115b，c）；下生殖板后缘平直，具腹突（图115d）；外生殖器革

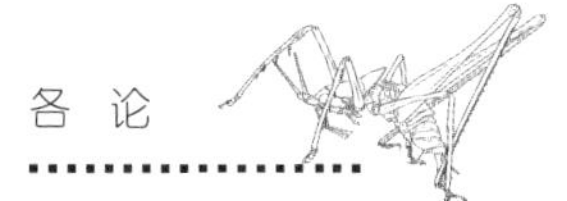

质，端部稍超过下生殖板后缘，背腹扩展，不对称（图115b，c）。

雌性前翅超过前胸背板后缘，侧置。第10腹节背板中央凹；肛上板三角形；尾须较长，圆锥形；下生殖板基部稍宽，后部稍窄，后缘圆截形（图115e）；产卵瓣较短宽，微向上弯曲，边缘光滑。

体淡黄色。复眼后方各具1条淡黄色纵纹，前胸背板背片具1对淡黄色纵纹。

测量（mm）：体长♂10.0 ～ 10.7，♀11.7 ～ 12.1；前胸背板长♂4.2 ～ 4.5，♀4.4 ～ 4.7；前翅长♂1.0，♀1.2；后足股节长♂8.1 ～ 8.9，♀9.0 ～ 9.1；产卵瓣长6.0 ～ 6.1。

检视材料：5♂♂3♀♀，四川泸定摩西，2 100 m，2006.VII.30，周顺采。

模式产地及保存：中国四川雅安；美国国家博物馆（USNM），美国华盛顿。

分布：中国四川。

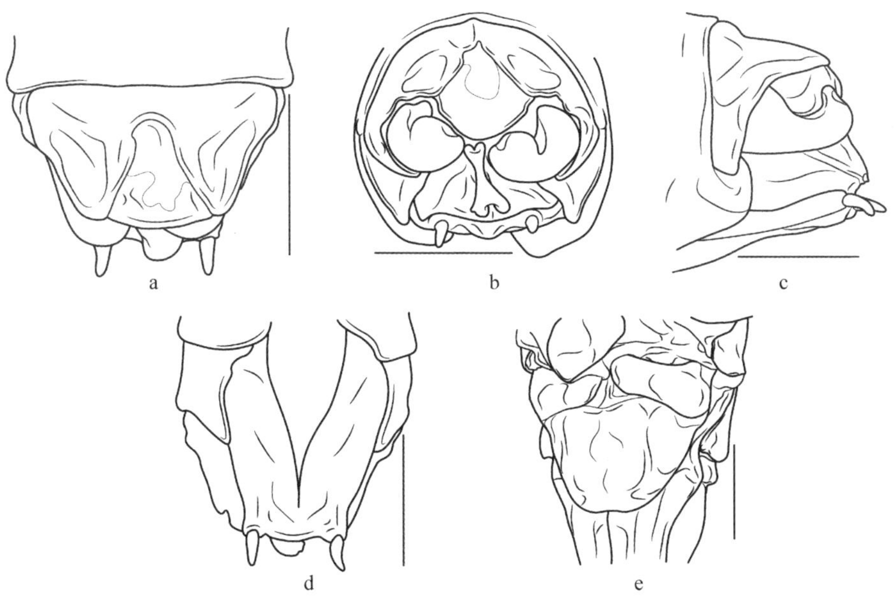

图115 雅安副新刺膝螽 *Neocyrtopsis* (*Paraneocyrtopsis*) *yachowensis* (Tinkham, 1944)
a. 雄性腹端，背面观；b. 雄性腹端，后面观；c. 雄性腹端，侧面观；d. 雄性腹端，腹面观；e. 雌性下生殖板，腹面观

Fig. 115 *Neocyrtopsis* (*Paraneocyrtopsis*) *yachowensis* (Tinkham, 1944)
a. end of male abdomen, dorsal view; b. end of male abdomen, rear view; c. end of male abdomen, lateral view; d. end of male abdomen, ventral view; e. female subgenital plate, ventral view

183. 双叶副新刺栖螽*Neocyrtopsis* (*Paraneocyrtopsis*) *bilobata* (Liu, Zhou & Bi, 2008)（图 116）

Acosmetura bilobata: Liu, zhou & Bi, 2008, *Acta Zootaxonomica Sinica*, 33(4): 761–762.

Neocyrtopsis (*Paraneocyrtopsis*) *bilobata*: Wang, Liu & Li, 2013, *Zootaxa*, 3626(2): 285.

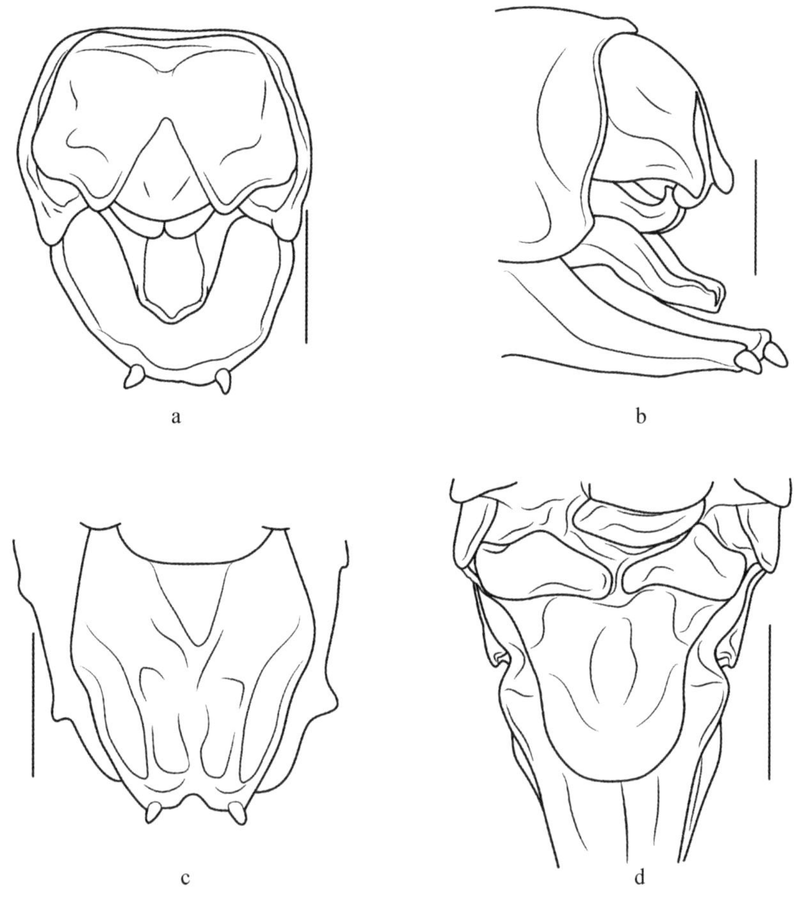

图 116 双叶副新刺栖螽*Neocyrtopsis* (*Paraneocyrtopsis*) *bilobata* (Liu, Zhou & Bi, 2008)
a. 雄性腹端，后面观；b. 雄性腹端，侧面观；c. 雄性腹端，腹面观；d. 雌性下生殖板，腹面观

Fig. 116 *Neocyrtopsis* (*Paraneocyrtopsis*) *bilobata* (Liu, Zhou & Bi, 2008)
a. end of male abdomen, rear view; b. end of male abdomen, lateral view; c. end of male abdomen, ventral view; d. female subgenital plate, ventral view

描述：体小，较壮实。头较短宽，头顶呈钝圆锥形突出，背面具沟；复眼小，半圆形，向外凸出；下颚须端节略长于亚端节。前胸背板沟后区不扩张，后缘宽圆，侧片较低，后部趋狭，无肩凹；前翅小，超过前胸背板后缘，相互重叠；前足胫节腹面内、外刺排列为3, 3 (1, 1)型。后足胫节背面内外缘各具26～28个齿，末端具端距3对。雄性第10腹节背板后缘具1对三角形的裂叶；肛上板融合于裂叶间凹口（图116a）；尾须较短，端部弯钩状，隐藏在第10腹节背板之下（图116b）；下生殖板延长，后缘中央具凹口，腹突较短小（图116c）；外生殖器裸露，具扁平的端部（图116a，b）。

雌性前翅不超过前胸背板后缘，侧置。第10腹节背板后缘圆截形，中央凹陷；肛上板圆三角形，背面具纵沟；尾须短，圆锥形；下生殖板近圆形，后缘微凹（图116d）；产卵瓣较宽，略向上弯曲，边缘光滑。

体色淡绿色，背面具1条淡褐色纵带，纵带的两侧各具1条黄色纵条纹，触角具暗色环，后足股节外侧具褐色斜条纹。

测量（mm）：体长♂7.0，♀10.0；前胸背板长♂3.3，♀3.0；前翅长♂1.5，♀0.8；后足股节长♂7.0，♀7.5；产卵瓣长5.0。

检视材料：正模♂副模8♂♂14♀♀，四川天全喇叭河，2 060 m，2007. VII.28～30，刘宪伟等采。

分布：中国四川。

（二十九）异刺膝螽属 *Allocyrtopsis* Wang & Liu, 2012

Allocyrtopsis: Wang *et al.*, 2012, *Zootaxa*, 3521: 53.

模式种：*Allocyrtopsis platycerca* Wang & Liu, 2012

体小型。头顶圆锥形，背面具纵沟；下颚须端节略长于亚端节。前胸背板约占体长一半，沟后区稍抬高或扩展，后缘宽圆；侧片较低，后缘倾斜，无肩凹；前翅短于前胸背板，大部分或全部隐藏其下，雄性具发音器；前足基节具刺，各足股节腹面无刺，前足胫节内外两侧听器均为开放型，腹面具可活动的刺，各足膝叶钝圆，后胫节具3对端距。雄性第10腹节背板后缘无叶或突起，肛上板较发达，不与第10腹节背板紧密相连，竖直；下生殖板具腹突。雌性产卵瓣较短直，边缘光滑。

异刺膝螽属分种检索表

1 雄性第10腹节背板后缘中间具明显缺口 …………………………………… 2
– 雄性第10腹节背板后缘平直或微凸 …………………………………… 3
2 各足股节无斑；雌性下生殖板呈三角形，产卵瓣较长；雄性前胸背板背面具1条褐色纵带，尾须细长具腹叶 ……………………………………………………… **饰纹异刺膝螽 *Allocyrtopsis ornata* Wang & Liu, 2012**
– 各足股节具淡褐色斑块；雌性下生殖板梨形，产卵瓣较短 …………………………… **小异刺膝螽 *Allocyrtopsis parva* Wang & Liu, 2012**
3 体褐色，各足具暗褐色刻点；雄性第10腹节背板后缘微凸，尾须宽扁；雌性下生殖板后缘中部凹 …………………………………………………… **扁尾异刺膝螽 *Allocyrtopsis platycerca* Wang & Liu, 2012**
– 体黄白色，无明显斑纹；雄性第10腹节背板后缘平直，尾须宽圆 …… ………………… **西藏异膝刺螽 *Allocyrtopsis tibetana* Wang & Liu, 2012**

184. 饰纹异刺膝螽 *Allocyrtopsis ornata* Wang & Liu, 2012（图117）

Allocyrtopsis ornata: Wang *et al.*, 2012, *Zootaxa*, 3521: 54.

描述：体较小。头顶圆锥形，较短似瘤突，端部钝圆背面具纵沟；复眼较小，半球形，向前凸出；下颚须细，端节稍长于亚端节。前胸背板占体长的一半，沟后区长于沟前区，微微抬高，背观不扩展，后缘宽圆并向下弯曲，侧片稍高，腹缘凸，后缘稍凸，不具肩凹（图117a）；前翅不超过前胸背板后缘顶端，侧面可见，后翅退化消失；前足胫节腹面内外刺排列为4, 5 (1, 1)型，后足胫节背面内外缘各具19～21个齿，端距3对。雄性第10腹节背板短，后缘中间具深的圆凹口，凹口内膜质与竖直的肛上板相连；肛上板长三角形；尾须略长，内侧表面球形凹陷，基部具腹叶，端部纤细内弯（图117b，c）；下生殖板狭长，基部略宽，后缘中央指状突起，腹突位于突起两侧（图117d）。

雌性前翅完全隐藏于前胸背板下，侧置。第10腹节背板后缘中央具圆形凹口，尾须圆锥形细长；下生殖板近倒三角形，后缘中央具缺口（图117e）；产卵瓣短于后足股节，较宽较直，边缘光滑。

体淡褐色。触角具稀疏环纹。雄性前胸背板黄白色，背面中央具1条褐色纵带，至端部呈扇形加宽，腹节背面具1条暗褐色纵带，基部与端部等宽，中部渐细；雌性通体淡褐色，无明显斑纹。跗节末端、爪尖、后足

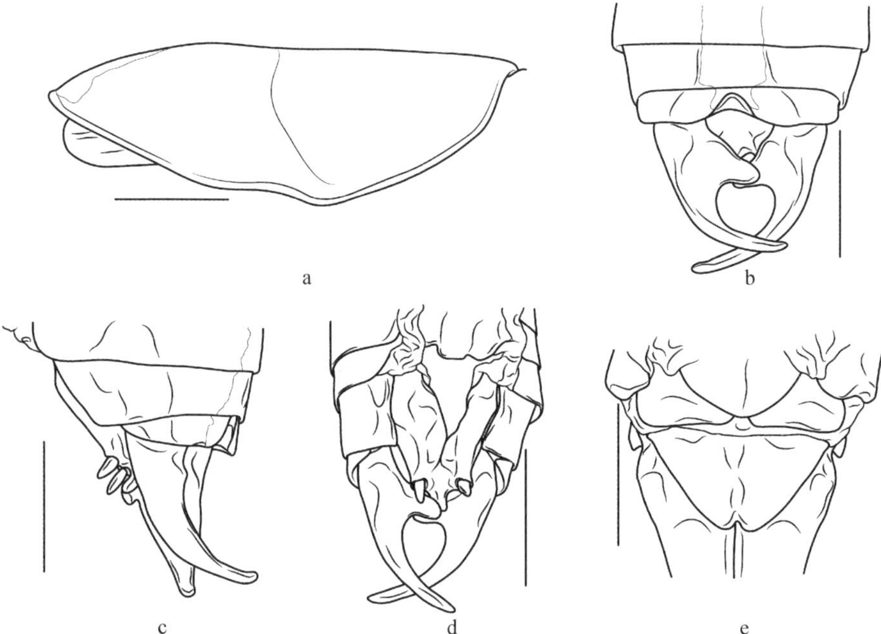

图 117 饰纹异刺膝螽 *Allocyrtopsis ornata* Wang & Liu, 2012

a. 雄性前胸背板，侧面观；b. 雄性腹端，背面观；c. 雄性腹端，侧面观；d. 雄性腹端，腹面观；e. 雌性下生殖板，腹面观

Fig. 117 *Allocyrtopsis ornata* Wang & Liu, 2012

a. pronotum of male, dorsal view; b. end of male abdomen, dorsal view; c. end of male, abdomen, lateral view; d. end of male abdomen, ventral view; e. female subgenital plate, ventral view

胫节刺端部暗色。

测量（mm）：体长♂9.0，♀10.1；前胸背板长♂4.6，♀4.2；前翅长♂1.0，♀0.9；后足股节长♂8.9，♀9.8；产卵瓣长 6.0。

检视材料：正模♂副模1♀，西藏汗密，2 100 m，2011.VII.23 ～ VIII.7，毕文烜采。

分布：中国西藏。

185. 小异刺膝螽 *Allocyrtopsis parva* Wang & Liu, 2012（图 118）

Allocyrtopsis parva: Wang *et al.*, 2012, *Zootaxa*, 3521: 55.

描述：体较小。头顶圆锥形，较粗，端部钝，背面具纵沟；复眼卵圆形，向前凸出；下颚须较短，端节长于亚端节。前胸背板较短，沟后区短于沟前区，后缘近平截，侧片稍高，后缘斜截无肩凹；前翅几乎全部隐藏

于前胸背板以下，侧置，后翅退化消失；前足胫节腹面内外刺排列为2, 3 (1, 1)型，后足胫节背面内外缘各具11 ～ 14个齿，端部端距3对。雌性第10腹节背板后缘中部圆凸；尾须较短圆锥形，端部尖；下生殖板基部窄，至端部渐宽，向下鼓起，后缘中部凹（图118b）；产卵瓣短于后足股节，较平直，渐细，边缘光滑（图118c）。

雄性（若虫）前胸背板沟后区稍抬高扩展，尾须如图118a。

体淡黄色。触角具暗色环纹。头部背面与前胸背板沟前区具淡褐色斑块。各足股节具淡褐色斑块。腹部背面具淡褐色纵带，中央颜色稍淡，背板两侧各具1褐色斑点。产卵瓣尖端暗色。

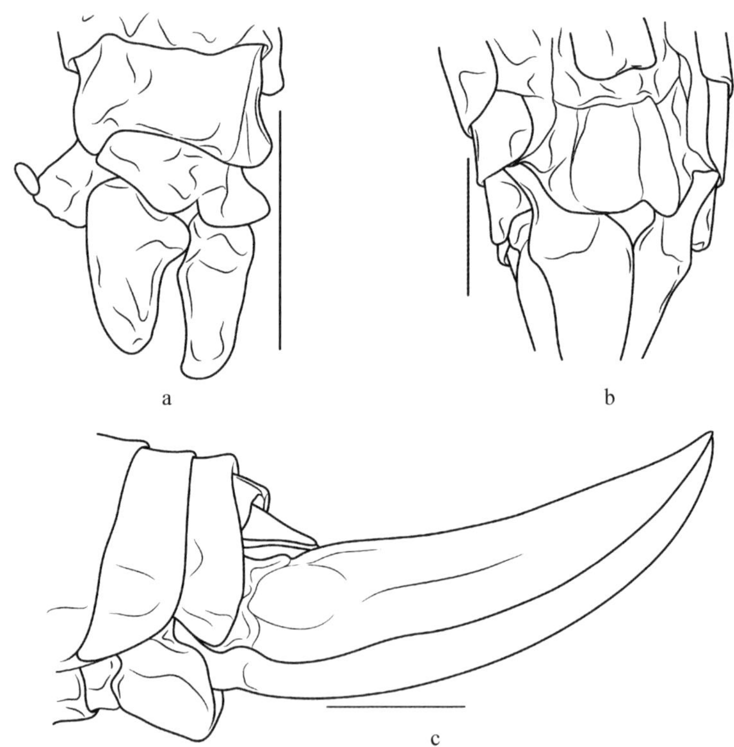

图118　小异刺膝螽 *Allocyrtopsis parva* Wang & Liu, 2012
a. 雄性腹端，背面观；b. 雌性下生殖板，腹面观；c. 雌性腹端，侧面观

Fig. 118　*Allocyrtopsis parva* Wang & Liu, 2012
a. end of male abdomen, dorsal view; b. female subgenital plate, ventral view; c. end of female abdomen, lateral view

测量（mm）：体长♂7.0，♀9.1；前胸背板长♂4.6，♀4.0；前翅长♂1.0，♀0.8；后足股节长♂6.0，♀7.2；产卵瓣长4.1。

检视材料：正模♀副模1♂（若虫），西藏亚东下亚东，2 500 m，2010.VIII.10，毕文烜采。

分布：中国西藏。

186. 扁尾异刺膝螽 *Allocyrtopsis platycerca* Wang & Liu, 2012（图119）

Allocyrtopsis platycerca: Wang *et al.*, 2012, *Zootaxa*, 3521: 56.

描述：体偏小。头顶圆锥形，基部稍宽，端部钝圆，背面具纵沟；复眼卵圆形，较小，向前凸出；下颚须端节明显长于亚端节。前胸背板沟后区略短于沟前区，稍抬高不扩展，后缘凸圆，侧片稍矮，后缘微凸，缺肩凹；前翅到达第3腹节背板前部，明显超过前胸背板端部，后翅退化消失；前足胫节腹面内外刺排列为4, 5 (1, 1)型，后足胫节背面内外缘各具13～15个齿，末端具端距3对。雄性第10腹节背板后缘中部略微突起（图119a）；肛上板竖直长三角形（图119b）；尾须短，整体宽扁，基部内侧具末端向上方弯曲的厚叶，叶基部球形隆起，端部钝圆（图119a～d）；下生殖板近半圆形，表面具1对宽隆脊，腹突位于隆脊末端，后缘近平截稍凸（图119d）。

雌性前翅仅从前胸背板侧面可见，侧置。第10腹节背板中央具深凹口；尾须圆锥形，较短。下生殖板基部较宽，渐细，后缘中央略微凹入，无明显隆起（图119e）；产卵瓣稍长，较宽，略微向上弯曲，边缘光滑。

体褐色。触角具暗色环纹。头部背面与前胸背板具黄色斑纹，沟后区隆起部颜色稍淡。各足具暗褐色刻点，并有斑块，第3跗节、爪端、后足胫节刺端暗色。雌性体色稍淡。

测量（mm）：体长♂9.2，♀10.2～12.0；前胸背板长♂4.9，♀4.6～4.8；前翅长♂1.5，♀1.0；后足股节长♂7.7，♀8.2～9.0；产卵瓣长6.0～6.2。

检视材料：正模♂副模2♀♀，西藏聂拉木樟木，2 300 m，2010.VIII.7～18，毕文烜采。

分布：中国西藏。

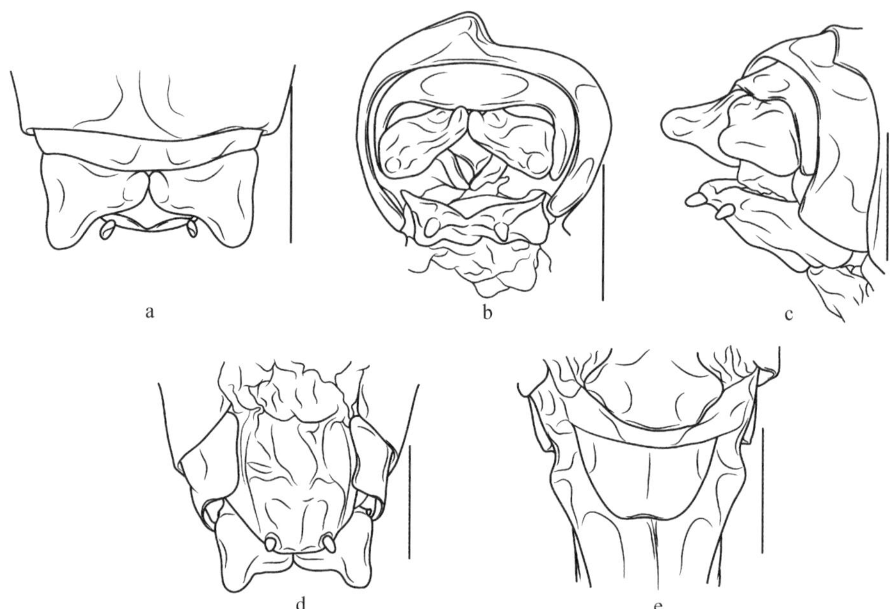

图 119 扁尾异刺膝螽 *Allocyrtopsis platycerca* Wang & Liu, 2012
a. 雄性腹端，背面观；b. 雄性腹端，后面观；c. 雄性腹端，侧面观；d. 雄性腹端，腹面观；e. 雌性下生殖板，腹面观

Fig. 119 *Allocyrtopsis platycerca* Wang & Liu, 2012
a. end of male abdomen, dorsal view; b. end of male abdomen, rear view; c. end of male abdomen, lateral view; d. end of male abdomen, ventral view; e. female subgenital plate, ventral view

187. 西藏异膝刺螽 *Allocyrtopsis tibetana* Wang & Liu, 2012（图 120）

Allocyrtopsis tibetana: Wang *et al*., 2012, *Zootaxa*, 3521: 57.

描述：体较小。头顶圆锥形，稍尖，端部圆，背面具纵沟；复眼较小，半球形，向前凸出；下颚须较短，端节长于亚端节。前胸背板沟后区延长，长于沟前区，背观扩展，侧观稍抬高，后缘稍弧形下弯，侧片较矮，后缘微凸；前翅到达第3腹节背板后部，向背侧鼓起，明显超过前胸背板端部，相互重叠，后翅退化消失；前足胫节腹面内外刺排列为4, 4 (1, 1)型，后足胫节背面内外缘各具12～15个齿，末端具端距3对。雄性第10腹节背板后缘平直，近后缘中部表面具浅凹；肛上板竖直，稍延长，背面中间下凹；尾须粗短，端部钝圆向上弯曲（图120a，b）；下生殖板近似倒三角形，后缘具圆形缺口，腹突较粗短位于缺口两侧（图120c）。

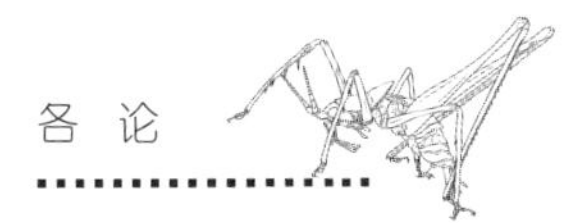

雌性未知。

体黄白色，纯色。通体无明显斑纹。足第3跗节、爪尖、后足胫节稍暗。

测量（mm）：体长♂9.2～9.9；前胸背板长♂5.8～5.9；前翅长♂3.0～3.2；后足股节长♂8.5～9.1。

检视材料：正模♂，西藏勒乡，2 500 m，2011.VII.16，毕文烜采。

分布：中国西藏。

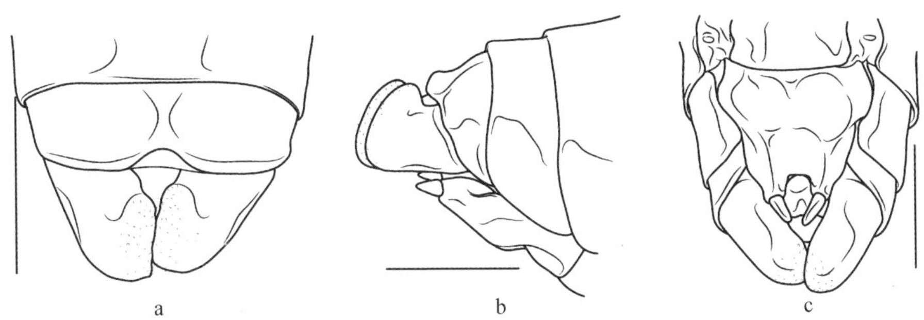

图120　西藏异膝刺螽 *Allocyrtopsis tibetana* Wang & Liu, 2012
a. 雄性腹端，背面观；b. 雄性腹端，侧面观；c. 雄性腹端，腹面观

Fig. 120　*Allocyrtopsis tibetana* Wang & Liu, 2012
a. end of male abdomen, dorsal view; b. end of male abdomen, lateral view; c. end of male abdomen, ventral view

（三十）副饰尾螽属 *Paracosmetura* Liu, 2000

Paracosmetura: Liu, 2000, *Zoological Research*, 21(3): 222.

模式种：*Paracosmetura cryptocerca* Liu, 2000

体较小，相对较结实，短翅类型。雄性前胸背板沟后区不隆起，后部非向下弯；侧片后部略微扩宽；前足胫节听器为开放型，后足股节膝叶无端刺，后足胫节具2对端距（有变异）；前翅隐藏于前胸背板之下，雄性具发音器，雌性侧置。雄性第10腹节背板具成对的突起或叶；肛上板退化；尾须极短，完全隐藏于第10腹节背板之下；外生殖器革质，裸露。雌性产卵瓣较宽短，边缘光滑，腹瓣无端钩。

该属与华穹螽属 *Sinocyrtaspis* 接近，区别在于雄性第10腹节背板突起后缘具大凹口，形成1对侧叶非紧靠；尾须粗短；末端钩状。雌性下生殖板较短。

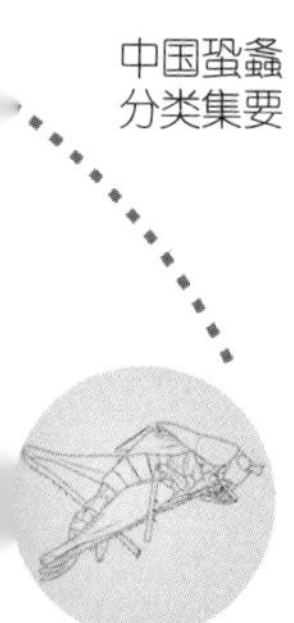

副饰尾螽属分种检索表

1 雄性第10腹节背板后缘中突起岔口狭圆 ………………………………… 2
– 雄性第10腹节背板后缘中突起岔口宽圆 ………………………………… 3
2 雄性前胸背板沟后区不扩展稍抬高；雌性下生殖板近长半圆形 ………
……………… **竹副饰尾螽 *Paracosmetura bambusa* Liu, Zhou & Bi, 2010**
– 雄性前胸背板沟后区椭球形强扩展抬高；雌性未知 ……………………
…… **狭沟副饰尾螽 *Paracosmetura angustisulca* (Chang, Bian & Shi, 2012)**
3 雄性前胸背板沟后区略抬高侧观弧形；雌性下生殖板后缘微平截 ……
……………………… **隐尾副饰尾螽 *Paracosmetura cryptocerca* Liu, 2000**
– 雄性前胸背板沟后区强扩展抬高呈椭球状，前胸背板侧观似龟壳；雌性未知
…… **短尾副饰尾螽 *Paracosmetura brachycerca* (Chang, Bian & Shi, 2012)**

188. 竹副饰尾螽 *Paracosmetura bambusa* Liu, Zhou & Bi, 2010（图121，图版76）

Paracosmetura bambusa: Liu, Zhou & Bi, 2010, *Insects of Fengyangshan National Nature Reserve*, 78.

描述：体较小，结实。头顶圆锥形，较粗壮，端部钝圆，背面具纵沟；复眼半球形，向前凸出；下颚须端节稍长于亚端节。前胸背板沟后区延长，长于沟前区，背观稍抬高，不扩展，后缘钝圆（图121a），侧片较矮，腹缘几乎平直，具1凹口，后缘凸圆，缺肩凹（图121b）；前翅完全隐藏于前胸背板下，后翅退化消失；前足胫节腹面内外缘刺排列为4, 4 (1, 1)型，内外侧听器均为开放型，后足股节膝叶钝圆，后足胫节具2对半或3对端距，背面内外缘各具18～20个齿。雄性第9腹节背板后缘稍凸，侧缘宽圆向后扩展；第10腹节背板延长，侧缘中间凹，缢缩，后缘具狭圆的凹口，形成1对片状侧叶，叶外侧近基部凸圆，端部钝圆（图121c）；尾须很短，几乎完全隐藏于第10腹节背板下，仅背板侧缘缢缩处可见，近圆柱形，基部稍膨大，稍渐细，末端钝圆，亚端部内背方具1刺状突起，端部钝（图121d）；外生殖器延长，粗壮，远超过第10腹节背板及下生殖板，中部稍膨大，末端向背方盘状扩大，盘面凹（图121c，d）；下生殖板长，基缘具三角形深裂口，侧缘近中部稍缢缩，端部稍扩展，后缘具圆形凹口，腹突小，位于两侧（图121e）。

雌性前翅侧置。第10腹节背板略延长；尾须圆锥形较长，端部细；下

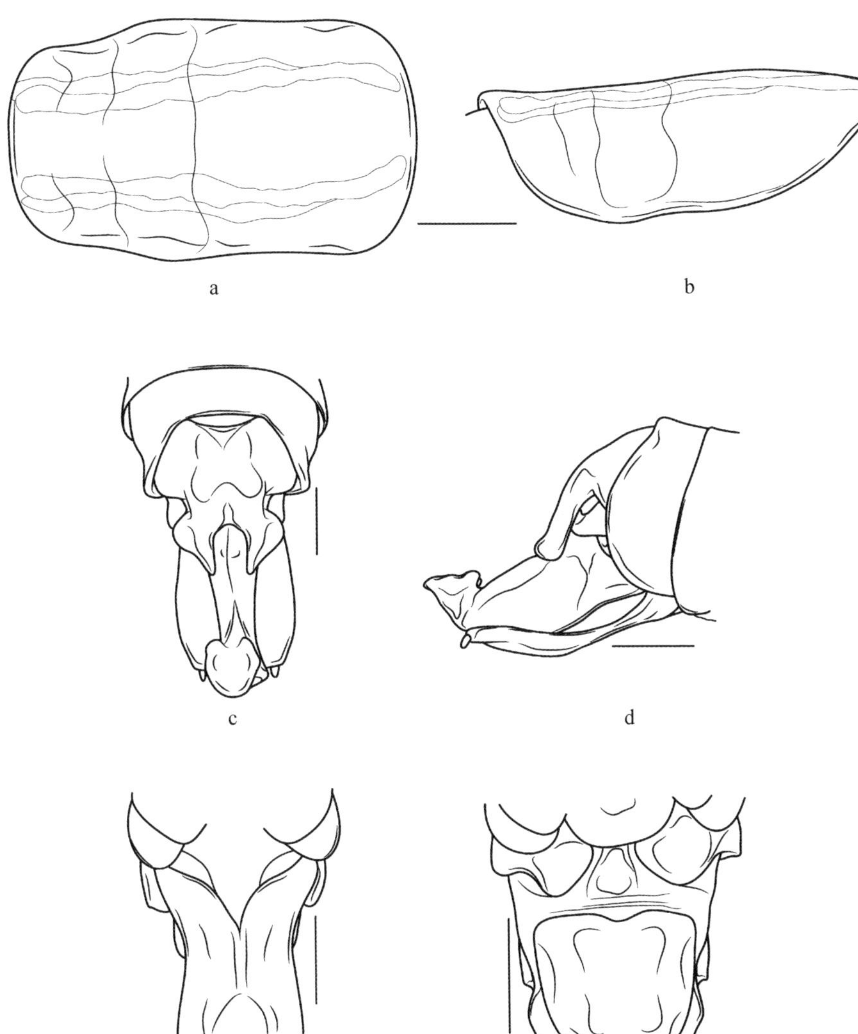

图 121 竹副饰尾螽 *Paracosmetura bambusa* Liu, Zhou & Bi, 2010

a. 雄性前胸背板，背面观；b. 雄性前胸背板，侧面观；c. 雄性腹端，背面观；d. 雄性腹端，侧面观；e. 雄性腹端，腹面观；f. 雌性下生殖板，腹面观

Fig. 121 *Paracosmetura bambusa* Liu, Zhou & Bi, 2010

a. pronotum of male, dorsal view; b. pronotum of male, lateral view; c. end of male abdomen, dorsal view; d. end of male abdomen, lateral view; e. end of male abdomen, ventral view; f. subgenital plate of female, ventral view

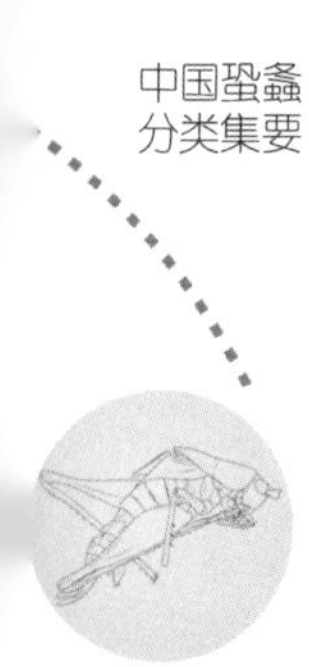

生殖板长大于宽，长半圆形，后缘中央具圆形凹口（图121f）；产卵瓣较短，稍上弯，边缘光滑。

体淡绿色。前胸背板背面具1淡褐色纵带，带边缘具黄色镶边。腹部背面具褐色纵带。

测量（mm）：体长♂9.5，♀9.1～9.5；前胸背板长♂4.5～4.8，♀3.5～4.0；前翅长♂1.4，♀1.0；后足股节长♂8.5～8.6，♀8.8～8.9；产卵瓣长5.2～5.5。

检视材料：正模♂副模2♂♂9♀♀，浙江凤阳山凤阳尖，1 500～1 700 m，2008.VII.31，刘宪伟、毕文烜采。

分布：中国浙江。

189. 隐尾副饰尾螽 *Paracosmetura cryptocerca* Liu, 2000（图122，图版77，78）

Paracosmetura cryptocerca: Liu, 2000, *Zoological Research*, 21(3): 223; Wang, Wen & Huang, 2011, *Journal of Guangxi Normal University*, 29(4): 124; Bian, Shi & Chang, 2013, *Zootaxa*, 3701(2): 178, 189.

描述：体较小，结实。头顶圆锥形，较粗壮，端部钝，背面中央具弱的纵沟；复眼半球形，向前凸出；下颚须较粗，端节长于亚端节。前胸背板沟后区延长，长于沟前区，略抬高，呈弧形，后缘宽圆（图122a），侧片稍高，腹缘具1浅凹口，后缘凸扩宽，缺肩凹（图122b）；各足股节腹面缺刺，膝叶端部钝圆，前足胫节腹面内外刺排列为4, 4 (1, 1)型，前足胫节听器为开放型，后足胫节背面内缘和外缘各具17～19个齿，端部具2对端距；前翅完全隐藏于前胸背板之下，后翅退化消失。雄性第10腹节背板延长，侧缘近中部凹入缢缩，后缘具圆形凹口形成1对牛角形的片状侧叶（图122c）；尾须短粗，完全隐藏于第10腹节背板之下，端部钝圆，亚端部内背侧具1齿状突起（图122d）；下生殖板较长，基缘具浅的三角形缺口，基部稍宽，后缘具宽“V”形的凹口，两侧具1对较短的腹突（图122e）；外生殖器革质，裸露，端部到达第10腹节背板后缘凹口，向上弯并扩展，开裂为两叶（图122c，d）。

雌性前翅完全隐藏于前胸背板之下，侧置。第10腹节背板后缘中央具浅的凹口，形成2个三角形的侧叶；尾须圆锥形，较短，端部稍钝；下生殖板椭圆形，后缘微平截，基部腹面凹（图122f）；产卵瓣短，明显短于

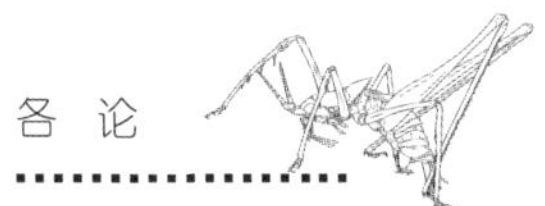

后足股节，微向上弯，边缘光滑。

体淡绿色，头部背面褐色。前胸背板背面具褐色纵带，边缘具暗褐色纵纹。腹部背面具暗褐色纵带。

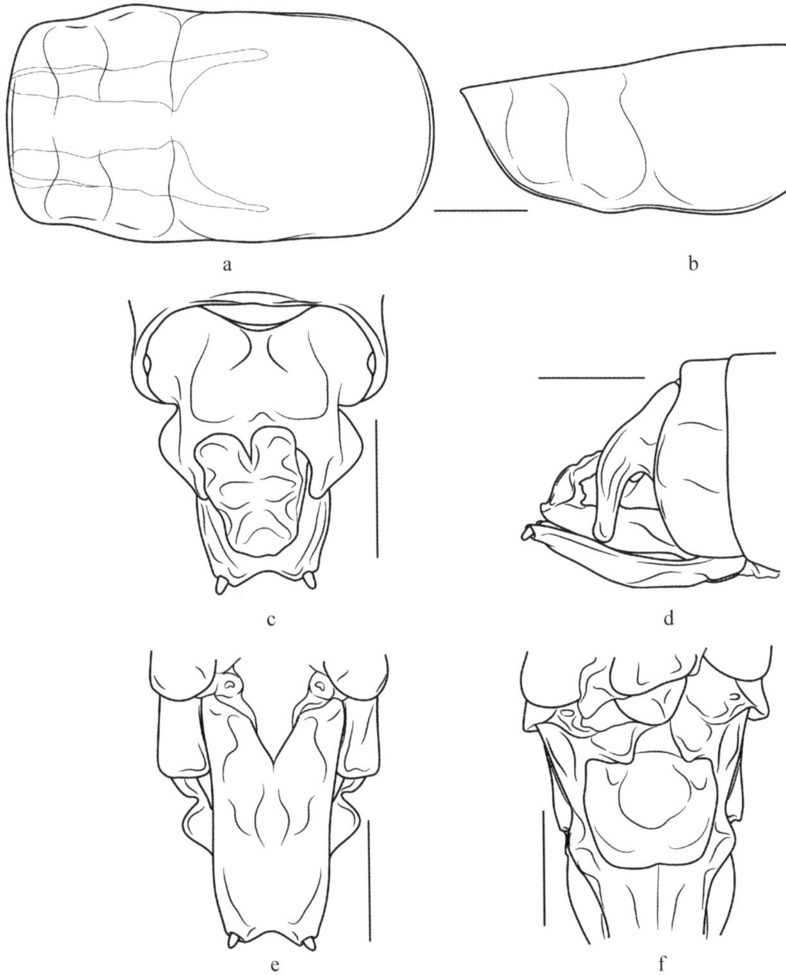

图 122　隐尾副饰尾螽 *Paracosmetura cryptocerca* Liu, 2000

a. 雄性前胸背板，背面观；b. 雄性前胸背板，侧面观；c. 雄性腹端，背面观；d. 雄性腹端，侧面观；e. 雄性腹端，腹面观；f. 雌性下生殖板，腹面观

Fig. 122　*Paracosmetura cryptocerca* Liu, 2000

a. pronotum of male, dorsal view; b. pronotum of male, lateral view; c. end of male abdomen, dorsal view; d. end of male abdomen, lateral view; e. end of male abdomen, ventral view; f. subgenital plate of female, ventral view

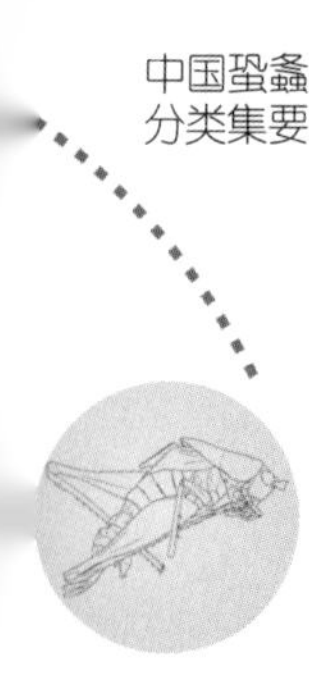

测量（mm）：体长♂8.6 ~ 9.2，♀9.5 ~ 9.8；前胸背板长♂5.0 ~ 5.5，♀4.2 ~ 4.5；前翅长♂1.5，♀1.0；后足股节长♂7.6 ~ 8.1，♀8.0 ~ 8.5；产卵瓣长5.9 ~ 6.1。

检视材料：正模♂配模♀副模1♂7♀♀，广西兴安猫儿山，900 ~ 1 500 m，1992.VII.18 ~ 19，刘宪伟、殷海生采；12♂♂15♀♀，广西兴安猫儿山，1 100 ~ 1 700 m，2013.VII.30 ~ VIII.6，王瀚强采。

分布：中国广西。

190. 狭沟副饰尾螽 *Paracosmetura angustisulca* (Chang, Bian & Shi, 2012) comb. nov.（仿图68）

Sinocyrtaspis angustisulcus: Chang, Bian & Shi, 2012, *Zootaxa*, 3495: 84; Xiao *et al.*, 2016, *Far Eastern Entomologist*, 305: 19.

描述：体较粗壮。头顶圆锥形，端部钝圆，背面具纵沟；下颚须端节稍长于亚端节；复眼半球状向前凸出。前胸背板延长，前缘近平直，后横沟较明显（仿图68a），沟后区相当扩展抬高，后缘钝圆，侧片后部凸圆，无肩凹（仿图68b）；前翅完全隐藏于前胸背板之下，后翅退化；前足基节具刺，胫节刺排列为4, 4 (1, 1)型，听器开放型，后足胫节具3对端距。雄性第9腹节背板两侧略微向后延伸（仿图68d）；第10腹节背板后缘不凹，中部具突起，较粗壮，突起基部宽，端2/3岔开，岔口近狭圆形，侧缘中部叶状扩展，末端钝圆（仿图68c）；尾须很短，背观大部分被第10腹节背板中突起遮盖，基部粗壮，端部钝圆，亚端部具向上弯的钝钩（仿图68c，d）；下生殖板延长，基部宽，后缘三角形凹入，具短的腹突（仿图68e）；生殖器革质，超过第10腹节背板突起端部，端部略扩展，似盘状，背缘具深的缺口（仿图68d）。

雌性未知。

体浅黄色（活时应为绿色）。头顶及头部背面具1褐色纵条纹；前胸背板具1对深褐色纵条纹，在沟后区扩宽，其间淡褐色，腹部背面具1条褐色纵带，到达第10腹节背板后缘；胫节刺、距和爪端部褐色。

测量（mm）：体长♂11.0；前胸背板长♂6.5；前翅无法测量；后足股节长♂8.7。

检视材料：1♂（正模），湖南八大公山，2001.VIII.14，石福明采。

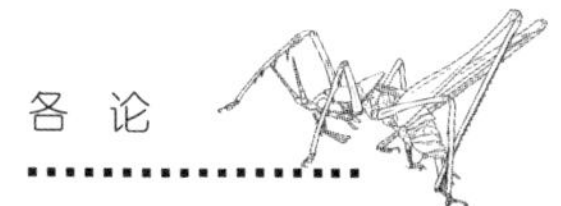

模式产地及保存：中国湖南桑植八大公山；河北大学博物馆（MHU），中国河北保定。

分布：中国湖南。

讨论：该种与竹饰尾螽*Paracosmetura bambusa*生殖节构造无明显区别，主要区别在于雄性前胸背板沟后区的膨大程度，根据其生殖节的特征包括在副饰尾螽属*Paracosmetura*较为合适。

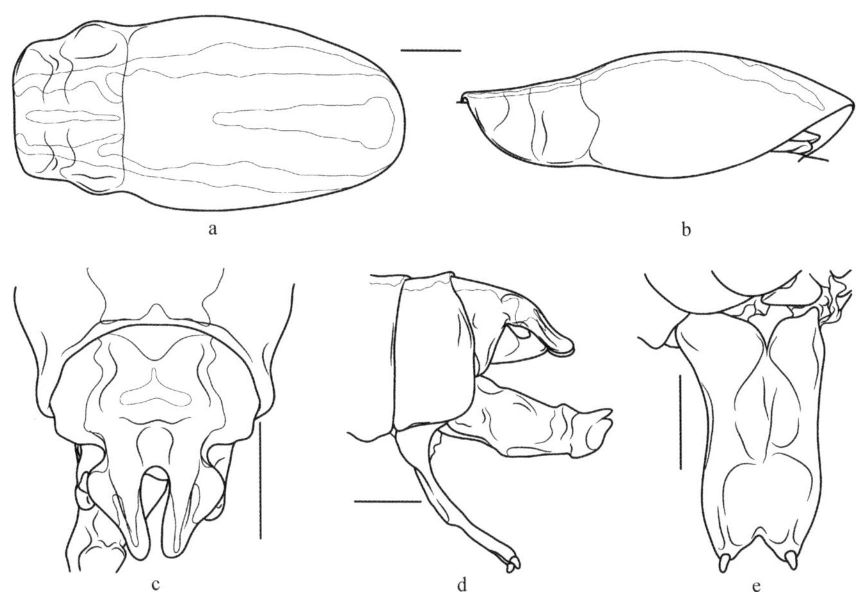

仿图68　狭沟副饰尾螽*Paracosmetura angustisulca* (Chang, Bian & Shi, 2012)
（仿Chang, Bian & Shi, 2012）
a. 雄性前胸背板，背面观；b. 雄性前胸背板，侧面观；c. 雄性腹端，背面观；d. 雄性腹端，侧面观；e. 雄性下生殖板，腹面观

AF. 68　*Paracosmetura angustisulca* (Chang, Bian & Shi, 2012)
(after Chang, Bian & Shi, 2012)
a. pronotum of male, dorsal view; b. pronotum of male, lateral view; c. end of male abdomen, dorsal view; d. end of male abdomen, lateral view; e. subgenital plate of male, ventral view

191. 短尾副饰尾螽*Paracosmetura brachycerca* (Chang, Bian & Shi, 2012) comb. nov.（仿图69）

Sinocyrtaspis brachycercus: Chang, Bian & Shi, 2012, *Zootaxa*, 3495: 84.

描述：体较粗壮。头顶圆锥形，端部钝圆，背面具细长纵沟；下颚须

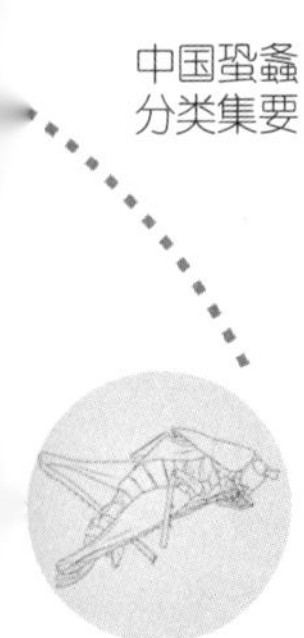

端节稍长于亚端节；复眼卵圆形向前凸出。前胸背板延长，前缘近平直，后横沟明显（仿图69a），沟后区扩展抬高，后缘钝圆，侧片后部扩展，无肩凹（仿图69b）；前翅完全隐藏于前胸背板之下，后翅退化；前足基节具刺，胫节刺排列为4, 4～5 (1, 1)型，听器开放型，后足股节膝叶钝圆，后足胫节背缘具18～22个齿，具3对端距。雄性第9腹节背板两侧宽圆略微向后延伸；第10腹节背板后缘中突起较宽大，基部宽，端2/3岔开，岔口近方圆形，岔开2支内弯，扁叶状，端部钝圆（仿图69c）；尾须很短，背观几乎被第10腹节背板中突起遮盖，近圆锥形，基部粗壮，端部钝圆，亚端部具1个短的齿（仿图69d）；下生殖板延长，基部略宽，前缘具三角形缺口，中部略窄，端部稍扩宽，后缘具三角形缺口，腹突较短位于两侧

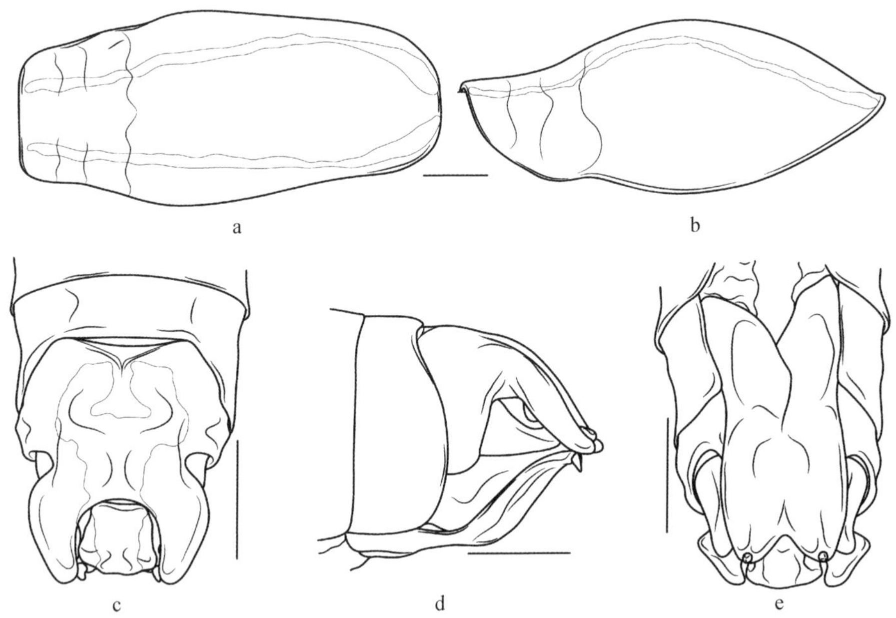

仿图69　短尾副饰尾螽 *Paracosmetura brachycerca* (Chang, Bian & Shi, 2012)
（仿Chang, Bian & Shi, 2012）

a. 雄性前胸背板，背面观；b. 雄性前胸背板，侧面观；c. 雄性腹端，背面观；d. 雄性腹端，侧面观；e. 雄性腹端，腹面观

AF. 69　*Paracosmetura brachycerca* (Chang, Bian & Shi, 2012)
(after Chang, Bian & Shi, 2012)

a. pronotum of male, dorsal view; b. pronotum of male, lateral view; c. end of male abdomen, dorsal view; d. end of male abdomen, lateral view; e. end of male abdomen, ventral view

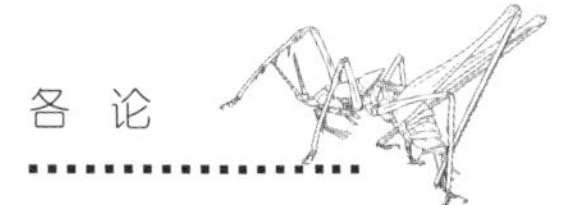

（仿图69e）；生殖器革质，未超过第10腹节背板突起端部，端部略扩展，似盘状（仿图69c）。

雌性未知。

体浅黄绿色（活时应为绿色）。复眼黄褐色，前胸背板具1对深褐色纵条纹，腹部背面具1条褐色纵带，到达第10腹节背板后缘；胫节刺、距和爪端部褐色。

测量（mm）：体长♂10.3；前胸背板长♂6.7；前翅无法测量；后足股节长♂8.3。

检视材料：1♂（正模），浙江临安天目山，2010.VIII.1，郭立英采。

模式产地及保存：中国浙江临安天目山；河北大学博物馆（MHU），中国河北保定。

分布：中国浙江。

讨论：与前种情况相同，该种和模式种生殖节无明显区别，明显区别仅在于雄性前胸背板沟后区较膨大，包括在该属较为合理。

（三十一）啮螽属 *Cecidophagula* Uvarov, 1940

Cecidophagula: Uvarov, 1939, *Annals and Magazine of Natural History*, 11(3): 459; Beier, 1966, *Orthopterorum Catalogus*, 9: 279; Otte, 1997, *Orthoptera Species File 7*, 95; Liu, 2000, *Zoological Research*, 21(3): 222.

Cecidophaga: Karny, 1921, *Treubia*, 1: 292; Karny, 1924, *Treubia*, 5: 135.

模式种：*Cecidophaga leeuwenii* Karny, 1921

体较小，相对较结实，短翅类型。雄性前胸背板沟后区不隆起，后部非向下弯；侧片后部明显趋狭；前足胫节听器为开放型；后足股节膝叶通常无端刺，后足胫节具2对端距；前翅末端超过前胸背板后缘，雄性具发音器，雌性侧置。雄性第10腹节背板具成对的突起，外生殖器半膜质，不裸露。雌性产卵瓣较宽短，边缘光滑。

192. 指突啮螽 *Cecidophagula digitata* Liu, 2000（图123，图版79～82）

Cecidophagula digitata: Liu, 2000, *Zoological Research*, 21(3): 222; Wang, Wen & Huang, 2011, *Journal of Guangxi Normal University*, 29(4): 124.

描述：体小，较粗壮。头顶钝圆锥形，基部较宽，背面中央具弱的

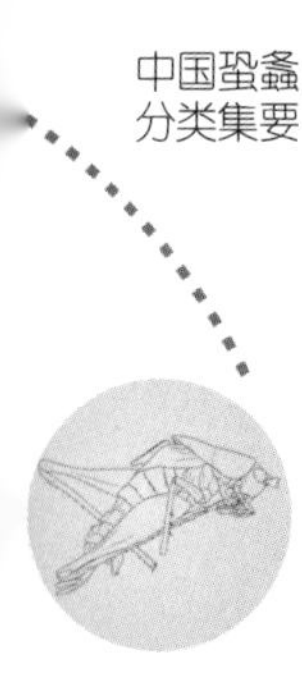

纵沟；复眼小，半球形，向前凸出；下颚须短粗，端节稍长于亚端节。前胸背板沟后区等长于沟前区，沟后区不扩宽非抬高，后缘宽圆，侧片较矮，后部近斜截趋狭，缺肩凹（图123a，b）；各足股节腹面缺刺，膝叶端部钝圆，前足胫节腹面内外缘刺排列为3, 3 (1, 1)型，前足胫节听器为开放型，后足胫节背面内缘和外缘各具12～17个齿，端部具2对端距；前翅后缘截形，超过前胸背板后缘，后翅退化消失（图123a）。雄性第10腹节背板后缘中间平直，近侧角具1对向后突出指状长突起（图123e）；尾须简单较长，基部稍球形膨大，稍内弯，内侧微扁平，缺突起（图123e～g）；肛上板三角形不发达；下生殖板长大于宽，略微上弯，通常斜向上方遮盖尾须之间的空隙，基部较宽，基缘具三角形裂口，向端部渐细，端部侧角具1对向腹面膨大密被细毛的圆瘤，腹突较短小，位于圆瘤腹面端部（图123g）；外生殖器宽三角形，无明显革质特化，不裸露。

雌性前翅几乎完全隐藏于前胸背板之下，侧置（图123c，d）。第10腹节背板后缘中央具凹口，形成2个三角形的侧叶；尾须圆锥形，稍长内弯；下生殖板基部较宽，革质化较弱，干制后近基部形成横向缢痕将下生殖板分为两部分，缢痕后向端部逐渐趋狭，后缘内凹，两侧形成尖锐的后侧角（图123h）；产卵瓣明显短于后足股节，微向上弯，边缘光滑（图123i）。

体淡绿色，几乎单色。触角鞭节淡褐色，复眼黄色；前胸背板背片两侧颜色偏黄，中央绿色稍深；腹部背面可见1对较明显的黄色纵带，纵带中央绿色稍深；跗节、爪、后足胫节稍黄褐色。雌性前胸背板至腹部1对黄色纵带较明显，产卵瓣端部暗褐色。

测量（mm）：体长♂10.5～11.8，♀10.8～11.0；前胸背板长♂3.8～4.2，♀3.6～3.9；前翅长♂2.3～2.5，♀1.6～1.8；后足股节长♂6.2～6.6，♀7.0～7.5；产卵瓣长5.6～5.9。

检视材料：正模♂配模♀副模5♂♂2♀♀，广西兴安猫儿山，1 500 m，1992.VII.20～21，刘宪伟、殷海生采；10♂♂11♀♀，广西兴安猫儿山，1 700～2 100 m，2013.VII.30～VIII.6，朱卫兵等采。

分布：中国广西。

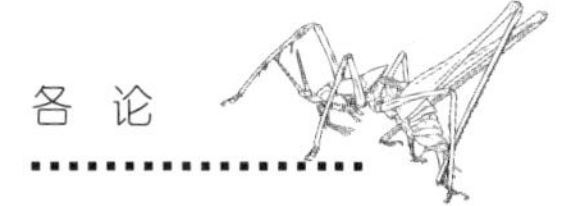

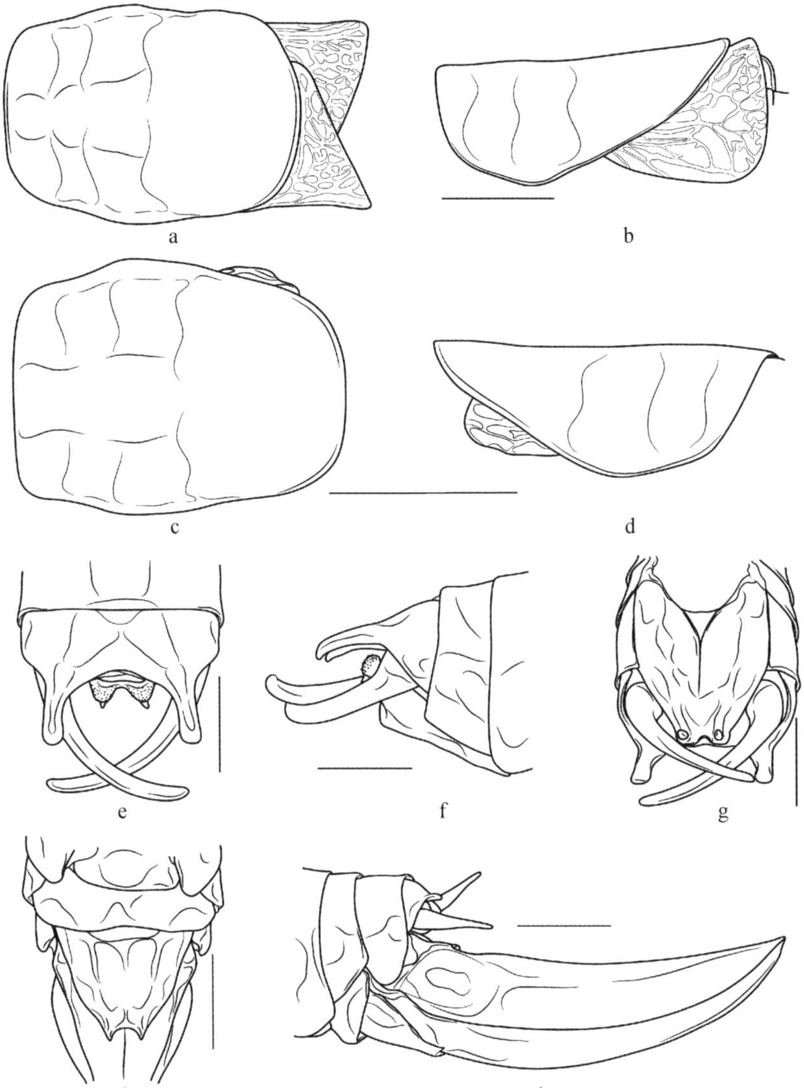

a b c d e f g h i

图 123 指突啮螽 *Cecidophagula digitata* Liu, 2000

a. 雄性前胸背板，背面观；b. 雄性前胸背板，侧面观；c. 雌性前胸背板，背面观；d. 雌性前胸背板，侧面观；e. 雄性腹端，背面观；f. 雄性腹端，侧面观；g. 雄性腹端，腹面观；h. 雌性下生殖板，腹面观；i. 雌性腹端，侧面观

Fig. 123 *Cecidophagula digitata* Liu, 2000

a. male pronotum, dorsal view; b. male pronotum, lateral view; c. female pronotum, dorsal view; d. female pronotum, lateral view; e. end of male abdomen, dorsal view; f. end of male abdomen, lateral view; g. end of male abdomen, ventral view; h. subgenital plate of female, ventral view; i. end of female abdomen, lateral view

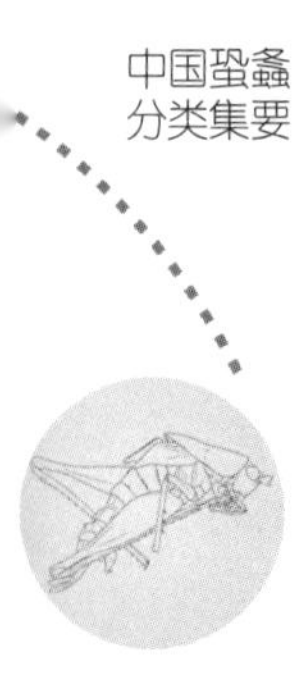

（三十二）刺膝螽属 *Cyrtopsis* Bey-Bienko, 1962

Cyrtopsis: Bey-Bienko,1962, *Trudy Zoologitscheskogo Instituta Akademii Nauk SSSR, Leningrad*, 30: 132; Beier, 1966, *Orthopterorum Catalogus*, 9: 281; Liu & Jin, 1994, *Contributions from Shanghai Institute of Entomology*, 11: 109; Jin & Xia, 1994, *Journal of Orthoptera Research*, 3: 26; Gorochov, 1998, *Zoosystematica Rossica*, 7(1): 120; Liu & Zhang, 2007, *Entomotaxonomia*, 29 (2): 85; Wang et al., 2015, *Zootaxa*, 4057(3): 354.

模式种：*Cyrtopsis scutigera* Bey-Bienko,1962

体中等，较结实，短翅类型。雄性前胸背板沟后区隆起，后部下弯；侧片后部稍宽圆趋狭；前足胫节听器为开放型，后足股节膝叶具端刺，后足胫节具2对端距；前翅隐藏于前胸背板之下，雄性具发音器，雌性非侧置。雄性第10腹节背板具不成对的突起，外生殖器具革质端部，少许裸露。雌性下生殖板较小，圆形鼓起；产卵瓣较宽短，边缘光滑。

刺膝螽属分种检索表

1 雄性第10腹节背板中突起不具叶状突，尾须较长具内叶；雌性未知 ……………………………… **蚰蜒刺膝螽 *Cyrtopsis scutigera* Bey-Bienko, 1962**

\- 雄性第10腹节背板中突起具叶状突，尾须中等或短；雌性下生殖板鼓起或未知 …………………………………………………………………… 2

2 雄性第10腹节背板中突起具长指状的背突起，尾须条状端部稍扩宽；雌性未知 ………………… **粗壮刺膝螽 *Cyrtopsis robusta* Liu & Zhang, 2007**

\- 雄性第10腹节背板中突起不具长的背突起或未知，雌性下生殖板向腹面鼓起 …………………………………………………………………… 3

3 头部背面具“T”形纹 ……………………………………………… **T纹刺膝螽 *Cyrtopsis t-sigillata* Liu, Zhou & Bi, 2010**

\- 头部背面不具规则的纹 …………………………………………… 4

4 雄性第10腹节背板中突起端部背面长半圆形扩展，尾须末端分叉；雌性下生殖板稍长，后缘中部平截 …………………………………… **叉尾刺膝螽 *Cyrtopsis furcicerca* Wang, Qin, Liu & Li, 2015**

\- 雄性第10腹节背板中突起端部背面弧形，无明显扩展，尾须端部尖；雌性下生殖板短宽，后缘中间略凹 ………………………………… **双带刺膝螽 *Cyrtopsis bivittata* (Mu, He & Wang, 2000)**

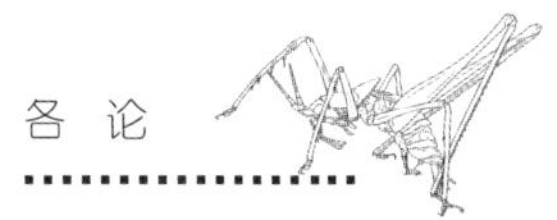

193. 双带刺膝螽 *Cyrtopsis bivittata* (Mu, He & Wang, 2000)（图124，图版83～86）

Cosmetura bivittata: Mu, He & Wang, 2000, *Acta Zootaxonomica Sinica*, 25(3): 315.

Cyrtopsis bivittata: Wang et al., 2015, *Zootaxa*, 4057(3): 360.

描述：体大，粗壮。头顶圆锥形，基部稍窄，端部钝圆，背面中央具弱的纵沟；复眼小，半球形，向前凸出；下颚须细长，端节长于亚端节。前胸背板沟后区延长，长于沟前区，非扩宽抬高，后部下弯，后缘宽圆，侧片较高，后缘稍凸圆，缺肩凹（图124a）；各足股节腹面缺刺，膝叶端部具刺，前中足有时不明显，前足胫节腹面内外缘刺排列为4, 4 (1, 1)型，前足胫节听器为开放型，后足胫节背面内缘和外缘各具27～28个齿，端部具2对端距；前翅短，被前胸背板完全覆盖，侧观亦不可见，后翅退化消失。雄性第9腹节背板侧面宽，第10腹节背板稍延长，后部中央表面延伸出1个侧扁的突起，突起端1/3弯向腹方，由侧扁变扁平，中央开裂平行，形成1对狭长扁叶，末端分离，突起弯折部分向后圆形隆起，侧缘半圆扩展（图124b）；尾须短小，强弯向内侧，基部较粗壮，端部尖（图124b，c）；外生殖器革质特化，基部稍窄，端部扩宽，侧缘背腹扩展，形成较尖的背叶和宽圆的腹叶，背腹叶在后缘两侧相连（图124c）；下生殖板宽大，长大于宽，稍上弯，后缘钝三角形凹入，腹突较短位于两侧（图124d）。

雌性体稍小。第8腹节背板腹缘端部向后钩状（图124e）；第10腹节背板后部中央表面凹；尾须短锥形，稍内弯；下生殖板横宽，后缘中央具三角形小缺口，向腹面球形鼓起（图124e）；产卵瓣短剑状，端半部明显向上弯曲，边缘光滑（图124f）。

体绿色。复眼灰色，头部背面中央稍褐色，触角暗褐色具淡色稀疏环带。前胸背板中央具1褐色宽纵带，纵带边缘内侧具黑褐色边，有断续，在近前缘和后缘处消失，纵带在沟后区扩展，黑褐色边在沟后区变粗，纵带边缘外侧具淡黄色纵纹镶边；前中足膝部和各足胫节端部、跗节和爪褐色，后足膝部黑褐色。腹部背面中央具1褐色纵带，边缘深褐色，各腹节背板后缘深褐色，后三节后缘褐色较宽。

测量（mm）：体长♂15.8，♀13.2～13.5；前胸背板长♂7.1，♀6.0～

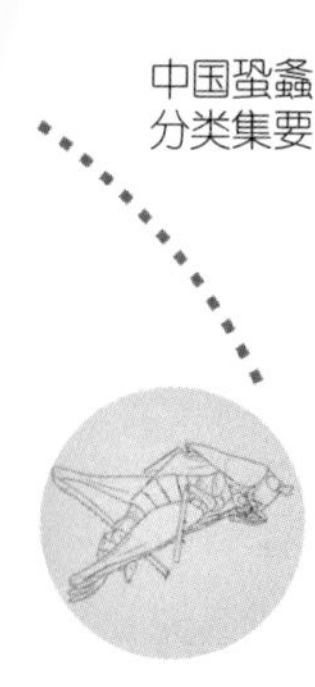

6.2；前翅长♂2.0，♀1.7 ～ 1.8；后足股节长♂13.6，♀13.6 ～ 14.0；产卵瓣长 7.3 ～ 7.9。

检视材料：1♂4♀♀，浙江开化古田山，2013.VI.18 ～ 20，刘宪伟、张海光采；1♀，浙江开化古田山，2012.VII.15 ～ 17，刘宪伟等采；1♀，浙江开化古田山，2013.IV.23 ～ 25，刘宪伟等采。

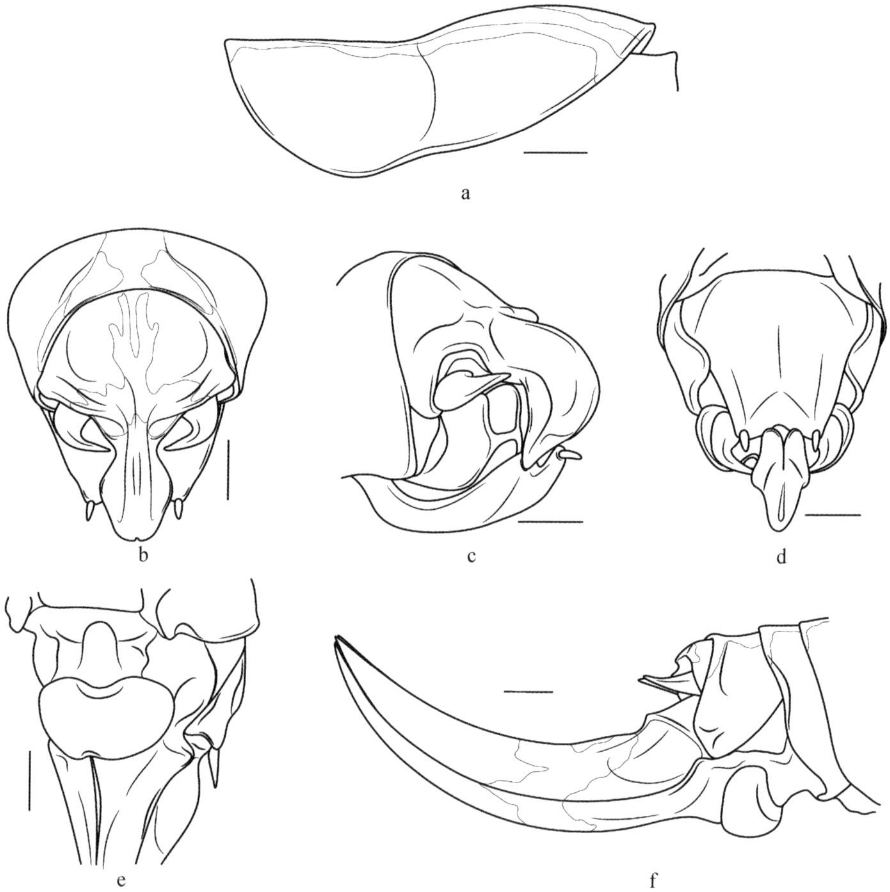

图 124　双带刺膝螽 *Cyrtopsis bivittata* (Mu, He & Wang, 2000)

a. 雄性前胸背板，侧面观；b. 雄性腹端，背面观；c. 雄性腹端，侧面观；d. 雄性腹端，腹面观；e. 雌性下生殖板，腹面观；f. 产卵瓣，侧面观

Fig. 124　*Cyrtopsis bivittata* (Mu, He & Wang, 2000)

a. male pronotum, lateral view; b. end of male abdomen, dorsal view; c. end of male abdomen, lateral view; d. end of male abdomen, ventral view; e. subgenital plate of female, ventral view; f. ovipositor, lateral view

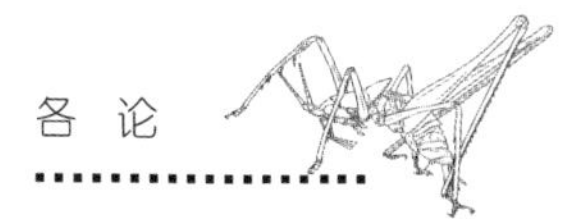

模式产地及保存：中国浙江开化古田山；山东大学生物系（SDU），中国山东济南。

分布：中国浙江。

194. 粗壮刺膝螽 *Cyrtopsis robusta* Liu & Zhang, 2007（图125）

Cyrtopsis (*Cyrtopsis*) *robusta*: Liu & Zhang, 2007, *Entomotaxonomia*, 29(2): 87, 91.

Cyrtopsis robusta: Song, Du & Shi, 2015, *Zootaxa*, 3986(2): 241; Wang et al., 2015, *Zootaxa*, 4057(3): 355.

描述：体大，粗壮。头顶圆锥形，较短小，端部钝圆，背面中央具弱的纵沟；复眼小，半球形，向前凸出；下颚须稍长，端节长于亚端节。前胸背板沟后区延长，长于沟前区，稍扩宽，明显抬高，后部下弯，后缘宽圆，侧片较高，后缘近截形微凸，缺肩凹（图125a，b）；各足股节腹面缺刺，膝叶端部具刺，前中足有时不明显，前足胫节腹面内外缘刺排列为4, 4 (1, 1)型，前足胫节听器为开放型，后足胫节背面内缘和外缘各具26～28个齿，端部具2对端距；前翅短，被前胸背板完全覆盖，侧观亦不可见，后翅退化消失。雄性第9腹节背板侧面稍宽，第10腹节背板略延长，后部中央表面延伸出1个侧扁的突起，突起近端部开裂，分为下弯的1对扁叶和1对并行的长指状突起，在末端分离，长指状突起末端左长于右（图125c～e）；尾须较长，条状，弯向内侧，端部稍扩展，末端尖（图125c～f）；外生殖器革质特化，端部分为背腹2部分（图125d，e）；下生殖板稍短，近梯形，稍上弯，后缘具三角形凹口，腹突较短位于凹口两侧（图125f）。

雌性未知。

体黄褐色（活时应为绿色）。复眼黑色，头部背面中央稍褐色。前胸背板背片具1对黑色纵纹，前缘附近消失，沟后区处中断，在沟后区扇状岔开增粗，到达沟后区后缘，沟前区条纹间褐色，沟后区条纹间黄褐色；后足膝部黑褐色。各腹节背板部背面中央具1对黑色短纹，其间褐色，短纹在后3节背板后缘处扩展。

测量（mm）：体长♂14.5～15.0；前胸背板长♂7.2～7.3；前翅长♂1.9～2.0；后足股节长♂14.0～14.6。

检视材料：正模♂，广西龙胜内粗江，1979.VII.26，采集人不详；副模1♂，广西龙胜内粗江，1963.VI.7，常绿林采。

分布：中国广西。

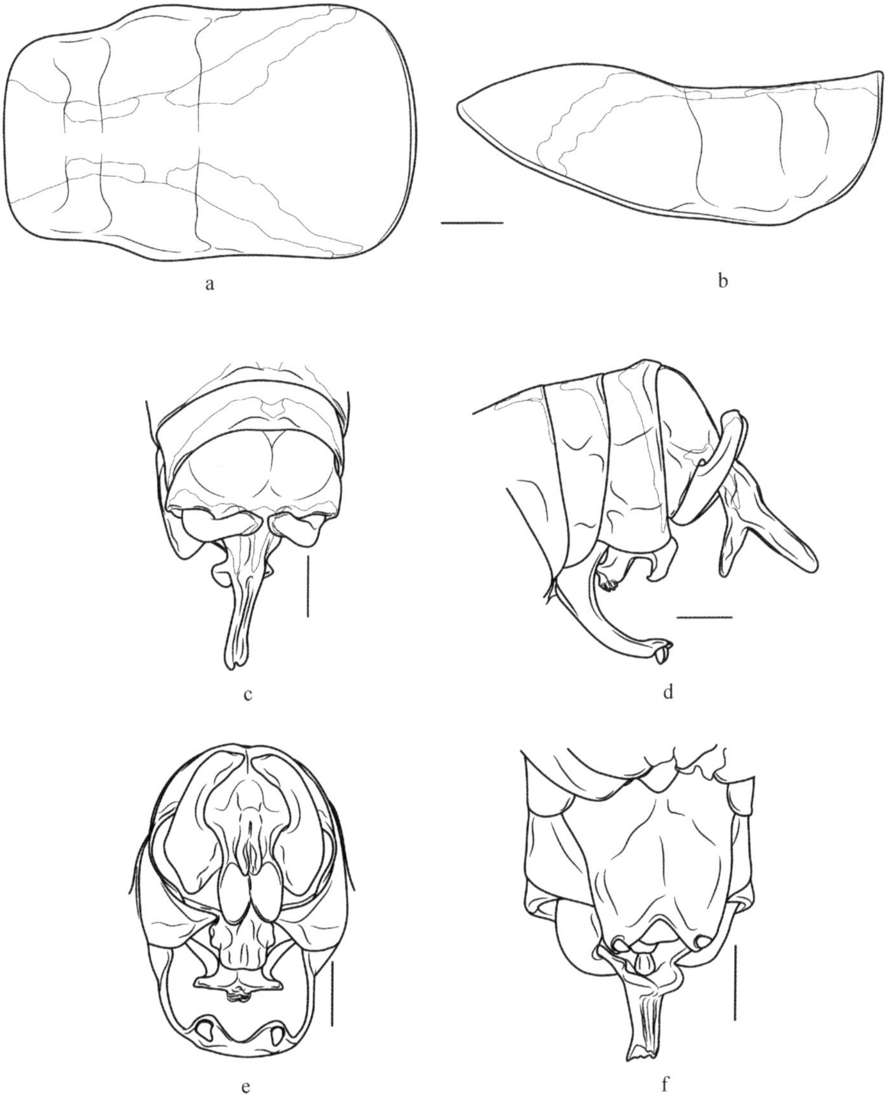

a b

c d

e f

图 125　粗壮刺膝螽 *Cyrtopsis robusta* Liu & Zhang, 2007

a. 雄性前胸背板，背面观；b. 雄性前胸背板，侧面观；c. 雄性腹端，背面观；d. 雄性腹端，侧面观；e. 雄性腹端，后面观；f. 雄性腹端，腹面观

Fig. 125　*Cyrtopsis robusta* Liu & Zhang, 2007

a. pronotum of male, dorsal view; b. pronotum of male, lateral view; c. end of male abdomen, dorsal view; d. end of male abdomen, lateral view; e. end of male abdomen, rear view; f. end of male abdomen, ventral view

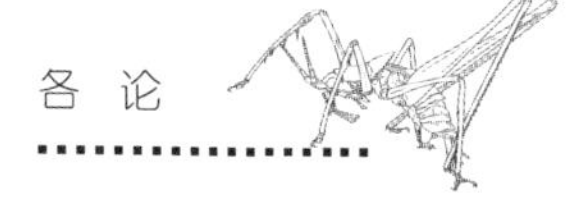

195. 蚰蜓刺膝螽 *Cyrtopsis scutigera* Bey-Bienko, 1962（图 126）

Cyrtopsis scutigera: Bey-Bienko,1962, *Trudy Zoologicheskogo Instituta Akademii Nauk SSSR, Leningrad*, 30: 132; Liu & Jin, 1994, *Contributions from Shanghai Institute of Entomology*, 11: 109; Jin & Xia, 1994, *Journal of Orthoptera Research*, 3: 26; Gorochov, 1998, *Zoosystematica Rossica*, 7(1): 120; Song, Du & Shi, 2015, *Zootaxa*, 3986(2): 241; Wang et al., 2015, *Zootaxa*, 4057(3): 355.

Cyrtopsis (*Cyrtopsis*) *scutigera*: Liu & Zhang, 2007, *Entomotaxonomia*, 29(2): 86.

描述：体偏大，粗壮。头顶圆锥形，端部钝；复眼较小；下颚须端节长于亚端节。前胸背板沟后区等长沟前区，沟后区抬高，后部下弯，侧片

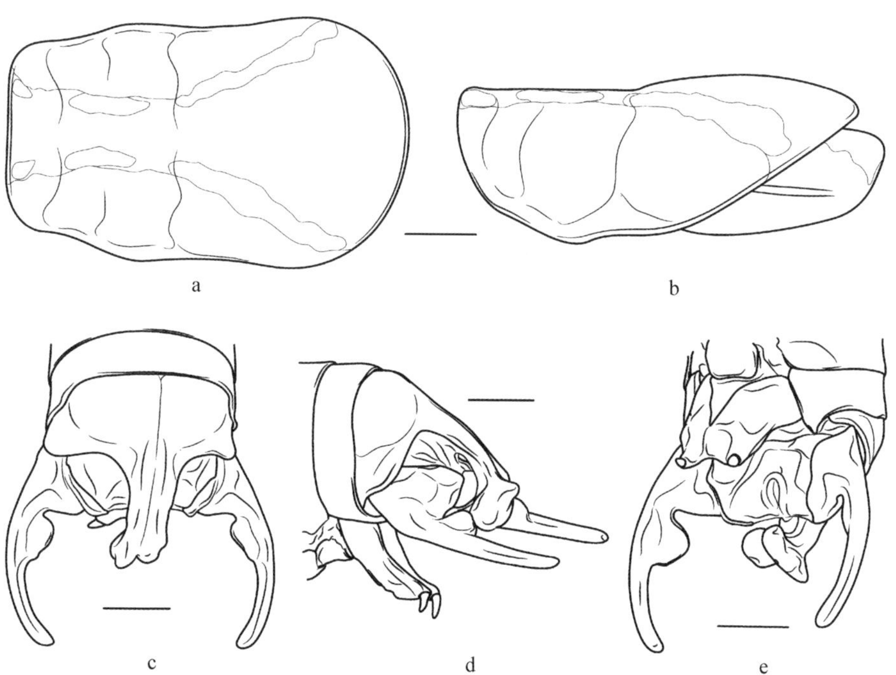

图 126 蚰蜓刺膝螽 *Cyrtopsis scutigera* Bey-Bienko, 1962

a. 雄性前胸背板，背面观；b. 雄性前胸背板，侧面观；c. 雄性腹端，背面观；d. 雄性腹端，侧面观；e. 雄性腹端，腹面观

Fig. 126 *Cyrtopsis scutigera* Bey-Bienko, 1962

a. pronotum of male, dorsal view; b. pronotum of male, lateral view; c. end of male abdomen, dorsal view; d. end of male abdomen, lateral view; e. end of male abdomen, ventral view

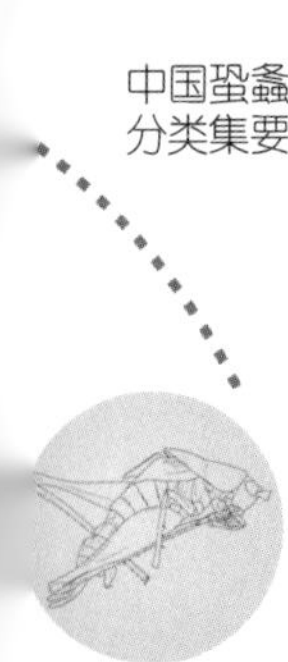

稍高，后缘近斜截形（图126a，b）；前翅超过前胸背板后缘，延伸到第5腹节背板；前足胫节腹面内外缘刺排列为4, 4 (1, 1)型，中足胫节具3个内刺和5个外刺，后足胫节背面内外缘各具18个齿。雄性第10腹节背板稍后缘中部具稍侧扁的突起，末端开裂稍球形膨大，左边右两部分不对称，左边具1个指向背方的锥形小突起（图126c ～ e）；尾须较长，基部稍膨大，近中部内缘圆叶状扩展，端部渐细，末端钝（图126c ～ e）；下生殖板长大于宽，基部稍宽，向端部渐窄，后缘稍凹，腹突圆锥形位于两侧（图126e）；外生殖器的阳具背叶具略革质化的侧部和端部。

雌性未知。

体黄色杂褐色。前胸背板背面具紫褐色纵带，至沟后区扩宽，边缘内侧镶黑褐色边。

测量（mm）：体长♂12.5；前胸背板长♂5.9；前翅长♂3.0；后足股节长♂12.7。

检视材料：正模♂，云南屏边，2 000 m，1956.IV.23，黄克仁等采。

模式产地及保存：中国云南屏边；中国科学院动物研究所（IZCAS），中国北京。

分布：中国云南。

196. T纹刺膝螽 *Cyrtopsis t-sigillata* Liu, Zhou & Bi, 2010（图127，图版87 ～ 90）

Cyrtopsis t-sigillata: Liu, Zhou & Bi, 2010, *Insects of Fengyangshan National Nature Reserve*, 78; Song, Du & Shi, 2015, *Zootaxa*, 3986(2): 238; Wang et al., 2015, *Zootaxa*, 4057(3): 357.

描述：体偏大，较结实。头顶圆锥形，较短，端部钝，背面具沟；复眼相对较小，长半球形，向前凸出；下颚须端节略长于亚端节。前胸背板沟后区约等长于沟前区，球状隆起，侧片较高，后缘稍凹，无肩凹；前翅缩短，部分隐藏于前胸背板之下，后翅退化消失（图127a，b）；各足股节无刺，前足胫节刺为4, 4 (1, 1)型，各股节膝叶端刺退化，后足胫节背面内外缘各具25 ～ 29个刺，端部具端距2对。雄性第9腹节背板后侧角扩展，第10腹节背板短，后缘中央具较大的突起，突起垂直向后扩展，侧观如鸡冠状，其中部开裂，下缘两侧扩展形成两叶状；尾须短且内弯，基部粗壮，向端部渐狭，末端近平截，形成背腹两个钝角（图127c ～ f）；外

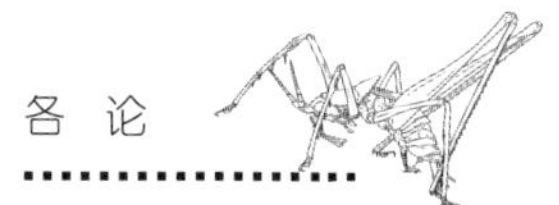

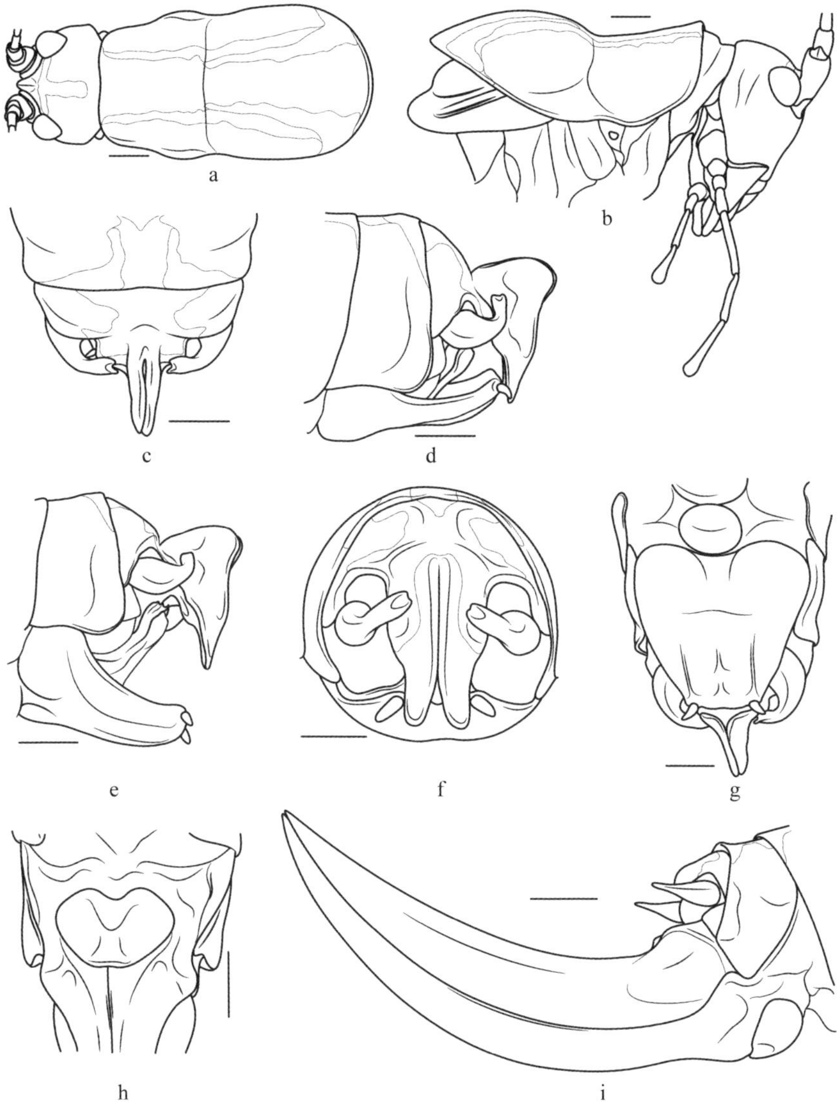

图127　T纹刺膝螽 *Cyrtopsis t-sigillata* Liu, Zhou & Bi, 2010

a. 雄性头与前胸背板，背面观；b. 雄性头与前胸背板，侧面观；c. 雄性腹端，背面观；d. 雄性腹端，侧面观；e. 雄性腹端，腹侧面观；f. 雄性腹端，后面观；g. 雄性腹端，腹面观；h. 雌性下生殖板，腹面观；i. 产卵瓣，侧面观

Fig. 127　*Cyrtopsis t-sigillata* Liu, Zhou & Bi, 2010

a. head and pronotum of male, dorsal view; b. head and pronotum of male, lateral view; c. end of male abdomen, dorsal view; d. end of male abdomen, lateral view; e. end of male abdomen, ventrally lateral view; f. end of male abdomen, rear view; g. end of male abdomen, ventral view; h. subgenital plate of female, ventral view; i. ovipositor, lateral view

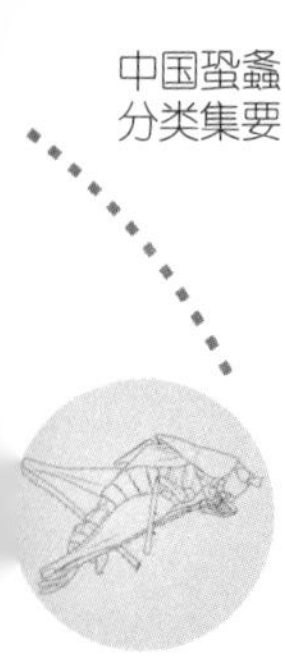

生殖器革质特化，基部宽向端部渐窄，端部1/3腹缘扩展而背缘齿状（图127d，e）；下生殖板宽，近梯形，稍背弯，后缘中部略凹，腹突短小下弯位于侧角（图127g）。

雌性前翅隐藏于前胸背板下，侧置。前中足股节具小端刺或退化，后足股节膝叶端刺明显。第8腹节背板腹缘端部不明显钩状；第9腹节背板两侧明显向后延伸；第10腹节后缘钝角形，背面中央具短的纵沟；肛上板圆三角形；尾须短锥形，基部粗壮，端1/3骤细较尖；下生殖板小，横宽，近半圆形，向腹面鼓起，后缘微截形（图127h）；产卵瓣较宽短，明显上弯，边缘光滑（图127i）。

体淡黄褐色（活时为绿色）。头部背面具1块“T”形的黑色斑纹（图127a）。前胸背板背面中部具褐色纵带，在沟后区扩宽，带在沟后区边缘内侧具黑色侧条纹，带外侧各具1条淡黄色边，后足股节膝部黑褐色。腹部背面中央具褐色带，第8～10腹节背板后缘带两侧黑褐色，雄性第10腹节背板突起基部黑褐色，鸡冠部分褐色；尾须末端淡褐色。产卵瓣大部分褐色。

测量（mm）：体长♂14.9，♀12.5；前胸背板长♂7.1，♀5.0；前翅长♂3.5，♀1.8；后足股节长♂13.5，♀12.5；产卵瓣长7.0。

材料：正模♀，浙江龙泉凤阳山，1 500～1 900 m，2008.VII.31～VIII.2，刘宪伟、毕文烜采；1♂，浙江龙泉凤阳山，1 440 m，2015.VI.30，王瀚强采。

分布：中国浙江。

197. 叉尾刺膝螽 *Cyrtopsis furcicerca* Wang, Qin, Liu & Li, 2015（图128，图版91，92）

Cyrtopsis furcicerca: Wang et al., 2015, *Zootaxa*, 4057(3): 365.

描述：体大，粗壮。头顶圆锥形，基部稍窄，端部钝圆，背面中央具纵沟；复眼小，卵圆形，向前凸出；下颚须细长，端节长于亚端节。前胸背板沟后区延长，长于沟前区，非扩宽缓抬高，后部稍下弯，后缘钝圆，侧片稍高，后缘略弧形凸出，缺肩凹（图128a）；各足股节腹面缺刺，后足膝叶端部具刺（图128g），前中足钝圆，前足胫节腹面内外缘刺排列为4, 4 (1, 1)型，前足胫节听器为开放型，后足胫节背面内缘和外缘各具30～31个齿，端部具2对端距；前翅短，被前胸背板覆盖，侧观可

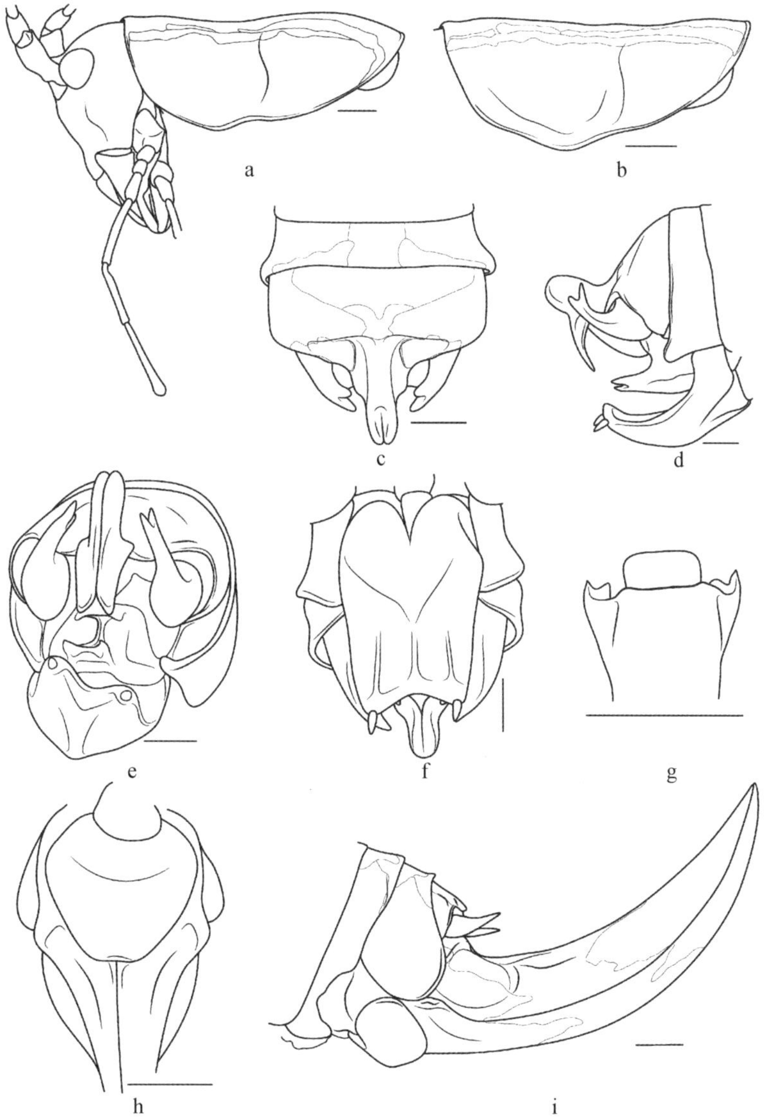

图 128　叉尾刺膝螽 *Cyrtopsis furcicerca* Wang, Qin, Liu & Li, 2015

a. 雄性头与前胸背板，侧面观；b. 雌性前胸背板，侧面观；c. 雄性腹端，背面观；d. 雄性腹端，侧面观；e. 雄性腹端，后面观；f. 雄性腹端，腹面观；g. 雄性后足膝叶，背面观；h. 雌性下生殖板，腹面观；i. 产卵瓣，侧面观

Fig. 128　*Cyrtopsis furcicerca* Wang, Qin, Liu & Li, 2015

a. head and pronotum of male, lateral view; b. pronotum of female, lateral view; c. end of male abdomen, dorsal view; d. end of male abdomen, lateral view; e. end of male abdomen, rear view; f. end of male abdomen, ventral view; g. genicular lobes of male hind tibia, dorsal view; h. subgenital plate of female, ventral view; i. ovipositor, lateral view

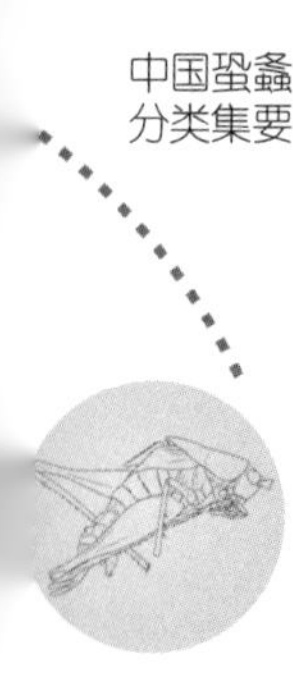

见端部，后翅退化消失。雄性第9腹节背板侧部稍扩宽形成侧角，第10腹节背板横宽，后部中央表面具1侧扁的突起，突起端部开裂，分为背腹2部分，腹侧形成1对并行扁叶，背侧形成1对并行侧扁的长圆形突起（图128c）；尾须短，稍内弯基部稍粗壮，向端部渐细，端1/3分叉，末端钝（图128d）；外生殖器革质特化，端部分为背腹两部分，背部扁平叶状具凸出的侧角，腹部末端侧角尖刺状，侧缘向腹面扩展（图128d，e）；下生殖板长大于宽，弧形上弯，基缘革质部分形成三角形缺口，后缘形成钝三角形凹口，腹突较短位于凹口两侧（图128f）。

雌性第8腹节背板两侧后缘具凹口，形成钩状；第10腹节背板后缘中部圆凸；尾须短锥形，稍内弯；下生殖板较其他种类长，基部稍宽，后缘近平截，整体向腹面球形鼓起（图128h）；产卵瓣短，明显向上弯曲，边缘光滑（图128i）。

体绿色。复眼红灰色，头部背面中央稍黑色，头顶背面黄褐色，触角暗褐色具黑色环带。前胸背板中央具1褐色宽纵带，纵带边缘内侧具黑褐色边，在近前缘和后横沟处消失，纵带在沟后区扩展，黑褐色边在沟后区变粗，纵带边缘外侧具淡色纵纹镶边，前胸背板侧片边缘褐色；前中足膝部、各足胫节端部、跗节和爪褐色，后足膝部黑褐色。腹部背面中央具1褐色纵带，边缘黑褐色，各腹节背板后缘深褐色，后3节后缘黑褐色纹宽。雄性第10腹节背板突起、尾须端部褐色；雌性产卵瓣具褐色斑。

测量（mm）：体长♂12.0，♀10.0；前胸背板长♂7.1，♀6.5；前翅长♂2.2，♀1.8；后足股节长♂14.9，♀15.0；产卵瓣长7.5。

检视材料：正模♂副模1♀，浙江临安清凉峰，800～950 m，2014. VI.13，毕文烜采。

分布：中国浙江。

（三十三）杉螽属 *Thaumaspis* Bolívar, 1900

Thaumaspis: Bolívar, 1900, *Annales de la Société Entomologique de France*, 68: 768; Kirby, 1906, *A Synonymic Catalogue of Orthoptera* (*Orthoptera Saltatoria, Locustidae vel Acridiidae*), 2: 373; Caudell, 1912, *Genera Insectorum*, 138: 2; Karny, 1924, *Treubia*, 5(1–3): 135; Bey-Bienko, 1962, *Trudy Zoologicheskogo Instituta Akademii Nauk SSSR, Leningrad*, 30: 135; Beier, 1966, *Orthopterorum Catalogus*, 9: 280; Gorochov, 1993,

Zoosystematica Rossica, 2(1): 82; Liu & Jin, 1994, *Contributions from Shanghai Institute of Entomology*, 11: 109; Jin & Xia, 1994, *Journal of Orthoptera Research*, 3: 26; Gorochov, 1998, *Zoosystematica Rossica*, 7(1): 114; Liu, 2007, *The Fauna Orthopteroidea of Henan*, 484; Wang, Liu & Li, 2014, *ZooKeys*, 443: 18.

模式种：*Thaumaspis trigonurus* Bolívar, 1900

体较小，相对较纤弱，短翅类型。颜面倾斜，后口式。雄性前胸背板沟后区不隆起，后部非向下弯；侧片矮，后部或多或少趋狭；前足胫节听器为开放型；后足股节膝叶无端刺，后足胫节具2对端距；前翅超过前胸背板后缘，雄性具发音器，雌性非侧置。雄性第10腹节背板具不成对的突起或缺失，肛上板退化，尾须具突起或叶，外生殖器完全膜质，不裸露。雌性下生殖板近三角形；产卵瓣较狭长，边缘光滑，腹瓣具端钩。

杉螽亚属 *Thaumaspis* (*Thaumaspis*) Bolívar, 1900

Thaumaspis (*Thaumaspis*): Gorochov, 1993, *Zoosystematica Rossica*, 2(1): 82; Otte, 1997, *Orthoptera Species File 7*, 97; Wang, Liu & Li, 2014, *ZooKeys*, 443: 15.

前胸背板较短，前翅很短端部截形。雄性第10腹节背板具单突起，雌性下生殖板近三角形。

198. 山地杉螽 *Thaumaspis* (*Thaunaspis*) *montanus* Bey-Bienko, 1957（图129）

Thaumaspis montanus: Bey-Bienko, 1957, *Entomologicheskoe Obozrenie*, 50(4): 411–412; Bey-Bienko, 1962, *Trudy Zoologicheskogo Instituta Akademii Nauk SSSR, Leningrad*, 30: 135; Beier, 1966, *Orthopterorum Catalogus*, 9: 280; Liu & Jin, 1994, *Contributions from Shanghai Institute of Entomology*, 11: 109; Jin & Xia, 1994, *Journal of Orthoptera Research*, 3: 26; Wang, Liu & Li, 2014, *ZooKeys*, 443: 18.

Thaumaspis montana: Gorochov, 1993, *Zoosystematica Rossica*, 2 (1): 114; Gorochov, 1998, *Zoosystematica Rossica*, 7: (1): 114.

描述：头部略呈后口式，头顶圆锥形，下颚须端节稍长于亚端节。前胸背板侧片矮，腹缘不明显弯曲（图129b）；前翅短，约等长于前胸背板，

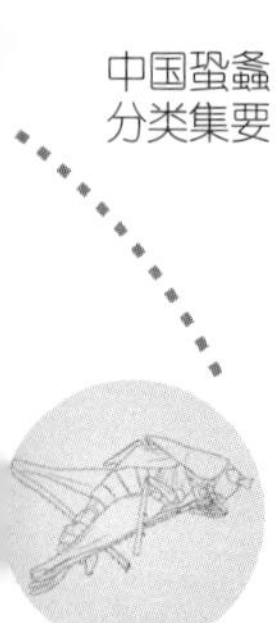

端部十分斜截；前足胫节腹面内外缘刺排列为3, 2 (1, 1)型，中足胫节腹面具3个外刺和1个内刺，所有刺均较短。雌性下生殖板短，近三角形（图129c）；产卵瓣稍向上弯曲，腹瓣具端钩（图129d）。

雄性未知。

体淡黄色（活时应为绿色），单色。

测量（mm）：体长♀9.5；前胸背板长♀3.7；前翅长♀3.2；后足股节长♀8.5；产卵瓣长7.5。

检视材料：正模♀，云南腾冲高黎贡山，2 300 m，1955.V.10，薛子峰采。

模式产地及保存：中国云南高黎贡山；中国科学院动物研究所（IZCAS），中国北京。

分布：中国云南。

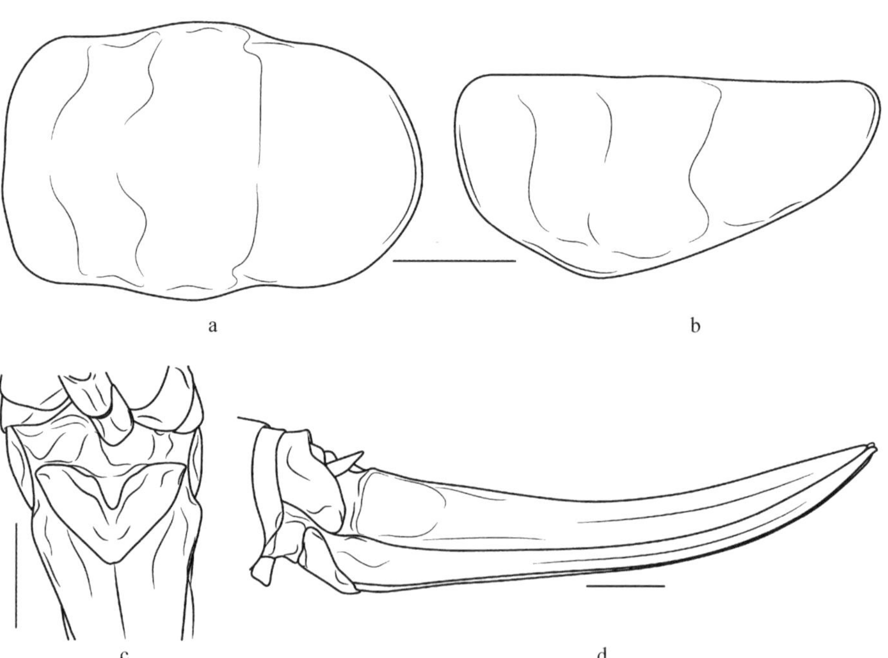

图129　山地杉螽 *Thaumaspis* (*Thaunaspis*) *montanus* Bey-Bienko, 1957
a. 雌性前胸背板，背面观；b. 雌性前胸背板，侧面观；c. 雌性下生殖板，腹面观；d. 雌性腹端，侧面观

Fig. 129　*Thaumaspis* (*Thaunaspis*) *montanus* Bey-Bienko, 1957
a. pronotum of female, dorsal view; b. pronotum of female, lateral view; c. subgenital plate of female, ventral view; d. end of female abdomen, lateral view

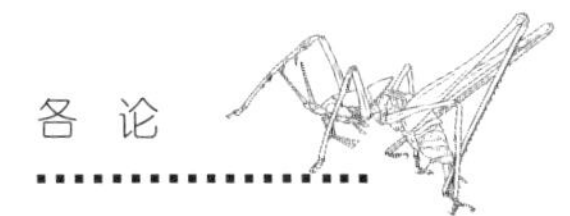

（三十四）华杉螽属 *Sinothaumaspis* Wang, Liu & Li, 2015

Sinothaumaspis: Wang, Liu & Li, 2015, *Zootaxa*, 3941(4): 510.

模式种：*Sinothaumaspis damingshanicus* Wang, Liu & Li, 2015

体中型，短翅类型。头下口式，头顶凸出，端部钝圆，背面具纵沟；颜面略倾斜；下颚须端节约等长于亚端节。前胸背板延长，侧片较矮，后缘具弱的凹口；胸听器完全外露；前翅短于前胸背板，雄性具发音器；各足股节无刺，前足胫节听器两侧开放，后足胫节具2对端距。雄性第10腹节背板具单突起，外生殖器完全膜质；雌性产卵瓣背缘具弱齿。

本属与杉螽属十分接近，主要区别在于下口式颜面非倾斜，雄性第10腹节背板突起较简单。

199. 大明山华杉螽 *Sinothaumaspis damingshanicus* Wang, Liu & Li, 2015（图130，图版93，94）

Sinothaumaspis damingshanicus: Wang, Liu & Li, 2015, *Zootaxa*, 3941(4): 511.

描述：体中等。颜面稍倾斜，头顶圆锥形，端部钝圆，背面具纵沟；复眼近球形，向外凸出；下颚须端节等长于亚端节。前胸背板侧片较矮，肩凹消失（图130b），胸听器完全暴露；前翅缩短，活时透明不易观察，后缘尖圆（图130a，b），后翅退化消失；前足胫节腹面内外缘刺排列为4, 4 (1, 1)型，后足胫节背面内外缘各具28～30个齿，端部具2对端距。雄性第10腹节背板后缘具1个圆锥形突起（图130c）；尾须较壮实，近圆柱形，基部内面具2个突起，靠腹面突起端部尖，尾须端部具1团毛簇（图130c～e）；下生殖板端半部骤窄，后缘截形，腹突较长（图130e）；外生殖器完全膜质。

雌性尾须细短，圆锥形；下生殖板倒梯形（图130f）；产卵瓣短，从基部上弯，背缘中1/3具细齿，腹瓣不具端钩（图130g）。

体淡绿色，稍透明，杂鲜绿色和亮黄色。复眼亮黄色。前胸背板具成对平行的亮黄色侧纹，延伸至前翅背面。各腹节背板具1对黄色斑。后足胫节、触角淡褐色。

测量（mm）：体长♂9.0～10.0，♀10.0～11.0；前胸背板长♂3.9～4.2，♀4.0～4.6；前翅长♂2.5～2.8，♀2.5～2.7；后足股节长♂9.5～10.5，♀10.0～11.0；产卵瓣长6.5～7.0。

检视材料：正模♂副模11♂♂22♀♀，广西武鸣大明山，1 250 m，2013.VII.19～25，朱卫兵等采。

分布：中国广西。

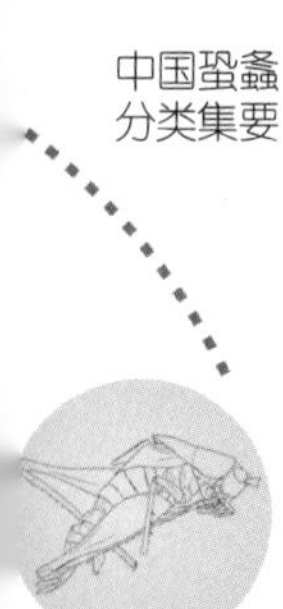

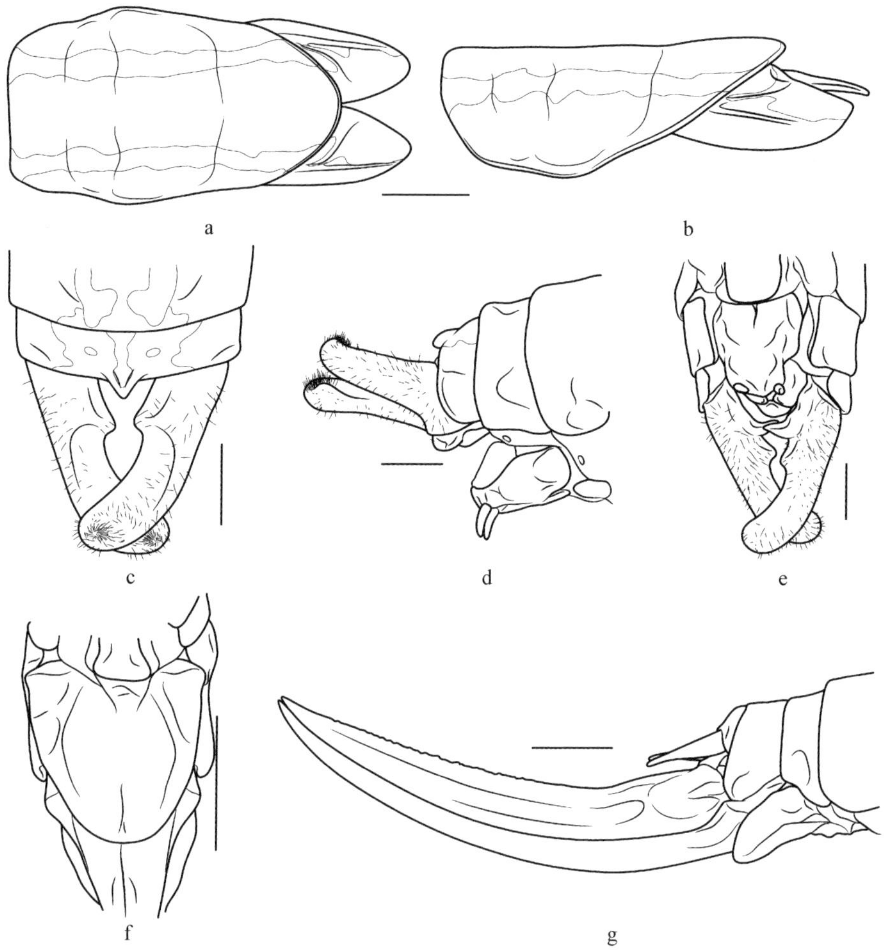

图130　大明山华杉螽*Sinothaumaspis damingshanicus* Wang, Liu & Li, 2015
a. 雄性前胸背板，背面观；b. 雄性前胸背板，侧面观；c. 雄性腹端，背面观；d. 雄性腹端，侧面观；e. 雄性腹端，腹面观；f. 雌性下生殖板，腹面观；g. 雌性腹端，侧面观

Fig. 130　*Sinothaumaspis damingshanicus* Wang, Liu & Li, 2015
a. male pronotum, dorsal view; b. male pronotum, lateral view; c. end of male abdomen, dorsal view; d. end of male abdomen, lateral view; e. end of male abdomen, ventral view; f. subgenital plate of female, ventral view; g. end of female abdomen, lateral view

（三十五）亚杉螽属 *Athaumaspis* Wang & Liu, 2014

Athaumaspis: Wang, Liu & Li, 2014, *ZooKeys*, 443: 22.

模式种：*Athaumaspis minutus* Wang & Liu, 2014

体小型。头下口式，侧观较矮，头顶短背纵沟浅；下颚须端节稍长于

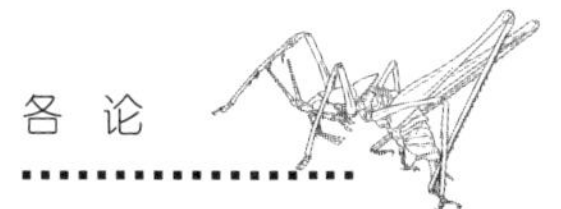

亚端节。前胸背板侧片较矮，肩凹消失；胸听器完全暴露；前翅短于前胸背板，雄性具发音器，后翅退化消失；前足胫节内外侧听器开放型，后足胫节端部具2对端距。雄性第10腹节背板后缘具分叉的突起；尾须长或分叉；下生殖板具短的腹突；外生殖器完全膜质。雌性下生殖板横宽，后缘圆；产卵瓣短且上弯，腹瓣具小端钩。

亚杉螽属分种检索表

1　雄性第10腹节背板突起较大，尾须细长 ……………………………………… **西藏亚杉螽 *Athaumaspis tibetanus* Wang & Liu, 2014**

–　雄性第10腹节背板突起较小，尾须短小 …………………………………… **双枝亚杉螽 *Athaumaspis bifurcatus* (Liu, Zhou & Bi, 2010)**

200. 西藏亚杉螽 *Athaumaspis tibetanus* Wang & Liu, 2014（图131）

Athaumaspis tibetanus: Wang, Liu & Li, 2014, *ZooKeys*, 443: 24.

描述：体小，稍粗壮。头部侧观高，头顶短，背面纵沟浅，颜面稍倾斜；复眼近卵圆形适度凸出；下颚须端节长于亚端节。前胸背板侧观近三角形，沟后区弱抬高，侧片稍高，腹缘较尖，后缘斜截，无肩凹（图131a）；前翅长度与前胸背板2/3相当，后缘斜截（图131a），后翅退化消失；前足胫节腹面内外缘刺排列为4, 4 (1, 1)型，后足胫节背面内外缘各具19～20个齿，端部具2对端距。雄性第10腹节背板具延长的中突起，端部明显分叉（图131b）；肛上板退化；尾须长，基部内背缘具1个小叶，端1/3内弯，末端适度膨大（图131b～d）；下生殖板长大于宽，端2/5向端部渐细，后缘稍凸，腹突短（图131d）。

雌性未知。

体淡黄色（活时应为绿色），单色。

测量（mm）：体长♂7.0～8.0；前胸背板长♂3.3～3.5；前翅长♂2.0；后足股节长♂6.5～7.0。

检视材料：正模♂副模1♂，西藏聂拉木樟木，2 300 m，2010. VII.17～18，毕文烜采。

分布：中国西藏。

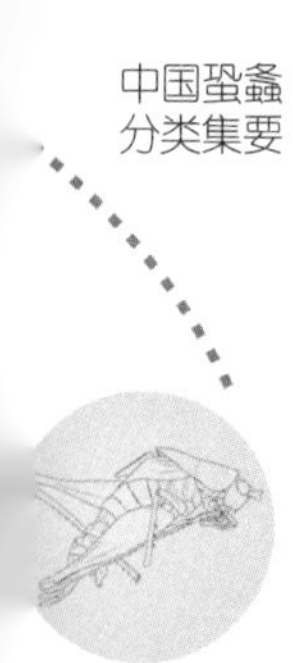

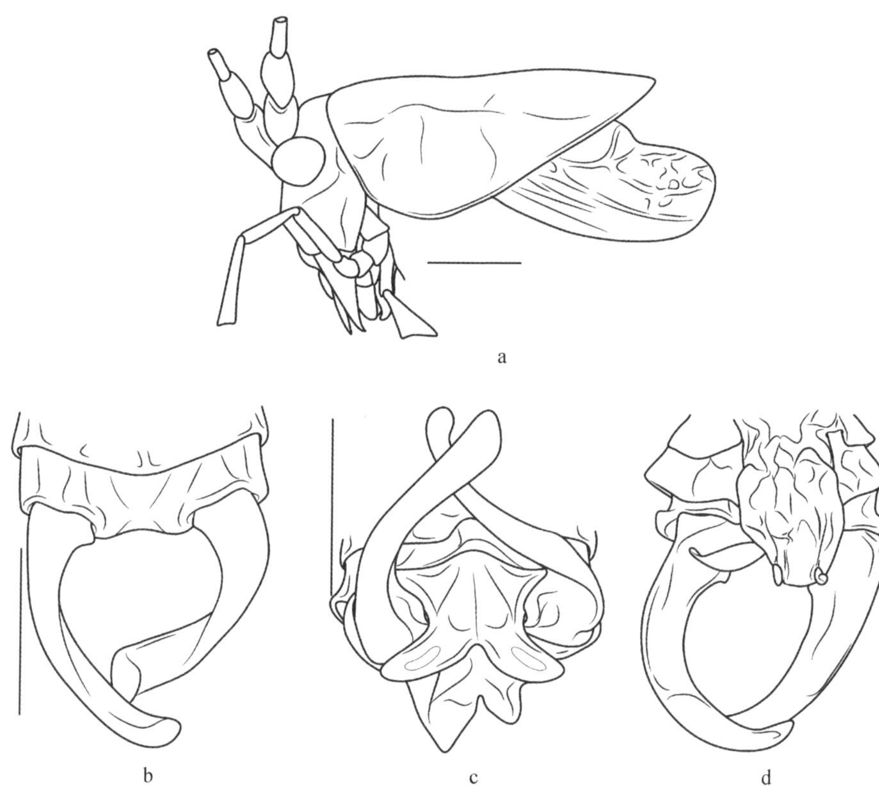

图131 西藏亚杉螽 *Athaumaspis tibetanus* Wang & Liu, 2014
a. 雄性头与前胸背板，侧面观；b. 雄性腹端，背面观；c. 雄性腹端，后面观；d. 雄性下生殖板，腹面观

Fig. 131 *Athaumaspis tibetanus* Wang & Liu, 2014
a. male head and pronotum, lateral view; b. end of male abdomen, dorsal view; c. end of male abdomen, rear view; d. subgenital plate of male, ventral view

201. 双枝亚杉螽 *Athaumaspis bifurcatus* (Liu, Zhou & Bi, 2010)（图132）

Thaumaspis bifurcata: Liu, Zhou & Bi, 2010, *Insects of Fengyangshan National Nature Reserve*, 81.

Athaumaspis bifurcatus: Wang, Liu & Li, 2014, *ZooKeys*, 443: 25.

描述：体较小，稍粗壮。头顶钝圆锥形，短粗，背面具沟；复眼卵圆形，向前凸出（图132a）；下颚须端节略微长于亚端节（图132b）。前胸背板沟后区轻微隆起，短于沟前区，侧片较矮，后缘斜截形，无肩凹（图132a，b）；前翅超过前胸背板后缘，端部圆截形，后翅退化消失（图

132a，b）；前足胫节腹面内外刺排列为4, 4 (1, 1)型，听器开放型，后足胫节具2对端距，背面内外缘各具17 ～ 20个齿。雄性第10腹节背板后部中央具1对紧靠的短突起，末端钝，指向下方（图132c）；尾须短，基部背面具1个锤状的短突起，端部具2个岔开的钝刺（图132c，d）；下生殖板近梯形，后缘较平直，具成对的腹突（图132e）。

雌性未知。

体淡黄绿色，复眼，股节膝叶端部和后足胫节刺具暗黑色。

测量（mm）：体长♂6.5；前胸背板长♂3.5；前翅长♂2.0；后足股节长♂6.5。

检视材料：正模♂副模1♂，浙江凤阳山大田坪，1 200 m，2008. X.20，刘胜龙采。

分布：中国浙江。

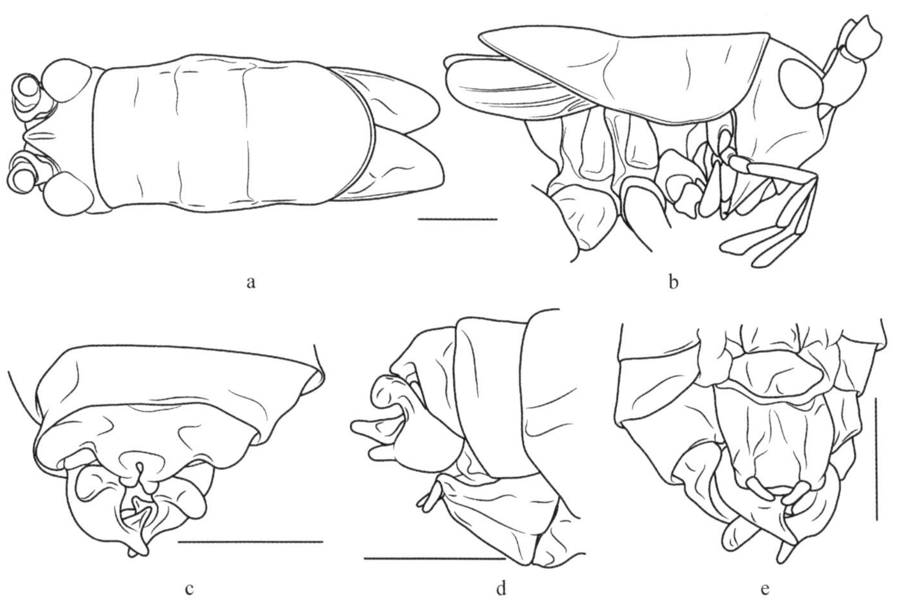

图132　双枝亚杉螽 *Athaumaspis bifurcatus* (Liu, Zhou & Bi, 2010)
a. 雄性头与前胸背板，背面观；b. 雄性头与前胸背板，侧面观；c. 雄性腹端，背面观；d. 雄性腹端，侧面观；e. 雄性腹端，腹面观

Fig. 132　*Athaumaspis bifurcatus* (Liu, Zhou & Bi, 2010)
a. male head and pronotum, dorsal view; b. male head and pronotum, lateral view; c. end of male abdomen, dorsal view; d. end of male abdomen, lateral view; e. end of male abdomen, ventral view

（三十六）拟杉螽属 *Pseudothaumaspis* Gorochov, 1998

Thaumaspis (*Pseudothaumaspis*): Gorochov, 1998, *Zoosystematica Rossica*, 7(1): 115.

Pseudothaumaspis: Wang, Liu & Li, 2014, *ZooKeys*, 443: 18.

模式种：*Thaumaspis gialaiensis* Gorochov, 1998

体较纤细，短翅类型。头下口式。前胸背板沟后区较短，侧片较矮；前翅超过前胸背板后缘，短于前胸背板，雄性具发音器；前足胫节听器开放型，后足股节膝叶钝圆，后足胫节具2对端距。雄性第10腹节背板侧部向腹面延长形成臂状突起，后缘不具突起或略微叶状扩展，肛上板不特化；下生殖板腹突较长；外生殖器完全膜质。

202. 叉尾拟杉螽 *Pseudothaumaspis furcocercus* Wang & Liu, 2014（图133，图版95，96）

Pseudothaumaspis furcocercus: Wang, Liu & Li, 2014, *ZooKeys*, 443: 30.

描述：体小，纤细。颜面稍倾斜，头顶短，圆锥形，端部钝圆，不具纵沟；复眼近球形，向前凸出；下颚须端节稍长于亚端节（图133a）。前胸背板侧观近马鞍状，侧片背缘凹，腹缘圆，肩凹消失（图133a），后横沟明显，沟后区短，后缘尖圆；胸听器完全暴露（图133a）；前翅短于前胸背板（图133a），端部截形，后翅退化消失；各足细长，前足胫节腹面内外缘刺排列为4, 4 (1, 1)型，后足股节膝叶钝圆，后足胫节背面内外缘各具21～29个齿，端部具2对端距。雄性第10腹节背板后缘中部稍延长，中央具凹口形成1对尖叶，侧缘具1对短的腹臂，端部相互交叉（图133b，e）；肛上板长三角形（图133e）；尾须纤细基部近圆柱形，端半部分叉，腹支长于背支（图133b～d）；下生殖板基部宽，端部1/3骤窄且上弯，腹突较长（图133d）。

雌性头顶稍长，背面具纵沟。前翅后缘尖。第9腹节背板后缘平直；第10腹节背板短直；尾须细长，梭形，端部渐细；下生殖板向下鼓起，后缘三叶状，中叶明显凸（图133f）；产卵瓣短，从基部上弯，边缘光滑（图133g）。

体淡绿色，稍透明，杂鲜绿色和淡黄色。触角鞭节褐色具暗色环；复眼鲜黄色。前胸背板两侧缘翠绿色，后缘鲜黄色，背面具绿色纵纹和斑。各腹节背板具1对亮黄色的卵圆斑，后缘墨绿色。后足胫节、跗节和尾须

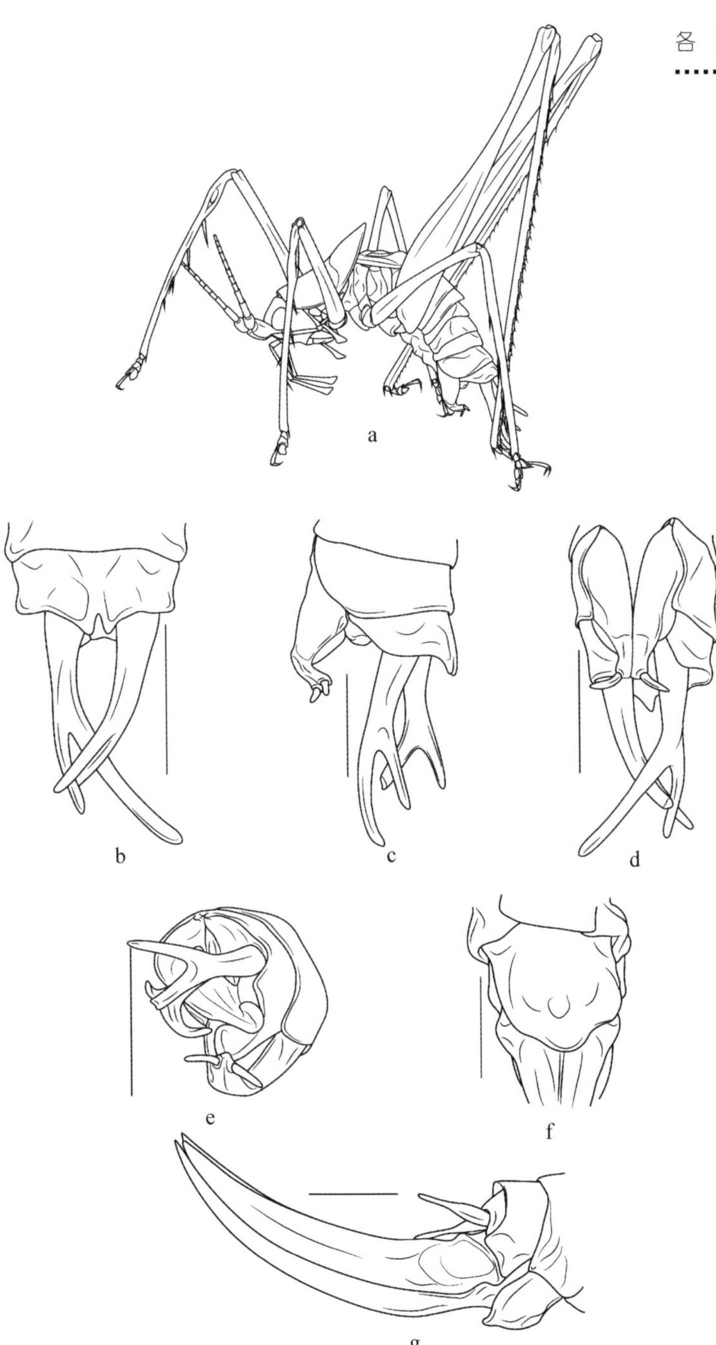

图133　叉尾拟杉螽 *Pseudothaumaspis furcocercus* Wang & Liu, 2014
a. 雄性整体，侧面观；b. 雄性腹端，背面观；c. 雄性腹端，侧面观；d. 雄性腹端，腹面观；e. 雄性腹端，后面观；f. 雌性下生殖板，腹面观；g. 产卵瓣，侧面观

Fig. 133　*Pseudothaumaspis furcocercus* Wang & Liu, 2014
a. male body, lateral view; b. end of male abdomen, dorsal view; c. end of male abdomen, lateral view; d. end of male abdomen, ventral view; e. end of male abdomen, rear view; f. subgenital plate of female, ventral view; g. ovipositor, lateral view

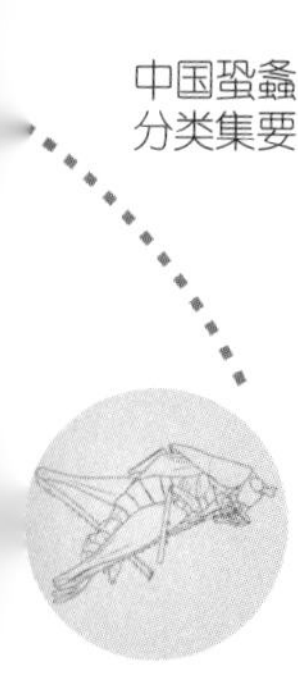

端部淡褐色。

测量（mm）：体长♂7.4～8.7，♀10.2；前胸背板长♂3.2～3.6，♀3.8；前翅长♂1.9，♀1.5；后足股节长♂8.3～8.9，♀9.5；产卵瓣长4.5。

检视材料：正模♂副模1♂1♀，广西武鸣大明山，1 250 m，2013. VII.19～25，朱卫兵等采。

分布：中国广西、广东。

（三十七）拟饰尾螽属 *Pseudocosmetura* Liu, Zhou & Bi, 2010

Pseudocosmetura: Liu, Zhou & Bi, 2010, *Insects of Fengyangshan National Nature Reserve*, 79; Shi & Bian, 2012, *Zootaxa*, 3545: 76; Shi & Zhao, 2018, *Zootaxa*, 4455(3): 582.

模式种：*Pseudocosmetura fengyangshanensis* Liu, Zhou & Bi, 2010

体较小，相对较结实，短翅类型。雄性前胸背板沟后区或多或少隆起，后部微向下弯；侧片后部略微扩宽。前足胫节听器为开放型；后足股节膝叶无端刺，后足胫节具2对端距；前翅隐藏于前胸背板之下，雄性具发音器，雌性侧置。雄性第10腹节背板后缘凹，凹口两侧具短叶或突起；肛上板退化，近膜质或消失；尾须简单，较长内弯，末端非钩状；外生殖器革质，但不延长。雌性下生殖板具中隆线；产卵瓣边缘光滑，但有时具不明显的细齿，腹瓣无端钩。

该属与新刺膝螽属 *Neocyrtopsis* 十分接近，区别在于后足胫节端部具2对端距，雄性肛上板近膜质或消失；尾须长，内弯非钩状。

拟饰尾螽属分种检索表

1　雄性外生殖器延长或未知；雌性下生殖板具明显的中隆线 ……………… 2
-　雄性外生殖器不延长背观不可见；雌性下生殖板无明显的中隆线或未知 ………………………………………………………………………………… 4
2　雄性尾须基部具内突或未知；雌性产卵瓣背缘具齿 ………………………… 3
-　雄性尾须基部无内突，雌性产卵瓣背缘光滑，腹缘具细齿 ……………… ………… **杂色拟饰尾螽 *Pseudocosmetura multicolora* (Shi & Du, 2006)**
3　雄性尾须基部具内突；雌性产卵瓣较短粗，背缘齿较钝有时不明显 … ………… **安吉拟饰尾螽 *Pseudocosmetura anjiensis* (Shi & Zheng, 1998)**
-　雄性未知；雌性产卵瓣较长较尖，背缘齿尖明显 ……………………… ……… **河南拟饰尾螽 *Pseudocosmetura henanensis* (Liu & Wang, 1998)**

4 雄性肛上板膜质；雌性下生殖板长大于宽或未知 ………………………… 5
– 雄性肛上板革质或消失；雌性未知 ……………………………………… 6
5 雄性第10腹节背板后缘不具延长的叶，下生殖板后缘平直；雌性下生殖板后缘中部凹 ………………………………………………………………
凤阳山拟饰尾螽 *Pseudocosmetura fengyangshanensis* Liu, Zhou & Bi, 2010
– 雄性第10腹节背板后缘具1对延长的三角形尖叶，下生殖板后缘凹口钝角形；雌性未知 ………………………………………………………………
………… **南岭拟饰尾螽 *Pseudocosmetura nanlingensis* Shi & Bian, 2012**
6 雄性第10腹节背板后缘浅凹，下生殖板后缘具深凹；雌性未知 ………
………………… **弯尾拟饰尾螽 *Pseudocosmetura curva* Shi & Bian, 2012**
– 雄性第10腹节背板后缘深凹，下生殖板后缘近平直；雌性下生殖板后缘中央稍凹，形成2圆叶 ……………………………………………………
……… **王朗拟饰尾螽 *Pseudocosmetura wanglangensis* Shi & Zhao, 2018**

203. 安吉拟饰尾螽 *Pseudocosmetura anjiensis* (Shi & Zheng, 1998)（图134，图版2，97 ～ 100）

Tettigoniopsis anjiensis: Shi & Zheng, 1998, *Insects of Longwangshan Nature Reserve*, 56–57.

Pseudocosmetura anjiensis: Liu, Zhou & Bi, 2010, *Insects of Fengyangshan National Nature Reserve*, 80; Shi & Bian, 2012, *Zootaxa*, 3545: 77.

描述：体中等，结实。头顶圆锥形，端部稍尖，基部略宽，背面具纵沟；复眼卵圆形，向前凸出；下颚须端节略微长于亚端节，端部稍膨大。前胸背板沟后区稍隆起稍长于沟前区，后部下弯，侧片相对高，后缘稍凸圆，无肩凹（图134a，b）；前翅不超过前胸背板后缘，完全隐藏于前胸背板下，后翅退化消失；前足胫节刺排列为4, 4 (1, 1)型，听器开放型，后足胫节具2对端距，背面内外缘各具20 ～ 28个齿。雄性第10腹节背板后缘具较大的凹口，形成两侧叶，末端刺状突起；肛上板近膜质，无革片，向后鼓起，背观后缘凸圆或稍凹（图134c）；尾须较长，内弯，内侧近基部具突出隆起，末端钝圆；隆起后内面凹，半圆内弯；末端钝（图134c ～ e）；下生殖板长大于宽，近梯形，两侧缘稍凸，后缘近平中央微凹，具成对的短腹突（图134e）；外生殖器侧缘基半部渐趋狭，端半部平行，端部中央稍凹（图134c，d）。

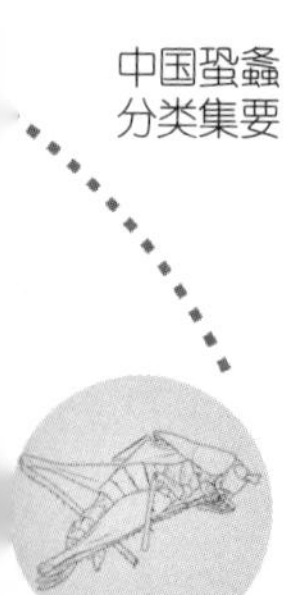

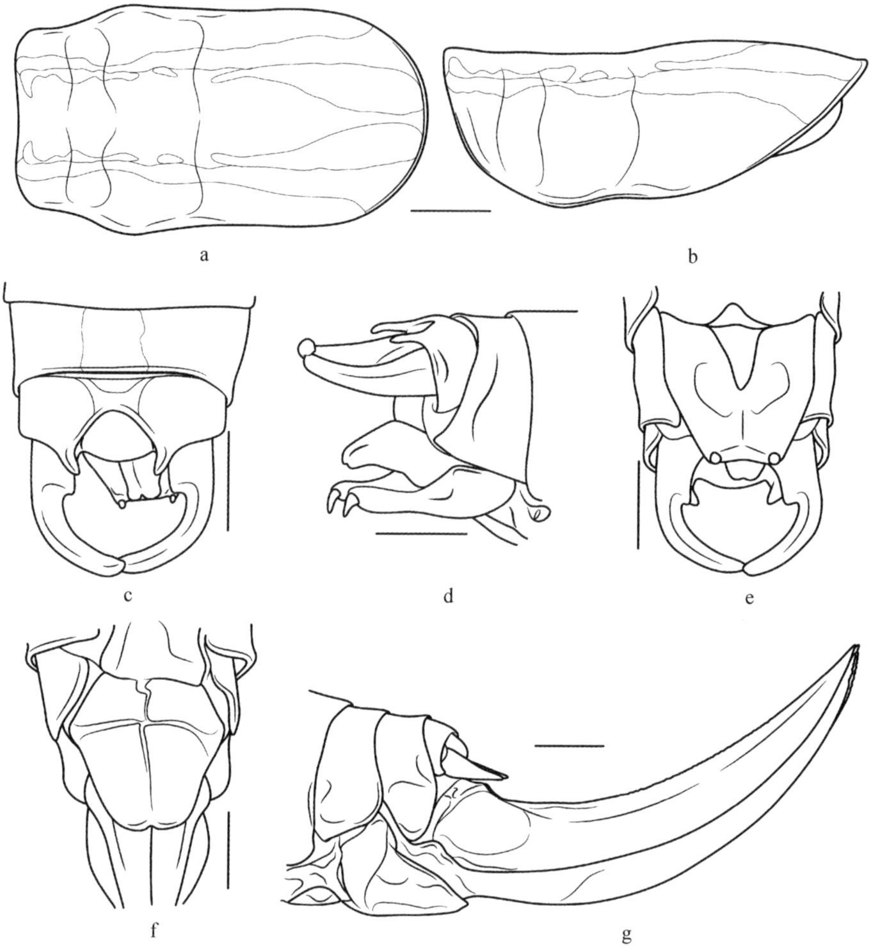

a b c d e f g

图134 安吉拟饰尾螽 *Pseudocosmetura anjiensis* (Shi & Zheng, 1998)
a. 雄性前胸背板，背面观；b. 雄性前胸背板，侧面观；c. 雄性腹端，背面观；d. 雄性腹端，侧面观；e. 雄性腹端，腹面观；f. 雌性下生殖板，腹面观；g. 雌性腹端，侧面观

Fig. 134 *Pseudocosmetura anjiensis* (Shi & Zheng, 1998)
a. pronotum of male, dorsal view; b. pronotum of male, lateral view; c. end of male abdomen, dorsal view; d. end of male abdomen, lateral view; e. end of male abdomen, ventral view; f. subgenital plate of female, ventral view; g. end of female abdomen, lateral view

雌性前翅侧置。第10腹节背板后缘中央凹形成2个圆叶；尾须圆锥形，较长，端部尖细；下生殖板基部横宽，具1条横隆线，隆线后部分近半圆形，后缘中央浅凹，中央贯穿明显的中隆线（图134f）；产卵瓣较宽短，适度向上弯曲，背缘具细齿，有时较弱不明显，腹瓣末端具细齿，无

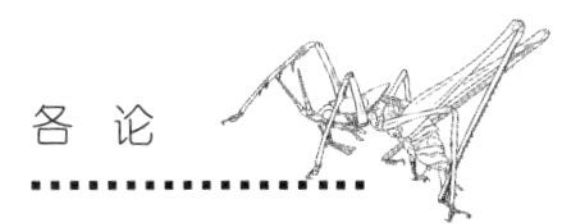

端钩（图134g）。

体淡绿色，头部复眼后方具1条黄色侧纹，延伸至前胸背板后缘，前胸背板侧纹间在沟后区具黑褐色内纹，内纹渐宽至末端相连。腹部背面具1条明显或不明显的暗色纵带。足端部淡褐色。

测量（mm）：体长♂9.0～10.2，♀11.0～11.6；前胸背板长♂5.0～6.0，♀4.5～4.9；前翅长♂1.6～1.8，♀1.2～1.3；后足股节长♂10.9～11.2，♀11.1～11.2；产卵瓣长5.9～6.2。

检视材料：2♂♂6♀♀，浙江临安天目山，1 100 m，2008.VIII.5～7，刘宪伟、毕文烜采；5♂♂4♀♀，湖北罗田青苔关，560～880 m，2014.VII.3，王瀚强采。

模式产地及保存：浙江安吉；陕西师范大学动物研究所，中国陕西西安。

分布：中国浙江、湖北。

204. 凤阳山拟饰尾螽 *Pseudocosmetura fengyangshanensis* Liu, Zhou & Bi, 2010（图135，图版101，102）

Pseudocosmetura fengyangshanensis: Liu, Zhou & Bi, 2010, *Insects of Fengyangshan National Nature Reserve*, 80; Shi & Bian, 2012, *Zootaxa*, 3545: 77, 81.

描述：体较小，稍粗壮。头顶近圆柱形，端部钝圆，侧面近平行，背面具纵沟；复眼卵圆形，向前凸出；下颚须端节略微长于亚端节，端部稍膨大。前胸背板沟后区延长，稍隆起略扩宽，后部略微下弯；侧片相对高，后缘弧形凸，无肩凹（图135a，b）；前翅不超过前胸背板后缘，几乎完全被前胸背板覆盖，侧观仅见端部一角；前足胫节腹面内外刺排列为4, 4 (1, 1)型，听器开放型，后足胫节具2对端距，背面内外缘各具22～24个齿。雄性第10腹节背板后缘中间具深的凹口，形成2个三角形的侧叶，凹口间具宽的膜质区域；肛上板退化无革片（图135c）；尾须长，简单，微波曲，端部向内和腹面弯曲，端部内侧尖（图135c～e）；下生殖板基缘具宽凹口，后缘微凹，具成对的腹突（图135e）。

雌性前翅侧置。第10腹节背板后缘中央具凹口，形成2个圆侧叶，后部中央表面凹陷；尾须圆锥形，中等长度；下生殖板近半圆形，稍延长，端部具明显的凹口，形成2个圆侧叶（图135f）；产卵瓣较宽短，适度向上弯曲，边缘光滑（图135g）。

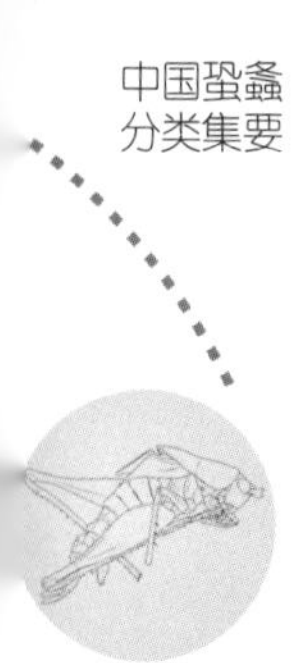

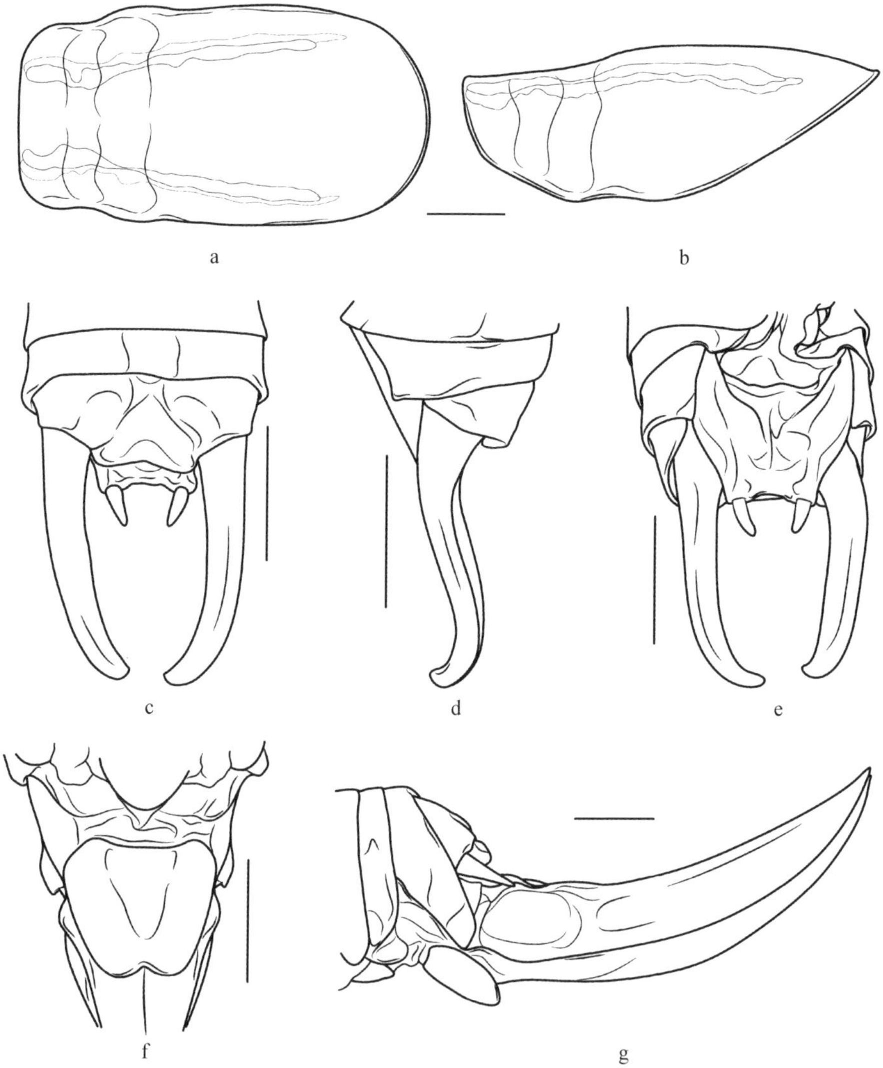

a

b

c

d

e

f

g

图135　凤阳山拟饰尾螽 *Pseudocosmetura fengyangshanensis* Liu, Zhou & Bi, 2010
a. 雄性前胸背板，背面观；b. 雄性前胸背板，侧面观；c. 雄性腹端，背面观；d. 雄性腹端，侧面观；e. 雄性腹端，腹面观；f. 雌性下生殖板，腹面观；g. 雌性腹端，侧面观

Fig. 135　*Pseudocosmetura fengyangshanensis* Liu, Zhou & Bi, 2010
a. pronotum of male, dorsal view; b. pronotum of male, lateral view; c. end of male abdomen, dorsal view; d. end of male abdomen, lateral view; e. end of male abdomen, ventral view; f. subgenital plate of female, ventral view; g. end of female abdomen, lateral view

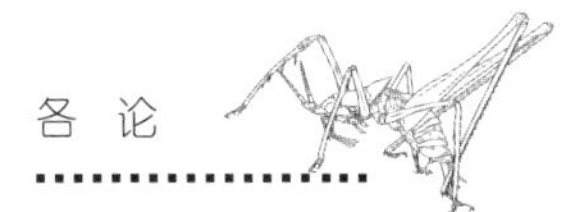

体淡绿色，雄性头部背面无纵带，雌性具1条暗褐色纵带，前胸背板背面具1对黑色侧条纹，条纹的外侧镶淡黄色边。

测量（mm）：体长♂9.0，♀9.0～10.0；前胸背板长♂4.5，♀3.8；前翅长♂2.5～3.0，♀1.0；后足股节长♂8.0，♀9.0；产卵瓣长5.0～5.5。

检视材料：正模♂副模1♂3♀♀，浙江龙泉凤阳山黄矛尖，1 500～1 900 m，2008.VII.31～VIII.2，刘宪伟、毕文烜采；1♂，浙江庆元百山祖，1996.VIII.12～20，金杏宝、章伟年采；1♀，浙江龙泉凤阳山凤阳湖，1 570 m，2008.X.20，刘胜龙采。

分布：中国浙江。

205. 河南拟饰尾螽 ***Pseudocosmetura henanensis*** **(Liu & Wang, 1998) comb. nov.（图136）**

Thaumaspis henanensis: Liu & Wang, 1998, *Henan Science*, 16(1): 73-74; Liu, 2007, *The Fauna Orthopteroidea of Henan*, 484; Shi & Zhao, 2018, *Zootaxa*, 4455(3): 582.

Thaumaspis (*Thaumaspis*) *henanensis*: Wang, Liu & Li, 2014, *ZooKeys*, 443: 12.

描述：体中等，结实。头顶圆锥形，端部钝圆，基部稍宽，背面具弱的纵沟；复眼卵圆形向前凸出；下颚须端节略微长于亚端节。前胸背板稍延长，沟后区长于沟前区，沟后区平直不扩宽，侧片较矮，后缘近斜截，稍凸，无肩凹；前翅完全隐藏于前胸背板之下，侧置；前足胫节腹面内外缘刺排列为4, 4 (1, 1)型，听器开放型，后足胫节具2对端距，背面内外缘各具24～25个齿。雌性第10腹节背板短，后缘中央具深凹口，形成2圆叶；尾须圆锥形，中等长度；下生殖板近梯形，两侧向上弯，全长具明显的中隆线，横隆线不明显，后缘中央微凹（图136a）；产卵瓣稍短于后足股节，较直，适度向上弯曲，端部剑状渐细，背缘具明显的尖细齿，腹缘末端具少数细齿（图136b）。

雄性未知。

体深褐色（活时应为绿色）。复眼后方具1条黄色纵带，延伸至前胸背板后缘。

测量（mm）：体长♀12.0；前胸背板长♀4.5；前翅长♀1.0；后足股节长♀10.5；产卵瓣长8.0。

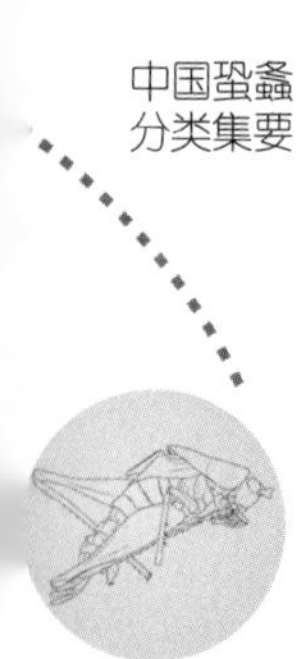

检视材料：正模♀，河南商城黄柏山，900 ～ 1 150 m，1985.VII.17，张秀江、孙红泉采。

分布：中国河南。

鉴别：该种与安吉拟饰尾螽 *Pseudocosmetura anjiensis* 十分相似，区别在于雌性产卵瓣较长直，端部渐细剑状，下生殖板横隆线不明显。

讨论：该种仅发表雌性，目前根据其综合特征和产卵瓣背腹的细齿组合于该属较为妥当。

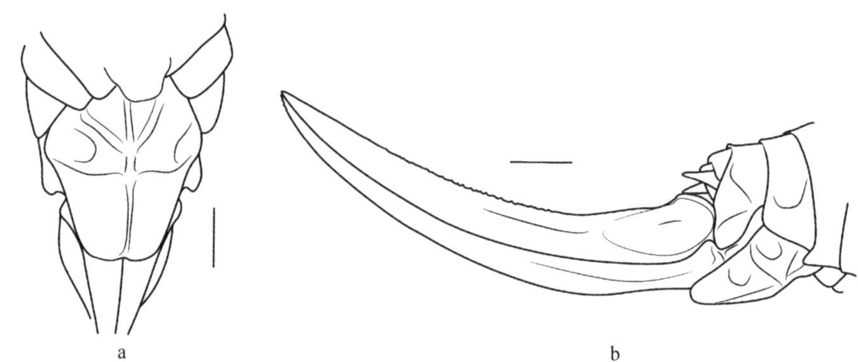

图 136　河南拟饰尾螽 *Pseudocosmetura henanensis* (Liu & Wang, 1998)
a. 雌性下生殖板，腹面观；b. 产卵瓣，侧面观

Fig. 136　*Pseudocosmetura henanensis* (Liu & Wang, 1998)
a. subgenital plate of female, ventral view; b. ovipositor, lateral view

206. 杂色拟饰尾螽 *Pseudocosmetura multicolora* (Shi & Du, 2006)（仿图 70）

Acosmetura multicolora: Shi & Du, 2006, *Insects from Fanjingshan landscape*, 122-123.

Pseudocosmetura multicolora: Liu, Zhou & Bi, 2010, *Insects of Fengyangshan National Nature Reserve*, 80; Shi & Bian, 2012, *Zootaxa*, 3545: 77, 82.

描述：体较小。头顶圆锥形，端部钝圆，背面具纵沟；复眼卵圆形，向前外侧凸出；下颚须端节略微长于亚端节，端部稍膨大。前胸背板较短，前缘平直，后缘宽圆（仿图 70a），沟后区稍抬高，侧片相对高，后部趋狭，无肩凹（仿图 70b）；前翅不超过前胸背板后缘（仿图 70b）；各足股节腹面缺刺，膝叶端部钝圆，前足胫节刺排列为 4, 4 (1, 1) 型，听器开放型，后足胫节端距未知，背面内外缘各具 19 ～ 22 个齿。雄性第 10 腹节背

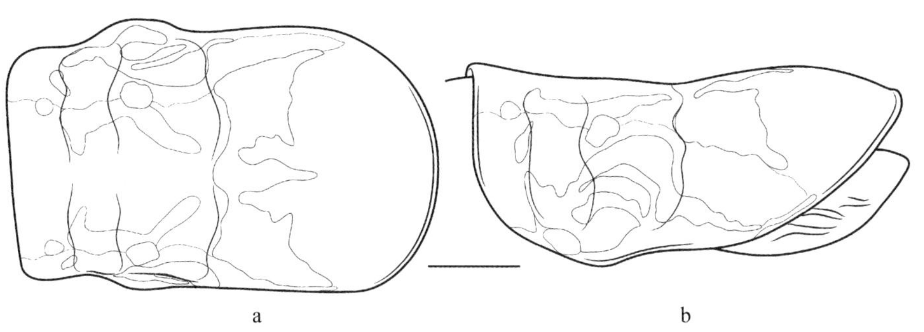

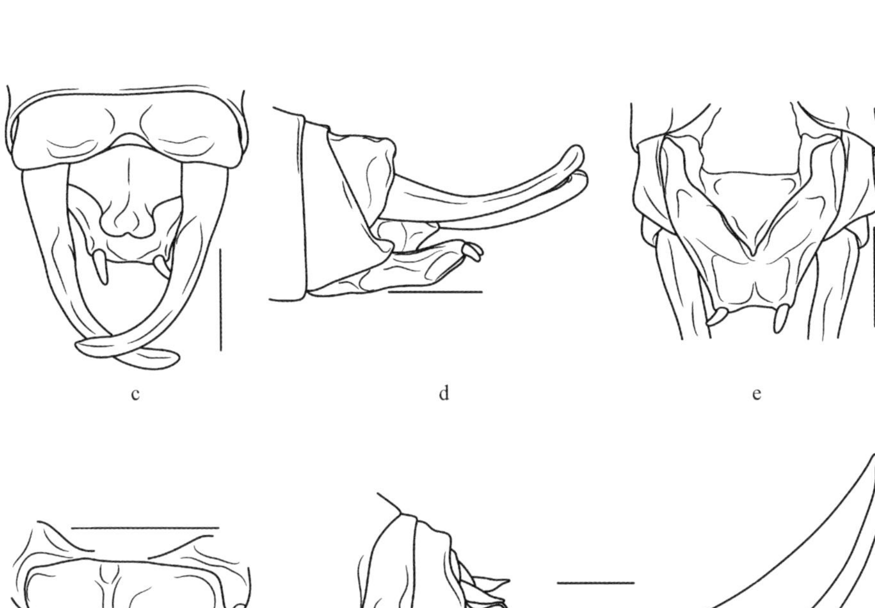

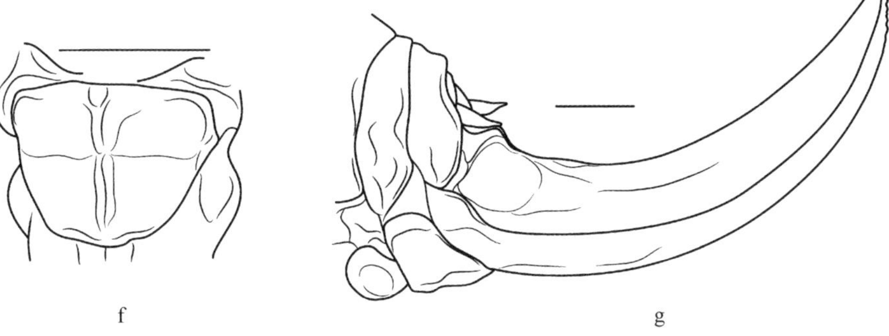

仿图 70　杂色拟饰尾螽 *Pseudocosmetura multicolora* (Shi & Du, 2006)
（仿 Shi & Bian, 2012）

a. 雄性前胸背板，背面观；b. 雄性前胸背板，侧面观；c. 雄性腹端，背面观；d. 雄性腹端，侧面观；e. 雄性腹端，腹面观；f. 雌性下生殖板，腹面观；g. 雌性腹端，侧面观

AF. 70　*Pseudocosmetura multicolora* (Shi & Du, 2006) (after Shi & Bian, 2012)

a. pronotum of male, dorsal view; b. pronotum of male, lateral view; c. end of male abdomen, dorsal view; d. end of male abdomen, lateral view; e. end of male abdomen, ventral view; f. subgenital plate of female, ventral view; g. end of female abdomen, lateral view

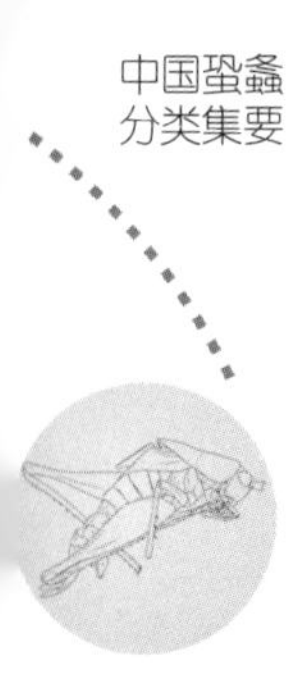

板横宽，后缘中央微凹（仿图70c）；肛上板背观不可见；尾须较长，简单，基部粗壮，端半部内弯，末端钝圆（仿图70c ～ e）；下生殖板基部内凹，后缘中央微凹，具较短小的腹突生于两侧（仿图70e）；外生殖器基部宽，向端部渐趋狭，端部突出稍扩展，中央具弱的凹口（仿图70c，d）。

雌性尾须圆锥形，端部钝；下生殖板宽短，后缘宽圆，中部贯穿1较粗的隆线（仿图70f）；产卵瓣显著向上弯曲，背缘光滑，腹缘近端部具弱的细齿（仿图70g）。

体黄褐色杂褐色。头部背面具3条褐色纵纹，中间纵纹黑色；触角具褐色环。前胸背板侧片、足及腹部具褐色斑，沟后区侧部具黄白色斑。

测量（mm）：体长♂11.0，♀10.5；前胸背板长♂4.0，♀3.5；前翅长♂♀未知；后足股节长♂11.5，♀11.0；产卵瓣长6.0。

检视材料：1♂（正模），贵州梵净山，2001.VIII.2，石福明采；1♀（副模），贵州梵净山，2001.VIII.1，石福明采。

模式产地及保存：中国贵州梵净山；河北大学博物馆（MHU），中国河北保定。

分布：中国贵州。

鉴别：本种体色和斑纹与杂色新刺膝螽 *Neocyrtopsis variabilis* 十分相似，区别在于雄性尾须较长非钩状，肛上板不见与前节整合，外生殖器延长；雌性下生殖板具中隆线。原始描述中缺少后足胫节端距和肛上板的描写。

207. 弯尾拟饰尾螽 *Pseudocosmetura curva* Shi & Bian, 2012（仿图71）

Pseudocosmetura curva: Shi & Bian, 2012, *Zootaxa*, 3545: 77, 79; Xiao *et al*., 2016, *Far Eastern Entomologist*, 305: 19.

描述：体小，粗壮。头顶圆锥形，端部钝圆，中部背面具纵沟；复眼半球形，向前凸出；下颚须端节稍长于亚端节。前胸背板适度向后延长，前缘直，后缘钝圆，后横沟明显（仿图71a），沟后区稍抬高，侧片稍高，后缘稍扩展，肩凹消失（仿图71b）；前翅短，到达前胸背板后缘，端部略截形，后翅退化消失；各足股节腹面无刺，前足基节具刺，前足胫节腹面内外缘刺排列为4, 4 (1, 1)型，两侧听器均开放型，中足胫节腹面具3个内刺和4个外刺，后足股节膝叶钝圆，后足胫节背面内外缘各具22 ～ 25个齿，末端具2对端距。雄性第10腹节背板短，后缘中部浅凹（仿图71c）；肛上板宽短，后缘圆；尾须基半部粗壮，端半部细，向上弯曲，端部具1

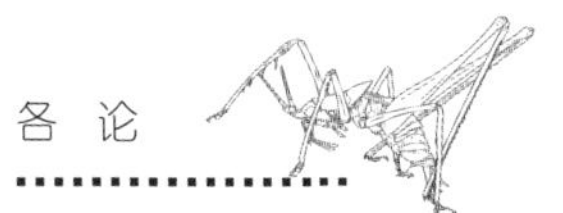

个短齿（仿图71c ～ e）；外生殖器革质，较短，基部宽，端部狭；下生殖板基部宽，中间浅凹，端部窄，后缘具三角形缺口，腹突短，圆锥形，端部尖，位于下生殖板侧缘端部（仿图71e）。

雌性未知。

体淡黄色。前胸背板背片淡黄色，侧片暗褐色，侧片基半部背缘具1条黄色纵带；后足股节外侧具2条平行的纵纹，后足胫节齿和距端部褐色，爪端部褐色；腹部侧面暗褐色。

测量（mm）：体长♂8.3；前胸背板长♂5.5；前翅长未知；后足股节长♂9.3。

检视材料：1♂（正模），湖南张家界，2004.VIII.13，王剑锋、王继良采。

模式产地及保存：中国湖南张家界；河北大学博物馆（MHU），中国河北保定。

分布：中国湖南。

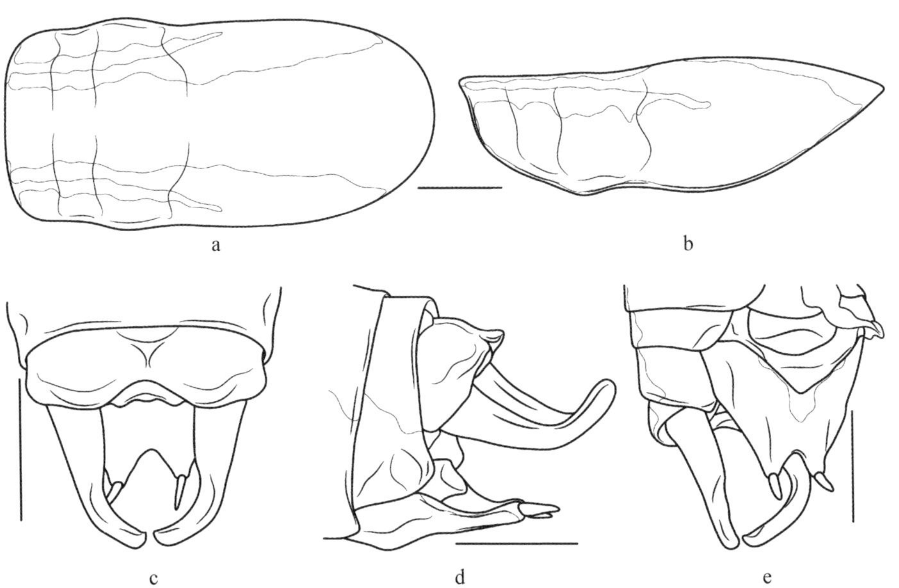

仿图71　弯尾拟饰尾螽 *Pseudocosmetura curva* Shi & Bian, 2012（仿 Shi & Bian, 2012）
a. 雄性前胸背板，背面观；b. 雄性前胸背板，侧面观；c. 雄性腹端，背面观；d. 雄性腹端，侧面观；e. 雄性腹端，腹面观

AF. 71　*Pseudocosmetura curva* Shi & Bian, 2012 (after Shi & Bian, 2012)
a. pronotum of male, dorsal view; b. pronotum of male, lateral view; c. end of male abdomen, dorsal view; d. end of male abdomen, lateral view; e. end of male abdomen, ventral view

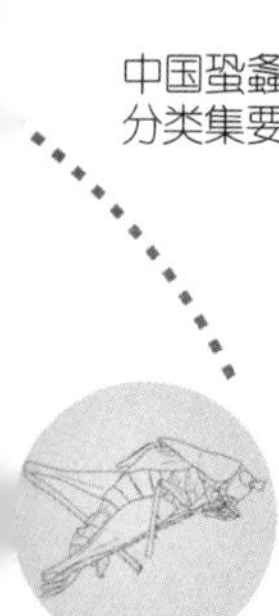

208. 南岭拟饰尾螽 *Pseudocosmetura nanlingensis* Shi & Bian, 2012（仿图 72）

Pseudocosmetura nanlingensis: Shi & Bian, 2012, *Zootaxa*, 3545: 77, 81.

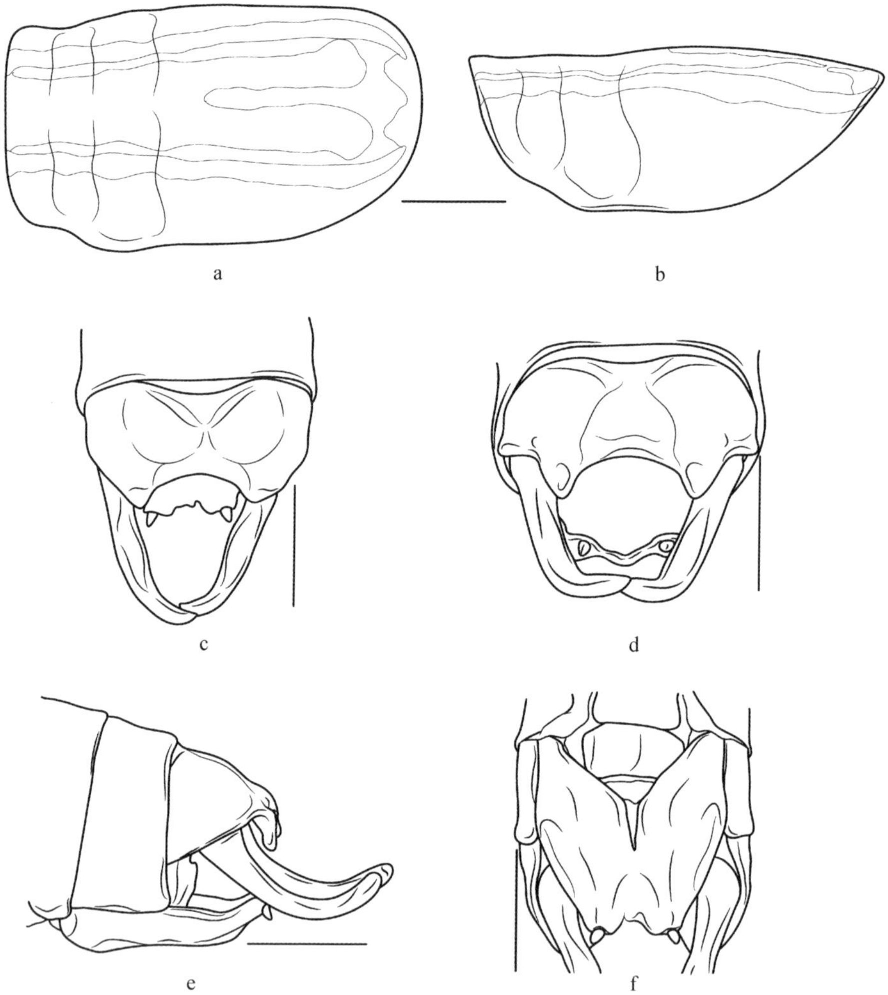

仿图 72　南岭拟饰尾螽 *Pseudocosmetura nanlingensis* Shi & Bian, 2012
（仿 Shi & Bian, 2012）

a. 雄性前胸背板，背面观；b. 雄性前胸背板，侧面观；c. 雄性腹端，背面观；d. 雄性腹端，后面观；e. 雄性腹端，侧面观；f. 雄性下生殖板，腹面观

AF. 72　*Pseudocosmetura nanlingensis* Shi & Bian, 2012 (After Shi & Bian, 2012)

a. pronotum of male, dorsal view; b. pronotum of male, lateral view; c. end of male abdomen, dorsal view; d. end of male abdomen, rear view; e. end of male abdomen, lateral view; f. subgenital plate of male, ventral view

描述：体小，粗壮。头顶圆锥形，端部钝圆，背面具纵沟；复眼卵圆形，向前凸出；下颚须端节稍长于亚端节。前胸背板延长，前缘直，后缘钝圆，后横沟明显（仿图72a），沟后区微抬高，侧片稍高，后缘稍扩宽，肩凹消失（仿图72b）；前翅短，完全隐藏于前胸背板下，后翅退化消失；各足股节腹面无刺，前足基节具刺，前足胫节腹面内外缘刺排列为4, 3 (1, 1)型，两侧听器均开放型，中足胫节腹面具2个内刺和3～4个外刺，后足股节膝叶钝圆，后足胫节背面内外缘各具16～18个齿，末端具2对端距。雄性第10腹节背板宽，后缘具拱形凹口，两侧三角形凸出，端部钝圆（仿图72c～e）；肛上板完全退化，无痕迹；尾须长，适度背内弯，中部稍扩宽，端部稍窄，末端具1个短钝刺（仿图72c～e）；外生殖器不可见；下生殖板基部宽，中间三角形凹，端部稍窄，后缘具钝三角形缺口，腹突短粗，位于下生殖板侧缘端部（仿图72f）。

雌性未知。

体淡黄色（活时应为绿色）。复眼褐色。前胸背板背片具淡褐色的宽纵带，侧缘平行，具黄色镶边，后足胫节齿和距端部褐色，爪端部褐色。尾须端部淡褐色。

测量（mm）：体长♂9.0；前胸背板长♂4.0；前翅长未知；后足股节长♂6.5。

检视材料：1♂（正模），广东南岭，2011.VII.27，王剑锋采。

模式产地及保存：中国广东乳源南岭；河北大学博物馆（MHU），中国河北保定。

分布：中国广东。

209. 王朗拟饰尾螽 *Pseudocosmetura wanglangensis* Shi & Zhao, 2018（仿图73）

Pseudocosmetura wanglangensis: Shi & Zhao, 2018, *Zootaxa*, 4455(3): 582.

描述：体小。头部短粗，头顶圆锥形，末端钝，背面具纵沟；复眼球形，稍向前凸出；下颚须端节稍长于亚端节，末端膨大。前胸背板较短，到达第1腹节背板后缘，背片平，前缘近直，后缘宽圆（仿图73a），侧片长大于高，后缘稍扩宽，渐狭，肩凹消失（仿图73b）；雄性前翅短，末端圆，到达第2腹节背板后缘，后翅退化消失；各足股节腹面无刺，前足基节具刺，前足胫节腹面内外缘刺排列为4, 4 (1, 1)型，两侧听器均为开放型，长卵

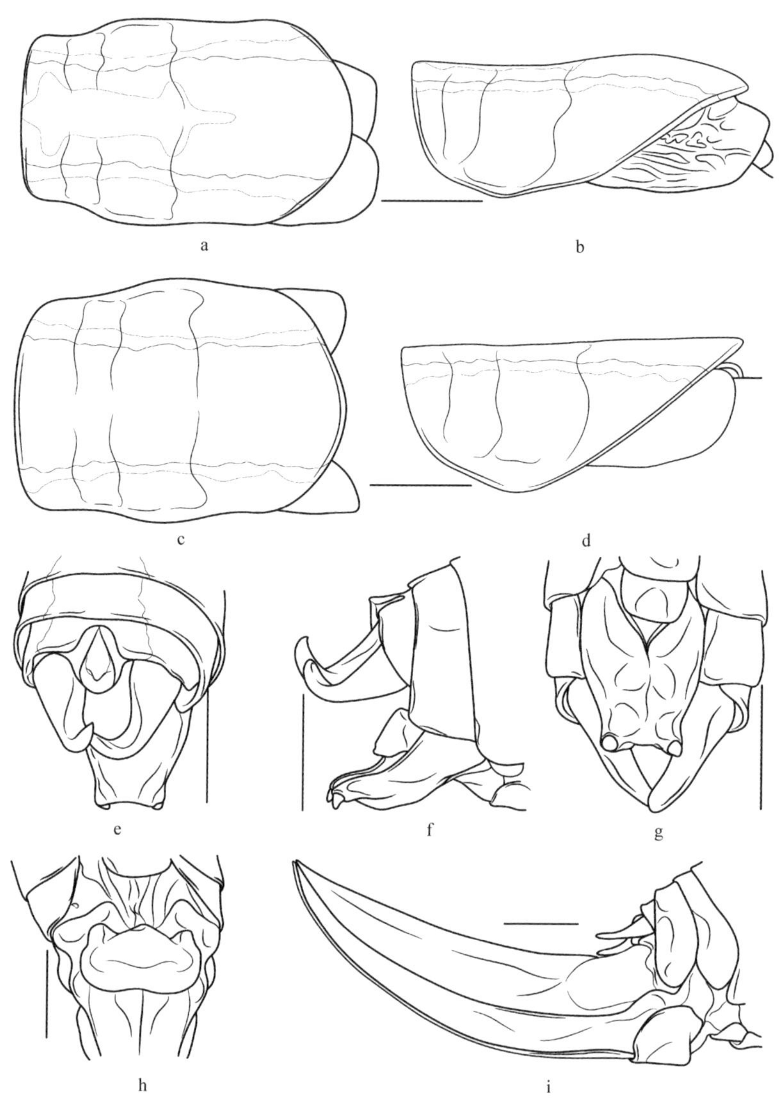

仿图73　王朗拟饰尾螽 *Pseudocosmetura wanglangensis* Shi & Zhao, 2018
（仿 Shi & Zhao, 2018）

a. 雄性前胸背板，背面观；b. 雄性前胸背板，侧面观；c. 雌性前胸背板，背面观；d. 雌性前胸背板，侧面观；e. 雄性腹端，背面观；f. 雄性腹端，侧面观；g. 雄性下生殖板，腹面观；h. 雌性下生殖板，腹面观；i. 雌性腹端，侧面观

AF. 73　*Pseudocosmetura wanglangensis* Shi & Zhao, 2018 (after Shi & Zhao, 2018)

a. pronotum of male, dorsal view; b. pronotum of male, lateral view; c. pronotum of female, dorsal view; d. pronotum of female, lateral view; e. end of male abdomen, dorsal view; f. end of male abdomen, lateral view; g. subgenital plate of male, ventral view; h. subgential plate of female, ventral view; i. end of female abdomen, lateral view

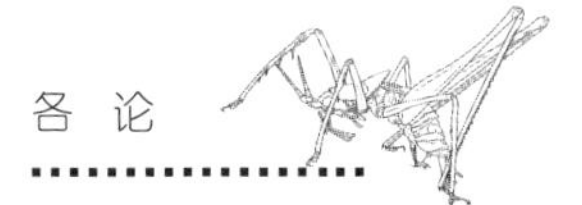

圆形，后足胫节背面内外缘各具16～18个齿，末端具背腹2对端距，一些标本在中部位置另具1对小距。雄性第10腹节背板较宽，后缘具凹口（仿图73e）；肛上板明显，舌形，位于前节背板凹口间的膜质部分（仿图73e）；尾须基半部粗壮，端半部细，明显背弯，末端尖，自中部在弯曲内凹陷（仿图73e～g）；外生殖器适度骨化（仿图73f）；下生殖板较长，近梯形，基部较宽，端缘平直，有时稍凸，腹突短粗位于侧角腹面（仿图73g）。

雌性较雄性稍大。前胸背板较短，侧片不扩宽（仿图73c，d）；前翅鳞片状，末端到达第1腹节背板中部。雌性尾须圆锥形，末端尖；下生殖板横宽，后缘中部稍凹，两侧形成圆叶（仿图73h）；产卵瓣稍背弯，背腹缘较光滑，末端尖（仿图73i）。

体绿色。复眼黄褐色，头部背面复眼后具1对黄斑。前胸背板背面具1对淡褐色纵纹，侧缘褐色，并在外缘具1对黄色纵带。后足胫节背齿褐色，爪端部褐色。

测量（mm）：体长♂7.3～8.6，♀8.1～10.4；前胸背板长♂3.5～4.1，♀3.2～3.3；前翅长♂♀未知；后足股节长♂6.7～8.0，♀7.7～8.1；产卵瓣长5.8～6.0。

检视材料：1♂（正模），四川平武王朗豹子沟，2017.VIII.8，石福明采；1♀（副模），四川平武王朗牧羊场，2017.VIII.11，石福明采。

模式产地及保存：中国四川平武王朗自然保护区豹子沟；河北大学博物馆（MHU），中国河北保定。

分布：中国四川。

（三十八）副吟螽属 *Paraphlugiolopsis* Bian & Shi, 2014

Paraphlugiolopsis: Bian *et al.*, 2014, *Zootaxa*, 3793(2): 286.

模式种：*Paraphlugiolopsis jiangi* Bian & Shi, 2014

体小，短翅型。下颚须端节略长于亚端节。前胸背板沟后区不抬高，背片具1对暗褐色纵纹，其间淡褐色，无肩凹；各足股节腹面无刺，膝叶钝圆，前足基节具刺，后足胫节端部具2对端距；雄性前翅不到达或稍超过前胸背板后缘，音齿粗壮且稀疏，雌性前翅相互重叠。雄性第10腹节背板后缘正常或稍凸；外生殖器膜质；尾须基部扩展，端半部圆柱形；腹突位于下生殖板亚端部腹面。雌性前胸背板无纵纹；下生殖板宽大于长；产卵瓣背腹缘光滑，腹瓣具端钩。

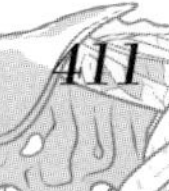

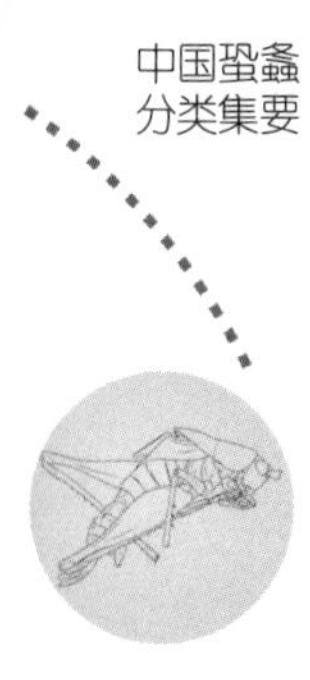

副吟螽属分种检索表

1 雄性尾须稍内弯；雌性下生殖板近五角形 ……………………………………
…………………… **蒋氏副吟螽 *Paraphlugiolopsis jiangi* Bian & Shi, 2014**

\- 雄性尾须直角形内弯；雌性未知 ……………………………………………
……………… **叶尾副吟螽 *Paraphlugiolopsis lobocera* Bian & Shi, 2014**

210. 蒋氏副吟螽 *Paraphlugiolopsis jiangi* Bian & Shi, 2014（仿图 74）

Paraphlugiolopsis jiangi: Bian *et al.*, 2014, *Zootaxa*, 3793(2): 287.

描述：体小。头顶圆锥形，端部钝圆，背面具纵沟；复眼半球形；下颚须端节稍微长于亚端节。前胸背板前缘直，后缘钝圆（仿图 74a），侧片长大于高，肩凹消失（仿图 74b）；各足股节腹面无刺，前足基节具刺，前足胫节腹面内外缘刺排列为4, 4 (1, 1)型，内外侧听器均开放，中足胫节腹面具3个内刺和4个外刺，后足股节膝叶钝圆，后足胫节背面内外缘各具16 ～ 23个齿，端部具端距2对；前翅有时完全隐藏于前胸背板下，左前翅发音区近梯形，加粗翅脉具音齿，基部具1个指状突起，0.37 mm长，具约27个宽且稀疏的齿，后翅消失；雄性第10腹节背板明显向后凸，后缘中部具钝角形的凹口（仿图 74e）；尾须较长，适度上弯，基部1/3较粗壮，内背叶窄，近方形，端部钝，内腹叶更窄，端角近三角形，尾须端半部近刺状，微扁，端部钝（仿图 74e，f）；下生殖板基部宽，向端部渐细，基缘近直，侧缘弯向腹方，后缘近直或中部稍凸，1对腹突圆锥形，端部钝，位于下生殖板亚端部腹面（仿图 74g）。

雌性第9腹节背板侧缘明显后凸；第10腹节背板后缘中部具弱的凹口；尾须圆锥形，端部尖；下生殖板腹观五角形，基缘拱形凹，基侧缘角状弯向背方，端部钝三角形，末端钝圆（仿图 74h）；产卵瓣稍背弯，基部粗壮向端部渐细，背瓣稍长于腹瓣，背瓣末端尖，腹瓣末端钩状（仿图 74i）。

体黄褐色（活时应为绿色）。复眼红褐色，头部背面具1对暗斑，雄性前胸背板具1对黑褐色侧条纹，雌性消失；足端部颜色稍淡。

测量（mm）：体长♂7.0 ～ 7.4，♀9.0 ～ 9.4；前胸背板长♂3.0 ～ 3.3，♀3.9 ～ 4.2；前翅长♂2.0 ～ 2.3，♀2.5 ～ 2.8；后足股节长♂6.2 ～ 6.5，♀6.9 ～ 7.3；产卵瓣长8.0 ～ 8.3。

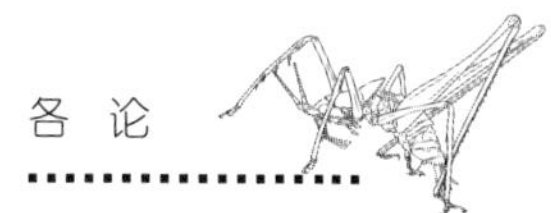

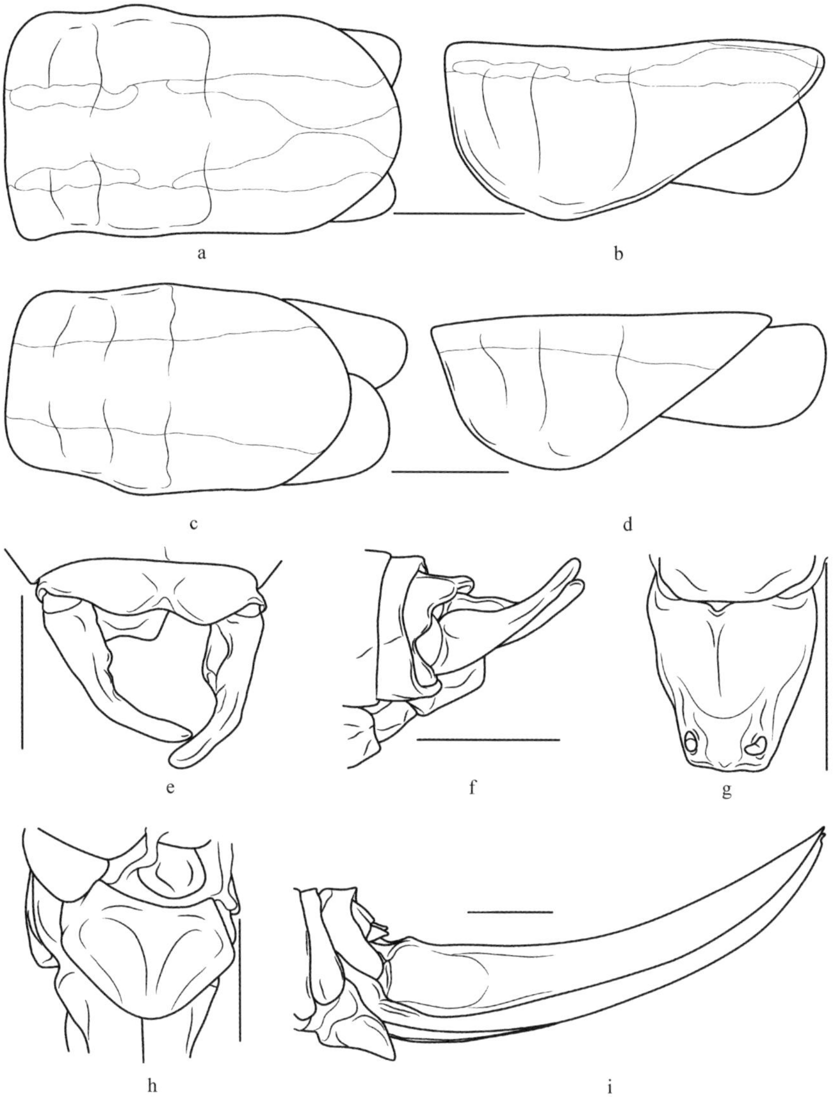

仿图 74　蒋氏副吟螽 *Paraphlugiolopsis jiangi* Bian & Shi, 2014（仿 Bian *et al.*, 2014）

a. 雄性前胸背板，背面观；b. 雄性前胸背板，侧面观；c. 雌性前胸背板，背面观；d. 雌性前胸背板，侧面观；e. 雄性腹端，背面观；f. 雄性腹端，侧面观；g. 雄性下生殖板，腹面观；h. 雌性下生殖板，腹面观；i. 雌性腹端，侧面观

AF. 74　*Paraphlugiolopsis jiangi* Bian & Shi, 2014 (after Bian *et al.*, 2014)

a. pronotum of male, dorsal view; b. pronotum of male, lateral view; c. pronotum of female, dorsal view; d. pronotum of female, lateral view; e. end of male abdomen, dorsal view; f. end of male abdomen, lateral view; g. subgenital plate of male, ventral view; h. subgential plate of female, ventral view; i. end of female abdomen, lateral view

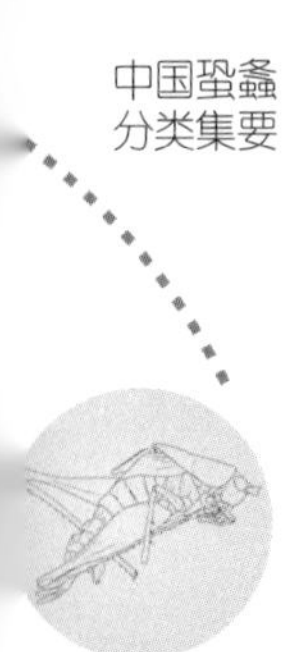

检视材料：1♂（正模）1♀（副模），云南昆明西山，2012.VIII.31，边迅、谢广林采。

模式产地及保存：中国云南昆明；河北大学博物馆（MHU），中国河北保定。

分布：中国云南。

211. 叶尾副吟螽 ***Paraphlugiolopsis lobocera*** **Bian & Shi, 2014**（仿图 75）

Paraphlugiolopsis lobocera: Bian *et al*., 2014, *Zootaxa*, 3793(2): 289.

描述：体小。头顶圆锥形，端部钝圆，背面具纵沟；复眼近球形，向外凸出；下颚须端节稍微长于亚端节。前胸背板前缘稍凹，后缘钝圆（仿图75a），侧片长大于高，肩凹消失（仿图75b）；各足股节腹面无刺，前足基节具刺，前足胫节腹面内外缘刺排列为4, 4 ～ 5 (1, 1)型，内外侧听器均开放，中足胫节腹面具4个内刺和4 ～ 5个外刺，后足股节膝叶钝圆，后

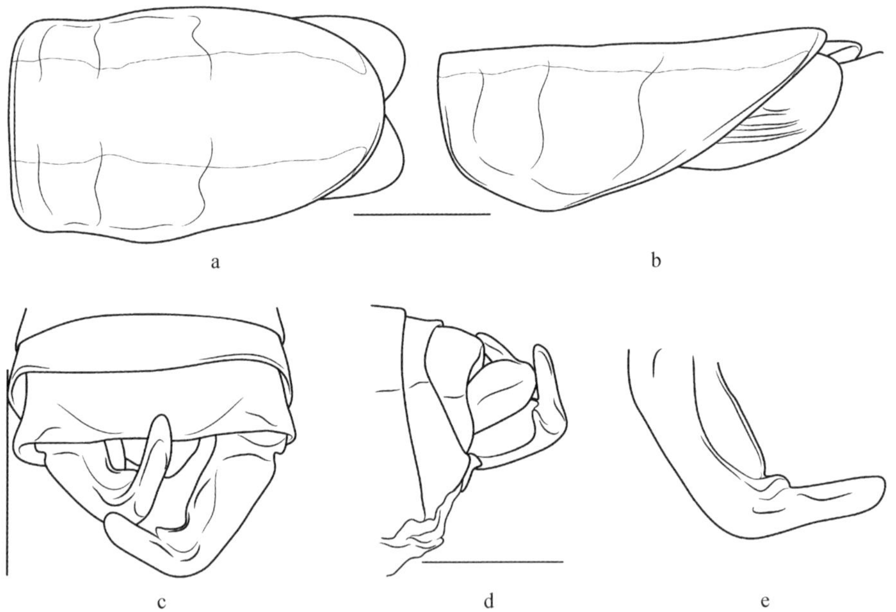

仿图75　叶尾副吟螽 *Paraphlugiolopsis lobocera* Bian & Shi, 2014（仿 Bian *et al*., 2014）
a. 雄性前胸背板，背面观；b. 雄性前胸背板，侧面观；c. 雄性腹端，背面观；d. 雄性腹端，侧面观；e. 雄性左尾须，背面观

AF. 75　*Paraphlugiolopsis lobocera* Bian & Shi, 2014 (after Bian *et al*., 2014)
a. pronotum of male, dorsal view; b. pronotum of male, lateral view; c. end of male abdomen, dorsal view; d. end of male abdomen, lateral view; e. left cercus of male, dorsal view

足胫节背面内外缘各具15～19个齿，端部具端距2对；前翅后缘稍超过前胸背板端部，后翅消失；雄性第10腹节背板后缘中部稍凹；尾须基半部较粗壮，内背缘扩展，尾须端半部圆柱形，端部稍尖，直角内背弯（仿图75c～e）；下生殖板稍变形，基部宽，向端部渐细，基缘近直，腹突纤细，圆锥形，端部钝，位于下生殖板亚端部腹面。

雌性未知。

体黄绿色。复眼黑褐色，头部背面具不明显的褐纹，前胸背板中部具1条褐色纵带，外缘具1对黑褐色纵纹；股节端部和后足胫节背齿黑色，所有跗节淡褐色。腹部背面具1条浅黑色纵带。

测量（mm）：体长♂7.5～8.0；前胸背板长♂3.2～3.5；前翅长♂2.0～2.5；后足股节长♂6.0～6.5。

检视材料：1♂（正模），云南昆明西山，2013.VIII.16，石福明、边迅采。

模式产地及保存：中国云南昆明；河北大学博物馆（MHU），中国河北保定。

分布：中国云南。

（三十九）霓螽属 *Nicephora* Bolívar, 1900

Nicephora: Bolívar, 1900, *Annales de la Société Entomologique de France*, 68: 770; Kirby, 1906, *A Synonymic Catalogue of Orthoptera*, 2: 374; Caudell, 1912, *Genera Insectorum*, 138: 2, 3-4; Karny, 1924, *Treubia*, 5(1-3): 108; Gorochov, 1993, *Zoosystematica Rossica*, 2(1): 83; Gorochov, 1998, *Zoosystematica Rossica*, 7(1): 115; Wang *et al.*, 2013, *Zootaxa*, 3737(2): 154.

模式种：*Nicephora trigonidioides* Bolívar, 1900

体小，前翅短但长于前胸背板。头顶短，钝圆瘤状；下颚须端节长于亚端节。前胸背板不具肩凹；胸听器完全暴露；雄性前翅具发音器，后翅退化；前足胫节内外侧听器开放型，后足胫节端部具2对端距。雄性第10腹节背板后缘中部或多或少凹，形态多样；肛上板较发达；尾须长，具许多突起，通常包括末端锯齿状的叶；下生殖板腹突小；外生殖器具被膜质包裹的革片。雌性下生殖板多样；产卵瓣短于后足股节，腹瓣具端钩。

真霓螽亚属 *Nicephora* (*Eunicephora*) Gorochov, 1998

Nicephora (*Eunicephora*): Gorochov, 1998, *Zoosystematica Rossica*, 7(1): 115;

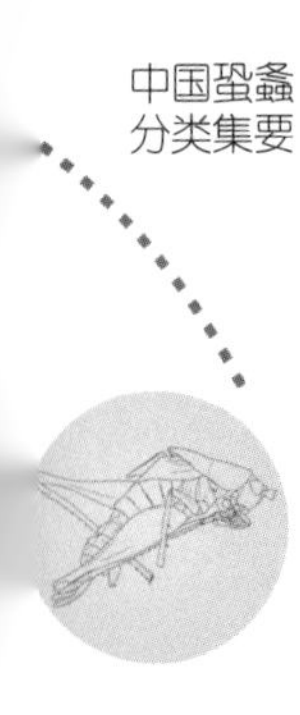

Wang *et al.*, 2013, *Zootaxa*, 3737(2): 163.

模式种：*Nicephora ulla* Gorochov, 1988

前胸背板稍长。雄性第10腹节背板后缘无突起；尾须非宽叶状，通常具齿状叶；外生殖器具3革片。

212. 滇西真霓螽 *Nicephora* (*Eunicephora*) *dianxiensis* Wang & Liu, 2013（图137）

Nicephora dianxiensis: Wang *et al.*, 2013, *Zootaxa*, 3737(2): 165.

描述：体较小。头顶圆锥形，背面纵沟弱；下颚须端节约等长于亚端节（图137a）。前胸背板延长，后缘尖圆，沟后区不隆起，侧片较矮，无肩凹（图137a）；前翅和后翅缩短，前翅到达第7腹节背板基部，翅脉明显，发音部完全隐藏于前胸背板之下，端部稍尖（图137a）；前足胫节腹面内、外刺为3, 3 (1, 1)型，后足股节膝叶端部钝圆，后足胫节具2对端距，背面内外缘各具20～22个齿。雄性第9腹节背板侧缘向后尖形扩展；第10腹节背板后缘无突起或叶（图137b）；雄性尾须长，较直几乎不内弯，基部具1稍宽大的背叶，端部近平截，前后角稍尖，向腹面弯曲，基叶后具1个尖形小突起，端部稍宽扁，末端钝（图137b～e）；下生殖板近方形，基缘稍内凹，后缘较平直，具粗短腹突（图137d）。外生殖器端部革质，大体分为三部分，圆形的基部和分叉的2端部，端部末端具细齿（图137c）。

雌性尾须短，圆锥形；下生殖板基部具侧角，端部三角形，具中沟（图137f）；产卵瓣几乎等长于后足股节，腹瓣端钩不明显。

体淡黄褐色。触角具褐色环纹，头部背面与前胸背板具淡褐色纹路，不清晰，各足股节具2个极不明显的淡褐色环纹，各胫节背面近基部具1个明显的黑点，前翅部分翅室、前中足胫节的刺窝和后足胫节刺具褐色。

测量（mm）：体长♂10.0～11.5，♀7.0；前胸背板长♂4.0，♀3.6；前翅长♂3.0，♀3.0；后足股节长♂7.0～7.5，♀7.5；产卵瓣长7.0。

检视材料：正模♂副模3♂♂1♀，云南泸水姚家坪，2 700 m，2010.VI.21～23，毕文烜采。

分布：中国云南。

（四十）瀛蛩螽属 *Nipponomeconema* Yamasaki, 1983

Nipponomeconema: Yamasaki, 1983, *Annotationes Zoologicae Japonenses*,

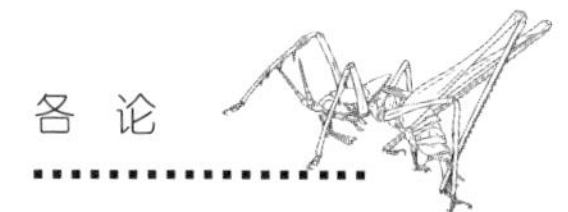

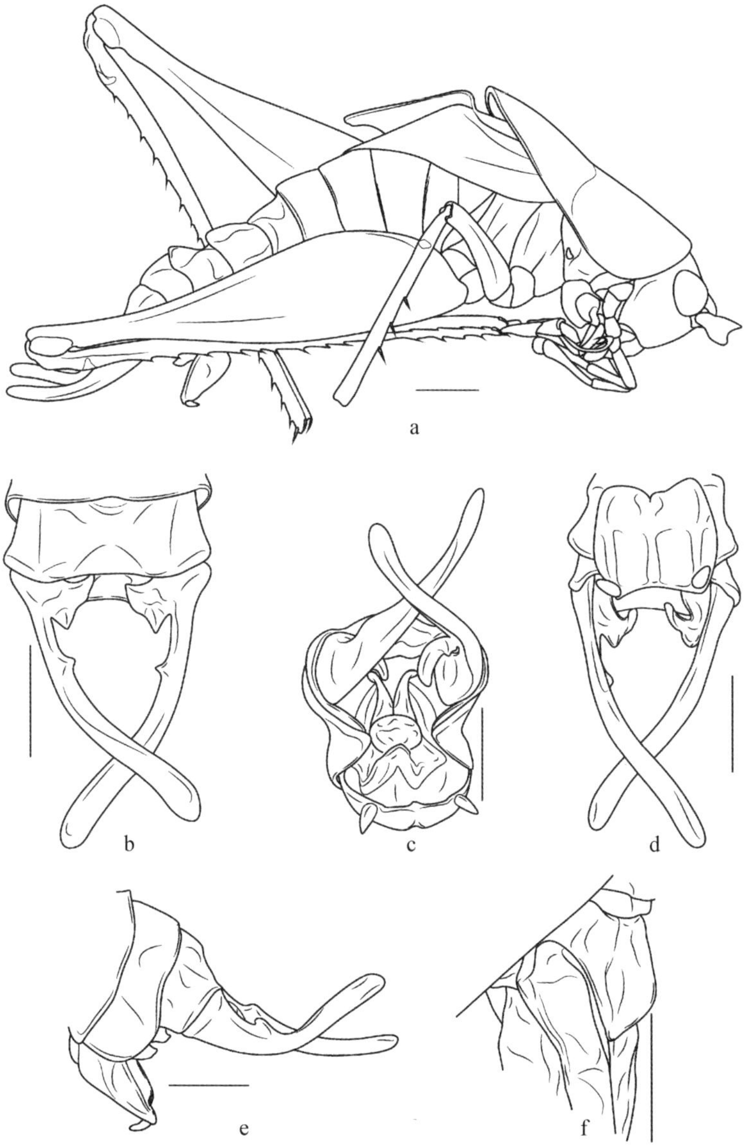

图 137 滇西真霓螽 *Nicephora* (*Eunicephora*) *dianxiensis* Wang & Liu, 2013

a. 雄性整体，侧面观；b. 雄性腹端，背面观；c. 雄性腹端，后面观；d. 雄性腹端，腹面观；e. 雄性腹端，侧面观；f. 雌性下生殖板，腹侧面观

Fig. 137 *Nicephora* (*Eunicephora*) *dianxiensis* Wang & Liu, 2013

a. male body, lateral view; b. end of male abdomen, dorsal view; c. end of male abdomen, rear view; d. end of male abdomen, ventral view; e. end of male abdomen, lateral view; f. subgenital plate of female, laterally ventral view

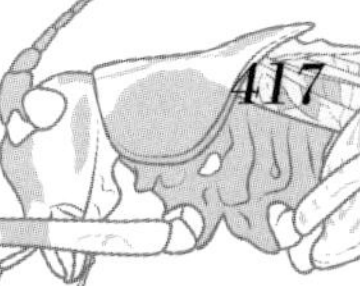

56(1): 59; Otte, 1997, *Orthoptera Species File 7*, 97; Wang & Liu, 2018, *Insect Fauna of the Qinling Mountains volume I Entognatha and Orthopterida*, 473.

模式种：*Nipponomeconema musashiense* Yamasaki, 1983

体小至中型，长翅类型，与模式属十分相近但雄性前翅具发音器。头顶适度凸出，背具纵沟；复眼相对较小；触角长。前胸背板比模式属长且矮，无侧隆线和肩凹，前缘平直，后缘半圆形，侧片后部弧形凹，沟后区向后凸出并圆形隆起，雌性隆起较弱，端半部具弱的中隆线；胸听器外露；前翅发达，但不超过后足股节端部，发音器大部分隐藏于前胸背板下，后翅发达，与前翅等长；前足胫节听器内外开放，后足股节长且光滑，后足胫节端部具2对端距。雄性第10腹节背板内弯或后缘中部凹；尾须瘦长，较模式属内弯；下生殖板后缘多样，腹突小；无阳茎端突。雌性下生殖板无中突起；产卵瓣剑状，微上弯，腹瓣具端钩。复眼后有时具1对黑带；前胸背板亚端部具1对黑点，沟后区具1对暗褐色的大斑。

213. 中华瀛蛩螽 *Nipponomeconema sinica* Liu & Wang, 1998（图138）

Nipponomeconema sinica: Liu & Wang, 1998, *Henan Science*, 16(1): 72; Wang & Liu, 2018, *Insect Fauna of the Qinling Mountains volume I Entognatha and Orthopterida*, 474.

描述：体中型，稍粗壮。头顶圆锥形，稍长，基部较窄，端部钝圆，背面具沟；复眼卵圆形，向前凸出；下颚须端节略微长于亚端节。前胸背板前缘近直，后缘半圆形，沟后区短于沟前区（图138a），沟后区抬高，略微扩展，侧片较高，腹缘凸圆，后缘稍内凹，整个背板背面中间亚基部至末端具弱中隆线，缺肩凹（图138b）；胸听器较小，完全外露；前翅不超过后足股节端部，活时不超过腹端，后翅约等长于前翅；前足基节具刺，股节腹面缺刺，膝叶端部钝圆，前足胫节腹面内外刺排列为4, 4 (1, 1)型，内外侧听器均为开放型，后足胫节背面内外缘各具22 ～ 27个齿，腹面具亚端距，背腹各具1对端距。雄性第10腹节背板宽，后部向后凸出，后缘中部凹形成1对圆叶（图138c）；肛上板稍宽，钝三角形；尾须细长，简单，基部稍粗，具1粗壮的钝刺状突起，突起后内面凹，端部钝圆（图138c，d）；下生殖板短宽，后缘近直中央微凸，腹突稍长（图138e）。

雌性前胸背板沟后区平，自后横沟向上翘起。第9腹节背板侧缘向后

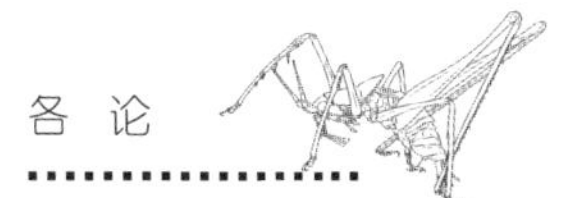

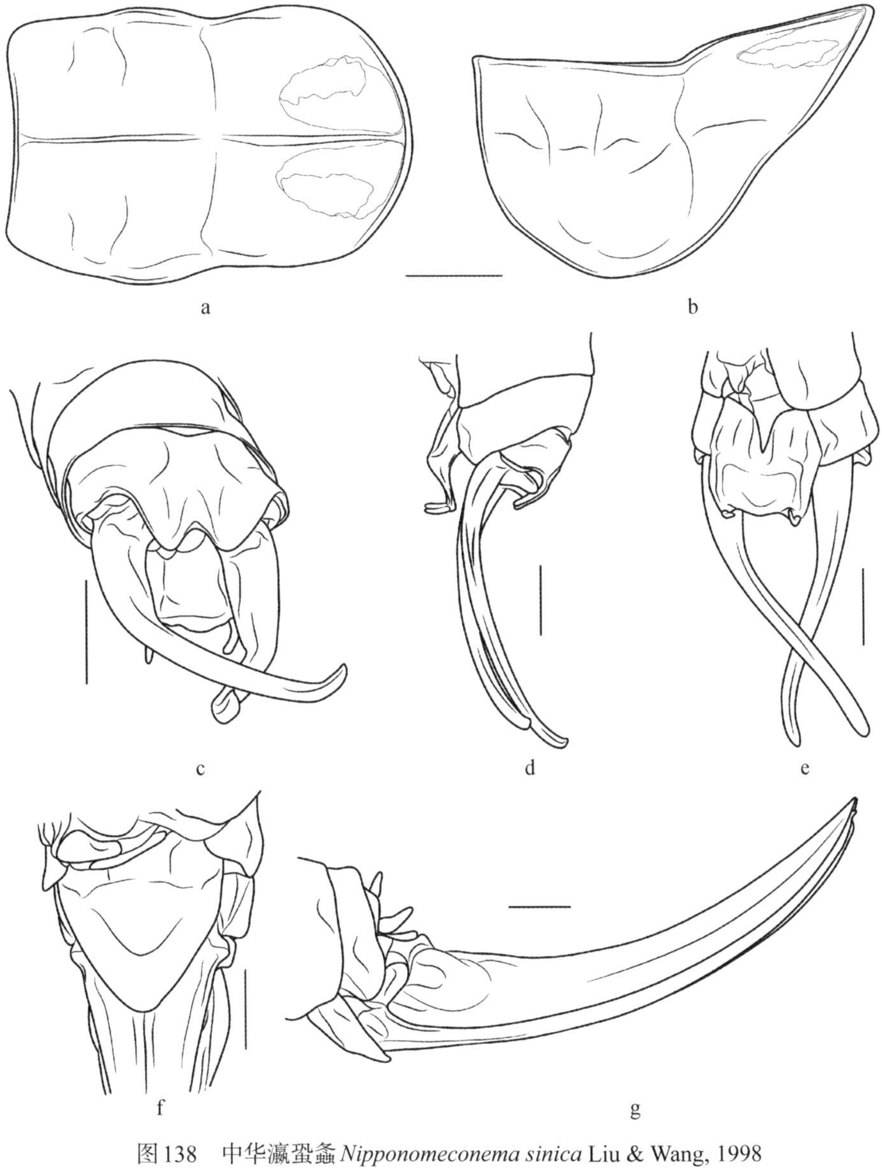

图138　中华瀛蛩螽 *Nipponomeconema sinica* Liu & Wang, 1998
a. 雄性前胸背板，背面观；b. 雄性前胸背板，侧面观；c. 雄性腹端，背面观；d. 雄性腹端，侧面观；e. 雄性腹端，腹面观；f. 雌性下生殖板，腹面观；g. 雌性腹端，侧面观

Fig. 138　*Nipponomeconema sinica* Liu & Wang, 1998
a. pronotum of male, dorsal view; b. pronotum of male, lateral view; c. end of male abdomen, dorsal view; d. end of male abdomen, lateral view; e. end of male abdomen, ventral view; f. subgential plate of female, ventral view; g. end of female abdomen, lateral view

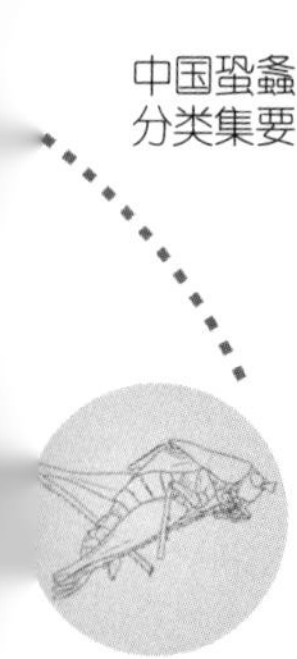

凸；第10腹节背板短，中央具裂口；尾须中等长度，稍内弯，端部尖；下生殖板圆三角形，端部稍平，侧缘弯向背方（图138f）；产卵瓣约为前胸背板的2倍长，腹瓣具端钩（图138g）。

体浅绿色。触角淡黄色，复眼红褐色，头部背面和头顶背面具1条淡黄色窄纵带；前胸背板中央具黄色窄纵带，沟后区后部带两侧具1对三角形的褐色斑，斑外缘黑褐色；前翅后缘发音区以外褐色；腹部背面具淡色纵带；足端部稍褐色。

测量（mm）：体长♂16.0，♀15.0～17.0；前胸背板长♂4.0，♀4.0～4.5；前翅长♂11.0，♀12.0～12.5；后足股节♂缺失，♀13.0；产卵瓣8.0～9.0。

检视材料：正模♂配模♀，河南卢氏琪河林场，1 300～1 700 m，1985.IX.23，张秀江采；副模3♀♀，河南内乡宝天墁，1985.VIII.12，张秀江采。

分布：中国河南、陕西。

（四十一）泰雅螽属 *Taiyalia* Yamasaki, 1992

Taiyalia: Yamasaki, 1992, *Proceedings of the Japanese Society of Systematic Zoology*, 48: 42; Otte, 1997, *Orthoptera Species File 7*, 97.

模式种：*Taiyalia squolyequiana* Yamasaki, 1992

体偏小。头顶圆锥形背面具浅沟；复眼较小，半圆形。前胸背板矮宽，背面几乎平，前缘近直后缘圆，缺肩凹，背面中央沟前区和沟后区后部具弱的隆线，侧面和后缘具棕色带；胸听器明显可见；前翅宽，网格状，不超过后足股节端部，中等长度，发音器隐藏于前胸背板下，后翅短于前翅；胫节听器两侧均开放，后足股节光滑细长，后足胫节端部具2对端距。雄性尾须短于第10腹节背板，向端部渐细，中部通常具大的内齿，端部钝圆；下生殖板延长和特化，腹突消失；阳茎背片小，双叶状，叶边缘具细齿。雌性未知。

泰雅螽属分种检索表

1　雄性尾须内侧中部具1大的刺状突起，端部钝圆；下生殖板腹面中部稍后两侧具1对指向后方的方形突起 ……………………………………………………………… 赛考利克泰雅螽 ***Taiyalia squolyequiana*** **Yamasaki, 1992**

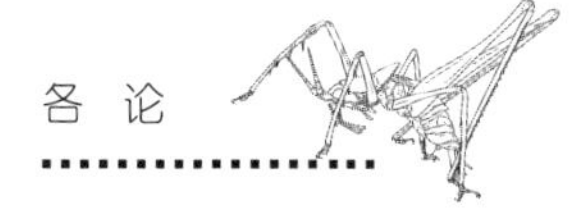

- 雄性尾须内侧中部突起较厚实，端部稍尖；下生殖板腹面中部后1对突起仅鼓起 …………… **赛德克泰雅螽 *Taiyalia sedequiana* Yamasaki, 1992**

214. 赛考利克泰雅螽 *Taiyalia squolyequiana* Yamasaki, 1992（仿图76）

Taiyalia: *squolyequiana* Yamasaki, 1992, *Proceedings of the Japanese Society of Systematic Zoology*, 48: 43; Chang, Du & Shi, 2013, *Zootaxa*, 3750(4): 383.

描述：体偏小，中长翅类型。头顶圆锥形，基部稍宽，背面具浅沟；复眼较小，半圆形，向前凸出（仿图76b）。前胸背板沟后区延长，背面平坦，前缘近直后缘宽圆，沟后区长于沟前区（仿图76b），侧片矮，后缘弧形微凹，缺肩凹；胸听器明显可见（仿图76c）；前翅宽网格状，超过腹端，不超过后足股节端部，中等长度，后缘尖圆，发音器隐藏于前胸背板下，后翅短于前翅（仿图76a）；胫节听器两侧均开放，前足胫节腹面内外缘刺排列为3, 3 (1, 1)型，后足股节光滑细长，后足胫节背面内外缘各具约20个齿，端部具2对端距。雄性第10腹节背板后缘凹，不具突起（仿图76d）；肛上板半圆形；尾须短，基部稍宽，内侧中部具1个大的刺状突起，端部钝圆（仿图76d，e）；下生殖板延长，基部圆盘状，端部勺状，中部腹面中央具1个指向下方的尖突起，稍后两侧具1对指向后方的方形突起，腹突消失（仿图76f）。

雌性未知。

体绿色。复眼后具白色短纹；前胸背板背面沿两侧和后缘形成1对棕色纵纹，外嵌白色边。

测量（mm）：体长♂10.5；前胸背板长♂4.7；前翅长♂10.2；后足股节长♂8.0。

检视材料：未见标本。

模式产地及保存：中国台湾台中雪山七卡山庄口；东京都立大学自然历史部（NHTM），日本东京。

分布：中国台湾。

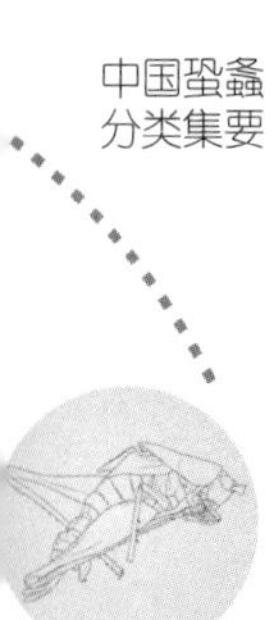

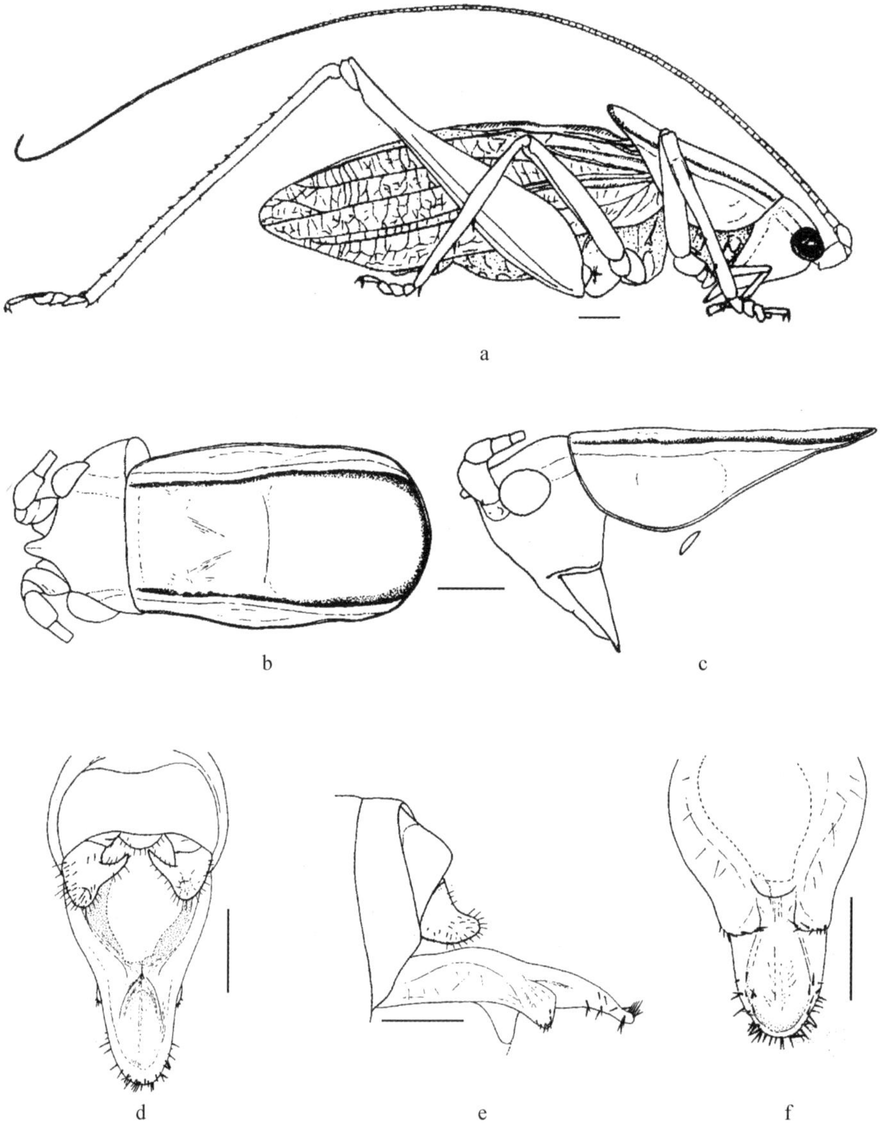

a

b

c

d

e

f

仿图 76　赛考利克泰雅螽 *Taiyalia squolyequiana* Yamasaki, 1992（仿 Yamasaki, 1992）

a. 雄性整体，侧面观；b. 雄性头与前胸背板，背面观；c. 雄性头与前胸背板，侧面观；d. 雄性腹端，背面观；e. 雄性腹端，侧面观；f. 雄性下生殖板，腹面观

AF. 76　*Taiyalia squolyequiana* Yamasaki, 1992 (after Yamasaki, 1992)

a. male body, lateral view; b. head and pronotum of male, dorsal view; c. head and pronotum of male, lateral view; d. end of male abdomen, dorsal view; e. end of male abdomen, lateral view; f. subgenital plate of male, ventral view.

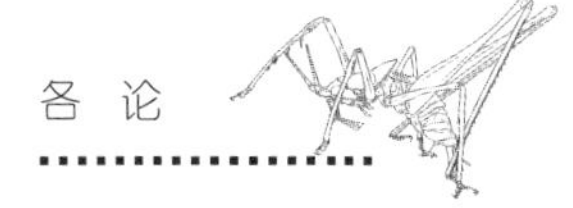

215. 赛德克泰雅螽 *Taiyalia sedequiana* Yamasaki, 1992（仿图 77）

Taiyalia sedequiana: Yamasaki, 1992, *Proceedings of the Japanese Society of Systematic Zoology*, 48: 45; Chang, Du & Shi, 2013, *Zootaxa*, 3750(4): 383.

描述：体偏小，中长翅类型。头顶圆锥形，稍窄尖，背面具浅沟；复眼较小，半圆形，向外凸出（仿图 77a）。前胸背板沟后区延长，背面平坦，背板前缘稍凸，后缘宽圆，沟后区长于沟前区（仿图 77a），侧片矮，

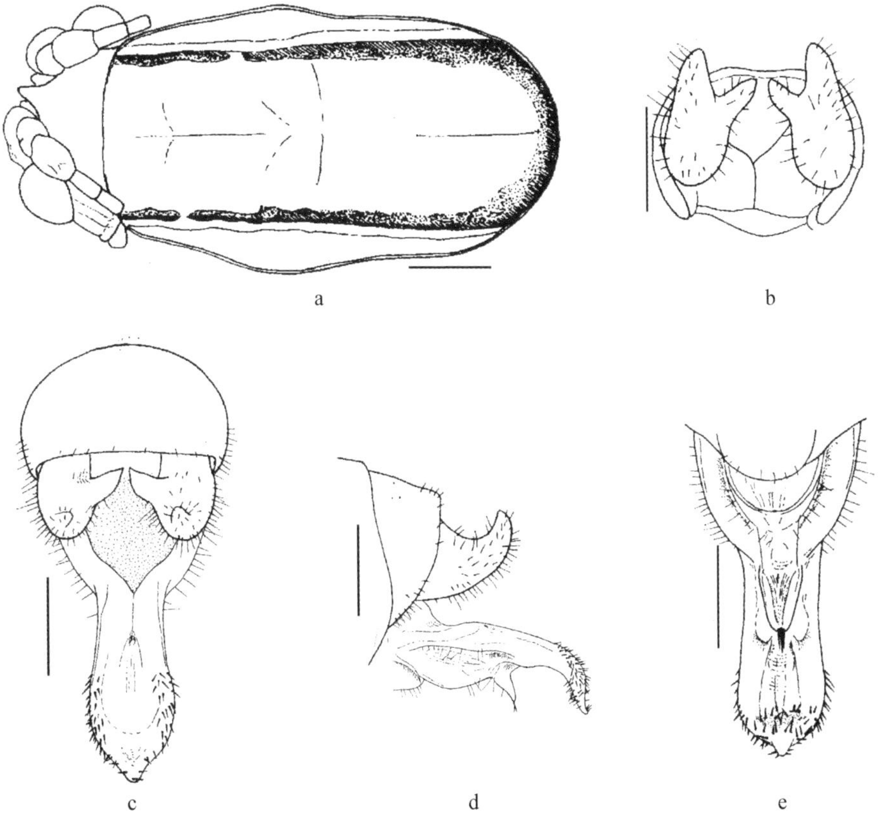

a b c d e

仿图 77 赛德克泰雅螽 *Taiyalia sedequiana* Yamasaki, 1992（仿 Yamasaki, 1992）
a. 雄性头与前胸背板，背面观；b. 雄性腹端，后面观；c. 雄性腹端，背面观；d. 雄性腹端，侧面观；e. 雄性下生殖板，腹面观

AF. 77 *Taiyalia sedequiana* Yamasaki, 1992 (after Yamasaki, 1992)
a. head and pronotum of male, dorsal view; b. end of male abdomen, rear view; c. end of male abdomen, dorsal view; d. end of male abdomen, lateral view; e. subgenital plate of male, ventral view

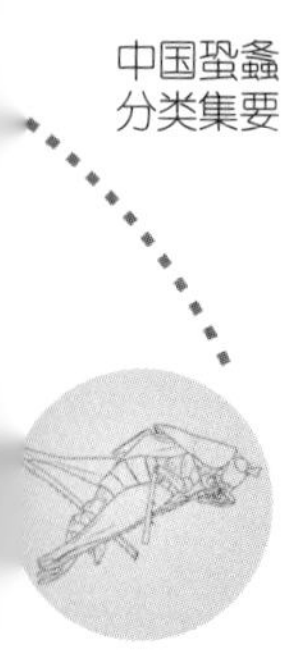

后缘斜截形，缺肩凹；胸听器明显可见；前翅不超过后足股节端部；胫节听器两侧均开放，前足胫节腹面内外缘刺排列为3, 3 (1, 1)型，后足股节光滑细长，后足胫节背面内外缘约各具20齿，端部具2对端距。雄性第10腹节背板后缘近平直，不具突起（仿图77c）；尾须短，内侧中突起较前种厚实，端部稍尖（仿图77b～d）；下生殖板延长，基部近半圆，端部勺状，末端稍尖，中部稍窄，腹面中央具1指向下方的尖突起，稍后两侧突仅鼓起，腹突消失（仿图77e）。

雌性未知。

体绿色。复眼后具白色短纹；前胸背板背面沿两侧和后缘形成1对棕色纵纹，外嵌白色边。

测量（mm）：体长（包括前翅）♂19.1；前胸背板长♂5.6；前翅长♂12.1；后足股节长♂9.3。

检视材料：未见标本。

模式产地及保存：中国台湾花莲碧绿神木；东京都立大学自然历史部（NHTM），日本东京。

分布：中国台湾。

（四十二）拟库螽属 *Pseudokuzicus* Gorochov, 1993

Pseudokuzicus: Gorochov, 1993, *Zoosystematica Rossica*, 2(1): 71; Gorochov, 1998, *Zoosystematica Rossica*, 7(1): 108; Shi, Mao & Chang, 2007, *Zootaxa*, 1546: 23; Di *et al.*, 2014, *Zootaxa*, 3872(2): 154.

模式种：*Xiphidiopsis pieli* Tinkham, 1943

体中等，稍粗壮。头顶圆锥形，端部钝背面具纵沟；下颚须端节约等长于亚端节。前胸背板短，肩凹存在不明显；胸听器大，肾形；前足胫节内外侧听器均开放；前翅缩短，不超过后足股节末端，长于或稍短于后翅，雄性前翅发音器大部分被前胸背板覆盖，后足胫节端部具2对端距。雄性第10腹节背板后缘具1对对称的岔开长突起或退化；雄性尾须适度内弯；下生殖板大，腹突存在或有时消失；雄性外生殖器具1对突出的端突。雌性尾须圆锥形；产卵瓣基部粗壮，端半部适度上弯，端部尖，腹瓣具端钩。体杂色。

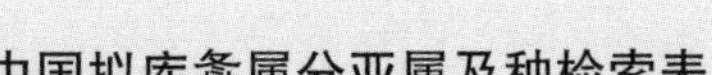

中国拟库螽属分亚属及种检索表

1　雄性第10腹节背板后缘具成对的长突起；雌性下生殖板非横宽 ………
………………**拟库螽亚属 *Pseudokuzicus* (*Pseudokuzicus*)** ……………… 2

–　雄性第10腹节背板后缘具短的突起或突起瘤状；雌性下生殖板横宽…………**似库螽亚属 *Pseudokuzicus* (*Similkuzicus*)** ……………………… 7

2　雄性尾须不分叉；雌性下生殖板具横褶或中突 ………………………… 3

–　雄性尾须分叉；雌性下生殖板无横褶或中突 …………………………… 5

3　雄性生殖端突较细；雌性下生殖板后缘具小的中突 ………………
刺端拟库螽 *Pseudokuzicus* (*Pseudokuzicus*) *spinus* Shi, Mao & Chang, 2007

–　雄性生殖端突较宽；雌性下生殖板具横褶 ……………………………… 4

4　雄性尾须较长，远超过第10腹节背板突起的顶端，端部具2小齿；雄性生殖端突亚端部腹缘具直角凹口；雌性下生殖板端部具明显的凹口 …
……… **比尔拟库螽 *Pseudokuzicus* (*Pseudokuzicus*) *pieli* (Tinkham, 1943)**

–　雄性尾须较短，几乎不超过第10腹节背板突起的顶端，端部具弱的缺刻；雄性生殖端突亚端部腹缘不具凹口；雌性下生殖板端部无明显的凹口…
…… **宽端拟库螽 *Pseudokuzicus* (*Pseudokuzicus*) *platynus* Di, Bian, Shi & Chang, 2014**

5　雄性尾须内枝位于中部之后，生殖端突较短小简单；雌性下生殖板后缘凸圆 …………………………………………………………………… 6

–　雄性尾须内枝位于基部，生殖端突背缘多细齿；雌性未知 ……………
弯端拟库螽 *Pseudokuzicus* (*Pseudokuzicus*) *acinacus* Shi, Mao & Chang, 2007

6　雄性尾须分支较长，下生殖板后缘中央宽圆；雌性下生殖板近三角形，后缘凹口较浅 ……………………………………………………………
叉尾拟库螽 *Pseudokuzicus* (*Pseudokuzicus*) *furcicaudus* (Mu, He & Wang 2000)

–　雄性尾须内支很短近三角形，下生殖板后缘半圆形；雌性下生殖板延长，端部稍扩宽，后缘具深凹口 ……………………………………………
…… **角突拟库螽 *Pseudokuzicus* (*Pseudokuzicus*) *trianglus* Di, Bian, Shi & Chang, 2014**

7　雄性第10腹节背板后缘具短突起，生殖端突具2齿；雌性下生殖板后缘中央几乎不突出 ……………………………………………………………
长齿似库螽 *Pseudokuzicus* (*Similkuzicus*) *longidentatus* Chang, Zheng & Wang, 1998

–　雄性第10腹节背板后缘无突起，生殖端突具4齿；雌性下生殖板后缘中央明显凸出 ……………………………………………………………
…… **四齿似库螽 *Pseudokuzicus* (*Similkuzicus*) *quadridentatus* Shi, Mao & Chang, 2007**

拟库螽亚属*Pseudokuzicus*（*Pseudokuzicus*）Gorochov，1993

Kuzicus (*Pseudokuzicus*): Otte, 1997, *Orthoptera Species File 7*, 89.

Pseudokuzicus (*Pseudokuzicus*) Shi, Mao & Chang, 2007, *Zootaxa*, 1546: 24; Di *et al.*, 2014, *Zootaxa*, 3872(2): 160.

雄性第10腹节背板后缘具长突起；雌性下生殖板通常非横宽。

216. 比尔拟库螽*Pseudokuzicus* (*Pseudokuzicus*) *pieli* (Tinkham, 1943)（图139，图版103，104）

Xiphidiopsis pieli: Tinkham, 1943, *Notes d'Entomologie Chinoise, Musée Heude*, 10(2): 49; Thinkham, 1944, *Proceedings of the United States National Museum*, 94: 507; Thinkham, 1956, *Transactions of the American Entomological Society*, 82: 3, 5; Beier, 1966, *Orthopterorum Catalogus*, 9: 275; Liu & Jin, 1994, *Contributions from Shanghai Institute of Entomology*, 11: 111; Jin & Xia, 1994, *Journal of Orthoptera Research*, 3: 27; Liu & Jin, 1999, *Fauna of Insects Fujian Province of China. Vol. 1*, 154–155.

Pseudokuzicus pieli: Gorochov, 1993, *Zoosystematica Rossica*, 2(1): 71; Gorochov, 1998, *Zoosystematica Rossica*, 7(1): 108; Liu & Zhang, 2001, *Insects of Tianmushan National Nature Reserve*, 90.

Pseudokuzicus (*Pseudokuzicus*) *pieli*: Shi, Mao & Chang, 2007, *Zootaxa*, 1546: 24. Di *et al.*, 2014, *Zootaxa*, 3872(2): 160.

描述：体中型，略壮。头顶圆锥形，稍长，基部较窄，端部钝圆，背面具沟；复眼卵圆形，向前凸出；下颚须端节明显长于亚端节。前胸背板后缘稍尖圆，沟后区短于沟前区（图139a），沟后区几乎不抬高，非扩展，侧片较高，腹缘凸圆，后缘具弱的肩凹（图139b）；胸听器较大，完全外露；前翅不超过后足股节端部，后翅稍短于前翅；前足基节具刺，股节腹面缺刺，膝叶端部钝圆，前足胫节腹面内外刺较短，排列为3, 3（1, 1)型，内外侧听器均为开放型，后足胫节背面内外缘各具20～21个齿，末端具2对端距。雄性第10腹节背板宽，后缘中部具1对渐岔开的长突起，突起扁，亚端部稍扩展（图139c）；尾须细长，简单，基部稍粗，背面具1个粗壮的钝状突起，突起后渐细，末端具1个缺口（图139c～e）；下生殖板较大，长大于宽，腹面具1对隆线，基部稍窄，亚基部两侧缘凸圆，后缘为

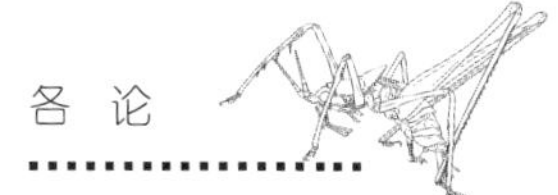

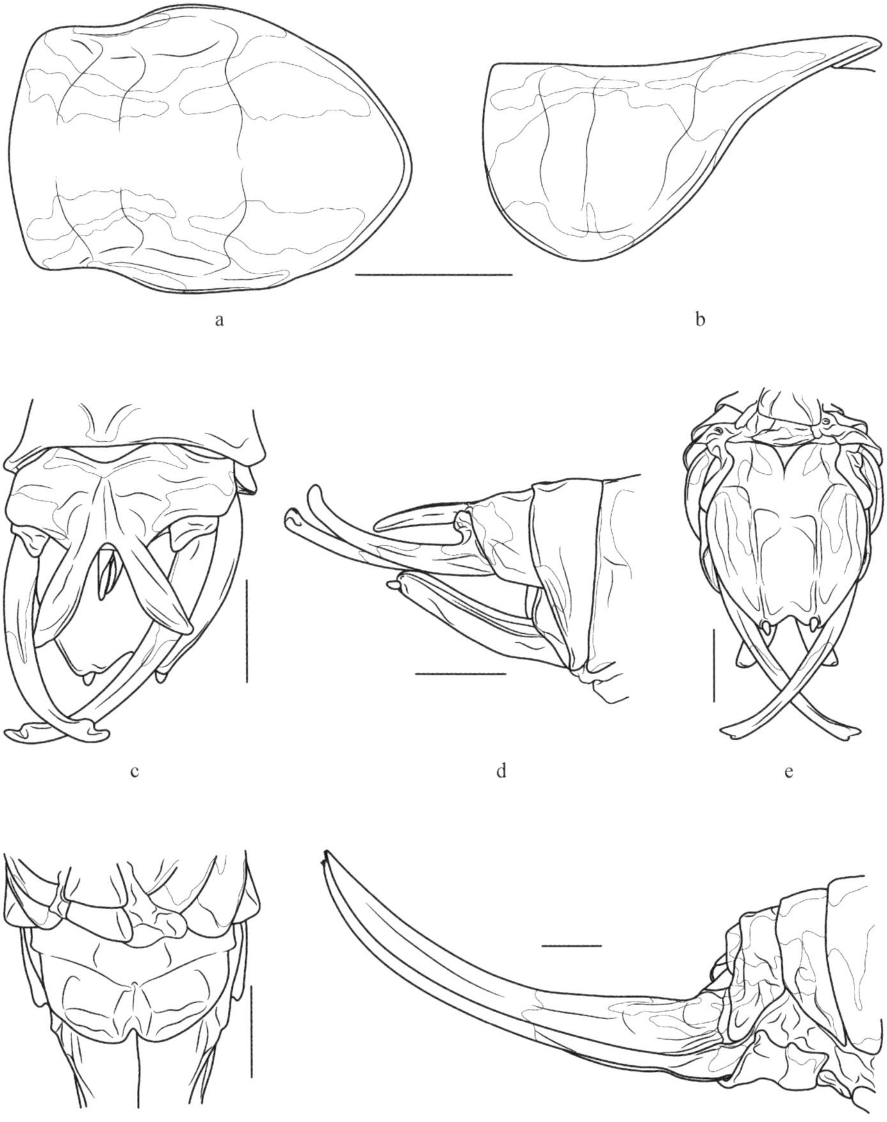

a

b

c

d

e

f

g

图139　比尔拟库螽 *Pseudokuzicus* (*Pseudokuzicus*) *pieli* (Tinkham, 1943)
a. 雄性前胸背板，背面观；b. 雄性前胸背板，侧面观；c. 雄性腹端，背面观；d. 雄性腹端，侧面观；e. 雄性腹端，腹面观；f. 雌性下生殖板，腹面观；g. 雌性腹端，侧面观

Fig. 139　*Pseudokuzicus* (*Pseudokuzicus*) *pieli* (Tinkham,1943)
a. male pronotum, dorsal view; b. male pronotum, lateral view; c. end of male abdomen, dorsal view; d. end of male abdomen, lateral view; e. end of male abdomen, ventral view; f. subgenital plate of female, ventral view; g. end of female abdomen, lateral view

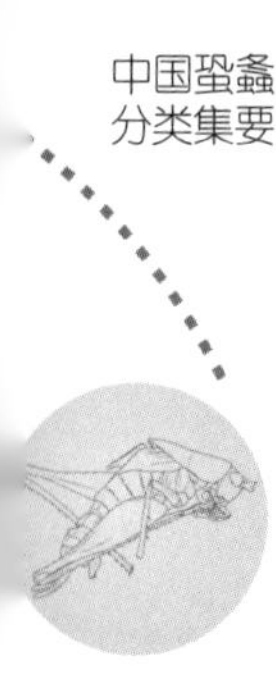

三角形缺口，两侧腹突较短（图139e）。

雌性第9腹节背板侧缘明显向后凸；第10腹节背板短，中央具裂口；尾须短，端部尖；下生殖板近半圆形，稍延长，后部凸出，中央具凹口形成1对圆叶（图139f）；产卵瓣较直，基部粗壮，中部渐细，端部稍扩展，腹瓣具明显的端钩（图139g）。

体褐色杂黑褐色斑纹。颜面黑色，两侧复眼下及后浅黄色，其间近后头黑褐色。前胸背板侧片黑褐色，背片侧棱浅黄色，在后横沟处间断，沟前区侧棱内侧具黑褐色镶边，沟后区侧棱之间具大小不一的1对黑褐色斑；前翅浅褐色，具较大的褐色斑，足黑褐色，褐色、浅黄色斑杂。腹部背面黑褐色，侧面具褐色斑。

测量（mm）：体长♂10.2 ～ 11.2，♀11.5 ～ 13.0；前胸背板长♂4.1 ～ 4.3，♀4.0 ～ 4.2；前翅长♂10.2 ～ 10.6，♀12.0 ～ 12.1；后足股节♂9.5 ～ 9.9，♀10.8 ～ 11.0；产卵瓣7.2 ～ 8.0。

检视材料：正模♂配模♀副模5♂♂10♀♀，浙江天目山，1936.VII.20 ～ 22，Piel采；1♂1♀，浙江天目山，1962.VIII.5 ～ 18，金根桃采；1♂，浙江天目山，1987.VIII.18，周建中、范树德采；1♀，福建武夷山，700 m，1985.VII.21，金根桃采；1♀，广东南岭保护区，1 000 m，2008.VII.6，黄保平、严莹采。

分布：中国陕西、浙江、福建、广东。

217. 宽端拟库螽 *Pseudokuzicus* (*Pseudokuzicus*) *platynus* Di, Bian, Shi & Chang, 2014（图140）

Xiphidiopsis pieli: Tinkham, 1943, *Notes d'Entomologie Chinoise, Musée Heude*, 10(2): 49 (par.); Liu & Jin, 1994, *Contributions from Shanghai Institute of Entomology*, 11: 111; Jin & Xia, 1994, *Journal of Orthoptera Research*, 3: 27; Liu & Jin, 1999, *Fauna of Insects Fujian Province of China. Vol. 1*, 154–155.

Pseudokuzicus (*Pseudokuzicus*) *platynus*: Di, *et al.*, 2014, *Zootaxa*, 3872(2): 157.

描述：体偏小，稍粗壮。头顶向前呈锥形突出，端部钝圆，基部稍宽，背面具沟；复眼卵圆形，向前凸出；下颚须端节明显长于亚端节，端部略膨大。前胸背板沟后区短于沟前区（图140a），沟后区微抬高，背观非扩展，侧片稍高，后缘具弱肩凹（图140b）；前足基节具刺，各足股节腹

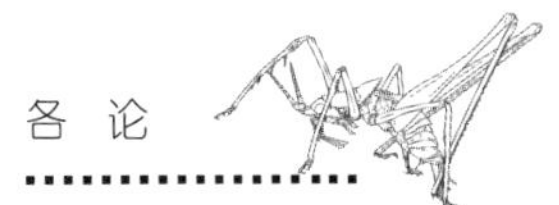

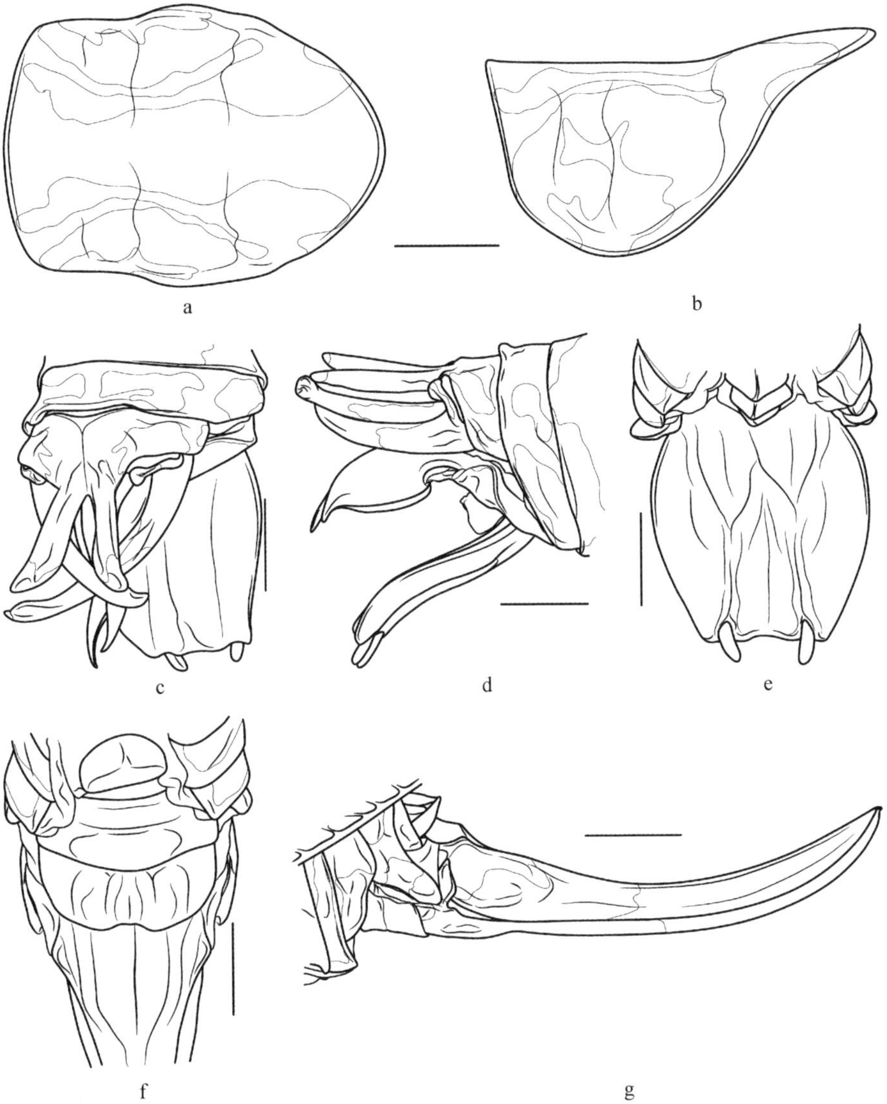

a b

c d e

f g

图 140 宽端拟库螽 *Pseudokuzicus* (*Pseudokuzicus*) *platynus* Di, Bian, Shi & Chang, 2014
a. 雄性前胸背板，背面观；b. 雄性前胸背板，侧面观；c. 雄性腹端，背面观；d. 雄性腹端，侧面观；e. 雄性腹端，腹面观；f. 雌性下生殖板，腹面观；g. 雌性腹端，侧面观

Fig. 140 *Pseudokuzicus* (*Pseudokuzicus*) *platynus* Di, Bian, Shi & Chang, 2014
a. male pronotum, dorsal view; b. male pronotum, lateral view; c. end of male abdomen, dorsal view; d. end of male abdomen, lateral view; e. end of male abdomen, ventral view; f. subgenital plate of female, ventral view; g. end of female abdomen, lateral view

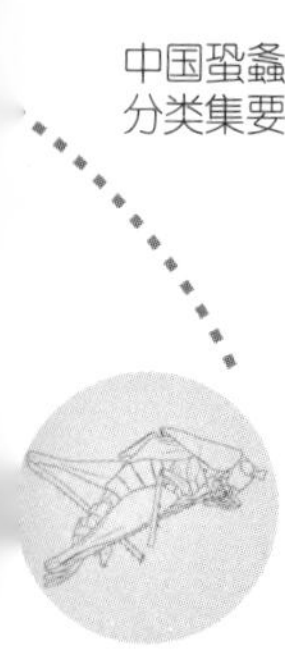

面无刺，前足和中足胫节腹面刺较短，前足胫节腹面内外刺排列为3, 4 (1, 1)型，中足胫节腹面具5个内刺和4个外刺（包括端距），后足胫节背面内外缘各具23～25个齿，端部具端距2对；前翅几乎到达后足股节端部，端部圆，后翅等于或微长于前翅。雄性第10腹节背板后缘具1对渐分开的长突起，端部扁平稍扩展（图140c）；尾须简单，较前种短，基部具1个粗的背突起，端部背侧具小缺刻（图140c，d）；下生殖板宽大，亚基部侧缘弧形凸出，后缘近平直不具缺口，侧角具1对较短小的腹突（图140e）；生殖端突端部侧扁叶状，端部尖，亚端部弧形，不具直角缺口（图140c，d）。

雌性尾须甚短，圆锥形；下生殖板较短宽，基部近中部具1个横褶，后缘中部具浅凹，形成两侧1对圆叶（图140f）；产卵瓣腹瓣具端钩（图140g）。

体黄褐色杂黑褐色。头顶黄褐色，后头褐色，颜面暗黑色，两颊淡色。触角淡色（除基部两节外），各节端部略变暗。前胸背板背面淡色，具2条暗色纵纹，侧片暗色。中后胸侧板大部分暗褐色。足具暗色环纹，前翅具暗褐色斑，腹节背板大部分暗色，雄性尾须基半部淡色，端半部黑色。

测量（mm）：体长♂11.5～12.0，♀11.0；前胸背板长♂3.8～3.9，♀3.8；前翅长♂10.5，♀10.0～11.5；后足股节长♂9.0，♀11.0；产卵瓣长7.5。

检视材料：1♂（正模）1♀（副模），安徽岳西鹞落坪，2007.VII.27～29，巴义彬、郎俊通、王凤艳采；2♂♂3♀♀，江西庐山牯岭，1935.VII.19，Piel采。

模式产地及保存：中国安徽岳西；河北大学博物馆（MHU），中国河北保定。

鉴别：Tinkham当年将该种鉴定为比尔拟库螽*Pseudokuzicus pieli* (Tinkham, 1943)，与其区别在于雄性尾须较短，几乎不超过第10腹节背板突起端部，端部背面具弱的缺刻，外生殖器较长，腹缘无直角形的凹口；雌性下生殖板后缘的凹口浅。

分布：中国陕西、安徽、江西。

218. 叉尾拟库螽*Pseudokuzicus* (*Pseudokuzicus*) *furcicaudus* (Mu, He & Wang, 2000)（图141，图版105，106）

Xiphidiopsis furcicauda: Mu, He & Wang, 2000, *Acta Zootaxonomica Sinica*, 25(3): 315, 319.

Pseudokuzicus furcicaudus: Liu *et al.*, 2010, *Insects of Fengyangshan National Nature Reserve*, 81–82.

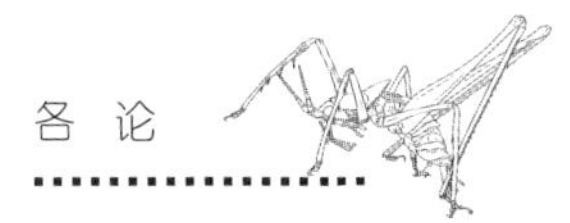

Pseudokuzicus (*Pseudokuzicus*) *furcicaudus*: Di *et al*., 2014, *Zootaxa*, 3872(2): 154, 156, 161.

描述：体偏小，稍粗壮。头顶向前锥形凸出，较长，端部钝圆，基部稍宽，背面具纵沟；复眼半球形，向前凸出；下颚须端节明显长于亚端节，端部略膨大。前胸背板前缘平直，后缘钝圆，沟后区长于沟前区（图141a），沟后区稍抬高，背观稍扩展，侧片稍高，后缘稍弧形内凹，不形成肩凹（图141b）；前足基节具刺，各足股节腹面无刺，前足和中足胫节腹面刺短，前足胫节腹面内外刺排列为3, 3 (1, 1)型，后足胫节背面内外缘各具21～24个齿，端部具端距2对；前翅到达腹端，远不达后足股节端部，末端部圆，后翅近等长于前翅。雄性第10腹节背板后缘具1对渐分开的中等长度突起，端部棒状扩展（图141c）；尾须较长，明显长于前节后突起，适度内弯，端部分叉，末端钝（图141c～e）；下生殖板基半部较窄，端半部扩展，后缘凸，有时中央具浅凹，亚端部两侧具短圆的腹突（图141e）；下生殖板与末节背板相抵，生殖端突不可见。

雌性第10腹节背板短，后缘微凹；尾须短粗，圆锥形，端部尖；下生殖板三角形，侧缘弯向背面，后缘中部具1个深凹口（图141f）；产卵瓣较短，上弯，腹瓣具弱端钩（图141g）。

体黄褐色杂黑褐色。颜面黑褐色，两颊淡色，后头具黑色斑，头部背面具纵纹。前胸背板沟前区侧隆黄褐色，侧片黑褐色，沟后区侧隆淡黄色，内缘具黑边，中间具1对长黑斑；中足胫节中部绿色；前翅、腹部、各足具黑褐色斑块。

测量（mm）：体长♂9.0～10.0，♀10.2～10.7；前胸背板长♂4.0～4.2，♀4.0～4.1；前翅长♂7.2～8.1，♀8.9；后足股节长♂8.9～9.1，♀9.9～10.1；产卵瓣长5.6～6.1。

检视材料：2♂♂，浙江庆元百山祖，1 000 m，2005.VII.26～30，毕文烜采；1♀，浙江庆元百山祖，2008.IX.25，何祝清采；1♀，浙江乌岩岭，800 m，2005.IX，王义平采；1♂，福建武夷山桐木，2010.VII.10～12，刘宪伟等采。

模式产地及保存：中国浙江龙泉；山东大学生物系（SDU），中国山东济南。

分布：中国浙江、福建。

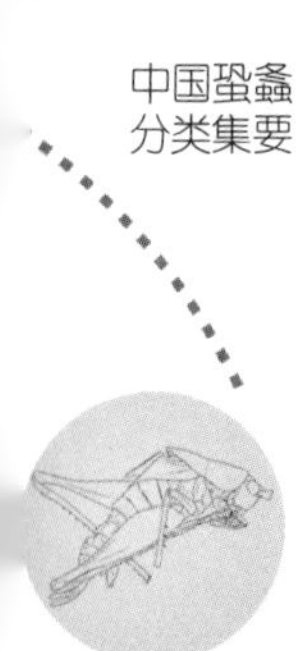

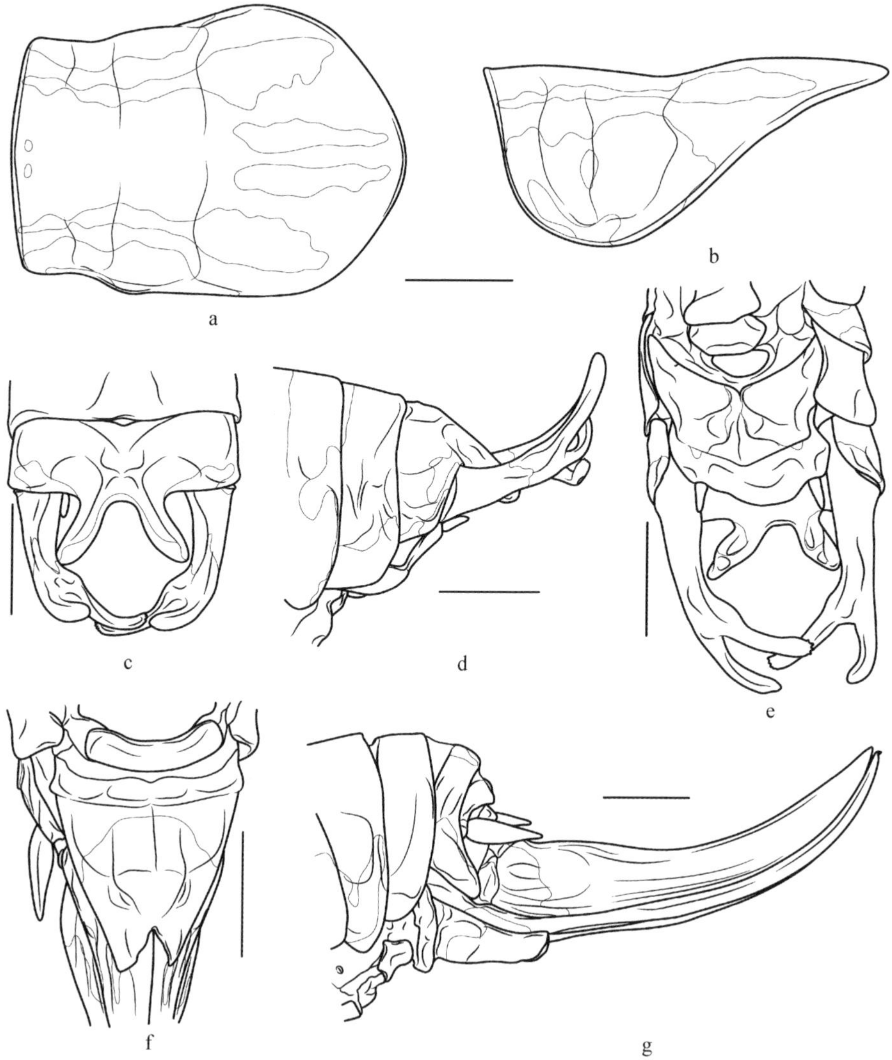

图141　叉尾拟库螽 *Pseudokuzicus* (*Pseudokuzicus*) *furcicaudus* (Mu, He & Wang, 2000)

a. 雄性前胸背板，背面观；b. 雄性前胸背板，侧面观；c. 雄性腹端，背面观；d. 雄性腹端，侧面观；e. 雄性腹端，腹面观；f. 雌性下生殖板，腹面观；g. 雌性腹端，侧面观

Fig.141　*Pseudokuzicus* (*Pseudokuzicus*) *furcicaudus* (Mu, He & Wang, 2000)

a. male pronotum, dorsal view; b. male pronotum, lateral view; c. end of male abdomen, dorsal view; d. end of male abdomen, lateral view; e. end of male abdomen, ventral view; f. subgenital plate of female, ventral view; g. end of female abdomen, lateral view

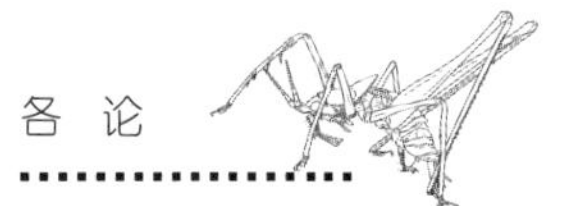

219. 弯端拟库螽 *Pseudokuzicus* (*Pseudokuzicus*) *acinacus* Shi, Mao & Chang, 2007（图 142）

Pseudokuzicus (*Pseudokuzicus*) *acinacus*: Shi, Mao & Chang, 2007, *Zootaxa*, 1546: 26; Di *et al.*, 2014, *Zootaxa*, 3872(2): 161.

描述：体小型，稍粗壮。头顶圆锥形，稍长，端部钝圆，背面具纵沟；复眼卵圆形，向前凸出；下颚须端节明显长于亚端节约等长，端部略膨大。前胸背板向后延长，前缘平直，后缘尖圆，沟后区长于沟前区（图 142a），沟后区微抬高，侧片稍高，后缘近平直稍弧形凹，缺明显肩凹（图 142b）；前足基节具刺，各足股节腹面无刺，前足和中足胫节腹面刺较短，前足胫节内、外刺排列为2, 3 (1, 1)型，后足胫节背面内外缘各具20 ～ 21个齿，端距2对；前翅超过腹端，不到达后足股节末端，端部圆形；后翅等长于前翅。雄性第10腹节背板横宽，后缘具1对渐分开的突起，端部膨大，末端截形，向

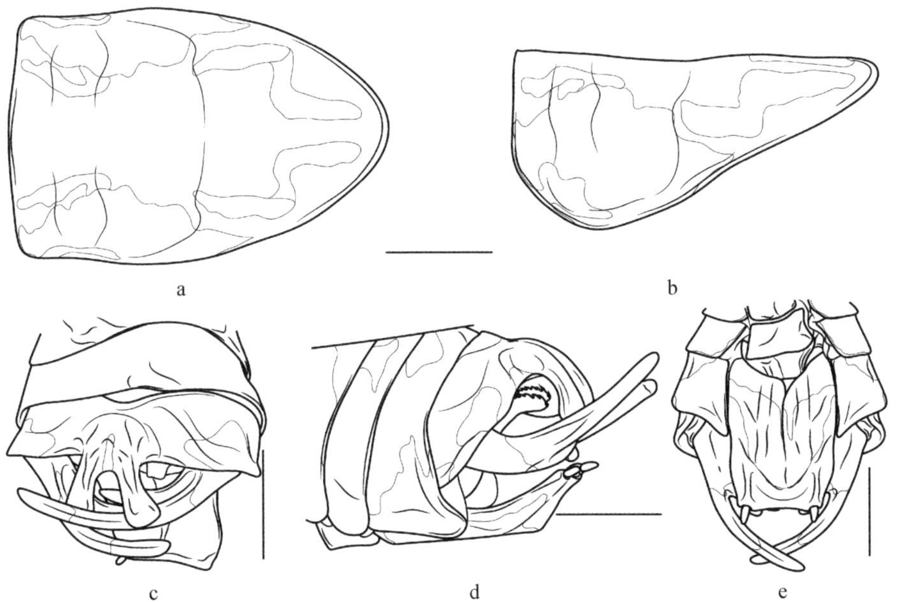

图 142　弯端拟库螽 *Pseudokuzicus* (*Pseudokuzicus*) *acinacus* Shi, Mao & Chang, 2007
a. 雄性前胸背板，背面观；b. 雄性前胸背板，侧面观；c. 雄性腹端，背面观；d. 雄性腹端，侧面观；e. 雄性腹端，腹面观

Fig. 142　*Pseudokuzicus* (*Pseudokuzicus*) *acinacus* Shi, Mao & Chang, 2007
a. male pronotum, dorsal view; b. male pronotum, lateral view; c. end of male abdomen, dorsal view; d. end of male abdomen, lateral view; e. end of male abdomen, ventral view

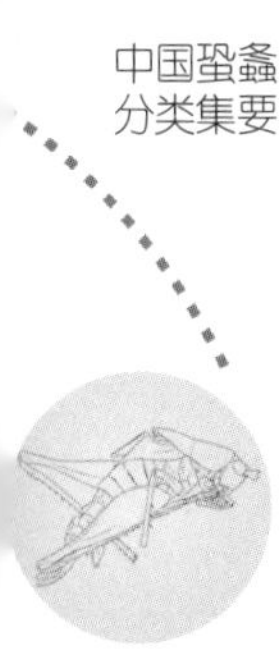

下弧形弯曲（图142c，d）；尾须从基部分为两支，背支明显长于腹支（图142c～e）；下生殖板长大于宽，近矩形，后缘平截，侧角具1对较短小的腹突（图142e）；生殖端突短，端部向下弯曲，新月状，背面具细齿（图142d）。

雌性未知。

体黄褐色杂黑褐色。头顶黄褐色，后头褐色，颜面暗黑色，两颊淡色。触角淡色（除基部两节外），各节端部略变暗。前胸背板背面的斑纹如图142a，侧片暗色。中后胸侧板大部分暗褐色。足具暗色环纹，前翅具暗褐色斑，腹节背板大部分暗色，雄性尾须基半部淡色，端半部黑色。

测量（mm）：体长♂10.0；前胸背板长♂3.5；前翅长♂9.0；后足股节长♂8.0。

检视材料：1♂（正模），四川马边永红，2004.VII.22，石福明采；1♂，四川雅安周公山，1 400 m，2006.VIII.2，周顺采；2♂♂，四川雅安蒙顶山，1 456 m，2007.VII.31～VIII.1，刘宪伟等采。

模式产地及保存：中国四川马边；河北大学博物馆（MHU），中国河北保定。

分布：中国四川。

220. 刺端拟库螽 *Pseudokuzicus* (*Pseudokuzicus*) *spinus* Shi, Mao & Chang, 2007（图143，图版107）

Pseudokuzicus (*Pseudokuzicus*) *spinus*: Shi, Mao & Chang, 2007, *Zootaxa*, 1546: 25; Di *et al*., 2014, *Zootaxa*, 3872(2): 161.

描述：体偏小，稍粗壮。头顶向前锥形凸出，较短，端部钝圆，基部稍宽，背面具纵沟；复眼卵圆形，向前凸出；下颚须端节明显长于亚端节，端部略膨大。前胸背板前缘平直，后缘尖圆，沟后区短于沟前区（图143a），沟后区近平，不扩展，侧片稍高，后缘缺肩凹（图143b）；前足基节具刺，各足股节腹面无刺，前足和中足胫节腹面刺短，前足胫节腹面内外刺排列为3, 4 (1, 1)型，后足胫节背面内外缘各具24个齿，端部具端距2对；前翅超过腹端，到达后足股节端部，末端截圆，后翅近等长于前翅。雄性第10腹节背板短，后缘具1对渐分开的较长突起，亚端部片状扩展（图143c，d）；尾须较长，明显长于前节后突起，适度内弯，端部分叉，末端钝（图143c～e）；下生殖板宽大，侧缘弧形外凸，后缘具三角形缺口，缺口两侧具1对很长的腹突，圆锥形，端部钝（图143e）；生殖端

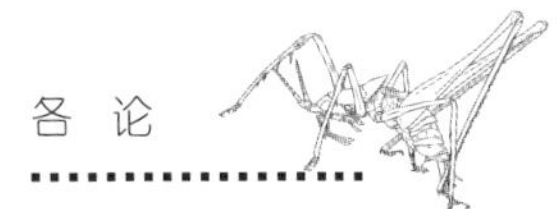

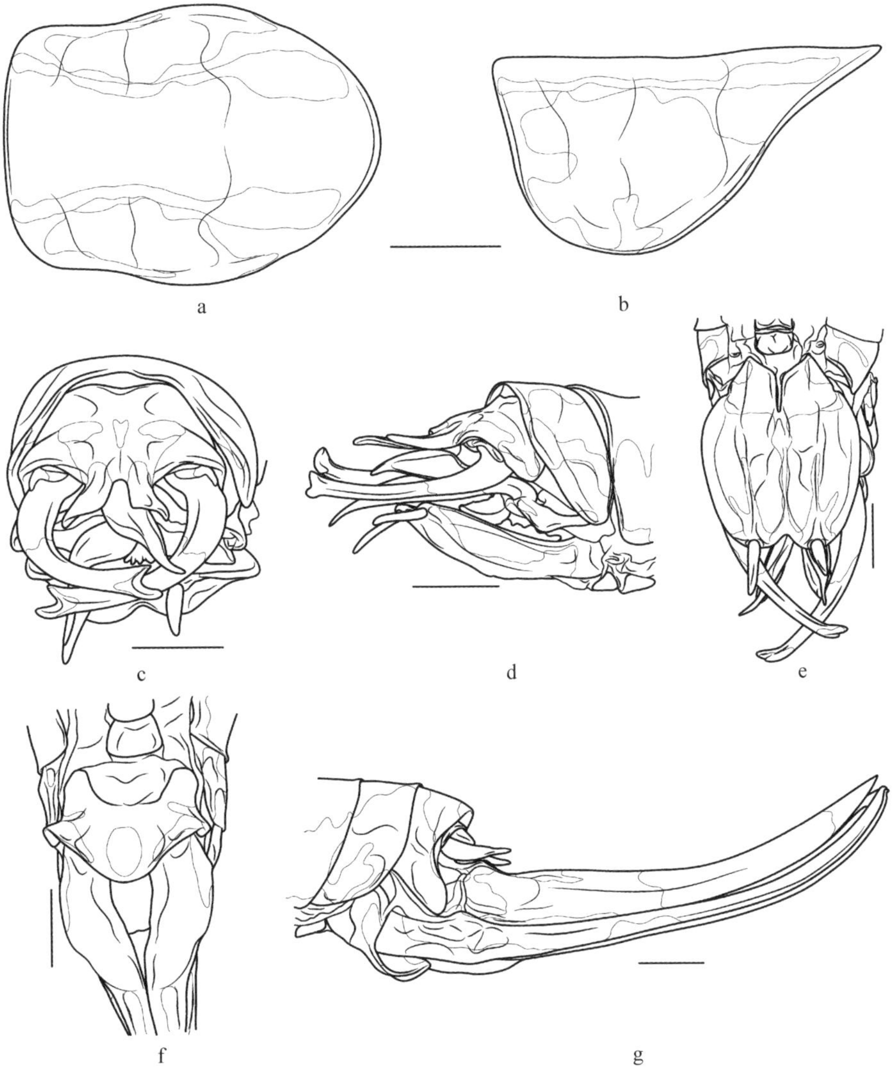

a b c d e f g

图 143 刺端拟库螽 *Pseudokuzicus* (*Pseudokuzicus*) *spinus* Shi, Mao & Chang, 2007
a. 雄性前胸背板，背面观；b. 雄性前胸背板，侧面观；c. 雄性腹端，背面观；d. 雄性腹端，侧面观；e. 雄性腹端，腹面观；f. 雌性下生殖板，腹面观；g. 雌性腹端，侧面观

Fig. 143 *Pseudokuzicus* (*Pseudokuzicus*) *spinus* Shi, Mao & Chang, 2007
a. male pronotum, dorsal view; b. male pronotum, lateral view; c. end of male abdomen, dorsal view; d. end of male abdomen, lateral view; e. end of male abdomen, ventral view; f. subgenital plate of female, ventral view; g. end of female abdomen, lateral view

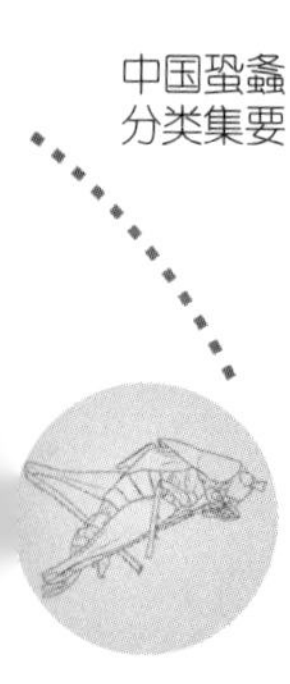

突基部与第9腹节背板侧缘紧密结合，基部片状扩展，端部中部柳叶状扩展，末端长刺状，端部尖（图143c，d）。

雌性第10腹节背板短，后缘微凹；尾须短粗，圆锥形，稍内弯端部尖；下生殖板圆三角形，后缘稍凸（图143f）；产卵瓣较直，略上弯，基部粗壮，中部稍细，端部稍膨大，腹瓣具弱端钩（图143g）。

体黄褐色杂黑褐色。颜面黑褐色，两颊淡色，后头具黑色斑，头部背面具纵纹。前胸背板沟前区侧隆黄褐色，侧片黑褐色，沟后区侧隆淡黄色，内缘具黑色斑，前翅、腹部、各足具黑褐色斑块。雄性第10腹节背板突起与尾须端部黑褐色。

测量（mm）：体长♂11.5，♀11.3～11.6；前胸背板长♂4.1，♀4.3～4.5；前翅长♂12.5，♀12.6～12.8；后足股节长♂10.0，♀11.2～11.5；产卵瓣长7.9。

检视材料：1♂（正模）1♀（副模），重庆江津四面山，2003.VII.31，王剑锋采；1♂2♀♀，重庆江津四面山，1 000 m，2014.VIII.3，王瀚强采。

模式产地及保存：中国重庆江津；河北大学博物馆（MHU），中国河北保定。

分布：中国重庆、四川。

221. 角突拟库螽 *Pseudokuzicus* (*Pseudokuzicus*) *trianglus* Di, Bian, Shi & Chang, 2014（图144）

Pseudokuzicus (*Pseudokuzicus*) *trianglus*: Di *et al.*, 2014, *Zootaxa*, 3872(2): 156.

描述：体小。头顶向前锥形凸出，较短，端部钝圆，基部稍宽，背面具纵沟；复眼卵圆形，向前凸出；下颚须端节明显长于亚端节，端部略膨大。前胸背板前缘平直，后缘半圆，沟后区长于沟前区（图144a），沟后区在后横沟处抬高，不扩展，侧片稍高，后缘稍弧形内凹，缺肩凹（图144b）；前足基节具刺，各足股节腹面无刺，前足和中足胫节腹面刺短，前足胫节腹面内外刺排列为3, 3 (1, 1)型，后足胫节背面内外缘各具17～19个齿，端部具端距2对；前翅到达腹端，远不到达后足股节端部，末端钝圆，后翅略短于前翅。雄性第10腹节背板短横宽，后缘具1对基部相连端半部渐岔开的突起，末端扩展（图144c）；尾须较长，明显长于前节后突起，适度内弯，中部内侧具1个三角形的片突（图144c～e）；下生殖板近方形，后缘凸圆，侧缘顶端具1对短小的腹突（图144e）；生殖端突

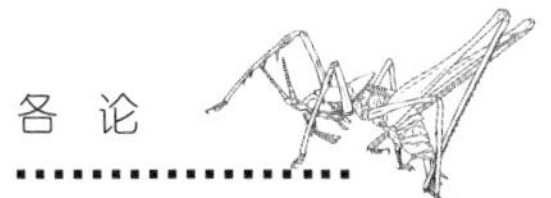

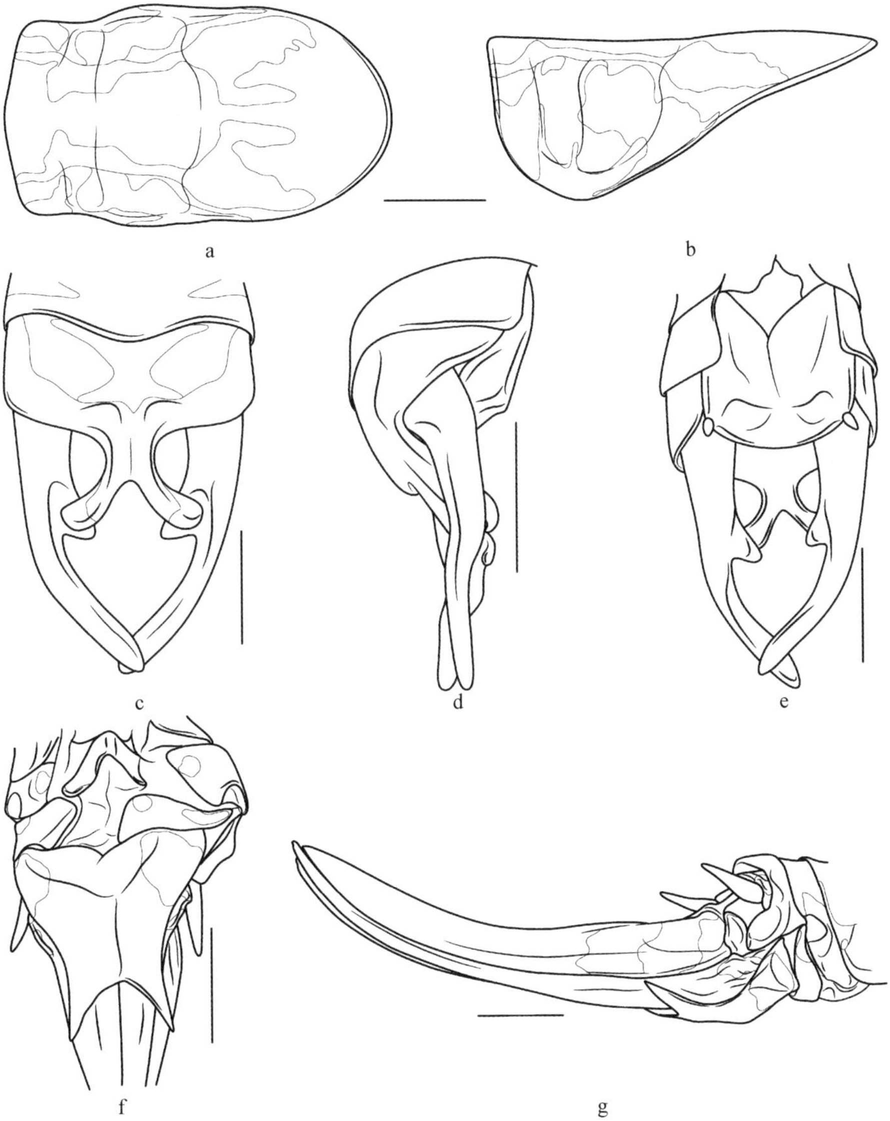

图144 角突拟库螽*Pseudokuzicus* (*Pseudokuzicus*) *trianglus* Di, Bian, Shi & Chang, 2014
a. 雄性前胸背板，背面观；b. 雄性前胸背板，侧面观；c. 雄性腹端，背面观；d. 雄性腹端，侧面观；e. 雄性腹端，腹面观；f. 雌性下生殖板，腹面观；g. 雌性腹端，侧面观

Fig. 144 *Pseudokuzicus* (*Pseudokuzicus*) *trianglus* Di, Bian, Shi & Chang, 2014
a. male pronotum, dorsal view; b. male pronotum, lateral view; c. end of male abdomen, dorsal view; d. end of male abdomen, lateral view; e. end of male abdomen, ventral view; f. subgenital plate of female, ventral view; g. end of female abdomen, lateral view

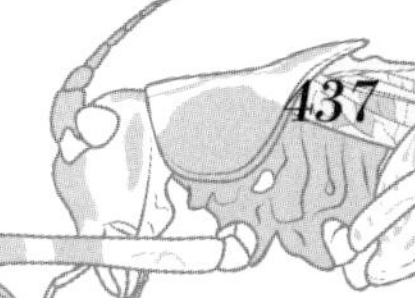

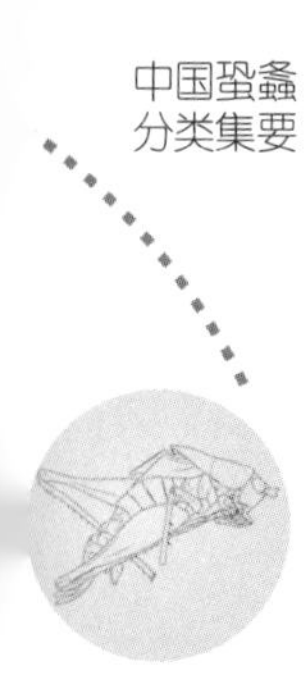

不超过第10腹节背板后缘，舌状。

雌性（新描述）第10腹节背板短，后缘微凹；尾须短，较细，圆锥形，端部尖；下生殖板长，基部具向两侧凸出的侧角，侧缘内凹弧形，后缘为三角形深凹口，两侧与侧缘形成1对尖叶（图144f）；产卵瓣较直，略上弯，基部粗壮，中部稍细，端部稍膨大，腹瓣不具端钩（图144g）。

体黄褐色杂黑褐色。广西地区标本黑褐色较少，颜面深褐色，前胸背板侧片仅后部黑褐色，沟后区淡黄色侧缘内侧具1对大的黑斑，中央具模糊的深褐色斑，其余斑块深褐色，整体颜色较淡。江西地区标本斑块大且颜色深，颜面黑褐色，头部背面具黑褐色粗纵纹，前胸背板侧片暗褐色，黄色侧缘隆内侧具黑褐色镶边，在沟后区扩展，沟前区具1对深褐色斑，沟后区中央具1对黑褐色长斑，其余褐色斑颜色深。

测量（mm）：体长♂8.5～8.8，♀9.9；前胸背板长♂4.0～4.2，♀4.2；前翅长♂7.1～7.6，♀8.5；后足股节长♂8.6～9.6，♀缺失；产卵瓣长6.9。

检视材料：1♂（正模），广西兴安猫儿山，2011.VIII.26，边迅采；2♂♂，广西兴安猫儿山，1 100～1 700 m，2013.VII.30～VIII.6，毕文烜采；1♂1♀，江西吉安井冈山黄洋界，1 240 m，2014.VII.28，陈一平等采。

模式产地及保存：中国广西兴安；河北大学博物馆（MHU），中国河北保定。

分布：中国江西、广西。

似库螽亚属 *Pseudokuzicus* (*Similkuzicus*) Shi, Mao & Chang, 2007

Pseudokuzicus (*Similkuzicus*): Shi, Mao & Chang, 2007, *Zootaxa*, 1546: 29; Di *et al.*, 2014, *Zootaxa*, 3872(2): 163.

模式种：*Pseudokuzicus* (*Similkuzicus*) *quadridentatus* Shi, Mao & Chang, 2007

雄性第10腹节背板后突起很短或圆瘤状；生殖端突较小，端部背面具刺状齿，下生殖板不具腹突。雌性下生殖板横宽，后缘中部宽；产卵瓣较短。

222. 长齿似库螽 *Pseudokuzicus* (*Similkuzicus*) *longidentatus* Chang, Zheng & Wang, 1998（仿图78）

Pseudokuzicus longidentatus: Chang, Zheng & Wang, 1998, *Acta Entomologica Sinica*, 41(4): 414.

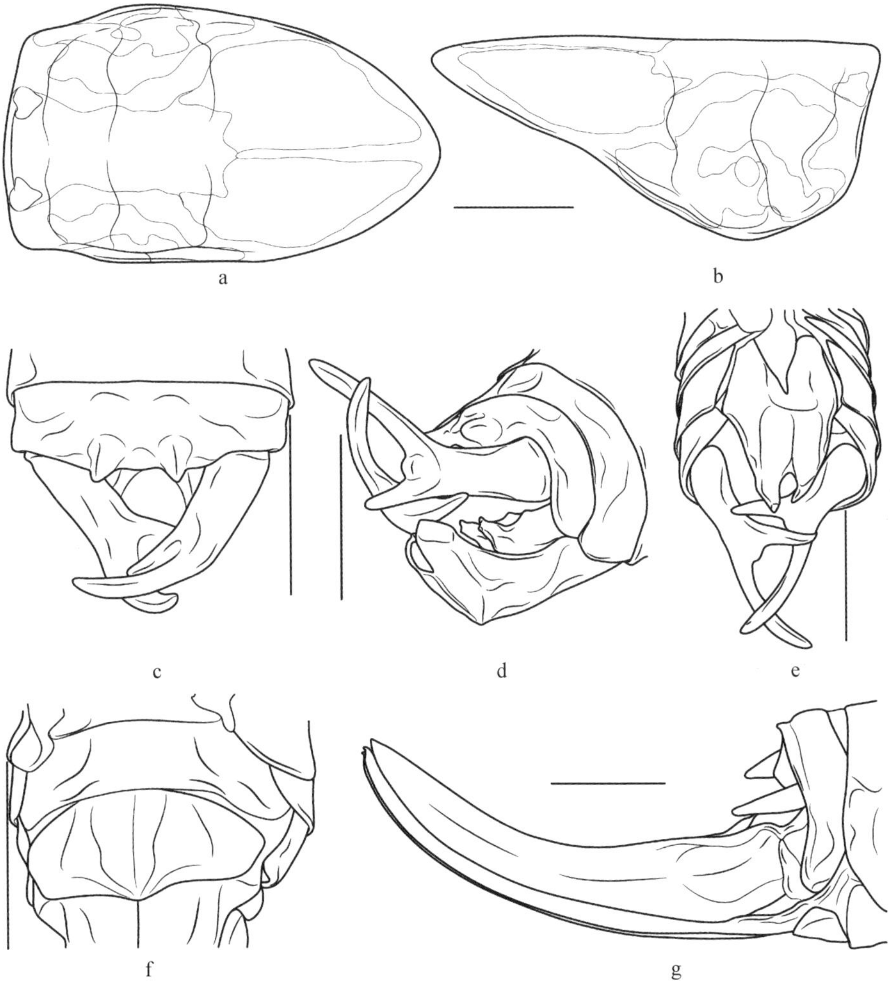

仿图78　长齿似库螽 *Pseudokuzicus* (*Similkuzicus*) *longidentatus* Chang, Zheng & Wang, 1998（仿 Di *et al.*, 2014）

a. 雄性前胸背板，背面观；b. 雄性前胸背板，侧面观；c. 雄性腹端，背面观；d. 雄性腹端，侧面观；e. 雄性腹端，腹面观；f. 雌性下生殖板，腹面观；g. 雌性腹端，侧面观

AF. 78　*Pseudokuzicus* (*Similkuzicus*) *longidentatus* Chang, Zheng & Wang, 1998 (after Di *et al.*, 2014)

a. male pronotum, dorsal view; b. male pronotum, lateral view; c. end of male abdomen, dorsal view; d. end of male abdomen, lateral view; e. end of male abdomen, ventral view; f. subgenital plate of female, ventral view; g. end of female abdomen, lateral view

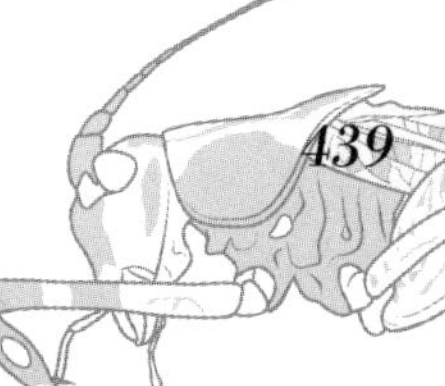

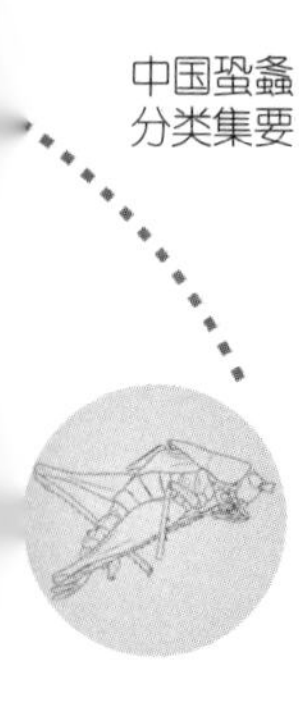

Pseudokuzicus (*Similkuzicus*) *longidentatus*: Shi, Mao & Chang, 2007, *Zootaxa*, 1546: 29; Di *et al.*, 2014, *Zootaxa*, 3872(2): 164.

描述：体小型。头顶向前突出，顶端钝圆，背面具有纵沟；复眼发达，显著向前方凸出；下颚须端节与亚端节几乎等长，端部稍膨大。前胸背板稍向后延长（仿图78a），盖住前翅的发声区，侧片狭长，缺肩凹（仿图78b）。前足基节具刺，各足股节腹面缺刺，前足胫节腹面的刺较短，刺式为3, 3 (1, 1)型，听器内外侧均为开放式，长椭圆形，中足胫节腹面内侧具3个刺，外侧具4个刺，后足胫节的背面内外缘各具21～25个齿，端部具有2对端距；前翅较短，超过腹部末端，但不到达后足股节的端部，基部较宽，翅顶圆形，后翅几乎与前翅等长。雄性第10腹节背板宽，后端中部具1对粗短的近锥形突起（仿图78c）；尾须长，中部稍向内曲，端半部向背方弯，端部向内曲，顶端钝圆，尾须近中部内侧具1长齿，齿端尖而稍弯曲（仿图78c～e）；下生殖板基部中央向内凹，腹面观端部稍凹，侧面观端部呈直角形向背方弯曲，向端稍变狭，顶端具宽而短的凹口，不具腹突（仿图78e）。

雌性尾须圆锥形，端部尖；下生殖板横宽，后缘中部宽（仿图78f）；产卵瓣基部粗壮，端半部适度上弯，腹瓣稍长于背瓣，末端具端钩（仿图78g）。

体为灰褐色。额为黑色，复眼为黄褐色，其上具一些黑褐色斑，触角基部的2节为黑色，其余各节的基部为灰白色，端部为黑褐色。前胸背板的沟后区具2对黑褐色条纹，中后胸的侧板为褐色；前足股节的端部与亚端部具2个褐色环纹，前足胫节基部与端部褐色，中足股节基部与端部褐色，中足胫节的亚中部与端部为褐色，后足股节的外侧具一些褐色横纹，端部为褐色；前翅具一些褐色斑。腹部体色较深。尾须基半部灰白色，端半部褐色。

测量（mm）：体长♂ 7.5，♀缺失；前胸背板长♂3.5，♀缺失；前翅长♂6.5，♀缺失；后足股节长♂7.5，♀缺失；产卵瓣长缺失。

检视材料：未见标本。

模式产地及保存：中国四川古蔺；陕西师范大学动物研究所，中国陕西西安。

分布：中国重庆、四川、贵州。

223. 四齿似库螽 *Pseudokuzicus* (*Similkuzicus*) *quadridentatus* Shi, Mao & Chang, 2007（仿图79）

Pseudokuzicus (*Similkuzicus*) *quadridentatus*: Shi, Mao & Chang, 2007,

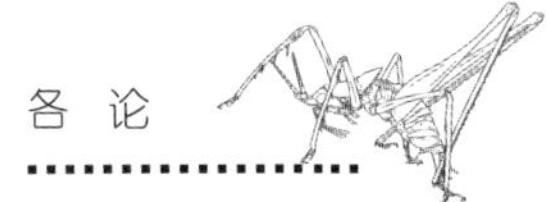

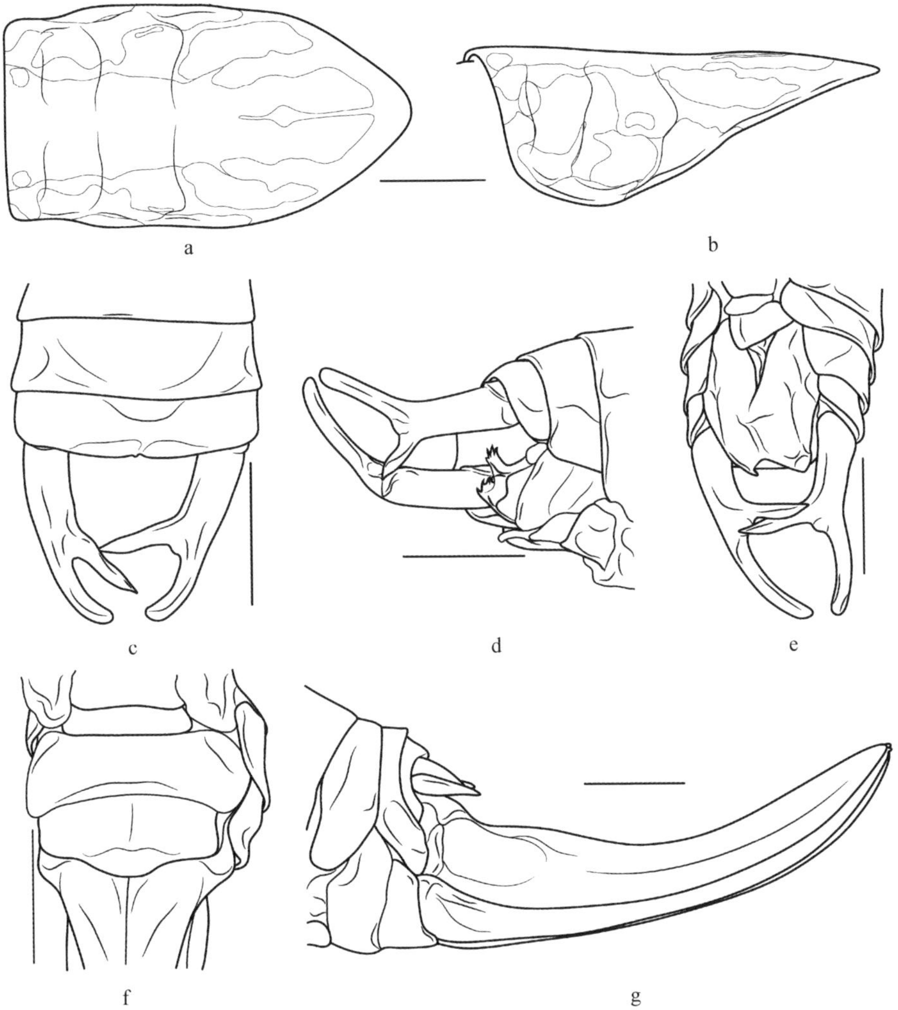

a b

c d e

f g

仿图 79　四齿似库螽 *Pseudokuzicus* (*Similkuzicus*) *quadridentatus* Shi, Mao & Chang, 2007（仿 Di *et al*., 2014）

a. 雄性前胸背板，背面观；b. 雄性前胸背板，侧面观；c. 雄性腹端，背面观；d. 雄性腹端，侧面观；e. 雄性腹端，腹面观；f. 雌性下生殖板，腹面观；g. 雌性腹端，侧面观

AF. 79　*Pseudokuzicus* (*Similkuzicus*) *quadridentatus* Shi, Mao & Chang, 2007 (after Di *et al*., 2014)

a. male pronotum, dorsal view; b. male pronotum, lateral view; c. end of male abdomen, dorsal view; d. end of male abdomen, lateral view; e. end of male abdomen, ventral view; f. subgenital plate of female, ventral view; g. end of female abdomen, lateral view

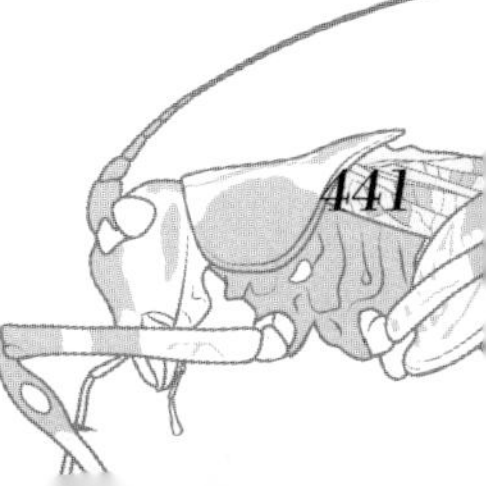

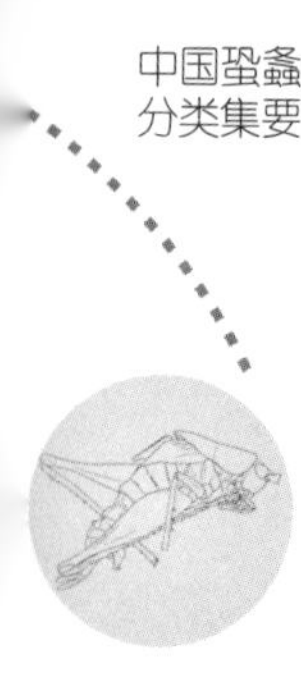

Zootaxa, 1546: 29; Di *et al.*, 2014, *Zootaxa*, 3872(2): 165.

描述：体小型。头顶圆锥形，端部较钝，背面具细纵沟；复眼圆，显著凸出；下颚须端节显著长于亚端节，端部稍膨大。前胸背板前缘平直，后缘尖圆（仿图79a），向后延伸盖住前翅的发声区，沟后区平，侧片长于其高，前后缘斜截，缺肩凹（仿图79b）；胸听器较小；前足基节具刺，各足股节腹面缺刺，前足胫节腹面的刺较短，刺式为2, 3 (1, 1)型，听器内外侧均为开放式，长椭圆形，后足胫节的背面内外缘各具19～22个齿，端部具有2对端距；前翅较短不到达后足股节的端部，但稍超过腹端，后翅短于前翅。雄性第10腹节背中部具1对圆瘤状的突起（仿图79c）；尾须长，分支为内外两突起，内突起端部细，外突起长于内突起（仿图79c～e）；阳茎端突较小，端部具4细刺（仿图79d）；下生殖板较大，后缘稍窄，具三角形的中凹，腹突消失（仿图79e）。

雌性尾须圆锥形，端部尖；下生殖板横宽，后缘中部宽（仿图79f）；产卵瓣基部粗壮，端半部适度上弯，腹瓣稍长于背瓣，末端具端钩（仿图79g）。

体为杂色。额、唇基和上唇为黑褐色，触角窝内缘隆起黑色；头部背面具1对不规则的暗褐色纵纹，复眼内后侧具1小的暗褐色点，触角基部几节褐色，其余各节具褐色环纹。前胸背板沟前区淡黄色，侧片具2个暗褐色点，沟后区稍暗具1对黑褐色斑。触角、前中足和后足股节具不规则的褐纹。前翅褐色，具一些不规则的暗褐色斑。尾须基半部黄褐色，端半部黑褐色。

测量（mm）：体长♂7.0～8.0，♀7.0；前胸背板长♂3.8，♀4.5；前翅长♂5.0～6.0，♀6.5；后足股节长♂8.0～8.5，♀9.0；产卵瓣长5.5。

检视材料：1♂（正模），贵州雷山莲花坪，2005.IX.14，刘浩宇采；1♀（副模），贵州雷山莲花坪，2005.IX.15，刘浩宇采；1♂1♀，广西环江九万山杨梅坳，1 200 m，2015.VII.20～21，刘宪伟、朱卫兵采。

模式产地及保存：中国贵州雷山雷公山莲花坪；河北大学博物馆（MHU），中国河北保定。

分布：中国贵州。

（四十三）畸螽属 *Teratura* Redtenbacher, 1891

Teratura: Redtenbacher, 1891, *Verhandlungen der Zoologisch-Botanischen Gesellschaft in Wien*, 41: 492; Kirby, 1906, *A Synonymic Catalogue of*

Orthoptera (*Orthoptera Saltatoria, Locustidae vel Acridiidae*), 2: 271; Karny, 1907, *Abhandlungen der Kaiserlich-Königlichen Zoologisch-Botanischen Gesellschaft in Wien*, 4(3): 81; Matsumura & Shiraki, 1908, *The journal of the College of Agriculture, Tohoku Imperial University, Sapporo, Japan*, 3(1): 47; Karny, 1912, *Genera Insectorum*, 135: 4; Beier, 1966, *Orthopterorum Catalogus*, 9: 278; Ingrisch, 1990, *Spixiana* (*Munich*), 13: 153; Gorochov, 1993, *Zoosystematica Rossica*, 2(1): 70,71; Kevan & Jin, 1993, *Tropical Zoology*, 6: 253–255, 258; Gorochov, 1998, *Zoosystematica Rossica*, 7(1): 105; Otte, 1997, *Orthoptera Species File 7*, 90; Liu & Jin, 1999, *Fauna of Insects Fujian Province of China. Vol. 1*, 153; Naskrecki & Otte, 1999, *Illustrated Catalog of Orthoptera I. Tettigonioidea*: (CD ROM); Gorochov, Liu & Kang, 2005, *Oriental Insects*, 39: 65; Qiu & Shi, 2010, *Zootaxa*, 2543: 43.

Teratura (*Teratura*): Gorochov, 1993, *Zoosystematica Rossica*, 2(1): 70, 71; Otte, 1997, *Orthoptera Species File 7*, 90; Qiu & Shi, 2010, *Zootaxa*, 2543: 43.

模式种：*Teratura monstrosa* Redtenbacher, 1891

头顶圆锥形，端部钝，背面具纵沟。下颚须端节约等长于亚端节。前胸背板侧片后缘倾斜，肩凹不明显。前翅远超过后足股节端部，后翅长于前翅。前足胫节听器为开放型，后足胫节腹面具2个端距。雄性第10腹节背板后缘中央明显凹，肛上板特化，雄性尾须具膝状弯曲的端叶，雄性下生殖板具腹突，生殖器端部不外露。雌性第10腹节背板中央开裂成两部分，下生殖板近三角形；产卵瓣剑状稍长。

中国畸螽属分种检索表

1 颜面无任何暗色斑记，前胸背板侧片下缘无黑色边 …………………… 2

– 颜面具明显的暗色斑记，前胸背板侧片下缘具黑色边 ………………… 3

2 前胸背板沟后区无中隆线；雄性肛上板端部呈三星状；雄性尾须端叶不扩宽；雌性下生殖板无横沟 ……………………………………………………… **畸形畸螽 *Teratura monstrosa* Redtenbacher, 1891**

– 前胸背板沟后区具弱的中隆线；雌性下生殖板中部之前具横沟 ……… ………………………………………… ***Teratura lyra*** **Gorochov, 2001**（泰国）

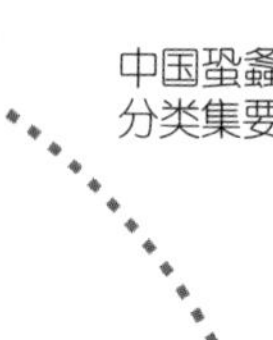

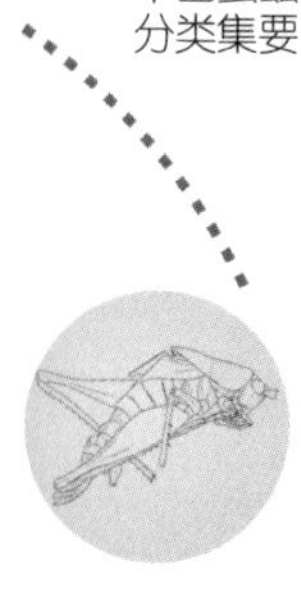

3 颜面几乎完全暗黑色或具2个暗斑 ………………………………………… 4
- 颜面具1条黑色横带 ……………………………………………………… 5
4 颜面几乎完全暗黑色；雄性生殖革片端部尖锐 …………………………
…………………… **美丽畸螽 *Teratura pulchella* Gorochov & Kang, 2005**
- 颜面具2个褐色斑；雄性生殖革片端部宽圆 ……………………………
………………………………**佩带畸螽 *Teratura cincta* (Bey-Bienko, 1962)**
5 颜面黑色横带中央间断；雌性下生殖板端部非明显趋狭 ………………
…………………… **拟佩畸螽 *Teratura paracincta* Gorochov & Kang, 2005**
- 颜面黑色横带不间断 …………………………………………………… 6
6 雄性肛上板侧端无细齿；雌性下生殖板端部具缺刻 ……………………
………………………………**达氏畸螽 *Teratura darevskyi* Gorochov, 1993**
- 雄性肛上板侧端具细齿；雌性下生殖板端部无缺刻 ……………………
………………………… **戟形畸螽 *Teratura hastata* Shi, Mao & Ou, 2007**

224. 畸形畸螽 *Teratura monstrosa* Redtenbacher, 1891（图145）

Teratura monstrosa: Redtenbacher, 1891, *Verhandlungen der Zoologisch-Botanischen Gesellschaft in Wien*, 41: 492; Brunner von Wattenwyl, 1893, *Annalidel Museo Civico di Storia Naturale di Genova*, 213(33): 181; Kirby, 1906, *A Synonymic Catalogue of Orthoptera* (*Orthoptera Saltatoria, Locustidae vel Acridiidae*), 2: 271; Karny, 1912, *Genera Insectorum*, 135: 4; Beier, 1966, *Orthopterorum Catalogus*, 9: 278; Ingrisch, 1990, *Spixiana* (*Munich*), 13: 153; Gorochov, 1993, *Zoosystematica Rossica*, 2(1): 71.

描述：体大型。头顶圆锥形，较短，端部钝，基部较宽，背面具纵沟；复眼卵圆形，向前凸出；下颚须端节长于亚端节。前胸背板沟后区不长于沟前区，前缘平直，后缘尖圆，侧片稍高，腹缘凸圆，后缘肩凹不明显；前翅远超过后足股节端部，后翅长于前翅约2.0 mm；前足胫节腹面内外刺为4, 4 (1, 1)型，后足胫节背面内外缘各具23～25个齿和1个端距，腹面具1对端距。雄性第10腹节背板后缘半圆形凹；肛上板三角状，远离前节背板（图145a）；尾须弓状，基部内腹缘具1小的齿状突，端半部向前方片状扩展，腹面亚端部具1细长且尖的腹支，旁边具1刺状突（图145b，c）；下生殖板端部略凹，近平截，腹突很长；生殖端突分离，基部纤细平行，端部向上弯曲，近中部稍扩展向端部渐细。

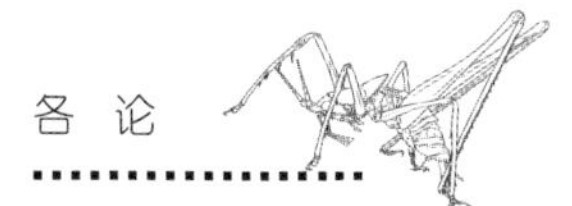

雌性第10腹节背板中央开裂；尾须短小，圆锥形；下生殖板后缘两侧强倾斜，无横沟，后缘凸圆（图145d）；产卵瓣略超过后足股节端部，几乎不弯曲，腹瓣具明显的端钩（图145e）。

体淡黄褐色，几乎单色，触角具稀疏的暗色环。

测量（mm）：体长♂16.5，♀13.0；前胸背板长♂5.1，♀4.0；前翅长♂23.0，♀21.0；后足股节长♂12.0，♀10.5；产卵瓣长7.0。

检视材料：1♀，云南耿马贺渡，1 400 m，1980.V.15，柳云川采。

模式产地及保存：缅甸Carin-Ghecü；维也纳自然历史博物馆（NMW），奥地利维也纳。

分布：中国（云南）；缅甸。

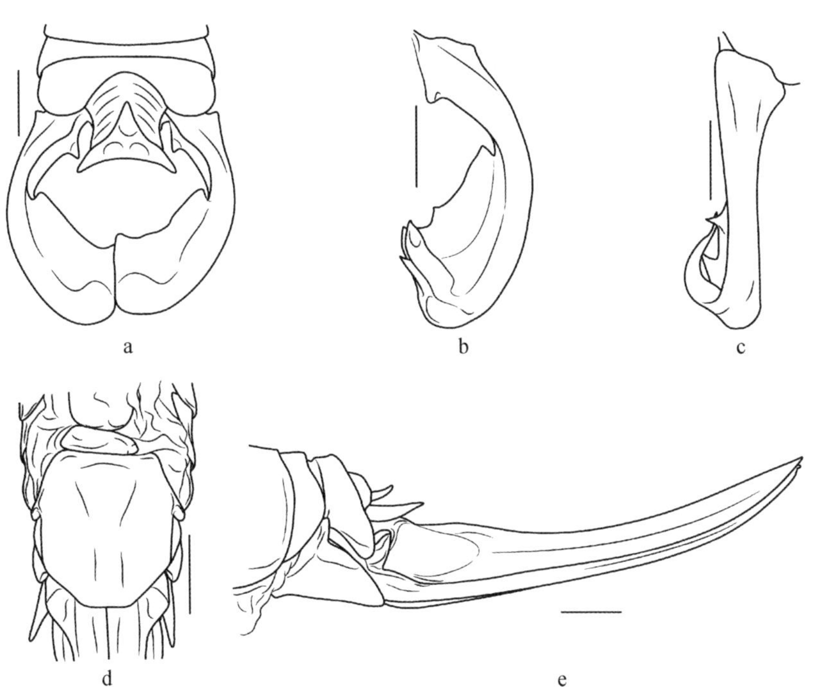

图145　畸形畸螽 *Teratura monstrosa* Redtenbacher, 1891（a ～ c仿Ingrisch, 1990）
a. 雄性腹端，背面观；b. 雄性右尾须，腹面观；c. 雄性右尾须，侧面观；d. 雌性下生殖板，腹面观；e. 雌性腹端，侧面观

Fig. 145　*Teratura monstrosa* Redtenbacher, 1891 (a ～ c after Ingrisch, 1990)
a. end of male abdomen, dorsal view; b. right cercus of male, ventral view; c. right cercus of male, lateral view; d. subgenital plate of female, ventral view; e. end of female abdomen, lateral view

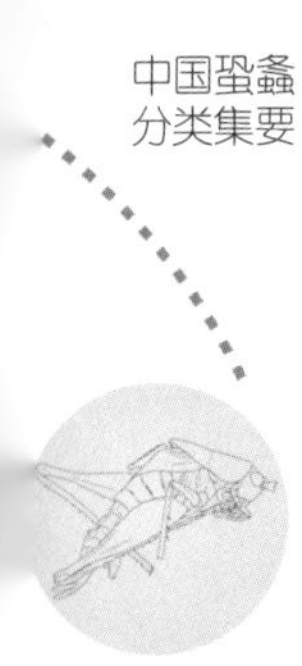

225. 佩带畸螽 *Teratura cincta* (Bey-Bienko, 1962)（图146，图版108，109）

Xiphidiopsis cincta: Bey-Bienko, 1962, *Trudy Zoologicheskogo Instituta Akademii Nauk SSSR, Leningrad*, 30: 127–128, 133; Beier, 1966, *Orthopterorum Catalogus*, 9: 272.

Teratura cincta: Liu, 1993, *Animals of Longqi Mountain*,: 50, 55; Liu & Jin, 1994, *Contributions from Shanghai Institute of Entomology*, 11: 109; Jin & Xia, 1994, *Journal of Orthoptera Research*, 3: 26.

Teratura (*Teratura*) *cincta*: Gorochov, Liu & Kang, 2005, *Oriental Insects*, 39: 68; Qiu & Shi, 2010, *Zootaxa*, 2543: 44.

体大型。头顶圆锥形，较短，端部钝，基部较宽，背面具纵沟；复眼卵圆形，向前凸出；下颚须端节长于亚端节。前胸背板沟后区长于沟前区，前缘平直，后缘尖圆（图146a），沟后区在后横沟处抬高，表面平直，侧片稍高，腹缘凸圆，后缘具弱的肩凹（图146b）；前翅远超过后足股节端部，后翅明显长于前翅；前足胫节腹面内外刺为4, 4 (1, 1)型，后足胫节背面内外缘各具22～24个齿，端部背腹具2对端距。雄性第10腹节背板后缘半圆形凹；肛上板基部三角形，端部增厚，腹缘稍凹，背缘中央凹形成1对三角形叶，叶弯折指向后方，远离前节背板（图146c，d）；尾须较长，基部内背缘具1小的瘤突，端半部稍内弯，内背缘扩展成叶，基部具1前角，腹面端部具1腹支，基部近圆柱形，较细，端部叶片状扩展（图146c～e）；下生殖板较小，基部较宽，基缘具深的凹口，后缘平直，腹突较长，位于侧缘端部（图146e）；生殖端突不外露。

雌性第10腹节背板中央开裂；肛上板中间具沟；尾须短小，圆锥形，端部尖；第7腹节腹板呈弧形，向前凸；下生殖板近三角形，后缘端部窄，稍截形（图146f）；产卵瓣长直，基部稍粗壮，几乎不弯曲，腹瓣具明显的端钩（图146g）。

体褐色，杂黑褐色斑纹。头部背面具深褐色条纹，复眼红褐色。前胸背板背片暗褐色，具黑褐色斑纹，侧片腹缘黑褐色；前翅具深褐色云斑；足具暗褐色或深褐色斑或条带，腹部背面黑褐色，近端部两侧具黄色圆斑。

测量（mm）：体长♂12.5～13.0，♀10.0～13.0；前胸背板长♂4.3～4.5，♀3.5～3.8；前翅长♂16.0～17.5，♀18.0～20.5；后足股节长

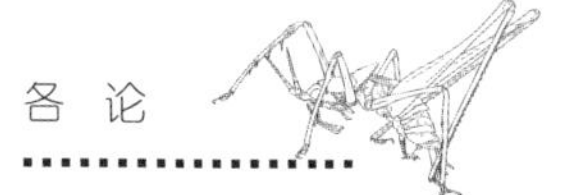

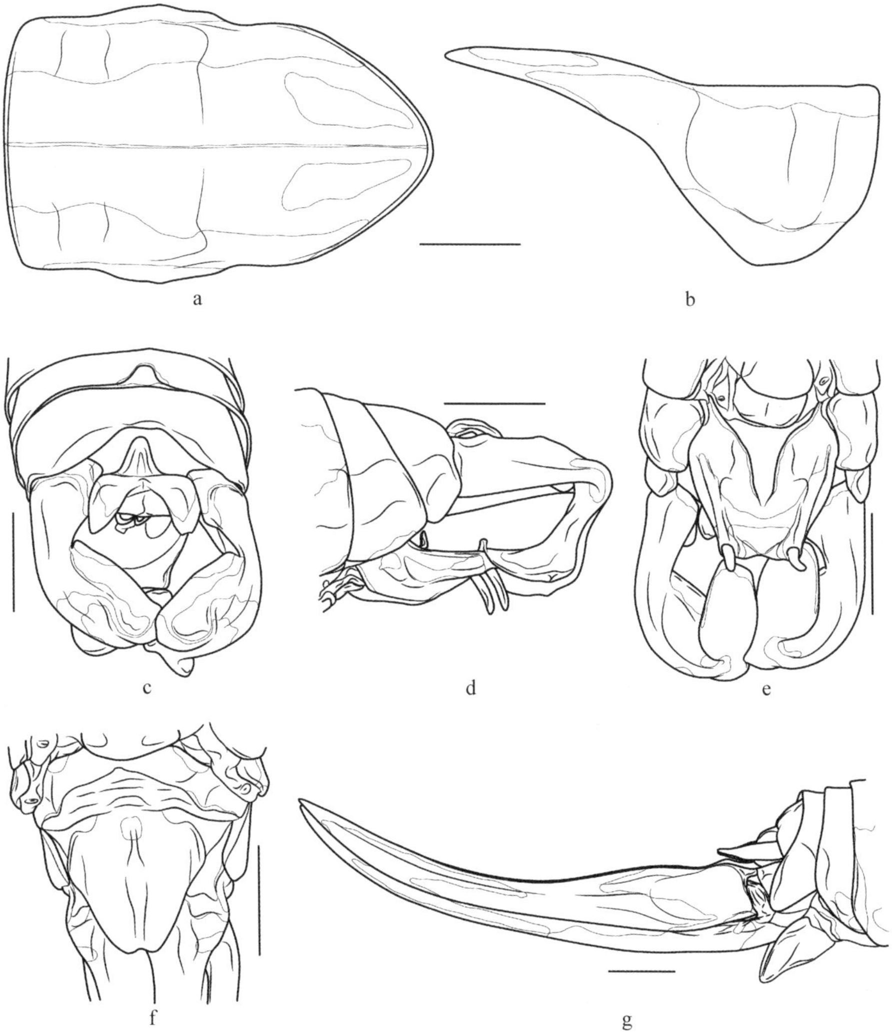

图146　佩带畸螽 *Teratura cincta* (Bey-Bienko, 1962)

a. 雄性前胸背板，背面观；b. 雄性前胸背板，侧面观；c. 雄性腹端，背面观；d. 雄性腹端，侧面观；e. 雄性腹端，腹面观；f. 雌性下生殖板，腹面观；g. 雌性腹端，侧面观

Fig. 146　*Teratura cincta* (Bey-Bienko, 1962)

a. male pronotum, dorsal view; b. male pronotum, lateral view; c. end of male abdomen, dorsal view; d. end of male abdomen, lateral view; e. end of male abdomen, ventral view; f. subgenital plate of female, ventral view; g. end of female abdomen, lateral view

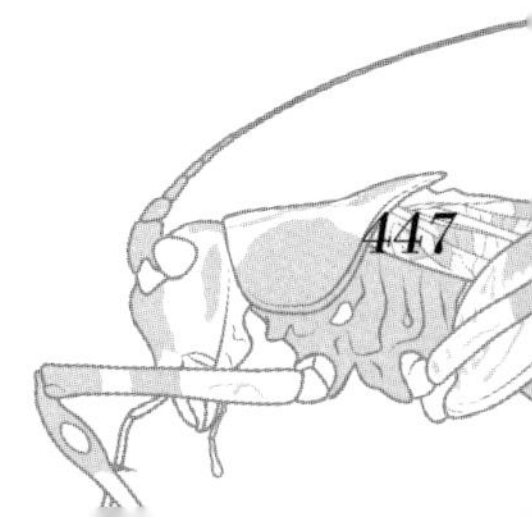

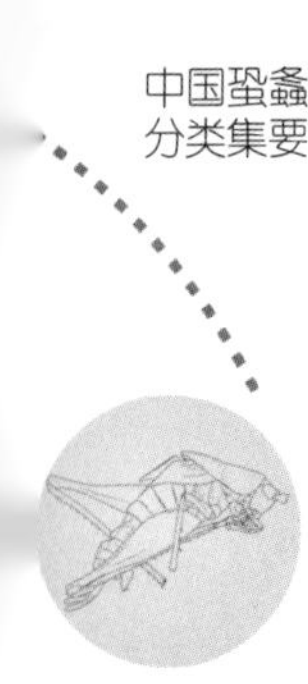

♂9.0 ～ 10.0，♀9.0 ～ 10.0；产卵瓣长 7.0 ～ 8.5。

检视材料：1♀，云南勐龙勐宋，1 600 m，1958.IV.23，王书永采；1♂，云南南华，2 400 m，1982.V.7，虞佩玉采；1♂2♀♀，广西龙胜红滩，900 m，1963.VI.6 ～ 14，王书永采；1♀，广西龙胜花坪，1962.VIII.30，采集人不详；1♀，四川峨眉山，1955.VII.1，黄克仁采；1♂3♀♀，四川峨眉山，800 ～ 3 200 m，1957.V.24 ～ 28，黄克仁、朱复兴采；1♂1♀，贵州雷公山，1988.VII.1，刘祖尧采；2♀♀，贵州雷山桃江，870 ～ 1 100 m，1988.VII.5，王书永、刘虹采；1♀，湖南大庸猪石头林场，1988.VI.13，刘祖尧采；1♀，湖北神农架，1 300 m，1983.VII.30，金根桃等采。

模式产地及保存：中国四川峨眉山；中国科学院动物研究所（IZCAS），中国北京。

分布：中国浙江、湖北、湖南、广西、四川、贵州、云南。

226. 拟佩畸螽 *Teratura paracincta* Gorochov & Kang, 2005（图 147）

Teratura (*Teratura*) *paracincta*: Gorochov, Liu & Kang, 2005, *Oriental Insects*, 39: 68; Qiu & Shi, 2010, *Zootaxa*, 2543: 45.

描述：体较大。头顶较短，圆锥形，端部钝圆，背面具纵沟；复眼卵圆形，向前凸出；下颚须端节约等长于亚端节。前胸背板沟后区短于沟前区，前缘平直后缘尖圆（图 147a），沟后区侧观在后横沟处抬高，表面平，侧面稍矮，后缘稍凹，肩凹不明显（图 147b）；各足股节腹面无刺，前足胫节内外听器开放，腹面内外缘刺排列为4, 5 (1, 1)型，后足胫节背面内外缘各具20 ～ 28个齿，端部具端距3对；前翅远超过后足股节末端，后翅稍长于前翅。雌性第10腹节背板中央开裂；尾须较长，稍内弯；下生殖板延长，基部稍宽，端部两侧向背侧卷曲呈三角形，后缘近平直微凹（图 147c）；产卵瓣较长，基部稍粗壮，几乎不上弯，腹瓣端部缺明显端钩（图 147d）。

雄性未知。

体色整体似佩带畸螽 *Teratura cincta*，色斑较少。复眼后具1对棕色的纵纹；前胸背板黄色，背片颜色较深，沟后区小区域颜色浅，后缘深褐色；腿淡黄色，稍具暗色的斑纹；腹部几乎淡黄色，8 ～ 10节背板后侧缘暗色。

测量（mm）：体长♀11.9；前胸背板长♀4.0；前翅长♀22.0；后足股

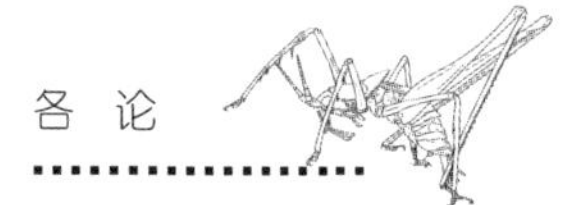

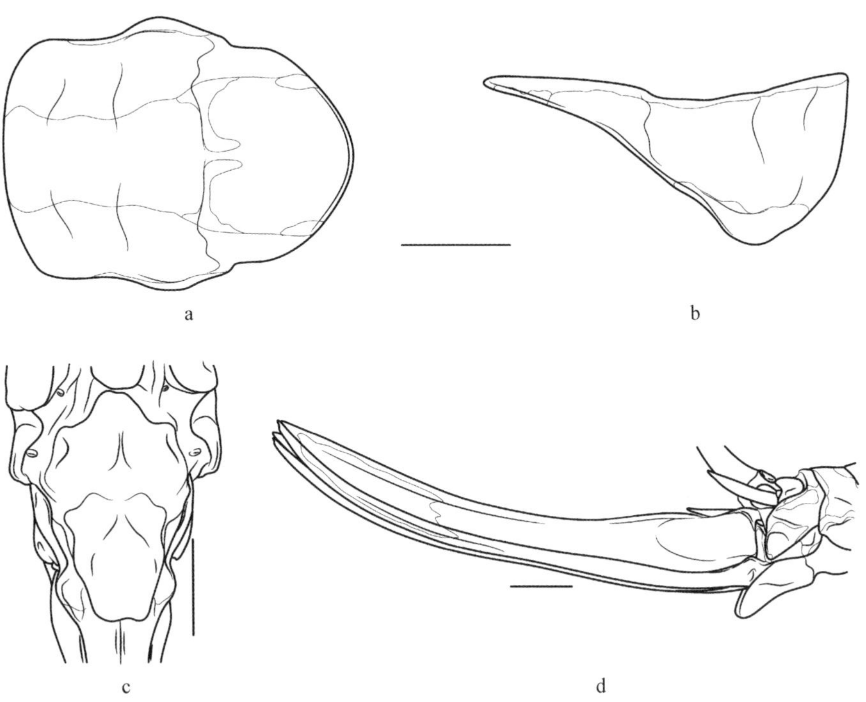

图 147　拟佩畸螽 *Teratura paracincta* Gorochov & Kang, 2005
a. 雌性前胸背板，背面观；b. 雌性前胸背板，侧面观；c. 雌性下生殖板，腹面观；d. 雌性腹端，侧面观

Fig. 147　*Teratura paracincta* Gorochov & Kang, 2005
a. female pronotum, dorsal view; b. female pronotum, lateral view; c. subgenital plate of female, ventral view; d. end of female abdomen, lateral view

节长♀12.1；产卵瓣长 9.0。

检视材料：1♀，云南西双版纳三岔河，750 m，2009.VI.9 ~ 10，刘宪伟等采。

模式产地及保存：中国云南沧源法宝；中国科学院动物研究所（IZCAS），中国北京。

分布：中国云南。

227. 美丽畸螽 *Teratura pulchella* Gorochov & Kang, 2005（图 148）

Teratura(*Teratura*) *pulchella*: Gorochov, Liu & Kang, 2005, *Oriental Insects*, 39: 67; Qiu & Shi, 2010, *Zootaxa*, 2543: 45.

描述：体中等。头顶较短，圆锥形，基部较宽，端部钝圆，背面具

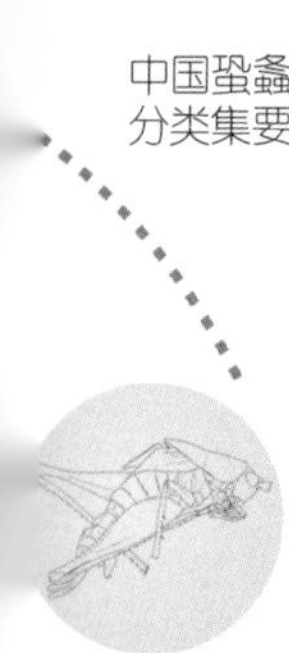

纵沟；复眼卵圆形，向前凸出；下颚须端节长于亚端节。前胸背板前缘平直，后缘尖圆，沟后区明显长于沟前区（图148a），沟后区侧观在后横沟处抬高，表面稍凸，侧片稍高，后缘具弱肩凹（图148b）；各足股节腹面无刺，前足胫节内外听器开放，腹面内外缘刺排列为4, 4 (1, 1)型，后足胫节背面内外缘各具22 ~ 24个齿，端部具端距2对；前翅远超过后足股节末端，后翅稍长于前翅。雄性第10腹节背板后缘具圆形凹口（图148c）；尾须长，基部较直，背缘具1个瘤状突起，端半部内弯，内背缘片状扩展，内缘直，较宽，扩展基部具1个小的钝角；尾须末端具向下延伸的腹支，端部呈侧扁片状，后缘具1个小齿状突，腹支端部直角形（图148c，d）；下生殖板长大于宽，基部稍宽，基缘具三角形凹口，后缘近平直，腹突较长（图148d）。

雌性第10腹节背板中央开裂；肛上板中央具沟；尾须中等长度稍内弯，末端尖；第7腹节背板弧形前凸；下生殖板近三角形，但后缘较宽，平截稍内凹（图148e）；产卵瓣较长，端部上弯，腹瓣末端具弱的端钩（图148f）。

体褐色，杂深褐色和黑褐色斑纹。颜面具1横宽的黑褐色带，头部背面具深褐色纵纹。前胸背板背片深褐色，侧片腹缘黑褐色；各足具深褐色的斑；翅具不明显的暗斑。腹部背面深褐色，侧面黑褐色，近端部侧面具黄色大斑。

测量（mm）：体长♂12.5 ~ 13.0，♀10.0 ~ 13.0；前胸背板长♂4.3 ~ 4.5，♀3.5 ~ 3.8；前翅长♂16.0 ~ 17.5，♀18.0 ~ 20.5；后足股节长♂9.0 ~ 10.0，♀9.0 ~ 10.0；产卵瓣长7.0 ~ 8.5。

检视材料：1♂，四川彭水太原，750 m，1989.VII.12，张晓春采；1♂，四川秀山，1989.VII.5，刘祖尧等采；2♂♂2♀♀，福建崇安，1960.IV.30 ~ V.30，张毅然、蒲富基采；2♀♀，福建崇安城关，250 m，1960.IX.15，左永采；2♂♂4♀♀，福建大安，1959.VI.22 ~ 24，金根桃、林杨明采；3♂♂3♀♀，福建崇安桐木，790 ~ 1 165 m，1960.IV.27 ~ VI.26，金根桃、林杨明采；5♂♂5♀♀，江西井冈山，1981.V.6 ~ 28，刘祖尧等采；1♂1♀，江西九连山，850 m，1988.IV.29，罗志义、刘光华采；2♀♀，广西兴安猫儿山，1979.VI.25，采集人不详。

分布：中国江西、福建、四川、广西。

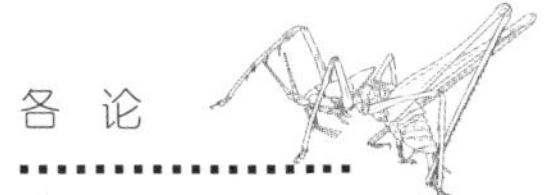

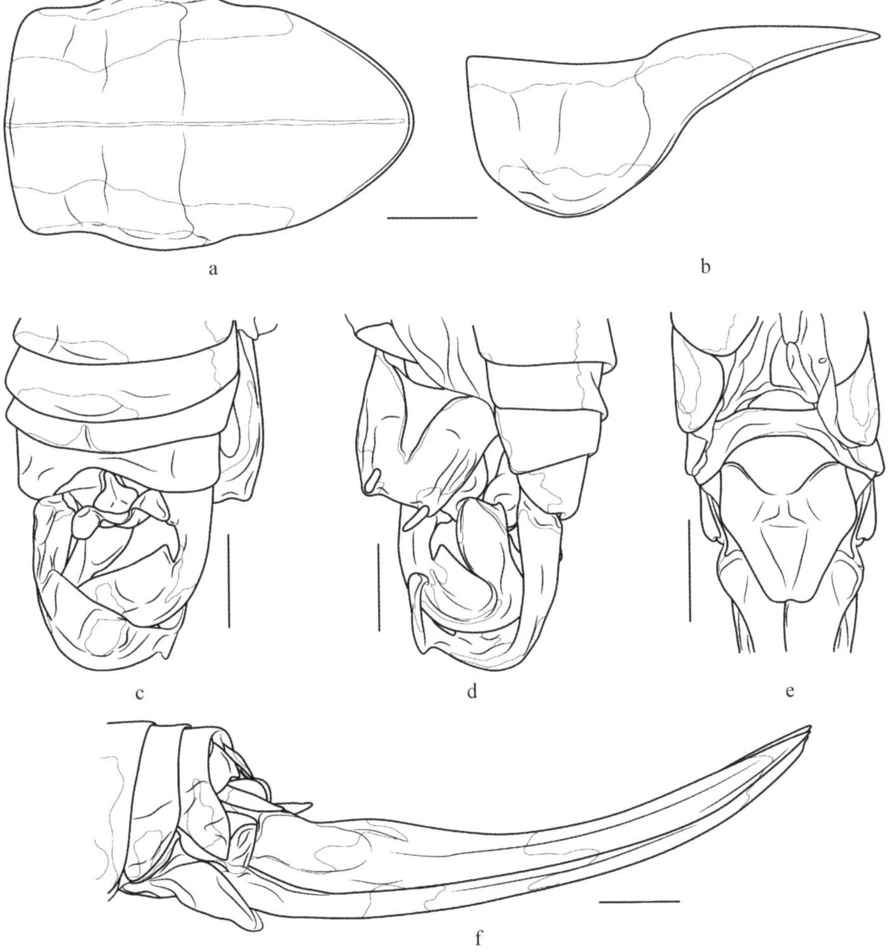

图 148　美丽畸螽 *Teratura pulchella* Gorochov & Kang, 2005

a. 雄性前胸背板，背面观；b. 雄性前胸背板，侧面观；c. 雄性腹端，背面观；d. 雄性腹端，腹面观；e. 雌性下生殖板，腹面观；f. 雌性腹端，侧面观

Fig. 148　*Teratura pulchella* Gorochov & Kang, 2005

a. male pronotum, dorsal view; b. male pronotum, lateral view; c. end of male abdomen, dorsal view; d. end of male abdomen, ventral view; e. subgenital plate of female, ventral view; f. end of female abdomen, lateral view

228. 达氏畸螽 *Teratura darevskyi* Gorochov, 1993（图 149，图版 110）

Teratura (*Teratura*) *darevskyi*: Gorochov, 1993, *Zoosystematica Rossica*, 2(1): 71; Gorochov, 1998, *Zoosystematica Rossica*, 7(1): 105. Kim & Pham, 2014, *Zootaxa*, 3811(1): 71.

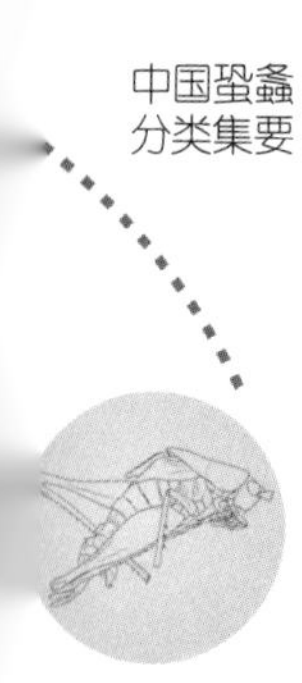

Teratura (*Teratura*) *flexispatha* (**syn. nov.**): Qiu & Shi, 2010, *Zootaxa*, 2543: 46; Jiao, Chang & Shi, 2014, *Zootaxa*, 3869(5): 554.

描述：体大且长。头顶较短，基部宽，背观呈三角形，端部钝圆，背面具纵沟；复眼卵圆形；下颚须端节明显长于亚端节。前胸背板延长，前缘平直，后缘近三角形凸出，沟后区长于沟前区（图149a），沟后区在后横沟处抬高，侧片较矮，后缘肩凹较弱（图149b）；前翅长，远超后足股节端部，后翅明显长于前翅；各足股节腹面无刺，前足胫节听器内外开放，腹面内外缘刺排列为4, 5 (1, 1)型，后足胫节背面内外缘各具24～26个齿，末端具3对端距。雄性第10腹节背板凹口较浅；肛上板前缘尖凸，后缘宽圆，近中部背面具1对岔开的指状突起（图149c，d）；尾须稍短，钩状内弯，基部背缘不具突起，端半部半圆形弯曲，内背缘叶状扩展填满钩状半圆，扩展近基部具1个钝的侧角，末端向腹面延伸长的腹支，腹支基半部略扭曲，端半部柳叶状向背侧卷曲，末端较尖（图149c～e）；下生殖板近梯形，两侧缘上弯，腹面近方形，后缘平直，两侧具长的腹突，腹突前方具圆形隆脊（图149e）。

雌性第10腹节背板在中央开裂；肛上板近膜质，肛侧板发达，各具向后方凸出的短锥状隆起；尾须较长，圆锥形，末端较尖，稍内弯（图149f）；下生殖板近三角形，后缘中央凹，形成1对圆叶（图149g）；产卵瓣较长，基部粗壮，中部最窄，亚端部稍扩展，腹瓣不具端钩（图149h）。

体黄褐色，杂深褐色斑点。颜面中部具1条褐色波状横纹，触角各节端部暗褐色，复眼黑褐色，头部背面具1条褐色纵带。前胸背板近中部具1对“八”字纵带，纵带间具“V”形细纹，后缘端部与腹缘黑褐色；前翅具褐色的云斑；各足具褐色与深褐色的条纹或斑。腹部背面深褐色，近端部两侧缘淡黄色。

测量（mm）：体长♂14.0，♀13.0～14.0；前胸背板长♂4.7，♀3.5～4.5；前翅长♂23.0，♀19.0～21.5；后足股节长♂14.0，♀12.0～14.5；产卵瓣长7.6。

检视材料：1♂，海南尖峰岭，1983.IV.7，顾茂彬采；1♂，海南鹦哥岭，600 m，2011.IV.26～30，毕文烜采；1♂3♀♀，海南尖峰岭，1 000 m，2011.IV.11～22，毕文烜采；1♂（*Teratura flexispatha*正模），海南昌江霸王岭东一，750m，2008.V.5～7，巴义彬、郎竣（俊）通采（河北大学博物馆）。

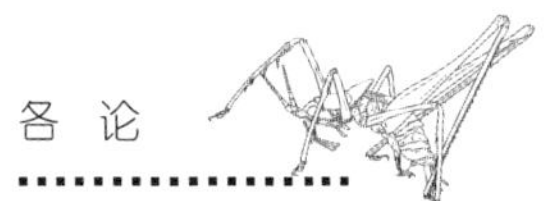

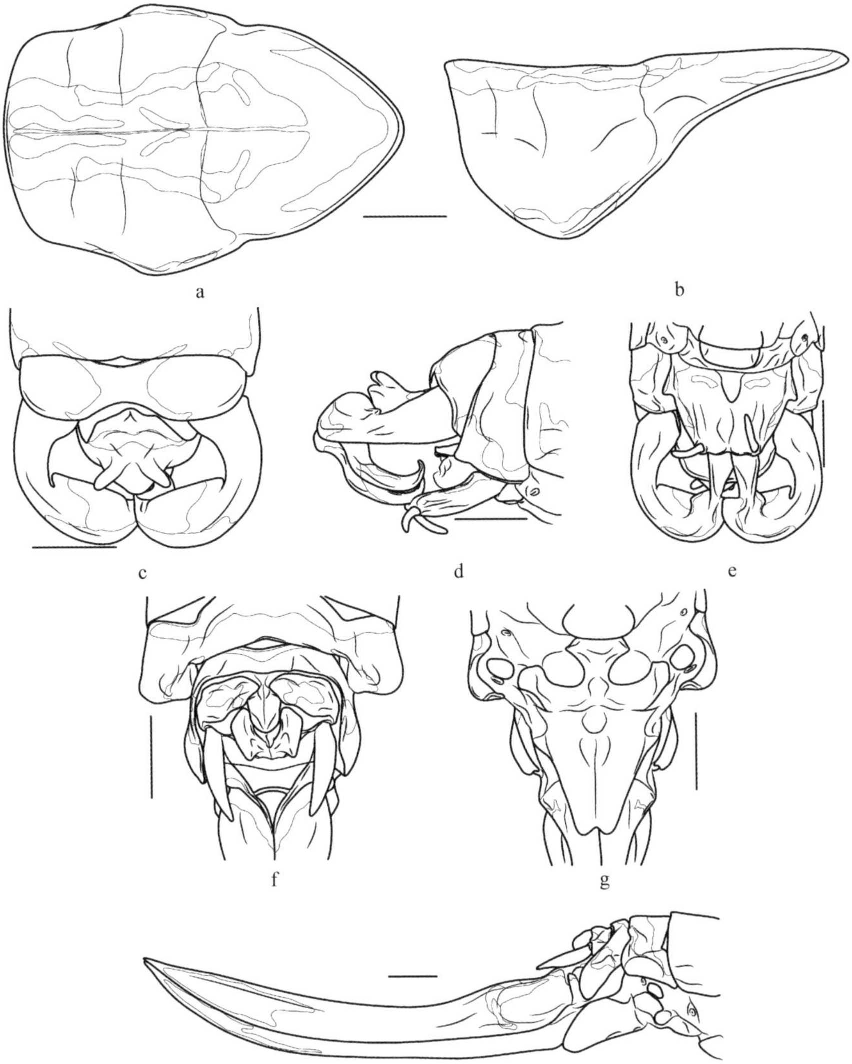

a b c d e f g h

图149 达氏畸螽*Teratura darevskyi* Gorochov, 1993

a. 雄性前胸背板，背面观；b. 雄性前胸背板，侧面观；c. 雄性腹端，背面观；d. 雄性腹端，侧面观；e. 雄性腹端，腹面观；f. 雌性腹部末节，背面观；g. 雌性下生殖板，腹面观；h. 雌性腹端，侧面观

Fig. 149 *Teratura darevskyi* Gorochov, 1993

a. male pronotum, dorsal view; b. male pronotum, lateral view; c. end of male abdomen, dorsal view; d. end of male abdomen, lateral view; e. end of male abdomen, ventral view; f. last segment of female abdomen, dorsal view; g. subgenital plate of female, ventral view; h. end of female abdomen, lateral view

模式产地及保存：越南山罗马河；俄罗斯科学院动物研究所（ZIN., RAS.），俄罗斯圣彼得堡。

分布：中国（海南）；越南。

讨论：本种原产越南；在我国海南尖峰岭有记录，与原始描述并无明显区别。裘明和石福明（2010）发表采自海南昌江的*Teratura* (*Teratura*) *flexispatha*为该种的同物异名。

229. 戟形畸螽 *Teratura hastata* Shi, Mao & Ou, 2007（仿图80）

Teratura hastata: Shi, Mao & Ou, 2007, *Acta Zootaxonomica Sinica*, 32(1): 61; Qiu & Shi, 2010, *Zootaxa*, 2543: 45.

描述：体中型；头顶圆锥形，端部钝，背面具细纵沟；复眼卵圆形，凸出；下颚须端节与亚端节约等长，端部稍膨大。前胸背板短，前缘平直，后缘钝，后横沟明显，沟后区平，稍延长，中隆线明显，侧隆线消失，侧片长大于高，肩凹不明显（仿图80a）；胸听器卵圆形（仿图80a）；前足胫节内外听器均开放，腹面内外缘刺排列为4, 5 (1, 1)型，各足股节无刺，膝叶钝圆；前翅长，超过后足股节端部，发音区大部分被前胸背板遮盖，前翅前后缘近平行，端部钝，后翅端角钝，略长于前翅。雄性第10腹节背板宽，后缘与肛上板紧密结合（仿图80b）；肛上板基半部中央具深的纵沟，端半部中间具耳状突起，端部侧面具一些粗刺，亚端部侧面具些许小齿，亚端部两侧具1对戟形的突起（仿图80b，c）；尾须基部粗壮，中部宽平，端部片状，斧形扩展弯向腹面（仿图80b，c）；下生殖板近梯形，基部稍宽，基缘凹，后缘近直，端半部具侧隆线，腹突稍长位于侧角（仿图80d）。

雌性尾须圆锥形；肛上板舌形；下生殖板基部稍宽，端半部窄，末端尖角形或稍凹（仿图80e）；产卵瓣适度上弯，背腹缘光滑，背瓣稍长于腹瓣，端部尖，腹瓣端部具钩（仿图80f）。

体黄褐色。触角窝内缘黑色，头部背面三角形淡褐色斑纹，触角具褐色环纹。沟后区具淡褐色边；前翅淡褐色，具不规则的褐色点；股节中部和亚端部具褐色点，后足胫节刺褐色，跗节端部与亚端部褐色。最末腹节背板淡褐色。雌性第7腹节与第10腹节背板黑色；尾须白色；产卵瓣黄褐色

测量（mm）：体长♂10.5，♀10.5；前胸背板长♂4.2，♀3.5；前翅长

♂20.0，♀20.0；后足股节长♂10.5，♀9.5；产卵瓣长7.5。

检视材料：未见标本。

模式产地及保存：中国云南泸水；西南林业大学保护生物学学院（SWFU），中国云南昆明。

分布：中国云南。

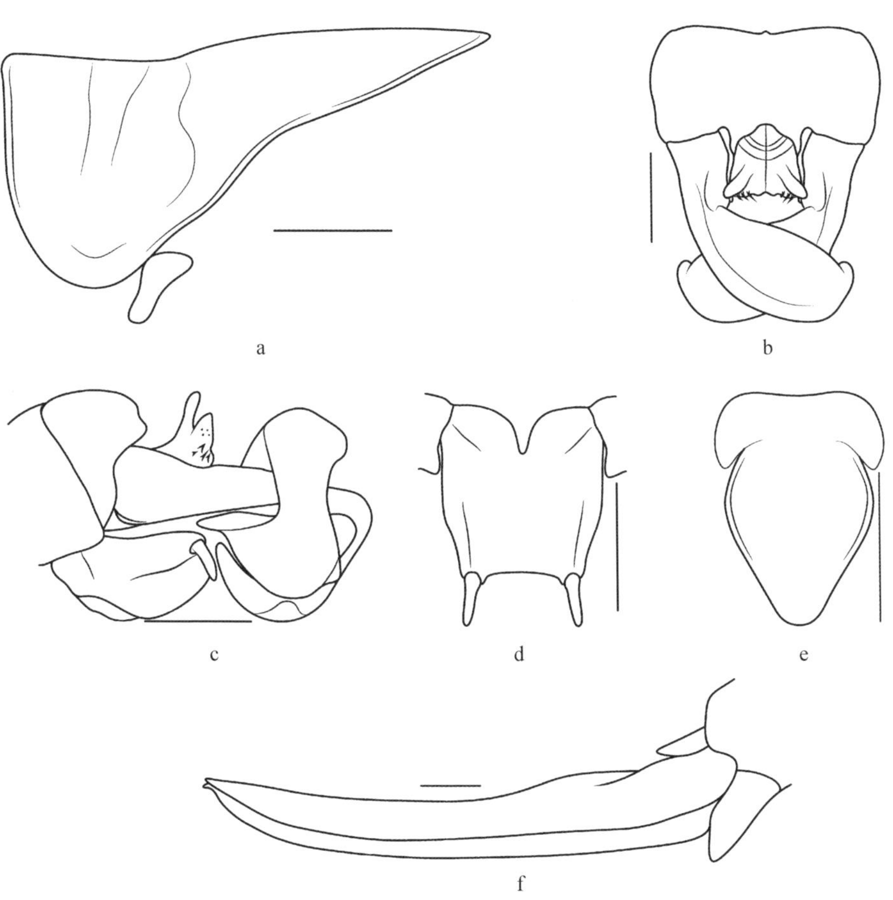

仿图80　戟形畸螽 *Teratura hastata* Shi, Mao & Ou, 2007（仿Shi, Mao & Ou, 2007）
a. 雄性前胸背板，侧面观；b. 雄性腹端，背面观；c. 雄性腹端，侧面观；d. 雄性下生殖板，腹面观；e. 雌性下生殖板，腹面观；f. 雌性腹端，侧面观

AF. 80　*Teratura hastata* Shi, Mao & Ou, 2007 (after Shi, Mao & Ou, 2007)
a. pronotum of male, lateral view; b. end of male abdomen, dorsal view; c. end of male abdomen, lateral view; d. subgenital plate of male, ventral view; e. subgential plate of female, ventral view; f. end of female abdomen, lateral view

（四十四）纤畸螽属 *Leptoteratura* Yamasaki, 1982

Leptoteratura: Yamasaki, 1982, *Bulletin of the National Museum of Nature and Science. Series A* (*Zoology*) *Tokyo*, 8(3): 119; Yamasaki, 1987, *Kontyu*, 55(2): 342; Yamasaki, 1988, *Proceedings of the Japanese Society of Systematic Zoology*, 38: 38; Gorochov, 1993, *Zoosystematica Rossica*, 2(1): 87; Gorochov, 1994, *Trudy Zoologicheskogo Instituta Rossiyskoy Akademii Nauk*, 257: 36; Gorochov, 1998, *Zoosystematica Rossica*, 7(1): 121; Mao & Shi, 2007, *Zootaxa*, 1583: 37; Gorochov, 2008, *Trudy Zoologicheskogo Instituta Rossiyskoy Akademii Nauk*, 312(1−2): 31.

模式种：*Meconema albicorne* Motschulsky, 1866

体较纤弱。头部矮，头顶扁平，背面无或具纵沟，颜面略微向后倾斜，下颚须端节不长于亚端节。前胸背板侧片偏矮，后缘具弱的肩凹；胸听器完全外露；前翅和后翅发达，雄性具发音器；前足胫节听器为开放型，后足胫节具2对端距。雄性第10腹节背板后缘无突起或叶；肛上板小，圆三角形；尾须对称或不对称；下生殖板具短的腹突，外生殖器膜质。雌性尾须中部之后微增粗，产卵瓣腹瓣常具端钩。

中国纤畸螽属分种检索表

1 雄性尾须不对称；雌性下生殖板非横宽 ……………………………………
……………………**纤畸螽亚属 *Leptoteratura* (*Leptoteratura*)** ………………………… 2

– 雄性尾须对称；雌性下生殖板横宽 …………………………………………………
…………**鼻畸螽亚属 *Leptoteratura* (*Rhinoteratura*)** ……………………………
…… **片尾鼻畸螽 *Leptoteratura* (*Rhinoteratura*) *lamellata* Mao & Shi, 2007**

2 雄性已知 …………………………………………………………………………… 3

– 雄性未知 …………………………………………………………………………… 4

3 雄性第10腹节背板方形，后缘浅凹，右尾须明显长于左尾须；雌性下生殖板基半部宽端半部狭 ……………………………………………………………
……… **台湾纤畸螽 *Leptoteratura* (*Leptoteratura*) *taiwana* Yamasaki, 1987**

– 雄性第10腹节背板短，后缘具大的凹口，尾须左右长短相当；雌性下生殖板宽大，端半部近圆盘形，末端稍尖 ……………………………………
……… **白角纤畸螽 *Leptoteratura* (*Leptoteratura*) *albicornis* (Motschulsky, 1866)**

4 雌性下生殖板短，近三角形，具中隆线，末端尖角形 …………………
………………… **角板纤畸螽 *Leptoteratura* (*Leptoteratura*) *triura* Jin, 1997**

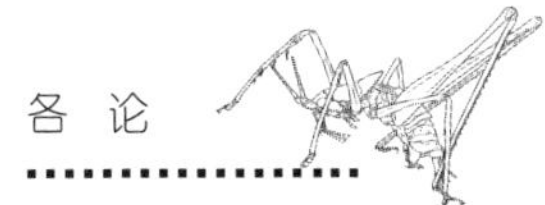

- 雌性下生殖板长，表面不具隆线 ………………………………………… 5

5 雌性下生殖板基半部方形，具不明显的横褶皱，端半部趋狭，后缘尖圆 ……… **饶安纤畸螽 *Leptoteratura* (*Leptoteratura*) *raoani* Gorochov, 2008**

- 雌性下生殖板侧缘中部凹，后缘中央具宽凹口 ………………………… ………… **凹缘纤畸螽 *Leptoteratura* (*Leptoteratura*) *emarginata* Liu, 2004**

纤畸螽亚属 *Leptoteratura* (*Leptoteratura*) Yamasaki, 1982

Leptoteratura (*Leptoteratura*) Gorochov, 1993, *Zoosystematica Rossica*, 2(1): 87; Otte, 1997, *Orthoptera Species File 7*, 89; Gorochov, 1998, *Zoosystematica Rossica*, 7(1): 121.

头顶端部凸圆。前胸背板不延长。雄性尾须不对称。雌性下生殖板非横宽。

230. 白角纤畸螽 *Leptoteratura* (*Leptoteratura*) *albicornis* (Motschulsky, 1866)（图150，图版111，112）

Meconema albicorne: Motschulsky, 1866, *Bulletin de la Société impériale des naturalistes de Moscou*, 39(1): 181; Jacobson & Bianchi, 1905, *Orthopteroid and Pseudoneuropteroid Insects of Russian Empire and adjacent countries*, 380; Kirby, 1906, *A Synonymic Catalogue of Orthoptera* (*Orthoptera Saltatoria, Locustidae vel Acridiidae*), 2: 371.

Meconema albicornis: Walker, 1869, *Catalogue of the Specimens of Dermaptera Saltatoria in the Collection of the British Museum*, 2: 279; Makino, 1951, *An atlas of the chromosome number in animals,* 2nd Edition, 96.

Amytta albicorne: Matsumura & Shiraki, 1908, *The journal of the College of Agriculture, Tohoku Imperial University, Sapporo, Japan*, 3(1): 2, 26; Caudell, 1912, *Genera Insectorum*, 138: 6.

Alloteratura albicorne: Beier, 1966, *Orthopterorum Catalogus*, 9: 278.

Xiphidiopsis omeiensis: Tinkham, 1956, *Transactions of the American Entomological Society*, 82: 13; Beier, 1966, *Orthopterorum Catalogus*, 9: 275.

Leptoteratura omeiensis: Gorochov, 1993, *Zoosystematica Rossica*, 2(1): 89; Liu

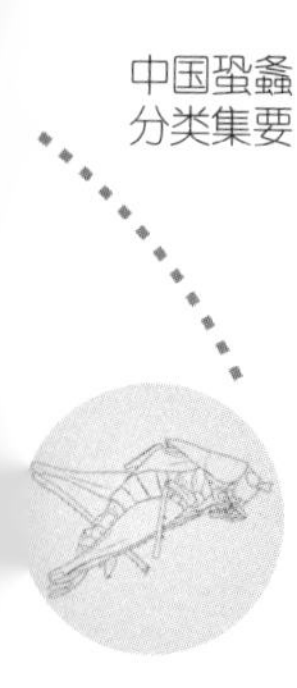

& Jin, 1994, *Contributions from Shanghai Institute of Entomology*, 11: 109; Jin & Xia, 1994, *Journal of Orthoptera Research*, 3: 26; Jin & Yamasaki, 1995, *Proceedings of the Japanese Society of Systematic Zoology*, 53: 82.

Leptoteratura albicorne: Yamasaki, 1982, *Bulletin of the National Museum of Nature and Science. Series A* (*Zoology*) *Tokyo*, 8(3): 119; Yamasaki, 1985, *Memoirs of the National Science Museum, Tokyo*, 18: 145; Yamasaki, 1987, *Kontyu*, 55(2): 343; Xia & Liu, 1993, *Insects of Wuling Mountains Area, Southwestern China*, 96; Liu & Jin, 1994, *Contributions from Shanghai Institute of Entomology*, 11: 109; Jin & Xia, 1994, *Journal of Orthoptera Research*, 3: 26.

Leptoteratura (*Leptoteratura*) *albicornis*: Gorochov, 1993, *Zoosystematica Rossica*, 2(1): 89; Jin & Yamasaki, 1995, *Proceedings of the Japanese Society of Systematic Zoology*, 53: 82; Warchalowska-Sliwa, 1998, *Folia biologica* (*Krakow*), 46: 172; Mao & Shi, 2007, *Zootaxa*, 1583: 38, 39; Xiao *et al*., 2016, *Far Eastern Entomologist*, 305: 18.

描述：体小，纤弱。头矮，侧观近三角形，头顶扁平片状，近三角形，背面基部具浅凹；复眼卵圆形，较大，向前凸出（图150a）；下颚须端节粗稍短于亚端节。前胸背板前缘平直，后缘尖圆，侧棱明显，沟后区稍长于沟前区（图150a），沟后区无扩展非抬高，侧片较低，后缘具弱的肩凹（图150b）；胸听器完全外露；前翅远超过后足股节端部，后翅略长于前翅；前足胫节腹面内外刺排列为4, 3 (1, 1)型，后足胫节背面内外缘各具27～35个刺，端部具端距2对。雄性第10腹节背板后缘具大凹口，无突起或叶，侧缘微波曲；肛上板小，圆三角形，中间纵凹（图150c）；尾须具突起和叶，左右不对称，左尾须基部背面具1个刺状突起，近中部具1个长刺状腹突起，端部细扁片状，末端分叉，右尾须基部具1个背叶，端部近中具1个短刺状突起，末端片状扩展（图150c～e）；下生殖板较小，近梯形，后缘近平直，两侧具短的腹突（图150e）；外生殖器完全膜质。

雌性尾须细长，稍内弯，亚端部扩展，末端尖；下生殖板宽大，基部稍窄，侧缘中部缢缩；端部宽圆，后缘中部稍尖（图150f）；产卵瓣短于后足股节，粗细较均匀，端半部明显上弯，端部钝，腹瓣具端钩（图150g）。

体淡绿色，复眼暗褐色，复眼后具黄色侧条纹，沿侧棱延伸至前胸背

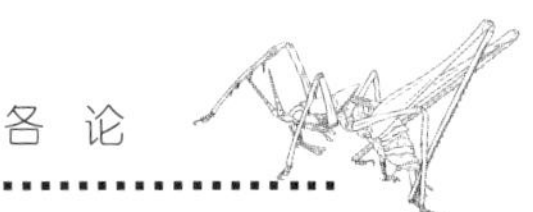

板后缘。

测量（mm）：体长♂10.5 ～ 12.0，♀8.5 ～ 12.5；前胸背板长♂3.0 ～ 3.4，♀3.0 ～ 3.2；前翅长♂12.5 ～ 15.0，♀14.5 ～ 18.0；后足股节长♂7.0 ～ 8.5，♀7.5 ～ 8.0；产卵瓣长5.0 ～ 6.0。

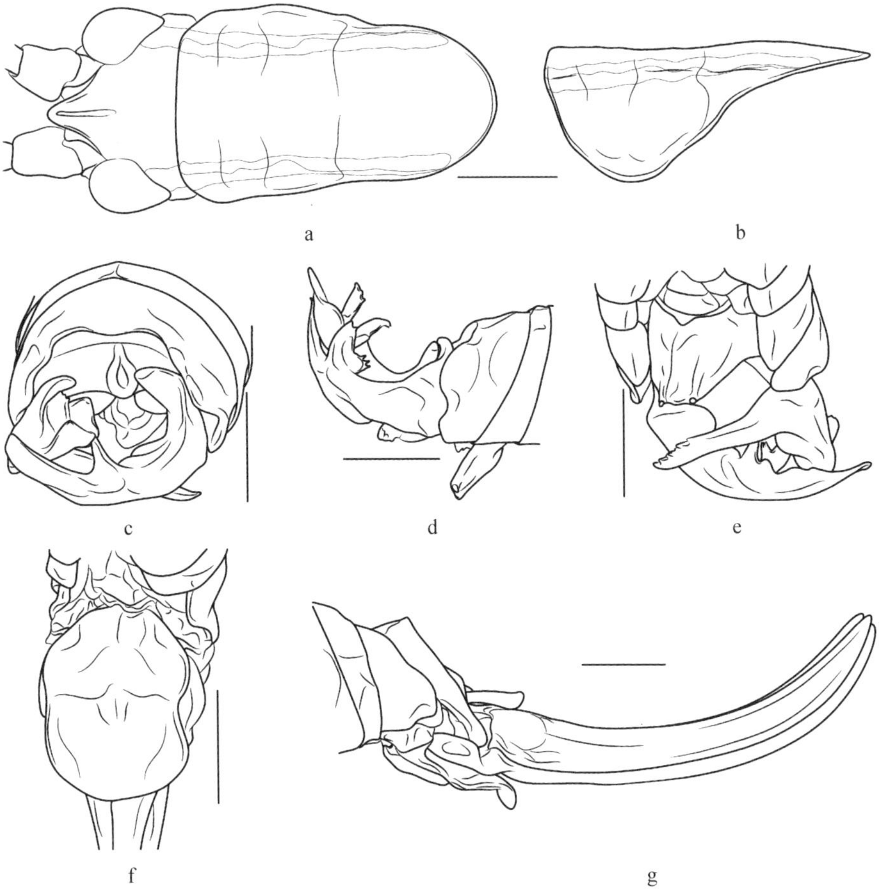

图150 白角纤畸螽 *Leptoteratura* (*Leptoteratura*) *albicornis* (Motschulsky, 1866)
a. 雄性头与前胸背板，背面观；b. 雄性前胸背板，侧面观；c. 雄性腹端，后面观；d. 雄性腹端，侧面观；e. 雄性腹端，腹面观；f. 雌性下生殖板，腹面观；g. 雌性腹端，侧面观

Fig. 150 *Leptoteratura* (*Leptoteratura*) *albicornis* (Motschulsky, 1866)
a. male head and pronotum, dorsal view; b. male pronotum, lateral view; c. end of male abdomen, rear view; d. end of male abdomen, lateral view; e. end of male abdomen, ventral view; f. subgenital plate of female, ventral view; g. end of female abdomen, lateral view

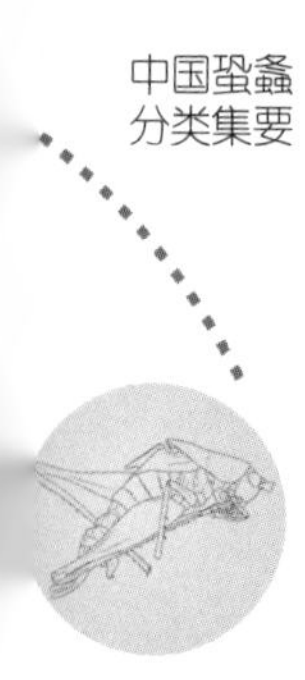

检视材料：3♂♂4♀♀，湖南慈利索溪峪，1988.IX.3，刘宪伟采；1♂，湖南大庸张家界，1988.IX.11，刘宪伟采；1♂，安徽黄山，1978.X.10～20，采集人不详。

模式产地及保存：日本；保存地不详。

分布：中国（安徽、湖南、重庆、四川）；日本。

231. 凹缘纤畸螽 *Leptoteratura* (*Leptoteratura*) *emarginata* Liu, 2004（仿图81）

Leptoteratura (*Leptoteratura*) *emarginata*: Liu & Yin, 2004, *Insects from Mt. Shiwandashan Area of Guangxi*, 102.

描述：体较小，纤弱。头部背面扁平，头顶三角形，端部圆，背面无明显纵沟；复眼卵圆形，向前凸出；下颚须端节稍短于亚端节。前胸背板背面平坦，前缘平直，后缘尖圆，沟后区短于沟前区（仿图81a），侧片后缘肩凹不明显；胸听器完全外露；前翅远超过后足股节端部，后翅长于前翅约0.5 mm；前足胫节刺为3, 4 (1, 1)型，后足胫节具端距2对，背面内外缘各具25～30个齿。雌性尾须圆柱形，中部之后微增粗，腹面具沟；下生殖板延长，侧缘中部内凹，端半部略扩宽，后缘中央凹（仿图81b）；产卵瓣端半部略向上弯曲，端部钝，腹瓣无端钩。

雄性未知。

体淡绿色，复眼暗褐色，复眼后具黄色侧条纹，延伸至前胸背板后缘。

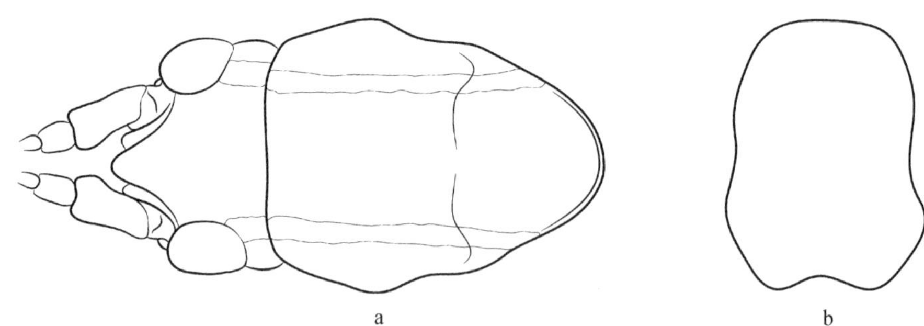

仿图81　凹缘纤畸螽 *Leptoteratura* (*Leptoteratura*) *emarginata* Liu, 2004
（仿 Liu & Yin, 2004）
a. 雌性头与前胸背板，背面观；b. 雌性下生殖板，腹面观

AF. 81　*Leptoteratura* (*Leptoteratura*) *emarginata* Liu, 2004 (after Liu & Yin, 2004)
a. head and pronotum of female, dorsal view; b. subgenital plate of female, ventral view

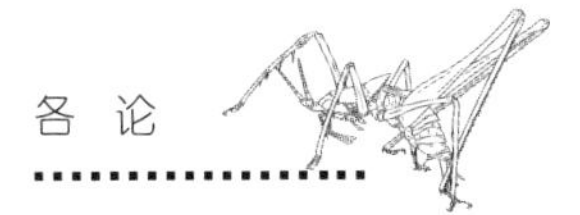

测量（mm）：体长♀9.0；前胸背板长♀2.8；前翅长♀13.0；后足股节长♀6.5；产卵瓣长4.5。

检视材料：未见标本。

模式产地及保存：广西龙州三联；中国科学院动物研究所（IZCAS），北京。

分布：中国广西。

232. 台湾纤畸螽 *Leptoteratura* (*Leptoteratura*) *taiwana* Yamasaki, 1987（图151）

Leptoteratura taiwana: Yamasaki, 1987, *Kontyu*, 55(2): 349; Liu & Jin, 1994, *Contributions from Shanghai Institute of Entomology*, 11: 109; Jin & Xia, 1994, *Journal of Orthoptera Research*, 3: 26.

Leptoteratura (*Leptoteratura*) *taiwana*: Gorochov, 1993, *Zoosystematica Rossica*, 2(1): 89; Mao & Shi, 2007, *Zootaxa*, 1583: 40; Chang, Du & Shi, 2013, *Zootaxa*, 3750(4): 383.

描述：体小，纤弱。头部矮，背面扁平，头顶三角形，稍尖，末端钝圆，背面基部具浅凹沟，颜面略微向后倾斜；复眼较大卵圆形，向前凸出；下颚须端节几乎等长于亚端节。前胸背板背面平坦，前缘平直后缘钝圆，沟后区短于沟前区，侧片较矮，后缘肩凹不明显；胸听器完全外露；前翅远超过后足股节端部，后翅长于前翅约0.5 mm；前足胫节腹面内外刺为4, 3(1, 1)型，后足胫节背面内外缘各具22～29个齿，端部具端距2对。雄性第10腹节背板近方形，后缘微凹（图151c）；尾须不对称，左尾须短宽且粗，基部内面具1个指向腹面的宽突起，紧接1个三角形的突起，内面凹，端部分为背腹2个突起，右尾须明显长，基部宽，外侧向腹面凸出，内侧具2个大的突起，其中端部的形成宽舌状的下弯突起，其末端分为背腹突起，背突起较长指向背方，后弯向内方，最后又弯向后方，大体呈S形，端部尖，腹突起短宽，端部波曲形（图151c～f）；下生殖板较小，近长方形，基部稍宽，后缘中央微凹，腹突短（图151e，f）。

雌性尾须较长，稍内弯，基部圆柱形，约占2/3，之后微膨大，末端稍尖（图151g）；下生殖板延长，基部较宽，具向外侧凸出的钝侧角，后2/3骤狭，中央凹，后缘凸圆（图151g）；产卵瓣短于后足股节，背瓣基部具1弯向下方的指短粗突起；端半部微向上弯曲，末端钝，腹瓣具弱的端钩（图151h）。

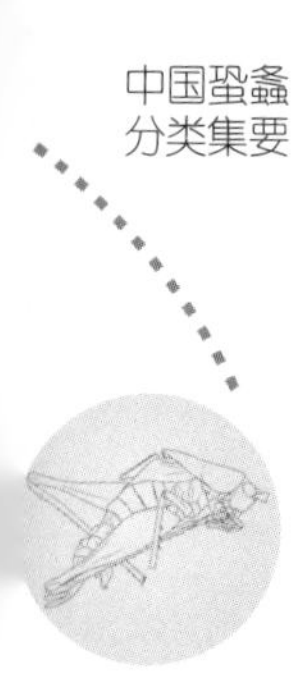

图151　台湾纤畸螽 *Leptoteratura* (*Leptoteratura*) *taiwana* Yamasaki, 1987
（c ～ f仿 Yamasaki, 1987）

a. 雌性前胸背板，背面观；b. 雌性前胸背板，侧面观；c. 雄性腹端，背面观；d，e. 雄性腹端，侧面观；f. 雄性腹端，腹面观；g. 雌性下生殖板，腹面观；h. 雌性腹端，侧面观

Fig. 151　*Leptoteratura* (*Leptoteratura*) *taiwana* Yamasaki, 1987
(c ～ f after Yamasaki, 1987)

a. pronotum of female, dorsal view; b. peonotum of female, lateral view; c. end of male abdomen, dorsal view; d, e. end of male abdomen, lateral view; f. end of male abdomen, ventral view; g. subgenital plate of female, ventral view; h. end of female abdomen, lateral view

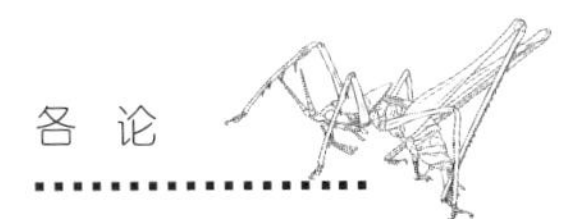

体黄褐色，活时应为绿色；复眼后方至前胸背板末端具1对稍宽的浅黄色纵条纹。

测量（mm）：体长♂8.5～9.7，♀9.7；前胸背板长♂3.5～4.1，♀3.1～3.4；前翅长♂13.0～14.0，♀12.0～13.0；后足股节长♂7.5～8.0，♀7.2～7.8；产卵瓣长5.2～5.6。

检视材料：1♀，台湾Bahau, near Ural Taipon Distr, 990 m, 1947.XII.5, Gressitt采；1♀，台湾Tsaoshan, 1958.IV.16, K.S. Lin采。

模式产地及保存：中国台湾屏东垦丁；东京国立科学博物馆（NSMT），日本东京。

分布：中国台湾。

233. 角板纤畸螽 *Leptoteratura* (*Leptoteratura*) *triura* Jin, 1997（图152）

Leptoteratura triura: Liu & Jin, 1997, *Insects of the Three Gorge Reservoir Area of Yangtze River*, 158; Mao & Shi, 2007, *Zootaxa*, 1583: 40; Gorochov, 2008, *Trudy Zoologicheskogo Instituta Rossiyskoy Akademii Nauk*, 312(1−2): 31.

描述：体小，纤弱。头部矮，头顶扁平，呈薄片状，稍窄端部钝，背面无纵沟，颜面略微向后倾斜；复眼较大，卵圆形向前凸出；下颚须端节稍短于亚端节。前胸背板背面平坦，前缘平直，后缘尖圆，沟后区稍长于沟前区（图152a），侧片稍高，后缘肩凹较明显（图152b）；胸听器完全外露。前翅远超过后足股节端部，后翅长于前翅。前足胫节刺为2, 3 (1, 1)型，后足胫节背面内外缘各具23～26个齿，末端端距2对。雌性尾须中部之后微粗；下生殖板三角形，具中隆线和非外凸的侧角（图152c）；产卵瓣端半部略向上弯曲，端部钝，腹瓣具端钩（图152d）。

雄性未知。

体淡绿色，复眼暗褐色，复眼后具黄色侧条纹，延伸至前胸背板后缘。

测量（mm）：体长♀10.0；前胸背板长♀3.0；前翅长♀15.0；后足股节长♀8.2；产卵瓣长6.0。

检视材料：1♀，四川雅安蒙顶山，1 450 m，2007.VII.31～VIII.1，刘宪伟等采；1♀，四川青城山，1987.VIII.10，刘宪伟采。

模式产地及保存：中国湖北兴山龙门河；中国科学院动物研究所（IZCAS），中国北京。

分布：中国湖北、四川。

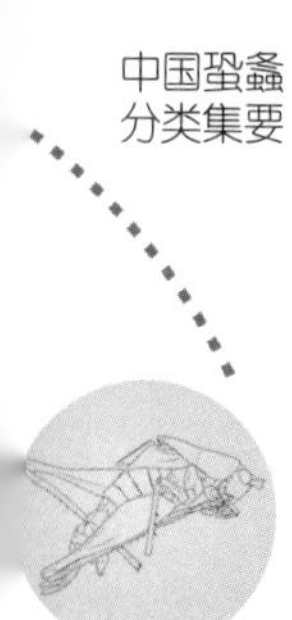

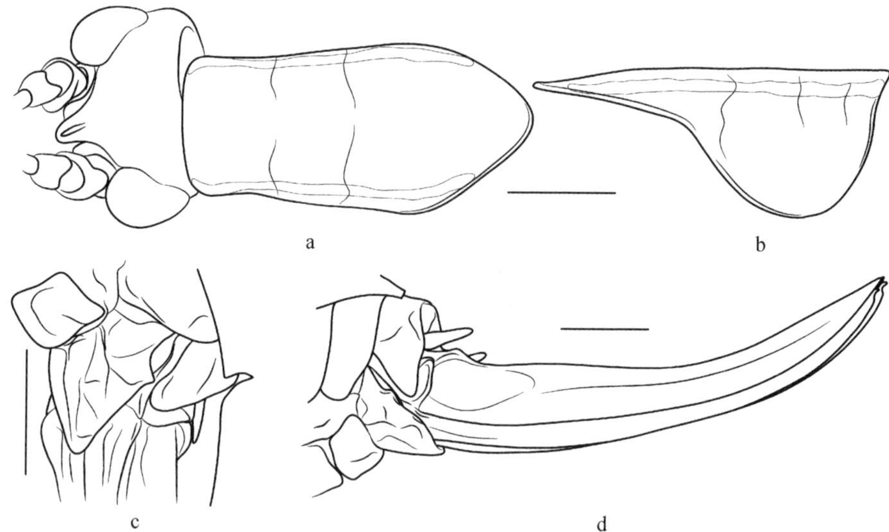

图152　角板纤畸螽*Leptoteratura* (*Leptoteratura*) *triura* Jin, 1997
a. 雌性头与前胸背板，背面观；b. 雌性前胸背板，侧面观；c. 雌性下生殖板，腹面观；
d. 雌性腹端，侧面观

Fig. 152　*Leptoteratura* (*Leptoteratura*) *triura* Jin, 1997
a. head and pronotum of female, dorsal view; b. pronotum of female, lateral view; c. subgenital plate of female, ventral view; d. end of female abdomen, lateral view

234. 饶安纤畸螽*Leptoteratura* (*Leptoteratura*) *raoani* Gorochov, 2008（图153，图版113）

Leptoteratura raoani: Gorochov, 2008, *Trudy Zoologicheskogo Instituta Rossiyskoy Akademii Nauk*, 312(1—2): 31; Kim & Pham, 2014, *Zootaxa*, 3811(1): 70.

描述：体较小，纤弱。头部背面扁平，头顶三角形，端部较宽圆，背面基部具弱的纵沟；复眼较大卵圆形，向前凸出；下颚须端节略微短于亚端节。前胸背板背面平坦，前缘平直，后缘宽圆，沟后区约等长于沟前区，侧片较矮，后缘肩凹较明显（图153a，b）；胸听器完全外露；前翅远超过后足股节端部，后翅长于前翅约1.0 mm；前足胫节腹面内外刺为4, 3 (1, 1)型，后足胫节背面内外缘各具26～30个齿，端部具距2对。雌性尾须较长，内弯，基部圆柱形，中部之后微膨大，末端较尖；下生殖板较狭长，基半部近梯形，具不明显的横褶，端半部近三角形，末端钝圆（图

153c）；产卵瓣粗细较均一，端半部略向上弯曲，末端钝圆，腹瓣具端钩（图153d）。

雄性未知。

体淡绿色，复眼暗褐色，复眼后具黄色侧条纹，延伸至前胸背板后缘。

测量（mm）：体长♀7.5～8.2；前胸背板长♀3.0；前翅长♀14.6～15.0；后足股节长♀8.0～8.1；产卵瓣长4.5～5.6。

检视材料：3♀♀，云南屏边马卫，900～950 m，2009.V.22～23，刘宪伟等采；1♀，广西龙州弄岗，200 m，2013.VII.10～13，朱卫兵等采。

模式产地及保存：越南河静香山饶安河；俄罗斯科学院动物研究所（ZIN.，RAS.），俄罗斯圣彼得堡。

分布：中国（广西、云南）；越南。

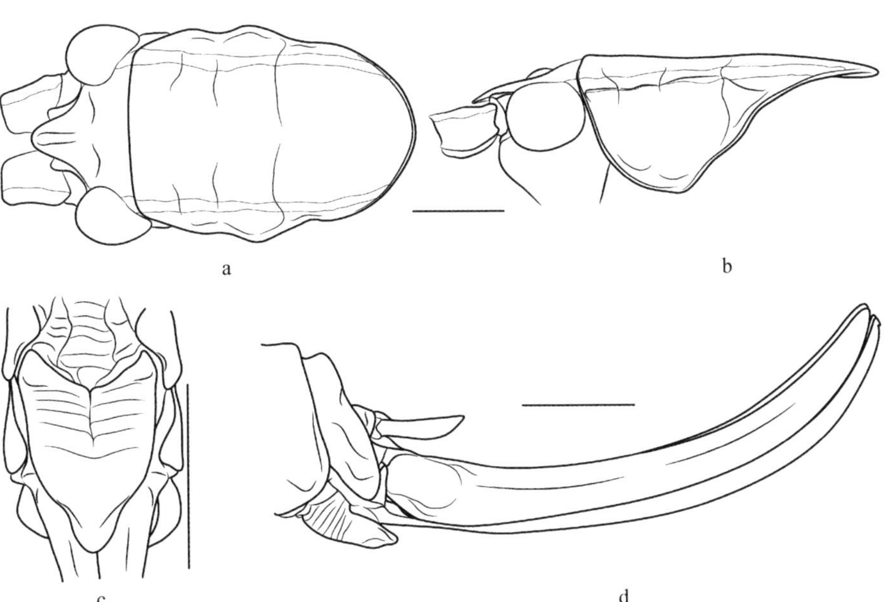

图153　饶安纤畸螽 *Leptoteratura* (*Leptoteratura*) *raoani* Gorochov, 2008

a. 雌性头与前胸背板，背面观；b. 雌性头与前胸背板，侧面观；c. 雌性下生殖板，腹面观；d. 雌性腹端，侧面观

Fig. 153　*Leptoteratura* (*Leptoteratura*) *raoani* Gorochov, 2008

a. head and pronotum of female, dorsal view; b. head and pronotum of female, lateral view; c. subgenital plate of female, ventral view; d. end of female abdomen, lateral view

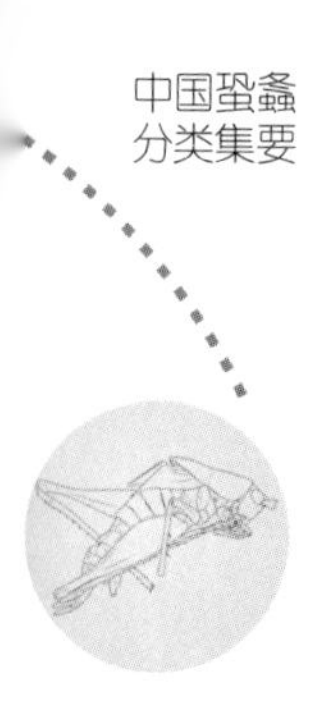

鼻畸螽亚属*Leptoteratura* (*Rhinoteratura*) Gorochov, 1993

Leptoteratura (*Rhinoteratura*): Gorochov, 1993, *Zoosystematica Rossica*, 2(1): 89; Otte, 1997, *Orthoptera Species File 7*, 89; Mao & Shi, 2007, *Zootaxa*, 1583: 38; Gorochov, 2008, *Trudy Zoologicheskogo Instituta Rossiyskoy Akademii Nauk*, 312(1−2): 31; Tan, Gorochov & Wahab, 2017, *Zootaxa*, 4337(3): 393.

模式种：*Leptoteratura sharovi* Gorochov, 1993

头顶端部几乎平截。前胸背板稍长；胸听器较小。雄性第10腹节背板略延长，尾须对称；雌性下生殖板横宽。

235. 片尾鼻畸螽*Leptoteratura* (*Rhinoteratura*) *lamellata* Mao & Shi, 2007（仿图82）

Leptoteratura (*Rhinoteratura*) *lamellatus*: Mao & Shi, 2007, *Zootaxa*, 1583: 38;

Alloteratura lamellata: Gorochov, 2008, *Trudy Zoologicheskogo Instituta Rossiyskoy Akademii Nauk*, 312(1−2): 31.

描述：体小，纤弱。头部背面较扁平，头顶扁平，端部几乎平截，背面无纵沟，颜面向后倾斜；复眼半球形，向前侧方凸出；下颚须端节很短，约为亚端节的一半（仿图82d）。前胸背板背面几乎扁平（仿图82a），侧片较矮，后缘几乎无肩凹（仿图82b）；胸听器小，完全外露（仿图82b）；前翅较长，明显超过后足股节端部，后翅略微长于前翅。前足胫节内外刺排列为3, 2 (1, 1)型，后足胫节背面内外缘各具23 ～ 27个齿，末端具端距2对。雄性第10腹节背板后缘微凹（仿图82c）；尾须对称，呈宽扁的抹刀形，强卷曲（仿图82c），背面端部稍肿胀，腹面内侧具细齿；下生殖板相对较小，具稍短的腹突（仿图82e）；外生殖器完全膜质。

雌性尾须短圆锥形，基部稍细，端部尖锐；下生殖板后缘宽圆，具中凹（仿图82f）；产卵瓣较短，端半部略向上弯曲，末端部钝，腹瓣具小的端钩（仿图82g）。

体淡绿色。复眼褐色，前翅具稀疏的淡褐色点，跗节端部淡褐色。

测量（mm）：体长♂7.5 ～ 8.0，♀7.8 ～ 8.0；前胸背板长♂3.1 ～ 3.2，♀2.7；前翅长♂9.5 ～ 10.0，♀10.5 ～ 11.0；后足股节长♂5.7 ～ 6.3，♀6.7 ～ 7.0；产卵瓣长4.0 ～ 4.2。

检视材料：1♂（正模）1♀（副模），贵州道真大沙河，2004.VIII.19，石福明采；1♂（副模），贵州道真大沙河，2004.VIII.20，石福明采。

模式产地及保存：中国贵州道真大沙河；河北大学博物馆（MHU），中国河北保定。

分布：中国贵州。

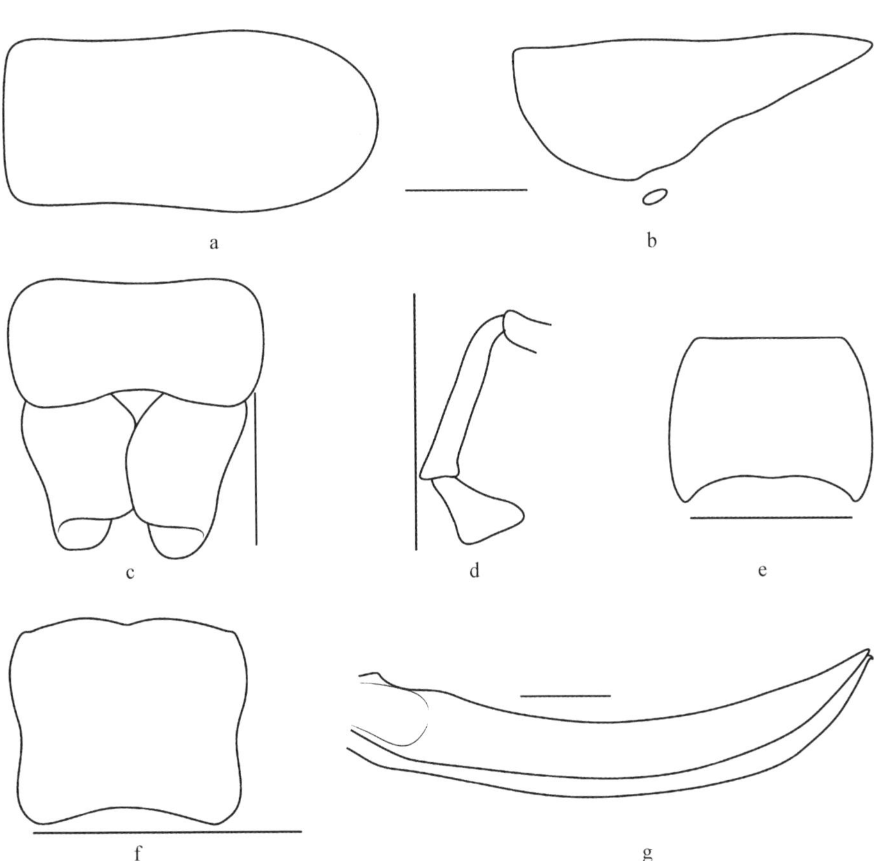

仿图 82　片尾鼻畸螽 *Leptoteratura* (*Rhinoteratura*) *lamellata* Mao & Shi, 2007
（仿 Mao & Shi, 2007）

a. 雄性前胸背板，背面观；b. 雄性前胸背板，侧面观；c. 雄性腹端，背面观；d. 雄性下颚须，侧面观；e. 雄性下生殖板，腹面观；f. 雌性下生殖板，腹面观；g. 雌性产卵瓣，侧面观

AF. 82　*Leptoteratura* (*Rhinoteratura*) *lamellata* Mao & Shi, 2007 (after Mao & Shi, 2007)

a. pronotum of male, dorsal view; b. pronotum of male, lateral view; c. end of male abdomen, dorsal view; d. maxillary palpi of male, lateral view; e. subgenital plate of male, ventral view; f. subgential plate of female, ventral view; g. ovipositor, lateral view

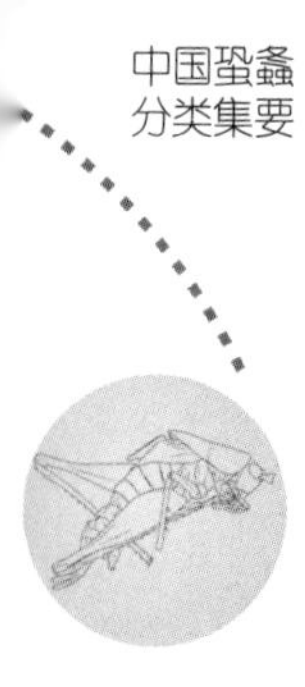

（四十五）铲畸螽属 *Shoveliteratura* Shi, Bian & Chang, 2011

Shoveliteratura: Shi, Bian & Chang, 2011, *Zootaxa*, 2981: 37.

模式种：*Shoveliteratura triangula* Shi, Bian & Chang, 2011

体中等。头顶向前凸出，基部较宽，向端部渐尖，末端近平截，铲形，背面下凹。前胸背板宽，向后延长，前缘平直，后缘钝圆，背片平，侧隆线明显，侧片长且矮，肩凹明显；前翅超过后足股节端部，后翅长于前翅；前足胫节听器内外侧均开放，听器卵圆形。雄性第10腹节背板向后扩展，膨大；尾须对称，壮实；下生殖板具腹突；外生殖器革质；雌性暂未知。

该属头顶与纤畸螽属 *Leptoteratura* 近似，区别在于体较大，雄性第10腹节背板向后延长，雄性外生殖器革质，尾须对称。

236. 三角铲畸螽 *Shoveliteratura triangula* Shi, Bian & Chang, 2011（图154，图版114）

Shoveliteratura triangula: Shi, Bian & Chang, 2011, *Zootaxa*, 2981: 38; Jiao, Chang & Shi, 2014, *Zootaxa*, 3869(5): 554.

描述：体稍大，较粗壮。头部矮，背面扁平，头顶三角形，末端平截，背面平坦；复眼较大长卵圆形，向前凸出；下颚须端节略短于亚端节。前胸背板延长，背面平坦，前缘平直后缘尖圆，沟后区稍长于沟前区（图154a），沟后区背面稍弧形凸，侧片较矮，后缘肩凹较明显（图154b）；胸听器完全外露；前翅远超过后足股节端部，后翅明显长于前翅；前足胫节腹面内外刺为4, 4 (1, 1)型，后足胫节背面内外缘各具28～29个齿，端部具端距2对。雄性第10腹节背板延长，呈椭圆形，后缘近平直，微凹，两侧稍波曲（图154c）；尾须约与第10腹节背板等长，对称，近扁片状，基部稍宽，中部稍窄，端部微扩展，末端具2个角状小突（图154c～e）；下生殖板稍延长，基部近半圆形，至中部骤缩，端半部侧缘平行，后缘中央近平直，腹突短小（图154e）。

雌性未知。

体黄色（活时应为绿色）；复眼红褐色，后方至前胸背板末端具1对宽的浅黄色纵条纹。

测量（mm）：体长♂11.6；前胸背板长♂4.9；前翅长♂15.1；后足股节长♂8.9。

检视材料：1♂（正模）1♂（副模），海南乐东尖峰岭，2010.V.25，裘明、李汭莲采；1♂，海南鹦哥峰，600 m，2011.IV.26 ～ 30，毕文烜采。

模式产地及保存：中国海南乐东尖峰岭；河北大学博物馆（MHU），中国河北保定。

分布：中国海南。

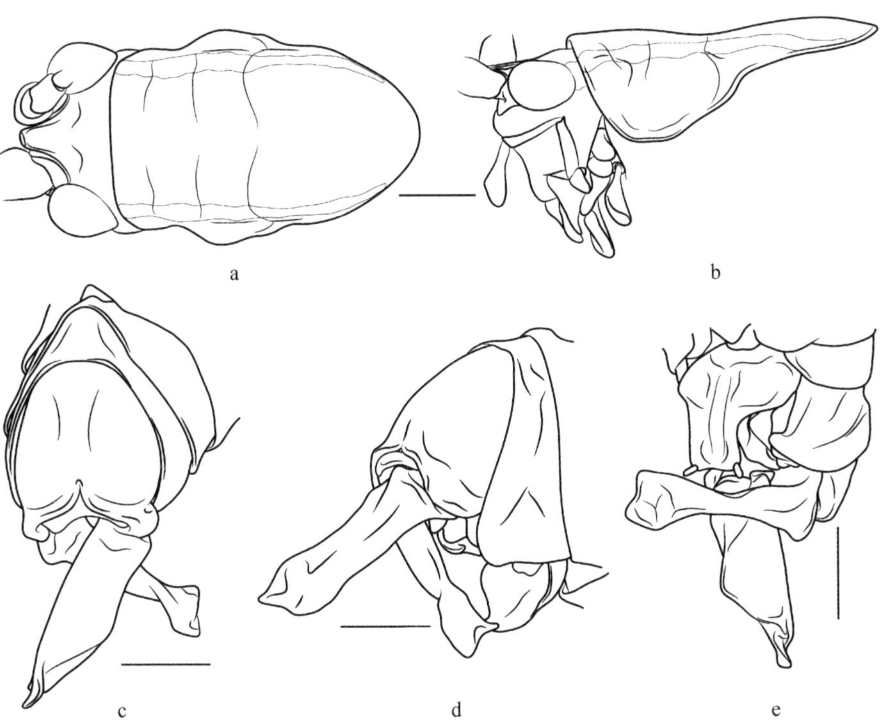

图154　三角铲畸螽 *Shoveliteratura triangula* Shi, Bian & Chang, 2011
a. 雄性头与前胸背板，背面观；b. 雄性头与前胸背板，侧面观；c. 雄性腹端，背面观；d. 雄性腹端，侧面观；e. 雄性腹端，腹面观

Fig. 154　*Shoveliteratura triangula* Shi, Bian & Chang, 2011
a. head and pronotum of male, dorsal view; b. head and pronotum of male, lateral view; c. end of male abdomen, dorsal view; d. end of male abdomen, lateral view; e. end of male abdomen, ventral view

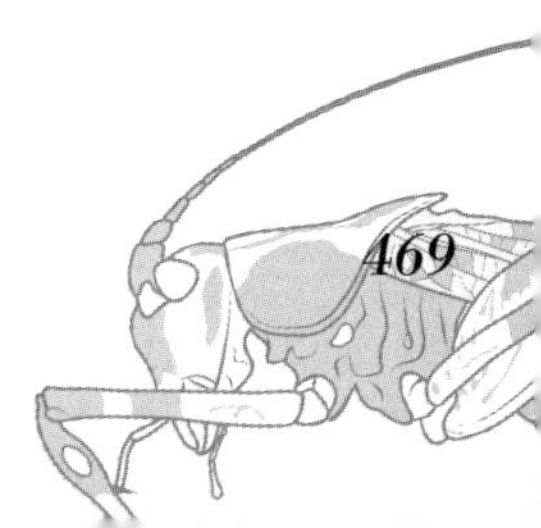

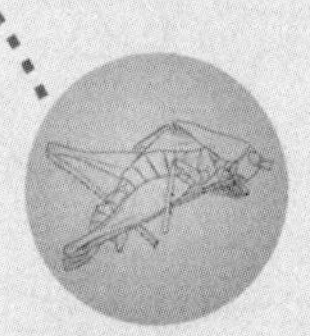

参考文献

白锦荣，石福明．2013．两种蛩螽的染色体核型（直翅目，螽斯科）．动物分类学报，38（3）：483 ～ 487．

边迅，石福明，毛少利．2012．中国蛩螽亚科一新纪录属（直翅目，螽斯科）．动物分类学报，37（1）：252 ～ 254．

常岩林，郑哲民，王弘毅．1998．四川蛩螽科一新种（直翅目：螽斯总科）．昆虫学报，41（4）：414 ～ 416．

李芳芳，陈学新，朴美花，何俊华，马云．2003．基于28SrRNA基因D2序列的优茧蜂亚科分子系统发育（膜翅目：茧蜂科）．昆虫分类学报，25（3）：217 ～ 226．

刘宪伟．1993．直翅目：条蟋螽总科、螽蟖总科．黄春梅主编．龙栖山动物．中国林业出版社：49 ～ 50．

刘宪伟．2000．中国蛩螽族三新属七新种（直翅目：螽蟖总科：蛩螽科）．动物学研究，21（3）：218 ～ 226．

刘宪伟．2007．螽斯总科．王志国，张秀江主编．河南直翅类昆虫志，河南科学技术出版社：423 ～ 485．

刘宪伟，金杏宝．1994．中国螽蟖名录．昆虫学研究集刊，11（1992 ～ 1993）：99 ～ 118．

刘宪伟，金杏宝．1997．直翅目：螽蜇总科：露螽科 拟叶螽科 蛩螽科 草螽科 螽斯科．杨兴科主编．长江三峡库区昆虫上，重庆出版社：145 ～ 171．

刘宪伟，金杏宝．1999．直翅目Orthoptera：螽斯总科Tettigonioidea．黄邦侃主编．福建昆虫志 第一卷，福建科学技术出版社：119 ～ 174．

刘宪伟，王志国．1998．河南省螽斯类初步调查（直翅目）．河南科学，16（1）：68 ～ 76．

刘宪伟，殷海生．2004．直翅目：螽斯总科 沙螽总科．杨星科主编．广西十万大山地区昆虫，中国林业出版社：98 ～ 102．

刘宪伟，张鼎杰．2007．刺膝螽属一新亚属和一新种（直翅目：螽斯总科：蛩螽科）．昆虫分类学报，29（2）：85 ～ 91．

刘宪伟，章伟年．2000．中国螽斯的分类研究I．中国蛩螽族十新种（直翅目：螽斯总科：蛩螽科）．昆虫分类学报，22（3）：157～170．

刘宪伟，章伟年．2005．直翅目：螽斯总科 沙螽总科．杨星科主编．秦岭西段及甘南地区昆虫．北京，科学出版社：90～91．

刘宪伟，周敏．2007．中国涤螽属的分类研究（直翅目：螽斯总科：蛩螽科）．昆虫学报，50（6）：610～615．

刘宪伟，周敏，毕文烜．2008．中国异饰肛螽属四新种记述（直翅目，螽斯总科，蛩螽科）．动物分类学报，33（4）：761～767．

刘宪伟，周敏，毕文烜．2010．直翅目：螽斯总科．徐华潮，叶坛仙主编．浙江凤阳山昆虫，中国林业出版社：68～91．

刘宪伟，周顺．2007．中国异饰肛螽属的修订（直翅目：螽斯总科：蛩螽科）．动物分类学报，32（1）：190～195．

毛少利．2008．中国蛩螽亚科（长翅类）系统学研究（直翅目：螽斯科）．河北大学．

慕芳红，贺同利，王裕文．2000．中国蛩螽科三新种记述（直翅目：螽斯总科）．动物分类学报，25（3）：315～319．

石福明，常岩林．2005．直翅目：露螽科，拟叶螽科，蛩螽科，纺织娘科，草螽科．李子忠，金道超主编．习水景观昆虫，贵州科技出版社：116～131．

石福明，陈会明．2002．贵州剑螽属两新种记述（直翅目：蛩螽科）．昆虫学报，9（3）：69～72．

石福明，杜喜翠．2006．直翅目：拟叶螽科，露螽科，纺织娘科，蛩螽科，草螽科，螽斯科．李子忠，金道超主编．梵净山景观昆虫，贵州科技出版社：115～129．

石福明，欧晓红．2005．中国吟螽属研究及一新种记述（直翅目，蛩螽科）．动物分类学报，30（2）：358～362．

石福明，王剑锋．2005．直翅目：螽斯总科：拟叶螽科，露螽科，纺织娘科，蛩螽科，螽斯科，草螽科．杨茂发，金道超主编．贵州大沙河昆虫，贵州人民出版社：64～75．

石福明，郑哲民．1994．四川螽斯二新种（直翅目：螽斯总科）．山西师大学报，8（1）：44～46．

石福明，郑哲民．1995．中国剑螽属四新种记述（直翅目：螽斯总科：蛩螽科）．昆虫分类学报，17（3）：157～161．

石福明，郑哲民．1996．中国剑螽属一新种记述（直翅目：螽斯总科：蛩螽科）．动物分类学报，21（3）：332～334．

石福明，郑哲民．1998．直翅目：螽斯总科．吴鸿主编．龙王山昆虫，北京，中国林业出版社：54～57．

石福明，郑哲民，蒋国芳．1995．广西剑螽属一新种（直翅目：蛩螽科）．广西科学，2（2）：39～40．

时敏，陈学新，马云，何俊华．2007．基于28SrDNAD2基因片段与形态特征的矛

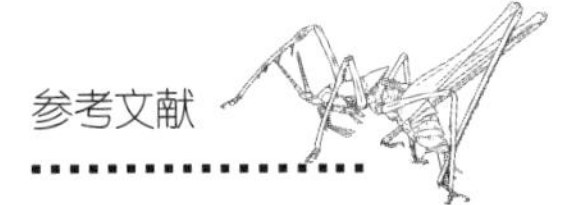

茧蜂亚科系统发育研究（膜翅目：茧蜂科）. 昆虫学报，50（2）：153 ～ 164.

时敏，朱兰兰，陈学新. 2008. 基于28srDNAD2基因片段与形态特征的优茧蜂亚科系统发育研究（膜翅目：茧蜂科）. 昆虫学报，30（2）：113 ～ 130.

汪晓阳，周志军，黄原，石福明. 2011. 基于18S rRNA 基因序列的直翅目主要类群系统发育关系研究. 动物分类学报，36（3）：627 ～ 638.

王备新，杨莲芳. 2002. 线粒体DNA序列特点与昆虫系统学研究. 昆虫知识，39（2）：88 ～ 92.

王瀚强，刘宪伟. 2018. 螽斯总科. 杨兴科主编. 秦岭昆虫志第一卷：低等昆虫及直翅类，世界图书出版西安有限公司：439 ～ 483.

王鑫，黄兵. 2006. DNA条形编码技术在动物分类中的研究进展. 生物技术通报，2006（4）：67 ～ 72。

夏凯龄，刘宪伟. 1990. 剑螽属的新种记述（直翅目：螽蟖科）. 昆虫学研究集刊，8（1988）：221 ～ 228.

夏凯龄，刘宪伟. 1992. 直翅目：螽斯总科、蟋蟀总科. 黄复生主编. 西南武陵山地区昆虫，北京，科学出版社：87 ～ 113.

郑哲民，石福明. 1994. 直翅目：螽斯总科. 朱廷安主编. 浙江古田山昆虫和大型真菌，浙江科学技术出版社：30 ～ 33.

钟玉林. 2005. 中国螽蟖总科部分种类Cyt-b和28S-rDNA分子进化与系统学研究. 陕西师范大学.

Beier, M. 1955. Embrioidea und Orthopteroidea. *Dr. H. G. Bronns Klassen und Ordnungen des Tierreichs*, 5-III-6: 304 pp.

Beier, M. 1955. Laubheuschrecken. *Die Neue Brehm-Bücherei*, 159: 1-48.

Bey-Bienko, G. Y. 1955. Studies on fauna and systematic superfamily Tettigonioidea (Orthoptera) of China. *Zoologicheskii Zhurnal*, 34: 1250-1271.

Bey-Bienko, G. Y. 1957. Results of Chinese-Soviet zoological-botanical expeditions to south-western China 1955-1956: Tettigonioidea (Orthoptera) of Yunnan. *Entomologicheskoe Obozrenie*, 36: 401-417.

Bey-Bienko, G. Y. 1962. Results of the Chinese-Soviet zoological-botanical expeditions to south-western China 1955-1957. New or less known Tettigonioidea (Orthoptera) from Szechuan and Yunnan. *Trudy Zoologicheskogo Instituta Akademii Nauk SSSR, Leningrad* [= *Proceedings of the Zoological Institute, USSR Academy of Sciences, Leningrad*], 30: 110-138.

Bey-Bienko, G. Y. 1971. A Revision of the bush-crickets of the genus *Xiphidiopsis* Redt. (Orthoptera, Tettigonioidea) [English version]. *Entomological Review* [English translation of *Entomologicheskoe Obozrenie*], 50: 472-483.

Bey-Bienko, G. Y. 1971. The revision of the bush crickets of the genus *Xiphidiopsis* Redt. (Orthoptera, Tettigonioidea) [Russian version]. *Entomologicheskoe Obozrenie*, 50: 827-848.

Bian, X., Shi, F. M. & Chang, Y. L. 2012. Review of the genus *Phlugiolopsis* Zeuner,

1940 (Orthoptera: Tettigoniidae: Meconematinae) from China. *Zootaxa*, 3281: 1–21.

Bian, X., Shi, F. M. & Chang, Y. L. 2012. Supplement for the genus *Phlugiolopsis* Zeuner, 1940 (Orthoptera: Tettigoniidae: Meconematinae) from China. *Zootaxa*, 3411: 55–62.

Bian, X., Shi, F. M. & Chang, Y. L. 2013. Second supplement for the genus *Phlugiolopsis* Zeuner, 1940 (Orthoptera: Tettigoniidae: Meconematinae) from China, with eight new species. *Zootaxa*, 3701(2): 159–191.

Bian, X., Xie, G. L., Chang, Y. L. & Shi, F. M. 2014. One new genus and two new species of the tribe Meconematini (Orthoptera: Tettigoniidae: Meconematinae) from Yunnan, China. *Zootaxa*, 3793(2): 286–290.

Bian, X, Kou, X. Y. & Shi, F. M. 2014. Notes on the genus *Acosmetura* Liu, 2000 (Orthoptera: Tettigoniidae: Meconematinae). *Zootaxa*, 3811(2): 239–250.

Bian, X., Zhu, Q. D. & Shi, F. M. 2017. New genus to science of Meconematinae (Orthoptera: Tettigoniidae) from China with descriptions two new species and proposal of one new combination. *Zootaxa*, 4317(1): 165–173.

Bolívar, I. 1900. Les Orthoptères de St-Joseph's College à Trichinopoly (Sud de l' Inde). *Annales de la Société Entomologique de France*, 68: 761–812.

Bolívar, I. 1906. Fasgonurídeos de la Guinea Española. *Memorias de la Real Sociedad Española de Historia Natural*, 1: 327–377.

Brunner von Wattenwyl, C. 1893. Révision du système des Orthoptères et déscription des espèces rapportées par M. Leonardo Fea de Birmanie. *Annali del Museo Civico di Storia Naturale di Genova*, 213(33): 1–230.

Burmeister, H. 1838. Kaukerfe, Gymnognatha (Erste Hälfte: Vulgo Orthoptera). *Handbuch der Entomologie*, Theod. Chr. Friedr. Enslin, Berlin 2(2): I–VIII, 397–756.

Cadena-Castañeda, O. J. & García García, A. 2014. Nuevos taxones de la tribu Phlugidini (Orthoptera: Tettigoniidae) de los Andes y pie de monte llanero de Colombia, con comentarios acerca del estatus actual de la tribu. *Boletín de la Sociedad Entomológica Aragonesa*, 54: 85–90.

Cappe de Baillon, P. 1921. Note sur le mécanisme de la stridulation chez *Meconema varium* Fabr. (Orthoptera, Phasgonuridae). *Annales de la Société Entomologique de France*, 90: 69–80.

Caudell, A. N. 1912. Orthoptera. Fam. Locustidae, subfam. Meconeminae, Phyllophorinae, Tympanophorinae, Phasgonurinae, Phasmodinae, Bradyporinae. *Genera Insectorum,* 138: 1–25.

Chang, K. S. F. 1935. Index of Chinese Tettigoniidae. *Notes d'Entomologie Chinoise, Musée Heude*, 2(3): 25–77.

Chang, Y. L., Bian, X. & Shi, F. M. 2012. Remarks on the genus *Sinocyrtaspis*

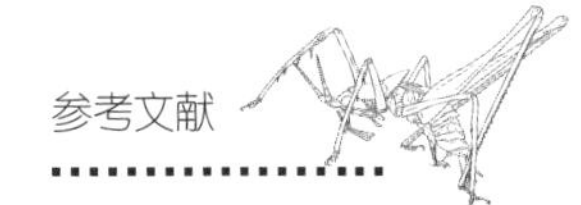

(Orthoptera: Tettigoniidae: Meconematinae) from China. *Zootaxa*, 3495: 83–87.

Chang, Y. L., Du, X. C. & Shi, F. M. 2013. Three new species of the tribe Meconematini (Orthoptera: Tettigoniidae) from Taiwan. *Zootaxa*, 3750(4): 383–388.

Chang, Y. L., Sun, C. X. & Shi, F. M. 2016. One new species of the subgenus *Xizicus* (*Zangxizicus*) (Orthoptera: Tettigoniidae: Meconematinae) from China. *Zootaxa*, 4171(1): 183–186.

Chivers, B., Jonsson, T., Cadena-Castaneda, O. J. & Montealegre-Z, F. 2013. Ultrasonic reverse stridulation in the spider-like katydid *Arachnoscelis* (Orthoptera: Listrosceledinae). *Bioacoustics*, 23: 67–77.

Chopard, L. 1924. On some cavernicolous Orthoptera and Dermaptera from Assam and Burma. *Records of the Indian Museum*. 26: 81–92.

Chopard, L. 1945. Orthopteroides recueillis dans les montagnes du Cameroun par la Mission Lepesme, Paulian, Villers. *Revue Française d'Entomologie*, 11: 156–178.

Chopard, L. 1951. A revision of the Australian Grylloidea. *Records of the South Australian Museum*, 4(9): 397–533.

Chopard, L. 1954. La Réserve naturelle intégrale du Mt. Nimba, III. Orthoptères Ensifères. *Mémoires de l'Institut Français d'Afrique Noire*, 40(2): 25–97.

Chopard, L. 1955. *South African Animal Life; Results of the Lund University Expedition in 1950–1951*, 2: p. 27.

Chopard, L. 1957. Orthoptéroides. *Mémoires de l'Institut Scientifique de Madagascar, Série E Entomologie*, 8: 31–56.

Chopard, L. 1958. Mission du Muséum dans les îles du Golfe de Guinée, VI: Orthoptéroides. *Bulletin de la Société Entomologique de France*, 63: 73–86.

Chopard, L. 1969. Un extraordinaire tettigoniide des Iles Salomon (Orthoptera). *Memorie della Società Entomologica Italiana*, 48: 47–51.

Cigliano, M. M., Braun, H., Eades, D. C. & Otte, D. 2019. Orthoptera Species File. Version 5.0/5.0. http://Orthoptera.SpeciesFile.org.

Currie, P. W. E. 1953. The 'drumming' of *Meconema thalassinum* (Fabr.). *Entomological Record and Journal of Variation*, 65: 93–94.

De Geer, C. 1733. *Mémoires pour servir à l'histoire des insectes*, L.L. Grefing, 3: pp. 414–459.

Desutter-Grandcolas, L. 2003. Phylogeny and the evolution of acoustic communication in extant Ensifera (Insecta, Orthoptera). *Zoologica Scripta*, 32: 525–561.

Di, J. X., Bian, X., Shi, F. M. & Chang, Y. L. 2014. Notes on the genus *Pseudokuzicus* Gorochov, 1993 (Orthoptera: Tettigoniidae: Meconematinae: Meconematini) from China. *Zootaxa*, 3872(2): 154–166.

Dietrich, C. H. *et al.* 2001. Phylogeny of the major lineages of Membracoidea (Insecta: Hemiptera: Cicadomorpha) based on 28S rDNA sequences. *MOLECULAR PHYLOGENETICS AND EVOLUTION*, 18(2): 293–305.

Dou, Y. J. & Shi, F. M. 2018. One new genus of the tribe Meconematini (Orthoptera: Tettigoniidae: Meconematinae) from China. *Zootaxa*, 4429(3): 569–571.

Ebner, R. 1939. Tettigoniiden (Orthoptera) aus China. *Lingnan Science Journal*, 18: 293–302, 11figs.

Eichler, W. 1938. Lebensraum und Lebensgeschichte der Dahlemer Palmenhausheuschrecke *Phlugiola dahlemica* nov. spec. (Orthop. Tettigoniid.). *Deutsche Entomologische Zeitschrift*, special edition, pp. 497–570.

Feng, J. Y., Chang, Y. L. & Shi, F. M. 2016. A revision of the subgenus *Xizicus* (*Paraxizicus*) Liu, 2004 (Orthoptera: Tettigoniidae: Meconematinae). *Zootaxa*, 4138(3): 570–576.

Feng, J. Y., Shi, F. M. & Mao, S. L. 2017. Review of the subgenus *Xizicus* (*Xizicus*) Gorochov, 1993 (Orthoptera: Tettigoniidae: Meconematinae) from China. *Zootaxa*, 4247(1): 68–72.

Goolsby, J. A., Burwell, C J., Makinson, J. & Driver, F. 2001. Investigation of the biology of Hymenoptera associated with *Fergusonina* sp. (Diptera: Fergusoninidae), a gall fly of *Melaleuca quinquenervia*, integrating molecular techniques. *Journal of Hymenoptera research*, 10(2): 163–180.

Gorochov, A. V. 1988. Classification and phylogeny of Tettigonioidea (Gryllida=Orthoptera, Tettigonioidea) [in Russian]. *In* Ponomarenko [Ed.]. *Cretaceous Biocoenotic Crisis and the Evolution of Insects*, 145–190.

Gorochov, A. V. 1993. A contribution to the knowledge of the tribe Meconematini (Orthoptera: Tettigoniidae). *Zoosystematica Rossica*, 2(1): 63–92.

Gorochov, A. V. 1995. Contribution to the system and evolution of the order Orthoptera. *Zoologicheskii Zhurnal*, 74(10): 39–45.

Gorochov, A. V. 1995. System and evolution of the suborder Ensifera (Orthoptera). Part I. *Trudy Zoologicheskogo Instituta Rossiyskoy Akademii Nauk* [=*Proceedings of the Zoological Institute of the Russian Academy of Sciences*]. 260(1): 1–224. [In Russian]

Gorochov, A. V. 1995. System and evolution of the suborder Ensifera (Orthoptera). Part II. *Trudy Zoologicheskogo Instituta Rossiyskoy Akademii Nauk* [=*Proceedings of the Zoological Institute of the Russian Academy of Sciences*]. 260(2): 1–213. [In Russian]

Gorochov, A. V. 1998. New and little known Meconematinae of the tribes Meconematini and Phlugidini (Orthoptera, Tettigoniidae). *Zoosystematica Rossica*, 7(1): 101–131.

Gorochov, A. V. 2001. A new genus of Meconematini from Sumatra (Orthoptera: Tettigoniidae). *Zoosystematica Rossica*, 9(2): 276.

Gorochov, A. V. 2002. A new subgenus and two new species of *Xizicus* (Orthoptera: Tettigoniidae: Meconematinae). *Zoosystematica Rossica*, 10(2): 256.

Gorochov, A. V. 2004. A new subgenus and two new species of *Decma* (Orthoptera:

Tettigoniidae: Meconematinae). *Zoosystematica Rossica*, 13(1): 28.

Gorochov, A. V. 2005. New species of the tribe Phisidini from Indonesia (Orthoptera: Tettigoniidae: Meconematinae). *Zoosystematica Rossica*, 13(2): 243.

Gorochov, A. V. 2005. Three new species of Meconematini from tropical Asia (Orthoptera: Tettigoniidae: Meconematinae). *Zoosystematica Rossica*, 14(1): 36.

Gorochov, A. V., Liu, C. X. & Kang, L. 2005. Studies on the tribe Meconematini (Orthoptera: Tettigoniidae: Meconematinae) from China. *Oriental Insects*, 39: 63–87.

Gorochov, A. V. 2008. New and little known katydids of the tribe Meconematini (Orthoptera: Tettigoniidae: Meconematinae) from south-east Asia. *Trudy Zoologicheskogo Instituta Rossiyskoy Akademii Nauk*, 312(1–2): 26–42.

Gorochov, A. V. 2010. New and little-known orthopteroid insects (Polyneoptera) from fossil resins: Communication 4. *Paleontologicheskii Zhurnal*, 6: 656–671.

Gorochov, A. V. & Tan, M. K. 2011. New katydids of the genus *Asiophlugis* Gor. (Orthoptera: Tettigoniidae: Meconematinae) from Singapore and Malaysia. *Russian Entomological Journal*, 20(2): 129–133.

Gorochov, A. V. 2011. Taxonomy of the katydids (Orthoptera: Tettigoniidae) from East Asia and adjacent islands. Communication 1. *Far Eastern Entomologist*, 220: 1–13.

Gorochov, A. V. 2011. Taxonomy of the katydids (Orthoptera: Tettigoniidae) from East Asia and adjacent islands. Communication 3. *Far Eastern Entomologist*, 236: 1–13.

Gorochov, A. V. 2012. Taxonomy of the katydids (Orthoptera: Tettigoniidae) from East Asia and adjacent islands. Communication 4. *Far Eastern Entomologist*, 243: 1–9.

Gorochov, A. V. 2012. Taxonomy of the katydids (Orthoptera: Tettigoniidae) from East Asia and adjacent islands. Communication 5. *Far Eastern Entomologist*, 252: 1–26.

Gorochov, A. V. 2012. Systematics of the American katydids (Orthoptera: Tettigoniidae). Communication 2. *Trudy Zoologicheskogo Instituta Rossiyskoy Akademii Nauk*, 316(4): 285–306.

Gorochov, A. V. 2013. Taxonomy of the katydids (Orthoptera: Tettigoniidae) from East Asia and adjacent islands. Communication 6. *Far Eastern Entomologist*, 259: 1–12.

Gorochov, A. V. 2014. Taxonomy of the katydids (Orthoptera: Tettigoniidae) from East Asia and adjacent islands. Communication 9. *Far Eastern Entomologist*, 283: 1–12.

Gurney, A. B. 1960. *Meconema thalassinum*, a European katydid new to the United States (Orthoptera: Tettigoniidae). *Proceedings of the Entomological Society of Washington*, 62: 95–96.

Han, L. & Shi, F. M. 2014. One new species of the genus *Kuzicus* (Orthoptera: Tettigoniidae: Meconematinae) from Yunnan, China. *Zootaxa*, 3861(4): 398–400.

Hebard, M. 1922. Studies in Malayan, Melanesian and Australian Tettigoniidae (Orthoptera). *Proceedings of the Academy of Natural Sciences, Philadelphia*. 74: 121–299.

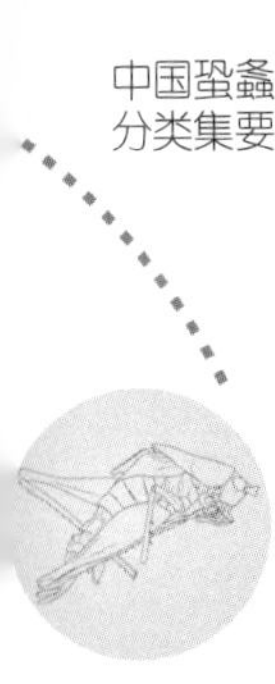

Heller, K. G., Hemp, C., Liu, C., & Volleth, M. 2014. Taxonomic, bioacoustic and faunistic data on a collection of Tettigonioidea from Eastern Congo (Insecta: Orthoptera). *Zootaxa*, 3785 (3): 343–376.

Henry, G. M. 1932. Notes on Ceylon Tettigoniidae, with descriptions of new species. Part 1. *Ceylon Journal of Science Biological Science*, 16(3): 229–256.

Henry, G. M. 1934. New and rare Hexacentrinae (Insecta, Orthoptera) from Ceylon. *Spolia Zeylanica*, 19: 1–21.

Hillis, D. M. & Dixon, M. T. 1991. Ribosomal DNA: molecular evolution and phylogenetic inference. *The Quarterly Review of Biology*, 66(4): 411–453.

Hugel, S. 2012. New and little known Phisidini from Madagascar, Comoros and Seychelles (Orthoptera, Ensifera, Meconematinae). *Zoosystema*, 34(3): 525–552.

Ingrisch, S. 1987. Zur Orthopterenfauna Nepals (Orthoptera). *Deutsche Entomologische Zeitschrift*, 34(1–3): 113–139, pl. 3–4.

Ingrisch, S. 1990. Grylloptera and Orthoptera s.str. from Nepal and Darjeeling in the Zoologische Staatssammlung München. *Spixiana* (*Munich*), 13: 149–182.

Ingrisch, S. & Shishodia, M. S. 1998. New species and records of Tettigoniidae from India (Ensifera). *Mitteilungen der Schweizerischen Entomologischen Gesellschaft*, 71(3–4): 355–371.

Ingrisch, S. & Shishodia, M. S. 2000. New taxa and distribution records of Tettigoniidae from India (Orthoptera: Ensifera). *Mitteilungen der Münchner Entomologischen Gesellschaft*, 90: 5–37.

Ingrisch, S. 2002. Orthoptera from Bhutan, Nepal and North India in the Natural History Museum Basel. *Entomologica Basiliensia*, 24: 123–159.

Ingrisch, S. 2006. Two new species of Xiphidiopsini (Orthoptera, Tettigoniidae, Meconematinae) from Sumatra in the collection of the Museo Civico di Storia Naturale "G. Doria" , Genova. *Doriana*, 7(348): 1–8.

Ito, G. & Ichikawa, A. 2004. Notes on Matsumura's type specimens of Orthoptera. *Insecta Matsumurana, New Series*, 60: 55–65.

Jiao, J., Shi, F. M. & Gao, J. G. 2013. Two new species of the genus *Xizicus*, 1993 (Orthoptera: Tettigoniidae: Meconematinae) from Xizang, China. *Zootaxa*, 3694(3): 296–300.

Jiao, J., Chang, Y. L. & Shi, F. M. 2014. Notes on a collection of the tribe Meconematini (Orthoptera: Tettigoniidae) from Hainan, China. *Zootaxa*, 3869(5): 548–556.

Jin, X. B. 1987. The geographical distribution of the predatory genus *Phisis* Stål, 1861 (Grylloptera: Tettigonioidea) Chapter 23. *In* Baccetti (Ed.). *Evolutionary Biology of Orthopteroid Insects* (*Ellis Horwood series in entomology and acarology*), pp. 281–292.

Jin, X. B., Kevan, D. K. M. & Yamasaki, T. 1990. A new genus, subgenus and species of small predacious orthopteroids from the Ryukyu Islands (Grylloptera:

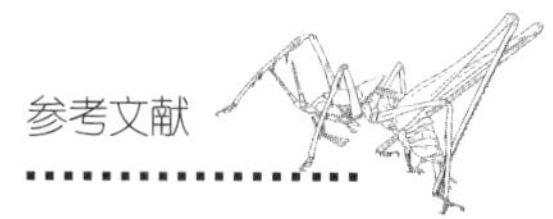

Tettigonioidea: Meconematidae). *Proceedings of the Japanese Society of Systematic Zoology*, 42: 21–31.

Jin, X. B. & Kevan, D. K. M. 1991. *Afrophisis*, a new genus and two new species of small orthopteroids from Africa (Grylloptera Tettigonoidea Meconematidae). *Tropical Zoology*, 4(2): 317–328.

Jin, X. B., Kevan, D. K. M. & Hsu, T. C. 1991. A new species of small predacious orthopteroid, *Paraphisis spinicercis* new species, from Papua New Guinea (Grylloptera: Tettigonioidea). *Chinese Journal of Entomology*, 11(1): 59–64.

Jin, X. B. & Kevan, D. K. M. 1992. Taxonomic revision and phylogeny of the tribe Phisidini (Insecta: Grylloptera: Meconematidae). *Theses Zoologicae*, 18: 360 pp.

Jin, X. B., Liu, X. W. & Wang, H. Q. 2020. New taxa of the tribe Meconematini from South-Pacific and Indo-Malayan Regions (Orthoptera, Tettigoniidae, Meconematinae). *Zootaxa*, 4772(1): 1–53.

Jin, X. B. & Xia, K. L. 1994. An index-catalogue of Chinese Tettigoniodea (Orthopteroidea: Grylloptera). *Journal of Orthoptera Research*, 3: 15–41.

Jin, X. B. 1995. Remarks on the genus *Alloteratura* Hebard and new species from Indo-Malayan regions. (Orthoptera: Tettigonioidea: Meconematidae). *Entomologia Sinica*, 2(3): 193–205.

Jin, X. B. & Yamasaki, T. 1995. Remarks on the genus *Leptoteratura* Yamasaki, 1982 and a new species from North Borneo (Grylloptera: Tettigonioidea: Meconematidae). *Proceedings of the Japanese Society of Systematic Zoology*, 53: 81–84.

Kaltenbach, A. P. 1968. Ergebnisse der österreichischen Neukalendonien-Expedition 1965. Neue und wenig bekannte Orthopteren aus Neukaledonien. I. Mantodea, Saltatoria (exclus. Gryllodea) und Dermaptera. *Annalen des Naturhistorischen Museums in Wien*, 72: 539–556.

Kano, Y. & Kawakita, H. 1984. Two new species of the genus *Tettigoniopsis* (Orthoptera, Meconematinae) from Honshu and Shikoku, Japan. *New Entomologist*, 33(4): 37–49.

Kano, Y. & Kawakita, H. 1987. Two new species of the genus *Tettigoniopsis* (Orthoptera, Meconematinae) from Shikoku, Japan. *Kontyu*, 55(1): 153–161.

Kano, Y. & Tominaga, O. 1988. A new species of the genus *Tettigoniopsis* (Orthoptera: Tettigoniidae) from Shikoku, Japan. *Akitu*, 99: 1–4.

Kano, Y. *et al.* 1999. Japanese brachypterous Meconematinae (Orthoptera, Tettigoniidae). *Tettigonia: Memoirs of the Orthopterological Society of Japan*, 1(2): 1–81.

Karny, H. H. 1907. Revisio Concephalidarum: Tribus: Listroscelini. *Abhandlungen der Kaiserlich-Königlichen Zoologisch-Botanischen Gesellschaft in Wien*, 4(3): pp.98–110.

Karny, H. H. 1912. Orthoptera. Fam. Locustidae, subfam. Listroscelinae. *Genera*

Insectorum, 131: 1–19.

Karny, H. H. 1923. On Malaysian katydids (Gryllacridae and Tettigoniidae) from the Raffles Museum, Singapore. *Journal of the Malaysian Branch of the Royal Asiatic Society*, 1: 117–193.

Karny, H. H. 1924. Beiträge zur Malayischen Thysanopterenfauna VII. Prodromus der Malayischen Meconeminen. *Treubia*, 5(1–3): 105–136.

Karny, H. H. 1925. List of some Katydids (Tettigoniidae) in the Sarawak Museum. *Sarawak Museum Journal*, 3: 35–53.

Karny, H. H. 1927. Dr. E. Mjöberg's zoological collections from Sumatra. 6. Orthoptera, Familiae Gryllacridae et Tettigoniidae. *Arkiv för Zoologi*, 19A(12): 1–11.

Karny, H. H. 1931. Orthoptera Celebica Sarasiniana. Fam. Tettigoniidae. *Treubia*, 12(Suppl.): 56–58.

Kevan, D. K. M. 1982. Orthoptera. *In* Parker (Ed.). *Synopsis and Classification of Living Organisms*, 2: 352–379.

Kevan, D. K. M. & Jin, X. B. 1993. New species of the *Xiphidiopsis*-group from the Indian region (Grylloptera: Tettigonioidea: Meconematidae). *Tropical Zoology*, 6: 253–274.

Kevan, D. K. M. & Jin, X. B. 1993. Remarks on the tribe Phlugidini Eichler and recognition of new taxa from the Indo-Malayan region and East Africa (Grylloptera: Tettigonioidea: Meconematidae). *Invertebrate Taxonomy*, 7(6): 1589–1610.

Kim, T. W. & Kim, J. I. 2001. A taxonomic study on four subfamilies of Tettigoniidae (Orthoptera, Ensifera) in Korea. *Korean Journal of Entomology*, 31(3): 157–164.

Kirby, W. F. 1890. On the employment of names proposed for genera of Orthoptera, previous to 1840. *Scientific Proceedings of the Royal Dublin Society,* 6: 556–597.

Kirby, W. F. 1891. XVI. Notes on the Orthopterous family Mecopodidae. *Transactions of the Entomological Society of London*, pp. 405–412.

Kirby, W. F. 1906. Orthoptera Saltatoria. Part I. (Achetidae et Phasgonuridae). *A Synonymic Catalogue of Orthoptera* (*Orthoptera Saltatoria, Locustidae vel Acridiidae*). 2: i–viii, 1–562.

Legendre, F., Robillard, T., Song, H., Whiting, M. F. & Desutter-Grandcolas, L. 2010. One hundred years of instability in Ensiferan relationships. *Systematic Entomology*, 35: 475–488.

Llucià Pomares, D. & Iñiguez Yarza, J. 2010. Descripción de una nueva especie del género *Canariola* Uvarov, 1940, de la Serranía de Ronda (Málaga, SE Península Ibérica) (Orthoptera: Tettigoniidae: Meconematinae). *Matériaux Orthoptériques et Entomocénotiques*, 14: 41–52.

Llucià Pomares, D. & Quiñones, J. 2013. Nueva aportación al conocimiento de los Meconematinae Burmeister, 1838 (Orthoptera: Tettigoniidae) de la Península Ibérica. *Boletín de la Sociedad Entomológica Aragonesa*, 53: 7–30.

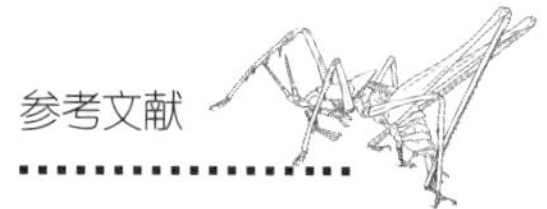

Liu, X. W. & Zhang, D. J. 2007. A new genus of the tribe Meconematini (Orthoptera: Tettigoniidae: Meconematinae). *Zootaxa*, 1581: 37–43.

Lin, C. P. & Danforth, B. N. 2004. How do insect nuclear and mitochondrial gene substitution patterns differ? Insights from Bayesian analyses of combined datasets. *Molecular Phylogenetics and Evolution*, 30(3): 686–702.

Makino, S. 1951. *An atlas of the chromosome number in animals, 2nd Edition*. Ames, Iowa State College Press, USA, pp. 72–104.

Mao, S. L. & Shi, F. M. 2007. A review of the genus *Leptoteratura* Yamasaki, 1982 (Orthoptera: Tettigoniidae: Meconematinae) from China. *Zootaxa*, 1583: 37–42.

Mao, S. L. & Shi, F. M. 2007. A review of the genus *Paraxizicus* Gorochov & Kang, 2005 (Orthoptera: Tettigoniidae: Meconematinae). *Zootaxa*, 1474: 63–68.

Mao, S. L., Huang Y. & Shi, F. M. 2009. Review of the genus *Kuzicus* Gorochov, 1993 (Orthoptera: Tettigoniidae: Meconematinae) from China. *Zootaxa*, 2137: 35–42.

Mao, S. L., Yuan, H., Lu, C., Zhou, Y., Shi, F. M. & Wang, Y. C. 2018. The complete mitochondrial genome of *Xizicus* (*Haploxizicus*) *maculatus* revealed by Next-Generation Sequencing and phylogenetic implication (Orthoptera, Meconematinae). *ZooKeys*, 773: 57–67.

Matsumura, S. 1931. 6000 Illustrated Insects of Japan-Empire. *Toko-Shoin, Tokyo*, p. 1353.

Matsumura, S. & Shiraki, T. 1908. Locustiden Japans. *The journal of the College of Agriculture, Tohoku Imperial University, Sapporo, Japan*, 3(1): 1–80.

Montealegre-Z, F., Morris, G. K. & Mason, A. C. 2006. Generation of extreme ultrasonics in rainforest katydids. *Journal of Experimental Biology*, 209(24): 4923–4937.

Montealegre-Z, F., Cadena-Castañeda, O. J. & Chivers, B. 2013. The spider-like katydid *Arachnoscelis* (Orthoptera: Tettigoniidae: Listroscelidinae): anatomical study of the genus. *Zootaxa*, 3666(4): 591–600.

Mugleston, J. D., Song, H. & Whiting, M. F. 2013. A century of paraphyly: a molecular phylogeny of katydids (Orthoptera: Tettigoniidae) supports multiple origins of leaf-like wings. *Molecular Phylogenetics and Evolution*, 69(3): 1120–1134.

Mugleston, J. D., Naegle, M., Song, H., Bybee, S. M., Ingley, S., Suvorov, A. & Whiting, M. F. 2016. Reinventing the leaf: multiple origins of leaf-like wings in katydids (Orthoptera: Tettigoniidae). *Invertebrate Systematics*, 30(4), 335–352.

Mugleston, J. D., Naegle, M., Song, H., & Whiting, M. F. 2018. A Comprehensive Phylogeny of Tettigoniidae (Orthoptera: Ensifera) Reveals Extensive Ecomorph Convergence and Widespread Taxonomic Incongruence. *Insect Systematics and Diversity*, 2(4): 5; 1–27.

Mukha, D., Wiegmann, B. M. & Schal, C. 2002. Evolution and phylogenetic information content of the ribosomal DNA repeat unit in the Blattodea (Insecta). *Insect*

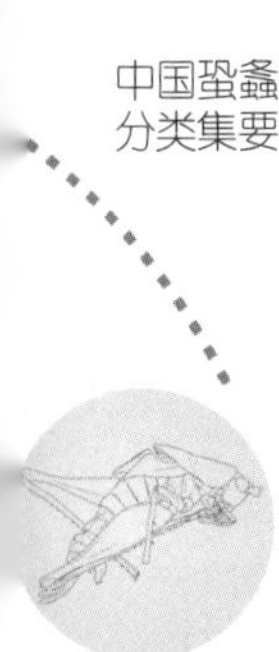

Biochemistry and Molecular Biology, 32 (9): 951–960.

Naskrecki, P. 1996. Systematics of the southern African Meconematinae (Orthoptera: Tettigoniidae). *Journal of African Zoology*, 110(3): 159–193.

Naskrecki, P. 2000. *The phylogeny of katydids* (*Insecta: Orthoptera: Tettigoniidae*) *and the evolution of their acoustic behavior* [*PhD Dissertation*]. 354 pp.

Naskrecki, P. 2008. New species of arboreal predatory katydids from West Africa (Orthoptera: Tettigoniidae: Meconematinae). *Zootaxa*, 1732: 1–28.

Naskrecki, P., Bazelet, C. S. & Spearman, L. A. 2008. New species of flightless katydids from South Africa (Orthoptera: Tettigoniidae: Meconematinae). *Zootaxa*, 1933: 19–32.

Otte, D. 1997. Tettigonioidea. *Orthoptera Species File*, 7: 373 pp.

Qiu, M & Shi, F. M. 2010. Remarks on the species of the genus *Teratura* Redtenbacher, 1891 (Orthoptera: Meconematinae) from China. *Zootaxa*, 2543: 43–50.

Ragge, D. R. 1955. *The Wing-Venation of the Orthoptera Saltatoria with notes on Dictyopteran Wing-Venation*. British Museum, London, 159 pp.

Ragge, D. R. 1965. *Grasshoppers, Crickets and Cockroaches of the British Isles*. Warne, London, p. 284.

Redtenbacher, J. 1891. Monographie der Conocephaliden. *Verhandlungen der Kaiserlich-Königlichen Zoologisch-Botanischen Gesellschaft in Wien*, 41: 315–562.

Rentz, D. C. F. 1979. Comments on the classification of the Orthopteran family Tettigoniidae, with a key to subfamilies and description of 2 new subfamilies. *Australian Journal of Zoology,* 27, 991–1013.

Rentz, D. C. F. 2001. [Ed.] The Listroscelidinae, Tympanophorinae, Meconematinae and Microtettigoniinae. *A Monograph of the Tettigoniidae of Australia*, 3: 1–524.

Rentz, D. C. F. 2010. *A Guide to the Katydids of Australia*. CSIRO PUBLISHING, Australia, 214 pp.

Sänger, K. & Helfert, B. 1996. New Meconematinae (Ensifera: Tettigoniidae) from Thailand. *European Journal of Entomology*, 93(4): 607–616.

Sänger, K. & Helfert, B. 1998. New species and records of Meconematinae from Thailand (Insecta: Ensifera: Tettigoniidae). *Senckenbergiana biologica*, 77(2): 211–224.

Sänger, K. & Helfert, B. 2004. Four new species and new records of Meconematinae in Thailand (Insecta, Ensifera, Tettigoniidae). *Senckenbergiana biologica*, 84(1–2): 45–58.

Sänger, K. & Helfert, B. 2006. Two new species of Meconematinae (Ensifera: Tettigoniidae) from Thailand. *Zeitschrift der Arbeitsgemeinschaft* österreichischer *Entomologen*, 58(3–4): 53–60.

Sänger, K. & Helfert, B. 2006. Additional notes on the genus *Kuzicus* Gorochov, 1993 (Meconematinae: Tettigoniidae: Ensifera) from Thailand. *Zeitschrift der*

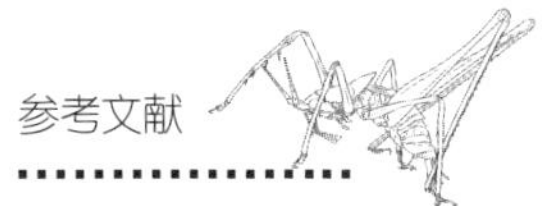

Arbeitsgemeinschaft österreichischer *Entomologen*, 58(3–4): 61–65.

Sarria-S, F. A., Morris, G. K., Windmill, J. F. C., Jackson, J. & Montealegre-Z, F. 2014. Shrinking wings for ultrasonic pitch production: hyperintense ultra-short-wavelength calls in a new genus of neotropical katydids (Orthoptera: Tettigoniidae). *PLOS ONE*, 9(6): 1–14.

Serville J. G. A. 1831. Revue méthodique des insects de l'ordre des Orthoptères. *Annales des Sciences Naturelles, Zoologie*, 22: 137–167.

Shi, F. M., Mao, S. L. & Chang, Y. L. 2007. A review of the genus *Pseudokuzicus* Gorochov, 1993 (Orthoptera: Tettigoniidae: Meconematidae). *Zootaxa*, 1546: 23–30.

Shi, F. M., Mao, S. L. & Ou, X. H. 2007. A new species of the genus *Teratura* Redtenbacher, 1891 from Yunnan, China (Orthoptera, Meconematidae). *Acta Zootaxonomica Sinica*, 32(1): 61–63.

Shi, F. M. & Li, R. L. 2010. Remarks on the genus *Alloxiphidiopsis* Liu & Zhang, 2007 (Orthoptera, Meconematinae) from Yunnan, China. *Zootaxa*, 2605: 63–68.

Shi, F. M., Bian, X. & Chang, Y. L. 2011. New bushcrickets of the tribe Meconematini (Orthoptera, Tettigoniidae, Meconematinae) from China. *Zootaxa*, 2981: 36–42.

Shi, F. M., Bian, X. & Chang, Y. L. 2011. Notes on the genus *Paraxizicus* Gorochov & Kang, 2007 (Orthoptera: Tettigoniidae: Meconematinae) from China. *Zootaxa*, 2896: 37–45.

Shi, F. M. & Bian, X. 2012. A revision of the genus *Pseudocosmetura* (Orthoptera: Tettigoniidae: Meconematinae). *Zootaxa*, 3545: 76–82.

Shi, F. M., Bian, X. & Chang, Y. L. 2013. A new genus and two new species of the tribe Meconematini (Orthoptera: Tettigoniidae) from China. *Zootaxa*, 3681(2): 163–168.

Shi, F. M., Bai, J. R., Zhang, Y. & Chang, Y.L. 2013. Notes on a collection of Meconematinae (Orthoptera: Tettigoniidae) from Damingshan, Guangxi, China with the description of a new species. *Zootaxa*, 3717(4): 593–597.

Shi, F. M., Di, J. X. & Chang, Y. L. 2014. One new species of the genus *Alloteratura* Hebard, 1922 (Orthoptera: Tettigoniidae: Meconematinae) from Yunnan, China. *Zootaxa*, 3846(4): 597–600.

Shi, F. M., Han, L., Mao, S. L. & Bai, J. R. 2014. Two new species of the genus *Euxiphidiopsis* Gorochov, 1993 (Orthoptera: Meconematinae) from China. *Zootaxa*, 3827(3): 387–391.

Shi, F. M., Bian, X. & Zhou, Z. J. 2016. Comments on the status of *Xiphidiopsis quadrinotata* Bey-Bienko, 1971 and related species with one new genus and species (Orthoptera: Tettigoniidae: Meconematinae). *Zootaxa*, 4105(4): 353–367.

Shi, F. M. & Zhao, L. J. 2018. A new species of the genus *Pseudocosmetura* Liu, Zhou & Bi, 2010 (Orthoptera: Tettigoniidae: Meconematinae) from Sichuan Wanglang National Nature Reserve, China. *Zootaxa*, 4455(3): 582–584.

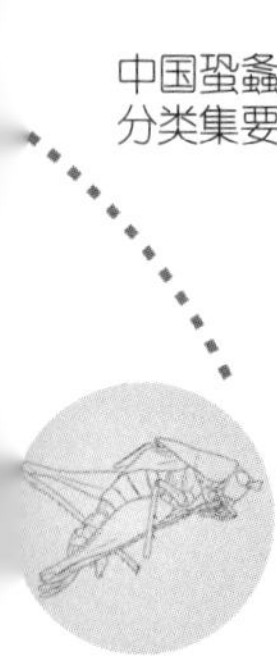

Simon, C., Frati, F., Beckenbach, A., Crespi, B., Liu, H. & Flook, P. 1994. Evolution, weighting, and phylogenetic utility of mitochondrial gene-sequences and a compilation of conserved polymerase chain-reaction primers. *Annals of the Entomological Society of America*, 87: 651–701.

Sismondo, E. 1978. *Meconema thalassinum* (Orthoptera: Tettigoniidae), prey of *Sphex ichneumoneus* (Hymenoptera: Sphecidae) in Westchester County, New York, USA. *Entomological News*, 89(9–10): 244.

Sismondo, E. 1980. Physical characteristics of the drumming of *Meconema thalassinum*. *Journal of Insect Physiology*, 26: 209–212.

Song, H., Amédégnato, C., Cigliano, M. M., Desutter-Grandcolas, L., Heads, S. W., Huang, Y., Otte, D. & Whiting, M. F. 2015. 300 million years of diversification: Elucidating the patterns of orthopteran evolution based on comprehensive taxon and gene sampling. *Cladistics*, 31(6): 621–651.

Stål, C. 1861. Orthoptera species novas descripsit. *Kongliga Svenska fregatten Eugenies Resa omkring jorden under befäl af C.A. Virgin åren 1851–1853* (*Zoologi*), 2(1): 299–350.

Tan, M. K.,Gorochov, A. V. & Wahab, R. B. H. A. 2017.New taxa and notes of katydids from the tribe Meconematini (Orthoptera: Meconematinae) from Brunei Darussalam. *Zootaxa*, 4337(3): 390–402.

Tinkham, E. R. 1956. Four new Chinese species of *Xiphidiopsis* (Tettigoniidae: Meconematinae). *Transactions of the American Entomological Society*, 82: 1–16.

Tinkham, E. R. 1936 Four new species of Orthoptera from Loh Fau Shan, Kwangtung, South China. *Lingnan Science Journal*, 15(3): 401–413.

Tinkham, E. R. 1943. New species and records of Chinese Tettigoniidae from the Heude Museum, Shanghai. *Notes d'Entomologie Chinoise, Musée Heude*, 10(2): 33–66.

Tinkham, E. R. 1944. Twelve new species of Chinese leaf-katydids of the genus *Xiphidiopsis*. *Proceedings of the United States National Museum*, 94: 505–526.

Uvarov, B. P. 1923. A revision of the Old World Cyrtacanthacrini (Orthoptera, Acrididae). III. Genera Valanga to Patanga. *Annals and Magazine of Natural History, London*, 912: 345–367.

Uvarov, B. P. 1927. Some Orthoptera of the families Mantidae, Tettigoniidae and Acrididae from Ceylon. *Spolia Zeylanica*, 14(1): 85–114.

Uvarov, B. P. 1933). Schwedisch-chinesische wissenschaftliche Expedition nach den nordwestlichen Provinzen Chinas. 6. Orthoptera. 5. Tettigoniidae. *Arkiv för Zoologi*, 26A(1): 1–8.

Uvarov, B. P. 1939. Correction of a generic name in Orthoptera. *Annals and Magazine of Natural History, London*, 113: 459.

Uvarov, B. P. 1940. Twenty-four new generic names in Orthoptera. *Annals and Magazine of Natural History, London*, 11(6): 112–117.

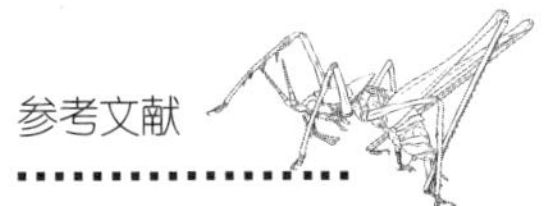

Vahe, K. 1996. Prolonged copulation in oak bushcrickets (Tettigoniidae: Meconematinae: *Meconema thalassinum* and *M. meridionale*). *Journal of Orthoptera Research*, 5: 199–204.

Walker, T. J. 1997. Chapter 13. Meconematinae: quiet-calling katydids (prepared for Handbook of Crickets and Katydids, an inactive project). http://entnemdept.ufl.edu/walker/buzz/s103lw97.pdf.

Wang, H. J., Cao, C. & Shi, F. M. 2013. One new species and one new combination of the genus *Neocyrtopsis* Liu & Zhang, 2007 (Orthoptera: Meconematinae) from Emeishan, China. *Zootaxa*, 3681(2): 182–186.

Wang, H. J., Li, B. L. & Shi, F. M. 2019. New species of the tribe Meconematini (Orthoptera: Tettigoniidae: Meconematinae: Meconematini) from Sichuan, China. *Zootaxa*, 4695(5): 477–482.

Wang, H. J & Shi, F. M. 2016. One new species of the genus *Nigrimacula* Shi, Bian & Zhou, 2016 (Orthoptera: Meconematinae) from Sichuan, China. *Zootaxa*, 4132(4): 591–593.

Wang, H. J. & Shi, F. M. 2017. One new species of the genus *Xizicus* (Orthoptera: Tettigoniidae: Meconematinae) from Chongqing, China. *Zootaxa*, 4286(4): 593–596.

Wang, H. Q., Li, K. & Liu, X. W. 2012. A taxonomic study on the species of the genus *Phlugiolopsis* Zeuner (Orthoptera, Tettigoniidae, Meconematinae). *Zootaxa*, 3332: 27–48.

Wang, H. Q., Liu, X. W., Li, K. & Fang, Y. 2012. A new genus and five new species of the Meconematini (Orthoptera: Tettigoniidae: Meconematinae). *Zootaxa*, 3521: 51–58.

Wang, H. Q., Li, M. M., Liu, X. W. & Li, K. 2013. Review of genus *Nicephora* Bolívar (Orthoptera, Tettigoniidae, Meconematinae. *Zootaxa*, 3737(2): 154–166.

Wang, H. Q., Liu, X. W. & Li, K. 2013. Revision of the genus *Neocyrtopsis* Liu & Zhang (Orthoptera: Tettigoniidae: Meconematinae). *Zootaxa*, 3626(2): 279–287.

Wang, H. Q., Liu, X. W. & Li, K. 2014. A synoptic review of the genus *Thaumaspis* Bolívar (Orthoptera, Tettigoniidae, Meconematinae) with the description of a new genus and four new species. *ZooKeys*, 443: 11–33.

Wang, H. Q., Jing, J., Liu, X. W. & Li, K. 2014. Revision on genus *Xizicus* Gorochov (Orthoptera, Tettigoniidae, Meconematinae, Meconematini) with description of three new species form China. *Zootaxa*, 3861(4): 301–316.

Wang, H. Q., Liu, X. W. & Li, K. 2015. New taxa of Meconematini (Orthoptera: Tettigoniidae: Meconematinae) from Guangxi, China. *Zootaxa*, 3941(4): 509–541.

Wang, H. Q. & Liu, X. W. 2018. Studies in Chinese Tettigoniidae: Recent discoveries of Meconematine katydids from Xizang, China (Tettigoniidae: Meconematinae). *Zootaxa*, 4441(2): 225–244.

Wang, P., Bian, X. & Shi, F. M. 2016. One new species of the genus *Acosmetura*

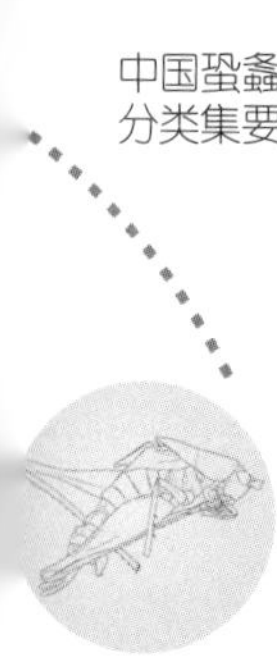

(Tettigoniidae: Meconematinae) from Hubei, China. *Zootaxa*, 4171(2): 389–394.

Wang, T & Shi, F. M. 2018. First discovery of the male of *Teratura* (*Stenoteratura*) *kryzhanovskii* (Bey-Bienko, 1957) (Orthoptera Tettigoniidae Meconematinae). *Far Eastern Entomologist*, 358: 19–23.

Wang, T., Shi, F. M. & Wang, H. J. 2018. One new species of the genus *Acosmetura* and supplement of *Acosmetura emeica* Liu & Zhou, 2007 (Tettigoniidae: Meconematinae) from Sichuan, China. *Zootaxa*, 4462(1): 134–138.

Wu, C. F. 1935. *Catalogus Insectorum Sinensium*. The Fan Memorial Institute of Biology, Peiping, China, 1: 318 pp.

Yamasaki, T. 1982. Some new or little known species of the Meconematinae (Orthoptera, Tettigoniidae) from Japan. *Bulletin of the National Science Museum Series A (Zoology), Tokyo*, 8(3): 119–130.

Yamasaki, T. 1983. *Nipponomeconema*, a new genus of the Japanese Meconematinae (Orthoptera, Tettigoniidae), with the description of four new species. *Annotationes Zoologicae Japonenses*, 56(1): 59–67.

Yamasaki, T. 1983. The Meconematinae (Orthoptera, Tettigoniidae) of northern Honshu, Japan, with descriptions of new taxa. *Memoirs of the National Science Museum*, 16: 137–144.

Yamasaki, T. 1983. Three new Meconematinae species (Orthoptera, Tettigoniidae) from Shikoku and Kyushu, Japan. *Bulletin of the National Science Museum Series A (Zoology), Tokyo*, 9(3): 113–122.

Yamasaki, T. 1985. The Meconematinae (Orthoptera, Tettigoniidae) of the San-in district of western Honshu, Japan, with descriptions of two new species. *Memoirs of the National Science Museum*, 18: 145–152.

Yamasaki, T. 1986. Discovery of *Phlugiolopsis* (Orthoptera, Tettigoniidae, Meconematinae) in the Ryukyu Islands (Japan). *Kontyu*, 54(2): 353–358.

Yamasaki, T. 1986. Two new species of small meconematine tettigonids (Orthoptera, Tettigoniidae) from central Honshu, Japan. *Entomological papers presented to Yoshihiko Kurosawa on the occasion of his retirement*, pp. 51–57.

Yamasaki, T. 1987. Four new meconematine species of the genus *Leptoteratura* (Orthoptera, Tettigoniidae) from the Ryukyu Islands and Taiwan. *Kontyu*, 55(2): 342–353.

Yamasaki, T. 1988. Two new meconematine taxa of the genus *Leptoteratura* (Orthoptera, Tettigoniidae) from the Ryukyu Islands. *Proceedings of the Japanese Society of Systematic Zoology*, 38: 37–42.

Yamasaki, T. 1992. *Taiyalia*, a new genus of the Meconematidae (Orthoptera: Tettigonioidea), with descriptions of two new species from Taiwan. *Proceedings of the Japanese Society of Systematic Zoology*, 48: 42–47.

Yang, M. R., Chang, Y. L. & Zhao, L. H. 2012. The mitochondrial genome of the quiet-

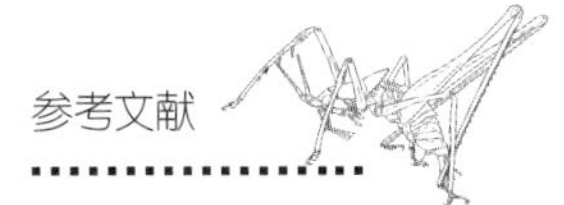

calling katydids, *Xizicus fascipes* (Orthoptera: Tettigoniidae: Meconematinae). *Journal of Genetics*, 91: 141–153.

Zeuner, F. E. 1936. The subfamilies of Tettigoniidae (Orthoptera). *Proceedings of the Royal Entomological Society of London. Series B, Taxonomy*, 5(5): 103–109.

Zeuner, F. E. 1940. *Phlugiolopsis henryi* n.g., n.sp., a new tettigoniid, and other Saltatoria (Orthop.) from the Royal Botanic Gardens. *Journal of the Society for British Entomology*, 2: 77–84.

Zhu, Q. D. & Shi, F. M. 2017. One new species and one new recorded species of the genus *Kuzicus* (Tettigoniidae: Meconematinae: Meconematini) from China. *Zootaxa*, 4268(3): 433–438.

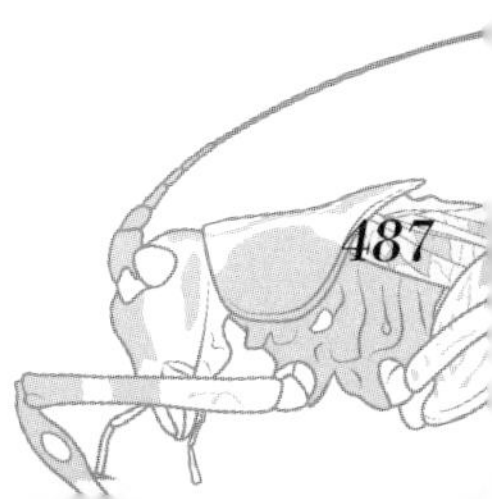

中国蛩螽分类集要

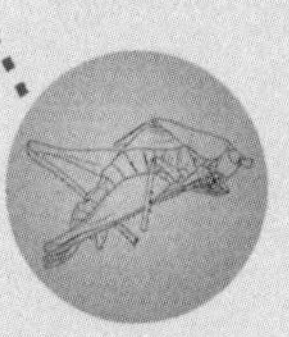

致 谢

本书主要内容来自作者的博士毕业论文。

感谢作者研究生导师华东师范大学李恺教授对于我在读期间各方面的细致指导；感谢联合培养导师中国科学院上海昆虫博物馆刘宪伟高工的悉心传授。

感谢澳大利亚直翅学者David Rentz、俄罗斯直翅学者Andrey Gorochov、德国昆虫学者Sigfrid Ingrisch提供文献资料及学术意见。

感谢河北大学石福明教授提供检视模式标本的机会，感谢石老师研究生朱启迪、王涛提供诸多便利与协助。

感谢广西师范大学周善义教授、浙江农林大学王义平教授在标本采集过程中提供的帮助及诸多便利。

感谢华东师范大学何祝清工程师，上海师范大学汤亮副教授，昆虫爱好者毕文烜先生，大城小虫工作室宋晓斌先生提供的生态摄影照片及赠送部分标本。

感谢上海昆虫博物馆的同事及鸣虫爱好者对我的支持和帮助。

本书的出版和相关工作得到了中国科学院上海昆虫博物馆殷海生馆长的鼎力支持，谨致谢忱。

最后感谢家人朋友对我义无反顾的支持。

王瀚强

2020年6月

中国蛩螽分类集要

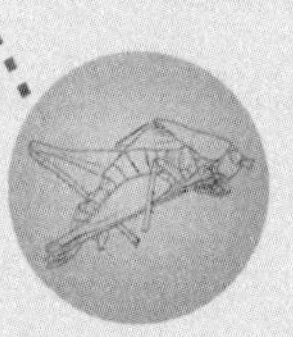

中名索引

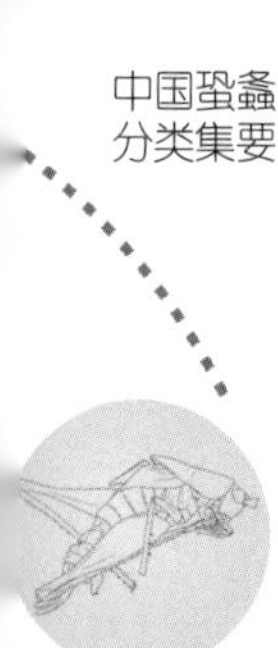

E

F

G

H

J

库螽属 19，22，38，116，117，136，424，425

Meconematinae in China

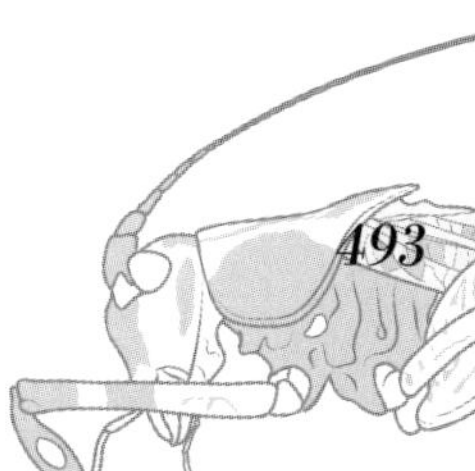

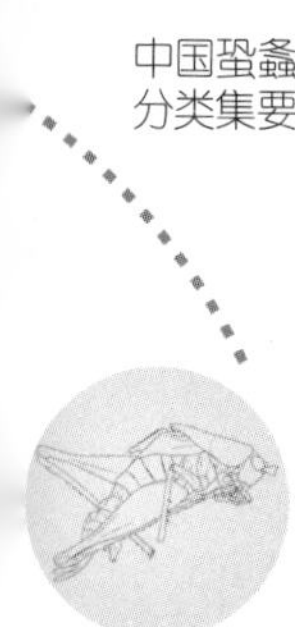

T

W

X

Y

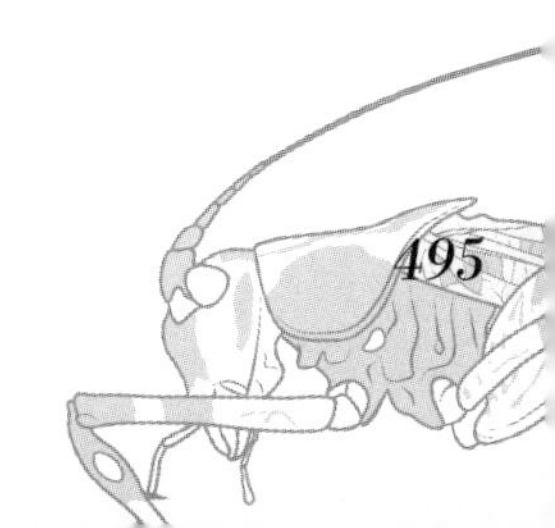

中国蛩螽分类集要

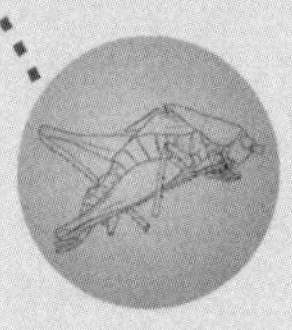

学名索引

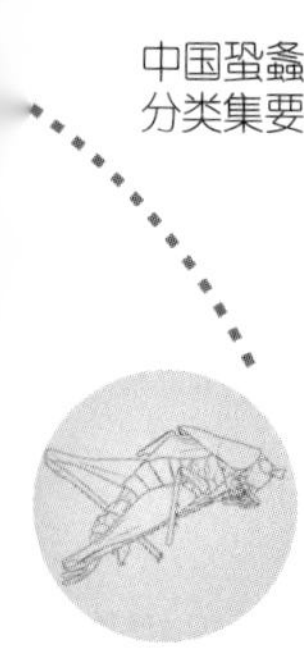

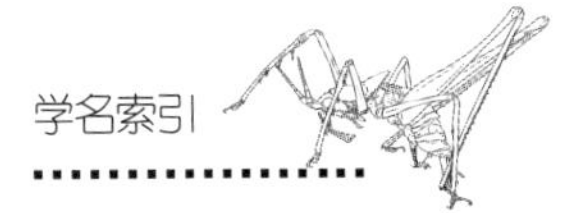

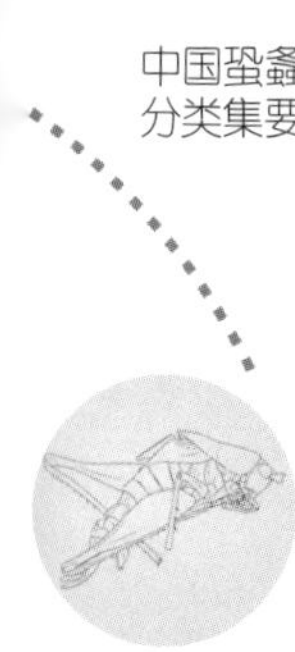

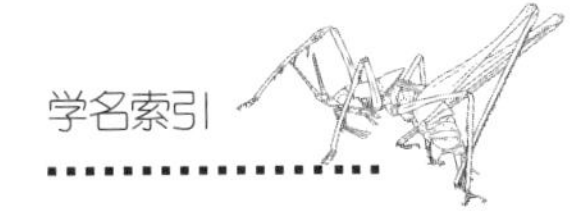

中国蛩螽分类集要

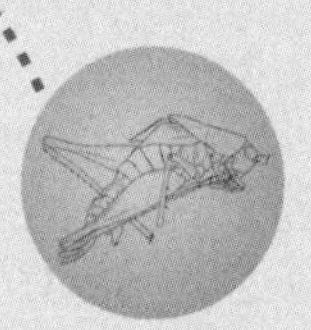

Summary

This book is based on the conclusion of research results worldwide, dealt with all Meconematinae insects from China. A great deal of original literature is referenced, and the history of investigation about subfamily Meconematinae around the world is reviewed. Up to 236 species of 45 genera attributing to 2 tribes are known from China, 12 new combinations, 1 new generic synonym and 7 new specific synonyms are revised. The keys to genera and species, the feature graph of all species, ecological photos of 63 species are also provided.

New Combination:

1. *Euxiphidiopsis* (*Euxiphidiopsis*) *tonicosa* (Shi & Chen, 2002) **comb. nov.**
formerly in genus *Xiphidiopsis*
Generally, the species of *Xiphidiopsis* is unicolor or bearing some light stripes, but this species bears brown stripes on dorsum of head, a pair of brown longitudinal strips on disc of pronotum. The unpaired symmetric process of male 10th abdominal tergite and symmetric cerci of the male is all agree with *Euxiphidiopsis*.

2. *Euxiphidiopsis* (*Euxiphidiopsis*) *protensa* (Han, Chang & Shi, 2015) **comb. nov.**
formerly in genus *Xiphidiopsis*
This species is closely related to *Euxiphidiopsis* (*Euxiphidiopsis*) *tonicosa*, its status should be consistent with the latter.

3. *Euxiphidiopsis* (*Euxiphidiopsis*) *impressa* (Bey-Bienko, 1962) **comb. nov.**

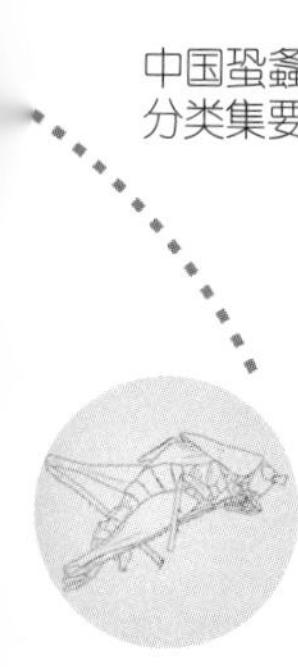

formerly in genus *Xiphidiopsis*

The longitudinal stripes after compound eyes and features of genital segments in both sexes indicate this species belongs to *Euxiphidiopsis* s. str. instead of *Xiphidiopsis*.

4. *Euxiphidiopsis* (*Euxiphidiopsis*) *hainani* (Gorochov & Kang, 2005) **comb. nov.**

formerly in genus *Eoxizicus*

The brown stripes behind compound eye indicate that it's not an *Eoxizicus*.

5. *Kuzicus* (*Neokuzicus*) *inflatus* (Shi & Zheng, 1995) **comb. nov.**

formerly in genus *Xiphidiopsis*

There was only 1 female specimen by the time it's published, the male was discovered later but never described, based on the male this species belongs to *Kuzicus* (*Neokuzicus*)

6. *Tamdaora longipennis* (Liu & Zhang, 2000) **comb. nov.**

formerly in genus *Neoxizicus*

This species was published by a female specimen, considering its body size and characters it allies to specie of *Tamdaora*.

7. *Eoxizicus* (*Eoxizicus*) *juxtafurcus* (Xia & Liu, 1990) **comb. nov.**

formerly in genus *Xizicus*

The general appearance of this species not allies to species of *Xizicus* but allies to *Eoxizicus*, 2 caudal processes of male 10th abdominal tergite cling together but very short and simple, disagree with that process of *Xizicus*, can be treated as 2 finger-shaped processes with no distance between.

8. *Eoxizicus* (*Eoxizicus*) *lineosus* (Gorochov & Kang, 2005) **comb. nov.**

formerly in subgenus *Xizicus* (*Axizicus*)

The 10th abdominal tergite bears a pair of small apart tubercles which is not agreed with the species of subgenus *Axizicus*.

9. *Xiphidiopsis* (*Dinoxiphidiopsis*) *abnormalis* (Gorochov & Kang, 2005) **comb. nov.**

formerly in subgenus *Xizicus* (*Eoxizicus*)

The short unpaired process of male 10 the abdominal tergite, membranous titillator and unicolor head and pronotum shows this species belongs to

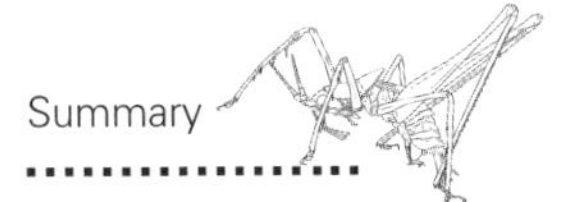

Xiphidiopsis (*Dinoxiphidiopsis*).

10. *Paracosmetura angustisulca* (Chang, Bian & Shi, 2012) **comb. nov.**

formerly in genus *Sinocyrtaspis*

The genital segments of this species are almost same with *Paracosmetura bambusa*, considering the characters of genital segments is crucial, this species should transfer to *Paracosmetura*.

11. *Paracosmetura brachycerca* (Chang, Bian & Shi, 2012) **comb. nov.**

formerly in genus *Sinocyrtaspis*

The genital segments of this species allies to type species of *Paracosmetura*, we think they are closely related.

12. *Pseudocosmetura henanensis* (Liu & Wang, 1998) **comb. nov.**

formerly in genus *Thaumaspis*

This species was described by female, the general character closely related to *Pseudocosmetura anjiensis* more than species of *Thaumaspis*.

New synonymy

1. *Sinocyrtaspiodea* Shi & Bian, 2013 **syn. nov.** = *Acosmetura* Liu, 2000
2. *Teratura* (*Stenoteratura*) *subtilis* Gorochov & Kang, 2005 **syn. nov.** = *Macroteratura* (*Stenoteratura*) *yunnanea* (Bey-Bienko, 1957)
3. *Xizicus* (*Eoxizicus*) *furcutus* Jiao & Shi, 2014 **syn. nov.** = *Euxiphidiopsis* (*Euxiphidiopsis*) *quadridentata* Liu & Zhang, 2000
4. *Eoxizicus* (*Eoxizicus*) *curvicercus* Wang, Liu & Li, 2015 **syn. nov.** = *Eoxizicus* (*Axizicus*) *xiai* Liu & Zhang, 2000
5. *Xiphidiopsis* (*Xiphidiopsis*) *elongata* Xia & Liu, 1993 **syn. nov.** = *Xiphidiopsis* (*Xiphidiopsis*) *appendiculata* Tinkham, 1944
6. *Sinocyrtaspiodea longicercus* Shi & Bian, 2013 **syn. nov.** = *Acosmetura emarginata* Liu, 2000
7. *Teratura* (*Teratura*) *flexispatha* Qiu & Shi, 2010 **syn. nov.** = *Teratura darevskyi* Gorochov, 1993

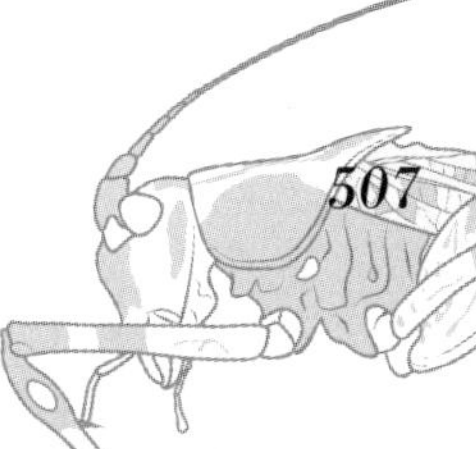

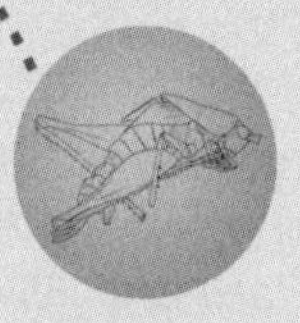

图 版

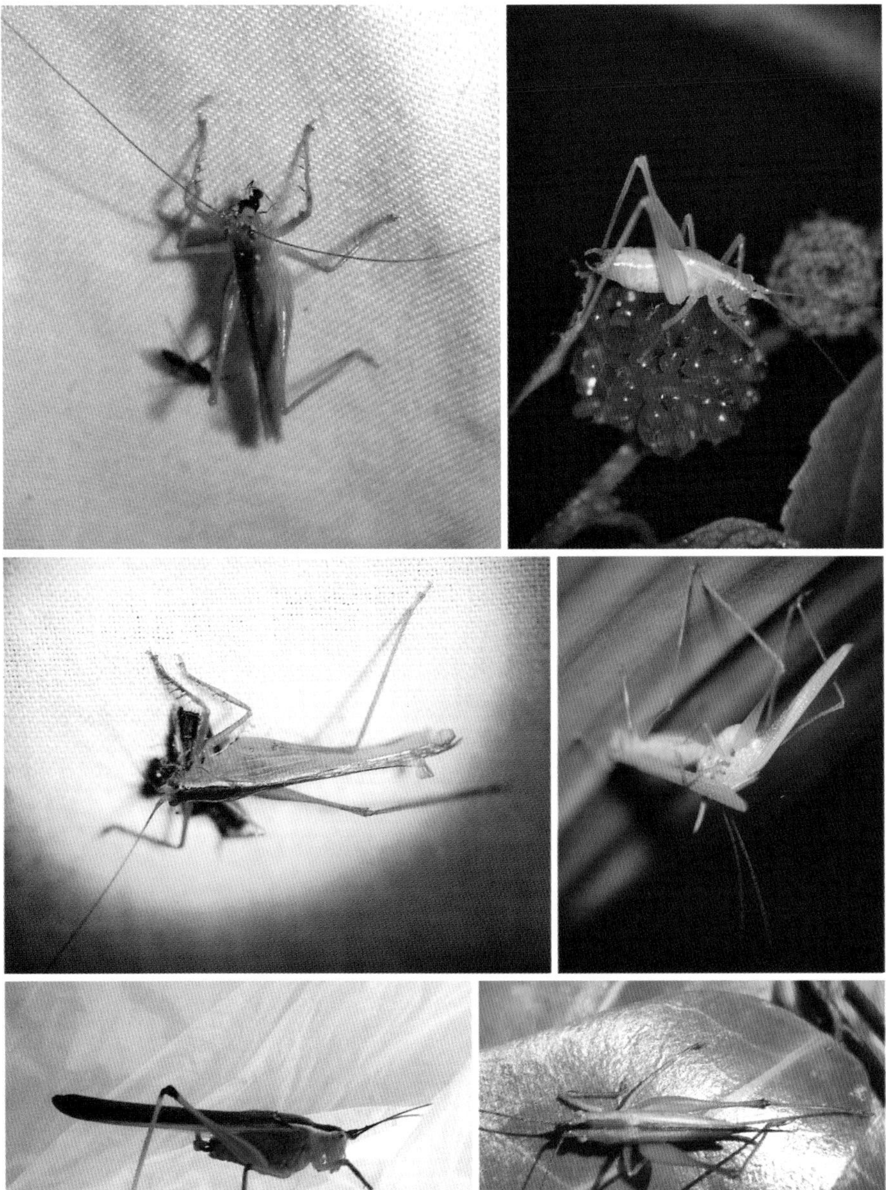

1	2
3	4
5	6

图版1 陈氏戈螽*Grigoriora cheni* (Bey-Bienko, 1955) ♂ 湖北英山吴家山
图版2 安吉拟饰尾螽*Pseudocosmetura anjiensis* (Shi & Zheng, 1998) ♂ 浙江宁波四明山
图版3 压痕优剑螽*Euxiphidiopsis* (*Euxiphidiopsis*) *impressa* (Bey-Bienko, 1962) ♀ 浙江景宁望东垟
图版4 三色涤螽*Decma* (*Decma*) *tristis* Gorochov & Kang, 2005 ♂♀ 海南乐东尖峰岭
图版5 黑膝大蛩螽*Megaconema geniculata* (Bey-Bienko, 1962) ♂ 四川都江堰虹口
图版6 赫氏异畸螽*Alloteratura* (*Alloteratura*) *hebardi* Gorochov, 1998 ♀ 广西武鸣大明山

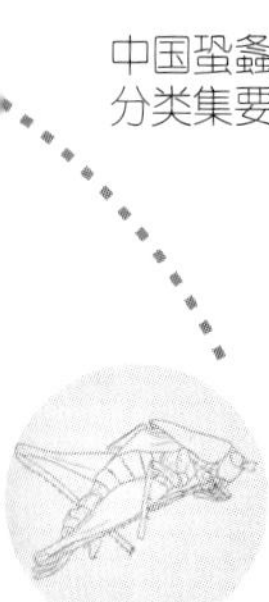

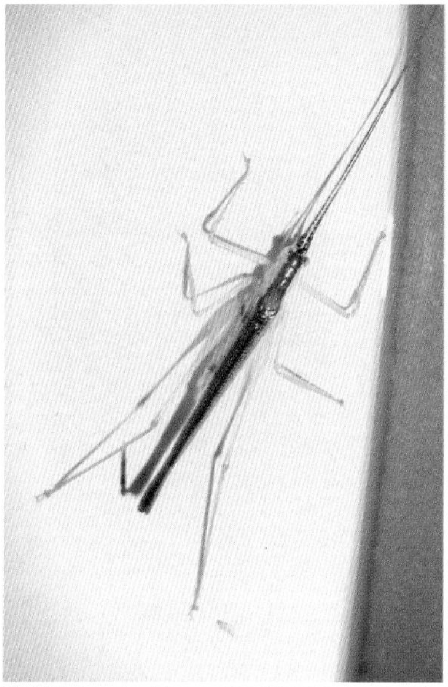

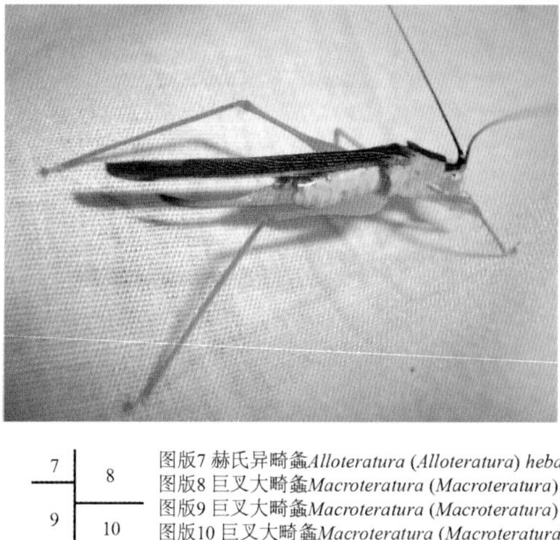

7	8
9	10
11	12

图版7 赫氏异畸螽*Alloteratura* (*Alloteratura*) *hebardi* Gorochov, 1998 ♀ 广西武鸣大明山
图版8 巨叉大畸螽*Macroteratura* (*Macroteratura*) *megafurcula* (Tinkham, 1944) ♂ 浙江开化古田山
图版9 巨叉大畸螽*Macroteratura* (*Macroteratura*) *megafurcula* (Tinkham, 1944) ♂ 浙江开化古田山
图版10 巨叉大畸螽*Macroteratura* (*Macroteratura*) *megafurcula* (Tinkham, 1944) ♀ 浙江开化古田山
图版11 巨叉大畸螽*Macroteratura* (*Macroteratura*) *megafurcula* (Tinkham, 1944) ♀ 浙江开化古田山
图版12 斑腿栖螽*Xizicus* (*Xizicus*) *fascipes* (Bey-Bienko, 1955) ♂ 广西兴安猫儿山

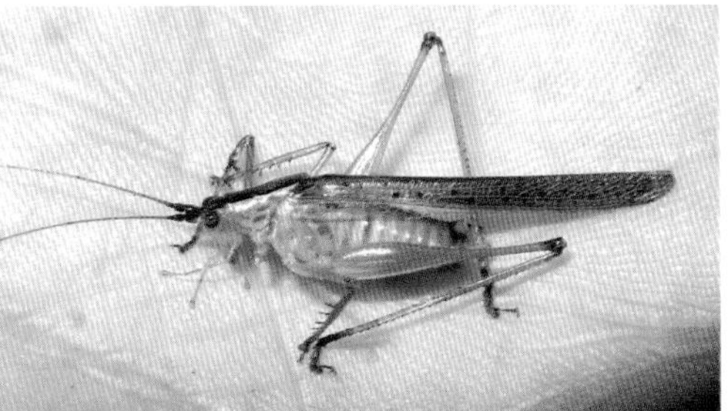

图版13 斑腿栖螽*Xizicus* (*Xizicus*) *fascipes* (Bey-Bienko, 1955) ♀ 广西兴安猫儿山
图版14 双突副栖螽*Xizicus* (*Paraxizicus*) *biprocercus* (Shi & Zheng, 1996) ♂ 浙江龙泉凤阳山 毕文烜摄
图版15 双突副栖螽*Xizicus* (*Paraxizicus*) *biprocercus* (Shi & Zheng, 1996) ♀ 浙江开化古田山
图版16 近似副栖螽*Xizicus* (*Paraxizicus*) *fallax* Wang & Liu, 2014 ♀ 广西金秀河口 何祝清摄
图版17 显凹简栖螽*Xizicus* (*Haploxizicus*) *incisus* (Xia & Liu,1988) ♂ 浙江宁波天童山 何祝清摄
图版18 显凹简栖螽*Xizicus* (*Haploxizicus*) *incisus* (Xia & Liu,1988) ♀ 浙江宁波天童山 何祝清摄

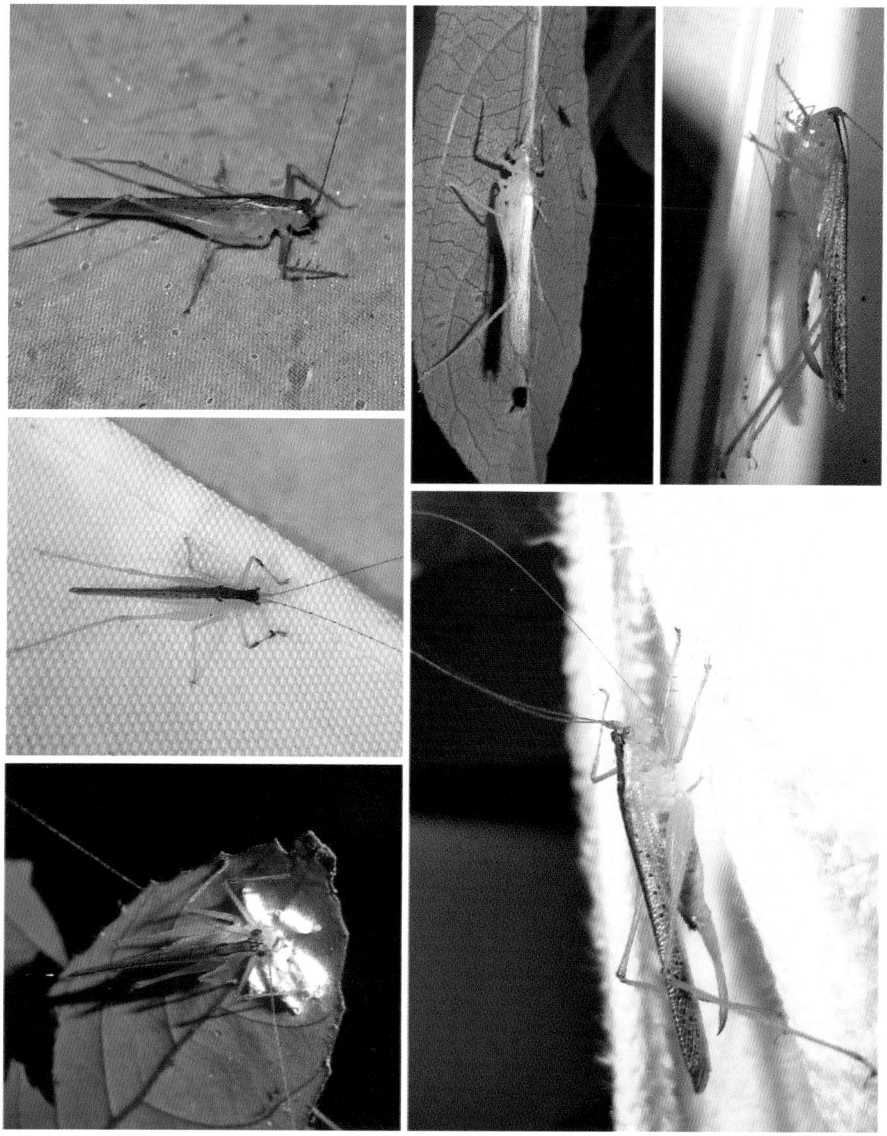

19 21 24 20 23 22

图版19 湖南简栖螽*Xizicus* (*Haploxizicus*) *hunanensis* (Xia & Liu, 1993) ♀ 福建武夷山桐木 何祝清摄
图版20 匙尾简栖螽*Xizicus* (*Haploxizicus*) *spathulatus* (Tinkham, 1944) ♂ 四川都江堰虹口
图版21 四川简栖螽*Xizicus* (*Haploxizicus*) *szechwanensis* (Tinkham, 1944) ♂ 重庆北碚缙云山
图版22 四川简栖螽*Xizicus* (*Haploxizicus*) *szechwanensis* (Tinkham, 1944) ♀ 重庆北碚缙云山
图版23 四川简栖螽*Xizicus* (*Haploxizicus*) *szechwanensis* (Tinkham, 1944) ♀ 广西龙州弄岗
图版24 四川简栖螽*Xizicus* (*Haploxizicus*) *szechwanensis* (Tinkham, 1944) ♀ 重庆江津四面山

25	26
27	28
29	30

图版25 斑翅简栖螽*Xizicus* (*Haploxizicus*) *maculatus* (Xia & Liu, 1993) ♀ 广西武鸣大明山
图版26 匙尾优剑螽*Euxiphidiopsis* (*Euxiphidiopsis*) *spathulata* (Mao & Shi, 2007) ♂ 浙江宁波天童山 何祝清摄
图版27 铃木库螽*Kuzicus* (*Kuzicus*) *suzukii* (Matsumura & Shiraki, 1908) ♀ 广东中山文笔山
图版28 弯尾库螽*Kuzicus* (*Kuzicus*) *cervicercus* (Tinkham, 1943) ♂ 重庆江津四面山
图版29 副四点黑斑螽*Nigrimacula paraquadrinotata* (Wang, Liu & Li, 2015) ♀ 广西武鸣大明山
图版30 副四点黑斑螽*Nigrimacula paraquadrinotata* (Wang, Liu & Li, 2015) ♀ 广西武鸣大明山

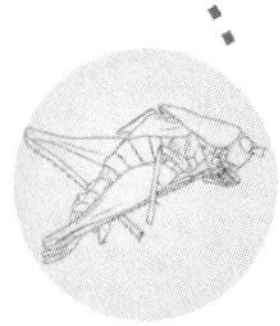

31	32
33	34
35	36

图版31 棒尾小蛩螽*Microconema clavata* (Uvarov, 1933) ♀ 陕西宁陕旬阳坝 何祝清摄
图版32 裂涤螽*Decma* (*Decma*) *fissa* (Xia & Liu, 1993) ♂ 广西兴安猫儿山
图版33 大亚栖螽*Eoxizicus* (*Axizicus*) *magnus* (Xia & Liu, 1993) ♀ 浙江开化古田山
图版34 大亚栖螽*Eoxizicus* (*Axizicus*) *magnus* (Xia & Liu, 1993) ♀ 浙江庆元百山祖 何祝清摄
图版35 夏氏亚栖螽*Eoxizicus* (*Axizicus*) *xiai* Liu & Zhang, 2000 ♀ 贵州雷山雷公山 何祝清摄
图版36 狭板原栖螽*Eoxizicus* (*Eoxizicus*) *arctalaminus* (Jin, 1999) ♂ 广西金秀银杉 何祝清摄

37	39
38	
40	41
42	

图版37 巨叶原栖螽*Eoxizicus* (*Eoxizicus*) *megalobatus* (Xia & Liu, 1990) ♂ 浙江庆元百山祖 何祝清摄
图版38 贺氏原栖螽*Eoxizicus* (*Eoxizicus*) *howardi* (Tinkham, 1956) ♂ 陕西宁陕旬阳坝 何祝清摄
图版39 雷氏原栖螽*Eoxizicus* (*Eoxizicus*) *rehni* (Tinkham, 1956) ♂ 福建武夷山挂墩 何祝清摄
图版40 波缘原栖螽*Eoxizicus* (*Eoxizicus*) *sinuatus* Liu & Zhang, 2000 ♂ 海南乐东尖峰岭
图版41 横版原栖螽*Eoxizicus* (*Eoxizicus*) *transversus* (Tinkham, 1944) ♂ 广西兴安猫儿山
图版42 瘤原栖螽*Eoxizicus* (*Eoxizicus*) *tuberculatus* Liu & Zhang, 2000 ♂ 浙江宁波天童山 何祝清摄

43	44
45	46
47	48

图版43 陈氏戈螽*Grigoriora cheni* (Bey-Bienko, 1955) ♂ 浙江宁波天童山 何祝清摄
图版44 陈氏戈螽*Grigoriora cheni* (Bey-Bienko, 1955) ♀ 浙江宁波天童山 何祝清摄
图版45 贵州戈螽*Grigoriora kweichowensis* (Tinkham, 1944) ♂ 四川都江堰虹口
图版46 贵州戈螽*Grigoriora kweichowensis* (Tinkham, 1944) ♀ 重庆江津四面山
图版47 缺刻剑螽*Xiphidiopsis* (*Xiphidiopsis*) *minorincisa* Han, Chang & Shi, 2015 ♀ 浙江开化古田山
图版48 金秀剑螽*Xiphidiopsis* (*Xiphidiopsis*) *jinxiuensis* Xia & Liu, 1990 ♂ 广西兴安猫儿山

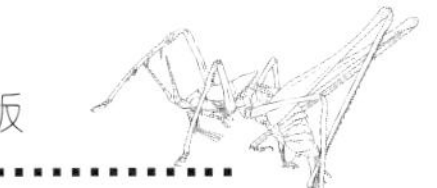

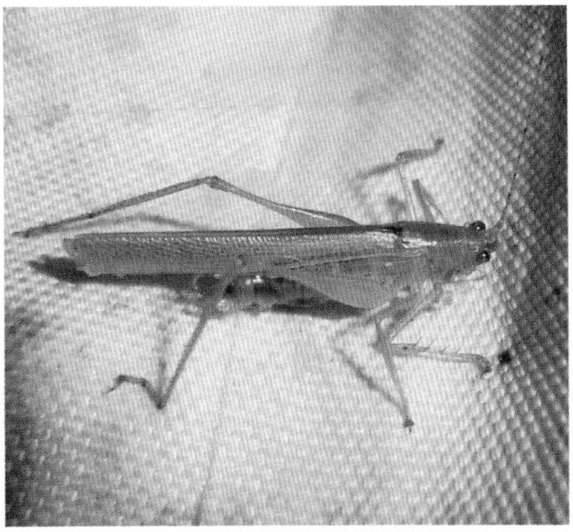

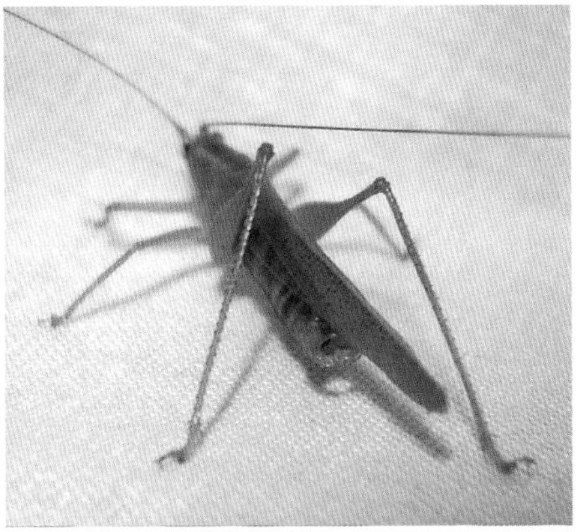

49	50
51	52
53	54

图版49 金秀剑螽*Xiphidiopsis* (*Xiphidiopsis*) *jinxiuensis* Xia & Liu, 1990 ♂ 广西兴安猫儿山
图版50 贾氏旋剑螽*Xiphidiopsis* (*Dinoxiphidiopsis*) *jacobsoni* Gorochov, 1993 ♂ 广西龙州弄岗
图版51 凹缘异剑螽*Alloxiphidiopsis emarginata* (Tinkham, 1944) ♂ 广西兴安猫儿山
图版52 凹缘异剑螽*Alloxiphidiopsis emarginata* (Tinkham, 1944) ♂ 广西龙州弄岗
图版53 优异远霓螽*Abaxinicephora excellens* Gorochov & Kang, 2005 ♂ 广西武鸣大明山
图版54 截缘华穹螽*Sinocyrtaspis truncata* Liu, 2000 ♂ 广西兴安猫儿山

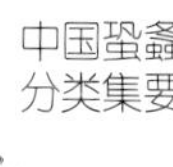

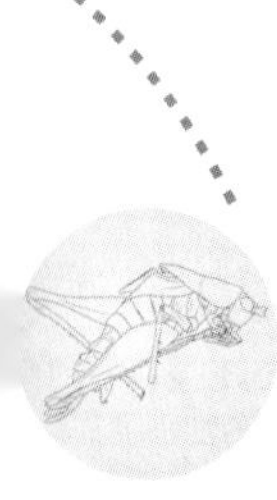

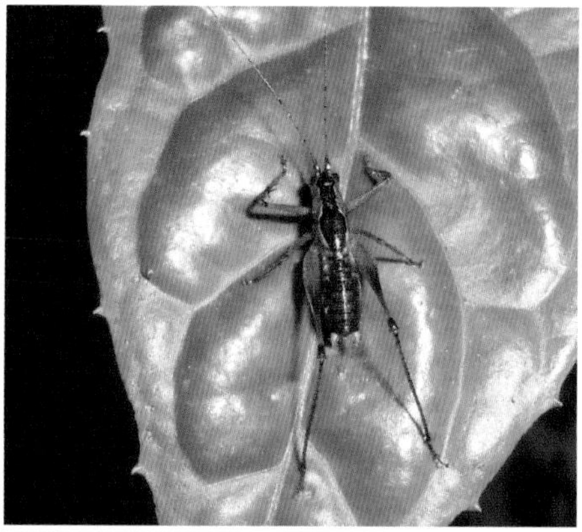

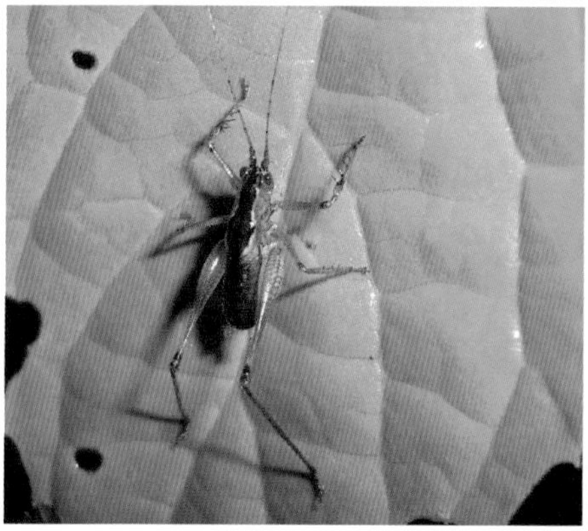

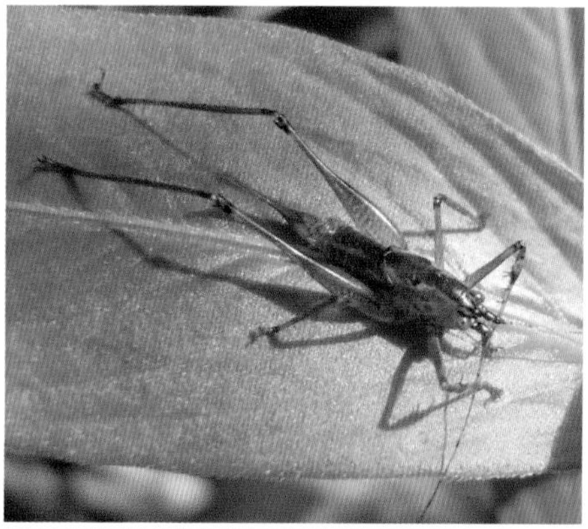

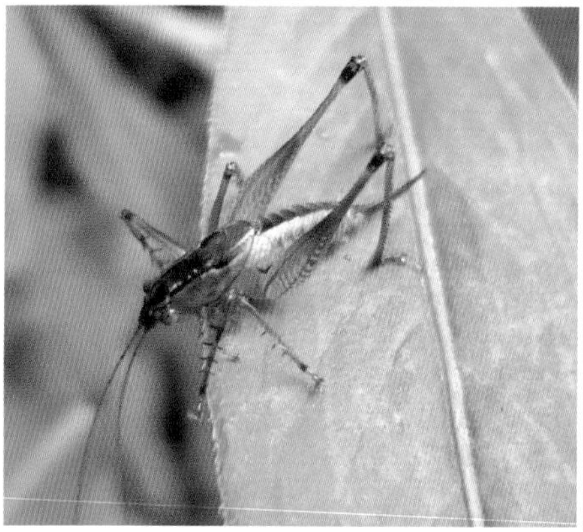

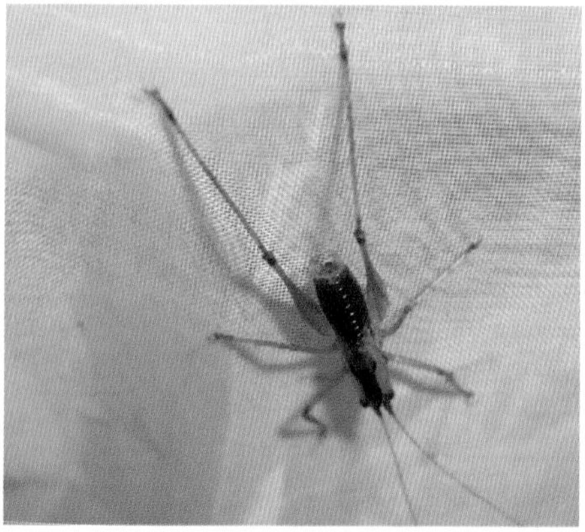

55	56
57	58
59	60

图版55 截缘华穹螽*Sinocyrtaspis truncata* Liu, 2000 ♀ 广西兴安猫儿山
图版56 短尾吟螽*Phlugiolopsis brevis* Xia & Liu, 1993 ♂ 广西武鸣大明山
图版57 短尾吟螽*Phlugiolopsis brevis* Xia & Liu, 1993 ♂ 广西武鸣大明山
图版58 短尾吟螽*Phlugiolopsis brevis* Xia & Liu, 1993 ♀ 广西武鸣大明山
图版59 短尾吟螽*Phlugiolopsis brevis* Xia & Liu, 1993 ♀ 广西武鸣大明山
图版60 小吟螽*Phlugiolopsis minuta* (Tinkham, 1943) ♂ 广西兴安猫儿山

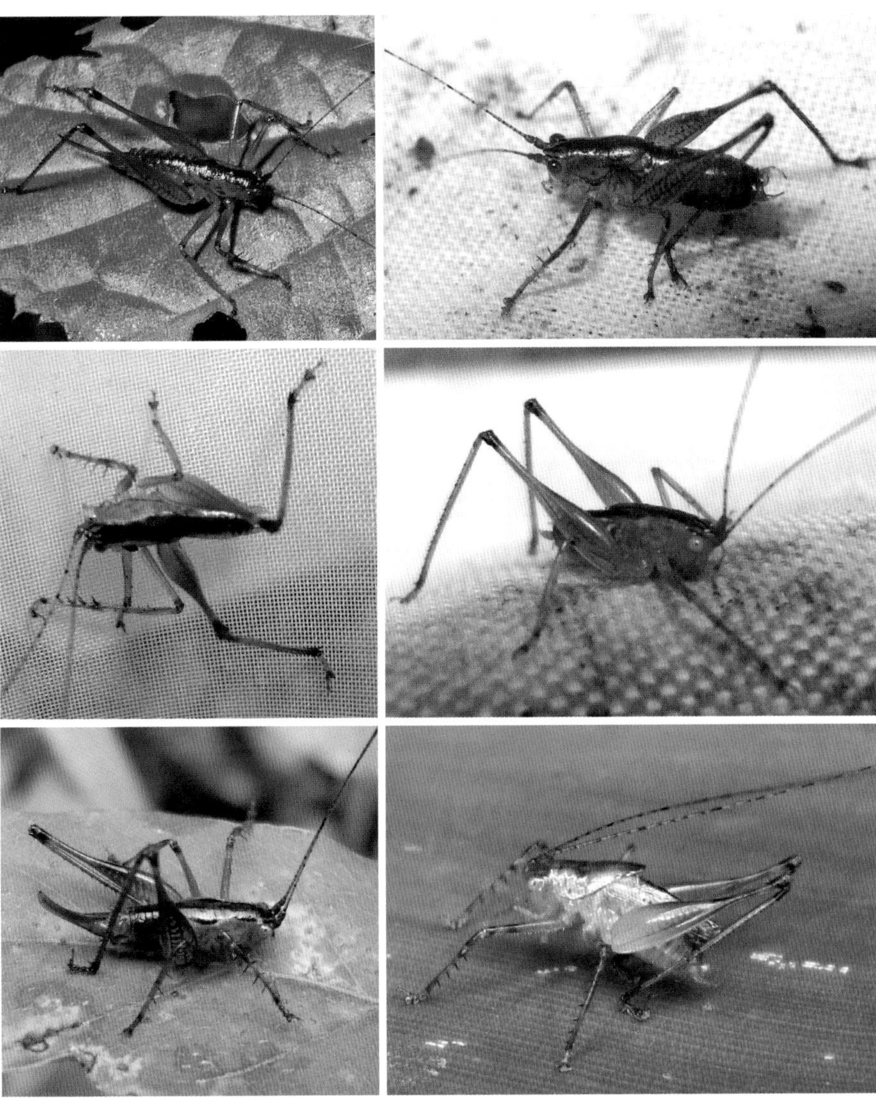

61	62
63	64
65	66

图版61 小吟螽*Phlugiolopsis minuta* (Tinkham, 1943) ♀ 广西兴安猫儿山
图版62 刻点吟螽*Phlugiolopsis punctata* Wang, Li & Liu, 2012 ♂ 云南西双版纳纳板河 汤亮摄
图版63 大明山吟螽*Phlugiolopsis damingshanis* Bian, Shi & Chang, 2012 ♂ 广西武鸣大明山
图版64 大明山吟螽*Phlugiolopsis damingshanis* Bian, Shi & Chang, 2012 ♂ 广西武鸣大明山
图版65 大明山吟螽*Phlugiolopsis damingshanis* Bian, Shi & Chang, 2012 ♀ 广西武鸣大明山
图版66 点翅亚吟螽*Aphlugiolopsis punctipennis* Wang, Liu & Li, 2015 ♂ 广西武鸣大明山

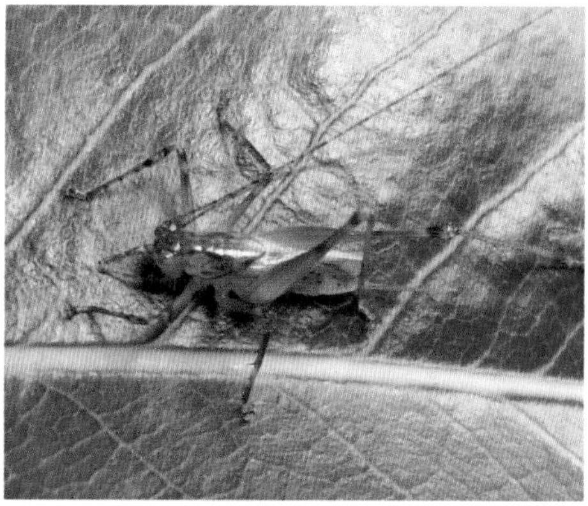

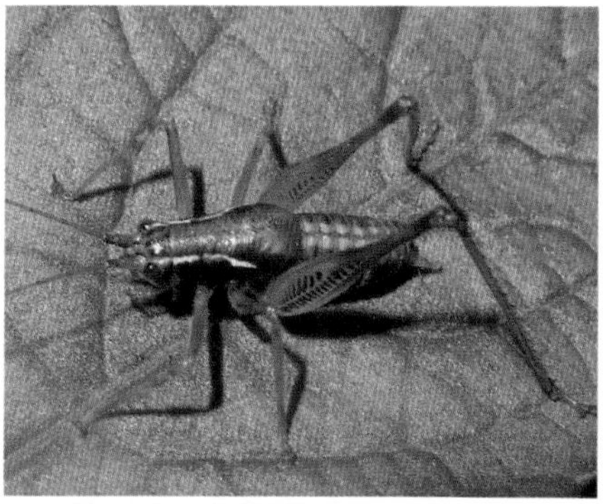

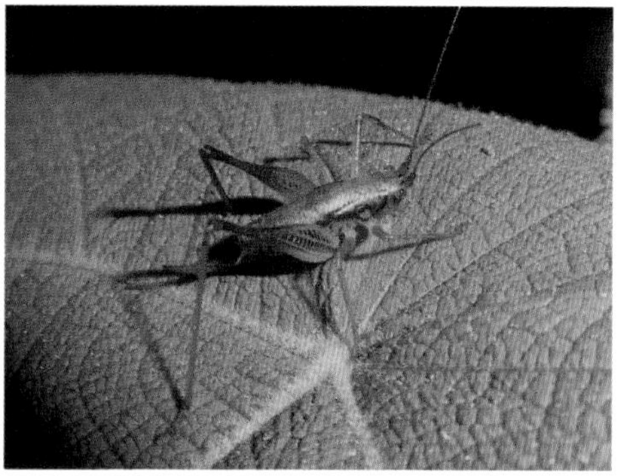

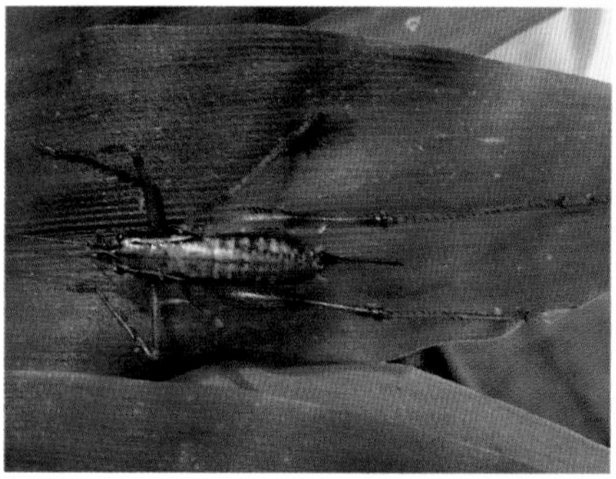

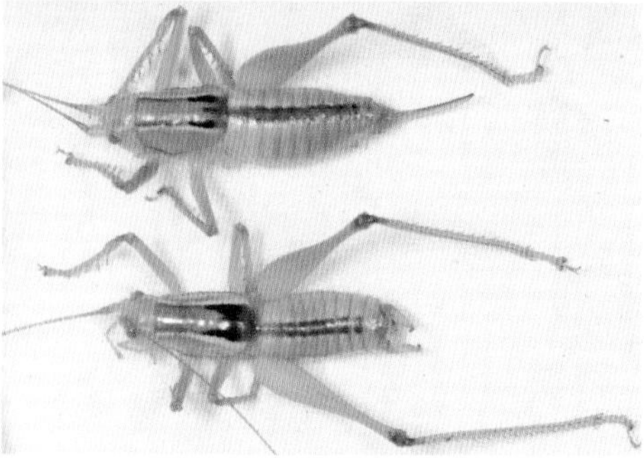

67	68
69	70
71	72

图版67 点翅亚吟螽*Aphlugiolopsis punctipennis* Wang, Liu & Li, 2015 ♂ 广西武鸣大明山
图版68 点翅亚吟螽*Aphlugiolopsis punctipennis* Wang, Liu & Li, 2015 ♀ 广西武鸣大明山
图版69 缙云异饰尾螽*Acosmetura jinyunensis* (Shi & Zheng, 1994) ♂ 重庆北碚缙云山
图版70 缙云异饰尾螽*Acosmetura jinyunensis* (Shi & Zheng, 1994) ♀ 重庆北碚缙云山
图版71 缙云异饰尾螽*Acosmetura jinyunensis* (Shi & Zheng, 1994) ♀ 重庆北碚缙云山
图版72 长尾异饰尾螽*Acosmetura longicercata* Liu, Zhou & Bi, 2008 ♂♀ 浙江临安西天目 毕文烜摄

73	74
75	76
77	78

图版73 杂色新刺膝螽*Neocyrtopsis* (*Neocyrtopsis*) *variabilis* (Xia & Liu, 1993) ♀ 贵州雷山雷公山 何祝清摄
图版74 素色新刺膝螽*Neocyrtopsis*? *unicolor* Wang, Liu & Li, 2015 ♂ 广西兴安猫儿山
图版75 素色新刺膝螽*Neocyrtopsis*? *unicolor* Wang, Liu & Li, 2015 ♀ 广西兴安猫儿山
图版76 竹副饰尾螽*Paracosmetura bambusa* Liu, Zhou & Bi, 2010 ♂ 浙江龙泉凤阳山
图版77 隐尾副饰尾螽*Paracosmetura cryptocerca* Liu, 2000 ♂ 广西兴安猫儿山
图版78 隐尾副饰尾螽*Paracosmetura cryptocerca* Liu, 2000 ♀ 广西兴安猫儿山 何祝清摄

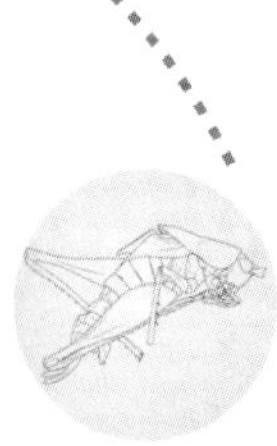

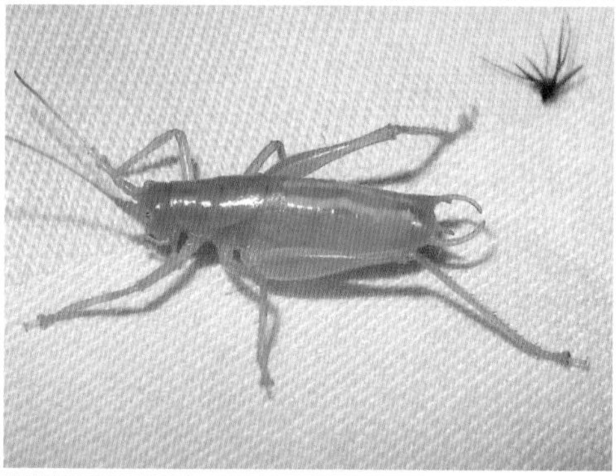

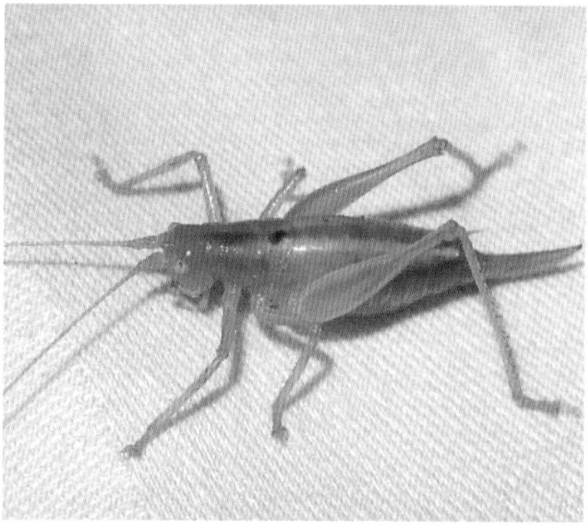

79	80
81	82
83	84

图版79 指突啮螽*Cecidophagula digiata* Liu, 2000 ♂ 广西兴安猫儿山
图版80 指突啮螽*Cecidophagula digiata* Liu, 2000 ♀ 广西兴安猫儿山
图版81 指突啮螽*Cecidophagula digiata* Liu, 2000 ♂ 广西兴安猫儿山 何祝清摄
图版82 指突啮螽*Cecidophagula digiata* Liu, 2000 ♀ 广西兴安猫儿山 何祝清摄
图版83 双带刺膝螽*Cyrtopsis bivittata* (Mu, He & Wang, 2000) ♂ 浙江开化古田山 宋晓斌摄
图版84 双带刺膝螽*Cyrtopsis bivittata* (Mu, He & Wang, 2000) ♂ 浙江开化古田山 宋晓斌摄

85	86
87	88
89	90

图版85 双带刺膝螽*Cyrtopsis bivittata* (Mu, He & Wang, 2000) ♂（若虫） 浙江开化古田山 宋晓斌摄
图版86 双带刺膝螽*Cyrtopsis bivittata* (Mu, He & Wang, 2000) ♀ 浙江开化古田山 宋晓斌摄
图版87 T纹刺膝螽*Cyrtopsis t-sigillata* Liu, Zhou & Bi, 2010 ♂ 浙江龙泉凤阳山
图版88 T纹刺膝螽*Cyrtopsis t-sigillata* Liu, Zhou & Bi, 2010 ♂ 浙江龙泉凤阳山
图版89 T纹刺膝螽*Cyrtopsis t-sigillata* Liu, Zhou & Bi, 2010 ♀ 浙江龙泉凤阳山 毕文烜摄
图版90 T纹刺膝螽*Cyrtopsis t-sigillata* Liu, Zhou & Bi, 2010 ♀ 浙江龙泉凤阳山 毕文烜摄

91	92
93	94
95	96

图版91 叉尾刺膝螽*Cyrtopsis furcicerca* Wang, Qin, Liu & Li, 2015 ♂♀ 浙江临安清凉峰 毕文烜摄
图版92 叉尾刺膝螽*Cyrtopsis furcicerca* Wang, Qin, Liu & Li, 2015 ♂♀ 浙江临安清凉峰 毕文烜摄
图版93 大明山华杉螽*Sinothaumaspis damingshanicus* Wang, Liu & Li, 2015 ♂ 广西武鸣大明山
图版94 大明山华杉螽*Sinothaumaspis damingshanicus* Wang, Liu & Li, 2015 ♀ 广西武鸣大明山
图版95 叉尾拟杉螽*Pseudothaumaspis furcocercus* Wang & Liu, 2014 ♂ 广西武鸣大明山
图版96 叉尾拟杉螽*Pseudothaumaspis furcocercus* Wang & Liu, 2014 ♂ 广西武鸣大明山

97	98
99	100
101	102

图版97 安吉拟饰尾螽*Pseudocosmetura anjiensis* (Shi & Zheng, 1998) ♂ 湖北英山桃花冲
图版98 安吉拟饰尾螽*Pseudocosmetura anjiensis* (Shi & Zheng, 1998) ♂ 浙江宁波四明山
图版99 安吉拟饰尾螽*Pseudocosmetura anjiensis* (Shi & Zheng, 1998) ♂ 浙江宁波四明山
图版100 安吉拟饰尾螽*Pseudocosmetura anjiensis* (Shi & Zheng, 1998) ♀ 浙江宁波四明山
图版101 凤阳山拟饰尾螽*Pseudocosmetura fengyangshanensis* Liu , Zhou & Bi, 2010 ♂ 浙江龙泉凤阳山
图版102 凤阳山拟饰尾螽*Pseudocosmetura fengyangshanensis* Liu , Zhou & Bi, 2010 ♂ 浙江龙泉凤阳山

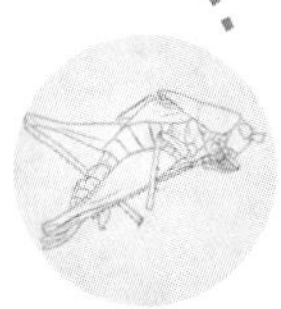

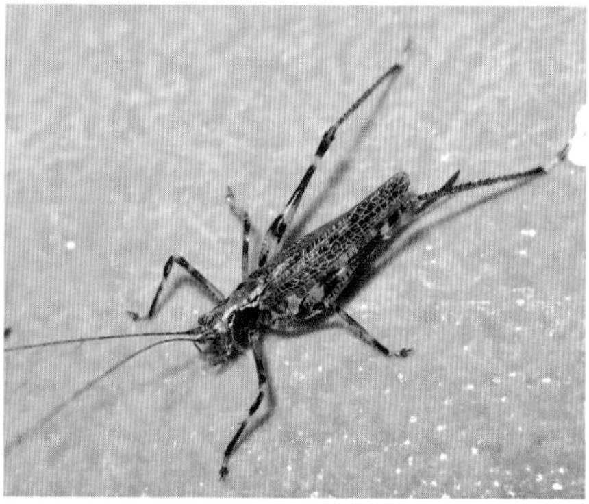

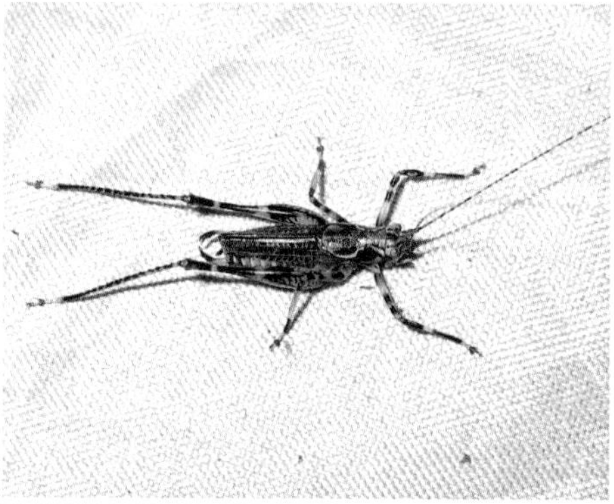

103	104
105	106
107	108

图版103 比尔拟库螽*Pseudokuzicus* (*Pseudokuzicus*) *pieli* (Tinkham, 1943) ♂ 陕西宁陕旬阳坝 何祝清摄
图版104 比尔拟库螽*Pseudokuzicus* (*Pseudokuzicus*) *pieli* (Tinkham, 1943) ♀ 陕西宁陕旬阳坝 何祝清摄
图版105 叉尾拟库螽*Pseudokuzicus* (*Pseudokuzicus*) *furcicaudus* (Mu, He & Wang, 2000) ♂ 福建武夷山桐木 何祝清摄
图版106 叉尾拟库螽*Pseudokuzicus* (*Pseudokuzicus*) *furcicaudus* (Mu, He & Wang, 2000) ♀ 浙江景宁望东垟
图版107 刺端拟库螽*Pseudokuzicus* (*Pseudokuzicus*) *spinus* Shi, Mao & Chang, 2007 ♀ 重庆江津四面山
图版108 佩带畸螽*Teratura cincta* (Bey-Bienko, 1962) ♂ 浙江开化古田山

109	110
111	112
113	114

图版109 佩带畸螽*Teratura cincta* (Bey-Bienko, 1962) ♀ 浙江遂昌九龙山
图版110 达氏畸螽*Teratura darevskyi* Gorochov, 1993 ♀ 海南乐东尖峰岭
图版111 白角纤畸螽*Leptoteratura* (*Leptoteratura*) *albicornis* (Motschulsky, 1866) ♂ 重庆北碚缙云山
图版112 白角纤畸螽*Leptoteratura* (*Leptoteratura*) *albicornis* (Motschulsky, 1866) ♀ 浙江开化古田山
图版113 饶安纤畸螽*Leptoteratura* (*Leptoteratura*) *raoani* Gorochov, 2008 ♀ 广西龙州弄岗
图版114 三角铲畸螽*Shoveliteratura triangula* Shi, Bian & Chang, 2011 ♂（若虫）海南琼中黎母山 何祝清摄

图书在版编目(CIP)数据

中国蛩螽分类集要 / 王瀚强著 .—上海：上海科学普及出版社，2020
ISBN 978-7-5427-7759-1

Ⅰ. ①中… Ⅱ. ①王… Ⅲ. ①蝗总科-昆虫分类学-中国 Ⅳ. ①Q969.26

中国版本图书馆CIP数据核字（2020）第106665号

策划统筹 蒋惠雍
责任编辑 柴日奕
装帧设计 赵 斌

中国蛩螽分类集要
王瀚强 著
上海科学普及出版社出版发行
（上海中山北路832号 邮政编码200070）
http://www.pspsh.com

各地新华书店经销 上海盛通时代印刷有限公司印刷
开本 710×1000 1/16 印张 33.25 插页 10 字数 538 000
2020年7月第1版 2020年7月第1次印刷

ISBN 978-7-5427-7759-1 定价：88.00元
本书如有缺页、错装或坏损等严重质量问题
请向工厂联系调换
联系电话：021-37910000